"十二五"国家重点图书

烧结球团生产技术手册

姜 涛 主编

北 京

冶金工业出版社

2014

内容提要

　　本手册系统地总结了烧结球团理论研究成果和生产技术经验，全面反映了烧结球团生产工艺技术、基本原理、操作与维护、节能与环保、控制与检测和最新进展，在工艺技术、节能、环保等章节大量介绍了国内外生产实例，内容丰富，体系完善，是一部"实用性、指导性、先进性"俱佳的权威工具书。

　　本手册可供烧结球团、钢铁冶金等领域的生产人员、工程技术人员、设计人员、管理人员和教学人员阅读参考。

图书在版编目(CIP)数据

烧结球团生产技术手册/姜涛主编 . —北京：冶金工业出版社，2014.6

"十二五"国家重点图书

ISBN 978-7-5024-6589-6

Ⅰ.①烧…　Ⅱ.①姜…　Ⅲ.①烧结—球团—生产技术—手册　Ⅳ.①TF046.6 – 62

中国版本图书馆 CIP 数据核字(2014)第 113648 号

出　版　人　谭学余
地　　　址　北京北河沿大街嵩祝院北巷 39 号，邮编 100009
电　　　话　(010)64027926　电子信箱　yjcbs@ cnmip. com. cn
责任编辑　刘小峰　曾　嫒　美术编辑　吕欣童　版式设计　孙跃红
责任校对　王永欣　刘　倩　责任印制　李玉山
ISBN 978-7-5024-6589-6
冶金工业出版社出版发行；各地新华书店经销；三河市双峰印刷装订有限公司印刷
2014 年 6 月第 1 版，2014 年 6 月第 1 次印刷
787mm×1092mm　1/16；56.25 印张；1363 千字；877 页
280. 00 元
冶金工业出版社投稿电话：**(010)64027932**　投稿信箱：**tougao@ cnmip. com. cn**
冶金工业出版社发行部　电话：**(010)64044283**　传真：**(010)64027893**
冶金书店　地址：**北京东四西大街 46 号(100010)**　电话：**(010)65289081(兼传真)**
　　　　　(本书如有印装质量问题，本社发行部负责退换)

编审委员会

主要编写人员与分工

第 1 章　烧结球团概论　　　　　　　　　　姜　涛

第 2 章　烧结球团原料　　　　　　　　　　姜　涛

第 3 章　烧结过程基本理论　　　　　　　　郭宇峰　范晓慧　姜　涛

第 4 章　球团过程基本理论　　　　　　　　李光辉

第 5 章　烧结生产工艺与设备　　　　　　　肖　扬　贺淑珍　毛晓明　杨永斌

第 6 章　球团生产工艺与设备　　　　　　　孙　涛　杨永斌　李红革　舒方华

第 7 章　特殊铁矿的烧结球团生产　　　　　邬虎林　覃金平　张永康

第 8 章　直接还原与金属化球团的生产　　　郭宇峰　黄柱成

第 9 章　烧结球团专家系统与自动控制　　　范晓慧

第 10 章　烧结球团生产过程的计算　　　　　范晓慧　陈许玲

第 11 章　烧结球团设备的操作与维护　　　　肖　扬　舒方华　王渠生

第 12 章　烧结球团生产节能技术　　　　　　何国强　黄艳芳　许　斌

第 13 章　烧结球团厂环境保护技术　　　　　李光辉　王维兴　李　强　叶学农

第 14 章　烧结矿与球团矿质量标准与测试　　张元波　黄柱成

第 15 章　铁矿造块其他方法与技术进步　　　何国强　杨永斌　饶明军　姜　涛

附　录　　　　　　　　　　　　　　　　　张元波

审　稿　孔令坛　何国强　夏耀臻　姜　涛

序　言

我在 2002 年出版的《高炉炼铁生产技术手册》的前言中，将建国后 50 年来中国炼铁工业的发展分为三个时期：第一个时期是从新中国成立到 1965 年以鞍钢为代表和源头的高涨时期；第二个时期是从 1966 年到 1978 年的停滞时期；第三个时期是从 1979 年到当时的第二次高涨时期。进入新世纪以后，我国钢铁工业又经历一个空前的高速发展时期，粗钢产量由 2000 年的 1.27 亿吨增加到 2013 年的 7.79 亿吨。

铁矿粉烧结、球团作业是以高炉—转炉为中心的现代钢铁生产流程的第一个工艺环节，其产品质量对后续的炼铁和炼钢生产具有基础性的重要影响。随着钢铁工业的快速发展，我国优质铁矿资源供不应求的矛盾日益突出。自 2000 年以来，我国进口铁矿逐年增加，对外依存度连续十余年在 50% 以上。然而，随着进口量的剧增，进口矿价格也在持续高涨，导致全行业经济效益下滑，我国钢铁企业不得不大量利用各种各样的非传统、劣质含铁资源，如褐铁矿、镜铁矿、复杂共生铁矿以及钢铁、化工、有色冶金企业的含铁二次资源组织生产。如何在品种日益繁杂、品质不断下降的原料条件下实现优质、高效烧结球团生产，是新世纪初我国炼铁和原料工作者面临的第一个严峻挑战。

我国烧结球团生产面临的另一个挑战是清洁生产问题。钢铁生产是能源消耗和污染物排放集中的行业。随着生产规模的迅速膨胀，钢铁生产能耗高特别是污染物排放量大的问题也前所未有地凸显出来，钢铁清洁生产已刻不容缓。作为钢铁生产第一环节的烧结球团工序排放的二氧化硫占钢铁企业总排放量 70% 以上，这就要求我国的烧结球团生产不仅要优质、高效，而且必须实现清洁生产。

令人高兴的是，经过多年特别是近十年我国炼铁原料科技人员和广大生产者的不懈努力，在原料品质降低的不利条件下，我国的烧结球团生产在产量上实现了一个大的飞跃，有力支撑了钢铁工业的快速发展，在工艺技术和产品质量上也有较大的进步——烧结球团新方法、新技术不断涌现并投入工业应用，设备大型化取得实质进展，生产过程自动控制水平明显提高，一批重点大中型企业的技术经济指标跨入世界先进行列。更令人欣慰的是，虽然一些已建成投产的烧结球团脱硫设施在运行过程中还存在各种各样的问题，但是在近十年中我国已迅速建成投入运营 480 余套烧结脱硫装置，为实现烧结球团全行业清洁生产奠定了良好的基础。我相信，只要相关企业和领导高度重视，经过不断总结和完善，我国的烧结球团烟气治理也将很快达到国际先进水平。

我国目前仍处于工业化时期，城镇化还有较长的路要走。虽然近两年钢铁生产快速增长的势头有所减缓，但预计未来若干年大幅下滑的可能性也不大。目前我国的钢铁生产仍然以长流程为主，据现有钢铁生产规模估计，我国每年需消耗各类含铁原料约 10 亿吨，这些原料绝大部分需要经过烧结、球团加工后才能进行冶炼生产。在此背景下，全面了解国内外炼铁炉料技术的新进展，认真总结我国烧结球团生产的成功经验，对进一步提高我国炼铁原料制备的技术水平、促进我国钢铁工业的持续健康发展有非常重要的现实意义。

《烧结球团生产技术手册》全面反映了烧结球团生产工艺技术、基本原理、操作与维护、节能与环保、控制与检测等内容和国内外的最新进展，在工艺技术、节能、环保等章节大量介绍了国内外生产实例，从而进一步提高了手册的参考价值，体现了手册的"实用性、指导性、先进性"。改革开放三十年来终于见到这样一部全面反映烧结球团生产技术和最新发展成果的手册，令人振奋。可以预期，这部手册一定会受到烧结球团以及炼铁工作者的欢迎，对提升我国炼铁原料制备的科学研究和生产技术水平、指导烧结球团行业的可持续发展、促进钢铁工业持续健康发展将起到积极的推动作用。

我在出版《高炉炼铁生产技术手册》时就向冶金工业出版社提出要组织编写《烧结球团生产技术手册》，看到此部巨著即将出版，甚感欣慰。手册由北京科技大学的孔令坛教授和我国烧结球团人才培养和科学研究重要基地——中南大学的姜涛教授，会同武钢、太钢、鞍钢、宝钢等十余家大型钢铁企业以及设计院所的专家共同完成，各位编审人员为此付出了艰辛劳动。作为一位毕生致力于我国钢铁事业发展的老炼铁工作者，我也借此机会感谢冶金工业出版社和全体编审人员，感谢他们又为我国钢铁工业做了一件好事。

周传典
2014年4月18日

前　言

在炼铁前辈周传典先生的倡导和关心、北京科技大学孔令坛教授的指导和帮助下，在各相关生产企业、设计院所、科研院校的支持与配合和冶金工业出版社的全力支持下，《烧结球团生产技术手册》即将出版了。

非常庆幸的是，这部手册的编写正赶上中国钢铁工业飞速发展的机遇，烧结球团生产技术得以不断创新发展，这就为编写手册提供了丰富的素材。

为了编写出一部全面、详实反映烧结球团生产技术进步的工具书，我们进行了多方调研、搜集、考证。每次改稿都感觉距离出版社提出的"实用性、指导性、先进性"俱佳、有行业影响的权威工具书这个要求还有一定的差距，为了不辜负前辈和同行的信任与期待，编写人员勉力前行。希望这部手册能够为我国烧结球团行业的可持续发展起到促进作用。在此，我想简要介绍一下在编写过程中遇到的问题、材料取舍的考虑及手册内容的特点等，以便于读者参阅。

首先是基本理论部分。一般认为由高校老师执笔这一部分肯定不成问题，而且很快就会写出来，其实不然。翻遍了此领域出版的教科书和参考书，发现大部分是20世纪90年代出版的。最近十多年来，世界各国特别是我国的烧结球团生产发生了极大的变化。伴随烧结球团矿产量扩张的同时，烧结球团生产用的原料结构也不断变化，新工艺、新技术不断涌现并用于生产，与之相应的烧结球团理论也有了较大发展。这就需要从更多已出版的专著、教材，特别是新近发表的大量文献中进行收集、总结、提炼并补充到原有的理论中。通过相关编写人员的努力工作，此次编写厘清了一些基本概念，补充了国内外的最新研究成果，完善了烧结球团的理论体系，从而使其对现代烧结球团生产过程和新工艺、新技术的开发更具有指导作用。

其次是工艺技术部分。原来设想工艺技术部分应尽可能反映近十年国内外的最新进展，但在编写过程中发现这还不够，原因是这些年我国烧结球团工艺和装备发展很快。例如，世界单台面积最大的太钢660m^{2}烧结机、我国单套产能最大的武钢鄂州500万吨/年链算机—回转窑以及我国单机产能最大的京唐钢400万吨/年带式球团生产线，都是在手册编写过程中投产的。这些工艺和装备对未来我国烧结球团厂技术改造和设备大型化的发展具有重要的示范作用。为充分反映这些大型装备及工艺的特点，编写人员通过多种渠道收集了我国近年投产的和较典型的大型烧结球团厂的有关资料，并分别在叙述完烧结和球团工艺后，以生产实例的方式予以介绍，从而使得工艺技术部分的内容更加丰富，更具有参考价值。

再之是节能减排部分。我们在编写过程中发现，烧结节能减排特别是烧结烟气净化是近年来我国烧结球团生产面临的最紧迫的课题之一，也是技术研发与生产应用最活跃的领域。编写人员关心的是如何较为全面地将这部分内容反映在手册中，以便于我国广大烧结球团工作者参考。考虑到在烧结球团厂，特别是大型生产厂中，余热利用节能的潜力最大，因此手册对余热利用特别是烧结余热发电技术进行了重点介绍。我们着手编写本手册时，烧结球团烟气净化的问题尚未如此紧迫，我国的烟气净化技术也很不完善，因而早期收集的我国烟气净化资料不够齐全。随着编写工作的进行，这个问题变得越来越重要，这促使我们不断收集资料并补充到书稿中。以2013年5月全国烧结烟气综合治理技术专题研讨会的召开为标志，我国烧结球团烟气净化技术的研发与应用雨后春笋般地发展起来了，这为我们编写这部分内容提供了丰富的资料。为了便于参考，我们在简要介绍烧结烟气各种净化技术的原理和特点后，同样以典型实例的方式介绍了八种烟气净化技术在我国不同钢铁企业应用的情况，相信这部分内容对我国烧结球团烟气净化技术的发展和推广应用将起到应有的促进作用。

此外，为了让广大读者了解制备炼铁炉料的其他方法和最新进展，以适应未来钢铁生产发展的需要，我们在广泛收集资料的基础上，专门编写了铁矿造块其他方法与技术进步一章（第15章），内容包括加压造块、复合造块、小球团烧结、废气循环烧结、还原烧结、低温烧结、双层烧结、含碳球团、硫酸渣球团、熔剂性球团等共18个专题，重点介绍了各种方法和技术的原理、特点和应用情况。这部分内容对准备采用新方法和新技术改革和改造现有工艺、增加非传统资源用量、提高生产效率和产品质量、降低能耗和生产成本的企业管理者和技术人员会有直接的帮助，对正在和准备开展炼铁炉料制备新方法、新工艺、新技术研究和开发的科技工作者和广大研究生也有一定的参考价值。

自2008年6月在郑州召开手册第一次编委会会议，正式启动编写工作以来，历时数年、经数次增补删改才形成了相对完整的一稿。北京科技大学孔令坛教授审阅后提出了详细的审阅意见，中冶长天国际工程有限责任公司夏耀臻教授级高工对工艺和设备操作部分进行了重点审阅。在此基础上，利用 2013 年 12 月全国烧结厂设计规范修订会议在长沙召开的机会，在中冶长天公司召开了第二次编委会会议。出席会议的编委参照两位专家的修改意见，与主要编写人员交流了意见和看法。在此基础上，主编又对全部书稿进行了更正、补充与修改，提交冶金工业出版社。

在手册即将出版之际，我们首先要特别感谢老领导、老前辈周传典先生。周传典先生对手册的编写与出版给予充分肯定，并为手册撰写了热情洋溢的序言。感谢孔令坛教授，没有孔先生对我国炼铁原料事业持之以恒的关心和对我们的信任、鼓励与支持，就不会有今天这样的一部手册。我们还要感谢中国金属学会王维兴教授、中冶长天公司何国强、夏耀臻教授对编写工作的大力支持。王维兴、何国强教授提供的资料对手册最后定稿起了重要作用，夏耀臻教授对书稿进行了认真审阅、修改并提供了有价值的参考资料。感谢武钢、太钢、宝钢、鞍钢、京唐钢、攀钢、包钢、安钢和马钢等公司领导和相关人员对编写工作的热情支持。感谢河北省张家口市科达有限公司朱双跃总经理、北京矿迪科技有限公司张志敏总经理和全国烧结球团信息网黄金才秘书长对手册出版工作的大力支持。同时还要感谢中南大学烧结球团与直接还原工程研究所的同事和研究生黄艳芳、饶明军、陈凤、周友连等在资料收集、整理和文稿校对方面给予的大力帮助。此外，特别感谢冶金工业出版社谭学余社长、任静波总编、侯盛锽副社长、杨传福副社长对手册工作的支持与帮助。出版社领导以及责任编辑给予我们热情鼓励和全力支持，不仅推荐手册成为"十二五"国家重点图书，而且在编写过程中提供大量参考资料和有益的建议、信息，在出版过程中对书稿进行了细致的修改、润色，并纠正了许多原始资料中的错误，促成了手册高质量的出版。在此，还要感谢王淀佐院士和邱冠周院士数十年来对中南大学团矿专业（方向）始终如一的支持和对主编本人的指导和帮助。

由于这是第一部烧结球团生产技术手册，国内外无成例可循，加之编者经验和水平所限，手册肯定存在不足、不妥之处，恳请读者和广大同行批评、指正，以便将来有机会修订再版时予以补充完善。

中南大学　姜　涛

2014 年 5 月

目　　录

1 烧结球团概论

1.1 概述

1.1.1 铁矿造块概念与方法

钢铁生产中的烧结和球团作业统称为铁矿造块。传统的铁矿造块是将铁矿粉或铁精矿制备成供高炉炼铁用块状炉料的过程。随着冶金科学技术的进步、优质铁矿资源的不断减少和人类对自身生存环境的关切，现代铁矿造块已不限于制备成块状炉料，还要求造块产品具有良好的机械强度、适宜的粒度组成、理想的化学成分和优良的冶金性能。其处理对象也扩展到钢铁厂内各种含铁尘泥、化工及有色冶金渣尘等二次含铁资源。铁矿造块产品也不仅限于高炉炼铁，对一些成分合格的含铁原料，通过还原造块可直接制备电炉或转炉炼钢用炉料。

铁矿造块主要方法有三种，谓之烧结法、球团法、压团法。通过造块制得的产品统称为人造块矿，以区别于早期钢铁生产广泛采用、目前仍少量使用的铁矿石块矿。

烧结法（sintering）是将粉状物料进行高温加热，在不完全熔化的条件下烧结成块的方法，所得产品称为烧结矿，外形为不规则多孔状。烧结所需热量由配入烧结料内的燃料与通入料层的空气燃烧提供，故又称氧化烧结。烧结矿主要靠熔融的液相将未熔矿粒黏结成块获得强度。依据二元碱度（$R = CaO/SiO_2$）的不同，可将烧结产品分为酸性（$R < 1.0$）、自熔性（$R = 1.0 \sim 1.3$）和碱性（$R > 1.3$）烧结矿，碱性烧结矿中 $R > 1.8$ 时为高碱度烧结矿。长期的炼铁生产实践表明，高碱度烧结矿不仅机械强度高，而且具有优良的冶金性能，碱度为 $1.8 \sim 2.2$ 的高碱度烧结矿为现代烧结生产的主流产品。

球团法（pelletizing）是将细粒物料，尤其是细精矿加入适量水分和黏结剂在专门造球设备上滚动制成生球，然后再进行焙烧固结的方法，所得产品称为球团矿，外观呈球形，粒度均匀。焙烧时的热量主要由外部燃料的燃烧提供。球团矿的强度主要靠固相固结获得，熔融液相黏结的作用很小。根据焙烧过程气氛的不同，产品可分为氧化球团矿和还原球团矿两类。前者依据产品成分又可分为酸性（不加碱性熔剂）、熔剂性（加碱性熔剂）和镁质（加含镁添加剂）球团矿等，后者依据铁氧化物还原程度又可分为供炼铁用的预还原球团（部分还原）和供炼钢用的金属化球团（完全还原）。在现代球团生产中，氧化球团矿（一般 $R < 0.3$）占主要地位。

压团法（briquetting）是将粉状物料在一定外压力作用下在模具内受压，形成形状和大小一定的团块的方法。团块强度主要由添加的黏结剂或粉状物料本身具有的黏结性保持。成型后团块一般还需要进行某种方式的固结。由于单机生产能力小，难以满足现代钢铁工业大规模生产的需要，目前压团法在钢铁生产中较少采用，不过对于少数烧结法和球团法难以处理的原料如钢铁厂含铁尘泥，压团法是一种有效的造块方法。

在烧结和球团两种主要方法中，烧结法适宜处理粒度较粗（8~0mm）的原料，而球团法适宜处理细粒物料尤其是经磨矿和分选获得的精矿（−0.075mm）。两种方法在原料粒度上的互补性，形成了一种高碱度烧结矿配搭酸性球团矿的高炉炉料结构，并被认为是理想的炉料结构之一。但从炼铁生产过程和企业整体效益来考虑，这样的炉料结构并不是最合理的。主要是因为烧结矿和球团矿形状和堆密度不同，它们在高炉内易发生偏析，导致高炉操作波动和产量、质量下降。由于历史的原因，中国等产钢大国球团矿产量远落后烧结矿的产量，实现这样的炉料结构生产存在较大困难：商品球团矿主要集中在巴西等少数国家，进口球团矿不仅运输成本高，而且供不应求；如果现行钢铁企业新建球团厂，不仅增加建厂投资，又遇到现有厂房布局限制、原料稳定供应等新问题。低碱度炉料不足成为困扰我国许多钢铁企业发展的新问题。

复合造块法（composite agglomeration）是中南大学基于上述背景开发的一种新的铁矿造块方法。它将质量比占20%~60%的细粒含铁原料或铁精矿制备成直径为8~12mm酸性生球，而将其余80%~40%的含铁原料与熔剂、燃料、返矿混匀、制粒，制成碱性基体料，然后再将生球和基体料混合并布料到带式烧结机上进行烧结、焙烧，制成由酸性球团嵌入高碱度基体料组成的人造复合块矿。该法集烧结法和球团法的优点于一体，可在碱度1.2~2.0的广泛范围内制备优质炼铁炉料，不仅从根本上解决了现行炼铁过程中因炉料偏析带来的问题，而且可在不新建球团厂的条件下，解决低碱度炉料不足的问题，并且能大量利用难处理的非传统含铁资源。该法于2008年在我国包头钢铁公司投入工业应用。

1.1.2 铁矿造块的地位与作用

铁矿造块是处于矿石破碎、磨矿分选和钢铁冶炼之间的加工作业，担负着为钢铁冶炼提供优质炉料的任务。由于全球范围内高品位块矿的稀缺，绝大部分的含铁物料须经细磨、分选并造块后才能进行冶炼，这使得造块加工成为现代钢铁联合企业中物料处理量居于第二位（仅次于炼铁）、能耗居于第三位（仅次于炼铁和轧钢）的重要生产工序。

高炉炼铁时为了保证炉内的料柱透气性良好，要求炉料粒度均匀、粉末少、机械强度高。为了提高生产效率，要求炉料含铁品位高，脉石成分和有害杂质少。为了降低炼铁焦比，还要求炉料有优良的冶金性能。

这些要求只有通过对含铁原料的加工处理才能达到。大部分的铁矿石必须经过深磨细选；少量铁品位达到入炉要求的富矿，也要经过破碎和筛分，使粒度均匀。天然富矿粉、破碎筛分过程中所产生的粉矿和选别后所得到的细粒精矿，都必须经过造块加工后才能供高炉使用。对于含碳酸盐（如菱铁矿）、结晶水（如褐铁矿）较多的矿石，以及含有害成分硫和砷等的矿石，需要通过造块加工脱除挥发和有害成分、提高铁品位后再入炉冶炼。一些难还原的矿石，或者在还原过程中易碎裂或体积膨胀的矿石，需要加入熔剂或添加剂进行造块处理后，变成冶金性能良好的炉料。随着优质铁矿资源的不断减少和人类对环境的日益关切，各种复杂共生铁矿和含铁二次资源，如钢铁厂、化工厂和有色冶炼厂产生的含铁渣尘等的处理和利用的要求日益迫切，造块加工则为这些物料的处理和利用提供一条重要途径。此外，造块生产可以采用焦化和炼铁过程产生的碎焦粉、煤气和煤粉等作燃料，从而降低钢铁生产过程焦炭的消耗。

因此，铁矿造块的作用可以概括为：

（1）将细粒铁矿粉或精矿制备成具有一定强度的块状物料；

（2）去除原料中的挥发成分和有害杂质；

（3）调整化学成分、改善原料的冶金性能；

（4）扩大可利用的冶金资源范围；

（5）降低钢铁生产过程燃料的消耗。

由于造块不仅将粉状物料制备成块状物料，而且还对原料的冶炼性能进行调整优化，起着火法预处理的作用，冶炼过程使用人造块矿可以使燃耗、电耗显著降低，成本下降，设备生产能力提高，在大型高炉冶炼中效益尤为显著。表1-1所示为国外对各种炉料的高炉冶炼效果的对比。使用人造块矿后高炉冶炼技术经济指标显著改善，其效果不仅表现于随炉料中熟料比增加而增加，而且还随造块精制程度的提高而提高。

表1-1　各种炉料对高炉冶炼的影响

炉料指标	天然块矿	天然富矿	普通烧结矿	球团矿		
				酸性	熔剂性	预还原
焦比/kg·t^{-1}	850	670	615	550	500	300
相对生产率/%	100	127	139	155	170	256

现代钢铁企业都把提高冶炼熟料比作为追求的目标，造块已成为钢铁生产不可缺少的步骤。1937年，世界高炉原料中人造块矿只占1%左右，至1957年人造块矿比例增加到31%，1970年增加到67%，1980年达到80%。目前世界炼铁生产使用人造块矿的比例平均已达到90%，部分高炉达到100%。

1.2　世界铁矿造块的发展

1.2.1　烧结法

1.2.1.1　烧结法的起源

1897年，T. Huntington和F. Heberlein申请了硫化铅矿烧结专利，此法以烧结锅为主体设备，采用鼓风方法进行间断烧结作业，这是冶金界公认的烧结法最早的专利。

此后，W. Job将硫酸渣、铁矿粉与煤混合，采用鼓风方式进行烧结，发明了倾动式烧结炉，并于1902年申请了专利，这是铁矿粉烧结的第一个专利。第一座根据Job发明建造的烧结炉于1904年在比利时建成。

1905年，E. J. Savelsberg首次用T. Huntington和F. Heberlein发明的烧结锅烧结铁矿粉并获得专利。

1909年，S. Penbaeh申请了连续环式烧结机专利，用于烧结铅矿石。

1903~1906年，A. S. Dwight和R. L. Lloyd首次建议采用抽风烧结，并发明了连续带式抽风烧结机，即D-L型烧结机。1911年美国的Brooke公司建成投产世界第一台钢铁生产中应用的D-L烧结机。

1914年，J. E. Greenawalt发明了抽风间断烧结的烧结盘，并用于铁矿粉烧结。

在20世纪初期，烧结工艺主要循着两个不同的途径发展：一方面是不断改进间歇式烧结法，提高间歇式烧结机的效率，其中最具代表性的 Greenawalt 烧结机，在早期规模相对较小的烧结生产中被应用多年。另一方面是抽风连续带式 D－L 烧结法的不断完善和发展，随着钢铁生产规模的不断扩大，D－L 烧结法逐渐演变为主要烧结方法，在现代大型钢铁企业中几乎是唯一的烧结方法。

1.2.1.2　烧结矿产量的增长

20 世纪 30～40 年代末，受世界大战的影响，世界烧结生产发展缓慢，1948 年世界烧结矿产量仅为 3000 万吨。

二次世界大战结束至 20 世纪 70 年代中期，是世界烧结生产的第一个高速增长期。1955 年增至 9750 万吨，1960 年为 1.95 亿吨，1970 年 4.4 亿吨，1976 年达到 6.8 亿吨。

自 70 年代中期起至 20 世纪末，受全球经济危机的影响，世界钢铁生产徘徊不前，烧结矿产量增长幅度较小，2000 年全球产量约为 8 亿吨。

进入 21 世纪后，随着全球钢铁工业的复苏，特别是在中国钢铁工业快速发展的带动下，世界烧结生产进入第二个高速发展期。据估计，目前全世界烧结矿年产量已达到 13 亿～14 亿吨，主要生产国家和地区为中国、欧盟、日本和独联体国家。

1.2.1.3　烧结设备的发展

第一台烧结机的台车宽度仅为 1m，烧结面积为 6m^2。1914～1918 年烧结机面积扩大到 10m^2。1926 年第一台台车宽 1m、面积为 21m^2 的烧结机建成，1919 年台车 1.5m 宽的烧结机投放市场，1927 年 2m 宽台车的烧结机建成，有效面积为 60m^2。

1936 年，烧结机台车宽度增加至 2.5m，有效烧结面积达到 75m^2。这种烧结机的问世，在全世界得到了广泛的采用，直至 1952 年烧结机面积才进一步增至 90m^2，1956 年增至 120m^2。1957 年世界第一台 3m 宽台车的烧结机建成，1958 年澳大利亚 BHP 公司和美国琼斯和劳林钢铁公司首先建成台车 4m 宽的烧结机，其抽风面积达到 400m^2。日本于 1971 年率先建成投产台车宽 5m、面积 500m^2 烧结机，1973 年扩大到 550m^2，1975 年又扩大到 600m^2，1976 年、1977 年又连续投产两台 600m^2 烧结机。随后虽有报道德国和日本又设计出 1000m^2 超大型烧结机，但最终未投入建设。我国太钢 2010 年建成投产的 660m^2 烧结机是目前世界单台面积最大的烧结机。

1.2.1.4　烧结技术的进步

1936 年以前生产的烧结矿均为酸性烧结矿。1936 年开始将石灰石粉添加到酸性矿石中，生产自熔性烧结矿，1941 年以后开始研究添加生石灰和消石灰来强化烧结生产。在以后的若干年里，烧结料中碱性熔剂的加入量越来越多，烧结矿碱度不断提高。

从现代钢铁生产实践来看，添加碱性熔剂是烧结技术发展史上一个具有里程碑意义的转折。一方面，添加石灰石生产高碱度烧结矿，可以改善烧结矿的冶金性能；另一方面，由于石灰石等熔剂的分解和二氧化碳的传热防止了热量在料层下部积聚，为采用厚料层烧结创造了条件，提高烧结料层厚度又可以降低烧结能耗，并进一步改善烧结矿质量。

深入研究和查明含铁原料中各种成分对烧结性能的影响，通过优化原料结构改善烧结技术经济指标，是烧结发展史上的另一个重要技术进步。当时的研究表明，烧结矿中 Al_2O_3 含量对许多指标均有影响，除了烧结产量和烧结矿强度受其他因素影响外，其他所有指标均随 Al_2O_3 含量的降低而改善。此后世界各国烧结生产对原料中的 Al_2O_3 含量进行了严格控制。由添加白云石转变为添加橄榄石来控制烧结矿中的 MgO 含量，也有助于降低能耗，提高烧结矿强度和生产效率。

1973 年石油危机以后，从烧结矿冷却风和烧结废气中回收热能的技术迅速发展，烧结技术的发展进入新阶段。在经历了断断续续的试验研究后，将冷却用风引入点火和保温炉的构想于 1976 年首先在新日铁的若松烧结厂实现。1978 年日本钢管公司首先采用冷却机热废气生产蒸汽，每吨烧结矿可生产 100kg 蒸汽，约相当于 293MJ/t－s 或烧结厂总能耗的 1/5。此外，日本还率先建成了烧结余热发电系统。采用这些技术后烧结能耗不断下降，1957 年法国烧结鲕褐铁矿需要 3333MJ/t－s 的能耗，1982 年烧结高品位铁矿石的能耗降至 2512MJ/t－s，到 1989 年德国的平均烧结能耗降至 1758MJ/t－s，在日本则降至 1654MJ/t－s，日本有些厂如住友公司烧结厂，能耗降至 1300MJ/t－s。

20 世纪 80 年代以后，日本、澳大利亚等国研究开发了低温烧结和小球团烧结（小球团）技术。Y. Ishikawa 及其同事们阐述了低温烧结的必要条件：混合料的制备必须包括良好的制粒（造成制粒小球）和在混合料中配入所需的各种成分。小球团烧结法将烧结混合料制成直径为 5~8mm 的小球，并将其裹上一层细磨燃料，用以处理含大量细粒原料的烧结混合料。我国也在 90 年代开发出针对细磨精矿烧结的小球团烧结法，并在酒钢和安钢等公司投入生产。此间发展的还有偏析布料技术、新型点火技术等。新日铁研制了一种强化筛分布料装置（SF 布料器），可在台车宽度方向实现混合料均衡布料。

针对世界范围内传统优质铁矿资源不断减少，特别是我国优质铁矿资源短缺的现实，进入 21 世纪后，中国、日本、澳大利亚等国又开展了劣质铁矿资源烧结的研究与应用。褐铁矿是除磁铁矿、赤铁矿之外的另一类重要铁矿资源，但研究发现使用高比例褐铁矿后烧结矿成品率和生产率大幅下降，迫切要求改善传统的烧结工艺技术。陆续开发的各种原料制粒新技术、新型布料技术以及改善烧结料层透气性的技术，都有助于大量配用褐铁矿的烧结生产。在日本目前的烧结生产中，使用澳大利亚产褐铁矿（低品位、高结晶水铁矿石）比例已超过 60%，而且使用马拉曼巴矿（微粉比率高的褐铁矿）的比率正在增加。我国目前的烧结生产中使用褐铁矿的企业越来越多，配加比例也不断增加。

工业发达国家很早就重视烧结清洁生产问题。欧洲、日本在 20 世纪 70 年代建设的一部分大型烧结厂，先后采用了烧结烟气脱硫法，脱硫方式主要为湿式吸收法。1987 年，日本新日铁在名古屋钢铁厂的 3 号烧结机建成了一套利用活性炭吸附的烧结烟气脱硫、脱硝装置，处理烧结烟气量 90 万 m^3/h。经过多年的运行，该装置不仅可以同时实现较高的脱硫率和脱硝率，而且具有良好的除尘效果。后来名古屋钢铁厂的 1 号、2 号烧结机也应用该种装置，并于 1999 年 7 月投产使用。

欧盟各国在降低烧结粉尘和烟气排放方面开发了一批新技术并投入工业应用。这些技术包括：

（1）先进的静电集尘技术（ESP）、静电集尘加布袋除尘器、加压湿法涤气系统等，采用这些技术后，在一般运行情况下粉尘排放量小于 $50mg/m^3$。

（2）废气循环利用技术：可在烧结产量和质量基本不变的情况下，循环利用从烧结机出来的部分废气。

（3）SO_2 排放量的最小化技术：利用含硫分低的焦粉，降低烧结焦粉消耗量，利用含硫分低的铁矿石作为原料，可使 SO_2 的排放浓度小于 $500mg/m^3$。

（4）湿法废气脱硫技术：可使废气的排放量降低 98% 以上，SO_2 的排放浓度小于 $100mg/m^3$。

（5）NO_x 的排放量最小化技术：采用废气循环、废气脱氮、活性炭再生工艺、选择催化还原等，降低烟气中 NO_x 的排放。

1.2.2　球团法

　　球团法的发展大约分为三个阶段。发展球团法最初的动因与烧结法是相同的，都是处理不断增加的细粒铁矿粉的需要。在烧结法诞生初期，当时的冶金工作者们并不认为烧结是处理粉矿的最佳方法，他们试图寻找能够替代烧结法的另一种造块方法。1912 年瑞典人 A. G. Anderson 申请了球团法的专利，但未获得应用。1913 年德国人 C. A. Brackelsberg 将矿粉加水或黏结剂混合、造球，然后在较低的温度下焙烧固结，获得了德国专利。1926 年德国的 Rheinhausen 钢铁厂，采用 Brackelsberg 发明的方法建成了一座日产 120t 的球团试验厂，并于 1935 年进行了改建。但是在 1937 年，为了腾出场地建大型烧结厂，这个试验厂被拆除了，球团法发展的第一个阶段便告结束，此后球团法的发展沉寂了近十年。

　　球团法发展的第二个阶段始于美国。第二次世界大战结束时，美国的富矿几近枯竭，而北部的梅萨比矿区有储量巨大的贫矿资源，即常说的铁燧岩，其全铁含量约 30%，并且几乎全部以磁铁矿形态存在。经深度细磨磁选后获得的精矿中小于 0.045mm 的粒级在 85% 以上，这些细粒精矿用于烧结时严重恶化了混合料的透气性。细粒精矿的造块问题重新引发了世界范围内研究开发球团法的热潮。

　　大约在 1943 年前后，美国矿业局的 E. P. Barre 和 S. R. Dean 研究了铁燧岩精矿制备球团的可行性，他们采用圆筒造球，然后将球团在 500℃ 至矿粉熔点的温度下焙烧。与此同时，明尼苏达大学的 E. A. Dvavies 及其同事们开展了圆筒造球和竖炉焙烧处理梅萨比地区铁燧岩精矿的系统研究。1944~1946 年美国的研究者相继发表了一批研究成果。

　　球团法的先驱者瑞典人在获悉这一消息后立即组织研发工作，他们于 1946 年在斯德哥尔摩钢铁研究院成立了一个应用精矿的专门委员会。在 M. Tiegerschiold 的领导下，他们不久就在瑞典建成了数座小型工业性竖炉球团厂。因此，现在公认的世界第一个球团厂（竖炉球团厂）是在瑞典诞生的。随后美国里塞夫（Reserve）矿业公司在明尼苏达州的巴比特（Babbitt）建成了有四座竖炉的工业性球团厂。由于竖炉产能较小，1951 年美国又开始了带式焙烧机球团法的研究与建设，并于 1955 年在里塞夫建成年产 60 万吨的世界第一个带式焙烧机球团厂。另一个发展球团矿较早的国家是加拿大，他们于 1955 年建成了年产 50 万吨的竖炉球团厂，1956 年建成年产 100 万吨的带式球团厂。随后美国与加拿大的冶金工作者又研究采用生产水泥的链算机—回转窑设备生产球团矿的可行性，并于 1960 年在美国的 Humboldt 建成世界第一座处理铁精矿的链算机—回转窑球团厂，最终使这一移植设备获得了成功。虽然在此期间和随后若干年，全世界研究开发的其他球团生产方法有数十种之多，但都未能获得发展，此后五十年内，竖炉、带式机和链算机—回转窑法成为球团矿生产的三种主要方法。

　　球团矿生产在瑞典、美国和加拿大取得成功以后，前苏联、法国、前联邦德国以及我国等相继结合本国的情况，开展球团法试验研究，并陆续建设一批球团厂。20 世纪 60 年代以前，生产球团矿的国家主要是美国、加拿大、瑞典等，总年产量约 1600 万吨，至 1970 年球团产量增至 1.15 亿吨。

　　大约在 1970 年后，也有学者认为是稍晚一些，球团法的发展进入了第三阶段。其主要标志是：球团设备不断向大型化发展；球团矿质量不断改善；产品由酸性球团矿向熔剂性、含镁球团等多品种发展；球团法处理的原料由单一铁精矿扩大到细粒粉矿、混合矿、含有色金属复杂矿和各种含铁二次资源。

50 年代所建的竖炉单台面积为 $7.81m^2$（1955 年美国伊利厂），而在 1961 年建成的格雷斯厂为 $15.95m^2$，到 1975 年阿根廷希拉格邦厂则为 $25m^2$。1955 年建成的第一台带式焙烧机面积为 $94m^2$（美国里塞夫厂），1970 年荷兰艾莫伊登厂扩大到 $430m^2$，到 1977 年巴西乌布角厂则为 $704m^2$，年产球团矿 500 万吨，巴西淡水河谷公司（CVRD）2002 年投产的带式焙烧机年产能扩大到 600 万吨。美国 1960 年建成的第一套链箅机—回转窑生产线中回转窑直径为 3.05m、长 36.6m，年产球团矿 33 万吨，到 1974 年美国蒂尔登厂建成的回转窑直径达 7.62m、长 48.77m，年产量增到 400 万吨，我国武钢 2005 年在鄂州建成投产的链箅机—回转窑生产线，年产能达到 500 万吨。

虽然在早期的研究中生石灰曾被用作球团黏结剂，但随后生产的球团矿均为酸性球团矿，绝大部分是以膨润土为黏结剂制备的。但高炉冶炼实践逐渐发现，这种球团矿的高温冶金性能不及熔剂性烧结矿。添加膨润土不仅降低球团矿的铁品位，而且其带入的碱金属和脉石等杂质也对球团矿的冶金性能产生不良影响。为改善球团矿的冶金性能，冶金工作者分别从开发膨润土替代品和改变球团矿的物质组成开展研究。荷兰恩卡公司开发的有机黏结剂佩利多（Peridur），已在美国依利矿山公司球团厂、内陆钢铁公司米诺卡球团厂使用，其最佳用量每吨混合料为 0.45～0.73kg。佩利多在球团矿高温焙烧时会燃烧殆尽，不留残余物。但后来更多的研究与实践发现，这种黏结剂似乎只适用于特定工艺，如带式球团法，加之其价格昂贵等因素，佩利多并未在世界范围内得到广泛应用，其他新型黏结剂的开发仍是目前造块工作者的重要课题。

瑞典研究出添加白云石或橄榄石的球团矿，以提高其还原和软熔性能，降低还原膨胀指数，到目前为止，瑞典生产含镁熔剂性球团已近 30 年。经高炉冶炼证明，含镁球团矿与普通酸性球团矿相比，生产吨铁的焦比降低 40～50kg，效果明显。

1970～1985 年是世界球团矿高速发展时期。1980 年世界球团矿总产量为 3.39 亿吨，1985 年达到 4.35 亿吨。此后由于以球团矿为主要炼铁炉料的北美、欧洲等国钢铁工业走向衰落，世界球团矿生产不断下降，至 2001 年降至谷底 2.39 亿吨。2001 年后又逐年增加，2008 年世界球团矿产量再突破 4 亿吨。目前球团矿生产主要分布在北美、南美、独联体、欧洲以及中国等国家和地区。

1.2.3 压团法

压团法始于 19 世纪 30 年代，19 世纪后期被引入钢铁生产领域用于处理铁矿粉，是钢铁工业应用最早的细粒含铁物料造块方法。1907 年瑞典用于铁矿粉制团的工厂已达 20 多家。早期世界各地都用辊式压团法造块，1913 年发明冲压式压团机之后，人们可以利用高压力（$>3000N/cm^2$）使难压制的物料成型并获得高强度团块，与此同时还建造了具有相同高压力的环式压团机。

1975 年以后，对辊式压团机进行了改进，通过增设供料预压装置和双辊增压弹簧后，使团压压力增到 $10000N/cm^2$，从而代替了冲压式和环式两种压团机，使维修过程简化，生产成本降低。

由于压团设备的单机生产能力难以满足现代钢铁工业大规模生产的需要，压团法未能像烧结和球团法那样获得较大发展。不过，近几年来这种方法在细粒海绵铁热压块、转底炉还原法处理钢铁厂含铁二次资源中获得了新的应用。最近日本和我国学者正在研究的用于高炉炼铁的含碳热压团块，所采用的造块方法也是压团法。

1.3 我国铁矿造块的发展

1.3.1 烧结法

据资料记载，我国第一台烧结机于 1926 年在鞍钢建成投产，烧结面积为 21.8m^2。此后又在 20 世纪 30～40 年代建成两台 50m^2 烧结机和若干台小型烧结机。1949 年以前全国共有烧结机 10 台，总面积 330m^2，烧结矿最高年产量达到 24.7 万吨（1943 年），主要生产酸性热烧结矿。

新中国成立后，经过三年恢复时期，烧结矿产量增至 138 万吨。以设备规格、产品特性和工艺技术的发展为线索，可将六十余年来我国烧结工业的发展分为四个阶段。

第一阶段（1953～1970 年），是新中国烧结的起步期。在苏联的帮助下，鞍钢、本钢、武钢、包钢、马钢先后建成了 22 台 75m^2 烧结机，太钢投产 2 台 90m^2 烧结机，此间还建成了 20 余台 65m^2 以下的烧结机。这些烧结机全部生产碱度在 1.0～1.3 之间的自熔性烧结矿。这一时期的烧结工艺很不完善，料层厚度低于 200mm，无自动配料、烧结矿整粒、铺底料等设施，大部分无烧结矿冷却设施，烧结技术经济指标非常落后。

第二阶段（1970～1985 年），是我国烧结发展的探索期。60 年代后期，随着苏联专家的撤出，我国开始探索自主设计和建造烧结机，并于 1970 年在攀钢建成投产 130m^2 烧结机，随后又在酒钢、梅山、本钢等地建成了 7 台相同规模的烧结机。这些烧结机工艺开始采用自动配料，增设烧结矿整粒和铺底料设施，实施烧结矿冷却技术，并开始发展高碱度和厚料层烧结技术。1985 年料厚平均提至 350mm、碱度平均升至 1.5 倍，烧结利用系数为 1.34t/(m^2·h)，烧结矿平均铁品位 52.01%，工序能耗为 85kg/t－s。

第三阶段（1985～2000 年），是我国烧结发展的转折期。在此期间，我国烧结生产实现了设备由小到大、料层由薄到厚、产品碱度由低到高的全面转变。1985 年，宝钢从日本引进的 450m^2 大型烧结机投产，此后在消化吸收宝钢和国外烧结新技术的基础上，自主设计建成 300～500m^2 烧结机 6 台，同时新建 90～180m^2 烧结机 24 台，积累了自主建设现代化大型烧结机的丰富经验。此间，我国的烧结工艺技术得到进一步发展：一批大中型企业建成中和料场；燃料分加、小球团烧结、低温烧结、混合料预热、热风保温烧结等技术投入应用；烧结过程实现自动操作、监视、控制及管理；高效干式电除尘器在许多厂应用；料层厚度继续提高、高碱度烧结矿生产更加广泛。主要技术经济指标进一步提高。至 2000年，烧结矿年产量增至 1.68 亿吨，料层平均料厚升至 470mm，烧结矿平均铁品位升至 56%，碱度升至 1.6～1.7 倍，利用系数达到 1.46t/(m^2·h)，工序能耗降至 69.5kg/t－s。

第四阶段（2000～2013 年），是我国烧结发展的繁荣期。进入 21 世纪后，我国的烧结工业进入了空前高速发展阶段。在此期间，一大批大型烧结机建成投产。这一时期也是我国烧结大量研发和采用新工艺、新技术、新设备的时期，高铁低硅烧结、新型点火、偏析布料、超高料层烧结、降低漏风技术被广泛采用；烧结余热回收利用、烟气净化技术在大部分钢铁企业获得应用；烧结生产自动控制水平显著提高；高碱度烧结矿（R = 1.8～

2.2）得到普遍发展；料层平均厚度达到600mm，最高达到900mm。

　　2009年我国的烧结矿产量超过6亿吨，2012年达到8亿吨。随着装备及技术水平的提高，烧结生产技术经济指标进一步改善，2012年重点企业烧结工序能耗降至50.6kg/t-s。经过新世纪十余年的快速发展，我国烧结不仅在产量上遥遥领先世界其他国家，而且一批重点大中型企业的技术经济指标也跨入世界先进行列。

　　图1-1~图1-6分别是我国烧结矿产量、全铁品位、碱度、料层厚度、烧结机利用系数和工序能耗变化情况。

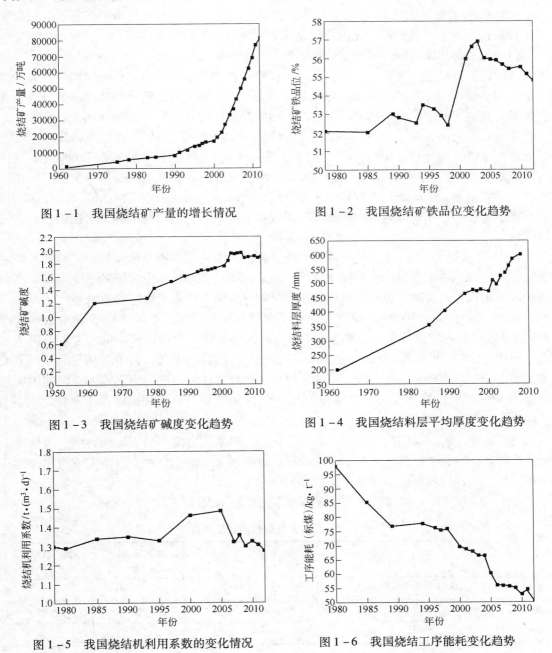

图1-1　我国烧结矿产量的增长情况　　　　图1-2　我国烧结矿铁品位变化趋势

图1-3　我国烧结矿碱度变化趋势　　　　图1-4　我国烧结料层平均厚度变化趋势

图1-5　我国烧结机利用系数的变化情况　　图1-6　我国烧结工序能耗变化趋势

1.3.2 球团法

1955 年中南矿冶学院、北京钢铁学院等单位就开始了铁精矿球团法的试验研究。1958 年国家组织有关单位进行工业试验，并于 1959 年在鞍钢和本钢建成隧道窑焙烧装置进行球团矿生产。1968 年，济南钢铁公司自主设计并建成了我国的第一座球团竖炉。70 年代我国曾经出现过发展球团矿的热潮，继济钢后，又先后在杭钢、莱钢等八个钢铁厂陆续建成 20 余座 5~8m² 竖炉，1972 年在武钢建成两台 135m² 带式焙烧机，随后包钢从日本引进一台 162m² 带式焙烧机，70 年代后期南京钢铁厂引进一套处理硫酸渣的链箅机—回转窑球团设备，并在承德、成都、沈阳自行设计和建造类似设备投产。

但我国竖炉球团的发展遇到了许多困难。由于初期用石灰作为黏结剂，生产自熔性球团矿，炉内频繁结块，生产不正常。另外，在没有查明和掌握不同矿种球团焙烧性能的情况下，用竖炉生产赤铁矿、褐铁矿球团矿，浪费了人力和物力，使竖炉球团的发展一度受到挫折。直到发明了炉内导风墙和烘干床，用膨润土代替石灰生产酸性球团矿，竖炉才走上健康发展的道路，并一度成为我国生产球团矿的主要方法。80 年代以来，我国陆续又建成投产一批球团竖炉，1988 年在本钢建成第一台 16m² 大型球团竖炉，至 2000 年，我国有球团竖炉 27 台。1989 年鞍钢引进一套 320m² 带式球团焙烧机。由于高热值煤气和重油的供应受到限制，带式焙烧机在我国未能推广，此间武钢两台带式机也已停产，直到 2011 年京唐钢建成年产 400 万吨带式机球团厂，现在全国只有包钢、鞍钢和京唐钢的三台带式球团机。

自 80 年代至 20 世纪末，我国球团矿的发展较为缓慢。主要原因是我们早期受苏联发展模式的影响，将细磨精矿主要用于烧结，这是我国铁矿造块工业发展的一个误区。竖炉球团法之所以得到发展，得益于我国创造出具有导风墙和炉顶干燥床的新型竖炉。

进入 21 世纪后，我国球团矿生产获得了突飞猛进的发展。2000 年首钢矿业公司年产 120 万吨链箅机—回转窑生产线改造成功，为我国链箅机—回转窑球团法的发展提供了示范。至 2010 年，我国建成投产的链箅机—回转窑生产线达 91 条，其中包括目前亚洲最大的武钢鄂州年产 500 万吨生产线。目前链箅机—回转窑法的生产能力已经占全国球团矿总产能的 50% 以上。加上 2000 年以来又新建一批球团竖炉，目前我国球团矿产能达到约 2 亿吨。

进入新世纪后，我国冶金工作者加大了球团法的研究力度，高压辊磨、润磨预处理技术，赤铁矿、镜铁矿生产球团技术，混合原料球团制备与焙烧技术等获得工业应用，为我国球团生产的高速发展提供了重要支撑。

表 1-2 是 2000 年以来我国与世界球团矿的发展情况。

表 1-2 世界及我国球团矿生产情况

年份	世界球团矿产量/亿吨	我国球团矿产量/万吨	竖炉/座	链箅机—回转窑/套	带式焙烧机/套	球团占高炉炉料比例/%
2000	2.60	1365	27	2	2	6.31
2001	2.39	1784	43	2	2	6.95
2002	2.66	2620	59	4	2	9.29

年份	世界球团矿产量/亿吨	我国球团矿产量/万吨	竖炉/座	链箅机—回转窑/套	带式焙烧机/套	球团占高炉炉料比例/%
2003	2.85	3484	63	8	2	10.38
2004	3.00	4628	76	24	2	11.14
2005	3.11	5828	89	38	2	10.69
2006	3.23	8500	106	41	2	12.72
2007	3.49	9934	118	52	2	12.77
2008	3.80	10033	123	55	2	15.45
2009	2.94	10617			2	
2010	3.88	12422	211	91		
2011	4.16	15612			3	
2012		14892				

1.3.3 我国铁矿造块的现状与展望

1.3.3.1 我国铁矿造块工业现状

2000 年以来，我国的铁矿造块不仅在数量上增长迅猛，在技术装备水平上也有一个大的飞跃。2000~2012 年重点企业的烧结机结构对比如表 1-3 所示。

目前我国已投产的烧结机中，有 48 台 300m² 以上大型烧结机（如表 1-4 所示），总面积达 18430m²，平均单机面积 384m²。其中 2000 年以后共增加了 23 台。

表 1-3　2000~2012 年重点企业烧结机构成情况

年份	>130m²	90~129m²	36~89m²	19~35m²	<18m²	总计/台数
2000	33	28	64	95	2	222
2001	35	37	68	87	6	233
2002	38	40	68	100	7	253
2003	45	43	75	102	7	272
2004	61	56	88	104	9	318
2005	79	63	119	104	4	369
2006	98	77	141	96	2	414
2007	125	81	153	62	0	421
2008	145	88	157	50	0	440
2009	188	86	167	50	0	491
2010	192	112				463
2011	232	105				474
2012	275	121				520

表 1-4　我国重点企业大中型烧结机统计情况（截至 2012 年）

企业名称	台数	总面积/m²	企业名称	台数	总面积/m²
宝钢	3	1485	安钢	2	760
鞍钢	6	2185	天钢	1	360
武钢	4	1665	承钢	2	720
首钢	2	910	南钢	1	360
太钢	2	1110	湘钢	1	360
邯钢	3	1120	济钢	1	320
马钢	4	1320	宣钢	1	360
沙钢	5	1800	北台	2	660
本钢	1	360	新余	1	360
宁波	1	435	柳钢	1	360
天铁	1	400	昆钢	1	300
韶钢	2	720	总计	48	18430

从表 1-3 和表 1-4 可以看出，我国大、中型烧结机所占的比重逐渐增加，中小型烧结机所占比重逐渐减少，我国大中型烧结机约占全部烧结面积的 2/3 以上，已占明显优势。由于烧结机大型化和现代化，烧结矿质量和环保状况得到改善，工序能耗也大幅降低。

至 2011 年，全国共有竖炉 211 座，年生产能力 8665 万吨；带式焙烧机 3 台，年生产能力 750 万吨，链箅机—回转窑 91 条，年生产能力 10280 万吨，球团矿总生产能力 19695 万吨，链箅机—回转窑所占装备产能比例超过竖炉产能比例。京唐钢铁公司年产 400 万吨带式焙烧机开始建设，改写带式焙烧机发展停滞不前的状态。表 1-5 为截至 2011 年底我国球团矿生产装备及产能情况。

表 1-5　我国球团矿生产装备及产能情况

装备	数量/台	装备数百分比/%	年生产能力/万吨	产能百分比/%
竖炉	211	69.18	8665	44.00
链箅机—回转窑	91	29.84	10280	52.20
带式焙烧机	3	0.98	750	3.80
总计	305	100	19695	100

2000~2012 年我国大中型企业烧结主要技术指标如表 1-6 所示。从表中可以看出，我国烧结日历作业率和从业人员劳动生产率逐年稳步提升，烧结矿强度和合格率越来越高，固体燃料消耗和工序能耗逐年下降，利用系数和碱度趋于稳定。

表 1-6　我国大中型企业烧结主要技术经济指标

年份	利用系数 /t·(m²·h)⁻¹	烧结矿品位/%	合格率/%	日历作业率/%	劳动生产率 /t·(人·a)⁻¹	固体燃料消耗/kg·t⁻¹	转鼓强度/%	碱度	工序能耗/kgce·t⁻¹	含铁原料消耗/kg·t⁻¹
2000	1.44	55.65	89.71	85.61	3754				68.71	923
2001	1.47	55.95	90.27	86.44	3847	59	71.62	1.76	68.71	905

年份	利用系数 /t·(m²·h)⁻¹	烧结矿品位/%	合格率/%	日历作业率/%	劳动生产率 /t·(人·a)⁻¹	固体燃料消耗 /kg·t⁻¹	转鼓强度/%	碱度	工序能耗 /kgce·t⁻¹	含铁原料消耗 /kg·t⁻¹
2002	1.48	56.6	91.31	89.42	4634	57	83.72	1.83	67.75	932
2003	1.48	56.9	91.83	88.6	4694	55	71.83	1.94	66.42	934.26
2004	1.46	56	91.39	88.94	4707	54	73.24	1.93	66.38	932.54
2005	1.48	55.85	92.57	90.58	5430	53.15	83.78	1.94	64.83	916.35
2006	1.43	55.85	93.5	89.92	6034	54	75.75	1.95	55.61	929.86
2007	1.42	55.65	94.32	90.3	6792	54	76.02	1.88	55.21	931.51
2008	1.36	55.39	93.87	89.77	7211	53	76.59	1.884	55.49	922.51
2009	1.34			89					54.96	929.94
2010	1.324	55.53	94.15	89.83		54	78.77	1.914	52.65	928.06
2011	1.306	55.13	95.2	88.5		54	78.72	1.877	54.36	923.01
2012	1.275	54.81	94.04	84.86		53	79.01	1.887	50.6	917.91

注：数据来源于中国钢铁统计。

1.3.3.2 我国铁矿造块发展展望

随着钢铁产量的不断增加，发达国家铁矿造块的发展重点已由早期追求产量和质量，转变到稳定产量和质量、降低能耗和清洁生产上来。我国已是世界公认的铁矿造块大国，但由于不同地区、不同企业发展不平衡，多层次、不同技术水平装备并存，目前铁矿造块的整体水平与国际先进水平相比仍存在差距，能耗和环境方面的差距尤为显著。

未来我国铁矿造块应该在进一步提高产量、质量的同时，努力降低工序能耗，发展循环经济、实现清洁生产，并大力研发造块新方法、新装备、新产品，为实现我国钢铁强国的目标做贡献。

（1）加快淘汰落后设备，实现装备大型化。

虽然在烧结机大型化方面取得长足进步，但总体来说，我国烧结机的平均面积偏小，不能满足提高质量和节能减排的要求。《钢铁产业发展政策》规定烧结机准入条件是，新建烧结机使用面积不小于180m²。未来我国烧结机将继续向大型化发展，装备水平将不断提高。烧结机最大面积突破500m²，太钢660m²烧结机建成后是世界目前最大的烧结机。球团大型化趋势明显，继武钢后，湛江龙腾物流有限公司500万吨/年链算机—回转窑生产线于2009年建成投产，京唐钢铁公司400万吨/年带式焙烧机2011年建成投产。我国烧结球团装备以大代小，先进代替落后成必然趋势。

（2）积极推动节能减排，发展循环经济。

节能减排是未来我国各行业工作的重点，钢铁行业作为高能耗、高污染行业，节能减排的任务十分繁重。烧结节能应以降低固体燃料消耗和回收烧结废烟气余热为主。要进一步发展厚料层烧结等各种低能耗烧结技术；用烧结矿冷却产生的余热发电技术对优化烧结生产、降低工序能耗、推动循环经济发展起到积极的作用，具有良好的社会效益和经济效益。我国造块工作者应加快研究开发，使烧结余热发电设备和技术早日国产化、普及化。

烧结过程SO_2排放量约占钢铁企业总排放量的40%～60%，因此烧结烟气净化任务更为迫切。目前国外使用的技术主要有氨—硫酸铵法、循环流化床法、活性炭吸附法和石灰—石膏法等。我国越来越多的企业已开始实施或正在规划实施烧结烟气脱硫、脱硝。结合我国实际情况，开发设备简单、操作方便、投资省、脱硫率高、运行成本低且不产生二次污染的烧结烟气净化新技术，是我国科技工作者攻关的重点。

此外，还要积极开发大型烧结机烟气循环富集和余热综合利用技术。此技术不仅利用了烟气余热，而且为降低脱硫设备投资和生产成本打下了基础。

（3）加大低碱度炉料发展，优化炼铁炉料结构。

目前我国的炼铁炉料中，高碱度的烧结矿占主导地位。虽经近十年来的快速发展，但球团矿在人造块矿中的比例还不到20%，在钢铁工业快速发展的今天，中低碱度炉料的不足成为困扰我国许多钢铁企业发展的新问题。与烧结法相比，球团法具有产品含铁高、能耗低、污染小等优点，我国氧化球团工序能耗（标煤）为每吨 30 ~ 35kg，烧结工序能耗（标煤）为每吨 55 ~ 57kg。多生产一吨球团矿，可使炼铁系统能耗（标煤）下降每吨20kg以上。

我国自产铁矿原料几乎都是磨选的精矿，而且大部分为磁铁精矿，这种精矿粉最适合制备成球团矿，而用作烧结原料，不仅对烧结矿产量和质量都不利，而且造成严重的环境污染。就目前我国铁精矿和钢铁生产规模来看，即使将自产精矿全部用于生产球团矿，其在炼铁炉料中的比例仍达不到50%。而北美和欧洲一些高炉目前球团矿的比例已达到70% ~ 80%，个别达到100%。

（4）开发劣质原料造块技术，扩大可利用的资源。

我国钢铁生产对含铁原料需求量大，按目前生铁生产规模和国际铁矿平均品位计算，每年需要消耗 10 亿吨高品位含铁原料。我国铁矿资源尤其是优质资源短缺、自产精矿生产成本高，对外依存度已连续十年超过50%。低成本非传统资源，包括各种难焙烧矿、低品位和复杂共生矿以及二次资源造块技术的开发和利用，是我国造块工业的必然选择。

（5）改革现有造块和炼铁方法，推动我国向钢铁强国转变。

现代钢铁生产分为以高炉—转炉为主体的长流程和以电炉为中心的短流程。长流程需要经过炼焦、造块、高炉炼铁等能耗高、污染大的复杂环节，进而以高炉铁水入转炉炼钢。短流程则以废钢和直接还原铁为原料采用电炉炼钢，省去了长流程中的焦化、造块、高炉炼铁等生产环节，流程短、投资省、能耗低、污染小，是世界钢铁生产的发展方向。目前发达国家钢产量中电炉钢比已接近50%，而我国电炉钢比仅为10%。基本沿用长流程生产，是我国钢铁产业能耗高、环境污染严重的结构性原因。

我国目前虽因废钢和直接还原铁短缺，大规模发展短流程的条件不完全成熟，但必须大力研究开发适合我国资源特点的直接还原铁大规模生产技术，以解决目前电炉原料短缺的问题，并为未来我国短流程炼钢的快速发展奠定技术基础。

在我国以长流程为主的目前背景下，改革现有的造块和炼铁方法，是冶金工作者面临的迫切任务。我国的铁矿造块和炼铁工作者要勇于创新，突破带式抽风烧结和氧化球团等传统造块方法和产品结构的束缚，积极研究开发具有自主知识产权的造块新方法、新产品，如复合造块法、金属化烧结法、含碳球团和预还原球团技术等，为钢铁生产提供新型炉料，通过自主创新和科技进步，从根本上提高我国钢铁生产的国际竞争力。

1.4 冶炼和环保对造块生产的要求

1.4.1 冶炼对造块产品质量的要求

为了实现高效、优质、低耗和清洁生产，钢铁生产对造块产品提出了严格的要求。高炉对人造块矿质量的要求主要包括物理性能、化学成分和冶金性能三个方面。在物理性能方面要求人造块矿机械强度高、粒度均匀；化学成分方面要求含铁品位高、成分稳定、有害杂质含量低；在冶金性能方面要求还原度高、还原膨胀和粉化率低、荷重还原软熔性能好。

1.4.1.1 含铁品位

炼铁入炉矿含铁品位要高是精料技术的核心。炼铁原料铁品位升高1%，炼铁焦比下降1%～1.5%，高炉产量提高1.5%～2.5%，吨铁渣量减少20～30kg、允许高炉增喷10～15kg/t煤粉。2000年全国炼铁会议提出的我国人造块矿铁品位的要求为：烧结矿大于58%，球团矿大于64.5%。2009年实施的《铁矿球团工程设计规范》又进一步将球团矿的铁品位提高至65%以上。

1.4.1.2 化学成分

炼铁生产实践表明，炉料化学成分的稳定对高炉生产非常重要。入炉矿含铁品位波动1%，会使高炉产量波动3.9%～9.7%，焦比变化2.5%～4.6%；碱度每波动0.1，高炉产量会影响2.0%～4.0%，焦比变化1.2%～2.0%。2007年发布的我国《烧结厂设计规范》对烧结矿成分波动的要求分别为：铁品位不大于±0.5%、碱度不大于±0.08、FeO含量不大于±1.0%。

1.4.1.3 有害杂质含量

A 硫

硫是钢与铁的有害元素，硫在钢液的凝固过程中以Fe-FeS共晶形式凝固在晶体边界上，会显著降低钢的塑性。在热加工过程中晶粒边界先熔化，因而出现热脆现象。此外，硫对铸造生铁同样有害，它降低生铁的流动性及阻止碳化铁分解，使铸件容易产生气孔和难以加工。虽然炼铁与炼钢过程中可以脱除大量的硫，但是需要消耗脱硫剂，更主要的是降低了设备生产率。

B 磷

磷也是钢与铁的有害元素，磷使钢铁具有冷脆的性质。磷化物聚集于晶界周围减弱晶粒间的结合力，使钢冷却时产生很大的脆性，从而造成冷脆现象。但磷可以改善铁水流动性，所以在浇注形状复杂的普通铸件时，允许生铁含有一定的磷，一般对生铁含磷要求越低越好。磷在造块过程中不易脱除，炼铁过程中磷又全部进入生铁，控制磷的唯一办法就是控制入炉原料中含磷量。

C 铜、铅、锌、锡、砷

铜在高炉冶炼时全部还原到生铁中去，炼钢时又进入钢中。铜的含量在不超过0.3%时能改善钢的耐腐蚀性能，但当含铜量超过0.3%钢的焊接性能降低，并产生热脆现象。

铅在高炉内易还原。由于密度大于铁水，极易渗入耐火砖缝，破坏炉底砌砖，甚至使炉底砌砖浮起。铅能在高炉内循环富集，造成高炉结瘤。

锌在高炉内易还原，还原后在高温区以锌的蒸气大量挥发上升，并在炉身上部被氧化而沉积，有时使砌砖膨胀而引起炉壳破裂，严重时引起结瘤。

锡在高炉中的行为及其对冶炼过程的影响与锌相似。

砷在高炉冶炼过程中全部还原进入生铁，钢中含砷超过 0.1% 时使钢脆性增加，并使焊接性能变坏。

D 氟

原料中含氟过高会使它在高炉内成渣过早，不利于矿石还原。氟进入渣中增加炉渣流动性、降低炉渣的熔点。同时高氟渣侵蚀高炉风口及炉衬。氟还会在高炉内循环富集，它破坏烧结矿、球团矿的高温冶金性能，氟与碱金属相结合是造成高炉结瘤的主要原因之一。

E 碱金属

碱金属在高炉内有"自动富集"倾向。炉料碱金属进入高炉，超过一定量后对高炉有很大的危害。

高碱金属烧结矿及球团矿软熔温度低，低温还原粉化率高，并导致球团矿恶性膨胀。K_2O 和 Na_2O 在高炉中上部易富集，产生结瘤，并破坏炉缸内的碳砖。如果焦炭中含钾、钠高，会使焦炭的热性能变差，焦炭产生裂纹粉化后使高炉生产顺行遭到破坏，煤气阻力增加，喷煤比下降等。碱金属与氟同时存在于矿石中危害性更大。

表 1-7 列出了高炉冶炼对人造块矿中各种有害杂质的要求。

表 1-7 高炉冶炼对人造块矿中有害杂质的要求 （%）

S	P	Cu	Pb	Zn	Sn	As	$K_2O + Na_2O$	F
Ⅰ级≤0.10~0.19	Ⅰ级≤0.05~0.09	≤0.10~0.20	≤0.10	≤0.10~0.20	≤0.08	≤0.04~0.07	≤0.25	≤1.0
Ⅱ级≤0.20~0.40	Ⅱ级≤0.10~0.20							

1.4.1.4 机械强度和入炉粉末量

炼铁入炉原料机械强度提高，特别是热强度的提高，会减少冶炼过程中炉料粉末的产生。炉料中粉末少，可有效提高炉料的透气性、矿石的间接还原反应率和煤气利用率，为提高高炉喷煤比例创造良好条件。烧结矿转鼓强度提高 1%，高炉焦比可下降 0.5%，生铁产量提高 1.0%~1.9%。高炉炼铁要求入炉料中小于 5mm 粒级的比例小于 5%。入炉料粉末减少 1%，高炉利用系数可提高 0.4%~1.0%，炼铁焦比下降 0.5%。

人造块矿的机械强度越高，在炉内产生的粉末就越少。我国中型高炉要求烧结矿的转鼓强度（+6.3mm）大于 71%、球团矿的抗压强度大于 2000N/球，大型高炉则要求烧结矿转鼓强度大于 77%、球团矿的抗压强度大于 2500N/球。

1.4.1.5 粒度

炼铁炉料的粒度组成对高炉内的透气性起着决定性的作用。炉料粒度越均匀，料柱的透气性越好，矿石的间接还原度越高。实践表明，间接还原度提高 1%，焦比可下降 6~7kg/t。入炉料中大粒度级和较小粒度级的增加，都会使料柱的孔隙度变小，透气性变差。所以要求高炉炉料粒级差别越小越好。国内外高炉炼铁要求天然铁矿石粒度在 8~25mm，中小高炉的粒级下限为 8~15mm，对球团矿的粒度要求在 10~15mm，对烧结矿的粒级要求一般为 5~50mm，其中 10~15mm 粒级所占的比例要小于 30%。

不同粒级的烧结矿最好是分级入炉，不要进行混装。如将 6~13mm 和 13~40mm 级的烧结矿分别入炉，会使高炉焦比下降3%。

1.4.1.6 还原性

一般要求人造块矿的还原度大于60%。还原性取决于炉料的矿物类型、气孔率及气孔大小等物化性能。人造块矿的各类矿物中，铁酸钙和赤铁矿易还原，磁铁矿较难还原，而铁橄榄石（$2FeO \cdot SiO_2$）更难还原。

矿石还原性提高10%，炼铁焦比可降低8%~9%。由于烧结矿中易形成铁橄榄石，所以烧结矿中含FeO高，还原性会变差。一般要求控制烧结矿中FeO含量在6%~10%。

1.4.1.7 低温还原粉化率

在高炉上部（500~600℃）低温区内Fe_2O_3被还原为Fe_3O_4和FeO，发生晶型转变，导致块状炉料易粉化。粉末的产生会使高炉顺行和煤气流分布受到影响，还原粉化率升高，导致高炉产量和煤气利用率下降，炼铁焦比升高。低温还原粉化率与原料的矿物种类和微观结构有关。赤铁矿在还原过程中由于晶型转变，还原粉化率相对较高。生产高碱度烧结矿和含MgO烧结矿可以降低烧结矿还原粉化率。含TiO_2、K_2O、Na_2O高的烧结矿粉化率也高。

1.4.1.8 还原膨胀率

还原膨胀性用来评价球团矿还原过程中Fe_2O_3向Fe_3O_4发生晶型转变，以及浮氏体还原可能出现铁晶须导致的体积膨胀程度。当还原膨胀率较大时，球团矿机械强度大幅度下降并在高炉内形成粉末，影响高炉顺行和煤气的分布。球团矿的还原膨胀性能主要取决于球团矿的矿物成分与结构。在Fe_2O_3到Fe_3O_4还原阶段发生晶型转变导致的球团膨胀一般认为是不可避免的，属正常膨胀。关于球团矿在还原过程中异常膨胀的原因目前尚无统一定论。高炉炼铁生产一般要求球团矿的还原膨胀率低于15%。

1.4.1.9 荷重还原软熔性能

入炉矿石的荷重还原软熔性能对高炉冶炼过程中软熔带的形成——软熔带的位置、形状、厚薄起着极为重要的作用。从提高高炉生产的技术经济指标角度，要求铁矿石的荷重软化温度要高一点，软化到熔化的温度区间要窄一些，软熔过程中气体通过时的阻力损失要尽可能的小一些。因为这样可使高炉内软熔带的位置下移，软熔带变薄，高炉炉料透气性改善。

人造块矿软熔性能主要取决于它的渣相成分和熔点。还原过程中产生的含铁矿物及金属铁的熔点也对矿石的熔化和滴落性能有重大影响。渣相的熔点取决于它的组成，影响渣相熔点的主要因素是碱度和MgO含量。提高碱度和MgO含量均可改善人造块矿的软熔性能，降低人造块矿中的FeO含量也能改善其冶金性能。

表1-8是2009年发布的《铁矿球团工程设计规范》提出的我国球团矿的质量标准。

表1-8 我国球团矿的质量标准

项　　目		高炉用球团矿	直接还原用球团矿
化学成分	TFe/%	≥65±0.3	≥65±0.3
	R	≤0.3 或≥0.8±0.025	≥0.8±0.025
	S，P/%	S≤0.03 P≤0.03	S≤0.03 P≤0.03

项　目		高炉用球团矿	直接还原用球团矿
粒度组成/%	8～16mm	≥90	≥95
	－5mm	≤3.0	≤3.0
物理性能	转鼓强度（+6.3mm）/%	≥95	≥95
	耐磨指数（－0.5mm）/%	≤4.5	≤4.5
	抗压强度/N·球$^{-1}$	≥2500	≥3000
冶金性能	还原度（RI）/%	≥65	≥65
	还原膨胀指数/%	≤15.0	≤15.0
	还原后抗压强度/N·球$^{-1}$	≥450	≥450

1.4.2　环境保护对造块生产的要求

随着社会的不断进步和人类对自身生存环境的日益关切，钢铁生产过程的环境保护越来越迫切。铁矿造块生产中产生的污染物主要为固体粉尘和废气。在原料的准备、烧结和焙烧、产品的处理过程都会产生粉尘，而气体污染物主要源于高温烧结和焙烧过程，如表 1－9 所示。

表 1－9　铁矿造块过程中的主要污染源和污染物

序号	生产工序	污　染　源	主要污染物
1	原料场	原料的装卸、堆取	粉尘
2	原料准备	煤粉及熔剂的制备、卸车、破碎、筛分、干燥、运输	粉尘
3	配料混合	配料、混合、制粒/造球	粉尘
4	烧结/焙烧	烧结/球团焙烧	烟（粉）尘、SO_2、NO_x、CO、CO_2、HF、PCDD/F 等
5	破碎冷却	破碎、鼓风	粉尘
6	成品整粒	破碎、筛分	粉尘

烧结烟气中的 SO_2，主要来源于在烧结原料中硫的化合物燃烧的结果。这些硫的化合物主要是通过固体燃料引入的，硫的输入从 0.28kg/t 变化到 0.81kg/t 烧结矿不等。每生产一吨烧结矿约产生 SO_2 0.8～2.0kg。

烧结烟气中的 NO_x，主要是由固体燃料及含铁原料中的氮和空气中的氧在高温烧结时相互作用产生的。在烟气中，由燃料生成的 NO_x 可以占到 80%，在燃烧的空气中氧分子和氮分子反应而产生的 NO_x 也可能占 60%～70%。每生产一吨烧结矿约产生 NO_x 0.4～0.65kg。烧结烟气中 NO_x 的浓度一般在 200～310mg/m^3。

烟气中的氟化物主要来源于矿石中的氟。氟化物的排放很大程度上取决于烧结矿给料的碱度。碱度的提高可使得氟化物的排放有所减少。氟化物的排放量一般为 1.3～3.2g/t 烧结矿或 0.6～1.5mg/m^3。造块中的含氟废气主要为氟化氢、四氟化碳等气体。氟化氢对人体的危害比 SO_2 大 20 倍，对植物的危害比 SO_2 大 10～100 倍。氟化氢可在环境中积蓄，通过食物影响人体和动物，造成骨骼、牙齿病变，骨质疏松、变形。

有关烧结过程中二噁英（PCDD/F）形成的研究表明，PCDD/F 由烧结床本身所形成的，大概是在火焰波前缘，因为热气被渗入到烧结床。而且火焰传播的破坏，也就是不稳定状态的操作，导致排放出更多的 PCDD/F。

为了进一步限制铁矿造块中的粉尘和气体污染物的排放，我国 2012 年发布新的《钢铁烧结、球团工业大气污染物排放标准》（GB 28662—2012），规定自 2012 年 10 月 1 日起至 2014 年 12 月 31 日止现有企业执行表 1-10 所列的大气污染物排放限值。现有企业自 2015 年 1 月 1 日起、新建企业自 2012 年 10 月 1 日起执行表 1-11 规定的大气污染物排放限值。与现行标准相比，新标准更为严格。

表 1-10 现有企业大气污染物排放浓度限值 （mg/m³，二噁英除外）

生产工序或设施	污染物项目	限值	污染物排放监控位置
烧结机 球团焙烧设备	颗粒物	80	车间或生产设施排放气筒
	二氧化硫	600	
	氮氧化物（以 NO_2 计）	500	
	氟化物（以 F 计）	6.0	
	二噁英（ng - TEQ/m^3）	1.0	
烧结机机尾 带式焙烧机机尾 其他生产设备	颗粒物	50	

表 1-11 新建企业大气污染物排放浓度限值 （mg/m³，二噁英除外）

生产工序或设施	污染物项目	限值	污染物排放监控位置
烧结机 球团焙烧设备	颗粒物	50	车间或生产设施排放气筒
	二氧化硫	200	
	氮氧化物（以 NO_2 计）	300	
	氟化物（以 F 计）	4.0	
	二噁英（ng - TEQ/m^3）	0.5	
烧结机机尾 带式焙烧机机尾 其他生产设备	颗粒物	30	

1.5 造块生产主要技术经济指标

1.5.1 设备利用系数

造块设备单位有效面积或单位有效体积、在单位时间内的产品产出量称为该设备的利用系数。利用系数是评价造块设备效用的指标，通常用设备的台时产量与有效面积或体积的比值来表示：

$$利用系数 = \frac{台时产量（吨/（台·时））}{有效面积（米^2）} \qquad 吨/（台·时·米^2） \qquad (1-1)$$

或

$$利用系数 = \frac{台时产量（吨/（台·时））}{有效容积（米^3）} \qquad 吨/（台·时·米^3） \qquad (1-2)$$

式（1-1）适用于烧结机、带式球团焙烧机、链算机和竖炉的计算；式（1-2）用于回转窑的计算。

1.5.2　设备作业率

作业率是表示设备工作状况的一项指标，用设备实际作业时间占设备日历时间的百分数来表示，因而又称为日历作业率：

$$设备作业率 = \frac{实际作业时间（台·时）}{日历时间（台·时）} \times 100\% \tag{1-3}$$

1.5.3　产品质量合格率

质量合格率是衡量产品质量好坏的综合指标。在工业生产中，由于造块产品不能进行总体检验，有关产品质量的指标以其被检样品的指标作为依据。通过检验后，凡符合规定的质量标准的为合格品，反之为出格品。

$$质量合格率 = \frac{产品检验总量 - 出格品量}{产品检验总量} \times 100\% \tag{1-4}$$

1.5.4　物料消耗指标

每生产一吨产品所消耗的原料、燃料、动力、材料等的数量。包括含铁原料、熔剂、焦粉、煤粉、煤气、重油、水、电、炉算条、胶带、破碎机锤头、润滑油、蒸汽等。

1.5.5　工序能耗与生产成本

工序能耗指的是造块工序每生产一吨产品消耗的各种固体燃料、液体燃料、气体燃料、水、电、蒸汽和压缩空气之和，是衡量造块工序能源消耗高低的综合指标，以千克标煤/吨产品表示。计算时先将各种不同的实物消耗全部折合成千克标准煤/吨产品，再将各项消耗相加，即获得工序能耗指标。

生产成本是指生产一吨产品所需要的费用，它由原料费用与加工费用两部分组成。

加工费是生产一吨产品所需要的辅助材料费（如燃料、润滑油、胶带、算条、水及动力费等）、工人工资、车间经费（包括设备折旧、维修费等）之和。

1.5.6　劳动生产率

劳动生产率是指全厂工人每人每年生产产品的吨数，它反映了工厂的管理水平和技术水平。

$$劳动生产率 = \frac{全厂年产产品吨数}{全厂工人数} \quad 吨/（人·年） \tag{1-5}$$

2　烧结球团原料

2.1　含铁原料

造块所用原料主要包括含铁原料、燃料以及熔剂和添加剂三大类。含铁原料又可分为天然铁矿石和二次含铁原料。根据矿石中含铁矿物种类，天然铁矿石可分为磁铁矿石、赤铁矿石、假象或半假象赤铁矿石、钒钛磁铁矿石、褐铁矿石、菱铁矿石，以及由其中两种或两种以上含铁矿物组成的混合矿石。按有害杂质（S、P、F、As）含量的高低，可分为高硫铁矿石、低硫铁矿石、高磷铁矿石、低磷铁矿石等。按结构、构造可分为浸染状矿石、网脉浸染状矿石、条纹状矿石、条带状矿石、致密块状矿石、角砾状矿石，以及鲕状、豆状、肾状、蜂窝状、粉状、土状矿石等。

由于天然铁矿石在造块之前均需进行某种形式的加工，根据加工过程的不同，造块采用的铁矿原料又可分为两类：在开采、破碎和筛分加工过程中获得的粒度较粗的产品一般称为铁粉矿，而经过细磨和分选获得的细粒产品一般称为铁精矿。

2.1.1　天然铁矿石

2.1.1.1　原生铁矿石的性质

铁矿石主要由一种或几种含铁矿物和脉石组成。工业上最常遇到铁矿物主要有四类，即磁铁矿、赤铁矿、褐铁矿和菱铁矿。四种铁矿物的主要特征如表2-1所示。

表2-1　铁矿石常见矿物的分类及特性

矿石名称	含铁矿物名称和化学式	矿物理论含铁量/%	矿石密度/t·m⁻³	颜色	条痕	实际含铁量/%	有害杂质	强度及还原性
磁铁矿（磁性氧化铁矿石）	磁性氧化铁 Fe_3O_4	72.4	4.9~5.2	黑色或灰色	黑色	45~70	S、P高	坚硬、致密、难还原
赤铁矿（无水氧化铁矿石）	赤铁矿 Fe_2O_3	70.0	4.8~5.3	红色至淡灰色甚至黑色	红色	55~60	少	较易破碎、较易还原
褐铁矿（含水氧化铁矿石）	水赤铁矿 $2Fe_2O_3 \cdot H_2O$	66.1	4.0~5.0	黄褐色、暗褐色至黑色	黄褐色	37~55	P高	疏松，大部分属软矿石，易还原
	针赤铁矿 $Fe_2O_3 \cdot H_2O$	62.9	4.0~4.5					
	水针铁矿 $3Fe_2O_3 \cdot 4H_2O$	60.9	3.0~4.4					
	褐铁矿 $2Fe_2O_3 \cdot 3H_2O$	60.0	3.0~4.2					
	黄针铁矿 $Fe_2O_3 \cdot 2H_2O$	57.2	3.0~4.0					
	黄赭石 $Fe_2O_3 \cdot 3H_2O$	52.2	2.5~4.0					
菱铁矿（碳酸盐铁矿石）	碳酸铁 $FeCO_3$	48.2	3.8	灰色带黄褐色	灰色或带黄色	30~40	少	易破碎、最易还原（焙烧后）

A　磁铁矿

磁铁矿又称"黑矿"，其化学式为 Fe_3O_4，也可作为 $FeO \cdot Fe_2O_3$，理论含铁量为 72.4%，晶体呈八面体，组织结构比较致密坚硬，一般呈块状，硬度达 5.5~6.5，密度为 4.9~5.2t/m³，其外表呈钢灰色或黑灰色，具黑色条痕，难还原和破碎；其显著特性是具有磁性，易用电磁选矿方法分选富集。

在自然界中，由于氧化作用，磁铁矿可以部分氧化成赤铁矿，成为既含 Fe_2O_3 又含 Fe_3O_4 的矿石。为衡量磁铁矿的氧化程度和磁性的强弱，通常以全铁（TFe）与氧化亚铁（FeO）的质量百分比值来区分，比值越大，则说明该矿石氧化程度越高，其磁性就越弱。

TFe/FeO < 2.7 时，为原生磁铁矿；

TFe/FeO = 2.7~3.5 时，为混合型矿；

TFe/FeO > 3.5 时，为弱磁性矿。

对纯磁铁矿而言，TFe/FeO 的值为 2.33（理论值）。上述划分比值只是对矿物成分简单、具有单一的磁铁矿和赤铁矿组成的铁矿床或矿石才适用。若矿石中含有硅酸盐、硫化铁和碳酸铁时，将影响 TFe/FeO 计算值，不能真实地反映铁矿石的磁性。

磁铁矿石中的主要脉石矿物有：石英、硅酸盐和碳酸盐，有时还含有少量黏土。此外，矿石中还可能含黄铁矿和磷灰石，甚至还含有黄铜矿和闪锌矿等。

一般开采出来的磁铁矿含铁量为 30%~60%。当含铁量大于 65% 时称为富矿，其整粒块矿可供直接还原和熔融还原使用；品位为 55%~65% 的磁铁矿石，可供高炉冶炼使用；当含铁量低于 55% 或含有害杂质含量超标时，必须先经过选矿富集、除杂并造块后才能使用。

磁铁矿可烧性良好，因其在高温处理时氧化放热，且 FeO 易与脉石成分形成低熔点化合物，故造块能耗低且结块强度好。

B　赤铁矿

赤铁矿又称"红矿"，其化学式为 Fe_2O_3，理论含铁量为 70%，铁呈高价氧化物，为氧化程度最高的铁矿物。赤铁矿的组织结构多种多样：由非常致密的结晶体到疏松分散的粉体；矿物结构形态也有多种，晶形多为片状和板状。外表呈片状具金属光泽、明亮如镜的叫镜铁矿；外表呈云母片状而光泽不如前者的叫云母状赤铁矿；质地松软、无光泽、含有黏土杂质的为红色土状赤铁矿（又称铁赭石）；此外还有鲕状赤铁矿、豆状赤铁矿和肾状赤铁矿等。

结晶的赤铁矿外表颜色为钢灰色或铁黑色，其他为暗红色。但所有赤铁矿的条痕检测都为暗红色。赤铁矿密度为 4.8~5.3t/m³，硬度视赤铁矿类型而不一样。结晶赤铁矿硬度为 5.5~6.0，其他形态的硬度较低。赤铁矿所含硫和磷杂质比磁铁矿少。呈结晶状的赤铁矿，其颗粒内孔隙多，而易还原和破碎。因焙烧时无氧化放热，造块时燃料消耗比磁铁矿高。

对低品位赤铁矿一般用浮选法提高其含铁品位，所获得的精矿供烧结球团造块。

C　褐铁矿

为含结晶水的赤铁矿（$mFe_2O_3 \cdot nH_2O$）的总称。因含结晶水量不同，褐铁矿可分为六种：即水赤铁矿（$2Fe_2O_3 \cdot H_2O$），针赤铁矿（$Fe_2O_3 \cdot H_2O$），水针铁矿（$3Fe_2O_3 \cdot 4H_2O$），褐铁矿（$2Fe_2O_3 \cdot 3H_2O$），黄赭石（$Fe_2O_3 \cdot 3H_2O$），黄针铁矿（$Fe_2O_3 \cdot 2H_2O$）。自然界中

的褐铁矿绝大部分以褐铁矿（$2Fe_2O_3 \cdot 3H_2O$）形态存在，其理论含铁量为59.8%。

褐铁矿的外观为黄褐色、暗褐色至黑色，呈黄色或褐色条痕，密度为 $3.0 \sim 4.2t/m^3$，硬度为 $1 \sim 4$，无磁性。褐铁矿是由其他矿石风化而成，其结构疏松，密度小，含水量大，气孔多，且在结晶水脱除后又留下新的气孔，故还原性都比前两种铁矿好。

自然界中褐铁矿富矿很少，一般含铁量为37% ~55%，其脉石主要为黏土、石英等，但一般含硫、磷较高，需进行选矿处理。目前，褐铁矿主要用重力选矿和磁化焙烧—磁选联合法处理。

褐铁矿因含结晶水和气孔多，用烧结或球团造块时收缩率很大，产品质量低，只有用延长高温处理时间，产品强度可相应提高，但导致燃料消耗增大，加工成本提高。

D　菱铁矿

其化学式为 $FeCO_3$，理论含铁量达48.2%，FeO 达62.1%。在碳酸盐内的一部分铁可被其他金属混入而部分生成复盐，如 $(Ca \cdot Fe)CO_3$ 和 $(Mg \cdot Fe)CO_3$ 等。在水和氧作用下，易转变成褐铁矿而覆盖在菱铁矿矿床的表面。在自然界中分布最广的是黏土质菱铁矿，其夹杂物为黏土和泥沙。

常见的致密坚硬的菱铁矿，外表颜色呈灰色或黄褐色，风化后则转变为深褐色，具有灰色或带黄色条痕，玻璃光泽，密度为 $3.8t/m^3$，硬度为 $3.5 \sim 4$，无磁性。

对含铁品位低的菱铁矿可用重选法和磁化焙烧—磁选联合法富集，也可用磁选—浮选联合法处理。这类矿石因在高温下碳酸盐分解，可使产品含铁量显著提高。但在烧结球团造块时，因收缩量大导致产品强度降低和设备生产能力低，燃料消耗也因碳酸分解而增加。

除上述铁矿类型划分外，在生产实践中还根据脉石成分的碱度将铁矿石划分为：碱性矿石（$R = \dfrac{CaO + MgO}{SiO_2 + Al_2O_3} > 1.3$），自熔性矿石（$R = 1.0 \sim 1.3$）和酸性矿石（$R < 1.0$）。

2.1.1.2　世界铁矿资源与铁矿石生产

据美国地质调查局（USGS）数据，截至2012年底，世界铁矿石基础储量为3700亿吨，储量为1700亿吨。世界铁矿石储量主要集中在澳大利亚、巴西、俄罗斯和中国，分别为350亿吨、290亿吨、250亿吨和230亿吨，分别占世界总储量的20.6%、17.1%、14.7%和13.5%，四国储量之和占世界总储量的65.9%；另外，印度、乌克兰、哈萨克斯坦、美国、加拿大和瑞典铁矿资源也较为丰富。

由于品位不同，铁元素与铁矿石分布并非完全一致。世界铁元素储量主要集中在澳大利亚、巴西和俄罗斯，储量分别为170亿吨、160亿吨和140亿吨，分别占世界总储量的21.3%、20.0%和17.5%，三国储量之和占世界总储量的58.8%。铁的储量和基础储量最能代表一国铁矿资源的丰富程度，因此，澳大利亚、巴西和俄罗斯是世界铁矿资源最丰富的国家。中国虽然铁矿石储量很大，但由于铁矿石品位低，铁储量仅为72亿吨。

世界主要铁矿资源大国的铁矿石和铁储量见表2-2。

表2-2　世界主要国家铁矿石和铁储量

国家和地区	平均铁品位/%	铁矿石储量/亿吨	铁储量/亿吨
澳大利亚	49	350	170
巴西	55	290	160

国家和地区	平均铁品位/%	铁矿石储量/亿吨	铁储量/亿吨
俄罗斯	56	250	140
中国	31	230	72
印度	64	70	45
加拿大	37	63	23
乌克兰	35	60	21
美国	30	69	21
世界总计		1700	800

2011 年世界铁矿石产量为 20.4 亿吨，十年间增加了 10.32 亿吨，年均增长量约为 1.03 亿吨。铁矿石生产较为集中，除中国外，世界铁矿石储量前 10 名国家的产量合计占全球总产量的 80% 左右，2003~2011 年全球铁矿石产量前十位国家生产情况见表 2-3。表 2-4 列出国外典型铁矿石的主要化学成分。

表 2-3 世界主要铁矿石生产国情况　　　　　　　　　　　（万吨）

国家	2003 年	2004 年	2005 年	2006 年	2007 年	2008 年	2009 年	2010 年	2011 年
巴西	24560	27052	29240	31863	33653	34600	30500	37200	39100
澳大利亚	21200	23470	25753	27509	29906	34980	39390	43280	48790
印度	9910	12060	14271	18092	20694	22300	21860	21200	19600
俄罗斯	9137	9698	9676	10390	10495	9927	9205	9906	10380
乌克兰	6250	6554	6857	7310	7743	7181	6583	7917	8119
美国	4848	5470	5430	5290	5240	5360	2650	4950	5360
南非	3809	3927	3954	4133	4156	4900	5540	5690	5290
加拿大	3332	2826	3013	3497	3410	3210	3300	3750	3710
瑞典	2150	2227	2326	2330	2471	2380	1770	2530	2610
委内瑞拉	1920	2002	2118	2210	2065	2150	1490	1400	1600

表 2-4 国外典型铁矿石的化学成分及烧损（包括部分选矿精矿）　　　（%）

产　地	TFe	FeO	SiO_2	Al_2O_3	CaO	MgO	P	S	烧损
巴西（里奥多西）	67.45	0.09	1.42	0.69	0.07	0.02	0.031	0.006	1.03
巴西（MBR）	67.50	0.37	1.37	0.94	0.10	0.10	0.043	0.008	0.92
巴西（卡拉加斯）	67.26	0.22	0.41	0.86		0.10	0.110	0.008	2.22
南非（伊斯科）	65.61	0.30	3.47	1.58	0.09	0.03	0.058	0.011	0.39
南非（阿苏曼）	64.60	0.11	4.26	1.91	0.04	0.04	0.035	0.011	3.64
加拿大（卡罗尔湖）	66.35	6.92	4.40	0.20	0.30	0.26	0.007	0.005	0.26
委内瑞拉	64.17	0.52	1.33	1.09	0.02	0.04	0.084	0.028	3.64
瑞典	66.52	0.35	2.09	0.26	0.27	1.54	0.025	0.004	0.86
澳大利亚（哈默斯利）	62.60	0.14	3.78	2.15	0.05	0.05	0.066	0.013	2.10
澳大利亚（纽曼山）	63.45	0.22	4.18	2.24	0.02	0.05	0.068	0.008	2.34
澳大利亚（扬迪）	58.57	0.20	4.61	1.26	0.04	0.07	0.036	0.010	8.66
澳大利亚（罗布河）	57.39	0.07	5.08	2.58	0.37	0.20	0.042	0.009	8.66
印度（卡洛德加）	64.54	0.14	2.92	2.26	0.06	0.06	0.022	0.007	0.65
印度（果阿）	62.40	2.51	2.96	2.02	0.05	0.10	0.035	0.004	1.27

2.1.1.3 我国铁矿资源特点与铁矿石生产

我国铁矿床类型齐全，世界上已发现的成因类型铁矿在我国均有发现。其中以沉积变质型为主，储量占 57.8%，居各类型铁矿床之首，其次是接触交代—热液型（占12.7%）、岩浆晚期型（占11.6%）、沉积型（8.7%），其他类型占9.2%。

我国铁矿石自然类型复杂，有磁铁矿石、钒钛磁铁矿石、赤铁矿石、菱铁矿石、褐铁矿石、镜铁矿石及混合矿石。在铁矿石保有储量中，磁铁矿石最多（占55.5%），是开采的主要矿石类型；其次是赤铁矿石（占18%），随着选矿技术的突破，赤铁矿石也成为目前开采利用的主要对象；钒钛磁铁矿石（占14.4%）成分复杂，虽然选冶技术已基本解决，但由于伴生金属特别是钛的回收率低，目前仅部分开采利用；菱铁矿石（占3.4%）、褐铁矿石（占2.3%）、镜铁矿石（占1.1%）、混合矿石（占5.3%）等矿石，因选别性能差，其贫矿多数尚未利用。

作为世界第一人口大国，我国的铁矿资源并不丰富。截至2008年底，我国铁矿查明资源储量为613亿吨，其中基础储量为223亿吨。这些资源虽然分布在全国29个省、市、自治区，但又显示相对集中分布的特点。其中三分之二集中在鞍（鞍山）—本（本溪）、攀（攀枝花）—西（西昌）、冀东、宁（南京）—芜（芜湖）、太（太原）—古（古交）—岚（岚县）、包头以及鄂东—鄂西等七个地区。除鄂西地区鲕状铁矿因选冶难度大尚未开发利用外，其余均已成为我国钢铁企业的原料基地。我国铁矿资源的特点是：

（1）贫矿多，富矿少。查明资源储量平均铁品位约为33%，绝大部分铁矿品位在25%～40%之间，占我国铁矿查明资源储量的81.2%；而铁品位大于48%的富铁矿资源储量，仅占我国铁矿查明资源储量的1.9%。

（2）矿物嵌布粒度细。我国的铁矿资源大多属于细粒、微细粒嵌布的矿石。要达到铁矿物单体解离的分选要求，需要细磨至-200目、-300目甚至-400目。鄂西等地储量数十亿吨的鲕状赤铁矿石，铁矿物的嵌布粒度为十几微米甚至几微米，选矿难度特别大，在现有技术条件下无法有效分选。

（3）共（伴）生组分多。这类矿约占全国储量的三分之一，涉及一批大、中型铁矿区，如攀—西地区的铁矿含钒、钛、钴、镍等，包头白云鄂博地区铁矿含稀土、铌和氟等，鄂东地区的铁矿含铜、硫、钴、金等，广东大顶和内蒙古地区的铁矿含锌、锡、砷等。

在这些共（伴）生矿中，有的共（伴）生组分储量很大。如白云鄂博铁矿中，稀土储量占我国总储量的97%、占世界总储量的80%，铌的储量居世界第二位。攀—西地区的钒钛磁铁矿中，钒的储量占我总储量的82%，居世界首位，钛的储量占我国总储量的97%，居世界第二位。这些共（伴）生组分具有极高的综合利用价值，但同时也使选矿难度增大。表2-5列出我国一些主要铁矿石的化学成分。

表2-5 我国主要铁矿石的化学成分 （%）

矿山名称	TFe	FeO	SiO_2	Al_2O_3	CaO	MgO	MnO	S	P	其他
弓长岭（赤）	44.00	6.90	34.38	1.31	0.28	1.16	0.15	0.007	0.02	
弓长岭（赤贫）	28.00	3.90	55.24	1.53	0.22	0.73	0.35	0.013	0.037	

矿山名称	TFe	FeO	SiO$_2$	Al$_2$O$_3$	CaO	MgO	MnO	S	P	其他
东鞍山（贫）	32.73	0.70	49.78	0.19	0.34	0.30		0.031	0.035	
齐大山（贫）	31.70	4.35	52.94	1.07	0.84	0.80		0.010	0.050	
南芬（贫）	33.63	11.90	46.36	1.425	0.58	1.59	Mn 0.037	0.073	0.056	
攀枝花钒钛矿	47.14	30.66	5.00	4.98	1.77	5.49	0.36	0.75	0.009	TiO$_2$：15.46，V$_2$O$_5$：0.48，Co：0.024
庞家堡（赤）	50.12	2.00	19.52	2.10	1.50	0.36	0.32	0.067	0.156	
承德钒钛矿	35.83		17.50	9.78	3.32	3.51	0.31	0.50	0.134	TiO$_2$：9.49，V$_2$O$_5$：0.41
邯郸	42.59	16.30	19.20	0.47	9.58	5.00	0.11	0.208	0.048	
海南岛	55.90	1.32	16.20	0.95	0.26	0.08	Mn 0.14	0.098	0.020	
梅山（富）	59.35	19.88	2.50	0.71	1.99	0.93	0.323	0.452	0.399	
武汉铁山矿	54.38	13.90	11.30					0.32	0.056	
马鞍山南山矿	58.66		5.38					0.005	0.550	
马鞍山凹山矿	43.19		14.12		9.30			0.113	2.855	TiO$_2$：0.161
马鞍山姑山矿	50.82		23.40		1.20			0.056	0.26	
包头（赤）	52.30	5.55	4.81	0.22	8.78	0.99	0.79	SO$_3$ 0.213	P$_2$O$_5$ 0.935	F：5.87，RE$_x$O$_y$：2.73，K$_2$O：0.09，Na$_2$O：0.25
大宝山矿	53.05	0.70	3.60	5.88	0.12	0.12	0.048	0.316	0.124	Cu：0.26，P：0.072，As：0.184

按世界铁矿石平均含铁量计，2003 年我国铁矿石产量为 1.23 亿吨，2012 年达到 4.36 亿吨，十年内增加了 3.13 亿吨，但同期我国的生铁产量由 2.14 亿吨增长到 6.6 亿吨，净增了 4.46 亿吨，致使铁矿石的需求量由 3.42 亿吨增加到 10.56 亿吨。近十年我国铁矿石自产量和需求量如表 2-6 所示。

表 2-6 近十年我国铁矿石自产量和需求量 （亿吨）

年 份	2003	2004	2005	2006	2007	2008	2009	2010	2011	2012
生铁产量	2.14	2.68	3.44	4.12	4.77	4.69	5.49	5.90	6.30	6.60
铁矿石自产量①	1.23	1.46	1.98	2.76	3.32	3.21	3.33	3.57	4.42	4.36
铁矿石需求量	3.42	4.29	5.50	6.59	7.63	7.50	8.78	9.44	10.08	10.56
铁矿石缺口量	2.19	2.83	3.52	3.83	4.31	4.29	5.45	5.87	5.66	6.20

①按世界铁矿石平均含铁量折算后的产量。

　　由于自产铁矿供不应求，自 2001 年以来，我国铁矿石进口量连年大幅增长，2003 年以来进口铁矿的比例一直在 50% 以上，而进口铁矿石的价格自 2001 年至 2008 年上涨了 5 倍。过度依赖国外资源已经对我国钢铁工业的发展带来了极其不利的影响。我国铁矿石供不应求的原因固然是由于钢铁生产增长过快，但已查明的矿床因采选难度大和交通运输条件差等而没有开发利用也是重要原因。我国铁矿品位贫、细、杂的特点不仅增大了选别和利用的难度，也使加工成本大幅上升。研究开发适合我国资源特点的采、选、冶新理论、新工艺、新装备、新技术，在提高产量、质量的同时降低生产成本，是我国矿冶科技工作者未来十分艰巨的任务。

2.1.2　二次含铁原料

　　在冶金和化工生产过程中，产生大量含铁物料，类别较多，主要包括钢铁厂内的含铁粉尘（高炉灰、转炉尘泥、转炉渣、轧钢皮等）、硫酸烧渣和有色冶金渣等。这些二次含铁原料如不进行处理和利用，不仅浪费资源，而且对环境造成严重污染。

　　高炉灰含铁一般在 35% ~ 45%，粒度 0 ~ 1mm，另外含有较多的碳和碱性氧化物，实际上是矿粉、熔剂和焦粉的混合物。转炉尘泥是炼钢时的吹出物，铁水在吹炼时部分金属铁被氧化，含铁成分较高。转炉渣虽然含铁较低，但含碱性氧化物较高，加入烧结料中可代替部分熔剂。轧钢皮（也叫氧化铁皮），含铁达 70% ~ 80%，是轧钢时加工钢坯表层脱皮物，杂质最少，有时甚至是纯金属氧化铁皮，其粒度都较粗。此外，还有金属切削时产生的铸铁屑等。表 2-7 列出了部分烧结厂使用的含铁二次原料的物理化学性质。

表 2-7　部分烧结厂使用的含铁二次原料的物理化学性质

名称	编号	化学成分及烧损/%										物理性质	
		TFe	FeO	SiO$_2$	CaO	MgO	Al$_2$O$_3$	S	P	C	烧损	水分/%	粒度
高炉灰	1	41.51	2.90	6.88	3.58	0.63	2.60	0.041	0.072	22.19	22.15	—	—
	2	43.66	—	8.02	4.91	1.74	1.35	0.24	0.0176		22.36	7.00	
	3	42.00	6.80	9.80	7.30	3.84					18.00		
轧钢皮	1	74.10	65.50	0.81	1.07	—	0.27	0.023			1.40	—	
	2	70.28		1.11	1.47	0.50	0.02			0.025			< 5mm
	3	70.00		2.70	0.00	1.43	0.18	0.05	0.036				
转炉污泥	1	68.85	61.60	1.90	7.99	1.88	0.12		P$_2$O$_5$ 0.23	2.5			
	2	48.18	18.00	4.15	10.92	5.90		0.031					
转炉渣	1	15.87	9.33	11.55	42.56	8.78	2.46	0.081	P$_2$O$_5$ 0.31	—	8.46	—	
	2	15.04	11.12	15.87	43.12	7.40	6.10	0.264			4.39	6.00	< 8mm

硫酸烧渣是采用黄铁矿制造硫酸时的副产品，其产量较大，含铁量40% ~60%，颗粒度较宽并呈多孔性。硫酸渣通常有红、黑两种颜色。红色的含 Fe_2O_3 多，粒度较粗，为沸腾炉产物，含铁量较低；黑色的含 Fe_3O_4 较多、粒度细、含铁量较高，为由旋风除尘器捕集物。但总的来看其含硫量较高，有的含铜、铅、锌等有色金属，在造块前或造块过程中应进一步脱除。部分企业硫酸渣化学成分见表2-8。由于烧渣孔隙大、堆密度小，采用烧结法处理单一硫酸渣时，因其收缩大，造块产品强度差，故烧结时一般与其他铁矿石配合使用。通过润磨或高压辊磨预处理后，采用球团法可处理单一或配加部分铁矿石的烧渣原料。

此外，一些含铁高的有色冶金渣也可通过造块加工后利用，如铜、镍硫化物经焙烧和浸出得到的残渣已用于球团生产。

表2-8   我国部分企业硫酸渣的化学成分   （%）

编 号	TFe	S	SiO_2	Cu	Pb	Zn
1	48 ~50	0.5 ~1	14 ~17			
2	59 ~63	0.43	10.06	0.20 ~0.35	0.01 ~0.04	0.04 ~0.08
3	47	0.5	15	0.16	0.07	
4	48 ~50	0.92	18.6	0.069		
5	53.14	0.54	16.19			
6	42	0.16		0.23	0.08	0.09

2.2   锰矿石

锰矿石是钢铁工业中应用很广泛的重要原料。锰是钢铁中的重要合金元素，能增加钢的强度和硬度，使钢铁制件的耐磨耐冲击等强度提高，使用寿命延长，在国防工业中应用广泛。

按锰矿的自然类型可分为氧化锰矿和碳酸锰矿。重要的锰矿物类型及其特性列于表2-9。

表2-9   锰矿物类型及结构

矿物名称	化学分子式	含锰量/%	密度/$kg \cdot m^{-3}$	莫氏硬度	颜 色	矿物结构
软锰矿	MnO_2	63.2/55 ~63[①]	4.3 ~4.8	2 ~5	黑，钢灰	疏松状、烟灰状
硬锰矿	$MnO \cdot MnO_2 \cdot nH_2O$	35 ~60	3 ~4.3	4 ~6	黑，有时灰黑	胶状、粒状
偏锰酸矿	$MnO_2 \cdot nH_2O$	40 ~45	3 ~3.2	233	黑，褐，巧克力灰	胶质、疏松、结晶不好的块状
水锰矿	$Mn_2O_3 \cdot H_2O$	62.4/50 ~62[①]	4.2 ~4.4	3 ~4	黑，条痕为灰	柱状结晶、粒状
褐锰矿	Mn_2O_3	69.6/60 ~69[①]	4.7 ~4.8	6 ~6.5	黑，条痕为浅褐	密集粒状
黑锰矿	Mn_3O_4	72/65 ~72[①]	4.8 ~4.9	5 ~5.5	黑，条痕褐	粒状
菱锰矿	$MnCO_3$	47.8/40 ~45[①]	3.4 ~3.5	3.5 ~4.5	粉红、白、灰白	粒状、肾状
锰方解石	$(Ca \cdot Mn)CO_3$	7 ~25	2.7 ~3.1	3.5 ~4.0	白、灰白带微红	粒状、密集状
菱锰铁矿	$(Mn \cdot Fe)CO_3$	23 ~32	3.5 ~3.7	3.5 ~4.5	粉红	密集状、粒状、致密状
钙菱锰矿	$(Mn \cdot Ca \cdot Mg)CO_3$	30 ~33				

①斜杠上方为纯矿物中的锰含量，斜杠下方为实际矿物中的锰含量。

通常锰和铁共生在一起。在工业上将锰矿按锰铁比（Mn：Fe）大小分为下列几类：

（1）锰矿石。锰铁比在 0.8～1.0 以上，主要成分是锰。锰含量大于 30%、锰铁比不小于 3 的富锰矿石，可直接用于冶炼锰质铁合金；锰含量小于 30%，锰铁比小于 3 的高铁贫锰矿需经选矿后应用。

（2）铁锰矿石。锰铁比在 0.5～0.8 之间，通常需经选矿后才能作为冶炼锰质合金原料，一般用于冶炼非标准锰铁、镜铁和炼铁配料。

（3）含锰铁矿石。这类矿石以含铁为主，含锰仅 5%～10%，一般用来冶炼含锰生铁。

富锰矿可直接用于工业上，贫锰矿需经选矿处理后使用。冶金用锰矿石贫富划分的一般标准列于表 2－10。

锰粉矿烧结球团法造块，其燃耗比铁粉略高。对菱锰矿高温造块时，因菱碳酸盐类分解后释放 CO_2，可使锰品位提高 8%～10%。

表 2－10　锰矿石的边界品位　　　　　　　　　　（%）

矿石类型		Mn		Mn + Fe	Mn/Fe (－)	SiO_2	每 1% 锰含磷
		品位边界	平均品位				
氧化锰	富矿	≥20～25	≥30		≥4	≤25	0.005
	贫矿	≥10～15	≥20			≤35	0.005
碳酸锰	富矿	≥15～20	≥25		≥4	≤25	0.005
	贫矿	≥8	≥15			≤35	0.005
锰铁矿石		≥10～15		≥30		≤35	0.005

2.3　熔剂和添加剂

2.3.1　熔剂

使矿物中脉石造渣用的熔剂，按其性质可分为碱性熔剂（石灰类）、中性熔剂（高铝类）和酸性熔剂（石英类）三类。由于铁矿石的脉石成分绝大多数以 SiO_2 为主，故生产中常用含 CaO 和 MgO 的碱性熔剂。常用的碱性熔剂有石灰石、生石灰、消石灰和白云石。

石灰石：石灰石（$CaCO_3$）理论含 CaO 量为 56%。在自然界中石灰石都含有铁、镁、锰等杂质，故一般含 CaO 仅为 50%～55%。石灰石呈块状集合体，硬而脆，易破碎，颜色呈白色或乳白色。有时其成分中还含有 SiO_2 和 Al_2O_3 杂质。

白云石：白云石（$CaCO_3 \cdot MgCO_3$）具有方解石和碳酸镁中间产物性质。白云石理论含 $CaCO_3$ 占 54.2%（CaO 为 30.4%），$MgCO_3$ 占 45.8%（MgO 为 21.8%）。呈粗粒块状，较硬、难破碎，颜色为灰白或浅黄色，有玻璃光泽，在自然界中的分布没有石灰石普遍。

生石灰：生石灰（CaO）是石灰石煅烧后的产物，一般 CaO 含量为 85% 左右；易破碎，具有极强的吸水性。

消石灰：消石灰（$Ca(OH)_2$）为生石灰遇水消化的产物，其 CaO 含量一般为 70%～75%，分散度大，具黏性，密度小。

2.3.2　添加剂

为改进产品的质量及其冶金性能，在铁矿造块中也采用一些酸性添加剂。主要有橄榄石、蛇纹石和石英石。

橄榄石及蛇纹石：橄榄石化学式为（Mg·Fe）O_2·SiO_2，蛇纹石化学式为3MgO·2SiO_2·2H_2O。这类熔剂同时带入两种造渣成分即MgO和SiO_2，可提高造块产品强度。

石英石：石英石的主要成分为SiO_2，用于补充铁矿中SiO_2的不足，尤其在有色冶金中需酸性渣冶炼时的原料造块中广泛使用。

表2-11列出了我国造块用的熔剂和添加剂主要物理化学性质。

表2-11　我国造块用熔剂和添加剂物理化学性质

名　称	序　号	化学成分/%						水分/%
		CaO	MgO	SiO_2	Al_2O_3	S	Ig	
石灰石	1	54.43	0.40	0.69	0.26	0.006	—	—
	2	53.07	1.60	3.70	—	—	41.42	
	3	52.38	1.40	1.27	0.96		42.49	
白云石	1	32.61	19.94	0.16	—		42.35	
	2	31.50	20.42	1.00			42.66	4.00
	3	29.50	19.30	3.70			44.80	4.30
蛇纹石	1	1.52	38.4	38.22	0.92	0.028	—	
	2	1.4	36.29	38.19	0.98		13.72	
生石灰	1	85.69	1.06	—	0.24	0.004	—	
	2	85.00	2.85	1.95	—	0.002	13.95	
	3	84.65	4.90	2.46			4.00	
	4	85.00	2.00	2.50			5.00	
消石灰	1	65.97	1.14	2.17	0.41		26.75	—
	2	62.30	2.20	5.18			28.95	20.00

2.3.3　黏结剂

黏结剂主要用于球团矿生产，分为有机和无机两大类。目前球团生产中最常用的黏结剂是膨润土，其主要成分是蒙脱石，化学式是Al_2O_3·4SiO_2·nH_2O。根据蒙脱石中吸附阳离子的不同，可分为钙基和钠基膨润土两大类。钙基膨润土分布广，但黏结性能差。因此，大多数情况下，为了提高膨润土的性能，将钙基膨润土改性，人工进行钠化。

由于使用膨润土会降低球团矿的铁品位，造块工作者一直致力于开发有机黏结剂或有机—无机复合黏结剂。有机黏结剂首先在还原球团的制备中获得了应用，如以纤维素为主要成分的佩利多黏结剂。中南大学以风化煤为原料开发的复合黏结剂在国内先后建成投产的四个链箅机—回转窑还原球团厂应用。

2.4　燃料

2.4.1　固体燃料

铁矿造块生产所使用的燃料，主要为固体燃料和气体燃料。液体燃料国外虽然有应用，但在我国很少应用。固体燃料具体分为焦炭和煤两种。

2.4.1.1 焦炭

用于烧结生产的焦炭，主要是炼铁厂和焦化厂焦炭的筛下物（即碎焦和焦粉），其质量用工业分析和化学性质来评定。工业分析包括固定碳、挥发分、灰分含量和硫含量等。燃料性质与粒度组成及化学性质有关，化学性质主要指其燃烧性和反应性。燃烧性表示碳与氧在一定温度下的反应速度，反应性表示碳与 CO_2 在一定温度下的反应速度。这些反应速度越快，则表示燃烧性和反应性越好。一般情况下碳的反应性与燃烧性成正比关系。

2.4.1.2 煤

视在造块中用途不同，选用的煤种有异。

无烟煤：当供烧结作燃料时，主要作为热源提供者，一般破碎成 3~0mm，选用含固定碳高（70%~80%），挥发分低（<2%~8%）、灰分少（6%~10%）的无烟煤，其结构致密，呈黑色，具亮光泽，含水分很低，常作焦粉代用品以降低生产成本。当用作还原剂时，当然同时也提供热源，主要用于还原球团矿的焙烧。若用于氧化球团焙烧则主要通过燃烧提供热源。此时无烟煤应细碎到 <200 目占 80% 以上，用喷枪喷射燃烧；若作还原球团焙烧时，则粒度应破碎至 5~25mm 加入还原设备内。

烟煤：烟煤不能在抽风烧结中使用。用作还原球团生产的还原剂和提供热源的燃料主要是年轻烟煤和褐煤，其他类型烟煤经研究和生产实践证明不可取。生产还原球团时对烟煤和褐煤利用的主要成分是挥发分和固定碳，并要求二者含量高，而要求灰分和硫含量低，灰分软熔温度 1200℃ 以上。年轻烟煤和褐煤的平均固定碳含量 50%~70%，密度小，着火点低，易燃，但含水分高，发热值低，通常挥发分可达 40%~55%。

2.4.2 气体燃料

气体燃料在造块领域中主要用于烧结料点火和球团焙烧。

气体燃料分为天然气体燃料和人造气体燃料两种。天然气体燃料为天然气，仅有少数国家使用，大部分使用人造气体燃料。人造气体燃料主要是焦炉煤气、高炉煤气和发生炉煤气。

气体燃料根据其发热值可分为三类：高发热值燃料（>15072kJ/m³）、中发热值燃料（6280~15072kJ/m³）和低发热值燃料（<6280kJ/m³）。天然气发热值介于 33490~41870kJ/m³，属高发热值气体燃料。

高炉煤气是炼铁过程中从高炉上部排出的气体副产物，主要成分 CO 为 25%~31%，发热值 3150~4190kJ/m³，经清洗排除煤气中水分和灰尘后即可使用。高炉煤气成分与冶炼时所用燃料类型、冶炼焦比、生铁品种和操作制度有关。在一般用焦炭冶炼情况下，其高炉煤气成分波动范围见表 2-12。

表 2-12　高炉煤气成分波动范围

成分	CO_2	CO	CH_4	H_2	N_2
含量/%	9.0~15.5	25~31	0.3~0.5	2~3	55~58

焦炉煤气是炼焦炉排出的副产品。其含可燃成分多且高，如 H_2、CO 和 CH_4，总计可达 75% 以上，发热值 16330~17580kJ/m³，经清洗除煤焦油后即可使用。焦炉煤气成分波

动范围见表 2 – 13。

表 2 – 13　焦炉煤气成分范围

成分	H_2	CO	CH_4	C_mH_n	CO_2	N_2	O_2
含量/%	54 ~ 59	5.5 ~ 7	23 ~ 38	2 ~ 3	1.5 ~ 2.5	3 ~ 5	0.3 ~ 0.7

我国全部烧结厂和绝大部分球团厂位于高炉和焦炉附近，通常将二者产生的煤气按一定比例制成混合煤气，其发热值取决于二者混合的比例。我国部分钢铁厂所用的混合煤气发热值在 5360 ~ 6700kJ/m^3 范围，其化学组成见表 2 – 14。

表 2 – 14　混合煤气特性

成分	CO_2	CO	CH_4	H_2	N_2
含量/%	5.5 ~ 11.2	13.5 ~ 25.2	2.8 ~ 16.8	7.8 ~ 38.6	23.8 ~ 52.7

2.4.3　液体燃料

液体燃料主要用于烧结料点火和球团焙烧。液体燃料来自石油加热分馏后的产品，在造块领域内主要用密度较大的重油。

重油发热值较高，达 37680kJ/m^3，呈黑色，黏性大，按黏度不同，可分为 20 号、60 号、100 号、200 号重油。它基本上由 C、H、N、O、S 五种元素组成。黏度越大，氢含量越小，发热值越低。我国重油硫含量都在 1% 以下，灰分低于 0.1%，着火温度为 500 ~ 600℃。

我国仅在小型烧结厂的烧结盘上用重油点火，国外大部分用于焙烧球团。

2.5　造块生产对原料的要求

2.5.1　烧结生产对原料的要求

2.5.1.1　含铁原料

我国《烧结厂设计规范》对烧结用含铁原料提出的入场条件见表 2 – 15。对硫、磷等杂质含量的要求以产品满足高炉冶炼要求为准。

表 2 – 15　我国含铁原料入厂条件

化学成分	磁铁矿为主的原料				赤铁矿为主的原料				水分/%
TFe/%	≥67	≥65	≥63	≥60	≥65	≥62	≥59	≥55	磁铁矿为主原料： Ⅰ级≤10.00； Ⅱ级≤11.00
	波动范围 ±0.5				波动范围 ±0.5				
SiO_2（Ⅰ类）/%	≤3	≤4	≤5	≤7	≤12	≤12	≤12	≤12	赤铁矿为主原料： Ⅰ级≤11.00； Ⅱ级≤12.00
SiO_2（Ⅱ类）/%	≤6	≤8	≤10	≤13	≤8	≤10	≤13	≤15	

烧结含铁原料的化学成分应稳定，混匀矿铁品位波动的允许偏差为 ±0.5%，SiO_2 的允许偏差为 ±0.2%。表 2 – 16 列出主要产钢国对烧结用混匀矿成分波动的要求。

表 2-16   主要产钢国对烧结用混匀矿成分波动的要求 （%）

国家及厂名	TFe	SiO₂	CaO/SiO₂（-）	Al₂O₃
日本大分	±0.2~0.5	±0.12	±0.03	±0.3
日本若松	±0.42	±0.165	—	—
日本福山	<0.05	<0.03	<0.03	—
日本千叶	—	±0.2	—	±0.3
日本君津	±0.167	±0.08	±0.025	—
日本广畑	—	±0.128	—	—
德国西马克	±0.3~0.4	—	±0.03	—
德国曼内斯曼	±0.3	±0.2	±0.05	—
前苏联	±0.2	±0.2	±0.03	—
英国	±0.3~0.5	—	±0.03~0.05	—
美国凯萨	—	—	±0.13	—
中国宝钢	≤±0.5	≤±0.3	≤±0.03	—

2.5.1.2 熔剂和添加剂

《烧结厂设计规范》提出的我国各种熔剂入厂条件见表 2-17。

表 2-17   我国各种熔剂入厂条件

名　称	化学成分/%	粒度/mm	水分/%	备　注
石灰石	CaO≥52，SiO₂≤3，MgO≤3	80~0 及 40~0	<3	—
白云石	MgO≥19，SiO₂≤4	80~0 40~0	<4	—
生石灰	CaO≥85，MgO≤5，SiO₂≤3.5，P≤0.05，S≤0.15	≤4	—	生烧率+过烧率≤12%；活性度①≥210mL
消石灰	CaO>60，SiO₂<3	3~0	<15	—

①指在 40±1℃水中，50g 石灰 10min 耗 4mol/L HCl 的量。

2.5.1.3 燃料

我国部分烧结厂固体燃料入厂条件见表 2-18。

表 2-18   我国部分烧结厂固体燃料入厂条件

名　称	序　号	固定碳/%	挥发分/%	硫/%	灰分/%	水分/%	粒度/mm
无烟煤	1	≥75	≤10	≤0.05	≤15	<6	0~13
	2	≥75	≤10	≤0.50	≤13	≤10	≤25（≥95%）
焦粉	1	≥80	≤2.5	≤0.60	≤14	≤15	0~25
	2	≥80	—	≤0.8	≤14（波动+4）	≤18	<3（≥80%）

2.5.2 球团生产对原料的要求

2.5.2.1 含铁原料

铁精矿中 TFe 含量宜大于 66.5%，波动允许偏差为 ±0.5%；SiO₂ 含量应小于 4.5%，

波动允许偏差为 ±0.2%；铁精矿的水分含量应小于 10%；铁精矿的比表面积根据矿石性质和造球工艺的不同，圆盘造球工艺宜为 1800~2000cm^2/g，圆筒造球工艺应为 2000~2200cm^2/g。

2.5.2.2　黏结剂和添加剂

选用膨润土作黏结剂时，应对其造球性能的优劣进行评价，应选用造球性能好的膨润土，且应经模拟工业性试验证实。应优先采用钠基膨润土，其次是活化钙基膨润土。在满足生球质量的前提下，应减少膨润土用量。

生产熔剂性球团矿和含镁球团矿时，宜配加石灰石、白云石等添加剂，其中小于 0.045mm 的含量不小于 90%。该物料的细磨设施不宜设在球团厂内，但应在配料室设有一定容量的储仓。并应采用密封罐车进厂，然后用气力输送的方式送入储仓，储存时间应满足生产的需要。

2.5.2.3　燃料

我国是球团矿生产大国，主要设备是链箅机—回转窑。而且我国的链箅机—回转窑生产球团多用煤粉作为燃料。带式焙烧采用天然气、焦炉煤气或具有较高热值的煤气时，燃气的发热值应不低于 16MJ/m^3。铁精矿干燥宜采用高炉煤气。竖炉焙烧宜采用较高热值的混合煤气和经预热后的具有较高热值的高炉煤气。

3 烧结过程基本理论

3.1 烧结过程概述

烧结过程可以概括为：将烧结混合料（铁矿粉、熔剂、燃料、返矿等）配以适量水分，经混合、制粒后铺到烧结机上，在下部风箱的抽风作用下，在料层表面进行点火并自上而下进行烧结反应，在料层燃料燃烧产生的高温作用下，混合料发生一系列物理化学变化，最后变成烧结矿。

对一高度为 500mm、在烧结杯中烧结开始 5min 后的料层进行冷却、解剖、分析，发现沿烧结料层高度方向上呈现出结构和性质不同的若干带，按温度高低和其中发生的物理化学变化，可将正在烧结的料层分五个带，自上而下依次为烧结矿带、燃烧带、干燥预热带、过湿带和原始料带，如图 3-1 所示。表 3-1 列出烧结料层各带的特征和温度区间。

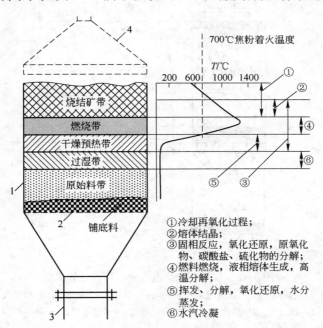

①冷却再氧化过程；
②熔体结晶；
③固相反应，氧化还原，原氧化物、碳酸盐、硫化物的分解；
④燃料燃烧，液相熔体生成，高温分解；
⑤挥发、分解，氧化还原，水分蒸发；
⑥水汽冷凝

图 3-1 烧结开始 5min 后沿料层高度方向各带及温度分布（料层高度 500mm）
1—烧结杯；2—炉箅；3—废气出口；4—煤气点火器

表 3-1 烧结料层各带的特征和温度区间

烧结料层各带	主 要 特 征	温度区间/℃
烧结矿带	冷却固化形成烧结矿区域	<1200
燃烧带	焦炭燃烧，石灰石分解、矿化，固—固反应及熔融区域	700~最高温度~1200

烧结料层各带	主 要 特 征	温度区间/℃
干燥预热带	低于原始混合料含水量的区域	100 ~ 700
过湿带	超过原始混合料含水量的区域	< 100
原始料带	与原始混合料含水量相同的区域	原始料温

随着烧结过程的推进，各带的相对厚度不断发生变化，烧结矿带不断扩大，原始料带不断缩小，至烧结终点时燃烧带、干燥预热带、过湿带和原始料带全部消失，整个料层均转变为烧结矿带。图 3 - 2 是在烧结杯中烧结时，料层各带随烧结时间的变化情况。实际烧结生产是一个连续稳定过程，图 3 - 3 是在生产过程中沿烧结机长度方向料层各带厚度的变化和分布情况。

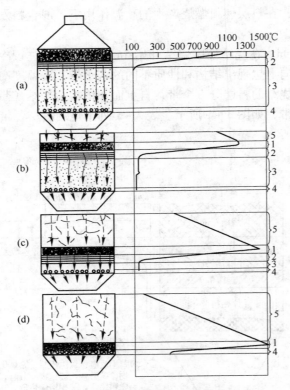

图 3 - 2 烧结杯烧结过程中料层各带的演变

（a）点火瞬间；（b）点火后 1 ~ 2min；（c）烧结 8 ~ 10min；（d）烧结终了前
1—燃烧带；2—干燥预热带；3—过湿带；4—铺底料；5—烧结矿带

（1）烧结矿带：从点火开始，烧结矿带即开始形成，并逐渐加厚，这一带的温度在1200℃以下。在冷空气作用下，温度逐渐下降，熔融液相被冷却，伴随着结晶和矿物析出，物料凝固成多孔结构的烧结矿，透气性变好，抽入的冷空气被预热，烧结矿被冷却。通常烧结矿的表层由于点火高温保持时间短和冷却速率快等原因，一般强度较下层差，其厚度一般为 20 ~ 30mm。

（2）燃烧带：燃烧带是从燃料着火（约700℃）开始，至最高温度（1250 ~ 1400℃）

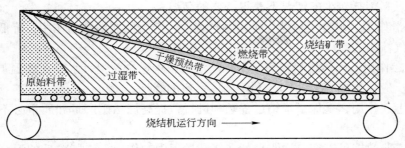

图 3-3　沿带式烧结机长度方向烧结各带的演变与分布

并下降至 1200℃ 为止，其厚度一般为 20~40mm，并以 15~30mm/min 的速度向下移动。这一带进行的主要反应有燃料的燃烧，碳酸盐的分解，铁锰氧化物的氧化、还原、热分解，硫化物的脱硫和低熔点矿物的生成与熔化等。由于燃烧带的温度最高并有液相生成，这一带的透气性很差。燃烧带厚度对烧结矿的产品质量影响极大。过厚影响通过料层的风量，导致产量降低；过薄则烧结温度低，液相量不足，影响烧结矿强度。

（3）干燥预热带：干燥预热带的温度在 100~700℃ 范围内，厚度一般为 20~40mm。在此带，混合料水分完全蒸发，并被加热到燃料着火温度。由于导热性好，料温很快升高到 100℃ 以上，混合料水分开始激烈蒸发，随着温度的进一步升高，料层内主要发生部分结晶水和碳酸盐分解，硫化物分解氧化，矿石的氧化还原以及固相反应等。

（4）过湿带：来自干燥预热带的废气中含有较多的水分，当温度降到露点（烧结过程一般为 60~65℃）以下发生冷凝析出，形成过湿带。过湿带增加的冷凝水介于 1%~2% 之间。但在实际烧结时，发现在烧结料下层有严重的过湿现象，这是因为在强大的气流和重力作用下料层中的水分向下迁移，特别是那些湿容量较小的物料容易发生这种现象。水汽冷凝使料层的透气性显著恶化，对烧结过程产生很大影响。

（5）原始料层带：处于料层的最下部，此带与原始混合料含水量和料温相同，来自过湿带的废气对此带不产生明显影响。

3.2　烧结过程物理化学反应

3.2.1　水分的蒸发与冷凝

3.2.1.1　水分在烧结过程中的作用

烧结料中的水分来源，主要是物料原始含有的物理水，混合料混匀制粒时外加的水，燃料中碳氢化合物燃烧产物中的水汽，以及空气中带入的水蒸气。此外，还有混合料中褐铁矿等含结晶水矿物分解的化合水。

一般认为，水分在烧结过程中可以起到以下几个方面的作用：

（1）制粒作用。烧结混合料加入适当的水分，水在混合料粒子间产生毛细力，在混合料的滚动过程中互相接触而靠紧，制成小球粒，改善烧结料层的透气性。

（2）导热作用。水的导热系数为 130~400kJ/($m^2 \cdot h \cdot ℃$)，而矿石的导热系数为 0.60kJ/($m^2 \cdot h \cdot ℃$)，烧结料中水分的存在，改善了烧结料的导热性，使料层中的热交换速率加快，这就有利于使燃烧带限制在较窄的范围内，减少了烧结过程中料层的阻力，同时保证了在燃料消耗较少的情况下获得必要的高温。

（3）润滑作用。水分子覆盖在矿粉颗粒表面，起类似润滑剂的作用，降低了表面粗糙度，减小了气流阻力。

（4）助燃作用。固体燃料在完全干燥的混合料中燃烧缓慢，水分在高温下能与固体 C 发生水煤气反应，生成 CO 和 H_2，利于固体燃料的燃烧。

水分的上述作用，是保证烧结过程顺利进行，提高烧结矿产量和质量必不可少的条件之一。

下面的实验数据可以充分说明水分在烧结过程中的作用。将制粒后的混合料烘干到水分含量为 2.3%，其烧结效果与正常水分的烧结料相比，利用系数从 $1.11t/(m^2 \cdot h)$ 下降到 $0.66t/(m^2 \cdot h)$，烧结时间由 9min 延长到 21min，（相对制）平均真空度由 $7000 \times 10^4 Pa$ 增加到 $7360 \times 10^4 Pa$。

不同烧结料的适宜水分含量也不同。一般来说，物料粒度越细，比表面积越大，所需适宜水分就越高。此外，适宜水分与原料类型关系很大，研究表明松散多孔的褐铁矿烧结时所需水量可达 20%，而致密的磁铁矿烧结时适宜水量为 6% ~9%。

烧结最适宜水分是以使混合料达到最高成球率或最大料层透气性来评定的。烧结最适宜的水分范围较小，当实际水分变化超过 ±0.5% 时，就会对混合料的成球性产生显著影响。图 3 - 4 为某物料成球性与含水量的关系。

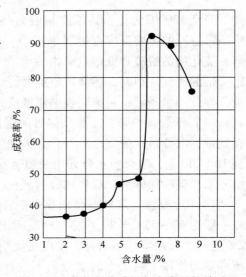

图 3 - 4 某物料成球性与含水量的关系

3.2.1.2 水汽的冷凝与过湿带的形成

从干燥带下来的废气，其中含有较多的水汽，由于其水蒸气分压（p_a）大于物料表面上的饱和蒸气压（p_s），废气中的水汽再次返回到物料中，即在物料表面冷凝下来。

湿空气中的水汽开始在料面冷凝的温度称为"露点"，烧结废气的露点为 60℃ 左右。

当烧结废气中水汽在烧结料表面冷凝时，冷凝带的烧结料由于气体的热量和水汽冷凝放出的潜热而被加热，这一层中水汽冷凝一直进行到干燥带排出的气体的温度和烧结料温度相接近的瞬间为止，即气体中的水汽分压（p_a）接近烧结料表面温度的饱和蒸气压（p_s）为止。以后在该层中不再发生冷凝，废气中的冷却和由此而发生的水汽冷凝转到下一层中进行。这样冷凝层就像过湿带的"前沿"，在气流运动方向发生移动，而在它经过的地方变成过湿带。当干燥带下面全部变为过湿带后，其温度等于干燥带排出气体的温度，从此开始，干燥带蒸发的水分与废气一起全部从烧结中排出去。当干燥带继续向下迁移时，过湿带逐渐缩小，前者接近烧结机算条时，后者就全部消失。

整个烧结料层过湿完成的时间可以根据炉算底下废气温度的变化来判断。如图 3 - 5 所示为烧结废气温度曲线的一般特征，点火后 2 ~3min 内废气温度总是从原始料温跳跃到 60 ~65℃（曲线 abc），在这段时间内完成了包括床层在内的过湿过程，这个温度一直保持到约 10min 后干燥层接近炉算为止。这就意味着含水的废气在继续通过该料层时不再发生冷凝，过湿现象仅仅是在头 2~3min 内发生，而不是烧结的全部时间。

图 3-6 所示为烧结开始后很短的时间内料层温度的变化。烧结料层中依次从上向下等距离地安放 1~4 四支温度计，其中 4 号靠近炉箅。在点火开始 2min 内，依次地显示出每支温度计都是从原始料温跃升到 60~65℃，这一现象与烧结料过湿有关，料温随着冷凝放热的同时被加热到露点 t_d，t_1、t_2、t_3 和 t_4 分别代表各温度计水平面完成过湿的时间，在 2min 时，4 号温度计达到 t_d，说明整个料层已经完成了冷凝过程。

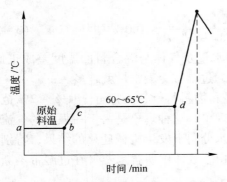

图 3-5　烧结杯烧结过程废气温度的变化　　图 3-6　料层中最初 2min 温度变化曲线

在冷凝过程中，有关废气和物料的湿度和温度变化如图 3-7 所示。

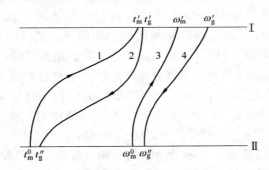

图 3-7　冷凝过程中烧结料和气体参数变化

Ⅰ，Ⅱ—冷凝过程的上、下限；1，2—烧结料和气体的温度；3，4—烧结料和气体的湿度

冷凝层的厚度一般介于 20~40mm。在过湿带形成的整个周期中，烧结料和气体间的热交换完全。在冷凝过程中，烧结料从原始温度 t_m^0 被加热到 t_m'，接近于干燥带排出的湿气体的温度 t_g'；气体从温度 t_g' 冷却到 t_g''，接近于烧结料的原始温度 t_m^0；物料的湿度从原始湿度 ω_m^0 增加到 ω_m'；而气体的湿度从温度 t_g' 时的饱和含湿量 ω_g' 降低到温度 t_g'' 时的饱和含湿量 ω_g''。

烧结料中过湿带形成的热平衡可以用下式表示：

$$M_m(C_m + C_\omega \omega_m')(t_g' - t_g'') = M_g(C_g + C_s \omega_g')(t_g' - t_g'') + M_g(\omega_g' - \omega_g'')P \quad (3-1)$$

式中　　　M_m——过湿带烧结料量，kg；

　　　　　M_g——形成过湿带所需气体的量，kg；

　　　　　P——水汽冷凝时的放热量（等于汽化热），kJ/kg；

C_m，C_ω，C_g，C_s——烧结料、水分、气体、水蒸气的比热容（标态），kJ/（m³·℃）。

根据式（3-1）可以求出形成过湿带所需的气体量为：

$$M_g = M_m \frac{(C_m + C_\omega \omega'_m)(t'_g - t''_g)}{(C_g + C_s \omega'_g)(t'_g - t''_g) + (\omega'_g - \omega''_g)P}$$

过湿带冷凝水的量为：

$$Q = M_g(\omega'_g - \omega''_g) \qquad (3-2)$$

过湿带冷凝水的含量为：

$$Q' = \frac{(C_m + C_\omega \omega'_m)(t'_g - t''_g)(\omega'_g - \omega''_g)}{(C_g + C_s \omega'_g)(t'_g - t''_g) + (\omega'_g - \omega''_g)P} \times 100\% \qquad (3-3)$$

在一定的原料条件下，冷凝水量与烧结料的含水量及气体与混合料的温度差成正比，烧结料的含水量越高、气体与混合料的温度差越大，过湿带冷凝水量就越多。

在过湿带增加的冷凝水数量，根据不同的料温和物料特性，一般介于 1% ~2% 范围内。但在实际烧结过程中，有时发现烧结烟道积水现象，这种现象是由于在强大的气流和重力作用下，烧结料的原始结构被破坏和料层中的水分向下发生机械迁移的结果，特别是那些湿容量较小的物料容易产生这种现象，而不是由于气体中所含水蒸气在过湿带不断冷凝的结果。这种现象与烟气温度下降也有关系。

3.2.1.3　防止烧结料层过湿的主要措施

水分对烧结过程不利的影响，主要是在烧结过程中，水分在烧结料层中发生的蒸发及冷凝等一系列变化，导致烧结料层中部分物料超过原始水分，而形成所谓"过湿带"，"过湿带"中的过量水分有可能使混合料制成的小球破坏，甚或冷凝水充塞粒子间空间，料层阻力增大，烧结过程进行缓慢，引起烧结矿的产量、质量下降。

由于废气冷凝的前提条件是其水蒸气分压（p_a）大于物料表面上的饱和蒸气压（p_s），冷凝水的量取决于两者的差值（$p_a - p_s$）。p_a 取决于废气中的水分含量，p_s 取决于料层的原始温度，温度越高则 p_s 越大。因此，降低料层水分冷凝量的主要途径是提高料层的原始温度、降低废气中的水分含量。烧结生产中，防止烧结料层过湿可以采取以下主要措施：

（1）提高混合料的原始温度。从水分冷凝的机制来分析，将料温提高到露点温度以上，就可以从根本上防止水分的凝结。烧结废气的露点温度与它的含水量和空气消耗量有关。

例如，在 450m² 烧结机上，烧结料含水 8%，料温 20℃，烧结料堆密度为 1.8t/m³，烧结机机速为 3m/min，料层高度 0.7m，抽风系统总压为 0.09MPa，根据以上数据可以求出烧结混合料应当预热的温度。

每分钟从烧结料中抽走的水汽量为：

$$3 \times 5 \times 0.7 \times 1.8 \times 0.08 = 1.512t/min = 1512000g/min$$

式中，5 为烧结机台车宽度，m。

每分钟通过烧结料层的废气量为：

$$\frac{40500 \times (1 - 0.6)}{0.09/0.1} = 18000 m^3/min$$

式中，40500m³/min 为烧结机的抽风机铭牌能力；0.6 为烧结机漏风率。

如果大气湿度为 36g/m³，则废气中的总水汽含量为：

$$\frac{1512000}{18000} + 36 = 120g/m^3$$

根据饱和蒸气压图表，可以查得废气中含水汽 $120g/m^3$ 时，其相应露点温度为 54℃，即料温提高到 54℃ 以上时，理论上即可消除过湿现象。

提高混合料温度的方法有：

1）热返矿预热混合料。将热返矿（600℃）直接添加在铺有配合料的皮带上，再进入混合机，在混合过程中，返矿的余热将混合料加热至一定温度。这种方法简单，不需外加热源，合理利用了返矿热量，预热效果是几种方法中最好的，在 1~2min 内可将混合料加热到 50~60℃ 或更高。热返矿参与配料的缺点在于配加量较难控制，对于混合料水分波动影响也较大。

2）蒸汽预热混合料。在二次混合机内通入蒸汽来提高料温，近年来也有在混合料槽内和布料时通蒸汽来提高料温的。其优点是既能提高料温又能进行混合料润湿和水分控制，保持混合料的水分稳定。由于预热是在二次混合机内进行，预热后的混合料即进入烧结机上烧结，因此热量的损失较小。生产实践证明，蒸汽压力越高，预热效果越好，如鞍钢在二次混合机内使用蒸汽压力为 0.1~0.2MPa 时，可提高料温 4.2℃。当压力增加到 0.3~0.4MPa 时，可提高料温 14.8℃。使用蒸汽预热的主要缺点是热利用效率较低，一般仅为 40%~50%，单独使用不经济，与其他方法配合使用比较合理，可以考虑改进蒸汽的加入方法以进一步提高热利用率。如果利用烧结生产中的废热生产过热蒸汽则可以降低生产成本。

3）生石灰预热混合料。利用生石灰消化放热提高混合料的温度，其消化反应如下：

$$CaO + H_2O \Longrightarrow Ca(OH)_2 + 64.90kJ/mol \qquad 反应（3-1）$$

即 1mol CaO（56g）完全消化放出热量 64.90kJ。如果生石灰含 CaO 85%，混合料中加入量为 5%，若混合料的平均热容量为 1.047kJ/(kg·℃)，则放出的消化热全部利用后，理论上可以提高料温 50℃ 左右。但是，由于实际使用生石灰时要多加水，以及热量散失，故料温一般只提高 10~15℃。鞍钢二烧在采用热返矿预热的条件下，配入 2.87% 的生石灰，混合料温由 51℃ 提高到 59℃，平均每加 1% 的生石灰提高料温 2.7℃。

（2）提高烧结混合料的湿容量。凡添加具有较大表面积的胶体物质，都能增大混合料的最大湿容量，由于生石灰消化后，呈极细的消石灰胶体颗粒，具有较大的比表面（其平均比表面积达 $3 \times 10^5 cm^2/g$），可以吸附和持有大量水分。例如，鞍山细磨铁精矿加入 6% 的消石灰（相当于 4.5% 生石灰所生成的量），可使混合料的最大分子湿容量的绝对值增大 4.5%，最大毛细湿容量增大 13%。因此，烧结料层中的少量冷凝水，将为混合料中的这些胶体颗粒所吸附和持有，既不会引起制粒小球的破坏，也不会堵塞料球间的通气孔道，仍能保持烧结料层的良好透气性。

（3）降低废气中的含水量。实际上是降低废气中的水汽的分压。将混合料的含水量降到比适宜的制粒水分低 1.0%~1.5%，可以减少过湿带的冷凝水。采用双层布料烧结，将料层下部的含水量降低，也有一定的效果。

3.2.2 烧结过程的气—固反应

3.2.2.1 固体物料的分解

A 结晶水的分解

在烧结混合料中的矿石和添加物中往往含有一定量的结晶水，它们在预热带及燃烧带将发生分解。表 3－2 是部分水合物、结晶水的开始分解温度及分解后的产物。

对含水赤铁矿的研究表明，只有针铁矿（$Fe_2O_3 \cdot H_2O$）是唯一真正的水合矿物，而其他一系列所谓的铁矿都只是水在赤铁矿和针铁矿中的固溶体。

从表 3－2 可以看出，在 700℃ 的温度下，烧结料中的水合物都会在干燥预热带强烈分解。由于混合料处于预热带的时间短（1～2min），如果矿石粒度过粗且导热性差，就可能有部分结晶水进入燃烧带。在一般的烧结条件下，约 80%～90% 的结晶水可以在燃烧带下面的混合料中脱除掉，其余的水则在最高温度下脱除。由于结晶水分解的热消耗大，故其他条件相同时，烧结含结晶水的物料时，一般较烧结不含结晶水的物料，最高温度要低一些。为保证烧结矿质量，需增加固体燃料。如烧结褐铁矿时，固体燃料用量可达 9%～10%。如果水合矿物的粒度过大，固体燃料用量又不足时，一部分水合物及其分解产物未被高温带中的熔融物吸收，而进入烧结矿中，就会使烧结矿强度下降。

表 3－2　结晶水开始分解的温度及分解后的固体产物

原 始 矿 物	分 解 产 物	开始分解温度/℃
水赤铁矿 $2Fe_2O_3 \cdot H_2O$	赤铁矿 $\alpha - Fe_2O_3$	150～200
褐铁矿 $2Fe_2O_3 \cdot 3H_2O$	针铁矿 $Fe_2O_3 \cdot H_2O(\alpha - FeO \cdot OH)$	120～140
针铁矿 $Fe_2O_3 \cdot H_2O(\alpha - FeO \cdot OH)$	赤铁矿 Fe_2O_3	190～328
针铁矿 $Fe_2O_3 \cdot H_2O(\gamma - FeO \cdot OH)$	磁性赤铁矿 $\gamma - Fe_2O_3$	260～328
水锰矿 $MnO_2 \cdot Mn(OH)_2(MnO \cdot OH)$	褐锰矿 Mn_2O_3	300～360
三水铝矿 $Al(OH)_3$	单水铝矿 $\gamma - AlO(OH)$	290～340
单水铝矿 $\gamma - AlO(OH)$	刚玉（立方） $\gamma - Al_2O_3$	490～550
硬水铝矿 $\alpha - AlO(OH)$	刚玉（三斜） $\alpha - Al_2O_3$	450～500
高岭土 $Al_2O_3 \cdot 2SiO_2 \cdot 2H_2O$	偏高岭土 $Al_2O_3 \cdot 2SiO_2 \cdot 2H_2O$	400～500
拜来石 $(Fe, Al)_2O_3 \cdot 3SiO_2 \cdot 2H_2O$	—	550～575
石膏 $CaSO_4 \cdot 2H_2O$	半水硫酸钙 $CaSO_4 \cdot 0.5H_2O$	120
半水硫酸钙 $CaSO_4 \cdot 0.5H_2O$	硬石膏 $CaSO_4$	170
臭葱石 $FeAsO_4 \cdot 3H_2O$	—	100～250
鳞绿泥石 $8FeO \cdot 4(Al, Fe)_2O_3 \cdot 6SiO_2 \cdot 9H_2O$		410
鲕绿泥石 $15(Fe, Mg)O \cdot 5Al_2O_3 \cdot 11SiO_2 \cdot 16H_2O$		390

B　碳酸盐的分解

烧结混合料中通常含有碳酸盐，它是由矿石本身带进去的，或者是为了生产熔剂性烧结矿而加进去的。这些碳酸盐在烧结过程中必须分解后才能最终进入液相，否则烧结矿带有夹生料或者白点，影响烧结矿的质量。

碳酸盐分解反应的通式可写为：

$$MCO_3 \Longrightarrow MO + CO_2 \qquad \text{反应（3 - 2）}$$

碳酸盐分解反应可以看做碳酸盐生成的逆反应。图 3－8 绘制几种碳酸盐生成的 $\Delta G^{\ominus}$ 与温度的关系，从中可以看出碳酸盐的稳定性顺序为：$ZnCO_3 < FeCO_3 < PbCO_3 < MnCO_3 < MgCO_3 < CaCO_3 < BaCO_3 < Na_2CO_3$。

碳酸盐分解反应的分解压与温度的关系：

$$\lg p_{CO_2} = \frac{A}{T} + B \qquad (3 - 4)$$

其中，A，B 为碳酸盐的分解常数，可利用碳酸盐标准生成吉布斯自由能求出。

碳酸盐的分解压 p_{CO_2} 与温度的关系如图 3-9 所示，曲线上每一点表示 MCO_3、MO 和 CO_2 同时平衡存在。若以 p'_{CO_2} 表示外界 CO_2 的分压，曲线下面的区域，$p_{CO_2} > p'_{CO_2}$，MCO_3 发生分解反应；曲线上面的区域，$p_{CO_2} < p'_{CO_2}$，MO 和 CO_2 化合生成碳酸盐；在曲线上，$p_{CO_2} = p'_{CO_2}$，MCO_3 分解反应达到平衡。

铁矿石烧结时最常遇到的碳酸盐有 $FeCO_3$、$MnCO_3$，以及作为熔剂的添加物 $CaCO_3$、$MgCO_3$ 等，上述碳酸盐的分解压与温度的关系如图 3-9 所示。图的上部虚线是烧结料层中的总压，而下部的虚线为烧结料层中 CO_2 的分压。从图 3-9 中可以看出在烧结料层中它们开始分解的次序是：$FeCO_3$、$MnCO_3$、$MgCO_3$、$CaCO_3$。

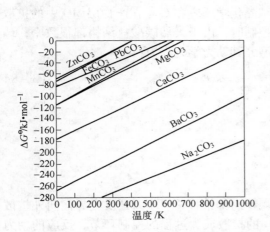

图 3-8 碳酸盐生成的 $\Delta G^\ominus$ 与温度的关系

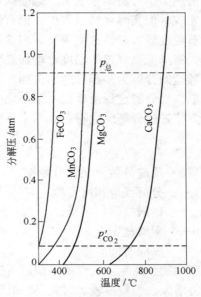

图 3-9 某些碳酸盐矿物的分解压与温度的关系
（$1atm \approx 0.1MPa$）

对于碳酸钙的分解反应：

$$CaCO_3 \rightleftharpoons CaO + CO_2 \qquad\qquad 反应（3-3）$$

其分解压与温度的关系式为：

$$\lg p_{CO_2} = -\frac{8920}{T} + 7.54 \qquad\qquad (3-5)$$

在大气中 CO_2 的平均含量约为 0.03%，即大气中 CO_2 的分压 $p_{CO_2} = 0.0003atm$，由式（3-5）得出碳酸钙在大气中的开始分解温度 $T_{开}$ 为 530℃。当分解压达到体系的总压时的分解温度称为碳酸盐的沸腾温度。可得出碳酸钙在大气中的沸腾温度 $T_{沸}$ 为 910℃。类似地，可以分别得在大气中 $MgCO_3$ 开始分解温度为 320℃，沸腾温度 680℃；$FeCO_3$ 开始分解温度为 230℃，沸腾温度 400℃。

在铁矿烧结时，烧结料中的某些碳酸盐的分解不同于纯的碳酸盐矿物。例如 $CaCO_3$，它的分解产物 CaO 可以与其他矿物进行化学反应，生成新的化合物，这样就使得烧结料中 $CaCO_3$ 的分解压在相同的温度下相应地增大，分解得更完全。如：

$$CaCO_3 + SiO_2 \rightleftharpoons CaSiO_3 + CO_2 \qquad\qquad 反应（3-4）$$

其分解压为:

$$\lg p_{CO_2} = -\frac{4580}{T} + 8.57 \qquad (3-6)$$

$$CaCO_3 + Fe_2O_3 =\!=\!= CaFe_2O_4 + CO_2 \qquad 反应 (3-5)$$

其分解压为:

$$\lg p_{CO_2} = -\frac{4900}{T} + 8.57 \qquad (3-7)$$

将式 (3-6)、式 (3-7) 与式 (3-5) 比较,可以看出当温度相同时,式 (3-5) 所得分解压较式 (3-6)、式 (3-7) 要小得多。

以上热力学分析结果表明,碳酸盐矿物在烧结料层内部都不难分解,一般在烧结预热带可以完成,但实际烧结过程中,仍有部分石灰石进入高温燃烧带才能分解完成,特别是当石灰石粒度较大时,这主要是碳酸盐分解反应动力学因素造成的。石灰石进入高温燃烧带分解,将降低燃烧带的温度,增加燃料的消耗。

碳酸盐的分解为多相反应,由相界面上的结晶化学反应和 CO_2 在产物层 MO 中的扩散环节组成。当分解过程由界面上结晶化学反应控制时,由于天然碳酸盐结构都很致密,球形或立方体颗粒分解反应符合收缩未反应核模型,其动力学方程为:

$$1 - (1-R)^{1/3} = \frac{k}{r_0 \rho} t = k_1 t \qquad (3-8)$$

式中　R——反应分数,又称分解率;

　　　　k——分解反应速度常数;

　　　　r_0——碳酸盐颗粒半径;

　　　　ρ——碳酸盐密度;

　　　　t——反应时间。

分解产物虽然是多孔性的,但随着反应向颗粒内部推移,CO_2 离开反应界面向外扩散的阻力将增大,当粒度较大时尤甚。此时,CO_2 的扩散成为过程的控制环节,反应的动力学方程为:

$$1 - \frac{2}{3}R - (1-R)^{2/3} = \frac{D_e}{r_0^2 \rho} t = k_2 t \qquad (3-9)$$

由于固相产物层内扩散阻力的存在,反应界面上 CO_2 的分压将被提高,而接近于该温度的分解压。因此,为使反应能继续进行,必须把矿块加热到比由气流的 CO_2 分压所确定的分解温度更高的温度。并且矿块越大,完全分解的温度也越高,时间也越长。

当气流速度比较小时,CO_2 的扩散还可受到矿块外面边界层扩散阻力的影响。

碳酸钙分解的限制环节是和其所在的条件(温度、气流速度、孔隙度和粒度等)有关。可根据矿块的物性数据及反应条件利用上述的动力学方程确定分解速度的限制环节。如果界面反应是限制环节、由实验测得的 $1-(1-R)^{1/3}$ 对 t (反应时间) 的关系是直线关系,表明矿块完全分解的时间与其半径的一次方成正比。相反,如 CO_2 的扩散是限制环节,那么 $1 - \frac{2}{3}R - (1-R)^{2/3}$ 对 t 不是直线关系,表明矿块完全分解的时间与其半径的二次方成正比。但在混合限制范围内,$1-(1-R)^{1/3}$ 对 t 的关系是曲率较小的 "S" 形曲线。现有资料认为,在一般条件下石灰石的分解是位于过渡范围内的,即界面反应和 CO_2 的扩散在不同程度上限制了石灰石的分解速度。

在烧结生产过程中，不仅要求碳酸盐特别是碳酸钙完全分解，而且要求其分解产物与其他组分完全化合。如果烧结矿中有游离的 CaO 存在，则遇水消化，体积增大一倍，烧结矿会因内应力而粉碎。

碳酸盐分解产物与其他组分发生化合反应成为矿化，一般用矿化度表示。

碳酸钙的分解度用下式表示：

$$D = (CaO_{石} - CaO_{残})/CaO_{石} \times 100\%\qquad(3-10)$$

式中 D——碳酸钙分解度，%；

    $CaO_{石}$——混合料中以 $CaCO_3$ 形式带入的 CaO 总含量，%；

    $CaO_{残}$——烧结矿中以 $CaCO_3$ 形式残存的 CaO 含量，%。

氧化钙的矿化度用下式表示：

$$K_H = (CaO_{总} - CaO_{游} - CaO_{残})/CaO_{总} \times 100\%\qquad(3-11)$$

式中 $CaO_{总}$——混合料或烧结矿中以不同形式存在的 CaO 总含量，%；

    $CaO_{游}$——烧结矿中游离 CaO 含量，%；

    K_H——氧化钙的矿化度，%。

必须指出 $CaO_{石}$ 和 $CaO_{总}$ 是有区别的，一般地 $CaO_{总} > CaO_{石}$；当混合料中的 CaO 仅以 $CaCO_3$ 形式存在时，$CaO_{总} = CaO_{石}$。

图 3-10～图 3-12 为各因素对 CaO 的矿化度的影响。一般精矿使用的石灰石粒度可以较粗一些（如 3～0mm），而粒度较粗的粉矿要求石灰石的粒度要细一些（如 2～0mm，甚至 1～0mm）。

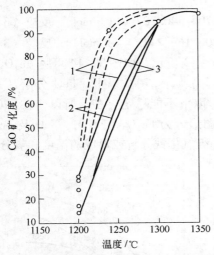

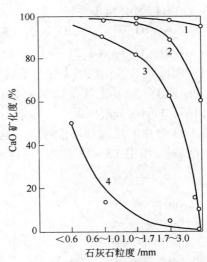

图 3-10 碱度和石灰石粒度对 CaO 矿化程度的影响   图 3-11 温度和石灰石粒度对 CaO 矿化程度的影响

1～3——分别代表碱度 0.8, 1.3 和 1.5；   1—1350℃；2—1300℃；3—1250℃；4—1200℃

虚线—石灰石粒度 1～0mm；实线—石灰石粒度 3～0mm

C 氧化物的分解

铁是过渡族金属元素，有几种价态，可形成三种氧化物：FeO、Fe_3O_4 及 Fe_2O_3，其分解是逐级进行的，即氧化铁的分解是以高价氧化物，经过中间价态的氧化物，最终转变为铁的，这称为逐级转变原则。但是，FeO 仅在 570℃ 以上才能在热力学上稳定存在，570℃ 以下要转变成 Fe_3O_4，即：

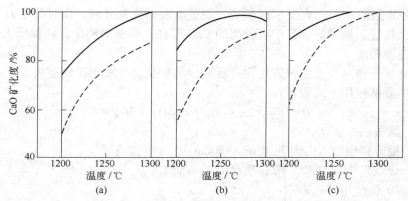

图 3 - 12 磁铁矿粒度对 CaO 矿化程度的影响

（a）磁铁矿粒度为 6~0mm；（b）磁铁矿粒度为 3~0mm；（c）磁铁矿粒度为 0.2~0mm

实线、虚线—石灰石粒度分别为 1~0mm、3~0mm

$$4FeO \Longrightarrow Fe_3O_4 + Fe \quad \Delta G^\ominus = -48525 + 57.56T \quad (J/mol) \quad 反应（3-6）$$

反应（3-6）$\Delta G^\ominus$ 在 570℃ 以下为负值，所以氧化铁的分解以 570℃ 为界，在 570℃ 以上，分为三步进行，即：

$$6Fe_2O_3 \Longrightarrow 4Fe_3O_4 + O_2 \quad \Delta G^\ominus = 5867770 - 340.20T \quad (J/mol) \quad 反应（3-7）$$

$$2Fe_3O_4 \Longrightarrow 6FeO + O_2 \quad \Delta G^\ominus = 6361300 - 255.67T \quad (J/mol) \quad 反应（3-8）$$

$$2FeO \Longrightarrow 2Fe + O_2 \quad \Delta G^\ominus = 539080 - 140.56T \quad (J/mol) \quad 反应（3-9）$$

在 570℃ 以下分两步进行，即：

$$6Fe_2O_3 \Longrightarrow 4Fe_3O_4 + O_2 \quad \Delta G^\ominus = 5867770 - 340.20T \quad (J/mol) \quad 反应（3-10）$$

$$1/2Fe_3O_4 \Longrightarrow 3/2Fe + O_2 \quad \Delta G^\ominus = 563320 - 169.24T \quad (J/mol) \quad 反应（3-11）$$

氧势图反映了氧化铁的上述分解特性，如图 3-13 所示。由图 3-14 可见 Fe_2O_3 的分解压，在一切温度下比其他级氧化铁的分解压都高。在 570℃ 以上，FeO 分解压最小，570℃ 以下，Fe_3O_4 分解压最小。由于 FeO 在 570℃ 以下不能稳定存在，所以，在 570℃ 以下凡有 FeO 参加的反应都不能存在。这些曲线把图形分为 Fe_2O_3、Fe_3O_4、FeO 及 Fe 稳定存在的区域。利用图 3-13 和图 3-14 可以确定各级氧化铁分解或形成的温度和氧分压。

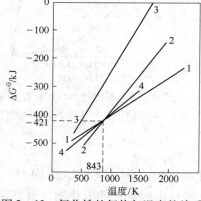

图 3 - 13 氧化铁的氧势与温度的关系

1— $2Fe + O_2 = 2FeO$；2— $6FeO + O_2 = 2Fe_3O_4$；

3— $4Fe_3O_4 + O_2 = 6Fe_2O_3$；4— $3/2Fe + O_2 = 1/2Fe_3O_4$

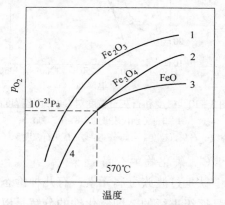

图 3 - 14 氧化铁的分解压与温度的关系

1— $4Fe_3O_4 + O_2 = 6Fe_2O_3$；2— $6FeO + O_2 = 2Fe_3O_4$；

3— $2Fe + O_2 = 2FeO$；4— $3/2Fe + O_2 = 1/2Fe_3O_4$

表3-3列出了铁氧化物和锰氧化物在部分温度下的分解压。在烧结条件下，进入烧结矿冷却带气体中氧的分压介于18~19kPa（0.18~0.19atm），经过燃烧带进入预热带的气相氧的分压一般为7~9kPa（0.07~0.09atm）。将表3-3中的数据与烧结料层内气相氧的分压比较可知，在1383℃时Fe_2O_3的分解压已达0.21atm，故在1350~1450℃的烧结温度下，Fe_2O_3将发生分解，Fe_3O_4和FeO由于分解压极小（1500℃以下分别为$10^{-7.5}$和$10^{-8.3}$atm），在烧结条件下将不发生分解；但在有SiO_2存在的条件下，温度高于1300~1350℃以上时，它可能按以下反应进行分解：

$$6Fe_2O_3 + SiO_2 = 3(FeO)_2 \cdot SiO_2 + 6O_2 \qquad 反应（3-12）$$

MnO_2和Mn_2O_3有很大的分解压，故在烧结条件下都将剧烈分解。

表3-3 铁锰氧化物的分解压（1大气压或98066.5Pa）

温度/℃	Fe_2O_3	Fe_3O_4	FeO	MnO_2	Mn_2O_3
327				8.9×10^{-3}	
460				0.21	
527				0.69	2.1×10^{-4}
550				1.00	3.7×10^{-4}
570				9.50	1.2×10^{-2}
727		7.6×10^{-19}			
827			$10^{-18.2}$		
927		2.2×10^{-13}	$10^{-16.2}$		0.21
1027			$10^{-11.5}$		
1100	2.6×10^{-5}				1.0
1127		2.7×10^{-9}	10^{-13}		
1200	9.2×10^{-4}				1.25
1227			$10^{-11.7}$		
1300	19.7×10^{-3}				
1337		3.62×10^{-8}	$10^{-10.6}$		
1383	0.21				
1400	0.28				
1452	1.00				
1500	3.00	$10^{-7.5}$	$10^{-8.3}$		
1600	25.00	10^{-5}			

3.2.2.2 铁氧化物的还原与氧化

在烧结过程中，由于温度和气氛的影响，金属氧化物将会发生还原和氧化反应，这些过程的发生，对烧结熔体的形成和烧结矿的质量影响极大。

A 铁氧化物的还原

烧结过程中铁氧化物的还原取决于料层温度和气相组成。根据理论计算，Fe_2O_3还原成Fe_3O_4的平衡气相中CO含量要求很低，即CO_2/CO的比值很大，Fe_2O_3的稳定区域是非常小的。因此，在烧结过程中，甚至极微量的 CO（H_2 也是一样）就足以使 Fe_2O_3 完全还原成为 Fe_3O_4。还原反应主要在固体燃料的燃烧带发生，也可能在预热带进行。

Fe_3O_4 也可以被还原。Fe_3O_4 还原反应在 900℃ 时的平衡气相中 $CO_2/CO = 3.47$，1300℃ 时为 10.75，而实际烧结过的气相中 $CO_2/CO = 3 \sim 6$，所以在 900℃ 以上，Fe_3O_4 被还原是可能的，特别是 SiO_2 存在时，更有利于它的还原，即：

$$2Fe_3O_4 + 3SiO_2 + 2CO = 3(2FeO \cdot SiO_2) + 2CO_2 \qquad 反应（3-13）$$

由于 CaO 的存在不利于 $2FeO \cdot SiO_2$ 的生成，因而提高烧结矿碱度，可以降低 FeO 含量。

在一般烧结条件下，FeO 还原成 Fe 是困难的。因为反应在 700℃ 时的平衡气相中 $CO_2/CO = 0.67$，温度升高，这一比值下降，1300℃ 时为 0.297。因此，在一般烧结条件下烧结矿中不会有金属铁存在。但在燃料用量很高时（如生产金属化烧结矿），可获得一定数量的金属铁。

必须指出，在烧结料中由于碳的分布不均，在整个烧结断面的气相组成也是极不均匀的。燃料颗粒周围的 CO_2/CO 的比值可能很小，而远离燃料颗粒中心的地区 CO_2/CO 的比值可能很大，O_2 的含量也可能较高。在前一种情况下铁的氧化物甚至可能被还原成金属铁；在后一种情况下，Fe_3O_4 和 FeO 有可能被氧化。因此，在烧结条件下，不可能使所有的 Fe_3O_4 甚至所有的 Fe_2O_3 还原。此外，实际的还原过程还取决于过程的动力学条件，如矿石本身的还原性、反应表面积和反应时间。虽然烧结料中铁矿石粒度小、比表面积大，但由于高温保持时间较短，CO 向矿粒中心的扩散条件差，加之磁铁矿本身还原性不好，所以 Fe_3O_4 还原受到限制。因此从热力学分析 Fe_3O_4 有可能被还原成 FeO，而实际上被还原多少，还取决于高温区的平均气相组成和动力学条件。

当料层局部还原性较强时，不仅铁氧化物可以被还原，而且使在烧结过程中形成的铁酸钙系列化合物也可能被还原，其反应如下：

对铁酸钙

$$2(CaO \cdot Fe_2O_3) + CO = 2CaO \cdot Fe_2O_3 + 2FeO + CO_2 \qquad 反应（3-14a）$$

$$2CaO \cdot Fe_2O_3 + 3CO = 2Fe + 2CaO + 3CO_2 \qquad 反应（3-14b）$$

$$+)\quad 2FeO + 2CO = 2Fe + CO_2 \qquad 反应（3-14c）$$

$$\overline{}$$

$$CaO \cdot Fe_2O_3 + 3CO = 2Fe + CaO + 3CO_2 \qquad 反应（3-15）$$

对铁酸半钙

$$1/2CaO \cdot Fe_2O_3 + 3CO = 2Fe + 1/2CaO + 3CO_2 \qquad 反应（3-16）$$

对铁酸二钙

$$2CaO \cdot Fe_2O_3 + 3CO = 2Fe + 2CaO + 3CO_2 \qquad 反应（3-17）$$

在还原过程中还可以形成中间化合物 $CaO \cdot FeO \cdot Fe_2O_3$ 或 $CaO \cdot Fe_2O_3$ 变为 $2CaO \cdot Fe_2O_3$。当生产自熔性金属化烧结矿时，成品中不含有铁酸钙，因为铁酸钙已被还原。

燃料配比对于还原反应有很大的影响。图 3-15 为烧结料中配碳不同时铁氧化物的变化。图 3-15 中的曲线表明，用富赤铁矿粉烧结的自熔性烧结矿，随着配碳量的提高，烧结矿中 Fe_2O_3 减少，Fe_3O_4 上升。继续增加配碳量，烧结矿中 Fe_3O_4 减少而 FeO 上升，再增加配碳量，可以看出产生金属铁。

金属化烧结矿工业试验表明：当使用高品位精矿（Fe 62%～63%）及 10% 富矿粉配加 22% 焦粉时（混合料中固定碳为 10%～12%）。烧结矿含金属铁 17%，这说明当配碳高时，有相当多的金属铁被还原出来。

燃料颗粒大小对铁氧化物的还原与分解也有影响。在相同的燃料消耗下，大颗粒焦粉由于缓慢燃烧并增加燃烧带的宽度，因而有较大程度的还原和分解。在燃烧带，炽热的焦粒与液相中的铁氧化物紧密接触，还原速度也很高。

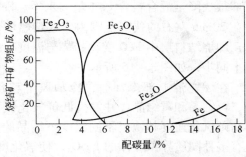

图 3 – 15　富赤铁矿粉烧结自熔性烧结矿时铁氧化物与配碳量的关系

B　低价铁氧化物的氧化

a　氧化度概念

氧化度的定义是矿石或烧结矿中与铁结合的实际氧量与假定全部铁（TFe）为三价铁时结合的氧量之比。氧化度（η）的计算式为：

$$\eta =(1 - Fe^{2+}/3TFe) \times 100\% =(1 - 0.259FeO/TFe) \times 100\% \qquad (3 - 12)$$

铁氧化物的氧化度分别为：Fe_2O_3 100%，Fe_3O_4 88.89%，FeO 66.67%。

烧结矿的氧化度既反映了其中 Fe^{2+} 离子与 Fe^{3+} 离子之间的数量关系，在一定程度上也表示烧结矿中矿物组成和结构的特点，通常认为氧化度高的烧结矿还原性较好而强度较差。在生产低碱度或自熔性烧结矿的工厂中，往往把 FeO 含量代替氧化度作为评价成品烧结矿强度和还原性的特征标志。由于 FeO 含量与燃料消耗量有着密切关系，故也被视为烧结过程中温度和热量水平的标志。实际上用同一含铁原料可以生产不同品位和碱度的烧结矿，其氧化度与 FeO 含量没有直接对应关系，如表 3 – 4 所示。因此，只有在相同的总铁含量前提下，采用 FeO 含量比较两种烧结矿的氧化度时才有实际意义。

表 3 – 4　烧结矿在不同碱度时氧化度和 FeO 含量

碱　度	0.39	0.9	1.08	1.4	2.1	2.5	3.1
TFe/%	60.54	56.71	55.81	57.38	53.39	50.66	44.37
FeO/%	16.48	17.50	15.86	16.84	15.84	14.40	12.44
η/%	92.95	92.0	92.64	92.36	92.31	92.64	92.82

同时，烧结矿的 FeO 含量及其强度和还原性也只有定性而无定量的对应关系，如 Fe^{2+} 存在于磁铁矿中与存在于铁橄榄石中，对烧结矿的强度和还原性的影响并不相同，与 Fe^{2+} 存在于磁铁矿中相比，Fe^{2+} 存在于铁橄榄石中，烧结矿的强度虽好，但还原性差。同样 Fe^{3+} 存在于赤铁矿中与存在于铁酸钙中的作用也不一样，甚至 Fe_2O_3 的生成路线和结晶不同，其行为也各异。

对同一原料而言，尽力提高烧结矿的氧化度，降低结合态的 FeO 的生成，是提高烧结矿质量的重要途径。

b　烧结料层氧化度的变化

烧结过程料层的温度和气氛由上而下出现不同的变化，导致烧结料层氧化度也不同。根据烧结通氮骤冷取样分析发现，表层烧结矿带比燃烧带的 Fe^{2+} 低 15%～20%，燃烧带下部很快降至混合料含 Fe^{2+} 量的水平。Fe^{2+} 最大值被限制在 20mm 左右的狭窄范围内，这与燃烧带的厚度相吻合，即烧结料层中 FeO 变化趋势与温度分布的波形变化基本同步，如图 3-16 所示。

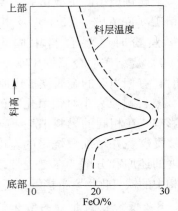

图 3-16　磁铁矿烧结时料层断面某瞬间 FeO 含量的分布

在燃烧带上部冷却时，冷却风下移伴随着矿物结晶、再结晶和重结晶，并发生低价氧化铁再氧化，温度越高则氧化速度越快。不同温度下结晶的 Fe_3O_4 氧化成具有多种同质异象变体的 Fe_2O_3，使氧化度提高。

在燃烧带的高温及碳的作用下，使局部高价铁氧化物分解为 Fe_3O_4，甚至还原成浮氏体，氧化度降低。

在燃烧带下部料层加热时，靠近炽热的炭燃烧处或 CO 浓度较高的区域内，高价氧化铁可发生还原，生成 Fe_3O_4 和 Fe_xO，氧化度降低。随着废气温度的迅速降低，其还原反应也相应减弱，甚至不发生还原反应，此时料层的 FeO 含量即原始烧结料层的 FeO 含量，氧化度恢复到原始烧结料的水平。

以上只是宏观上的分析，实际上同一料层中在靠近炭粒处发生局部还原，靠近气孔处则发生氧化。

使用高品位的赤铁矿粉的烧结试验表明，在正常配碳条件下，燃烧带中的赤铁矿全部还原为磁铁矿，氧化度降低，但燃烧带上部受氧化作用，烧结矿 Fe^{2+} 逐步减少，氧化度逐步提高。随着固定碳的减少，氧化更加剧烈，以至可以又重新氧化到赤铁矿水平。

当烧结磁铁矿时，氧化反应得到相当大的发展，特别在燃料偏低的情况下，燃烧带的温度小于 1350℃，氧化进行得非常剧烈。磁铁矿的氧化先在预热带开始进行，然后在燃烧带中远离炭颗粒的烧结料中，最后在烧结矿冷却带中进行。

当燃料消耗值高于正常值时，这种氧化并不影响最后烧结矿的结构形式，因为磁铁矿被氧化成赤铁矿，它在燃烧带又完全还原或分解。在较低的燃料消耗时所得到的烧结矿结构，通常含有沿着解理平面被氧化的最初的磁铁矿粒。在这种情况下，热量及还原气氛都较弱，不足使它们还原。赤铁矿带的宽度通过显微镜观察到从几个微米到 0.5～0.6mm，这种结构类型常具有天然氧化磁铁矿及假象赤铁矿的特征。

当烧结矿最后的结构形成后，将经受微弱的第二次氧化。在一般条件下，分布在硅酸盐液相之间的磁铁矿结晶来不及氧化，因为氧输送到它的表面是困难的。磁铁矿部分氧化只是在烧结矿孔隙表面、裂缝以及各种有缺陷的粒子上才能发生。

C　影响烧结矿 FeO 含量的因素

烧结矿 FeO 含量对其冶金性能有重要影响。烧结矿中 FeO 主要以磁铁矿和铁橄榄石形式存在，前者主要取决于烧结料层的气氛、原料中的磁铁矿含量，后者主要取决于烧结料层的气氛和 SiO_2 的含量。

a　燃料配比

随着燃料配比的增加，料层还原气氛增强，不利于磁铁矿的氧化，甚至使赤铁矿还原，因此烧结矿中的 FeO 增加，如图 3-17 所示。

b　磁铁矿比例

国内精矿多为细磨磁选的磁铁矿，与赤铁粉矿相比，其氧化度低，容易与 SiO_2 反应生成橄榄石（$2FeO \cdot SiO_2$），因而使烧结矿的 FeO 含量提高，如图 3-18 所示。

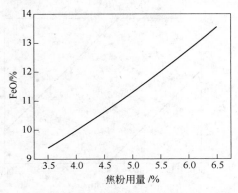 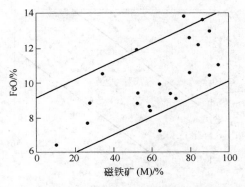

图 3-17　焦粉用量对烧结矿中 FeO 含量的影响　　图 3-18　磁铁矿比例对烧结矿中 FeO 含量的影响

c　原料中 SiO_2 含量

高二氧化硅含量有利于橄榄石、硅酸盐玻璃相矿物的生成，因而随着 SiO_2 的升高，烧结矿的 FeO 升高，如图 3-19 所示。

d　碱度

随着碱度的提高，有利于形成低熔点化合物，降低燃烧带温度，这使还原反应过程受限制，铁酸钙、硅酸钙的形成又抑制了磁铁矿和橄榄石的发展，故烧结矿中 FeO 下降。当烧结料中加入石灰石时，$CaCO_3$ 分解放出的 CO_2 增多，料层氧化气氛增强，也使烧结矿 FeO 含量降低，如图 3-20 所示。

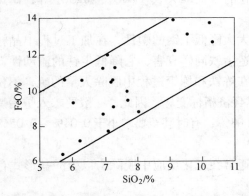 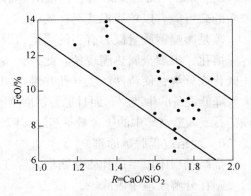

图 3-19　原料中 SiO_2 含量对烧结矿中 FeO 含量的影响　　图 3-20　碱度对烧结矿中 FeO 含量的影响

e　原料中 MgO 含量

当烧结料中 MgO 含量增加时，MgO 易进入磁铁矿晶格，抑制磁铁矿的氧化，且 MgO 的存在能形成高熔点化合物，使燃烧带温度及烧结矿中的 FeO 含量都上升，如图 3-21 所示。

f　料层高度

随着料层高度的提高，"自动蓄热"作用增强，固体燃耗随之降低，FeO 含量降低，如图 3-22 所示。

此外，为高效合理利用高料层蓄热发展的偏析布料技术，改善了燃料沿料层高度的合理分布，使烧结 FeO 含量进一步降低。

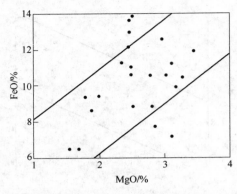 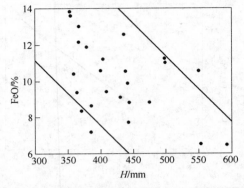

图 3 - 21 　原料中 MgO 含量对烧结矿中 FeO 含量的影响 　　图 3 - 22 　料层高度对烧结矿中 FeO 含量的影响

3.2.2.3 　有害元素的行为及脱除

在大多数的情况下，烧结的原料含有对钢铁冶金过程及钢材有害或不希望的元素，如硫、砷、氟、铅、锌、钾、钠等。了解这些伴生元素在烧结过程中的性状及其脱除方法有实际意义。

A 　硫的行为

a 　硫的存在形态及其对钢铁生产的影响

铁矿石中的硫通常以硫化物和硫酸盐形式存在，以硫化物形式存在的矿物有：FeS_2、$CuFeS_2$、CuS、ZnS、PbS 等；以硫酸盐形式存在的有：$BaSO_4$、$CaSO_4$、$MgSO_4$ 等；而焦粉带入的硫可能有以单质形式存在的硫。

硫是影响钢质量极为有害的元素，因为其大大降低了钢的塑性，在加工过程中晶粒边界先熔化，出现金属热脆现象。此外，硫对铸造生铁同样有害，它降低生铁的流动性，阻止碳化铁分解，使铸件产生气孔并难以切削。在炼铁和炼钢过程中脱除大量的硫，不仅会大大降低设备的生产率，而且也会使冶炼的技术经济指标变坏，因此，一般要求入炉冶炼的铁矿石或人造富矿中的硫含量不超过 0.07% ~ 0.08%，有时甚至要求小于 0.04% ~ 0.05%。

b 　烧结过程脱硫原理

烧结过程中以单质和硫化物形式存在的硫通常在氧化反应中脱除，以硫酸盐形式存在的硫则在分解反应中脱除。

黄铁矿（FeS_2）是铁矿石中经常遇到的含硫矿物，它具有较大分解压，在空气中加热到 565℃ 时很容易分解出一半的硫，因此，在烧结的条件下可能分解出元素硫。

黄铁矿氧化，在更低的温度（280℃）就开始了。当温度较低时，从黄铁矿着火（366 ~ 437℃）到 556℃，硫的蒸气分解压还较小。黄铁矿的氧化去硫反应如下：

$$2FeS_2 + 11/2O_2 \stackrel{}{=\!=\!=} Fe_2O_3 + 4SO_2 + 1668900kJ \qquad 反应（3 - 18）$$

$$3FeS_2 + 8O_2 \stackrel{}{=\!=\!=} Fe_3O_4 + 6SO_2 + 2380238kJ \qquad 反应（3 - 19）$$

当温度高于 565℃ 时，黄铁矿分解，分解生成的 FeS 和 S 的燃烧同时进行，其反应式如下：

$$2FeS_2 \stackrel{}{=\!=\!=} 2FeS + 2S - 113965kJ \qquad 反应（3 - 20）$$

$$S + O_2 =\!=\!= SO_2 + 296886kJ \qquad 反应（3-21）$$
$$2FeS + 7/2O_2 =\!=\!= Fe_2O_3 + 2SO_2 + 1230726kJ \qquad 反应（3-22）$$
$$3FeS + 5O_2 =\!=\!= Fe_3O_4 + 3SO_2 + 1723329kJ \qquad 反应（3-23）$$
$$SO_2 + 1/2O_2 =\!=\!= SO_3 \qquad 反应（3-24）$$

当温度低于 1250～1300℃时，FeS 的燃烧主要按反应（3-22）进行，生成 Fe_2O_3；当温度更高时，按反应（3-23）进行生成 Fe_3O_4，因此在这种情况下，Fe_2O_3 的分解压开始明显地增大了。在有催化剂（Fe_2O_3 等）存在的情况下 SO_2 可能进一步氧化成 SO_3。

研究硫化物氧化和硫酸盐分解的热力学可知，FeS_2、ZnS、PbS 中的硫是较易于脱除的；而 $CuFeS_2$、Cu_2S 的氧化需要比较高的温度，因为这些化合物很稳定，所以从含铜硫化物的烧结料中脱硫是比较困难的。硫酸盐的分解需要相当高的温度。但是，在 $CaSO_4$ 有 Fe_2O_3（或 SiO_2、Al_2O_3 等）存在和 $BaSO_4$ 有 SiO_2 存在的情况下可以改善这些硫酸盐分解的热力学条件，即：

$$CaSO_4 + Fe_2O_3 =\!=\!= CaO \cdot Fe_2O_3 + SO_2 + 1/2O_2 \qquad 反应（3-25）$$
$$BaSO_4 + SiO_2 =\!=\!= BaO \cdot SiO_2 + SO_2 + 1/2O_2 \qquad 反应（3-26）$$

c 影响烧结脱硫的因素

矿石的粒度和品位

矿石粒度较小，比表面能较大，矿石中硫化物和硫酸盐氧化及分解产物也易于从内部排出；但粒度过小时，烧结料层的透气性变差，抽入的空气量减少，不能供给充足的氧量，同时硫的氧化产物和分解产物不能迅速从烧结料层中带走，也对脱硫不利。如果粒度过大时，虽然外部扩散条件改善了，但内扩散条件就变得更困难了，也不利于脱硫。研究表明，脱硫较适宜的矿石粒度在 1～0mm 与 6～0mm 之间（图3-23），但考虑生产破碎筛分条件的经济合理性，采用 6～0mm 或 8～0mm 可能是较为合理的。

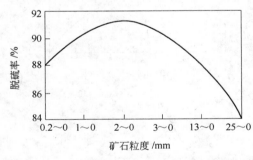
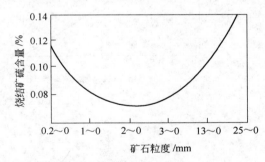

图3-23 矿石粒度对脱硫的影响（烧结矿碱度1.25，配碳比4%）

矿石含铁品位高含脉石成分少时，一般软化温度较高，这时烧结料需在较高的温度下才能生成液相，所以有利于脱硫。

铁矿石中硫以硫化物的形式存在时，烧结脱硫比较容易，一般脱硫率可达90%以上，甚至可达96%～98%。硫酸盐的脱除是靠它的热分解，需要很高的温度和较长的时间，在较好的情况下脱硫率也可达到80%～85%。

烧结矿碱度和添加物的性质

提高烧结矿的碱度，可导致烧结矿的液相增加，烧结层的最高温度降低，烧结速度增快，高温保持时间的缩短以及高温下石灰的吸硫作用强烈等，这些条件均对脱硫不利，所以随着碱度提高，烧结矿的脱硫率明显地下降（见表3-5）。

表3-5　烧结矿碱度对脱硫率的影响

指　标	烧 结 矿 碱 度			
	0.4	1.0	1.2	1.4
烧结料含硫/%	0.450	0.400	0.382	0.362
烧结矿含硫/%	0.040	0.042	0.043	0.050
脱硫率/%	91.2	89.4	88.7	86.2

添加物的性质对脱硫有不同的影响，消石灰和生石灰对废气中 SO_2 和 SO_3 吸收能力强，对脱硫不利。白云石和石灰石粉粒度较粗，比表面较小，在预热带分解出 CO_2，阻碍对气体中硫的吸收，较前两者对脱硫有利。在烧结料中添加 MgO 有可能提高烧结料的软化温度，对脱硫是有利的。

燃料用量和性质

燃料的用量直接影响到烧结料层中的最高温度水平和气氛（在抽入的空气量一定时），FeS 在 1170~1190℃ 时熔化，当有 FeO 存在时 FeS 在 940℃ 就可熔化。燃料用量增多时，料层温度高，还原气氛增强，烧结料中所形成的氧化亚铁（FeO）增多，FeO-FeS 组成易熔的共晶，液相增多会妨碍进一步脱硫。同时，空气中的氧主要为燃料所消耗，也不利于硫化物的氧化。相反，燃料用量不足时，料层中温度低，脱硫条件也变坏。因此，烧结时燃料用量要适宜，燃料的配比要求精确。燃料配比对脱硫的影响如图3-24所示。

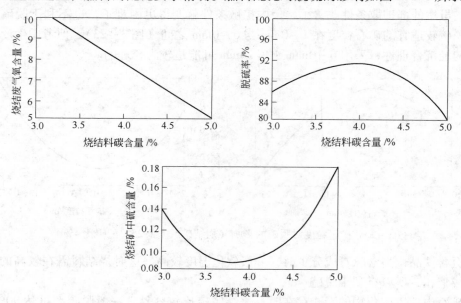

图3-24　燃料配比对脱硫的影响（烧结矿碱度1.25）

燃料用量增加，所产生的高温和还原性气氛，对硫酸盐的分解的热力学条件来说应该是有利的。

一般来讲燃料的用量对硫化物和硫酸盐中硫脱除是有矛盾的，前者需要氧化性气氛，而后者需要中性气氛或弱还原性气氛；前者不需要过高的温度，而后者需要有足够的温度水平。如果同一烧结料中既有硫化物又有硫酸盐存在时，就应该考虑含硫矿物以哪种为主，合理调整燃料的用量。在考虑合适的燃料用量时，必须估计到硫化物中的硫氧化时所产生的热量。一般认为，1kg FeS_2 氧化成 SO_2 时所产生的热量相当于 0.23kg 中等质量的焦炭燃烧所产生的热量。所以矿石中含硫越多，烧结所用的燃料就要相应减少，配料时大致可按矿石中含硫 1% 代替 0.5% 的焦粉来计算。

燃料中的硫大多以有机硫的形态存在，这种硫的分解需要在较高的温度下进行，所以不希望烧结所用燃料含硫太高。一般焦粉中的含硫量比无烟煤低，且前者可能主要是无机硫，比较易于除去，这也是烧结生产中一般愿采用焦粉作为燃料的主要原因之一。

返矿的数量

返矿对脱硫有互相矛盾的影响，一方面改善烧结料的透气性，促使硫的顺利脱除；另一方面引起液相更多更快的生成，致使大量的硫转入烧结矿中，适宜的返矿用量要根据具体情况由试验确定。有试验指出：返矿从 15% 增至 25% 时烧结矿中含硫量增加，脱硫率降低；当返矿进一步加到 30% 时，烧结矿中含硫量降低，脱硫率相应增加。可能是由于返矿增加到 25%，后一因素起了主导作用，对脱硫不利；当增到 30% 时，矛盾发生转化，前者的作用居主导地位，而有利于脱硫。

B 砷的行为

砷使钢制品的焊接性能变坏。当钢中砷含量超过 0.15% 时，就会使它的整个物理—机械性能变坏（钢中存在锰和钒时，可稍微改善它的性能，抑制砷的影响），在烧结过程中脱砷是比较困难的。

铁矿石中的含砷矿物可能有：雌黄（As_2S_3）、砷华（As_2O_3）、雄黄（As_4S_4）、砷黄铁矿（FeAsS）、含水砷酸铁（$FeAsO_4 \cdot 2H_2O$）和含水亚砷酸铁（$FeHAsO_3 \cdot nH_2O$）等。

在烧结条件下不可能出现元素砷，只有 As_2O_3 和三氢化砷（AsH_3）转移到气相中去，所以烧结时将砷还原到三价形态才能脱除。由于 As_2O_3 在温度 275~320℃ 发生升华作用，脱砷才是可能的，还原反应按下式进行：

$$As_2O_5 + 2CO \Longrightarrow As_2O_3 + 2CO_2 \qquad 反应（3-27）$$

因此增加燃料的消耗，可以促使砷的脱除。

在燃料不足的情况下，即在氧化性气氛中，温度高于 500℃ 时。砷黄铁矿可以部分氧化成三氧化二砷：

$$2FeAsS + 5O_2 \Longrightarrow Fe_2O_3 + As_2O_3 + 2SO_2 \qquad 反应（3-28）$$

含水砷酸铁和亚砷酸铁脱水和分解后，可以转变为三价氧化物的形式。首先在 200~300℃ 失掉一个 H_2O 而到 400~500℃ 可变为无水砷酸铁，在 1000℃ 以上开始激烈分解，如反应（3-29）所示：

$$4FeAsO_4 \Longrightarrow 2Fe_2O_3 + As_4O_6 + 2O_2 \qquad 反应（3-29）$$

在 600℃ 左右，可以按下式进行还原：

$$4FeAsO_4 + 2C \Longrightarrow 2Fe_2O_3 + As_4O_6 + 2CO_2 \qquad 反应（3-30）$$

$$4FeAsO_4 + 4CO \Longrightarrow 2Fe_2O_3 + As_4O_6 + 4CO_2 \qquad 反应（3-31）$$

大部分的三氧化二砷在生成和升华过程中易与烧结料中的氧化铁，特别是与石灰生成化合物，三价砷化物被烧结料按下式吸收：

$$CaO + As_2O_3 + O_2 \Longrightarrow CaO \cdot As_2O_5 \qquad 反应（3-32）$$

所以生产熔剂性烧结矿时，对砷的脱除是很不利的，有的矿石甚至在碱度 0.75 时，烧结料中的砷可能全部留在烧结矿中，当烧结料 SiO_2 存在时，可以减弱 CaO 的影响，如反应（3-33）所示：

$$CaO \cdot As_2O_5 + SiO_2 =\!=\!= CaO \cdot SiO_2 + As_2O_5 \qquad 反应（3-33）$$

在烧结非熔剂性烧结料时，砷随着气体以三氧化二砷或三氢化砷的形式排出。在燃烧带升华的三氧化二砷，在以后气体被冷却时，重新以固体状态沉积下来，随着燃烧带的下移，下面料层中沉积下来的砷也就越多，所以，靠近烧结机的炉箅处物料的脱砷率总是较上部物料差。

据某些试验数据，加入少量 $CaCl_2$（2%~5%）的烧结料，脱砷率可达 59%，当继续增加 $CaCl_2$ 的数量时，使得 CaO 对脱硫的不利影响增加；添加 2% 的 HCl 可以脱除 52% 的砷；加入 2%~5% 的食盐，可以脱除烧结料中 60% 的砷。但这些添加物都是比较贵的，同时对设备腐蚀较为严重。

在 1000℃ 下，用水蒸气处理成品烧结矿的方法值得注意，脱除率达全部砷的 50%~70%。

1957~1960 年，联邦德国和美国采用了一些专利，在烧结条件下，烧结含砷矿石，采用煤作燃料，总是可以看到混合料有很高的脱砷率，褐煤和烟煤中的许多挥发物具有脱砷能力，推测是与氧或氢反应形成三价砷化合物，而进入气体中去。

As_2O_3 为极毒物质，工业卫生标准规定烟气含砷不得大于 $0.3mg/m^3$，烟囱允许排放浓度为 $160mg/m^3$，故含 As_2O_3 废气须经精细除尘，方可排放。

烧结条件下的脱砷问题，至今尚未得到较好解决，有待继续研究。

C　氟的行为

为改善高炉的操作条件在烧结过程中希望去除含氟矿石的氟，烧结过程脱氟率一般可达 10%~15%，操作正常时可达 40%。烧结过程的脱氟反应机制研究得还不够，可能通过以下反应式去除：

$$2CaF_2 + SiO_2 =\!=\!= 2CaO + SiF_4 \qquad 反应（3-34）$$

生成的 SiF_4 很易挥发，但在料层下部可能部分的被烧结料吸收。由反应（3-34）可见，加入 CaO 对脱氟不利，而增加 SiO_2 则有利于脱氟。实验室研究表明：石灰石加入量从 9.13% 增加到 13.7%，可以使烧结矿中含氟量从 0.95% 增加到 1.25%，同样条件下，将石英加入量从 0.89% 增加到 4.59% 时，可以使烧结矿中含氟量从 1.35% 降低到 1.00%。

烧结过程加入一定量蒸汽，生成易挥发的 HF，可使脱氟程度提高 1~5 倍：

$$CaF_2 + H_2O =\!=\!= CaO + 2HF \qquad 反应（3-35）$$

废气含氟危害人体健康，腐蚀设备，应当回收处理。我国某厂球团车间废气含氟 $400~700mg/m^3$，用碱法分别合成的方法，从废气中回收氟制成二级冰晶石。实践证明在烧结抽风系统增设喷石灰水去除废气中氟的设备，效果也是很好的。

国家卫生标准规定，排放废气中的含氟量日平均不超过 $0.01mg/m^3$。

D　铅、锌、铜和钾、钠的行为

我国铁矿资源的特点是多金属共生矿多，含多种有色和稀贵金属以及钾、钠等元素。高炉冶炼时，锌和铅并不进入生铁中，锌的有害作用是破坏炉衬，促使炉瘤形成和炉衬的损坏以及堵塞烟道；铅由于密度大，熔点低，破坏高炉炉底。

　　铁矿石中含这些元素的主要矿物有闪锌矿（ZnS）和方铅矿（PbS）。它们的氧化物是 ZnO 和 PbO，需要再用还原剂还原为金属锌和金属铅，才能挥发，它们的沸腾温度分别是 906℃和 1717℃，锌和铅从烧结料中脱除的效果在很大程度上取决于烧结过程中燃料的消耗量。在一般情况下（含碳 3%~6%）烧结料中的锌几乎完全没有脱除，当燃料消耗增加到 10%~11% 时，可从烧结料中脱除 20% 的锌。升华的锌可能很快地为氧所氧化，然后氧化锌在燃烧带的下面再沉积下来，所以脱锌率与烧结料下部区域的温度和气氛有很大关系。

　　在正常燃料消耗条件下，烧结料中添加少量的固体氯化剂（如 $CaCl_2$），在烧结过程中铅、锌、铜和钾、钠等产生氯化反应，生成氯化物而挥发分离出来。如加入质量 2%~3% $CaCl_2$，在不降低烧结机生产率的条件下，可以从烧结料中脱出 90% 的铅，70% 以上的锌，80% 左右的铜和 50% 以上的钾、钠。

3.2.3　烧结过程的固—固反应

　　已经被证实，固相反应最初产物，与反应物的数量比例无关，无论如何只能形成一种化合物，它的组成通常不与反应物的浓度一致。要想得到其组成与反应物重量相当的最终产物，在大多数情况下需要很长的时间。在抽风条件下，烧结料加热从 500℃ 到 1400℃ 是在很短的时间内（通常不超过 3~4min）完成的，因此，对于烧结更有实际意义的是有关固相反应开始的温度和最初形成的产物。

　　在烧结过程中，固体燃料产生的废气加热了烧结料，为固相反应创造了有利条件。在烧结料部分或全部熔化以前，料中每一颗粒相互位置是不变的。因此，每个颗粒仅仅与它直接接触的颗粒发生反应。

　　在铁矿粉烧结料中添加石灰时，主要矿物成分为 Fe_3O_4、Fe_2O_3、SiO_2、CaO 等。这些矿物颗粒间互相接触，在加热过程中，固相间就发生化学反应，如图 3-25 所示。

　　表 3-6 汇集了烧结中常见的某些固相反应产物开始出现的温度。

表 3-6　固相反应最初产物开始出现的温度

反应物质	固相反应初始产物	出现反应产物的开始温度/℃
$SiO_2 + Fe_2O_3$	Fe_2O_3 在 SiO_2 中的固溶体	575
$SiO_2 + Fe_3O_4$	$2FeO \cdot SiO_2$	990, 1100[①]
$CaO + Fe_2O_3$	$CaO \cdot Fe_2O_3$	500, 520, 600, 610, 650, 675[①]
$CaCO_3 + Fe_2O_3$	$CaO \cdot Fe_2O_3$	590
$MgO + Fe_2O_3$	$MgO \cdot Fe_2O_3$	600
$CaO + SiO_2$	$2CaO \cdot SiO_2$	500, 610, 690[①]
$MgO + SiO_2$	$2MgO \cdot SiO_2$	680
$MgO + Al_2O_3$	$MgO \cdot Al_2O_3$	920, 1000[①]
$MgO + FeO$	镁浮氏体（固溶体）	700
$MgO + Fe_3O_4$	MgO 在磁铁矿中的固溶体	800
$FeO + Al_2O_3$	$FeO \cdot Al_2O_3$	1100
$Fe_3O_4 + FeO + SiO_2$	$2FeO \cdot SiO_2$	800, 950[①]

①不同作者的研究结果。

从表 3-6 可以看出，Fe_2O_3 不能与 SiO_2 组成化合物，在 575℃ 开始，这个系统仅仅形成有限的 Fe_2O_3 溶于 SiO_2 中的固溶体。因此，在配碳量少的烧结赤铁矿非熔剂性烧结料时，Fe_2O_3 与 SiO_2 不发生相互作用。要产生铁橄榄石 $(2FeO \cdot SiO_2)$，必须预先还原 Fe_2O_3 或使 Fe_2O_3 分解为 Fe_3O_4 或 FeO，这时需要较高的配碳量。

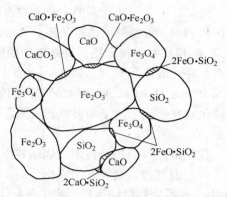

图 3-25　烧结混合料中各组分相互作用示意图

在石英与石灰石接触处，在 500～600℃ 时开始形成硅酸钙 $(2CaO \cdot SiO_2)$，但在非熔剂性烧结料中这种接触的机会是不大的，而在赤铁矿熔剂性烧结料中，SiO_2 与 CaO 接触的机会比 Fe_2O_3 与 CaO 接触的机会要少得多，虽然 SiO_2 对 CaO 的化学亲和力比 Fe_2O_3 对 CaO 的要大得多，同时两组物质接触处开始固相反应的温度几乎相近，但铁酸钙形成的速度要快，固相中铁酸钙的数量要多。

CaO 与 Fe_2O_3 反应形成铁酸钙，在固相中 500～700℃ 就开始发生。在烧结条件下，Fe_2O_3 与烧结料中添加的石灰石、石灰之间的大量接触，促进了该反应的进行。Fe_3O_4 不与 CaO 发生固相反应，只有当它氧化成 Fe_2O_3 时才有可能。由此可见，在正常燃料用量时，烧结赤铁矿熔剂性烧结料以及在较低燃料用量时，在氧化性气氛中烧结磁铁矿熔剂性烧结料，在固相中都可能形成铁酸钙。

烧结过程中的固相反应规律如下：

(1) 当烧结非熔剂性烧结矿时，在固相反应中铁橄榄石只有在 Fe_2O_3 还原或分解为 Fe_3O_4 时才能形成。同样在烧结熔剂性烧结料时，铁橄榄石在石英与磁铁矿颗粒的接触处形成。在固相中铁橄榄石的形成过程比铁酸钙形成过程缓慢，而后者在相当低的温度就开始。反应的总效果取决于燃料的配比，在同样的条件下，提高燃料配比可促进铁橄榄石在固相中形成并阻止铁酸钙的生成。

(2) 赤铁矿与石英及磁铁矿与石灰在中性气氛中不发生固相反应。

(3) 在烧结熔剂性烧结料时 CaO 与 Fe_2O_3 接触的机会增大。在温度大致相同的情况下，接触处形成铁酸钙较快。氧化条件（低配碳，低温烧结）促进铁酸钙在固相中形成。

(4) 加热烧结料并不给固相物质间按化学亲和力的大小发生反应创造任何有利条件，每个颗粒与它周围接触的颗粒都是以同样的某种反应速度进行反应。因此，有人认为用 CaO 与 Fe_2O_3 的亲和力大的理由来解释在熔剂性烧结料固相反应中优先形成铁酸钙是不正确的。在固相中所发生的过程与已烧结好的烧结矿结构之间也没有直接联系。

烧结过程生成的固相反应产物虽不能决定烧结矿最终矿物成分，但能形成原始烧结料所没有的低熔点的新物质，在温度继续升高时，就成为液相形成的先导物质，使液相生成的温度降低。因此，固相反应最初形成的产物对烧结过程具有重要作用。凡是能够强化烧结过程固相反应或其他使烧结料中易熔物增加的措施，均能强化烧结过程。如过分松散的烧结料采用压料的方法，能改善颗粒接触界面，有效地促进固相反应，提高烧结矿强度。又如在烧结料中采用加入铁酸盐的工艺可改善烧结效果，表 3-7 为配加铁酸盐混合物于烧结料中的试验效果。

表3-7 添加铁酸盐混合物对烧结指标的影响

烧 结 指 标	普通混合料	添加15%的烧结粉末（含 $CaO \cdot Fe_2O_3$）
成品率/%	76.3	79.2
利用系数/t·(m²·h)⁻¹	1.79	1.91
转鼓指数（+6.3mm）/%	74.0	82.0

3.2.4 烧结过程液相的形成与冷凝

液相形成及冷凝是烧结矿固结的基础，决定了烧结矿的矿相成分和显微结构，进而决定了烧结矿的质量。

3.2.4.1 液相的形成

A 液相的形成过程

在烧结过程中，由于烧结料的组成成分多，颗粒又互相紧密接触，当加热到一定温度时，各成分之间开始有了固相反应，在生成新的化合物之间、原烧结料各成分之间以及新生化合物和原成分之间，存在低共熔点物质，使得在较低的温度下就生成液相，开始熔融。表3-8列出了烧结原料所特有的化合物及混合物的熔化温度。

表3-8 烧结料形成的易熔化合物及共熔混合物

系 统	液 相 特 性	熔化温度/℃
$SiO_2 - FeO$	$2FeO \cdot SiO_2$	1205
$SiO_2 - FeO$	$2FeO \cdot SiO_2 - SiO_2$ 共晶混合物	1178
$SiO_2 - FeO$	$2FeO \cdot SiO_2 - FeO$ 共晶混合物	1177
$Fe_3O_4 - 2FeO \cdot SiO_2$	$2FeO \cdot SiO_2 - Fe_3O_4$ 共晶混合物	1142
$MnO - SiO_2$	$2MnO \cdot SiO_2$ 异分熔化点	1323
$MnO - Mn_2O_3 - SiO_2$	$MnO - Mn_2O_3 - 2FeO \cdot SiO_2$ 共晶混合物	1303
$2FeO \cdot SiO_2 - 2CaO \cdot SiO_2$	钙铁橄榄石 $CaO_x \cdot FeO_{2-x} \cdot SiO_2$ （x=0.19）	1150
$CaO \cdot Fe_2O_3$	$CaO \cdot Fe_2O_3 \rightarrow$ 液相 $+2CaO \cdot Fe_2O_3$ （异分熔化点）	1216
$CaO \cdot Fe_2O_3$	$CaO \cdot Fe_2O_3 - CaO \cdot 2Fe_2O_3$ 共晶混合物	1205
$2CaO \cdot SiO_2 - FeO$	$2CaO \cdot SiO_2 - FeO$ 共晶混合物	1280
$FeO - Fe_2O_3 \cdot CaO$	（18%CaO + 82%FeO） $-2CaO \cdot Fe_2O_3$ 固溶体—共晶混合物	1140
$Fe_3O_4 - Fe_2O_3 - CaO \cdot Fe_2O_3$	$Fe_3O_4 - CaO \cdot Fe_2O_3$；$Fe_3O_4 - 2CaO \cdot Fe_2O_3$	1180
$Fe_2O_3 - CaO \cdot SiO_2$	$2CaO \cdot SiO_2 - CaO \cdot Fe_2O_3 - CaO \cdot 2Fe_2O_3$ （共晶混合物）	1192

由于烧结原料粒度较粗，微观结构不均匀，而且反应时间短，反应体系为不均匀体系，液相反应达不到平衡状态。烧结过程中的液相形成过程和变化行为如下：

（1）初生液相。在固相反应所生成的原先不存在的新生的低熔点化合物处，随着温度升高而首先出现初期液相。

（2）低熔点化合物加速形成。随着温度继续升高，在初期液相的促进下，低熔点化合物加速形成，熔化时一部分转化成简单化合物，一部分转化成液相。

（3）液相扩展。大量低熔点化合物与烧结料中高熔点矿物形成低熔点共晶体，大颗粒矿粉周边被熔融，形成低共熔混合物液相。

（4）液相反应。液相中的成分在高温下进行置换反应及氧化还原反应，液相产生的气泡推动炭粒到气流中燃烧。

（5）液相同化。液相的黏性和塑性流动与传热作用，使其温度和成分均匀化，趋近于相图上稳定的成分位置。

B 影响液相形成量的主要因素

影响液相形成量的主要因素有以下几点：

（1）烧结温度。包括最高温度、高温带厚度、温度分布等，由配碳量、点火温度和时间、料层高度与抽风负压等来决定。图 3－26 说明在不同 SiO_2 含量的条件下，烧结料液相量随着温度升高而增加。

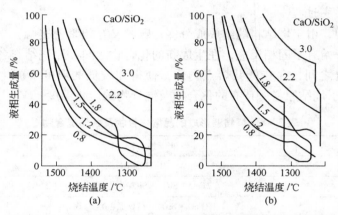

图 3－26 烧结温度与液相量的关系（用相图计算结果绘制）
（a）SiO_2 含量为 4%；（b）SiO_2 含量为 6%

（2）配料碱度（CaO/SiO_2）。在一定的 SiO_2 含量时，碱度表示 CaO 含量的多少。从图 3－26 中同样可以看出，烧结料的液相量随着碱度提高而增加。碱度是影响液相量和液相类型的主要因素。

（3）烧结气氛。烧结过程中的气氛，直接控制烧结过程铁氧化物的氧化还原方向，随着焦炭用量增加，烧结过程的气氛向还原气氛发展，铁的高价氧化物还原成低价氧化物，FeO 增多。一般来说，其熔点下降，易生成液相，影响到固相反应和生成液相的类型。

（4）烧结混合料的化学成分。SiO_2 含量一般希望不低于 5%，由于 SiO_2 极容易形成硅酸盐低熔点液相，SiO_2 含量过高则液相量太多，过低则液相量不足。

Al_2O_3 主要由矿石中的高岭土和固体燃料灰分带入，有使熔点降低的趋势。

MgO 由白云石和蛇纹石等熔剂带入，有使熔点升高的趋势，但 MgO 能改善烧结矿低温还原粉化现象。

C 液相在烧结过程中的作用

作为烧结矿固结的基础，液相形成在烧结过程中的主要作用有以下几点：

（1）液相是烧结矿的黏结相，将未熔的固体颗粒黏结成块，保证烧结矿具有一定的强度。

（2）液相具有一定的流动性，可进行黏性或塑性流动传热，使高温熔融带的温度和成分均匀，使液相反应后的烧结矿化学成分均匀化。

（3）液相保证固体燃料完全燃烧，大部分固体燃料是在液相形成后燃烧完毕的，液相的数量和黏度应能保证燃料不断地显露到氧位较高的气流孔道附近，在较短时间内燃烧完毕。

（4）液相能润湿未熔的矿粒表面，产生一定的表面张力将矿粒拉紧，使其冷凝后具有强度。

（5）从液相中形成并析出烧结料中所没有的新生矿物，这种新生矿物有利于改善烧结矿的强度和冶金性能。

液相生成量多少为佳的定量结论，还有待进一步研究，一般应有 50% ~ 70% 的固体颗粒不熔，以保证高温带的透气性，而且要求液相黏度低和具有良好的润湿性。

3.2.4.2　液相的冷凝

烧结料中的液相，在抽风过程中冷凝，从液相中先后析出晶质和非晶质，最后使物料固结，形成烧结矿。

A　结晶过程

a　结晶形式

结晶：液相冷却降温至某一矿物的熔点时，其浓度达到过饱和，质点相互靠近吸引形成线晶；线晶靠近成为面晶，面晶重叠成为晶核，以晶核为基础，该矿物的质点呈有序排列，晶体逐渐长大形成。这是液相结晶析出过程。

再结晶：在原有矿物晶体的基础上，细小晶粒聚合成粗大晶粒，这是固相晶粒的聚合长大过程。

重结晶：固相物质部分熔入液相以后，由于温度和液相浓度变化，再重新结晶出新的固相物质，这是旧固相通过固—液转变后形成新固相的过程。

b　影响结晶过程的因素

结晶原则是根据矿物的熔点由高到低依次析出，影响结晶的因素主要有：

（1）过冷度。过冷度 ΔT 是指理论结晶温度 T_m（即结晶矿物的熔点）与实际结晶温度 T 的差值。过冷度 ΔT（$\Delta T = T_m - T$）增大，晶核形成和晶体生长的驱动力增大，但是此时黏度随之也增大，晶核形成和晶体生长的阻力增大。因此，晶核形成和晶体生长速度与过冷度之间呈极大值关系，但由于新相难成，晶核形成速度极大值对应的过冷度一般大于晶体生长速度极大值对应的过冷度。

在不同的过冷度下，同种物质的晶体，其不同晶面的相对生长速度有所不同，影响晶体形态。过冷度小时，即接近液—固相平衡结晶温度，液体黏度小，晶体生长速度大于晶核形成速度，一般可以长成粗粒状、板状半自形晶或他形晶；过冷度大时，液体黏度较大，晶核形成速度大于晶体生长速度，则结晶晶核增多，初生的晶体较细小，很快生长成针状、棒状、树枝状的自形晶。

（2）液相黏度。黏度很大时，质点扩散的速度很慢，晶面生长所需的质点供应不足，因而晶体生长很慢，但是晶体的棱和角，则可以接受多方面的扩散物质而生长较快，造成晶体棱角突出、中心凹陷的所谓"骸状晶"。当液体黏度增大到晶体停止生长时，则易凝结成玻璃相。

(3) 界面能。固液界面能越小，则晶核形成及生长所需的能量越低，因而结晶速度越快。

(4) 杂质。加入少量杂质能改变固液界面能及固液界面处液相的流动性，结晶速度也随之变化而影响晶体形态。

(5) 析出的晶体。由于结晶开始温度和结晶能力、生长速度的不同，晶体析出的先后次序不同。后析出的晶体形状受先析出晶体和杂质的干扰。先析出者有较多自由空间，晶形完整，形成自形晶；后析出的晶体受先析出晶体的干扰则形成半自形晶或他形晶。晶体外形可分为：

1) 自形晶：结晶时自范性得到满足，以自身固有的晶形和晶格常数析出长大。

2) 半自形晶：结晶能力尚可，自范性部分得到满足，部分晶面完好。

3) 他形晶：熔化温度低而结晶能力差的晶体析出时，自范性得不到满足，受先析出晶体和杂质的阻碍而表现为形状不规整，无完好晶面。

B　冷凝速率的影响

在结晶过程的同时，液相逐渐消失，形成疏松多孔、略有塑性的烧结矿层，由于抽风使烧结矿以不同的冷却速度（或冷却强度）降温，一般上层 $120 \sim 130 ℃/min$，下层为 $40 \sim 50 ℃/min$，差别甚大，不仅有物理化学反应，而且还有内应力的产生。

冷凝速度对烧结矿质量的主要影响为：

(1) 影响矿物成分。冷却降温过程中，烧结矿的裂纹和气孔表面氧位较高，先析出的低价铁氧化物（Fe_3O_4）很容易氧化为高价铁氧化物（Fe_2O_3）。在不同温度下和不同氧位条件下形成的 Fe_2O_3 具有多种晶体外形和晶粒尺寸，它们在还原过程中表现出的强度差别很大。

(2) 影响晶体结构。高温冷却速度快，液相析出的矿物来不及结晶，易生成脆性大的玻璃质，已析出的晶体在冷却过程中发生晶形变化，最明显的例子是正硅酸钙（$2CaO \cdot SiO_2$）的同质异构变体，造成相变应力，如表 3-9 所示。

表 3-9　$2CaO \cdot SiO_2$（C_2S）的同质异构变体

同质异构变体	$\alpha - C_2S$ 高温型	$\alpha' - C_2S$ 低温型	$\gamma - C_2S$ 低温型	$\beta - C_2S$ 单变型
晶　系	六　方	斜　方	斜　方	单　斜
密度/g·cm⁻³	3.07	3.31	2.97	3.28
稳定存在温度/℃	>1436	1436~350	350~273	<675

同质异构变体是同一化学成分的物质，在不同的条件下形成多种结构形态不同的晶体，对它的研究是认识矿物结构和改善烧结矿冶金性能的重要课题。

从表 3-9 中可知，$\beta - C_2S$ 转变成 $\gamma - C_2S$ 时体积增大约 10%。体积的突然膨胀产生的内应力，可导致烧结矿在冷却时自行粉碎。

(3) 冷却影响热内应力。不仅宏观烧结矿产生热内应力，而且由于各种矿物结晶先后和晶粒长大速度的不同，加上它们在烧结矿体中分布不均匀，各种矿物的热膨胀系数的不同，这使热应力可能残留在烧结矿中而降低烧结矿的强度。

3.3 烧结料层气体运动规律

气体在烧结料层内的流动状况及变化规律，关系到烧结过程的传质、传热和物理化学反应等过程，因而对烧结矿的产量、质量及其能耗都有很大的影响。

3.3.1 散料的基本参数

3.3.1.1 混合料的平均直径

散料是由一个个单个颗粒组成。单个颗粒大小的表示方法：若为球形，直接用直径 d 表示；若为非球形，则用当量直径 $d_{当}$ 表示。当量直径又可分为：

（1）圆当量直径：与颗粒投影面积 S 相同的圆的直径，也称 Heywood 径。

$$d_{当} = \sqrt{4S/\pi} = 1.13\sqrt{S} \tag{3-13}$$

（2）球当量直径：与颗粒体积 V 相同的球的直径。

$$d_{当} = \sqrt[3]{6V/\pi} = 1.24\sqrt[3]{V} \tag{3-14}$$

（3）沉降速度径：与颗粒沉降终端速度相同的球的直径。适用于 Stokes 式的称为 Stokes 径（又称阻力当量直径）；适用于 Newton 式的称为 Newton 径。

通常烧结用原料粒度范围较宽，要用平均直径来评价颗粒尺寸的大小。不同工艺过程常用平均粒径 d_p 的计算方法见表 3-10。

表 3-10 常用平均粒径的计算方法

名　称	计算公式	物　理　意　义	特点及常用范围
加权算术平均	$d_{算} = \sum\limits_{i=1}^{n} r_i d_i$ [①]	各粒级按质量分数参加平均	尺寸比较
加权几何平均	$d_{几何} = \sqrt[\sum r_i]{\prod\limits_{i=1}^{n} d_i^{r_i}}$	各粒级按质量分数乘方，连乘后开 $\sum r_i$ 次方	多用于筛分分析中两相邻粒级的平均
加权调和平均	$d_{调和} = 1 / \sum\limits_{i=1}^{n} \dfrac{r_i}{d_i}$	按相当等表面积的平均粒度	冶金上常用,如散料层气体阻力计算
中位数		占散料重一半时对应的颗粒尺寸	用作图法求得

①r_i 为某一粒级分数；d_i 为某一粒级的平均粒径。

人们习惯使用加权算术平均值，但在研究散料层气体阻力时大多数采用加权调和平均值，因为散料层气体力学方程中直径的含义完全符合加权调和平均值的概念，这也是方程式本身已经规定了的。图 3-27 示出了阻力系数与颗粒尺寸的关系，可见阻力系数与调和平均值的关系要比算术平均值更靠近实际情况。因为调和平均值最靠近细粒度一端，而影响料层透气性的主要因素是细粒度部分的含量，所以采用调和平均值就能更好地反映客观规律性。由此可见，要减少料层

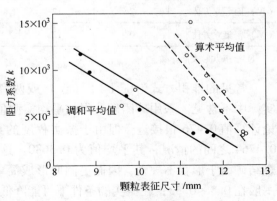

图 3-27 炉料表征尺寸与阻力系数的关系

阻力除了将各粒级普遍增大外，还需降低混合料中的细粒部分。

例如：根据表 3 - 11 所示烧结料，求其等表面积的平均粒径（加权调和平均粒径）。

表 3 - 11　某烧结料中各粒级颗粒所占比重

粒级/mm	0.3 ~ 0.7	0.7 ~ 1.3	1.3 ~ 2.7	2.7 ~ 5.3
质量比率/%	40	30	20	10

首先求出各粒级的算术平均粒度：0.5mm，1.0mm，2.0mm，4.0mm，然后计算 d_p，即：

$$d_p = \frac{100}{\dfrac{40}{0.5} + \dfrac{30}{1.0} + \dfrac{20}{2.0} + \dfrac{10}{4.0}} = \frac{100}{122.5} = 0.82 \text{mm}$$

3.3.1.2　孔（空）隙率

孔隙率 ε 是散料层的重要参数，也是最不易准确测量的参数。它的定义是散料层中空隙体积与总体积之比，即单位散料体积中的空隙份额，可以是百分数，也可用分数。根据定义可用下式求得：

$$\varepsilon = 1 - \rho_堆 / \rho_真 \tag{3-15}$$

式中　ε——料层的孔隙率；

　　　$\rho_堆$——料层的堆密度，t/m^3；

　　　$\rho_真$——物料的真密度，t/m^3。

如果散料是由直径相等的圆球组成时，均匀料粒所形成的料层孔隙率受其堆积方式的影响，两者的关系见表 3 - 12。立体几何证明，随着排列方法不同，ε 的数值各异，ε 最大为 0.476，最小为 0.260，且与粒度无关。

表 3 - 12　等直径料粒堆积方式和孔隙率

形　状	特征[①]	配位数	$\theta/(°)$	$\alpha/(°)$	$\beta/(°)$	ε
（Ⅰ）简单正方体	6	6	90	90	90	0.4764
（Ⅱ）菱面体（之一）	4	8	90	60		0.3954
（Ⅲ）菱面体（之二）	2	10	60	60		0.3109
（Ⅳ）面心立方体	2	12	90		45	0.2595
（Ⅴ）密集立方体	0	12	60		54.7	0.2595

①指正方形表面个数。

常见的堆积方式为（Ⅰ）、（Ⅳ）或两者混合，（Ⅱ）和（Ⅲ）由于堆积条件复杂，实际中不常见。采用球团矿获得的平均实测值为 0.478，它与最疏松排列简单立方体的理论计算值 0.476 很接近。但由于振实程度的不同，则出现如表 3 - 12 所示 ε 在 0.2595 ~ 0.4764 之间的情况，其平均值为 0.3680。这正好是一些实测数据的另一个稳定值 0.37。烧结矿由于形状不规则，因而更倾向形成简单立方体排列，它们也有两种水平的稳定值，一般在 0.5 ~ 0.53；在振实的条件下可能降低到 0.43 ~ 0.46。

当散料由两种或两种以上粒度的圆球组成时，孔隙率降低，其降低的程度随粒径大小和两者掺和量的多少而变。目前还很难用计算的方法求得不同粒度组成的散料体的孔隙率。

在两种粒度不同配比下的孔隙率则可见弗纳斯（C. F. Furnas）曲线及实测的烧结矿曲线（见图3-28）。

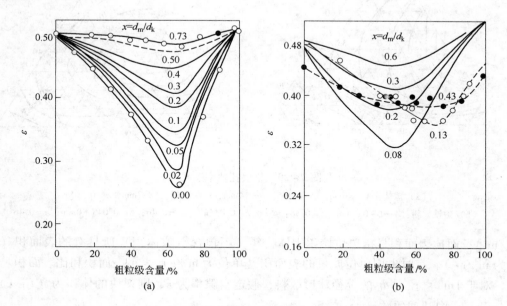

图3-28 两种不同粒度不同比例配合的孔隙率变化曲线

（a）理想球体（C. F. 弗纳斯曲线）；（b）烧结矿

d_m 为细粒级直径，d_k 为粗粒级直径，$x = d_m/d_k$（直径比）

d_m/d_k 越小，即细粒与粗粒直径相差越远，孔隙率（ε）随粗粒级配入量增加而变化的速率越大，表现在上图中曲线变化越陡峭；

d_m/d_k 比值固定时，当粗料质量占总量的60%~70%时，ε 有最小值；

ε 取决于粗粒的堆积方式，在不振动的堆积条件下，一般都以简单的立方体形式排列，如料层振动，则孔隙率变小。

在实际生产中，烧结原料的粒度是多级混合的。图3-29是三级粒度混合物的测定数据。

对多种粒级配合时孔隙率变化规律是：

（1）料层孔隙率的变化以最粗及最细两级之间的相互作用为主，并遵循两级颗粒配比时所呈现的规律。

（2）中间级颗粒的增加使孔隙率增大，但不改变两级颗粒配比时的基本规律。

（3）粗略地说，可以按67:33的比例将所有粒级分成粗细两级，仍然会呈现出上述两级配比时的变化趋势。

3.3.1.3 表面积、比表面积、形状系数

在研究散料层中的气流阻力和传热速度时，需要区分烧结料的表面积（A）和比表面积（S）的概念。表面积是指单位体积（包含空隙体积）散料所具有的表面积（单位为

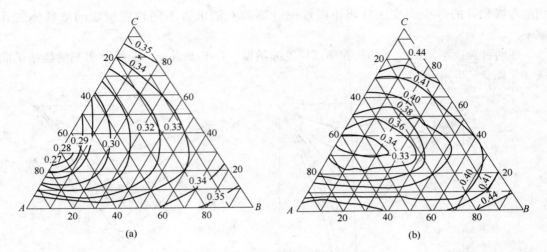

图 3-29　料层孔隙率三元图

(a) 球体：A—28mm，$\varepsilon = 0.365$；B—14mm，$\varepsilon = 0.365$；C—7mm，$\varepsilon = 0.365$；

(b) 磁铁矿粉：A—1~0.2mm，$\varepsilon = 0.46$；B—0.2~0.045mm，$\varepsilon = 0.46$；C—0.045~0mm，$\varepsilon = 0.46$

m^2/m^3）；而比表面积是指单位体积固体物料（不包含空隙体积）所具有的表面积（单位也为 m^2/m^3）。有时也用单位质量的表面积（单位为 m^2/g）表示表面积和比表面积。

对于 1m^3 直径为 d_0 的等径球形散料，假定空隙率为 ε，则料块的体积为 $(1-\varepsilon)$，由此获得 1m^3 中圆球的数量为：

$$N = \frac{6(1-\varepsilon)}{\pi d_0^3}$$

因此，其表面积为：

$$A = N \cdot \pi d_0^2 = \frac{6(1-\varepsilon)}{d_0} \tag{3-16}$$

而其比表面积为：

$$S = \frac{A}{1-\varepsilon} = \frac{6}{d_0} \tag{3-17}$$

实际颗粒很少是规则球形体，描述实际颗粒与球形颗粒之间差异程度，用形状系数（φ）表示。形状系数是指与料粒同体积的球体的表面积和料粒本身实际表面积的比值，即：

$$\varphi = A_{球}/A_{料粒} \tag{3-18}$$

对于圆球体 $\varphi = 1$；对于非球形散料 $\varphi < 1$。假定非球形散料的平均粒度为 d_p，则单位体积物料总表面积为：

$$A_料 = \frac{6(1-\varepsilon)}{\varphi d_p} \tag{3-19}$$

比表面积为：

$$S_料 = \frac{6}{\varphi d_p} \tag{3-20}$$

几种常见原料的形状系数列于表 3-13。

表 3 - 13 几种常见原料的形状系数

原　料	形状系数	原　料	形状系数
烧结料	0.5 ~ 0.58	煤　粉	0.73
烧结矿	0.5 ~ 0.8	石灰石细粉	0.45
球团矿	0.85 ~ 0.9	破碎筛分矿石	0.57
焦　炭	0.55 ~ 0.7	圆球形砂粒	0.87
碎　焦	0.65	有菱角砂粒	0.83
薄片状砂粒	0.39	石英砂	0.55 ~ 0.63

3.3.1.4　烧结料层结构参数的变化

在烧结过程中由于物料的熔融，然后结晶与凝固形成了新的料层结构，改变了原来的料粒直径、形状系数及料层的体积收缩率。这里起决定性作用的因素是固相物料的熔融温度（或熔体的凝固温度）以及烧结可能达到的最高温度。图 3 - 30 所示为沿烧结料层高度的料层结构的变化。

在混合料层、干燥层和烧结矿层，料层结构均不变化。混合料层和干燥层比表面积大而孔隙率小，故传热效率高，升温快，但透气性不好。烧结矿层比表面积小而孔隙率大，故透气性好，但传热效率低，冷却速度不快。料层结构的变化主要发生在燃烧层和熔融固结层。燃烧层开始阶段由于物料尚未软熔收缩，燃料颗粒变小使孔隙率稍有增长，随着软熔发生，由于收缩率增大而导致 ε 下降。到固结层，则由于形状系数的减小而使得孔隙率迅速上升。比表面积的变化主要在燃烧熔融阶段，由于颗粒变大，A_S 迅速变小。固结层 A_S 几乎保持不变。

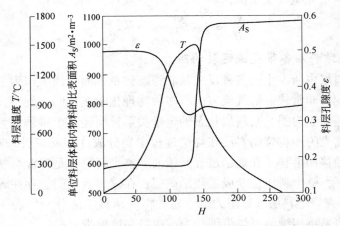

图 3 - 30　烧结料层结构参数变化的模拟计算结果

ε—料层孔隙度；T—料层温度；A_S—单位料层体积内物料的比表面积；H—距料层表面的距离

3.3.2　烧结料层气流运动的阻力

3.3.2.1　气流在散料层中的压力降

气体在散料层中运动时，会产生压力损失。压力损失包括两部分：因气体黏性而产生的摩擦阻力损失和因路径曲折导致气体运动时扩张、收缩而产生的局部阻力损失。在截面积和气体成分不变时，这两种阻力损失的总和就是料层的压力降。

厄根（S. Ergun）于 1952 年提出的公式适用于从层流到紊流的不同流态，被广泛用于分析散料层内气体的流动规律，其表达式为：

$$\frac{\Delta p}{H} = 150 \frac{(1-\varepsilon)^2}{\varepsilon^3} \cdot \frac{\mu\omega}{(\varphi d_p)^2} + 1.75 \frac{1-\varepsilon}{\varepsilon^3} \cdot \frac{\rho \cdot \omega^2}{\varphi d_p} \tag{3-21}$$

式中　Δp——料层压力降，kg/m^2；

　　　　H——料层高，m；

　　　　ε——孔隙率，%；

　　　　ρ——气体密度，kg/m^3；

　　　　μ——气体动力黏度，$kg/(m \cdot s)$；

　　　　ω——气体流速，m/s；

　　　　d_p——颗粒的平均直径，m；

　　　　φ——颗粒的形状系数。

式（3-21）右边第一项表示层流区的单位高度压力降，第二项为紊流区单位高度压力降。厄根公式适用于下列范围：（1）等温体系；（2）不可压缩流体；（3）料层孔隙均匀；（4）球粒间孔隙比流体分子平均自由距大得多的情况；（5）料层两端压力降必须相当小，使 ω 和 ρ 在整个料层中实际是不变的。

当气体通过料层完全处于层流区时，上式第二项可省略，即：

$$\frac{\Delta p}{H} = 150 \frac{(1-\varepsilon)^2}{\varepsilon^3} \cdot \frac{\mu\omega}{(\varphi d_p)^2} \tag{3-22}$$

当气体通过料层完全处于紊流区时，上式第一项可省略，即：

$$\frac{\Delta p}{H} = 1.75 \frac{1-\varepsilon}{\varepsilon^3} \cdot \frac{\rho \cdot \omega^2}{\varphi d_p} \tag{3-23}$$

3.3.2.2　烧结料层各带气流运动的阻力

烧结过程在料层内所发生的各种反应是非稳态体系，而且因为作为主反应的碳燃烧迅速，使加热过程变得非常快。沿气流方向有多种物理化学变化同时发生，各种状态随时间发生剧烈变化，建立压力损失与料层状态的定量关系目前还是个难题。为了解析方便，依据物理化学特征，人为地将烧结料层在烧结过程中划分成许多反应层。这些反应层（带）随着烧结过程的推移而推移。在烧结过程开始前，整个料层都是湿混合料层，称原始烧结料带；到烧结终了，整个料层全变成了烧结矿层；在这二者中间就存在着变动着的各个反应层（带）。在研究烧结料层气流阻力时，通常将烧结料层区分为如表 3-14 所示的 6 个带，此种划分方法是将传统的燃烧带细分为反应带和熔融带。

表 3-14　研究气流阻力时烧结料层各带的区分

带　名	料层特征	温度区间/℃
（1）原始料带	与原混合料相同含水量的区域	原始料温
（2）水分冷凝带	超过原混合料含水量的区域	露点温度（约60）
（3）干燥预热带	低于原混合料含水量的区域	100~700
（4）反应带	焦炭的燃烧及石灰石反应区域	700~1200
（5）熔融带	物料熔融区域	1200~最高温度~1200
（6）烧结矿带	冷却固化形成烧结矿区域	<1200

根据以上温度区域的划分和经测定或计算得到的压力分布曲线，就可以获得各带单位高度上的压力损失。

A 计算公式的选择

一般情况下，烧结料层内气流通过的速度为 0.2 ~ 1.5m/s，基本上在层流向紊流过渡的区域内（$Re_m = 30 ~ 300$），适合从层流到紊流均可适用的厄根公式。

将厄根公式转变成如下公式：

$$\frac{\Delta p}{H} = K_1 \mu \omega + K_2 \rho \omega^2 \qquad (3-24)$$

式中 K_1，K_2——摩擦阻力损失系数和局部（形状）阻力损失系数。

$$K_1 = \frac{150(1-\varepsilon)^2}{d_p^2 \cdot \varphi^2 \cdot \varepsilon^3} \qquad (3-25)$$

$$K_2 = \frac{1.75(1-\varepsilon)}{d_p \cdot \varphi \cdot \varepsilon^3} \qquad (3-26)$$

由于实际烧结料层各带空隙率、颗粒尺寸和形状难以确定，各带的阻力损失系数通常需通过实验测定。为此，将式（3-24）进一步变换为：

$$\frac{\Delta p}{H} = \rho \cdot \omega (K_1 \nu + K_2 \omega) = G(K_1 \nu + K_2 \omega) \qquad (3-27)$$

$$\frac{\Delta p}{H \cdot G \cdot \nu} = K_1 + K_2 \frac{\omega}{\nu} \qquad (3-28)$$

式中 ν——气体的运动黏度（$\nu = \mu/\rho$），m^2/s。

因此，在测定过程中只要保持气体的黏度、温度和料层高度不变，通过改变气体流速获得压力降的变化，再利用作图法可求得 K_1 和 K_2。

B 实验装置与测定方法

原始料带、水分冷凝带、干燥带和烧结矿带的风量和 Δp，可以方便地进行物理模拟，因此可以采用稳态测定法测定。反应带和熔融带用实验计量办法难于区分，可将测定的状态参数输入数学模型，与层内反应及传热方程式联立求解。

料层气流压降的测定方法。可用图 3-31 所示测定装置，从料层下部抽风，实测通过料层的风量和压力降。

（1）原始料层的压力降，在点火前在整个料高上测定。

（2）水分冷凝带的测定。通常的烧结试验，点火后仅在料层中间某一部分形成过湿带，这不能满足分带测定的要求。为了能在整个料层形成水分冷凝，可在烧结杯上部附加如图 3-31 所示附加料杯。在上部附加料杯之上点火，取点火时间为某一定值，使下部整个料层形成一个含水量几乎一定的区域，然后中断点火，撤去附加料杯，然后在主杯上进行风量 Q 和压降 Δp 的测定。

（3）干燥带测定。干燥带定义为去掉了粒子表面的自由水，低于原始物料含水量的区域。实验测定时首先向料层送入热风，直至整个料层的物料全部干燥，然后进行风量 Q 和压降 Δp 的测定。

（4）烧结矿带的测定。先将烧结料烧结，在全部形成烧结矿层后进行透气阻力的测定。图 3-32 所示烧结试验装置。在实际操作中，为防止烧结锅侧壁漏风，可在内壁与烧结矿之间用黏土充填，然后测定 Q 和 Δp。

（5）反应带和熔融带的测定。反应带和熔融带的状态参数变化非常激烈，前述各方法

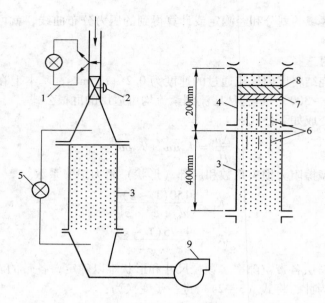

图 3-31 透气性测定装置

1—流量计；2—调节阀；3—烧结杯；4—附加料杯；5—计压计；6—水分冷凝带；7—干燥带；8—反应带；9—风机

均无法使整个料层再现其原有状态，使得反应带和熔融带不可能直接测定。需采用实验测定与数学模型相结合的方法获得有关参数：在料层内插入数支测温和测压管，在烧结过程中，连续测量各定点的料层阻力和料层温度的变化规律，根据所测数据，用数学模型分析非稳态的料层，区分反应带区域和熔融带区域，然后求解 K_1 和 K_2。

  C 测定结果

  对原始料带、冷凝带、干燥带及烧结矿带测定的原始数据（Δp 和 ω）如图 3-33 所示。

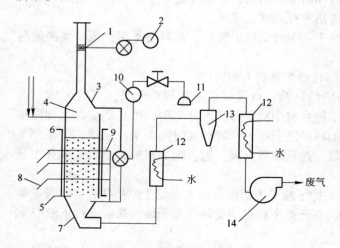

图 3-32 烧结试验装置

1—测流量元件；2—流量计；3—点火器；4—烧嘴；5—烧结锅；
6—混合料；7—风箱；8—热电偶；9—测压元件；10—压力调节器；
11—控制器；12—冷却器；13—旋风除尘器；14—风机

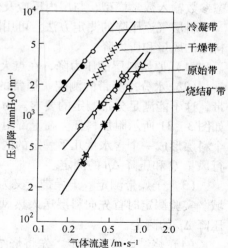

图 3-33 各带气体流速与压力降

根据这些原始数据，通过作图或回归分析求得的各带压力损失系数列于表 3 - 15。

表 3 - 15　压力损失系数

各带名称	K_1/m^{-2}	K_2/m^{-1}	各带名称	K_1/m^{-2}	K_2/m^{-1}
原始料带	11.5×10^{-8}	24.2×10^{-3}	反应带	31.0×10^{-8}	75.0×10^{-3}
水分冷凝带	28.0×10^{-8}	78.3×10^{-3}	熔化带	6.0×10^{-8}	24.6×10^{-3}
干燥预热带	24.6×10^{-8}	57.8×10^{-3}	烧结矿带	4.2×10^{-8}	12.6×10^{-3}

需要指出的是，由于 K_1 和 K_2 受 ε、d_p 等影响较大，对不同的原料及不同的制粒条件，ε、d_p 差别很大，因此将不同研究者的研究结果或采用不同原料测定的结果进行比较实际意义不大，但对同一种混合料来说，用 K_1 和 K_2 比较烧结料层各带阻力的大小还是有重要意义的。

3.3.3　烧结料层透气性及其应用

3.3.3.1　单位面积风量

透气性是指固体散料层允许气体通过的难易程度。烧结实际生产中，通常采用单位面积风量来评价烧结料层透气性的好坏。

单位面积风量是在一定的压力降（真空度）和一定料层高度的条件下单位时间内单位面积料层通过的空气流量（Q/A，$m^3/(m^2 \cdot min)$）。其中，Q 为料层通过的空气流量，m^3/min；A 为抽风面积，m^2。

料层单位面积通过的风量越大，表明料层的透气性越好。需要说明的是单位面积风量一般是在特定的压力降（真空度）和特定的料层高度条件下获得的。由于料层单位面积通过的风量还与料层高度和压力降有关，因此当用单位面积风量研究、分析和比较不同烧结厂、不同烧结机及不同原料条件下料层的透气性时，必须保持压力降和料层高度的一致。

3.3.3.2　沃伊斯公式

沃伊斯（E. W. Voice）等人研究通过料层单位面积风量与压力降和料层高度之间的关系时，发现料层单位面积风量与料层高度（H）的 m 次方成反比，与压力降（Δp）的 n 次方成正比。进一步研究发现，烧结过程中 m 和 n 值近似相等。通过引入比例系数 P，沃伊斯提出了如下烧结料层透气性公式：

$$\frac{Q}{A} = P\left(\frac{\Delta p}{H}\right)^n \qquad (3-29)$$

沃伊斯等将比例系数 P 定义为烧结料层的透气性，它代表在单位料层高度和单位压力降条件下料层单位面积通过的空气流量。当其他各参数采用英制单位时，P 的计量单位称为 B. P. U；当其他各参数采用米制单位时，P 的计量单位称为 J. P. U。

通过进一步变换，可得到如下方程：

$$P = \frac{Q}{A}\left(\frac{H}{\Delta p}\right)^n \qquad (3-30)$$

式中　P——料层的透气性；

Q——单位时间内通过料层的风量，m^3/min；

A——抽风面积，m^2；

H——料层高度，m；

Δp——料层的压力降，Pa。

沃伊斯公式揭示了料层单位面积风量与料层透气性、料层压力降和料层高度之间的关系，在烧结厂设计和烧结生产中被广泛应用。

沃伊斯公式中的 n 值取决于气体通过料层时的流态。完全层流时，$n=1$；完全紊流时，$n=0.5$。在铁矿烧结过程中，气体通过料层处于层流和紊流的过渡区，n 值介于 0.5 和 1 之间。

沃依斯从粉矿烧结试验得出，n 值随烧结阶段的不同而发生变化：

原始混合料：$n=0.62\sim0.66$；

点火后瞬间：$n=0.65$；

烧结过程：$n=0.52\sim0.69$；

烧结过程平均：$n=0.60$；

烧结结束时：$n=0.55$。

根据上述结果，为方便起见，整个烧结过程的 n 值可选用 0.6。

3.3.3.3　烧结过程透气性变化规律

通常所说的烧结料层的透气性，实际上应包含料层原始透气性和点火后烧结过程的透气性两方面。

料层原始透气性，即指点火前料层的透气性，主要受原料粒度、粒度分布和孔隙率影响。烧结过程的透气性取决于原料的物理化学性质、水分含量、混合制粒情况和布料方法。当烧结原料性质及其准备条件不变时，料层的透气性数值变化不大。因此，烧结过程透气性变化规律实质上是指点火后烧结过程透气性的变化规律，因为随着烧结过程的进行，料层的透气性会发生急剧的变化。图 3 – 34 所示是对高度为 300mm 的料层测得的烧结过程中料层透气性随烧结时间的变化规律。

在烧结过程中，由于各带阻力相应发生变化，故料层的总阻力并不是固定不变的。在烧结时间为零时的透气性为原始料层的透气性，在烧结开始阶段，由于烧结矿层尚未形成，料面点火后温度升高，抽风造成料层压紧以及过湿现象的形成等原因，导致料层阻力升高。与此同时，固体燃料燃烧、燃烧带熔融物的形成以及预热、干燥带混合料中的球粒破裂，也会使料层阻力增大，故点火烧结 $2\sim4$min 内料层透气性激烈下降。随后，由于烧结矿层的形成

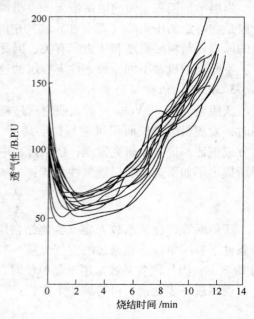

图 3 – 34　烧结过程料层透气性的变化

和增厚以及过湿带的消失，料层阻力逐渐下降，透气性开始上升。据此可以推断，在整个烧结过程中垂直烧结速度并非固定不变，而是越向下速度越快。

3.3.3.4 提高烧结生产率的途径及分析

烧结过程传热分析表明，不论原料品种如何，配碳多少，每吨混合料在烧结时所需空气量是相近的。设 Q_s 为烧结每吨混合料所需空气量（m^3/t），则烧结机利用系数可用下式表示：

$$r = \frac{60Qk}{Q_s A} \qquad (3-31)$$

式中　r——烧结机利用系数，$t/(m^2 \cdot h)$；

　　　Q——单位时间通过料层的总空气量，m^3/min；

　　　k——烧结矿成品率，%；

　　　A——烧结机有效面积，m^2。

将沃伊斯公式代入式（3-31），可得到利用系数与料层透气性、料层压力降和料层高度之间的关系：

$$r = \frac{60kP}{Q_s} \cdot \frac{\Delta p^n}{h^n} \qquad (3-32)$$

因此，对任何特定的烧结机，要提高其生产率，可通过提高抽风能力（提高料层压力降）、降低料层高度和改善料层透气性来实现。

A　抽风负压的影响

虽然提高抽风负压可提高烧结生产率，但风机电耗快速上升。烧结风机的功率消耗为：

$$N = \frac{1000Q_i \Delta p_i}{102 \times 60} = 0.1635 Q_i \Delta p_i \qquad (3-33)$$

式中　Q_i——抽风机的进风量，m^3/min；

　　　Δp_i——抽风机的进口负压，Pa；

　　　N——抽风机的有效功率，W。

抽风机的进口负压与料层压力降成正比，即 $\Delta p_i = k_1 \Delta p$；若混合料产生的废气量、总漏风量与通过料层的空气量比例保持不变，则抽风机的进口风量与通过料层的空气量成正比，即 $Q_i = k_2 Q$。在此情况下风机的功率消耗与通过料层的空气量和料层压力降成正比，即：

$$N = 0.1635 k_1 k_2 Q \Delta p \qquad (3-34)$$

将沃伊斯公式代入（3-34）可得到风机功率消耗与料层压力降的关系：

$$N = 0.1635 k_1 k_2 PA \cdot \frac{\Delta p^{n+1}}{h^n} \qquad (3-35)$$

对料层厚度 $h = 500mm$ 及其他条件不变时（$n = 0.61$），将抽风负压由 11000Pa 提高到 12100Pa，即抽风负压升高 10%。则：

$r_2/r_1 = (\Delta p_2/\Delta p_1)^n = (1210/1100)^{0.61} = 1.0599$，即增产 5.99%。

$N_2/N_1 = (\Delta p_2/\Delta p_1)^{n+1} = (1210/1100)^{1.61} = 1.1659$，即电耗增加 16.59%。

表 3-16 列出某厂工业生产中提高抽风负压的实际效果，增大抽风负压，能提高通过料层的风量，增加烧结机产量，这无论在工业上或在实验室中都证明在技术上是可行的。

表 3 – 16 抽风负压与烧结生产指标的关系

序号	抽风机负压		单位生产率		单位烧结矿电耗	
	Pa	%	t/(m² · h)	%	kW · h/t	%
1	6000	100	1.21	100	4.4	100
2	10000	167	1.57	130	15.5	185
3	15000	250	1.97	163	24.2	276

虽然实际生产中提高抽风负压可提高产量,但风机电耗急剧增加。另外,过大地提高抽风负压,会导致烧结机有害漏风的增加。因此,要根据烧结系统综合经济效益来决定抽风负压的水平。

有人研究加压烧结工艺,即在抽风负压不变时,用空气压缩机提高料层上面的压力,相应地增大 Δp,也能增加通过料层的风量。试验研究表明,当料层上面的空气压力提高 $0.6 \times 101325 Pa$,烧结机的生产率增加两倍。但是,由于加压烧结工艺使烧结设备复杂化,因此在烧结机上应用仍然有困难,需要进一步研究改进。

B 料层高度的影响

抽风负压 $\Delta p = 12000 Pa$ 保持不变及其他条件固定时($n = 0.61$),将料层厚度由 $h = 500 mm$ 增加到 $h = 600 mm$,代入式(3 – 32),可得到:

$$r_2/r_1 = (h_1/h_2)^n = (500/600)^{0.61} = 0.8947$$

即减产 10.52%。若要保持产量不降,成品率应至少提高 10.52%。虽然高料层烧结影响烧结机的生产率,但随料层厚度增加,燃料消耗下降,烧结成品率提高,产品冶金性能改善。生产实践表明,通过加强原料准备、添加生石灰强化制粒、提高产品碱度等措施,大幅提高烧结料层的透气性,完全可以在高料层($h > 600 mm$)甚至超高料层条件下实现优质、高产和低能耗烧结生产。

C 降低漏风率

在连续稳定的生产过程中,当抽风机固定时,其抽风能力也固定不变,抽风负压只能在有限的范围内调整。从式(3 – 33)可以发现,在抽风机的有效功率一定时,提高抽风负压只能以降低入口风量为代价,这事实上无法达到提高生产率的目的。

假定经料层抽入的空气(Q)、混合料产生的废气($Q_料$)和自烧结机至风机进口处漏入的空气($Q_漏$)均进入抽风机,则:

$$Q_i = Q + Q_漏 + Q_料 \tag{3 – 36}$$

如果混合料产生的废气量占风机进风量的比例为 g,总漏风量占风机进风量的比例为 f,则:

$$Q_i = Q + fQ_i + gQ_i$$

整理后可得到:

$$Q = Q_i(1 - f - g) \tag{3 – 37}$$

将式(3 – 37)代入式(3 – 31),得:

$$r = 60Q_i(1 - f - g)k/Q_s A \tag{3 – 38}$$

因此,在抽风机的有效功率一定、混合料产生的废气量和其他条件不变时,降低烧结和抽风系统的总漏风率可以提高烧结生产率。

生产实践证明，尽管许多烧结厂采用大功率风机、增大了抽风能力，但由于烧结机抽风系统存在严重的漏风，故实际抽入的有效风量仍然很少。这不仅严重地浪费电力，而且也影响到烧结矿的产量和质量。因此减少有害漏风，提高料层的实际风量，是提高烧结生产率的重要途径。

D 改善烧结料层透气性的途径

在实际生产过程中，改善烧结料层的透气性是提高烧结机生产率最有效的途径。改善料层透气性，可通过加强烧结原料准备、强化混合料制粒等措施实现。

a 加强原料准备

加强烧结原料准备的目的在于改进混合料粒度和粒度组成，可通过向混合料中配加部分富矿粉或添加适量的、具有一定粒度组成的返矿，改善料层的透气性，提高烧结矿质量。

图 3-35 的曲线反映出往精矿中添加部分矿粉时，对烧结料层透气性的影响，当矿粉加入量为 10% 时，料层透气性从 $0.77 \mathrm{m}^3/(\mathrm{m}^2 \cdot \mathrm{min})$ 上升到 $0.90 \mathrm{m}^3/(\mathrm{m}^2 \cdot \mathrm{min})$，相应烧结生产率提高 4% ~5% ；矿粉加入量增加到 20% 时，料层透气性提高到 $1.25 \mathrm{m}^3/(\mathrm{m}^2 \cdot \mathrm{min})$，相应的烧结生产率提高了 17% ~18% 。可见，在组织烧结生产时，在可能的条件下提高原料粒度和粗细原料适当搭配使用是有好处的。

返矿是筛分时的筛下产物（粒度小于 8mm），由小颗粒的烧结矿和一部分未烧透的生料所组成，且具有疏松多孔的结构。其颗粒是湿混合料制粒

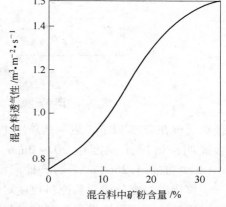

图 3-35 矿粉添加量对料层透气性的影响

时的核心，烧结料中添加一定数量的返矿，可以改善烧结时料层的透气性，提高烧结生产率。另外返矿中含有已经烧结的低熔点物质，它有助于熔融物的形成，增加了烧结液相，提高了烧结矿强度。

返矿添加量对烧结指标的影响如图 3-36 所示。从图中可以看出，在一定范围内，随着返矿添加量增加，烧结矿的强度和生产率都得到提高。但是当返矿添加量超过一定限度时，大量的返矿会使湿混合料的混匀和制粒效果变差、水与碳的波动增大；透气性过好，又会反过来影响燃烧带温度达不到烧结的必要温度，其结果将使烧结矿强度变坏，生产率下降。同时，还必须看到，返矿是烧结生产循环物，它的增加就意味着烧结生产率下降。换句话说，烧结料中添加的返矿超过一定数量后，任何透气性及垂直烧结速度的增加都不能补偿烧结成品率的减少。

合适的返矿添加量，由于原料性质不同而有所差别。一般说来，烧结原料以细磨精矿为主时，返矿量需要多一些，变动范围为 30% ~40% ；以粗粒富矿粉为主要烧结原料时，返矿量可以少些，一般小于 30% 。

返矿的加入对烧结生产的影响还与返矿本身的粒度组成有关，适宜的返矿粒度在混合、制粒时形成核心，但返矿多为细粒级，返矿中又夹杂有较多的未烧透的烧结料，这样的返矿达不到改善料层透气性和促进低熔点液相生成的目的。一般说来，返矿中 1~0mm

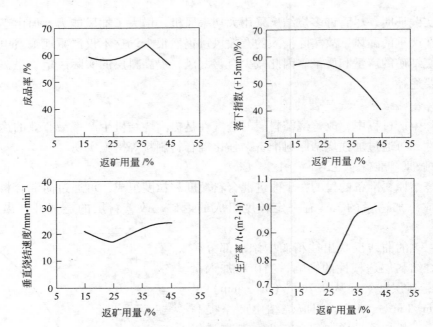

图 3-36 返矿用量对烧结指标的影响

的级别应该在20%以下，返矿的粒度上限不应超过烧结料中矿粉的最大粒度10mm。某厂实践证明，将返矿粒度由 20~0mm，降至 10~0mm 时，烧结机利用系数由 1.04t/($m^2 \cdot h$)增加到 1.26t/($m^2 \cdot h$)，即产量增加21%。

应该指出，充分注意到原料粒度对烧结过程的重要影响时，切不可单纯地为了改善烧结料层透气性而片面地提高熔剂和燃料的粒度上限。因为就烧结过程而言，添加熔剂的主要目的是为了在燃料消耗较低的情况下，使烧结料能生成足够多低熔点、强度好、还原度高的液相，以便获得优质烧结矿，而要做到这一点，保证反应表面是绝对必要的。不然，反应速度将大大减慢。粗颗粒的熔剂由于反应不完全，将以 CaO 的形态存在于烧结矿中，会使烧结矿在储存或遇水时自行粉碎。目前我国烧结厂所使用的熔剂粒度基本上都控制在 3~0mm 的范围内。

燃料粒度同样不能过粗，这主要是为了避免烧结料层中还原气氛只在局部出现，燃烧速度降低，燃烧带过宽和烧结温度分布不均等缺陷。燃料粒度一般要求为 3~0mm。

b　强化混合料制粒

制粒机理

制粒是将较细物料（称为黏附粉）包覆到粗颗粒（称为核颗粒）的过程，这种粒化的颗粒称为"准颗粒"。一般小于0.2mm 颗粒作为黏附粉，大于0.7mm 颗粒作为核颗粒。中间颗粒（0.2~0.7mm）则很难制粒，当水分增加时，这些中间颗粒黏结成粗粒球核，但是在干燥时，就离散开来。

中间颗粒制粒过程取决于混合料的水分。在中间颗粒粒度范围内，同一粒度的颗粒在转换过渡区内，既可作为黏结细粉，也可作为球核颗粒。转换过渡区的物料总量应最少，因为它将从以下两个方面影响混合料层的透气性：

（1）若作为核颗粒，这些颗粒的掺入将使得准颗粒平均粒径减小，从而使料层透气性变差；

（2）若作为黏附粉，则由于它们的黏附性差，所以很容易从干燥的准颗粒表面脱落。

控制核颗粒外的黏附颗粒层的主要因素有三个：（1）球核结构（表面、孔隙度）；（2）水分含量和细粉颗粒的总量；（3）不规则形状的颗粒，如返矿、焦粉和针铁矿是很好的球核颗粒，而像石灰石、致密赤铁矿等表面光滑且形状规则的颗粒作为球核并不好。

制粒在很大程度上受到有效水分的影响（用于制粒的水分少于混合料组分吸收的水分），其他因素如颗粒形状、表面特性等的影响相对较小。如图 3-37 所示，图中绘出了粒化分布系数（其中 50% 的颗粒用作球核，另 50% 用作黏附粉料）与有效水分含量的关系，从而确立了有效水分含量与制粒过程的密切关系。该曲线清楚地表明了制粒效果受水分添加量的制约，而球核类型则是次要因素。

黏附粉颗粒越小，越有利于制粒。黏附颗粒的平均粒度对制粒平均粒径的影响如图 3-38 所示。添加水分后，较细的黏附粉粒化后成为较大的颗粒。当添加水分量为 5.5%，黏附料的平均粒度从 0.078mm 增大到 0.1mm 时，制粒平均粒径下降 17%，混合料透气性则相应降低 15%~20%（用 Ergun 方程计算）。当原料粒度较粗时，为保持稳定的透气性，可添加较多的水分。

关于中间颗粒对料层透气性的影响，可用 Ergun 方程描述。当压降一定时，中间颗粒（难粒化颗粒）可从以下两个方面影响料层的透气性：

（1）使制粒的平均粒径减小（d_p）；

（2）使粒化颗粒粒径范围扩大，以至于造成较小的颗粒填充到颗粒间孔隙中，使料层孔隙率（ε）下降。

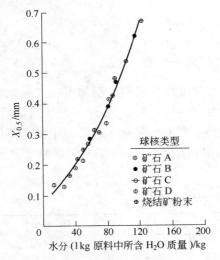

图 3-37 有效水分含量对制粒分布系数的影响

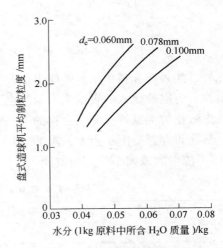

图 3-38 黏附层颗粒粒度对制粒平均直径的影响的预测模型

颗粒的成球性或形状系数也有重要影响。球形颗粒越多，透气性越高。点火前的透气性与颗粒平均粒度有关，而平均粒度又与水分添加量有关。因此点火前透气性好的烧结混合料，在烧结过程中和烧结后料层的压降都较低。

强化制粒技术

控制混合制粒水分　细粒物料被水润湿后，由于水在颗粒间孔隙中形成薄膜水和毛细水，产生毛细引力，在机械力作用下，物料聚集成团粒，改善了混合料粒度组成，从而改善料层透气性，提高烧结矿产量。混合制粒适宜水分取决于物料的成球性，而成球性由物料表面亲水性、水在表面迁移速度，以及物料粒度组成和机械力作用的大小诸因素所决定。

水分的存在能改善料层透气性，除使物料成球、改善粒度组成外，水分覆盖在颗粒表面，起一种润滑剂的作用，使得气流通过颗粒间孔隙时所需克服的阻力减小。例如将混合料制粒后的烧结料烘干至含水 2.3% 再进行烧结，其烧结机利用系数由原来的 $1.11t/(m^2 \cdot h)$ 下降至 $0.66t/(m^2 \cdot h)$。

此外，烧结混合料中水分的存在，可以将燃烧带限制在比较狭窄的区间内，这对改善烧结过程的透气性和保证燃烧带达到必要的高温也有促进作用。

水分对烧结指标的影响可从图 3-39 看出。必须注意到，由于烧结过程冷凝带的存在，故烧结混合料的水分应以稍低于最适宜的制粒水分的 1% ~2% 为宜。

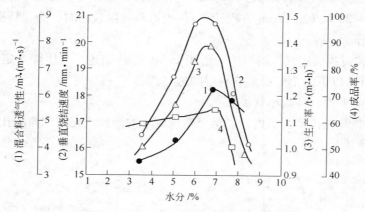

图 3-39　混合料水分对烧结指标的影响

此外，加入混合料中水的性质也能改善混合料的润湿性。试验表明加入预先磁化处理的水制粒，可以改变水的表面张力及黏度，有利于混合料成球（见表 3-17）。可以看出，加入预先磁化的水制粒可使混合料的透气性提高 10%。相对的缩短了造球机中的必要停留时间。某些研究者指出：当加入水的 pH = 7 时，润湿性最差（见图 3-40）。故要求水的 pH 值尽可能向大或向小的方向改变。

表 3-17　磁化水对混合料成球效果的影响

润湿水性质	制粒料粒级含量/%		料层透气性
	+5mm	-1.6mm	/m³·(m²·min)⁻¹
未经处理工业水	31.0	26.0	70.0
	26.4	28.0	69.0
	35.5	28.6	70.0
磁化工业水	49.8	28.7	70.0
	38.1	28.6	77.0
	40.0	28.0	78.0

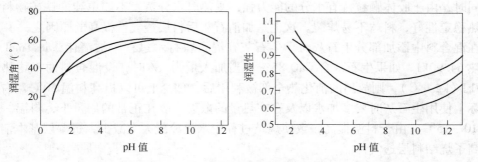

图 3 – 40 水的 pH 值对磁铁精矿润湿角及润湿性的影响

当水分超过最适宜值时，堆密度又逐渐上升（见图 3 – 41）。根据计算料层孔隙率的式（3 – 15）可知，堆密度越大，孔隙率越小，其透气性越差。

添加黏结剂或添加剂 为了提高混合料成球性能，以强化混合料的制粒过程，通常在混合料中添加添加剂（或黏结剂），如膨润土、消石灰、生石灰及某些有机黏结剂。目前，烧结厂较为普遍的采用生石灰做黏结剂。

生石灰打水消化后，呈粒度极细的消石灰 $Ca(OH)_2$ 胶体颗粒，由于这些广泛分散于混合料内的 $Ca(OH)_2$，具有强的亲水性，故使矿石颗粒与消石灰颗粒靠近，并产生必要的毛细力，把矿石等物料颗粒联系起来形成小球。

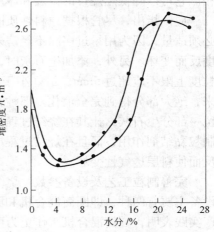

图 3 – 41 精矿水分与堆密度关系

生石灰消化后，呈粒度极细的消石灰胶体颗粒，其平均比表面积达 $300000cm^2/g$，比消化前的比表面积增大近 100 倍，它除了具有亲水胶体的作用外，还由于生石灰的消化是从表面向内部逐步进行的，在生石灰颗粒内部的 CaO 消化必须从新生成的胶体颗粒扩散层和水化膜中"夺取"或吸出结合得最弱的水分，使胶体颗粒的扩散层压缩、颗粒间的水层厚度减小、固体颗粒进一步靠近，特别在颗粒的边、棱角等活性最大的接触点上，可能靠近得足以生产较大的分子黏结力，以排挤其中的水层而引起胶体颗粒的凝聚。由于这些胶体颗粒是均匀分布在混合料中，它们的凝聚必然会引起整个系统的紧密，使料球强度和密度进一步增大。生石灰的这一作用，不仅有利于物料成球，而且能使料球强度提高。

含有 $Ca(OH)_2$ 的小球，由于消石灰胶体颗粒具有较大的比表面，可以吸附和持有大量的水分而不失去物料的疏散性和透气性，即可增大混合料的最大湿容量。例如，鞍山细磨铁精矿加入 6% 的消石灰，可使混合料的最大分子湿容量绝对值增大 4.5% 左右，最大毛细湿容量增大 13%。因此，在烧结过程中料层内少量的冷凝水，将为这些胶体颗粒所吸附和持有，既不会引起料球破坏，也不会堵塞料球间的气孔，使烧结料层保持良好透气性。

单纯铁精矿制成的料球完全靠毛细力维持，一旦失去水分就很容易碎散。含有消石灰胶体颗粒的料球，在受热干燥过程中收缩，由于胶体颗粒的作用，使其周围的固体颗粒进一步靠近，产生更大的分子吸引力，料球强度有所提高。

同时，由于胶体颗粒持有水分的能力强，受热时水分蒸发不如单纯的铁矿物料那样猛烈，热稳定性好，料球不易炸裂。这也是加消石灰后料层透气性提高的原因之一。

在混合料中添加部分生石灰时，生石灰在混合料打水过程中被消化，每 1mol CaO 消化放热 64.90kJ。如果生石灰含 CaO 85%，当加入量为 5% 时，设混合料的平均热容量为 1.047kJ/(kg·℃)，则放出的消化热全部被利用后，理论上可以提高料温 50℃ 左右。但由于实际上使用生石灰时要多加水以及存在热量的散失，故在正常的用量下，料温一般只能提高 10~15℃。由于料温提高，致使烧结过程中水汽冷凝大大减少，过湿层基本消失，从而提高了烧结料层透气性。

此外，在生产熔剂性烧结矿时添加熔剂，更易生成熔点低、流动性好、易凝结的液相。它可以降低燃烧带的温度和厚度，以及液相对气流的阻力，从而提高了烧结速度。

应该指出，尽管根据原料性质的不同，添加生石灰或消石灰对烧结过程是有利的，但必须适量，因为用量过多除不经济外，还会使物料过分疏松，混合料堆密度降低，料球强度反而变坏。另外，添加生石灰时，尽量做到在烧结点火前使生石灰充分消化。为此，其粒度上限不应超过 5mm，最好小于 3mm，做到生石灰的颗粒一般在一次混合机内松散开来，绝大部分得到完全消化。那种企图缩短消化时间或减少打水量的方法，使混合料中残留一部分生石灰，让其在烧结过程消化的做法是不恰当的。因为残留的生石灰颗粒起不到制粒黏结剂作用，而且在烧结过程中吸水消化产生较大的体积膨胀，很容易使料球破坏，反而使料层透气性变坏。

完善制粒工艺及设备参数 烧结生产中，混合料制粒主要在二次混合机内进行。制粒设备主要有两种，即圆筒混合机和圆盘制粒机，两者制粒效果相差不大（图 3-42）。生产实践表明，圆筒混合机工作更为可靠。在最好的制粒条件下，当烧结混合料的性质不变时，主要取决于圆筒倾角、充填率及转速。图 3-43 是圆筒混合机的制粒时间与混合料粒级含量的关系。可以看出制粒时间延长到 4min 时，混合料中 3~0mm 粒级颗粒含量从 53% 降低到 14%，3~10mm 粒级颗粒含量从 49% 增至 77%，而大于 10mm 者仅从 5% 增加到 10%。此时烧结料透气性好，烧结速度快，产量也高，从而表明制粒时间是影响制粒效果的重要因素。

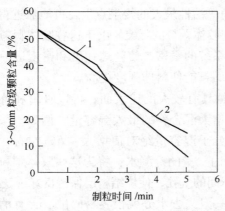

图 3-42　制粒时间对 3~0mm 含量的影响
1—圆盘制粒机；2—圆筒混合机

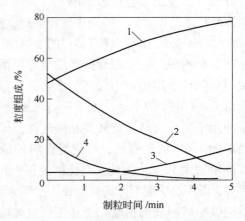

图 3-43　制粒时间对粒度组成的影响
1—3~10mm；2—3~0mm；3—>10mm；4—1~0mm

目前混合料在二次混合机内的制粒时间一般仅有 1~1.5min，显然对于精矿烧结是不能满足要求的，因此有必要对原有二次混合机进行改进或使用长度更大的圆筒混合机。鞍钢二烧把二次混合机延长了 1.5m，使烧结料粒度组成得到改善，结果烧结生产率提高了3%；把二次圆筒混合机的倾角从 4.5°降低到 1.5°，目的也是为了增加混合料的制粒时间。目前，最大混合机长度为 24~25m，直径为 4~5m，制粒时间可达 4~5min。

应该指出的是，料层各处透气性的均匀性，对烧结生产也有很大的影响。不均匀的透气性会造成气流分布不均，导致各处不同的垂直烧结速度，而料层不同的垂直烧结速度反过来又会加重气流分布的不均匀性，这就必然产生烧不透的生料，降低烧结矿成品率和返矿质量，破坏正常的烧结过程。为了形成一个透气性均匀的烧结料层，均匀布料和防止粒度不合理偏析是非常必要的。

3.4 烧结料层燃料燃烧与传热规律

3.4.1 烧结过程中的固体燃料燃烧

3.4.1.1 烧结料层燃料的燃烧特征

烧结料层是典型的固定床，但与一般固定床燃料燃烧相比又有很大的不同：

（1）烧结料层中碳含量少、粒度细而且分散，按质量计燃料只占总料质量的 3%~5%，按体积计不到总料体积的 10%；

（2）烧结料层中的热交换条件十分有利，固体炭颗粒燃烧迅速，且在一个厚度不大（一般为 20~40mm）的高温区内进行，高温废气的温度降低很快，二次燃烧反应不会有明显的发展；

（3）烧结料层中一般空气过剩系数较高（常为 1.4~1.5），故废气中均含一定量的氧。

图 3-44 所示为燃烧带的结构示意图。假设烧结混合料质量由 95% 赤铁矿和 5% 焦粉组成，矿石和焦粉平均粒度 2mm，单个颗粒的体积 4.2mm³，矿石密度为 5g/cm³，焦粉的密度为 1.3g/cm³，每千克混合料中矿石为 45000 粒，而焦粉为 9000 粒（单位质量分别为0.021g 和 0.0055g）。由此可见，燃烧带是一种由少数焦炭颗粒嵌入多数矿粉颗粒构成的"镶嵌"式结构，如图 3-44 所示，即炭粒燃烧是在周围没有含碳的矿石物料包围下进行

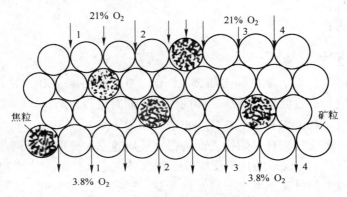

图 3-44 燃烧带结构垂直剖面简图

的。在靠近燃烧的颗粒附近，温度较高，还原性气氛占优势，氧气不足，特别是烧结块形成时，燃料被熔融物包裹时氧更显得不足；但在空气通过的邻近不含碳的区域，氧化气氛较强且温度低得多。

烧结料层中燃料燃烧的另一特点是除空气供给氧外，混合料中某些氧化物所含的氧，也往往是燃料活泼的氧化剂。燃烧产物中残余的除游离氧（O_2）外，还包括 CO 和 CO_2 中的氧。若在烧结混合料中没有碳酸盐分解，没有氧化物的还原且没有漏风的情况下，烧结废气中（$CO_2 + 0.5CO + O_2$）的总量就应当接近于 21%。实际上烧结赤铁矿时，废气中（$CO_2 + 0.5CO + O_2$）总量为 22% ~ 23%，即混合料中的一部分氧进入到废气中了；在烧结软锰矿时（MnO_2），因加热时氧特别易于分解使得废气中（$CO_2 + 0.5CO + O_2$）达到 23.5%。因此在燃料燃烧时，矿石中的氧对燃料颗粒表面上氧的平衡起着重要作用，如 1kg 赤铁矿分解为磁铁矿时，放出 23.3L 氧气。这部分氧用于碳的燃烧，以及用于 CO 燃烧生成 CO_2，可达到碳燃烧全部需氧量的 20%。在烧结磁铁矿石时，燃料消耗量较低，空气中的一部分氧将用于磁铁矿氧化为赤铁矿，此时烧结废气中（$CO_2 + 0.5CO + O_2$）总量相应降到 18.5% ~ 20.0%。

一般来说，在较低温度和氧含量较高的条件下，碳的燃烧以生成 CO_2 为主；在较高温度和氧含量较低的条件下，以生成 CO 为主。在一般情况下，烧结废气中碳的氧化物是以 CO_2 为主，含少量的 CO。

3.4.1.2 烧结料层燃料燃烧动力学

在烧结过程中，固体燃料呈分散状分布在料层中，其燃烧规律性介于单体焦粒燃烧与焦粒层燃烧之间，固体碳的燃烧反应是一种气—固相反应，其形式为：

$$固体 + 气体_I \Longrightarrow 气体_{II}$$

反应结果导致固相消失成为气体。这种类型的反应一般认为由下列五个步骤组成：

（1）气体$_I$（氧）由气流本体通过边界层扩散到固体炭的表面；

（2）气体$_I$（氧）分子在炭粒表面上吸附；

（3）被吸附的气体$_I$（氧）分子与碳发生化学反应，形成中间产物；

（4）中间产物断裂，形成气体$_{II}$，并被吸附在炭的表面；

（5）反应产物气体$_{II}$脱附，并由炭粒表面通过边界层向气相扩散逸出。

上述吸附、化学反应和脱附这三个环节是连续进行不可分割的，故通常把这三者统称为吸附—化学反应。

其机理方程为：

吸附：$xC + \dfrac{y}{2}O_2 = C_xO_y$

低温（<1300℃）时，氧的撞击断裂，$C_xO_y + O_2 \rightarrow nCO + mCO_2$（$n = m$）

中温时，反应具有过渡性的特征，即两种反应同时进行，$n:m = 1 ~ 2$

断裂：高温（>1600℃）时，$C_xO_y \rightarrow nCO + mCO_2$（$n = 2m$）

多相反应时，燃烧过程在可燃物表面进行，反应速率主要取决于两步反应速率最小的步骤：固体炭与气体$_I$（氧）的化学反应速率和气体$_I$（氧）通过边界层向固体炭表面的扩散速率。燃烧过程的总速率取决于最慢的步骤，这样的反应就被（1）、（3）两个步骤控制。

（1）氧气经气体薄膜（即边界层）向固体炭表面扩散迁移的速率为：

$$v_D = k_D(C_{O_2} - C_{O_2}^s) \qquad (3-39)$$

式中　　C_{O_2}——气流本体中氧的浓度；

　　　　$C_{O_2}^s$——炭粒表面上氧的浓度；

　　　　k_D——界面层内传质系数，$k_D = \dfrac{D}{\delta}$，D 为扩散系数，δ 为边界层厚度。

由于 $D \propto T^{(1.5\sim2)}$，因此，当温度一定时，氧气的扩散迁移速率 v_D 决定于边界层厚度及浓度差。

（2）相界面上的化学反应速率，其计算公式为：

$$v_R = k_R(C_{O_2}^s)^n \qquad (3-40)$$

式中　　k_R——化学反应速率常数，$k_R \propto e^{\frac{-E}{RT}}$；

　　　　E——活化能；

　　　　R——反应常数；

　　　　T——炭表面温度；

　　　　n——反应级数，为讨论方便，设 $n=1$。

当燃烧过程稳定进行，即 $v_D = v_R$ 时，则：

$$k_D(C_{O_2} - C_{O_2}^s) = k_R C_{O_2}^s$$

$$C_{O_2}^s = \frac{k_D}{k_D + k_R} C_{O_2} \qquad (3-41)$$

所以，炭粒燃烧的总速率为：

$$v = v_R = v_D = \frac{k_D k_R}{k_D + k_R} C_{O_2} = k C_{O_2} \qquad (3-42)$$

其中，$k = \dfrac{k_D k_R}{k_D + k_R}$，或者，$\dfrac{1}{k} = \dfrac{1}{k_R} + \dfrac{1}{k_D}$，即反应的总阻力（$1/k$）为边界层扩散阻力（$1/k_D$）和界面化学反应阻力（$1/k_R$）之和。

在低温下，$k_R \ll k_D$，$k \approx k_R$，此时，燃烧过程的总速率取决于化学反应速率，称燃烧处于"动力学燃烧区"。当燃烧处于动力学燃烧区时，燃烧速率受温度的影响较大，随温度升高而增加，而不受气流速率、压力和固体燃料粒度的影响。

在高温下，$k_D \ll k_R$，$k \approx k_D$，此时，燃烧过程的总速率取决于氧通过边界层的扩散速率，称燃烧处于"扩散燃烧区"。当燃烧处于扩散燃烧区时，燃烧速率取决于气体（氧）的扩散，凡是影响气体通过边界层扩散速率的条件，如气体流速和压力等都将影响燃烧过程的总速率，而温度改变的影响不大。

随着温度的提高，碳的燃烧速率加快，燃烧过程逐步从动力学区过渡到扩散区。不同反应由动力学区进入扩散区的温度也不同，如 C 和 O_2 的反应于 800℃ 左右开始转入，而 C 和 CO_2 的反应则在 1200℃ 时才转入。对于 3mm 的炭粒，在 Re（雷诺数）为 100 的条件下，在温度低于 700℃ 时，$C + O_2$ 反应速率处于动力学区；温度高于 1250℃ 时，反应速率处于扩散区；700 ~ 1250℃ 处于过渡区。烧结过程在点火后不到 1min，料层温度升高到 1200 ~ 1350℃，故其燃烧反应基本上是在扩散区进行，因此，一切能够增加扩散速率的因素，如减小燃料粒度、增加气流速率（增大风量、改善料层透气性）和气流中的含氧量

（富氧烧结）等都能增加燃烧反应的速率，强化烧结过程。

3.4.1.3 烧结废气组成及其影响因素

图 3-45 所示为烧结试验过程中测得的废气中 O_2、CO_2 和 CO 的变化（试验所用焦粉量为 7%）。从烧结开始直到烧结终点的前 2min，CO_2 和 CO 逐渐增加，然后迅速降到零，但 CO_2 比 CO 晚 1min 消失。最初废气中 O_2 量逐渐下降至约 9%，试验结束时又升到与空气中的 O_2 量一致。

通常用燃烧比 $CO/(CO+CO_2)$ 来衡量烧结过程中碳的化学能利用程度，用废气成分来衡量烧结过程的气氛。燃烧比大则碳的利用差，还原性气氛较强，反之则碳的利用好，氧化气氛较强。还原性气氛较强时，CO 可以将 Fe_2O_3 还原为 Fe_3O_4，因此，烧结混合料中配碳量过高，烧结矿亚铁含量随之升高。

影响燃烧比的因素有：燃料粒度（见图 3-46），混合料中燃料含量（见图 3-47），烧结负压（见图 3-48），料层厚度（见图 3-49），返矿量（见图 3-50）等。

燃料粒度变细、燃料量增加和提高烧结温度使燃烧比增大，是因为燃烧反应倾向于布多尔反应的结果，而料层的提高和返矿的减少引起燃烧比的增加是由于烧结时间延长、烧

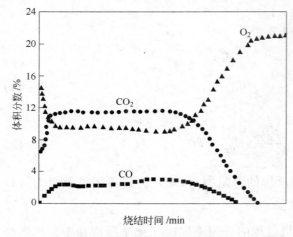

图 3-45 烧结试验过程测得废气中的 O_2、CO_2 和 CO 的变化

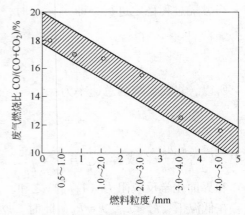

图 3-46 废气燃烧比 $CO/(CO+CO_2)$ 与燃料粒度的关系

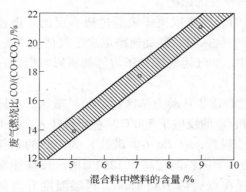

图 3-47 废气燃烧比 $CO/(CO+CO_2)$ 与混合料中燃料量的关系

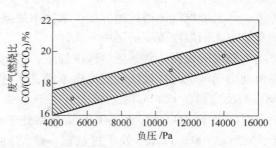

图 3-48 废气燃烧比 $CO/(CO+CO_2)$ 与烧结负压间的关系

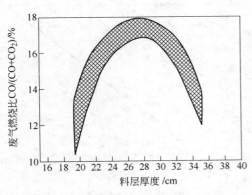

图 3-49　废气燃烧比与料层厚度的关系

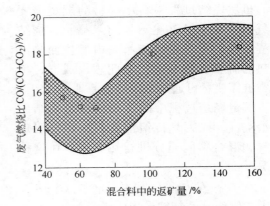

图 3-50　废气燃烧比与返矿量的关系

结温度提高和燃料分布密度增大的结果。提高负压引起 CO 有所增加，是由于 C 燃烧产生的 CO 来不及燃烧所致。

3.4.2　烧结料层中的热交换

3.4.2.1　烧结料层的热交换特点

通过测定烧结过程某一时刻料层自上而下固体物料和气体的温度，获得图 3-51 所示的温度沿料层高度方向的变化曲线。无论固体还是气体的温度均经历自上而下先升高后下降的过程。抽风烧结时的热交换可清楚地分为两个主要阶段：下段是温度较高的烧结烟气与烧结料之间的热交换；上段是热烧结饼与空气之间的热交换。

一般情况下，在料层的最高温度层，气、固相温度是一致的。在最高温层以下的料层内，气流温度 T_g 超过物料温度 T_s，其超过值为 $\Delta T' = T_g - T_s$，即气流向烧结料放热；在最高温层以上的部分，烧结饼温度（T_s）超过抽入烟气或空气的温度（T_g），超过值为（$\Delta T'' = T_s - T_g$），即物料向气体放热。这两段热交换都具有颗粒物料固定层的传热规律性，二者之间的区别是：

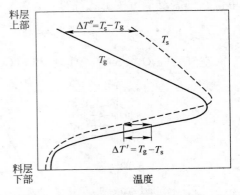

图 3-51　料层厚度上气体温度（T_g）和物料温度（T_s）的变化曲线

下段热交换伴随有较大的化学变化，同时产生放热或吸热。

3.4.2.2　单位空气需要量

空气对烧结过程是必不可少的。烧结 1t 混合料需要的标准状态下的空气量称为单位空气需要量或理论空气需要量。大量研究和生产实践表明，单位空气需要量几乎不随烧结原料的种类、烧结工艺参数和配碳量高低的变化而变化。

图 3-52 是在 14 台面积不同、利用系数为 $14 \sim 52 t/(m^2 \cdot d)$ 的烧结机的料层表面测得的单位空气需要量，其值（标态）约为 $800 m^3/t$ 混合料（包括铺底料在内）。由于该值包括了烧结终点后占烧结机总长度 7% 那部分台车漏入的冷空气，扣除该部分漏风后测量的单位混合料空气需要量（标态）是 $744 m^3/t$。

虽然烧结过程中料层燃料的燃烧需要空气的存在，但上述测量结果显示，烧结过程所需的空气量可能不是由燃烧而是由传热的需要所决定的。若此假设成立，单位空气需要量可通过采用传热原理来确定。

假定烧结过程中的传热仅仅是烧结矿传给空气，或废气传给混合料，并且假定废气和混合料间充分进行热交换。在这种情况下：

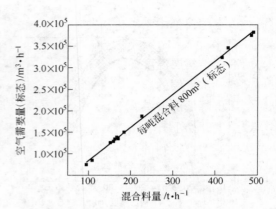

图 3 - 52 烧结过程中空气需要量与混合料流量的关系

$$C_A G_A T_A = C_M G_M T_M \qquad (3-43)$$

式中
C_A——空气的平均比热容；
G_A——空气的质量；
T_A——空气的温度；
C_M——混合料的平均比热容；
G_M——混合料的质量；
T_M——混合料的温度。

由于烧结料层内的气—固热交换非常快，废气温度和混合料的温度几乎相等，因此，单位空气需要量可按下式计算：

$$\frac{G_A}{G_M} = \frac{C_A}{C_M} \qquad (3-44)$$

空气、Fe_2O_3、SiO_2、Al_2O_3 和 $CaCO_3$ 的平均比热容如图 3 - 53 所示。

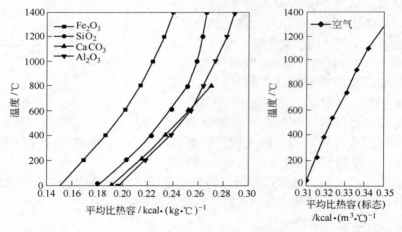

图 3 - 53 空气、Fe_2O_3、SiO_2、Al_2O_3 和 $CaCO_3$ 的平均比热容（1cal = 4.184J）

由图中数据可获得，1400℃ 时，$\dfrac{C_M}{C_A} = \dfrac{0.26}{0.349} = 0.745\text{m}^3/\text{kg}$ 混合料（标态），或者 745m³/t 混合料（标态）。这一计算结果与烧结过程的测量值几乎完全一致，进一步证实烧结过程的单位空气需要量是由传热决定的。

3.4.2.3 烧结料层温度的分布

由于烧结料层内气—固之间热交换非常快，在烧结料层中气相和固相温度几乎相等，因此在以下的讨论中不再区分气相和固相温度。

研究烧结料层温度随烧结时间的变化发现，任一水平层的温度均经历由低温到高温然后再降低的波浪式变化，但是不同水平层温度开始上升和下降的时间、上升和下降的速率、达到的最高温度不同。将不同水平层的温度—时间曲线绘制在同一坐标系中，即可获得烧结料层的热波或热波曲线。

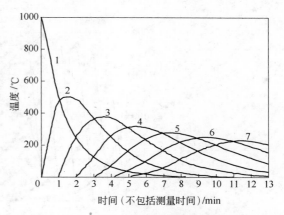

图 3-54　未配入固体燃料的料层热波曲线

图 3-54 是料层中无固体燃料，仅由在初始阶段抽入的温度为 1000℃ 的热空气为热源时（相当于烧结过程的点火阶段）所获得的热波曲线，这相当于纯气—固传热的热波曲线。图中 1~7 代表自表层而下等距离的 7 个水平层。图 3-54 表明，当内部无固体燃料而又无稳定的外部热源时，热波曲线是以最高温度为中心、两边基本对称的曲线，随着热波向下推进，曲线不断加宽，而最高温度逐渐下降。

为了保证料层温度向下移动时最高温度不降低，必须供给料层一定的热量。图 3-55 为点火温度为 1000℃、料层中配入适量燃料时的热波曲线。

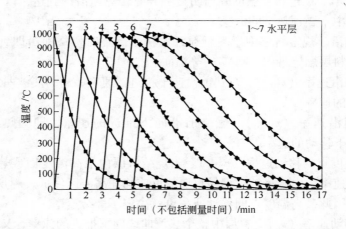

图 3-55　配入适量燃料以维持料层最高温度的热波曲线

由于点火温度一般低于烧结最高温度，因此，内配燃料必须充足才能尽快达到烧结所需的最高温度。图 3-56 是点火温度为 1000℃、内配充足燃料以使第二水平层最高温度达到 1500℃ 的热波曲线。由于产生了熔融相，第二水平层以下各层的最高温度就不再升高，图中断面线部分表示各水平分层中具有的熔化热。

由图 3-55 和图 3-56 可以看出，当料层内部配有燃料时，热波曲线的形状发生了很大变化：相同水平层达到的最高温度上升了；达到最高温度所需的时间缩短了；随着热波向下推进，曲线两边越来越不对称。

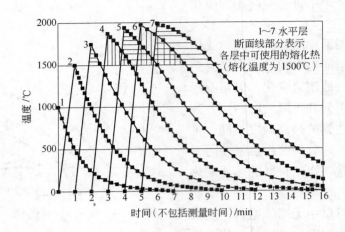

图 3-56　配入充足燃料以使第二水平层最高温度从 1000℃ 提高到 1500℃ 时的热波曲线

3.4.3　热波移动速率及其影响因素

3.4.3.1　热波移动速率

烧结料层热波曲线的形状是料层中传热与燃料燃烧共同作用的结果。描述热波及其移动特性的参数包括：

（1）传热前沿。规定料层温度开始明显上升时传热前沿即到达，以 100℃ 为基准，它对应于烧结料层中干燥预热带的下缘。

（2）燃烧前沿。规定料层中燃料颗粒开始快速燃烧时燃烧前沿即到达，以 1000℃ 为基准，它对应于料层燃烧带中 1000℃ 的等温面。

（3）传热前沿速率（v_{T100}）。传热前沿向下推进的速率，即为热波曲线上升段上 100℃ 等温线向下移动的速率。

（4）燃烧前沿速率（v_{T1000}）。燃烧前沿向下推进的速率，即为热波曲线上升段上 1000℃ 等温线向下移动的速率。

（5）最高温度点的移动速率（$v_{T\max}$）。为烧结料层内最高温度面或热波曲线上最高温度点向下移动的速率。由于烧结过程最重要的反应均在高温区完成，料层的最高温度决定了烧结的强度，因此最高温度点的移动速率也就决定了烧结速率。

（6）热波移动速率（v_B）。料层中整个热波曲线向下推进的速率，又简称为传热速率。烧结过程的热波移动速率是传热前沿速率和最高温度点移动速率的算术平均值，即：

$$v_B = \frac{v_{T100} + v_{T\max}}{2}$$

（3-45）

3.4.3.2　影响热波移动速率的因素

在 $0.25\text{m/s} \leqslant v_{0g} < 1.0\text{m/s}$ 的范围内，v_B 和气流速率（v_{0g}）之间的关系实际上是线性的。v_{0g} 超过 1.0m/s 后，这一线性关系被破坏，这可能是由于热气体通过料层内料粒间隙的移动速率发生了变化的缘故。

热波移动速率与固体物料堆密度与比热容之积（即固体物料的热当量）成反比，如表3-18 所示。

表 3-18　在风流通过速率为 0.6m/s 条件下惰性物料性质对热波移动速率的影响

参　数	铝硅酸盐熟料	石　英	莫来石	氧化铝
平均热容/$kJ \cdot (kg \cdot K)^{-1}$	1.105	0.988	1.029	1.059
堆密度/$kg \cdot m^{-3}$	740	1060	1212	1586
物料热当量/$kJ \cdot (m^3 \cdot K)^{-1}$	818	1047	1248	1680
热波移动速率 v_B/$mm \cdot min^{-1}$	92.5	50.8	35.6	27.9

气体的性质尤其是其密度和热容对热波移动速率有明显影响。各种载热气体的 v_B 和气体的热当量（$\rho_g c_g$）成正比关系，如表 3-19 所示。

表 3-19　气体性质对热波沿石英料层的移动速率的影响

热气体	气体密度/$kg \cdot m^{-3}$	气体平均比热容/$kJ \cdot (kg \cdot K)^{-1}$	$\rho_g c_g$/$kJ \cdot (m^3 \cdot K)^{-1}$	热波移动速率/$mm \cdot min^{-1}$
二氧化碳	1.872	1.249	2.338	73.70
空气	1.216	1.155	1.404	50.80
氩气	1.680	0.521	0.875	31.80
氮气	0.176	5.196	0.914	31.75

3.4.4　燃烧带移动速率及其影响

3.4.4.1　燃烧带移动速率

烧结过程中燃料的燃烧集中在厚度为 20~40mm 的燃烧带中进行，随着烧结过程的进行，燃烧带不断下移。燃烧带移动速率主要取决于混合料中固体燃料的反应性、燃料颗粒尺寸、气相中的氧分压和抽风速率。燃烧带移动速率不同于热波移动速率，但它对热波形状及其移动速率具有重要影响。烧结过程的热波曲线及其移动特性是燃料燃烧与传热共同作用的结果。在研究铁矿石烧结过程时，一些文献又将燃烧带移动速率简称为燃烧速率，实际测定过程中采用燃烧前沿速率（v_{T1000}）来衡量燃烧带移动速率的大小。

3.4.4.2　影响燃烧带移动速率的因素

在烧结过程中，固体燃料的燃烧是在很窄的一个分层内进行的，这时，燃料颗粒彼此被矿石颗粒隔开，而且燃烧产物在通过下部湿料层时被急剧冷却。燃烧带的移动速率主要取决于烧结料中燃料的含量、粒度、反应性和比表面积、抽入气流的含氧量及气流速率。

在燃料配比较低时，随烧结层燃料含量的增加，燃烧前沿速率明显增大，料层最高温度不断升高；但当燃料含量超过某一数值时，燃烧前沿速率不再增大，由于物料熔化，最高温度也不再上升。

抽入气体中的 O_2 含量和燃料类型对燃烧带移动速率和最高温度的影响如表 3-20 所示。试验条件是：固体料为石英砂，燃料采用木炭（配比 4%）、石墨（4%）和焦粉（4.5%），混合料水分为 3%。已知空气对石英砂的热波移动速率约为 8.0×10^{-4} m/s，空气中 O_2 与 N_2 的比热容在 100~1000℃ 之间各为 1.4165kJ/($m^3 \cdot$℃）和 1.3595kJ/($m^3 \cdot$℃），两者相差是不大的，所以上述试验中热波移动速率基本上是不变的。

试验表明：（1）抽入气体中的 O_2 含量越高，燃烧前沿速率越大；抽入气体氧含量对料层最高温度的影响有最佳值，氧含量过高或过低都会使燃烧速率与传热速率不匹配，导致料层最高温度下降。（2）在抽入气流氧含量相同时，燃料种类对燃烧速率影响显著，在空气（21% O_2）条件下，木炭的燃烧速率比传热速率大得多，而焦粉的燃烧速率与传热速率比较接近，因而燃烧温度能达到比较高的水平。

表3-20　空气中含氧量对燃烧前沿速率的影响

使用的燃料	空气中含O_2/%	燃烧前沿速率/m·s^{-1}	料层最高温度/℃	80%最高温度下的时间/s	废气量/m³·t^{-1}(料)
木炭	100	33×10^{-4}	1020	150	687.7
	60	22.9×10^{-4}	1240	105	701.8
	21	13.1×10^{-4}	1340	105	897.1
	10	9.3×10^{-4}	1340	87	1143.3
焦粉	100	16.9×10^{-4}	1180	140	919.8
	60	13.1×10^{-4}	1200	110	891.5
	21	8.0×10^{-4}	1560	80	1083.9
	10	6.4×10^{-4}	1200	100	1613.1
石墨	100	10.2×10^{-4}	1160	90	933.9
	60	8.5×10^{-4}	1190	85	1287.7
	21	7.6×10^{-4}	1600	70	1069.7
	10		灭火		

固体燃料反应性与燃烧前沿速率的关系如图3-57所示，固体燃料的反应性越好，燃烧前沿速率越大。

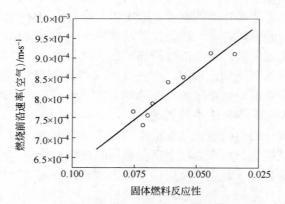

图3-57　固体燃料反应性与燃烧前沿速率的关系

固体燃料粒度越小，燃烧速率越大；但当燃料粒度太细、燃烧速率超过传热速率时，将导致料层最高温度下降，如表3-21所示。

表3-21　固体燃料粒度对燃烧前沿速率和料层最高温度的影响

固体燃料粒度/目	燃烧前沿速率/m·s^{-1}	料层最高温度/℃
-6+22	6.56×10^{-4}	1499
-22+100	7.4×10^{-4}	1598
-100	8.9×10^{-4}	1421

注：烧结混合料组成为：石英+4.5%焦粉+3%水。

由于燃烧带向下移动是在抽风作用下完成的，在一定的范围内，燃烧前沿速率随抽入气流速率的增大而增大，但当气流速率超过某一极限时，燃烧前沿速率将不再增加。

3.4.4.3　燃烧速率与传热速率的匹配

考查烧结料层某一水平层的燃烧与传热情况可以发现，在料层上部分层内形成的热波，可以在该料层内的燃料燃烧之前、燃烧时间内和燃烧之后达到这个水平层。然而，只有在第二种情况下，即燃烧带的移动速率与热波移动速率相匹配时，料层能达到的最高温度高、高温带的厚度小（如图 3 - 58 区域 Ⅱ 所示），其热能才能有效地用于烧结过程，以最低的固体燃料消耗实现优质高产烧结生产。

当燃烧带移动速率小于热波移动速率时，虽然燃烧带的移动对热波移动速率的影响较小，但导致料层最高温度下降、高温带厚度增加，如图 3 - 58 区域 Ⅰ 所示。当燃烧带的移动速率大于热波移动速率时，不仅导致最高温度下降、高温带厚度增加（如图 3 - 58 中区域 Ⅲ 所示），而且会对热波移动速率产生很大影响。这两种情况均会导致烧结矿产量和质量的下降，只有增加固体燃料消耗，才能达到烧结过程所需的最佳温度。因此，燃烧带移动速率与热波移动速率的匹配，对于实现优质、高产和低能耗烧结生产有重要意义。

当燃料用量低、燃料的反应性好，或抽风中的剩余氧含量很大时，加热到燃点的燃料剧烈燃烧，燃烧带移动速率快，传热速率落后于燃烧速率，料层上部的大量热量不能完全用于下部燃料的燃烧，也不能有效地传给下部的混合料，因此高温带温度降低。图 3 - 59 是在烧结过程某一时间测得的料层温度的分布曲线，图中的曲线 2 即为燃烧速率超过传热速率时的情况，曲线 1 为两种速率相互匹配时的正常温度分布。当热波移动速率落后于燃烧带移动速率时，烧结过程的总速率决定于热波的移动速率。例如烧结含硫矿石时，热波移动速率小于燃烧前沿速率，可采用提高气体热容量、改善透气性、增加气流速率等方法提高热波移动速率，从而加速烧结过程。

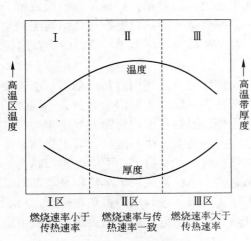

图 3 - 58　两种速率的匹配关系对料层
最高温度和高温区厚度的影响

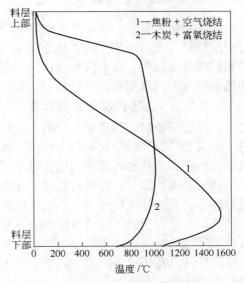

图 3 - 59　不同烧结条件下高温区宽度的比较

在燃料用量较高，或燃料反应性差，特别是抽入气体氧含量不足的情况下，即使燃料颗粒已加热到燃点也不会燃烧，燃烧速率落后于传热速率，这时高温带的最高温度也不够高，如图3-60中的曲线1（氧含量为4%）所示的情况。当燃烧带移动速率落后于热波移动速率时，烧结过程的总速率取燃烧带移动速率。在此情况下，可通过提高抽风气体中氧含量等方法，实现燃烧带移动速率与热波移动速率的匹配，从而提高烧结料层温度，加速烧结过程，如图3-60曲线2（氧含量9%）所示的情况。但当气体中的氧含量过高时，导致燃烧带移动速率超过热波移动速率，同样导致最高温度下降，如图3-60中的曲线3和曲线4所示。

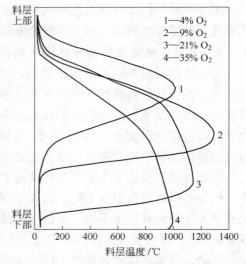

图3-60 抽入气体含氧量对料层温度分布的影响
（固体燃料：木炭；烧结时间：4min）

在实际烧结过程中，燃烧和传热是密切联系的，两者同时受料层气流速率影响。根据理论分析，热波移动速率与气流速率的1.0次方成正比，而燃烧带移动速率约与气流速率的0.5次方成正比。因此，当热波移动速率落后于燃烧带移动速率时，可通过提高气流速率实现两个速率的匹配，但是当通过料层的气流速率增加到某一极限时，就可能出现传热速率高于燃烧速率的现象。

生产实践表明，采用焦粉或无烟煤作燃料，并且使用空气进行烧结生产时，料层中的燃烧带移动速率与热波移动速率基本上是匹配的。但对不同的原料和操作条件还需要作具体的研究，并通过调整有关参数使两种速率尽可能匹配，从而得到最优操作。

3.4.5 烧结料层蓄热及其利用途径

烧结料层的蓄热，是由于上层物料对下层物料的加热（传导、辐射）和上层物料对通过下层物料气流的预热作用，使下层物料获得比上层更多的热量，越是接近料层底部，料层积蓄的热量越多；也有研究者认为，蓄热完全是靠烧结饼的热量将抽过烧结料层的空气预热来实现的。合理利用烧结料层的蓄热是改善烧结矿质量、降低燃料消耗的重要途径。

3.4.5.1 烧结料层蓄热的计算

计算烧结料层的蓄热量、查明其沿料层的分布规律是合理利用蓄热的前提。由于烧结料层的蓄热量与烧结原料种类、性质、各种物料配比、料层高度等因素有关，不同烧结厂料层蓄热率和蓄热特点是不同的，以下以宝钢公司烧结原料和工艺为例进行计算。

烧结料层蓄热量的计算目前尚无标准方法，现有的各类方法一般只计算出烧结料层的总蓄热量。但实际生产过程中，当烧结饼离开烧结机时，产生自上而下温度越来越高的实际热状态，且自上而下烧结饼带走的热量也越来越多，也就是说，下部特别是底部料层的蓄热实际上无法全部用于烧结本身。为此，本书作者提出了可利用的蓄热量概念，可利用蓄热量是从总蓄热量中扣除烧结饼所带走的物理热后的蓄热量，是利用蓄热和开发节能烧结技术的依据。

A 计算依据与假定

为方便计算，需首先进行一些参数的设定或假定：

（1）根据宝钢现场情况，料层高度为 0.7m、烧结混合料密度为 $1.9t/m^3$。为便于计算，取长 1m、宽 1m、高 0.7m，体积为 $0.7m^3$ 的单元料柱为研究对象。根据对宝钢烧结热平衡计算的结果，获得此料柱热收入和支出平衡表（见表 3-22）。

表 3-22 料柱（长 1m，宽 1m，高 0.7m）中烧结热收入和支出平衡表

收　入		
符　号	项　目	热量/kJ·$(0.7m^3)^{-1}$
Q_1	点火燃料化学热	62612.8
Q_2	点火燃料物理热	111.2
Q_3	点火空气物理热	792.9
Q_4	固体燃料化学热	1463966.2
Q_5	混合料物理热	69572.3
Q_6	铺底料物理热	1459.6
Q_7	保温段物理热	27857.1
Q_8	烧结空气物理热	16906.6
Q_9	化学反应放热	95637.3
Q_{10}	氧化铁皮中金属铁氧化放热	13781.3
合　计	总热收入	1752697.3
支　出		
符　号	项　目	热量/kJ·$(0.7m^3)^{-1}$
Q_1'	水分蒸发热	248591.8
Q_2'	碳酸盐分解热	105936.2
Q_3'	烧结饼物理热	679828.1
Q_4'	废气带走热	308434.6
Q_5'	化学不完全燃烧损失热	79218.3
Q_6'	烧结矿残碳损失热	6604.6
Q_7'	结晶水分解吸热	11764.7
Q_8'	其他热损失	312319.1
合　计	总热支出	1752697.3

（2）沿料层高度方向把料柱等分为 7 个单元料层，如图 3-61 所示。每层料高为 0.1m，每个单元料层长为 1m，宽为 1m，高为 0.1m。

（3）根据有关研究，确定第一层热损失为热量收入的 15%，除第一层外其他各层热损失为热量收入的 8%。

（4）点火燃料化学热、点火燃料物理热、点火空气物理热、保温段物理热和烧结空气物理热只对第一层物料有影响，保温段空气温度

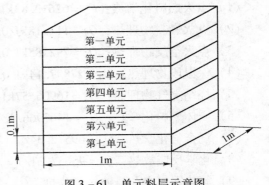

图 3-61 单元料层示意图

为300℃；铺底料物理热只对第七层物料有影响；其他项目的热量对七层物料平均分配。

（5）烧结饼最上层温度为150℃，最下层温度为1300℃，平均温度为600℃。根据相关研究，拟合了离开烧结机时烧结饼平均温度与料层高度关系的曲线的方程，见图3-62。结合宝钢现场实际情况，确定当烧结达到终点后各单元料层的烧结饼温度为：第一单元：150℃；第二单元：200℃；第三单元：300℃；第四单元：450℃；第五单元：700℃；第六单元：1000℃；第七单元：1300℃。

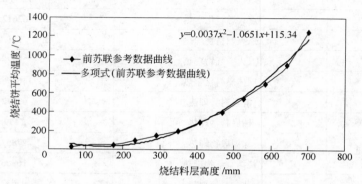

$$y = 0.0037x^2 - 1.0651x + 115.34$$

图3-62 料层高度对烧结饼平均温度的影响

（6）蓄热量的计算。蓄热是由于烧结下部料层吸收了上部料层热量所致。在正常烧结条件下，烧结上部料层传给下部料层的热量绝大部分在厚度为200mm的下部料层所吸收，其中前100mm吸收70%，后100mm吸收30%。因此，第i层的蓄热量计算公式为：

$$Q_i' = 0.7Q_{i-1}' + 0.3Q_{i-2}' \qquad (3-46)$$

式中　Q_i'——第i单元的蓄热量；

　　　Q_{i-1}'——第$i-1$单元带入下部各单元的热量；

　　　Q_{i-2}'——第$i-2$单元带入下部各单元的热量。

（7）蓄热率（n）的计算：

$$n_i = Q_i'/Q_i \times 100\% \qquad (3-47)$$

式中　Q_i——第i单元的热收入。

B　计算过程与结果

a　第一单元

热收入：

（1）点火燃料化学热：$Q_1 = 62612.83$kJ/0.1m³。

（2）点火燃料物理热：$Q_2 = 111.18$kJ/0.1m³。

（3）点火空气物理热：$Q_3 = 792.85$kJ/0.1m³。

（4）保温段物理热：$Q_7 = 27857.14$kJ/0.1m³。

（5）烧结空气物理热：$Q_8 = 16906.57$kJ/0.1m³。

（6）固体燃料化学热：$Q_4 = 1463966.18/7 = 209138.03$kJ/0.1m³。

（7）混合料化学热：$Q_5 = 69572.34/7 = 9938.91$kJ/0.1m³。

（8）化学反应放热：$Q_9 = 95637.31/7 = 13662.47$kJ/0.1m³。

（9）氧化铁皮中金属铁氧化放热：$Q_{10} = 13781.33/7 = 1968.76$kJ/0.1m³。

（10）总热收入为：

$$Q_{\text{收}} = Q_1 + \cdots + Q_5 + Q_7 + \cdots + Q_{10} = 342988.74\text{kJ}/0.1\text{m}^3 \qquad (3-48)$$

热支出：

（1）水分蒸发热：$Q_1' = 248591.77/7 = 35513.11\text{kJ}/0.1\text{m}^3$。

（2）碳酸盐分解热：$Q_2' = 105936.18/7 = 15133.74\text{kJ}/0.1\text{m}^3$。

（3）烧结饼物理热。第一单元温度为 150℃；烧结饼的比热容取 0.72kJ/(kg·℃)，则：

$$\begin{aligned}Q_3' &= (G' + G_f' + G_p') \times C_{sb} \times t_{sk} \\ &= [990 + (237.40 + 63.2) \times 0.99] \times 0.72 \times 150/7 \\ &= 19865.11\text{kJ}/0.1\text{m}^3\end{aligned} \qquad (3-49)$$

（4）化学不完全燃烧损失热：$Q_5' = 79218.28/7 = 11316.90\text{kJ}/0.1\text{m}^3$。

（5）烧结矿残碳损失热：$Q_6' = 6604.57/7 = 943.51\text{kJ}/0.1\text{m}^3$。

（6）结晶水分解吸热：$Q_7' = 11764.72/7 = 1680.67\text{kJ}/0.1\text{m}^3$。

（7）其他热损失：$Q_8' = 0.15Q_{\text{收}} = 0.15 \times 342988.74 = 51448.31\text{kJ}/0.1\text{m}^3$。

（8）本单元传给下部各单元热量：

$$Q_9' = Q_{\text{收}} - Q_{1\sim3}' - Q_{5\sim8}' = 207087.39\text{kJ}/0.1\text{m}^3 \qquad (3-50)$$

Q_9' 全部被以下各单元所吸收，其中 70% 被第二单元吸收，30% 被第三单元吸收。

（9）总热支出：$Q_{\text{出}} = Q_{\text{收}}$。

b 第二单元

热收入：

（1）固体燃料化学热：$Q_4 = 1463966.18/7 = 209138.03\text{kJ}/0.1\text{m}^3$。

（2）混合料化学热：$Q_5 = 69572.34/7 = 9938.91\text{kJ}/0.1\text{m}^3$。

（3）化学反应放热：$Q_9 = 95637.31/7 = 13662.47\text{kJ}/0.1\text{m}^3$。

（4）氧化铁皮中金属铁氧化放热：$Q_{10} = 13781.33/7 = 1968.76\text{kJ}/0.1\text{m}^3$。

（5）上一单元传入热：$Q_{11} = 207087.39 \times 0.7 = 144961.17\text{kJ}/0.1\text{m}^3$。

（6）总热收入为：

$$Q_{\text{收}} = Q_4 + Q_5 + Q_9 + \cdots + Q_{11} = 379669.34\text{kJ}/0.1\text{m}^3 \qquad (3-51)$$

热支出：

（1）水分蒸发热：$Q_1' = 248591.77/7 = 35513.11\text{kJ}/0.1\text{m}^3$。

（2）碳酸盐分解热：$Q_2' = 105936.18/7 = 15133.74\text{kJ}/0.1\text{m}^3$。

（3）烧结饼物理热。第二单元平均温度为 200℃，烧结饼的比热容取 0.74kJ/(kg·℃)，则：

$$\begin{aligned}Q_3' &= (G' + G_f' + G_p') \times C_{sb} \times t_{sk} \\ &= [990 + (237.36 + 63.2) \times 0.99] \times 0.74 \times 200/7 \\ &= 27222.56\text{kJ}/0.1\text{m}^3\end{aligned} \qquad (3-52)$$

（4）化学不完全燃烧损失热：$Q_5' = 79218.28/7 = 11316.90\text{kJ}/0.1\text{m}^3$。

（5）烧结矿残碳损失热：$Q_6' = 6604.57/7 = 943.51\text{kJ}/0.1\text{m}^3$。

（6）结晶水分解吸热：$Q_7' = 11764.72/7 = 1680.67kJ/0.1m^3$。

（7）其他热损失：$Q_8' = 0.08Q_{收} = 0.08 \times 379669.34 = 30373.55kJ/0.1m^3$。

（8）本单元传给下部各单元热：

$$Q_8' = Q_{收} - Q_{1\sim3}' - Q_{5\sim8}' = 257485.30kJ/0.1m^3 \qquad (3-53)$$

Q_8' 全部被以下各单元所吸收，其中70%被第三单元吸收，30%被第四单元吸收。

（9）总热支出：$Q_{出} = Q_{收}$。

第二单元可利用蓄热率：$Q_{11}/Q_{收} = 38.18\%$。

在不扣除本单元烧结饼物理热的情况下，进行上述计算，可得第二单元总蓄热率为40.37%。

　c　第三单元

热收入：

（1）固体燃料化学热：$Q_4 = 1463966.18/7 = 209138.03kJ/0.1m^3$。

（2）混合料化学热：$Q_5 = 69572.34/7 = 9938.91kJ/0.1m^3$。

（3）化学反应放热：$Q_9 = 95637.31/7 = 13662.47kJ/0.1m^3$。

（4）氧化铁皮中金属铁氧化放热：$Q_{10} = 13781.33/7 = 1968.76kJ/0.1m^3$。

（5）上部两个单元传入热：$Q_{11} = 207087.39 \times 0.3 + 257485.30 \times 0.7 = 242365.93kJ/0.1m^3$。

（6）总热收入为：

$$Q_{收} = Q_4 + Q_5 + Q_9 + \cdots + Q_{11} = 477074.09kJ/0.1m^3 \qquad (3-54)$$

热支出：

（1）水分蒸发热：$Q_1' = 248591.77/7 = 35513.11kJ/0.1m^3$。

（2）碳酸盐分解热：$Q_2' = 105936.18/7 = 15133.74kJ/0.1m^3$。

（3）烧结饼物理热。第三单元平均温度为300℃，烧结饼的比热容取0.78kJ/（kg·℃），则：

$$
\begin{aligned}
Q_3' &= (G' + G_f' + G_p') \times C_{sb} \times t_{sk} \\
&= [990 + (237.359 + 63.2) \times 0.99] \times 0.78 \times 300/7 \\
&= 43041.07kJ/0.1m^3
\end{aligned} \qquad (3-55)
$$

（4）化学不完全燃烧损失热：$Q_5' = 79218.28/7 = 11316.90kJ/0.1m^3$。

（5）烧结矿残碳损失热：$Q_6' = 6604.57/7 = 943.51kJ/0.1m^3$。

（6）结晶水分解吸热：$Q_7' = 11764.72/7 = 1680.67kJ/0.1m^3$。

（7）其他热损失：$Q_8' = 0.08Q_{收} = 0.08 \times 477074.09 = 38165.93kJ/0.1m^3$。

（8）本单元传给下部各单元热：

$$Q_9' = Q_{收} - Q_{1\sim3}' - Q_{5\sim8}' = 331279.16kJ/0.1m^3 \qquad (3-56)$$

Q_9' 全部被以下各单元所吸收，其中70%被第四单元吸收，30%被第五单元吸收。

（9）总热支出：$Q_{出} = Q_{收}$。

第三单元可利用蓄热率：$Q_{11}/Q_{收} = 50.80\%$。

在不扣除本单元烧结饼物理热的情况下，进行上述计算，可得第三单元总蓄热率为54.07%。

采用上述同样方法可获得第四、五、六、七单元的总蓄热率、可利用蓄热率。

各单元的热平衡、总蓄热率、可利用蓄热率见表 3-23。

表 3-23 各单元的热平衡及蓄热率

项 目		第一单元	第二单元	第三单元	第四单元	第五单元	第六单元	第七单元
热收入项	总热收入/kJ·(0.1m³)⁻¹	342988.74	379669.34	477074.09	543849.17	591608.51	600642.17	567557.16
	接受上部各单元带入热（蓄热）/kJ·(0.1m³)⁻¹		144961.17	242365.93	309141.00	356900.34	365934.00	331389.43
热支出项	总热支出/kJ·(0.1m³)⁻¹	342988.74	379669.34	477074.09	543849.17	591608.51	600642.17	567557.16
	传给下部各单元热/kJ·(0.1m³)⁻¹	207087.39	257485.30	331279.16	367880.85	365099.64	316642.20	220838.76
	烧结饼带走物理热/kJ·(0.1m³)⁻¹	19865.11	27222.56	43041.07	67872.46	114592.25	171060.67	236725.89
蓄热率及理论焦粉配比	各单元总蓄热率/%		40.37	54.07	61.39	66.60	70.30	72.99
	各单元可利用蓄热率/%		38.18	50.80	56.84	60.33	60.92	58.39
	理论焦粉配比/%	4.30	3.81	3.48	3.26	3.10	3.07	3.18

3.4.5.2 烧结料层蓄热利用的途径

（1）研究和计算结果表明，由于烧结过程特殊的传热特点，即烧结料层每一单元均从上部料层吸收热量，而又同时向下部料层传递热量，该部分热收入和热支出是不等量的，致使烧结料层每一单元的总热量收入（或支出）不同。

（2）烧结过程中料层蓄热量自上而下不断升高，料层为 700mm 的第七单元总蓄热率达 72.99%，可利用蓄热率达 58.39%。

（3）为合理利用蓄热、节约固体燃料，要求料层燃料配比自上而下依次下降。为实现均热烧结，根据可利用蓄热率计算获得的各单元应该配加的燃料量及其分布如图 3-63 所示。

从图 3-63 可知，自上而下距料层表面距离不断增大时，各单元总蓄热率及可利用蓄热率均不断增大，各单元燃料配比逐渐减小，这样能够使得烧结料层从上到下保持均

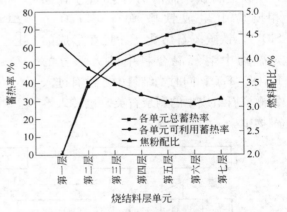

图 3-63 烧结料层各单元焦粉配比及蓄热率

匀稳定的高温，从而以最低的燃料消耗，达到与常规烧结相当的产量及质量指标。

（4）为充分利用烧结料层蓄热，在烧结生产过程中应将难以焙烧的粗粒铁矿分布到蓄热量最多的料层下部，中等粒度的铁矿分布到料层中部，细粒铁矿分布到料层上部，而燃料较多地分布在料层的上部。也即自上而下，料层中矿石粒度不断增大，燃料含量不断下降。

为充分利用烧结料层蓄热、降低烧结生产能耗开发的新方法和新技术包括热风烧结法、双层烧结法及各种偏析布料技术等，详见第 15 章。

3.5　烧结成矿过程与矿相结构

烧结成矿过程影响着烧结矿的矿物组成及显微结构，而烧结矿的矿物组成和矿物结构特征与烧结矿的质量（如机械强度：转鼓强度及落下强度，冶金性能：低温还原粉化、还原性、软熔性）有着密切的关系，因此，研究烧结成矿过程与矿相结构，对于提高和改善烧结矿的产量、质量具有重要意义。

3.5.1　铁矿粉烧结成矿过程

在烧结过程中，由于烧结料的组成成分较多，而颗粒间相互紧密接触，当加热到一定温度时，各组分之间开始发生固相反应，生成新的化合物。

铁矿粉烧结时经常遇到的含铁矿物主要是赤铁矿（Fe_2O_3）和磁铁矿（Fe_3O_4），脉石矿物主要是石英（SiO_2）。当生产熔剂性烧结矿时，需要加入石灰（CaO）、消石灰（$Ca(OH)_2$）或石灰石等含氧化钙（CaO）的熔剂。在燃料用量正常或较多的情况下，烧结料在烧结过程中矿物的形成过程见图 3 – 64 ~ 图 3 – 67。

烧结非熔剂性赤铁矿时（图 3 – 64），赤铁矿被分解和还原为 Fe_3O_4、FeO 和金属铁，而前两者与 SiO_2 在固相反应中生成铁橄榄石（$2FeO \cdot SiO_2$）。铁橄榄石熔化，并且在形成的熔融物中溶解混合料中的大部分的 Fe_3O_4、FeO；同时烧结料中还没有进入铁橄榄石组成中的剩余石英，也转入熔融物中。

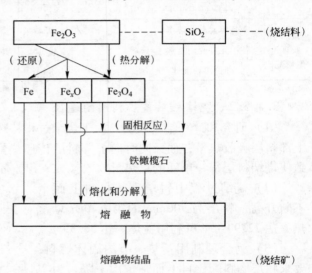

图 3 – 64　赤铁矿非熔剂性烧结料成矿过程

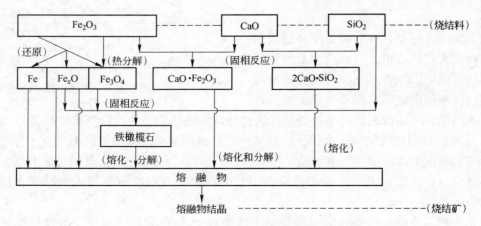

图 3 – 65　赤铁矿熔剂性烧结料成矿过程

当上述烧结料中添加熔剂时（图 3-65），除存在图 3-64 中同样的过程外，CaO 和 SiO$_2$ 进行固相反应形成正硅酸钙（2CaO·SiO$_2$），与 Fe$_2$O$_3$ 进行固相反应形成铁酸钙（CaO·Fe$_2$O$_3$），部分未参与反应的剩余 SiO$_2$ 同样转到熔融物中，熔融物为多种物质的分解产物所构成，相应的结晶方式也将复杂化。

烧结非熔剂性磁铁矿时（图 3-66），与赤铁矿不同的是存在部分磁铁矿的中间氧化物，并且其中部分中间氧化物发生再还原和分解。

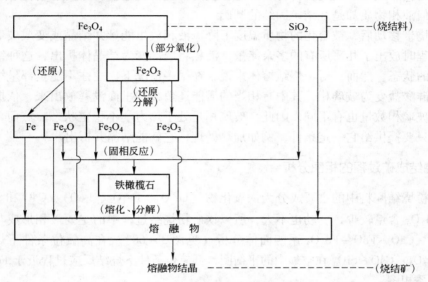

图 3-66 磁铁矿非熔剂性烧结料成矿过程

烧结磁铁矿熔剂性烧结料时，固相中矿物形成过程是最为复杂的一个（图 3-67），在实际烧结过程中，固相中矿物形成的机制更为复杂。因为除这四种矿物外，还有更多矿物，如 Al$_2$O$_3$、MgO 和其他许多矿物参加反应。

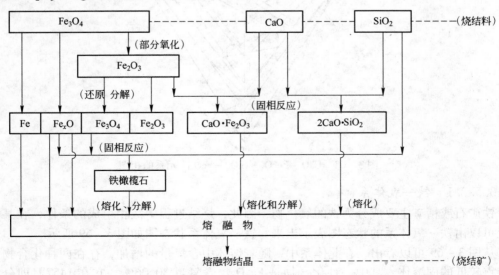

图 3-67 磁铁矿熔剂性烧结料成矿过程

烧结过程中固相反应形成的新的化合物有较低的熔点，加之各种新的化合物之间、各种新的化合物与原烧结料的各组分之间会进一步形成低共熔点化合物，使得在较低温度下，就生成了液相，开始熔融。另外，一些固相部分要么仍然保留为固相，成为烧结矿结构中的残余物，要么被已熔融的液相所消化而溶解于液相中，这种作用是由于液相物质在未熔化的物质的接触面上向后者扩散的结果。由于原料中矿物组成比较复杂，燃料粒度及分布不均匀，燃烧带中反应进行得非常快，因而在烧结料中液相的形成也是不均匀的。虽然如此，但液相物质却是烧结矿固结的基础。

当燃烧带移动后，被熔化的物质温度下降，液相放出能量并结晶或变成玻璃相。如果在结晶过程时放出了几乎所有的多余能量，液相将全部变为结晶体析出，这种结晶体便处于最稳定的状态。然而，对于烧结熔体来说，在很多情况下，往往不能全部呈结晶物质析出。不少硅酸盐变为玻璃相，其中有相当的潜能还蕴藏在里面没释放出来，依据冷却程度的快慢，玻璃相数量也有不同，因此，玻璃相是处于热力学不稳定状态。然而，它总有一个趋向，只要提供给它一定条件，例如加热处理，它就能结晶并析出。

3.5.2 烧结成矿过程的相图分析

铁矿粉烧结配料中的主要成分为铁氧化物（Fe_2O_3、Fe_3O_4、FeO）、CaO 和 SiO_2，一般 MgO 和 Al_2O_3 含量较少，变动也不大，所以铁矿粉烧结过程中的主要液相形成与冷凝过程可取 $SiO_2 - CaO - FeO - Fe_2O_3$ 系四面体分析（见图 3-68）。在高氧位条件下烧结反应过程近于 $Fe_2O_3 - CaO - SiO_2$ 在空气中的平衡图，低氧位条件下烧结反应过程近于 $FeO - CaO - SiO_2$ 三元系相图。

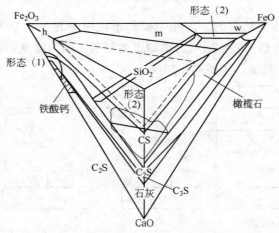

图 3-68　$CaO - Fe_2O_3 - SiO_2 - FeO$ 四元系的相图

3.5.2.1 铁—氧体系

铁矿石或精矿主要成分为铁的氧化物，因此，烧结过程中液相生成的条件，在某种程度上可以由铁—氧体系的状态图表示出来，铁—氧体系状态图如图 3-69 所示。

从图 3-69 可以看出，在此体系中，随着熔体中含氧量的增加，存在两种化合物及一种熔点较低的固溶体，其中一种化合物是 Fe_2O_3，含氧量 30.06%，它在 1457℃即分解为 Fe_3O_4 及 O_2，是不稳定化合物（或称异分化合物）；另一种是 Fe_3O_4，含氧 27.64%，其熔点为1597℃，是稳定化合物（或称同分化合物）；固溶体为 Fe_xO，它的成分介于纯 FeO 及 Fe_2O_3 之间，可以参照 $FeO-Fe_2O_3$ 的固溶体（实际上不存在 FeO），其最大含氧量相当于 FeO 为 FeO 及 Fe_3O_4 所饱和，最低值比 FeO 中的氧（22.28%）略高，它的熔点在 1371~1424℃，比 Fe_3O_4 的熔点低得多。

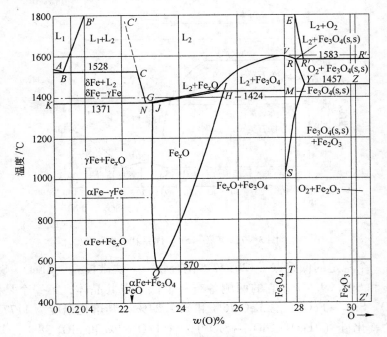

图3-69 铁—氧体系状态图

L_1—溶解氧的铁液；L_2—液体氧化铁；$Fe_3O_4(s,s)$—Fe_3O_4 固溶体

Fe_xO 的出现，对于纯磁铁矿有很重要的实际意义，在靠近燃料颗粒附近区域中铁的氧化物部分还原成 Fe_xO，由于 Fe_xO 熔点较低，能生成较多数量的 Fe_xO 液相，借以固结磁铁矿烧结矿。

图3-69表明，Fe_xO 冷却到570℃以下，就会发生分解，即 $FeO \rightleftharpoons Fe_3O_4 + Fe$，不过在烧结快速冷却的条件下，$Fe_xO$ 将来不及分解而被保留下来，因此在正常或较高配碳条件下，烧结矿中会有 Fe_xO 存在。

以上三种铁氧化物随着含氧量的不同，其结晶构造和晶格常数均不相同，$\alpha-Fe$：0.2907nm，Fe_xO：0.432~0.4372nm，Fe_3O_4：0.8390nm，$\gamma-Fe_2O_3$：0.8320nm。它们在氧化过程中会发生体积膨胀，如图3-70所示。

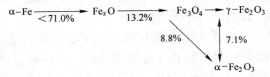

图3-70 铁及铁氧化物在氧化过程中的体积膨胀

因此烧结矿发生再氧化时，强度将受损害。

3.5.2.2 FeO-SiO$_2$体系

在铁矿石中，一般总是含有少量的 SiO$_2$。在实际烧结过程中可能出现这个体系的液相。图 3-71 为 FeO-SiO$_2$ 体系状态图。

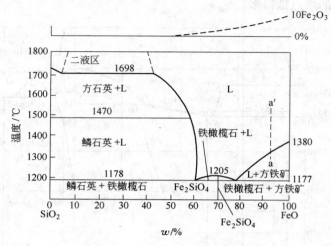

图 3-71 FeO-SiO$_2$ 体系状态图

此体系有一个稳定的低熔点（1205℃）化合物——铁橄榄石（2FeO·SiO$_2$），其成分为 FeO 70.5% 和 SiO$_2$ 29.5%，它的两侧各有一个低熔点共晶体，第一个是铁橄榄石—氧化亚铁（2FeO·SiO$_2$-FeO），含 FeO 76% 和 SiO$_2$ 24%，其熔化温度为 1177℃；第二个是铁橄榄石—二氧化硅（2FeO·SiO$_2$-SiO$_2$），含 FeO 62% 和 SiO$_2$ 38%，其熔化温度为 1178℃。另外，体系中 SiO$_2$ 固相存在多晶转变，如图 3-72 所示。

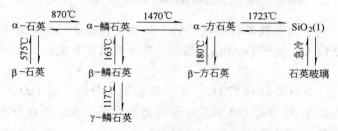

图 3-72 FeO-SiO$_2$ 体系中 SiO$_2$ 固相的多晶转变

石英的 α 类晶型的转变很慢，发生在缓慢加热或冷却的条件下；石英的 α、β、γ 类晶型的转变较快，也很容易进行，发生在迅速加热或冷却的条件下。由于相图是在缓慢加热或冷却的状态下测定的，所以没有出现石英各类的亚种转变。SiO$_2$ 固相的三类晶型转变时，会发生体积的变化，如图 3-73 所示。

温度高于 1700℃ 时，在靠近 SiO$_2$ 组分区域出现了很宽的液相分层区。

图 3-71 上方的一部分是表示当 FeO 数量增多时，FeO 将氧化成 Fe$_2$O$_3$，曲线表示各相应点上可能存在的 Fe$_2$O$_3$。

这个体系中 SiO$_2$ 和 FeO 生成的低熔点的化合物铁橄榄石（2FeO·SiO$_2$），及铁橄榄石又可与 FeO 和 SiO$_2$ 分别形成的铁橄榄石—氧化亚铁（2FeO·SiO$_2$-FeO）和铁橄榄石—二氧化硅（$2FeO \cdot SiO_2 - SiO_2$）两个低熔点共晶体，对烧结具有重大意义。

此外，$2FeO \cdot SiO_2$ 与 Fe_3O_4 组成低熔点共晶体，含 Fe_3O_4 17% 和 $2FeO \cdot SiO_2$ 83%，其共熔点为 1142℃。从 $2FeO \cdot SiO_2 - Fe_3O_4$ 体系状态图（见图 3-74）看出，铁橄榄石熔化后，混合料中的磁铁矿 Fe_3O_4 被熔解，这种含铁硅酸盐熔融物的熔化温度将逐渐升高，在图 3-74 中，这一过程是从 C 向 A 的方向进行的。

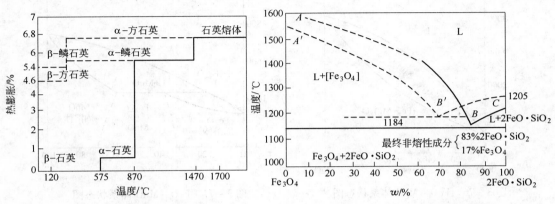

图 3-73　石英晶体转变中的热膨胀百分率　　　　图 3-74　$2FeO \cdot SiO_2 - Fe_3O_4$ 体系状态图

硅酸铁系化合物是在烧结过程中经常可以看到的一种液相组成，是非熔剂性烧结矿的固结基础。当生产非熔剂性烧结矿时，在烧结过程中形成的量的多少与烧结料中的 SiO_2 含量和加入（或被还原成）的 FeO 量有关，增加燃料用量，料层中的温度升高，还原气氛加强，有利于多还原一些 FeO，形成的铁橄榄石黏结相就越多，可提高烧结矿强度。但是，应该注意，燃料用量高，液相数量增多，此时氧化铁转入熔体中的量也多，而以自由氧化铁状态存在的量相对减少，使烧结矿还原性降低。因此，在烧结矿强度得到满足的情况下，并不希望这类液相组成过分发展。

酸性烧结料中的石英在正常配碳情况下，有约 80% 被液相消化而转入铁橄榄石中，自熔性烧结矿中几乎 100% 被消化，因而残余的石英不多，它的多晶型转变产生的体积膨胀对烧结矿的强度未发现有明显影响。

3.5.2.3　$FeO - CaO$、$FeO - MgO$、$FeO - MnO$ 体系

生产熔剂性烧结矿时，假如温度足够高或还原气氛较强，在烧结过程中会出现 FeO，FeO 能与烧结料中可能存在的 CaO、MgO、MnO 形成不同程度的固溶体。

图 3-75 为 $FeO - CaO$ 体系状态图。此体系不是真正的二元系，而是金属铁平衡的 $FeO - Fe_2O_3 - CaO$ 系在 $FeO - CaO$ 边上的投影图。相图中有一个不稳定化合物 $2CaO \cdot Fe_2O_3$（分解温度为 1133℃），它在 1125℃ 可与 Fe_xO 形成共晶体；当温度高于 1125℃ 时，CaO 在 Fe_xO 中形成固溶体。

图 3-76 为 $FeO - MgO$ 体系状态图。由此相图

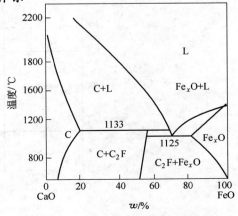

图 3-75　$FeO - CaO$ 体系状态图

可以看出，FeO 和 MgO 可以相互熔融而没有限制，随着 MgO 含量的提高，固溶体的熔点升高。

图 3 - 77 为 FeO - MnO 体系状态图。由此相图可以看出，MnO 能部分溶于 Fe_xO 中，Fe_xO 也能部分溶于 MnO 中。因此，在自熔性烧结矿中存在 $Ca(Fe，Mn，Mg)O$ 相。

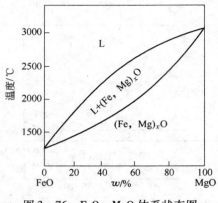

图 3 - 76　FeO - MgO 体系状态图

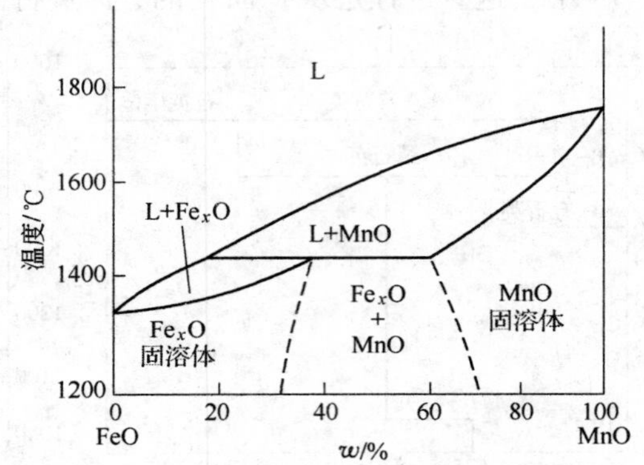

图 3 - 77　FeO - MnO 体系状态图

3.5.2.4　CaO - SiO₂ 体系

在生产熔剂性烧结矿时，通常需要从外部添加数量较多的石灰石，并与矿石中所含的 SiO_2 发生作用。因此，在熔剂性烧结矿中，经常存在硅酸钙的黏结相。

图 3 - 78 为 $CaO - SiO_2$ 体系状态图。此体系生成有 4 个复杂化合物，其中的硅酸三钙 $3CaO \cdot SiO_2$ 和二硅酸三钙 $3CaO \cdot 2SiO_2$ 属不稳定化合物，而偏硅酸钙 $CaO \cdot SiO_2$ 和正硅酸

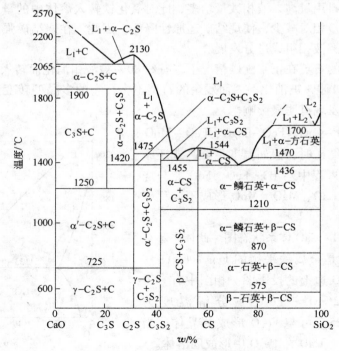

图 3 - 78　$CaO - SiO_2$ 体系状态图

钙 $2CaO \cdot SiO_2$ 属稳定化合物。其中，$CaO \cdot SiO_2$ 的熔点为 1544℃，它与 α - 鳞石英在 1436℃ 形成低熔点共晶体，温度高于 1700℃ 时，与 SiO_2 形成了很宽的液相分层区，在 1455℃ 时则与 $3CaO \cdot 2SiO_2$ 形成一低熔点共晶体。$3CaO \cdot 2SiO_2$ 在 1475℃ 发生分解：$3CaO \cdot 2SiO_2 = L_1 + 2CaO \cdot SiO_2$。所以，当温度下降到 1475℃ 时，$2CaO \cdot SiO_2$ 就会重新进入液相并析出 $3CaO \cdot 2SiO_2$。$2CaO \cdot SiO_2$ 的熔点为 2130℃，它与 CaO 在 2100℃ 时形成低熔点共晶体。但当温度降至 1900℃ 时，两固体相互反应分离出两种新的固态混合物，一种是 $3CaO \cdot SiO_2$ 和 $2CaO \cdot SiO_2$，另一种是 $3CaO \cdot SiO_2$ 和 CaO。$3CaO \cdot SiO_2$ 的稳定范围是在 1250 ~ 1900℃，超出此范围即不能稳定存在。

　　这个体系中的化合物是熔点比较高的，它们之间的混合物的最低共熔点也是比较高的。所以在烧结的温度下，这个体系所产生液相不会多。但其中的 $2CaO \cdot SiO_2$，虽然它的熔化温度为 2130℃，但它在固相反应中却是最初形成的产物。就是说，在烧结矿中有可能存在，而 $2CaO \cdot SiO_2$ 的存在对烧结矿强度的影响又是很坏的。它在冷却过程中发生晶型转变，如图 3 - 79 所示。

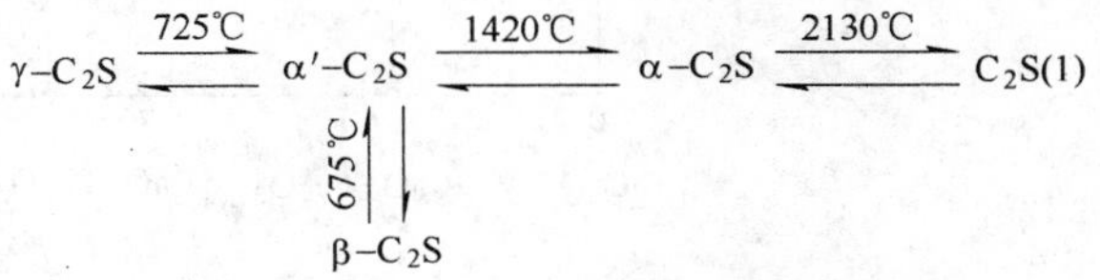

$$\gamma\text{-}C_2S \underset{725℃}{\overset{725℃}{\rightleftharpoons}} \alpha'\text{-}C_2S \underset{1420℃}{\overset{1420℃}{\rightleftharpoons}} \alpha\text{-}C_2S \overset{2130℃}{\rightleftharpoons} C_2S(l)$$

$$\downarrow 675℃$$

$$\beta\text{-}C_2S$$

图 3 - 79　$2CaO \cdot SiO_2$ 晶型转变示意图

　　当发生 $\alpha'\text{-}C_2S \rightarrow \gamma\text{-}C_2S$ 晶型转变时，$2CaO \cdot SiO_2$ 的密度由 $3.28g/cm^3$ 降低到 $2.97g/cm^3$，体积膨胀 10%，致使烧结矿在冷却过程中自行粉碎。

　　为了防止或减少 $2CaO \cdot SiO_2$ 的破坏作用，在生产中可考虑采取如下措施：

　　（1）采用较小粒度的石灰石、焦粉和矿石，并加强混合过程，以免 CaO 和燃料在局部地区过分集中。

　　（2）降低或提高烧结料的碱度，实践证明当烧结矿碱度提高到 2.0 ~ 5.0 时，剩余的 CaO 有助于生成 $3CaO \cdot SiO_2$ 及铁酸钙。当铁酸钙中的 $2CaO \cdot SiO_2$ 含量不超过 20% 时，铁酸钙可以稳定 $\alpha'\text{-}C_2S$ 晶型；添加部分 MgO 可提高 $2CaO \cdot SiO_2$ 稳定存在的限量；此外，加入 Al_2O_3 和 Mn_2O_3 对 $\alpha'\text{-}C_2S$ 也有稳定作用。

　　（3）在 $\alpha'\text{-}C_2S$ 中有磷、硼、铬等元素以取代或以填隙方式形成固溶体，可以使其稳定化。如迁安铁精矿烧结，配入少量的磷灰石（1.5% ~ 2.0%），能有效地抑制烧结矿粉化。

　　（4）燃料用量要低，严格控制烧结料层的温度不宜过高。

3.5.2.5　$CaO - Fe_2O_3$ 体系

　　铁酸钙是一种强度高还原性好的黏结相。在生产熔剂性烧结矿时，都有可能产生这个体系的化合物，特别是高铁低硅矿粉生产的高碱度烧结矿主要依靠铁酸钙作为黏结相。

　　图 3 - 80 为 $CaO - Fe_2O_3$ 体系状态图。这个体系中生成的化合物有 $2CaO \cdot Fe_2O_3$，$CaO \cdot Fe_2O_3$ 和 $CaO \cdot 2Fe_2O_3$。其中 $2CaO \cdot Fe_2O_3$ 为稳定化合物，熔化温度为 1449℃，$CaO \cdot Fe_2O_3$ 为不稳定化合物，分解温度为 1216℃，高于此温度将发生分解：$CaO \cdot Fe_2O_3 = L_1 + 2CaO \cdot Fe_2O_3$。$CaO \cdot 2Fe_2O_3$ 也为不稳定化合物，它只有在 1155 ~ 1226℃ 的范围内才是稳定的，温度低于 1155℃ 将发生分解：$CaO \cdot 2Fe_2O_3 = Fe_2O_3 + CaO \cdot Fe_2O_3$，温度高于 1226℃ 也将发生分解：$CaO \cdot 2Fe_2O_3 = L_1 + Fe_2O_3$。$CaO \cdot Fe_2O_3$ 和 $CaO \cdot 2Fe_2O_3$ 能组成在系统中熔点最低的共晶体，熔化温度为 1205℃。

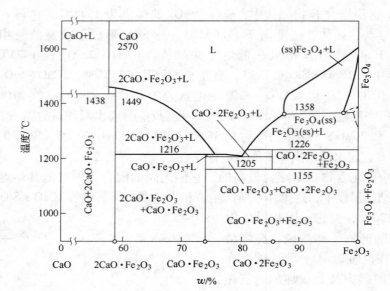

图 3-80 CaO-Fe₂O₃ 体系状态图

另外，从图 3-80 还可以看出，一旦 $2CaO \cdot Fe_2O_3$ 液相生成，当其中逐步熔入 Fe_2O_3 时，其熔点是下降的。

这个体系中化合物的熔点比较低。正如前面所指出的它是固相反应的最初产物，从 500~700℃ 开始，Fe_2O_3 和 CaO 形成铁酸钙，温度升高，反应速度大大加快。因而有人认为，烧结过程形成 $CaO \cdot Fe_2O_3$ 体系的液相不需要高温和多耗燃料就能获得足够的液相，改善烧结矿强度和还原性，这就是所谓"铁酸钙理论"。

在生产实践中，当燃料用量适宜时，碱度小于 1.0 的烧结矿中几乎不存在铁酸钙。这是因为虽然 CaO 在较低温度下可以以较高的速度与 Fe_2O_3 发生固相反应生成铁酸钙，但是一旦烧结料中出现了熔融液相，烧结矿的最终成分即取决于熔融相的结晶规律。熔融物中 CaO 与 SiO_2 和 FeO 的结合能力（亲和力）比与 Fe_2O_3 的亲和力大得多，此时，最初以 $CaO \cdot Fe_2O_3$ 形式进入熔体中的 Fe_2O_3 将析出，甚至被还原成 FeO，只有当 CaO 含量大，与 SiO_2、FeO 等结合后还有多余的 CaO 时，才会出现较多的铁酸钙晶体。因此在生产高碱度烧结矿时，铁酸钙液相才能起主要作用。

3.5.2.6 CaO-Fe₂O₃-SiO₂ 体系

图 3-81 为 CaO-Fe₂O₃-SiO₂ 体系状态图，由于 Fe_2O_3 高温下会分解为 Fe_3O_4，因此实际上这个体系不是真正的三元系，确切地说是表示四元系 CaO-FeO-Fe₂O₃-SiO₂ 中氧分压为 21kPa（0.21atm）的等压面。

这个体系仅 CaO 与 SiO_2 和 Fe_2O_3 与 CaO 之间生成了 7 个二元化合物，分别为 $3CaO \cdot SiO_2$、$3CaO \cdot 2SiO_2$、$CaO \cdot SiO_2$、$2CaO \cdot SiO_2$ 和 $2CaO \cdot Fe_2O_3$、$CaO \cdot Fe_2O_3$ 和 $CaO \cdot 2Fe_2O_3$、其中 $CaO \cdot SiO_2$、$2CaO \cdot SiO_2$ 和 $2CaO \cdot Fe_2O_3$ 为稳定化合物。图中有一条晶型转变线：方石英↔鳞石英。在靠近 SiO_2 顶角处有一个液相分层区，它是 CaO 和 Fe_2O_3 分别在 SiO_2 内形成的两个互为饱和的溶液的分层区。

当烧结料配碳较低时，铁矿粉中有较多自由 Fe_2O_3，离大颗粒燃料较远的部位氧位较

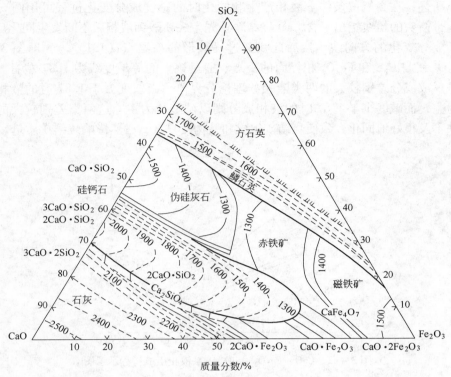

图3-81 CaO-Fe₂O₃-SiO₂体系状态图（空气中）

高。在快速加热时，受动力学条件的影响，CaO 并不是与 SiO₂ 反应产生硅酸盐液相，而是在与 Fe₂O₃ 接触处首先发生固相反应，生成铁酸钙低共熔点液相，这一点已为大量实验研究所证实。在这之后，SiO₂ 再熔入生成铁酸钙低共熔点液相。

A　烧结料碱度较高时的情况

在受热升温过程中，最初出现 CF₂、CF 和 C₂F 等铁酸钙低熔点液相（见图 3-80 右角的下端），随着温度升高，SiO₂ 逐渐熔入液相，生成 C₂S（它在固相反应中很少生成）和 CS，同时析出 Fe₂O₃ 晶体，此时不仅液相量增多，而且液相黏度也逐渐升高，成分趋于均匀化。另一方面又发现液相向氧化铁晶粒很快渗透，Ca^{2+} 扩散进入 Fe₂O₃ 和 Fe₃O₄ 的晶格中去形成钙质磁铁矿固溶体和钙质赤铁矿固溶体，使 Fe₂O₃ 和 Fe₃O₄ 的熔点很快下降，最后形成低共熔点液相（成分为 CF、C₂S 和 Fe₂O₃）（见图 3-80 右下角部分）。在冷却到 1150 ~ 1200℃时即发生铁酸钙盐的再结晶，单一铁酸盐的不定形团状集合体变成固溶了其他成分的树枝状或棒状晶体，使烧结矿强度大为改善。

B　烧结料碱度较低时的情况

碱度高于 0.5 以上的含 CaO 烧结料总是先经固相反应生成铁酸钙液相，随着温度升高，SiO₂ 将铁酸钙包围并熔入。由于碱度不高，大量进行 CF + SiO₂→CS + Fe₂O₃ 反应，最后使铁酸钙消失，与此同时，在高温下 C₂S 很快与 SiO₂ 反应（C₂S + SiO₂→2CS）。这时液相熔点和黏度也开始升高，但最后形成 CS、C₂S 和 Fe₂O₃ 为主的低共熔液相。在冷却时因为硅钙石（C₃S₂）的结晶能力差，因而形成了玻璃相组织（见图 3-81 中部区域）。

综上所述，在高氧位条件下液相产生和同化时的碱度成分变化过程可用图 3 - 82 表示，图中带箭头的粗线指出了含 CaO 烧结料首先生成铁酸钙液相后不断发生同化反应从而影响化学成分变化的方向线，然后此线经过马鞍形的高温点（1315℃），即图 3 - 81 中 C_2S - Fe_2O_3 线与 C_2S 和 Fe_2O_3 相界面的交点。通过该点的等碱度线为 1.87 左右，此碱度可认为是形成成分差别较大的两类液相的理论分界值，当碱度大于 1.87 时的液相成分以铁酸盐为主，而碱度小于 1.87 时的液相成分则以硅酸盐为主，这两类差别较大的液相在冷却时来不及很好地同化，致使烧结矿组成和结构变复杂，必然影响烧结矿质量。

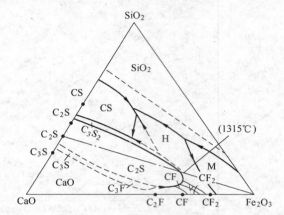

图 3 - 82　CaO - Fe_2O_3 - SiO_2 体系液相生成过程示意图

3. 5. 2. 7　CaO - Fe_2O_3 - Al_2O_3 体系

图 3 - 83 和图 3 - 84 给出了 CaO - Fe_2O_3 - Al_2O_3 体系相图的等温截面图，图中" + + + + +"表示该线的两端点组分之间的固溶区，T 表示 $CaO \cdot 3(Fe, Al)_2O_3$ 型固溶体。由于 $CaO \cdot 2Fe_2O_3$ 在低于 1155℃ 和高于 1226℃ 的范围内不稳定，图 3 - 83 给出了 1170℃ 下固相区的相变化关系，图 3 - 84 给出了 1300℃ 下的 $Fe_2O_3 \cdot Al_2O_3$ 稳定区内、外的相变化关系，在 1300℃ 下获得的等温截面图中包括了液相组成范围，以及含有一个液相的两相和三相区。

从图 3 - 83 和图 3 - 84 中可以看出，结晶相中仅 CaO 和 $CaO \cdot 2Fe_2O_3$ 具有恒定组成，其余都可形成固溶体。从固溶体系列的高铁氧化物一端看，析出晶体的平衡途径，随着温度降低，趋近于高铁氧化物（理想分子式 $CaO \cdot 3Fe_2O_3$，实际上不存在），这个极限对应的理想的简单化学式为 $2CaO \cdot Al_2O_3 \cdot 5Fe_2O_3$。

这个体系的结晶途径，与其他三元系不同，它以较宽范围固溶体形式出现在三元系中。图 3 - 85 给出了典型组成 Z 的结晶途径，它的结晶产物为 $CaO \cdot Al_2O_3$、$2CaO \cdot Fe_2O_3$ 和 $CaO \cdot Fe_2O_3$ 固溶体。在冷却过程组成 Z 液相内铁酸盐相的结晶，最初出现于 1350℃，铁酸盐晶体的初始组成为图中的 F 点。在平衡状态下，进一步冷却，液相组成沿曲线途径 Z - L_1 变化。L_1 处，曲线与 $2CaO \cdot Fe_2O_3$ 和 $CaO \cdot Al_2O_3$ 区域界面相交，此时（约 1300℃）铁酸盐相具有组成 F_1，铁酸钙固溶体、液相 L_1 和具有组成 m_1 的 $CaO \cdot Al_2O_3$ 相平衡。在连续降温过程中可以用三角形来描述结晶过程，这个三角形制约着液相组成，降温时沿着三相线朝 E_3 方向变化；当液相组成达到 L_2，两个固溶体具有组成 F_2 和 m_2；当液相组成达到 E_3（1190℃）时结束结晶，含有液相的最终三相三角形是 F_3 - m_3 - L_3；如

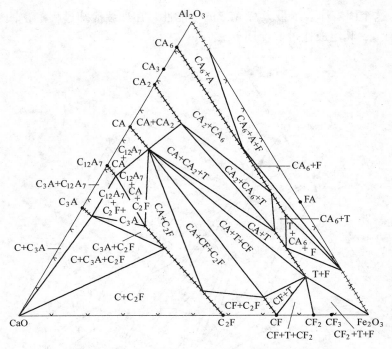

图 3-83 1170℃下 $CaO-Fe_2O_3-Al_2O_3$ 体系相图的等温面

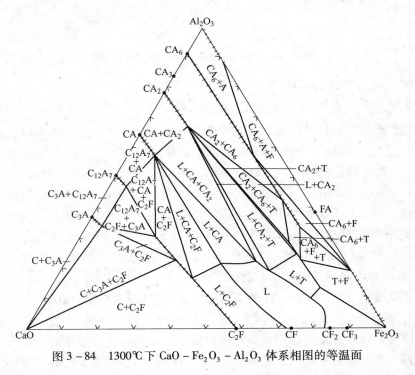

图 3-84 1300℃下 $CaO-Fe_2O_3-Al_2O_3$ 体系相图的等温面

果进一步降温，离开与组成 G_3 的 $CaO \cdot Fe_2O_3$ 固溶体相平衡的固溶体 F_3 和 m_3，液相消失。

结晶过程中，最初组成 F 的铁酸盐相逐渐变成富 Al^{3+}，组成朝 F_1 变化。在这个组成平衡结晶中，这个固溶体表示最大富 Al^{3+} 的可能性，在连续冷却过程中，铁酸盐固溶体自发的变成富 Al^{3+}，其组成通过 F 变回 F_2。

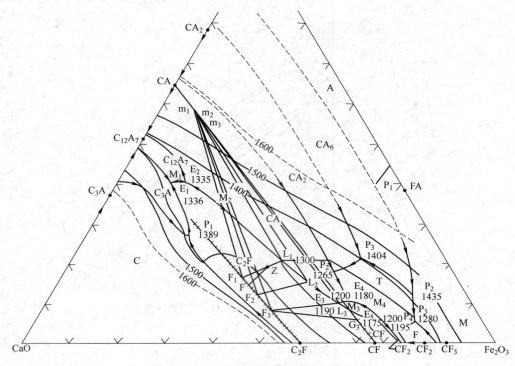

图 3-85　液相组成 Z 的结晶过程示意图

3.5.2.8　CaO-MgO-SiO$_2$ 体系

在生产实践中，可以看到一些烧结厂在烧结料中添加少量白云石 Ca·Mg(CO$_3$)$_2$ 代替部分石灰石生产熔剂性烧结矿的情况，这种作法，就是为了生成这个体系的化合物。

图 3-86 为 CaO-MgO-SiO$_2$ 体系状态图。此体系生成的三元化合物有透辉石（CaO·MgO·2SiO$_2$）、钙镁橄榄石（CaO·MgO·SiO$_2$）、镁蔷薇石（3CaO·MgO·SiO$_2$）、镁黄长石（2CaO·MgO·2SiO$_2$）和钙镁硅酸盐（5CaO·2MgO·6SiO$_2$），其中透辉石在 1470℃、镁黄长石在 1357℃ 时熔化，为稳定化合物，其他两种为不稳定化合物，镁蔷薇辉石在 1375℃ 时分解为 MgO 和 2CaO·SiO$_2$。MgO 和 SiO$_2$ 可以形成两种化合物：镁橄榄石（2MgO·SiO$_2$）和偏硅酸镁（MgO·SiO$_2$），熔化温度分别为 1900℃ 和 1537℃。MgO·SiO$_2$ 与 SiO$_2$ 的混合物最低共熔点为 1690℃。

当烧结矿碱度为 1.0 左右时，在烧结料中添加一定数量的 MgO（10%~15%），可使硅酸盐的熔化温度降低，液相流动性变好，而 MgO 的存在可以阻碍 2CaO·SiO$_2$ 的生成，这不仅对提高烧结矿强度有良好作用，而且还对高炉造渣也有良好的影响，另一方面，加入 MgO 能使烧结矿的还原性能提高，这可能是由于生成的钙镁橄榄石阻碍了难还原的铁橄榄石和钙铁橄榄石的形成所致。

3.5.2.9　CaO-SiO$_2$-TiO$_2$ 体系

生产含钛铁矿的熔剂性烧结矿时，有可能生成这个体系的化合物。

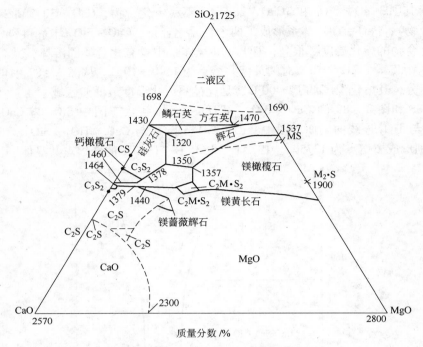

图 3-86 CaO-MgO-SiO₂ 体系状态图

图 3-87 所示为 CaO-SiO₂-TiO₂ 三元体系状态图，此体系仅生成了一个稳定的三元化合物榍石（CaO·TiO₂·SiO₂），其熔化温度为 1382℃；CaO-SiO₂ 体系中形成了四个二

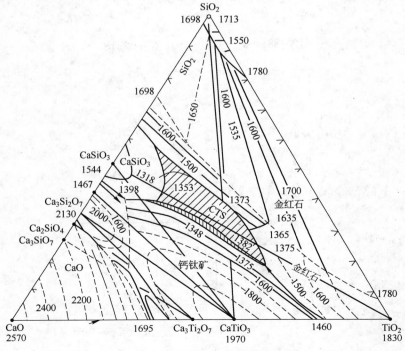

图 3-87 CaO-SiO₂-TiO₂ 体系状态图

元化合物（其中 $3CaO \cdot SiO_2$ 和 $3CaO \cdot 2SiO_2$ 为不稳定化合物；$CaO \cdot SiO_2$ 和 $2CaO \cdot SiO_2$ 为稳定化合物）；$CaO - TiO_2$ 体系形成了两个二元化合物，$CaO - SiO_2$ 体系和 $CaO - TiO_2$ 体系生成的化合物的熔化温度都很高；$TiO_2 - SiO_2$ 体系中没有化合物固溶体，共熔混合物的组成为 $TiO_2 10.5\%$、$SiO_2 89.5\%$ 时的最低共熔点为 $1540 \pm 10\,℃$。从图 3 – 87 中可看出，在阴影区的组分，其熔化温度低于 $1400\,℃$，是此体系熔化温度最低的区域。

图 3 – 88 和图 3 – 89 为 $CaO - SiO_2 - TiO_2$ 三元体系状态图中 SiO_2 与 $CaO \cdot TiO_2$ 及 $CaO \cdot SiO_2$ 与 TiO_2 连线的切面。图中 $CaO \cdot TiO_2 \cdot SiO_2$ 与 $CaO \cdot TiO_2$、SiO_2、$CaO \cdot SiO_2$、和 TiO_2 分别形成了熔点为 $1375\,℃$、$1373\,℃$、$1335\,℃$、$1363\,℃$ 的低熔点共晶体。

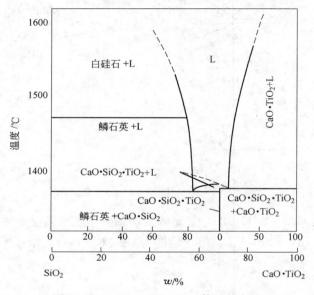

图 3 – 88　$SiO_2 - CaO \cdot TiO_2$ 体系状态图

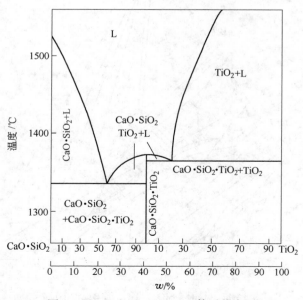

图 3 – 89　$CaO \cdot SiO_2 - TiO_2$ 体系状态图

这种温度水平在烧结过程中是可以达到的。但从图中可以看出，此体系低熔点的液相范围很狭窄。在上述范围之外，熔化温度迅速增高。

3.5.2.10 $CaO-SiO_2-CaF_2$ 体系

生产含氟铁精矿熔剂性烧结矿时，有可能生成这个体系的化合物。

图 3-90 所示为 $CaO-SiO_2-CaF_2$ 三元体系状态图，此体系有一个不稳定的三元化合物 $3CaO \cdot 2SiO_2 \cdot CaF_2$（枪晶石），1450℃ 发生分解反应：$4(3CaO \cdot 2SiO_2 \cdot CaF_2) = 7(2CaO \cdot SiO_2) + SiF_4 + 2CaF_2$。$CaF_2$ 与 SiO_2、CaO 没有形成化合物，CaO 与 SiO_2 生成有四个复杂化合物，其中的硅酸三钙（$3CaO \cdot SiO_2$）和二硅酸三钙（$3CaO \cdot 2SiO_2$）属不稳定化合物，而偏硅酸钙（$CaO \cdot SiO_2$）和正硅酸钙（$2CaO \cdot SiO_2$）属稳定化合物。此相图在 SiO_2 和 CaF_2 区域存在一个较宽的液相分层区。

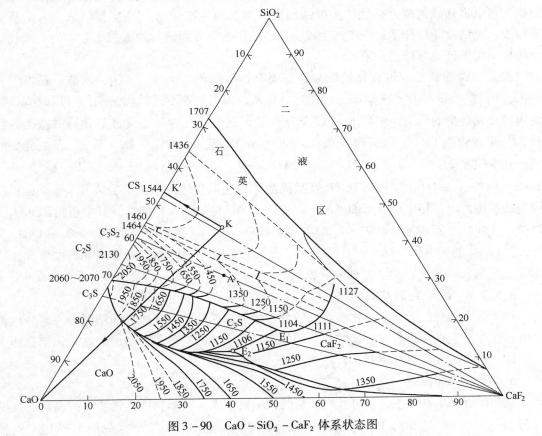

图 3-90　$CaO-SiO_2-CaF_2$ 体系状态图

A—枪晶石位置；K—含氟铁精矿熔剂性烧结矿液相成分；
K～K′—增加 SiO_2 后液相熔点变化的趋向；K～CaO—增加 CaO 后液相熔点变化的趋向

从图 3-90 可以看出，CaF_2 区能与硅酸钙系化合物形成低熔点的复合化合物共晶体，使这些复合化合物的液相区向低温方面扩大。

图中 K 点通常为含氟铁精矿熔剂性烧结矿液相成分，在液相冷却过程中，会析出 $3CaO \cdot 2SiO_2 \cdot CaF_2$（枪晶石），枪晶石强度只是钙铁橄榄石的 1/3，在矿物组成上这是含氟铁精矿熔剂性烧结矿强度较差的原因。图中 K～K′表示增加 SiO_2 后液相熔点变化的趋向；K～CaO 表示增加 CaO 后液相熔点变化的趋向，由此可以看出，可以通过提高 SiO_2 或 CaO 的含量，使液相变稠，从而改善烧结矿的矿物结构以提高烧结矿强度。

3.5.3 烧结成矿的铁酸钙理论

3.5.3.1 铁酸钙理论的起源

烧结成矿的铁酸钙理论始于对熔剂性和高碱度烧结矿的研究，随着熔剂性和高碱度烧结矿在高炉上的成功应用，逐渐形成了烧结矿黏结的铁酸钙理论。研究发现，随着黏结相矿物中铁酸钙的增加，烧结矿的强度和还原性等性能都比酸性烧结矿好，这种烧结矿不仅能降低高炉焦比，而且烧结生产时所需的温度又低，可显著降低固体燃料的消耗。因此，自 20 世纪 60 年代中期到 70 年代初期，铁酸钙烧结理论逐渐取代了传统的硅酸盐系烧结理论，可以说铁酸钙理论是烧结矿固结理论发展上的一次革命。70 年代以来，人们从原料组成、烧结及冷却技术对铁酸钙生成、性质的影响等方面进行了大量研究，为生产优质烧结矿奠定了理论基础。

狭义的铁酸钙是一种含钙铁酸盐，主要有铁酸二钙 $2CaO \cdot Fe_2O_3$，铁酸一钙 $CaO \cdot Fe_2O_3$ 和铁酸半钙 $CaO \cdot 2Fe_2O_3$ 三种矿物。后来，人们发现不同的烧结条件可以改变铁酸钙内部分铁离子的价态，例如 Fe^{3+} 转变为 Fe^{2+}，铁酸钙与含铝、含硅氧化物或盐类接触时 Al^{3+} 可以置换 Fe^{3+}，分别称为 $CaO - FeO - Fe_2O_3$ 系、$CaO - Al_2O_3 - Fe_2O_3$ 系三元铁酸钙，其中包括 $3CaO \cdot FeO \cdot 7Fe_2O_3$、$4CaO \cdot FeO \cdot 4Fe_2O_3$、$CaO \cdot FeO \cdot Fe_2O_3$、$CaO \cdot 3FeO \cdot Fe_2O_3$、$CaO \cdot Al_2O_3 \cdot 2Fe_2O_3$ 及其固溶体等物质。进一步的研究发现，Si^{4+} 也可以固溶铁酸钙之内，相应地有 $CaO - Al_2O_3 - SiO_2 - Fe_2O_3$ 系四元铁酸钙，其中包括 $7Fe_2O_3 \cdot 2SiO_2 \cdot 3Al_2O_3 \cdot CaO$、$9Fe_2O_3 \cdot 2SiO_2 \cdot 0.5Al_2O_3 \cdot 5CaO$ 固溶体、$CaO \cdot SiO_2 - CaO \cdot 3(Fe, Al)_2O_3$ 的固溶体、$2CS \cdot 3C(F, A)_3$ 或 $Ca_5Si_2(Fe, Al)_{18}O_{36}$ 固溶体等，也可直接称为"钙铝硅铁酸盐"（SFCA）或复合铁酸钙。

3.5.3.2 铁酸钙的结晶形态

对于熔剂性烧结矿，不仅铁酸钙的数量影响烧结矿性能，铁酸钙的结晶形态对烧结矿机械强度和冶金性能也有重要影响。不同的原料和不同的工艺条件形成的铁酸钙结晶形态不一样，常见的晶形有纤维状、针状、条状、熔蚀状等。

A 纤维状铁酸钙

一般碱度在 1.0 以下，只可能有少量的铁酸钙形成，见不到铁酸钙明显的晶形。在碱度为 1.2～1.5 时，烧结矿中的铁酸钙一般呈纤维状，晶形比较细小（见图 3 - 91）。这种形状的铁酸钙还原性很好，但结构强度却不高。在自熔性烧结矿和自熔性球团矿中，可能出现纤维状铁酸钙。

B 针状铁酸钙

碱度 $R = 1.7 \sim 2.0$ 时，镜下常能见到烧结矿中的针状铁酸钙（见图 3 - 92），尤其是在高料层低温烧结矿中，针状铁酸钙更容易形成。另外，不少试验表明，烧结温度在 1275℃ 左右时，针状铁酸钙大量生成。日本新日铁在解剖高炉分析炉料时发现，针状铁酸钙最先被还原。

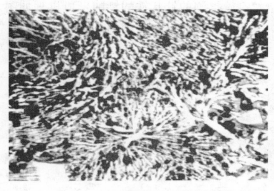
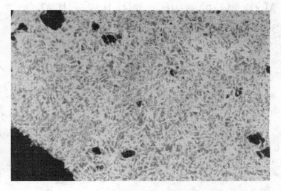

图 3-91　$R=1.3$ 时烧结矿中的纤维状铁酸钙　　　　图 3-92　$R=1.7$ 时烧结矿中的针状铁酸钙

C　条状铁酸钙

碱度 $R=2.3$ 以上，烧结矿中的条状铁酸钙十分清晰。通常碱度越高，晶形越粗大，结晶越稠密（见图 3-93）。

D　熔蚀状铁酸钙

铁酸钙液相浸蚀到 Fe_3O_4 中形成熔蚀状铁酸钙，不少微区经常是 Fe_3O_4 晶粒全被铁酸钙浸蚀，见不到完整的 Fe_3O_4 晶粒。碱度从 1.7 开始，熔蚀状铁酸钙就存在，烧结温度越高，熔蚀程度越高（见图 3-94）。这种结构的铁酸钙，其烧结矿强度比较高，但还原性不如针状铁酸钙。

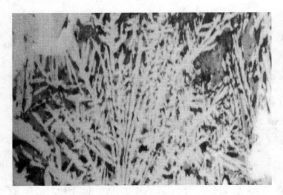
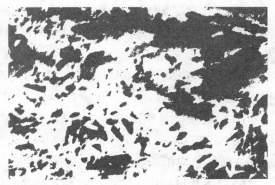

图 3-93　$R=2.4$ 时烧结矿中的条状　　　　图 3-94　$R=1.8$ 时烧结矿中的熔蚀状
铁酸钙（反射光，200×）　　　　　　　铁酸钙（反射光，200×）

3.5.3.3　针状铁酸钙生成模式与机理

佐佐木等提出针状铁酸钙的生成模式（参见 15.6 节），实际上针状铁酸钙的生成模式即为低温烧结法所要求的成矿模式，烧结矿内矿相种类、形态、含量和分布，很大程度上也取决于烧结温度和烧结气氛。对于熔剂性烧结矿来说，当烧结温度高、还原气氛稍强时，形成以磁铁矿、二次赤铁矿和柱状铁酸钙组织为主的烧结矿较多；而当烧结温度低、氧化性气氛较强时，比较容易形成由残留赤铁矿和针状铁酸钙构成的烧结矿组织。

Al_2O_3 和 SiO_2 的固溶对铁酸钙形成针状结构是必要的。针状铁酸钙多出现于靠近

Al_2O_3 颗粒的液相区，而且其成分中 Al_2O_3 含量较高。推测的针状铁酸钙的形成机理如图 3 – 95 所示。

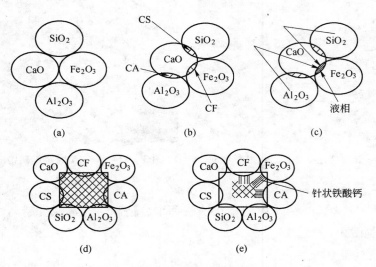

图 3 – 95　针状铁酸钙的形成机理示意图

针状铁酸钙的形成过程为：

（1）固相反应形成初期产物 $CaO \cdot Al_2O_3$、$CaO \cdot SiO_2$ 和 $CaO \cdot Fe_2O_3$，如图 3 – 95（b）所示。

（2）Al_2O_3、SiO_2 在 $CaO \cdot Fe_2O_3$ 内固溶，或 $CaO \cdot Al_2O_3$ 和 $CaO \cdot Fe_2O_3$ 间形成固溶体，使铁酸钙熔点降低，大约在 1180～1210℃附近熔化，出现初期低熔点液相，如图 3 – 95（c）所示。

（3）CaO、Al_2O_3、SiO_2、Fe_2O_3 及初期产物与液相之间，处于溶解和结晶的可逆过程，如图 3 – 95（d）所示。温度是影响这个过程的主要因素。

（4）铁酸盐与铁酸盐、铝酸盐、赤铁矿的性质相近，两者间接触角 $\theta < 1$，根据式（4 – 20）、式（4 – 21）可知 $\Delta G'_c < \Delta G_c$，那么，这些与铁酸钙性质相近的未熔固相，就构成了铁酸钙非均相形核的基体，如图 3 – 95（d）所示。

（5）冷却过程中，铁酸盐液相在结晶基体上迅速形核、长大，由于液—固相分配系数差异，Al_2O_3、SiO_2 向外扩散，周围液相黏度急剧下降，导致铁酸钙结晶沿远离根部、黏度小的方向生长，形成了多孔、针状烧结矿结构，如图 3 – 95（e）所示。

3.5.3.4　影响铁酸钙生成的工艺因素

日本田口升、大友崇穗等采用纯化学试剂压团烧结的方法，较系统地研究了烧结温度、时间、配碳和化学组成对铁酸钙生成的影响。

试样准备：把分析纯的化学试剂 CaO、MgO、Fe_2O_3、Al_2O_3 和 SiO_2。在 1000℃下预焙烧 1.5h，放入球磨机研磨至 0.045mm 以下，按表 3 – 24 配制不同化学组成的试样。然后，加水、混匀并在 15.7MN/m^2 下压成直径 14mm、高 12～14mm 的圆饼，放入 200℃烘箱干燥 4h，直至确认试样重量不变为止。

表 3 - 24　试样化学组成

试样号	Fe_2O_3/%	CaO/%	SiO_2/%	Al_2O_3/%	MgO/%	CaO/SiO_2
A - A	80.3	11.0	6.1	0.9	1.8	1.8
A - 1	77.9	10.7	5.9	3.9	1.7	1.8
A - 2	74.2	10.2	5.6	8.3	1.7	1.8
S - 1	85.2	7.6	4.2	1.0	1.9	1.8
S - 2	74.2	15.6	8.3	0.8	1.7	1.8
R - 1	82.3	8.7	6.7	0.9	1.8	1.4
R - 2	78.3	13.1	6.1	0.9	1.8	2.2
C - 1	在 A - A 中外配 2% C					
C - 2	在 A - A 中外配 4% C					

　　试验条件：（1）固定烧结时间，研究烧结温度对铁酸钙生成速度的影响；（2）固定烧结温度，研究原料成分对铁酸钙生成过程的影响。试验时，把试样放入电炉内在大气条件下烧结，达到反应时间后在水中淬冷，经铸型、切片和抛光，用光学显微镜结合电子求积仪进行铁酸钙定量。矿物含量是根据某一种矿物与总矿物间的面积比来计算的。

　　A　烧结温度与铁酸钙生成的关系

　　如图 3 - 96 所示，在各种化学组成条件下，烧结过程中铁酸钙的生成规律是一致的。低温下，随着烧结温度升高，CaO 和 Fe_2O_3 的扩散速度加快，铁酸钙生成量增加；但是，高温下 $CaO \cdot 2Fe_2O_3$ 等铁酸钙分解，而且 SiO_2 的存在降低了铁酸钙的稳定性，使铁酸钙的生成量减少。所以，在以铁酸钙为黏结相的熔剂性烧结矿的生产过程中，控制烧结温度上限是至关重要的。

　　图 3 - 96 也在一定程度上反映了化学成分和配碳量对铁酸钙生成量的影响。随烧结原料中 SiO_2 含量增加，铁酸钙生成量减少；而随着 CaO/SiO_2 增大，铁酸钙生成量增多。这是由于 $CaO - SiO_2$ 间的亲和力大于 $CaO - Fe_2O_3$ 间的亲和力，更容易形成硅酸钙，当 SiO_2 含量增加，既减少了 CaO 和 Fe_2O_3 接触的机会，也消耗掉部分 CaO，降低了铁酸钙生成反应的趋势，而 CaO/SiO_2 增大的影响正好相反。

　　Al_2O_3 对铁酸钙生成的影响呈现出两重性，低温时它与 SiO_2 的作用一样，随着烧结

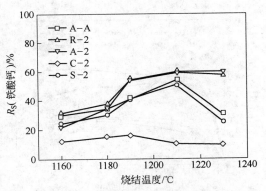

图 3 - 96　烧结温度与铁酸钙生成量的关系

原料中 Al_2O_3 含量增加，铁酸钙的生成量减少；但高温时 Al_2O_3 的作用与 SiO_2 正相反，随着烧结原料中 Al_2O_3 含量增加，铁酸钙的生成量增加，这主要是铝酸盐（$CaO \cdot Al_2O_3$、$CaO \cdot 2Al_2O_3$）与铁酸盐（$CaO \cdot Fe_2O_3$、$CaO \cdot 2Fe_2O_3$、$2CaO \cdot Fe_2O_3$）可以形成固溶体，有利于铁酸钙在液相中稳定存在。另外，含 Al_2O_3 的铁酸钙还能吸收相当量的 SiO_2，使铁酸钙的生成量增加。

　　配碳量对铁酸钙生成量的影响非常显著，试样 C - 2 与试样 A - A 相比，铁酸钙生成

量明显减少。表明在还原气氛条件下，赤铁矿不稳定，容易向磁铁矿或浮氏体转变，有SiO$_2$存在时形成铁橄榄石液相。

B 化学组成对铁酸钙生成的影响

SiO$_2$对铁酸钙生成的影响如图3-97所示，烧结原料中SiO$_2$含量增加，铁酸钙生成量减少，但是高温和低温下表现出的反应规律不同。未形成液相前，从1160℃时铁酸钙生成曲线的斜率来看，SiO$_2$含量的增加仅降低了铁酸钙的生成速度，铁酸钙生成量仍随烧结时间而增加。在较高温度下（如1210℃时），反应初期铁酸钙生成量随烧结时间而增多，但反应后期铁酸钙生成量随反应时间而减少，而且减少的幅度逐渐增大。对矿相结构观察后发现，反应后期有液相生成，说明液相加速了CaO、Fe$_2$O$_3$、

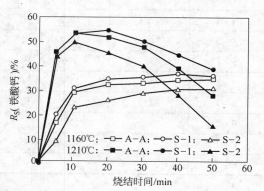

图3-97 SiO$_2$对铁酸钙生成的影响

SiO$_2$等物质的扩散，由于CaO和SiO$_2$间的亲和力较大，导致铁酸钙分解。从铁酸钙化学组成的分析结果（见表3-25）可知，液相出现后铁酸钙内SiO$_2$和Al$_2$O$_3$含量明显提高，从而也证明了这一点。

表3-25 焙烧10min后试样A-A内生成铁酸钙的化学组成

烧结温度/℃	Fe$_2$O$_3$/%	CaO/%	SiO$_2$/%	Al$_2$O$_3$/%	MgO/%
1160	81.4	15.9	0.7	0.7	1.3
1210	71.7	16.5	6.5	4.2	1.1

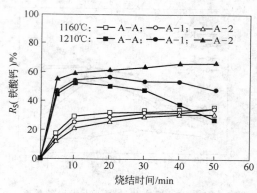

图3-98 Al$_2$O$_3$对铁酸钙生成的影响

Al$_2$O$_3$对铁酸钙生成的影响如图3-98所示。低温下Al$_2$O$_3$含量增加，铁酸钙生成量减少；高温下Al$_2$O$_3$含量增加，铁酸钙的生成量增加，参考图3-96可知，转变温度约是1180℃。这一现象说明Al$_2$O$_3$虽能降低熔点改善扩散条件，加速CaO与SiO$_2$反应，但同时也会生成铝酸钙，并与铁酸钙构成固溶体，稳定铁酸钙。另外，实验还发现在Al$_2$O$_3$颗粒周围的液相区附近，与其他区域相比，形成针状晶形的铁酸钙较多，两种晶形的铁酸钙化学组成见表3-26，针状晶比柱晶内的Al$_2$O$_3$含量明显偏高，说明原料中Al$_2$O$_3$含量增加有助于针状铁酸钙生成。

表3-26 1210℃下生成的不同晶形铁酸钙的化学组成

烧结温度/℃	Fe$_2$O$_3$/%	CaO/%	SiO$_2$/%	Al$_2$O$_3$/%	MgO/%
1160	71.7	16.5	6.5	4.2	1.1
1210	75.4	11.8	2.3	9.3	1.2

碱度对铁酸钙生成的影响如图 3-99 所示，烧结原料碱度的增加，无论在低温还是在高温下都能使铁酸钙生成量增加，相比之下高温下增加幅度更大一些。碱度 2.2 与碱度 1.8 的试样相比，高温下烧结后期铁酸钙的增加量明显要更多，其原因主要是碱度提高，CaO 的活度增大，以及高熔点的铁酸二钙生成量增多，提高了铁酸钙的稳定性。

C　配碳量的影响

配碳在烧结生产上是作为热源使用，由于碳的不完全燃烧：$C + 1/2O_2 \rightarrow CO$，客观上造成了局部还原性气氛，因此它直接影响着铁酸钙生成反应。配碳 0%、2% 和 4% 的试样内铁酸钙生成量的变化如图 3-100 所示，配碳量对铁酸钙生成量的影响很大，而且反应规律也有所变化。配碳后，在低温和高温下都出现了烧结初期铁酸钙随烧结时间稍有增加，烧结后期铁酸钙随烧结时间而减少的现象，这主要是因为形成还原性气氛后，Fe_2O_3 被还原成 Fe_3O_4、FeO 等抑制了铁酸钙生成，甚至炭粒周围出现的硅酸盐液相取代了铁酸钙液相。而且，随着烧结时间的增长，CO 向外扩散，又使远离碳粒的铁酸钙得到不同程度的还原和分解。因此，在熔剂性烧结矿内常有铁酸钙生成量少、矿相复杂等现象，这种现象除了与烧结时间短、升温速度快、冷却速度不均匀有关外，与配碳量也有很大关系。

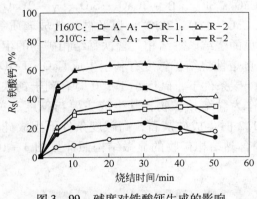

图 3-99　碱度对铁酸钙生成的影响

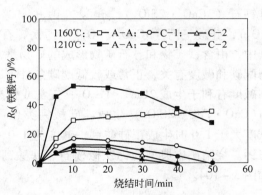

图 3-100　配碳量对铁酸钙生成的影响

3.5.4　烧结矿主要矿物及其性质

3.5.4.1　烧结矿主要矿物

铁矿石烧结矿是一种由多种矿物组成的复合物，它是由含铁矿物和脉石矿物及由它们形成的液相黏结而成，矿物组成随原料及烧结工艺条件的不同而有所差异。一般说来，铁矿石烧结矿的矿物组成有铁矿物和黏结相矿物两大类。

A　铁矿物

铁矿石烧结矿中通常出现的含铁矿物主要是磁铁矿（Fe_3O_4）、赤铁矿（Fe_2O_3）、浮氏体（Fe_xO）。这些矿物随碱度和配碳不同而有所差异：配碳正常、碱度较低有利于生成磁铁矿；配碳较高碱度较低有利于生成浮氏体；配碳较低碱度较高有利于生成赤铁矿。烧结矿中典型的磁铁矿、赤铁矿、浮氏体等含铁矿物的显微结构照片见图 3-101 和图 3-102。

 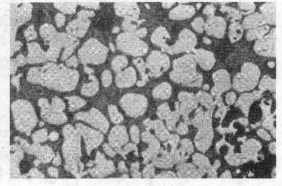

图3-101　烧结矿中的磁铁矿和赤铁矿（反射光，200×）　图3-102　烧结矿中的浮氏体（反射光，160×）

灰白色—磁铁矿；白色—赤铁矿　　　　　　　　白灰色浑圆状—浮氏体

B　黏结相矿物

含铁矿物和脉石矿物及脉石矿物间形成的矿物一般有以下几种：铁橄榄石（$2FeO \cdot SiO_2$），钙铁橄榄石 $[(CaO)_x \cdot FeO_{2-x} \cdot SiO_2 \ (x = 0.25 \sim 1.5)]$，铁酸钙（$CaO \cdot Fe_2O_3$、$2CaO \cdot Fe_2O_3$、$CaO \cdot 2Fe_2O_3$），假硅灰石（$\alpha - CaO \cdot SiO_2$），硅灰石（$\beta - CaO \cdot SiO_2$），硅钙石（$3CaO \cdot 2SiO_2$），硅酸二钙（$\alpha' - 2CaO \cdot SiO_2$、$\beta - 2CaO \cdot SiO_2$、$\gamma - 2CaO \cdot SiO_2$），硅酸三钙（$3CaO \cdot SiO_2$），钙铁辉石（$CaO \cdot FeO \cdot 2SiO_2$）以及硅酸盐玻璃质等。其中，由含铁矿物和脉石矿物形成的矿物是常见的烧结矿黏结相。含铁黏结相矿物的生成与配碳和碱度有关，正常或较低配碳条件下，自熔性烧结矿碱度有利于生成 $CaO \cdot Fe_2O_3$，高碱度有利于生成 $2CaO \cdot Fe_2O_3$；正常或较高配碳条件下，碱度小于 1.0 时有利于钙铁辉石（$CaO \cdot FeO \cdot 2SiO_2$）生成。硅酸钙类也可作为黏结相矿物，其生成主要与碱度有关，碱度大于 1.0 时生成正硅酸钙，碱度为 1.0～1.2 时生成硅灰石，高碱度条件下生成硅酸三钙。烧结矿中典型的钙铁橄榄石、铁酸钙等含黏结相矿物的显微结构照片见图3-103和图3-104。

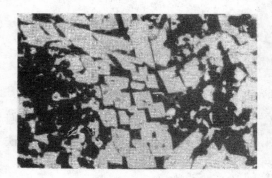 

图3-103　烧结矿中钙铁橄榄石的菱形断面　图3-104　烧结矿中的板状铁酸钙（反射光，30×）
　　　　（反射光，160×）　　　　　　　灰色板状—铁酸钙；灰白色—磁铁矿

当原料中含有其他组分时，烧结矿黏结相还可以有以下组成：

含有 Al_2O_3 组分时，烧结矿黏结相矿物有铝黄长石（$2CaO \cdot Al_2O_3 \cdot SiO_2$）、铁铝酸四钙（$4CaO \cdot Al_2O_3 \cdot Fe_2O_3$）、铁黄长石（$2CaO \cdot Al_2O_3 \cdot Fe_2O_3$）。通常 Al_2O_3 含量高时，

能抑制正硅酸钙晶型转变，有利于提高烧结矿强度，防止粉化。若 Al_2O_3 含量太高，体系熔点升高，不利于液相生成，烧结时有生料出现，因此其适宜含量为 1.5% ~2.0%。

含有 MgO 组分时，会出现镁橄榄石（$2MgO \cdot SiO_2$）、钙镁橄榄石（$CaO \cdot MgO \cdot SiO_2$）、镁黄长石（$2CaO \cdot MgO \cdot SiO_2$）、镁蔷薇辉石（$3CaO \cdot MgO \cdot 2SiO_2$）及铁酸镁（$MgO \cdot Fe_2O_3$）等。通常 MgO 对烧结矿有好的作用，MgO 可固溶于 $2CaO \cdot SiO_2$ 中，有稳定其相变的作用，对烧结矿强度有利。当 MgO 含量适当时，液相界面张力增加，因为 MgO 可使液相流动性好、减少玻璃相，但 MgO 含量高于 4% ~5% 时则使烧结矿不易熔化，易使烧结矿中含有生料，降低了强度。

含有 TiO_2 组分时，有出现钙钛矿（$CaO \cdot TiO_2$）、钛榴石（$Ca_3(Fe, Ti)_2[(Si, Ti) O_4]_3$）和榍石（$CaO \cdot TiO_2 \cdot SiO_2$）。钙钛矿具有较高的抗压强度，且不发生相变，这使得含钛烧结矿具有较好的储存性能。但钙钛矿脆性大，致使烧结矿平均粒度小。

含 CaF_2 组分时，有枪晶石（$3CaO \cdot 2SiO_2 \cdot CaF_2$）存在，因为其形态尖如枪，故取此名，熔点1400℃；当 $C_3S_2 - CaF_2$ 组成共溶混合物时，熔点为1100℃，其抗压强度差，仅为 CFS 的三分之一，所以强度低。

此外，烧结矿在某种条件下，还会有少量反应不完全的游离石英和石灰等。

3.5.4.2 烧结矿主要矿物的性质

烧结矿中主要的单个矿物的抗压强度及还原性能列于表3-27。表中还原率为1g试样在700℃、用1.8L/min 发生炉煤气还原15min 时的还原率；荷重软化性是开始软化温度由高至低的对比顺序。

表 3 –27　烧结矿主要矿物性质

矿物名称		抗压强度 /kg·cm⁻²	还原率/%	还原粉化性	荷重软化性
Fe_3O_4		36.9	26.7	无	1
Fe_2O_3		26.7	49.9	一般烧结矿含10% ~28% Fe_2O_3 则发生异常粉化	
$C_xF_{2-x}S$	$x=0$	20	1.0	无	3
	$x=0.25$	26.5	21		
	$x=0.5$	56.6	27		
	$x=1.0$	23.3	6.6		
	$x=1.0$（玻璃相）	4.6	3.1	无	4
	$x=1.5$	10.2	4.2		
C_yF	$y=1$	37.6	40.1	无	2
	$y=2$	14.2	28.5		

从表3-27可知，单体矿物的还原性顺序为：$Fe_2O_3 \to CF \to C_2F \to Fe_3O_4 \to CFS$（$x=0.25$、0.5）$\to$玻璃质$\to F_2S$，其还原率的大小还与自身晶粒大小和存在的状态有关。

抗压强度顺序为：CFS（$x=0.5$）$\to Fe_3O_4 \to CF \to Fe_2O_3 \to CFS$（$x=0.25$、1.0）$\to F_2S$ $\to C_2F \to$玻璃质，烧结矿的强度是一综合指标（与气孔率、结构等有关）。

表3-28列出了烧结矿中常见硅酸盐矿物的抗压强度。

表 3-28 烧结矿中常见硅酸盐矿物的抗压强度

矿物名称	抗压强度/Pa	矿物名称	抗压强度/Pa
亚铁黄长石	29877	铝黄长石	12963
镁黄长石	23827	钙长石	12346
镁蔷薇辉石	19815	钙铁辉石	11882
钙铁橄榄石	19444	硅辉石	11358
钙镁橄榄石	16204	枪晶石	6728

评价一种烧结矿的质量不能仅用冷态的物化性能作为依据，还必须注意热态的物化性能。表 3-29 是烧结矿常见矿物在氢气和在一氧化碳气氛中还原时的相对还原性。

表 3-29 烧结矿中各种矿物的相对还原性

矿物名称		还原度/%			
		在氢气中还原20min			在 CO 中还原40min
		700℃	800℃	900℃	850℃
赤铁矿		91.5	—	—	49.4
磁铁矿		95.5	—	—	25.5
铁橄榄石		2.7	3.7	14.0	5.0
钙铁橄榄石 $(CaO)_x \cdot (FeO)_{2-x} \cdot SiO_2$	$x=1.00$	3.9	7.7	14.9	12.8
	$x=1.2$	—	—	—	12.1
	$x=1.3$	—	—	—	9.4
$(Ca, Mg) O \cdot FeO \cdot SiO_2$ $CaO/MgO=5$		5.5	10.0	18.4	
$(CaO \cdot MgO) O \cdot FeO \cdot SiO_2$ $CaO/MgO=3.5$		4.8	6.2	14.1	
$CaO \cdot FeO \cdot 2SiO_2$		0.0	0.0	0.0	
$2CaO \cdot FeO \cdot 2SiO_2$		0.0	0.0	6.8	
$2CaO \cdot Fe_2O_3$		20.6	83.7	95.8	25.5
$CaO \cdot Fe_2O_3$		76.4	96.4	100.0	49.2
$CaO \cdot 2Fe_2O_3$		—	—	—	58.4
$CaO \cdot FeO \cdot Fe_2O_3$		—	—	—	51.4
$3CaO \cdot FeO \cdot 7Fe_2O_3$		—	—	—	59.6
$CaO \cdot Al_2O_3 \cdot 2Fe_2O_3$		—	—	—	57.3
$4CaO \cdot Al_2O_3 \cdot Fe_2O_3$		—	—	—	23.4

烧结矿中的次生赤铁矿是导致烧结矿还原粉化的重要原因。各种形态赤铁矿的低温还原粉化率见表 3-30。

表 3-30 各种形态赤铁矿的低温还原粉化率

赤铁矿的种类	低温还原粉化率/%	赤铁矿的种类	低温还原粉化率/%
斑状赤铁矿（烧结矿中大约70%）	2.7	骸晶状菱形赤铁矿（烧结矿中大约7.9%）	46.5
线状赤铁矿（烧结矿中大约5%）	17.8	晶格状赤铁矿（矿石中约100%）	17.7
（球团矿中大约90%）	22.4	粒状赤铁矿（某些矿石中几乎100%）	10.3
树枝状赤铁矿（烧结矿中大约20%）	18.0		

3.5.4.3 国内外部分烧结矿的矿物组成

在正常配碳烧结条件下，碱度是影响烧结矿矿物组成最重要的因素。因此在比较两个不同烧结厂（机）或同一烧结机不同时期烧结矿的矿物组成时，必须同时考虑其碱度。表3-31是我国首钢、武钢、本钢和鞍钢早期生产的自熔性烧结矿的矿物组成。表3-32列出了我国部分钢铁企业高碱度（$R = 1.8 \sim 2.2$）烧结矿的矿物组成。

表 3-31　自熔性烧结矿的矿物组成

项　　目		首钢	武钢	本钢	鞍钢
烧结矿化学成分/%	TFe	53.62	52.64	49.57	49.99
	FeO	12.60	14.30	16.50	11.70
	SiO_2	8.10	9.02	12.16	12.14
	CaO	10.04	12.51	14.92	13.18
	MgO	4.58	1.89	2.82	3.02
	Al_2O_3	1.46	2.94	1.15	0.96
	S	0.097	0.072	—	0.046
烧结矿碱度（CaO/SiO_2）		1.24	1.30	1.23	1.10
烧结矿矿物组成（体积分数）/%	磁铁矿	50.0	55.6	53.5	51.2
	赤铁矿	11.0	7.2	3.9	9.15
	铁酸钙	9.59	14.7	2.44	4.02
	铁钙橄榄石	14.8	4.5	16.6	14.5
	α-硅石英	0.53	0.45	16.6	14.5
	石英	0.33	少	0.58	1.67
	浮氏体	0.23	0.31	0.21	0.26
	正硅酸钙	0.53	0.72	0.32	0.52
	玻璃质	9.60	15.99	11.71	17.68
	其他	3.39	0.53	10.32	0.59

表 3-32　国内部分企业高碱度烧结矿的矿物组成

厂　别	矿物组成（体积分数）/%						
	磁铁矿	赤铁矿	铁酸钙	正硅酸钙	玻璃质	黄长石	其他
鞍钢新烧	35	15	35	3	10	少	2
宝钢	25	25	30~35	3	10	3	2
首钢	35	15	35	3	10	少	2
梅山	45	15	25	3	12	—	
马钢	35	20~25	25~30	3	12	少	
武钢二烧	35	35	35	3	10		
柳钢	40.7	17.7	30.3	5.0	4.5	1.8	
包钢	50	10	25	3	10	2	少（枪晶石）
本钢	33	16	44	2	5		
日本（9厂平均）	13.3	30.4	42.4	14（硅酸盐）			
日本神户	43.2	6.8	44.4	5.8（硅酸盐）			

表 3-33 和表 3-34 分别列出了我国武钢和日本釜山钢铁公司不同碱度烧结矿的矿物组成。

表 3-33 武钢不同碱度烧结矿矿物组成

烧结矿碱度 (CaO/SiO₂)	矿物组成（体积分数）/%									
	磁铁矿	赤铁矿	铁酸一钙	铁酸二钙	铁黄长石	硅酸钙	铁橄榄石	浮氏体	金属铁	玻璃质
0.8	57.5	6.2	2.7	—	13.1	—	2.73	0.18		17.4
1.3	48.3	2.9	14.4	—	15.3	0.92	—	—	0.1	18.0
2.4	34.6	0.2	29.1	4.4	10.9	4.44	—			16.2
3.5	27.6	0.2	39.3	9.3	10.7	7.51	—		0.3	7.3

表 3-34 日本釜山不同碱度烧结矿矿物组成

烧结矿碱度 (CaO/SiO₂)	化学成分/%						矿物组成（体积分数）/%			
	TFe	FeO	SiO₂	CaO	MgO	Al₂O₃	赤铁矿	磁铁矿	铁酸钙	硅酸盐渣相
1.32	57.8	6.93	5.86	7.74	1.53	1.94	45.4	25.6	12.8	16.2
1.59	56.8	6.63	5.81	9.23	1.48	1.97	33.4	24.6	26.3	15.7
1.91	55.3	6.25	5.86	11.17	1.54	1.93	30.4	18.6	34.8	16.2
2.13	54.2	5.82	5.88	12.50	1.47	1.97	23.2	15.5	45.1	16.2

3.5.5 烧结矿的结构及其性质

在烧结过程中，不同类型的铁矿粉，其烧结性能以及烧结矿中形成的矿物组成有所不同，在结构上均有差异。

3.5.5.1 宏观结构

这主要与烧结过程生成液相量及其性质有关。烧结矿是一种具有一定裂纹和多孔的人造矿，在含碳量较低或正常的条件下，烧结矿可视为许多物质凝块在空间相互接触的集合物。这些凝块的结构，无论其大小其组分都是相同的，这种凝块叫做单元烧结体（以后简称烧结体）。这种烧结体之间相互接触点不多，相互间被大而不规则的气孔所分开，而烧结体内则为圆形或椭圆形的小气孔。

每个烧结体具有同心层结构。图 3-105 为一个具有代表性的烧结矿结构。图 3-106 为单元烧结体形成示意图。

用肉眼来判断烧结矿孔隙的大小、孔隙分布及孔壁的厚薄，可分为：

（1）粗孔蜂窝状结构。有熔融的光滑表面，由于燃料用量大，液相生成量多；当燃料用量更高时，则成为气孔度很小的石头状体。

（2）微孔海绵状结构。燃料用量适量，液相量为 30% 左右，液相黏度较大，这种结构强度高，还原性好；若黏度小时则易形成强度低的粗孔结构。

（3）松散状结构。燃料用量低、液相数量少，烧结料颗粒仅点接触黏结，故烧结矿强度低。

3.5.5.2 微观结构

烧结矿的微观结构一般是指在显微镜下烧结矿中矿物结晶颗粒的形状、相对大小和它

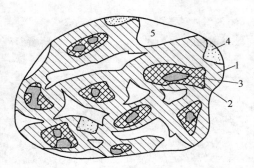

图 3 – 105　碱度为 1.1 的现场烧结矿的结构（八个单元烧结体）

1—边缘区，由 96%～95% 磁铁矿和 5%～10% 钙铁橄榄石和玻璃质组成；

2—中间区，由 50%～90% 磁铁矿、10%～15% 钙铁橄榄石和玻璃质组成；

3—中心区，由 30%～50% 磁铁矿、50%～70% 钙铁橄榄石和玻璃质组成的硅酸盐"湖"；4—原生赤铁矿；5—大气孔

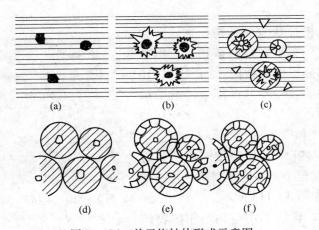

图 3 – 106　单元烧结体形成示意图

（a）在烧结料中的燃料颗粒；（b）燃烧开始；（c），（d）燃烧体周围生成液滴并产生收缩；

（e）燃烧体边缘开始结晶；（f）中心区结晶后的烧结体

们相互结合排列的关系。现将常见的烧结矿微观结构分述如下：

（1）粒状结构。烧结矿中含铁矿物晶粒，与黏结相矿物晶粒互相结合成粒状结构，分布均匀，强度较好，如图 3 – 107 所示。

（2）斑状结构。烧结矿中含铁矿物呈斑晶状，与细粒的黏结相矿物或玻璃相相互结合成斑状结构，强度也较好，如图 3 – 108 所示。

（3）骸晶结构。早期结晶的含铁矿物晶粒发育不完善，只形成骨架，其内部常由硅酸盐黏结相充填于其中，可以看到含铁矿物结晶外形和边缘呈骸晶结构，如图 3 – 109 所示。

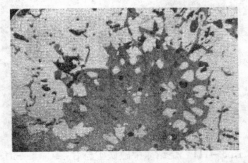

图 3 – 107　烧结矿中磁铁矿呈半自形晶或他形晶，与硅酸盐黏结相矿物相互形成的粒状结构（反射光，160×）

灰白色粒状—磁铁矿；灰色板状—钙铁橄榄石；暗灰色—玻璃相

图3-108 烧结矿中磁铁矿呈半自形晶或
他形晶，与硅酸盐黏结相矿物相互形成的
斑状结构（反射光，160×）

灰白色粒状—磁铁矿；暗灰色—玻璃相

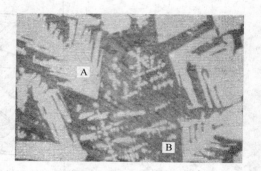

图3-109 烧结矿中磁铁矿呈骸晶分布于
硅酸盐黏结相矿物相中（反射光，160×）

灰白色A—磁铁矿；灰色柱状B—钙铁橄榄石；
暗灰色—玻璃相

（4）丹点状或树枝状共晶结构。含铁矿物呈圆点状或树枝状分布于橄榄石矿物中，例如 Fe_3O_4 - CFS 共晶部分形成的结构（如图3-110所示），$2CaO \cdot SiO_2$ - Fe_3O_4 共晶部分形成的结构（如图3-111所示），$CaO \cdot Fe_2O_3$ - Fe_3O_4 共晶部分形成的结构（如图3-112所示）。

·（5）熔蚀结构。在烧结矿中磁铁矿多为熔蚀残余他形晶，晶粒较小，多为浑圆状，与铁酸钙形成溶蚀结构，如图3-113所示。

（6）交织结构。含铁矿物与黏结相矿物结晶过程中相互之间彼此发展或者交织构成，如图3-114所示。

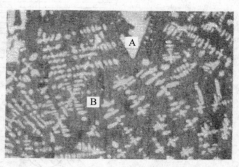

图3-110 烧结矿中磁铁矿呈圆点状或
树枝状分布于橄榄石矿物中形成
的共晶结构（反射光，160×）

灰白色A—磁铁矿；灰色B—橄榄石

图3-111 烧结矿中磁铁矿与 β - $2CaO \cdot SiO_2$
形成的共晶结构（反射光，160×）

灰白色—磁铁矿；黑灰色—β-$2CaO \cdot SiO_2$

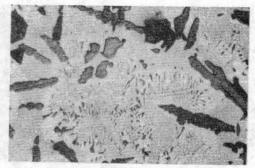

图3-112 烧结矿中磁铁矿与铁酸钙
形成的共晶结构（反射光，160×）

灰白色—磁铁矿；灰色—铁酸钙

在上述六种烧结矿微观结构中，以形成熔蚀结构和交织结构的烧结矿强度为最好。

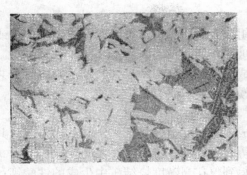

图 3 - 113　烧结矿中磁铁矿与铁酸钙
形成的熔蚀结构（反射光，160 ×）
灰白色—磁铁矿；浅灰色—铁酸钙；
暗灰色—$\beta - 2CaO \cdot SiO_2$

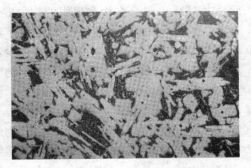

图 3 - 114　烧结矿中磁铁矿与铁酸钙
形成的交织结构（反射光，160 ×）
灰白色—磁铁矿；白色针状或柱状—铁酸钙；
暗灰色—硅酸盐

3.5.6　矿物组成、结构与其性能的关系

烧结矿的质量应包括以下三个方面：

（1）物理性能，包括粒度及粒度组成（粉末含量）、气孔率、机械强度。

（2）化学成分，包括铁品位、FeO 含量、碱度、SiO_2 含量、CaO 含量、MgO 含量、Al_2O_3 含量、S 含量、P 含量等。

（3）冶金性能，包括还原性、低温还原粉化性能、荷重软化性能、熔融滴下性能等。

3.5.6.1　组成、结构与烧结矿强度的关系

烧结矿的机械强度是指抵抗机械负荷的能力，一般用抗压、落下和转鼓指数表示耐压、抗冲击和耐磨的能力，影响机械强度的因素有：

（1）各种矿物成分自身的强度。从表 3 - 27 和表 3 - 28 可知烧结矿中的铁酸一钙、磁铁矿、赤铁矿和铁橄榄石有较高的强度，其次则为钙铁橄榄石及铁酸二钙，强度最弱的是玻璃相。因此在烧结矿的矿物中应尽量减少玻璃质的形成，以提高烧结矿的强度。

（2）烧结矿冷凝结晶的内应力。烧结矿在冷却过程中，产生不同的内应力，即：

1）烧结矿块表面与中心存在温差而产生的热应力；

2）各种矿物具有不同热膨胀系数而引起的相间应力；

3）硅酸二钙在冷却过程中的多晶转变所引起的相变应力。

烧结矿内应力越大，能承受的机械作用力就越小，烧结矿强度越低。

（3）烧结矿中气孔的大小和分布。若烧结温度低时，则大气孔少；而当焦粉加入量增多时，由于气孔互相结合，气孔数变少，同时可见变成大气孔的倾向，并且气孔的形状由不规则形转变成球形，气孔率与强度的关系如图 3 - 115 所示。

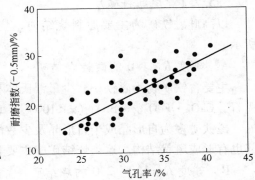

图 3 - 115　烧结矿耐磨指数与气孔率的关系

（4）烧结矿中组分多少和组织的均匀度。

对于非熔剂性烧结矿，此类烧结矿在矿物组成方面属低组分烧结矿，主要为斑状或共晶结构，其中的磁铁矿斑晶被铁橄榄石和少量玻璃质所固结，因而强度良好。

对于熔剂性烧结矿，此类烧结矿在矿物组成上属多组分烧结矿，其结构为斑状或共晶结构，其中的磁铁矿斑晶或晶粒虽然被钙铁橄榄石、玻璃质以及少数的硅酸钙等固结，但是强度仍较差。

对于高碱度烧结矿，此类烧结矿在矿物组成上也属低组分烧结矿，其结构为熔融共晶结构，其中的磁铁矿与黏结相矿物——铁酸钙等一起固结，具有良好强度。

应该指出的是，在低碱度烧结矿中，可见得到仅在高碱度烧结矿中生成的铁酸钙；相反，在高碱度的烧结矿中也有局部的低碱度硅酸铁生成。这是由于原料的偏析和反应没有充分进行有效的同化作用所致，烧结矿成分越是不均匀，其质量越差。

3.5.6.2 组成、结构与烧结矿冶金性能的关系

烧结矿的还原性是重要的冶金性能之一。烧结矿的矿物组成、结构对其还原性的影响主要表现在以下几个方面：

（1）各组成矿物的自身还原性。不同的含铁矿物的还原性有差别，赤铁矿、二铁酸钙、铁酸一钙及磁铁矿还原性较高，铁酸二钙、铁铝酸钙还原性稍低，而玻璃质、钙铁橄榄石，特别是铁橄榄石是难还原矿物。次生赤铁矿和硅酸二钙在还原过程中易粉化。

（2）气孔率、气孔大小与性质。一般来说，烧结反应进行得越充分，气孔越小。另外，烧结矿固结加强，气孔壁增厚，强度也越好；相反，烧结矿的还原性变差。

（3）矿物晶粒的大小和晶格能的高低。磁铁矿晶粒细小，在晶粒间黏结相很少，这种烧结矿在800℃时易被还原，而当大颗粒的磁铁矿被硅酸盐包裹时，则难被还原或者只是表面被还原。此外，晶格能低的易被还原，而晶格能高的还原性差。某些矿物的晶格能见表3-35。

表3-35 单矿物晶体的晶格能

矿物名称	赤铁矿	铁酸钙	磁铁矿	钙铁橄榄石	铁橄榄石
晶格能/kJ·mol^{-1}	9538	10856	13473	18782	19096

3.5.7 影响组成、结构和冶金性能的因素

3.5.7.1 烧结料碱度

以高硅磁铁矿为主要原料烧结时，烧结矿矿物组成随碱度改变的变化如图3-116所示。

A 碱度 $R<1.0$ 的酸性烧结矿

主要含铁矿物为磁铁矿、少量浮氏体和赤铁矿。黏结相矿物主要为铁橄榄石、钙铁橄榄石 [$CaO_x \cdot FeO_{2-x} \cdot SiO_2$ （$x<100$）]、玻璃质及少量钙铁辉石等。

磁铁矿多为自形晶或半自形晶及少数他形晶，与黏结相矿物形成均匀的粒状结构，局部也有形成斑状结构。这类烧结矿中主要黏结相矿物冷却时无粉化现象。

B 碱度 $R=1.0\sim2.0$ 的烧结矿

主要含铁矿物与 $R<1.0$ 时的烧结矿基本相同。当 $R<1.5$ 时，黏结相矿物主要为钙铁

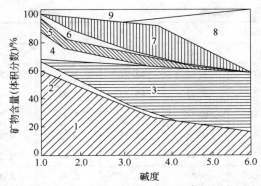

图 3-116 不同碱度烧结矿矿物组成的变化（高硅磁铁矿烧结）
1—磁铁矿（其中有少量的浮氏体）；2—赤铁矿；3—铁酸钙；4—钙铁橄榄石；5—硅酸盐玻璃质；
6—硅灰石；7—硅酸二钙；8—硅酸三钙；9—游离石灰、石英及其他硅酸盐矿物

橄榄石 $[CaO_x \cdot FeO_{2-x} \cdot SiO_2 \ (x = 1 \sim 1.5)]$ 及少量的硅酸一钙、硅酸二钙及玻璃质等。随着碱度升高（$R > 1.5$），硅酸二钙、硅灰石及铁酸钙均有明显地增加，而钙铁橄榄石和玻璃质则明显减少。

C 碱度 $R = 2.0 \sim 3.0$ 的烧结矿

随碱度进一步提高，磁铁矿、钙铁橄榄石和硅灰石显著减少，黏结相矿物铁酸钙快速增加，但硅酸二钙也有所增加。

D 碱度 $R > 3.0$ 的烧结矿

烧结矿中几乎不含钙铁橄榄石和玻璃质。矿物组成比较简单，主要有 $CaO \cdot Fe_2O_3$ 和 $2CaO \cdot Fe_2O_3$，其次为 $2CaO \cdot SiO_2$、$3CaO \cdot SiO_2$ 和磁铁矿；随着碱度的提高，铁酸钙、硅酸三钙有明显的增加，磁铁矿明显减少。磁铁矿以熔融残余他形晶为主，晶粒细小，与铁酸钙形成熔融结构，局部也有与铁酸钙、硅酸三钙等形成粒状交织结构。这类烧结矿中的主要矿物机械强度和还原性均较好；又由于这类烧结矿中的硅酸二钙均为 β 型，所以烧结矿不粉化，这是由于过量的 CaO 有稳定 $\beta - 2CaO \cdot SiO_2$ 的作用。

表 3-36 为北京科技大学等测得的我国部分企业不同碱度烧结矿的冶金性能。

表 3-36 不同碱度烧结矿冶金性能

编号	R (CaO/SiO_2)	化学成分/%						备注
		TFe	FeO	CaO	SiO_2	MgO	Al_2O_3	
1	0.13	56.41	21.50	1.46	11.37	3.33		
2	0.32	55.29	18.74	3.48	11.02	3.67		
3	0.47	54.08	18.18	5.16	11.02	3.23		
4	1.79	46.82	14.25	17.05	9.52	2.98		酒钢
5	2.10	45.05	12.73	19.60	9.34	2.76		
6	2.25	44.21	11.08	20.61	9.18	2.88		
7	1.63	55.20	9.12	11.20	6.89			
8	1.89	54.60	9.27	12.90	6.81	0.73		鞍钢
9	1.98	53.20	8.84	14.20	7.16	0.79		
10	2.27	52.20	7.48	15.50	6.82			

编号	R (CaO/SiO_2)	化学成分/%						备注
		TFe	FeO	CaO	SiO_2	MgO	Al_2O_3	
11	2.67	55.10	8.91	12.91	4.83	1.55	1.74	
12	3.09	53.39	8.47	15.22	4.93	1.64	1.74	
13	3.19	51.80	10.96	16.99	5.32	1.91	1.74	杭钢
14	3.52	51.46	10.96	18.35	5.22	0.82	1.61	
15	3.99	48.05	8.47	21.61	5.41	0.55	1.74	
16	1.80	52.68	9.80	11.47	6.38	3.04	1.90	武钢
17	1.75	56.99	6.45	9.35	5.34	1.54	1.77	宝钢
18	1.35	53.66	15.80	11.92	8.83	2.39		
19	1.60	51.88	14.60	14.11	8.82	2.43		莱钢
20	1.80	50.34	10.70	15.81	8.78	2.45		
21	2.10	48.38	10.50	18.45	8.78	2.50		

编号	R (CaO/SiO_2)	900℃ 还原性/%	低温还原粉化性/%			荷重还原软化性能/℃		
			$RDI_{+6.3mm}$	$RDI_{+3.15mm}$	$RDI_{-0.5mm}$	开始软化	软化终了	软化区间
1	0.13	29.9	96.5	97.2	1.7	1026	1183	157
2	0.32	42.6	91.8	95.2	3.2	1038	1155	117
3	0.47	47.1	92.1	95.4	1.7	1045	1144	99
4	1.79	86.9	94.8	97.6	0.8	1079	1236	157
5	2.10	90.3	96.6	97.7	1.4	1035	1215	180
6	2.25	91.4	90.2	97.8	2.7	1024	1200	174
7	1.63	86.2	49.7	72.6	3.2	1097	1271	174
8	1.89	88.4	53.9	77.6	3.9	1114	1297	183
9	1.98	95.0	61.1	80.9	2.0	1115	1333	218
10	2.27	92.5	55.6	80.3	2.5	1084	1267	183
11	2.67	81.4	64.5	81.2	3.0	1076	1300	224
12	3.09	85.1	60.4	80.6	3.0	1026	1240	214
13	3.19	83.5	73.9	85.6	2.4	1053	1235	182
14	3.52	85.0	73.5	85.7	2.4	1023	1225	202
15	3.99	82.1	82.6	89.6	2.9	1038	1225	187
16	1.80	69.8	—	71.3	—	1265	1385	120
17	1.75	73.6	—	59.4	—	1204	1370	166
18	1.35	60.7	—	74.1	—	1127	1200	73
19	1.60	70.1	—	71.8	—	1082	1245	163
20	1.80	79.4	—	85.3	—	1073	1214	141
21	2.10	88.1	—	86.7	—	1100	1236	136

表 3–37 为日本不同碱度烧结矿的冶金性能。

表 3–37 日本不同碱度烧结矿冶金性能

R (CaO/SiO_2)	化学成分/%						低温还原粉化率 (−3mm)/%	还原度/%
	TFe	FeO	CaO	SiO_2	MgO	Al_2O_3		
1.32	57.8	6.93	7.74	5.86	1.53	1.94	41.5	72.0
1.59	56.8	6.63	9.23	5.81	1.48	1.97	40.5	75.5
1.91	55.3	6.25	11.17	5.86	1.54	1.93	37.8	78.3
2.13	54.2	5.82	12.50	5.88	1.47	1.97	25.7	79.6

3.5.7.2 烧结料配碳量

烧结料中的配碳量决定烧结温度、烧结速度及烧结气氛，对烧结矿的性质及矿物组成有很大的影响。

对我国鞍钢铁精矿的烧结研究表明：当烧结矿碱度固定在 1.5，烧结料含碳量由 3.0%升高到 4.5%时，烧结矿中铁氧化物含量变化不太明显，而对黏结相的形态及矿物的结晶程度影响很大。当烧结料中含碳量较低时，磁铁矿的结晶程度差，主要黏结相是玻璃质，多孔洞，还原性比较好，而强度差，随着烧结料含碳量的增加，磁铁矿的结晶程度提高，并生成大粒结晶。这时液相黏结物以钙铁橄榄石代替了玻璃质，孔洞少，因此烧结矿强度变好。当固定碳过多时容易生成熔化过度、大孔薄壁或气孔度低的烧结矿，此时烧结矿产量低，还原性差，强度也不好。配碳量对烧结矿冶金性能的影响见表 3–38。

表 3–38 配碳量对烧结矿冶金性能的影响

配碳量 /%	化学成分/%				R (CaO/SiO_2)	矿物组成（体积分数）/%				低温还原 粉化率 (−3mm)/%	还原度 /%
	TFe	FeO	Al_2O_3	MgO		赤铁矿	磁铁矿	铁酸钙	硅酸盐渣相		
4.4	59.0	4.35	2.08	1.36	1.59	45.3	15.0	24.6	15.1	45.4	64.8
5.0	57.3	6.41	1.96	1.32	1.56	41.1	22.2	29.2	15.5	38.9	63.2
5.5	56.9	8.22	1.99	1.35	1.56	35.4	30.4	17.3	16.9	35.8	60.1
6.0	57.1	10.22	1.99	1.18	1.54	28.4	40.4	13.6	17.6	30.0	60.9

对于一般铁矿粉烧结，烧结矿 FeO 含量随配碳量的增加而有规律地增大。因此，烧结矿 FeO 含量通常是被用来评定烧结矿冶金性能的重要指标。表 3–39 为烧结矿氧化亚铁含量与冶金性能的关系。从中可以清晰地看出，随着烧结矿氧化亚铁含量的增加，烧结矿成品率、转鼓指数和烧结利用系数均明显增加，但烧结矿的冶金性能明显变差。此外烧结矿氧化亚铁含量高，意味着烧结固体燃料消耗大。

表 3–39 烧结矿氧化亚铁含量与冶金性能的关系

烧结矿 FeO /%	垂直烧结速率 /mm·min^{-1}	成品率 /%	烧结利用系数 /t·(m^2·h)^{-1}	ISO 转鼓指数 (+6.3mm)/%	平均粒度 /mm	JIS 还原度 /mm	低温还原粉化率 (−3mm)/%
6.50	21.49	52.76	1.162	56.3	11.41	63.0	46.5
7.50	21.77	62.77	1.390	63.0	13.80	78.2	43.5
8.40	21.00	68.19	1.408	65.0	15.37	75.0	40.1

续表 3-39

烧结矿 FeO /%	垂直烧结速率 /mm·min^{-1}	成品率 /%	烧结利用系数 /t·(m²·h)$^{-1}$	ISO 转鼓指数 (+6.3mm)/%	平均粒度 /mm	JIS 还原度 /mm	低温还原粉化率 (-3mm)/%
10.05	22.03	73.89	1.526	65.0	15.69	71.9	31.7
11.00	21.33	73.36	1.487	64.3	15.96	68.7	26.8
12.20	21.68	76.51	1.540	64.3	14.57	64.1	22.2
13.80	21.33	77.13	1.528	65.3	14.65	53.1	19.6

3.5.7.3 烧结料化学成分

A 铁矿中 SiO₂ 的含量

烧结料中 SiO_2 和含铁量对矿相组成的影响最为明显；对比较典型的鞍山高硅精矿（SiO_2 12.9%）和马钢凹山低硅精矿（SiO_2 1.70%）进行研究，结果表明：碱度相同时烧结矿矿相组成差别很大，见表 3-40。

表 3-40 原料 SiO₂ 的含量对烧结矿矿物组成的影响

名　称	R (CaO/SiO_2)	烧结矿矿物组成/%							
		磁铁矿	赤铁矿	铁酸钙	玻璃质	钙铁橄榄石	硅酸钙	游离 CaO	高温石英
鞍山烧结矿	1.55	47.5	7.5	3.3	15.6	26	2.6	—	—
凹山烧结矿	1.52	88.8	5.0	—	7.2			—	—

由表 3-40 可见，在碱度相当的条件下，鞍山高硅烧结矿矿物有磁铁矿、赤铁矿、钙铁橄榄石、硅酸钙和玻璃质，其中可作为黏结相矿物的有钙铁橄榄石、硅酸钙和玻璃质；而马钢凹山低硅烧结矿矿物有磁铁矿、赤铁矿和玻璃质，其中可作为黏结相矿物的只有少量玻璃质。鞍山高硅烧结矿中可作为黏结相的矿物明显多于马钢凹山烧结矿，因而鞍山高硅烧结矿强度也会明显高于马钢凹山低硅烧结矿，由此可见，烧结过程生成一定数量的液相是保证烧结矿有较高强度的重要条件。

B MgO 的影响

添加白云石代替石灰石做熔剂，或者添加蛇纹石补充铁矿石的 SiO_2 含量，发现随着 MgO 含量的增加烧结矿粉化率明显下降（见表 3-41）。因为当 MgO 存在时，将出现新的矿物，包括镁橄榄石（$2MgO·SiO_2$），熔点为 1890℃；钙镁橄榄石（$CaO·MgO·SiO_2$），熔点为 1454℃；镁蔷薇辉石（$3CaO·MgO·2SiO_2$），熔点在 1570℃以上；镁黄长石（$2CaO·MgO·SiO_2$），熔点为 1454℃等。其混合物在 1400℃时即可熔融。

表 3-41 日本不同氧化镁烧结矿的矿物组成与冶金性能

烧结矿化学成分/%					R (CaO/SiO_2)	矿物组成（体积分数）/%				低温还原粉化率 (-3mm)/%	还原度 /%
MgO	TFe	FeO	SiO_2	CaO		赤铁矿	磁铁矿	铁酸钙	硅酸盐渣		
1.3	57.0	5.64	5.75	9.17	1.58	39.6	20.9	24.1	15.4	41.2	62.3
2.1	56.3	6.10	5.68	9.55	1.68	29.4	22.0	33.5	15.1	36.9	61.7
2.9	56.0	6.19	5.68	9.58	1.69	26.0	27.8	30.0	16.2	34.2	63.5

C Al₂O₃ 的影响

烧结矿中 Al_2O_3 大多会引起烧结矿还原粉化性能的恶化，使高炉透气性变差，炉渣黏度增加，放渣困难，一般将高炉炉渣 Al_2O_3 含量控制在 12% ~ 15%，以保证炉渣的流动性，故烧结矿中的 Al_2O_3 含量应小于 2.1%，但原料中少量的 Al_2O_3 对烧结矿的性质有良好作用，Al_2O_3 增加时能降低烧结料熔化温度，生成铝酸钙和铁酸钙的固溶体（$CaO \cdot Al_2O_3 - CaO \cdot Fe_2O_3$）。当其中 Al_2O_3 为 11% 时具有较低的熔点（1200℃），同时 Al_2O_3 增加表面张力，降低烧结液相黏度，促进氧离子扩散，有利于烧结矿的氧化。配料中有一定的 Al_2O_3 可以生成较多的铁酸钙，此外，Al_2O_3 还是生成复合铁酸钙（SCFA）的成分之一。

D 其他成分的影响

在烧结料中添加少量磷灰石或含磷铁矿粉能够防止烧结矿的粉化，如我国迁安精矿配加 6% 磷矿粉（$P_2O_5 = 1.06\%$）或 3% 转炉钢渣（P = 0.7% ~ 1.0%），烧结矿的粉化现象可完全抑制。

添加少量的含硼矿物、含铬矿物或者含钒铁矿粉也可以抑制烧结矿的粉化现象。根据硅酸盐物理化学理论研究表明，外加某种离子，若能使 $A[XO_4]$ 中的阳离子和阴离子团半径的比值增大，就可以达到稳定晶体的目的。

E 不同 Fe_2O_3 种类的影响

Fe_2O_3 由于生成路线不同，其性质也不大相同。Fe_2O_3 生成路线有多种：升温过程中氧化生成片状、粒状赤铁矿；升温到 Fe_2O_3 与液相反应后凝固而形成的斑状赤铁矿；磁铁矿再氧化形成的骸晶状菱形赤铁矿；赤铁矿—磁铁矿固熔体析出细晶胞赤铁矿等。

3.5.7.4 操作制度

烧结过程的温度、气氛对烧结有很大影响，除了与燃料的用量有关外，它还与烧结时的点火温度、冷却速度和料层高度有关系。例如磁铁矿熔剂性烧结时，从上到下各料层的矿物组成不完全相同，在烧结矿表层（10mm）中，其黏结相主要为玻璃质，这可能是由于温度低、冷却速度快、化合反应不充分的缘故，该层一般强度较差；在表层下 10 ~ 90mm 料层内玻璃质也较多，一般强度也不够好；在 100mm 左右的料层内，黏结相以钙铁橄榄石、钙铁辉石为主，烧结矿强度较好；在 150mm 处出现较多的铁酸钙；在 150 ~ 290mm 内，其黏结相除上述矿物外，尚有少量硅酸二钙，此外还有大颗粒 Fe_3O_4 中出现 FeO，二者成固溶体，在料层的下部广泛出现。随料层厚度的增加，Fe_3O_4 逐渐增加，这与烧结料层中的温度和气氛是密切相关的；而赤铁矿的含量则随料层的厚度加大而减少，一般在表层和上部较多。

综上所述，为了改善烧结过程的温度制度，提高烧结矿的产量和质量，可以采用热风烧结、烧结矿热处理、富氧烧结以及双层烧结等措施，其目的都在于改进烧结矿的矿物组成与结构。

4 球团过程基本理论

4.1 水分在成球中的作用

　　水分在细粒物料中的存在形态包括吸附水、薄膜水、毛细水和重力水四种，不同形态水的形成机制、特性及其对成球的作用各不相同。物料中吸附水、薄膜水、毛细水和重力水的和为总水量。

4.1.1 吸附水的特性及其作用

　　用于造球的细粒物料的主要特点是分散度大、比表面积大、比表面能高。例如，将一边长为 1cm 的立方体破碎成边长为 $10\mu m$（即 $10^{-3}cm$）的小立方体时，颗粒的个数由 1 个变为 10^9 个，总比表面积由 $6cm^2$ 相应增大为 $6\times10^3cm^2$，增大了 1000 倍，而且颗粒破碎得越细，比表面积就增加得越多。一般造球物料的比表面积在 $1500\sim1900cm^2/g$。物料具有如此大的比表面积，也就具有了较大的表面能。表面分子处于不均衡的力场中，当其与周围介质（空气或液体）接触时，颗粒表面就显示出电荷，如方解石、石英、膨润土、大多数的黏土等所带电荷多为负电荷，某些金属氢氧化物如氢氧化铁、氢氧化铝等所带电荷多为正电荷，表面带电的颗粒在一定的空间内形成电场，并影响处于电场内带电粒子或极性分子的分布与排列，对细粒物料成球性能产生重要影响。

　　当干燥的固体颗粒与水接触时，在电场范围内的极化水分子被吸附于颗粒表面，水分子由于具有偶极构造而中和干燥颗粒表面的电荷，颗粒表面过剩能量因放出润湿热而减少，结果在颗粒表面形成一层吸附水。吸附水的形成不一定须将颗粒放入水中，或往颗粒中加水，当干燥的颗粒与潮湿大气接触时，会吸附大气中的气态水分子，如图 4－1 所示。

　　当相对水蒸气压很低时只能单分子层吸附，吸附的基础是靠颗粒表面的离子和水的偶极分子之间的静电吸引，这种吸引力的作用半径不超过 0.1nm 或零点几个纳米，在离开颗粒表面距离超出水分子直径的地方，被吸附的多层水分子是靠范德华力作用。其次，每一个被吸附的水的偶极分子，由于吸附作用，不仅失去其活动性，同时，水的偶极子以正极或负极靠拢吸着点而呈定向排

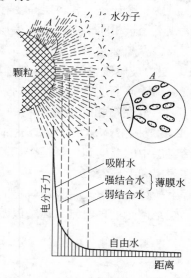

图 4－1　极化水分子在颗粒表面的
排列及作用力的分布情况
（电分子力等于静电力与范德华力之和）

列状态。被吸着的第一层水分子表面是由被吸着水的偶极分子的正极或负极所构成，这样一来，它们又形成拥有可能吸着点的新的综合体。正因为如此，第一层偶极分子又会吸引着第二层偶极分子，第二层又吸着第三层，依此类推。

吸附水层的厚度，是随着矿物成分或亲水性的不同而有所不同，同时也随着料层中相对水蒸气压力的增加而增大，当相对水蒸气压达到 100% 时，吸附水含量达到最大值，称为最大吸附水。表 4-1 列出纯石英砂的最大吸附水量和水膜厚度。

表 4-1　纯石英砂的最大吸附水量及水膜厚度

粒度/mm	平均直径/mm	最大吸附水量/%	吸附水膜	
			厚度/mm	相当于水分子个数/个
0.25 ~ 0.1	0.175	0.0452	376×10^{-8}	137
0.10 ~ 0.05	0.075	0.0798	356×10^{-8}	129
0.05 ~ 0.02	0.035	0.0917	152×10^{-8}	55
0.02 ~ 0.01	0.015	0.1133	83×10^{-8}	30
0.01 ~ 0.005	0.0075	0.1474	52×10^{-8}	19
0.005 ~ 0.002	0.0035	0.2642	44×10^{-8}	16
0.002 ~ 0.001	0.0015	0.4963	36×10^{-8}	13
0.001 ~ 0.000	0.0005	0.3872	33×10^{-8}	12

注：水分子直径采用 2.76×10^{-8} cm 测定时，相对水蒸气压力 $p/p^{\ominus} = 0.94$。

虽然水分子力的作用半径在极小的范围内，但其作用力非常大。例如，直接附着在固体表面的第一层分子水，其作用力大小相当于 980MPa。在受范德华力作用的地方，其作用半径的大小至少达到数个水分子直径，虽然其作用力与距离的 6 次方成反比而递减，但受被吸附水的偶极分子呈定向排列的静电引力所补充，其所产生的作用力极大，被吸附的多层水分子仍被牢固地保持在颗粒上。吸附水的性质与一般液态水的性质有很大差别，它没有溶解盐类的能力，也没有从一个颗粒直接转移到另一个颗粒的能力，它的转移只能以水蒸气方式进行；吸附水密度大于 1g/cm³（大约 1.2 ~ 2.4g/cm³），一般为 1.5g/cm³；吸附水不导电，在低于零下 78℃ 的温度时不结冰，这种水又称为固态水。

当矿粉颗粒直径约为 0.1 ~ 1.0mm 时（呈砂粒状态），如果仅含有吸附水，则仍保持散粒状；当矿粉颗粒直径约为 1μm 时（呈黏土状态），如果只含有吸附水，可以成为坚硬的固体。所以，一般认为适宜于造球的矿粉，如果仅存在吸附水时，成球过程尚未开始。

4.1.2　薄膜水的特性及其作用

当固体颗粒表面达到最大吸附水层后，再进一步润湿颗粒时，在吸附水的周围就形成薄膜水。这是由于颗粒表面吸着吸附水后，还有未被平衡掉的范德华分子力（主要是颗粒表面的引力，其次是吸附水内层的分子引力）的作用。但是，这种引力较小，水分子定向排列较差、较松弛。薄膜水的内层与最大吸附水相接，引力为 304×10^{4} Pa，外层为 61×10^{4} Pa。因此，薄膜水与颗粒表面的结合力虽比吸附水和颗粒表面的结合力要弱得多，但其绝对大小依然很大，用 7 万倍重力加速度的离心机都不能使它从颗粒表面排出。薄膜水的平均密度为 1.25g/cm³，溶解溶质的能力较弱，冰点为 -4℃。

在分子力的作用下，薄膜水可从水膜厚处移向水膜薄处：如图4-2所示，有两个相邻且直径相等的颗粒甲和乙，当甲颗粒的薄膜水比乙颗粒的薄膜水厚时，位于 A 的薄膜水距离颗粒乙的中心比距离颗粒甲的中心近，因此，薄膜水 A 开始向颗粒乙移动，即颗粒甲周围较厚的薄膜水开始向颗粒乙移动，这个过程一直进行到两个颗粒的水膜厚度相等时为止。但由于薄膜水受到颗粒表面的吸引，具有比普通水更大的黏滞性，因此这种迁移速度非常缓慢。当两个颗粒间的距离 ac

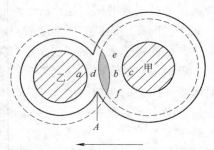

图4-2　两颗粒间薄膜水移动示意图

小于两个颗粒的引力半径 ab、cd 之和时，两颗粒间引力相互影响着范围 $ebfd$ 内的薄膜水，它同时受到两个颗粒的分子引力的作用，而具有更大的黏滞性。通常，颗粒间距离越小，薄膜水的黏滞性就越大，颗粒就越不容易发生相对移动，对生球而言其强度就越好。

吸附水和薄膜水合起来组成分子结合水，在力学上可以看作是颗粒的外壳。在外力作用下结合水和颗粒一起变形，并且分子水膜使颗粒彼此黏结，这就是矿粉成球后具有强度的原因之一。

各种铁矿石及常用添加物的最大分子结合水含量列于表4-2。就铁矿石而言，致密的磁铁矿最大分子结合水的含量最小，而疏松的褐铁矿最大分子结合水的含量最大，并且其数值随着矿石粒度的减少而增大。各类常用添加物，其最大分子结合水的含量，也与其本身性质有关，亲水性好、比表面积大的膨润土，其分子结合水具有最大值，消石灰次之。

表4-2　各类铁矿及常用添加物的最大分子结合水和最大毛细水含量

矿石名称	粒度/mm	最大分子结合水含量/%	最大毛细水含量/%
磁铁矿	1~0	4.9	9.3
	0.15~0	6.4	14.3
	0.074~0	6.0	17.6
赤铁矿	1~0	5.2	11.0
	0.15~0	7.4	16.5
	0.074~0	7.3	17.5
褐铁矿	1~0	21.2	37.3
	0.15~0	21.3	36.8
膨润土	0.20~0	45.1	91.8
消石灰	0.25~0	30.1	66.7
石灰石	0.25~0	15.3	36.1

当物料达到了最大的分子结合水后，矿粉就能在外力（搓、揉、滚、压等）的作用下表现出塑性性能，在造球机中，成球过程才明显开始。

4.1.3　毛细水的特性及其作用

毛细水是在直径为 0.001~1mm 的毛细管中，受毛细管引力保持的一种水分。毛细水是在超出分子结合水作用范围以外的表面引力的作用下形成的，它所受到的引力在9.8～24.5kPa之间，视物料的亲水性和毛细管的直径大小而定。

当矿粉继续被润湿，超过最大分子结合水分时，物料层中就出现毛细水。颗粒间水的饱和度不同时，所形成毛细水的状态也不相同。如图4-3所示，随着水饱和度的增加，颗粒间的水状态依次向触点状、蜂窝状、毛细状和水滴状变化：

（1）触点状：细粒物料被接触点处的水黏结在一起；

（2）蜂窝状：处于触点状和毛细状之间，孔隙没有完全被水填满；

（3）毛细状：颗粒完全饱和，孔隙中充满了水，在孔隙末端形成凹液面；

（4）水滴状：细粒物料被液滴包裹在一起；

（5）准水滴状：水滴状中仍有未被填充的孔隙，这种状态一般发生在润湿性较差的情况中。

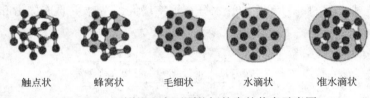

触点状　　蜂窝状　　毛细状　　水滴状　　准水滴状

图4-3　不同饱和度下颗粒间的水的状态示意图

在造球过程中，由于连续加水，以及在外力作用下毛细管形状和尺寸的改变，颗粒间水的饱和状态将会由触点状到水滴状变化，毛细水也因毛细压大小的变化而发生迁移，因此，毛细水在矿粉成球中起着主导作用。当物料润湿到毛细水阶段，毛细力将水滴周围的颗粒拉向水滴中心而形成了小球，物料的成球过程才获得应有的发展。各类铁矿石及常用添加物的最大毛细水含量见表4-2。

4.1.4　重力水的特性及其作用

当物料层中的水分超过最大毛细水含量之后，超出的水分不能为毛细管引力所保持，在重力的作用下沿着矿粒间大孔隙向下移动，这种水分叫做重力水。当物料中出现重力水时，毛细作用减弱甚至消失，因此，重力水在成球过程中是有害的。

4.2　矿粉成球机理

4.2.1　颗粒黏结机理

在成球过程中，颗粒间的黏结力主要包括固—液—气三相界面上的毛细作用力 F_C、颗粒产生相对运动时桥液产生的黏滞作用力 F_V 及颗粒间的相互作用力 F_P（由静电力、范德华力、磁力等构成），如图4-4所示。毛细力主要取决于固液界面张力、物料粒度和润湿性等；黏滞力主要取决于水或黏结剂溶液的黏度；颗粒间相互作用力主要取决于颗粒粒度和颗粒间距离。在实际造球生产中，湿球团强度主要取决于前两种作用力，颗粒间相互作用力较小。

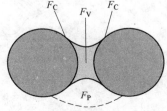

图4-4　生球体系内两球形颗粒黏结模型

4.2.1.1 毛细作用力

根据原料准备方式的不同，球团原料可以是干粒料，也可以是湿滤饼，大部分精矿都是以滤饼状态进厂的。干料粒如与水接触，矿石颗粒表面便被润湿。由于矿石颗粒彼此有许多点接触点，在水膜的表面张力作用下，便形成液体桥键。料粒在造球机内通过运动，以及包裹矿石颗粒的各个小水珠的相互结合，便形成了最初的料团，这时料团是疏松、多孔的，液体桥键将各个料粒呈网状的保持在一起。如继续加水，越来越多的水分在料团内结成水膜，料团就变得更为致密，至此阶段，毛细力开始起主要作用。当料团内的所有气孔均充满液相、但液相尚未均匀裹住整个料团时，造球阶段的最佳状态便达到了。在连续滚动过程中，随着球核被进一步压密，过剩的毛细水被挤到球核表面部分，新物料不断黏附到球核表面，使球核长大。如果矿石颗粒完全裹上水膜时，生球生长停止，便进入造球的最终阶段，这时，包裹矿石颗粒聚集体的水膜的表面张力起主导作用，而毛细力的作用显著下降。随造球过程的进行和毛细管水分充填率增大，造球主要连接力和生球强度的变化如图 4-5 所示。

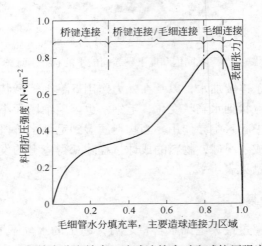

图 4-5 毛细管水分充填率、造球连接力对生球抗压强度的影响

毛细力的上述作用，伊尔摩尼（Ilmoni）和蒂格尔舍尔德（Tigerschiöld）用图 4-6 做了说明。水分在铁矿颗粒之间的毛细孔中形成弯月面，而毛细力将矿石颗粒保持在一起。

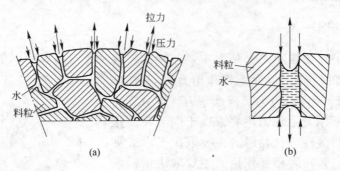

图 4-6 毛细力对颗粒连接的作用
(a) 生球的毛细抗拉与抗压强度；(b) 两料粒间的毛细拉力与压力

除前面叙述的细粒物料的理想成球方式之外,在实际造球生产中还有其他几种可能方式或多或少地同时存在(见图4-7):

(1)很细的颗粒逐层滚粘到其他颗粒上,从而形成料团;

(2)已经形成的小球通过相对运动和一定压力的作用,彼此黏结而聚团;

(3)破碎的生球碎屑粘到密实生球上面或嵌入到生球里面;

(4)从软弱生球上磨落的细末嵌入到结实的生球里面。

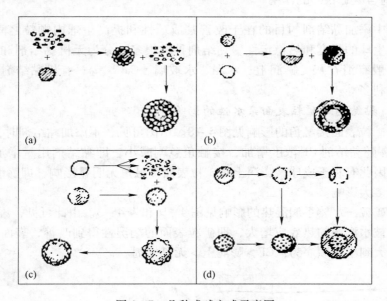

图4-7 几种成球方式示意图

(a)逐层滚粘;(b)小球聚结;(c)碎球嵌粘;(d)磨剥嵌入

在造球过程中,生球的制成是与一些料球的破碎同时进行着的。只有那些能够经受住剪切力或破碎力作用的生球才能在滚动过程中存在下来。造球力与破坏力二者的竞争有利于制出粒度均匀、致密而结实的生球。

在造球过程中,各种因素是会相互产生作用的,或者与原料有关,或者与原料无关。在探求与原料无关的诸因素方面,曾经进行了许多试验研究工作,这些研究工作大部分都是根据精确规定的颗粒形状(如料球形)或者根据特定的原料(如石英、石灰石或玻璃)进行的。因此,所得出的各种规律只能作为参考,原因在于每一种矿石,即使粒度相同,也具有其特定的粒度组成或颗粒形状。这就还需要对每种单一矿石或混合矿石进行单独的研究。

4.2.1.2 黏滞作用力

生球中颗粒间黏结除静止状态下的毛细作用外,当颗粒间发生位移产生相对运动时,因液体黏滞作用还会存在黏滞作用力。

在实际过程中,生球在外界力作用下,常需要经受较快速度的拉伸。毛细力理论不适用于预测含超细物料的混合料所制成的生球动态强度,为此,O. Wada等人提出了黏滞毛细力理论(viscocapillary model),研究认为在物料的平均水力半径低于10^{-5}cm时,生球的动态强度受黏滞力控制。在触点状时,两个球形颗粒间的黏滞力可用下式计算:

$$F_V = \frac{3\pi\eta r}{2h}\frac{dh}{dt} \tag{4-1}$$

式中　η——液体黏度；

　　　r——颗粒半径；

　　　$2h$——颗粒间距。

4.2.2　黏结剂与铁矿表面的作用

造球物料中添加黏结剂的目的在于改善其成球性和提高生球内颗粒之间的分子黏结力，以便提高生球的强度和热稳定性。黏结剂种类很多，分为无机黏结剂和有机黏结剂，无机黏结剂一般有消石灰、膨润上、水泥、水玻璃、$CaCl_2$ 等；有机黏结剂有纸浆废液、腐殖酸盐、佩利多等。

4.2.2.1　黏结剂对矿粒表面亲水性的影响

黏结剂对矿粒表面接触角的影响见图 4-8。由图可见，不添加黏结剂时，磁铁矿表面接触角为 46°；随黏结剂 CF 浓度增加，接触角急剧减小，即黏结剂用量增加，矿粒表面亲水性增强，因此有利于成球。膨润土对矿粒表面接触角无明显影响，即膨润土对铁精矿表面亲水性无多大影响。

黏结剂对矿粒—水体系润湿热的影响见图 4-9 和表 4-3。由此可见，添加黏结剂后，可使矿粒表面被水润湿的热效应增大，即矿粒表面的润湿性得到改善，表面亲水性增强，此外润湿热由大到小的顺序为：CF > 膨润土 > 无黏结剂。

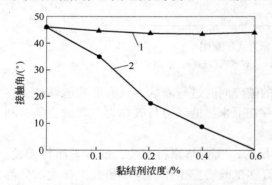　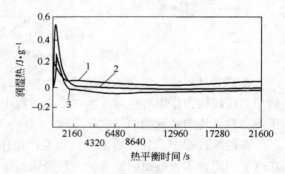

图 4-8　黏结剂对磁铁矿颗粒表面接触角的影响　　　图 4-9　黏结剂对磁铁矿润湿热的影响

　　1—膨润土；2—CF　　　　　　　　　　　　　1—无黏结剂；2—CF；3—膨润土

润湿热由大到小的顺序与接触角降低（表面亲水性增大）的顺序相一致，因此，接触角和润湿热的测定证实了黏结剂可增强磁铁矿颗粒表面亲水性。

黏结剂溶液对磁铁矿表面的润湿可看成是两个过程的组合，即水分子对矿粒表面的润湿（水化）和黏结剂分子活性基团在矿粒表面的吸附过程，相应的总润湿热为：

$$Q_T = Q_W + Q_C \tag{4-2}$$

式中　Q_T——总润湿热；

　　　Q_W——水化热（无黏结剂时）；

　　　Q_C——黏结剂在矿粒表面的化学吸附热。

将表 4-3 中总的润湿热按式（4-2）分解成两部分列于表 4-4 中。由表可见，CF

黏结剂与矿粒表面的吸附热明显高于膨润土。

表 4-3 积分润湿热

序 号	黏结剂	矿 粒	润湿热/J·g⁻¹	热平衡时间/s
1	无	磁铁矿	0.08	21600
2	CF	磁铁矿	0.34	21600
3	膨润土	磁铁矿	0.18	21600

表 4-4 润湿热构成

序 号	黏结剂	总润湿热/J·g⁻¹	水化热/J·g⁻¹	吸附热/J·g⁻¹
1	无	0.08	0.08	0
2	CF	0.34	0.08	0.26
3	膨润土	0.18	0.08	0.10

4.2.2.2 黏结剂对矿粒表面电性的影响

pH 值对磁铁矿和膨润土表面电性的影响见图 4-10。由图可见，磁铁矿零电点为 pH =4.3。在自然 pH 值（pH =6.8）时，对应的磁铁矿表面 ξ-电位为 -10.5mV，磁铁矿颗粒表面荷负电，且随 pH 值的升高，表面 ξ-电位绝对值增大，即负电性更强。在通常的生球体系内，磁铁矿颗粒间存在静电斥力。

膨润土颗粒零电点为 pH =1.2，与文献值 PZC <3.0 相符，即在通常的生球体系中，膨润土颗粒表面荷负电，与磁铁矿颗粒间为静电斥力。

黏结剂对磁铁矿表面 ξ-电位的影响见图 4-11。由图可见，添加黏结剂 CF 后，磁铁矿颗粒表面电位绝对值增大。由于这两种黏结剂分子在溶液中离解为阴离子，尽管与矿粒表面存在静电斥力，但仍能吸附于矿粒表面，使其表面电位下降，由此表明，由于存在化学吸附作用这两种阴离子型黏结剂可与磁铁矿颗粒吸附。

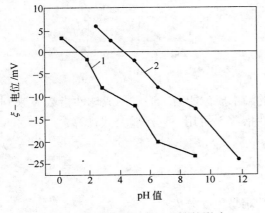

图 4-10 pH 值对表面电性的影响
1—膨润土；2—磁铁矿

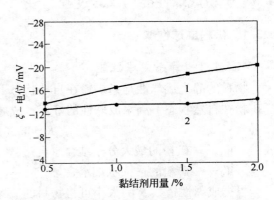

图 4-11 黏结剂对矿粒表面 ξ-电位的影响
1—CF；2—膨润土

膨润土表面虽然也荷负电，但由于不存在与磁铁矿表面作用的活性基团，因此，尽管膨润土添加量增加，但对磁铁矿表面电性无明显影响，同时也说明膨润土在磁铁矿颗粒表面无明显吸附。

4.2.2.3　黏结剂与矿粒表面作用方式

黏结剂 CF 与磁铁矿表面作用的红外光谱如图 4-12 所示。由图中曲线 1 可见，在波数 1585cm^{-1} 处对应羧基（COOH$^-$）反对称伸缩振动峰，在 1375cm^{-1} 处对应羧基对称伸缩振动峰，表明黏结剂 CF 含有羧基。

图 4-12 中曲线 1、3 比较可见，黏结剂 CF 的活性基团已吸附到矿粒表面，使得经黏结剂 CF 作用后的磁铁矿表面红外光谱中存在羧基基团（1600cm^{-1} 和 1400cm^{-1} 处），表明 CF 化学吸附于磁铁矿表面。

添加膨润土前后磁铁矿表面红外光谱如图 4-13 所示。由图中曲线 1 可见，膨润土红外光谱与文献值相近。由图中曲线 3 可见，膨润土的特征峰在磁铁矿表面基本上没有反映出来，另外，膨润土是一种黏土矿物，无活性基团，表面荷负电荷，与磁铁矿表面存在静电斥力，故膨润土在磁铁矿表面不存在化学吸附。

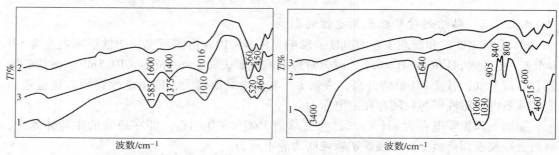

图 4-12　CF 与磁铁矿作用的红外光谱　　　　图 4-13　膨润土与磁铁矿作用的红外光谱
1—CF；2—磁铁矿；3—CF+磁铁矿　　　　1—膨润土；2—磁铁矿；3—膨润土+磁铁矿

黏结剂 CF 通过羧基在磁铁矿表面产生化学吸附，同时存在范德华力、氢键和静电力作用等，但这几种作用能远小于化学吸附热，故化学作用占主导地位。

4.3　矿粉成球性能与成球过程

4.3.1　矿粉成球性能

4.3.1.1　静态成球性能

物料的静态成球性是指矿粉在自然状态下的滴水成球能力。通常用成球性指数 K 来判断矿粉在自然状态下滴水成球性的好坏。成球性指数 K 可用下列经验公式计算：

$$K = W_1 / (W_2 - W_1) \tag{4-3}$$

式中　W_1——矿粉的最大分子结合水含量，%；

　　　W_2——矿粉的最大毛细水含量，%。

根据成球性指数 K 的大小可将物料的成球性难易程度分为：

　　　$K < 0.2$　　　　　　无成球性

　　　$K = 0.2 \sim 0.35$　　　弱成球性

$K = 0.35 \sim 0.60$ 　　中等成球性

$K = 0.60 \sim 0.80$ 　　良好成球性

$K > 0.80$ 　　　　　优等成球性

成球性指数 K，综合性地反映了矿粉的表面亲水性、粒度与粒度组成、表面形貌等，不同物料的性能及成球指数 K 如表 4-5 所示。从表 4-5 中可以看出：

（1）立方型、表面具有一定亲水性的磁铁矿属中等成球性，随着粒度减小，静态成球性改善；褐铁矿形状多样，且含微细粒黏土矿物，表面亲水性较强，属优等成球性；球状铅锌返粉属弱成球性。

（2）表面呈强烈疏水的立方体型方铅矿、多种形状的铜镍混合精矿无静态成球性。

表 4-5　物料性质及 K 值测定

矿　种	粒度（-0.074mm）/%	平均粒度/mm	接触角/(°)	颗粒形貌	K 值	评价
磁铁矿	72.50	0.0863	46	立方体	0.41	中
	86.10	0.0548			0.47	中
	91.30	0.0379			0.56	中
	96.90	0.0334			0.60	良
赤铁矿	75.85	0.0304	29.4	多角形、棒状等	0.96	优
褐铁矿	61.40	0.0886	27.5	多种形状（含黏土）	1.38	优
铅锌返粉	50.30	0.1050	52	球状	0.22	弱
方铅矿	80.00	0.0812	>90	立方体	0	无
铜镍混合精矿	80.40	0.0581	>90	多种形状	0	无

实际造球体系中通常需要添加黏结剂，黏结剂一般都是粒度细、比表面积大、亲水性好的物料，添加到物料群中，必然会改变整个物料群中的表面能和毛细力。从图 4-14 可以看出，添加膨润土、消石灰等可明显改善物料静态成球性。图 4-15 表明了黏结剂对毛细水、分子水的影响。但测得的 K 值与造球过程中铁精矿的实际成球速率并无明显对应关系（见图 4-16），K 值较大者其成球速率并不一定较快。

添加有机黏结剂后，矿粒表面性质发生变化，成球性也发生改变，结果见表 4-6。由表可见，静态成球性随着接触角的减小而升高。因此，有机黏结剂改善物料静态成球性是通过增强表面亲水性来实现的。

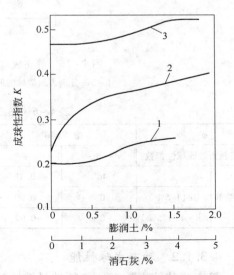

图 4-14　黏结剂对成球性指数的影响

1—磁铁精矿+膨润土；2—磁铁精矿+消石灰；
3—赤铁精矿+膨润土

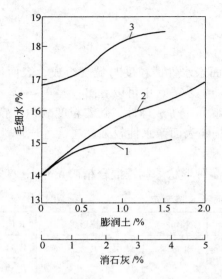 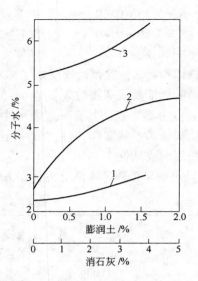

图 4 - 15　黏结剂对毛细水、分子水的影响

1—磁铁精矿 + 膨润土；2—磁铁精矿 + 消石灰；3—赤铁精矿 + 膨润土

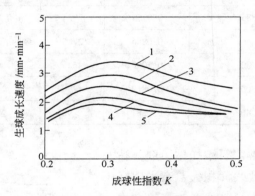

图 4 - 16　静态成球性指数对生球长大速率的影响

1 ~ 5—分别表示造球时间为 1min、2min、3min、4min、5min

表 4 - 6　黏结剂对静态成球性的影响

矿　种		磁铁精矿		菱锰矿精矿		铜镍混合精矿	
接触角及成球性指数		θ	K	θ	K	θ	K
黏结剂	无	46°	0.41	>91°	0	>90°	0
	CF(1.5%)	0°	0.90	72.5°	0.20	81°	0.24
	NB-1(1.5%)	0°	0.99	67.6°	0.28	77.4°	0.30

4.3.1.2　动态成球性能

　　静态成球性指数 K 所表征的是铁精矿的天然成球性能。在实际造球体系中添加黏结剂后，不仅改变了混合料比表面积和颗粒表面亲水性能，而且还会改变桥液的黏度和表面张力等性质。当种类、用量和性能不同时，黏结剂对上述性质的影响也不一致，其结果使造

球过程中铁精矿所表现出来的成球性能也不完全相同。因此，测得的 K 值与造球过程中铁精矿的实际成球性能并无明显对应关系。

为揭示黏结剂对铁精矿成球性能的影响，20 世纪 70 年代，美国的 Sastry 和 Fuerstenau 以铁燧岩精矿添加膨润土、消石灰、佩利多（Peridur）等黏结剂为对象开展研究，提出了如下动态成球性指数：

$$\beta = Q(W - \omega B) \tag{4-4}$$

式中　β——成球性指数；

ω——每克黏结剂所能持有的水分；

B——黏结剂用量；

W——造球水分；

Q——与物料性质有关的参数（Sastry 的研究中，铁燧岩精矿取经验数据为 0.64）。

与 K 值相比，β 值较为直观地反映了黏结剂与铁精矿成球速率之间的关系，即随黏结剂用量的增加，物料成球速率下降。式（4-4）将黏结剂和造球工艺对铁精矿成球性能的影响，简单地分别归结于黏结剂用量的多少和造球水分的大小两个方面，仍然停留在对造球过程的宏观描述层面。

铁精矿成球性能首先应取决于铁精矿自身的特性（内因），然后再受水分、黏结剂等（外因）的影响。当造球设备及操作参数均固定时，物料成球速率是由物料中毛细孔隙群中水分迁移速率所决定的，而水分迁移速率则受物料粒度、粒度组成、颗粒形貌、表面亲水性、黏结剂添加量、造球水分和桥液黏度等因素的影响。

生球中液体在毛细管中的流动可认为是层流流动，因此液体在毛细管中的迁移速度可用 Poiseuille 方程来描述。液体在毛细管中的迁移速率可表示为：

$$u = \frac{r^2(P_C - P_t)}{8\eta h_t} \tag{4-5}$$

式中　r——毛细管半径；

P_C——液体弯面产生的附加压；

h_t——时间 t 后管中液柱上升高度；

P_t——高度为 h_t 的液注所产生的静水压，$P_t = \rho g h_t$；

η——液体黏度。

在球团体系中，液柱的重力相对于毛细压力很小，则产生的重力液柱可以忽略不计，则式（4-5）可简化为：

$$u = \frac{r^2 P_C}{8\eta h_t} \tag{4-6}$$

$$P_C = \frac{2\sigma_{lg}\cos\theta}{r} \tag{4-7}$$

式中　σ_{lg}——液体表面张力；

θ——接触角。

将式（4-7）代入式（4-6）得：

$$u = \frac{r\sigma_{lg}\cos\theta}{4\eta h_t} \tag{4-8}$$

毛细水的迁移速率不等于生球的长大速率，在球团体系中，水分是有限的，毛细管形状和尺寸在外力作用下发生变化，毛细水则在毛细压的作用下发生迁移。毛细管的形状和尺寸的变化主要取决于铁矿石颗粒的粒度。因此，生球内毛细水迁移还受到原料水分及粒度组成的影响。在原料粒度和水分不变的情况下，铁精矿的成球性与桥液的表面张力成正比，与桥液黏度及其在铁精矿颗粒表面的接触角成反比。

4.3.2 矿粉的成球过程

4.3.2.1 矿粉在造球过程中的行为

矿粉的成球通常是在转动的圆筒造球机或圆盘造球机中完成的。在造球过程中，矿粉首先形成球核，然后球核长大。球核主要是以成层或聚结的方式长大，但是，在球核长大的过程中，或多或少还会发生一些其他的行为，例如已经形成的球又被压碎等，如图 4-17 所示，一般矿粉在成球过程中的行为可分为下列 7 种：

（1）成核：矿粉开始形成小球的过程称为成核过程。润湿物料加入造球机中，或干料在造球机中加水润湿后，在机械力的作用下，颗粒互相靠拢，由于颗粒间毛细力的作用而聚集成核。核的形成是造球的第一步，这是任何新球形成必不可少的过程。在批料造球中，球核的形成发生在造球机转动几圈后。在连续造球过程中，进入造球机的原料，一部分形成球核，另一部分使球核长大，在正常生产情况下，两者有一定的比例，即成核的数目大致等于排出的生球的数目。因此，核的强度及形成的速度对生球的产量和质量均有影响。

（2）成层：已经形成的球核，在滚动过程中其表面黏附新料而逐渐长大，这称为成层长大。在连续往球核上加料加水的条件下，表面潮湿的核由于毛细力的作用，在滚动时黏

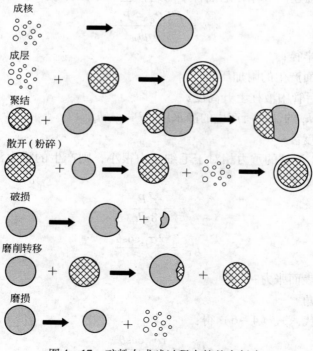

图 4-17　矿粉在成球过程中的基本行为

附上矿粉使球核的粒度连续增大，在工业生产中生球多以这种方式长大。

（3）聚结：几个小球核联结在一起称为聚结。生球长大是由于小的球核在造球机内"瀑布式"的料流中，互相碰撞和挤压，球核逐渐变得密实，毛细管中的水被挤到球表面，在继续碰撞中彼此聚结在一起，因而导致球核的长大。球核的聚结可以是两个或是更多个的，以成对的或四面体的形式聚结在一起。球核以聚结方式长大的速度，比成层长大的速度快。在批料造球时，球核往往以聚结的方式长大，以聚结长大的球团，粒度范围比较宽。

（4）散开：已经形成的球核又被压碎。在造球过程中，部分原料虽然暂时聚集在一起，但由于水分少，毛细黏结力弱，球核的强度小，在其他球核的撞击下而破碎，这在造球过程中是不可避免的。对于粒度较粗的原料，或亲水性较差的原料，球核破碎的概率就很大，往往导致造球过程不能顺利进行。这种原料一般称为成球性差或难成球的原料，必须添加某些黏结剂以改善其成球性。

（5）破损：已经形成的球团，在继续长大过程中，由于冲击或碰撞而破裂成碎片，这种碎片往往形成球核或同其他的球团聚结。

（6）磨剥转移：在造球过程中，球由于相互作用和磨剥，一定数量的原料从一个球转移到另一个球上，这称为"磨剥转移"。这种磨剥转移是在球相互碰撞时，非常少的原料从一个球的表面转移到另一个球的表面，而不存在交换。

（7）磨损：已经形成的球团，在继续长大中，有些球团表面因水分不足或无黏结剂而黏附不牢，在互相磨剥过程中被磨损。这些磨损下来的粒子，又黏附到其他的球上。

以上7种行为，能引起生球在数量上和粒度上的改变，在任何情况下，生球的形成和长大，都可以用这7种基本行为或其中的某几种来进行描述。

4.3.2.2 连续造球过程

矿粉造球有连续造球和批料造球，由于造球的方法不同，成球过程也有差别。但大致分为三个阶段，即成核阶段、球核长大阶段和生球紧密阶段。

（1）成核阶段。当矿粉表面达到最大分子结合水后，继续加水润湿，则在颗粒表面上裹上一层水膜，见图4-18（a）。颗粒间彼此有许多接触点，由于水膜的表面张力作用，在两颗矿粒之间便形成液体连接桥、使颗粒连接在一起，见图4-18（b）。矿粒在造球机内通过运动，含有两颗或数颗矿粒的各个小水珠相互结合，便形成了最初的聚集体，见图4-18（c）。这种聚集体靠液体连接桥使各个颗粒呈网状地保持在一起。此时液体填充率仅20%左右，聚集体是疏松的。

在机械力的作用和增加水分的情况下，聚集体的粒子发生重新排列，部分孔隙被水充填，液体倾向融合，形成连续的水网。这时的聚集体为蜂窝状毛细水所连接，见图4-18（d），当其中孔隙体积变小，形成坚实稳定的球核，又称母球，这就是成核阶段。这时的球核仍然是由固—液—气三相组成，球核强度不高。

（2）球核长大阶段。已经形成的球核，在机械力的作用下，使颗粒彼此靠拢、所有孔隙被水充满，球核内蜂窝状毛细水逐渐过渡到毛细管水，见图4-18（e）。在球核表面孔隙中形成弯液面，由于毛细力作用，矿粒保持在一起。

在继续滚动过程中，球核进一步被压密，引起毛细管形状和尺寸的改变从而使过剩的毛细水被挤到球核表面上来并均匀地裹住球核，见图4-18（f）。这样表面过湿的球核，在滚动过程中就很容易粘上一层润湿程度较低的物料，使核长大。

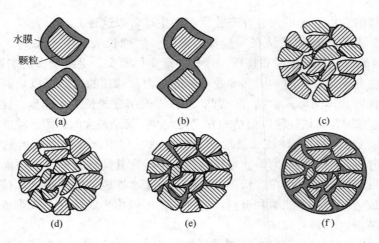

图4-18 水对成球的影响

球核的这种长大过程是多次重复的，一直到球中颗粒间的摩擦力比滚动成形时的机械压密作用力大时为止。此后，为使球继续长大，必须往球的表面喷水，使表面充分润湿。球主要以成层方式长大。

（3）生球紧密阶段。生球长大到粒度符合要求后，便进入紧密阶段，要使生球紧密必须给予机械压力。在这一阶段应该停止补充润湿，让生球中挤出来的多余水分为未充分润湿的物料层所吸收。利用造球机所产生滚动和搓动的机械作用，使生球内的颗粒发生选择性的、趋向于接触面积最大的排列，使生球内的颗粒被进一步压紧；并有可能使某些颗粒的薄膜水层相互接触，这样薄膜水能沿颗粒表面迁移，使几个颗粒同为一薄膜水层所包围，生球中各颗粒靠着分子力、毛细力和内摩擦阻力作用相互粘合起来，这些力的数值越大，生球的机械强度就越大。

必须指出，上述成球过程中的三个阶段，是为了分析问题而划分的。其实，三个阶段都在同一造球机中完成，各个阶段很难明显地划分。

在造球过程中，第一阶段，具有决定意义的作用是润湿；第二阶段，除润湿作用外，机械作用也起着重大的影响；而第三阶段机械作用成为决定性的因素。

4.3.2.3 批料造球过程

所谓批料造球就是将造球物料润湿到适宜的造球水分后，一次性加入到造球机中，在造球过程中不再加水加料。批料造球也可分为成核阶段、过渡阶段和长大阶段。

成核阶段与连续造球过程中的成核阶段是相同的，但是球核形成后，紧接着的是过渡阶段。在过渡阶段由于无新料和水加入，过湿的球核主要靠两个或几个球核相互聚结长大；少数球核在运动中被破碎，这些碎片或粉末又以聚结或成层的方式再分配到留下的球上。过渡阶段球长大最快（见图4-19），因为在这阶段球核表面有足够的水膜，在"瀑布式"的料流中，球核相互碰撞时容

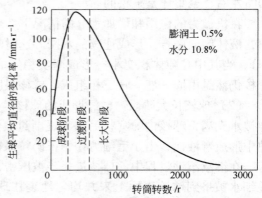

图4-19 各个成球阶段的平均直径变化速率

易夹住水环而聚结。

长大阶段，由于球核表面水分减少，在碰撞时，聚结的效率逐渐降低，所以球长大的速度较慢（见图4-19），直到球中的水分不能再被机械作用力压出时为止。此外，球聚结长大还与当时所产生的力矩有关，当力矩所产生的分离力大于两个球的毛细黏结力时，聚结过程也会停止。

批料造球所获得的球，粒度不均匀，形状不规整，而且强度低。因此，批料造球方法一般只是实验室采用。

4.4 影响矿粉成球的因素

4.4.1 影响矿粉成球速率的因素

成球动力学主要研究造球过程中生球生长的速度。生球成长速度一般用单位时间或者造球机每转一圈，生球直径平均增大毫米数表示。由此生球成长速度可按下式计算：

$$v = \overline{D}/t \quad 或 \quad v = \overline{D}/n \tag{4-9}$$

式中 v——成长速度，mm/min 或 mm/r；

$\overline{D}$——生球平均直径，mm；

t——造球时间，min；

n——造球机转数，r。

矿粉的成球动力学受多种因素所影响，如原料性质、水分、黏结剂及成球方式等。

4.4.1.1 水分的影响

物料造球，在很大程度上取决于物料的水分含量。在不超过极限值的范围内，成球速度随水分的增加而加快，特别是批料造球时，水分的影响更明显，这是因为随着原料水分增加，球核聚结效果变好。从图4-20看出，原料水分不同，生球长大速度出现不同的波峰；随着原料水分的降低，过渡阶段延长，波峰降低，说明成长速度下降；水分越低，曲线变化越不明显，说明生球成长速度趋向均匀。

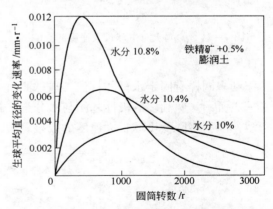

图4-20　不同水分的物料造球时生球成长速率的变化

4.4.1.2 黏结剂的影响

造球常用的黏结剂有膨润土、消石灰。近年来，国内外又研制了佩利多、腐植酸类黏结剂等有机黏结剂。

A　膨润土

膨润土是一种良好的黏结剂，它能提高生球和干球的强度，但是会降低生球成长速度，且随着膨润土用量增加，生球成长速度持续降低，见图4-21。膨润土降低生球成长速度的主要原因是因为膨润土是层状结构，遇水后，不仅表面吸水，其晶层间也要吸附一定量的水分，成为层间结合水，因而减少了造球过程中的有效水，使生球成长速度降低。

膨润上对成球动力学的影响，随着膨润土所吸附的阳离子不同而异：钙型膨润土对降低生球成长速度的影响比钠型膨润土的影响小，这是因为钠型膨润土动电位高，水化膜较厚，能使更多的水分转化为水化膜中的弱结合水。

B 消石灰

消石灰也有降低生球成长速度的作用（见图4-22），但不如膨润土效果大。例如添加1%和1.5%膨润土的生球成长速度仅为0.898mm/min和0.85mm/min，添加3%和5%消石灰时，生球成长速度分别为1.75mm/min和1.12mm/min。产生这种差别的主要原因是：消石灰仅在颗粒周围形成弱的双电层结构的胶层，在造球过程中水分较易向生球表面迁移，生球成长速度比添加膨润土时的快。

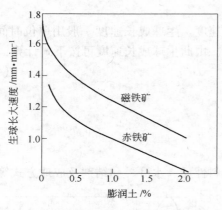

图4-21 膨润土对生球长大速度的影响

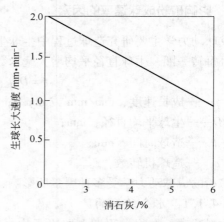

图4-22 消石灰对生球长大速度的影响

C 佩利多

佩利多同样有固定水分的特性。造球原料中添加佩利多能引起生球成长速度降低，如图4-23所示。佩利多的极性基团与水分子接触时，在很大范围内使水分子定向排列，将水束缚，佩利多降低生球长大速度的效果更大，而且佩利多的用量比膨润土要低得多。

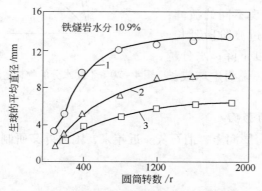

图4-23 佩利多对生球成长动力学的影响
1—不添加佩利多；2—添加0.0625%佩利多；3—添加0.125%佩利多

4.4.1.3 成球方式的影响

连续造球时，生球平均直径是造球机转数的函数（见图4-24），而且生球的平均直径与造球机转数呈直线关系，说明在连续造球时，生球长大速度是均匀的。

批料造球时，生球平均直径也是造球机转数的函数，但生球成长曲线显示出一个 S 形（见图 4 – 25），这说明生球成长速度在成核、过渡和长大阶段是不同的：成核阶段，长大速度是逐渐地增加；过渡阶段，长大速度最快；生球长大阶段，成长速度降低。

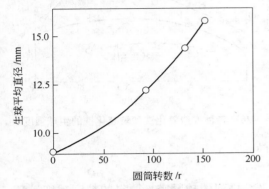 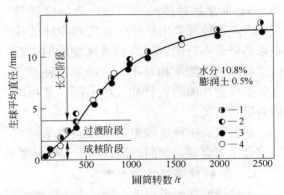

图 4 – 24　生球平均直径与圆筒转数的关系　　　　图 4 – 25　生球平均直径与圆筒转数的关系
　　　　　　　　　　　　　　　　　　　　　　　　批料：1—2500g；2—3500g；3—5000g；4—6000g

4.4.2　影响生球强度的因素

4.4.2.1　原料性质的影响

A　颗粒表面亲水性的影响

颗粒表面亲水性高，表明颗粒表面被水润湿的能力强，桥液在颗粒表面的接触角较小，由式（4 – 7）可知，在毛细力与接触角的余弦值成正比。在造球过程中，颗粒相碰时，容易夹住水环，有利于成球，由于在颗粒之间形成的毛细力强，因而生球强度好。

根据实验测定的结果，铁矿石的亲水性依下列顺序递增：磁铁矿 < 赤铁矿 < 褐铁矿。脉石对铁矿物的亲水性有很大的影响。甚至可以改变上述的顺序，如脉石中含云母较多时，由于云母疏水的缘故，致使物料成球性变差。

通过浮选工艺得到的细粒精矿，常由于残留一些药剂而使得精矿疏水，在造球过程中，为了改善成球性，往往添加一些亲水性物质，如膨润土和消石灰。

B　颗粒形貌的影响

对于造球的各种铁矿石，它们的颗粒形状是不相同的，各种矿物由于其颗粒形状不同，所制出的生球强度是不相同的。在自然界存在的铁氧化物，其晶体大致呈球状、立方体状、针状、片状和由很多极细颗粒组成的聚集体。颗粒的形状决定了生球中物料颗粒之间接触面积的大小，颗粒接触面积越大，生球强度也越高，因而具有针状和片状的颗粒比立方体形和球形的颗粒所制成的生球强度好。

用人造氧化铁和氢氧化铁研究颗粒形状与生球强度的关系，这些人造铁矿的晶体形状和结构特征与自然界存在的铁氧化物相同。根据它们的形状特征，可分为四组不同的颗粒，即球形或立方体形、针状、细小颗粒的聚集体和星状共生体，而且其粒度的算术平均值相差很小。用以上四组物料分别造球，各类物料生球的液体充满率与强度的关系，见图

4－26。从图中看出，由于构成生球的颗粒形状不同，生球的强度也不同，并且生球强度曲线的变化不同。针状晶体构成的生球，在液体充满率为 77% 时，单球强度为76.3N；而星状晶体构成的球，单球强度只有20N。这种现象用精矿的粒度和生球的孔隙来解释是不行的，因为构成这些球的矿石粒度和球的孔隙率相差不大，产生这种差异主要是因为孔隙的数目和大小不同，这与矿粉的形状有关。

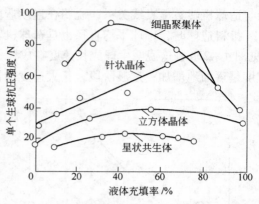

图 4－26　各种人造氧化铁和氢氧化铁的生球强度

颗粒表面粗糙度较差对颗粒间的摩擦力及啮合作用有利，表面粗糙，利于生球强度的提高。

C　原料粒度特性的影响

生球强度在很大程度上取决于生球密实度，颗粒排列的越紧密，原料的粒度越细，又有合适的粒度组成，则生球中粒子排列越紧密，形成的毛细管平均直径也越小，接触面积越大，则球团的密实度越高，孔隙率也就越小，颗粒之间的黏结力（内摩擦力、毛细力、分子力等）也就越大，生球强度就越高。原料粒度和比表面积对生球强度的影响如图 4－27 所示。

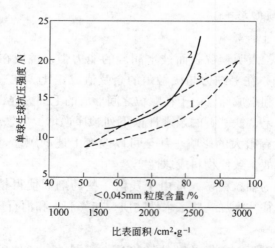

图 4－27　原料粒度和比表面积对生球强度的影响

1—粒度对赤铁矿生球强度的影响；2—粒度对混合矿生球强度的影响；3—比表面积对赤铁矿生球强度的影响

许多研究工作者和生产单位，常以原料的比表面积来衡量造球原料的粒度粗细。从图 4－27 曲线 1 和 2 看出，随细粒级增加，生球强度提高，但是超过一定细度后，曲线变陡；而生球强度与比表面积之间有着线性关系，见曲线 3。由此说明用比表面积表示有关细粒矿石造球性能更可靠。这是因为比表面积不仅表明颗粒大小，同时反映了颗粒的形状和粒度组成，原料粒度细，对提高生球强度有利。

球团内颗粒怎样排列才算是最紧密呢？为了更简便地说明问题，我们可以从三种极端的理想的排列方式来看球形颗粒的粒度组成对生球强度的影响。

从图 4-28 可以看出：（c）型排列最紧密，大颗粒之间嵌入小颗粒，小颗粒之间嵌入更小的颗粒，因此，球团的密实度大，孔隙率低，孔径小，故而内摩擦力、毛细力和分子力大，生球的强度自然就高。排列最差的是（a）型，其原因是粒度均匀，颗粒间空位缺乏填充物，因而孔隙率较高，不利于内摩擦力、毛细力、分子力的发展，导致其生球强度差。由此可见，依靠磨细粒度来提高生球强度的做法非常奏效，但要获得最低的孔隙率，不能单纯的用粒度的粗细来决定，同时要注意粒度组成。对造球来说，具有决定意义的是小于 0.045mm 粒级的含量，一般都将这一粒级的含量来评定原料细度，随着小于 0.045mm 粒级增加，生球强度提高。

造球原料的粒度分布，显著影响生球的最终孔隙率 ε，在造球工艺中，希望生球的孔隙率尽可能低，考虑到后续的固结，通常球团的孔隙率为 22% ~ 30%。Furnas 研究了两种粒度物料组成的系统中孔隙率的变化，由图 4-29 可见，在粗粒物料大约占 66.7% 时，孔隙率最低。

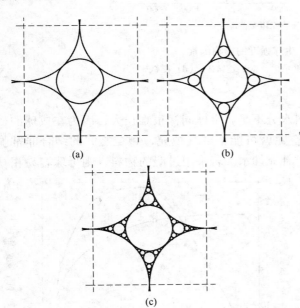

图 4-28　不同粒度组成的球团内
颗粒的排列示意图

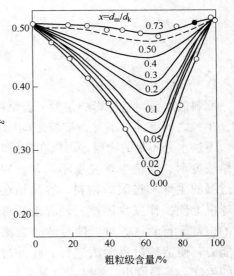

图 4-29　两种粒度不同理想球体
不同比例配合时孔隙率变化曲线
（d_m 为细粒级直径，d_k 为粗粒级直径，
$x = d_m / d_k$（直径比））

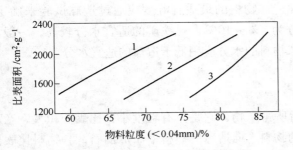

图 4-30　物料粒度与比表面积的关系

一般来说，原料的比表面积为 1600 ~ 2100cm²/g 时，造球性能良好，如图 4-30 所示，要达到如此细度，物料需被磨到 0.04mm 以下粒级的比重要占 60% ~ 90%。生球的强度随物料比表面积的增加而增加，但是并不是一直增加，如图 4-31 所示，这与原料的性质和种类有关。

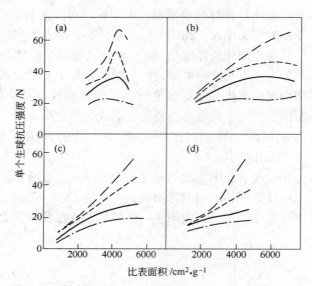

图 4-31   生球强度的影响因素
（a）赤铁矿；（b）赤铁精矿；（c）镜铁矿；（d）磁铁矿

D   原料水分的影响

原料的水分对造球影响很大。若原料水分不足，生球同样很难长大，因为在成球的初期，矿粒之间毛细水不足，矿粒之间的空隙就可能被空气填充，颗粒之间的结合非常脆弱。不过水分不足的物料，可以在造球时补充加水。若采用过湿的物料，则母球容易相互黏结或变形，而使生球粒度不均匀；同时过湿的生球和过湿的物料，容易粘在造球机上使操作发生困难，轻者破坏母球的正常运行轨迹，重者使母球失去滚动能力，使造球过程无法进行。此外过湿的生球，其强度小、塑性大、易变形，在运输和干燥时相互黏结，影响料层透气性，从而影响焙烧过程的产量、质量（见图 4-32）。

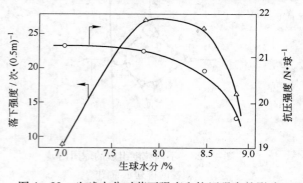

图 4-32   生球水分对落下强度和抗压强度的影响

由于造球时所要求的最适宜水分波动范围很窄，一般为 0.5%，所以每一种造球物料的最适宜湿度应通过造球试验来确定。通常磁铁精矿和赤铁精矿造球的适宜水分为 8%～10%；褐铁矿的适宜水分较高，一般为 14%～18%。在生产过程中要求用于造球物料的水分应稍低于造球的适宜水分。

4.4.2.2   黏结剂的影响

A   消石灰

消石灰是生石灰（CaO）加水消化后所得产物，它是具有粒度小，比表面积大、亲水性好和具有天然胶结能力的优等成球性的物料。向造球的物料中添加消石灰，物料比表面积明显增加，分子黏结力和毛细力提高，因此使生球强度得到提高（见图 4-33）。

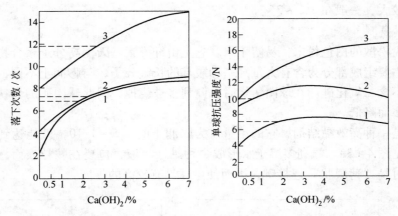

图 4 – 33　Ca(OH)₂ 对湿球落下强度和抗压强度的影响

（落下强度是从 45cm 高落下）

矿石比表面积（cm²/g）：1—740；2—1120；3—1720

　　由于消石灰增加了生球的塑性，因此提高生球落下强度效果比提高抗压强度更明显。不过当消石灰加入量过多时，由于物料堆密度变小，使得毛细水迁移缓慢，因而也会使成球速度降低，所以一般消石灰用量为 3% ~ 5%。

　　B　膨润土

　　膨润土是国内外球团厂广泛采用的黏结剂。膨润土的主要成分是蒙脱石，并含有不定数量的其他黏土矿物（如高岭土）和非黏土矿物（如石英、长石、方石英等）。

　　由于膨润土是层状结构，遇水后，不仅表面吸水，其晶层间也要吸附一定量的水分，成为层间结合水，因此采用膨润土作黏结剂，可以达到调节造球原料水分，稳定造球操作，提高生球强度的作用。

　　前面已提到，造球原料适宜湿度范围较窄，一般原料水分允许波动范围为 0.5%，当水分超过适宜湿度范围时，就会造成操作困难，降低生球质量。但当添加膨润土后，由于它具有很强的吸水性，造球物料中有较多的水分变为层间水。这种层间水与毛细水不同，在机械力作用下不发生迁移，因此不致使生球表面过湿而发生黏结，所以采用膨润土后允许造球物料有较宽的水分波动范围。

　　膨润土是一种高分散性物质，使生球内毛细管径变小，毛细力增大；另一方面膨润土吸水后呈胶体颗粒，填充在生球的颗粒之间，增加了颗粒之间的分子黏结力，因此它可以提高生球的强度。当生球受到外力冲击，颗粒之间可产生滑动，所以对提高生球落下强度更为明显，见图 4 – 34。但是膨润土的主要成分为 SiO₂，过多添加膨润土不但降低生球长大速度，还会降低球团矿铁品位。国外膨润土最大用量一般控制在 0.5% ~ 0.7%；而我国球团厂所用膨润土质量较差，加上添加设备限制，膨

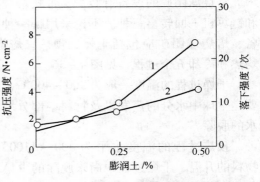

图 4 – 34　膨润土对生球强度的影响

1—落下强度；2—抗压强度

润土用量比较大，一般在 2% ~3% 。

C 佩利多

佩利多为松散的白色粉末，易溶于水。它是由纤维素基天然高分子聚合物经过化学变形而成，其主要组成部分为含有大量羟基和羧基的长链分子，与膨润土不同，它是一种有机黏结剂，不含二氧化硅。在球团焙烧时，佩利多被烧掉，因此球团矿的含铁品位不会因为加进佩利多而降低。

佩利多是一种高效黏结剂，它的用量仅为膨润土的 1/5 ~1/10，就能达到与膨润土同样的效果，见图 4 -35。佩利多溶于水形成一种黏性溶液，包裹在颗粒表面，在造球过程中颗粒接触时呈"薄膜状"连接键，因而使生球具有较高的强度。

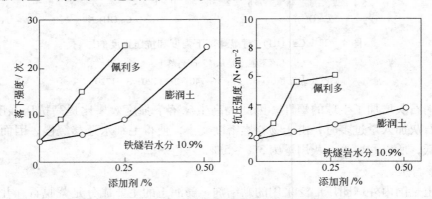

图 4 -35 添加剂对生球落下强度和抗压强度的影响
(落下强度是从 45cm 高落下)

4.5 生球的干燥

生球的单球抗压强度一般只有 10 ~20N，干燥以后的球，强度虽有提高，可达 80 ~100N，但仍然不能满足运输和高炉冶炼的要求。目前提高球团矿的强度虽然有许多方法，但 95% 以上的球团矿仍然靠焙烧固结，并获得最佳矿物学成分。

球团矿的焙烧固结是其生产过程中最复杂的工序，许多物理和化学反应在此阶段完成，并且对球团矿的强度和冶金性能等有重大影响。

焙烧球团矿的设备有竖炉、带式焙烧机和链箅机—回转窑三种。不论采用哪一种设备，焙烧球团矿应包括干燥、预热、焙烧、均热和冷却五个过程，见图 4 -36。

干燥过程的温度一般为 200 ~400℃，主要是生球中水分的蒸发以及物料中部分结晶水的脱除。

预热过程的温度水平为 400 ~1100℃，物料的升温、干燥过程中尚未脱除的少量水分，在此进一步排除。这一过程中的主要反应是磁铁矿的氧化，碳酸盐矿物的分解，硫

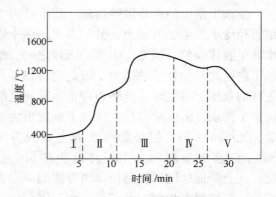

图 4 -36 球团矿焙烧过程
Ⅰ—干燥；Ⅱ—预热；Ⅲ—焙烧；Ⅳ—均热；Ⅴ—冷却

化物的分解和氧化，以及其他一些固相反应。

焙烧带的温度一般为1100～1300℃，预热过程中尚未完成的反应，如分解、氧化、脱硫、固相反应等也在此继续进行。这一过程中的主要反应有铁氧化物的结晶和再结晶，晶粒长大，固相反应以及由之而产生的低熔点化合物的熔化，形成部分液相，球团矿体积收缩及结构致密化。

均热带的温度水平略低于焙烧温度。在此阶段保持一定时间，主要目的是使球团矿内部晶体长大，尽可能使它发育完整，使矿物组成均匀化，消除一部分内部应力。

冷却阶段应将球团矿的温度从1000℃以上冷却到运输皮带可以承受的温度。冷却介质一般为空气，它的氧势较高。如果球团矿内部尚有未被氧化的磁铁矿，在这一阶段可以得到充分氧化。

4.5.1　生球的干燥机理

生球与干燥介质（热气体）接触，生球表面受热产生蒸汽，当生球表面的水蒸气压大于干燥介质的蒸汽分压时，球表面的水蒸气就会通过边界层转移到干燥介质中。由于生球表面的水分汽化而形成球内部和表面的湿度差，于是球内部的水分借扩散作用向表面迁移，并在表面汽化。就这样，干燥介质连续不断地将水蒸气带走，使生球达到干燥目的。

因此干燥过程是由表面汽化和内部扩散两个过程组成的，这两个过程虽然是同时进行的，但是两个过程的速率往往不一致，干燥的机理也不尽相同。由于原料性质和生球的物理结构不同，干燥过程也有所差别：在某些物料中，水分表面汽化的速率大于内部扩散速率；但另一些物料则是水分表面汽化的速率小于内部扩散速率。对于同一物料而言，在不同的干燥阶段，这两个过程的速率也有所变化：在某一时期，内部扩散速率大于表面汽化速率；而另一时期则内部扩散速率小于表面汽化速率。显然，速率较慢的过程将控制着干燥过程，前一种情况称为表面汽化控制，后一种情况称为内部扩散控制。由此可见，生球干燥机理是复杂的。

生球干燥处于表面汽化控制时，物体表面水分蒸发的同时，内部的水分能迅速地扩散到物体表面，使其保持潮湿，如纸、皮革等，因此水分的除去，取决于物体表面上水分的汽化速度。在这种情况下，蒸发表面水分所需要的热能，需由干燥介质透过物体表面上的气体边界层而达到物体表面，被蒸发的水分也将扩散透过此边界层而达到干燥介质的主体，只要物体的表面保持足够的潮湿，物体表面的温度就可取为热气体的湿球温度。因此，干燥介质与物体表面间的温度差为一定值，其蒸发速度可按一般的水面汽化计算。此类干燥作用的进行，完全由干燥介质的状态决定，与物料的性质无关。

生球干燥处于内部扩散控制时，水分从物体内部扩散到其表面的速度比表面汽化速度小，如木材和陶土、肥皂等胶体物质。当表面水分蒸发后，因受扩散速度的限制，水分不能及时扩散到表面，使得物体表面出现干壳，蒸发面向内部移动，因此干燥作用的进行比表面汽化控制时的复杂，此时干燥介质已非干燥过程的决定因素。当生球的干燥过程为内部扩散控制时，必须设法增加内部的扩散速度，或降低表面的汽化速度，否则，生球表面干燥而内部潮湿，会因表面干燥收缩而发生裂纹。

铁精矿生球，通常都加有黏结剂，因此不单纯是毛细管多孔物，也不是单纯的胶体物质，而是胶体毛细管多孔物，所以其干燥过程的进行，不能单纯由表面汽化控制所决定，而内部扩散控制也要起相当大的作用。由于两个过程的速度不一致，因此干燥速度也是不断变化的，随着生球中水分的减少而下降，当生球的水分达到"平衡湿度"时，干燥速度等于零，即干燥停止。大多数情况下，前一半时间大约蒸发90%的水分，而后一半时间只蒸发10%左右的水分，见图4-37。

生球干燥时，由于制备生球原料不同，干燥速度曲线的形式是不同的，但都表现为三个阶段，干燥速度的变化近似于图4-38的曲线。

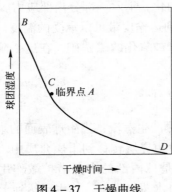

图 4 - 37 干燥曲线

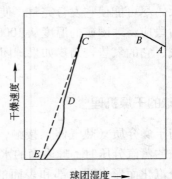

图 4 - 38 干燥速度特性曲线

当生球与干燥介质接触时，介质将热量传给生球，直到生球表面的温度升到湿球温度，水分便开始汽化，干燥速度很快达到最大值，见图4-38中的 B 点，生球便进入等速干燥阶段。

（1）等速干燥阶段（BC）。等速干燥阶段，是当干燥介质的温度、流速和湿含量不变的情况下，生球表面的水分以等速蒸发。当表面水分蒸发后，生球内外产生湿度差，引起"导湿现象"，即水分由生球内部（水分高的地方）向表面扩散，并且水分的内部扩散速度大于或至少是等于生球表面汽化的速度，所以生球表面保持潮湿，表面的蒸汽压等于纯液面上的蒸汽压，这时，干燥速度为表面汽化控制，干燥速度以下式计算：

$$\frac{\mathrm{d}w}{F\mathrm{d}\tau} = \frac{a}{r_表}(t_介 - t_表) = k_p(p_H - p_\eta) \tag{4-10}$$

式中 $\dfrac{\mathrm{d}w}{F\mathrm{d}\tau}$——干燥速度，$kg/(m^2 \cdot h \cdot ℃)$；

　　a——干燥介质与球表面的传热系数，$kJ/(m^2 \cdot h \cdot ℃)$；

　　$r_表$——水分在生球表面上温度为 $t_表$ 时的汽化潜热，kJ/kg；

　　$t_介$——干燥介质的温度，$℃$；

　　$t_表$——生球表面上的温度（汽化温度），$℃$；

　　k_p——汽化系数（以分压差为推动力，从生球表面穿过边界层扩散的传质系数），根据相似原理，气流平行流动于物体表面时，汽化系数 $k_p = 0.745(w\rho_g)^{0.8}$，当气流垂直于物体表面时，$k_p$ 约增加一倍；

　　w——介质的流速，m/s；

　　ρ_g——空气的密度，kg/m^3；

　　p_H——生球表面水蒸气的压力，Pa；

　　p_η——干燥介质中水蒸气分压，Pa。

干燥速度也可用湿含量来表示：

$$\frac{\mathrm{d}w}{F\mathrm{d}\tau} = k_x(C_H - C_\eta) \tag{4-11}$$

式中 k_x——汽化系数（以湿度差为推动力，从生球表面穿过边界层扩散的传质系数），$k_x = 4.35a$；

C_H——在温度 t 时，生球表面空气的饱和湿含量，kg/kg；

C_η——干燥介质的湿含量，kg/kg。

传热系数 a 取决于介质流动方向和速度，是与介质流速有关的一个函数，流速快，热交换好，a 值就大。生球表面的蒸汽压 p_H 是随生球表面温度的升高而增大。干燥介质中水蒸气分压 p_η 是随介质中水分而变的，当温度一定时，水分少，蒸汽分压低。生球表面空气饱和湿含量 C_H 随温度的升高而增大（如 42℃ 时，饱和湿含量为 0.05kg/kg；53℃ 时，饱和湿含量为 0.1kg/kg）。所以在等速干燥阶段干燥速度取决于干燥介质的温度、流速和湿含量，与生球的大小和最初的湿含量无关。

（2）第一降速阶段（CD）。生球的水分达到临界点 C 以后，就进入降速阶段，这时内部扩散速度小于表面汽化速度，即表面水分蒸发后，内部水分来不及扩散到表面，生球表面部分出现干燥外皮。因为在等速干燥阶段，生球表面水分蒸发后，内外湿度梯度较大，因而"导湿现象"显著，水分迅速地沿着毛细管从内部向表面扩散，使表面保持潮湿，随着水分减少，毛细管收缩，水在毛细管内迁移的阻力增加，在某些地方连通毛细水（蜂窝毛细水）排除后，在触点处剩下单独的彼此不衔接的水环，这种触点毛细水与矿粒结合较紧密，同时，湿度梯度减小，使"导湿现象"减弱。因此水沿着毛细管扩散的速度减慢，不能补偿表面已蒸发的水分，致使表面局部出现干燥外皮，干燥速度下降。已经干燥的外皮温度升高，由于球团导热性差，球表面与内部便产生温度差，因而又出现"热导湿现象"，这是促使水分沿热流方向扩散的力量，因此使干燥速度不断下降。

（3）第二降速阶段（DE）。干燥速度降到 D 点时，生球表面的干燥外壳完全形成，整个表面温度升高，热量逐渐向球内部传导，当内部与干燥外壳交界的地方达到汽化温度时，水在此交界面上蒸发，蒸汽通过扩散到达生球表面，再被干燥介质带走。

因为吸附水、薄膜水与矿粒表面结合得更牢固，不能自由迁移，因此只能变成蒸汽才能离开表面。随着生球中水分减少，干燥速度不断下降，达到平衡湿度 E 点时，干燥速度等于零，干燥过程停止。

第二降速阶段，干燥的速度取决于蒸汽扩散的速度，因此生球的物理性质与化学组成决定着干燥速度，如生球的尺寸、水分含量、毛细管的数量及分布情况，毛细管的直径大小，管壁的光滑程度以及原料的亲水性、添加物等都影响着此阶段的干燥速度。

降速阶段，干燥速度曲线的形状视物料的性质与水分扩散的难易程度而定。图 4-38 中降速阶段的曲线，前一段（CD）为直线，后一段（DE）为曲线，有时也可能获得两段不同曲线。

由于降速阶段干燥速度曲线的复杂性，计算时通常用简便的处理方法，即将 C 点与 E 点直线连接（图 4-38 中虚线），用来代替降速阶段的干燥曲线。这种近似计算的根据，是假定在降速阶段中，干燥速度与生球中湿含量成正比，即：

$$\frac{\mathrm{d}w}{F\mathrm{d}\tau} = \frac{G_C\mathrm{d}C}{F\mathrm{d}\tau} = K_C(C - C_E) \tag{4-12}$$

式中　　G_C——干球的质量，kg；

　　　　K_C——比例系数，kg/(m² · h)；

　　　　C——在时间 τ 时生球的湿含量，kg(水)/kg(干球)；

　　　　C_E——球的平衡湿含量，kg(水)/kg(干球)。

4.5.2　干燥过程中生球的行为

4.5.2.1　干燥过程生球强度的变化

生球主要靠毛细力的作用，使粒子彼此黏结在一起而具有一定的强度。随着干燥过程的进行，毛细水减少，毛细管收缩，毛细力增加，粒子间黏结力加强，因此球的强度逐渐提高。当大部分毛细水排除后，在颗粒触点处剩下单独彼此衔接的水环，即触点态毛细水，这时黏结力最大，球出现最高强度（见图 4 – 39）。当水分进一步减少时，毛细水消失，因而失去毛细黏结力，球的强度下降，在失去弱结合水瞬间，颗粒靠拢，由于分子力的作用，增加了颗粒间的黏结力，球的强度又提高。

生球干燥后的强度是随着构成生球的物质组成和粒度的不同而有所不同，对于含有胶体颗粒的细磨精矿所制成的球，由于胶体颗粒的分散度大，填充在细粒之间，形成直径小而分布均匀的毛细管，所以水分干燥后，球体积收缩，颗粒间接触紧密，内摩擦力增加，使球结构坚固。但对于未加任何黏结剂的铁精矿，特别是粒度粗的矿物，干燥后由于失去毛细黏结力，球的强度几乎丧失。

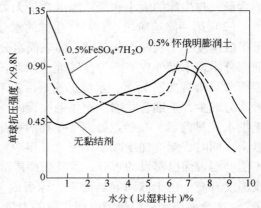

图 4 – 39　天然磁铁矿生球干燥过程
水分的变化与抗压强度的关系

4.5.2.2　干燥过程中生球的破裂现象

生球结构破坏形式有两种，其一是生球表面出现裂纹；其二是在干燥过程中整个生球炸裂散开。生球表面产生裂纹时的初始温度称为裂纹温度，生球炸裂散开时的初始温度称为爆裂温度。据苏联学者 B. M. 维邱金的研究结果表明：生球湿度高于最大吸附水时，爆裂温度高于裂纹温度；生球湿度介于最大吸附水和裂纹毛细水之间时，生球爆裂温度和裂纹温度重合。不管生球产生裂纹还是炸裂，在干燥过程中都应该尽可能避免这种现象出现。

随着干燥过程的进行，生球表里之间会产生湿度差，从而引起表里收缩不均匀，即表面湿度小收缩大，中心湿度大收缩小。由于表里收缩不均匀而产生应力，即表面收缩大于平均收缩，表面受拉，在受拉 45°方向受剪应力，而中心收缩小于平均收缩而受压。如果收缩不超过一定的限度，生球产生圆锥形毛细管，可加速水分由中心移向表面，从而加速干燥，同时使生球内的粒子紧密，增加强度；但是不均匀收缩过大，生球表层所受的拉应力或剪应力超过生球表层的极限抗拉、抗剪强度，生球便产生裂纹，球的强度受到影响。

生球在干燥过程中另一种结构破坏形式是爆裂，爆裂一般都发生在降速干燥阶段。当生球干燥过程由表面汽化控制转为内部扩散控制后，水分蒸发面向球内推进，此时生球的干燥是由于水分在球内部汽化后，蒸汽通过生球干燥外层的毛细管扩散到表面，然后进入干燥介质中。如果供热过多，球内产生的蒸汽就会多，蒸汽若不能及时扩散到生球表面，就会使球内蒸汽压增加，此时当蒸汽压力超过干燥表层的径向和切向抗拉强度时，球就产生爆裂。蒸发面越靠近球中心，蒸汽向外扩散的阻力就越大，过剩蒸汽压就越多，球产生爆裂的可能性就越大，球的结构破坏越严重。将生球干燥时结构遭到破坏时的初始温度称为生球破裂温度。

为了使生球在干燥过程中不产生破裂，常常可以采用较低的干燥温度和介质流速，以降低干燥速度。但是干燥速度太低，干燥时间延长，导致干燥设备面积增大，将导致投资高，设备生产率低。目前设计单位和球团生产者往往采用提高生球破裂温度的措施强化干燥过程，在保证生球结构不破坏的前提下尽可能提高干燥速度。一般提高生球破裂温度有如下途径：

（1）添加黏结剂。膨润土、消石灰及一些有机黏结剂都可以不同程度地提高生球破裂温度，但目前国内外使用最广、效果最好的是膨润土。如梅山菱铁精矿添加 1.5% 平山膨润土，生球破裂温度由 260℃ 提高到 450℃；杭钢竖炉球团，添加 1.5% 平山膨润土代替 6% 消石灰，生球静态破裂温度由 670℃ 提高到 860℃。由此可知膨润土提高生球破裂温度效果明显。膨润土能提高生球破裂温度的主要原因是：一方面，添加膨润土的生球，水分蒸发速度较慢，因为膨润土晶层间含有大量的分子结合水，这种水有较大的黏滞性和较低的蒸汽压，表面汽化速度低，而且当生球表面水分汽化后，内部的水分又可通过毛细管扩散到生球表面层的膨润土晶层间，因而生球干燥外壳形成比较慢，大量毛细水在表面蒸发，不易造成内部蒸汽压过剩；另一方面，它能形成强度较好的干燥外壳，这种干燥外壳能承受较大内压力的冲击不破裂。除此之外，由于膨润土干燥收缩，使干燥外壳形成许多分布均匀的小孔，有利于蒸汽扩散到表面，减少了球内的过剩蒸汽压，所以膨润土能有效地提高生球破裂温度。但对于一些由粒度细微的物料构成的球团，膨润土可能降低生球的破裂温度。

（2）逐步提高干燥介质的温度和气流速度。生球先在低于破裂温度下进行干燥，随着水分的不断减少，生球的破裂温度相应的提高，因而就有可能在干燥过程中，逐步提高干燥介质的温度与流速，以加速干燥过程。

（3）采用鼓风和抽风相结合的干燥工艺。在带式焙烧机和链箅机上抽风干燥时，下层球往往由于水汽的冷凝产生过湿层，使球破裂，甚至球层塌陷。采用鼓风和抽风相结合进行干燥，即先鼓风干燥，使下层球加热到露点以上的温度，可避免向下抽风时由于水分冷凝出现过湿层，同时在向上鼓风时，下层球会失去部分水分，因而也可以提高下层球的破裂温度。

4.5.3 影响生球干燥的因素

生球干燥必须在不破裂的条件下进行，其干燥的速度与干燥需要的时间取决于下列因素：干燥介质的温度与流速、生球的结构与初始温度、生球的粒度、球层的高度和添加剂的种类及数量等。

4.5.3.1 干燥介质的影响

影响干燥过程最主要的因素是干燥介质的温度和流速。干燥介质的温度对干燥过程影响最大，因为水分汽化速度与传热量成正比，两者关系为：

$$dQ/d\tau = \lambda dW/d\tau \qquad (4-13)$$

式中　λ——比例系数；

　　dQ——传给球表面的热量，kJ；

　　dW——水分汽化量，kg。

干燥介质与生球二者的温差越大，则所需要的干燥时间就越短，因此，为了加速干燥，总是希望干燥介质的温度尽量高些。在干燥气流速度一定的条件下，干燥介质温度的影响见图4-40。从图中可看出，随介质温度升高，干燥的时间可以缩短。但是，介质温度与干燥速度的关系不是平行一致的，在200℃以前，随着介质温度的升高，干燥速度迅速增加；但大约从200℃开始，随介质温度的升高，干燥速度的增加幅度就越来越小。这是因为生球干燥的速度是受水分蒸发和球内部扩散两个因素的影响。

介质的流速对干燥速度的影响见图4-41。当介质温度一定时，随着干燥介质流速增加，单位时间内供应的热量也增加，干燥的时间便缩短；同时介质流速大，可以保证球表面的蒸汽压与介质中的蒸汽分压有一定的差值。但是，过大的风速同样能导致球团破裂，因此当介质温度较高时，流速应降低，反之亦然。

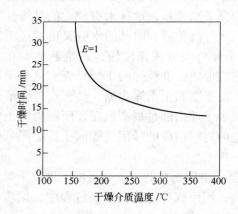

图4-40　干燥介质温度对干燥时间的影响

（干燥气流速度为0.18m/s；球团粒度为10~12mm；料层

厚度为6cm；干燥度E＝(初始水分－最终水分)/初始水分）

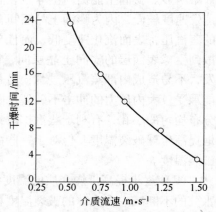

图4-41　介质流速与干燥时间的关系

（料高＝200mm；$T_{气}$＝250℃）

4.5.3.2　生球性质的影响

构成生球原料的颗粒越细，生球越致密，则生球的"破裂温度"就越低。由于细粒原料构成的生球，其内部毛细管孔径非常小，水分迁移慢，容易形成干壳，内部蒸汽扩散阻力也大，因此，对这种生球必须在较低的温度下进行干燥。但是，由细粒原料构成的生球干燥后比粗粒原料构成的球强度好，由于在球团生产中干燥强度是非常重要的，因此，往往用细粒原料造球，通过添加黏结剂来提高生球的破裂温度。

生球初始水分越高，所需要的干燥时间也就越长，这是因为生球水分增加，降低了生球的破裂温度，见表4-7。因为生球水分高，内部蒸发的水分也多，大量蒸汽要逸出，容易引起爆裂，因此，在较高的介质温度与流速下进行干燥就受到了限制。

表4-7 生球含水量与破裂温度的关系

生球含水量/%	爆裂温度/℃	生球含水量/%	爆裂温度/℃
7.7	425～450	1.63	750～800
6.2	475～500	0	1300～1350

生球直径的增大对干燥也将带来不利影响,这是因为大球的蒸发比表面积小,而且球核内蒸汽扩散的距离也变长了。

4.5.3.3 球层高度的影响

生球抽风干燥时,下层生球水蒸气冷凝程度取决于球层高度。球层越高,水蒸气冷凝越严重,从而降低了下层球的破裂温度。例如,当球层高度为100mm时,干燥介质流速为0.75m/s,介质温度为350～400℃,生球并未破裂;但当球层高度增加到300mm时,干燥介质流速为0.75m/s,250℃时生球即开始破裂。

另外,在同样的干燥制度下,随球层高度增加,干燥速度下降。例如,介质温度为250℃、介质流速为0.75m/s的干燥条件下,球层高度为100mm,干燥时间不到10min;而球层为500mm时,干燥时间则要88min,见图4-42。从图中还看出,只有在球层高度不超过300mm时,才能保证生球有满意的干燥速度,但是生球球层过低又不利于热能的利用。

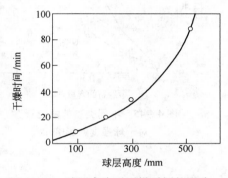

图4-42 球层高度对干燥时间的影响

4.5.3.4 黏结剂的影响

A 膨润土

从图4-43和图4-44可看出,随膨润土添加量的增加,干球的抗压强度和生球的破裂温度都有所提高。并且,其作用随着蒙脱石含量及所吸附的阳离子不同而有差别,蒙脱石含量高的效果好;在蒙脱石含量相同时,钠型膨润土比钙型膨润土好,见图4-45。这是由于钠型膨润土的电位比钙型的高,而且呈细片晶状分散在水中,干燥时分散的钠型蒙脱石片晶和剩下的水分集中在矿粒之间的接触点上,见图4-46(a),在水分最终蒸发的

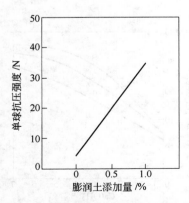

图4-43 膨润土对干燥强度的影响

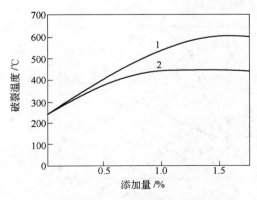

图4-44 黏结剂对生球破裂温度的影响
1—膨润土;2—消石灰

过程中，集中在这里的胶体干燥并形成固态胶泥连接桥，使干燥强度提高；而钙型蒙脱石片晶凝集成聚合体，这些聚合体又依次与含氧离子的颗粒凝聚，当球干燥时，分散的钙型蒙脱石和剩下的水分集中在颗粒接触点之处，见图4-46(b)，在干燥状态下它们将颗粒黏结，虽可使干球强度提高，但不如钠型蒙脱石的效果好。

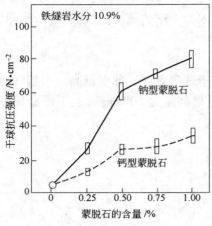

图4-45 不同类型的蒙脱石
对干球强度的影响

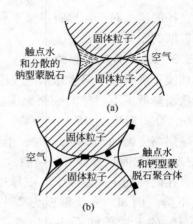

图4-46 生球干燥时蒙脱石片晶的行为
(a) 钠型蒙脱石片晶在触点水中富集简图；
(b) 钙型蒙脱石凝结进入聚合体简图

B 佩利多

佩利多是一种有机黏结剂，它对提高干球强度的效果比膨润土更好，见图4-47，其作用机理类似膨润土，但佩利多是水溶性物质，它在生球中各颗粒接触点之间形成连续的黏性溶液，干燥后成为连续的固相连接桥，使干球强度提高。由于这种连续性，即使只加入少量的佩利多就能充分发挥作用。

C 消石灰

消石灰作为黏结剂也能提高干球强度（见图4-48）和生球的破裂温度，但其效果不如膨润土。由于消石灰比表面积大，使生球内颗粒接触紧密，因此干燥后球内摩擦力增加使干球强度提高。

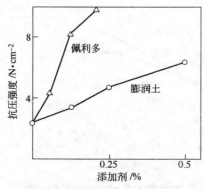

图4-47 黏结剂对干球强度的影响
铁燧岩水分10.9%

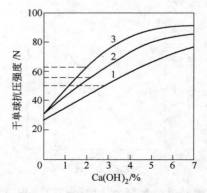

图4-48 消石灰对干球抗压强度的影响
矿石比表面积：1—740cm³/g；2—1120cm³/g；3—1720cm³/g

4.6 球团的高温固结

与烧结矿的固结方式不同，球团矿的固结主要靠固相黏结，通过固体质点扩散反应形成连接桥（或称连接颈）、化合物或固溶体把颗粒黏结起来。但是当球团原料中 SiO_2 含量高，或在球团中添加了某些添加物时，在球团焙烧过程中会形成部分液相，这部分液相对球团固结起着辅助作用，但液相量的比例很少，一般不超过 5% ~ 7%，否则球团矿在焙烧过程中会相互黏结，影响料层透气性，导致球团矿产质量降低。因此，从球团矿固结机理看，球团矿中含 SiO_2 越少越好，且对降低高炉渣量越有利。

4.6.1 颗粒间连结机理

4.6.1.1 颗粒固相连结机理

球团原料都是经过细磨处理的，具有分散性高，比表面能大，晶格缺陷严重，呈现出强烈地位移潜在趋势的活化状态。矿物晶格中的质点（原子、分子、离子）在塔曼温度下具有可动性，而且这种可动性随温度升高而加剧。当其取得了进行位移所必需的活化能后，就克服周围质点的作用，可以在晶格内部进行位置的交换，称之为内扩散，也可以扩散到晶格的表面，还能进而扩散到与之相接触的邻近其他晶体的晶格内进行化学反应，或者聚集成较大的晶体颗粒。

球团被加热到某一温度时，矿粒晶格间的原子获得足够的能量，克服周围键的束缚进行扩散，并随着温度的升高，这种扩散持续加强，最后发展到在颗粒互相接触点或接触面上扩散，使颗粒之间产生黏结，在晶粒接触处通过顶点扩散而形成连接桥（或称连接颈）。在连接颈的凹曲面上，由于表面张力产生垂直于曲颈向外的张应力（$\sigma = -\gamma/\rho$，γ 是表面张力，ρ 是颈的曲率半径），使曲颈表面下的平衡空位浓度高于颗粒的其他部位。这种过剩空位浓度梯度将引起曲颈表面下的空位向邻近的球表面发生体积扩散（图 4 - 49），即物质沿相反途径向连接颈迁移，使连接颈体积长大。因此，单位时间内物质的迁移量应等于颈的体积增大量，即有连续方程式：

$$dV/d\tau = J_v \cdot A \cdot \Omega \qquad (4-14)$$

式中 V——颈的体积（根据图 4 - 49（a）模型），$V = \pi x^2 \rho$，$\rho = x^2/2a$；

τ——焙烧时间；

J_v——单位时间通过颈的单位面积流出的空位个数；

A——扩散断面积（$A = 2\pi x \cdot 2\rho = 2\pi x^3/a$）；

Ω——一个空位或原子的体积（$\Omega = d^3$，d 为原子直径）。

根据扩散第一定律：

$$J_v = D'_v \cdot \nabla C_v = D'_v \cdot \Delta C_v/\rho \qquad (4-15)$$

式中 D'_v——空位自扩散系数；

∇C_v——颈表面与球面的空位浓度梯度；

ΔC_v——空位浓度差。

将式（4 - 14）代入式（4 - 15）可得：

$$dV/d\tau = AD'_v \cdot \Delta C_v/\rho \cdot \Omega \qquad (4-16)$$

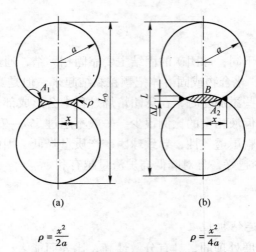

$$\rho = \frac{x^2}{2a} \qquad\qquad \rho = \frac{x^2}{4a}$$

图 4-49　两个球形颗粒固相连结模型

(a) 中心距不变 $\rho = x^2/2a$；(b) 中心距减小，两球互相贯穿，$\rho = x^2/4a$

ρ—颈部表面曲率半径；x—颈部半径；a—粒子半径；

A_1—体积扩散，凸表面到颈部；A_2—体积扩散，晶界到颈部；B—晶界扩散

原子自扩散系数为：

$$D_V = D'_V C_V^0 \Omega$$

过剩空位浓度梯度为：

$$\Delta C_V / \rho = C_V^0 \cdot r \cdot \Omega / (kT\rho^2)$$

将所有上述关系式代入式（4-16）可得：

$$\mathrm{d}x/\mathrm{d}\tau = D_V \cdot r \cdot \Omega \cdot \frac{1}{kT} \cdot \frac{4a^2}{x^4} \qquad\qquad (4-17)$$

积分得：

$$x^5/a^2 = \left(20 D_V \cdot \frac{r\Omega}{kT}\right)\tau \qquad\qquad (4-18)$$

金捷里—柏格则基于图 4-49（b）模型，认为空位是由颈表面向颗粒接触面上的晶界扩散的，单位时间和单位长度上扩散的空位流为：

$$J_V = 4D'_V \Delta C_V$$

代入相关关系式积分后得：

$$x^5/a^2 = \left(80 D_V \cdot \frac{r\Omega}{kT}\right)\tau \qquad\qquad (4-19)$$

将式（4-18）和式（4-19）比较，只是系数相差四倍，形式完全相同。因此，按照体积扩散机理，连接颈长大应服从 $(x^5/a^2)-\tau$ 的直线关系。球团焙烧初期，由于颗粒表面原子扩散，使球内各颗粒黏结形成连接颈（见图 4-50（a）），颗粒互相黏结使球的强度有所提高。在颗粒接触面上，空位浓度提高，原子与空位交换位置，不断向接触面迁移，使颈长大。温度升高，体积扩散增强，颗粒接触面增加，粒子之间距离缩小（见图 4-50（b））。起初粒子之间的孔隙形状不一，相互连接，然后就变成圆形的通道（见图 4-50（c）），这些通道收缩，使孔隙封闭，孔隙率减少。同时产生再结晶和聚晶长大，使球团致密，强度提高。球团强度、致密度与焙烧温度的关系见图 4-51。

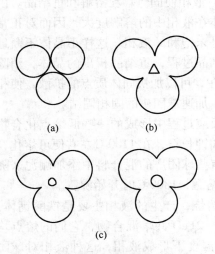

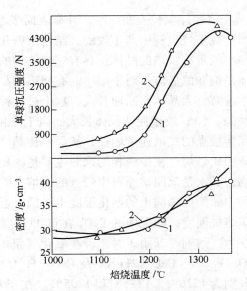

图4-50 焙烧时球形颗粒连接模型

图4-51 磁铁矿球团焙烧温度与强度、密度的关系

1—小于$37\mu m$的占79.4%；2—小于$37\mu m$的占86.6%

铁矿球团中Fe_2O_3或Fe_3O_4再结晶固结就是遵循以上的固结形式。

影响固相扩散反应的因素很多，除温度和在高温下停留的时间外，凡能促进质点内扩散和外扩散的因素，都能加速固相反应，如增加物料的粉碎程度、多晶转变、脱除结晶水或分解、固溶体的形成等物理化学变化都伴随着晶格的活化，促进固相扩散反应。除此之外，液相的存在，对固相物质的扩散提供了通道，也是强化固相扩散反应不可忽视的重要因素。

球团矿焙烧固结过程中，预热阶段（900~1000℃）进行的反应一般均为固相扩散反应。Fe_2O_3固相扩散是球团矿固结的主要形式。当生产球团矿的原料为磁铁矿时，由Fe_3O_4氧化变成Fe_2O_3，此时由于晶格结构发生变化，新生成的Fe_2O_3具有很大的迁移能力。在高温作用下，颗粒之间通过固相扩散形成赤铁矿晶桥，将颗粒连接起来，使球团矿具有一定的强度。图4-52为Fe_2O_3固相扩散固结示意图。由于两

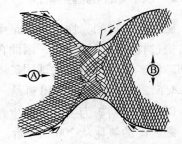

图4-52 Fe_2O_3固相扩散固结示意图

个颗粒是同质的，所以在颗粒之间的晶桥是Fe_2O_3一元系，但由于相邻颗粒的结晶方向很难一致，所以晶桥成为两个不同结晶方向的过渡区，但其晶体结构极不完善，只有在1200~1250℃高温下，Fe_2O_3才发生再结晶和聚集再结晶；若原料为赤铁矿时，则要在1300~1350℃下，才能消除晶格缺陷，增加颗粒接触面积，增加球团矿致密化程度，球团矿才能获得牢固的固结和高的抗压强度。

4.6.1.2 液相在颗粒连结中的作用

在球团矿的焙烧过程中产生的液相填充在颗粒之间，冷却时液相凝固并把固体颗粒连结起来而固结。

铁精矿球团矿中，液相量虽然不多，但在球团矿的固结过程中起着重要的作用：

（1）液相将固体颗粒表面润湿，并靠表面张力作用使颗粒靠近、拉紧，并重新排列，因而使球团矿在焙烧过程中产生收缩，结构致密化。（2）液相使固体颗粒溶解和重结晶。由于一些细小的具有缺陷的晶体比具有完整结构的大晶体在液相中的溶解度大，因而对正常的大晶体是饱和的溶液，对于细小的有缺陷的晶体却是未饱和的液相。这样小晶体不断地在液相中溶解，大晶体不断地长大，这个过程称为重结晶过程，重结晶析出的晶体，消除了晶格缺陷。（3）液相促使晶体长大。由于液相的存在，可以加快固体质点的扩散，使相邻质点间接触点的扩散速度增加，从而促使晶体长大，加速球团矿的固相固结。

球团矿焙烧过程中液相的来源主要是固相扩散反应过程中形成的一些低熔点化合物和共熔物；其次是球团矿原料中带入的低熔点矿物，如钾长石，在1100℃左右便可熔化；造球过程中添加的膨润土的熔化温度也较低；近年来有些球团厂的混合料中添加硼泥来降低球团矿焙烧温度，硼泥中的 B_2O_3 在600℃时就开始熔融，1800℃时开始沸腾。

在生产熔剂性球团矿时，若在氧化气氛中进行焙烧，产生的液相主要是铁酸钙体系，如 $CaO \cdot Fe_2O_3$、$CaO \cdot 2Fe_2O_3$ 及 $CaO \cdot Fe_2O_3 - CaO \cdot 2FeO$ 共熔混合物，它们的熔点均较低，分别为1216℃、1226℃和1205℃。在正常焙烧温度下形成液相，这种液相对球团矿固结有利；但如果氧化不完全，熔剂性球团矿焙烧过程中也有可能出现钙铁橄榄石体系的液相，这种情况应尽量避免出现。

球团矿中液相量通常不超过5%～7%，熔剂性球团矿液相量显然高于高品位非熔剂性球团矿。在熔剂性球团矿焙烧过程中应特别注意严格控制焙烧温度和升温速度，防止温度波动太大，产生过多的液相。因为液相量太多，不仅阻碍固相颗粒直接接触，并且液相沿晶界渗透，使已聚集成大晶体的固结球团"粉碎化"，且球团会发生变形，相互黏结，恶化球层透气性。

4.6.2　铁矿球团的固结机理

磁铁矿精矿和赤铁矿精矿是生产铁矿球团矿的两种主要原料，特别是磁铁矿精矿由于在焙烧过程中可以被氧化，因而在生产球团矿时更具有优势。因此本节主要介绍磁铁矿精矿和赤铁矿精矿为原料的球团矿固结形式。

4.6.2.1　磁铁矿球团固结

以磁铁矿精矿为主要原料生产球团矿时，在焙烧过程中，磁铁矿首先被氧化成赤铁矿。磁铁矿的氧化从200℃开始，1000℃左右结束，氧化过程分两阶段进行。

氧化第一阶段：

$$4Fe_3O_4 + O_2 \xrightarrow{>200℃} 6\gamma - Fe_2O_3 \qquad\qquad 反应（4-1）$$

在这一阶段，化学过程占优势，不发生晶型转变（Fe_3O_4 和 $\gamma - Fe_2O_3$ 都属于立方晶系），即由 Fe_3O_4 生成了 $\gamma - Fe_2O_3$（磁赤铁矿），但是，$\gamma - Fe_2O_3$ 一般是不稳定的。

氧化第二阶段：

$$\gamma - Fe_2O_3 \xrightarrow{>400℃} \alpha - Fe_2O_3 \qquad\qquad 反应（4-2）$$

由于 $\gamma - Fe_2O_3$ 不稳定，在较高的温度下，结晶会重新排列，而且氧离子可能穿过表层直接扩散，进行氧化的第二阶段。这个阶段晶型转变占优势，从立方晶系转变为斜方晶系，即 $\gamma - Fe_2O_3$ 转变为 $\alpha - Fe_2O_3$，磁性也随之消失。

但是，在球团生产过程中，受氧化动力学因素的影响，在预热阶段 Fe_3O_4 的氧化产物主要为 $\gamma - Fe_2O_3$。磁铁矿球团的氧化是成层状地由表面向球中心进行的，一般认为这符合化学反应的吸附—扩散学说，即首先是大气中的氧被吸附在磁铁矿颗粒表面，并且从 Fe^{2+} → $Fe^{3+} + e$ 的反应中失去电子而电离，从而引起 Fe^{3+} 扩散，使晶格连续重新排列而转变为固溶体。

Fe_3O_4（晶格常数 0.838nm）和 $\gamma - Fe_2O_3$（晶格常数 0.832nm）的晶格常数相差甚微，因此，Fe_3O_4 到 $\gamma - Fe_2O_3$ 的转变仅仅是进一步除去 Fe^{2+}，形成更多的空位和 Fe^{3+}。$\gamma - Fe_2O_3$ 或 Fe_3O_4 与 $\alpha - Fe_2O_3$（晶格常数 0.542nm）的晶格常数差别却很大，晶格重新排列时，Fe^{2+} 及 Fe^{3+} 有较大的移动，从 $\gamma - Fe_2O_3$ 或 Fe_3O_4 转变到 $\alpha - Fe_2O_3$ 时，晶型改变，体积发生收缩。因此，低温时只能生成 $\gamma - Fe_2O_3$。

无论在什么情况下，对氧化起主要作用的不是气体氧向内扩散，而是铁离子和氧离子在固相层内的扩散。这些质点在氧化物晶格内的扩散速度与其质点的大小和晶格的结构有关。O^{2-} 的半径（0.14nm）比 Fe^{2+}（0.074nm）或 Fe^{3+}（0.060nm）的半径大，故 Fe^{2+} 和 Fe^{3+} 扩散速度比 O^{2-} 大。O^{2-} 是不断失去电子成为原子（氧原子的半径约 0.06nm），又不断与电子结合成为 O^{2-} 的交换方式扩散的，但仅在失去电子变为原子状态下的瞬间，才能在晶格的结点间移动一段距离，所以 O^{2-} 的扩散比铁离子慢得多。

在低温下，磁铁矿表面形成很薄的 $\gamma - Fe_2O_3$，随着温度升高，离子的移动能力增加，此时 $\gamma - Fe_2O_3$ 层的外面转变为稳定的 $\alpha - Fe_2O_3$。温度继续升高，Fe^{2+} 扩散到 $\gamma - Fe_2O_3$ 和 Fe_3O_4 界面上，充填到 $\gamma - Fe_2O_3$ 空位中，使之转变为 Fe_3O_4，Fe^{2+} 扩散到 $\alpha - Fe_2O_3$ 和 O_2 界面，与吸附的氧作用形成 Fe^{3+}，Fe^{3+} 向内扩散，同时，O^{2-} 向内扩散到晶格的结点上，最后全部成为 $\alpha - Fe_2O_3$。

人造磁铁矿，它具有不完整的晶格结构，所以其固溶体的形成非常迅速。因此，在低温下就能形成 $\gamma - Fe_2O_3$，它的反应性要比天然磁铁矿强得多。人造磁铁矿在 400℃ 时的氧化度，就接近天然磁铁矿在 1000℃ 时的氧化度，见图 4-53。

天然磁铁矿所形成的 Fe^{3+} 的扩散相对来讲是慢的，氧化过程只在表面进行，能形成固溶体和 $\alpha - Fe_2O_3$，而在颗粒内部只能形成固溶体。在天然磁铁矿氧化的温度下，$\alpha - Fe_2O_3$ 是赤铁矿的稳定形式，并且由于氧化的进行，颗粒内部固溶体也转换生成 $\alpha - Fe_2O_3$。

等温条件下非熔剂性球团矿氧化所需时间可用下列扩散反应方程表示：

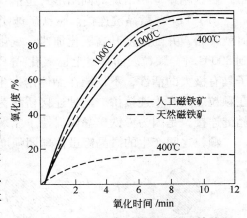

图 4-53　氧化气氛下焙烧天然磁铁矿和
人工磁铁矿的氧化度

$$t = \frac{d^2}{k}\left(\frac{(1 - \sqrt[3]{1-\omega})^2}{2} - \frac{(1 - \sqrt{1-\omega})^3}{3} \right) \qquad (4-20)$$

式中　ω ——氧化转化度，$\omega = 1 - (d-x)^3 / d^3$；

　　　d ——球团直径，cm；

x——氧化带深度，cm；

t——氧化时间，s；

k——氧化速度系数，cm^2/s。

球团矿完全氧化的时间，当 $\omega=1$ 时为：

$$t_{完} = d^2/(6k) \tag{4-21}$$

氧化速度系数 k 值与介质含氧量有关；介质若为空气，则：

$$k = (1.2 \pm 0.2) \times 10^{-4} cm^2/s \tag{4-22}$$

若为纯氧，则：

$$k = (1.4 \pm 0.1) \times 10^{-3} cm^2/s \tag{4-23}$$

球团焙烧时介质的氧含量是变化的，而且总是低于空气的氧含量，所以 k 值小于式（4-22）中的 k 值。

在焙烧过程中磁铁矿充分氧化成赤铁矿对球团矿的固结有如下重要意义：

（1）磁铁矿氧化成赤铁矿时伴随结构的变化。磁铁矿晶体为等轴晶系，而赤铁矿为六方晶系，氧化过程中存在晶格变化且新生晶体表面原子具有较高的迁移能力，这有利于在相邻的颗粒之间形成晶键。

（2）磁铁矿氧化为赤铁矿是放热反应。它放出的热能几乎相当于焙烧球团矿总热耗的一半，所以保证磁铁矿在焙烧过程中充分氧化，可以节约能耗。

（3）磁铁矿氧化若不充分，则在球团矿中心留有剩余的磁铁矿。如果进入高温焙烧带，更不利于磁铁矿氧化；在这种情况下磁铁矿将与脉石 SiO_2 反应，生成低熔点化合物，在球团矿内部出现液态渣相。液相冷却时会收缩，使球团矿内部出现同心裂纹，这不仅影响球团矿的强度，而且恶化其还原性。

磁铁精矿球团焙烧的固结形式包括：

（1）Fe_2O_3 微晶键连接。磁铁矿球团矿在氧化气氛中焙烧时，氧化过程在 $200\sim300℃$ 时就开始，并随温度升高氧化加速。氧化首先在磁铁矿颗粒表面和裂缝中进行，当温度达到 $800℃$ 时，颗粒表面基本上已氧化成 Fe_2O_3。在晶格转变时，新生的赤铁矿晶格中的原子具有极大的活性，不仅能在晶体内发生扩散，并且毗邻的氧化物晶体也发生扩散迁移，在颗粒之间产生连接桥，这种连接桥称为微晶键连接，见图 4-54(a)。之所以称其为微晶键连接，是因为赤铁矿晶体保持了原来细小的晶粒。

颗粒之间产生的微晶键虽使球团强度比干球强度有所提高，但总体上强度仍较低。

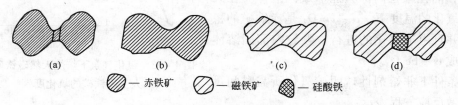

   (a)   (b)   (c)   (d)

▨—赤铁矿　▨—磁铁矿　▨—硅酸铁

图 4-54 磁铁矿生球焙烧时颗粒间所发生的各种连接形式

（2）Fe_2O_3 再结晶连接。Fe_2O_3 再结晶连接是铁精矿氧化成球团矿和固相固结的主要形式，是 Fe_2O_3 微晶键固结形式的发展。当铁矿球团在氧化气氛中焙烧时，氧化过程由球表面沿同心球面向内推进，氧化预热温度达 $1000℃$ 时，约 95% 的磁铁矿氧化成新生的

Fe_2O_3，并形成微晶键。在最佳焙烧制度下，一方面残存的磁铁矿继续氧化，另一方面赤铁矿晶粒扩散增强，并产生再结晶和聚晶长大，颗粒之间的孔隙变圆，孔隙率下降，球体积收缩，球内各颗粒连接成一个致密的整体，因而使球的强度大大提高，见图 4-54（b）。

（3）Fe_3O_4 再结晶固结。在焙烧磁铁矿时，如果是在中性气氛中进行或氧化不完全时，内部的磁铁矿在 900℃ 便开始发生再结晶，使球团各颗粒连接，见图 4-54（c）。但 Fe_3O_4 再结晶的速度比 Fe_2O_3 再结晶的速度慢，因而反映出以 Fe_3O_4 再结晶固结的球团矿强度比以 Fe_2O_3 再结晶的球团矿强度低。图 4-55 所示是用 TFe 71.34%，FeO 23.86%，SiO_2 0.52% 的磁铁矿制成的生球，在不经氧化或预先氧化在氮气中焙烧后的球团矿强度。

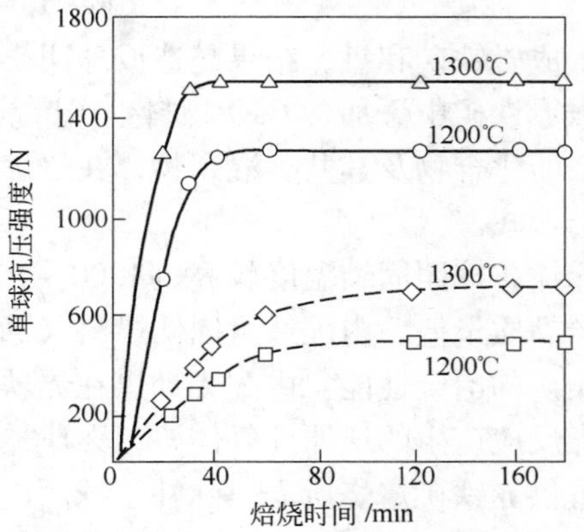

（4）渣相连结。当磁铁矿生球中含有一定数量的 SiO_2 时，如果焙烧是在中性气氛中或弱氧化气氛中进行，或是 Fe_3O_4 氧化不完全，温度升到 1000℃，就会形成 $2FeO \cdot SiO_2$，其反应式如下：

图 4-55　在氮气中焙烧时，焙烧时间与球团强度的关系
——预氧化的铁精矿球团；--- 未氧化的铁精矿球团

$$2FeO + SiO_2 \Longrightarrow 2FeO \cdot SiO_2 \qquad\qquad 反应（4-3）$$

此外，如果焙烧温度高于 1350℃，即使在氧化气氛中焙烧，Fe_2O_3 也会发生部分分解，形成 Fe_3O_4，同样会与 SiO_2 作用而产生 $2FeO \cdot SiO_2$。$2FeO \cdot SiO_2$ 熔点低，而且很容易与 FeO 和 SiO_2 生成熔化温度更低的低共熔点熔体，如 $2FeO \cdot SiO_2$ - FeO 共熔混合物，熔点 1177℃，$2FeO \cdot SiO_2$ - SiO_2 的熔点为 1178℃。$2FeO \cdot SiO_2$ 与其共熔混合物形成的液相在冷却过程中凝固，把球团矿固结起来（见图 4-54（d））。这种固结又称渣键固结或渣相固结。

上述四种固结形式中，以 Fe_2O_3 再结晶的形式最为理想，所得球团矿强度高、还原性好，在焙烧过程中应力求达到这种固结形式。Fe_2O_3 微晶连接的球团矿强度较低，满足不了球团矿运输和高炉冶炼要求，这种形式的固结只有在焙烧不均匀时出现，例如竖炉球团矿中总有为数不多的微晶键连接的球团矿。Fe_3O_4 再结晶球团矿虽具有一定的强度，但由于形成了难还原的硅酸铁、钙铁橄榄石等渣相，使得球团矿还原性变坏。渣相连结则视情况而定，如果是 $2FeO \cdot SiO_2$ 与其共熔混合物作黏结相，由于 $2FeO \cdot SiO_2$ 在冷却过程中很难结晶，常以玻璃质形式存在，玻璃质性脆，使得球团矿强度低，而且在高炉冶炼中难还原，因此这种固结键是不受欢迎的。如果是熔剂性球团矿，则铁酸钙体系的黏结相是不应该避免的，因为这种固结形式不仅使球团矿具有较好的冷强度，而且对改善球团矿的冶金性能有利。

4.6.2.2　赤铁矿球团固结

对于较纯的赤铁矿球团矿，一般认为其固结形式是晶粒长大和高温再结晶的形式。它与磁铁矿球团矿氧化焙烧不同。在 1200℃ 以下，赤铁矿的矿石颗粒及球团矿结构一直保持其原有形态，各颗粒虽然彼此靠近，但无任何的连接；只有当温度超过 1300℃ 时，才能观

察到晶体颗粒明显长大，小晶粒之间才形成初期的连接桥；到1350℃时，可以观察到再结晶。与此同时，球团矿的抗压强度也随温度升高而增加。但焙烧温度也不能太高，在温度超过1350℃时，赤铁矿便开始按下式分解：

$$6Fe_2O_3 \Longrightarrow 4Fe_3O_4 + O_2 \qquad\qquad 反应（4-4）$$

生成磁铁矿和氧，结果是造成球团矿强度的下降。

当赤铁矿中添加含CaO物料生产熔剂性球团矿时，由于固相扩散反应生成低熔点铁酸钙体系的化合物及其共熔混合物，在焙烧过程中产生了铁酸钙液相，这也是球团矿较理想的固结形式。

赤铁矿球团固结温度较高（1300~1350℃），适宜焙烧温度区间范围窄，生产操作困难，产品质量差。内配适量固体燃料（通常采用无烟煤）可以提高赤铁矿球团矿强度，改善球团矿的冶金性能。内配无烟煤在赤铁矿球团焙烧固结中的作用主要有两个方面：（1）无烟煤反应产生的还原性气体CO及H_2使赤铁矿还原成磁铁矿；（2）无烟煤燃烧释放的热量可供赤铁矿焙烧所需，弥补了球团内部热量的不足，有利于赤铁矿球团的焙烧固结。

与纯赤铁矿球团的Fe_2O_3高温再结晶长大的固结方式相比，内配碳赤铁矿球团中，由于部分原生赤铁矿先还原或分解为磁铁矿，因此继续在氧化性气氛中焙烧可再氧化为次生赤铁矿。由于次生赤铁矿活性高，在较低焙烧温度下即可发生再结晶，由此改变了赤铁矿球团只能通过原生赤铁矿Fe_2O_3晶粒长大或再结晶的固结过程，降低了赤铁矿球团的焙烧温度，改善了赤铁矿的焙烧性能，达到节能降耗的作用。

4.6.2.3 熔剂性球团的固结

当生产熔剂性球团矿或含MgO球团矿时，球团矿内出现了$CaO \cdot Fe_2O_3$，$MgO - Fe_2O_3$二元系。在500~600℃时开始进行固相扩散反应，首先生成$CaO \cdot Fe_2O_3$，其反应速度与温度的关系见图4-56，且反应速度随温度升高而加快。800℃时已有80% $CaO \cdot Fe_2O_3$生成，1000℃时已完全形成。

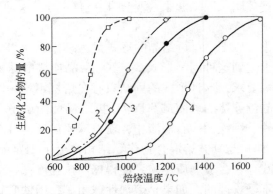

图4-56 铁酸盐和硅酸盐的生成量与焙烧温度的关系
1—$CaO \cdot Fe_2O_3$；2—$2CaO \cdot SiO_2$；3—$MgO \cdot Fe_2O_3$；4—$2MgO \cdot SiO_2$

若有过剩CaO时，则按下式反应进行：

$$CaO \cdot Fe_2O_3 + CaO \xrightarrow{1000℃} 2CaO \cdot Fe_2O_3 \qquad\qquad 反应（4-5）$$

该反应到1200℃时结束。若球团矿中含CaO太少时，铁酸盐难以生成。

虽然CaO与SiO_2的亲和力大于CaO与Fe_2O_3的亲和力，但由于Fe_2O_3浓度大，在低

温时优先生成 $CaO \cdot Fe_2O_3$。但是这个体系中的化合物及其固溶体熔点比较低，出现液相后，SiO_2 就和铁酸盐中的 CaO 反应，生成 $CaO \cdot SiO_2$，Fe_2O_3 便被置换出来，重结晶析出。

MgO 与 Fe_2O_3 在600℃时开始发生固相反应，生成 $MgO \cdot Fe_2O_3$。实际上总有或多或少的 MgO 进入磁铁矿晶格中，形成 $[Mg_{(1-x)} \cdot Fe_x] O \cdot Fe_2O_3$，使磁铁矿晶格稳定下来，因此含 MgO 球团矿中 FeO 含量比一般球团矿的 FeO 高。

生产自熔性球团矿时，铁精矿中的 SiO_2 与熔剂 CaO 作用，形成硅酸盐体系化合物；它们首先靠固相反应生成，不论 CaO 的数量有多少，首先生成的是 $2CaO \cdot SiO_2$，但最终产物将是 $3CaO \cdot SiO_2$ 和剩余的 CaO；相反，若以过量的 SiO_2 和 CaO 反应，首先生成物也是 $2CaO \cdot SiO_2$，最终的产物将是 $CaO \cdot SiO_2$ 和多余的 SiO_2。图4-57是 CaO 与 SiO_2 的物质的量相等时的混合物，在1200℃下进行固相反应的生成物变化示意图。由图可见，首先生成的是 $2CaO \cdot SiO_2$，其次出现的是

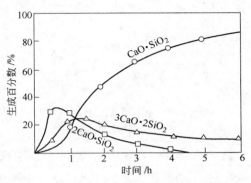

图4-57 $CaO : SiO_2 = 1 : 1$ 时固相反应生成物变化

$3CaO \cdot 2SiO_2$，然后出现 $CaO \cdot SiO_2$，6个小时后，$2CaO \cdot SiO_2$ 消失，$3CaO \cdot 2SiO_2$ 也几乎消失，最终只有 $CaO \cdot SiO_2$。应当指出，实验室研究可以用很长的时间，使反应在接近平衡的条件下进行，而生产实际中，反应时间很短，反应往往达不到平衡。

4.6.3 影响球团矿固结的因素

影响铁精矿球团矿焙烧的因素很多，如焙烧温度、高温保持时间、加热速度、气氛、冷却制度、原料物化性质等，都对球团矿的产量、质量有影响。

4.6.3.1 焙烧温度

温度对球团焙烧过程有很大的影响。如果温度太低，则各种物理化学反应都进行得非常缓慢，甚至难以达到焙烧固结的效果。当温度逐渐升高时，焙烧固结的效果逐渐提高。生产球团的原料不同，其适宜的峰值焙烧温度是不同的，必须根据其矿物类型和成分，通过试验确定。下面分别以非熔剂性球团矿和熔剂性球团矿来介绍温度对焙烧过程的影响。

A 非熔剂性球团矿

对于高品位的非熔剂性球团矿，其固结主要靠氧化铁固相固结，因此，一般焙烧的峰值温度比较高。

磁铁矿球团在氧化气氛中焙烧时，温度对强度的影响如图4-58和图4-59所示。在低温下球团矿的强度增加很慢，只有当超过1000℃时，强度才开始快速上升。球团矿强度取决于最终温度，即在某一温度下，保持一定的时间后，球团强度达到某种程度以后就不再提高。

赤铁矿球团焙烧的温度要求比磁铁矿高，如图4-59所示。如前所述，磁铁矿氧化能促进质点扩散黏结，因此磁铁矿球团在较低的温度下就开始固结；而赤铁矿则需要在较高的温度下，才能使晶格中的质点扩散，所以只有在较高的温度下才发生晶粒长大和再结晶固结，但焙烧温度也不能过高，否则会使赤铁矿显著分解，氧化铁分解压与温度的关系见表4-8，同时，过高的温度还会引起球团熔化。

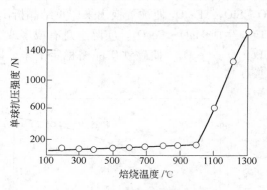

图 4-58 磁铁矿精矿球团强度与
焙烧温度的关系

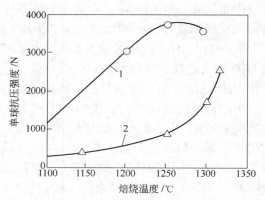

图 4-59 焙烧温度对球团强度的影响
1—磁铁矿球团；2—赤铁矿球团

表 4-8 氧化铁分解压与温度的关系

温度/℃	1127	1200	1300	1327	1383	1400	1452
Fe_2O_3/Pa		9.02×10	1.93×10^2		2.06×10^4	2.75×10^4	9.81×10^4
Fe_3O_4/Pa	2.62×10^{-4}			3.55×10^{-3}			

因此，从提高球团矿的质量和产量的角度出发，应该尽可能选择较高的温度，因为它可以提高球团矿的强度，缩短焙烧时间，增加生产率，但此温度不能超过球团矿的熔点和赤铁矿显著分解的温度。而从设备使用寿命、燃料和电力消耗的角度出发，应该尽可能选择较低的焙烧温度，因为高温焙烧设备的投资与消耗要高得多，但是，焙烧的最低温度应足以使生球中的各颗粒之间形成牢固的连接。实际上选择焙烧温度，通常是从上面两方面考虑的。对于高品位磁铁矿球团矿，一般焙烧温度选 1250~1300℃，赤铁矿焙烧温度一般为 1300~1350℃。

B 熔剂性球团矿

对于含 CaO 物质的熔剂性球团矿，其峰值温度较低，必须仔细地加以控制。液相渣的数量对温度是非常敏感的，随温度增加，液相量便迅速增加。如果球团内温度不均匀，则在一些区域中液相量显得太多，而在另一些区域又显得太少，这样会影响球团矿的强度并会使孔隙分布不均匀。当焙烧温度高于 1200℃时，其矿相结构中有铁酸半钙产生，温度越高，铁酸半钙就越多。

如果添加白云石，由于氧化镁的存在，则球团焙烧的温度应该比氧化钙熔剂球团矿的高，因为铁酸镁的形成比铁酸钙困难，其渣相的熔点也比较高。

4.6.3.2 加热速度

加热速度对球团矿质量有重大的影响，升温过快会使磁铁矿氧化不完全，球团矿产生双层结构，即表层由 Fe_2O_3 组成，而中心由 Fe_3O_4 和 $2FeO \cdot SiO_2$ 体系所组成，这样在未氧化的磁铁矿和已氧化形成的赤铁矿之间产生同心裂纹；同时，升温速度过快，使球团内外形成较大的温差，从而产生不同的膨胀，也会导致裂纹产生，影响球团矿的强度。实验室测得加热速度与球团矿的强度关系见图 4-60。从图中可以看出，升温速度减慢，球团矿的强度上升；但升温过慢，会使生产率下降，一般升温速度为 57~120℃/min。

对于含 MgO 磁铁矿球团矿，由于磁铁矿氧化和铁离子扩散比镁离子扩散快得多，因此，为了使 Mg^{2+} 能扩散到磁铁矿晶格中，形成 $MgO \cdot Fe_2O_3$，必须用快速加热的方式，使之在磁铁矿未氧化完全之前完成，因为在较慢的加热速度下会有较多的 MgO 进入渣相。

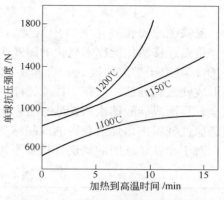

图 4-60 加热速度对球团矿强度的影响

4.6.3.3 高温保持时间

生球焙烧时，必须在最适宜的焙烧温度下保持一定的时间，因为各种物理化学反应、晶粒长大和再结晶过程需要一定的时间才能完成，缺乏必要的高温保持时间会使所获得的球团矿强度低。然而在高温下保持过长的时间也是不必要的，因为超过一定的时间后，强度保持在一定值而不再升高，而且还有可能引起球团矿熔化黏结，降低球团矿质量和设备生产率。

4.6.3.4 冷却速度

冷却速度是决定球团矿强度的重要因素。随着冷却速度增加，球团矿强度下降，如图 4-61（a）所示；快速冷却会增加球团矿的破坏应力，引起焙烧过程中所形成的黏结键破坏；从图 4-61（b）可见，球团矿总孔隙率随冷却速度的增加而增加。球团矿的强度还与球团冷却的最终温度和冷却介质有关。随球团冷却的最终温度降低，球团强度升高，且在空气中冷却比在水中冷却的强度好，如图 4-62 所示，球团矿一般不允许用水冷却。

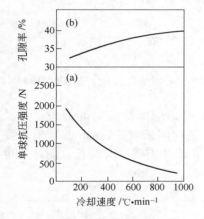

图 4-61 冷却速度与球团矿
抗压强度和孔隙率的关系

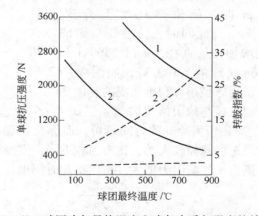

图 4-62 球团冷却最终温度和冷却介质与强度的关系
1—空气冷却；2—水冷却；—— 抗压强度；--- 转鼓指数

4.6.3.5 焙烧气氛

生球焙烧时，气体介质的特性对球团的氧化和固结有重要的影响。通常，气体介质的特性由燃烧产物的含氧量所决定，通常按照燃烧产物的含氧量不同分为：

>8%	强氧化气氛
4%～8%	正常氧化气氛
1.5%～4%	弱氧化气氛
1.0%～1.5%	中性气氛

<1%　　　　　　　　还原性气氛

磁铁矿球团在氧化气氛中焙烧，能得到好的焙烧效果。因为，磁铁矿氧化成 Fe_2O_3 后，质点迁移活化能比未氧化的磁铁矿小（表4-9）。因此，在氧化气氛中焙烧所获得的 Fe_2O_3，其原子扩散速度大，有利于粒子间固相固结和再结晶，如果焙烧熔剂性球团矿，则形成铁酸钙固结；而在中性或还原性气氛中焙烧时，磁铁矿原子扩散速度慢，再结晶不完全，靠形成硅酸铁或钙铁硅酸盐来固结。所以，磁铁矿球团在氧化气氛中焙烧比在中性或还原性气氛中焙烧所获得的成品球的强度大，还原度高。

对于赤铁矿球团的焙烧，只要不是还原性气氛，其他各种气氛对它的强度影响不大。

表4-9　不同铁矿的活化能

原　料	赤铁矿	磁铁矿	磁铁矿氧化的赤铁矿
质点迁移活化能/$kJ \cdot mol^{-1}$	58.604	376.74	50.232

4.6.3.6　球团尺寸

球团尺寸对焙烧过程中热能的消耗、设备的生产能力及产品强度都有重要的影响。

直径大的球比直径小的球单位热耗量多。在鲁奇公司编制的带式焙烧机球团法的计算机模型中，通过不同的均一粒级球团料层的对比，从热耗和生产率两方面研究了最佳球团矿的直径。研究表明：焙烧球的直径为8mm，单位热耗量为1758kJ/kg；焙烧球为16mm时，单位热耗量上升到大约2345kJ/kg。与此同时，被废气带走的单位热量也增加，从直径8mm的360kJ/kg，增加到16mm球的850kJ/kg，如图4-63所示。这说明球径小有利于热能的利用。

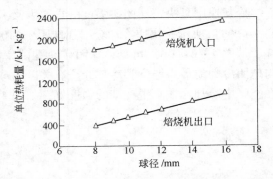

图4-63　球团直径对焙烧带单位热耗量的影响

球团直径与球团焙烧的关系见图4-64。直径为10mm的球团焙烧时间最短，直径12mm的球团所需冷却的时间最短，而综合焙烧和冷却总的时间来看，11mm的球所需要的时间最短。球径较大的，比表面积下降，则冷却速度慢，冷却需要的时间长；而球径很小的，则由于气流阻力增大，所以冷却时间也长。

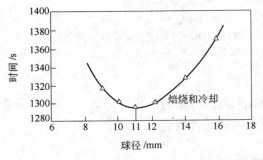
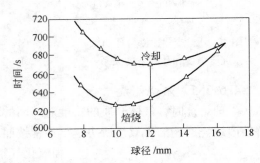

图4-64　球团直径与焙烧时间和冷却时间的关系

关于球团矿冷抗压强度与直径的关系，有许多研究者做了大量的试验工作，希望能找出一个函数关系。古登纳（H. W. Gudenau）和华尔顿（H. Walden）等研究了不同生产厂家、不同直径球团矿的冷抗压强度，然后绘出了冷抗压强度与球团矿直径的关系曲线，见图 4-65 曲线 1，其关系式如下：

$$\sigma_{抗} = K_0 d^n \tag{4-24}$$

式中 $\sigma_{抗}$——抗压强度，N；

$\quad\quad$ d——球团矿直径，mm；

$\quad\quad$ n——指数，在 1.3~1.7 之间，一般为 $n = 1.3~1.5$；

$\quad\quad$ K_0——常数。

从图中可以看出，随着球团矿直径增大，抗压强度也增大，这对于衡量球团矿的真正强度有不真实的影响。为了尽可能地消除球团直径对抗压强度测量的不真实的影响，往往将每个球团矿所获得的抗压强度除以球的截面积（πr^2），由此发现，随球团直径增大，单位抗压强度下降（见图 4-65 曲线 2）。

球团矿转鼓强度与球团矿直径的关系见图 4-66。从图中可以看出，球团矿的直径有最佳值；球的直径太小，由于比表面积大，相互剥磨厉害，因此转鼓强度差；球的直径太大，可能由于固结不好，转鼓强度也差。

4.6.3.7 精矿粒度

造球的原料粒度越细，所获得的成品球团矿强度就越好，见图 4-67。因为颗粒越细，球内颗粒之间接触点越多，有利于质点扩散和黏结，所以能提高球团矿强度；但是原料粒度过细，会使生球破裂温度降低，影响生球干燥速度。

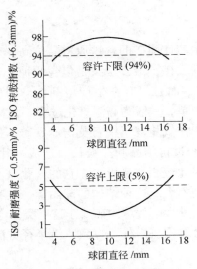

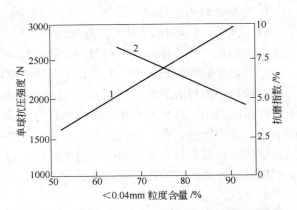

图 4-65 焙烧球团的冷抗压强度、单位抗压强度与球团直径的关系
1—冷抗压强度与球径关系；2—单位冷抗压强度与球径关系

图 4-66 焙烧球团的转鼓指数、耐磨强度与球团直径的关系

图 4-67 原料粒度对焙烧球团矿抗压强度和抗磨指数的影响
1—抗压强度；2—抗磨指数

4.6.3.8　精矿中含硫量

含硫生球在氧化焙烧时，能达到较高的脱硫率，但是硫对球团的氧化、抗压强度和固结速度有相当大的影响。精矿中含硫会妨碍磁铁矿的氧化，因为氧对硫的亲和力比氧对铁的亲和力大，所以硫首先氧化，同时所形成的二氧化硫向外逸出，一方面阻碍了空气向球内扩散；另一方面，由于二氧化硫存在，使磁铁矿表面氧的浓度降低。这样影响了球团内部氧化，使球团出现层状结构，表面是赤铁矿，内部是磁铁矿和渣相。渣相熔融收缩离开外壳，结果在核心与外壳之间形成空腔，降低了球的强度。随着球团中硫的含量增加，球团矿的强度和氧化度都显著下降，见图 4-68。用含硫高的磁铁矿精矿生产球团矿时应当延长预热时间，使硫先于磁铁矿氧化。

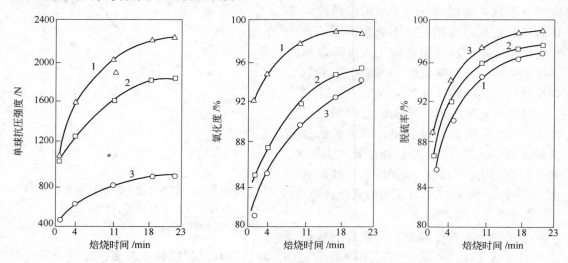

图 4-68　含硫球团矿焙烧时间对球团矿的强度、氧化度和脱硫率的影响

精矿含硫量：1—0.30%；2—0.52%；3—0.98%

4.7　球团矿的矿物组成

与烧结矿比较，球团矿的矿物组成比较简单。因为生产球团矿的含铁原料品位高，杂质少，而且混合料的组分比较简单，一般只包含有一种铁精矿，最多也只是包含两种，包含两种以上铁精矿的则比较少见，再配加少量的黏结剂，而且只有在生产熔剂性球团矿时，才配加熔剂。此外球团矿焙烧过程的物化反应也较简单，一般为高温氧化过程。

酸性球团矿的矿物成分中，95%以上为赤铁矿。由于在氧化气氛中石英与赤铁矿不进行反应，所以一般可看到独立的石英颗粒存在，赤铁矿经过再结晶和晶粒长大连成一片。由于球团矿的固结，以赤铁矿单一相的固相反应为主，因此液相数量极少。它的气孔呈不规则形状，多为连通气孔，全气孔率与开口气孔率的差别不大。这种结构的球团矿，具有相当高的抗压强度和良好的低温、中温还原性。目前国内外大多数球团矿属于这一类。

用磁铁精矿生产的球团矿，如果氧化不充分，其显微结构将内外不一致，沿半径方向可分三个区域：

（1）表层氧化充分，和一般酸性球团矿一样。赤铁矿经过再结晶和晶粒长大，连接成片。少量未熔化的脉石，以及少量熔化了的硅酸盐矿物，夹在赤铁矿晶粒之间。

（2）中间过渡带的主要矿物仍为赤铁矿。赤铁矿连晶之间，被硅酸铁和玻璃质硅酸盐充填，在这个区域里仍有未被氧化的磁铁矿。

（3）中心磁铁矿带，未被氧化的磁铁矿在高温下重结晶，并被硅酸铁和玻璃质硅酸盐液相黏结，气孔多为圆形大气孔。具有这样显微结构的球团矿，一般抗压强度低，这是因为中心液相较多，冷凝时体积收缩，形成同心裂纹，使球团矿具有双层结构，即以赤铁矿为主的多孔外壳，以及以磁铁矿和硅酸盐液相为主的坚实核心，中间被裂缝隔开。因此用磁铁矿生产球团矿时，必须使它充分氧化。

对于自熔性球团矿，在正常情况下，其中的主要矿物是赤铁矿，铁酸钙的数量随碱度不同而异，此外还有少量硅酸钙。含 MgO 较高的球团矿中，还含有铁酸镁，由于 FeO 可置换 MgO，实际上为镁铁矿，可以写成（Mg·Fe）O·Fe_2O_3。

自熔性球团矿当焙烧温度较低，在此温度下停留时间较短时，它的显微结构为赤铁矿连晶，局部存在由固体扩散而生成的铁酸钙；当焙烧温度较高及在高温下停留时间较长时，则形成赤铁矿和铁酸钙的交织结构。因为铁酸钙在焙烧温度下可以形成液相，故气孔呈圆形。

实验证明，当有硅酸盐同时存在的情况下，铁酸盐只能在较低温度下才能稳定。1200℃时，铁酸盐在相应的硅酸盐中固溶；超过1250℃时，铁酸盐发生下列反应：

$$CaO \cdot Fe_2O_3 + SiO_2 \longrightarrow CaSiO_4 + Fe_2O_3 \qquad 反应（4-6）$$

Fe_2O_3 再结晶析出，铁酸盐消失，球团矿中出现了玻璃质硅酸盐。

自熔性球团矿与酸性球团矿相比，其矿物组成较复杂。其成分除了以赤铁矿为主外，还有铁酸钙、硅酸钙、钙铁橄榄石等，在焙烧过程中产生的液相量较多，故气孔呈圆形大气孔，其平均抗压强度较酸性球团矿低。

综上分析，可以看出，影响球团矿矿物组成和显微结构的因素有两个：一个是原料的种类和组成；另一个是焙烧工艺条件，主要是焙烧温度、气氛以及在高温下保持的时间。球团矿的矿物组成和矿物结构，对其冶金性能影响极大。

5 烧结生产工艺与设备

5.1 烧结生产工艺流程

现行常用的烧结生产工艺流程主要由以下工序组成：

（1）原料的堆放和混匀。老式的烧结厂一般都建有铁料仓库、熔剂仓库、消石灰及燃料仓库来接受和储存物料。20世纪80年代后新建的烧结厂一般都有大型混匀料场。混匀的目的是使原料的化学成分稳定，波动值控制在一定范围内，提高高炉产量和降低焦比。

（2）燃料和熔剂的破碎和筛分。燃料（无烟煤、焦粉）通常采用对辊（或反击式破碎机）粗破、四辊细破的两段破碎开路流程；熔剂（石灰石、白云石）一般采用锤式破碎机破碎和检查筛分的闭路流程。新建烧结厂的石灰石、白云石分别采用破碎、筛分、配料的工艺，使其配料的成分更趋精确。燃料和熔剂破碎的目的是使其粒度符合烧结生产的要求。

（3）配料。根据规定的烧结矿化学成分，通过计算，将使用的各种原料按比例进行配料。国内普遍采用重量及验算法配料。一般大型烧结机厂都实行全自动配料，从而使烧结矿的物理化学指标越来越好，化学成分的波动范围越来越小。

（4）一次混合。一次混合的目的主要是将物料混匀并加水润湿。

（5）二次混合。二次混合除补充少量的水分继续将物料进行混匀外，主要目的是制粒，使烧结混合料在粒度组成上满足烧结工艺要求。

（6）布料和点火。布料是将铺底料、混合料先后平铺在烧结机台车上。点火的目的是点燃表层混合料中的固体燃料，同时向混合料表层供给足够的热量。

（7）烧结。在下部抽风的作用下，燃烧带自上而下移动，料层在高温作用下，发生一系列的物理、化学反应，被烧结成合格的烧结矿。

（8）烧结矿的处理，包括热破碎、冷却、冷破碎、冷筛分及成品运输等。该工序的作用是对成品烧结矿进行整粒分级，粒度5~50mm为成品烧结矿，其中分出部分10~20mm的作为铺底料，小于5mm的为返矿。随着烧结技术的进步，20世纪90年代新建的烧结厂已取消了热矿筛，为实现自动配料创造了良好的条件。有的厂还取消了冷破碎，减少了工艺环节。

国内较典型的烧结工艺流程如图5-1和图5-2所示，其中图5-1为较完善的工艺流程。这种流程首先是把所有的铁矿粉在原料场进行混匀，使多个品种的矿石混合形成一种矿。此外，烧结矿在冷却前进行了热破碎，使得冷却机的效率尽可能发挥。在烧结矿成品处理上有三段筛分和冷矿破碎工艺，使成品矿的粒级更均匀，粉末更少。图 5 - 2 的烧结工艺流程中无原料场，未对矿石进行预先混匀，所以原料品种多，全部在配料室参加配料；烧结矿经热破碎后进行冷却，取消了热振筛；烧结矿的成品处理，采用三段式筛分，第一段筛分采用双层筛或二段筛，筛出不同粒级的烧结矿。

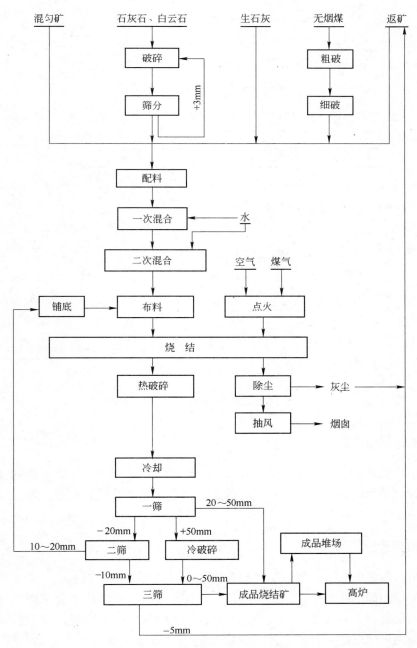

图 5 - 1　国内较典型的烧结工艺流程图 A

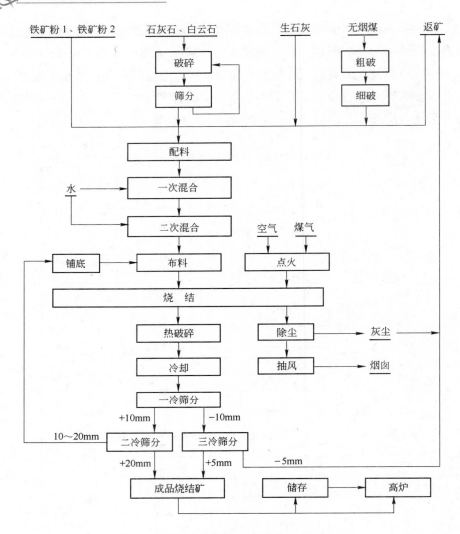

图 5 - 2　国内较典型的烧结工艺流程图 B

5.2　烧结原料的准备

各种烧结原料在进入烧结工序之前，必须经过接受、储存和加工，以达到烧结工艺所需要的物理和化学性能并形成对烧结工序的稳定供给，这个接受、储存和加工的过程就称作原料的准备。

5.2.1　原料的接受

由于烧结厂所处的地理位置、生产规模以及原料的来源和性质不同，所采用的运输和接受方式也不尽相同。一般来讲，沿海地区、离江河较近的烧结厂主要采用船运方式，因而设有专门的原料码头和大型、高效的卸料机，卸下的原料由皮带机运至原料场。不具备船运条件的烧结厂则以陆运方式为主。大中型烧结厂陆运含铁原料主要以火车运输为主，大多采用翻车机进行翻卸，再由皮带机输送至仓库或料场；也有少数采用抓斗吊车或其他的卸车设备将车皮内原料卸至仓库或受料槽；较小规模的厂家或者是用量较小的原料品种一般以汽车运输为主，采用自卸车将原料卸至受料槽、仓库或堆场。

5.2.1.1 翻车机卸料

原料接受设备包括卸船机、翻车机、抓斗吊车、螺旋卸料机等，其中应用最为广泛的是翻车机。翻车机是一种大型的卸车设备，机械化程度高，有利于实现卸车作业自动化或半自动化，具有卸车效率高、生产能力大、耗电少等优点，适用于翻卸各种散料物料，在大、中型钢铁企业得到广泛应用。翻车机主要分为侧翻式和转子式两种，另有还有部分端倾式和复合式。其中转子式翻车机又分 O 形（图 5-3）和 C 形（图 5-4）两种结构。按每次翻卸车辆数分，翻车机有单车翻车机（单翻）、双车翻车机（双翻）和三车翻车机（三翻）。若按作业类型分，则有折返式和贯通式两种形式的翻车机。

图 5-3　包钢 KFJ-2(2A) 型 O 形翻车机　　　　图 5-4　C 形转子式翻车机

翻车机按其对车皮的锁紧方式大致可分为锁钩式、连杆摇臂式和液压式几种。锁钩式翻车机因操作复杂，可靠性较差，目前已经淘汰。连杆摇臂式翻车机结构简单，操作简便可靠，应用较多。液压式翻车机是近几年出现的形式，它采用压车梁和靠背在液压推杆的作用下将车皮固定。连杆摇臂式翻车机在翻车时，靠背对车皮有冲击，对车皮损伤较大并产生较大噪声。液压式翻车机克服了上述缺点，但由于采用了大量液压元件和感应开关，设备维护量较大；信号装置对车皮外形尺寸较为敏感。

A　翻车机生产能力

翻车机生产能力可概略计算，并参照类似企业翻车机实际操作的先进平均指标综合分析后选定。计算公式如下：

$$Q = (60/t)G \tag{5-1}$$

式中　Q——翻车机连续运转的生产能力，t/h；

　　　G——铁路车辆平均载重量，一般每辆按 54t 计算；

　　　t——翻卸循环时间（见表 5-1），min。

B　翻车机的辅助装置

为保证翻车机翻卸作业，改善操作，减少卸车作业时间，根据现场卸车线具体情况，可配置一定数量的辅助装置：

（1）重车铁牛（又称重车推送器）。重车铁牛分前牵式和后推式两种，根据地面配置的不同又分为地面式和地沟式，出来牵引或推送重车进入翻车机或摘钩平台。采用重车铁牛推送重车时，应考虑在铁牛出故障时有机车推送的可能性。

（2）摘钩平台。摘钩平台用于重车自动脱钩。平台使重车挂钩端升起脱钩后，重车自行沿斜坡进入翻车机内。

（3）推车器。推车器是将重车推入翻车机的辅助设备，当使用摘钩平台时，可不使用推车器。

（4）空车铁牛。该设备将推出翻车机或迁车台的空车推送到空车集结线。

（5）迁车台。可将单辆空车由一条线路平行移动至相邻线路。

以上设备与翻车机共同组成一个机械化的卸车系统。

C　翻车机室的配置要求

（1）翻车机室的排料设备及带式输送机系统的能力均应大于翻车机最大翻卸能力，排料设备采用板式给料机、圆盘给料机和胶带给料机。板式给料机对各种物料适应性较好，应用较为普遍。

（2）翻车机操作室的位置根据调车方式确定，当车辆由机车推送时，一般配置在翻车机车辆出口端上方，当车辆由推车器推入或从摘钩平台溜入时应设置在车辆进口端上方。操作室面对车辆进出口处，靠近车厢一侧设置大玻璃窗，玻璃窗下端离操作室平台约500mm，操作室一般应高出轨面6.5m左右，以利于观察。

（3）为保证翻车机正常工作、检修和处理车辆掉道，应设置检修起重机。

（4）翻车机室下部给料平台上设置检修用的单轨起重机。

（5）为保证下料通畅，翻车机下部应设金属矿仓，仓壁倾角一般为70°。

（6）翻车机室各层平台应设置冲洗地坪设施。

（7）翻车机室下部各层平台设防水及排水设施，最下层平台有集水泵坑。

（8）翻车机室车辆进出大门的宽度及高度应符合机车车辆建筑界限的规定。

（9）翻车机端部至进出大门的距离一般不小于4.5m，以保证一定的检修场地。

（10）严寒地区的翻车机室大门根据具体情况设置挡风、加热保温设施。

（11）翻车机室各层平台应设有通向底层的安装孔，在安装孔处设盖板及活动栏杆。

烧结厂KFJ-3A型三支座转子式翻车机室配置情况如图5-5所示。翻车机卸车自动线布置（横列式）如图5-6所示。

5.2.1.2　受料仓

受料仓用来接受钢铁厂杂料（如高炉灰、轧钢皮、转炉吹出物、硫酸渣、锰矿粉及某些辅助原料），对于中、小钢铁厂，受料仓也接受铁矿石和熔剂。

A　受料仓的卸车设备

受料仓设计应尽量考虑机械化卸车，常用卸车设备有螺旋卸车机和门型链斗卸车机。烧结厂受料仓上部卸料设备多采用螺旋卸料机，适用于不太坚硬的中等块度以下的散装料，如煤、石灰石、碎焦、高炉灰等。螺旋卸车机生产能力参考值见表5-1。

表5-1　螺旋卸车机生产能力参考值

项　目	原煤、洗煤		石灰石
	干、松散	湿、较黏	
卸车能力/t·h⁻¹	310~450	220~270	270~310
卸一车时间/min	6~9	10~12	8~10

注：表中时间包括人工清料。

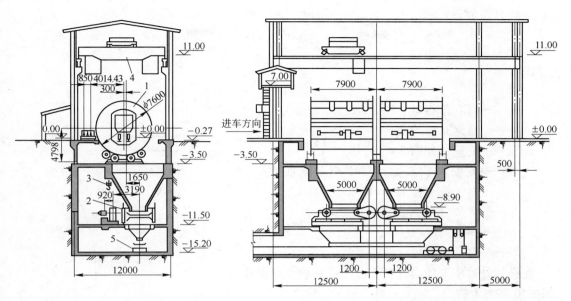

图 5 – 5 烧结厂 KFJ – 3A 型三支座转子式翻车机室配置图
1—翻车机；2—板式给料机；3—手动单轨小车；4—桥式起重机；5—带式输送机

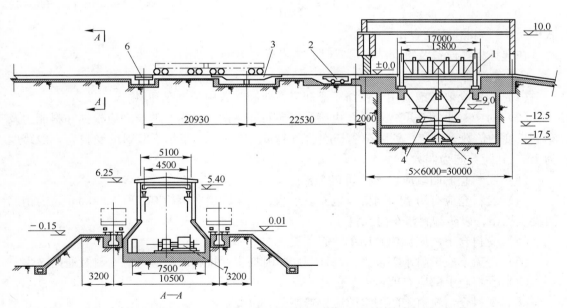

图 5 – 6 转子式翻车机卸车自动线布置（横列式）图
1—翻车机；2—重车铁牛；3—摘钩平台；4—电振给料机；5—带式输送机；6—皮带秤；7—卷扬机

B 受料仓的结构形式及排料设备

对于块状物料，如高炉块矿、石灰石块、白云石块等，受料仓采用带衬板的钢筋混凝土结构，仓壁倾角为60°左右。排矿装置采用扇形阀门或电振给料机。对于粉状物料，如富矿粉、精矿、煤粉等，采用圆锥形金属仓斗，仓壁倾角70°，用圆盘给料机排料。对于水分大、粒度细、易黏结的物料，为防止堵料，可采用指数曲线形式的料仓（图5 –7）

指数曲线公式如下:

$$x = \pm \frac{d_0}{2} e^{kcy/2} \qquad (5-2)$$

其中

$$c = \frac{2}{kh} \ln \frac{D}{d_0}$$

式中　d_0——料仓排料口直径,m;

　　　　e——自然对数的底;

　　x,y——变量,如图5-7所示;

　　　　k——截面形状系数,对于圆形截面 $k=1.0$,
　　　　　　对于方形截面 $k=0.75\sim1.0$;

　　　　c——常数(截面收缩率);

　　　　h——料仓高度,m;

　　　　D——料仓口直径,m。

在设计计算中要考虑保障料仓最上一段仓壁的倾角
(初始角)大于物料的动安息角。

指数曲线型料仓容积由下式求得:

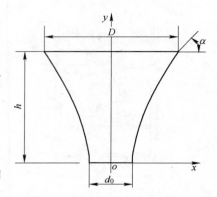

图5-7　指数曲线型料仓示意图

$$V = \frac{\pi h (D^2 - d_0^2)}{8 \ln(D/d_0)} \qquad (5-3)$$

式中　V——料仓理论容积,m³。

在选择排料设备及料仓结构形式时,应考虑对多种原料的适应性。

C　受料仓的配置

(1)受料仓要考虑适用于铁路车辆卸料,或同时适用于汽车卸料。

(2)对中、小钢铁厂,受料仓也接受铁矿石和熔剂。受料仓的长度应根据卸料能力及车辆长度的倍数来决定,铁路车辆长度约为14m,故用于铁路车辆卸料的受料仓一般跨度为7m,其跨数应为偶数。

(3)受料仓的两端应设楼梯间和安装孔。

(4)受料仓应有房盖及雨搭。地面设半墙,汽车卸料一侧应有300~500mm高的钢筋混凝土挡墙,以防卸料汽车滑入料仓。

(5)受料仓下部应设检修用单轨起重机。

(6)房盖下应设喷水雾设施,以抑制卸料时扬尘,排料部位应考虑密封及通风除尘。

(7)受料仓上部应有值班人员休息室。

(8)受料仓与轨道之间的空隙应设置棚条,以免积料,减少清扫工作量,料仓上方都应设格栅,以防止操作人员跌入及特大块物料落进料仓。

(9)受料仓地下部分较深,应有排水及通风设施。

(10)受料仓轨面标高应适当高出周围地面(一般高出350mm)并设排水沟,以防止雨水灌入。

(11)地下部分应有洒水清扫地坪或水冲地坪设施。

采用螺旋卸车机的受料仓配置图如图5-8和图5-9所示。采用链斗卸车机及自卸汽车的受料仓配置图如图5-10所示。

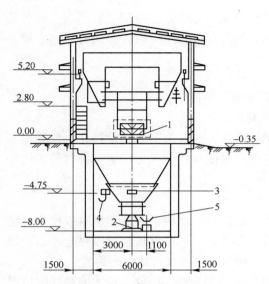

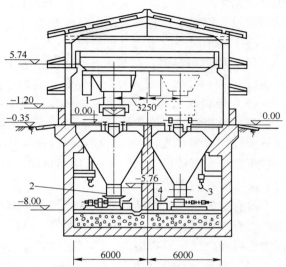

图 5-8 单系列受料仓横剖面图

1—桥式螺旋卸车机；2—ϕ2m 封闭式圆盘给料机；
3—仓壁振动器；4—手动单轨小车；5—带式输送机

图 5-9 双系列受料仓横剖面图

1—螺旋卸车机；2—ϕ2m 封闭式圆盘给料机；
3—手动单轨小车；4—带式运输机

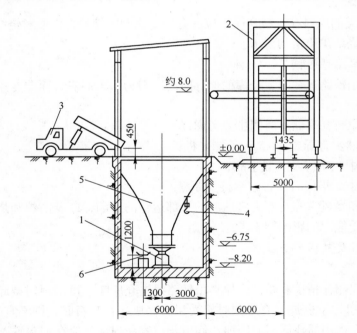

图 5-10 采用链斗卸车机及自卸汽车的受料仓配置图

1—ϕ2m 圆盘给料机；2—链斗卸料机；3—自卸汽车；4—单轨小车；5—指数形受料仓；6—带式输送机

5.2.2 原料的储存

5.2.2.1 含铁原料的储存

烧结厂用料量大、品种多，而且一般都远离原料产地。因此，为了获得预定的产品和保证烧结生产过程持续稳定地进行，应设置原料场或原料仓库储存一定量的原料。有些烧结厂只设有原料场，有些烧结厂只设有原料仓库，还有部分烧结厂两者兼而有之。一般来说，在下列情况下应考虑设置原料场：

（1）原料种类多、数量大，仓库无法容纳；

（2）原料分散，成分复杂，储备一定数量后才能集中使用；

（3）原料基地远，运输条件不能保证及时供料。

设置原料场，可简化烧结厂的储矿设施和给料系统，也取消了单品种料仓，使场地和设备的利用得到了改善。原料场和原料仓库的大小应根据具体情况加以确定。目前，国外一些钢铁厂设有能供烧结厂 40 天用料量的原料场。

A　原料仓库的设置

没有混匀料场的烧结厂需设置原料仓库储存一定数量的原料、熔剂和燃料以稳定烧结生产。有混匀料场时，原料在料场混匀后直接送入配料仓，不再单独设置原料仓库，但根据需要可在烧结厂设置熔剂、燃料缓冲矿仓。设置原料仓库主要考虑下列因素：

（1）铁路运输受各方面因素影响较多，难以保证均匀来料，因此，在无原料场的情况下应设原料仓库保证一定的储存量；

（2）烧结厂卸车设备的检修影响进料，需设置原料仓库，储存一定数量的原料以保证烧结机的连续生产；

（3）不同种类的原料在原料仓库内应占有一定比例的储量，以便对烧结料的化学成分进行调整，满足烧结矿质量的要求。

B　原料仓库储存时间

若原料由专用铁路运输时，仓库的储存时间一般为 5 天左右，而非专用铁路运输时为 7 天左右。

烧结厂确定原料仓库储存时间主要考虑以下三个因素：

（1）一般自然灾害导致 3~5 天不能来料；

（2）翻车机中、小修及一般事故；

（3）烧结机中、小修时能否继续接受原料。

对特大洪水和暴风雪等自然灾害造成的外部运输的影响，以及高炉和烧结厂大修对烧结厂原料仓库接受能力的影响则不考虑。

C　原料仓库及其受料方式

a　原料的接受

当原料仓库仅储存精矿和粉矿，原料由铁路线进仓库时，可采用门型卸车机或螺旋卸车机卸料（图 5-11）。若原料仓库同时接受和储存块状石灰石时，则不宜采用上述设备，车皮应直接进入仓内用抓斗卸料。因抓斗卸料车皮容易损坏，应在征求铁路部门意见后方可采用。

当原料仓库由带式输送机进料时，可采用联合卸车机从仓库的一侧卸入，或从安装在仓库上部的带式输送机输入（图 5-12 及图 5-13）。

精矿在寒冷地区运输中会出现冻结的现象，影响原料仓库的卸车，因此要考虑防冻。防冻方法有下列几种：

（1）改造选矿厂的产品脱水工艺及设备，降低精矿含水量，是防冻的较好措施。精矿

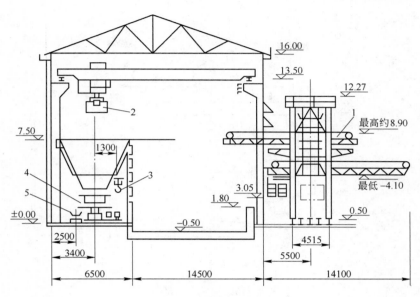

图 5 – 11　门型卸料机受料的原料仓库

1—门型斗式卸料机；2—桥式抓斗起重机；3—手动单轨小车；4—ϕ1.5m 圆盘给料机；5—带式输送机

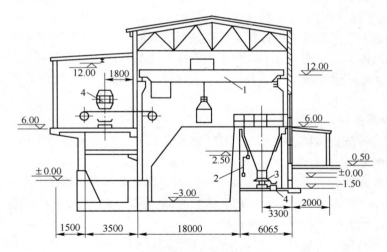

图 5 – 12　由带式输送机卸料的原料仓库

1—桥式抓斗起重机；2—电动葫芦；3—ϕ1.5m 圆盘给料机；4—带式输送机

水分降到 9% 以下，运输时间在 7h 以内，大气温度在 – 15℃ 以上时，精矿运输可不加任何防冻措施；大气温度在 – 25 ～ – 15℃ 时，可在车厢上部加覆盖层。

（2）在车底和精矿上部加生石灰。大气温度在 – 20℃ 以上，精矿含水在 12% 左右，精矿运输时间在 48h 以内时，可采用生石灰作为防冻措施，但此法增加了投资和经营费，且劳动条件差。

　b　原料仓库的主要设备

　抓斗桥式起重机：抓斗起重机是仓库的主要生产设备，在选择设备时应考虑抓斗在抓取原料时由于挤压而引起物料堆积密度增大的因素，在同容积的抓斗中选取起重量大、能

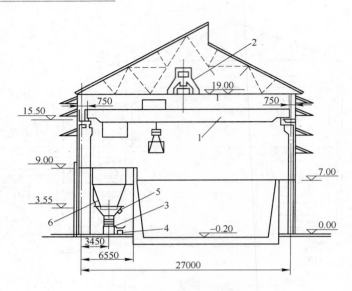

图 5 - 13　精矿仓库剖面图

1—桥式抓斗起重机；2，4—带式输送机；3—φ2m 封闭式圆盘给料机；5—附着式振动器；6—手动单轨小车

满足生产需要的设备。同时考虑到抓斗操作频繁，应选用重级工作制抓斗起重机。

排料设备：当配料室不在原料仓库内时，精矿和粉矿从仓库运出的方式有两种：一种是固定式矿仓，下设圆盘给料机排料；一种是移动式漏斗，下由胶带给料机直接排料。固定式矿仓可用圆锥形钢结构，其下口面积大，排料通畅，对原料水分变化的适应性强，矿仓角度以 70°为宜；移动漏斗由于尺寸小，排料口小，漏斗角度的设计受到限制，容易堵料。

c　原料仓库的配置原则

（1）决定仓库底深度的主要依据是地下水位的标高，仓库底应高于地下水位，以防止渗水影响原料水分。

（2）抓斗作业过程中易产生粉尘及落矿，当仓库与配料室共建在一起时，应将配料仓上部平台建成一个整体，平台与仓库挡矿墙之间的间隙应加盖板，以隔绝抓斗工作区对配料区的污染，矿仓上部平台应设安全栏杆。

（3）排料设备应置于地坪上，操作平面不宜设在 ±0.00m 平面以下，以保证良好的操作条件。

（4）在同一仓库内，抓斗起重机的数量最多不应超过 3 台，以免在生产和维修时互相干扰。

（5）应在仓库内的两端留有检修抓斗的场地。同时还应设有起吊抓斗提升卷扬机构的起重设备。

（6）为满足抓斗起重机的轨道及车辆定期检修的需要，在轨道的外侧整个长度铺设走台以利检修。

（7）较长的仓库一般应沿长度方向在两端和中间设两个以上起重机操作室的梯子；两端的梯子与起重机车挡间的距离保持 10m 左右，以免重机停车时发生碰撞车挡的现象。

（8）仓库内应设隔墙，分类储存原料，以便有效利用容积和避免原料互相混杂。

（9）当原料从仓库上部运入或由联合卸料机卸入仓库堆存时，仓库的挡墙不应低于6m，以免矿粉外溢挤垮仓库的墙皮。

（10）当配料室设在仓库内时，配料仓用抓斗上料。为了避免抓斗卸料对料仓的冲击，防止对配料准确性的影响和保障人身安全，设计时须在矿仓口上设置箅板。

5.2.2.2 含铁原料的混匀

根据烧结的要求，利用混匀设施将各种含铁原料按照设定的配比均匀堆置在料场内，铺成又薄又长的许多料层，这种作业称为原料的平铺混匀作业，也称为原料的中和。经混匀后的原料混合物称为混匀矿。在使用时，取料机沿垂直于料场的长度方向切取，切取的混匀矿质量比较均匀，化学成分和粒度比较稳定。

A 混匀的一般方法

根据料场建设情况可分为室内混匀料场和露天混匀料场。目前露天料场多，其容量大，混匀效果好，投资少。在防寒要求很高和多雨条件下，可考虑采用室内料场，其容量小，投资高。若根据料场占地形状分，有圆形料场和长方形料场。因长方形料场布置灵活，发展扩建方便，故长方形料场在钢铁厂使用较普遍。

根据料场使用的设备，烧结原料混匀方法又可分为四种形式：堆料机—取料机混匀法；堆取料混匀法；桥式吊车混匀法；门型吊车混匀法。目前广泛采用堆料机—取料机混匀法，其中混匀取料机一般又分为桥式混匀取料机，滚筒式混匀取料机和刮板式混匀取料机。

B 混匀工艺流程

混匀工艺流程一般如图5-14所示。其中，由各个一次料场供给的物料已经按品种进行了初步混匀，其化学成分、粒度基本上是稳定的；副料堆场是供给熔剂和燃料粉的料场；破碎室用来对大块矿石进行破碎。

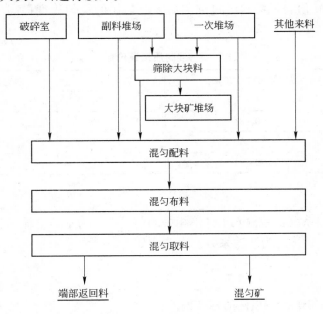

图5-14 混匀工艺流程图

C　混匀矿质量评价

评价混匀矿的质量时，一般使用混匀效率指数、波动系数以及化学成分稳定率等指标。

a　混匀效率指数

$$M = \left(1 - \frac{\sigma}{\sigma_0}\right) \times 100\% \qquad (5-4)$$

式中　M——混匀效率指数，%，其取值范围为 $0 < M < 100\%$；

　　　σ_0——混匀前料流的标准偏差；

　　　σ——混匀后料流的标准偏差。

物料某一成分的标准偏差 σ 可以由下式求得：

$$\sigma = \sqrt{\frac{\sum_{i}^{n}(X_i - \overline{X})^2}{n-1}} \qquad (5-5)$$

式中　X_i——某种物料的成分（如 TFe，SiO_2，Al_2O_3 等）；

　　　$\overline{X}$——某种物料成分的平均值；

　　　n——试验试样的个数。

为了简化计算，生产中可用如下经验公式来计算料堆的 σ 值：

$$\sigma = \frac{\sigma_0}{\sqrt{Z}} \qquad (5-6)$$

式中　Z——铺料层数；

　　　σ_0——参与铺料的混合料的标准偏差；

　　　σ——混匀后料流的标准偏差。

混匀效率指数 M 值表示物料经过混匀后，混匀矿的均匀程度提高了多少，M 值越大表示混匀效果越好，见表 5-2。

表 5-2　混匀质量评价标准

混匀质量	混匀等级边界值 M/%	混匀质量	混匀等级边界值 M/%
很差	70	很好	94~96（或98）
不良	70~80	非常好	对散状料 >96
一般	80~90		对液体 >98
好	90~94		

b　波动系数

在物料均匀性与系统初始输入条件不相关的前提下，为了评价输出物料的均匀性，引入了无量纲量系数 N，称之为波动系数。表达式如下：

$$N = \frac{\sigma}{\overline{X}} \qquad (5-7)$$

式中　σ——输出混匀矿特性指标的标准偏差；

　　　$\overline{X}$——与 σ 相对应的物料特性指标的平均值。

M 与 N 是两个不同内涵的指标，M 表示混匀操作过程的质量，而 N 表示输出混匀矿的实物质量。

c 混匀矿成分稳定率

正态分布

物料混匀过程中混匀矿成分的波动是符合正态分布的，即 $x \sim N(\mu, \sigma^2)$，可求出概率 $P(a < x < b)$：

$$P(a < x < b) = \int_a^b \frac{1}{\sqrt{2\pi}\sigma} e^{\frac{(x-u)^2}{2\sigma^2}} dx \quad (设 u = \frac{x-u}{\sigma})$$

$$= \int_{\frac{a-u}{\sigma}}^{\frac{b-u}{\sigma}} \frac{1}{\sqrt{2\pi}} e^{-\frac{u^2}{2}} dx = \phi\left(\frac{b-u}{\sigma}\right) - \phi\left(\frac{a-u}{\sigma}\right) \quad (5-8)$$

由于正态分布曲线的对称性，有如下关系式：

$$\phi(-x) = 1 - \phi(x) \quad (5-9)$$

混匀矿达到要求的稳定率时的标准偏差

如果要求混匀矿 TFe 的波动值为 $\pm 0.5\%$，在该波动范围内达到规定的稳定率时的标准偏差（即概率）计算如下：

$$p(|x-u| \leqslant 0.5) = p\left(\frac{|x-u|}{\sigma} \leqslant \frac{0.5}{\sigma}\right) = p\left(-\frac{0.5}{\sigma} \leqslant \frac{|x-u|}{\sigma} \leqslant \frac{0.5}{\sigma}\right)$$

$$= \phi\left(\frac{0.5}{\sigma}\right) - \left[1 - \phi\left(\frac{0.5}{\sigma}\right)\right] = 2\phi\left(\frac{0.5}{\sigma}\right) - 1 \quad (5-10)$$

当要求 TFe 的稳定率为 60% 时，则：

$$p(|x-u| \leqslant 0.5) = 0.60$$

$$2\phi\left(\frac{0.5}{\sigma}\right) - 1 = 0.60, \phi\left(\frac{0.5}{\sigma}\right) = 0.80$$

查正态分布表可得出：

$$\frac{0.5}{\sigma} = 0.842, \sigma = 0.5937$$

同理，可求出稳定率为 70% 时，$\sigma = 0.4975$；为 80% 时，$\sigma = 0.3895$；为 90% 时，$\sigma = 0.304$；为 100% 时，$\sigma = 0.1285$。

5.2.2.3 熔剂及燃料的储存

没有设混匀料场时，中、小型烧结厂一般不单独设熔剂燃料仓，而与含铁原料共用一个仓库。大型烧结厂可以与含铁原料共用仓库，也可以单独设置熔剂燃料仓。圆筒式熔剂、燃料仓库配置图如图 5-15 所示。

如有混匀料场时，烧结厂是否设置熔剂燃料仓库，视料场和烧结厂具体情况确定。圆筒仓的排料设备根据物料的流动性决定。例如：燃料采用圆盘给料机，块状石灰石，采用带电动阀门的溜槽式电振给料机。

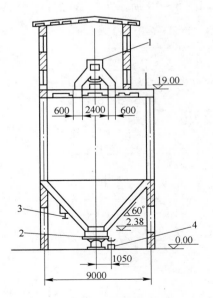

图 5-15 圆筒式熔剂、燃料仓库

1, 4—带式输送机；2—$\phi 2m$ 封闭式圆盘给矿机；

3—手动单轨小车梁

5.2.3 熔剂准备

5.2.3.1 破碎、筛分流程

一般要求运入烧结厂的熔剂粒度为 80～0mm 或 40～0mm，应破碎到 3～0mm，采用的破碎流程有：（1）锤式破碎机闭路破碎流程；（2）反击式破碎机闭路破碎流程；（3）棒磨机磨碎开路流程。其中前两种流程较为常用，在闭路破碎流程中，又可分预先筛分及检查筛分两种流程，如图 5－16 和图 5－17 所示。

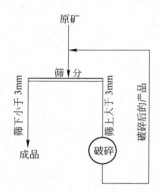

图 5－16　预先筛分闭路流程

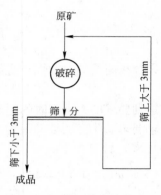

图 5－17　检查筛分闭路流程

进厂石灰石原矿含 3～0mm 粒级的数量较少，一般在 20% 以下，故设置预先筛分作用不大，一般都不采用预先筛分流程，如原矿中 3～0mm 级别含量大于 40% 时，则应考虑采用预先筛分。

检查筛分流程筛下为成品，筛上矿返回重新破碎，一般烧结厂采用这种流程，图 5－18 和图 5－19 所示为检查筛分流程实例。

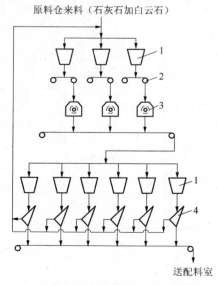

图 5－18　武钢二烧熔剂破碎筛分流程
1—缓冲矿仓；2—胶带给料机；
3—锤式破碎机；4—振动筛

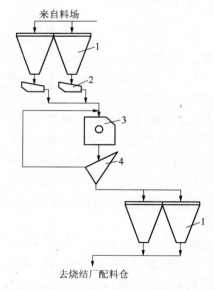

图 5－19　宝钢石灰石（蛇纹石）破碎筛分流程
1—石灰石（或蛇纹石）矿仓；2—电磁振动给料机；
3—反击式破碎机；4—自定中心振动筛

5.2.3.2 破碎设备

A 反击式破碎机

反击式破碎机的板锤冲击力较小，比较适合于石灰石的细破碎，当转子线速度达到 50～60m/s 时，效果良好。

φ1000mm×700mm 单转子反击式破碎机破碎石灰石的试验数据列于表 5-3。

表 5-3 φ1000mm×700mm 单转子反击式破碎机破碎石灰石的试验数据

破碎机转速	给矿量	单位电耗/kW·h·t⁻¹		给矿粒度	排矿粒度组成/%				
/r·min⁻¹	/t·h⁻¹	按给矿量	按新生3～0mm	/mm	0～3mm	3～5mm	5～8mm	8～12mm	>12mm
680	15	1.9	4.1	50～250	46.4	14	9.2	18.7	11.7
680	16.4	1.78	3.8	50～250	46.9	11.6	10.1	18.2	13.2
1020	14.8	1.9	2.88	50～150	65.9	20	3.3	8.3	2.5
1020	16.8	1.85	2.46	50～150	75.2	10.9	7	7.9	3
1020	16.8	1.33	1.93	20～40	68.8	12.3	5.7	10.4	2.8
1020	29.6	0.95	1.33	20～40	71.6	11	4.6	10.1	2.7

宝钢原料场破碎石灰石和蛇纹石用反击式破碎机的主要参数见表 5-4。梅山冶金公司烧结厂破碎石灰石用反击式破碎机的生产测定数据见表 5-5。

表 5-4 反击式破碎机破碎主要参数

项 目	单 位	参 数		项 目	单 位	参 数	
		石灰石	蛇纹石			石灰石	蛇纹石
规格	m	φ2.1×1.8	φ2.0×1.5	水分（给料）	%	2.0	5.0
能力	t/h	250	186	驱动方式		三角带传动	角带传动
给矿粒度	mm	50～0	50～0	电动机	kW	500	360
排矿粒度	mm	3～0	3～0	液压装置	kW		
破碎效率	%			转子转速	r/min	460	460

表 5-5 反击式破碎机破碎石灰石的生产测定数据

测 定 项 目	数据（平均值）	测 定 项 目	数据（平均值）
原矿给矿中3～0mm 含量/%	10.06	新生3～0mm 粒级含量/t·h⁻¹	11.27
原矿给矿量/t·h⁻¹	13.57	破碎效率/%	46.92
成品中3～0mm 粒级比率/%	90.47	按新生3～0mm 粒级产量单位电耗/kW·t·h⁻¹	2.39
3～0mm 粒级产量/t·h⁻¹	12.46		

注：破碎设备为 φ1000mm×700mm 反击式破碎机，筛分设备为 SZ1250×2500 惯性振动筛，筛孔为 4mm×4mm，给矿粉度为 60～0mm。

B 锤式破碎机

大多数烧结厂采用锤式破碎机破碎石灰石和白云石。锤式破碎机是利用锤子的冲击作用将物料破碎。当物料给入破碎机后即受到高速回转锤子的冲击而破碎。破碎的物料从锤子处获得动能后高速向机壳内壁破碎板和算条上冲击而受到第二次破碎。小于算条缝隙的物料从缝隙中排出，而较大的物料在破碎板和算条上还将受到锤子的再次冲击或研磨而破碎。同时，在破碎过程中也有物料之间的冲击破碎。

可逆锤式破碎机规格技术参数见表 5-6。

表 5-6　可逆锤式破碎机规格技术参数

形式规格	单位	PCK-0808	PCK-1010	PCK-1212	PCK-1413	PCK-1416
转子直径	mm	800	1000	1250	1430	1410
转子长度	mm	800	1000	1250	1300	1608
转子转数	r/min	980	985	985	985	985
进料粒度	mm	≤80	≤80	≤80	≤80	脆性物质≤60
出料粒度	mm	≤3	≤3	≤3	≤3	≤3
生产能力	t/h	35~65	100~150	150~200	200~260	400~600
配用电机型号		YB320-6	YB400-6	JS148-8	JS1410-6/JS158-6	Y500-6
配用电机功率	kW	55	280	310	520	560
配用电机额定电压	V	380	380	6000	6000	6000
质量	kg	4800	11460	16060	20060	21860
外形尺寸	mm	长1600	长3800	长4600	长4753	长6443
		宽1400	宽2400	宽2700	宽3180	宽3380
		高1800	高1800	高2100	高2278	高2870

由表 5-6 可以看出：

（1）按转子的数量可分为单转子及双转子两种，双转子的破碎比大，粉碎程度高，但设备较重。

（2）按锤头在转子上排列区分，有多排（锤头分布在几个回转平面上）及单排（只有一排宽的锤头分布在一个回转平面上）两种，其中单排锤头主要用于初破碎，多排锤头用于细碎。

（3）按锤头与转子的连接方式可分为铰接及固定两种，其中铰接对锤头的更换方便。

（4）按破碎机转子旋转方向可分为可逆和不可逆两种。单转子不可逆锤式破碎机的转子只能向一个方向旋转。当锤子端部磨损到一定程度后，必须停车调换锤子的方向（转180°）或更换新的锤子；可逆式锤式破碎机的转子首先向某一方向旋转，对物料进行破碎。该方向的材板、筛板和锤子端部即受到磨损。磨损到一定程度后，使转子反方向旋转，此时破碎机利用锤子的另一端及另一方的衬板和筛板工作，从而连续工作的寿命几乎可提高一倍。

图 5-20 所示为鞍钢二烧锤式破碎机破碎石灰石更换锤头前后的产品粒度曲线（鞍钢二烧为 φ1430mm×1300mm 可逆锤式破碎机，270

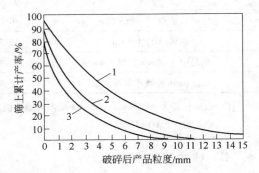

图 5-20　锤式破碎机破碎石灰石产品粒度曲线
1—锤头更换前；2—锤头半新；3—新锤头

个锤头，算条间隙平均为 18mm，给矿粒度 40～0mm）。

根据生产和试验表明，破碎单位质量成品的电耗波动不大。因此用锤式破碎机电动机功率计算破碎机产量，可作为设计时选择设备用，计算方法如下：

$$q = \frac{\eta N}{ra} \qquad (5-11)$$

式中　q——按 3～0mm 占 90% 计算的破碎机产量，t/h；

　　　N——电动机功率，kW；

　　　a——破碎机破碎单位质量成品石灰石所需的平均电耗，kW·h/t；

　　　η——筛分效率，%，一般取 70%；

　　　r——烧结要求石灰石 3～0mm 的含量。

对于锤式破碎机的破碎效率，可用产品中 3～0mm 的比率来表示：

$$破碎效率（\%）= \frac{破碎产品中新生 3～0mm 粒级比率}{1-给料中 3～0mm 粒级比率} \qquad (5-12)$$

影响锤式破碎机效率的主要因素如下：

（1）破碎机给料中细粒级原始比率的影响。首钢一烧和鞍钢东烧测定的破碎机给料中细粒级原始比率对破碎效率的影响如图 5－21 所示。测定结果表明，随着给料中 3～0mm 比率的增加，破碎产品中新生 3～0mm 的比率急剧减少，破碎效率显著降低，电耗急剧上升。因此，选择筛分设备时，应适当留有余地，以免残存的细粒影响破碎效率。从图 5－21 可知，石灰石给料中 3～0mm 比率在 5% 以下较好。

（2）破碎机锤头与算条之间间隙的影响。图 5－22 所示为首钢一烧与鞍钢东烧的测定结果。从曲线可以看出，随着间隙的增大，破碎产品中新生 3～0mm 粒级的比率与破碎效率急剧下降，而新生 3～0mm 粒级的单位电耗略有增加。这是由于间隙增大后，有些粗粒

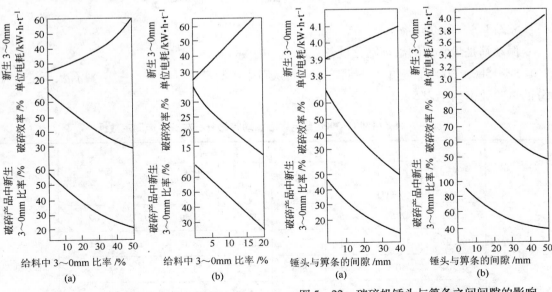

图 5－21　破碎机给料中细粒级原始比率
　　　　　对破碎效率的影响
　　（a）首钢一烧；（b）鞍钢东烧

图 5－22　破碎机锤头与算条之间间隙的影响
　　（a）首钢一烧；（b）鞍钢东烧

石灰石未受锤头的冲击就从算缝中逸出的缘故。所以，当间隙大时，给料量也可稍大一些，但给料量增加，并不增加 3～0mm 级别量，反而使返料量增大。如间隙适当减小，则产生相同 3～0mm 粒级的给料量小得多，返料量也大为减少，对筛分和输送设备有利。

（3）原料含水量的影响。原料含水量的影响如图 5-23 所示。从图中可知，原料含水量增大，破碎产品中 3～0mm 粒级的比率和破碎效率都下降，新生 3～0mm 粒级的单位电耗也增加。一般石灰石含水量不超过 3%，但不应低于 1.5%，含水量高则需增加干燥作业，过低则在破碎筛分时造成粉尘飞扬，影响环境。

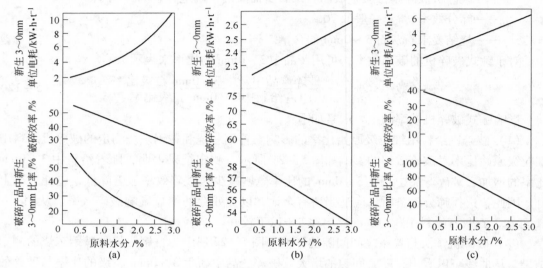

图 5-23　原料含水量的影响

（a）首钢一烧；（b）鞍钢二烧；（c）鞍钢东烧

5.2.3.3　筛分设备

振动筛是最常用的熔剂筛分设备。

SZZ1500×3000 自定中心振动筛筛分石灰石生产测定数据见表 5-7。对石灰石进行筛分的试验数据列于表 5-8。

表 5-7　SZZ1500×3000 自定中心振动筛筛分石灰石生产测定数据

厂　名	给料		筛上返料		筛下产品		筛分效率 /%	水分 /%	备　注
	t/h	其中 3～0mm	t/h	其中 3～0mm	t/h	其中 3～0mm			
昆钢二烧	65.51	42.5	31.85	7.8	33.66	75.59	91.2	2.0	两台筛子的数据
	69.07	43.5	33.65	7.0	35.42	78.6	92.4	1.5	
	67.04	40	34.84	8.8	32.2	73.8	88.5		
	67.21（平均）	42	33.45	7.87	33.76	75.97	90.7		
广钢烧结厂	74.2	44.66	41	6.1	33.2	92.3	92.5	0.2	1985 年测

表5-8 振动筛筛分石灰石时的试验数据

厂名及筛子类型	试验内容	原料含水量/%	给料		筛下产品		筛上返矿		筛分效率/%	备注
			t/h	其中3~0mm	t/h	其中3~0mm	t/h	其中3~0mm		
鞍钢二烧自定中心双层振动筛	给矿粒度的影响	2.0	103.4	76.93	77.5	88.5	25.9	42.4	86.3	（1）上层筛孔10mm×10mm，下层筛孔5mm×5mm；（2）破碎机锤头由新安装到报废这一时期内筛分能力相应变化，表中所列数据为一周期约5天
		1.0	104.3	69.5	72.9	88.28	31.4	25.8	88.28	
		4.0	106.6	65.62	69	87.62	37.6	25.3	86.5	
		2.4	121.9	64.98	64.3	88.37	57.6	39.1	71.75	
		0.8	130.3	57.98	64.3	86.02	66	30.5	73.15	
		1.8	110.5	43.03	53.8	84.1	56.7	3.71	95.1	
首钢烧结厂胶辊双层振动筛	给矿量及筛孔大小的影响	1.12	109	76.8	31.7	100	77.3	70.2	36.9	单层筛孔为2.6mm×2.6mm；筛网丝直径为0.6mm；筛孔净面积66.2%
		0.7	85	70.32	31.4	100	53.6	53	52.4	
		0.4	51.4	68.26	27.4	100	24	32.5	78.1	
		0.4	32.3	71	20.2	100	12.1	24.8	87.2	
		0.9	166	63	47.5	97.5	118.5	49.3	44.3	上筛孔为9mm×9mm；下筛孔为3.6mm×3.6mm；筛网丝直径为0.74mm；筛孔净面积为67.6%
		0.9	135	53.95	46	96.6	89	32	61.1	
		0.9	69	57	36.5	96.4	32.5	12.6	92.2	
		0.8	185	56.72	44	88.2	141	46.9	37	上筛孔为9mm×9mm；下筛孔为4.8mm×4.8mm；筛网丝直径为1.67mm；筛孔净面积为53.6%
		0.8	101	68.16	41	92.5	60	51.5	55	
		0.81	75	65.83	39	91.6	36	37.9	72.2	
	原料水分的影响	0.8	69	72.5	34	93.98	35	51.6	64	上层筛孔为9mm×9mm；下层筛孔为3.6mm×3.6mm
		1.7	69.5	62.5	28.5	97.55	41	38.2	64.1	
		1.9	76.2	70.6	24.2	97.42	52	58.1	43.8	
		2.1	80	66.2	23	96.42	57	54.1	41.9	
		2.5	66.6	68.8	222.1	98	44.5	54.3	47.2	

影响振动筛能力的因素为：

（1）给矿量。在条件相同的情况下，如增加给矿量，则筛下绝对量增加，筛分效率应降低。

（2）筛孔大小。经过2.6mm×2.6mm、3.6mm×3.6mm及4.8mm×4.8mm三种筛孔筛网的测试，认为2.6mm×2.6mm的产品质量最好，但产量低，3.6mm×3.6mm的质量和产量都较4.8mm×4.8mm好。因筛孔大时，筛网粗，筛孔净面积减小，影响产量，见表5-8。

（3）原料含水量。当筛孔小时，原料含水量高会堵筛孔，筛孔为3.6mm×3.6mm、水分为1.5%左右时有较好的筛分效率和较高的产量，见表5-8。

（4）筛子宽度。筛子宽度过大，物料不易布满筛网，影响效率和产量。

5.2.3.4 熔剂破碎、筛分室的配置

破碎与筛分设备一般分设在两个厂房内，并在破碎设备和筛分设备之前均设矿仓，两

厂房间用带式输送机传送物料。这种配置方式灵活、破碎设备与筛分设备互不影响，作业率高，生产容易控制。

筛分设备的给料可通过手动闸板给到带式输送机上，再传送给筛子；也可用电振给料机直接给到筛子上。破碎室配置如图 5-24 所示，筛分室配置如图 5-25 和图 5-26 所示。考虑破碎筛分室配置时，应注意以下几点：

（1）用于破碎机给料的带式输送机应配设除铁器；

（2）破碎室的料仓的储存时间大致为 30~60min，料仓壁倾角不小于 60°；

（3）在满足给料量的前提下，给料带式输送机速度宜在 1m/s 以下。

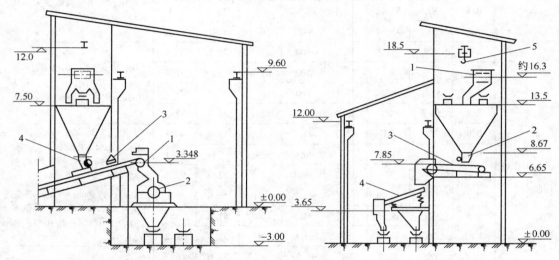

图 5-24　熔剂破碎室配置图
1—带式输送机；2—$\phi1000mm \times 800mm$ 单转子
不可逆锤式破碎机；3—除铁器；4—手动闸板阀

图 5-25　熔剂筛分室配置之一
1—带移动卸料车的带式输送机；2—手动闸板阀；
3—胶带给料机；4—YA1542 圆振动筛；
5—SDX-3 型手动单轨小车

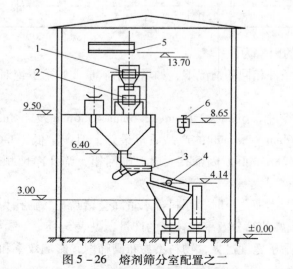

图 5-26　熔剂筛分室配置之二
1，2—带式输送机；3—GZ$_5$ 电磁振动给料机；4—YA1530 单层圆振动筛；
5—SDX-3 型手动单轨小车；6—电葫芦

5.2.4 固体燃料的准备

5.2.4.1 烧结生产对固体燃料的要求

每吨烧结矿所耗热能中，80%来自混合料中的固体燃料，节约能耗必须提高固体燃料的利用率，改善燃料在混合料中的分布状况，采用适宜的燃料粒度组成。

烧结生产要求适宜的固体燃料粒度一般为3~0.25mm。宝钢烧结的焦粉粒度小于3mm的占80%，小于0.125mm的不超过20%，平均粒度为1.5mm。

5.2.4.2 燃料破碎筛分流程

烧结厂所用的固体燃料有碎焦和无烟煤，其破碎筛分流程是根据其进厂粒度和性质来确定的。当进厂粒度小于25mm时，可采用一段四辊破碎机开路破碎流程（图5-27）。如来料粒度大于25mm，应考虑两段开路破碎流程（图5-28）。

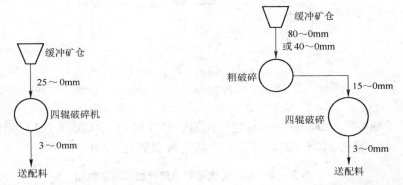

图5-27 燃料一段开路破碎流程　　　　图5-28 燃料两段开路破碎流程

给料粒度一般很难保证在25mm以下，因此多采用两段破碎流程。

我国烧结用煤或焦粉的来料都含有相当高的水分，采用筛分作业时，筛孔易堵，降低筛分效率。因此，固体燃料破碎流程多不设筛分。但我国北方气候干燥，如进厂燃料水分不太大，含3~0mm粒级较多时，可设置预先筛分。

5.2.4.3 燃料破碎设备

A 对辊破碎机

对辊破碎机是由两个相对转动的圆辊组成，两圆辊间保持一定的间隙，该间隙的大小就是排矿口的大小，排矿口的尺寸决定产品的最大粒度，被破碎的焦炭或无烟煤依靠自重及辊皮产生的摩擦力，带入辊间缝隙而被挤碎，由排矿口排出。对辊破碎机工作可靠、维修简单、运行成本低，排料粒度大小可调，用对辊破碎机作预破碎设备效果好、产量高。

对辊破碎机工作原理及结构示意图如图5-29所示，国产对辊破碎机的主要参数见表5-9。

表5-9 对辊破碎机的技术性能

规格(直径×长)/mm	辊子间隙/mm	最大给料粒度/mm	电动机功率/kW	生产能力/t·h^{-1}
$\phi1200 \times 1000$	15~25	<80	55×2	60~80
$\phi900 \times 700$	15~25	<80	30×2	30~40

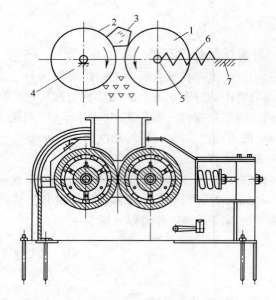

图 5-29 对辊破碎机工作原理及结构示意图

1,2—辊子;3—物料;4—固定轴承;5—可动轴承;6—弹簧;7—机架

昆钢用 $\phi600mm \times 400mm$ 光面对辊机作为燃料（焦粉:无烟煤 =1:1）粗破碎设备，将给料从 40~0mm 破碎到 25~0mm，其生产测定数据见表 5-10。

表 5-10 昆钢对辊破碎机破碎燃料测定数据

编号	给料量 /t·h⁻¹	给料粒度组成/%			破碎后粒度组成/%		
		>25mm	25~3mm	3~0mm	>25mm	25~3mm	3~0mm
1	21.02	19.3	64.2	10.5	0	78.5	21.5
2	23.22	23.5	60.5	16	0	76.7	23.3
平均值	22.12	21.4	62.35	16.25	0	77.5	22.4

辊式破碎机开路破碎产品粒度特性曲线如图 5-30 所示。

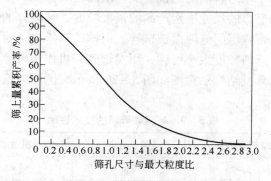

图 5-30 辊式破碎机开路破碎产品粒度特性曲线

B 反击式破碎机

反击式破碎机与四辊、锤式、对辊破碎机相比,具有体积小、构造简单、破碎比大、耗能少、生产能力大、产品粒度均匀等优点,并有选择性的碎矿作用,是较好的粗碎设备。但反击式破碎机破碎无烟煤时,有过粉碎现象。

反击式破碎机主要是由机体、转子及反击板等部件构成,通过三角带或直接由电动机传动,如图 5 - 31 所示。反击式破碎机的规格见表 5 - 11。

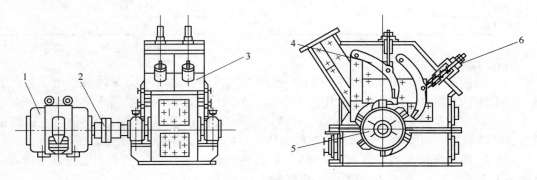

图 5 - 31　MFD - 100 反击式破碎机结构图

1—电动机;2—联轴器;3—机体;4—前反击板;5—转子;6—后反击板

表 5 - 11　反击式破碎机的规格表

规格/mm	产量/t·h⁻¹	转速/r·min⁻¹	给料粒度/mm	排料粒度/mm
φ500×400	4～10	960	<100	0～120
φ1000×700	15～30	680	<250	0～30
φ1330×1150	25	710	<50	0～30 或 50
φ1250×1000	40～80	475	<250	0～50
φ1500×1600	20～120	450～710	<400	0～30
φ1600×1400	8～120	228～456	<500	0～30

宝钢烧结采用 φ1300mm×2000mm 反击式破碎机作为碎焦粗碎,由给矿粒度 40～0mm破碎到 15～0mm,筛除 3～0mm 后,进入棒磨机细碎到 3～0mm,破碎效率 70%。

东鞍山烧结厂采用 MFD - 100 单转子反击式破碎机破碎无烟煤,一次破碎到 3～0mm。根据该厂试验及生产实践,给料中 3～0mm 为 35% 时,产品中 3～0mm 达 85% 左右。试验测定结果列于表 5 - 12 ～表 5 - 14。

表 5 - 12　线速度与细度的关系

线速度/m·s⁻¹	30～32	40～48	53～55
细度(3～0mm)/%	70	88	90

表 5 – 13　板锤与反击板的间隙和产品细度的关系

排矿粒度组成 (3~0mm) /%	前道间隙/mm	后道间隙/mm	排矿粒度组成 (3~0mm) /%	前道间隙/mm	后道间隙/mm
92.5	13	19	83.75	18	23
88.75	15	20	73.30	21	23

表 5 – 14　反击式破碎机破碎时电耗与产量的关系

产量/t·h⁻¹	85	15	72	69
电耗/kW·h·t⁻¹	1.12	1.32	1.39	1.22

由表可知:

(1) 线速度与产品细度的关系 (表 5 – 12)。当线速度低于 40m/s 时,适用于粗、中碎,对于细碎无烟煤,试验推荐采用 53m/s 以上的线速度,以保证燃料产品粒度。

(2) 间隙与产品细度的关系 (表 5 – 13)。影响破碎机破碎效率的主要是第一道反击板与板锤的间隙,间隙小,效率高。东鞍山烧结厂的第一道间隙为 10mm。

(3) 电耗与产量的关系 (表 5 – 14)。根据鞍钢化工总厂的试验,当细度在 85% 时,电耗为 1.3kW·h/t;细度在 90% 时,电耗为 1.6kW·h/t。

C　四辊破碎机

四辊破碎机是由 4 个平行装置的圆柱形辊子组成。由于辊子的转动,把物料带入 2 个辊子的空隙内,使物料受挤压而破碎,落到下辊后再次进行破碎。四辊主要由机架、辊子、调整装置、传动装置、车辊机构和保护罩等部分组成。四辊破碎机示意图如图 5 – 32 所示,技术规格见表 5 – 15。

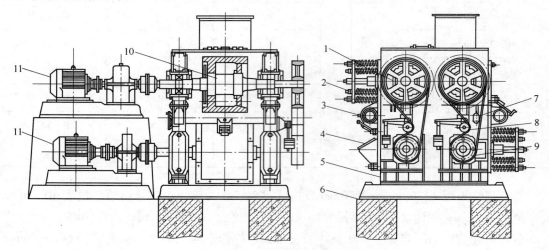

图 5 – 32　四辊破碎机示意图
1—被动辊;2—弹簧;3—切削架;4—保护罩;5—机架;6—地基;
7—传动皮带;8—压轮;9—被动轮;10—主动辊;11—电机

表 5 – 15　四辊破碎机的技术规格

规格(直径×长)/mm	辊子间隙/mm	最大给料粒度/mm	电动机功率/kW	生产能力/t·h⁻¹
φ1200×1000	下 2~4	15~25	上 55,下 90	40~50
φ900×700	下 2~4	15~25	上 30,下 45	14~16

我国烧结厂固体燃料的破碎设备，最常用的就是四辊破碎机，当给料粒度为 25~0mm 时，可一次开路破碎到 3~0mm，无需筛分，流程简单，设备可靠。

影响成品中 3~0mm 粒级含量的因素，主要有以下 3 个方面：

（1）燃料的给料量与下辊间隙有关。当机型、转速确定后，给料量越大，要求排矿口宽度（即间隙）越大，从而排矿粒度越粗，其关系为：

$$d = 2e \qquad\qquad (5-13)$$

式中 d——燃料成品粒度，mm；

e——下辊之间排矿口宽度，mm。

涟钢测试 $\phi 900mm \times 700mm$ 四辊破碎机生产时，认为为保证焦粉 3~0mm 含量在 90% 左右，要求下辊排矿口宽度为 1.2~2mm，焦粉给料量应为 10~16t/h。

（2）对辊定期堆焊，四辊定期削辊。四辊破碎机生产一段时间后，辊皮磨损，影响排矿粒度的合格率。首钢烧结厂对四辊破碎机辊子定期削辊，削辊周期 7 天，可实现产品的合格率在 99% 以上。

（3）燃料含水量过高，则粘辊严重，设备工作电流升高，不得不加宽排矿口间隙，影响成品合格率，要求燃料水分不大于 10%。

5.2.4.4 燃料破碎室配置

对辊破碎室、四辊破碎室配置图分别如图 5-33~图 5-35 所示。

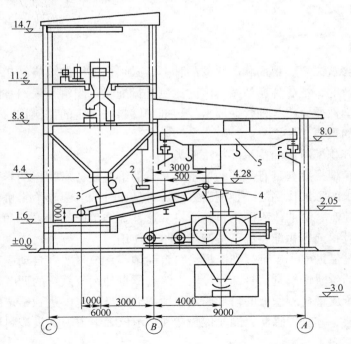

图 5-33 对辊破碎机室配置图

1—双光辊破碎机；2—电磁分离器；3—手动闸板阀；

4—带式输送机；5—电动桥式起重机

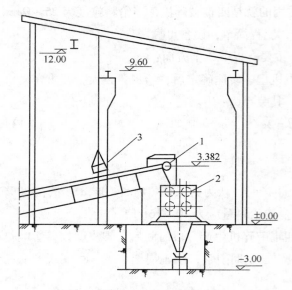

图 5-34　四辊破碎机室配置图之一
1—带式输送机；2—4PGφ900mm×700mm
四辊破碎机；3—除铁器

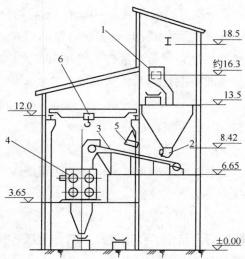

图 5-35　四辊破碎机室配置图之二
1—带移动卸料车带式输送机；2—带闸板漏斗；
3—胶带给料机；4—4PGφ900mm×700mm 四辊破碎机；
5—悬挂式除铁器；6—电动双梁桥式起重机

5.3　配料

5.3.1　配料方法

由于烧结用含铁原料、熔剂和燃料的品种多，必须根据炼铁对烧结矿化学成分的要求以及原料的供应情况，把各种原料按一定的比例进行配料。配料是根据烧结矿的技术标准和原料的物理化学性质，将各种含铁原料、熔剂和燃料按一定的比例进行配合的工序。配料是烧结生产中的重要工序之一。

·　配料方法有容积配料法和重量配料法两类。

容积配料法是根据物料具有一定的堆密度，借助给料设备对物料的容积进行控制，以达到混合料所要求的添加比例的一种配料方法。它是通过调节圆盘给料机闸门的开口度或圆盘的转速从而控制料流的体积即物料的质量。这是烧结生产早期采用的配料方法，随着电子皮带秤的问世目前容积配料法已被淘汰，不再使用。

重量配料法是借助电子皮带秤和定量给料自动调节系统来实现自动配料的，电子皮带秤给出称量皮带的瞬时送料量信号，信号输入给料机自动调节系统的调节部分，调节部分根据给定值和电子皮带秤测量值的信号偏差自动调节圆盘转速以达到给定的给料量。电子皮带秤主要由秤架、称重传感器、测速传感器和显示仪表组成。重量配料法要求电子皮带秤与给定值的误差为 ±0.5%。

根据配料点的不同，配料又有集中配料和分散配料两种方式。集中配料是把准备好的各种烧结原料全部集中到配料室配料，分散配料则是把烧结原料分为若干类，各类原料在不同的地方配料。

与分散配料相比，集中配料有如下优点：

（1）配料准确。在系统启动和停机时或改变配比时不会发生配比紊乱，各种原料集中在配料室配料时，配料仓位置差异对配料的影响，可以借助计算机通过延迟处理使各矿仓的排料量设定值按矿仓位置的先后顺序给出（图5-36），从而使配料系统在顺序启动、停机或改变配比时不发生紊乱。

（2）便于操作管理，利于实现配料自动化。

（3）配合料的输送设备少，有利于提高作业率。

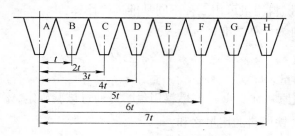

图 5-36 配料延时处理示意图
A～H—配料仓

分散配料时，矿仓位置的差异对配料带来的影响不易消除，当配料系统与烧结系统的生产不平衡时往往引起配比紊乱。因此，分散配料目前已不再使用，新建烧结厂一般采用集中配料方式。

高炉槽下粉量的确定：对采用整粒流程的烧结厂，高炉槽下粉量可按出厂烧结矿量的10%左右考虑。

高炉槽下粉的储运与配料：中小型钢铁厂的高炉槽下粉通常采用汽车，直接运返烧结厂的原料仓库或原料场，然后送往配料室参加集中配料。大型钢铁厂的高炉槽下粉一般采用带式输送机运输，直接进配料室（或原料场）。

5.3.2 配料计算方法

配料计算是为了选择设备，为了掌握烧结矿含铁品位及化学成分提供需要处理的物料量，计算矿仓容积及确定运输系统能力。

（1）烧结矿碱度。烧结矿碱度一般只计算二元碱度，即：

$$R = \frac{CaO}{SiO_2} \qquad (5-14)$$

式中　　R——烧结矿碱度，可由炼铁厂与烧结厂商定；
CaO，SiO_2——分别为烧结矿中氧化钙、二氧化硅含量，%。

碱度设定后，通过下式计算原、燃料的配用量：

$$R = \frac{CaO_{矿} \cdot x + CaO_{熔} \cdot y + CaO_{燃} \cdot z}{SiO_{2矿} \cdot x + SiO_{2熔} \cdot y + SiO_{2燃} \cdot z} \qquad (5-15)$$

式中　x——1t 混合料中铁精矿（粉矿）的用量，kg；
　　　y——1t 混合料中熔剂的用量，kg；
　　　z——1t 混合料中燃料的用量，kg；

$CaO_矿$——铁精矿（粉矿）中的 CaO 含量,%;

$CaO_熔$——熔剂中的 CaO 含量,%;

$CaO_燃$——燃料中的 CaO 含量,%;

$SiO_{2矿}$——铁精矿（粉矿）中的含量,%;

$SiO_{2熔}$——熔剂中 SiO_2 含量,%;

$SiO_{2燃}$——燃料中 SiO_2 含量,%。

将已知值代入式（5-14）及式（5-15）即可求出原、燃料用量。

（2）燃料用量。燃料用量可用三种不同基准进行计算:

1）以单位铁原料为计算基准:

$$Q_燃 = q_燃 \sum Q_铁 \tag{5-16}$$

式中　$Q_燃$——燃料用量,t;

$q_燃$——每吨铁原料（干重）的燃料用量,可通过试验确定,%;

$\sum Q_铁$——各种含铁原料的用量之和,t。

2）以单位混合料为计算基准:

$$Q_燃 = q'_燃 Q_混 \tag{5-17}$$

$$q'_燃 = \frac{C}{C_1}$$

式中　$q'_燃$——每吨混合料中燃料的含量,%;

$Q_燃$——燃料用量,t;

$Q_混$——混合料量,t;

C——混合料中固定碳的含量,一般 C 取 3% ~5%;

C_1——燃料中固定碳的含量,%。

3）以单位烧结矿为计算基准:

$$Q_燃 = q''_燃 Q_烧 \tag{5-18}$$

式中　$Q_燃$——燃料用量,t;

$q''_燃$——每吨烧结矿燃料用量,一般为烧结矿的 5.5% ~8%;

$Q_烧$——烧结矿的产量,t。

以上三种方法可根据实际情况任选一种,其中 $q_燃$、$q'_燃$、$q''_燃$ 都需通过烧结试验或参照类似烧结厂的实际数据来确定,一般厚料层烧结时其值较低。

（3）熔剂用量。熔剂用量按下式计算:

$$Q_熔 = \frac{\sum Q_原 CaO'_原}{CaO'_熔} \tag{5-19}$$

$$CaO'_熔 = CaO_熔 - R \cdot SiO_{2熔}$$

$$CaO'_原 = R \cdot SiO_{2原} - CaO_原$$

式中　　　$Q_熔$——熔剂用量,t;

$Q_原$——某种原料的用量,t;

$SiO_{2原}$, $CaO_原$——分别为某种原料中二氧化硅和氧化钙的含量,%;

$CaO'_原$——为获得烧结矿碱度,某种原料的单位原料量所需氧化钙含量,%;

CaO'$_{熔}$——熔剂中氧化钙的有效含量,%。

（4）混合料量。混合料用量按下式计算：

$$Q_{混} = \frac{\sum Q}{1 - q_{水} - q_{返}}$$ （5-20）

式中　$Q_{混}$——混合料用量,t;

　　$q_{水}$——混合料的水分含量,%;

　　$q_{返}$——混合料中返矿比例,%;

　　Q——各种铁原料、熔剂和燃料的用量,t。

$q_{水}$,$q_{返}$一般根据试验或类似烧结厂的经验数据预先确定。

（5）返矿量。返矿量按下式进行计算：

$$Q_{返} = Q_{混} q_{返}$$ （5-21）

式中　$Q_{返}$——循环量,t。

根据实际生产测定,每吨烧结矿产生返矿量为300~500kg,一般取400kg。

（6）混合料用水量。混合料用水量按下式进行计算：

$$Q_{水} = Q_{混} q_{水} - \sum \frac{Qq}{1 - q}$$ （5-22）

式中　Q——各种含铁原料、熔剂和燃料的用量,t;

　　q——相应的某种原料的含水量,%;

　$Q_{水}$——混合料的用水量（未考虑水分的蒸发量）,t;

　$Q_{混}$——混合料量,t;

　$q_{水}$——每吨混合料的用水量,%。

（7）烧结矿产量。烧结矿产量计算方法有两种：一种为简易法,不考虑在烧结过程中氧化亚铁的变化;另一种是考虑烧结过程中氧化亚铁引起的变化。

不考虑烧结过程中氧化亚铁的变化引起氧的增减时,按下式计算：

$$Q_{烧} = \sum Q(1 - I_g - 0.9S)$$ （5-23）

式中　$Q_{烧}$——烧结矿产量,t;

　　Q——各种含铁原料、熔剂及燃料的用量,t;

　　I_g——相应的各种含铁原料、熔剂及燃料的烧损率,%;

　　S——相应的各种含铁原料、熔剂及燃料的含硫量,%;

　0.9——烧结脱硫率（一般按85%~90%计,指硫化物）。

考虑烧结过程中氧化亚铁数量的变化引起氧的增减时,按下式计算：

$$Q_{烧} = \frac{\sum Q[9(1 - I_g - 0.9S) + FeO]}{9 + FeO_{烧}}$$ （5-24）

式中　FeO——相应的各种铁原料、熔剂以及燃料中氧化亚铁的含量;

　FeO$_{烧}$——烧结矿中（根据试验或假定）氧化亚铁的平均含量。

（8）烧结矿成分（仅列出部分成分的计算式）：

1）全铁量按下式计算：

$$TFe_{烧} = \frac{\sum Q \times Fe}{Q_{烧}} \times 100\%$$ （5-25）

式中　$TFe_烧$——烧结矿全铁含量,%;

　　　　Fe——相应的某种原料的含铁量,%。

2)三氧化二铁含量按下式计算:

$$Fe_2O_{3烧} = \left(TFe - \frac{56}{72}FeO_烧\right) \times \frac{160}{112} \qquad (5-26)$$

式中　$Fe_2O_{3烧}$——烧结矿中三氧化二铁含量,%。

3)烧结矿平均含硫量按下式计算:

$$S_烧 = \frac{\sum 0.1Q \times S}{Q_烧} \qquad (5-27)$$

式中　0.1——在烧结过程中残硫量,按10%计;

　　　　$S_烧$——烧结矿平均含硫量,%。

这里需要说明的是,以上烧结矿产量和成分计算是在下列条件下进行的:

(1)所有含铁原料以及熔剂,去掉烧损量和脱硫率90%,其余成分均进入烧结矿;

(2)燃料的灰分进入烧结矿;

(3)未考虑机械损失;

(4)烧结过程中,Fe、CaO、MgO、SiO_2 和 Al_2O_3 等均没有增减。

5.3.3　配料仓

5.3.3.1　储存量

配料仓容积的计算可根据式(5-28)和式(5-29)进行判定:

$$V_n = Q_干 t/[r\varphi(1-w)] \qquad (5-28)$$
$$V_n = Q_湿 t/(r\varphi) \qquad (5-29)$$

式中　V_n——原料所需的总容积,m^3;

　　　　$Q_干$——每小时需要干料量,kg/h;

　　　　t——储存时间,h;

　　　　r——原料堆积密度,kg/m^3;

　　　　w——原料水分含量(用小数表示);

　　　　φ——料仓容积有效系数,取0.8~0.85。

为保证向烧结机连续供料,各种原料在配料仓内都有一定的储存时间,其储存时间根据原料处理设备的运行和检修情况决定。一般各种物料均不小于8h。各种原料的储存时间可参照表5-16确定。

表5-16　各种原料储存时间

原料名称	考虑因素	储存时间/h
混匀矿	考虑混匀矿取料机、带式输送机发生故障及换料时间	6~8
粉矿	配料室设在原料仓内时,考虑抓斗能力及检修	4~6
精矿	配料室不在原料仓内时,应考虑原料仓设备检修及原料仓至配料室带式输送机的检修	8
熔剂	熔剂在料场加工时,考虑料场加工设备定期检修	10
	熔剂在烧结厂加工时,考虑破碎筛分系统与烧结机作业率的差异与破碎筛分设备的检修	>8

原料名称	考 虑 因 素	储存时间/h
燃料	破碎筛分设备检修及与烧结机作业率的差异	>8
生石灰、返矿及冶金厂杂料	考虑配料仓的配置要求以及来料情况	视具体情况决定
高炉返矿	带式输送机运输时考虑烧结与炼铁作业率的差异	10 ~ 12

决定混匀料配料仓的储存时间，应考虑混匀料场向配料室供矿的条件及混匀取料机突然发生故障时造成的影响，对混匀料场设备计划检修或故障时间较长造成的影响可不考虑，出现该情况时由储料场的直拨运输系统临时向配料室供料。

5.3.3.2 料仓格数

料仓格数的确定可根据式（5 – 30）进行计算：

$$N = V_n / V \tag{5 – 30}$$

式中 N——料仓个数；

  V——单个料仓的容积，m^3。

同时确定料仓格数时还需考虑以下因素：

（1）配料设备发生故障时不致使配料作业中断。当某一物料配料仓为单格时，应设有备用料仓。

（2）考虑混匀料的料仓格数时，除考虑混匀料给料系统的作业率外，并应考虑储料场直拨供应单品种矿的储存。

（3）无混匀料场时，料仓格数应考虑原、燃料的品种。

（4）大宗原料的料仓格数应与排矿和称量设备的能力相适应。

（5）尽量减少矿仓料位波动对配料带来的影响。

一般含铁原料的料仓不应少于 3 格，熔剂燃料仓各不少于 2 格；生石灰仓可设 1 格。或 1 格料仓设 2 台排料设备；返矿仓可设 1 ~ 2 格。

5.3.3.3 料仓结构形式

储存粉矿、精矿、消石灰以及燃料等湿度较高的物料，应采用倾角 70°的圆锥形金属结构矿仓；储存石灰石粉、生石灰、干熄焦粉、返矿和高炉灰等较干燥的物料，可采用槽角不小于 60°的圆锥形金属结构或半金属结构料仓，如图 5 – 37 所示。

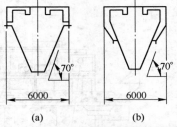

图 5 – 37 圆锥形料仓结构示意图
(a) 圆锥形金属结构料仓；
(b) 圆锥形半金属结构料仓

按照支承方式的不同，料仓有座式与吊挂式两种，座式矿仓如图 5 – 38 所示，吊挂式料仓如图 5 – 39 所示。装有测力传感器的料仓须采用座式料仓，大容积料仓可考虑采用座式料仓。

5.3.3.4 料仓防堵措施

潮湿物料容易堵塞料仓，必须采取防堵塞措施。根据物料黏性大小，料仓下部采用不同的结构形式以防止堵塞。对黏性大的物料，如精矿、黏性大的粉矿等，料仓可设计成三段式活动料仓，并在活动部分装设振动器，如图 5 – 40（a）所示。对黏性较小的粉矿，料仓

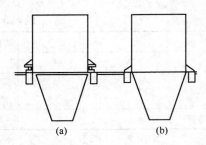

图 5-38   座式料仓示意图

（a）带测力传感器；（b）不带测力传感器

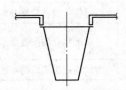

图 5-39   吊挂式料仓示意图

上部可设计成带突然扩散形的两段式结构，并在仓壁设置振动器，如图 5-40（b）所示。对于消石灰、燃料等物料，可以直接在一般的金属矿仓壁上设置振动器，如图 5-40（c）所示。如矿仓容积较大，可设计成指数曲线形料仓防止堵塞。

（a）   （b）   （c）

图 5-40   储藏黏性物料的料仓结构

（a）三段式料仓；（b）两段式料仓；（c）普通料仓

5.3.4 配料设备

配料设备主要有圆盘给料机、螺旋给料机和微机自动配料秤。

5.3.4.1 圆盘给料机

圆盘给料机（见图 5-41）是目前烧结厂配料中采用最为广泛的配料设备，其作用是在一定时间内，从矿槽排出一定数量的物料，从而得到所需要成分的混合料。圆盘给料机适用于各种含铁原料、石灰石、蛇纹石、硅砂、燃料和返矿等物料的配料，其排料量由套筒闸门调节。排料量大时，料流对套筒闸门的挤压力大，宜采用蜗牛式套筒。对于熔剂、燃料等用量较少的物料也可用闸门式套筒。

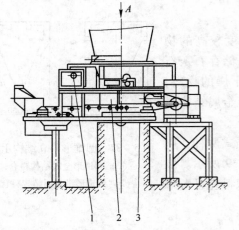 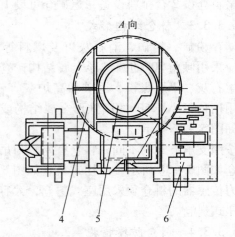

图 5-41   圆盘给料机

1—称量装置；2—圆盘；3—称量皮带机；4—除尘罩；5—给料套筒；6—传动装置

圆盘给料机的生产能力，取决于套筒出口的直径、圆盘直径、圆盘转速、套筒或闸门升启高度、刮刀的位置、物料的块度及机械强度等因素。

圆盘给料机分为刮刀卸料和闸门套筒卸料两种方式，其生产能力计算分别按式（5 - 31）和式（5 - 32）计算：

（1）对于采用刮刀卸料的圆盘给料机，其物料在圆盘上的料堆接近于截头圆锥体，所以圆盘回转一周所卸出的物料体积为截头圆锥体与圆柱体（半径为 r_1、高为 h）的体积之差，即：

$$Q = \frac{60\pi h^2 nr}{\tan\alpha}\left(\frac{D_1}{2} + \frac{h}{3\tan\alpha}\right) = 188.4\frac{h^2 nr}{\tan\alpha}\left(\frac{D_1}{2} + \frac{h}{3\tan\alpha}\right) \qquad (5-31)$$

式中　Q——圆盘给料机产量，t/h；

　　　h——套筒距圆盘面高度，m；

　　　n——圆盘转数，r/min；

　　　r——物料堆密度，t/m³；

　　　α——物料堆积角（可采用物料的安息角，见表 5 - 17）。

表 5 - 17　各种物料的安息角　　　　　　　　　　（°）

名　称	动安息角	名　称	动安息角
铁矿石	30 ~ 35	轧钢皮	35
钒钛铁矿	30 ~ 35	焦炭	35
锰矿石	37 ~ 38	无烟煤粉	30
松软锰矿	29 ~ 35	石灰石（块状）	30 ~ 35
铁精矿	33 ~ 35	生石灰（粉状）	25
高炉灰	25	消石灰（粉状）	30 ~ 35
铁矿石烧结矿	35	烧结矿返矿	35
碎白云石	35	烧结混合料	35 ~ 40

（2）采用闸门卸料时，给料机的生产能力为：

$$Q = 60Vnr = 60n\pi(R_1^2 - R_2^2)hr = 188.4n(R_1^2 - R_2^2)hr \qquad (5-32)$$

自储矿槽落到圆盘上的物料从闸门口排出的体积为：

$$V = \pi(R_1^2 - R_2^2)h$$

式中　Q——圆盘给料机产量，t/h；

　　　V——圆盘转一周时，卸出物料的体积，m³；

　　　n——圆盘转速，r/min；

　　　r——物料堆密度，t/m³；

　　　R_1——排料口外侧与圆盘中心距离，m；

　　　R_2——排料口内侧与圆盘中心距离，m；

　　　h——排料口闸门开口高度，m。

5.3.4.2　调速圆盘—电子皮带秤

调速圆盘—电子皮带秤是一种比较简易的重量配料设备，它由一台带调速电机的圆盘给料机和一台电子皮带秤组成，如图 5 - 42 所示。

配料电子皮带秤运送的物料量计算如下：

$$Q = 3.6qv \qquad (5-33)$$

式中　Q——配料带式输送机瞬时输送量，t/h；

　　　q——配料带式输送机每米皮带上的荷重，kg/m；

　　　v——配料带式输送机皮带运行速度，m/s。

皮带宽 650mm 和 800mm 时，v 为 0.25m/s、0.36m/s 或 0.52m/s。

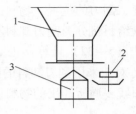

图 5-42　调速圆盘—电子皮带秤示意图
1—料仓；2—电子皮带秤；3—调速圆盘

5.3.4.3　定量螺旋给料机

螺旋给料机由插板阀、螺旋本体、传动装置、称量皮带秤、称量装置、走台、润滑系统、电控系统等组成（图 5-43），适用于易扬尘的料种（如白灰）。

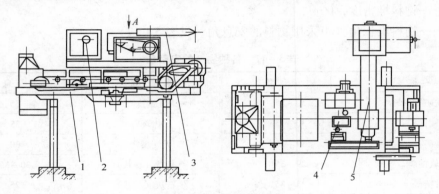

图 5-43　螺旋给料机
1—称量皮带机；2—称量装置；3—插板阀；4—传动装置；5—螺旋本体

5.3.4.4　胶带给料机—电子皮带秤

胶带给料机—电子皮带秤是一种简便的重量配料装备，适用于黏性不大的物料，胶带给料机—电子皮带秤的结构示意图如图 5-44 所示。

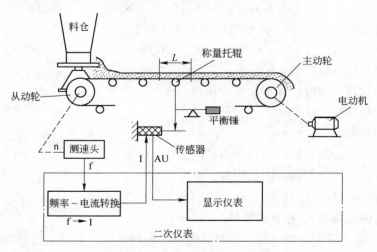

图 5-44　微机自动配料秤的系统构成图

5.3.5 配料室的配置

5.3.5.1 单列配置与双列配置

配料系列可分为单配料系列或双配料系列对应一台或两台烧结机、单配料系列对应两台或多台烧结机几种方式。应尽量采用单配料系列或双配料系列对应一台或两台烧结机的方式。中、小型烧结厂如限于投资，配料室可按单系列对多台烧结机。

图 5-45 为采用重量配料法的双系列配料室，其特点是矿仓排料先经称量装置称重后方汇入配合料带式运输机。

对于未设混匀料场的中、小型烧结厂，单列式配料室应尽可能与原料仓库配置在一起。熔剂、燃料的破碎筛分设在靠配料室的一侧，以充分发挥原料仓库抓斗的能力，简化总体布置，减少基建投资。

5.3.5.2 配料仓的配置

（1）主要含铁原料的配料仓设在配合料带式输送机前进方向的后面。为减少物料粘胶带，最后面的应是黏性最小的原料。

（2）从混匀料场以带式输送机送进的各种原料应配置在配料室的同一端以免运输设备相互干扰。

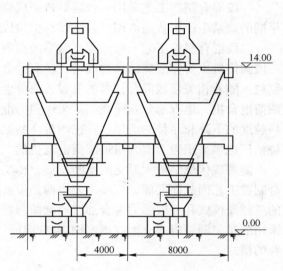

图 5-45 采用重量配料的双列式配料室配置

（3）干燥的粉状物料及返矿，其矿仓应集中在配料室的同一侧，并位于配合料带式输送机前进方向的最前方以便集中除尘，而且矿仓上部的运输设备也不会与主原料运输设备发生干扰。

（4）燃料仓不应设在配合料带式输送机前进方向的最末端，以免在转运给下一条胶带机时燃料粘在胶带上，造成燃料的流失和用量的波动。各种原料在配料仓中的排列顺序如图 5-46 所示。

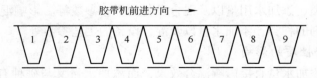

图 5-46 各种原料在配料仓的排列顺序示意图

1，2—混匀矿或粉矿；3—精矿；4—石灰石；5—蛇纹石或白云石；6—燃料；7—生石灰；8—返矿；9—杂料

5.4 混合与制粒

为使烧结的物料物化性质充分均匀，使烧结料内微粒物料造成适宜的小球，须在配料后设置混合工序。

5.4.1 混合与制粒工艺

烧结料的混合与制粒本是两个不同的概念和两个不同的作业，但由于烧结生产普遍采用的圆筒机既有混合作用也有制粒作用，故在许多情况下，又将两者合二为一，统称为混合制粒。

根据作业段数，混合制粒有一段、两段和三段工艺。

一段混合制粒工艺采用一台圆筒机完成烧结料的混合和细粒物料的制粒。这种工艺在早期的烧结生产中普遍应用，目前仅在少数以粗粒粉矿为主要原料的烧结厂应用。

二段混合制粒工艺一般由相互联系的前后两台圆筒机和与之相联系的皮带机构成，第一段圆筒机主要完成烧结料的混匀，也有部分制粒作用；第二段圆筒机主要完成混合料的制粒。随着相关领域混合技术的发展，部分老烧结厂在改造时用强力混合机取代第一段的圆筒混合机，也有部分新建烧结厂采用强力混合机取代第一段的圆筒混合机。随着烧结原料粒度的下降和品种的增加，在巴西等一些原来多采用一段混合工艺的国家，新建或在建烧结厂也多采用强力混合机加圆筒混合机的二段混合制粒工艺。

随着现代烧结机大型化的不断发展，传统的二段工艺已无法满足制粒的要求，三段混合制粒工艺因此而发展。三段工艺也两种设备配置模式，即一段圆筒混合加二段圆筒制粒的三圆筒模式和一段强力混合加二段圆筒制粒的模式。我国太钢 $660m^2$ 烧结机的混合制粒采用的是三圆筒模式，而我国宝钢湛江 $550m^2$ 烧结机采用的是一段强力混合加二段圆筒制粒的模式。

5.4.2 影响混合制粒的因素

混合料制粒必须具备两个主要条件：一是物料加水润湿，二是作用在物料上面的机械力。细粒物料在被水润湿前，其本身已带有一部分水，然而这些水不足以使物料在外力作用下形成球粒，物料在混合机内加水润湿后，在水的表面张力作用下，使物料颗粒集结成团粒。初步形成的团粒在机械力的作用下不断地滚动、挤压，逐渐长成具有一定强度和一定粒度组成的烧结料。

制粒的效果是以混合料粒度组成来表示的。制粒的主要目的是减少混合料中 3～0mm 级别，增加 3～8mm 级别尤其是增加 3～5mm 级别含量。影响混合制粒的效果主要有原料性质、添加剂的种类、添加水用量以及混合设备的工艺参数等。影响混合造球的效果主要有原料性质、添加剂的种类、添加水量以及混合设备的工艺参数等。

5.4.2.1 原料性质的影响

混合过程中，添加水量直接影响混合效果，而添加水量又与矿种有密切关系，表5-18 列出我国部分烧结厂不同矿种的混合料实际含水量。由表看出，以褐铁矿、镜铁矿为主的原料的混合料水分较高。

表 5-18 部分厂混合料水分

厂　名	混合料含水量	主　要　矿　种	厂　名	混合料含水量	主　要　矿　种
鞍钢二烧	8.0	磁铁矿、赤铁矿	梅山烧结厂	6.7	赤铁矿
首钢二烧	7.0	磁铁矿	攀钢烧结厂	7	钒钛磁铁矿

厂 名	混合料含水量	主要矿种	厂 名	混合料含水量	主要矿种
本钢二烧	8.0	磁铁矿	三明烧结厂	8.1	褐铁矿为主
包钢二烧	7.4	赤铁矿	韶钢烧结厂	10.41	褐铁矿为主
太钢烧结厂	7.0	赤铁矿	昆钢一烧	10.41	褐铁矿、赤铁矿
武钢三烧	7.1	磁铁矿	酒钢烧结厂	9.3	镜铁矿
马钢一烧	7.61	假象赤铁矿			

5.4.2.2 添加剂的影响

添加少量消石灰或生石灰可改善混合制粒过程，提高小球强度，添加生石灰后小于 0.25mm 粒级的含量下降（表 5 – 19）。徐州钢铁厂试验表明，全精矿配加生石灰的混合料成球指数比不加生石灰时提高 126.49%。日本大分烧结厂生产测定，未加生石灰的混合料，附着粉的比例为 27%，转运中破坏率 12% ~ 20%，加生石灰 2%，附着粉比例为 30%，转运中破坏率 5% 左右。

表 5 – 19 添加生石灰后的粒度组成

生石灰用量	产品	粒度组成/%					
		>5mm	5~2mm	2~1mm	1~0.5mm	0.5~0.25mm	0.25~0mm
0%	成球	29.2	34.2	17.1	10.3	5.6	3.6
	原料	22.3	23.9	11.2	7.4	4.3	30.9
1%	成球	29.9	39.4	16.6	8.2	4.2	1.7
	原料	21.7	26.6	10.1	5.6	3.1	32.9

添加生石灰的粒度要求因生石灰性质不同而异，一般要求生石灰粒度 3 ~ 0mm，以便造球前全部消化。

5.4.2.3 添加水量的影响

烧结料的水分必须严格控制，图 5 – 47 所示为某种铁精矿烧结料含水量与成球率的关系。从图中看出，这种烧结料的适宜水量为 7%，当水分波动范围超过 ±0.5% 时，成球率显著降低。

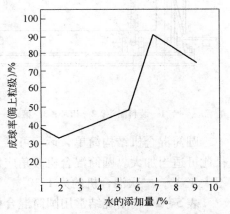

图 5 – 47 烧结含水量与成球率的关系

一次混合的目的在于混匀，应在沿混合机的长度方向均匀加水，二次混合主要作用是造球，给水位置应设在混合机的给料端，混合时加水量分配：一次混合的加水量一般要占总量的 80% ~ 90%；二次混合加水量仅为 10% ~ 20%。

5.4.3 混匀效率及混合设备

5.4.3.1 混匀效率

烧结厂设计中，一般均应采用两段混合。物料被混匀的效果与原料的性质，混合时间及混合的方式等有很大关系，粒度均匀、黏度小的原料容易混匀，物料颗粒之间相对运动越剧烈，混合时间越长，则混合效果越好。衡量混合作业的质量，一般用混匀效率来表示：

$$k_1 = \frac{c_1}{c}; \ k_2 = \frac{c_2}{c}; \ \cdots; \ k_n = \frac{c_n}{c} \tag{5-34}$$

式中　k_1，k_2，$\cdots$，k_n——各试样的均匀系数；

　　　c_1，c_2，$\cdots$，c_n——某一测定项目在所取各试样中的含量，%；

　　　c——某一测定项目在此组试样中的平均含量，%。

$$c = \frac{c_1 + c_2 + \cdots + c_n}{n} \tag{5-35}$$

式中　n——取样数目。

已知混合料的均匀系数 k_n，可按下式计算混匀效率：

$$\eta = \frac{k_{\min}}{k_{\max}} \times 100\% \tag{5-36}$$

式中　$k_{\max}$——表示所取样均匀系数的最大值；

　　　$k_{\min}$——表示所取样均匀系数的最小值；

　　　η——混匀效率（此值越接近100%，说明混匀效果越好）。

5.4.3.2 混合设备

目前烧结生产广泛使用的混合和制粒设备是圆筒混合机，其构造如图5-48所示。

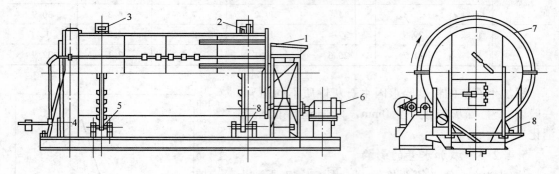

图5-48　圆筒混合机

1—装料漏斗；2—齿环；3—箍；4—卸料漏斗；5—定向轮；6—电动机；7—圆筒；8—托辊

圆筒混合机结构简单、运行可靠，混匀和造球效率高。为了延长混合时间，圆筒的长径比可适当加大。圆筒混合机倾角应根据混合时间及混合机的作用确定，一般一次混合机不大于3°，二次混合机约为1°30′。

表5-20列出烧结常用圆筒混合机的技术规格，国内外烧结厂混合机充填率，一次混合机为10%~16%，二次混合（制粒）机为9%~15%。日本大分厂1号烧结机一次混合机充填率为10%，二次混合机为9%。

表5-20　圆筒混合机技术规格

规格参数/mm	转数/r·min^{-1}	充填率/%	产量/t·h^{-1}	质量/t
$\phi3400 \times 13000$	5~8	8~15	300~530	140
$\phi3600 \times 14000$	5~8	8~15	350~650	160

规格参数/mm	转数/r·min⁻¹	充填率/%	产量/t·h⁻¹	质量/t
φ3600×15000	5~8	8~15	400~750	165
φ3800×16000	5~8	8~15	480~900	180
φ4000×18000	5~7	8~15	550~1000	240
φ4400×20000	5~7	8~15	650~1300	300
φ4400×22000	5~7	7~13	650~1300	325
φ4400×24000	5~7	7~13	750~1400	335
φ4800×22000	5~7	7~13	850~1600	365
φ5000×24000	4~6.5	7~10	900~1650	395
φ5000×27000	4~6.5	7~10	1000~1650	410
φ5100×24000	4~6.5	7~10	1000~1650	400
φ5100×27000	4~6.5	7~10	1100~1650	430

5.4.3.3 混合时间

混合时间与原料的种类有关。成球性好的烧结料混合时间较短，成球性很差的即使延长了混合时间效果也不显著。

混合时间的计算公式如下：

$$t = \frac{L}{v}$$

$$v = \frac{2\pi R n \tan(2\alpha)}{60} = 0.105 R n \tan(2\alpha)$$

$$t = \frac{L}{0.105 R n \tan(2\alpha)} \tag{5-37}$$

式中　t——混合时间，s；

　　　L——混合机筒长，m；

　　　R——混合机直径，m；

　　　n——混合机转速，r/min；

　　　α——混合机安装倾角，(°)；

　　　v——料流轴向流动速度，m/s。

圆筒混合机充填系数的计算公式如下：

$$\phi = \frac{Q}{3600 F v r} \times 100\% \tag{5-38}$$

式中　Q——混合机的给料量，t/h；

　　　F——混合机的横截面积，m²；

　　　v——料流轴向速度，m/s；

　　　r——混合料堆密度，t/m³；

　　　ϕ——充填系数，%。

混合机生产能力的计算公式如下：

$$Q = 11.8\mu R^3 nr\phi\tan\alpha \qquad (5-39)$$

式中　　Q——生产能力，t/h；

　　　　μ——混合料松散系数，一般取 0.6；

　　　　R——混合机筒体内径，m；

　　　　n——混合机筒体转速，r/min；

　　　　r——混合料堆密度，t/m^3；

　　　　α——混合机倾角，(°)。

过去国内铁精矿烧结混合制粒时间，一般为 2.5～3.0min，一次混合为 1min 左右，二次混合（制粒）为 1.5～2.0min。多年生产实践证明，不论以铁精矿为主的混合料还是以铁粉矿为主的混合料，混合时间均显不足。现在国内外烧结厂混合制粒时间都增加到 5～9min，如日本君津厂为 8.1min，前釜石厂达 9min。我国近年投产和设计的一次、二次（制粒）和三次混合机混合制粒时间基本在这一范围内。

5.4.4　混合室的配置

5.4.4.1　混合料系统的选择

为了实现自动控制和保证烧结机作业率，应选择一个混合料系统与一台烧结机相对应的方式。对于中、小型烧结机，投资有限，也可考虑选择一个混合料系统对两台烧结机的配置，但混合料矿仓要适当增大。

5.4.4.2　一次混合室的配置

一次混合室配置时，应注意的事项如下：

（1）一次混合室一般应配置在 ±0.00m 平面，如因总图布置的限制，也可布置在高层厂房内。

（2）混合机的给料带式输送机有两种配置形式，即与混合机筒体中心线呈同轴布置和呈垂直布置。同轴布置时料流畅通，漏斗不易堵。垂直布置时漏斗易堵，应尽量避免采用。

（3）混合机配置在 ±0.00m 平面时，排料带式输送机应尽量布置在 ±0.00m 平面上，以保证操作方便并提供良好的劳动环境。排料带式输送机的受料点应尽量设计成水平配置的形式，以免漏料散料。混合机的排料与带式输送机也有同轴和垂直两种配置形式。同轴配置将出现地下建筑物或使厂房平台增加，应尽量避免。垂直布置可与混合机同置于一层平台上，布置简单，方便操作。

（4）混合机给料及排料漏斗角度一般应为 70°，必要时可在给料漏斗上设置振动器。

（5）混合机给料带式输送机头部、混合机排料漏斗顶部须设置竖式风道，必要时还需设置除尘设备。

（6）供润湿混合料的水在进入洒水管前必须过滤净化，以免杂物堵塞喷嘴。

（7）混合室一侧的墙上应设置过梁，方便混合机筒体进出厂房，过梁位置视总图布置的条件而定，以方便设备搬运为原则。配置胶轮传动混合机的混合室，确定检修设备时应考虑能方便整体吊装胶轮组。

设置一台 φ2.8m×6.5m 胶轮传动圆筒混合机的一次混合室的配置如图 5-49 所示。

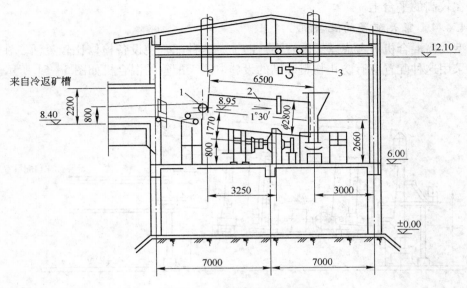

图 5 – 49　一次混合室配置图

1—带式输送机；2—φ2.8m×6.5m 圆筒混合机；3—SDXQ 型 3t 手动单梁悬挂起重机

5.4.4.3　二次混合室的配置

二次混合可单独配置在主厂房外的二次混合室内（图 5 – 50），也可设在主厂房高跨的高层平台上。中、小型烧结厂如选用胶轮传动混合机，可考虑把二次混合设在主厂房内。大型烧结厂混合机采用齿轮传动，振动较大，宜单独设置二次混合室。

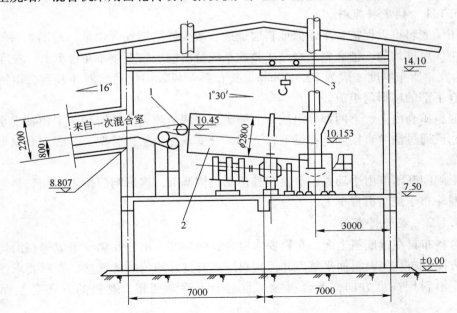

图 5 – 50　二次混合室配置图

1—带式输送机；2—φ2.8m×6.5m 圆筒混合机；3—SDXQ 型 3t 手动单梁悬挂起重机

二次混合室配置的注意事项与一次混合室基本相同。因总图布置关系，二次混合室往往配置在较高的平台上。

5.4.4.4 露天配置的混合机

大型圆筒混合机可考虑露天配置在地面上，这种配置使设备检修比较灵活。在严寒地区，如采用这种配置应有防止物料冻结的设施。露天配置的混合机如图 5 – 51 所示。

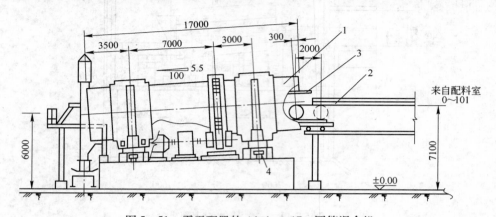

图 5 – 51   露天配置的 $\phi 4.4\text{m} \times 17\text{m}$ 圆筒混合机
1—圆筒混合机 $\phi 4.4\text{m} \times 17\text{m}$；2—带式输送机；3—水管；4—废油油箱

5.5 布料、点火与烧结

5.5.1 布料

5.5.1.1 铺底料布料

采用铺底料可以保护台车、保证料层烧透、减少烧结烟气含尘量。对铺底料的要求是粒度适中，厚度均匀。铺底料从烧结矿整粒系统分出铺底料直接布在台车上，粒度以 10 ~ 20mm 为宜，所布厚度一般为 20 ~ 40mm。其布料一般采用摆动式漏斗装置，由铺底料矿仓及矿仓下部的扇形门组成。

铺底料矿仓由上、下两部分组成：上部矿仓用两个测力传感器和两个销轴支承在厂房的梁上，或通过法兰直接固定在梁上；下部矿仓支承在烧结机骨架上，底部有扇形闸门调节排料量。

扇形闸门开闭度由手动式调节器及其传动机构调节，扇形闸门排出的铺底料通过其下的摆动漏斗布于烧结机台车上。

5.5.1.2 混合料布料

混合料布料在铺底料上面，布料要求混合料的粒度、水分及化学组成等在沿烧结机台车宽度方向分布均匀，料面平整，并保持料层具有良好均匀的透气性。布料要求产生一定的偏析，沿料层高度方向，混合料粒度自上而下逐渐变粗，燃料的分布自上而下逐渐减少。

布料系统由梭式（或摆式）布料器、混合料仓、圆辊给料机和反射板（或九辊、七辊等多辊）组成。混合料由沿台车宽度方向往返移动的梭式布料器布到混合料仓，再由圆辊布料机从混合料仓中给到反射板或多辊布料器上，然后被布到台车内。梭式布料器的作用（见图 5-52）是确保台车宽度方向上混合料的均匀性。圆辊给料机的作用是从混合料仓中排料，并通过闸门开度和转速大小来调节料流量，其中主门用于调节总料流量，辅门用于调节宽度方向的料流量。反射板或多辊布料器（通常为七辊或九辊）的作用是作为下料溜槽的同时，使料层产生合理的偏析。反射板可通过调整倾角和高度调节偏析，而多辊布料器通过辊间隙的作用使细粒料被漏下布到料层上部，粗粒料则从多辊上面溜下，并借助于其自身的滚动被布到料层底部。为确保料面平整，在反射板的下方设有一块平料板，用于刮平料面（见图 5-53）。

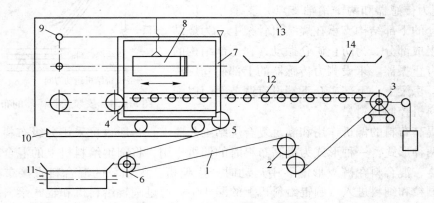

图 5-52 梭式皮带机工作原理

1—梭式皮带机；2—皮带传动轮；3—尾轮；4—头轮；5—换向轮（移动）；6—换向轮（固定）；7—往复行走小车；8—往复式油罐；9—无触点极限开关；10—小车轨道；11—宽皮带机；12—移动托轮；13—罩；14—皮带布料器

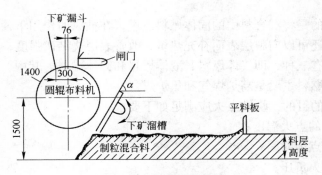

图 5-53 烧结布料装置

近年来，国外许多烧结厂对布料技术进行了不少改进。日本新日铁公司在生产上采用两套新型布料装置。一种是君津厂和广畑厂的条筛和溜槽布料装置，条筛上的棒条横跨烧结机整个宽度，混合料的粗粒从棒条上通过，然后落向箅条，从而形成上细下粗的偏析；另一种是八幡厂的格筛式布料装置（IFF），筛棒自起点成三层散开，棒间距离逐渐增大，每条筛棒各自作旋转运动，以防止物料堆积在筛面上。这种布料方式首先是较大粗颗粒落在箅条上，随后布料的粒度就越来越小。

为了改善料层的透气性，国内外一些烧结厂采用松料措施，比较普遍的是布置在反射板下边，料中部的位置上台车长度方向水平安装一排或多排 30~40mm 钢管，称之为松料器。钢管间距离为 150~200mm，布料时钢管被埋上，当台车离开布料器时，那些透气棒原来所占的空间被腾空，料层形成一排透气孔带，从而改善料层透气性。图5-54为装有透气棒的神户加古川烧结厂布料系统设备示意图。

混合料仓为焊接钢结构，其仓壁倾角一般不小于70°。小型烧结机矿仓排料口较小，容易堵料，仓壁宜做成指数曲线形状。混合料矿仓分为上、下两部分，设有测力传感器的上部矿仓通过四个测力传感器（或两个测力传感器和两个销轴支点）支承在厂房的梁上，矿仓的下部结构支承在烧结机骨架上，为烧结机的一个组成部分。为防止矿仓振动，在上部结构的四角装设有止振器。未设测力传感器的上部矿仓用法兰固定在厂房梁上。下部矿仓下端设有调节闸门以配合圆辊给料机控制排料量。

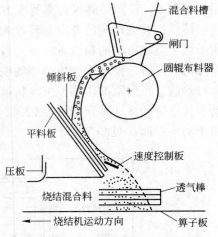

图5-54 安装松料棒器的布料装置

为了提高布料的偏析作用和满足复合烧结工艺要求，一般也可采用分级布料形式。分级布料有两种形式：一种形式为提高布料时的偏析作用，将圆辊给料机上的混合料斗改为裤衩形漏斗，混合料在裤衩形漏斗中运动时产生偏析，大颗粒的混合料直接布在台车下部，而小颗粒和细料进入有圆辊给料机上的漏斗中，通过圆辊给料机和辊式给料机布在台车的中、上部。另一种形式为双层烧结工艺而采用的分层布料方式，即将粒度、配碳或碱度不同的混合料，通过两套布料装置分别布在台车上进行烧结。

5.5.2 点火

点火的主要目的是将混合料中的固体燃料点燃，在抽风的作用下使料层中的燃料继续燃烧。此外，点火还可以向料层表面补充热量，改善表层烧结矿强度，减少表层返矿。

点火用的燃料有三种，即气体燃料、液体燃料和固体燃料。其中，气体燃料点火应用得较为普遍，气体燃料主要是高炉煤气和焦炉煤气。

为了达到点火的目的，烧结点火应满足如下要求：

（1）有足够高的点火温度；
（2）有一定的点火时间；
（3）适宜的点火负压；
（4）点火烟气中氧含量充足；
（5）沿台车宽度方向点火要均匀。

5.5.2.1 点火控制

影响点火过程的主要因素有：点火时间与点火温度、点火强度和烟气中的含氧量。

A 点火时间与点火温度

为了点燃混合料中的碳，必须将混合料中的碳加热到其燃点以上。获得足够的点火热量有两种途径：提高点火温度和延长点火时间。

当点火温度一定时，相应的点火时间也有一个定值，才能确保表层烧结料有足够的热量使烧结过程正常进行。

若提高点火温度，点火时间可相应缩短，目前国内外许多新型点火器，都是采用集中火焰点火，可以有效地使表层混合料在较短时间内获得足够热量。

点火强度是指单位面积上的混合料在点火过程中所需供给的热量或燃烧的煤气量：

$$J = \frac{Q}{60vB} \tag{5-40}$$

式中　J——点火强度，kJ/m²；

　　　Q——点火段的供热量，kJ/h；

　　　v——烧结台车的正常速度，m/min；

　　　B——台车宽度，m。

点火强度主要与混合料的性质，通过料层风量和点火器热效率有关，我国采用低风箱负压点火，一般强度为 39300kJ/m²。

烧结混合料组成不同，点火温度也各异。特殊原料的适宜点火温度，应由试验确定。我国烧结厂点火温度为 1050～1200℃。实践证明，点火温度不应大于1200℃，但在1000℃时很难点火，目前，适宜的最低点火温度为1050℃，为节省能源并达到良好的效果，点火温度在1050～1100℃为好。

点火时间的长短与点火温度和点火时的总供热量有关。点火温度过高，时间过长，会使料层表面熔化；反之，又会使料层烧不好。国内外经验表明，点火温度在1050～1200℃时，点火时间以 1～1.5min 为宜。

B　点火燃料

烧结生产多用气体燃料点火，常用的气体燃料有焦炉煤气及高炉煤气与焦炉煤气的混合煤气。高炉煤气由于发热值较低，一般不单独使用，天然气也可用作点火燃料，极个别厂无气体燃料采用重油或煤粉作点火燃料。

焦炉煤气成分及发热值与配煤成分有关，一般可参考表5-21的数据。

表5-21　焦炉煤气成分及发热值

煤气成分/%							干煤气低位发热值（标态）
H₂	O₂	CH₄	CₘHₙ	CO	CO₂	N₂	/kJ·m⁻³
56～60	0.4～0.6	22～26	2.2～2.6	6～9	2～3	2～4	17166～18003

注：摘自《钢铁企业燃气设计参考资料（煤气部分）》（冶金工业出版社）。

高炉煤气成分及发热值与高炉焦比有关，可参考相关数据。不同比例的高炉、焦炉煤气组成不同发热值的混合煤气，钢铁企业一般采用的混合煤气发热值为 5862～9211kJ/m³（标态）。

目前，我国烧结厂点火最普遍用的是焦炉煤气、转炉煤气、高炉煤气或高热值煤气与低热值煤气配合使用。煤粉、发生炉煤气点火，因其投资大、成本高以及环保等原因，不宜采用。重油点火虽然热值高，但由于存在许多缺点并且供应困难，也不宜采用。高炉煤气由于热值低，达不到正常点火温度，宜采用空气、煤气双预热方式进行点火。采用焦炉煤气、转炉煤气、或高热值煤气与低热值煤气配合的混合煤气作为点火燃料时，烧结主厂房附近煤气压力不应低于4000Pa；采用高炉煤气作为点火燃料时，系统阻力大，烧结主厂房附近煤气压力不应低于7000Pa，达不到要求时应采取相应措施。

为适应烧结点火燃烧自动控制技术的要求，供烧结点火用的煤气热值和压力要尽可能稳定。

5.5.2.2 点火燃料需要量

烧结点火所需消耗的燃料与烧结混合料性质、烧结机设备状况以及点火炉热效率等有关。点火燃料需要量一般用下式计算:

$$Q = A_{效} \, q_{利} \, q \tag{5-41}$$

式中 Q——点火燃料需要量,kJ/h;

$A_{效}$——有效烧结面积,m^2;

$q_{利}$——烧结机利用系数,$t/(m^2 \cdot h)$;

q——每吨烧结矿的点火热耗,kJ/t。

目前,设计中每吨烧结矿的点火热耗一般为 125604 ~ 167472J/t。

此外,还可用混合料点火强度的经验值来计算点火燃料需要量。混合料的点火强度是指烧结机单位面积的混合料在点火过程中所供给的热量。当选定点火强度后,即可按下式计算点火燃料需要量:

$$Q = 60 J v b_{顶} \tag{5-42}$$

式中 J——点火强度,kJ/m^2;

v——烧结机台车正常机速,m/min;

$b_{顶}$——台车顶部宽度,m。

计算得出点火所需热量 $Q_{热}$ 值后,用下式计算点火燃料需要量(标态)Q(单位为 m^3/h):

$$Q = \frac{Q_{热}}{H_{低}} \tag{5-43}$$

式中 $H_{低}$——点火燃料低位发热量(标态),J/m^3。

5.5.2.3 空气需要量(烟气含氧量)

烟气中含有足够的氧可保证混合料表层的固体燃料充分燃烧,这不仅可以提高燃料利用率,还可提高表层烧结的质量。当点火烟气中的含氧量为13%时,固体燃料的利用率与混合料在大气中烧结时相同。在含氧量为3% ~ 13%的范围内,点火烟气中增加1%的氧,烧结机利用系数提高0.5%,燃料消耗降低0.3kg/t烧结矿。提高点火烟气中的含氧量的主要措施是:增加燃烧时的过剩空气量,利用预热空气助燃,采用富氧空气点火。

点火燃料燃烧的空气需要量可用燃烧计算图表进行计算。根据确定的实际点火温度 T 按下式求出理论燃烧温度 T_0:

$$T_0 = \frac{T}{\eta} \tag{5-44}$$

式中 η——高温系数,按0.75 ~ 0.8选取。

由点火燃料发热量 $H_{低}$ 和上式求得的理论燃烧温度 T_0,用燃烧计算图表查得对应的过剩空气系数 a,再根据 a 查出单位燃料燃烧的空气需要量 q_a,然后按下式计算出每小时空气需要量(标态)Q_a(单位为 m^3/h):

$$Q_a = Q q_a \tag{5-45}$$

5.5.2.4 点火装置

我国点火器在20世纪80年代中期之前,先后普遍采用大型涡流式烧嘴点火器和带强旋流结构的混合型烧嘴点火器，之后，在引进消化日本烧结点火技术的基础上，相继研制出多种类型的点火烧嘴，其特点是采取直接点火和形成带状火焰，点火热量集中，要求烧嘴的火焰短，因此炉膛高度较低，沿点火装置横剖面在混合料表面形成一个带状的高温区，使混合料在很短的时间内被点燃并进行烧结。这种新的点火装置节省气体燃料比较显著，质量也比原来的点火装置要轻得多。

新型点火器及烧嘴有以下几种：多缝式烧嘴点火器、幕帘式点火器、线式烧嘴点火器和面燃式烧嘴点火器。

与新型点火炉配合使用的烧嘴有线式烧嘴、面燃式烧嘴和多缝式烧嘴三种。

线式烧嘴是一个有效长度大于台车宽度的整体烧嘴，为了使煤气分布均匀和防止台车侧板处供热不足，整个烧嘴被隔板分隔成几段，烧嘴的下部是用耐热钢制成，分隔成一个煤气通道和两个空气通道，下部钻有很多小孔，煤气小孔与空气小孔成90°夹角，靠边部的小孔孔径比中间的小孔孔径稍大而精密。煤气和空气分别从各个小孔内喷出，以90°夹角相混而燃烧。这种烧嘴由于孔径小而孔较密，因此能形成短火焰带状高温区。

面燃式烧嘴是内混式烧嘴，混合好的空气和煤气从一条缝中喷出而形成带状高温区。为了混合，在缝隙中装有高孔隙度的耐火物或耐热金属构件，因此它要求煤气含尘量要小于 $50mg/m^3$，粒径小于 0.15mm。

多缝式烧嘴是几个旋风筒组合在一起形成一个烧嘴块，再由几个烧嘴块组成整个烧嘴。煤气从中心管流出与周围的强旋流的空气混合在耐热钢的长槽中燃烧，在较窄的长形槽中，形成带状高温区。

三种烧嘴的比较见表 5 - 22。

表 5 - 22　三种烧嘴比较表

项　目	线式烧嘴	面燃式烧嘴	多缝式烧嘴
燃烧状态	外混式燃烧	内混式燃烧	外混式燃烧
炉膛高度/mm	250～500	200	250～300
煤气压力/Pa	2452	2452	2452
煤气热值（标态）/kJ·m⁻³	9630	20000	19260
空气压力/Pa	2452	2452	2452
热耗力烧结矿/GJ·t⁻¹－s	0.018～0.025	0.0127～0.0137	0.020～0.026

5.5.3　烧结

混合料在烧结机台车上布好并点火后，烧结过程即正式开始。随着抽风机运转，在台车下面形成一定的负压（真空度），将空气自上而下通过烧结料层而抽入下面的风箱。料层表面的燃料着火燃烧后，燃烧层自上部逐渐向下部料层迁移，直至铺底料为止，燃烧带消失，烧结过程就终结。

5.5.3.1　烧结工艺参数

烧结是将混合料加工成烧结矿的中心环节，该环节作业过程的好坏，将直接影响烧结生产的产量和质量。上游各工序环节作业效果的好坏，也将在烧结过程中得到集中反映。

合理选择烧结工艺参数,对确保烧结优质高产非常重要。影响烧结过程的工艺因素很多,其中主要因素有风量、风压、料层厚度、返矿、混合料水分、燃料、原料特性等。

A　风量与负压

烧结生产实践证明,在一定范围内增加单位烧结面积的风量,能有效的提高烧结矿的产量和质量。烧结风量与负压的选择有如下几种情况:

(1)高负压大风量烧结。20世纪70年代以来,国外一些烧结厂在不断强化烧结过程的基础上,采用高负压大风量,以满足进一步提高烧结料层厚度的要求。单位烧结面积的风量一般高达 $85 \sim 100 m^3/(m^2 \cdot min)$,主风机的抽风负压为 14.2 ~ 17.1kPa,有的高达 19.6kPa 以上。

一般来说,在料高一定的条件下,提高负压伴随着风量增加,烧结利用系数提高。首钢进行的对比试验表明,通过增大负压将单位烧结面积风量分别由 $80 m^3/(m^2 \cdot min)$ 提高到 $100 m^3/(m^2 \cdot min)$ 时,烧结机利用系数提高 34%,但烧结矿强度有所下降。若风量一定,随负压和料层高度的增加,利用系数几乎为一常数,烧结矿强度提高。

高负压大风量也有一些不利因素,负压增加,漏风率增大,对料层压实收缩大,烧结矿气孔率减少,还原性下降;同时高负压风机的噪声大,污染环境;另外,负压对电耗影响很大。因此,过分强调通过高负压实现大风量并不是一个理想的选择。

(2)低负压大风量烧结。采用高的单位面积风量和较低的风机负压,是目前烧结生产普遍采用的技术方案。在改善料层透气性的基础上提高烧结料层厚度,其单位烧结面积每分钟的风量为 $80 \sim 90 m^3/(m^2 \cdot min)$,负压为 10290 ~ 12250Pa。处理原料为褐铁矿、菱铁矿时取较大值。

实现低负压大风量烧结主要靠改善料层透气性,其主要措施有:

1)通过添加生石灰等具有黏结性的添加剂和延长混合时间等措施强化制粒;

2)通过预热混合料防止或减少水分冷凝,降低过湿带的影响;

3)采用铺底料;

4)安装松料器;

5)采用合理的原料结构,增加粗粒粉矿配比,改善原料粒度组成;

6)严格控制返矿;

7)改善布料操作,强化合理偏析。

此外,加强设备管理,减少漏风,也是提高单位面积风量的重要途径。

B　料层厚度

改变料层厚度能显著影响烧结生产率、烧结矿质量及固体燃料消耗。生产率随料层厚度的改变有极值特性,这是因为增加料层厚度,一方面使垂直烧结速度降低,另一方面由于烧结矿强度提高而使成品率增加。当料层厚度一定范围内增加时,生产率有一定程度的提高。但当料层透气性和风机负压不变而料层厚度超过某一临界值时,生产率则有所降低。这一临界料层厚度与料层透气性和风机负压有关。因此,在料层透气性不变时,在一定的风机负压下,就有一个相应适宜的料层厚度,随着风机负压提高,适宜的料层厚度随之增加。同样,在风机负压不变时,随着料层透气性的改善,适宜的料层厚度也随之增加。

料层厚度增加,烧结料层中的蓄热量也随之增加,烧结带高温停留时间延长,烧结矿的形成条件改善，液相的同化和熔体结晶较为充分。而且料层增高后，表层烧结矿的数量相对减少。因此，厚料层烧结可在不增加燃料用量的条件下，使烧结矿的质量提高。此外，由于料层蓄热量增加，料层厚度烧结使固体燃料消耗下降。

总之，在不降低烧结矿产量和质量的前提下，厚料层烧结只能通过增加抽风负压、改善料层透气性和减少有害漏风的途径实现。因此，厚料层烧结是原料准备、操作制度和设备条件等一系列参数优化的结果。

随着料层增厚，料层总阻力增大，水分冷凝现象加剧。因此，为减少过湿层的影响，厚料层烧结应预热混合料，同时采用低碳低水操作。

随着烧结技术的发展和混合料透气性的提高，我国主要烧结厂大中型烧结机 2010 年平均料层厚度为 700mm，以烧结铁粉矿为主平均为 714mm，以烧结铁精矿为主平均为 686mm，最高为 750mm。而 2012 年以烧结铁粉矿为主平均为 715mm，以烧结铁精矿为主仅 702mm，最高为 828mm。

C 烧结机运行速度

根据下式即可确定烧结机的运行速度：

$$v = L_{效} \, v_{\perp} / h \tag{5-46}$$

式中 v——烧结机台车运行速度，m/min；

$L_{效}$——烧结机有效长度，m；

$v_{\perp}$——混合料垂直烧结速度，根据试验确定，m/min；

h——料层厚度。

台车运行速度是可调的，其调节范围一般按最大机速为最小机速的 3 倍考虑。表 5-23 列出了不同烧结机的设计调速范围。

表 5-23 烧结机设计调速范围

烧结机有效面积/m²	有效长度/m	台车宽度/m	设计调速范围/m·min⁻¹
90	36	2.5	0.84~2.52
105	42	2.5	0.84~2.52
130	52	2.5	1.3~3.9
90（机冷）	30	3.0	0.7~2.1
180	60	3.0	1.5~4.5
265	75.75	3.5	2.06~6.18
300	75	4.0	1.7~5.1
450	90	5.0	2.4~7.2

D 返矿平衡

返矿是烧结饼后序加工过程中的筛下产物，其中包括未烧透和没有烧结的混合料，以及强度较差在运输过程中产生的小块烧结矿。返矿的成分和成品烧结矿基本相同，但其 TFe 和 FeO 较低，且含有少量的残碳，它是整个烧结过程中的循环物。

由于返矿粒度较粗，气孔多，加入混合料中可改善烧结料层透气性。对于细粒精矿烧结来说，返矿可以作为物料的制粒核心，改善烧结混合料的粒度组成，提高垂直烧结速度。同时由于返矿中含有已烧结的低熔点物质，它有助于烧结过程液相的生成。

返矿的质量和数量直接影响烧结的产量和质量，应当严格控制，正常的烧结生产过程是在返矿平衡的条件下进行的。所谓返矿平衡，就是指烧结生产中筛分所得的返矿与加入到烧结混合料中的返矿的比例相同。烧结生产的正常运行需要有适宜的返矿配比，而流程中返矿的产出也是不可避免的，当返矿配加量与产出量相等时，即达到了返矿平衡。

烧结机投产后，需要较长时间才能达到返矿平衡。生产中通常依靠调节燃料用量来维持返矿平稳，当烧结生产的返矿产出量大于适宜的配加量，则适当增加混合料中的燃料用量，以提高成品率，减少返矿出量；反之，则适当降低混合料中的燃料用量以增加返矿产出量。目前烧结生产都将返矿参与配料，严格控制返矿配比，而返矿配料矿槽具有一定的缓冲能力。因此，烧结生产一般只需维持大致平衡。若相当时间仍未达到返矿平衡的要求，则表明烧结过程的目标参数与操作参数之间的关系不相适应，应加以调整。

目前，烧结生产返矿配比普遍为 30% 左右（按内配计算，即占混合料干基总量的百分数）。

E　混合料水分

尽管混合料水分对烧结过程具有着不可或缺的作用，但过高的水分也将产生不利影响。当混合料水分过高时，不仅会导致过湿现象增加，而且会使制粒小球变形甚至泥化，堵塞料层气孔，恶化透气性，严重时甚至使烧结过程无法进行。此外，水分过高还会导致传热速度过快而影响传热速度与燃烧速度的匹配性，从而影响料层热场分布，降低烧结矿产量和质量。因此，烧结生产需要适宜的混合料水分含量，其值的高低与原料性能有关。一般来说，物料粒度越小，比表面积越大，所需适宜水分就越高。此外，适宜水分与原料类型关系很大，研究表明，松散多孔的褐铁矿烧结时所需水量可达 20%，而致密的磁铁矿烧结时适宜水量为 6% ~ 9%。

烧结最适宜水分是以使混合料达到最高成球率或最大料层透气性来评定的。最适宜的水分范围较小，当实际水分变化超过 ±0.5% 时，就会对混合料的成球性产生显著影响。

F　燃料

与水分一样，燃料同样是烧结混合料不可或缺的配加物，其作用是给烧结过程提供足够的热量。燃料的种类、用量、粒度及粒度组成都对烧结过程具有重要影响。

不同种类的燃料因燃烧特性和热稳定性不同而对烧结过程产生影响。焦粉热稳定性好、挥发分低、燃烧速率较慢，既易控制合适的燃烧带厚度，又可维持足够的高温保持时间，是最理想的烧结燃料。相比之下，无烟煤易过粉碎，且易发生热爆裂，燃烧速度快，因而较难控制合适的燃烧带厚度，且高温保持时间较短。除此之外，其他如烟煤、褐煤等年轻煤种都因含较高的挥发分而不宜用作烧结燃料。

合适的燃料用量是烧结生产的重要参数。燃料用量过高，料层氧势低，不利于针状铁酸钙的生成，且烧结矿因 FeO 高，还原性下降。燃料用量过低，则热量不足，烧结矿产量和质量都会下降。

燃料的粒度和粒度组成不同，则燃烧速率不同。粒度过大，则燃烧速率过慢，燃烧带厚度加宽，烧结速率下降，且会导致局部还原气氛过强，不利于针状铁酸钙的生成。粒度过小，烧结速率过快，高温保持时间短，烧结矿产质量下降。粒度组成方面，粒度分布范围宽，则燃烧带厚，热量分散。一般生产中要求燃料粒度 -3mm 含量不低于 85%，有些企业要求不低于90%，且要求尽量减少过粉碎现象。

G　原料特性

不同的原料往往具有不同的烧结特性。对于某种原料来说，影响烧结过程的特性主要包括：

（1）粒度及粒度组成、亲疏水性、颗粒形貌等影响制料性能的因素；

（2）软熔特性、反应性、反应热效应等影响成矿反应和液相生成的因素；

（3）结晶水、分解物以及其他形成的烧损物等影响料层密实性的因素。

一般地，制粒性能好的原料有利于烧结；反应性好、软熔温度不太高的原料有利于烧结；反应吸热量不大或放热的原料有利于节约能耗；烧损大的原料（如褐铁矿、菱铁矿等）不利于烧结矿的致密化，从而影响烧结矿的产量和强度。

除此以外，烧结混合料的成分，如 TFe、SiO_2、CaO、Al_2O_3、MgO 等烧结配料的重点控制成分，对烧结过程有重要影响。这些成分连同烧结温度和气氛决定了烧结过程中的主要反应的进行和产物的组成，进而影响烧结矿的矿相结构及产量和质量。生产中在控制这些成分的适宜含量的同时，还要求烧结矿具有一定的碱度（SiO_2、CaO），并且要求各成分和碱度保持稳定。

5.5.3.2　烧结机

烧结机主要由烧结台车、密封装置、驱动装置、骨架、风箱、大烟道及卸灰装置等几部分组成。

A　台车

台车主要由台车体、卡轮（轱辘）、车轴、密封装置、挡板、隔热垫、箅条及箅条压块等组成，如图 5-55 所示。台车车体的结构形式有整体、二体装配及三体装配等多种形式，台车大都采用铸钢或球墨铸铁铸成整体结构。

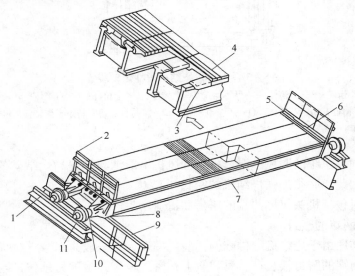

图 5-55　台车

1—车轮走轨道；2—栏板；3—隔热垫；4—中间箅条；5—箅条压块；
6—两端箅条；7—台车体；8—密封装置；9—固定滑道；10—卡轮；11—车轮

台车的运行是由电动机经定扭矩联轴器、柔性传动装置，将其旋转力矩传递给大齿轮轴及装配于星体上的齿板，再推动台车来实现的。

定扭矩联轴器（图 5－56）：定扭矩联轴器是一种保护装置，当传动阻力过大（超过联轴器设定转矩）时，其摩擦片出现打滑现象，接近开关检测两侧转速，差值超过一定值则发出报警信号，主电机停止运行。

柔性传动装置（图 5－57）：柔性传动装置是一种用途十分广泛的低速转矩的新型传动装置，具有传动转矩大、结构紧凑、成本低等优点。

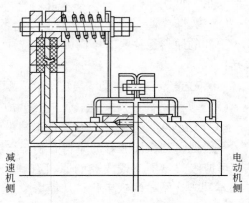

图 5－56   定转矩联轴器

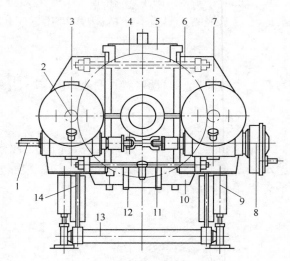

图 5－57   450m² 烧结机柔性传动装置

1—蜗杆；2—小齿轮；3—左箱体；4—大齿轮；5—上箱体；6—上拉杆；7—右箱体；8—输入减速器；
9—重量平衡器；10—下箱体；11—万向联轴器；12—下拉杆；13—转矩平衡装置；14—连杆

B   密封装置

减少烧结机抽风系统的漏风，对节省主抽风机电能消耗和提高烧结矿的产量、质量都有重要的作用。因此，必须加强烧结机的密封。

烧结机的密封包括机头机尾两端的密封和滑道密封。

a   机头机尾两端的密封

国内有些烧结厂由于烧结机结构陈旧，漏风率较大，一般为 50%～60%。对于这样的老烧结机，可将两端的密封板装在金属弹簧上，密封板靠弹簧弹力顶住，与台车底面紧密接触，达到密封的目的。

新型烧结机多采用重锤连杆式端部密封装置（图 5－58），机头设 1 组，机尾设 1～2 组。密封板由于重锤作用向上抬起与台车本体梁下部接触，为防止台车梁磨损，密封板与台车梁之间一般留有 1~3mm 的间隙。密封装置与风箱之间采用挠性石棉板等密封，可以进一步提高密封效果。

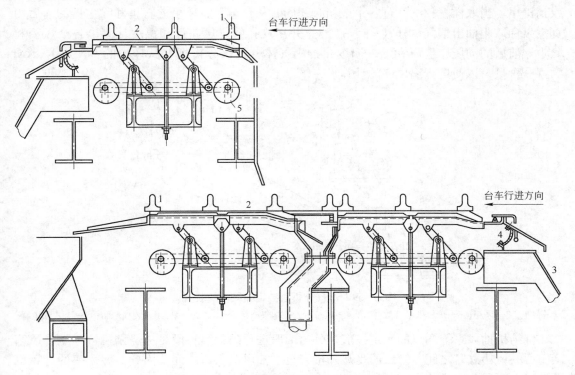

图 5-58 重锤连杆式机头密封装置

1—台车；2—密封板；3—风箱；4—挠性石棉密封板；5—重锤

b 滑道密封

滑道密封采用台车滑板新式弹簧式密封装置（图 5-59），密封板装在台车的两侧，由密封滑板、弹簧销轴、销和门形框架等构成，密封板装在门形框体内由弹簧施加必需的压力，销轴用来防止密封板纵向或横向移动，弹簧放在密封板凹槽内。

c 漏风及测定

从抽风机到风箱与台车之间，影响烧结机漏风的主要部位是：

（1）烧结机风钳头部及尾部；

（2）台车两侧的滑板和滑道之间；

（3）主抽风系统各个连接法兰和降尘管下部双层漏灰阀处。

测定漏风率的方法有流量法、断面风速法、密封法、热平衡法、烟气分析法五种，前4 种由于受到各自测定方法的局限未能得到普遍采用，而烟气分析法由于测定结果比较准确、可靠，在实践中得到了广泛的应用。

烟气分析法的测定方法是，取所涵部位前后测点烟气成分分析结果，按物质平衡进行漏风率的计算时，根据烟气中不同成分浓度的变化列出平衡方程，找出前后风量的比值和成分浓度变化之间的关系，从而间接算出漏风率。

烟气分析法的测定过程：当烧结机处在正常生产状态，料面平整，操作稳定时，在布料之前把取样管放在台车算条上面，随台车移动，或把取样管固定在每一个风箱的最上部，当测定整个烧结机抽风系统的漏风率时，台车上的烟气样应按风箱位置从机头连续地取到机尾。当取样管相继经过各个风箱时，同时从台车上、风箱立管里和除尘器的前后用真空泵和球胆抽出烟气试样（图 5 – 59），并用皮托管、压差计和温度计测出各个风箱和除尘器前后的动压、静压和烟气温度，再用气体分析仪分析烟气试样中的 O_2、CO_2、CO 的百分含量，以便进行漏风率的计算。

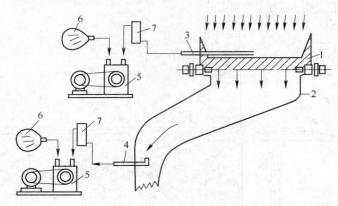

图 5 – 59 烟气分析法测定漏风率的装置

1—台车；2—风箱；3—炉算处烟气取样管；4—风箱弯管处烟气取样管；5—真空泵；6—装气球胎；7—干式除尘器

烧结机抽风系统漏风的测定一般是分为两段进行的：第一段是从烧结机台车至各风箱闸门后的风箱立管之间，第二段是从降尘管至主抽风机入口之间。因此，漏风率的计算也可按以上两段分段进行。

根据得到的各个不同测定部位的烟气成分、风箱立管及抽风系统管道的动压、静压和烟气温度数据即可进行分段或总漏风率的计算。一般有下面两种计算式：

（1）氧平衡计算式：

$$K_{O_2} = \frac{O_2(后) - O_2(前)}{O_2(大气) - O_2(前)} \times 100\% \qquad (5-47)$$

式中 K_{O_2}——以测点前后氧含量变化求得的漏风率,%；

$O_2(前)$，$O_2(后)$，$O_2(大气)$——分别为所测部位前测点、后测点和大气中氧含量的体积分数,%。

氧平衡计算式是目前用得最多的计算式。因为氧是烟气中三种主要成分中的主要成分，在烧结过程中各风箱烟气的氧含量呈规律性变大，所取烟气试样中的氧含量比较稳定，可以放置较长时间再分析成分。但是，由于烧结烟气温度较高，特别是在最后几个风箱的炉算条上取样时，取样管易氧化，影响气体分析结果。应予注意的是，当抽取的烟气中氧含量浓度接近大气氧含量浓度时，气体分析中只要有百分之零点一的误差，就可能导致分析结果较大的误差，这是用氧平衡计算式计算漏风率的不足之处。

（2）碳平衡计算式：

$$K_C = \frac{\left(\dfrac{3}{11} \times CO_2(前) + \dfrac{3}{7}CO(前)\right) - \left(\dfrac{3}{11} \times CO_2(后) + \dfrac{3}{7}CO(后)\right)}{\dfrac{3}{11} \times CO_2(前) + \dfrac{3}{7}CO(前)} \times 100\% \qquad (5-48)$$

式中 K_C——以测点前后碳含量变化求得的漏风率,%;

CO$_2$(前), CO(前)——分别为所测部位前测点烟气中二氧化碳和一氧化碳的体积
分数,%;

CO$_2$(后), CO(后)——分别为所测部位后测点烟气中二氧化碳和一氧化碳的体积
分数,%。

烧结机各风箱所测部位的漏风率取上述两种计算结果的算术平均值:

$$K_i = (K_{O_2} + K_C)/2 \tag{5-49}$$

式中 K_i——烧结机各风箱所测部位的漏风率,%。

各风箱所测部位的漏风率以立管中流量大小进行加权平均可得烧结机的漏风率:

$$K_{机} = \frac{\sum_{i=1}^{n}(Q_i K_i)}{\sum_{i=1}^{n} Q_i} \tag{5-50}$$

$$Q_i = 60 A k_p \sqrt{\frac{2P_d}{\rho} \times \frac{273P}{760(273 + t_c)}} \tag{5-51}$$

式中 $K_{机}$——烧结机的漏风率,%;

n——风箱编号;

Q_i——第 i 个风箱立管中烟气的流量(标态),m^3/min;

A——烟气管道截面积,m^2;

k_p——皮托管修正系数;

P——管道内烟气绝对压强,Pa;

t_c——管道内烟气干球温度,℃;

P_d——管道内烟气动压平均值,Pa;

ρ——烟气在标态下的密度,约为 1.28kg/m^3。

ρ 也可按下式计算:

$$\rho = 1.77CO_2 + 0.804H_2O + 1.251N_2 + 1.429O_2 + 1.250C \tag{5-52}$$

式中各成分在进行气体成分分析时为湿基百分含量,二氧化碳、氮、氧和一氧化碳为分析值,水蒸气为实测值,各成分之和为 100%。

将所测部位前后测点烟气所含 CO$_2$ 和 CO 的体积分数代入式(5-48)碳平衡方程式计算得出的结果与用式(5-50)氧平衡计算式计算的结果很接近。

单独使用任一计算式计算漏风率,都有其不足之处,而用以上两式的平均值,可互相弥补不足。

在以上漏风率的分段计算中,第一段是以风箱弯管中的烟气流量为 100% 计算的,第二段是以主抽风机入口处的烟气流量为 100% 计算的,如果要计算烧结机抽风系统的总漏风率,则要把第一段计算的漏风率折算成以主抽风机入口处烟气流量为 100% 的漏风率,再加上第二段的漏风率,即为总漏风率。

C 烧结机骨架

烧结机骨架由给料部骨架、排料部骨架、中部骨架、头尾弯道、上轨道、回车轨道、轨道支承梁、移动架、密封装置保护罩等组成,如图 5-60 所示。支承机尾星轮的轴承座

及弯道安装在移动架上，该移动架通过支承辊吊挂在排料部台架上，利用这种结构来吸收台车受热后产生的伸长。

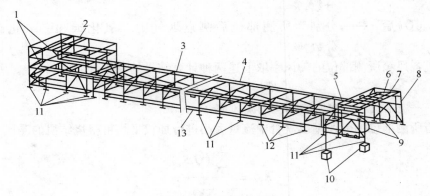

图5-60　骨架示意图

1—给矿部导轨；2—给矿部骨架；3—中部骨架；4—上侧轨道；5—移动架用支承辊；6—移动架用侧辊；7—移动架；
8—排矿部骨架；9—排矿部导轨；10—移动架用平衡重锤；11—固定支持点；12—自由支持点；13—下侧轨道

D　风箱、大烟道及卸灰装置

烧结生产过程中，特别是烧细磨精矿时，经主抽风机排走的烟气中含有很多粉尘，增设铺底料后，含尘量虽大大降低，但仍含有 $0.5 \sim 3g/m^3$（标态）的粉尘，这些粉尘必须有效地捕集和处理，防止污染环境，降低设备的使用寿命，特别是主抽风机叶片的使用寿命，同时也避免原料的浪费。

风箱、大烟道及卸灰装置构成了烧结系统的抽风通道，且具备密封排灰的功能。主烟道结构如图5-61所示。风箱顶部与台车底部通过两密封滑道相连，构成真空室。在抽风机的作用下，烧结废气从经台车箅条进入风箱，再由各风箱汇集于大烟道。大烟道下方配置有一系列的降尘室，以便废气中粗粒粉尘沉降。沉降的粉尘由带密封功能的卸灰装置排放至皮带机运出。目前烧结厂普遍采用双层阀卸灰装置。

a　风箱结构

风箱结构如图5-62所示。风箱长度根据台车宽度，并结合厂房柱距而定，一般为2m、3m及4m。台车宽1.5m，风箱长度为2m；台车宽2.5m及3m的，

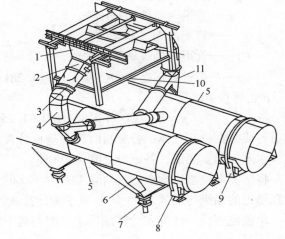

图5-61　主烟道结构图简图

1—风箱；2—风箱支管阀；3—膨胀圈；4—风箱支管；
5—厂房内主排气管道；6—灰斗；7—双层漏灰阀；8—自由脚；
9—固定脚；10—烧结机骨架；11—风箱支管转换阀

风箱长选3m；台车宽4m及5m的，风箱长度按4m考虑。由于头部点火器或尾部配置需要，有时头尾的风箱长度与中部的不同。

风箱结构分两种形式，一种是从台车一侧抽出烧结烟气的风箱，另一种是从台车两侧

抽出烧结烟气的风箱。台车宽度 3m 及 3m 以上时，可考虑从台车两侧抽出烧结烟气的风箱。台车宽度小于 3m，一般从台车一侧抽出烧结烟气。

当风机负压较高时，应考虑风箱承受浮力的结构，另外，部分风箱温度较高，有的达 400℃左右，风箱必须考虑承受热膨胀。

传统的湿式排灰系统虽然改善了环境条件，但集中排出的湿式物料影响配料的精确性，随着技术发展，目前烧结厂普遍采用结构先进的双层漏灰阀的干式排灰系统，干式排灰不仅使配料精确，而且减少污水处理量。

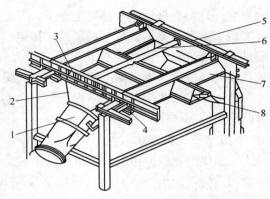

图 5-62 风箱及框架

1—风箱支管阀；2—风箱；3—纵向梁；4—上浮防止梁；
5—滑板；6—支持管；7—横梁；8—中间支持梁

b 双层漏灰阀结构

旧式双层漏灰阀是手动操作，上下两层阀都是蘑菇状，结构笨重，开闭不灵活，密封性能差，增大了工人劳动强度又不安全。

烧结降尘管下先进的双层漏灰阀，与上述旧式结构不同，在结构形式上分成两种，如图 5-63 和图 5-64 所示。

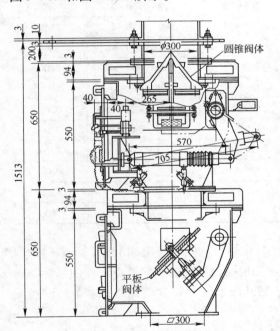

图 5-63 新型双层漏灰阀结构图之一
（上层圆锥形，下层平板形）

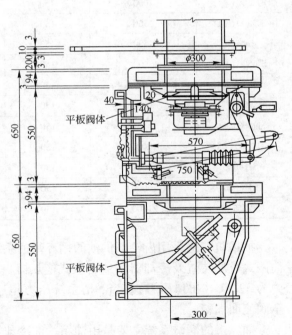

图 5-64 新型双层漏灰阀结构图之二
（上、下层都是平板形）

上层阀体为圆锥形，下层阀体为平板形，如图 5-63 所示。这种结构密封性差一点，但耐热性能好，用在烧结机头、尾部的降尘管下。

上、下阀体都是平板形，如图 5-64 所示。这种结构耐热性能比圆锥形阀体稍差，但密封性好，用在烧结机中部降尘管下。

机头除尘器捕集的灰尘必须及时排走，加以利用或者废弃。灰斗中灰尘太多，容易被前进的气流带走，损坏风机并重新造成大气污染；灰尘太少或完全排空则又容易产生漏风，使局部范围的烟气温度降低，造成结露。

机头除尘器灰尘一般是采用拉链机、刮板运输机或螺旋运输机在密封的情况下排出，湿润后返回配料室。

5.5.3.3 抽风机

我国烧结生产使用的抽风机绝大多数是属于单级离心风机，一些小型烧结机有的采用单吸入式的，而大、中型烧结机则多采用双吸入式风机。任何一种形式的风机都是由主轴、叶轮、轴承以及机壳构成。

风机的叶轮主要由中间板、侧板、轮壳和不同角度的叶片构成。中间板和侧板的材质多选用 S45C ~ 50C 钢。现行风机叶轮主要的有径向型、后弯型和翼型三种型式。目前我国烧结用的主抽风机技术规格见表 5 – 24。

表 5 – 24　我国烧结主抽风机技术规格

型　　号	进口流量/m³·min⁻¹	进口温度/℃	负压/Pa	电机型号	电机功率/kW
SJ1600（标）	1600	120	8825.7	JRQ – 1410 – 4	500
SJ2000（标）	2000	150	10786.9	JRQ – 1580 – 4	680
SJ3500（标）	3500	150	10786.9	JRQ – 1512 – 4	1250
SJ4500	4500	150	10983.1	T1600 – 4/1180	1600
SJ6500（标）	6500	150	12257.9	T2000 – 4/1430	2000
S6500 – 11	6500	150	12257.9	TD143/69 – 4	2000
SJ8000（标）	8000	150	13728.8	TD3200 – 4/1430	3200
SJ9000（标）	9000	150	13728.8	TD3200 – 4/1430	3200
SJ12000（标）	12000	150	11767.6	TD173/89	4000
SJ14000	14000	150	10185.2		5600
SJ16000	16000	150		T6300 – 6/1730	6300
L3N357505	21000	150	17650	SYNCHLONOUSMOTOR	7800

抽风机普遍采用齿轮泵供油的循环供油系统。齿轮泵从油箱吸出润滑油，经单向阀双筒网式过滤装置及冷却器（或者板式换热器）送到机械设备的各个润滑点。稀油系统的压力为 392kPa（出口压力）。当润滑系统压力超过 392kPa，安全阀自动开启，多余的油经安全阀流回油箱。

抽风机的润滑系统主要是由油箱、油冷却器、吸入型油过滤器、成对油过滤器、安全阀、逆止阀、止油阀、油压替换器、油压表、油标计等组成。

5.6　烧结矿处理

较完善的烧结矿成品处理系统主要包括烧结矿的破碎、冷却、整粒和表面处理。各工序之间相互以漏斗和胶带运输机连接，形成较紧凑的生产系统。根据冷却方式的不同，一般有如图 5 – 65 和图 5 – 66 所示的两种典型的工艺流程。

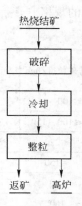

图 5 – 65　烧结矿机上冷却工艺流程　　　图 5 – 66　烧结矿机外冷却工艺流程

5.6.1　烧结矿破碎

从烧结机机尾卸下的烧结矿，多数为 300 ~ 500mm 的大块，将烧结矿破碎至 150mm 以下，利于运输的同时也为烧结矿的冷却和高炉冶炼创造条件。

常用的破碎设备有颚式破碎机和单辊破碎机，使用广泛的是单辊破碎机。单辊破碎机分为剪切式单辊破碎机和挤压式单辊破碎机。挤压式单辊破碎机使烧结矿过于粉碎，剪切式单辊破碎机在国内外烧结厂被广泛采用，其由传动装置、辊轴（齿辊）装置、辊轴给排水冷却装置、辊轴轴承支架、箅板及保险装置等组成，如图 5 – 67 所示。

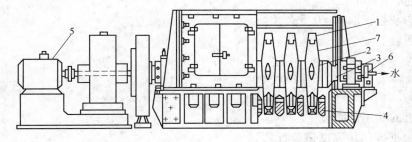

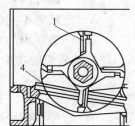

图 5 – 67　单辊破碎机简图
1—破碎齿；2—轴套；3—辊轴；4—箅板；5—电动机；6—水管；7—星轮

传动装置由电动机、减速机和保险装置组成。保险装置主要有定扭矩和保险销两种形式。目前采用较广泛的是定扭矩装置。当破碎机工作时，有异物进入使破碎机过负荷时，破碎机转矩超过了设定值，联轴器打滑，这时由打滑检测器测出并控制破碎机停机和设备连锁，而保险销形式则通过保险销被剪断来保护电动机和破碎机。

单辊轴给排水冷却装置由主轴、辊齿、轴承、给排水冷却装置组成。主轴是空心轴，以便于通水冷却，用 25 号碳钢或 40Cr 钢锻制而成，辊齿按圆周方向与主轴焊接，辊齿端都可以堆焊抗高温耐磨层，也可镶齿冠，以提高辊齿使用寿命。

箅板近几年多采用活动形式，即将其搁置于移动检修台车框架的限位槽内，便于检修或更换箅板。箅板又可分为水冷形式和保护套形式两种。水冷箅板制成单根式，中间通水冷却。保护套算板上不套耐磨、耐热铸造保护帽，保护套可调头，可更换。表 5 – 25 为剪切式单辊破碎机的规格。

表 5 – 25　剪切式单辊破碎机规格

规格/mm	排矿粒度/mm	产量/t·h⁻¹	转速/r·min⁻¹	电动机		配用烧结机规格 /m²
				型号	功率/kW	
$\phi1100\times1600$	≤100~150	60~90	4.3~5.8	JO₂82 – 8	20	18~27
$\phi1400\times2600$	≤100~150	180	6	JO₂81 – 8	22	50
$\phi1500\times2140$	≤220	250~300	5.3~6.6	JO₂94 – 8	55	75~90
$\phi1600\times2640$	≤150	400	6	JO₂94 – 8	55	90~130
$\phi1800\times3230$	150	450		Y315M₂ – 8	90	180
$\phi2000\times3740$	150	565		Y315M₃ – 8	110	220
$\phi2300\times4000$	150	770		Y315M₂ – 6	110	300
$\phi2400\times4200$	≤150	1000	7.92	ZXY710 – 125IAL	200	360
$\phi2400\times5120$	≤150	1150	7.79	ZLH130 – 15IA	160	450

单辊破碎机的生产率：

$$Q = 60VJnKZ \tag{5-53}$$

式中　Q——破碎的生产率，t/h；

　　　V——烧结矿体积，$V = Lbh$（相当于台车长×宽×烧结矿层厚），m³；

　　　J——烧结矿密度（常取 1.5t/m³），t/m³；

　　　n——破碎齿转速，r/min；

　　　K——破碎不均匀系数，取 $K = 0.5$；

　　　Z——破碎齿的齿数。

单辊破碎机的功率：

$$N = \frac{97500p}{Rn\eta} \tag{5-54}$$

式中　N——单辊破碎机的功率，kW；

　　　p——破碎力（根据烧结块强度试验计算）；

　　　R——破碎齿外圆半径，cm；

　　　n——破碎齿的转速，r/min；

　　　η——传动效率，$\eta = 0.65$。

过去，烧结机尾都设有热矿筛分设备，对单辊破碎机破碎的热矿进行筛分。筛分设备为固定筛或振动筛，筛出的热返矿预热混合料。热矿筛分的主要优点是利用了热返矿的热能，缺点是很难稳定烧结生产，环境又差。由于热矿筛，特别是热矿振动筛投资多 3.3%，又长期处于高温、多尘的环境中工作，事故多，筛子寿命短，检修工作量也大，烧结机作业率比无热矿筛要低 1%~2%。而固定筛筛出的成品烧结矿多，且大于 400m² 的大型烧结机无可以与之匹配的振动筛。自 20 世纪 70 年代中期起，热振筛逐渐被淘汰。取消热矿筛分的主要优点是简化了烧结工艺，消除了热矿筛和处理热返矿这两大薄弱环节，节省了投资，提高了烧结机作业率，改善了环境，从而使烧结生产过程更稳定。

5.6.2 烧结矿的冷却

从烧结机卸下的烧结矿平均温度达750℃左右，直接进入高炉冶炼，会使烧结矿的运矿设备、高炉矿槽、称量车和炉顶设备使用寿命降低，同时也使劳动环境恶化。冷却机可使烧结矿温度冷却到150℃以下。冷矿进入高炉冶炼，除能克服上述缺点外，还能使高炉降低焦比，提高高炉使用系数。因此，尽管烧结矿冷却需用较大的冷却设备，但国内外在新建的烧结机中都采用了冷却设备，这样，冷却下来的烧结矿可以直接用胶带运往高炉进行冶炼。

5.6.2.1 冷却工艺

通常烧结矿冷却采用强制通风冷却方式，冷却工艺有机上冷却和机外冷却两类。

A 机上冷却工艺

机上冷却工艺就是在烧结机上完成烧结矿冷却过程，烧结段和冷却段各有自己的抽风系统。冷却风通过在烧结过程中燃烧产物的析出、热效应及烧结矿在急冷中收缩产生的裂缝等所形成不同的大量气孔，使冷却气流与烧结矿接触的面积增大而且均匀，这种冷却方式可使烧结矿的粒度均匀，大块很少。

机上冷却工艺的优点是单辊破碎机工作温度低，不需单独的冷却机，可以提高设备作业率、降低设备维修费；便于冷却系统和环境的除尘。

矿石性能对机上冷却工艺的影响较大。贫铁矿特别是褐铁矿采用机上冷却较为有利，这类矿石所需冷却时间较短，因而冷烧比较小。磁铁矿冷却时间长（冷却矿堆积密度大，透气性差），冷烧比大。赤铁矿和针铁矿处于贫矿和磁铁矿之间。

机上冷却设备实际上是延长了烧结机。将烧结机延长的部分作为冷却段，并增设冷却抽风机以增大烧结机主抽风机功率，因此，机上冷却具有电耗高，基建投资大，对原料的适应性差，操作条件受到一定限制，烧结机台车炉算条消耗量大等弱点，其最大的缺点是限制了烧结机的大型化，目前国内新建烧结机已不再采用机上冷却工艺。

B 机外冷却工艺

机外冷却工艺包括带式和环式冷却两种型式。

带式冷却在冷却过程中同时起到运输作用，台车与密封罩之间的密封结构简单，对于两台以上烧结机的厂房，工艺上便于布置。带式冷却机的缺点是空车行程台车数量较多，占一半以上，故设备重量大，与相同处理能力的环冷机相比，约重四分之一。因此，带式冷却机越来越少，抽风带式冷却机在国内已完全淘汰。

环式冷却机台车利用率高，是大型烧结机的首选，缺点是起不到运输烧结矿的作用，多台布置比较困难。

从通风方式来说，机外冷却又都有鼓风冷却和抽风冷却两种，但自从20世纪70年代以来，由于鼓风冷却突出的优点，特别是随着烧结机的大型化，冷却机的规格也相应地增大，结构更加完善，从而更加显出鼓风冷却的优势，因此，近年来，鼓风冷却在国内外得到了大力发展，成为当前烧结矿冷却设备的发展趋势。

鼓风冷却的优点主要有：

(1) 冷却效果好，对环境污染少。鼓风冷却料层厚、冷却时间长，烧结矿与冷风能充分进行热交换，因此，产生的粉尘少。大块烧结矿也能得到充分冷却。

（2）设备费和经营费低。鼓风冷却机的冷却面积与烧结面积之比约为1，因此，单位面积处理量大，在相同的处理能力时，冷却面积大为减少，故设备重量轻，投资省，同时所需的冷却风量也较低。由于风机的空气是常温，从而避免了粉尘对风机的磨损和高温对风机的影响。风机叶轮材料不必用昂贵的耐热合金或笨重的铸钢，而且风机叶轮寿命也得到提高。风机轴承的润滑方式简单，热量测量方便。风机启动容易，因为风机在常温启动，电动机不需要过多的富余容量，功率因素高，装机容量相应地减少。鼓风冷却比较容易实现密封，因为密封处是冷风，所以用普通橡胶代替抽风冷却使用的耐热橡胶，并且使用寿命提高。同时，端部密封也比较简单，漏风率大大减少。

（3）采用鼓风冷却便于对鼓出的废气余热进行回收利用。

5.6.2.2　冷却设备

目前国内外烧结厂主要采用机外环式鼓风冷却机冷却。

环式冷却机由框架、冷却台车、传动装置、导轨和风机等组成。环式冷却机构如图5－68所示，环式冷却机台车装、卸矿如图5－69所示。

鼓风环冷机的风箱经焊接而成并与台车下骨架连接。按风箱数目划分为几组，各风箱不串通，用隔板分开，而风箱组数也就是风机的个数。其风箱不但是密封罩，又是散料收集斗，下部装有卸料装置。风机通过管道将冷风送给风箱，经与烧结矿热交换从顶部排出。

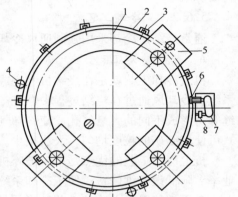

图5－68　环式冷却机构示意图

1—冷却环；2—摩擦片；3—托轮；
4—挡轮；5—弹性测定挡轮；
6—上摩擦轮；7—减速机；8—电动机

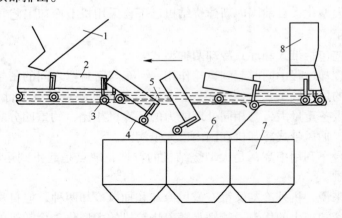

图5－69　环式冷却机台车装、卸矿示意图

1—给料装置；2—冷却台车；3—台车车轮；4—倾斜卸料轨道；5—支撑环；6—水平卸料轨道；7—料斗；8—烟罩

环冷机生产率：

$$P = 60BHvr \tag{5－55}$$

式中　P——生产能力，t/h；

B——有效冷却宽度，m；

  H——料层高度，m；

  v——冷却台车移动平均线速度，m/min；

  r——烧结矿堆密度，t/m³，取 $r = 1.5$。

环冷机的风量：

$$V = \frac{UQ}{60} \qquad\qquad (5-56)$$

式中 V——冷却需要的（标准状态下）总风量，m³/min；

   U——单位烧结矿所需（标准状态下）风量，m³/t；

   Q——冷却机设备生产能力，t/h。

国内环式冷却机设备性能见表 5-26。

表 5-26　国内环式冷却机设备性能

冷却机规格/m²	50	90	134	200	396	460
有效冷却面积/m²	50	90	134	200	396	460
中心直径/m	13	18	21	24	42	48
冷却环转速/r·h⁻¹	1~4	1~4	1~4	1.26~4.50	1.1~3.3	1.25~4.17
台车宽度/m	1.65	2.0	2.5	3.2	3.5	3.5
料层厚度/mm	250~450	250~450	250~450	250~450	1500	1500
生产能力/t·h⁻¹	50	90	122	200	784	1150
给料粒度/mm	8~150	8~150	8~150	8~150	<150	<150
进料温度/℃	750	750	750	750	750	750
排料温度/℃	<150	<150	<150	<150	<150	<150
配套烧结机/m²	24	50	75~90	130	360	450

5.6.2.3　冷却参数

  影响烧结矿冷却的主要参数有冷烧比、风量、风压、料层厚度、烧结矿块大小及冷却时间等。

  冷烧比与冷却方式有关，抽风冷却的冷烧比一般为 1.25~1.50，根据我国太钢、武钢、涟钢的生产实践表明冷烧比可以小于 1.5。鼓风冷却的冷烧比为 0.9~1.20，宝钢的冷烧比为 1.02。

  冷却风量按每吨烧结矿计，鼓风冷却为 2000~2200m³（标态），抽风冷却为 3500~4800m³（标态）。随着单位面积通过风量的增加，冷却速度加快，冷却时间缩短。而风量一定时，大粒的烧结矿较小粒烧结矿的冷却速度快，未经筛分的烧结矿的冷却速度最慢，所需冷却时间最长，这是料层阻力增大所致，料层厚度也影响烧结矿冷却速度，随着料层厚度增加，所需冷却时间延长。

  从冷却风量、料层厚度与冷却时间的关系可以看出，冷却时间加长，每吨烧结矿冷却所需风量减少。因此，适当提高料层，扩大冷却面积，延长冷却时间，虽然基建投资要高一些，但电费随之减少，排出废气的温度有所提高，余热利用价值高，且烧结矿的强度相应改善。

冷却机热废气余热的利用是烧结节能的重要途径，已经得到广泛推广，从已投运的工程来看，选取冷却机热废气的利用量的差异较大。根据现场测试，正常生产时，冷却机前40%长度位置（即40%的废气量）的热废气温度在250~500℃之间。如用于产蒸汽发电，全厂热效率可达20%以上，投资回报在3~4年之间。所以这部分的热废气是很有价值的。

5.6.3　烧结矿的整粒

5.6.3.1　整粒工艺

烧结矿的整粒包括冷却后烧结矿破碎和筛分，冷矿破碎是将大块的成品烧结矿进一步破碎至50mm以下，有效地控制成品矿粒度组成范围。冷矿筛分是进一步筛分除去烧结矿中的粉末，并分出铺底料。

我国近年新建、改建、扩建和设计的大中型烧结机都采用了冷烧结矿整粒工艺。烧结矿整粒可以获得合格的烧结机铺底料，有利于环境保护。据测定，没有采用铺底料的老烧结机，机头除尘器前的烟气含尘浓度一般高达 2~5g/m³；而有铺底料的只有0.5~1.0g/m³左右。此外，采用铺底料，混合料可以充分烧透，提高烧结矿和返矿的质量，减少炉箅条消耗，延长主抽风机转子和主除尘系统使用寿命。烧结矿整粒后，成品烧结矿粒度均匀，粉末少。国内某烧结厂采用整粒工艺后，出厂成品烧结矿中小于5mm的粉末由原先的12.28%降至7.5%，而10~25mm的粒度提高了5.17%，高炉焦比降低了7.31kg/t，生铁产量增加5.5%。

过去，我国很多烧结机都采用烧结矿冷破碎和四次筛分的流程（见图5-70），日本很多烧结机也都采用这种流程。随着低温低亚铁烧结工艺的不断发展，成品矿大块逐渐少，我国高炉栈桥下大块烧结矿很少，有的厂把双齿辊破碎机间隙调大，使其不起作用，有的干脆拆除不用。此后，新建和改扩建的大中型烧结机一般都不用冷破碎设备，仅设三段冷筛分工艺（见图5-71）。上述两种流程能够较合理地控制烧结矿上、下限

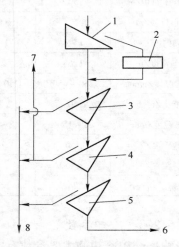

图5-70　采用固定筛和单层振动
筛作四段筛分的流程图
1—固定筛，筛孔50mm；2—双齿辊破碎机；
3—一次振动筛，筛孔18~25mm；4—二次振动筛，
筛孔9~15mm；5—三次振动筛，筛孔5~6mm；
6—返矿；7—铺底料；8—成品

粒度和铺底料粒度，成品粉末少、检修方便、布置整齐，是一个较好的流程。而很多烧结机，采用的是其改良型，即先分出小粒度的烧结矿进三筛（见图5-72）。

5.6.3.2　整粒设备

烧结矿的整粒设备主要包括双齿辊破碎机和冷矿振动筛。

A　双齿辊破碎机

冷烧结矿破碎一般采用双齿辊破碎机，具有如下优点：

（1）破碎过程的粉化程度小，成品率高；

（2）构造简单，故障少，使用、维修方便；

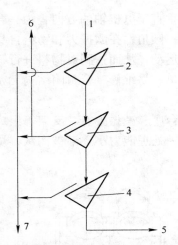 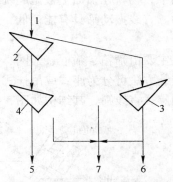

图 5 – 71　采用单层振动筛作三段筛分的流程图　　图 5 – 72　采用单层筛作三段筛分的流程图（改良型）

1—150 ~ 0mm；2——次振动筛，筛孔 18 ~ 25mm；　　　1—150 ~ 0mm；2——次振动筛，筛孔 10 ~ 20mm；

3—二次振动筛，筛孔 9 ~ 15mm；　　　　　　　3—二次振动筛，筛孔 16 ~ 20mm；

4—三次振动筛，筛孔 5 ~ 6mm；　　　　　　　4—三次振动筛，筛孔 5mm；

5—返矿；6—铺底料；7—成品　　　　　　　　5—返矿；6—铺底料；7—成品

（3）破碎能量消耗少。

双齿辊破碎机安装在一次筛分机与二次筛分机之间，由电动机通过减速机驱动固定辊转动，再通过安装在固定辊端头的连板齿轮箱中的连板和齿轮使固定辊与活动辊做相向旋转。当物料经加料斗进入两辊之间时，由于辊子做相向旋转，在摩擦力和重力作用下，物料由两辊之间的齿圈咬入破碎腔中，在冲击、挤压和磨削的作用下而破碎，破碎后的成品矿自下部料斗口排出。表 5 – 27 列出了双齿辊破碎机的技术参数。

表 5 – 27　双齿辊破碎机技术参数

项　目	单位	齿辊破碎机规格				
		$\phi 800 \times 600$	$\phi 900 \times 900$	SPL120 × 160	$\phi 1200 \times 1800$	$\phi 1200 \times 1600$
辊子直径	mm	800	900	1200	1200	1200
辊子宽度	mm	600	900	1600	1800	1600
最大进料块度	mm	180	150	150	150	200
排料粒度	mm	< 50	< 35	< 50	< 50	< 50
电机功率	kW	30	40	115	90	115
生产能力	t/h	30	50	250	260	140 ~ 250
适用烧结机规格	m^2	24	24（两台）	90（两台）	450（一台）	300（一台）

B　振动筛

烧结矿的筛分设备较多，常用的冷矿筛分设备主要有直线振动筛、椭圆等厚振动筛和棒条筛。

a　直线振动筛

直线振动筛采用双振动电机驱动，当两台振动电机做同步、反向旋转时，其偏心块所产生的激振力在平行于电机轴线的方向相互抵消，在垂直于电机轴的方向叠为一合力，因此筛机的运动轨迹为一直线。其两电机轴相对筛面有一倾角，在激振力和物料自身重力的合力作用下，物料在筛面上被抛起跳跃式向前作直线运动，从而达到对物料进行筛选和分级的目的。直线振动筛具有能耗低、效率高、结构简单、易维修、全封闭结构无粉尘逸散的特点。

筛机主要由筛箱、筛框、筛网、振动电机、电机台座、减振弹簧、支架等组成。根据减振器安装方法可分为座式或吊挂式。吊挂式直线筛因处理能力小逐渐被淘汰，烧结生产普遍采用座式直线筛，其结构如图 5-73 所示。

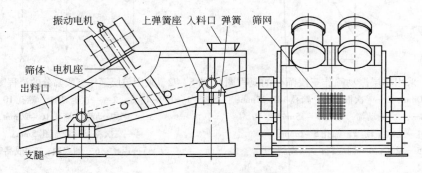

图 5-73 座式直线振动筛结构示意图

目前国内生产直线振动筛的企业较多，表 5-28 为 ZSG 系列直线筛的技术参数。

表 5-28 ZSG 系列直线筛主要技术参数

型　　号	生产能力/t·h⁻¹	筛面面积/m²	粒度结构/mm	电机型号	功率/kW
ZSG09 – 18	50 ~ 100	1.62	≤120	YZO – 20 – 6	1.5 ×2
ZSG09 – 24	50 ~ 100	2.16	≤120	YZO – 20 – 6	1.5 ×2
ZSG09 – 30	50 ~ 100	2.70	≤120	YZO – 20 – 6	1.5 ×2
ZSG10 – 20	50 ~ 100	2.00	≤150	YZO – 20 – 6	1.5 ×2
ZSG10 – 24	50 ~ 100	2.40	≤150	YZO – 20 – 6	1.5 ×2
ZSG10 – 30	50 ~ 100	3.00	≤150	YZO – 25 – 6	1.8 ×2
ZSG12 – 24	80 ~ 200	3.60	≤150	YZO – 30 – 6	2.2 ×2
ZSG12 – 30	80 ~ 200	3.60	≤150	YZO – 40 – 6	3.0 ×2
ZSG15 – 30	120 ~ 300	4.50	≤150	YZO – 50 – 6	3.7 ×2
ZSG15 – 36	120 ~ 300	5.40	≤150	YZO – 75 – 6	5.5 ×2
ZSG15 – 40	120 ~ 300	6.00	≤150	YZO – 75 – 6	5.5 ×2

b 椭圆等厚振动筛

椭圆等厚振动筛的筛面由不同倾角的三段组成，使物料层在筛面各段厚度近似相等。采用三轴驱动，强迫同步激振原理，运动状态稳定，筛箱运动轨迹为椭圆。

椭圆等厚振动筛规格性能见表 5-29。

表5-29 椭圆等厚振动筛规格性能

型 号	筛面规格 /mm	分极点	振幅		振频 /r·min⁻¹	处理量 /t·h⁻¹	筛分效率/%	功率 /kW	筛面倾角/(°)			外形尺寸 /mm	质量 /kg
			长轴	短轴					头部	中部	尾部		
TDLS3090	3000×9000	5~20	8~10	4~6	800	300~800	85	2×45	15	10	5	9661×6820 ×3626	60000
TDLS2575	2500×7500	5~20	8~10	4~6	800	20~500	85	2×30	15	10	5	7803×5550 ×3435	32000
TDLS3075	3000×7500	3~20	8~10	4~6	850	300~600	85	2×30	30	20	10	7318×6850 ×4245	35000
TDLS2460	2400×6000	3~20	8~10	4~6	850	150~300	85	2×15	30	20	10	6115×4942 ×3037	18000
TDLS2060	2000×6000	5	10~15	6~8	850	150~200	85	2×15	15	10	5	6755×5150 ×3262	17500

振动筛筛分效率：

$$\eta = \frac{a-r}{a(100-r)} \times 100\% \tag{5-57}$$

式中 a——总给矿量中筛下物含量，%；

r——筛上物中未筛净的筛下物的含量，%。

a、r 这两个数据在生产时由检验部门进行测定和给出。生产实践表明，当筛分效率为70%左右时，生产量和筛分效率为最佳值。

振动筛生产率：

$$Q = FrqKNOPL \tag{5-58}$$

式中 Q——生产能力，t/h；

F——振动筛有效面积（一般为实际面积的 0.9~0.85），m^2；

r——物料堆密度，t/m^3；

q——单位筛面平均生产率，$m^3/(m^2 \cdot h)$；

K, L, N, O, P——分别为校正系数。

振动筛驱动电机功率：

$$P = \frac{Mn}{71620 \times 13.6KT} \tag{5-59}$$

式中 P——驱动电机功率，W；

M——驱动力矩，kg·m；

n——电机转速，r/min；

T——电机启动力矩，kg·m，其值一般为额定转矩的20%；

K——（安全）富裕系数，常取 1~2。

筛子净空率：

$$A = \frac{S_1}{S} \times 100\% \tag{5-60}$$

式中 A——筛子净空率，%；

S_1——筛孔面积，m^2；

S——筛子面积，m^2。

振动筛振幅：

$$N = 0.15a + 1 \qquad (5-61)$$

式中 N——振动筛振幅，mm，一般振动筛的振幅为 2～4mm；

　　　a——筛孔尺寸，mm。

振动筛振动效率：

$$n \geqslant 0.8(18000/N) \qquad (5-62)$$

式中 N——振幅，mm；

　　　n——频率，次/min，18000 为经验数字。

振动筛筛面倾角：

$$a = \frac{1.15Q_1}{1 + 0.0375Q_1} \qquad (5-63)$$

式中，Q_1 可由下式求得：

$$Q_1 = \frac{Q}{B_0 r} \qquad (5-64)$$

式中 Q——筛子的生产率，t/(m²·h)；

　　　B_0——筛面的工作宽度，m，$B_0 = 0.95B$，即筛面宽度 B 的 0.95 倍；

　　　r——筛分物料的堆密度，t/m³。

c 棒条筛

棒条筛是为解决高炉槽下烧结矿筛分问题出现的，因有效解决了物料堵塞筛孔的问题，筛分效率高，近年来在烧结生产中得到迅速推广应用。振动棒条筛是一种装有弹性棒条筛面的振动筛。与传统封闭式筛面结构相比，振动棒条筛面最大的不同在于筛面单元的柔性得到充分释放。悬臂筛面单元的高频二次振动可以放松卡在筛孔中的物料颗粒，且透筛力也得到改善。在结构上，悬臂筛面结构增大了筛面的开孔率，大大提高了物料的透筛概率。棒条筛主要由机架、筛箱、激振器系统、筛面和弹簧等组成，如图 5-74 所示。筛面由弹簧钢材料的棒条组成，激振器系统由带有偏心块的转动轴组成，偏心块在随转动轴转动时，产生了激振力，可以通过增减偏心块的数量或调整偏心块之间的夹角来改变激振力的大小。

图 5-75(a) 为两层筛面的示意图，图中筛面层与层之间呈阶梯分布，α 为筛面倾角，c 为上层筛面与下层筛面在垂直筛面方向的距离；图 5-75(b) 为单层筛面的示意图，图中筛面由相同直径不同长度的悬臂棒条组成，在振动过程中，棒条在随筛体振动的同时自身产生二次振动，并且相邻棒条产生不同的振动。

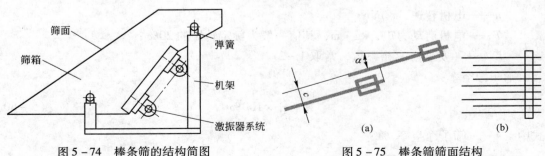

图 5-74 棒条筛的结构简图

图 5-75 棒条筛筛面结构
(a) 两层筛面；(b) 单层筛面

棒条筛的工作原理：通过两台电动机带动两组激振器系统作相反方向的转动，产生的激振力在两组激振器系统中心连线上相抵消，而在其垂直方向上叠加，按照设计要求垂直方向上的激振力合力方向应该通过筛机振动体的质心，从而使振动筛的振动轨迹为直线。产生的激振力通过与筛箱相连的轴承座传递到筛箱上，从而使整个振动筛的振动体产生一简谐振动。

烧结厂的整粒系统应布置为双系列。双系列有三种形式：第一种形式是每个系列的能力为总能力的50%，设置有可移动的备用振动筛作为整体更换，以保证系统的作业率。第二种形式是每个系列的能力与总生产能力相等，即一个系列生产，一个系列备用。第三种形式是每个系列能力为总生产能力的70%～75%（或50%），中间不再设置整体更换筛子，即当一个系列发生故障时，工厂只能以70%～75%的能力维持生产。由于受筛子能力的限制，大型偏大的烧结机大多采用第一种、第三种形式。而第二种形式多用在中型或大型偏小的烧结机，但一些中型偏小的烧结机也可采用一个成品整粒系列并设旁通。

5.6.4 成品烧结矿的表面处理

成品烧结矿表面处理工艺主要是通过对成品烧结矿喷洒卤盐类熔剂使其外表增加一层薄膜，降低了烧结矿在高炉上部还原的速率，有效控制了烧结矿低温还原过程中体积膨胀的粉化，保证了炉内透气性和煤气流正常分布，有利于实现高炉大风、高压操作。

烧结矿成品表面处理工序通常是设置在烧结矿成品胶带运输机和高炉烧结矿矿槽之间。其设备由溶液制罐、溶液储存罐和高压水泵及喷雾泵组成。对于喷洒的要求，一是控制适宜的喷洒量，以效果好，用量少，成本低为准；二是适宜的喷洒面积和喷洒高度，以便喷洒均匀。

虽然成品烧结矿喷洒氯化钙能够降低烧结矿的低温还原粉化率，但将导致高炉煤气中的 HCl、NH_4Cl 含量增加，对于采用全干法煤气除尘技术的高炉，煤气中 HCl、NH_4Cl 含量的增加可能加剧煤气管道、TRT 发电装置末级透平机叶片等的结垢和腐蚀，时间较长时甚至会造成焦炉蓄热室的部分堵塞，降低换热效果。因此，在以精矿为主要原料的烧结矿低温还原粉化问题不太严重的北方烧结厂，对于是否采用成品烧结矿表面处理工艺需要持慎重态度。

5.7 烧结生产实例

5.7.1 实例一：太钢 660m² 烧结机的生产

太钢 660m² 烧结机是全球面积最大的烧结机，设计年产烧结矿 659.6 万吨。该烧结机系统采用了先进、成熟、可靠的工艺流程和设备，技术装备水平达到国内领先、国际先进的水平。

该烧结系统应用了先进的烧结工艺技术。除应用了热风烧结技术，低炭厚料层烧结技术以外，还采用了日本株式会社的活性炭脱硫脱硝技术对烟气进行处理，大型风机变频控制技术等；使用原料方面自产精矿粉比例在全国为最高。整个系统为节能环保型，余热回收热量可抵减烧结系统总投入热量的22%，烧结过程有害物质得到高效治理和循环利用，能源消耗及污染物排放处于国际领先水平。烧结矿技术质量指标完全满足大型高炉的需求。

5.7.1.1 工艺流程

660m² 烧结机系统吸收了国内外行之有效的先进工艺与技术，使确定的工艺流程具有完整性、合理性与先进性。660m² 烧结机工艺流程包括含铁原料、熔剂及燃料的接受与储存、熔剂的破碎筛分、燃料的粗碎与细碎、配料、混合及制粒、铺底料与布料、点火、烧结与冷却、抽风及除尘、整粒、成品烧结矿取样与检验以及成品烧结矿输出。该烧结机工艺配置与流程如图 5-76 所示。

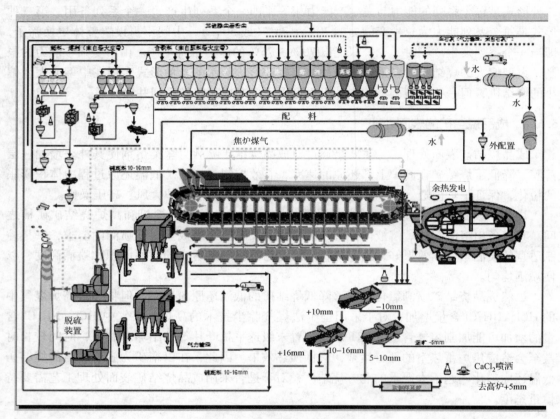

图 5-76　660m² 烧结机工艺配置与流程图

5.7.1.2 设备特点

A　原料处理

a　熔剂破碎

熔剂破碎配置有 4 台 φ1430mm×1480mm 可逆锤式破碎机，3 台工作，1 台备用，生产能力 150~200t/h。

4 台 TDLS2060 椭圆等厚筛，3 台工作，1 台备用，生产能力 160~200t/h，筛分效率 70%。

4 台可逆锤式破碎机前各配置一个有效容积 100m³ 的熔剂破碎仓储存未加工的熔剂及筛分后的筛上物，4 台椭圆等厚筛前各配置一个有效容积 96m³ 的熔剂筛分仓储存破碎后粒度合格的熔剂，均采用电振给料机给料。

锤式破碎机的技术规格见表 5-30，椭圆等厚筛的技术规格见表 5-31。

表 5-30 锤式破碎机的技术规格

名　称	数　值		名　称	数　值
转子直径/mm	1430		型号	YKK500-6 IP54
转子长度/mm	1480	电动机	功率/kW	400
破碎物料	白云石、石灰石、蛇纹石		转速/r·min⁻¹	960
最大给料粒度/mm	≤80		电压/V	10000
出料粒度/mm	≤3（大于80%）		外形尺寸/mm	2870×2680×2180
能力/t·h⁻¹	150~200		机器总重（含电机）/t	21.491

表 5-31 椭圆等厚筛的技术规格

名　称	数　值		名　称	数　值
筛面规格/mm	2000×6000		功率/kW	37
振幅/mm	长轴8~10，短轴3~5	电动机	转速/r·min⁻¹	1477
振动频率/r·min⁻¹	800		台数/台	4
筛面倾角/(°)	6，14，22		设备总重/t	0.296
筛孔/mm	3		最大外形尺寸/mm	6100×5300×3500
处理量/t·h⁻¹	160/200		最大起吊量/t	23
电动机	型号　Y2-225S-4		台数	4

b　燃料处理

燃料处理工艺配置有 3 台双辊破碎机，4 台四辊破碎机，2 台弛张筛。3 台 φ1200mm×1000mm 双辊破碎机，2 台工作，1 台备用，生产能力 90t/h。4 台 φ1200mm×1000mm 四辊破碎机，3 台工作，1 台备用，生产能力 50~65t/h。2 台 ST3000×8400FD 弛张筛，2 台可同时工作，每台生产能力 75~80t/h。

双辊破碎机的给料皮带 $B = 1200$mm，皮带机上配置电磁除铁器，捡出燃料来料中夹杂的铁料。

四辊破碎机前各配置一个有效容积 96m³ 的缓冲槽储存经粗破的燃料，采用 $B = 1200$mm 调速皮带机给料，并在皮带机上配置电磁除铁器，捡出燃料来料中夹杂的铁料。

弛张筛前各配置一个有效容积为 65m³ 的弛张筛缓冲槽储存经细碎的燃料，经弛张筛筛分后大于 1mm 的粒级到配料室内配，小于 1mm 的粒级到燃料细筛槽进行外配，细筛槽分为有效容积为 60m³ 汽车外运槽和有效容积为 70m³ 气力输送槽。

燃料破碎设备性能见表 5-32 和表 5-33，筛分设备性能见表 5-34。

表 5-32 液压双辊式破碎机（3台）设备性能

项　目	设备工艺参数	项　目	设备工艺参数
设备型号	2PGY1210	生产能力/t·h⁻¹	90
设备规格/mm	φ1200×1000	辊子转速/r·min⁻¹	主轴转速122.5

续表 5 – 32

项　目	设备工艺参数	项　目	设备工艺参数
电机型号	Y2 – 225M – 4	排料粒度/mm	≤15
电机功率/kW	2×45	最大入铁量/mm	<40
给料粒度/mm	≤40		

表 5 – 33　四辊破碎机（4 台）设备性能

项　目			设备工艺参数
设备规格/mm			φ1200×1000
破碎物料			焦粉、无烟煤
生产率/t·h⁻¹	上辊间隙 8mm，下辊间隙 3mm 时（沿辊子全长布料）		50~65
生产能力/mm	上辊间隙为 5~6mm		≤8
	下辊间隙 1~2mm		≤3
电动机	型号	用于上主动辊	YD280S – 8/4
		用于下主动辊	Y315M – 6
	功率/kW	破碎时	上主动辊	55
			下主动辊	90
		切削时	40
	转数/r·min⁻¹	破碎时	上主动辊	1480
			下主动辊	985
		切削时	735
破碎时辊子转数 /r·min⁻¹	上辊		81.66
	下辊		175
切削时辊子转数/r·min⁻¹			41.4
减速机	上辊：ZLY315，i = 18；下辊：ZDY280，i = 5.6		

表 5 – 34　弛张筛（2 台）设备性能

项　目	设备工艺参数	项　目		设备工艺参数
槽体尺寸/mm	ST 3000×8400FD	电机	型　号	M2QA 225S4A4
槽体倾角/(°)	22		功率/kW	37
物料名称	焦粉	振次/r·min⁻¹		1480
处理量/t·h⁻¹	75~80、90（最大）	振幅/mm		24
粒度/mm	≤1			

B　配料

配置 25 台上置式配料电子秤，电子秤为德国申克产电子秤。配置有圆盘定量给料机 17 台，螺旋给料机 4 台，星型给料机 2 台。给料机的性能及要求见表 5 – 35，电子皮带秤参数见表 5 – 36。

表5-35 给料机性能表

料槽	给料量（湿量）/t·(h·台)$^{-1}$		水分 /%	堆密度 /t·m^{-3}	粒度 /mm	台数 /台	地点	带宽 /mm	备 注
	范围	正常							
混匀矿	50~300	150	6~10	1.8~2.2	-10	8	配料室	1200	圆盘给料机
内配燃料	7~70	30	6~12	0.6~0.8	-3	2	配料室	1200	圆盘给料机
熔剂	10~100	50	2~6	1.5~1.6	-3	4	配料室	1200	圆盘给料机
高炉返矿	50~500	160	0	1.5~1.7	-6	1	配料室	1200	圆盘给料机
冷返矿	50~500	160	0~2	1.5~1.7	-5	2	配料室	1200	圆盘给料机
粉尘	10~60	20	0	1.6~1.7	-3	2	粉尘配加室	1000	直拖皮带机
生石灰	0~40	15	0	0.8~1.0	-3	4	生石灰配加室	1000	螺旋给料机（2个槽4个出料口）
外配燃料	10~45	25	6~12	0.6~0.8	-1	2	外配煤	1200	星型给料机

表5-36 电子皮带计量秤参数表

原料名称	混匀矿	燃料	混合料	烧结成品矿	铺底料	冷返矿
安装位置	配-1	燃-1	烧-1	6转-1	烧-2	配-4
量程/t·h^{-1}	0~1500	0~500	0~1600	0~1200	0~120	0~700
流量范围/t·h^{-1}	700~1500	200~400	700~1600	400~900	40~120	300~700
正常流量/t·h^{-1}	1000	400	1200	800	70	400
物料温度/℃	常温	常温	35~55	50~100	常温	常温
物料堆密度/t·m^{-3}	2.2	0.85	1.8	1.9	1.8	1.9
物料粒度/mm	-10	-3	-10	-150	10~16	-5
秤皮带宽度/mm	1600	1200	1600	1400	1000	1000
带速/m·s^{-1}	2.0	2.0	1.6	1.6	调速	1.25
皮带机倾角/(°)	12.261	7.615	8.177	11.1	11	12

C 混匀制粒系统

混匀制粒机参数见表5-37。配混系统共有一混-1、二混-1、二混-2、三混-1、4转-1五条皮带机，其规格见表5-38。

表5-37 圆筒混料机参数表

混料机	1号	2号	3号
规格/m	$\phi5.1\times21$	$\phi5.1\times21$	$\phi5.1\times21$
生产能力/t·h^{-1}	1400（M1600）	1400（M1600）	1400（M1600）
倾角/(°)	2	1.8	1.8
混料时间/min	3.61	3.14~4.4	3.14~4.4
转速/r·min^{-1}	5.5 液力耦合器型号：YOX1000	5.0~7.0 调速型液力耦合器型号：YOTCPJD1000	5.0~7.0 调速型液力耦合器型号：YOTCPJD1000

续表 5 - 37

混料机	1 号	2 号	3 号
填充率/%	11.89（最快）	12.12	12.12
喷头	雾化	雾化	
喷嘴数	34	33	
流量/t·h⁻¹	96	18	
外配煤			电子秤型号：MTD1265；皮带宽：1200mm；外配煤仓容积：200m³
给水泵	ISGR100 - 250B 热水离心泵（2 台）	ISGR50 - 200 热水离心泵（2 台）	ISGR50 - 200 热水离心泵（2 台）

表 5 - 38　皮带机规格表

皮带机名称	一混 - 1	二混 - 1	二混 - 2	三混 - 1	4 转 - 1
型号	160140	160100	16080	160100	160160
数量/台	1	1	1	1	1
带速/m·s⁻¹	1.6	1.6	1.6	1.6	1.6
胶带长度/m	235.88	68.521	68		272.839
胶带型号/层数	EP - 200/6	EP - 200/6	EP - 200/6	EP - 200/6	EP - 200/6
输送量/t·h⁻¹	1750	1750	1750	1750	1750

D　布料系统

布料系统包括混合料储矿槽、铺底料储矿槽、圆辊给料机和九辊布料器，并配有液压伺服闭环控制系统。储矿槽性能见表 5 - 39。

表 5 - 39　储矿槽性能表

储矿槽名称	混合料矿槽	铺底料矿槽
储存品种	混合料	铺底料
有效容积/m³	71	77
支承方法	4 点铰支座，4 点测力传感器	4 点铰支座，4 点测力传感器
层厚调整闸门开度/mm	主闸门 200；辅闸门 50	0 ~ 100
层厚调整闸门蜗轮减速机	液压	YPA125 - 63 - 1
扇形闸门开度/(°)		30
下料控制	液压闸门	机械闸门

圆辊给料机、九辊布料器性能见表 5 - 40 和表 5 - 41，液压伺服控制系统性能见表 5 - 42。

表 5 - 40　圆辊给料机性能表

项　目	数　值		项　目	数　值
尺寸/mm	$\phi 1282 \times L 5544$		风量/m³·h⁻¹	1600
能力/t·h⁻¹	1800		型号	G - 200
转速/r·min⁻¹	在 2.58 ~ 7.74 之间实现无级调节	配套冷却风机	功率/W	150
电机	型号	交流电机（YVP200L2 - 6 IP44）		转速/r·min⁻¹	1400
	转速/r·min⁻¹	970		风压/Pa	92
	电压/V	380		电压/V	380
	电流/A	42		频率/Hz	50
	转矩/N·m	176		噪声/dB	63
	质量/kg	240	减速机	型号	SH320D
	功率/kW	22		速比	125
	调速范围/r·min⁻¹	320 ~ 970	圆辊给料机清扫器规格/mm		5500 × 100
	恒功率调速/Hz	50 ~ 100			
	恒转矩调速/Hz	5 ~ 50	清扫器用橡胶板规格/mm		1375 × 150 × 12（4 块）
	噪声/dB	76			
	功率因素	0.88			

表 5 - 41　九辊布料器性能表

项　目	数　值			数　值
型号	BL9 - 150 - 5750	九辊电机	质量/kg	160
倾角/(°)	38		功率/kW	15 × 2
辊子直径/mm	$\phi 150$	配套冷却风机	风量/m³·min⁻¹	1100
辊子长度/mm	5750（有效长度 5500）		型号	G160
辊子数量/个	9		功率/W	90 × 2
辊子中心距/mm	154		转速/r·min⁻¹	1400
辊子间距/mm	4		风压/Pa	40
辊子转速/r·min⁻¹	13.7 ~ 41.1		电流/A	0.22
辊子转向	与料流方向相同	九辊减速机	型号	XWD15 - 8185 - 35
正常处理能力/t·h⁻¹	1500		速比	35
最大处理能力/t·h⁻¹	1800		驱动方式	采用双电机独立驱动型式，即上部电机独立驱动上部的 5 个辊，下部电机独立驱动剩余的 4 个辊
九辊电机	型号	YVP160L - 4 - 15			
	转速/r·min⁻¹	480 ~ 1440			
	电压/V	380		驱动机构	驱动侧为减速机构（齿轮型），非驱动侧为同步器型（轴承型）
	电流/A	33			
	转矩/N·m	95			

表 5-42 液压伺服闭环控制系统技术参数

控制系统	主闸门（大位移）	副闸门（微调）
伺服油缸规格/mm	φ125/90	φ63/45
工作行程/mm	±75	±25
油缸最大出力/t	12	3
油缸速度/mm·s⁻¹	5~50	2~50
油缸位移精度/mm	±1	±1
油缸工作频率/Hz	0.5~1	0.5~1
液压油源系统	最大工作压力/MPa	21
	系统流量/L·min⁻¹	75
	系统工作介质	L-HM32
	介质清洁度	NAS 1638 6 级
	系统装机功率/kW	主泵机组 2×18.5；加热器 2×2.0；循环泵 2×1.5
	设备出厂编号	2009 TG/B-001

E 烧结系统

a 点火

烧结点火采用双斜式烧结点火炉，用焦炉煤气作燃料。点火段长度约 4.9m，点火炉膛尺寸（长×宽×高）为 4.3m×5.71m×0.6m；炉顶设 27 个烧嘴，分两排布置，两排烧嘴在炉顶交叉斜排，点火温度为 1100±50℃，炉膛压力为微负压、点火时间 1~1.5min。保温段长度约 3.1m，炉膛尺寸（长×宽×高）为 2.6m×5.71m×0.6m，设保温烧嘴 6 台，侧墙设置引火烧嘴 6 台。整个点火保温炉总长约 20m（包括热风罩），正常煤气能耗小于 0.07GJ/t-s。点火炉、保温炉的主要技术参数见表 5-43。

表 5-43 点火炉、保温炉技术参数表

点火介质			炉 型	点火炉温度/℃	点火时间/min	保温炉温度/℃
种类	热值/MJ·m⁻³	压力/kPa	双斜带式点火保温炉	1100~1300	1~1.5	300~1000
焦炉煤气	16.8	4				

点火保温炉内部尺寸/m			点火炉主烧嘴消耗		保温炉主烧嘴消耗	
点火炉长	保温炉长	炉膛宽	煤气量（标态）/m³·h⁻¹	空气量（标态）/m³·h⁻¹	煤气量（标态）/m³·h⁻¹	空气量（标态）/m³·h⁻¹
4.3	2.6	5.71	3600	≥40400	2200	≥10400

辅助烧嘴消耗（标态）/m³·h⁻¹		烧嘴数/个			烧嘴入口处压力/Pa	
煤气量	空气量	点火炉主烧嘴	保温炉主烧嘴	辅助烧嘴	煤气	空气
300	8000	13×1 列、14×1 列	6×1 列	6	4000	≥6000

660m² 烧结机点火保温炉的特点有：

（1）将环冷机受料点处的高温废气（约 400~600℃），经多管除尘器除尘后，由高温风机引至点火保温炉进行热风点火与保温。

（2）点火保温炉及热风保温罩使用寿命10年。

（3）采用了自动点火设施。

双斜带式点火炉特点有：

（1）双斜带式点火炉炉膛较低，容积小，重量轻，施工方便，安装周期短。

（2）采用中冶长天国际工程有限公司的专用点火保温炉耐火材料与保温制品通过耐热锚固件结构而组成整体的复合耐火内衬，砌体严密性好，散热少，使用寿命8～10年。

（3）点火保温炉煤气、空气管道线路简捷，看火工操作方便，安全。

（4）点火保温炉设有三种控制方式：清扫方式、手动方式、自动控制方式，在清扫方式下所有自动控制阀门均能在操作站上远方手动。自动控制方式分又分为点火温度控制、点火强度控制、定流量控制。

（5）在安全方面，点火炉设有煤气低压及空气低压报警，煤气低低压及空气低低压自动快速切断煤气，点火炉保温炉烧嘴前煤气支管上设有气动拉杆阀，点火炉空气管末端设有泄爆阀，可以防止管道发生爆炸事故。

（6）利用环冷机余热点火保温，可以节约燃料，提高烧结矿质量和强度。

（7）煤气放散、清扫利用程序自动清扫、自动放散。

（8）侧墙引火烧嘴带自动点火设施。

空气助燃风机技术参数见表5－44。

表5－44 空气助燃风机参数表

风机名称		引火风机	常温点火风机	热风点火风机	热风罩风机
型式		9－194.7A 单吸入后弯型高压离心通风机（左90°）	9－26 11.14 单吸入后弯型高压离心通风机（右90°）	W6－25 25F D 单吸入后弯型高压离心通风机（右90°）	W6－2X40 18.5F 双吸入后弯型高压离心通风机（右90°）
流量/m³·h⁻¹		1174	36189	133184	221974
全压/Pa		4603	7009	10000	5000
转速/r·min⁻¹		2900	1480	1493	1482
介质密度/kg·m⁻³		1.2(20℃)	1.2(20℃)	0.466(400℃)	0.466(400℃)
热交换器	型号			5.430.1779	5.430.1779
	功率/kW	—	—	60	60
	内风出口温度/℃	—	—	60	60
	外风出口温度/℃	—	—	40	40
风门电动执行器	型号			MB＋RS250/F40HT	MB＋RS250/F40HT
	输出转矩/N·m			2400	2400
调速液力耦合器	型号			YOTCS650	—
	功率范围/kW	—		290～760	—
	调速范围/%	—		20～100	—
	额定转差率/%	—		1.5～3	—
	质量/kg			1850	

b 烧结机

烧结机为连续抽风带式烧结机,其烧结机系统规格见表5-45。

表5-45 烧结机规格表

型式		连续抽风带式
有效抽风面积/m²		660(宽5.5m×长120m)
台车尺寸/mm		长1500×宽5500×高700×189台(分体式)
台车速度/m·min⁻¹		1.60~4.8
正常处理能力/t·h⁻¹		烧结机正常生产量(含铺底料)1550
最大处理能力/t·h⁻¹		烧结机最大通过量(含铺底料)1996
电机	型号	ILG4 313-6AA90Z 315M (IP55)
	转速/r·min⁻¹	988
	调速范围/r·min⁻¹	37.68~946.49
	恒功率调速/Hz	50~100
	恒转矩调速/Hz	3~50
配套冷却风机	型号	IPP9063-2LA92-2(IP56)
	功率/kW	0.45
	转速/r·min⁻¹	2720
柔性传动装置	型号	BFT20SE-630-R3HC38F
	速比	1/2598
	驱动方式	单驱动
联轴器	型号	TLQ80×172×350/80×1152×1500

c 主抽风管道

脱硫系统包括16~26号风箱;非脱硫系统包括1~11号、30号、31号风箱;其余12~15号、27~29号风箱可依实情换向。

风箱参数如下:

风箱形式	两侧吸入式
风箱尺寸	5000mm×4000mm,27组(5~31号风箱)
	5000mm×3000mm,4组(1~4号风箱)
风箱端部密封	型式:全金属分块式(带灰斗)
	数量:机头一组、机尾两组
切换阀	12~15号、27~29号
风箱切换方向	脱硫系上插销插上为脱硫系关,非脱硫系开
	脱硫系下插销插上为脱硫系开,非脱硫系关
消声器	型号:LF-1800
	尺寸:3500mm×2100mm×2112mm
	消声量:30dB(A)

风量：108000m³/min，4 台

风箱支管参数如下：

手动切换闸门　　　7 组，蝶式（12~15 号、27~29 号风箱，共 14 个，东、西各 7 个）

切换方向　　　　　脱硫段：上销孔插上脱硫段关、非脱硫段开；下销孔插上脱硫段
　　　　　　　　　　　　　开、非脱硫段关

　　　　　　　　　非脱硫段：上销孔插上脱硫段开、非脱硫段关；下销孔插上脱硫段
　　　　　　　　　　　　　　关、非脱硫段开

风箱闸门电动执行器参数如下：

型号　　　　　　　B + RS600/FHT – R400 – 60 – 1（1~3 号为双闸板阀，3 台）

　　　　　　　　　B + RS600/FHT – R400 – 60 – 2（4~31 号为单闸板阀，28 台）

闸门形式　　　　　双板式（双轴驱动），3 组（1~3 号风箱）

　　　　　　　　　单板式（单轴驱动），28 组

风箱闸门型号　　　双闸板式　FM1400A – S – 2T，4 个

　　　　　　　　　　　　　　FM1400B – S – 2T，2 个

　　　　　　　　　单闸板式　FM1000A – D – 1T，18 个

　　　　　　　　　　　　　　FM1000B – D – 1T，18 个

　　　　　　　　　　　　　　FM1000B – S – 1T，4 个

风箱耐磨弯管参数如下：

型号　　　　　　　TNMWG – 1200SA，数量：38 件

型号　　　　　　　TNMWG – 1200 – XA，数量：17 件

型号　　　　　　　TNMWG – 900 – SB，数量：4 件（用于 2 号、3 号风箱）

型号　　　　　　　TNMWG – 900 – XB，数量：2 件（用于 1 号风箱）

型号　　　　　　　TNMWG – 1200 – SC，数量：4 件

型号　　　　　　　TNMWG – 1200 – XC，数量：2 件

工作介质　　　　　烧结含尘烟气

工作压力　　　　　 – 20kPa

烟气温度　　　　　200~400℃（最高温度 500℃）

电动冷风吸引阀参数如下：

形式　　　　　　　蝶式 4 组（脱硫系、非脱硫系各两组）

型号　　　　　　　LFT – 1800

适应压力　　　　　 – 20kPa

适应流量　　　　　1080m³/min

消声器　　　　　　型号　　　LF

　　　　　　　　　风量　　　1080m³/h

　　　　　　　　　消声量　　≥30dB（A）

　　　　　　　　　漏损率　　≤0.1%

d　主抽风机

主抽风机规格性能见表 5 – 46。

表5-46 主抽风机规格表

项　目	参　数	项　目		参　数
风机型式	离心式	风机入口温度		80~250
风机台数/台	2		正常生产操作温度	130
气流入口配管	双吸入	风机入口温度/℃	最大设计温度	250
入口气流控制	百叶窗式入口闸门		最小设计温度	80
风机转速/r·min⁻¹	1000		最小生产操作温度	100
电动机转速惯量/kg·m²	20000	风机入口密度/kg·m⁻³		0.6123
启动扭矩/N·m	7070	轴功率/kW	130℃时	6760
风机风量/m³·min⁻¹	30000		80℃时	7199
风机静压升/Pa	18000	主电机功率/kW		10760/10kV
风机入口压力/Pa	-17500	压缩系数		0.9302
		粉尘控制(标态)/mg·m⁻³	操作最大	≤50
风机出口压力/Pa	500		设计最大	≤150

e　机头电除尘器

机头电除尘器技术参数见表5-47。

表5-47 机头电除尘器技术参数

面积/m²	台数/台	电除尘器烟气流量/m³·min⁻¹	电场中烟气流速/m·s⁻¹
500	2	30000	1.2

f　热烧结矿破碎

烧结矿破碎采用单辊破碎机，其性能参数见表5-48。

表5-48 单辊破碎机技术参数

项　目	参　数	项　目	参　数
齿辊转速/r·min⁻¹	8.8832	正常破碎能力/t·h⁻¹	1350
电机	YKK4505-6（IP44）	最大破碎能力/t·h⁻¹	1562
减速机	ML3PSF120	破碎烧结矿温度/℃	750~800
算板规格/mm	L3825×厚150×(间隔)180×17排	破碎后烧结矿粒度/mm	<150

F　热烧结矿冷却

烧结矿经单辊破碎以后，经过板式给矿机矿槽、板式给矿机给料到环冷机上，经过鼓风机给予的冷风进行冷却，冷风经过热的烧结矿层后，收集来进行余热发电和热风烧结利用。有关设备性能见表5-49~表5-52。

表5-49 板式给矿机储矿槽设备性能

项　目	参　数	项　目	参　数
有效容积/m³	100	料重范围/t	0~180
矿槽数量/个	1	料槽自重/t	19
堆密度/t·m⁻³	1.7		

表5-50 环冷机参数表

项 目	参 数	项 目		参 数
有效冷却面积/m²	715	台数/台		7
处理能力/t·h⁻¹	1350	灰斗/个		28
冷却风量/m³·h⁻¹	3192000	进气温度/℃		40
有效冷却时间/min	62.5	冷却风机	转速/r·min⁻¹	747
冷却温度/℃	≤120		风量标态/m³·(h·台)⁻¹	665872
料层厚度/m	1.6		风压标态/Pa	吸入5217
台车数/个	99		含尘浓度（标态）/mg·m⁻³	≤100
台车宽/m	4			

表5-51 冷却风机性能参数表

项 目		参 数
风机型式		G4-2X60 27.8F（双吸入后弯型）
台数/台		7
风量/m³·h⁻¹		约665872
吸入风压/Pa		约5217
电机	型号	YKK710-8（3台），YBPKK710-8（4台）；绝缘等级：F；防护等级：54
	额定功率/kW	1400
	额定转速/r·min⁻¹	747
	额定电压/kV	10
	额定电流/A	105
	数量/台	7
驱动方式		电机直接型（1~3号电机+液力耦合器；4~7号电机变频调速）
风量控制		电动风门开度执行器（带手动执行器）0.8kW，7台

表5-52 板式给矿机设备性能

项 目		参 数
型 式		板式给料
型 号		BKG 2000-1790
最大通过能力/t·h⁻¹		1790
板宽（运输槽宽度）/mm		2000
机长/mm		5625（头尾轮中心距）
板节距/mm		450（共34个斗子）
链板机速/m·min⁻¹		3.2~9.6
驱动电机	型号	YZP250M-6
	防护等级	F
	恒转矩调速/r·min⁻¹	100~1000（对应频率：5~50Hz）
	恒频率调速/r·min⁻¹	100~2000（对应频率：50~100Hz）
	额定转速/r·min⁻¹	970

项 目		参 数
减速机	型式	卧式摆线针齿减速机 HNMW50P – 315 – 37
	速比	315
	输入功率/kW	37
	输入转速/r·min⁻¹	970
	输出转矩/kN·m	137.2
	质量/kg	4500

G 成品烧结矿整粒

成品烧结矿冷却后进入整粒系统，经过整粒系统主要分出 10 ~ 16mm 的铺底料和小于 5mm 的返矿。成品整粒筛均为镶嵌式椭圆等厚振动筛，技术参数见表 5 – 53。

表 5 –53 椭圆振动筛技术参数表

种 类	1 次成品筛	2 次成品筛	3 次成品筛
型 式	椭圆等厚	椭圆等厚	椭圆等厚
型 号	TDLS36100	TDLS3675	3590 – SZ
电动机型号	Y3 250m – 4	Y3 250m – 4	Y315s – 4
台数/台	3（1 备）	3（1 备）	3（1 备）
处理能力/t·h⁻¹	930	585	420
筛分面积/m²	3.6×10	3.6×7.5	3.5×9.0
分级点/mm	10	16	5
倾角/(°)	11，18，25	11，18，25	25，18，11
振动数/r·min⁻¹	800	800	750
振幅/mm	长轴 8 ~ 10 短轴 3 ~ 5	长轴 8 ~ 12 短轴 3 ~ 5	长轴 8 ~ 10 短轴 3 ~ 5

对应皮带机参数见表 5 – 54。

表 5 –54 皮带机参数表

皮带机名称	一筛 – 1a/1b/1c	一筛 – 2	一筛 – 3	二筛 – 1a/1b/1c	二筛 – 2	6 转 – 1
型号	Y3 315S – 4	Y3 225S – 4	Y3 160L – 4	Y3 280M – 4	Y3 280S – 4	Y3 315S – 4
数量/台	3	1	1	3	1	1
带速/m·s⁻¹	1.6	1.6	1.25	1.6	1.6	1.6
胶带长度/m	一筛 – 1a：68.392 一筛 – 1b：72.292 一筛 – 1c：71.792	27.7	29.175	67.55	69.343	85
胶带宽度/mm	1400	1200	1000	1200	1200	1400
最大倾角/(°)	16	0	0	16	12	0
胶带型号/层数	EP – 200 耐 180℃/6	EP – 200 耐 180℃/6	EP – 200/6	EP – 200/6	EP – 200/6	EP – 200 耐 180℃/6
输送量/t·h⁻¹	1200	1400	450	900	1400	1500
运输物料	烧结矿	烧结矿	铺底料	烧结矿	烧结矿	烧结矿
粒度/mm	0 ~ 150	>16	10 ~ 16	<10	>16	5 ~ 150

H 成品烧结矿自动取样系统有关设备

采样机技术参数见表 5-55。

表 5-55 采样机技术参数表

设备形式	采样斗开口宽度/mm	电 机	
旋转刮斗式	150	型号：PSH-140/150	功率：3kW

皮带给料机技术参数见表 5-56。

表 5-56 皮带给料机参数表

设备形式	皮带机宽度/mm	带速/m·s^{-1}	给料机能力/t·h^{-1}
全密封式皮带给料机型号：SF-65	650	0.05~0.25	1.5~25

电动三通管技术参数见表 5-57。

表 5-57 电动三通管技术参数表

型 号	出料比例	推杆行程/mm	电机功率/kW
ST400	可调	260	0.37

5.7.1.3 工艺技术主要特点

（1）采用三段串联的混合制粒，二混、三混采用调速型圆筒混合机，强化制粒过程。

（2）配备热水消化生石灰系统。

（3）混合料添加水采用自动控制系统。

（4）利用烧结矿冷却废气作为烧结点火的助燃空气及点火保温，实现了热风烧结技术。

（5）采用了燃料细筛分工艺，将小于 1mm 的燃料进行外配煤或用汽车外运，提高燃料的有效利用率。

（6）烧结点火采用了全自动点火装置，点火保温炉寿命提高到 10 年。

（7）采用了烧结智能专家系统。

（8）烧结烟气采用了活性炭脱硫脱硝技术。可以一次性处理多种有害物质（脱硫、脱硝、脱二噁英、脱重金属、除尘），脱硫率达到 95% 以上，脱硝率达到 40% 以上，经太原市环境监测中心站检测，排放烟气 SO_2 浓度（标态）7.53mg/m^3，NO_x 浓度（标态）101.33mg/m^3，粉尘浓度（标态）17.13mg/m^3，环保指标显著改善。

5.7.1.4 主要技术经济指标

660m^2 烧结机有关主要技术经济指标见表 5-58。

表 5-58 660m^2 烧结机主要技术经济指标表

项 目		单 位	指 标
烧结机	烧结面积	m^2	660
	利用系数	t/(m^2·h)	1.24
	作业率	%	97

项　目		单　位	指　标
成品烧结矿	产量	t/a	659.6
质量	TFe	%	57.87
	FeO	%	8.25
	CaO	%	9.82
	SiO$_2$	%	5.29
	CaO/SiO$_2$		1.86
	MgO	%	1.52
	S	%	0.019
	小于5mm 粉末含量	%	3.77
	转鼓指数（＋6.3mm）	%	79.62
能耗	固体燃料	kgce/t（矿）	38.49
	煤气	GJ/t（矿）	0.061
	工序能耗	kgce/t（矿）	48.01
	电耗	kW·h/t	29.03
设备总重量		t	21870
设备总装机容量		kW	70350
占地面积		m^2	115600

5.7.2　实例二：宝钢495m^{2}系列烧结机的生产

5.7.2.1　基本情况

宝钢股份炼铁厂烧结分厂现有抽风面积495m^{2}的带式烧结机3台，设计年产烧结矿1642万吨。1号烧结机于1985年8月16日投产，设备是随宝钢一期工程各单元设备一同全套引进，以新日本制铁大分制铁所1号烧结机为样板，由日本日立造船公司制造；2号烧结机于1991年6月30日投产，3号烧结机于1998年4月8日投产，烧结主体设备由国内制造厂引进日立造船技术制造，部分关键设备向外商单独订货。三台烧结机的有效烧结面积原设计为450m^2，在2003年至2005年分别进行了横向扩容（烧结机台车宽度从5m加宽至5.5m），达到495m^2。

5.7.2.2　主要工艺、设备及控制系统

燃料破碎系统：采用两段破碎两段筛分流程，两段破碎分别为 $\phi1.3m×2.0m$ 单转子反击式破碎机和 $\phi3.3m×4.8m$ 一端周边排料棒磨机。

配料混合系统：采用重量配料法，进行两次混合制粒，一次混合机 $\phi4.4m×17m$，筒体角度为5.5/100，混合时间2min；二次混合机 $\phi5.5m×24.5m$，筒体角度为5/100，混合时间3min，均为圆筒形，生产能力均为1220t/h。1号烧结机和2号烧结机共用小球团粉尘处理系统（粉尘润湿后进二次混合机）。

烧结机—冷却机系统：进行抽风烧结、热态破碎和鼓风冷却，配有495m^{2}鲁奇DL型

烧结机（长90m、宽5.5m），460m² 鼓风环式冷却机各1台。

成品整粒系统：采用一破四筛的整粒流程，主要设备有 φ1.2m×1.8m 双齿辊破碎机（2008年开始陆续取消了冷破和一次筛分）。

主抽风系统：由风箱、降尘管、电除尘器、主抽风机、烟囱及烟道组成，主要设备有 21000m³/min 双吸入后弯型抽风机2台，264m² 超高压宽间距三电场电除尘器2台。

自动控制系统：宝钢自1号烧结机建设开始，一直将烧结的自动控制水平保持在世界先进水平。通过30年左右的进步，宝钢已经成功地完成了控制功能的准确分工，最大限度地利用了控制资源，实现了真正的三电一体化，为烧结生产的稳定提高奠定了基础。

一期烧结最初的三电控制系统为中央集中控制模式，分别由日本横河电机的 I 系列单元组合仪表、YODIC-1000 过程控制计算机、日本三菱电机的 MLPIAC-50 可编程控制器构成，代表了20世纪70年代末世界先进水平。2号烧结机三电控制系统则是第一代的集散型控制系统，部分功能已经下放到 L1，由日本三菱的 MACTUS-620 综合仪表控制系统、MELCOM 350-50/1000 计算机构成，为80年代末世界领先水平。3号烧结机已经上升到第三代集散型控制系统，为 Honeywell 的 TDC3000X 系统，所有过程控制全部下放 L1，初步实现三电一体化，达到90年代末世界领先水平。

在2002年5月，进行了1号烧结机三电改造，2004年9月进行了2号烧结机三电改造，该两项改造从系统架构、组态编程到调试投产全部由宝钢自己独立完成，宝钢三台烧结机的过程控制系统至此全部统一为 Honeywell 的集散型控制系统。

5.7.2.3 投产以来的技术进步

自从1985年8月投产以来，宝钢对烧结工艺和设备进行了大量革新。回顾宝钢烧结技术的发展，按时间序列大致可以分为三个阶段，即1991年6月2号烧结机投产前的吸收创新阶段；1991年6月至1998年4月高产节能阶段；1998年4月以来以3号烧结机投产为标志的集成创新阶段。主要的技术创新项目有：

（1）厚料层烧结技术进步。宝钢烧结通过20年的努力，分三个阶段将料层高度从最初设计的500mm 逐步提高到700mm 以上。投产初期，设计料层高度为500mm。1989年11月，在经过4年生产实践后，利用年修机会将1号烧结机台车挡板高度从500mm 提高到620mm，点火保温炉进行了抬升，相应的烧结机本体设备也进行了改动，从而将料层高度从原设计500mm 级别提高到600mm 级别，烧结矿质量改善和节能方面效果显著，特别是烧结矿强度（TI）提高了2.5%（绝对值）。据此，后来建设的2号、3号烧结机在设计中将料层高度改成600mm。

3号烧结机投产后，宝钢进行了新一轮提高料层的探索。在该阶段，开发出具有自主知识产权的磁性布料技术和梯形布料技术，使得在保持600mm 台车挡板高度不变的条件下，实现了最高700mm 料层的烧结生产。该阶段的生产攻关也为后来更高料层的攻关奠定了理论和操作基础。

2003年10月，3号烧结机扩容改造时，将烧结机台车挡板加高到670mm，同时进行了大量的技术集成，后续两台烧结机的改造也采用了同样的设计。改造完成后，烧结机的料层高度达到700mm 以上，成为世界上料层最高的大型烧结机之一。

（2）高铁低硅技术进步。宝钢投产初期，为保证高炉稳定顺行，确保烧结矿的冷强度，烧结矿 SiO_2 含量保持在6%左右。随着高炉操作的稳定和烧结技术的进步以及高炉焦比的降低和焦炭灰分的减少，在烧结矿中 Al_2O_3 变化不大的情况下，为适应高炉低渣量，改善还原性的需要，烧结矿 SiO_2 逐年降低，碱度不断提高。1993 年烧结矿 SiO_2 降至 5.37%。

伴随着高炉喷煤技术的发展，对烧结矿需带入的造渣成分的要求也逐年变化，生产高铁低硅、高强度的烧结矿成为高炉大喷煤的基础。从 1998 年开始，在保证烧结矿碱度和其他主要组分不变的前提下，进行了高铁低硅烧结矿的技术攻关。

通过进行配矿调整，对烧结配料制度进行了整合优化，并辅于厚料层烧结等提高强度的技术措施，同时适当降低了烧结矿的生产率，烧结矿的 SiO_2 从 1997 年的 5.38% 降低到 1998 年的 4.93%，2001 年达到最低，为 4.43%，烧结矿品位大幅提升，从攻关前的 56.5% 左右提高到 59% 左右。根据统计结果，SiO_2 每降低 1%，烧结矿全铁增加 2.6%。

（3）节能高产技术开发与应用。宝钢的三台烧结机，在设计中已考虑了回收部分余热以节约能耗。投产后，在确保烧结矿质量指标满足高炉要求的前提下，不断通过改进操作技术，提高管理水平和改进设备，来降低工序能耗。在降低消耗方面，除了提高烧结料层外，宝钢采用的主要措施为：降低点火煤气消耗、利用环冷机余热废气、提高设备性能降低电耗、回收厂内含热源资源等。具体措施如下：

1）降低点火煤气消耗。1 号烧结机投产初期，点火煤气消耗达 $10m^3/t$ 以上。通过对点火保温炉操作技术的改进和对新建烧结机的点火保温炉进行设计改造，逐步把点火煤气消耗降低到 $4m^3/t-s$ 以下。在降低煤气消耗的过程中，点火保温炉的寿命也得以延长，2DL 点火保温炉使用达 10 年，1DL 的点火炉使用达 14 年，1DL 保温使用达 20 年，远远超过国内外最好水平。

2）利用环冷机余热废气。利用环冷机余热废气主要通过两个手段实现，即用于生产蒸汽和返回烧结机进行热风烧结。2 号烧结机在设计上采用余热锅炉回收冷却机和主排气的部分余热，蒸气发生量已经从最初的 $45kg/t-s$ 左右提高到目前的 $70kg/t-s$ 的水平。1 号、3 号烧结机则回收部分冷却机高温废气作点火炉助燃空气，助燃多余的部分送保温炉返回烧结给料层起热风烧结作用，每小时的热风量（标态）可达 $50000m^3$ 以上。2006 年和 2007 年，1 号和 3 号烧结机分别增设了冷却机余热回收锅炉系统，烧结厂内的高温余热资源得以全部回收，每吨烧结矿回收能耗接近 5kg 标准煤。

3）提高设备性能降低电耗。首先从设备的选型上进行改进。2 号、3 号烧结机在主排风机选型上，适当降低了负压，将电机的功率从 9300kW 降低至 7800kW，3 号烧结机的两台环冷风机采用变频运转方式，最大化地节约电能；其次，从管理和维护技术入手，提高设备的可靠性，将整条作业线的运转率不断提高，减少设备空转的时间，降低电力消耗；最后，尽可能提高烧结产能，降低电力单耗。

4）回收厂内含热源资源。宝钢投产之初，就考虑利用烧结工序对钢厂内资源循环回收利用，为此，设有小球团处理系统，专门处理厂内粉尘。随着技术的开发，除了含铁物料的回收使用外，重点对含热源（FeO 和 C）物料的综合利用进行了研究。1995 年开始在混匀矿中配入转炉渣、2000 年开始配入高炉瓦斯泥和粒铁、2002 年开始使用化工活性污泥和烧结电除尘灰、2003 年使用钢渣和铁渣粒铁等。这些物料的回收使用，不仅为环保做出了贡献，同时也为烧结能耗的下降提供了手段。

自 1985 年 1 号烧结机投产以来宝钢烧结生产主要经济技术指标列于表 5-59。

表5-59　宝钢烧结生产主要经济技术指标

项目	实际产量	平均日产量	最大日产量	台时产量	利用系数	操业率	作业率	运转率	合格率	一级品率	TFe±0.5率	R≤±0.08率	FeO≤±1.00率
单位	t	t/d	t/d	t/(台·时)	t/(m³·d)	%	%	%	%	%	%	%	%
1985年8~12月	853384	6229	8550	354	18.86	72.96	92.29	72.85	95.09	74	87.42	79.7	69.71
1986年	4131141	11318	12676	528	28.18	94.69	94.3	89.29	99.26	78.53	89.14	87.58	82.99
1987年	4680300	12823	14028	584	31.17	94.49	96.74	91.41	99.22	83.5	90.7	91.09	90.49
1988年	4849297	13249	14153	590	31.45	95.96	97.55	93.61	99.32	88.6	94.79	92.74	97.68
1989年	4863354	13324	14653	611	32.57	93.69	97.06	90.93	99.69	91.18	95.53	94.83	97.2
1990年	4774087	13080	14139	589	31.42	96.5	96.76	92.51	99.77	90.6	95.6	94.43	96.87
1991年	6384027	17490	20847	547.55	29.21	90.47	92.73	83.90	98.81	83.00	91.68	88.11	94.33
1992年	9221727	25265	27843	581.5	31.01	95.44	95.08	90.74	99.41	88.38	97.43	89.74	96.77
1993年	9684256	26532	29425	613.01	32.688	94.30	95.62	90.17	99.62	95.66	99.56	95.72	95.48
1994年	9633797	26394	28792	599.81	31.992	95.03	96.47	91.67	99.38	91.74	99.76	91.33	95.55
1995年	10131983	27759	29736	619.49	33.048	96.15	97.09	93.35	98.16	89.83	94.61	92.22	96.22
1996年	10277899	28159	30314	629.84	33.6	95.52	97.24	92.89	98.74	92.36	95.07	95.27	95.36
1997年	10316442	28264	30207	629.27	33.552	95.60	97.89	93.57	99.64	95.36	96.66	97.95	97.21
1998年	12273291	33625	36067	545.76	29.11	95.69	97.44	93.23	99.62	94.67	96.69	96.63	92.89
1999年	13903006	38090	40095	556.91	29.71	96.78	98.16	95.00	99.39	96.02	98.79	96.17	92.17
2000年	13793681	37688	39352	546.54	29.16	96.96	98.77	95.77	99.61	97.44	98.83	98.19	88.44
2001年	13961214	38250	39662	550.84	29.38	97.61	98.80	96.44	99.52	97.80	99.63	97.66	89.24
2002年	13868917	37997	39371	546.81	29.16	97.25	99.24	96.51	99.98	98.24	99.56	98.65	88.79
2003年	14078282	38571	39829	553.2	29.35	97.36	99.46	96.84	100.00	99.13	99.85	99.28	85.42
2004年	15060597	41149	42589	591.49	30.264	97.42	99.18	96.62	99.98	99.26	99.78	99.46	88.97
2005年	17095242	46836	48585	674.8	32.928	97.38	98.99	96.4	100.00	98.82	99.43	99.39	86.97
2006年	17700862	48496	49770	691.23	33.51	98.33	99.1	97.44	99.97	97.92	99.18	98.72	83.59
2007年	17951850	49183	50569	702.33	34.05	97.85	99.4	97.26	100.00	98.01	99.14	98.83	85.21
2008年	17528887	47893	49446	686.74	33.3	97.79	99.05	96.86	100.00	97.38	98.93	98.37	83.76
2009年	17621463	48278	50185	697.01	33.79	97.46	98.7	96.2	100.00	93.07	97.14	95.86	80.06
2010年	17307267	47417	49740	690.8	33.49	96.49	98.8	95.33	100.00	92.47	96.00	96.25	76.87
2011年	17206094	47140	49403	686.12	33.27	96.95	98.42	95.42	100.00	91.56	96.02	95.37	73.14
2012年	17235859	47093	48907	679.28	32.93	97.57	98.68	96.29	100.00	95.09	96.30	98.67	70.04

续表 5 - 59

项目	成品率	TFe	FeO	SiO$_2$	Al$_2$O$_3$	MgO	S	R	TI	RDI	<5mm	MS	RI
单位	%	%	%	%	%	%	%	%	%	%	%	mm	%
1985 年 8~12 月	76.67	56.6	7.94	6.18	1.6	1.53	0.008	1.57	74.5	22.1	2.6	20	
1986 年	78.53	56.86	7.36	5.99	1.66	1.55	0.008	1.55	73.6	27.6	2.8	19.1	61.02
1987 年	76.85	57.04	6.92	5.87	1.61	1.54	0.005	1.57	73.45	30.43	3.4	18.9	60.7
1988 年	77.61	56.61	6.8	5.7	1.72	1.64	0.007	1.65	73.28	32.38	3.3	18.7	61.02
1989 年	77.09	56.4	6.42	5.67	1.75	1.72	0.010	1.7	73.86	36.61	3.4	18.2	63.7
1990 年	77.92	56.17	6.24	5.71	1.76	1.68	0.011	1.7	76.36	37.37	3.1	19.9	62.4
1991 年	75.80	56.64	6.48	5.70	1.69	1.56	0.009	1.70	77.98	34.99	2.67	21.85	63.70
1992 年	73.41	56.92	6.51	5.48	1.71	1.57	0.009	1.73	80.87	32.38	2.62	20.75	60.30
1993 年	75.39	57.02	6.52	5.37	1.71	1.59		1.75	78.17	37.12	3.60	19.90	60.55
1994 年	76.62	56.99	6.53	5.44	1.68	1.59		1.76	76.44	38.99	3.49	20.45	65.45
1995 年	78.88	56.46	6.67	5.50	1.7	1.77		1.84	77.52	38.99	3.9	19.90	65.75
1996 年	78.65	56.74	6.62	5.47	1.63	1.83	0.012	1.79	80.11	35.44	4.37	19.98	66.50
1997 年	77.31	56.72	6.43	5.39	1.66	1.85	0.012	1.81	75.35	32.49	4.21	19.17	65.85
1998 年	76.76	58.82	7.14	4.58	1.59	1.70	0.011	1.78	75.28	34.27	4.2	20.8	65.6
1999 年	76.65	58.85	7.32	4.51	1.53	1.74	0.012	1.80	75.30	33.24	4.4	20.3	67.8
2000 年	77.79	59.09	7.35	4.47	1.50	1.58	0.009	1.80	75.54	33.17	4.5	20.3	68.3
2001 年	77.52	59.15	7.53	4.43	1.48	1.60	0.005	1.81	76.11	33.39	4.4	20.2	72.4
2002 年	75.43	58.85	7.62	4.56	1.50	1.62	0.005	1.82	75.28	30.65	3.6	21.0	71.0
2003 年	75.20	58.73	7.78	4.58	1.61	1.61	0.008	1.82	75.50	30.09	3.3	20.4	71.6
2004 年	74.04	58.68	7.80	4.57	1.68	1.66	0.008	1.83	75.38	29.38	3.5	19.9	73.6
2005 年	74.69	58.39	7.91	4.63	1.68	1.81	0.010	1.84	77.96	29.03	3.7	19.9	70.1
2006 年	74.22	58.45	8.22	4.69	1.65	1.82	0.010	1.84	75.64	27.98	3.9	21.0	70.8
2007 年	74.63	58.16	8.21	4.71	1.62	1.90	0.010	1.91	75.55	27.66	4.0	21.5	71.1
2008 年	75.73	57.94	8.02	4.75	1.68	1.82	0.010	1.93	75.09	26.63	4.1	21.5	69.5
2009 年	75.52	57.86	8.00	4.84	1.63	1.72	0.010	1.89	75.63	29.61	4.1	20.7	68.9
2010 年	75.79	57.82	8.02	4.72	1.62	1.61	0.010	2.02	75.65	33.92	3.8	20.1	68.5
2011 年	75.54	57.62	8.05	4.74	1.66	1.63	0.020	2.03	74.37	33.38	3.6	20.8	68.7
2012 年	76.60	57.69	8.21	4.92	1.74	1.66	0.010	1.89	75.14	32.56	3.9	20.1	68.0

续表 5-59

项目	固体燃料单耗	折算焦比	电力单耗	COG单耗	单位蒸气发生量	工序能耗（标态）	料层厚度	P.S	点火温度
单位	kg/t-s	kg/t-s	kg/t-s	m³/t-s	kg/t-s	kg/t-s	mm	m/min	℃
1985年8~12月	52.9		65.73	12		80.74	387	2.82	1101
1986年	48.4		46.95	8.43		68.26	454	3.14	1060
1987年	46.7	45.22	41.57	6.66		64.13	496	3.09	1040
1988年	47.17	45.91	40.46	5.7		62.34	500	3.1	1056
1989年	47.3	46.3	40.05	4.6		61.68	506	3.2	1163
1990年	47.8	46.3	41.89	4.13		61.6	598	2.54	1117
1991年	49.72	47.65	43.93	4.00		63.47	574	2.38	1144
1992年	51.58	49.95	42.5	3.05	21.05	62.32	597	2.61	1144
1993年	49.79	48.35	41.56	2.65	29.2	59.59	605	2.71	1090
1994年	49.27	47.86	42.45	3.21	25.10	60.51	608	2.68	1105
1995年	46.8	45.49	40.45	3.55	20.53	57.75	608	2.71	1094
1996年	46.49	44.96	39.79	3.38	21.24	56.85	609	2.68	1087
1997年	47.68	46.2	39.83	3.29	19.83	58.2	613	2.71	1092
1998年	48.92	47.11	43.67	3.75	18.15	60.76	597	2.46	1088
1999年	49.08	47.26	42.21	3.15	22.00	59.64	623	2.44	1120
2000年	49.63	47.17	41.72	3.09	24.71	59.08	648	2.30	1089
2001年	50.00	47.41	41.23	3.02	23.73	59.22	655	2.37	-1100
2002年	51.04	48.81	40.13	3.12	23.71	60.32	644	2.45	1105
2003年	50.42	48.76	41.09	3.60	21.19	61.12	648	2.55	1101
2004年	52.11	49.98	40.34	3.76	20.73	62.21	668	2.57	1149
2005年	51.18	47.35	37.46	4.22	22.43	60.56	710	2.60	1133
2006年	52.60	45.95	37.71	3.95	27.01	57.58	705	2.73	1149
2007年	51.94	45.50	38.67	3.58	38.73	55.95	727	2.72	1157
2008年	51.90	42.72	40.39	3.64	48.95	55.42	744	2.63	1125
2009年	52.25	44.77	42.78	3.68	39.63	57.53	702	2.78	1171
2010年	51.31	37.17	43.89	3.82	37.80	57.20	684	2.72	1158
2011年	52.53	38.40	48.11	3.99	43.92	59.41	679	2.85	1158
2012年	52.27	42.09	50.16	3.86	44.30	60.02	689	2.88	1159

5.7.2.4 主要设备技术参数与规格

A 燃料破碎系统与原料混合设备（表5-60和表5-61）

表5-60 燃料破碎系统设备参数与规格

机　型	粗焦筛	粉焦筛
型　式	自定中心单层振动筛1台	自定中心单层振动筛1台
能力/t·(h·台)$^{-1}$	95	55
筛分面积/m	$W1.8 \times L6.0$	$W2.1 \times L6.6$
分级点（粒度）/mm	15	4
筛孔尺寸/mm	18×18	5×20
振动次数/次·min^{-1}	750	750
振幅/mm	约10	约10
筛子倾角/(°)	20（向下）	20（向下）
筛分效率/%	70（目标值）	60（目标值）
电机功率/kW	$22 \times 8P$	$22 \times 8P$

粉焦破碎机

型式	一端周边排料式棒磨机	本体转数/r·min^{-1}	15.3
能力/t·h^{-1}	55	微动转速设计/r·min^{-1}	0.3
本体尺寸/mm	$\phi3300 \times L4800$；本体内径：$\phi3170$	主电动机/kW	$670 \times 8P$
棒投入量/t	65	传动形式	交流电机 + 齿轮联轴器 + 减速机 + 齿轮联轴器 + 小齿轮 + 大齿轮
填充率/%	28.60		

表5-61 原料混合设备参数与规格

设备名称		一次混合机	二次混合机
型　式		旋转圆筒式	
数量/台		2	
能力/t·h^{-1}		1220（湿料：堆密度1.8t/m^3）	
圆筒尺寸/mm		$\phi4400 \times 17000$	$\phi5100 \times 24500$
安装角度/(°)		5.5/100	5/100
转数/r·min^{-1}		6	5.6
混合时间/min		2	3
电机/kW	主电机	$600 \times 6P$	$950 \times 6P$
	微动电机	$18.5 \times 4P$	$30 \times 4P$
减速机	型式	平行轴式单螺旋齿轮二级减速机	
	减速比	1/33.147	1/31.639
	润滑方式	强制循环润滑	
本体传动方式		交流电机 + 减速机 + 小齿轮轴直接传动	

B 烧结机冷却机系统

冷却机技术规格与参数如下：

型式	鼓风环式冷却机
给矿量	1150t/h
冷却面积	460m²
回转中心径	48m
台车尺寸	宽3500mm×1500mm×75台
回转速度	48～144min/r，正常生产69min/r
排矿温度	≤150℃
驱动电机	DC11kW×2台(300～900r/min)
传动方式	摩擦传动
减速机型式	平行轴形单斜齿4级变速

冷却风机技术规格与参数如下：

型式	双吸入后弯型
台数	5台
风量	9200m³/min(20℃时)
吸入风压	−40mm H₂O(392Pa)
排出风压	380mm H₂O(3724Pa)
电机功率	1000kW×8P
回转数	750r/min(同步转数)
驱动方式	电动机直接型
风量控制	吸风调节阀0.2kW×4P

C 板式给料机

板式给料机技术规格与参数如下：

型式	特重型板式给料机
能力	1150t/h
板宽	2000mm
板节距	450mm
机长	4725mm(头尾轮中心径)
机速	3.9～11.7m/min
驱动电机	DC30kW(300～900r/min)
减速机型式	卧式摆线针齿减速机

D 成品整粒系统

对辊破碎机技术规格与参数（冷破碎机，2008年后已取消）如下：

型式	双齿辊形
台数	2台
能力	260t/h
辊子尺寸	φ1.2m×L1.8m
破碎粒度	50mm以下

辊子转速　　　　高速辊 60r/min，低速辊 50r/min

电机功率　　　　90kW×8P

1~4 次成品筛（其中一次筛分在 2008 年后取消）参数与规格见表 5-62。

表 5-62　成品筛分系统设备参数与规格

设　备	1 次成品筛	2 次成品筛	3 次成品筛	4 次成品筛
型　式	固定筛	自定中心	低头式	低头式
台数/台	2	3(1 台备用)	3(1 台备用)	3(1 台备用)
能力/t·h^{-1}	580	580	460	290
筛分面积/m^2	3.0×5.5	2.7×6.6	3.0×9.0	3.0×9.0
分级点/mm	开口 50 条筛	开口 20 条筛	开口 10 条筛	5 条筛
倾角/(°)	36 (30, 33, 40)	20	10	10
振动数/r·min^{-1}	—	750	750	750
振幅/mm	—	12(圆周)	13(直线)	15(直线)
驱动电机	—	55×8P	45×8P×2 台	45×8P×2 台
移动电机	3.7×2 台	3.7×2 台	3.7×2 台	3.7×2 台
固定方式	手动夹紧式	手动油压夹紧式	手动油压夹紧式	手动油压夹紧式

E　主抽风系统

一烧结主抽风机参数如下：

型式　　　　　29YDT-CH

风量　　　　　21000m^3/min(150℃时)

吸入风压　　　-1950mm H$_2$O(19130Pa)

排出风压　　　50mm H$_2$O(490Pa)

静压差　　　　200mm H$_2$O(19620Pa)(150℃时)

吸入温度　　　最低常温，通常 80~200℃，设计点 150℃，耐热温度 250℃

烟气比重　　　1.0（相对于空气）

回转数　　　　1000r/min（同步转速）

主电动机　　　9300kW×6P×50Hz×10000V

风量控制　　　吸入调节阀（电动），2.2kW×4P×380V

2 号、3 号烧结机主抽风机参数见表 5-63。

表 5-63　2 号、3 号烧结机主抽风机参数

项　目	参　数	项　目	参　数
风机型式	离心式	风机出口压力/Pa	490.3
气流入口配管	双吸入	最大设计风机入口温度/℃	250
入口气流控制	百叶窗式入口闸门	最小设计风机入口温度/℃	80
风机转速/r·min^{-1}	1000	风机入口密度/kg·m^{-3}	0.728
风机风量/m^3·min^{-1}	21000	轴功率/kW	6710
风机静压差/Pa	17650.8	主电机功率/kW	7800
风机入口压力/Pa	17160.5	压缩比	0.935

 # 6 球团生产工艺与设备

6.1 球团生产工艺概述

球团生产工艺过程由一系列的工序环节组成（图6-1），这些工序环节按作业目的及其工序特性构成了球团生产的三大阶段：原料准备、生球制备以及球团焙烧。原料准备包括原料的接受、储存、干燥及其预处理等环节；生球制备包括配料、混合、造球、生球筛分以及返料处理等环节；球团焙烧包括干燥、预热、焙烧、均热、冷却等环节。

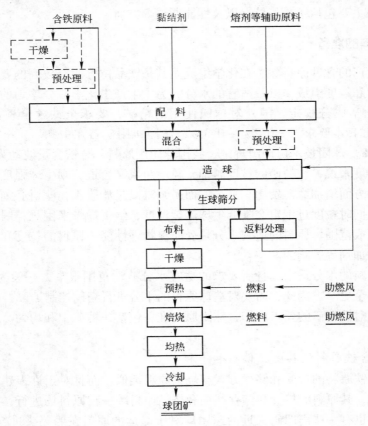

图6-1 球团生产的原则工艺流程

根据高炉炉料结构的需要，球团产品按化学成分可以分为酸性球团、自熔性或熔剂性球团和含镁球团三种。三种类型中，酸性球团的生产最为普遍，它具有工艺简单、易于操作、球团质量好等优点。

球团生产的主要工艺方法根据球团焙烧方法可分为竖炉法、链算机—回转窑法和带式

焙烧机法三种。竖炉球团法是最早发展起来的，因具有工艺简单、对设备材质无特殊要求、建设投资小、热效率高等优点，曾一度获得较快发展。但竖炉法主要存在难以处理赤铁矿等 FeO 含量低的原料、球团焙烧均匀性较差、单台设备生产能力小、生球爆裂温度要求高、操作灵活性较差等方面的问题。随着钢铁工业的发展，要求球团工艺不仅能处理磁铁矿，而且能处理赤铁矿、褐铁矿及土状赤铁矿等原料。另外，随着高炉大型化的发展，对球团矿的质量提出了更高的要求，对球团矿的需求量也不断增加，要求球团生产向优质化、大型化发展。因此，相继发展了带式焙烧机、链箅机—回转窑等方法。不仅扩大了球团生产能力，而且有效地提高了球团产品的质量及其均匀性，增强了原料的适应性，拓宽了球团原料的种类和来源。

6.2　球团原料的准备

球团制备所用到的原料主要包括含铁原料、黏结剂、燃料以及其他辅助原料。这些原料送到球团厂后，往往需要经过一定的处理过程后才能投入球团生产，即需要进行原料的准备。原料准备主要包括接受、储存以及性能调整等方面。

6.2.1　含铁原料的准备

用于球团生产的含铁原料除了在化学组成尤其是铁品位方面有较高的要求以外，还需要有一定的细度和粒度组成，以及适宜的水分。为了生产出化学成分均匀的球团矿，首先必须保证原料化学成分稳定。国外对球团使用的精矿，要求全铁含量昼夜平均波动在 ±0.5% 以下，如日本要求为 ±0.2% ~0.3%，法国所用矿石在中和后，全铁含量昼夜平均波动为 ±0.4%。球团技术协调组规定，我国球团用原料，全铁含量波动为 ±0.5%。

从造球的角度来说，铁精矿的粒度越细，粒度组成又合适，则生球强度越高。但是精矿粒度过细，一方面增加磨矿费用，另一方面矿浆难以过滤脱水，滤饼必须进行干燥，造成工艺复杂化。同时粒度过细也会降低生球爆裂温度，给干燥带来困难，因此铁精矿的粒度应有一定的组成范围。原料的适宜水分是受原料物理性能、原料的粒度和粒度组成、混合料的组成和添加剂等影响的。

造球要求原料的水分适中，且所要求的适宜水分波动范围很窄，一般为 0.5%，对水分敏感的原料甚至更窄。因此，需要对造球原料的水分进行精确控制。

从球团生产对铁精矿的要求可知，球团原料准备包括铁精矿中和均匀、粒度控制和水分控制等工序。

6.2.1.1　含铁原料的接受、储存和中和

球团生产含铁原料的接受和储存方式与烧结原料类似，而且对于许多建在钢铁企业内部的球团厂来说，其原料的接受和储存往往和烧结原料统一在原料场进行，共用接受和储存设备及场地。也有一些离船码头近的球团厂对于船运的原料在船码头进行接受和储存。一般在球团厂内设有原料仓库，用来起储存和缓冲作用，以保障生产的连续。附近设有储存场地（原料场或船码头）时，原料仓库只是起缓冲作用，否则，需要仓库有足够的储存功能。

进入仓库的原料在运输方式上主要有皮带运输、火车运输和汽车运输等几种。来自原料场或船码头的原料多用皮带运输，有些依选矿厂而建的球团厂也采用皮带运输铁精矿，

通过移动卸料车卸到矿仓内。除了这些有条件用皮带运输的球团厂以外，火车是球团用含铁原料的主要运输工具。许多球团厂既没有原料场或船码头，也不是依选矿厂而建，其含铁原料主要靠火车运输。即便设有原料场，有时对于用火车运输的原料也直接运到球团厂进行接受。火车运输时，主要的接受方式有门式卸料机卸料和抓斗吊车卸料两种。汽车运输是一种辅助运输方式，主要用于散点原料和杂料的运输。

除了接受和储存以外，各厂对原料中和也采取了相关的措施。原料中和不仅可以减少成分的波动，还可以使原料的粒度和水分趋于均匀，对于确保造球和焙烧过程的稳定起到了很好的作用。国外对含铁原料的中和非常重视，许多球团厂都专门设置有现代化原料中和设备。目前我国球团厂的原料除了有条件的在原料场通过堆取料过程进行中和以外，多数都在原料仓库内通过抓斗吊车采用倒堆法进行中和。

6.2.1.2 含铁原料的干燥

水分对造球的成功与否是极为重要的。对每种原料来说，适宜的造球水分是不同的。磁铁精矿和赤铁精矿适宜的水分范围为 7% ~9.5%；黄铁矿烧渣和焙烧磁铁精矿，由于颗粒有孔隙和裂缝，其水分可达 15% ~17%；褐铁精矿可高达 17%。

国外精矿的脱水，除前苏联是在选矿厂内脱水外，其他都在球团厂脱水，我国是在选矿厂进行的。但在很多情况下，精矿水分高于适宜的造球水分。因此，还需要进一步降低精矿水分。控制铁精矿水分的措施一般有：

（1）扩大精矿仓库储存量；

（2）加大混合料中的膨润土的配比；

（3）配加钢铁厂产生的干粉尘；

（4）球团返矿再磨后配入精矿粉中；

（5）采用干燥设备强制脱水。

扩大精矿仓库储存量是我国球团厂早期普遍采用的方法，即在仓库或在原料场储存过程中自然脱水。测试表明，这种脱水方法对于高水分含量（11% ~12%）的细磨精矿，只有料堆表面以下 0.5 ~1.0m 的原料脱去 1% ~2% 的水，然而，由于水分从表层渗透到最下层，使下层物料的水分反而大大超过原有湿度。精矿水分较低时，料堆实际上是不能脱水的。所以对细磨精矿来说，这种方法是行不通的，而且它占地面积大，一次投资高。我国球团厂曾经膨润土用量大，有的甚至高达 5% ~6%，其中就有控制精矿水分的目的。但是，加大膨润土用量会使球团矿铁品位下降明显，而且增加了高炉内 K、Na 等有害元素的负荷。因此，用膨润土控制水分的方法实际上是以牺牲高炉冶炼成本为代价的，对于日益重视综合成本的钢铁工业来说，显然不可取。

配加钢铁厂的干粉尘调节原料水分是既经济又简单而且有利环保的可行办法。承钢球团厂采用高炉灰调节精矿水分。先将 5% 的水加入到高炉灰中，经润磨到粒度小于 0.074mm，再加到其他物料中。一般配加 3% ~5% 的高炉灰。虽然除尘灰铁品位低，但由于粒度细，且自身几乎不含水分，它的加入可以降低膨润土用量，抵消了因配加膨润土对球团矿品位不利的影响。

将球团返矿细磨后加入到精矿粉中调节水分，对建在矿山的球团厂，不仅可以控制精矿水分，而且解决了球团返矿再利用的问题。但是，球团返料亲水性较差，对混合料的成球性能有一定的不利影响。

　　为了有效地控制原料水分，我国近期新建的球团厂都设计有圆筒干燥机。圆筒干燥机的优点是机械化程度高，结构简单，生产能力大，操作控制方便，故障少，维修费用低，对物料的适应性强，不仅适用于处理散状物料，而且适用于处理黏性大或者含水量高的物料。不足之处是设备笨重，热效率较低，一次投资高，当处理黏性大的精矿粉时，干燥过程中易结块，干燥后还要进行粉碎。

　　圆筒干燥机是干燥固体物料的一种古老而典型的设备，它主要部件是筒体，筒体上装有齿轮，带动筒体回转，筒体两端装有密封装置，防止粉尘泄出，筒体前后设有加料与卸料装置（图6-2）。物料因圆筒的旋转而不断翻动和推进，气体以一定的速度流过筒体，完成传热、传质过程。由于物料不断地翻动，使气相不断地与新物料层接触从而加速了物料的干燥速度。

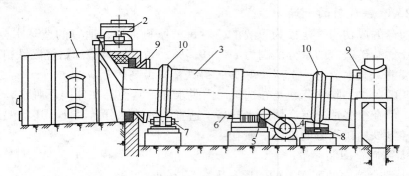

图6-2　圆筒干燥机

1—燃烧炉；2—给料装置；3—钢制筒体；4—驱动电机；5—齿轮传动装置；
6—齿轮；7—滚轮；8—挡轮；9—迷宫式密封存装置；10—滚圈

　　圆筒干燥机内的气体和物料之间的流向有逆流式和顺流式两种操作类型。通常在处理含水量较高、不耐高温、可以快速干燥的物料时，宜采用顺流操作。当处理不能快速干燥而能耐高温的物料时，则采用逆流操作。我国球团厂的圆筒干燥机多数采用顺流干燥方式。由于被干燥的物料通过皮带给到干燥机内，进料端温度较高，皮带机事故较多，因此也有的厂采用逆流式干燥方式。

　　自20世纪70年代初圆筒干燥机作为球团原料干燥设备被引入我国球团生产以来，球团原料的干燥都是采用圆筒干燥机。圆筒干燥机干燥球团原料流程分配料前干燥和配料后干燥两种，如图6-3所示。相比之下，配料前干燥的流程比较灵活，首先将精矿干燥后送进精矿配料仓，矿仓下料畅通，给料均匀，能使配料比较准确，而且精矿的水分波动比较小，不过它多了一道混合工序，投资比较大。配料后干燥的流程，把混合工序和干燥工序结合在一起，它的优点是节省了一台混合机，工艺简单，投资较少，占地面积小。不足之处有以下几点：

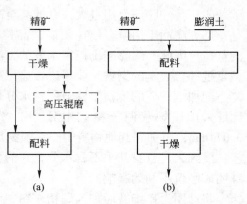

图6-3　球团原料的干燥流程

（a）配料前干燥；（b）配料后干燥

（1）当精矿水分过大时，配料过程下料不畅，给料不均匀，配料不准确，严重时还可能出现堵料；

（2）以干燥机代替混合机，混匀效果差，膨润土用量高；

（3）膨润土接触高温干燥介质后活性下降，黏结性变弱；

（4）干燥过程中易形成小球，对造球过程不利；

（5）由于混合料中配入的膨润土粒度细、密度小，容易被干燥气流吹出，既增加了对环境的污染，又造成了膨润土的损失，降低混合料中膨润土的实际含量，影响生球质量。

6.2.1.3 含铁原料的预处理

原料粒度及粒度组成方面，一般要求具有足够的 -0.044mm 粒级含量或 -0.074mm 粒级含量。国外经验证明，精矿粒度应为 -0.044mm 粒级含量大于 60%，或者 -0.074mm 粒级含量大于 90%。除了粒度组成以外，球团生产越来越多地关注原料的比表面积，用比表面积表示应能更好地反映物料的成球性好坏。实践证明，精矿比表面积在 1500 ~ 1900cm²/g 以上时，成球性能良好。我国中小型球团厂以往要求铁精矿 -0.074mm 粒级含量大于 80%，比表面积大于 1300cm²/g，随着规模的大型化，精矿比表面积要求已逐步提高至 1500cm²/g 以上。另外，还要求原料具有一定的微细粒级含量，以使球团具有足够的致密度。微细粒在球团孔隙中填充，可以加强颗粒间的接触，对于改善成球过程、提高生球强度、促进球团固结都具有重要的作用。

当精矿粒度比较粗或用富矿粉生产球团时，需要进行原料预处理。预处理方式包括磨矿、高压辊磨和润磨三种。当原料细度离造球要求差距较大，用高压辊磨和润磨都难以达到理想造球性能时，则需要进行磨矿处理；当原料细度与造球要求相差较小，或微细粒级含量较少、比表面积较小时，可采用高压辊磨或润磨进行预处理，以改善原料的造球性能，或降低膨润土用量。因此，高压辊磨和润磨只能用于精矿的预处理，而磨矿则既可以用于精矿，又可以用于富矿粉。

A 磨矿预处理

磨矿的目的是降低原料的颗粒粒度，提高细粒级百分含量，使原料粒度组成达到造球的要求。磨矿设备主要采用球磨机，磨矿工艺一般有湿磨和干磨两种，分别有开路和闭路两种流程，如图 6-4 和图 6-5 所示。若一次通过磨机后粒度组成可满足造球要求，可采用开路流程；当一次磨矿后粒度组成仍不能满足造球要求时，需要采用闭路流程，通过粒度分级将粗粒部分返回再磨。

湿磨是将矿粉或粗精矿加水在开路或闭路的磨矿系统中磨至造球所需的粒度，磨后的矿浆经过滤机进行脱水。采用闭路流程时，一般用水力旋流器进行粒度进行分级。由于细磨的矿浆，特别是赤铁精矿、褐铁精矿等亲水性很好的铁精矿，过滤性能差，难于脱除到所要求的水分。因此往往经过脱水后的精矿还需要通过干燥进一步脱除水分。

由于湿磨工艺存在过滤困难、磨矿介质消耗高等问题，国外不少球团厂采用干磨工艺。干磨工艺是先将矿粉或精矿干燥到含水分 0.5% 以下再进行磨矿，采用闭路流程时，用风力分级机进行分级（图 6-5）。国外球团厂选用了水泥工业生产广泛采用的干磨工艺处理造球原料。其中，将矿粉干磨的有美国的皮奥尼尔、加拿大的卡德兰希蒂普洛克、日本的加古川和八幡、比利时的克拉伯克、荷兰的艾莫依登等厂；将精矿干磨的有加拿大的瓦布什公司。

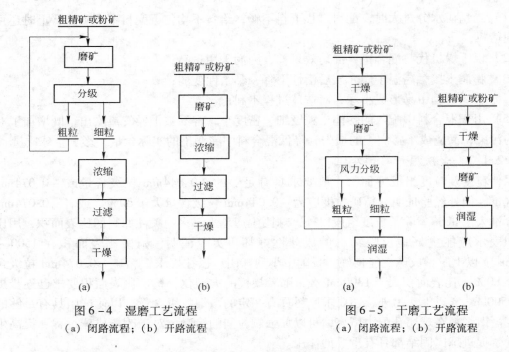

图 6-4　湿磨工艺流程
（a）闭路流程；（b）开路流程

图 6-5　干磨工艺流程
（a）闭路流程；（b）开路流程

干磨工艺中有两种干燥方式，一种是将干燥和磨矿在同一设备中进行，即将球磨机分为两格，前一格用于原料干燥，后一格用于磨矿；另一种是将干燥和磨矿在分开的设备中进行。由于将干燥和磨矿在同一设备中进行可以节省设备台数，因而在干磨工艺中较为常用。图 6-6 所示为荷兰艾莫依登厂的干燥磨矿流程。该厂磨矿采用的球磨机尺寸 $\phi 4m \times 14m$。球磨机分为两格，干燥格长 3m，磨矿格长 10.5m。隔墙有螺旋叶片，将干粉送入磨矿室，磨后粒度小于 0.44mm，含量占 59.27%，用风力分级机将粗粒返回再磨。干燥介质温度为 600℃。

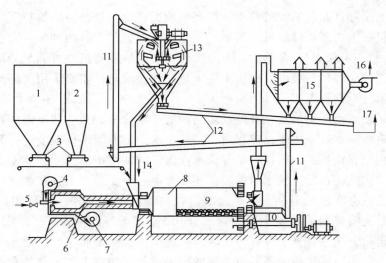

图 6-6　造球原料的干燥磨矿流程

1—原料仓；2—石灰石；3—带式配料秤；4——次空气；5—天然气；6—燃烧室；7—二次空气；8—干燥格；9—磨矿格；10—筛分；11—提升机；12—风力运输；13—风力分级机；14—返矿；15—电除尘器；16—至烟囱；17—成品至矿仓

两种磨矿工艺相比较，湿磨工艺的优点是磨矿效率高，处理能力大，投资较低，动力消耗较低，劳动条件和环保较好；缺点是不能用于难过滤的物料，磨矿介质磨损较大，需要设置矿浆过滤环节，且脱水后的矿物难达到造球要求和水分。干磨工艺的优点是磨矿介质磨损较小，不需要浓缩和过滤，适应性较强；可加入黏结剂共磨，节省膨润土用量。存在的问题是：（1）灰尘量大，劳动条件较差；（2）球磨机生产率和磨矿细度受原料湿度影响，物料水分必须控制在0.5%以下；（3）需要对干磨后的细矿粉增设润湿环节，且润湿搅拌过程中会出现小球，影响混合质量，并对造球过程产生干扰。

在大多数情况下，就同一种矿石来说，湿式闭路磨矿的电耗最低，干式开路磨矿的电耗最高；从投资方面看，湿式开路磨矿费用最省，干式闭路磨矿所需投资最大。但如果按磨矿总费用考虑，虽然干式磨矿方式的钢球和磨机材板的消耗比温式磨矿低得多，但是湿式磨矿的钢球和磨机衬板的消耗比干磨矿高得多，其后续干燥所需要的费用也比干磨矿大。因此，选用何种磨矿方法须根据具体原料在综合对比的基础上确定。一般，对于容易过滤的磁铁精矿，采用湿磨作为再磨方式。而对于赤铁矿、褐铁矿或混合矿等难以过滤的原料，更适合采用干磨。

B 润磨预处理

润磨是通过磨矿介质对处于润湿状态的物料进行处理的一种原料预处理方法。润磨所处理的原料含有一定的水分，是不同于湿磨和干磨原料预处理方式，既避免了湿磨时的过滤脱水作用，又避免了干磨时将水降至0.5%的干燥作业和后续的润湿环节。润磨对原料粒度降低的作用没有干磨和湿磨大，适合于处理粒度组成与造球要求相差较小的物料。一般配置在配料之后，可同时完成混合作业。润磨机的结构如图6-7所示。

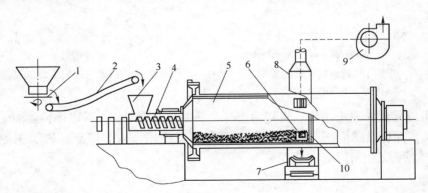

图6-7 润磨机的结构

1—圆盘给料机；2，7—皮带机；3—料斗；4—螺旋给料机；5—润磨机筒体；
6—排料口；8—气体排放罩；9—离心抽风机；10—隔板

由于润磨机入磨物料含有一定的水分，因而要求润磨机具有特殊的结构形式，其特点如下：

（1）周边排料。由于润磨物料中含有一定的水分，采用球磨机的格子板排料，会堵塞格子条孔，故必须采用周边排料。即在润磨机排料端筒体周边的适当位置设置排料格子，物料经格子孔排出。

（2）强制给料。对于润湿磨矿，一般的给料器和中空轴颈的内螺旋给料会因粘料而出现故障，使磨矿作业不能正常进行，所以润磨机必须采用螺旋给料机强制给料。为了使润磨机工作状态良好，在螺旋给料机前设置圆盘给料机，用以稳定入磨料量。

（3）橡胶衬板。一般常用的钢衬板，具有一定的亲水性，无弹性，故易粘料，只能用于干磨或湿磨。润磨时，物料中含有一定的水分，为了防止粘料现象发生，润磨机采用橡胶衬板。因为橡胶衬板亲水性较差，具有良好的弹性，当钢球冲击橡胶衬板时，由于弹力的反作用，黏附在衬板上的物料又被弹起而脱落，故使用橡胶衬板不易粘料。

润磨的作用主要有三个方面：

（1）润磨具有磨矿作用，可以降低原料粒度，改善粒度组成。图6-8所示为两例润磨过程粒度测试结果，该结果表明润磨可以提高原料中细粒级（-0.074mm）含量的效果，充分显示了润磨的磨矿作用，而且原始粒度越粗，磨矿作用越明显。随着原始粒度的下降，润磨的磨矿作用减弱。

（2）可以提高原料的塑性，改善生球质量。润磨过程中的搓揉、挤压作用使物料塑性增加，从而提高生球的强度，尤其是落下强度。由图6-9可知，随着润磨时间超过一定时间后，虽然生球抗压强度有所下降，但落下强度仍有明显提高，充分表明润磨提高的物料的塑性。

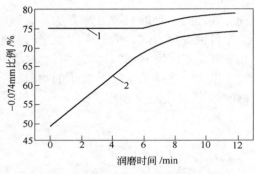

图6-8　润磨时间对原料粒度的影响
1—细粒矿；2—粗粒矿

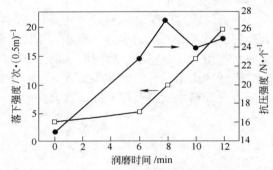

图6-9　润磨时间对生球强度的影响

（3）可以降低膨润土用量。将膨润土与含铁原料一起润磨，可以增强膨润土在铁矿中的分散效果，并加强膨润土与铁矿颗粒表面的相互作用，从而可降低膨润土的用量。图6-10充分显示了这一作用。

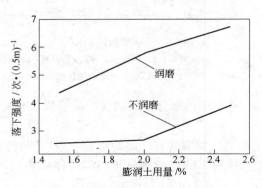

图6-10　润磨对膨润土用量的影响

润磨过程的主要影响因素有润磨机转速、物料水分、介质充填率、物料充填率（或球料比)、排料开孔率等。润磨机除了具有一定的磨矿作用外,更重要的是研磨和搓揉作用,以便提高物料塑性。因此润磨机的工作转速较一般球磨机低,通常工作转速为临界转速的0.65~0.70。

入磨物料具有合适的黏附能力是确保润磨效果的重要条件,也是润磨区别于干磨和湿磨的本质特性。水分是影响物料黏性的主要因素,因此水分对于润磨效果极为重要。在一定的范围内,随着含水量的增加而黏附能力增加,但当入磨物料的含水量超过某一位时,物料具有的黏附力大于钢球冲击下橡胶衬板的弹力,物料不能在衬板弹力的作用下脱落,因而开始发生粘料现象。因此,在润磨过程中,水是增强研磨效果、改善成球性能必不可少的因素,又是可能发生粘料的重要原因。控制适宜的入磨原料水分,可在确保不发生粘料的前提下尽可能增强润磨效果。由于不同物料的亲水性能不同,因而入磨物料的适宜水分含量范围也有所不同。对于水分过大的原料,需要在润磨之前先进行干燥以控制其水分,如图6-11所示。

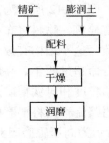

图6-11 球团原料的干燥润磨流程

介质填充率和物料充填率对润磨效果影响较大,当介质填充率低,而物料填充率过大时,不但减弱磨矿、研磨、搓揉作用,而且造成介质包裹物料及润磨机粘料现象。一般来说介质填充率根据润磨机的产量,通过试验后确定。国内外的 ϕ3300~3200mm 润磨机产量一般为50t/h,介质填充率一般为17%~18%。当物料与钢球能维持一定的比例时,润磨机得以在不粘料的情况下正常运转,若物料充填率增大到某一限度时,钢球为大量物料包裹,无法直接打击橡胶衬板,对物料的粉碎、研磨作用显著降低,甚至有夯实物料的副作用,此时尽管物料水分不高,但在钢球的夯实作用下,粘料现象仍然随之发生。因此,润磨过程中要求有适宜的物料填充率或球料比。

润磨过程中,物料和钢球在润磨机的分布是有一定规律的。在进料端物料充填率最大,钢球充填率最小。与此相反,在排料区,物料充填率最小,钢球充填率最大,球料比通常大于正常值,故不易粘料。同时开孔率增大,物料在润磨机内的移动速度加大。因此,要求控制适当的给料量,使物料的充填率和钢球的充填率都发生有利的变化,可以保证有合适的物料充填率和料球比,有利于克服粘料现象。

排料开孔率也是影响润磨机产量和效果的重要参数。开孔率过大,排料能力增加,润磨机产量提高,但由于物料在润磨机内停留时间太短,致使润磨效果下降。相反,开孔率过小时,润磨机内物料填充率增加,介质与物料之比降低,润磨效果也会变差。开孔率与润磨介质填充率及磨矿细度、原料水分等均有关。日本 ϕ3300mm×5100mm 润磨机排料开孔总面积为 0.57m^2,我国 ϕ3200mm×5300mm 润磨机排料开孔总面积为 0.69m^2。

C 高压辊磨预处理

自20世纪90年代中期第一台双驱动液压高压辊磨机问世后,高压辊磨技术得到迅速的发展。在水泥生产、石灰石、石英等脆性物料粉碎方面已取得了理想的效果。国外球团厂将高压辊磨应用于原料的预处理,可获得提高细度、增加比表面积、改善造球性能、降低膨润土用量的良好效果。我国新建的链算机—回转窑球团厂,如武钢程潮铁矿、柳钢、昆钢球团厂,由于铁精矿粒度较粗,均从国外引进高压辊磨机,对铁精矿进行处理。

高压辊磨机是在传统辊机的基础上改进而成，通过给活动辊施以高压使得边界受约束的物料通过两个相向转动的辊子受挤碎产生细粒级。高压辊磨机主要由工作辊、传动系统、压力系统、机架、给料和排料装置、控制系统等组成。工作辊包括固定辊和可动辊，轴和轴承座。固定辊和可动辊的规格和结构相同，工作辊由辊芯和辊套组成，磨损后辊套可以更换。两工作辊安装在同一水平面上且互相平行，同步相向运转。固定辊的轴承座定位于机架上，可动辊的轴承座能沿上下机架的导轨前后移动，并与施压部件相连，传递工作压力。图 6 - 12 所示为高压辊磨机的结构简图。用于铁精矿磨矿的高压辊磨机的工作辊面上设有栓钉，物料嵌布在栓钉之间，形成抗磨损的保护层，抗磨损保护层的高度与栓钉高度一致。这一结构有效地延长了高压辊磨机辊面的工作寿命，球团厂的高压辊磨机的辊面工作寿命超过两年。高压辊磨可以是开路辊磨也可以是闭路辊磨，其工艺的选择视铁精矿的原始粒度和对铁精矿的粒度要求而定。开路流程经过一次辊磨后，全部直接送去配料系统。闭路流程则将辊磨机两端的辊后料经过分流，返回进料系统，称为边料循环。图 6 - 13 所示为高压辊磨闭路流程。

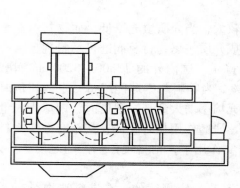

图 6 - 12　高压辊磨机的结构简图

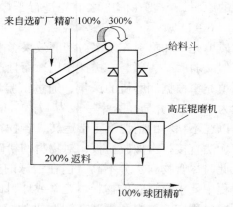

图 6 - 13　高压辊磨闭路流程示意图

高压辊磨与润磨相比具有单台设备生产能力大、电耗低的优点，对于大型球团厂，有利于简化厂房布置。润磨机作用效果好，单台设备生产能力小、电耗高，因而较适合于生产规模难以大型化的竖炉球团工艺。

6.2.2　膨润土的准备

球团用膨润土要求蒙脱石含量高，粒度细，黏结性能好。因此，膨润土的准备包括细磨、提纯以及改性三个方面。膨润土的加工准备有的在供应厂完成，也有的在球团厂进行。加工工艺根据目的和功能的不同可分为干法加工工艺、湿法加工工艺和人工改性工艺。

6.2.2.1　膨润土的制备

对于蒙脱石含量高、质量较好的钠基膨润土，一般采用干法加工流程。其目的主要是制备出达到球团生产粒度要求的膨润土，常用流程如图 6 - 14 所示。

膨润土矿开采后首先通过晾晒进行自然干燥，然后进行破碎，破碎后经干燥至水分在 6% ~ 8% 以下，再通过细磨加工成粒度小于 0.074mm 的产品。

膨润土破碎设备一般采用颚式破碎机，干燥设备为圆筒干燥机，细磨设备为雷蒙磨。

湿法加工工艺的目的是通过分选过程，提高膨润土的蒙脱石含量，以实现膨润土的提纯。蒙脱石含量在 30% ~ 50% 的低品位原矿，必须采用湿法加工工艺。同时，要想获得高品位优质膨润土，也必须使用湿法加工。

膨润土湿法加工通常使用重力分选法。首先将原矿制备成泥浆，再进行分离，有使用分散剂或不用分散剂的区别，常用分散剂为六偏磷酸钠。典型的湿法工艺如图 6 – 15 所示。

使用湿法加工除去大部分杂质矿物，如石英、长石、伊利石、水云母、白云母、铁氧化物等。分选效率不仅与加工工艺水平有关，而且与膨润土矿石性质及其杂质的性能有很大关系。我国 20 世纪 80 年代以来也已经采用湿法工艺，典型代表是临安膨润土矿，用湿法工艺生产高纯土。

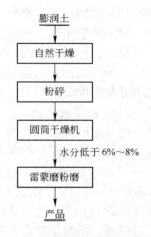

图 6 – 14 膨润土干法加工流程

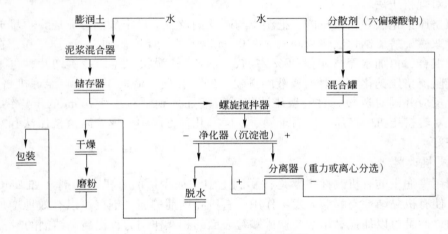

图 6 – 15 膨润土湿法加工流程

6.2.2.2 膨润土的改性

我国膨润土储量丰富，但质量较差，且各地膨润土质量参差不齐，许多天然膨润土需要较高的用量才能满足造球要求。因此，对膨润土进行人工改性越来越受到重视。人工改性主要为钠化改性，近年来随着对球团矿品位重视程度的不断提高，也常对球团用膨润土进行有机改性。

A 钠化改性

膨润土根据蒙脱石层间可交换阳离子种类、含量分为钠基膨润土（碱性土）、钙基膨润土（碱土性土）和氢铝基膨润土（天然漂白土）三种。用于球团的膨润土主要为钙基膨润土和钠基膨润土。实践证明，钠基膨润土造球效果优于钙基膨润土。我国虽然膨润土资源储量丰富，但以钙基膨润土居多。为了使资源丰富的钙基膨润土能达到或接近钠基膨润土的性能要求，钠化改性已成为重要的深加工工艺。

钠化改性是将外加的 Na^+ 离子挤压插入 Ca^{2+} 蒙脱石晶层之间，进行阳离子的交换。常用的是碳酸钠（Na_2CO_3），也可用碳酸氢钠、氢氧化钠、醋酸钠、草酸钠、焦磷酸钠等。

钙基膨润土在自然条件下或者在水介质中，都是以聚结状态存在。因此，在钠化过程中，除了必须具备自由钠离子外，还应当施加外力，主要是剪切力，将晶层推开，增加钙蒙脱石的比表面积，同时加速钠离子交换钙离子的过程。膨润土的人工钠化改性需要在一定水分及温度下进行，主要方法有悬浮液法、堆场钠化法、挤压钠化法等：

（1）悬浮液钠化法。在钙基膨润土中加入 Na_2CO_3 后加水配制成矿浆，浸泡陈化或搅拌处理一定时间后，经脱水、干燥、磨粉即得改性产品。此法过滤脱水困难，生产效率低，因而只有与湿法提纯配合才有使用价值。

（2）堆场钠化法。在原矿或加工后的干粉中，按所需钠离子量（通常 Na_2CO_3 量为矿石量的 3%~5%）化成水溶液加入，拌匀、堆放，整个矿石含水量控制在 30% 左右，堆放（老化）7~10 天，并经常翻动拌和。钠化后干燥、磨粉。此法为早期使用的方法，钠化效率差，质量不稳定，较难满足球团生产要求。

（3）挤压钠化法。挤压钠化法是在对混有钠化剂的钙基膨润土施加挤压力的条件下进行的钠化改性方法。挤压方式根据所用设备不同有轮碾挤压法、双螺旋挤压法、螺旋阻流挤压法和对辊挤压法等。

轮碾挤压钠化法在轮碾机内，把湿土与碳酸钠及少量丹宁酸混合碾压，再堆放陈化一定时间。双螺旋挤压钠化法将粉碎成 5~10mm 以下的干燥原矿加入 Na_2CO_3 粉，在双螺旋混料机中混合，再加水至含水量 30% 左右，混合成软泥状，经切片机切片，再干燥、粉碎。螺旋阻流挤压钠化法将混均碱液的矿粉，经带孔板阻流的三轴螺旋混炼机挤压钠化，完成钠化反应并同时造粒。对辊挤压法将碱溶液加入到颗粒小于 5mm 的干燥钙基土中，拌匀后在对辊挤压机中挤压，然后干燥、粉碎。几种方法中，螺旋阻流挤压法和对辊挤压法效果较好。

B 有机改性

球团用膨润土的有机改性主要是在膨润土中添加少量的有机黏结剂（如 CMC）并充分混匀，使有机黏结剂与膨润土发生作用。有机黏结剂的加入不仅可以有效地增加膨润土的内聚力，而且可以加强黏结剂与铁矿颗粒表面的相互作用力，提高黏结剂的附着力。

有机改性一般结合膨润土生产及钠化改性流程进行。为了加强与膨润土的混匀及相互作用效果，有机黏结剂常与膨润土一起加入到雷蒙磨中共磨，其添加量一般为 1% 左右。

6.3 生球的制备

6.3.1 配料

配料是确保球团矿化学成分稳定的关键环节。球团使用的原料主要为铁精矿和黏结剂，有些球团厂为了综合利用钢铁厂资源，防止环境污染，将钢铁厂内的粉尘也应用于球团，也有些球团厂为了提高球团矿碱度或 MgO 含量，在球团原料中配入熔剂或含镁添加剂。总的来说，球团原料种类较少，配料工艺较简单。

传统的球团配料方法有容积配料法和重量配料法两种。目前容积配料法已淘汰，球团生产普遍采用重量配料法。配料设备包括给料设备和称量设备。给料设备主要有圆盘给料机、螺旋给料机以及皮带给料机。称量设备主要为电子皮带秤。这些设备的基本构造和工作原理已在烧结配料中叙述。本节不再赘述。

6.3.2 混合

不同原料和黏结剂按给定比例配料后，需要进行混合。混合不仅可以使所获得的混合料成分和粒度均匀，更重要的是可以使黏结剂在混合料中分散均匀，并尽可能接近颗粒表面，甚至在颗粒表面发生作用。

6.3.2.1 混合工艺

混合工艺按混合段数可分为一段混合和两段混合，混合方法及其作业过程因所用的设备不同而不同，球团原料的混合设备主要有圆筒混合机和强力混合机等。除此以外，圆筒干燥机和润磨机也兼具混合设备的功能。

我国球团配合料过去大多数采用类似于烧结混合机的一段圆筒混合机混合。圆筒混合机除混匀外，还有制粒作用。混合料制粒对球团生产不利，一是使形成小球后，难以混合均匀，尤其是黏结剂无法分散到小球内部的颗粒群中；二是球团混合料中准颗粒太多，也就是母球多，它使造球操作不稳定，在正常加水加料情况下，母球长大速度慢，生球粒度偏小，因而干扰了造球过程的稳定顺行。采用圆筒干燥机干燥混合料时，实际上也就完成了一段圆筒混合机混合。如杭钢、大冶1号竖炉、湘钢瑞通等，均以圆筒干燥机代替混合机。当对混合料进行润磨混合预处理时，也可同时完成混合。在圆筒干燥机后设有混合料润磨时，则起到了两段混合的作用。从混合的角度来看，润磨机不仅可以起到进一步混匀的作用，而且可以破碎小球，加强混匀效果，使黏结剂充分分散，并可促进黏结剂在颗粒表面的作用，克服了圆筒干燥机代替混合机的不足之处。

由于圆筒混合机存在上述难以避免的问题，近年已逐步被轮式混合机和强力混合机取代。国外球团厂广泛采用轮式混合机混合。我国鞍钢200万吨/年带式焙烧机球团厂采用二段混合，第一段采用轮式混合机，第二段采用强力混合机。本钢16m² 竖炉采用一段强力混合机混合，设计时考虑了旁路系统，当强力混合机检修时，配合料由犁式卸料器卸入一段轮式混合机中，混合料经轮式混合机混合后再送至造球室。

国外经验认为，生产非自熔性球团矿时，采用一段混合工艺是可行的。生产熔剂性球团矿时，必须采用二段或三段混合。如第一段用轮式混合机，第二段用圆筒混合机，第三段再用轮式混合机。第三段轮式混合机可以捣碎二段混合机中形成的母球。

6.3.2.2 混合设备

A 轮式混合机

轮式混合机安装在皮带运输机上，全部工作轮都在罩壳内。轮式混合机有4~6个工作轮。第一个工作轮为粉碎轮，用来捣碎混合料中的大块。后面3~5个工作轮为混合轮。工作轮两端夹板之间配置设有人字形叶片，叶片长度比皮带的宽度稍小一点，叶片与皮带的间隙为5mm。工作时由链传动或三角皮带传动装置带动工作轮旋转，轮子转速大约为400~750r/min。皮带速度约1m/s。图6-16所示为乌拉尔选矿研究院设计的轮式混合机。

轮式混合机具有结构简单、质量轻、电耗小，单机能力大的优点，但混合效率不高。轮式混合机生产能力（单位为t/h）按下式计算：

$$Q = 0.8 \times 3600 BHvr \tag{6-1}$$

式中　　H——料层高度，m；

B——皮带宽度，m；

v——皮带速度，m/s；

r——物料堆积密度，t/m³。

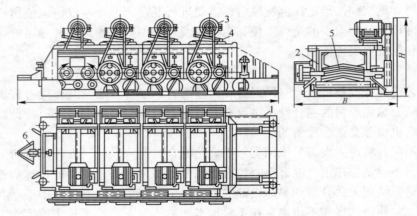

图 6 – 16 轮式混合机

1—焊接机架；2—工作轮；3—电动机；4—三角皮带传动；5—皮带机；6—刮刀

B 强力混合机

强力混合机通过安装在转动轴上的混合耙的作用达到混合效果。机体为固定圆筒，混合耙在圆筒中随转动轴做高速运转，使物料产生剧烈运动，各种物料或物料与水分充分相互接触，达到均匀混合。强力混合机的优点为混合时间短、混合效率高，适合于加膨润土的细磨湿精矿的混合。根据筒体中心轴的方向，有卧式强力混合机和立式强力混合机两种。

a 卧式强力混合机

卧式强力混合机的筒体为固定卧式圆筒（图 6 – 17），内装特殊设计的安装在中心轴上的混合耙。物料呈单个颗粒分别投向筒壁再返回，与其他颗粒交叉往来，形成物料颗粒与气体的紊动混合物。

b 立式强力混合机

传统的立式强力混合机的筒体为固定立式圆筒（图 6 – 18）。筒内装有两根转动轴，带动混合耙作相向转动，达到强力混匀的效果。

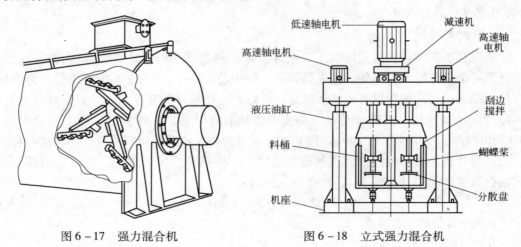

图 6 – 17 强力混合机 　　　　图 6 – 18 立式强力混合机

图 6-18 所示的立式混合机多用于化工、轻工和食品等行业。我国通过引进消化国外技术，已自行设计制造出球团生产用强力混合机。我国鞍钢 200 万吨/年带式焙烧机球团厂、包钢 110 万吨/年带式焙烧机球团厂和本钢 16m² 竖炉球团都采用强力混合机。根据本钢 16m² 竖炉使用情况测定：一段强力混合机的效果相当于两段圆筒混合机的混合效果，生球入炉的粉末量由 3.84% 降到 2.51%，竖炉各项指标都有较大提高。但是，强力混合机存在着电耗高、耙齿磨损大、检修频繁、作业率低等缺点。为了提高强力混合工序作业率，采用强力混合机的球团厂应设计有旁系统（如本钢 16m² 竖炉）或增设一台备用设备。

混合机生产厂家不同，相应的结构也不尽相同，但基本结构和功能原理相同。以德国爱立许公司的立式强力混合机（图 6-19）为例，设备由混合桶、混合桶驱动及支撑、1~4 个用于搅拌混合的转子（带桨叶）及驱动、卸料门及驱动、计量和控制单元组成。物料从进料口进入后，依靠混合桶的转动和转子的搅拌，使物料充分混合，经卸料门外排。为保证混合效果，设备安装有计量设施，可以计量物料质量。通过调整卸料门的开度，调整桶内的物料高度和质量，保证物料混匀效果。

在球团生产中广泛采用的是 R 系列立式混合机。其混合原理是：旋转的倾斜混合盘把物料向高处输

图 6-19　爱立许立式强力混合机示意图

送，物料从加料口通过重力来到转子周围，刮板后面的混合盘底和盘壁是空的。这意味着，混合盘旋转一周（转速约为 1m/s）100% 的物料都经过了充分的混合。D 系列处理能力更大，通常带 2~4 搅拌转子，还可用于大型烧结机烧结料的混匀。表 6-1 列出了爱立许立式强力混合机的一些技术参数。

表 6-1　爱立许立式强力混合机的技术参数

型　号	处理能力/t·h⁻¹	搅拌转子个数	型　号	处理能力/t·h⁻¹	搅拌转子个数
R19	110	1	DW29/5	500	2
RV19	150	1	DW29/6	600	2
R24	220	1	DW31/7	700	2
RV24	300	1	DW31/7	800	3
DW29/4	400	2	DW40	1200	4

6.3.3　造球

造球又称滚动成型，它是球团矿生产中重要的基本工序之一，其产品（生球）质量的优劣及其稳定性在很大程度上决定着成品球团的质量。造球过程在水分和黏结剂的作用下通过机械滚动作用将细粉颗粒制成含有水分适宜的生球，使颗粒之间形成紧密接触状态，为球团在后续的焙烧固结过程中的颗粒连接奠定了基础，同时也使生球具有足够的强度以

抵抗转运过程的机械冲击、干燥料层的挤压以及干燥过程中水蒸气的压力。

6.3.3.1 造球工艺

造球工艺包括造球、生球筛分、返球破碎等环节。如图 6-20 所示，生球从造球机中排出后，经两段筛分，将粒度不符合要求的大球、大块、小球、及细粉分离出来，破碎后返回造球。

国内外应用较多的造球有圆盘造球法和圆筒造球法两种。圆盘造球法具有自动分级的作用，而圆筒造球法没有自动分级作用，因此，圆筒造球机产生返料量远远大于圆盘造球机。圆盘造球机返料量一般在 20% ~ 30%，而圆筒造球机为 70% ~ 80%，实际上圆筒造球机造出的生球是经过了多次循环长大的，成球时间长而更加致密。

两种造球方法均需要配置生球筛分系统，剔除生球中的大块及小球与细粉，以改善球层气体分布状态，减少高温焙烧过程中的结块，从而减少竖炉的悬料或回转窑中的结圈等不良现象。

生球筛分的主要设备为圆辊筛，可用辊子间隙灵活控制生球粒度，达到筛除 - 8mm 及 + 16mm 不合格粒级的目的。生球筛分通常分两种布置方式，集中两段筛分和一段独立筛分。

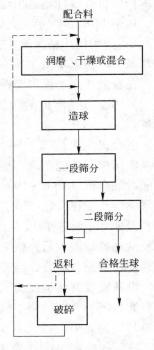

图 6-20 造球与生球筛分流程

集中两段筛分是将多台造球设备排出的物料集中在一起，先经过一段圆辊筛剔除大球，再给到二段辊式筛分布料机上筛除小球后直接布到链箅机上，小球筛分和布料合二为一。这种方式适用于中、小型（120 万吨/年）规模以下球团厂，特点是工艺配置简单。

一段独立筛分是对每台造球设备排出的物料都设置一套独立筛分系统，大球和小球在一台圆辊筛上筛除，ϕ7.5m 圆盘造球机和圆筒造球机通常采用此种方式。因此，一段独立筛分通常在大、中型球团厂使用，特点是筛分效率高。

生球的尺寸控制一般下限为 6 ~ 9mm，上限为 16 ~ 20mm，生球粒度范围小时，球团焙烧均匀性好；生球粒度范围大时，生球产量大。生球返料的处理方式主要有两种类型，一类是经破碎后返回混合机或造球缓冲料仓，此类方式对造球过程干扰小，但需要设置专门的生球破碎设备。第二类是直接返回混合机或造球缓冲料仓，节省了生球破碎设备，返料中的大球通过转运落差摔碎，小球可作为造球的母球，但过多的小球容易对造球过程引起干扰，影响造球过程的稳定性。

6.3.3.2 造球设备的主要类型

对于造球机械设备，一般有以下要求：结构简单，工作平稳可靠；设备重量轻，电能消耗少；对原料的适应性强，易于操作和维护；产量高，质量好。从上述要求出发，多年来国内外都进行了大量的试验研究工作，这对于球团矿的发展起了很好的促进作用。据报道，目前国内外已有的造球机械设备有圆筒造球机、圆盘造球机、圆盘型圆锥造球机、螺旋挤压—圆锥造球机等。在上述几种造球机中，圆筒造球机和圆盘造球机应用得最广。国外各种造球机所占的比例是：圆筒造球机占 61.07%，圆盘造球机占 29%，圆盘型圆锥造球机为 3.6% ~4.5%。国内除了鄂州 500 万吨/年的球团厂采用圆筒造球机以外，其余球团厂几乎全部采用圆盘造球机。

现有圆筒造球机最大规格为 $\phi5m \times 13m$，单机产能为 15 ~ 200t/h；圆盘造球机规格最大为 $\phi7.5m$，单机产量为 100 ~ 160t/h。

A 圆盘造球机

圆盘造球机是一个带边板的平底钢质圆盘（图 6 - 21），工作时绕中心线旋转。它的主要构件是圆盘、刮刀、给水管、传动装置和支承机构。为了强化物料和生球的运动、分级和顺利排出合格生球，圆盘通常倾斜安装，倾角一般为 45° ~ 50°。圆盘造球机约在 20 世纪 40 年代末正式用于冶金工业，由于有自动分级作用，对于粒度无严格要求时无需筛分，运转可靠，生产能力大，因而发展较快。

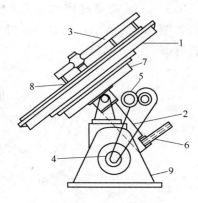

图 6 - 21 圆盘造球机
1—圆盘；2—中心轴；3—刮刀架；
4—电动机；5—减速器；6—调倾角螺栓杆；
7—伞齿轮；8—刮刀；9—机座

造球物料经给料机加入圆盘造球机内。物料加入后，随着给水管不断加水和造球盘的旋转使物料产生滚动，逐渐变成各种粒度的生球。由于粒级本身的差异，在旋转圆盘的作用下，它们将按不同的轨迹进行运动。大颗粒位于表面和圆盘的边缘。因此，当总给料量大于圆盘的填充量时，大颗粒的合格生球即自盘内排出。由于圆盘造球机具有自动分级的特点，因此它的产品粒度比较均匀，小于 5mm 的含量一般不大于 3%。

B 圆筒造球机

圆筒造球机是造球机中应用最早的一种，它结构简单，运行可靠，生产能力大，至今在国外仍得到广泛使用，是大型球团厂的首选造球机。圆筒造球机的主体结构如图 6 - 22 所示。

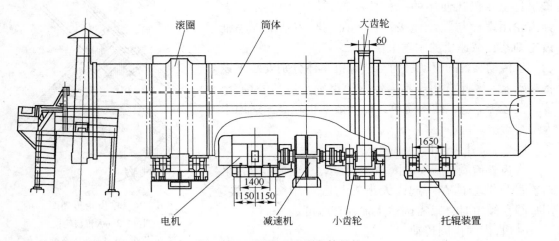

图 6 - 22 圆筒造球机主体结构

圆筒造球机内壁衬有耐磨衬板，衬板上安装有扬料条，通过扬料条与混合料运动方向相反的反作用力，使物料产生滚动，增加生球与物料、生球与生球之间摩擦，从而增加造球过程机械力的作用。圆筒造球机的筒体内装有与筒壁平行的刮刀，在筒体的前段设有喷水装置。刮刀的作用是刮下黏附在筒壁上的粉状物料，从筒壁上刮下的料块度和水分都不均匀，尽管造球的时间相等，但生球的粒径不均匀。因此，圆筒造球机必须与筛分机械构成闭路，控制生球粒度及细粉含量。

6.3.3.3 圆盘造球机的基本构造

如图 6 - 23 所示，圆盘造球机主体结构包括传动装置、圆盘、主轴系统、机座、刮刀装置等五个组成部分。

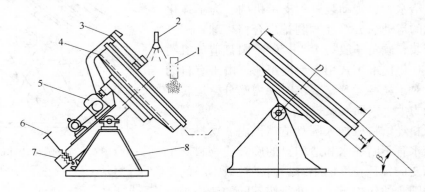

图 6 - 23　圆盘造球机结构简图

1—给料装置；2—喷水装置；3—刮刀装置；4—圆盘；5—传动装置；6—圆盘倾角调整装置；7—主轴系统；8—机座

A　传动装置

圆盘造球机的传动装置由电动机、三角传动胶带、减速器及开式传动齿轮组成。用更换不同直径三角带轮的方法来实现圆盘的变速。传动装置的末级传动有以下三种方式。

a　锥齿轮传动

锥齿轮传动装置如图 6 - 24 所示，这是我国使用最早且至今仍在使用的一种传动方式。如图所示，大锥齿轮用螺栓与圆盘连接，并装在中心主轴上，小锥齿轮则装在减速机的主轴上。

该传动装置的驱动机构与造球机本体分别安装于设备基础上，因此常用于不需经常调整圆盘倾角的场合。该装置运转平稳，结构简单，传动效率也较高。适用于大型圆盘造球机。

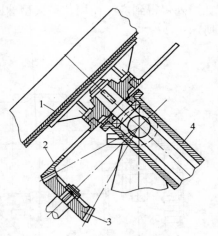

图 6 - 24　锥齿轮传动图

1—圆盘；2—大锥齿轮；
3—小锥齿轮；4—主轴系统

b　直齿外齿圈传动

直齿外齿圈传动如图 6 - 25 所示。这种结构的驱动装置与轴套连在一起，大齿圈与圆盘用螺栓连接，调整圆盘倾角时，只需调整主轴轴套即可。

c　直齿内齿圈传动

直齿内齿圈传动如图 6 - 26 所示。这种传动装置的结构与外齿圈传动基本相同，即整个驱动装置主轴与轴套连为一体，内齿圈用螺栓与圆盘连在一起。

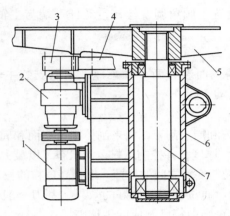

图 6-25 直齿外齿圈传动图
1—电动机；2—行星减速机；3—小齿轮；4—大齿轮；
5—圆盘；6—轴套；7—主轴

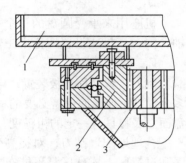

图 6-26 直齿内齿圈传动图
1—圆盘；2—内齿圈；3—小齿轮

B 圆盘

圆盘是圆盘造球机的主体部分，其结构如图 6-27 所示。圆盘由盘底、盘边及连接接头等组成。盘底、盘边用 Q235 钢板焊接制造。盘底要求平稳，盘边要求圆正，以保证圆盘运动平稳，小球易于滚动且有良好的造球轨迹。

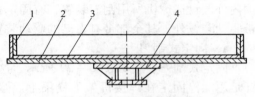

图 6-27 圆盘结构简图
1—圆边；2—盘底；3—衬板；4—接头

造球过程中，旋转的圆盘，受到物料的不断冲刷，为了延长其使用寿命，盘底和盘边均需衬以耐磨衬板。

在圆盘中心的下方设有一连接接头，与主轴相连接。该零件可以采用铸件，经加工后与盘体焊接。不管采用锥齿轮传动或直齿外齿轮传动还是内齿轮传动，圆盘下方都安装有传动齿轮。根据不同情况，传动齿轮可通过连接盘连接或直接安装在盘底下方。

边高是决定圆盘造球机填充率的重要参数之一，有的国家采用了夹层套装可调盘边，即盘边的下半部是固定的，上半部套装在下半部上，上下位置可调，以此调整填充率。

C 主轴系统

如图 6-28 所示，主轴系统主要由连接盘、主轴、轴套、上轴承、下轴承和密封装置等构成。连接盘 A、B 两面分别与圆盘和传动齿轮用螺栓连接。圆盘及物料等的重量，通过连接盘、主轴、上轴承传至轴套，轴套由其本身两侧之耳轴将力传至机座。由于圆盘为倾斜安装，故上轴承或下轴承需承受轴向和径向载荷。主轴系统的上、下轴承润滑须引起高度重视，应分别采用密封及储油装置。

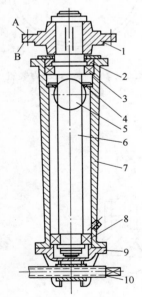

图 6-28 主轴系统
1—联结盘；2—密封环；3—上轴承；
4—储油装置；5—耳轴；6—主轴；7—轴套；
8—下轴承；9—端盖；10—调倾角装置

为了调整圆盘的倾角，圆盘造球机设置了倾角调整丝杆，丝杆一端与主轴系统相连，另一端则与机座连接。

D 机座

机座用来承受圆盘的整个重量，它的上面装有两个轴承座，用以安装主轴轴套的耳轴，同时，机座设置应考虑主轴系统的摆动空间。

E 刮刀装置

刮刀装置又称刮板装置，包括盘底刮刀和周边刮刀，用来刮掉圆盘底面和周边上黏结的多余物料，使盘底保持必要的料层（底料）厚度，并控制球料运动状态，以最大限度地利用盘面。底料具有一定的粗糙度，增加了球粒与底料之间的摩擦，以提高球粒的长大速度。

合理地配置刮刀，对提高生球的产量、质量会起到良好的效果。刮刀一般布置在母球区和过渡区。成球区是不能布置刮刀的，否则会将已制成的生球破坏。

刮刀装置安装于固定在圆盘上方的钢管或型钢焊接的机架上，各刮刀的刀杆均垂直于盘面。刀头与盘面间的距离可按需要调整，整个装置可随圆盘倾角的调整而调整。目前，国内外圆盘造球机所用刮刀装置，有固定式、往复式、摆动式和回转式几种，除固定式不带驱动装置外，其余都带有自己的驱动装置。

a 固定式刮刀

固定式刮刀装置如图 6 - 29 所示。这种刮刀的刀杆是用螺栓固定在焊接机架的横梁上。圆盘转动时刮刀不动。圆盘带着料层通过刮刀时，多余料层即被刮刀刮掉。这种装置结构简单，制造方便，但消耗功率较大。多用于小型圆盘造球机，大型圆盘造球机的周边刮刀也采用固定式刮刀。

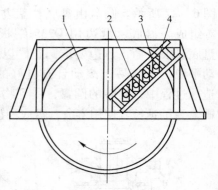

图 6 - 29 固定式刮刀装置
1—圆盘；2—刀架；3—刮刀片；4—刀杆

b 往复式刮刀

往复式刮刀装置如图 6 - 30 所示。该装置是将一排刮刀固定于一个附有滑块的拉杆上，拉杆在曲柄滑块机械的带动下沿固定在机架上的导向装置往复运动，刮除从圆盘中心到圆盘周边的整个盘面上的多余粘料。

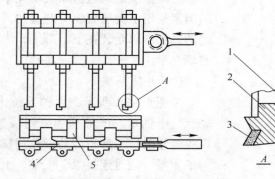

图 6 - 30 往复式刮刀装置
1—刀杆；2—刀头；3—刀头（硬质合金）；4—导向装置；5—拉杆

c 摆动式刮刀

摆动式刮刀装置是将刮刀装到扇形刀架上，刀架的支点由铰支座固定，其另一端通过铰链与拉杆相连，拉杆则被曲柄连杆机构带动做往复运动，从而使扇形刀架带着刮刀不断地摆动。刮刀装置固定在机架上，图6-31所示为其结构示意图。

  d 回转式刮刀

  回转式刮刀又叫旋转刮刀，其装置如图6-32所示。这是近年来国内才开始使用的一种新型刮刀装置，因其刮料阻力小而成为大型造球盘的理想选择，目前普遍应用于 $\phi5.5 \sim 7.5m$ 的大型圆盘造球机。

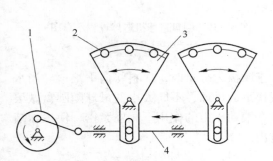

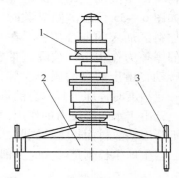

图6-31 摆动式刮刀装置
           图6-32 回转式刮刀装置

1—偏心轮；2—刮刀；3—扇形刀架；4—拉杆   1—摆线针轮减速机（带电动机）；2—盘式刮刀架；3—刀杆及刀头

  旋转刮刀装置由带电动机的摆线针轮减速机驱动，整个装置安装在机架横梁上的盘式刀架和刮刀组成，刀架圆周上均匀布置5~7把刮刀。刮刀刀杆端头上镶有硬质合金刀片，刀片能拆除更换。为了减小刀杆与球层的摩擦力，常在旋转刮刀的刀杆上装有可旋转的套筒，从而减小刮刀的旋转阻力及其对圆盘形成的旋转阻力。

  旋转刮刀的工作原理是通过圆盘和刮刀刀架的反向旋转，使刮刀的运动轨迹覆盖盘面，从而达到对盘面各点实施刮料的目的。圆盘旋转一周后，旋转刀架上的每个刮刀在盘面上留下的运动轨迹是一圈闭合或不闭合的曲线，称为一匝曲线。多个刮刀的轨迹曲线即可在盘面上组合成一定的覆盖度，当圆盘与旋转刮刀转速匹配合理时，刮刀的运动轨迹可达到理想的覆盖度（图6-33）。

  要使旋转刮刀轨迹覆盖整个球盘，其位置跨度必须要覆盖圆盘的半径。为了减小旋转刮刀的占用面积，并降低旋转扭矩，圆盘造球机采用两个旋转刮刀，布置于圆盘的一侧（母球侧）。如图6-34所示，外侧刮刀与圆盘内切，内侧刮刀连接圆盘的中心。两个刮刀的运动轨迹覆盖成外环和内圆两个工作区。

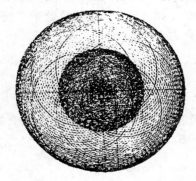

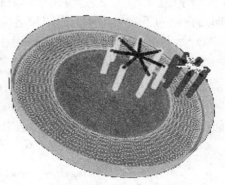

图6-33 旋转刮刀的运动轨迹曲线覆盖示意图   图6-34 旋转刮刀的工作范围示意图

6.3.3.4 圆盘造球机的成球过程

为了制备质量良好的生球，对造球机要求不仅能产生滚动运动，使物料滚动成球，而且能使球料产生一定的压实力，这就要求圆盘的安装应倾斜一定的角度，当圆盘转动时，能使物料产生滚动运动。圆盘造球机的造球过程如图 6-35 所示。圆盘顺时针方向转动，向加料区加入的混合矿料，在与圆盘底面产生的摩擦力作用下，被圆盘带着一起做顺时针转动，由于圆盘的倾斜安装，当矿

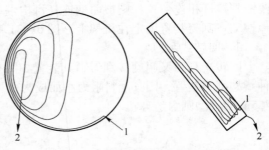

图 6-35 圆盘造球机造球过程示意图
1—加料；2—排球

料被带至一定高度时，即当其本身的重力分量大于摩擦力分量时，矿料将向下滚落。当水滴加在料上，由于水的凝聚力的作用，使散料很快形成母球，不同大小的母球随圆盘做滚动运动，不断滚粘散料而长大，同时，球内颗粒在滚动压力的作用下相互紧密，使生球结构致密化。当生球生长到足够大时，即从盘边排出。

A 圆盘造球机的自动分级原理

自动分级，即圆盘中的球料能按其本身粒径大小有规律地运动，并且都有各自的运动轨迹，盘内球粒示意如图 6-36 所示。分级的特性是大球被球盘带到的高度比小球低，即在圆盘转动过程中，大球比小球先脱离盘边向下滚动。因此，不同粒径的球粒间运动轨迹存在差异，大球靠近盘边，浮在料面，小球或散料贴近盘底并远离盘边。当球径大小到达要求时，则从盘边自行排出，粒度小的球贴近盘底运动，通过黏附盘底的散料，继续滚动长大。自动分级效果取决于是否能正确地选择圆盘造球机的工艺参数，以便最大限度地提高造球机的产量和质量。

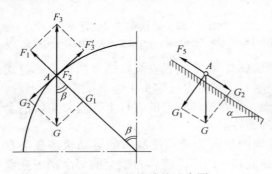

图 6-36 盘内球粒示意图

球料发生自动分级的根本原因是不同大小的球料受力状态存在差异。如图 6-36 所示，若将 β 角定义为球粒的脱离角，则脱离角越小，球粒被圆盘带上的高度越高。从受力状态来看，直接作用在球粒上的力有离心力（F）、重力（G）、盘边对球粒的作用力（F_2）和摩擦力（F_3）。F_3' 是阻碍球粒依 G_2 方向沿盘边发生运动，而 F_3 则是阻碍球粒依 G 的方向沿盘面向下发生运动。当球粒运动到某一高度（如 A 点），在球粒处于平衡状态时（即球粒开始向下运动前一瞬间），作用在球粒上的合力为零，即：

$$\sum F = 0$$
$$G_2 = F_3'$$
$$F_2 + G_1 = F_1 + F_3\cos\beta$$

而球料失去平衡时的一瞬间，盘边对球粒失去作用力，因而 $F_2 = 0$，则上式变为：

$$G_1 = F_1 + F_3 \cdot \cos\beta$$

即
$$mg\sin\alpha \cdot \cos\beta = m\frac{v^2}{R} + m\cos\alpha \cdot f\cos\beta \tag{6-2}$$

式中　R——圆盘半径，m；

v——圆盘圆周线速度，m/min，$v = 2\pi Rn$；

f——球粒与盘面的摩擦系数；

α——圆盘倾角，(°)；

β——球粒质量，kg；

g——重力加速度，m/s²。

得：

$$\cos\beta = \frac{1}{g} \cdot \frac{v^2}{R} \cdot \frac{1}{\sin\alpha - f\cos\alpha} \tag{6-3}$$

由上式可知，球粒的脱离角 β 与圆盘转速、倾角以及球粒与盘面的摩擦系数有关。圆盘转速增大、圆盘倾角增大，或球粒与盘面摩擦系数增大，均可使脱离角减小，从而球粒被圆盘带上的高度增大。

对于同一种物料来说，直径大的球粒具有不同的摩擦角小，而摩擦角小则表明摩擦系数小。即对于两个大小不同的球粒，若 $d_1 > d_2$，则 $f_1 < f_2$，从而 $\beta_1 > \beta_2$。因此，小球粒脱离角小，被圆盘带上的高度高，从而下滚时离盘边比大球远。不同大小球粒的这种脱离角的差异是圆盘造球机自动分级的根本原因。

如前所述，物料从加入圆盘到开始成球、长大，直至制成要求的球粒，其粒径是逐渐长大的，即成球的不同阶段，小球的直径是不同的。小球直径越大，与盘底的摩擦角 φ 越小，即摩擦系数 f 越小，因而脱离角 β 越大，其上升高度越小。因此，各种不同直径的球粒便随 β 角由小到大，球粒从大到小依次沿盘面滚下。这样，便使得整个球盘中的球料按不同直径有规律地分布和循环运动（图6-37）。这时，在造球盘的平面上（由外向中心）和断面上（由上往下）球粒便按由大到小的顺序进行分级。直径最大的球团处于最外层和表面，细粒物即处于最里层和盘底。

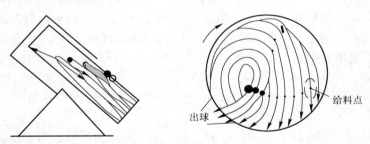

图6-37 圆盘造球机内物料运动状态

从圆盘的正面观察，小球的运动轨迹呈左偏的锥螺旋状，螺旋线的每一圈都可以分为上升的和下降的两部分，其下降部分依球径大小依次远离盘面左边，而上升部分则顺着盘面垂直线的方向依球径大小靠近盘边，即球径越大越靠近螺锥尖端，并由盘边排出。这种运动规律造成了料球的自动分级，使得圆盘造球机只排出合格的球粒。

若有超出要求的大球产生，则该球沿盘内料坡滚入低处料流旋涡中，在圆盘中继续增大，并在料的旋涡中自旋，不能自行排出。因此，实际造球过程中常见有大球滞留于球盘中。当在球过多时，将对球料运动状态产生干扰，因此需要将其打碎或另作处理。

B 圆盘造球过程的操作与控制

a 圆盘造球机参数对造球的影响

圆盘造球机的倾角、边高、转速和刮板对生球的产量和质量都有重要的影响：

（1）圆盘的倾角与边高。圆盘的倾角是由造球原料的动休止角来确定，倾角必须稍大于原料的动休止角。布雷尼提出了造球机的倾角与原料动休止角的关系，如图 6-38 所示。图中 φ_0 是动休止角，α 是盘底倾角。α 角必须总是要大于 φ_0 角，如果 α 角小于或等于 φ_0 角，则物料处于静止状态，使滚动混乱，并破坏了造球过程。如果 α 角过大，则物料不会被摩擦力提升，同样达不到造球的目的。因此，适宜的倾角应根据所处理物料的摩擦系数而定。

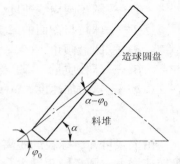

图 6-38　圆盘倾角、边高与物料动休止角的相互关系

在圆盘造球机的转速相应提高的情况下，增大倾角可以提高生球的滚动速度和下滚的动能。因而，对生球的紧密过程是有利的。但是当倾角过大时，由于下滚球团的动能过大，它们撞击圆盘周边很易导致生球的粉碎。另外，增大倾角会使得圆盘的填充率下降，生球在盘内的停留时间缩短，这些都不利于提高造球机的产量和质量。圆盘造球机的倾角，一般在 45°~50°。

边高的大小和圆盘造球机的填充率密切相关，也就是和生球在造球机内的停留时间密切相关。因此，边高影响生球的强度和尺寸。实践证明，过高或过低的圆盘边高都不能使造球盘获得良好的指标。很显然，边高过低，生球很快从球盘中排出，是不可能获得粒度均匀、强度高的生球的。同样，边高过高也不能获得高的生产率。这是由于填充率过大时盘内的物料运动特性受到了破坏，生球不能进行很好的分级的结果。

圆盘的边高是随造球机直径而定的。造球机直径增加，边高也相应增加。当造球机的直径和倾角不变时，边高则决定于所用原料。如果物料粒度粗、黏度小，盘边就应高些。若物料粒度细、黏度大，盘边就应低一些。

圆盘造球机的容积填充率决定于圆盘的倾角和边高。倾角越小，边高越大，则容积填充率越大。当给料量一定时，填充率越大，则成球时间越长，因而，生球的强度越好。但是，圆盘造球机的填充率也不能太大，一般是 10%~20%。如果超出上述范围，则造球机生产率反而下降，因为破坏了物料运动性质。通常，直径为 1m 的圆盘造球机，其倾角 45°，边高 180mm；直径为 5.5~7.5m 的圆盘造球机，其倾角 45°~53°，边高 600~700mm。

（2）圆盘转速。圆盘转速与倾角有关，如果圆盘的倾角较大，为了使物料上升到规定的高度，则必须提高圆盘的转速。当倾角一定时，圆盘造球机应当有一适宜的转速。如果转速过低，则物料保持在一个相对静止的位置，不产生滚动。或者物料上升不到圆盘的顶点，会造成母球形成区"空料"，并且母球下滚时滚动路程较短，它所具有用于压紧细粒物料的动能也较小。如果转速过高，由于离心力的作用，物料贴在盘边和盘一起转动，所以也不产生相对运动。或者盘内物料就会全甩到盘边，造成盘心"空料"，母球的形成过程甚至停止。另外，由于速度过大，球粒紧靠盘壁，在上升过程中球粒滚动微弱。如果用刮板强迫物料下降，则造成狭窄的料流，干扰球料的运动特性。因此，造球机的临界转速，便是十分重要的。在临界转速下，物料的重力刚好被作用到球料上的离心力所抵消。

圆盘造球机的适宜转速随物料特性和圆盘倾角不同而异，通常波动于 1.0~2.0m/s。一般的经验是，若物料摩擦角大，则圆周速度可选低一点（1.2~1.6m/s，$\alpha = 45°$），若物料摩擦角较小，则圆周速度可选高一点（1.6~2.0m/s，$\alpha = 45°$）。

对于给定的物料，还须考虑其动休止角和摩擦阻力。因此，最佳转速为临界转速的

55% ~60% 。对于生产中使用的大型圆盘造球机来说，当圆盘直径为 6 ~7.5m 时，其最佳转速应低于或等于 6 ~7r/min 。在这种转速下，不仅可以达到良好的造球状态，而且还可以保证最大限度地利用圆盘造球机面积。

母球在造球盘内单位时间所经过的路程越长，长大也就越快。为此，增大圆盘造球机的直径和转速，对提高造球机的产量是有利的。但是转速的提高必然引起离心力的增大。而这种离心力一直企图将球粒压向圆盘的边壁并防止它向下运动。因此，要加强球粒下滚的趋势，就必须相应地增大圆盘的倾角。

总而言之，圆盘造球机倾角、转速和边高三者之间是相互制约的，因此，必须统筹兼顾才能使圆盘造球机获得最高的产量和质量指标。

（3）刮刀。为了使造球盘内保持一定厚度的底料，必须在造球机内设置刮刀。另外，刮刀还可以控制球料运动，以达到最大限度地利用盘面。

实践证明，旋转刮刀是各种类型刮刀中效果最好的。随着一批 $\phi5.5 ~7.5m$ 大型圆盘造球机投入使用，旋转刮刀越来越受到重视。使用这种造球机，首先必须在圆盘上造就一个良好的底料床。旋转刮刀的工作效果在很大程度上取决于圆盘与旋转刮刀的转速是否匹配合理。

（4）填充率。圆盘造球机的填充率取决于圆盘的直径、边高和倾角。在一定范围内，填充率越大，产量越高，球粒强度也将越大。但是过大的填充率，球粒不能按粒度分级，反而降低了生产率。根据经验，填充率一般取 8% ~18% 为宜。

（5）造球时间。从物料进入圆盘到制成合格生球的时间为造球时间。造球时间与生球的粒度和质量要求有关，时间的长短可由调整圆盘的转速和倾角来控制。一般情况下，造球时间为 6 ~8min 。

b　加料和加水方式

加料和加水方式对成球过程具有重要影响。当圆盘造球机参数确定以后，调整加料和加水是控制圆盘造球机成球过程的基本途径。

加料位置确定的原则是使加入球盘内的混合料一部分可用于生成母球，一部分可用于生球的长大。因此，加料的位置不能处于生球的紧密区，即混合料不能加入靠近排料侧盘边的大球区。最好的加料方式是在长球区加入大部分混合料，但这种加料方式需要两个加料口，配置复杂。因此，常采用单个具有一定宽度的口以面布料的方式加料，可将加料位置偏向生球的长大区，或者母球形成区，通过控制加水来调整母球形成的数量，从而调整用加入的料用于形成母球和用于生球长大的比例。给料时应使物料疏松、散开、不结块，并要有足够宽的给料面。在圆盘的不同区域加水加料能造出不同的生球。

由于加料位置确定以后，难以在操作中灵活调整，因此，加水方式的操作是控制造球过程的主要手段。混合料在加入造球机前，应把水分控制在适宜造球水分之下 0.5% ~1.5% ，在造球过程中再加入少量的补充水，以便控制造球过程。圆盘造球机的加水通常有滴状水和雾状水两种。滴状水加在新给入的物料上，使散料形成母球。雾状水喷洒在长大的母球表面，使母球表面湿润，从而可黏附散料颗粒而呈层状长大。就给水量来说，通常大部分水以滴状水形式加到新给入的散料中以形成母球，而少部分水即以雾状水形式加在母球长大区。生产中通常配有活动加水管，以增加造球过程控制的灵活性。同时，固定加水管分别配置调节阀门。对于大型造球盘，主要通过控制阀门来控制不同位置的加水量，以平衡母球的形成和长大。

6.3.3.5 圆筒造球机的成球过程

圆筒造球机和圆盘造球机不同，它没有分级作用，因此排出的球料大小不一，必须经过严格筛分，将粒度合格的生球分出。粒度过大的球经破碎后，再同筛下不合格的小球返回到造球机内继续造球，这样形成了循环负荷。循环负荷量可以为新料100%～400%，其中的小球，在反复通过圆筒造球机的过程中，便起着母球的作用。

图6-39所示为圆筒造球机示意图。

圆筒造球机的主要参数为圆筒转速、长度、倾角以及循环负荷。

A 圆筒转速

圆筒造球机需要有一个适宜的转速，过慢和过快对造球都是不利的。图6-40所示为圆盘转速对物料运动类型的影响。转速过低，物料只在圆筒内滑动，而不成形不滚动，就像一

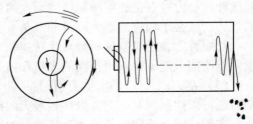

图6-39 圆筒造球机造球过程示意图

个整体沿筒壁上下摆动。转速过快，物料以超过动休止角的角度进行运动，并且压贴到筒壁上，在较陡的角度下，物料回转翻落到下部料层上面，同样不产生滚动，在这种运动状态下，不能成球。转速合适时，物料在圆筒内发生滚动，以达到滚动成球的效果。在滚动的状态下，圆筒转速增大，球料的单程滚动距离加大，球料所经受机械作用力增强，成球速率和生球的紧密度也增加。因此，应该在确保球料发生滚动的条件下，适当采用高转速操作。圆筒造球机的最佳转速应为临界转速的25%～35%。在此转速下，物料主要是做滚动运动。

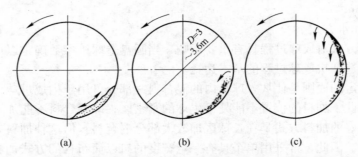

图6-40 不同转速下圆筒造球机内的物料运动状态（D 为圆筒造球机的直径）
（a）圆筒转速过慢，物料滑动；（b）圆筒转速适宜，物料滚动；（c）圆筒转速过快，物料回转翻落

B 圆筒长度与倾角

物料在圆筒造球机中要形成合格的生球，需要经过一定的成球阶段，在此阶段，必须通过所需要的滚动时间。为此造球机的圆筒必须要有一定的长度。经验表明，圆筒的长度应是圆筒直径的2.5～3.0倍。

除了圆筒长度以外，圆筒倾角也是重要的参数。因为在给定处理能力的条件下，圆筒倾角决定着圆筒的填充率和物料在圆筒内停留的时间。圆筒的倾角一般为6°左右。

圆筒造球机的填充率比较小，不超过圆筒容积的5%，一般为2.0%～2.5%，因为填充率太大会破坏球的滚动，不利于成球过程。

圆筒倾角与物料填充率、造球时间的关系如图6-41所示，随着倾角增加，物料在造球机内停留时间缩短。

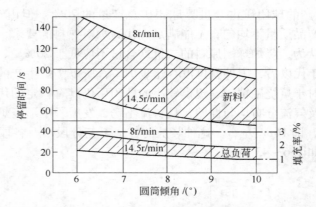

图 6-41 圆筒倾角对物料填充率和停留时间的影响
（圆筒规格为 $\phi 3.6 \mathrm{m} \times 11.0 \mathrm{m}$）

C 循环负荷

由于圆筒造球机没有自动分级作用，因而必然会有一定量的循环负荷。循环负荷量在 100% ~400%。增加循环负荷量，能够提高造球过程的稳定性和增加生球强度。

如图 6-42 所示，圆筒造球机的循环负荷量取决于圆筒的长度、倾角和筛分用的筛孔尺寸。随着圆筒长度的增加，循环负荷减少。但圆筒很长时，循环负荷仍不会消除，此时圆筒的成本和生产费用会大大增加。倾角增加，导致循环负荷增加。筛孔尺寸增加，循环负荷也增加。

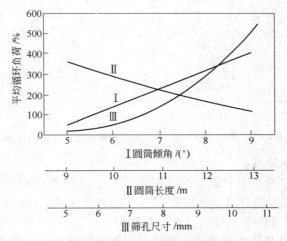

图 6-42 圆筒造球机参数对循环负荷的影响

6.4 球团的焙烧与冷却

6.4.1 竖炉法

6.4.1.1 概述

竖炉是国外用来焙烧铁矿球团最早的设备。它具有结构简单、材质无特殊要求、投资少、热效率高、操作维修方便等优点，所以自美国伊利公司投产世界上第一座竖炉以来，直到 1960 年竖炉生产的球团矿占全世界球团矿总产量的 70%。但由于竖炉单炉产量小，对原料适应性差，产品质量不均匀，不能满足现代高炉对熟料的要求，因此在应用和发展上受到限制。一般认为，竖炉球团原料的二价铁含量不应低于 20%。

自 20 世纪 70 年代以后，国外就再没有建竖炉了，所以竖炉生产的球团矿比例也就随之下降。然而竖炉对于焙烧磁精矿、规模较小的球团厂仍具有一定的优势。国外早期的竖炉为圆形，因料流及气流分布均匀性差，且料流不畅，发展了矩形竖炉，最大竖炉横断面积为 2.5m×10.5m，即 16m² 左右。这种竖炉的各个工艺分段以及各段内球团停留时间和主要温度分布状态如图 6-43 所示。

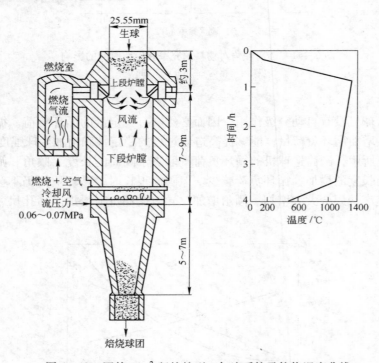

图 6-43 国外 16m² 竖炉炉型、气流系统及焙烧温度曲线

国外竖炉具有如下特点：

（1）电耗高。由于竖炉料柱高，气流阻力大，主风机工作压力要求高，因而电耗大。根据瑞典 LKAB 分析，其电耗高达 50kW·h/t。加拿大格里菲什矿的 15.62m² 竖炉，风机压力为 67247Pa，伊利竖炉主风机压力也达 54936Pa。

（2）一般都采用高热值燃料油或天然气，只限于焙烧磁铁矿球团。

（3）鉴于竖炉本身的料仓式结构，排料时，同一料面的球团矿下料速度不均匀，正对排料口中心下料快，而两边相应慢些，使球团矿在炉内停留时间不同，因而使球团矿焙烧固结不均匀。

（4）国外竖炉一般采用横向布料线路布料，布料时间长且不均匀。一座长 10.4m、宽 2.44m 竖炉布料一次要 140s，布料车沿宽度方向要走 8 个来回。

我国竖炉法生产球团虽较晚，但经过不断改革、不断完善工艺和设备、改进操作，已形成自己独有的技术特点，使竖炉生产达到或超过国外同类竖炉水平。如图 6-44 所示，我国竖炉的特点是在炉内架有导风墙，炉顶架有干燥床。

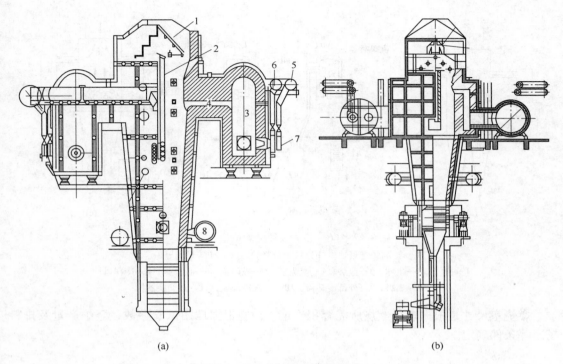

图 6-44　国内典型竖炉结构

（a）矩形燃烧室；（b）圆形燃烧室

1—干燥床；2—导风墙；3—燃烧室；4—火道口；5—煤气管；6—助燃风管；7—烧嘴；8—冷却风管

6.4.1.2 竖炉设备

A　竖炉炉型

根据竖炉的横截面形状，可分为圆形竖炉和矩形竖炉两种类型。由于圆形竖炉料流及气流分布不均匀，且料流经常中断，料线难以控制，世界上绝大多数的竖炉为矩形竖炉。

矩形竖炉按炉身结构可分为三类。第一类是高炉身、无外部冷却器竖炉，如图 6-45（a）所示。由于竖炉炉身高，因而焙烧带、冷却带相应较长，有利于球团矿的焙烧与冷却，提高了热效率。第二类是矮炉身、外部设有冷却器竖炉，如图 6-45（b）所示。这种结构形式的竖炉，由于设置了外部冷却器，成品球得到了较好的冷却，排矿温度可控制在 100℃以下。通过采用热交换系统，产生热空气进入燃烧室作助燃风，使竖炉的热量获得较充分的利用。但是，外部冷却器和热交换器的设置使竖炉结构变得复杂，单位产品的投资和动力消耗有增加。第三类是介于高、矮炉身之间的中等炉身竖炉，如图 6-45（c）所示。这种竖炉在外部也设有冷却器，但不设热交换器，炉身较高，球团矿先在竖炉内尽可能进行冷却，然后将已冷却到一定程度的球团矿引入一个小型的单独冷却器，完成最终的冷却过程，这样可以省去一个热交换器。

B　竖炉炉体

竖炉炉体由燃烧室和炉膛两部分组成。炉体外侧是由钢板焊接而成的炉壳，钢板外面焊有钢结构框架，用以支撑和保护炉体，承受炉体的重力和抵御因炉体受热膨胀的推力。内侧为耐火砖砌筑而成的内衬。

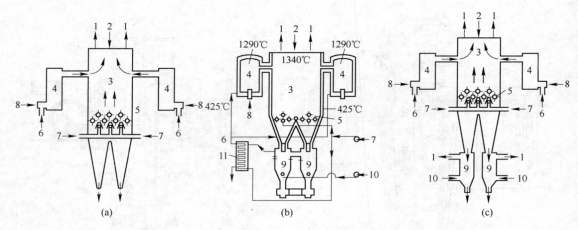

图 6-45 三种竖炉炉型
(a) 高炉身竖炉，(b) 矮炉身竖炉，(c) 中等炉身竖炉
1—废气；2—生球；3—竖炉；4—燃烧室；5—破碎辊；6—助燃风；7—冷却风；
8—燃料；9—外部冷却器；10—二次冷却风；11—热交换器

燃烧室尺寸是根据燃料燃烧所需容积确定。炉膛根据球团试验参数、竖炉产量及排料畅通等条件确定。

a 燃烧室

燃烧室分为矩形和圆形两种。我国最初设计的竖炉均为矩形燃烧室，与炉膛砌成一体，火道短，燃烧后热气体可以直接送入炉膛内。由于矩形燃烧室膨胀收缩受力不均匀，易引起拱顶、拱脚、烧嘴及人孔等处烧穿，且燃烧室烧嘴多，操作麻烦。自从杭钢于1981年4月首次将矩形燃烧室改为圆形燃烧室获得成功，我国许多竖炉均采用圆形燃烧室（图6-45(b)）。圆形燃烧室燃烧后的热气体通过通道进入火道口，喷入炉膛内。这种燃烧室结构强度好，两个烧嘴对吹，火焰相互冲击，燃料燃烧完全。

燃烧室与炉膛通过火道口相连，火道在炉膛端的出口，称为火道口或喷火口。火道口的角度，要以炉内的球不致滚入火道口内为原则。因此，火道口的角度应小于球在下降过程中的动安息角35°（图6-46）。

炉膛两侧的火道口以均匀密布为合理。单侧喷火口总面积应使气体的能量与燃烧废气量相等，即等于废气量除以气体流速。根据生产经验，火道口气流速度取2.8m/s左右为宜。流速太小，穿透能力小，竖炉横截面温度分布不均匀，流速过高，增加阻力。

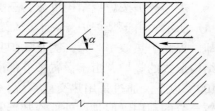

图 6-46 火道口角度示意图

矩形竖炉燃烧室与炉身有两种连通方式，一种是有两个通道连通炉膛，另一种是只有一个通道连通炉膛。

瑞典和日本竖炉采用两个通道连通炉膛的燃烧室。如图6-47所示，竖炉无单独的助燃风供给系统，助燃风由冷却风经炉体上行后部分进入燃烧室供给。这种连通方式可减小冷却空气对炉内气流分布的干扰，使气体沿炉体横截面较均匀分布。但冷却空气所带入的灰尘往往使燃烧室操作产生困难，尤其是在焙烧自熔性球团矿时，燃烧室边壁很容易结渣。而且，这种连通方式不能用于圆形燃烧室。

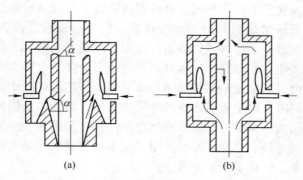

图6-47 燃烧室与炉膛有两个通道的竖炉
(a) 瑞典竖炉；(b) 日本竖炉

美国和中国竖炉燃烧室与炉膛只有一条通道。如图6-48所示，这种竖炉的助燃风由专门的助燃风机提供，保证了助燃风的清洁与高含氧量及足够的风量，净化了燃烧室环境。

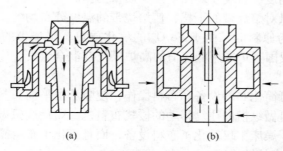

图6-48 燃烧室与炉膛只有一个通道的竖炉
(a) 美国竖炉；(b) 中国竖炉

b 竖炉炉膛

竖炉炉膛的主要结构参数为宽度、长度和高度。炉膛的宽度主要由燃烧室废气的穿透能力确定，应保证燃烧室废气能穿透到炉膛中心，使球层温度分布均匀。此外，还应考虑齿辊的长度和布置方式。如果炉膛过宽，齿辊过长，影响齿辊强度。为了缩短齿辊长度，我国竖炉常在下冷却段收缩宽度。宽度和面积确定后，即可确定炉膛的长度。根据我国竖炉炉型的特点，可以通过延长长度来增加竖炉的焙烧面积。我国$8m^2$竖炉宽度一般为1.6~2.2m，长度一般为4.8~5.5m。

炉膛高度的确定原则是保证生球干燥、预热、焙烧均热及球团矿冷却所需要的时间。对于不同的原料，各环节所需要的时间不尽相同，因此，竖炉对原料的适应性较差。确定炉膛高度时，球团在炉内下降速度是确定各带宽度的主要参数，各环节所需要的停留时间是基础，同时还要考虑到竖炉内温度分布，球团下降速度不均匀等因素。

C 导风墙和干燥床

a 导风墙和干燥床的作用

我国竖炉均设有导风墙和干燥床。竖炉增设导风墙后，从下部鼓入的冷却风，首先经过冷却带的一段料柱，然后极大部分（70%~80%）不经过均热带、焙烧带、预热带，而直接由导风墙引出，被送到干燥床下面。这样有效降低了冷却风对燃烧室废气造成的穿透阻力，从而可在实现低压焙烧的同时增加燃烧废气的穿透深度，改善了炉内温度分布状态，同时，导风墙大大减少了冷却风的阻力，使冷却风量大为增加，提高了冷却效果，降低了排矿温度。实践表明，我国竖炉比国外同类球团竖炉降低电耗50%以上。

设置干燥床时，由导风墙出来的冷却风与球层出来的热废气在干燥床下面混合，使干燥风温度趋于均匀。同时，由于导风墙使冷却风量增加，增加了干燥风量，降低了干燥风温，使生球爆裂的现象大为减少。干燥床的屋脊形结构增加生球干燥面积（比原面积增加1/2），加快了生球干燥速度，提高了竖炉产量。基本可以做到干球入炉，消除了湿球相互黏结而造成结块的现象，保证了竖炉正常生产。

由于绝大部分冷却风从导风墙内通过，使焙烧带到导风墙下沿出现了一个高温的恒温区（1160~1230℃），从而有了明显的均热带，有利于球团中的 Fe_2O_3 再结晶充分，使成品球团矿的强度进一步提高。另外，干燥床使竖炉有了一个合理的干燥带，而在干燥床下及竖炉导风墙以下，又自然分别形成了预热带和冷却带。因此，导风墙和干燥床的设置使竖炉球团焙烧过程的干燥、预热、焙烧、均热、冷却等各带层次分明，温度分布合理，形成了比较合理的焙烧制度，有利于球团矿产、质量的提高。

由于消除了冷却风对焙烧带的干扰，使焙烧带的温度分布均匀，竖炉内水平断面的温度差小。当用磁铁矿为原料时，由于 Fe_3O_4 的氧化放热，焙烧带的温度比燃烧室温度高150~200℃。所以，我国竖炉能用低热值的高炉煤气或混合煤气，生产出强度高、质量好的球团矿。

干燥床的设置还可简化布料设备和布料操作，使竖炉由平面布料简化为直线布料。将由大车和小车组成的可做纵横向往复移动的梭式布料机，简化成只做往复直线移动的带小车的布料机。因此，干燥床不仅简化了布料设备，而且简化了布料操作。

b　导风墙和干燥床的结构

导风墙由砖墙和大水梁两部分构成，其结构如图6-49所示。导风墙墙体是用高铝砖砌成有多个通风孔的空心墙，通风孔的总面积根据所用的冷却风流量和导风墙内的气体流速来确定。导风墙中心线与竖炉长度方向中心线重合，整个墙体支撑在大水梁上。

大水梁是用来支撑导风墙的钢质横梁，由于作业温度高，需要水冷却，因而称为大水梁。大水梁两端支撑在竖炉炉墙和炉壳上，沿水梁中心线有若干个矩形垂直通风孔与砖墙的通风孔相通。通风孔将大水梁分成两侧，两侧梁内各有一排并行通水管道，两侧管道在水梁的一端两两相连，另一端分别为进水口和出水口。最初的大水梁是用大型工字钢和钢板焊接而成，由于焊缝易出现裂纹产生漏水现象，后来改为8~10根厚壁无缝钢管焊接成两排。

由于导风墙内通过的气流中，带有大量的尘埃，造成对砖墙的冲刷和磨损，加上砖外球料的摩擦，因而使用寿命较短。此外，大水梁长期处在高温状态下工作

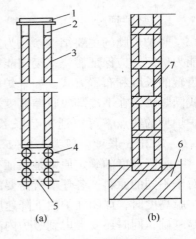

图6-49　导风墙结构示意图
(a) 纵向截面；(b) 横向截面
1—盖板；2—导风墙出口；3—导风墙；
4—大水梁；5—导风墙进口；
6—炉墙砖；7—通风口

（1000～1200℃），条件恶劣，冷却效果不佳，容易变形。随着大水梁制作方法的改进及大块工字型与回字型导风墙砖的开发，大水梁与导风墙的同步使用寿命逐步提高到12～18个月甚至更长。

干燥床由水梁和干燥箅组成，在竖炉炉顶呈屋脊形布置，其结构如图6-50所示。干燥床水梁俗称炉箅水梁，一般有5根或7根，用于支撑干燥箅子，因此要求在高温下具有足够的强度。早期的干燥床水梁是用角钢焊接的矩形结构，焊缝容易开裂漏水。现已改为厚壁无缝钢管，延长了使用寿命。

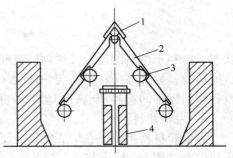

图6-50　干燥床结构示意图
1—烘床盖板；2—烘床箅条；
3—水冷钢管；4—导风墙

干燥箅普遍采用箅条式，也有的为百叶窗式，安装角度一般为36°～40°，其确定原则是要求稍大于生球的安息角，使生球在干燥床上保持相对均匀的厚度。箅条式干燥箅具有拆卸更换方便的优点，但箅子的缝隙易于堵塞不透气，需要经常清理和更换。百叶窗式的特点是不易堵塞，但实际通风面积比箅条式小。箅条材质目前有高硅耐热铸铁和高铬铸铁（含铬32%～36%）两种，前者价格成本低，但寿命较短，后者寿命较长，但价格高。

D　布料设备

目前国内竖炉的布料设备都是采用复式布料车，它实际上是一条沿炉顶干燥床床脊作往返运动的胶带运输机。对布料车的要求是将生球均匀、连续地布入炉内，而且要求布料点根据炉况灵活可调。布料车上胶带速度一般为0.6m/s。

布料车的传动方式有钢丝绳传动和齿轮传动两种（图6-51和图6-52）。小车行车速度为0.2～0.3m/s，钢丝绳传动布料车的传动装置位于地面上，由电动机经减速机，驱动卷筒缠绕钢绳，拖小车往复运动。钢丝绳传动的优点是：车体行走部分质量轻，惯性小，所有车轮都是从动轮，车轮与轨道不存在打滑问题；传动电机装于地面上，无需活动电缆。其缺点是钢丝绳寿命短，大约3～4周需要更换一次。采用齿轮传动时，主动轮轴要有足够的轮压，以避免启动和制动时产生打滑现象。

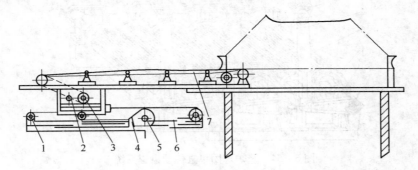

图6-51　钢丝绳传动布料车
1—绳轮；2—电动机和减速机；3—链轮；4—电动机；5—减速机；6—钢丝绳；7—胶带

E　排料设备

竖炉的排料设备，应能将球团矿均匀、连续排出，使炉内料柱经常处于松散而活动的

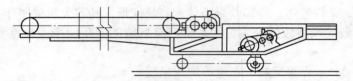

图 6 – 52 齿轮传动悬挂式布料车

状态，以利于炉料的运行及炉内气流和温度均匀分布。同时如果遇到炉况要求大量排料时也能适应，另外在排料设备与炉体交接处，要求密封，严防炉内冷却风逸出。竖炉的排料设备包括齿辊卸料器和电磁振动给料机两个部分。

　　a　齿辊卸料器

　　齿辊卸料器是装设在炉底的靠液压传动的一组齿轮，它是绕自身轴线往复转动的一个活动炉底（图 6 – 53 和图 6 – 54），支撑着炉内的球料。整个系统由齿辊、挡板、密封装置、驱动装置等部分组成。

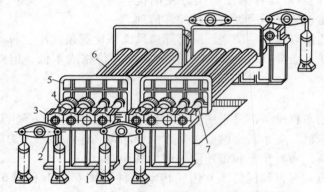

图 6 – 53 竖炉球团双缸传动齿辊系统

1—油缸；2—摇臂；3—轴承；4—齿轮；5—挡板；6—齿辊；7—密封装置

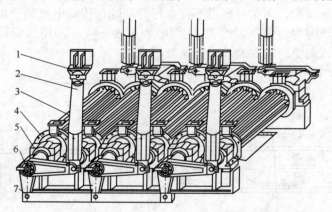

图 6 – 54 竖炉球团单缸传动齿辊系统

1—吊挂；2—油缸；3—齿辊；4—密封装置；5—轴承；6—摇臂；7—同步拉杆

　　齿辊的转动有两个作用，一是使球团处于松散活动状态，并将其连续排入底部漏斗，二是将结块的球团在齿辊的剪切、挤压下破碎，以利于其通过齿辊间隙排出。因此，齿辊系统既是炉底支撑装置，又是排料设备。齿辊根据炉子生产情况，间隙式或连续式慢慢运

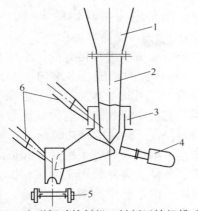

图6-55 电磁振动给料机—链板运输机排矿系统
1—漏斗；2—直溜槽；3—气封装置；
4—振动给料机；5—链板机；6—除尘风管

动，使球团矿不断排出，维持竖炉正常生产。运动时，相邻两个齿辊相向转动，构成一组，对球团运动形成一个同向的驱动力。

b 电磁振动给料机

我国竖炉普遍采用电磁振动给料机排料。在齿辊卸料器下部沿竖炉长度方向有两个排料漏斗，各连接一个振动给料机。排料漏斗一方面给振动给料机导料的作用，另一方面起料柱密封的作用。振动给料器将球团排出后，多数采用链板运输机运输，如图6-55所示。当竖炉下部设有二次冷却器时，可直接用胶带运输机运输。也有些没有二次冷却器的竖炉采用胶带运输机运输，为了避免胶带烧坏，常配有冷却水管，当排出的球团温度过高时，向胶带上加水冷却。

6.4.1.3 竖炉球团工艺过程

竖炉是一种按逆流原则工作的热交换设备，其特点是在炉顶通过布料设备将生球装入炉内，球以均匀的速度连续下降，燃烧室的热气体从喷火口进入炉内，热气体自下而上与自上而下的生球进行热交换。生球经过干燥、预热后，进入焙烧和均热区，进行高温固结反应，然后在炉子下部进行冷却和排出，整个过程是在竖炉内一次完成。由此可知，竖炉正常操作的最重要的先决条件，是炉料应具有良好的透气性。

A 布料

为了使竖炉内球料具有良好的透气性，生球必须松散均匀地布到料柱上面。布料方式主要有矩形布料、横向布料和直线布料三种。没有干燥床时，常采用矩形布料或横向布料。我国竖炉都架有干燥床，普遍采用直线布料。如图6-56所示，布料车屋脊形干燥床顶部沿屋脊方向往返运动，将生球均匀布到干燥床上。这种布料装置大大简化了布料设备，提高了设备作业率，缩短了布料时间。但布料车沿着炉口纵向中心线运行，工作环境较差，皮带易烧坏，因此要求加强炉顶排风能力，降低炉顶温度，改善炉顶操作条件。

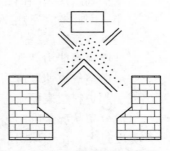

图6-56 直线布料示意图

B 干燥和预热

国外竖炉生球自上往下运动，与预热带上升的热废气发生热交换进行干燥，无专门的干燥设备。生球下降到离料面120~150mm深度处，相当于经过了4~6min的停留时间，大部分已经干燥，并开始预热，磁铁矿开始氧化。当炉料下降到500mm时，便达到最佳焙烧温度，即1350℃左右。

我国竖炉干燥采用屋脊形干燥床，生球料层约150~200mm。预热带上升的热废气和从导风墙出来的热废气（330℃左右）在干燥床的下面混合，其混合废气的温度为550~750℃，穿过干燥床与自干燥床顶部向下滑的生球进行热交换，达到使生球干燥的目的。生球在干燥床上经过5~6min后基本上完成了干燥过程到达炉喉，进入预热区。热气流由下而上通过球层，将球层加热。同时，气流中的 O_2 由外向内将球内的 Fe_3O_4 氧化成 Fe_2O_3，逐步完成氧化过程，并放出热量，将球层的温度进一步提高。

干球从干燥床下到炉内以后，按其自然堆角向炉子中心滚动进行再分配，小球和粉末多聚集在炉墙附近（离墙200mm左右），大球由于具有较大的动能，多滚向中心导风墙处。由于靠炉墙的球层较厚，而聚集的又多是小球和粉末，因此基本上抑制了边缘气流的过分发达。相反，由于中心球料低，球比较大，有利于发展中心气流。这种气流分布特性使球层温度分布趋于均匀，球层内分带特性分明，有效保证了球团的预热时间。

竖炉采用干燥床干燥生球，提高了干球质量，防止了湿球入炉产生的变形和彼此黏结的现象，改善了炉内料层的透气性，为炉料顺行创造了条件。另外采用干燥床，扩大了干燥面积，能做到薄料层干燥，热气体均匀穿透生球料层。由于热交换条件的改善，其温度从 $550 \sim 750℃$ 降低到200℃以下，提高了热利用率。除此之外，采用干燥床还可以把干燥工艺段与预热工艺段明显地分开，有利于稳定竖炉操作。

C　焙烧

生球经干燥预热后下降到竖炉焙烧段。国外竖炉球团最佳焙烧温度保持在 $1300 \sim 1350℃$。我国竖炉球团焙烧温度较低，一般燃烧室温度为1150℃，甚至低到1050℃，竖炉料层温度为 $1200 \sim 1250℃$。其原因是，一方面我国磁精矿品位较低，含 SiO_2 较高，焙烧温度过高球团会产生黏结，破坏炉况顺行；另一方面是我国竖炉都是采用低热值高炉煤气为燃料。除此之外，与我国竖炉导风墙加干燥床的特有结构也有关。

整个竖炉断面上温度分布均匀是获得质量均匀球团矿的先决条件。温度分布状况又是直接受气流分布所影响的。由于料柱对气流的阻力作用，使燃烧气流从炉墙往料柱中心的穿透深度受到限制，因而也局部地限制了可得到的热量，所以也影响到竖炉断面上温度的均匀分布。因此燃烧室热废气通过火道口进到竖炉内的流速，应尽可能保证竖炉断面温度分布均匀。气流速度越大，对球层穿透能力就越强，炉子断面温度也越均匀。气流速度过小，对球层穿透能力就弱，因而使炉子中心焙烧温度过低，球团矿达不到理想的固结状态。一般燃烧气流速度应为 $3.7 \sim 4.0m/s$。但流速过大，会使电耗大，另外还会造成炉料喷出或引起炉料层表面流态化等问题。

气流分布状况是限制竖炉大型化的重要原因，国外竖炉最大宽度限制在2.5m左右。竖炉宽度过大，由于球团对气流产生阻力而导致边缘效应，使得竖炉中心气流较弱，炉子中心易形成"死料柱"，当下料速度过快时，"死料柱"成楔状向下伸入焙烧带，其上部则发展成越来越厚的湿料层，甚至产生塌料的现象。

除此之外，竖炉的气流性质也是竖炉操作不可忽视的问题，料柱气流中 O_2 含量不得低于 $2\% \sim 4\%$，即气流应属氧化气氛，否则铁氧化物会还原生成 FeO，进而会与 SiO_2 生成低熔点的 $2FeO \cdot SiO_2$。

竖炉下部鼓入的冷却风全部穿过焙烧带，一方面既吸收了焙烧带的热量，同时其流量又随料柱阻力的变化而波动，使焙烧带的高度和温度不稳定，干扰甚至破坏焙烧过程；另一方面由于边缘效应，冷却风沿炉墙上升，在火道口与热废气相碰，减弱了热废气的穿透能力，使温度在炉子截面分布不均匀而导致球质量不均匀。我国竖炉内设置有导风墙，大部分冷却风从导风墙导出，减少了经过火道口的冷却风流量，使燃烧室压力显著降低，只有10kPa左右，与国外同类型竖炉相比要低 $1/3 \sim 2/3$。燃烧室吹出的热气流量增加且稳定，有利于对料柱的穿透能力，使燃烧带固定，温度比较均匀稳定。

D 均热

球团从竖炉焙烧带再往下运动就进入了均热带，均热带的作用是进一步提高球团矿的强度和质量的均匀性。进入均热带后，球团内赤铁矿晶粒进一步长大，晶型转变继续进行，球团发生进一步的收缩和致密化，晶格结构进一步完善，因此球团的强度得到进一步提高。同时，由于受气流和温度分布不均的影响而在焙烧带没有焙烧好的球，可以通过均热过程进一步完成焙烧，使球团质量均匀。因此，从某种意义上说，球团的均热实际上是焙烧过程的延续。

设置有导风墙的竖炉，绝大部分冷却风从导风墙内通过，导风墙外只走少量的冷却风。从而使焙烧带到导风墙下沿出现了一个高温的恒温区，因而使竖炉有了明显的均热带，有利于球团中的 Fe_2O_3 再结晶充分，使成品球团矿的强度进一步提高。

E 冷却

竖炉炉膛大部分用于球团矿的冷却。球团经过均热带就进入了竖炉的冷却带，冷却带是竖炉整个焙烧过程的最后一个阶段。球团到了冷却带，与鼓入炉内冷空气发生逆流热交换，温度逐渐下降。在实际生产中，我国竖炉的排矿温度一般在 500~600℃。

竖炉下部有一组摆动着的齿辊隔开，齿辊支承着整个料柱，并破碎焙烧带可能黏结的大块，使料柱保持疏松状态。冷却风由齿辊标高处鼓入竖炉内。冷却风的压力和流量应该使之均衡地向上穿过整个料柱，并能将球团矿很好地冷却。排出炉外的球团矿温度可以通过调节冷却风量来控制。冷却风量的调节既要考虑球团的冷却效果，又要考虑竖炉内气流及温度分布状态。由于冷却风会降低火道口热废气的穿透能力，因此过高的冷却风量会使热废气难以穿透到竖炉中心，使中心温度达不到各带温度要求，影响球团焙烧效果及质量均匀性。

架设有导风墙的竖炉，由于炉中心处料柱高度大大降低，阻力降低，冷却风从炉子两侧送进炉内，由导风墙导出，使得风量在冷却带整个截面分布较均匀，并且在风机压力降低的情况下，鼓入的风量却增加，因而提高了球团矿冷却效果。同时，冷却风从导风墙导出可显著降低对火道口热废气形成的穿透阻力，改善了炉内气流及温度的分布状态。据有关资料报道，这种竖炉冷却风风压比同类型竖炉低 1/3~1/2，风机电耗大大下降，一般为 30~35kW·h/t 球团矿，比无导风墙竖炉低 30%~40%。

球团矿在竖炉下部冷却后，排出炉外的温度一般为 300~600℃，特别当竖炉产量较高时，甚至高于 600℃。这种温度的球团矿给运输和储存均带来困难，因此必须进行二次冷却。要达到良好的冷却效果，需要采用二次冷却设备。也有一些厂没有二次冷却设备，而是采用链板机运输，在运输和堆存过程中进一步冷却；若直接采用胶带运输机运输，则在胶带机上喷水保护胶带，或直接向球团上喷水将球团强制冷却。但是，喷水急冷会使球团强度下降。

6.4.2 链箅机—回转窑法

6.4.2.1 概述

链箅机—回转窑最早用于水泥工业。美国爱里斯—哈默斯公司于 1960 年在亨博尔特球团厂建成了世界上第一套生产铁矿球团矿的链箅机—回转窑。当这种新的球团工艺一问世，就得到世界各钢铁、矿业部门的重视，并获得迅速发展。1960 年链箅机—回转窑的生产能力仅占世界球团矿总生产能力的 3.7%，到 1980 年即发展到占总生产能力的 33%。

我国在进入 21 世纪以后，链箅机—回转窑球团生产得到了快速发展，短短几年之内，新建了一大批的链算机—回转窑球团生产线。到 2008 年，链算机—回转窑球团产量已占到国内球团总产量的 57.32%。

链算机—回转窑是一种联合机组，包括链算机、回转窑、冷却机及其附属设备。这种焙烧方法的特点是干燥、预热、焙烧和冷却分别在三台设备上进行；干燥、预热在链算机上进行，预热后球团进入回转窑内焙烧，最后在冷却机上冷却。

6.4.2.2 链算机—回转窑主要设备结构

链算机—回转窑设备系统主要由链算机、回转窑和环式冷却机三部分组成。

A 链算机

链算机是由封闭铸铁链子、算板、侧挡板、主动轮等主要部件组成（图 6-57）。铸铁链子将链算机连成一体，并带动链算机进行定向运动，因而是链算机的连接和传动装置。算板承载球层并使气流通过。侧挡板保证了球层的高度和侧面的密封。主动轮是链算机的驱动装置。由于链算机宽，主传动轴长，加上处于高温环境下工作，受热膨胀后易引起变形，因此，链算机不用齿轮传动而多用双边链轮传动，主轴用中空风冷，保证轴的正常运转。

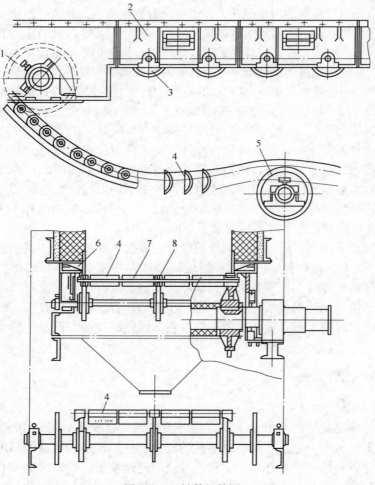

图 6-57 链算机简图

1—传动链轮；2，6—侧挡板；3—上部托轮；4—算板；5—下部托轮；7—链板连接轴；8—连接板

算板是链算机上的主要承荷件，采用耐热铸铁铸造而成。算板除了要求具有良好的强度和一定的耐热性能外，还要求具有良好的通风性能，因此板面开有 6mm 宽的长孔。为了便于装卸，采用小卡板螺栓连接。

算板、链条和侧板用链板轴串联连接，链板轴外套套管，链带间由套管支撑，套管头由两个垫片和算子套管顶住，以防链带横向窜动。链板轴头用轴卡固定，保证算板、链条和侧板在链板轴上留有应有的空隙。

侧挡板的作用是保证球层能铺到一定的高度和良好的密封。侧板安装在链板机上，随链板机一道运动。由于侧板是在高温环境下工作，容易开裂损坏，所以侧板一般都制造成上下两段，这样更换起来比较方便。链板轴孔为长孔，以适应其上下窜动和保证在转弯处转动灵活。

链板机尾部设有铲料板，铲料板头部曲线与算板之间需吻合良好，目的是铲料板与算板面保持很好的接触，保证既不能漏料又不致把算板顶起。

链算机上部设有烟罩，烟罩和链算机之间保持密封以保证充分的热利用。烟罩一般由钢板制成，预热段因温度较高，所以内表面衬有耐火砖。升温段和干燥温度较低，一般是浇注耐火水泥。干燥段、升温段和预热段之间设有隔墙，隔墙的作用是防止各段之间相互串风而影响温度控制。干燥段与升温段之间的隔墙材质为钢板，升温段和预热段之间则采用空心钢板梁外砌耐火砖，再抹耐火材料的结构，梁内通压缩空气进行冷却。有些链算机升温段和预热段隔墙上留有连通孔，用来平衡两段的风量，并调整升温段的风温。

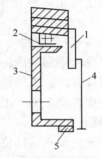

链算机侧面的密封方式有多种，一般是根据不同区段的温度情况采用不同的组合密封。低温段上部用落棒密封，下部侧板与滑道之间加干油润滑密封。高温段即用耐热钢板和外罩做成曲折形的密封（图 6-58）。

图 6-58　链算机侧板密封
1—耐热钢板；2—落棒；
3—侧板；4—外罩；
5—干油润滑

B　回转窑

回转窑由窑体、托轮和滚圈、传动装置等部件组成（图 6-59）。窑体是球团焙烧的反应器，托辊是回转窑的支撑装置，通过辊圈支撑着整个窑体及窑内球团的重量。

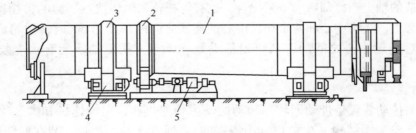

图 6-59　回转窑示意图
1—回转窑筒体；2—传动齿圈；3—滚圈；4—小托轮；5—电机

a　回转窑窑体

回转窑窑体由钢板加工而成，外壳上匝有滚圈和大牙轮。窑体钢板之间的连接方式有铆接和焊接两种。铆接可以加强窑体的强度，但加工费用较高，因而现在普遍采用焊接结构。

回转窑窑体安放在两组距离较远的托轮上，因此，回转窑窑体承受了较大的弯曲应力。为此，窑体钢板的厚度和托轮间的距离要根据钢材承受弯曲应力的限度来决定。一般托轮的距离随窑体直径的增大而增大。窑体除受弯曲应力之外，还受切应力的作用，托轮通过滚圈传递给窑体的作用力，在窑体的金属内部引起对窑体表面的切应力。该切应力进而传递到毗邻的窑断面上。如果滚圈紧紧箍在窑体上，没有缝隙，而窑内的衬料也紧贴窑体上时，则上述切应力不能引起窑体变形。只有当负荷分布不均衡时，切应力方有引起窑体变形的危险。例如，当上部窑体衬料间有空隙时，则衬料的重量势必由窑的下部来承受，从而就有发生窑体变形的危险。

防止变形可以采用增加窑体钢板厚度的办法，使窑体纵断面的惯性力矩增强。例如，在其他条件相同的情况下，如采用22cm厚钢板代替20cm厚的钢板，计算的变形率将降低33%。但是增强惯性力矩最适当的办法是增设加固圈。

为了防止衬料在窑内发生轴向窜动，在回转窑体内还安装相应的用角钢制成的卡砖圈。

b 托轮和滚圈

托轮和滚圈共同构成回转窑的支承结构，滚圈搁置在托轮之上，使回转窑限制在一定的轴向位置内。当回转窑由传动装置带动旋转时，滚圈和托轮同时作相对转动，从而使回转窑发生转动。由于工艺上的要求，托轮在基础上的安装应保证回转窑沿排料端有3% ~ 5%的倾斜度。

在安装滚圈的部位，窑体所经受的切应力最大。因此，窑体的接头不能位于滚圈和大牙轮的下面。此外，由于高温作用使窑体强度下降，因此托轮和滚圈的位置也应尽量避开回转窑的高温区域。

滚圈的材质为硬钢，制造方式有铸造和压延两种。滚圈的宽度是根据施于托轮上的负荷来确定的。压延滚圈质量较好，但难以压延出断面较大的滚圈（小于200cm），因此，这种滚圈的惯性力矩不大。铸造的滚圈可以达到相当大的断面，因而惯性力矩较大。

托轮是用比滚圈稍软或是同样硬度的钢材铸造或锻造而成，置于盛满油的油槽中。由于托轮的回转速度比滚圈的回转速度快数倍，所以托轮表面的磨损比较快。托轮一般是加热后套在锻造的轴上，冷却后形成紧配合。也有将托轮和轴铸造在一起的，托轮安装在焊接而成的机架上。当窑中心和两个托轮中心的连线之间的角度为60°时，托轮承受的压力为最小。每对托轮中心之间的距离可由活动螺栓调节。托轮轴承装有水冷装置和润滑装置。

c 传动装置

回转窑的传动装置是带动回转窑转动的动力传递机构，由减速机和大牙轮构成（图6-60）。大牙轮为钢结构（少数也有用铸铁的），通常由两半组成，装在回转窑窑体上，在大牙轮直径大于4m情况下，也有将其分成数块制造的，大牙轮周边上铣有与减速机上的小牙轮相啮合的齿牙。大牙轮旁设置有挡轮，挡轮的作用是控制大牙轮和小牙轮的相对位置。大牙轮的下部浸于油槽中，这样当大牙轮回转时，大小牙均可得到润滑。

d 窑头和密封装置

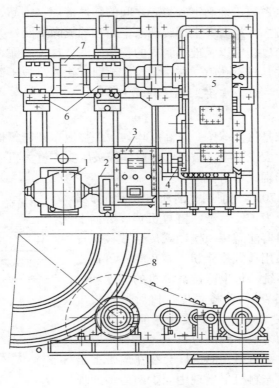

图 6 – 60 回转窑示意图

1—电动机；2，4—联轴节；3，5—减速机；6—轴承；7—小牙轮；8—大牙轮

回转窑的窑头结构有两种形式：一种将活动窑头装在四个轮子上，轮子可沿轨道任意移动；另一种是一个用滑车吊起的并可以推开的盖板封着，有拉紧设备可将它紧紧压靠在窑上的窑头。由于回转窑内是负压操作，所以不管采用哪一种形式，窑头与窑体之间必须很好地进行密封，以免因漏风而影响热能的充分利用和对生产过程的控制。

e 衬料和隔热层

衬料和隔热层的作用是保护窑体不受高温分割，保证回转窑连续正常工作。由于回转窑内不同区段的温度和物理化学反应不同，所以，沿整个回转窑长度方向所用的衬料有所不同。

回转窑内衬要经受高温、磨剥和化学侵蚀作用，所以要求内衬具有耐火度高、抗磨能力强及化学性稳定等特点。另外，内衬的导热性能和热膨胀性能对于回转窑的正常生产也是很重要的。对于某一种耐火材料来说，要完全具备上述要求是困难的，因此，一般回转窑都是根据回转窑各段的具体情况选择相应的耐火砖。

为了延长窑体的使用寿命，窑体的表面温度不宜超过 $300℃$，但事实证明，镁砖衬料在无隔热层的情况下，即使有很好的炉皮，窑体的温度也可达到 $500℃$。而在 $500℃$ 的温度下，钢的抗张强度仅为它在 $20℃$ 下强度的一半。另外，窑体过热，有可能造成两组托轮间窑体下垂和衬料过早损坏。因此，在衬料和窑体之间必须敷设填充隔热层。隔热所用材料，可以是轻质砖及硅藻土和方硅藻土制成的多孔砖，低温区用含三氧化二铝40%的黏土砖，高温区用含三氧化二铝70%的高铝砖。为了使窑体、隔热层和衬砖紧紧地粘在一起，应根据耐火砖的热膨胀系数正确确定砖与砖之间的弹性缝隙。不然，缝隙过小，则耐火砖会发生脱层；若缝隙过大，将会发生掉砖现象，适宜的缝隙则刚好为耐火砖自身的热膨胀所吸收。膨胀缝隙常填以镁粉以及玻璃制成的特殊胶泥，这种胶泥在化学成分上很接近于耐火砖的化学成分，并且具有孔隙，在一定温度下即软化并可被压缩。

6.4.2.3　链箅机—回转窑法工艺过程

A　布料

链箅机布料的要求是将生球按一定高度均匀、平整地布到链箅机上，同时要求布料过程中不至于因为落差太大发生生球破碎、变形、或被压实。链箅机—回转窑法所采用的布料设备有皮带布料器和辊式布料器两种。

20 世纪 60 年代和 70 年代前期，国外的链箅机布料大都采用皮带布料器。为了使生球在链箅机宽度方向上均匀分布，在皮带布料器前需装一摆动式皮带或梭式皮带机。日本加古川厂采用梭式皮带机—宽皮带—可逆皮带布料器的联合布料系统，将生球按链箅机的宽度和规定厚度均匀布料（图 6 - 61）。梭式皮带机后退时将生球呈斜向料线布到宽皮带上，由宽皮带给到皮带布料器，再由皮带布料器均匀地布到链箅机上。也有采取梭式皮带在前进和后退时都布料，但这样会在宽皮带上出现 Z 字形料线，生球在布料机上出现中间少两边多的现象，因此这种给料工艺不够理想。

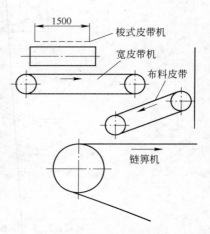

图 6 - 61　皮带布料机系统图

皮带布料器布料，横向均匀，但纵向会由于生球波动而不够均匀。为了减轻生球的落下冲击，加拿大亚当斯厂采用在皮带布料器卸料端装磁辊的方法。据介绍此法可以减少生球破损。

目前先进的大型球团工程都采用液压推动、单向布料的梭式布料机，其机理更合理，效果也更好。这一布料技术在工艺配置上和摆式布料相比，生球可少转运一次；采用单向布料可使布料平整，在宽胶带机上不会在两端形成驼峰。对摆式布料也应实现变速摆动，以减少在宽胶带上两端形成驼峰带来的不利影响。

辊式布料器一般与梭式皮带机（或摆动式皮带机）、宽皮带组成布料系统。用辊式布料器布料，生球质量获得两方面的改善，一是通过布料辊的间隙，筛除生球中的矿粉和粒度不符合要求的小球，改善料层透气性；二是生球在布料器上进一步滚动，改善了生球的表面光洁度，并使生球进一步紧密，提高了生球强度。

辊式布料器是 20 世纪 70 年代改进的一种布料设备。目前国内外许多球团厂都采用这种布料设备。新建的大型球团厂都趋向于采用由梭式布料机（或摆动皮带机）、宽皮带与辊式布料器组成的布料系统。与摆动皮带机相比，梭式皮带机的布料效果更好些，对于宽链箅机更适用。

B　干燥和预热

随着链箅机的移动，通过鼓风和抽风，气流垂直通过球层进行传热和传质，球团依次发生干燥和预热过程。干燥的目的是脱除生球中的水分，要求干燥过程中不发生爆裂，以免产生的粉末影响料层透气性和导致回转窑结圈。链箅机—回转窑工艺要求预热过程不仅

将 Fe_3O_4 氧化成 Fe_2O_3，并使预热球形成一定的强度，以抵抗回转窑中的机械冲击和磨损。

　　a　干燥预热工艺类型

　　生球干燥和预热均在链算机上进行，利用从回转窑和环式冷却机出来的热废气在链算机上进行鼓风干燥、抽风干燥和抽风预热。干燥预热工艺可根据原料条件，按链算机炉罩分段和风箱分室进行分成不同类型。

　　按链算机炉罩分段，可分为二段式、三段式和四段式。二段式即为链算机分为一段干燥和一段预热；三段式即为将链算机分为三段，两段干燥和一段预热；四段式即为将链算机分为四段，一段鼓风干燥，一段抽风干燥、两段预热（分别为预热一段和预热二段），一段为升温预热段，二段为预热段。

　　按链算机风箱分室，又可分为二室式、三室式和四室式。二室式，即干燥段和预热段各有一个抽风室，或者第一干燥段有一个鼓风室，抽风干燥和预热共用一个抽风室；三室式即鼓风干燥段为一个鼓风室，抽风干燥段和预热一段共用一个抽风室，预热二段为一个抽风室；四室式为四段炉罩各对应一个抽风室（或鼓风室）。如图 6-62 ~ 图 6-67 所示。

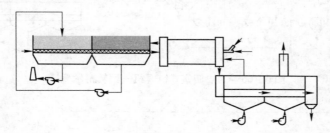

图 6-62　二段二室式链算机—回转窑示意图

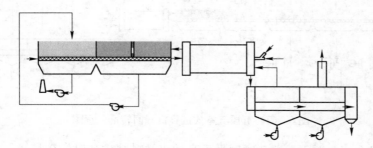

图 6-63　三段二室式链算机—回转窑示意图

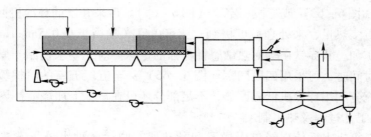

图 6-64　三段三室式链算机—回转窑示意图

生球的热敏感性是选择链算机工艺类型的主要依据。早期的链算机—回转窑系统没有

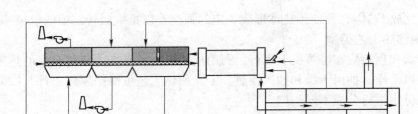

图 6-65　四段三室式链箅机—回转窑示意图

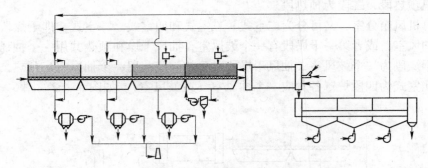

图 6-66　四段四室式链箅机—回转窑示意图

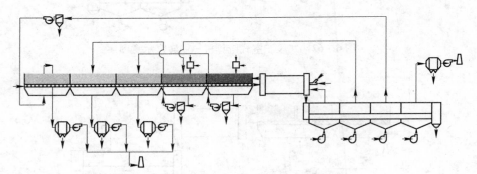

图 6-67　五段五室式链箅机—回转窑示意图

环冷机回流换热系统，对于一般热敏感性不高的赤铁矿精矿和磁铁矿精矿，常采用二段二室式（图 6-62）。当处理热敏感性强的含水土状赤铁矿生球时，为了强化干燥过程，采用三段二室式（图 6-63）或三段三室式（图 6-64）。后来开发的环冷机回流换热系统可为链箅机提供更多热量，来处理粒度极细（-500 目（相当于 0.025mm）占 80% 以上）、水分较高的精矿和土状赤铁矿等对热敏感性极强的生球。对于要求初始干燥温度很低，需要较长的干燥时间时，可采用四段四室（图 6-66）甚至五段五室的阶梯缓慢升温的干燥预热制度，可充分利用环冷机低温废热，不足部分还可在炉罩上加烧嘴补热（图 6-67）。

　　b　链箅机工艺过程及热工制度

　　生球布到链箅机上后依次经过干燥段和预热段，脱除各种水分，磁铁矿氧化成赤铁矿，球团具有一定的强度，然后进入回转窑。关于预热球团矿的强度，目前尚无统一标准。日本加古川球团厂要求单球强度为 150N/球；经生产实践证明 30～40N/球，球团进入回转窑内也不碎，所以他们不作抗压检测，改为 AC 转鼓试验。早期国外大多文献报道为 300~400N/球，我国初期球团要求预热球抗压强度不小于 400N/球，AC 转鼓指数不小于 95%，但随着球团规模的大型化，《铁矿球团工程设计规范》（GB 50491—2009）中要求达到 1000N/球。

链算机的热工制度根据处理的矿石种类不同而不同。对于热敏感性强、爆裂温度低的物料，常在抽风干燥之前加一段鼓风干燥过程。鼓风干燥的主要作用是将下部球层加热，并将脱除一部分水，以避免抽风干燥时水分在下部球层冷凝，造球过湿现象。鼓风干燥时间不宜过长，否则将在球层中、上部形成过湿，从而在抽风干燥时产生爆裂。鼓风干燥的温度一般为 150~250℃，抽风干燥温度根据生球爆裂温度确定，一般要求比爆裂温度低 100~150℃，常用的抽风干燥温度为 300~400℃。

预热温度一般为 900~1100℃，但矿石种类不同，其预热温度也有所差异。磁铁矿在预热过程中氧化成赤铁矿，同时放出大量热，生成 Fe_2O_3 连接桥而提高强度，因而预热温度较低。赤铁矿不发生放热反应，需在较高温度下才能提高强度。为了缩短链算机的长度，新设计的链算机更倾向于采用快速高温预热制度。

C 焙烧和均热

预热后的球团在回转窑内焙烧。生球经干燥预热后，由链算机尾部的铲料板铲下，通过溜槽进入回转窑，物料随回转窑沿周边翻滚的同时，沿轴向前移动。窑头设有燃烧器（烧嘴），由它燃烧燃料供给热量，以保持窑内所需要的焙烧温度；烟气由窑尾排出导入链算机；球团在翻滚过程中，经 1250~1350℃的高温焙烧后，从窑头排料口卸入冷却机。球团经过高温区以后，在靠近窑头的区段内进行均热。

窑内结圈是回转窑生产中常见的事故。这是由细粒物料在液相的黏结作用下，在窑内壁的圆周上结成的一圈厚厚的物料。结圈多出现在高温带。在高温带内结窑皮和结圈，对回转窑生产均有影响。窑皮能保护该带的衬料，不使它过早地被磨损，并能减少窑体热量的散失。但若在燃烧带结圈，就会缩小窑的断面和增加气体及物料的运动阻力。并且结圈还会像遮热板一样，使得燃烧带的热不能辐射到窑的冷端，结果使燃烧带温度进一步升高，使该带衬料的工作条件恶化。

回转窑生产率不仅与矿石种类、性质有关，也与窑型及工艺参数有关。回转窑的参数包括长度、直径、长径比、斜度、转速、物料在窑内停留时间、填充率等。回转窑的热工制度根据矿石性质和产品种类确定，窑内温度一般为 1300~1350℃，自熔性球团矿焙烧温度一般为 1250℃左右。

回转窑焙烧球团矿的主要缺点是结圈。相比之下，生产酸性球团矿的回转窑，结圈现象轻。生产自熔性球团矿的回转窑则较容易结圈。回转窑结圈的原因是多方面的，原料、燃料质量、回转窑的生产操作好坏对结圈都有影响。具体原因有球团中粉末多、气氛控制不好、温度控制不当、原料的 SiO_2 含量高等。球团中粉末多是引起回转窑结圈的常见原因。球团中粉末多的原因，一是生球筛分效率差，使得球团中夹带小母球或块状物料；二是生球在链算机上结构受到破坏，开裂或者爆裂；三是预热球强度差。粉末物料易结圈是由于大颗粒液体的蒸气压大，小颗粒液体的蒸气压低，因此小颗粒在较低的温度下就可产生软熔，而大颗粒需在较高温度下才发生软熔。由于大小颗粒软熔性能的差别导致球团中的粉末易结圈。最新的研究报道表明，当粉末量较高，在窑壁上黏附挂料时，固相连接也可引起较严重的结圈。对于软熔点高的粉末，固相连接甚至成为回转窑结圈的主要原因。另外，燃料煤灰分高和灰分熔点低会造成回转窑结圈。

结圈过程中在高温带产生过多液相，因此圈的形成和回转窑的热工制度有着密切的关系。从物料在窑内运动过程中可以得出，紧靠着窑壁的颗粒，在它刚出现在物料表面时，温度达到最高值。当此温度达到物料熔化的温度时，物料就会产生软熔或出现液相，并黏附在窑衬上。这些软熔物料或液相也会黏附其他物料，当这些物料转到低温位置时就会固结下来，如此反复下去，不能及时采取措施，就会出现结圈。

除此之外，物料中的低熔点物质数量的多少，物料化学成分的波动，气氛的变化，生产过程是否稳定，都对结圈产生直接的影响。结圈物可分为两种类型，其一是在高温区由于粉末熔化，逐渐黏附在窑壁上而形成的一种圈，这种圈结构致密，其中所含铁矿物为 Fe_2O_3，而且液相较发达。另一种类型的圈，与上述结圈物不同，其结构疏松，Fe_2O_3 呈棱角较大的结晶，结圈物粒度较粗，其强度较差。由于结圈对回转窑生产的影响很大，所以链算机—回转窑球团厂应严格控制原、燃料质量并建立严格的焙烧制度，而且要采取有效措施来清理结圈。

通常处理结圈的方法有：（1）往复移动燃烧带位置将圈烧掉。（2）用风或水对圈实行骤冷，使其收缩不匀而自行脱落。（3）停窑使窑冷却后，采用人工打圈。这种方法停窑时间长、劳动强度大、对衬料损害也大，不得已时才采用这种方法。（4）采用机械方法清除结圈。一种机械是刮圈机，这种机械在头部设置有合金刮刀。机架固定在车轮上，使用时，开启电动机将刮刀伸入窑内除圈，其优点是不停窑清圈。另一种方法比较简单，即用机关枪射击窑内的结圈物，该法也不用停窑。

D　冷却

1200℃左右的球团从回转窑卸到冷却机上进行冷却，使球团最终温度降至100℃左右，以便皮带机运输和回收热量。目前链算机—回转窑球团厂，除比利时的克拉伯克厂采用带式冷却机外，其余均采用环式冷却机鼓风冷却。日本神户球团厂和加古川球团厂除用环式鼓风冷却机以外，还增加了一台简易带式抽风冷却机。

早期环式冷却机有两段式和三段式两种，现代环冷机大多分三段和四段冷却。两段冷却分为高温冷却段（第一冷却段）和低温冷却段（第二冷却段），中间用隔墙分开。高温冷却段出来的热风温度达 1000~1100℃，作为二次燃烧空气返回窑内利用。低温段热风则排放未用，各厂均作废气排至大气。后期建设的球团厂均采用回流换热系统回收低温段热风供给链算机干燥段使用。

三段冷却将环式冷却机分为三段，每一段配备一台冷却风机，各段之间用隔墙分开。一段热风作为二次燃烧空气返回窑内利用，二段热风引入升温预热段，三段热风引入鼓风干燥段。四段冷却是在三段冷却基础上多分出一段低温废气外排，以利提高第三段废气回流温度，常用于以100%磁铁矿为原料的大规模球团生产线。我国新建的链算机—回转窑多数采用三段或四段环式冷却。

冷却料层高度一般在 600~760mm 以上，冷却时间为 25~35min，每吨球团矿的冷却风量（标态）一般都在 2000m³ 以上。

用于球团矿冷却的设备是一种专用性的环冷机，和烧结用的环冷机有很大的差异：由回转窑排出进入环冷机的球团矿温度更高；采用鼓风冷却，并充分利用冷却余热。其首段排出的高温热废气直接进入回转窑，其余的热气体由回热风管返回到链箅机上，用作生球干燥和预热的热源。为提高余热利用率，减少热损失，满足工艺的要求，应尽量降低上、下漏风率。为保护设备，需在上部风罩上设放散烟囱，一旦发生超温事故和需要加快降温速度时，立即打开放散烟囱。当气流温度不能满足工艺要求，需设管道热风炉补热。

6.4.3 带式焙烧机法

6.4.3.1 概述

带式焙烧机是一种历史最古老，灵活性最大、使用范围最广的细粒物料造块设备，但用于球团生产却是20世纪50年代才开始的。由于当时对带式焙烧机的急切需要，这项研究工作在全世界各地几乎是同时而又独立地进行着。60年代以后得到迅速发展，是国外普遍采用的球团生产方法。我国带式焙烧机应用较小，目前只有鞍钢、包钢以及首钢京唐各有一套带式焙烧机球团生产系统。带式焙烧机之所以发展如此之快，主要是具有下列特点：

（1）生球料层较薄（200~400mm），可避免料层压力负荷过大，又可保持料层透气性均匀；

（2）工艺气流以及料层透气性所产生的任何波动只能影响到一部分料层，而且随着台车水平移动，这些波动很快就消除；

（3）可根据原料不同，设计成不同温度、气体流量、速度和流向的各个工艺段，因此带式焙烧机可以用来焙烧各种原料的生球；

（4）采用热气流循环，利用焙烧球团矿的显热，球团能耗较低；

（5）可以制造大型带式焙烧机，单机能力大。

带式焙烧机法可分为固体燃料鼓风带式焙烧机法、麦基型带式焙烧机法和鲁奇—德腊伏型带式焙烧机法。固体燃料鼓风带式焙烧机法由于球团矿质量不能满足用户要求，便停止生产。麦基型与鲁奇—德腊伏型两者有许多相似之处，而鲁奇—德腊伏型带式焙烧机法是世界上应用最广泛的带式焙烧机法。

6.4.3.2 鲁奇—德腊伏型带式焙烧机法

鲁奇—德腊伏带式焙烧机工艺首先由德国鲁奇公司创立的，并在加拿大国际镍公司投产了第一台这样的带式焙烧机，后经修改，至今成为世界上运用最广泛的带式焙烧机法。

A 工艺特点

（1）采用圆盘造球机制备生球；

（2）采用辊式筛分布料机，对生球起筛分和布料作用，并降低生球落差，节省膨润土用量；

（3）采用铺边料和铺底料的方法，以防止挡板、箅条、台车底架梁过热；

（4）生球采用鼓风和抽风并用的干燥工艺，先由下向上往生球料层鼓入热风，然后向下抽风干燥，避免下层球过湿，而削弱球的结构；

（5）为了回收球团矿显热，采用鼓风冷却，冷却风首先经过台车和底料层预热后，再穿过高温球团料层，避免了球团矿冷却速度过快，使球团矿质量得到改善。

B 工艺类型

鲁奇—德腊伏带式焙烧机法最主要功能就是能将各种矿石有效地生产球团矿。它可以根据不同的矿石类型采用不同的气体循环方式和换热方式，一般分为如下四种类型：

第一种类型用于生产赤铁矿和磁铁矿的混合精矿球团。如图 6 - 68 所示，采用鼓风循环和抽风循环混合使用，前段冷却热风直接进入直接回热罩供预热、焙烧和均热带使用，机尾冷却热风通过炉罩换热风机进入抽风干燥段。焙烧段和均热段出来的热风进入鼓风干燥段。鼓风干燥段、抽风干燥段以及预热段的气流通过排入大气。

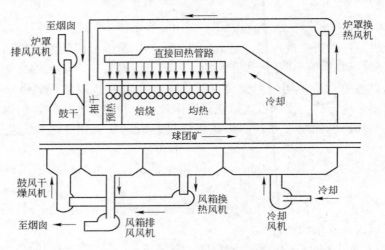

图 6 - 68   鲁奇—德腊伏带式焙烧机法工艺类型之一

第二种类型由第一种类型稍加修改后用于生产磁铁矿精矿球团。如图 6 - 69 所示，主要修改是炉罩内换热气流全部采用直接循环，抽风干燥段由直接回热罩供风。取消了炉罩换热风机，将冷却段较冷端连同鼓风干燥段和抽风干燥段的气流排入大气。

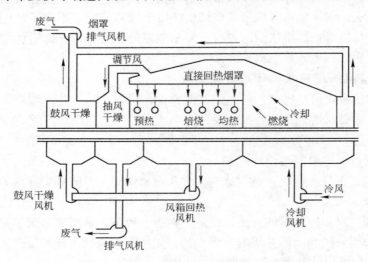

图 6 - 69   鲁奇—德腊伏带式焙烧机法工艺类型之二

第三种类型用于生产赤铁矿球团。如图 6 - 70 所示，为了适合生球需要较长干燥和预热时间的特点，增大了焙烧机的面积，同时增加抽风干燥和预热区所需的风量。采用炉罩换热气流全部直接循环，预热段、焙烧段、均热段都采用直接循环热风。

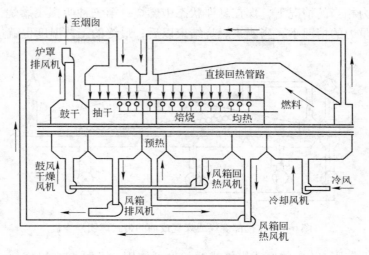

图 6-70 鲁奇—德腊伏带式焙烧机法工艺类型之三

　　第四种类型是为处理含有害元素的铁矿石配置的球团工艺。如图 6-71 所示，将高温抽风区（焙烧后段和均热段）的废气排出，以消除某些矿物产生的易挥发性染物对环境的污染，如砷、氟、硫等，也可以处理含有结晶水的矿物。在抽风干燥段和预热段之间设置脱水段，由预热段和焙烧段的前段供风，抽出的风供给抽风干燥段。鼓风干燥段由冷却段低温端供风，出来的风排入大气。

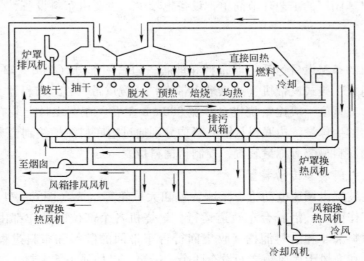

图 6-71 鲁奇—德腊伏带式焙烧机法工艺类型之四

　　20 世纪 80 年代鲁奇公司又设计了一种以煤代油的新型带式焙烧机（图 6-72）。使用这种焙烧机的方法称为鲁奇多级燃烧法。该法首先将煤破碎到一定粒度组成，通过一种特制的煤粉分配器在鼓风冷却段两侧用低压空气将煤粉喷入炉内，并借助于从下向上鼓入的冷却风，将煤粉分配到各段中去燃烧。煤粉在带式焙烧机内的燃烧由三种类型组成：第一种叫固定层燃烧，它发生在煤的重力大于风力的情况下，煤粒停留在球团料层顶部，在随台车移至焙烧机的卸料端的过程中燃烧。第二种叫流态化燃烧，或叫沸腾燃烧，它发生在煤的重力和风力相当的情况下，煤在悬浮状态中燃烧；第三种叫飘飞燃烧，它发生在风力大大超过煤粉重力的情况下，当飘飞燃烧结束以后，最终的工艺温度也就达到了。

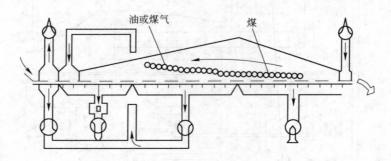

图 6-72 全部烧煤或煤气或油的带式球团焙烧机

这种流程可使用 100% 的煤或煤气或油，也可使用这几种燃料以任何一种比例关系在带式焙烧机上焙烧。第一个这样的球团厂建在库德雷穆克铁矿公司。该厂用 50% 的油和50% 的高灰分煤进行燃烧。

该工艺要求煤粉有合理的粒度组成，煤的灰分熔点要高于球团焙烧温度。至于煤的种类，没有特别限制，烟煤、无烟煤、褐煤等均可。这类流程目的在于降低球团矿成本。

6.4.3.3 带式焙烧机主要设备结构

带式焙烧机球团厂的工艺环节简单，设备也较少，主要由布料设备、带式焙烧机和附属风机组成。

A 布料设备

带式焙烧机的布料设备包括生球布料和铺底、边料两部分（图 6-73）。生球布料由三个设备联合组成：梭式皮带机（或摆动皮带机）—宽皮带—辊式布料器。宽皮带的速度较慢而且可调，其宽度一般比焙烧机台车宽 300mm 左右。在宽皮带上装有电子秤，随时测出给到台车上的生球量。边底料从铺底料槽分别通过边底料溜槽给到台车上，并用阀门调节给料量。铺底料槽装有称量装置，控制料槽料位。

B 焙烧机头部及其传动装置

焙烧机传动装置由调速电动机、减速装置和大星轮等组成（图 6-74）。台车通过星轮带动被推到工作面上，沿着台车轨道运行。焙烧机各个部位的动作都由操纵室集中控制。头部设有散料漏斗和散料溜槽，收集回行台车带回的散料和布料过程漏下的少量粉料。在散料漏斗和鼓风干燥风箱之间设有两个副风箱，以加强头部密封。

C 焙烧机尾部及星轮摆架

尾部星轮摆架有两种形式：摆动式和滑动式。DL 型焙烧机为滑动式（图 6-75）。当台车被星轮啮合后，随星轮转动，台车从上部轨道渐渐翻转到下部回车轨道，在此过程中进行卸矿。当两台车的接触面达到平行时才脱离啮合。因此，台车在卸矿过程中互不碰撞和发生摩擦，接触保持了良好的密封且台车寿命延长。当台车受热膨胀时，尾部星轮中心摆架滑动后移，在停机冷却后，由重锤带动摆架滑向原来的位置。卸料时漏下的散料由散料漏斗收集，经散料溜槽排出。

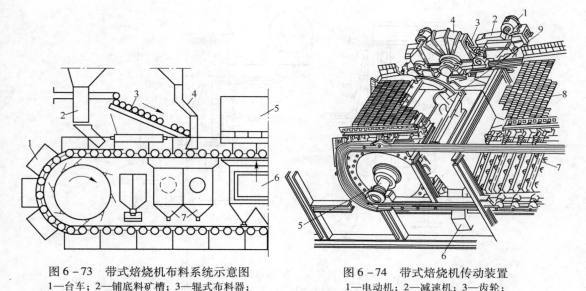

图 6-73　带式焙烧机布料系统示意图

1—台车；2—铺底料矿槽；3—辊式布料器；

4—铺边料矿槽；5—鼓风干燥炉罩；

6—风箱；7—返料漏斗

图 6-74　带式焙烧机传动装置

1—电动机；2—减速机；3—齿轮；

4—齿轮罩；5—轴；6—溜槽；7—返回台车；

8—上部台车；9—扭矩调节筒

D　台车和算条

鲁奇公司制造的带式焙烧机的台车由三部分组成：中部底架和两边侧部分。边侧部分是台车行轮、压轮和边板的组合件，用螺栓与中部底架连成整体（图 6-76）。中部底架可翻转 180°。当台车发生挠性变形后可翻转过来使用，以矫正变形，加上台车和算条材质均为镍铬合金钢，所以台车和算条寿命可大大延长。

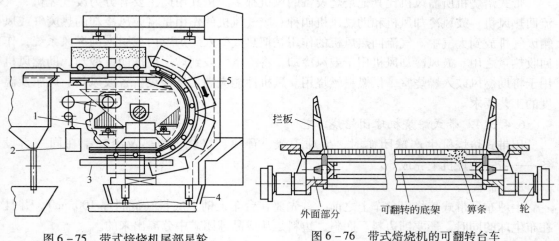

图 6-75　带式焙烧机尾部星轮

1—尾部星轮；2—平衡重锤；

3—回车轨道；4—漏斗；5—台车

图 6-76　带式焙烧机的可翻转台车

E　密封装置

带式焙烧机需要密封的部位有头、尾风箱，台车滑道和炉罩与台车之间。头、尾风箱一般采用弹簧滑板密封。台车与风箱和炉罩之间的密封如图 6-77 所示。

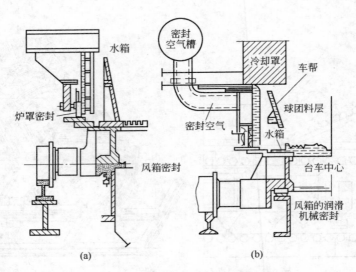

图6-77 台车与风箱、炉罩密封的结构示意图
（a）台车与风箱和炉罩之间的密封；（b）鼓风冷却炉罩的加气密封

F 风箱

带式焙烧机各段风箱分配比例是由焙烧制度所决定的。通过球层的风量、风速和各段停留时间因原料的不同而不同，需要根据生产经验或通过试验确定。当机速和其他条件一定时，这些参数主要取决于各段风箱的面积和长度，焙烧机风箱总面积是根据产量规模来确定的。

G 风机

带式焙烧机所需风机比其他焙烧设备的风机都多。按其用途主要有分为废气风机、气流回热风机、鼓风冷却风机和助燃风机四种。废气风机的作用是将鼓风冷却的热废气或风箱废气排放到大气中。气流回热风机的作用是把热气引入到炉罩内或引入助燃风系统，作回收热量之用。鼓风冷却风机用于鼓风冷却，将冷空气鼓到球层使球团矿冷却。助燃风机用于将助燃风鼓入燃烧室，供燃料燃烧用。风机性能应满足焙烧设备各段风量、风压及温度的工艺要求。

6.4.3.4 带式焙烧机球团焙烧工艺

用带式焙烧机生产球团矿时，生球干燥、预热、焙烧、均热及冷却都在同一台设备——带式焙烧机上完成。

A 布料

生球布到带式焙烧机台车上之前，首先要在台车上铺上底料（底料厚100mm），并且在布生球的同时，还要铺边料。底料、边料是从成品球团矿中分离出来的。

底料的作用是：

（1）保护台车和炉箅免受高温烧坏；

（2）使气流分布均匀，改善料层透气性，使球团矿焙烧均匀；

（3）下抽时可吸收一部分废气的热量，避免废气热损失过大，其潜热在鼓风冷却带可回收；

（4）鼓风冷却时，避免下层球急冷，维持一定的高温保持时间，从而保证球团矿质量较均匀。

边料的作用是：

（1）保护台车两侧边板，防止被高温烧坏；

（2）防止两侧边板漏风。

为了保证球层具有良好的透气性并保证成品球粒度均匀，生球在布到台车上之前，必须筛除不合格粒级的球及粉末。带式焙烧机的生球布料系统由摆动皮带（或可逆式皮带）、宽皮带和辊式布料器组成。生球经辊式布料器后均匀地布到台车上。

辊式布料器的作用是：

（1）起筛分作用，筛除大球及小于8mm的小球；

（2）提高生球强度，生球在布料器上的滚动过程中，表面变得光滑，颗粒排列更致密；

（3）降低生球落差。

B 生球干燥

带式焙烧机一般设有鼓风干燥段和抽风干燥段，其目的是为了强化干燥过程。先进行鼓风干燥，使下层球加热到露点以上的温度，可避免向下抽风时由于水分冷凝出现过湿层，同时在向上鼓风时，下层球部分水分被排除，因而也可提高下层球的破裂温度和抗压强度。鼓风干燥后转为抽风干燥，这样可防止上层球因进一步过湿而结构破坏，同时也可提高干燥速度。不同原料制备的生球，所能承受的干燥温度和所需的干燥时间不同。

C 预热

预热的目的是：

（1）使结晶水、碳酸盐分解；

（2）使磁铁矿氧化完全，避免形成层状结构的球团矿；

（3）完成由干燥段向高温焙烧带的过渡，避免因快速升温使球团内外温差太大而产生应力，导致球团结构破坏。

原料不同，预热的目的和升温速度也不同。赤铁精矿制备的球团矿，预热主要是保证不因为升温过快使结构遭到破坏；磁铁精矿球团在预热阶段，保证球团从外到内，宏观上要氧化完全，否则就会产生同心裂纹，降低球团矿强度；对于菱铁矿或含硫高的球团，预热温度和升温速度必须细心控制，升温速度适当减慢，否则因升温速度过快，会使球团内碳酸盐剧烈分解而开裂。

D 焙烧

球团在焙烧带完成固相反应和再结晶、结构致密及形成少量液相的过程。焙烧带温度一般在1250~1340℃，若温度过低，因致密化程度差，强度降低；如温度过高，液相过多，球团产生黏结，料层透气性变差，不但影响球团矿质量，而且生产率降低。

E 均热

均热带一般不再供热，而是由第一冷却段的热气体直接供热，热气体由球层上部向下部导热。一方面使球团继续完成固结过程，未被氧化的 FeO 继续氧化；另一方面使下层球也具有一定的高温保持时间。

F 冷却

冷却带采用二段鼓风冷却。第一段冷空气通过球层被加热到750~800℃，一般一部分热空气送到均热带，其余部分作为二次助燃风。第二段冷却风被加热到300~400℃，作为抽风干燥段的热源和一次助燃风。

冷却段采用鼓风方式，其目的是：

（1）防止台车受高温作用；

（2）鼓入的冷风通过底料被加热到一定温度，避免球团矿骤冷而降低强度；

（3）利用台车和底料的潜热，节省能耗。

6.4.4　三种球团焙烧方法的比较

三种球团焙烧方法在设备类型、原料适应性、过程特性、操作特性、生产能力等方面都有各自的特点。

竖炉法具有设备简单、对材质无特殊要求、操作维护方便、热效率高等优点，但也存在如下缺点：

（1）受气流穿透深度的局限和热场均匀性的要求，竖炉宽度不宜太大，布料皮带和轨道长度又限制了竖炉的长度，因而竖炉单机生产能力小。一般最大年产量为50万吨左右。

（2）由于依赖于磁铁矿的放热作用供热，因而只适应于用磁铁矿生产球团，赤铁矿只能配入较小的比例。

（3）由于炉内热场和球团运行速度不均匀的特性，使球团焙烧不均匀。

（4）球团焙烧过程热制度由竖型尺寸、热场特性和球团运行速度三方面因素共同控制，球团干燥、预热、焙烧等炉内过程的热制度相互关联和制约，不能单独控制，因而操作灵活性差。

（5）整个过程球团在炉内运动，相互之间的挤压和摩擦易使球团磨损甚至破裂，因而要求球团在干燥和预热时具有较好的过程强度。

（6）炉顶气体温度高，要求生球具有较高的爆裂温度。

链箅机—回转窑法优点如下：

（1）球团在回转窑内固定热场中运动，当料流和窑内热场稳定时，所有的球团都以同样的运动轨迹通过热场，焙烧过程均匀。

（2）设备易于实现大型化，因而单机生产能力大。

（3）干燥、预热、焙烧过程的温度都容易单独调节和控制，因而操作灵活性强。

（4）原料适宜性广等优点。

但是，由于干燥预热、焙烧和冷却需分别在3台设备上进行，设备环节多，因而投资较大。另外，由于球团在回转窑内随运动冲击，因而对预热球强度要求高。

带式焙烧机法全部工艺过程在一台设备上进行，设备简单、可靠、维护方便，操作灵活、适合焙烧各种原料，热效率高，单机生产能力大。但是，由于全部过程都带式机上完成，因而带式机作业温度高且温度波动大，对材质要求高。

6.5　球团生产实例

6.5.1　实例一：武钢鄂州链箅机—回转窑球团

武钢矿业公司鄂州链箅机—回转窑球团厂一期设计规模为年产500万吨酸性球团矿，单线生产能力居世界首位，采用链箅机—回转窑—环冷机生产工艺，造球、焙烧工艺由 Metso

公司提供基本设计、设备关键部件和自动控制系统，另外高压辊磨机、强力混合机等也引进国外的先进设备。一期工程于2004年11月18日开工建设，2005年12月31日建成投产。

武钢500万吨/年链算机—回转窑工艺布置合理，采用了新工艺、新设备，为产量、质量达标创造了条件。尤其是在引进、消化吸收国外先进技术上取得了很好的成效，经过对部分工艺、设备的改造创新，产品质量达到国际标准，为武钢高炉供应优质原料。

6.5.1.1 工艺流程（图6-78）

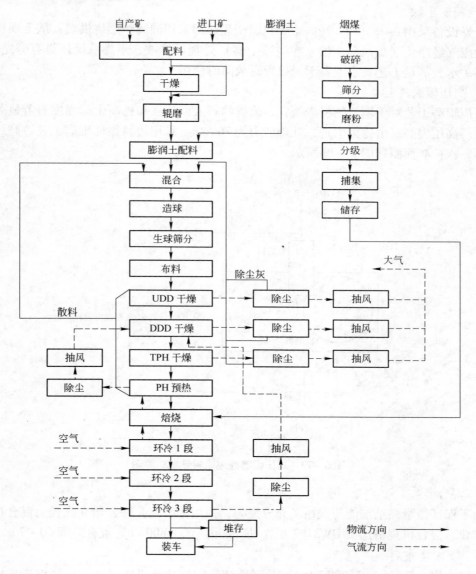

图6-78 鄂州球团厂工艺流程图

6.5.1.2 工艺技术主要特点

A 精矿受卸与堆取

铁精矿质量及供应的稳定是保证球团生产产质量稳定的先决条件。为了确保球团厂生产的稳定，配套建设了大型的原料堆场。该原料堆场有三个料条，有效堆存容量 78 万吨 进口矿经海运转内河航运抵鄂州，自产铁精矿年经铁路运输进厂，在地下受矿槽经链斗卸 车机卸至地下沟槽，再由胶带机输送至料场。

B　原料处理

a　精矿配料

采用定量圆盘给料机 + 电子皮带秤自动配料系统。采用重量法配料，保证稳定生产。

b　精矿干燥

干燥设备采用 $\phi 4m \times 30m$ 转筒干燥机，干燥热源采用沸腾炉燃烧供热，从干燥机排出 的含尘废气经净化（旋风除尘器 + 布袋除尘器）处理后排放，干燥系统还设有旁路系统， 仅在精矿水分满足工艺要求或者干燥机短时故障时使用。

c　高压辊磨

高压辊磨工艺对于增加物料表面积，改善物料表面活性和提高生球强度有着显著的作 用。该厂高压辊磨机由德国引进，处理能力为 760t/h，采用边料循环辊磨工艺。高压辊磨 处理原料铁精矿简图如图 6－79 所示。

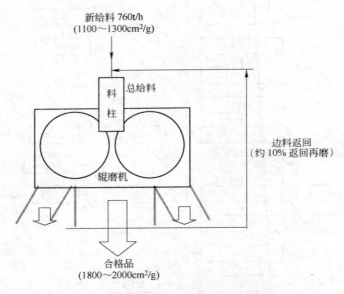

图 6－79　高压辊磨处理原料铁精矿简图

d　混合

为了保证微量黏结剂能与铁精矿充分混匀，采用德国爱立许公司立式强力混合机进行 混匀作业。混合机规格选型 DW31/7 型，处理能力 700 ~ 800t/h，混合时间 60 ~ 70s。

C　造球及布料

造球工序（图 6－80）采用 Metso 公司设计的圆筒造球机造球工艺，圆筒造球机规格 $\phi 5m \times 13m$，倾角 7°，造球系统共设置了 6 个造球系列，每个系列由称量皮带机、喂料皮 带机、圆筒造球机、排料皮带机、辊式筛分机及若干条返料皮带机组成，构成一个闭路循 环系统。生球通过辊式筛分机分级，9 ~ 16mm 为合格产品送至下道工序；－9mm 小球通 过返料皮带机送回本系列造球机重新造球（简称小循环）；+16mm 大球经粉碎机打碎后，

6 个系列的返料汇集至一条返料皮带机上，送至混合料缓冲槽再重新造球（简称大循环）。

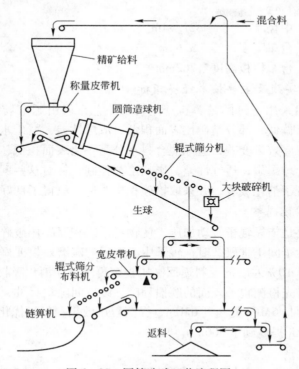

图 6-80　圆筒造球工艺流程图

6 个造球系列的合格生球汇集至一条 B1400mm 的梭式皮带机上，通过梭式皮带机作往复运动将生球平铺至一条宽皮带机上，然后由该宽皮带机将其送至辊式布料机上，最终通过辊式布料机筛分后将生球均匀地平铺至链算机算床上，生球布料高度 178mm。

D　生球干燥、预热、焙烧及冷却

生球的干燥与预热在链算机上进行，链算机炉罩分为四段：UDD（鼓风干燥）段、DDD（抽风干燥）段、TPH（过渡预热）段和 PH（预热）段生球进入链算机炉罩后，依次经过各段时被逐渐升温，从而完成了生球的干燥和预热过程。链算机炉罩的供热主要利用回转窑和环冷机的载热废气。回转窑的高温废气供给链算机段，PH 段炉罩设有重油烧嘴，以弥补热量的不足。从 PH 段的排出的低温废气又供给 DDD 段，环冷机一段的高温废气供给回转窑窑头作二次助燃风，二段中温废气供给 TPH 段，HI 段低温废气供给UDD 段。

回转窑供热采用煤粉和天然气，燃煤经磨细后从窑头（卸料端）用高压空气喷入。从回转窑排出的球团矿进入环冷机冷却，环冷机分为三个冷却段，一冷段的高温废气引入窑内作二次风，二冷段的中温废气被引至链算机 TPH 段，三冷段炉罩的低温废气供给链算机 UDD 段。

三大主机主要规格如下：

链算机　　　　　5.664m×67.26m

有效面积　　　　345m²

回转窑　　　　$\phi6.858m \times 45.72m$

斜率　　　　　4%

环冷机　　　　中径　　　　21.94m

　　　　　　　台车宽度　　　3.65m

　　　　　　　台车栏板高度　762mm

6.5.1.3　生产实践及主要技术经济指标

鄂州球团厂虽然采用先进的链箅机—回转窑工艺，但由于市场的影响，原料情况较差，精矿质量比设计偏低，部分精矿比表面积低、成球性差，精矿水分过高，不能达到高压辊磨要求，高压辊磨效果变差，造球混合料水分高、比表面积低，导致生球质量差，进入链箅机粉料多，生球爆裂，透气性差，影响工艺控制，针对这些问题，该厂对链箅机—回转窑工艺技术进行了消化吸收，并采取措施积极改造，取得了良好的效果。

A　高压辊磨参数调整

高压辊磨机主要是依靠辊子转动加压，使物料之间相互碾压破碎，从而增加物料比表面积。物料在两个辊子间正常碾磨时，辊子中心区域的碾磨效果要好于边缘区域，为了保证辊压效果，系统有10%左右的返料返回高压辊磨再磨，在消化吸收先进工艺的同时，对系统进行了优化，首先检测辊子表面的磨损程度，改变间隙块尺寸，调整辊间隙，补充磨损量；其次，将压力从5MPa提高到6MPa，提高辊压效果，经过优化后，高压辊磨机的处理能力由300~400t/h提高到了800t/h。

B　造球系统改造

造球是球团生产线的关键工序，生球质量的好坏直接影响球团矿的质量，目前国内造球设备主要以圆盘造球机为主，该厂引进的是圆筒造球机，与圆盘造球机相比，其主要特点是造球机本身不具备自动分级作用循环负荷较大，一般在150%~400%，造球机利用面积小，而且对原料质量要求较高。通过对圆筒造球系统的不断摸索，并在生产实践中进行了一系列技术改造，生球的产量、质量有了很大幅度的提高。

a　造球机内衬改造

生产初期，由于原料质量变差，造球混合料在造球机内滚动效果不好，生球强度低，单机产量不能达到设计要求，查找原因主要是由于物料在造球机内运动轨迹不合理，不符合滚动成球的造球原理，经多方查找资料、现场实践，在圆筒造球机内增加扬料条，使物料符合理论要求的运动方式，生球质量明显提高，产量也达到设计能力。

增加扬料条可以使物料与水接触后，通过扬料条与混合料运动方向相反的反作用力，使圆筒造球机内物料滚动颗粒之间经过碰撞产生力的作用，形成生球。多块扬料条直接胶接在圆筒造球机内壁上，检修更换方便，扬料效果好，使物料在筒内滚动，增加生球与物料、生球与生球之间摩擦，使颗粒之间产生力的作用，提高接触次数，具有成本低、重量轻等优点。

b　优化加水装置

优化加水装置的目的，首先，由于加水装置控制阀安装不合理，造成加水操作困难，不能适当控制加水量，将控制阀移到造球机前，可通过目测及时调整加水；其次，在遇到物料水分较低时，雾水龙头加水量过小，造球机内粉料过多，返料量增大，影响产量，将第一个雾水改为喷水笼头，提高了产量；第三，对给水管的倾角及装置位置进行了优化，有效地控制了生球的水分，提高了造球机的产量。

c 造球系统辊筛改造

圆筒造球机不能自动分级，辊筛主要是对生球进行分级，使合格生球进入下一道工序，返料返回造球系统，重新造球，由于辊筛筛分面积过小，粉料进入传动箱，经常因链条拉断造成停机，严重影响到了球团厂的产量指标，增加辊子数量，提高筛分面积，另外将主传动及调整装置移位，并在筛分机上方安装一个拉紧装置，通过调整拉紧装置，可以调整链条松紧度，防止链条拉断。目前，链条使用周期由原来的 1 个月增加到 8 个月以上，节约了成本，减少了维修量，保证了设备作业率及生球产量。

C 改进布料系统

目前，国内生球布料采用摆式布料较多，但摆式布料易出现拉沟现象，该厂布料系统采用梭式布料，由 INAB 公司生产，采用液压传动，可以实现双向、单向布料，我们通过不断地摸索、寻找规律，使给料小车、梭式皮带及宽皮带速度相匹配，使料层厚度均匀、平整，左右高差低于 5cm。

D 热工制度的确定

针对原料条件改变，进口赤铁矿比例减少，参考 Metso 公司提供的热工参数，在生产中加强对热工参数的研究，摸索出适合该厂链箅机—回转窑的热工制度，主要热工参数见表 6-2。

表 6-2 链箅机—回转窑热工参数 （℃）

回转窑窑尾温度	UDD 风箱温度	DDD 烟罩温度	TPH 烟罩温度	PH 烟罩温度	PH 风箱温度
1080~1120	180~280	300~400	600~700	1000~1300	300~500

6.5.2 实例二：首钢京唐钢带式焙烧机球团

首钢京唐钢铁厂是首钢实施搬迁结构调整时，建设的具有国际先进水平的钢铁企业。钢铁厂球团项目建设了一条 400 万吨/年球团生产线。主体设备为 1 台有效面积 $504m^2$ 的带式焙烧机。这是继包钢、鞍钢之后我国第三条带式焙烧机，该生产线集成应用了国内外先进的技术和装备，开创了国内带式焙烧机球团大型化的新纪录。

该工程由北京首钢国际工程技术有限公司设计，在 2009 年 4 月开工建设，2010 年 8 月建成投产。自投产后生产顺稳，2011 年球团矿抗压强度平均 3000N/球以上，全铁品位在 65.7% 以上，工序能耗为 15.45kgce/t，各项技术经济指标均达到了国内领先、国际先进水平。

6.5.2.1 工艺流程

该项目设计确定的工艺流程，充分吸收了国内外先进的工艺与技术，力求流程短捷高效，紧凑合理，具有完整性和先进性。主要工艺流程包括辊压、熔燃制备、配料、混合、造球、焙烧和成品分级等。工艺流程如图 6-81 所示。

工艺设计中注重对原料准备阶段工序的精化、细化，为配料及高质量多品种球团提供了调节手段；突出了干燥、焙烧、冷却主工序的有效配置，给高产低耗、高质量低污染的绿色生产奠定了基础。

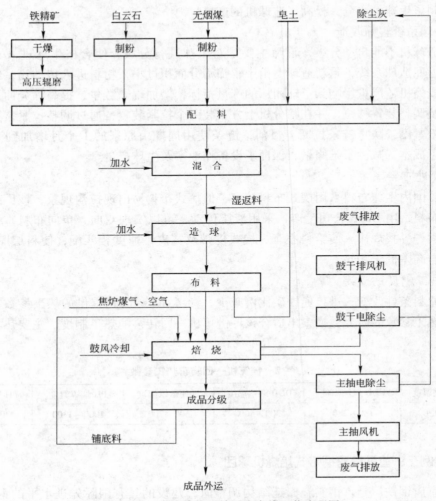

图 6-81 带式焙烧机球团生产线工艺流程图

6.5.2.2 工艺技术主要特点

（1）采用大型带式焙烧机球团技术。该项目是国内最大规模的 400 万吨/年级带式焙烧机球团生产线，采用有效面积为 504m² 的大型带式焙烧机。该项目由德国 Outotec 公司和首钢国际工程公司联合设计，德国 Outotec 公司负责带式焙烧机的基本设计和关键部件供货，首钢国际工程公司负责详细设计和其他设备的供货。该项目具有单机生产能力大、对原料适应性强、燃料消耗低、设备运行可靠、环保指标好的特点和优势，打造了"高性能、高效率、低成本、清洁化"的球团生产平台，满足了首钢京唐 5500m³ 特大型高炉高效、稳定生产对炉料的要求。

带式机全长 126m，分鼓风干燥段、抽风干燥段、预热段、焙烧段、均热段和一冷段、二冷段 7 个工艺段，其中预热、焙烧 45m，焙烧燃料采用焦炉煤气，配备专用焦炉煤气烧嘴 32 个，左右分别布置 16 对烧嘴，每个烧嘴配备一套自动调节装置，单个或分组开启、调温可控，这样的设计确保了焙烧段长度可变，适应了原料变化需要，满足了全磁铁矿生产到全赤铁矿生产的不同需要。带式机基本参数见表 6-3。

表6-3 带式机基本参数表

区段参数	鼓风干燥段	抽风干燥段	预热段	焙烧段	均热段	一冷段	二冷段
长度/m	9	15	15	33	9	33	12
面积/m²	36	60	60	132	36	132	48
面积比/%	7.14	11.9	11.9	26.19	7.14	26.19	9.52
风箱个数/个	1.5	2.5	2.5	5.5	1.5	5.5	2
风箱序号	1、2A	2B~4	5~7A	7B~12	13~14A	14B~19	20~21
气流方式	上鼓	下抽	下抽	下抽	下抽	上鼓	上鼓
烧嘴数量/个×排	—	—	5×2	11×2	—	—	—

（2）整体布置创新设计。该工程在吸收国内外先进球团厂经验的基础上，通过深入研究和不断优化，创新设计了集中熔燃制备，从预配料、干燥、辊压、配料、混合、造球、焙烧、冷却到成品分级，实现了紧密衔接，最大限度地缩短物流运距、减少物料转运。全厂仅有两个转运站，为国内外新建大型球团厂所罕见。

（3）干燥辊磨系统设计。在常规配置基础上增加了干燥、辊磨工序，确保了球团主原料精矿粉水分稳定、粒度及比表面积的均匀，提高了原料成球性。

设计开发了国内最大直径φ5m的圆筒干燥机，驱动装置创新性的采用了180°布置的液压电动机，降低驱动功率，提高运转稳定性和干燥效果，并可根据进料铁精矿水分调整转速。

根据球团干燥特点，选择长径比为4.4的短粗型圆筒干燥机，相比常规长径比干燥机，具有筒体用钢量少、驱动功率小、尾气出筒体流速低等优势。驱动功率小能够减少电耗，降低运营成本；尾气出筒体的流速低，相应能够减小除尘器的负荷，确保排放达标。

干燥系统设有将燃气炉热气连到干燥筒出口尾气罩的补热系统，能够确保尾气在露点以上，从而保证系统稳定运行。

（4）熔燃制备设计。增加了熔剂、燃料制备工序，在国内首次采用内配固体燃料工艺，增加成品球团的孔隙率和还原性，降低总燃料消耗、降低台车算条的温度和风机的电耗。此种高气孔率、高还原性的球团用于高炉生产能提高生产率和降低热耗。

将熔燃制备系统与配料室邻建，熔燃制备收粉尘器置于配料室顶部，省去将熔剂粉从熔燃制备输送到配料室的设备，流程简单。

熔燃制备系统采用热废气回用新工艺，降低系统热耗，降低热风炉设备规格，减少设备投资，控制磨机入口热风含氧量在8%以下，从而保证煤制粉的安全，减少废气排放量，有利于环保。

（5）大型φ7.5m圆盘造球机。设计开发了国产先进的φ7.5m固定刮刀圆盘造球机，可调整倾角，可变频调速，成球率高，循环负荷小，利用系数高；固定刮刀采用新型布置，增加造球盘处理量25%。

（6）采用先进的布料工艺。采用先进的布料胶带机+宽皮带+双层辊筛布料工艺，设计开发了世界最大的球团专用布料胶带机（专利号ZL 200620158323.4），减少生球的转运次数和落差，提高生球粒度合格率，布料均匀，保证在带式焙烧机上生球层具有较好的透气性，并降低了厂房高度和占地面积。

（7）全厂除尘灰采用浓相气力输送技术。在国内首家成功开发球团厂除尘灰浓相气力输送技术，输送设备和管道实现全密封，避免了传统除尘灰输送过程中产生的二次扬尘，极大地改善了工作条件和厂区环境。

6.5.2.3 生产实践及主要技术经济指标

生产线自 2010 年 8 月投产运行，通过生产厂的熟悉操作和工艺优化，在较短的时间内就已达到日产 1.2 万吨的设计水平。2011 年球团矿平均抗压强度 3000N/球以上，转鼓指数达到 98% 以上，全铁品位在 65.7% 以上，SiO_2 含量低至 3.4%，还原膨胀率在 20% 以下，还原度达到 66.58% 以上，工序能耗为 15.45kgce/t，上述数据表明该项目技术经济指标达到了国内领先、国际先进的水平。该项目与同期国内外先进企业的指标对比见表 6-4。

表 6-4 主要生产技术经济指标对比

序号	项目	单位	首钢京唐	巴西 CVRD（国际先进）	首钢矿业（国内链算机—回转窑先进）
1	球团矿 TFe	%	65.7	65.5	65.2
2	抗压强度	N/球	3000	2800	2782
3	转鼓指数	%	98	95	96
4	工序能耗	kgce/t	15.45	15.58	17.51

7 特殊铁矿的烧结球团生产

7.1 高钛型钒钛磁铁精矿的烧结生产

我国四川攀枝花—西昌地区蕴含近百亿吨的高钛型钒钛磁铁精矿，由于钒钛磁铁精矿特殊的物理化学性质，其烧结性能也很特殊。

7.1.1 攀西地区钒钛磁铁精矿的特点

7.1.1.1 化学成分及粒度组成

2004 年攀钢采用了阶磨阶选工艺，将攀精矿的品位提高到 54.0%。从表 7 - 1 可见，虽然攀精矿的 TFe 提高了，但 TiO_2、V_2O_5、Al_2O_3、MgO 仍然保持非常高的水平，TiO_2 高达 12.71%，Al_2O_3 高达 4.06%，MgO 含量 2.90%，SiO_2 含量只有 3.34%，介于 MgO、Al_2O_3 含量之间。从 $CaO - Al_2O_3 - SiO_2$ 及 $CaO - MgO - SiO_2$ 的相图可知，液相中的 Al_2O_3、MgO 含量越高，液相的熔点越高，黏度越大。对于黏度高、流动性差而且熔点高的液相，要想产生足够的可以流动的液相，必须提高烧结温度。在实际生产中要求保持较高的配碳量，以提供足够的热量。

表 7 - 1 高钛型钒钛磁铁精矿的化学成分及粒度组成 （%）

TFe	FeO	SiO_2	CaO	V_2O_5	TiO_2	MgO
53.96	31.71	3.34	1.13	0.565	12.71	2.90
Al_2O_3	S	P	Ig	H_2O	粒度（-0.074mm）/%	
4.06	0.699	0.0023	—	10.71	56.90	

攀精矿粒度粗，-0.074mm 粒级只有 56.90%。从表 7 - 2 可见，攀精矿由钛磁铁矿、钛铁矿、硅酸盐相、尖晶石、黄铁矿和磁黄铁矿构成，钛磁铁矿的主要晶形是：不规则三角形、四边形、细条形、多边形、浑圆形。攀精矿边缘呈细条形状多，呈浑圆形状少，见图 7 - 1。

表 7 - 2 攀西地区钒钛铁精矿主要矿物组成及体积含量

物相组成	钛铁矿 $FeO \cdot TiO_2$	钛磁铁矿 $FeO \cdot (Fe, Ti)_2O_3$	钛赤铁矿 $(Fe, Ti)_2O_3$	硅酸盐相	尖晶石 $MgO \cdot Al_2O_3$	硫化物[①]
体积分数/%	5~7	69~72	—	16~19	2~4	2~4
粒径/mm	—	0.002~0.17	—	—	—	0.004~0.07

①硫化物是指黄铁矿（FeS_2）和磁黄铁矿（$Fe_{1-x}S$）。

攀精矿粒度粗，使其烧结制粒性能比较差。

由于精矿中 SiO_2 含量低，烧结时产生的液相量不足，烧结矿难以得到很好地黏结，这使得烧结矿强度差；又因为 TiO_2 含量高，不仅使烧结矿含铁低，而且所需的烧结温度高；同时，因 $CaO \cdot TiO_2$ 的形成不利于烧结矿的固结，致使钒钛烧结矿脆性大、强度差、返矿率高。

Al_2O_3 含量高，这对烧结矿强度和高温、低温还原性均有不利影响。

这些特点使攀西精矿成为最难烧结的铁矿原料之一。

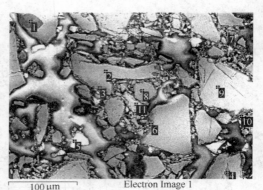

图 7 - 1 攀精矿颗粒形貌
1，3—硅酸盐；2，8，9—钛磁铁矿；5—硫化物

7.1.1.2 烧结成矿特点

攀精矿的主要成分钛磁铁矿熔点较高，为 1495℃，低熔点硅酸盐相（熔点 1205 ~ 1300℃）含量较低，因此混合料初熔、熔化温度较高，分别为 1280℃、1300℃，不利于液相早期生成而影响混合料的烧结性能。从混合料的初熔、熔化温度较高这个特点来看，应适当提高烧结混合料的配碳比以提高烧结矿的强度，但随着配碳量的增加和燃烧带温度上升，高温还原性气氛将促进质脆强度差的钙钛矿（$CaO \cdot TiO_2$）的生成，影响烧结矿强度。

另外，攀精矿是一种矿物组成复杂的精矿，而且由于各矿物都含 TiO_2 及 MgO，矿物的黏度普遍较高，要使液相充分流动包裹未熔矿物，反应动力学条件非常重要——要有必要的烧结时间，这就要求控制适当的烧结速度而且必须进行厚料层操作，要求混合料透气性好但不能太好。

7.1.2 钒钛磁铁精矿烧结生产的特点

高钛型钒钛磁铁精矿烧结生产的特点是"两低两高"：

（1）烧结利用系数低。烧结试验表明，在没有强化措施的条件下，高钛型钒钛磁铁精矿烧结利用系数仅 $1.0t/(m^2 \cdot h)$。采用生石灰或消石灰占熔剂 50% 的条件下其系数仅达到 $1.10 ~ 1.15t/(m^2 \cdot h)$。攀钢从投产到 1982 年，系数一直徘徊在 $1.0t/(m^2 \cdot h)$ 左右。后来采取了一系列强化措施，逐步地使利用系数提高到 $1.15t/(m^2 \cdot h)$ 左右。同国内主要烧结厂相比，利用系数低很多。这表明高钛型钒钛磁铁精矿烧结的强化要比普通精矿难得多。其主要原因是混合料的透气性差。影响透气性的主要因素是精矿粒度粗。早期钒钛磁铁精矿一般 $-0.074mm$ 为 30% ~ 35%，其表面积为 $700cm^2/g$，吸水性差，成球性不好。混合料在二次混合机中，虽经过 2min 混合，小于 3mm 减少 6% ~ 7%，但其仍占混合料的 60% ~ 65%。由于混合料成球性差，必然导致料层的透气性不好。为探明钒钛磁铁精矿成球情况，曾对大于 3mm 的混合料颗粒进行压试。结果表明，几乎不存在由精矿本身聚集形成的大于 3mm 的小球。所有大于 3mm 的小球都是由返矿、富矿粉、石灰石粉、焦粉颗粒形成的。返矿量达 45% ~ 50%，虽能维持料层透气性，但其中含有 40% 左右的粉末。

因此，靠返矿保持的料层透气性仍是有限的。虽然后来采用阶段磨选工艺将铁精矿 $-0.074mm$ 提高到55%左右，但由于制粒性能差，与其他烧结厂相比，烧结料层透气仍较差。这是造成高钛型钒钛矿烧结生产效率低的主要原因。

（2）烧结矿强度低，返矿率高。高钛型钒钛磁铁精矿烧结，由于烧结矿强度低，实际上是处于高返矿量下进行烧结生产。表7-3和表7-4分别为烧结生产过程中返矿的组成和其粒度组成。

表7-3 烧结矿返矿的组成

工艺		单位	烧结矿	热返矿	冷返矿	槽下返矿	粉尘	总计
无整粒系统		kg/t	1000	592.65	132.32	60.21	62.18	1847.36
		%	54.13	32.08	7.16	3.26	3.37	100.00
有整粒系统		kg/t	1000	566.70	246.0	78.80	24.00	1915.5
		%	52.20	29.58	12.84	4.11	1.27	100.00

表7-4 返矿粒度组成

返矿类别	>8mm	8~5mm	5~3mm	3~0mm
热返矿/%	4.65	28.10	27.10	40.15
冷返矿/%	0.47	17.12	24.14	58.27
槽下返矿/%	4.09	19.55	20.90	55.45

为消除返矿的恶性循环，使返矿量在适宜水平下平衡，采取了诸如尽可能提高料层厚度、确保铺平烧透提高成品率、控制适宜 FeO 含量范围、定期更换筛板等措施，使冷返矿中大于5mm部分不大于16% ~18%。

（3）工序能耗高。高钛型钒钛磁铁精矿烧结的长期生产表明，混合料含一般为 3.0% ~3.5%，但工序能耗却比较高。其主要原因是成品率低，返矿量大，热量消耗在返矿循环上；另外因料层薄，料层自动蓄热作用不好，热利用差。

点火煤气消耗高是因高钛型钒钛磁铁精矿烧结过程产生高熔点矿物多，造成点火温度高。由于利用系数低，单位成品烧结矿煤气消耗也增加。

电耗高也主要是因为烧结利用系数低。

7.1.3 钒钛磁铁精矿烧结工艺特点

A 大风

烧结过程必须有足够风量通过料层以满足燃料燃烧和进行物理化学反应的需要。攀钢 $130m^2$ 烧结机单位面积风量为 $92.3m^3/min$，比国内相当规模的烧结机都要高。高钛型钒钛磁铁精矿 FeO 高（30% ~31%），而烧结矿 FeO 低，因此在烧结过程中，钛磁铁矿被氧化形成钛赤铁矿消耗的氧多。据理论计算，烧结每吨高钛型钒钛磁铁精矿，比普通精矿多耗 $39m^3$ 空气。若考虑空气过剩系数和漏风率，则单位耗用风量高 $150m^3$。因此，根据高钛型钒钛磁铁精矿烧结实践，设计时必须考虑好用风量高的特点。

B 低水

高钛型钒钛磁铁精矿适宜水分比普通精矿低。主要是由于钒钛磁铁矿中，含钛矿物以钛磁铁矿为主，其结构致密，亲水性差而湿容量小。据烧结试验结果，在未预热的条件下混合料适宜水分为 5.6% ~6.5%，有蒸汽预热的条件下则为 7.0% ~8.0%。攀钢实际生产所控制的适宜水分为 7.0% 左右。根据高钛型钒钛磁铁矿烧结对水分敏感性强的特点，操作中加足一次水达 7.0%，加入少量二次水补充，以保持稳定的料层透气性。

C 低碳

高钛型钒钛磁铁精矿烧结碳含量比普通精矿低。主要原因为烧结时生成液相量少，铁精矿含 FeO 高而烧结时氧化放热多，混合料水分蒸发和汽化耗热少等。适宜的碳含量为 3.0% ~3.2%，增加含碳量虽可增加 FeO 含量，但烧结矿强度下降。这个规律与普通精矿烧结时增加碳含量，可提高烧结 FeO 含量进而改善烧结矿强度截然不同。因此，高钛型钒钛磁铁精矿烧结，要使烧结矿有较好的强度，必须控制与料层厚度相适应的配碳量以控制适宜的 FeO 含量。

D 料层较薄

高钛型钒钛磁铁精矿由于成球性差，烧结时料层较薄。尽管多年来研究和采用了一系列提高料层厚度的措施，使料层由原来的 200mm 左右提高到近年 500mm 以上，但与国内其他烧结厂相比，料层厚度还是比较低。

E 烧结点火

普通精矿烧结点火温度一般超过 1300℃ 时，料层表面往往形成一层硬壳，而影响烧结过程的顺利进行。高钛型钒钛磁铁矿全精矿烧结时，一直采用高温（1300 ~1400℃）点火，点火强度为 50kJ/(m² · min)，点火时间 1 ~1.5min，点火能耗达 0.418GJ/t。有时点火温度高达 1400℃，料层表面仍未出现硬壳。据分析这是因为点火烧结过程中，生成高熔点矿物（如钙钛矿、钙镁橄榄石、钛磁铁矿等）多，而低熔点矿物（如硅酸盐、铁酸盐等）少。当高钛型钒钛磁铁精矿配入部分普通矿粉烧结点火时，由于烧结料中 SiO_2 含量有所增加，从而使低熔点硅酸盐增加，点火温度可适当降低，通常为 1200℃ 左右。

近年来为探讨高钛型钒钛磁铁精矿烧结混合料的点火方式，改变原传统的靠煤气燃烧产生的辐射热加热混合料的点火方式，采用了单排线性烧嘴点火器，以燃烧的高温火焰直接与料面接触，使料面温度迅速上升而达到点火目的。这种高强度、短时间的点火方式，使点火煤气单耗下降 40%，而点火强度却提高到 57.1kJ/(m² · min)。实践表明，这种点火方式适应于高钛型钒钛磁铁精矿烧结混合料点火温度高的特性，可以保证点火质量。

F 烧结过程的气相组成

通过台车料层取样分析，基本清楚了高钛型钒钛磁铁精矿烧结过程气相组成的变化规律（见图 7 -2）。烧结过程气相中 CO_2 来源于点火煤气的燃烧、碳酸盐分解和固体燃料燃烧。其含量从点火开始到烧结终了逐渐降低。点火废气中 CO_2 含量 10% ~14%，占该部位 CO_2 含量的 2/3 左右。点火后气相中 CO_2 含量约降低 4%。此后由于碳酸盐分解和碳的燃烧反应，CO_2 含量变化不大，直到 11 ~12 号风箱部位才开始下降。

废气 CO 含量的变化及产生是比较复杂的。其中既有煤气不完全燃烧，也有碳燃烧和氧化物还原产生的 CO。点火废气中 CO 含量为 1.0% ~2.0%，从点火后表面层烧结矿 FeO 含量高于混合料 FeO 含量证明，在点火高温作用下，部分 CO 参与了铁氧化物还原。1 号、2 号风箱部位含有较多 CO，是因燃烧废气中 CO 大部分进入气相所致。混合料中碳燃烧产物中的 CO 量受混合料透气性、固体燃料颗粒及用量影响，但总的来说，烧结废气中 CO 含量不超过 3%。高钛型钒钛磁铁精矿烧结由于混合料含碳低，由铁氧化物直接还原反应生成 CO 受到限制。因此，气相中 CO 含量很大程度上取决于碳燃烧的完全程度。以燃烧比 $[CO/(CO_2 + CO)]$ 表示完全燃烧程度，如图 7-3 所示。台车上层和下层气相中的燃烧比是随烧结过程的推移逐渐升高，而中层燃烧比呈 U 字形，然后突然下降。

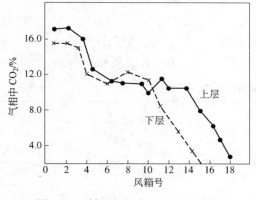

图 7-2 料层气相中 CO_2 含量变化　　图 7-3 料层中不同部位的燃烧比

由于气相的燃烧比因受点火和碳酸盐分解所产生 CO_2 量的影响，因而不能真实地反映料层中碳的燃烧情况。如若扣除点火和碳酸盐分解产生的 CO_2 量，燃烧比平均值为 0.15 ~ 0.195。据测算，高钛型钒钛磁铁精矿烧结，碳的有效利用系数 $K_e = 0.8622$。而由于碳燃烧生成 CO 造成的热损失达到 13.78%。在烧结过程中碳燃烧的热量占烧结总热量的 60%。因此，不完全燃烧的热损失占总热耗的 8.3%，所以降低碳的不完全燃烧损失，对节能有重要实际意义。

气相中氧含量变化，受烧结过程碳的燃烧、矿物的氧化和烧结矿的再氧化等因素影响。高钛型钒钛磁铁精矿烧结过程进行 10 号风箱后，气相中含氧超过 10%。表 7-5 示出了各风箱废气中氧的过剩系数，表明 10 号风箱前的空气过剩系数比较低，因而改善料层透气性是必要的。

表 7-5　烧结料层气相中空气过剩系数

风箱号	1	2	3	4	5	6	7	8	9	10
料层上	1.14	1.08	1.32	1.63	1.63	1.80	1.77	1.74	1.74	1.74
料层中	1.12	1.12	1.13	1.44	1.60	1.59	1.46	1.87	1.87	2.82
料层下	1.15	1.07	1.16	1.56	1.60	1.72	1.57	1.65	1.65	2.82
风箱号	11	12	13	14	15	16	17	18	19	20
料层上	1.74	1.71	1.77	2.93	2.62	3.33	5.19			
料层中	1.93	2.62	4.75	4.75	4.92	8.75	41.79	26.42	14.48	7.58
料层下	1.71	2.21	3.13	1.53	3.13	18.9	96.59	4.63	2.37	1.93

烧结过程中 N_2 不参加各种物理化学反应，但料层中气相含 N_2 量受气相中其他成分的影响，一般为 77% ~ 79%。在烧结机 16 ~ 20 号风箱部位的上、中、下料层都有可能出现

气相中 N_2 含量高达 80%，甚至达 90%。当 N_2 含量达 80% 时，CO 含量大多在 0.3% 左右，表明出现在其碳剧烈燃烧之后。因此，可以认为气相中含 N_2 量升高是与气相中其他成分的降低，是由于氧大量消耗于钛磁铁矿氧化形成钛赤铁矿所致。

G　废气露点

据实测，各风箱和料层气相的露点见表 7-6。风箱废气的露点受漏风影响，而低于料层气相露点。据漏风率测定，通过料层的风量和漏风率都不同，因此，料层气相露点的变化无明显规律。目前混合料温度达 60℃ 的情况下，除点火时水分冷凝较重外，烧结料层的过湿并不大，过湿层的影响比普通烧结矿生产时要轻些。鉴于高钛型钒钛磁铁精矿烧结过程露点比普通精矿露点（50~55℃）低，可控制大烟道温度在 80~130℃。

表 7-6　料层、风箱废气露点　　　　　　　　（℃）

风箱号	1	2	3	4	5	6	7	8	9	10	11	12	13	大烟道
料层	77	72	68	55	63	56	51	53	55	59	60	55	57	
风箱	45	45	52	44	46	44	44	45	45	46	44	45	46	40

H　料层透气性

高钛型钒钛磁铁精矿烧结时阻力损失主要在燃烧带和预热带。在正常烧结条件下，料层为 300mm 时，烧结矿带、燃烧带、预热带、过湿带的阻力损失分别为 1176Pa、3395Pa、4316Pa 和 1962Pa，总阻力损失为 10849Pa。可见，燃烧带和预热带的阻力损失最大，分别占总阻力损失的 31.5% 和 40%。因此，改善高钛型钒钛磁铁精矿烧结的造球及小球的热稳定性对改善料层透气性极为重要。

当提高混合料配碳到 3.8% 时，料层温度高达 1400℃，预热带宽度增加，停留时间延长，该带阻力增大，但料层总阻力损失未增加。只有当混合料配碳增加到 4.5%~4.8% 时，料层总阻力损失因高温带加宽而增加，高达 11760Pa。

水分对料层透气性和烧结温度有较大影响。在实验室条件下，水分由 6.0% 提高到 7.0% 时，料层温度下降 70~90℃，此时燃烧带的阻力损失达 5880Pa，但由于其他带助力损失的下降，料层总阻力损失低于正常值，仅为 9624Pa。可见适当提高水分可改善成球性，但若不适当提高混合料含碳量，会使烧结矿强度降低。高钛型钒钛磁铁精矿烧结时预热带阻力损失最大，其次为燃烧带，这是其不同于普通精矿烧结的特点之一。

7.1.4　钒钛磁铁精矿烧结成矿过程

钒钛磁铁精矿烧结成矿较普通矿复杂，既有一般烧结过程的共同性，又具有本身固有的特殊性。图 7-4 和图 7-5 分别为非熔剂性和熔剂性钒钛磁铁精矿烧结成矿过程。

7.1.4.1　固相反应

（1）在钒钛磁铁精矿烧结过程中，当温度高于 500℃ 时，钒钛磁铁精矿各矿物组分，开始发生一系列固相反应。原精矿中的磁铁矿—钛铁矿—钛铁晶石—镁铝尖晶石固熔体结构分离消失，成为均一的钛赤铁矿和钛磁铁矿。在还原条件下，温度高于 800℃ 时，钛铁矿开始与周围的钛磁铁矿进行固相反应生成钛铁晶石。当温度升高到 1100℃ 时，钛铁晶石与钛铁矿形成固溶体。此固相反应在温度高于 1200℃ 时趋于完成，并最终形成均一的钛磁

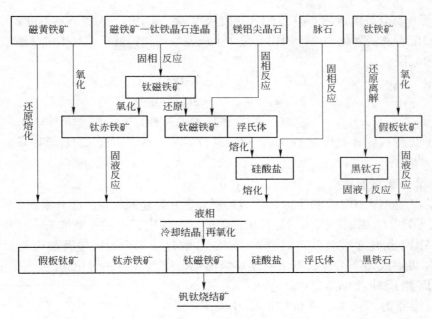

图 7 – 4 非熔剂性钒钛烧结矿的成矿过程

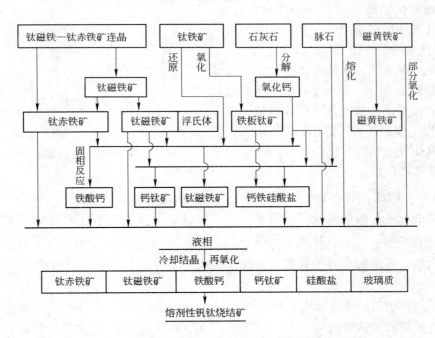

图 7 – 5 熔剂性钒钛烧结矿的矿物生成过程

铁矿固溶体。

钛磁铁矿—钛铁矿连晶中镶嵌着较多镁铝尖晶石（MgO·Al$_2$O$_3$），在烧结过程中是较稳定的高温相。当温度高于 1100℃ 时，可见到镁铝尖晶石向钛磁铁矿扩散时留下的扩散环，而中心的镁铝尖晶石仍呈灰色。随温度升高，镁铝尖晶石消失，从而形成均一的钛磁铁矿固溶体。

（2）石灰石分解生成的 CaO 或配入的白灰和消石灰中的 CaO，在约 600℃ 的温度下开始与周围的脉石及铁氧化物进行固相反应，生成铁酸钙和钙钛矿，其生成量随 CaO 增加而增加。其固相反应：

$$CaO + Fe_2O_3 \longrightarrow CaO \cdot Fe_2O_3$$
$$2CaO + SiO_2 \longrightarrow 2CaO \cdot SiO_2$$
$$CaO + TiO_2 \longrightarrow CaO \cdot TiO_2$$

但由于低温下 CaO 就可与 Fe_2O_3、SiO_2 进行固相反应，则使 CaO 与 TiO_2 的固相反应受到限制。

7.1.4.2 液相形成

当烧结温度升至 1050℃ 以上时，形成局部高温和强还原气氛，部分磁铁矿被还原生成浮氏体（Fe_xO），生成的浮氏体同与其相接触的脉石作用，生成铁橄榄石。反应生成的铁橄榄石在高温下熔化而形成最初的液相——铁硅酸盐液相。铁橄榄石与固相反应生成的 $2CaO \cdot SiO_2$ 可形成钙镁橄榄石有限固溶体，出现低熔点共晶并熔化为液相。此外，在低温下通过固相反应生成的铁酸钙（$CaO \cdot Fe_2O_3$），其熔点为 1205℃，随烧结温度升高，开始熔化进入液相。由于液相形成加速了传热传质作用而加快了烧结过程的物理化学反应。随温度升高和还原气氛增强，部分钛铁矿进入液相。钙钛矿和钙镁橄榄石的共晶点为 1290℃，在此温度下，钙钛矿可能以共晶形式进入液相，见图 7-6。在局部存在的还原气氛中，一部分钛磁铁矿被氧化为钛赤铁矿，后者与 CaO 作用生成的铁酸钙熔化后进入液相。当配碳低、氧化气氛强时，钛磁铁矿和未化合的 FeO 生成钛赤铁矿。

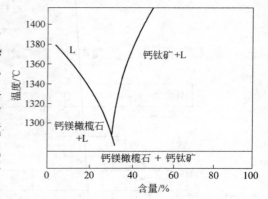

图 7-6 钙钛矿—钙镁橄榄石相图

7.1.4.3 钙钛矿的形成

钙钛矿的形成有两个途径：一是在高温下钛铁矿和钛铁晶石还原分解，生成的 TiO_2 与 CaO 结合而生成；二是在还原条件下，当烧结料层温度达到 1200℃ 以上时，铁酸钙熔化和还原离解，离解的 CaO 与钛铁晶石或钛铁矿进行固—液反应，形成物理化学性质稳定的钙钛矿。

生成的钙钛矿，通常以细小颗粒（$0.5 \sim 1.0\mu m$）的分散集合体形式，分散在钛磁铁矿和钛赤铁矿之间及铁酸钙的外围。其含量随烧结混合料中 TiO_2 含量和配碳量的增加而增加。

7.1.4.4 矿物的结晶和再氧化

随烧结过程的完成，烧结矿被空气冷却，各种矿物从液相中析出。按各矿物析出温度高低，析出先后顺序是：钙钛矿—硅酸二钙—钛磁铁矿—假板钛矿—铁黑钛石—铁酸钙—硅酸盐相（橄榄石、辉石）。而结晶较晚的黏结相和玻璃质将钛磁铁矿和钛赤铁矿黏结，并在冷却过程中收缩成为多孔的烧结矿。

钒钛烧结矿冷却时，钛磁铁矿极易被氧化为钛赤铁矿。氧化反应主要发生在钛磁铁矿的解理面和烧结矿孔洞周围及裂纹处。由于液相少，孔洞多，钛磁铁矿被氧化进行得比较充分，使钛赤铁矿含量增加，烧结矿氧化度增高。

7.1.4.5　钒钛烧结矿的液相性质

A　液相的熔化性和流动性

钒钛烧结矿的液相是一种含 Fe_2O_3、TiO_2、MgO、CaO、SiO_2、Al_2O_3 的渣相。研究表明，当烧结矿碱度为 $1.10 \sim 1.6$ 时，液相熔化性温度较低，碱度高于 1.6 时熔化性温度显著升高。但随液相中 Fe_2O_3 含量增加，熔化性温度较明显降低。

液相的黏度也有类似规律，当碱度为 $1.0 \sim 1.6$ 时，Fe_2O_3 含量为 12% 左右，液相具有良好流动性。当碱度增加到高于 1.6 时，黏度急剧升高。液相中含有一定数量的 Fe_2O_3 可以改善流动性。而提高温度可使液相流动区扩大。高钛型钒钛磁铁精矿烧结碱度为 1.70 时，烧结温度应保持在 1350℃ 左右，且最大限度地增加通过料层的风量以提高料层的氧位，使液相中有一定含量的 Fe_2O_3，这样可获得熔化性温度较低、流动性较好的液相。烧结矿中 TiO_2 含量与黏结相的黏度有密切关系，如图 7-7 所示。随烧结矿中 TiO_2 升高，黏结相熔化性温度上升，流动性变差。

B　液相的表面张力与润湿角

液相表面张力越小，对铁矿物的润湿越好，黏结相的黏结作用越强。对组成为 $TiO_2 = 25\%$，$MgO = 9\%$，$Al_2O_3 = 11\%$ 的渣相的熔化性温度、表面张力和润湿角随碱度、Fe_2O_3 含量变化的研究发现：

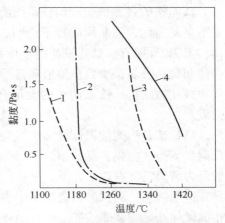

图 7-7　TiO_2 含量对液相黏度的影响
1—$TiO_2 = 7.9\%$；2—$TiO_2 = 10.08\%$；
3—$TiO_2 = 14.9\%$；4—$TiO_2 = 16.9\%$

（1）在相同 Fe_2O_3 含量条件下，熔化性温度随碱度增加而提高，其表面张力和润湿角随之增加。

（2）在相同碱度条件下，随 Fe_2O_3 含量增加熔化性温度有下降趋势，而表面张力、润湿角却有增加趋势。

7.1.5　烧结矿化学成分与矿物组成

7.1.5.1　化学成分

与普通烧结矿比较，高钛型钒钛烧结矿的化学成分具有"三低"、"三高"特点。

"三低"是烧结矿含铁低、FeO 低和 SiO_2 低。铁分低是因高钛型钒钛磁铁矿的理论含铁量低所致；FeO 低是因钛磁铁矿中的钛铁晶石在烧结过程中被强烈氧化为钛赤铁矿的结果，使氧化度高达 96% ~97%；SiO_2 低是因成矿条件影响，使其被 TiO_2 部分代替。

"三高"是烧结矿含 TiO_2 高、MgO 和 Al_2O_3 高，且含 V_2O_5。其中，TiO_2 决定了烧结过程和高炉冶炼的特殊规律。

7.1.5.2　矿物组成

钒钛烧结矿的矿物组成及其显微结构和普通烧结矿有很大区别，因此，决定了钒钛烧结矿的冶金性能。

A 钒钛烧结矿的矿物特点

钛磁铁矿不同于普通烧结矿的磁性矿物,是磁铁矿—钛铁晶石固溶体,是烧结矿主要含铁矿物,其含量在 25% ~35% 之间,以 Fe_3O_4 为晶格的固溶体。其固溶有 Ti、MgO、Mn、V 及 Al_2O_3,晶胞常数为 8.4 ~8.41。在反射光下呈灰白色带褐色色调,均质性。反射率为 18% ~22%,内反射不透明,强磁性,表面可被盐酸腐蚀、呈暗褐色。钛磁铁矿主要呈自形粒状和不规则的他形柱状形式。也有从硅酸盐相中析出的自形、半自形八面体(多边形断面)及细小树枝状骸晶,部分钛磁铁矿常被赤铁矿包边。

钛赤铁矿(赤铁矿—钛铁矿固溶体),占矿物总量的 40% ~50%,属六方晶系。反射光下呈灰白色,强非均质性不透明,反射率 25%,以 Fe_2O_3 为晶格,含 Ti、Al、Mg 固溶体,但无 Ca 赋存。钛赤铁矿的硬度高于钛磁铁矿和钙钛矿,具有弱脆性。主要呈粒状集合体和斑状骸晶,少数呈他形和自形柱状。通常出现在孔洞周围或钛磁铁矿晶粒周围形成包边或花边结构。钛赤铁矿的大量存在及其连晶作用,使烧结矿具有好的还原性和机械强度。

钙钛矿是熔剂性钒钛烧结矿主要含钛矿物,其含量在 5% ~12% 之间,属假等轴晶系,反射光下为灰白色,反射率为 15% ~16%,略低于钛磁铁矿固溶体。均质到非均质,内反射色为黄褐色,在透射光下,呈褐、黄、紫、红棕等多种颜色。干涉色一级灰,有时呈现异常蓝干涉色。钙钛矿在烧结矿中主要呈粒状、纺锤状、骨架状、树枝集合体,分散于渣相或钛赤铁矿和钛磁铁矿之间,晶体粒度为 15 ~50μm。其熔点很高(1970℃),结晶能力强,是晶出最早的物相。硬度高于钛磁铁矿,显微硬度为 90.65 ~110.84MPa(925 ~1131kgf/cm²)。

铁酸钙主要存在于熔剂性钒钛烧结矿中,并随烧结碱度增加而增加,含量在 0 ~20% 间,在反射光下为灰色带蓝色色调,非均质性,反射率为 16%。主要呈板粒状和针状,多与钛磁铁矿形成熔蚀结构和柱状交织结构。在残余石灰颗粒边缘形成大量的铁酸钙晶体。它具有好的还原性和高的抗压强度。

钛榴石 [3(Ca、Mg、Fe、Mn)O·(Fe、Al)₂O₃·(Si、Ti、V)O] 属等轴晶系,在熔剂性钒钛烧结矿中常可见到。主要呈粒状、浑圆状和树枝状集合体,个别区域钛榴石连成片。在反射光下呈灰色,无内反射,反射率低(12% ~13%)。透射光下呈黄色、黄褐色、深褐色,无解理,无双晶纹。其实系晚结晶的一种硅酸盐物相,对烧结矿起一定黏结作用。

钛辉石 [m(CaO、MgO、SiO₂)·n(Ca、Mg、Mn)O·(Fe、Al、Ti)₂O₃·SiO₂] 属斜方晶系,多呈短柱状,有时以块状集合体存在,充填于钙钛矿、钛磁铁矿、钛赤铁矿之间。是钒钛磁铁精矿烧结矿硅酸盐黏结相之一。在反射光下为深灰色,反射率稍高于玻璃相,透光下呈黄绿—浅红紫色,有弱多色性。

假板钛矿 [(Fe、Al)₂O₃·TiO₂·n(Fe、Mg、Mn)O₂·TiO₂],属斜方晶系,在自然碱度钒钛烧结矿中常见,含量约 1% ~3%。多出现于钛磁铁矿区域。呈短柱状,短板状集合体,是粗粒钛铁矿被氧化的产物。在反射光下为灰白色带浅黄色色调,反射率约为 15% ~16%,非均质性,有显著的褐黄—褐棕色内反射。性脆,常温下与酸或碱均不起反应。

B　影响矿物组成的因素

钒钛烧结矿的矿物组成是由钒钛磁铁精矿的矿物特殊性决定的，烧结工艺条件也起着重要作用。

a　碱度的影响

不同碱度对钒钛烧结矿矿物组成的影响见图 7 - 8。自然碱度钒钛烧结矿主要矿物为钛磁铁矿、钛赤铁矿、铁橄榄石和玻璃隐晶质。原料中 70% 的钛磁铁矿被氧化为假象赤铁—钛铁矿固溶体（以 Fe_2O_3 为晶格）。钛赤铁矿和钛磁铁矿多为自形或半自形粗晶，晶体紧密结合为连晶，是自然碱度钒钛烧结矿的主要连接方式，其次是橄榄石和玻璃质（15% ~ 20%），将连晶黏结，形成细孔均匀的海绵状结构，气孔一般为 1 ~ 3mm。烧结矿结构致密，强度好，转鼓指数达 81% ~ 83%，成品率高达 85%。但因大量磁铁矿被氧化，需要较长时间，故垂直烧结速度低。

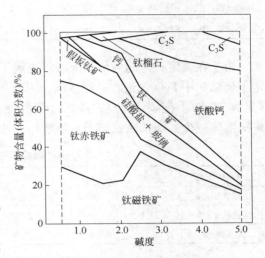

图 7 - 8　碱度对矿物组成的影响

碱度 1.0 ~ 2.0 的熔剂性钒钛烧结矿，其主要矿物为钛磁铁矿、钙铁橄榄石、钛榴石、钙钛矿、铁酸钙、钛辉石和玻璃质。钛赤铁矿和钛磁铁矿的连晶作用减弱，其两者颗粒间大部分为硅酸盐相所充填和胶结。而铁酸钙只在局部区域出现，且分布不均。钛赤铁矿主要以粒状集合体、自形粒状，骸晶状和包边状形式出现。烧结矿的主要连结方式为硅酸盐连接。钙钛矿在烧结过程中以粒状或树枝状小晶粒集合体分散于钛磁铁矿和钛赤铁矿颗粒之间，而削弱了连晶作用。另外，因钙钛矿量增加，而硅酸盐液相量不随碱度提高而明显增加（20% ~ 25%），使硅酸盐液相在烧结矿中分布不均，烧结矿形成不均匀的多孔薄壁结构，因而影响烧结矿的强度。

碱度大于 3.0 的烧结矿，钛赤铁矿固溶体减少而钛磁铁矿固溶体增加。烧结矿外观发黑、光泽暗。铁酸钙量明显增加，高达 20% ~ 30%，成为烧结矿主要黏结相，使总黏结相量达 50% 以上。烧结矿连结方式是铁酸钙连晶或铁酸钙—钛磁铁矿连晶。大量铁酸钙在烧结过程中形成，利于传热传质，烧结速度加快。由于烧结过程形成均质大孔厚壁结构，获得具有较为致密、塑性好，抗压强度高的烧结矿。

b　燃料用量的影响

混合料含碳量对烧结矿的矿物组成影响的研究结果见表 7 - 7。固定碳低（2.5%）时，烧结矿中钛赤铁矿含量高而玻璃质少，钙钛矿含量少，黏结相不足，会影响烧结矿强度。随着碳量增加还原气氛增强，温度升高，烧结矿中钛磁铁矿和浮氏体明显增加，硅酸盐黏结相和铁酸钙有所增加，但钛赤铁矿大量减少，减弱了钛赤铁矿连晶作用。当碳含量超过 3.5% 时，烧结矿中钛赤铁矿进一步降低，铁酸钙含量也低，而钙钛矿含量显著增加，硅酸盐液相量无甚变化。因此，提高含碳量对提高钒钛烧结矿强度并不利。

表7-7　固定碳含量对矿物组成的影响

固定碳/%	2.5	3.0	4.0	钙铁辉石/%	5.0	6.1	8.6
钛磁铁矿/%	28.7	37.9	40.3	铁酸钙/%	1.5	3.1	微
钛赤铁矿/%	46.4	32.7	18.7	玻璃质/%	5.0	6.1	7.8
钙钛矿/%	13.4	13.6	21.3	磁黄铁矿/%	0	0	局部2.7

　　由于在碱度一定的条件下配碳量决定了烧结过程的气氛性质和烧结料层温度，也就确定了烧结矿中FeO含量和矿物组成，因此钒钛烧结矿的矿物组成与FeO含量具有密切关系（见表7-8）。配碳量越高，烧结过程温度越高，还原气氛越强，FeO含量越高，钛赤铁矿固溶体减少，而钛磁铁矿固溶体增加，铁酸钙减少而钙钛矿增加。

表7-8　烧结矿中FeO含量与矿物组成

FeO/%	5.93	7.20	10.32	钙钛矿/%	4.0	4.0	8.0
钛赤铁矿/%	43.0	41.0	38.0	钛榴石/%	2.0	1.0	1.0
钛磁铁矿/%	23.0	28.0	32.0	硅酸盐	15	13	12
铁酸钙/%	8.0	8.0	3.0	玻璃质/%	5	5	6

　　上述特点导致钒钛磁铁精矿烧结和普通精矿烧结在烧结工艺参数选择上有明显区别。在一定的料层厚度和碱度下，通过控制配碳量使烧结矿FeO含量在适宜的范围，可以控制高钛型钒钛烧结矿的矿物组成，有利于钛赤铁矿与钛磁铁矿的连晶和黏结相作用的发挥，减少钙钛矿的不利作用，保证高钛型钒钛烧结矿有较好的强度。

　　c　钒钛烧结矿中TiO₂含量

　　混合料中TiO_2含量决定了钒钛烧结矿的TiO_2含量。其TiO_2含量又与其矿物组成相关。经研究，钒钛烧结矿的矿物组成与其TiO_2含量关系如图7-9所示。

　　含$TiO_2$6.5%的钒钛烧结矿，其矿物组成以钛赤铁矿为主，以假象赤铁矿和菱形骸晶状和他形晶状及包边状出现。铁酸钙含量较高，多呈短柱状和他形晶分布于钛磁铁矿外围，两者形成熔蚀结构。钙钛矿分两期结晶，第一期晶粒较大（0.016~0.048mm）呈粒状、十字架状和树枝状。第二期晶粒细小呈编织状集合体。主要黏结相为玻璃质和透辉石。

　　含$TiO_2$10.5%的烧结矿中，钛赤铁矿有所增加，局部出现他形晶粒状集合体。钙钛矿增加，晶粒粗大，玻璃相减少，钛辉石增加。

　　含$TiO_2$13.5%的烧结矿以钛赤铁矿为主，多呈他

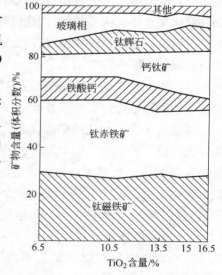

图7-9　TiO_2含量对矿物组成的影响

形晶集合体，少量呈假象赤铁矿和包边状赤铁矿，局部区域有黑钛石出现。

　　含$TiO_2$16.5%的烧结矿，其钛赤铁矿和钛磁铁矿含量相近。钛赤铁矿多为他形晶集合体，自形晶少。钙钛矿晶粒粗大，呈十字架状，钛辉石为短柱状，玻璃相及铁酸钙显著减

少。局部出现钙铁橄榄石和铁铝黄长石 $[2CaO \cdot (Fe_2O_3 \cdot Al_2O_3) \cdot SiO_2]$。

7.1.6　烧结矿的强度与冶金性能

7.1.6.1　烧结矿的转鼓强度

钒钛烧结矿的强度一般比普通烧结矿强度低。冷却后的转鼓指数，钒钛烧结矿比冷却前提高 6%～7%。说明钒钛烧结矿在热状态下脆性大，强度不如普通烧结矿好。钒钛烧结矿的主要矿物组成为钛磁铁矿、钛赤铁矿、钙钛矿和玻璃质。其中，钙钛矿是高熔点、性脆的矿物，影响钒钛烧结矿强度。因其软化温度高，当烧结温度低时，烧结矿熔化不足，温度高时，烧结矿又因强烈的收缩而形成较大的粗孔，又因温度高而钙钛矿生成量增加，故烧结矿强度变差。

碱度对烧结矿强度有明显影响，如图 7－10 所示。碱度为 1.0～2.0 的烧结矿，随碱度变化，其强度在碱度 1.5 左右最低，此外变化不明显。而碱度大于 2.0 的钒钛矿烧结时，垂直烧结速度加快，台时产量高，烧结矿强度好。碱度为 3.0～4.0 的烧结矿，据矿相研究，生成大量的铁酸钙，并与磁铁矿固溶体形成连晶，利于提高烧结矿强度。从改善钒钛烧结矿的强度出发，超高碱度（大于 2）或酸性（碱度小于 1）的钒钛烧结矿都有较好的强度。

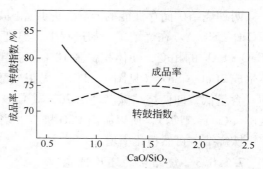

图 7－10　碱度与烧结矿强度的关系

7.1.6.2　烧结矿储存性能

钒钛烧结矿有较好的储存性能，其自然粉化率比普通烧结矿低得多，见表 7－9。普通烧结矿储存一天粉化率达 20% 以上，五天中每天粉化率递增 3%。钒钛烧结矿自然粉化率很低，且随储存时间增加，粉化率无明显增加。水浸后的钒钛烧结矿自然粉化率无明显变化。这表明钒钛烧结矿具有较好的储存性能。

表 7－9　钒钛烧结矿的储存性能 （<5mm 含量）

矿　别	储存时间/天				
	1	2	3	4	5
普通烧结矿/%	26.5	29.3	32.0		34.5
含 TiO₂ 9.7%/%	1.6	1.6	1.6	3.0	3.0
兰家火山钒钛烧结矿/%	1.6/3.2①	3.2/3.2	3.2/3.2	3.2/3.2	3.2/3.2

①斜杠后为水浸后的数据。

普通烧结矿配加生石灰或消石灰时，烧结矿的储存性能变差。而钒钛烧结矿烧结生产配加生石灰或消石灰，对钒钛烧结矿的自然粉化率无明显影响（见表 7－10）。此外，配加 50% 或 100% 消石灰或生石灰，烧结钒钛磁铁精矿，不因烧结矿的 FeO 或碱度的变化，而影响钒钛烧结矿自然粉化率的变化。

表 7-10 配加生石灰或消石灰对粉化率的影响

条件变化	成分/%			<10mm 增加比例/%			<5mm 增加比例/%		
	TFe	FeO	R (-)	2 天	4 天	6 天	2 天	4 天	6 天
100% 生石灰	46.08	5.75	1.59	1.46	3.10	3.80	0.70	1.43	2.02
	48.59	8.88	1.88	1.35	4.57	5.36	0.64	1.91	2.53
50% 消石灰	46.08	12.78	1.79	0.61	1.19	1.50	0.43	0.79	1.03
	45.94	8.78	2.11	0.7	0.99	1.25	0.45	0.72	0.94
100% 消石灰	45.03	8.44	1.73	0.63	1.11	1.78	0.44	0.76	1.13
	46.22	7.37	1.67	0.71	1.03	1.20	0.35	0.59	0.75

两种烧结矿储存性能的差异，究其原因是普通烧结矿中一般含有 2%~5% 的正硅酸钙（$2CaO \cdot SiO_2$）。在烧结矿冷却过程中，温度下降到 675℃ 时，发生 $\beta - 2CaO \cdot SiO_2$ 向 $\gamma - 2CaO \cdot SiO_2$ 的相变，使体积膨胀 10%，引起烧结矿的粉化。而钒钛烧结矿在烧结过程中不生成 $2CaO \cdot SiO_2$（见图 7-11），无正硅酸盐相变引起的粉化。此外，因钒钛烧结矿中 SiO_2 含量低，即使烧结碱度达 1.70，其 CaO 含量也仅为 10%~11%，且部分 CaO 形成钙钛矿（$CaO \cdot TiO_2$），所以游离 CaO 极少。当然用较粗粒石灰石时，游离 CaO 的增加也会使钒钛烧结矿自然粉化率增加。

7.1.6.3 烧结矿的还原性能

高钛型钒钛烧结矿由于 FeO 含量低、氧化度高，还原性能一般比普通烧结矿好。影响钒钛烧结矿还原性的主要因素是碱度、FeO 含量、TiO_2 含量及还原时间等。

（1）碱度的影响。还原度测定采用升温（5℃/min）法。各种碱度的钒钛烧结矿还原度在 500℃ 前都很低，高于 700℃ 后还原进程加快。各种碱度的烧结矿随温度升高还原度增加，并随碱度升高，还原度明显改善。在 900~1300℃ 的高温下，其还原度进一步提高。钒钛烧结矿具有良好的高温还原性能，并随烧结矿碱度升高，其高温还原性能更加明显改善。

（2）还原时间的影响。通常烧结矿的还原度，随还原时间延长而增加，但不同的烧结矿，在不同的时间内，其还原速率不同。如碱度为 1.70 的高钛型钒钛磁铁精矿烧结矿，不仅具有良好的还原性，而且还原速率快。在 20min 内，还原度迅速升高，此后逐渐减慢。当还原进行 30min 时，其还原度基本接近终了的还原度。

（3）FeO 含量的影响。钒钛烧结矿中 FeO 主要以钛磁铁矿和钙铁橄榄石形式存在。这两种矿物的还原性都较差，但与普通烧结矿比，其 FeO 含量低，故相比之下还原性仍好。经统计，钒钛烧结矿 FeO 含量与还原性关系（10min 时）为 RI = 93.03% - 2.82FeO%。

烧结矿的还原度，随烧结矿 FeO 含量增加呈直线下降。因此，钒钛磁铁精矿烧结时，应控制适宜 FeO 含量，保证钒钛烧结矿具有良好的还原性。此外，对不同矿物的还原性的研究表明，Fe_2O_3 还原性最好，Fe_3O_4 次之。$FeO \cdot TiO_2$ 和 $2FeO \cdot TiO_2$ 在还原 40min 时最好，仅次于 Fe_2O_3 和 Fe_3O_4。钛辉石、钛榴石的还原性能较差。由于钒钛烧结矿中以钛赤铁矿和钛磁铁矿为主要含铁矿物，还原性差的硅酸盐相少，故其还原性较普通烧结矿好。

（4）TiO_2 含量的影响。不同矿区钒钛磁铁精矿的 TiO_2 含量不尽相同，即使是高钛型钒钛磁铁精矿也不尽相同。高的可达 12% ~ 13.5%，低的含 9% ~ 10%。在相同碱度下，所生产的高钛型钒钛烧结矿由于 TiO_2 含量的不同，其还原性能也有较大差别。TiO_2 含量影响还原性能的研究见图 7 - 11。

由图可见，随 TiO_2 含量升高还原性下降。但图中 7.9% TiO_2 含量的烧结矿还原性差的原因，初步认为是钒钛精矿中配入较低品位矿粉。由于 SiO_2 量增加，液相量增加，硅酸盐较多，因而降低了还原性。10% TiO_2 的烧结矿，全系钒钛磁铁精矿烧结，烧结矿中具有较高的钛赤铁矿，玻璃相少，因而有最高的还原性。以后随 TiO_2 含量升高，烧结矿品位下降，高熔点钙钛矿与钛辉石增加，易还原的钛赤铁矿和铁酸钙减少，还原性下降。

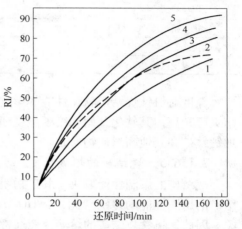

图 7 - 11 不同 TiO_2 含量的烧结矿的还原性

TiO_2 含量：1—7.9%；2—17.7%；3—16.4%；4—14.4%；5—10.08%

7.1.6.4 烧结矿的软化性能

钒钛烧结矿的软化性能，由于矿物组成的特点而与普通烧结矿显著不同（见表 7 - 11）。由表可见，各种钒钛烧结矿的开始软化和软化终了温度比普通烧结矿高约 120℃，软化区间稍宽。生产用的高钛型钒钛矿，由于配入部分普通矿粉，SiO_2 含量有所升高，TiO_2 含量有所降低，因此软化开始和终了温度都有所降低，但仍比普通烧结矿高，其软化区间变宽。

表 7 -11 不同的钒钛烧结矿软化性

矿 别	软化开始温度/℃	软化终了温度/℃	软化温度区间/℃
首钢试验	1150	1190	40
承钢试验	1271	1310	39
太和试验	1265	1316	51
兰家火山试验	1250	1295	45
攀钢生产	1133	1212	79

高钛型钒钛烧结矿软化性特点，是因其矿物组成的特点所致。即高熔点矿物多，使软化和终了温度升高。又因高温矿物的熔点差别大，使软化区间变宽。但影响钒钛烧结矿的软化性能因素较多，如 TiO_2 含量、烧结碱度、矿物组成和显微结构等。

烧结矿 TiO_2 含量对软化性能影响的研究结果（见表 7 - 12）表明，随 TiO_2 含量增加，烧结矿的软化开始温度有降低趋势，终了温度在 TiO_2 低时随 TiO_2 增加有降低趋势，但进一步增加 TiO_2，终了温度又升高，软化区间变宽。TiO_2 含量对钒钛烧结矿软化开始和终了温度影响特点，有待今后进一步研讨。至于对软化区间变宽，如前述是符合规律的。

表 7 - 12 TiO_2 含量对软化性能的影响

TiO_2 含量/%	7.90	10.08	14.90	16.4	17.7
软化开始温度/℃	1190	1175	1165	1180	1185
软化终了温度/℃	1280	1275	1265	1305	1290
软化温度区间/℃	90	100	100	125	105

碱度对钒钛烧结矿软化性能的影响如图 7 - 12 所示。在通常使用的碱度范围内，随烧结碱度升高，其软化开始和终了温度随之升高。这种变化规律，是因烧结矿碱度升高，增加钙钛矿和其他高温矿物所致。

7.1.6.5   烧结矿的熔滴性能

烧结矿的熔滴性能取决于其矿物组成，钒钛烧结矿的矿物组成特点决定了它与普通烧结矿的熔滴性能的差别。此外，TiO_2 在冶炼过程中的行为也与钒钛烧结矿的熔滴性能有关。因此，钒钛烧结矿的熔滴性能通常表现为开始软熔温度低、熔化滴落温度高，熔滴温度区间宽。且钒钛烧结矿熔化滴落过程中渣铁分离差，渣中带铁多。影响钒钛烧结矿熔滴性能的主要因素是烧结矿碱度和 TiO_2 含量。

碱度对钒钛烧结矿熔滴性能影响如图 7 - 13 所示。随烧结矿碱度升高，钒钛烧结矿的软熔温度，熔化开始温度和滴落开始温度都升高；气流最高压差增大，残留量增加，滴下量减少；尤其是当碱度升高到 2.5 时，滴下量极少，渣铁难以分离，见表 7 - 13。

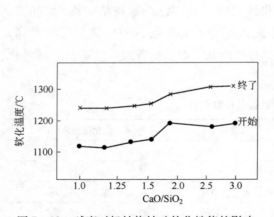

图 7 - 12   碱度对钒钛烧结矿软化性能的影响

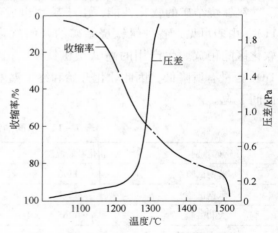

图 7 - 13   钒钛烧结矿熔滴曲线

表 7 - 13   不同碱度的钒钛烧结矿熔滴性能

烧结矿碱度	1.50	1.70	2.00	2.50
收缩量/mm	98.5	82.5	88.0	87.0
最高压差/kPa	5.296	6.325	7.159	6.865
最终压差/kPa	0.069	1.117	1.216	1.187
软化开始温度/℃	1144	1175	1160	1170
熔化开始温度/℃	1254	1195	1236	1520
滴下开始温度/℃	1470	1485	1525	1520
滴下量/g	130.2	73.7	23.5	0.10

残存量/g		37.5	97.0	175.6	183.9
残留焦炭/g		23.3	26.0		
残留物/g	总量		167.7	170.1	184
	TiC 量		0.77	0.54	0.49
	TiN 量		0.78	0.66	0.61
	Ti(C, N)		1.55	1.20	1.10
滴落物/g	[Si]		0.153	0.09	
	[Ti]		0.218	0.18	

TiO_2 含量对钒钛烧结矿熔滴性能的影响研究见表 7 - 14 和图 7 - 14。随烧结矿的 TiO_2 含量增加，开始滴落温度下降，压差陡升，温度也下降，软化区间温度加宽使滴落时间延长。

表 7 - 14 TiO_2 含量对烧结矿熔滴性能影响

烧结矿 TiO_2 含量/%	7.9	16.4	17.7
收缩率/%	1040	1050	1045
压差陡升温度/℃	1375	1325	1280
开始滴落温度/℃	1440	1400	1420
软熔区间/℃	190	250	320
最高压差/Pa	4165	3479	3381
滴落状况	一次	时间长	时间长

7.1.6.6 烧结矿的低温还原粉化

钛赤铁矿在低温（400 ~ 550℃）下，还原生成的钛磁铁矿是多孔分布均匀，孔的直径为 6mm 和 35mm 间排列的孔道。钛赤铁矿有各种晶型，如粒状、斑状、树枝状、叶片状和骸晶状等。不同晶型，其还原粉化性能不同，其中骸晶状菱形钛赤铁矿还原粉化最为严重。通过对钒钛烧结矿低温还原粉化率的研究可知，钒钛烧结矿的低温还原粉化率比普通烧结矿高得多，一般测得数据大于 60%，高的达 80% ~ 85%。

对钒钛烧结矿的低温还原粉化机理分

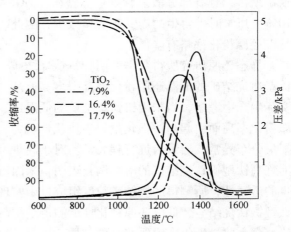

图 7 - 14 不同 TiO_2 烧结矿的软熔温度

析认为，钒钛烧结矿是以赤铁矿—钛铁矿为主的复杂固溶体，各矿物相膨胀性有很大差异，应力分布不均，尤其是骸晶状菱形钛赤铁矿存在，在低温还原时，极易由立方晶系转为等轴晶系，引起晶体构造破坏而体积膨胀，并与其他矿物之间产生极大应力，因此钒钛烧结矿具有极高的低温还原粉化性能。

按静态法所测定的低温还原粉化性能及各因素的影响归纳于下：

（1）FeO 含量的影响。低温还原粉化率随烧结矿 FeO 含量增加和烧结矿中含量减少，即赤铁矿减少而降低。日本古川和博的研究认为，FeO 含量每增加 1%，低温还原粉化率降低对高钛型钒钛烧结矿的研究结果是，FeO 在 8.5% ~ 17.5% 范围内，FeO 含量降低 1%，低温还原粉化率升高 3.5%。

（2）SiO_2 含量的影响。每增加 1% SiO_2，低温还原粉化率降低 1.46%。高钛型钒钛烧结矿属低 SiO_2 烧结矿，不利于低温还原粉化率的改善。

（3）CaO 含量影响。在烧结矿中 SiO_2 含量基本不变的条件下，提高 CaO 含量可以改善低温还原粉化率。通常每增加 1% CaO 含量，低温还原率降低 4.0%。高钛型钒钛烧结矿由于 SiO_2 含量低，尽管烧结矿碱度为 1.7，其 CaO 含量也仅 10% ~ 11%，仍比碱度为 1.2 的普通烧结矿低 4% ~ 5%，因而对低温还原粉化率改善不利。

（4）Al_2O_3 含量的影响。烧结矿 Al_2O_3 含量对还原粉化影响，可用下式表示：
$$RDI = 11.25 Al_2O_3\% - 16.20$$

即烧结矿中每增加 0.1% Al_2O_3，RDI 升高 1.1%。这一点在实际生产中往往被忽视。Al_2O_3 的含量变化虽小，对低温还原粉化率却有很大的影响。至于高钛型钒钛烧结矿，Al_2O_3 含量较高，一般为 4.0% ~ 4.5%，并以钛榴石和钛辉石形式存在，因此对低温还原粉化率的影响尚待研究。

（5）TiO_2 含量的影响。由图 7 - 15 可见，随烧结中 TiO_2 增加，低温还原粉化率有所下降。但 TiO_2 大于 15% 时，又有所升高。这种关系可能是 TiO_2 大于 15% 的烧结矿再生的赤铁矿增多，且有部分骸晶状菱形赤铁矿。TiO_2 10% ~ 15% 时，再生的赤铁矿明显减少，因此低温还原粉化率略有降低。

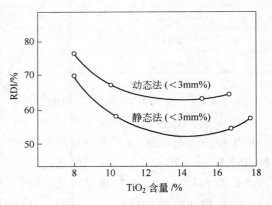

图 7 - 15　TiO_2 含量对烧结矿 RDI 的影响

静态还原研究所得数据表明，钒钛烧结矿比普通烧结矿的低温还原粉化率高得多。但从实际生产中考察，尚未因钒钛烧结矿的低温还原粉化率高而引起高炉强化过程中块状带阻力损失分布异常，导致冶炼行程失常。对小高炉冶炼高钛型钒钛烧结矿的解剖调查表明，未因钒钛烧结矿的低温还原粉化率高而影响块状带的透气性，所测得的烧结矿粒度组成也未发现异常现象。因此，钒钛烧结矿，特别是高钛型钒钛烧结矿，低温还原粉化性能测定结果与实际高炉冶炼实际结果之差异问题，有待研究。为此，近年来为研究这种差异，进行升温还原，探索适于冶炼过程的温度场变化的检测方法。结果，当温度低于 600℃ 时，RDI 为 11.91%，600 ~ 700℃ 时，RDI 为 46.16%，温度升到 1000℃ 时，RDI 为 48.48%。研究指出，钒钛烧结矿在 550 ~ 750℃ 时，是还原粉化最严重阶段。其所测定的 RDI 值比静态法低 20% ~ 30%。当然何种检测方法相对都有代表性，但不能完全解释实际现象，尚需深入研究。

7.1.7 攀钢近年来烧结生产实践

7.1.7.1 烧结技术的进步

（1）原料处理技术。国内高铁料在料场与精矿仓进行初混匀，其效果是 TFe ±1.5%，SiO_2 ±2.0%；实施了燃料的预筛分。

（2）配料技术。采用重量电子秤配料，配料料矿槽加设空气炮、振动器；优化配矿。

（3）改善与强化制粒技术。改进混合机（加长）、使用尼龙衬板、加挡料板、降角度、改进加水嘴孔与角度；使用生石灰与活性灰，改进配消器；使用热水与蒸汽，提高混合料温度；返矿预润湿；添加稻谷壳强化制粒。

（4）布料技术。使用9辊、11辊、磁辊布料，矿槽加蒸汽，降辊式角度（约≤45°），使用松料器、平料板、压边机、料层自动测厚，点火后使用打孔机。

（5）点火技术。改进设备（套筒式→涡流→多缝线式→多缝多孔式），富氧点火，降炉膛高度，点火炉整体浇注，自主开发低负压点火技术，使每吨烧结矿的点火煤气消耗由 0.2GJ 降到 0.07GJ 以下。

（6）抽风烧结技术。高碱度与低硅烧结，厚料层烧结，热风烧结，使用宽箅条，实施燃料与熔剂分加技术，大风量高负压烧结，采用铺底料技术，实施漏风治理技术（消化吸收了 ZDRH-2000 型智能集中润滑系统，该系统具有远程监控、集中操作和智能调节等特点，烧结机弹簧式密封滑道改为板簧密封滑道，大烟道卸灰系统采用刀口式双层卸灰，上盖板角度自动调节动式头尾密封装置）。

（7）成品矿处理技术。环冷机实施抽风冷却改为鼓风冷却，成品运输系统实施降落差技术，烧结矿表面喷 $CaCl_2$，成品烧结矿实施整粒与筛分工艺。

（8）废弃物处理技术。除尘灰喷浆，多管后加电场，废气脱硫采用石膏法、离子液法，余热利用采用蒸汽热管技术。

7.1.7.2 烧结矿质量

对全厂一期、二期1~6台烧结机的生产数据进行统计，见表7-15~表7-18。

表7-15 物料配比 （%）

物料	精矿	澳矿	国内高品位矿	高硅料	石灰石	生石灰	活性灰	钢渣	瓦斯灰	洗精煤	焦
2007年	53.8	12.1	8.3	5.8	6	6.6	0.6	1.1	4.2	1.5	3.8
2009年9~11月	47.2	8.5	19.6	4.7	4.6	7.2		0.8	3.8	1.2	4.0

表7-16 烧结机中间操作参数

操作参数	料层 /mm	机速 /m·min^{-1}	主管负压 /Pa	废气温度 /℃	18号风箱温度/℃	二次水 /%	混合料粒度（>3mm）/%	混合料料温/℃
2007年	553	1.55	12720	113	299	7.2	73.63	50
2009年9~11月	519	1.57	12740	114	283	6.8	72.19	51.38

表 7 – 17 烧结矿化学成分   （%）

化学成分	TFe	FeO	SiO$_2$	CaO	R_0 (–)	V$_2$O$_5$	TiO$_2$	MgO	Al$_2$O$_3$	P	S
2007 年	48.64	7.58	5.10	12.22	2.40	0.383	7.56	2.46	3.48	0.0373	0.040
2009 年 9～11 月	49.21	7.90	5.72	11.80	2.06	0.351	6.74	2.41	3.56	0.0343	0.043

表 7 – 18 烧结矿粒度组成   （%）

粒度组成	ISO 转鼓指数/%	粒度						
		>60mm	60～40mm	40～20mm	20～10mm	10～5mm	<5mm	平均粒度
2007 年	71.41	4.19	7.99	26.80	31.77	27.67	1.58	22.47
2009 年 9～11 月	71.47	3.74	8.67	27.85	31.12	27.13	1.48	22.53

2009 年以来，高炉全面推广全钒钛磁铁精矿球团，烧结工序攀精矿配比大幅度降低，降低 6～7 个百分点，但同时烧结性能更差的国内高品位矿却增加 11～13 个百分点。国内高品位矿属于攀西地区的普通矿，大部分属于精矿，小部分炼钢污泥、铁皮，也有小部分粉矿混合而成，其粒度组成级差大，大于 3mm 占 18%～22%，大于 6mm 占 6%～10%，粒度不稳定。攀精矿与国内高品位矿之和为 66%～68%，相应的粉矿比例为 12%～14%。与 2007 年相比，攀精矿与国内高品位矿之和提高 4%～6%，相应的粉矿配比降低 4%～6%。总体看来，烧结的原料条件是变差的矿种类增加、粒度变细、核粒子和黏附粒子减少，中间粒子增加，混合料制粒性能变差，透气性变差，料层降低，见表 7 – 16，料层降低 34mm，同时混合料水分降低 0.4%，烧结速度下降，由 16.5mm/min 下降到 15.7mm/min，下降 5.2%。

从表 7 – 17 可见，随着物料结构调整，烧结矿化学成分发生很大变化，TFe 提高 0.57%、SiO$_2$ 提高 0.62%、CaO 降低 0.44%、R_0 降低 0.34。烧结矿 TiO$_2$ 降低 0.82%、但随着杂料增加，烧结矿 Al$_2$O$_3$ 含量增加，这对改善烧结矿质量是不利的。

随着物料结构调整，烧结矿 TiO$_2$ 降低、SiO$_2$ 提高，CaO + SiO$_2$ 总量增加，烧结矿 FeO 含量上升，烧结矿黏结相总量增加、烧结矿 TiO$_2$ 降低，黏结相质量改善，连晶强度增加，虽然料层降低，烧结矿强度及粒度组成改善，转鼓强度提高 0.07 个百分点，烧结矿粒度更加均匀。

7.1.7.3 钒钛磁铁矿烧结矿矿相分析

从表 7 – 19 可见，2009 年 9 月的烧结矿矿物结构与 2007 年 1 月的烧结矿物相组成发生了很大的变化，表现在以下几个方面：

（1）黏结相总量增加，矿相组成单一。∑铁酸盐 + 硅酸盐 = 48%～52%，比 2007 年 1 月（∑铁酸盐 + 硅酸盐 = 35%～36.5%）增加 13%～16%，黏结相总量增加，有利于改善烧结矿的转鼓强度、粒度组成及冶金性能。

（2）铁矿物组成发生变化。难还原的钛磁铁矿从 30%～34% 降低到 16%～19%，降低了 14%～5%，易还原的钛赤铁矿增加，烧结矿还原性改善。

（3）随着烧结矿 SiO$_2$ 含量提高，烧结矿中明显观察到鱼刺状的硅酸二钙，硅酸二钙在冷却过程中发生晶型转变，这要求烧结矿实行缓冷。

表 7 - 19　烧结矿物相及其体积分数　　　　　　　　　　（%）

物相组成	钛赤铁矿	钛磁铁矿	铁酸盐相	玻璃质	钙钛矿	硅酸盐相	磁黄铁矿	游离 CaO	硅酸三钙等
2007 年 1 月	23 ~ 25	30 ~ 34	19 ~ 20	2 ~ 2.5	1 ~ 3	16 ~ 16.5	0.1 ~ 0.2	1.0 ~ 1.5	2 ~ 3.2
2009 年 9 月	25 ~ 27	16 ~ 19	28 ~ 30	1 ~ 2.0	1 ~ 2	20 ~ 22.5	0.08 ~ 0.1	0.5 ~ 1.0	1 ~ 3[①]

①表示硅酸二钙为 1% ~ 3%。

7.2　钒钛磁铁矿的球团生产

7.2.1　钒钛铁矿球团原料特征

通过对钒钛磁铁精矿的矿物组成、颗粒形貌、化学成分、粒度组成、比表面积、堆密度、真密度、静堆积角、动堆积角及静态成球性能等进行分析测试，以全面了解钒钛磁铁精矿的质量情况及成球性能。

7.2.1.1　矿物组成、颗粒形貌

钒钛磁铁精矿矿物组成以氧化物、硫化物和硅酸盐为主，其中氧化物为钛磁铁矿、赤（褐）铁矿；硫化物为磁黄铁矿等；硅酸盐类矿物以钛辉石、橄榄石、斜长石、绿泥石等为主。其中，按选矿目的的矿物类别及含量分为：钛磁铁矿、钛铁矿、硫化物、脉石矿物四大类，含量为 44.21%、9.78%、1.92%、44.09%。

根据岩相鉴定，钒钛磁铁精矿的主要特点是钒、钛高而 SiO_2 低，铁在原矿中以磁铁矿、钛铁晶石（$2FeO \cdot TiO_2$）和钛铁矿（$FeO \cdot TiO_2$）三种形态存在。磁铁矿是主要矿物，钒在磁铁矿中主要呈 V_2O_3 形态存在，因它置换了磁铁矿中的 Fe_2O_3，所以常以 $FeO \cdot V_2O_3$ 表示。SiO_2 一类脉石常以钛辉石和斜长石存在。硫在原矿中以磁黄铁矿（Fe_nS_{n+1}）和黄铁矿（FeS_2）形态存在。

通过采用扫描电镜（SEM）对钒钛磁铁精矿进行分析，结果表明：钒钛磁铁精矿颗粒粗细不均，微细颗粒含量较多，颗粒形貌较为复杂，大多为棱角分明的不定形的颗粒，颗粒断面相对较光滑，系单体矿物碎裂所致，颗粒表面黏附有少量的微细颗粒。

7.2.1.2　化学成分

钒钛磁铁精矿的化学组成见表 7 - 20。其特点是铁品位较低，FeO 含量及脉石组成差异较大。钒钛磁铁精矿的主要脉石成分为 TiO_2，含量为 10.62%，在有害杂质硫、磷的含量上均较低。

表 7 - 20　钒钛磁铁精矿化学成分　　　　　　　　　　（%）

矿　种	主要化学成分										烧损
	TFe	FeO	SiO_2	Al_2O_3	CaO	MgO	TiO_2	V_2O_5	P	S	
钒钛磁铁精矿	56.58	26.96	3.09	4.46	0.88	3.60	10.62	0.65	0.01	0.22	0.52

7.2.1.3　粒度组成

如表 7 - 21 所示，钒钛磁铁精矿粒度粗；-200 目粒级含量只有 66%（湿筛），从造球的角度上讲，钒钛磁铁精矿粒度偏粗，没有达到造球工艺的要求。

表 7 - 21　钒钛磁铁精矿粒度组成

矿　种	粒度组成/%						
	+80 目	80~120 目	120~160 目	160~200 目	200~320 目	-320 目	-200 目
钒钛磁铁精矿	3	7	9	15	16	50	66

7.2.1.4　钒钛磁铁精矿的比表面积、密度及堆积角

钒钛磁铁精矿的比表面积、密度及堆积角的检测结果如表 7 - 22 所示。结果表明，钒钛磁铁精矿比表面积测定值均较高，这可能与含铁原料本身微细级含量及颗粒形状等有关，但其相对值反映了含铁原料的粒度组成测定结果。

表 7 - 22　钒钛磁铁精矿的比表面积、密度及堆积角

矿　种	比表面积 /m² · g⁻¹	堆密度 /g · cm⁻³	真密度 /g · cm⁻³	静堆积角/(°)			堆积角/(°)		
				含水 8%	含水 10%	含水 12%	含水 8%	含水 10%	含水 12%
钒钛磁铁精矿	1.52	2.16	4.30	54.96	46.82	42.04	22.24	17.39	15.71

7.2.1.5　静态成球性指数

表 7 - 23 为钒钛磁铁精矿的静态成球性指数的测定结果。由表 7 - 23 中的所列数据可知，钒钛磁铁精矿属弱等成球性物料。

表 7 - 23　钒钛磁铁精矿的静态成球性指数测定结果

矿　种	最大分子水/%	最大毛细水/%	毛细水迁移速度/mm · min⁻¹	静态成球性指数 K
钒钛磁铁精矿	3.98	15.73	9.58	0.34

钒钛磁铁精矿的毛细水迁移速度很快，这非常有利于生球的长大。但应该说明的是，静态成球性指数只能说明固相与液相间的相互作用，以及细粒物料聚集过程，即只能从物料与水的相互作用角度在一定程度上反映物料的静态成球性，不能说明在实际造球过程中，物料的动态成球性能，何况实际造球过程中还要加入膨润土等黏结剂。某种程度上，静态成球性指数只是一个参考性指标。

通过对钒钛磁铁精矿的各种指标检测标明：钒钛磁铁精矿 TFe 含量低、TiO_2 含量高，粒度粗，吸水性差，成球性不好。钒钛磁铁精矿属弱等成球物料。

7.2.2　钒钛铁矿球团工艺流程和主要设备

根据现在球团矿生产工艺的发展趋势，本手册所介绍的球团矿生产工艺为链箅机—回转窑—环冷机生产工艺，设备生产能力为 120 万吨/年。

7.2.2.1　工艺流程

钒钛球团矿生产工艺流程见图 7 - 16。从图 7 - 16 可以看出，生产工艺与国内其他球团矿厂家基本一致，主要生产工艺流程为原料准备、造球、干燥和预热、焙烧、冷却。

7.2.2.2　主要设备

各主要设备的数量、规格、工艺参数见表 7 - 24。

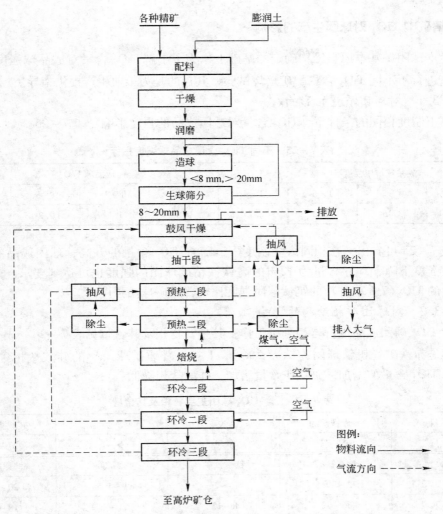

图 7-16 链箅机—回转窑钒钛球团矿生产工艺流程

表 7-24 主要设备规格及工艺参数

设备名称	数量/台	规格	功能	工艺参数
圆筒干燥机	1	φ3.6m×24m(内径×长度)	干燥原料和混合	筒体斜度:2.3°,正常转速:3.45r/min,容积:244.3m³
润磨机	2	φ3.5m×6.2m(直径×长度)	提高原料细度和混合	转速:15.7r/min,容积:53m³
圆盘造球机	6	φ6000mm×600mm(直径×边高)	造生球	圆盘倾角:43°~53°,转速:5.5~8r/min,产量:45~55t/h
链箅机	1	4m×36m(有效宽×有效长)	生球干燥、预热	台时产量:200t/h,料层高度:180~200mm,正常机速:1.88m/min
回转窑	1	φ5.0m×35m(内径×长度)	焙烧	窑容系数:7.00t/(m³·d),倾角:4.25%,窑充填率:7.6%,焙烧时间:30~35min,焙烧温度:950~1300℃,转速:0.3~1.3r/min
环冷机	1	69m²	冷却	φ(中径):12.5,台车数:28个,台车宽:2.2m,排料温度:<120℃

7.2.3 精矿中 TiO_2 对球团生产的影响

在生产球团矿基本原料结构确定的基础上，为了了解 TiO_2 含量对成品球强度的影响，在实验室进行了不同 TiO_2 含量配矿焙烧试验，其目的是为工业生产提供指导。

7.2.3.1 对球团质量的影响

在热工制度相同的条件下，TiO_2 含量对球团成品的强度影响见表 7-25。

表 7-25 不同 TiO_2 含量成品球强度指标

成品球抗压强度/N·球$^{-1}$				成品球 FeO/%			
T-1	T-2	T-3	T-4	T-1	T-2	T-3	T-4
3685	3715	3150	2675	0.8	1.1	2.2	3.1

从表 7-25 可看出，在相同焙烧制度下，随着 TiO_2 含量的升高，球团成品的 FeO 含量上升，强度下降，TiO_2 含量为 12% 的高钛铁精矿球团的强度也可达到要求。另外可看出含适量的 TiO_2(7% 左右) 的钒钛球团强度比全普通矿球团强度高。

7.2.3.2 对球团矿相结构的影响

对含 TiO_2 球团成品进行岩相分析工作，其主要物相及其含量见表 7-26。成品球团的主要物相是赤铁矿（钒钛球团为钛赤铁矿），T-1（普通矿球团）的硅酸盐相含量较高，随着球团 TiO_2 含量的增加，磁铁矿含量增加，硅酸盐相降低。

表 7-26 含 TiO_2 球团主要物相及其含量

项　目	赤铁矿	磁铁矿	石英	硅酸盐相等
T-1	65~72	偶见	5~7	27~30

项　目	钛赤铁矿	钛磁铁矿	石英	硅酸盐相等
T-2	72~79.5	1~2	1~1.5	20~22
T-3	66~72	8~12	1~2	18~22
T-4	58~64	17~20	1~3	17~21

镜下特征：样品中磁铁矿等含铁氧化物已经完全氧化并大部分消失，被赤铁矿新相所代替，原矿中的脉石、石英等物相已大部分反应形成硅酸盐胶结物，但还有较多石英弥散在渣相中，样品致密，显气孔较多，且分布较均匀，未见裂隙。

T-1、T-2 球团样品的磁铁矿碎屑轮廓已经消失殆尽，形成以赤铁矿为主的细晶变晶结构。T-3 有 1/5 左右的球团中钛磁铁矿的碎屑轮廓仍清晰可见，晶粒中存在着大量的钛磁铁矿。T-4 球团约有 1/3 含铁氧化物晶粒，仍清晰可见钛磁铁矿的碎屑轮廓，但在它们的晶体中出现了不等的细条状或粒状结构的钛赤铁矿（部分为 $\gamma-Fe_2O_3$），对还原极为不利，在一些区间还可见到较多完全未氧化的钛磁铁矿。

7.2.4 钒钛铁球团矿焙烧特点

球团焙烧是一个复杂的物理化学过程，影响因素较多，除了原料本身的特性外，还受预热温度和时间、焙烧温度和时间、预热和焙烧气氛以及均热和冷却制度等因素影响。生产氧化球团要求在氧化性气氛进行焙烧。因此，焙烧温度和时间对球团质量的影响规律，便成为制定球团合理预热焙烧制度的主要问题。

链箅机—回转窑氧化球团生产过程中，预热球由链箅机转入回转窑，以及在回转窑内的焙烧过程均处于运动状态。因此，链箅机—回转窑工艺对预热球强度要求较高，通常要求预热球抗压强度大于400N/球，耐磨指数（AC转鼓）小于5%。而对于大型高炉通常要求焙烧球抗压强度达到2500N/球。

7.2.4.1 焙烧温度

焙烧温度研究中，链箅机料层厚度200mm，鼓风干燥段风温200℃，风速1.5m/s，时间2min，抽风干燥段风温300℃，风速1.5m/s，时间5min，预热段风温950℃，风速2.1m/s，时间11min。生产结果见表7-27。

表7-27 焙烧温度对焙烧球的影响

原料结构类型	焙烧温度/℃	焙烧球强度		
		抗压强度/N·球$^{-1}$	转鼓指数（+6.3mm）/%	耐磨指数（-0.5mm）/%
60%钒钛精矿 + 40%普磁精矿	1160	2521	89.19	7.82
	1190	3468	95.60	3.49
	1220	3817	97.03	2.70

生产实践表明，焙烧球抗压强度、转鼓指数均随焙烧温度的提高而提高，耐磨指数则随焙烧温度的提高而降低。当焙烧温度为1160℃时，焙烧球抗压强度达到了2512N/球，但转鼓指数和耐磨指数指标较差。当焙烧温度由1160℃提高到1190℃后，焙烧球抗压强度和转鼓指数提高幅度较大，耐磨指数下降幅度也比较大，此时，焙烧球各项强度指标均达到了有关质量的要求，继续提高焙烧温度，焙烧球各项温度指标改善幅度减小，因此适宜的焙烧温度为1190℃。

7.2.4.2 焙烧时间

焙烧时间研究中，链箅机料层厚度200mm，鼓风干燥段风温200℃，风速1.5m/s，时间2min，抽风干燥段风温300℃，风速1.5m/s，时间5min，预热风温950℃，风速2.1m/s，时间11min，焙烧温度1190℃。试验结果见表7-28。

表7-28 焙烧时间试验

原料结构类型	焙烧时间/min	焙烧球强度		
		抗压强度/N·球$^{-1}$	转鼓指数（+6.3mm）/%	耐磨指数（-0.5mm）/%
60%钒钛精矿 + 40%普磁精矿	7	2786	92.39	4.82
	9	3072	94.19	3.96
	11	3468	95.60	3.49

由表7-28可见，焙烧时间在7~11min范围内，焙烧球强度均可满足要求，焙烧时间控制在9min左右。

7.2.4.3 回转窑焙烧热工制度

回转窑焙烧生产实践表明，钒钛磁铁精矿球团适宜的焙烧温度为1190℃，焙烧时间为9min。

7.2.5 成品球质量及其高炉冶炼行为

7.2.5.1 成品球团矿化学成分

在上述造球、干燥、预热、焙烧适宜参数条件下焙烧出的成品球团矿化学成分分析结果列于表7-29。

表7-29 成品球团矿化学成分 （%）

TFe	FeO	SiO$_2$	CaO	MgO	Al$_2$O$_3$	V$_2$O$_5$	TiO$_2$	S	P
55.10	2.80	4.13	0.57	2.61	3.01	0.40	7.10	0.02	0.03

A TFe、TiO$_2$、V$_2$O$_5$ 指标的控制

根据高炉生产需要，在成品球化学指标的控制上，以控制 TiO$_2$ 指标为主，TFe、V$_2$O$_5$ 等化学成分以进厂原料为标准。

B FeO 指标的控制

由于主要原料为钒钛磁铁精矿和普通磁铁精矿，混合料中的 FeO 含量较高，一般都大于20%，球团氧化过程中需要风量较其他厂家大，造成球团成品的 FeO 含量较高。

随着成品球团的产量增加，成品球团 FeO 的含量有逐步升高的趋势，当日产量超过3600t 时，FeO 基本在2.8%以上。根据钒钛磁铁球团矿的 FeO 氧化的状况以走向为切入点，从工艺和设备方面进行调整。钒钛磁铁精矿在不同阶段的 FeO 检测指标，分析结果见表7-30。

表7-30 球团在各阶段的 FeO 含量

阶 段	原 料	鼓干段	抽干段	预热一段	预热二段	回转窑尾	环冷一段	环冷二段	环冷三段
温度/℃	常温	150	300	500	950	900	1000	750	150
球团 FeO/%	25.30	25.0	22.0	16.0	12.00	7.50	5.50	3.50	2.50

由表7-30可知：影响降低 FeO 的主要环节是链箅机预热段，其次是回转窑；导致成品球团 FeO 偏高的原因：链箅机预热一段温度偏低，导致氧化反应滞后，链箅机、回转窑内氧化气氛不够；针对这两个环节，通过机速和料层厚度调整等措施，改善了整个热工制度，增加链箅机、回转窑内氧化气氛，加速了预热和焙烧段的氧化反应，在产量低于3600t/d 的条件下，可使成品球团的 FeO 稳定在2.8%以下。

7.2.5.2 成品球强度指标

在上述造球、干燥、预热、焙烧适宜参数条件下焙烧出的成品球团矿强度指标结果列于表7-31。

表7-31 成品球团矿强度指标

原料结构类型	膨润土	抗压强度	转鼓指数/%	抗磨指数/%
60%钒钛精矿 + 40%普磁精矿	2.0%	2490	95.1	3.8

球团矿强度性能检测结果表明：钒钛氧化球团矿的强度达到球团矿一级品要求，能满足大型高炉对球团矿的使用强度要求。

7.2.5.3 球团矿的冶金性能

球团矿冶金性能的检测结果见表 7 - 32。

表 7 - 32　钒钛球团矿的冶金性能

原料结构类型	膨润土	还原性 RI/%	还原粉化 RDI$_{+3.15mm}$/%	还原膨胀 RSI/%	软化开始温度 T_a/℃	软化结束温度 T_s/℃	熔滴温度 ΔT_{sa}/℃	软化区间 ΔT_{ms}/℃	软熔区间 ΔT_{ms}/℃	最大压差 ΔP_{max}/kPa
60%钒钛精矿 + 40%普磁精矿	2.0%	72.90	95.0	16.67	1149	1218	1337	69	119	2.312

球团矿冶金性能检测结果表明：

（1）球团具有较好的还原性，还原度都在 72% 以上，达到了球团矿一级品的要求（球团矿一级品要求 RI≥65%）。

（2）球团矿的还原粉化性较好，RDI$_{+3.15mm}$大于 95%。

（3）球团矿的还原膨胀率都不高，RSI 为 16.67%，达到了球团矿二级品的要求（球团矿二级品要求 RSI < 20%）。

（4）熔滴性能性能良好，具体表现为软化开始温度高，软化区间及软熔区间窄，最大压差低，透气性良好。

7.2.5.4 球团矿的矿相鉴定

A　矿物组成

经矿相显微镜鉴定及扫描电镜和电子探针分析证实，主要矿物成分为赤铁矿，其次为赤钛铁矿（$FeTiO_3$，含赤铁矿高达 10% 左右）、镁铝尖晶石、镁铁橄榄石、钛磁铁矿、钙铁橄榄石、玻璃质及残存的微量黄铁矿和黄铜矿。焙烧球样的矿物化组成见表 7 - 33。

表 7 - 33　焙烧球样的矿物组成　　　　　　　　（%）

原料结构类型	赤铁矿	赤钛铁矿	钛磁铁矿	钙铁橄榄石	镁铁橄榄石	镁铁尖晶石	黄铁矿与黄铜矿	玻璃质
60%钒钛精矿 + 40%普磁精矿	78.41	10.50	0.30	1.51	2.35	3.41	0.50	2.92

B　显微结构

焙烧球显微结构以多孔状结构为主，气孔不规则，大小不一，一般为 0.025 ~ 0.20mm，气孔率约为 27.1%。从表层到内部 Fe_2O_3 再结晶良好，大部分晶粒互连，单独晶粒很少。相对而言，球团表层氧化较好，互连晶粗大，内部尚残存少部分块状 Fe_3O_4（见图 7 - 17），Fe_2O_3 晶粒一般在 0.02 ~ 0.25mm。赤钛铁矿的晶粒分布于 Fe_2O_3 晶粒间，与赤铁矿晶粒紧密相连。扫描电镜分析显示赤钛铁矿呈块状、片状晶体，也有少量的粒状，结构致密（见图 7 - 18），在焙烧球中部和核心部分，有大块的镁铁橄榄石与 Fe_2O_3 紧密胶结（见图 7 - 19），少量的镁铝尖晶石以包裹体的形式存在于赤钛铁矿中（见图 7 - 20）。

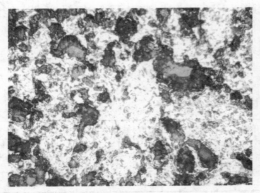

图 7 - 17　球核部分残存的 Fe_3O_4（反光，200 ×）

Fe_2O_3—呈白色，互连状；Fe_3O_4—呈灰白色，块状；

赤钛铁矿—呈暗红黄红色，粒状；

镁铁橄榄石—呈灰色，粒状；气孔—呈黑色

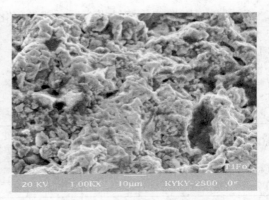

图 7 - 18　赤钛铁矿扫描电镜图

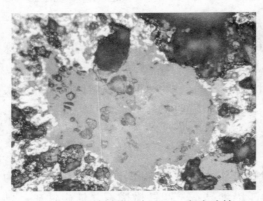

图 7 - 19　镁铁橄榄石与 Fe_2O_3 紧密胶结

（反光，200 ×）

Fe_2O_3—呈白色，互连状；镁铁橄榄石—呈灰色，块状；

钛铁矿—呈暗红黄红色，粒状；气孔—呈黑色

图 7 - 20　赤钛铁矿中包裹的镁铝尖晶石（反光，500 ×）

Fe_2O_3—呈白色，互连状；镁铁橄榄石—呈灰白色，粒状；

钛铁矿—呈红色，粒状

7.2.5.5　钒钛铁矿球团对高炉冶炼的影响

A　高炉对钒钛铁矿球团技术要求

由于钒钛磁铁矿的特点，烧结过程中液相生成量少，高熔点的钙钛矿、钛榴石含量高，铁酸盐和硅酸盐相含量低，液相流动性差，烧结矿化、同化发展不充分，从而导致钒钛烧结矿转鼓强度差（综合转鼓指数为 71% 左右）、还原粉化率高（$RDI_{-3.15mm}$ 一般为 45% ~ 65%），对大高炉的冶炼影响较大。

根据现有高炉冶炼特点，高炉炉渣中 TiO_2 含量一般不超过 22.50%。因此，对球团矿中 TiO_2 含量以控制在 7.5%、碱度控制在 0.2 ~ 0.3 为宜。

（1）高炉对钒钛铁球团矿的化学成分要求见表 7 - 34。

（2）冶金性能：转鼓指数不小于 90.0%；抗磨指数不大于 8.0%。

（3）粒度：8 ~ 20mm，其中 8 ~ 20mm 的部分不小于 90%、小于 5mm 的部分不大于 5%。

（4）其他：不能混入外来杂质；同批（车）成分不得波动过大。

表 7 – 34　高炉对钒钛铁球团矿化学成分的要求　　　　　（%）

TFe	FeO	TiO$_2$	V$_2$O$_5$	S	P	Al$_2$O$_3$	Zn	Sn	As	K	Na	Pb
≥56.0	≤2.8	≤7.5	≥0.40	≤0.08	≤0.12	≤4.0	≤0.10	≤0.01	≤0.05	≤0.50	≤0.50	≤0.08

B　高炉配加钒钛铁矿球团的生产实践

攀钢高炉长期使用的炉料结构为"高碱度烧结矿（90% ~93%） +普通块矿（7% ~10%）"。从 1995 年以来，攀钢采取了一系列强化高炉冶炼的技术措施，使攀钢高炉的冶炼技术得到了明显发展，高炉冶炼不断强化，主要技术经济指标大幅度提高。随着对攀钢高炉炉料结构的不断认识和深化，寻求更优的炉料结构成为攀钢高炉强化冶炼、提高炼铁生产水平的又一手段。大量使用普通球团矿，将会造成生铁含钒降低，廉价的周边钒钛矿资源得不到充分应用；若大量用钒钛铁精矿来造球，又会造成球团矿的品位不高、成球性差、强度低等问题，所以结合攀枝花周围的资源特点及钒钛矿冶炼的特殊性，攀钢使用的球团矿主要应利用周边地区的普通磁铁精矿和钒钛磁铁精矿作为原料，生产 TiO$_2$ 在 7% 左右的钒钛氧化球团。

a　钒钛氧化球团矿的质量指标

钒钛铁矿球团的化学成分见表 7 – 35，球团矿强度指标见表 7 – 36。

表 7 – 35　钒钛铁矿球团不同阶段平均化学成分　　　　　（%）

阶段	TFe	FeO	TiO$_2$	V$_2$O$_5$	CaO	SiO$_2$	S	P
1	56.99	0.33	7.09	0.51	2.13	5.44	<0.01	0.04
2	56.66	0.49	6.94	0.50	2.14	5.60	<0.01	0.04
3	56.69	0.45	6.74	0.50	2.24	5.81	<0.01	0.03
4	57.16	0.52	6.62	0.49	2.28	7.77	<0.01	0.05
平均	56.90	0.44	6.85	0.50	2.21	6.29	<0.01	0.04

表 7 – 36　钒钛铁矿球团的强度指标

阶　段	转鼓指数/%	耐磨指数/%	抗压强度/N·球$^{-1}$
1	82.30	11.70	1455.7
2	82.61	11.05	1593.2
3	84.40	10.05	1823.7
4	84.49	10.59	1725.8
平均	83.56	10.81	1659.4

b　高炉配加钒钛氧化球团矿工业试验

工业试验的原燃料

试验期间所用的焦炭、块矿为高炉正常生产时的所用料，烧结矿因配加球团矿后碱度适当提高，其成分有一定的变化。试验前的高炉炉料结构为 89.28% 的烧结矿配加 9.78% 的会理块矿和 0.94% 的土烧结矿。试验期间取消了土烧结矿，试验时所用的焦炭其成分比较稳定，试验期间的焦炭平均成分见表 7 – 37，烧结矿、会理矿的成分见表 7 – 38。

由于试验期间球团矿的 TFe 平均为 56.9%，比会理矿高 6.13 个百分点，比烧结矿高 8.24 个百分点，因此高炉配加球团矿后可提高高炉的入炉品位。

表 7-37　试验期间的焦炭成分　（%）

灰　分	挥发分	水　分	强度 M_{40}	强度 M_{10}
12.20	1.22	1.57	86.56	6.84

表 7-38　烧结矿、块矿的平均成分　（%）

组　成	TFe	FeO	SiO_2	CaO	TiO_2	V_2O_5	$R(-)$	S	转鼓指数
试验期烧结矿平均	48.66	7.61	5.31	10.31	8.33	0.39	1.94	0.03	69.70
会理矿平均	50.77	1.11	17.21	2.00					

工业试验概况

攀钢高炉提高钒钛氧化球团配比工业试验在 4 号高炉上进行，在试验期间为了保证炉况稳定顺行，采取逐渐提高球团矿配比的方式，从 2003 年 2 月 5 日到 4 月 15 日根据球团矿配比的不同，试验期共分为四个阶段进行工业试验，各阶段的炉料结构见表 7-39。

表 7-39　工业试验期间各阶段的炉料结构　（%）

试验阶段	烧结矿配比	块矿配比	球团矿配比
第一阶段（16 天）	84.5	9.45	6.05
第二阶段（15 天）	81.29	8.99	9.71
第三阶段（17 天）	79.49	9.05	11.46
第四阶段（22 天）	77.9	8.60	13.5

由表 7-39 可见，试验期的 4 个阶段中，最少的试验天数为 15 天，最多的试验天数为 22 天。试验期间的球团矿配比从 6.05% 逐步增加到 13.5%，块矿配比略有降低，烧结矿配比降低较多，说明钒钛球团矿主要取代的是烧结矿。

试验期的主要技术经济指标见表 7-40。从表 7-39 和表 7-40 可见，整个试验期的球团矿配比从 6.05% 提高到了 13.5%，在渣中 TiO_2 变化不大的情况下，钒钛球团矿主要取代烧结矿，代块矿的比例不到 1%。即使在第四阶段球团矿的 SiO_2 高达 7.77%，TiO_2 降至 6.62%，渣中 TiO_2 22.16% 的条件下，块矿配比也仅降低了 0.85 个百分点。随着球团矿配比的增加，烧结矿的碱度将适当增加，虽然烧结矿的碱度增加后会导致烧结 TFe 的降低，但由于球团矿的 TFe 明显高于烧结矿，在球团矿配比增加后，高炉的综合入炉品位仍有所升高。球团矿配比增加后，高炉的料柱压差有所降低，透气性指数有所增加，这将有利于改善高炉的顺行和煤气流的合理分布，提高产量。试验期间采取调整块矿配比来控制炉渣中 TiO_2 含量，从而达到炉渣 TiO_2 维持现有水平不变。总的来看，试验期的四个阶段均取得了比较好的效果，高炉配加钒钛球团矿后，实现了产量增加，焦比降低的目的。

表 7 - 40　试验期及基准期的高炉主要操作参数

主要参数	风量 /m³·min⁻¹	风温 /℃	富氧率 /%	炉渣碱度	[Ti] /%	(TiO₂) /%	入炉TFe /%	压差 /MPa	透气性指数
第一阶段	3483.7	1182.1	1.38	1.130	0.225	22.15	49.47	0.1593	2187
第二阶段	3460.4	1178.4	1.32	1.123	0.224	22.18	49.69	0.1580	2190
第三阶段	3474.7	1186.3	1.55	1.142	0.234	21.89	49.79	0.1576	2205
第四阶段	3507.9	1188.8	1.47	1.121	0.210	22.16	49.86	0.1582	2218
主要参数	批铁 /t	矿批重 /t	吨矿出铁量/kg	烧结碱度	球团TiO₂/%	灰铁比 /kg·t⁻¹	炉喉温度 /℃	炉顶温度 /℃	CO₂/%
第一阶段	12.57	25.31	496.6	1.88	7.09	22.4	280.0	214.6	16.4
第二阶段	12.27	25.45	482.1	1.91	6.94	21.3	287.3	214.8	16.5
第三阶段	12.38	25.46	486.3	1.94	6.74	20.5	268.4	213.9	16.5
第四阶段	12.54	25.48	492.2	2.00	6.62	20.0	275.6	222.4	16.4

c　高炉配加钒钛球团矿特点分析

配加钒钛球团矿后炉料的冶金性能比较

试验期间对钒钛氧化球团矿与钒钛烧结矿的软熔性能进行了测试,其比较结果见表7-41。

表 7 - 41　球团矿与烧结矿的软熔性能测定结果

试　样	软化性能/℃			熔滴性能/℃			Δp_{max} /Pa	熔滴带/mm		
	T_a	T_s	ΔT_{sa}	$T_{\Delta p}$	T_m	ΔT_c		A	B	H
钒钛球团矿	1120	1220	100	1240	1440	200	4802	35	65	30
钒钛烧结矿	1180	1270	90	1280	1480	190	9898	32	68	36

注:T_a—开始软化温度,℃;T_s—软化终了温度,℃;ΔT_{sa}—软化区间,℃;$T_{\Delta p}$—压差陡升时的温度,℃;T_m—开始滴落温度,℃;ΔT_c—熔滴区间,℃;Δp_{max}—料柱最大压差,Pa;A—$T_{\Delta p}$时试样收缩量;B—T_m时试样收缩量;H—滴落带厚度($H=B-A$)。

由表7-41可见,钒钛球团矿的软化温度和滴落温度明显低于烧结矿,料柱的最大压差只有烧结矿的一半,滴落带的厚度也比烧结矿薄。说明球团矿的软熔滴落性能较好,有利于改善高炉的透气性。

试验期间对球团矿和烧结矿的显微组织及中温、低温还原性能进行了测试,结果见表7-42和表7-43。

表 7 - 42　球团矿和烧结矿的主要物相及其含量　　　　　(%)

矿物	钛赤铁矿	钛磁铁矿	钛铁矿	尖晶石	硅酸盐相	铁酸盐相	玻璃相
球团矿	68~72	2~5	1~3	1.1~1.5	17.5~23	—	2.5~3.5
烧结矿	42~48	20~23	1~3	1~2	16.5~20	5~7	4~6

表 7 - 43　球团矿及烧结矿的低温还原粉化和还原性能比较　　　　　(%)

矿物	>6.3mm	6.3~3.15mm	3.15~0.5mm	<0.5mm	RDI₋3.15mm	RI
球团矿	83.41	1.81	0.64	14.14	14.78	86.61
烧结矿	11.16	21.50	46.89	20.45	67.34	84.73

由表 7 - 42 可见，钒钛球团矿氧化较完全，大部分的钛磁铁矿均已氧化成了容易还原的钛赤铁矿，钛赤铁矿占了 70% 左右，钛磁铁矿仅有 1% ~5%；烧结矿中钛赤铁矿有 42% ~48%，钛磁铁矿有 20% ~23%，其他矿物组成及含量差别不大。从表 7 - 43 的球团矿和烧结矿的还原性也可看出，球团矿的中温还原性能 RI 较好，低温还原粉化率 $RDI_{-3.15mm}$ 较低。

由于球团矿有较好的冶金性能，高炉配加后可改善高炉的炉料结构，降低高炉的料柱压差，增加炉料的还原性，减少低温还原粉化，钒钛球团矿的冶金性能优于钒钛烧结矿，对高炉的增产、节焦具有良好的作用。

配加球团矿对渣铁成分的影响

根据现有攀钢高炉冶炼特点，攀钢高炉炉渣中 TiO_2 一般不超过 22.5%，渣中 TiO_2 升高后对炉渣性能及高炉的冶炼顺行均产生不利的影响。因球团矿中含有 6% ~7% 的 TiO_2，其用量增加后，如果进一步降低块矿用量，渣中 TiO_2 含量将随之上升，为了保持渣中 TiO_2 基本不变，所以试验期间，钒钛球团矿大部分只能代替烧结矿，代替块矿的比例较小。高炉渣的平均成分见表 7 - 44。

表 7 - 44　试验期间的渣铁成分

试验阶段	球团配比 /%	块矿配比 /%	生铁成分及温度			炉渣成分/%					
			[Si]/%	[Ti]/%	温度/℃	CaO	SiO_2	V_2O_5	TiO_2	S	碱度(-)
第一阶段	6.05	9.45	0.133	0.225	1430	28.15	24.91	0.24	22.15	0.43	1.130
第二阶段	9.71	8.99	0.133	0.224	1425	28.12	25.07	0.25	22.18	0.43	1.123
第三阶段	11.46	9.05	0.141	0.234	1433	28.80	25.22	0.23	21.89	0.45	1.142
第四阶段	13.5	8.60	0.135	0.210	1420	28.53	25.44	0.24	22.16	0.43	1.121

由表 7 - 44 可见，由于块矿配比变化较小，虽然球团矿的配比从 6.05% 逐渐增加到了 13.5%，但渣中 TiO_2 基本上仍控制在 22.0% 左右。从炉温控制水平看，生铁 [Ti] 基本控制在 0.18% ~0.25%，铁水温度在 1420 ~1430℃ 之间，配加球团矿后的炉温控制与试验前未发生明显变化。说明使用 TiO_2 在 6% ~7% 的钒钛球团矿时，通过炉温的控制和适当调整块矿的配比，可以保证渣、铁的成分基本不变。

配加球团矿后对高炉操作的影响

试验期间各阶段主要使用的装料制度如下：

试验一期：$\alpha_o \dfrac{40.5\quad 38\quad 36.5\quad 39}{3\qquad 3\qquad 4}$，$\alpha_c \dfrac{38\quad 36.5\quad 31.5}{2\qquad 3\qquad 3}$，料线：1.9m，矿批重：25.31t；

试验二期：$\alpha_o \dfrac{41\quad 38.5\quad 37\quad 39.5}{3\qquad 3\qquad 4}$，$\alpha_c \dfrac{38.5\quad 37\quad 32}{2\qquad 3\qquad 3}$，料线：1.9m，矿批重：25.45t；

试验三期：$\alpha_o \dfrac{41.5\quad 39\quad 37.5\quad 40}{3\qquad 3\qquad 4}$，$\alpha_c \dfrac{39\quad 37.5\quad 32.5}{2\qquad 3\qquad 3}$，料线：1.9m，矿批重：25.46t；

试验四期：$\alpha_o \dfrac{42\quad 39.5\quad 38\quad 40.4}{3\qquad 3\qquad 4}$，$\alpha_c \dfrac{39.5\quad 38\quad 33}{2\qquad 3\qquad 3}$，料线：1.9m，矿批重：25.48t。

由以上装料制度可见，试验期随球团矿配比的增加，高炉的布料角度逐渐增大。从表

7-40的炉喉温度和炉顶温度可见，试验期的炉喉温度有所上升，炉顶温度有所下降。通过休风观察，四号高炉加球团矿后的料面是边缘高、中心低。由于球团矿的滚动性好，球团矿易向高炉中心堆积，为了维持原有的料面形状，随着球团矿配比的增加应适当加重边缘，扩大矿石批重和增加矿石布料角度。

d 攀钢使用钒钛球团矿的炉料结构讨论

现有攀钢高炉使用炉料结构要求高炉炉渣中 TiO_2 一般不超过22.5%。由于钒钛氧化球团矿中含有一定量的 TiO_2，球团矿代替烧结矿的能力较强，代替块矿的能力弱，从而造成入炉熟料比没有明显提高。从改善高炉炉料结构出发，不仅要提高球团矿的配比，还要改变球团矿不能大量代替块矿的情况。所以应改变球团矿用原料，降低球团矿的钒钛精矿配比，提高普通精矿配比，从而适当降低球团矿中 TiO_2 的含量，提高球团矿代替块矿的能力。所以攀钢高炉合理的炉料结构应为"高碱度烧结矿+酸性氧化球团矿+少量高 SiO_2 块矿"。这样既能提高入炉矿石品位，又能提高高炉熟料比，从而为高炉强化冶炼提供更好的条件。根据试验期间的原燃料成分，计算出攀钢可使用的球团配比及炉渣成分见表7-45。

表7-45 高炉配加球团矿的理论计算结果

配比	烧结矿配比/%	块矿配比/%	球团配比/%	入炉TFe/%	烧结TFe/%	烧结$R(-)$/%	理论渣量/kg·t^{-1}	球团TiO_2/%	球团TFe/%	炉渣成分/%				
										SiO_2	CaO	TiO_2	V_2O_5	$R(-)$
方案1	84.46	9.47	6.07	49.44	48.8	1.88	680.0	7.09	56.4	24.77	27.02	21.9	0.292	1.09
方案2	81.3	9.0	9.7	49.72	48.7	1.91	678.7	6.94	56.6	24.65	27.0	21.99	0.278	1.10
方案3	79.55	9.05	11.4	49.73	48.6	1.94	671.5	6.74	56.9	24.84	26.98	21.72	0.283	1.09
方案4	76.92	8.58	13.5	49.90	48.5	2.00	665.1	6.62	57.1	25.49	27.17	21.71	0.280	1.07
方案5	76.87	8.13	15.0	49.94	48.3	2.10	662.5	6.40	57.3	25.51	28.10	21.66	0.281	1.10
方案6	74.27	7.73	18.0	50.10	48.1	2.15	648.3	6.20	57.5	25.92	27.67	21.67	0.286	1.07
方案7	72.32	7.68	20.0	50.11	48.0	2.20	645.6	6.0	57.8	26.0	28.11	21.44	0.286	1.08

由表7-45球团矿的配料计算结果可见，随着球团矿配比的增加，烧结矿和块矿的配比均减少，但球团矿还是主要代替烧结矿。球团矿的配比由10%增加到20%，烧结矿的碱度由1.95增加至2.2，相应烧结矿的品位下降。但球团矿的品位增加后使综合入炉品位增加到50.11%，渣量减少近20kg。为了保证冶炼顺行，球团矿的 TiO_2 含量随着高炉配料比的增加而降低，以控制炉渣中 TiO_2 不超过22.5%。当球团矿 TiO_2 在6%时，高炉的配比可达到20%，入炉矿品位可达到50%以上。

综上所述，攀钢使用球团矿后为了不影响高炉的造渣制度，应改变球团矿用原料配比，多使用高铁、低钛的钒钛铁精矿，适当增加高 SiO_2 普通精矿用量，生产出合适的高铁、高硅、低钛球团矿。随着球团矿中 TiO_2 含量减少，还可以明显提高入炉球团矿配比和入炉矿石的综合品位，降低烧结矿和块矿用量，降低吨铁渣量，提高熟料率和高炉料柱透气性，全面改善攀钢高炉的炉料结构，为炼铁生产水平再上新台阶创造更加有利的良好条件。

7.2.6 回转窑结圈机理及预防

在钒钛铁球团矿生产工艺中，为了满足高炉使用要求，一般要求球团矿中以钒钛磁铁矿配加 30% ~40% 的普通铁精矿作为含铁原料，由于配加原料多，致使生产工艺控制难度加大，易造成回转窑结圈。

7.2.6.1 结圈物的结构与成分

回转窑结圈物在回转窑中的大致分布如图 7－21 所示。

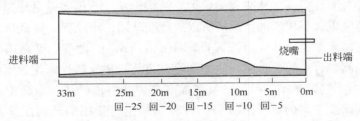

图 7－21 回转窑结圈示意图

结圈物取样的大致位置分别为距窑头 5m、10m、15m、20m、25m，另外取得一个大块样和一个溜槽样。为了对比方便，将距窑头 5m、10m、15m、20m、25m 取得的样品分别编号为回－5、回－10、回－15、回－20、回－25。由于大块样从外观看来明显上下分层，为研究结圈物在厚度方向上的差异，将大块样上下层分为大块样－上和大块样－下（靠窑壁）两个样。

A 结圈物的外观特征

取样的位置不同，结圈物在外观上有很大的差异，其外观特征见表 7－46。

表 7－46 结圈物的外观特征

位置	结圈物外观特征
回－5	结圈物开裂分层；闪闪发亮的熔蚀状结圈物与致密粉末镶嵌，有明显的界线；夹杂 3~5mm 圆形小球，且数量较多
回－10	大部分呈金属光泽；看不到粉末形貌，粉末被黏结成整体；有少量的小颗粒夹杂
回－15	和 10m 处的结圈物相近，但没有小球和颗粒夹杂，外观光亮致密
回－20	和 5m 处的结圈物外观相似，有小球夹杂和熔蚀状物质夹杂
回－25	结圈物呈多边形小柱状，柱底面积 1~2cm²，柱高 5~10cm，柱与柱之间开裂；无小球夹杂现象；结圈物硬度较小，性脆
大块样－上	有裂痕，存在粉末夹层现象；结圈物外观较为光亮
大块样－下	结圈物致密无裂痕；外观粗糙，可看到颗粒形状的粉末
溜槽	溜槽中的固结块是完全由粉末固结而成，其固结块轻而疏松，有大量的气孔

纵观整个回转窑中的结圈物的外观，可得到以下几个规律：

（1）结圈物绝大部分是由粉末累积固结的，只有少量的小颗粒和球团能在粉末中夹杂固结下来，说明粉末是结圈的主要因素。

（2）越接近高温区，结圈物越发亮，熔蚀状的痕迹越明显。

（3）窑尾的结圈物为阶梯状的柱状物，容易破碎。

（4）从溜槽中的固结块可看到细粒粉末固结的模型，即细粒粉末处于静态堆集状态时，在较低的温度条件下也可能固结成块。

（5）大块样上下分层，外观形状有差异，靠窑壁部分的结圈物（大块样－下）致密。

B　结圈物电镜扫描断面形貌

用电镜扫描结圈物的断面，通过不断放大倍数，观察结圈物的断面形貌，从而了解结圈物的本质。

从将结圈物断面放大 20 倍的扫描图（图 7－22（a））上可看到，结圈物主要是一些细小的粉末组成的，其中有许多微孔，在结圈物中很少有大的颗粒。

将断面放大到 200 倍（图 7－22（b）），可以清楚地看到，结圈物中的细粒物料连接成大的颗粒，而后由这些颗粒连接成块。颗粒粒度细小，并且很多颗粒呈规则的圆形。

将断面继续放大，当放大到 500 倍时（图 7－22（c）），可以清楚地看到很多的小颗粒固结在一块形成大的颗粒，小颗粒在大的颗粒中呈紧密排列，在大颗粒之间形成孔洞。

将断面放大到 2000 倍（图 7－22（d）），单个细粒颗粒的形貌非常清晰，颗粒表面十分光滑，结圈物中细粒颗粒粒度小而均匀，细颗粒之间看不出明显的孔隙，颗粒排列紧密，部分颗粒粒度大于 $10\mu m$，但有相当数量的颗粒小于 $10\mu m$。照片中可清楚地看到细粒颗粒间形成的连接桥（连接颈），细粒颗粒的棱角已开始圆滑。

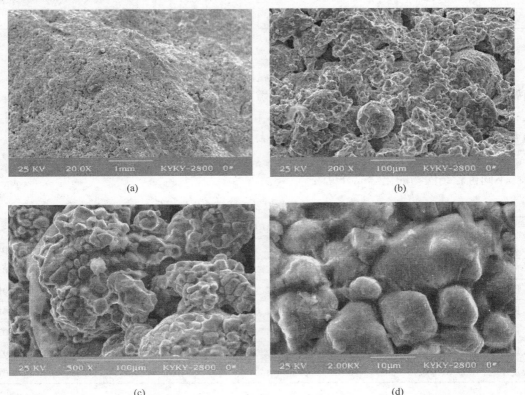

(a)　　　　　　　　　(b)

(c)　　　　　　　　　(d)

图 7－22　结圈物回－10 断面扫描电镜形貌图

(a) 20×；(b) 200×；(c) 500×；(d) 2000×

由图 7 – 22 可知：

（1）结圈物是由 $10\mu m$ 左右的微细颗粒构成较大颗粒，然后连接成块。微细颗粒粒度较为均匀，在大颗粒中呈紧密排列，孔隙主要在微细颗粒构成的大颗粒间形成，孔隙大而相对集中。

（2）结圈物中细粒颗粒棱角不明显，微细颗粒构成的大颗粒形貌较规则，有的甚至为规则的圆形。

C 结圈物的物理性能

结圈物的物理性能主要检测了真密度、视密度，并根据 $\beta = (\rho_1 - \rho_0)/\rho_1$ 计算得到孔隙率。不同位置结圈物的真密度、视密度及其孔隙率结果见表 7 – 47。

表 7 – 47 结圈物的物理性能

结圈物编号	视密度/g·cm⁻³	真密度/g·cm⁻³	孔隙率/%
回 – 5	3.57	4.41	18.89
回 – 10	3.41	4.40	22.33
回 – 15	3.13	4.32	27.34
回 – 20	3.53	4.24	16.58
回 – 25	3.78	4.36	13.39
大块样 – 上	3.64	4.39	14.90
大块样 – 下	3.79	4.28	13.45

由表 7 – 47 可知，主要规律如下：

（1）就回 – 5 ~ 回 – 25 来说，回转窑高温段结圈物的孔隙率比低温段的孔隙率高，在回转窑中部结圈物孔隙率最高，结圈物的孔隙率分布与回转窑的温度分布相似。

（2）各结圈物的真密度相差不大，但有由窑尾向窑头提高的趋势。结圈物孔隙率主要随着视密度的变化而变化，随着视密度的增大，结圈物孔隙率减小。

D 结圈物的化学成分

不同位置结圈物的化学成分见表 7 – 48。

表 7 – 48 结圈物以及球团矿的化学成分　　　　　　　　　（%）

位置	TFe	FeO	TiO₂	V₂O₅	SiO₂	Al₂O₃	CaO	MgO	MnO	K₂O	Na₂O	S
回 – 5	55.92	0.30	7.23	0.42	5.23	2.34	1.91	1.56	0.18	0.072	0.15	0.010
回 – 10	55.27	0.35	7.20	0.44	5.86	2.27	2.09	1.60	0.22	0.068	0.15	0.011
回 – 15	55.39	0.35	7.16	0.44	6.06	2.13	1.84	1.81	0.26	0.059	0.14	0.010
回 – 20	56.28	0.28	6.41	0.38	5.89	2.03	1.61	1.88	0.30	0.056	0.16	0.011
回 – 25	55.13	0.33	7.30	0.42	6.55	1.95	1.90	1.77	0.16	0.068	0.20	0.035
大块样 – 上	55.12	0.75	7.44	0.43	6.45	2.00	2.18	1.61	0.21	0.065	0.16	0.020
大块样 – 下	55.63	0.73	6.90	0.42	5.95	1.84	2.17	1.81	0.26	0.058	0.14	0.015

由表 7 – 48 可知：

（1）结圈物中主要成分为 Fe_2O_3、TiO_2、SiO_2；不同位置回转窑结圈物的化学成分有所差异，差异较大的有 TFe、TiO_2、SiO_2。

（2）结圈物中的 FeO 含量较低，说明结圈物在窑中停留时间长，FeO 逐渐被氧化了。

（3）结圈物中钾、钠含量不高，结圈物中没有钾、钠富集的现象，而且沿回转窑长度方向，钾、钠含量变化不大。

E 结圈物的矿物组成

结圈物的矿物组成见表 7-49。

表 7-49 结圈物及球团的矿物组成 （%）

位置	赤铁矿	钛磁铁矿	钛赤铁矿	铁板钛矿	硅酸盐	镁铝尖晶石
回-5	64.22	0.32	14.45	5.29	14.08	1.62
回-10	52.87	0.45	19.01	8.86	17.13	1.65
回-15	59.82	0.41	15.45	6.73	15.73	1.83
回-20	63.24	0.33	16.13	4.88	13.47	1.91
回-25	59.49	0.37	15.95	6.73	15.76	1.77
大块样-上	63.46	0.56	13.65	5.25	15.43	1.63
大块样-下	58.81	0.63	18.07	6.71	13.92	1.84

由表 7-49 可知：

（1）回转窑结圈物主要由赤铁矿、钛赤铁矿、铁板钛矿、镁铝尖晶石、硅酸盐（铁橄榄石、钙铁橄榄石、玻璃质）组成；铁主要以三价形式存在。沿回转窑长度方向，矿物组成有一定的变化。

（2）10m 处的结圈物相对较为特别，该处的钛氧化物和铁氧化物形成的固溶体物质以及铁橄榄石、钙铁橄榄石、玻璃质等硅酸盐的总量比其他位置的结圈物多。说明在高温下，固相扩散更快，固溶体物质和低熔点物质更容易形成。

（3）大块样-上和大块样-下在化学成分上差异不大，但矿物组成有所差异（主要体现在赤铁矿和钛赤铁矿），说明二者的结晶过程有所差异。

F 结圈物的显微结构

采用精密光学显微镜、X 射线能谱成分分析等方法，分析了不同位置的结圈物的矿物组成、微观结构，分别如图 7-23~图 7-29 所示。回转窑 5m 处结圈物（回-5，见图 7-23）结晶良好，大部分 Fe_2O_3 互连在一起，还有一部分 Fe_2O_3 呈分散的圆颗粒状，大颗粒的 Fe_2O_3 中心还有未氧化的浅灰色钛磁铁矿，其颗粒细小（见图 7-23（c））。有橄榄石嵌布在 Fe_2O_3 颗粒之间。钛赤铁矿和铁板钛矿分布在 Fe_2O_3 边缘，胶结 Fe_2O_3 晶体。

回转窑 10m 处结圈物（回-10，见图 7-24）中 Fe_2O_3 结晶发育较好，晶体比 5m 处更大。Fe_2O_3 晶体粗大，存在大块板状晶体，大块晶体中 Fe_2O_3 和铁板钛矿交互作用在一起，结晶完好，有很好的强度，说明 10m 处于回转窑的高温段。Fe_2O_3 和钛赤铁矿结晶物清晰可见。在结圈块中见不到整体球团的轮廓，基本上是由一些微细粉末组成。

回转窑 15m 处的结圈物（回-15，见图 7-25）和回-10 类似，都处于回转窑的高温段。但此处更明显可见未氧化的钛磁铁矿，呈蠕虫状，颗粒细小，数量众多（见图 7-

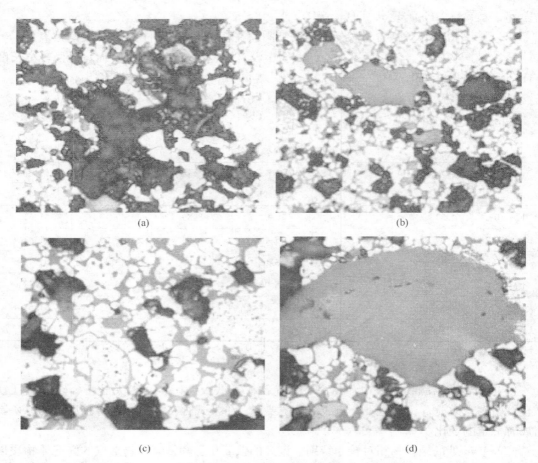

(a)　　　　　　　　　　　　(b)

(c)　　　　　　　　　　　　(d)

图 7 – 23　回转窑 5m 处结圈物的显微结构
(a) 100×；(b) 100×；(c) 200×；(d) 200×
Fe₂O₃—呈亮白色（粒状或片状）；钛磁铁矿—呈浅灰色；橄榄石—呈灰色（片状）；
铁板钛矿—呈灰蓝色；钛赤铁矿—呈暗黄色；孔洞—呈黑色（不规则）

25(c)）。Fe_2O_3 晶体结晶粗大，很多圆形的 Fe_2O_3 颗粒互连在一块，形成大块的 Fe_2O_3 晶体（见图 7 – 25(d)）。

回转窑 20m 处的结圈物（回 – 20，见图 7 – 26）是由大小不一的颗粒状 Fe_2O_3 和钛赤铁矿再结晶组成，橄榄石嵌布在 Fe_2O_3 晶体之间，形成牢固的整体结构。不过，结圈物内仍存在较多的圆形铁板钛矿，散布在 Fe_2O_3 晶体中（见图 7 – 26(d)）。大块橄榄石和小块橄榄石都较多，部分橄榄石中嵌布着点状 Fe_2O_3 晶体（见图 7 – 26(c)）。

25m 处结圈物（回 – 25，见图 7 – 27）中主要是 Fe_2O_3 形成线条状的微晶，开始互连，结构比较致密。Fe_2O_3 发育不良，晶体微细，一般为 0.03 ~ 0.05mm（见图 7 – 27(a)、(b)），说明 20m 处温度不太高。主要是 Fe_2O_3 结晶，但存在大块的铁板钛矿和钛赤铁矿（见图 7 – 27(c)），还有大块的未氧化的钛磁铁矿，橄榄石不像其他处的结圈物中的橄榄石一样，紧密地胶结在 Fe_2O_3 晶体之间，而是分散在 Fe_2O_3 晶体的边缘。

大块样 – 上磨片样品可见裂纹（见图 7 – 28(d)），此处结晶较复杂（见图 7 – 28

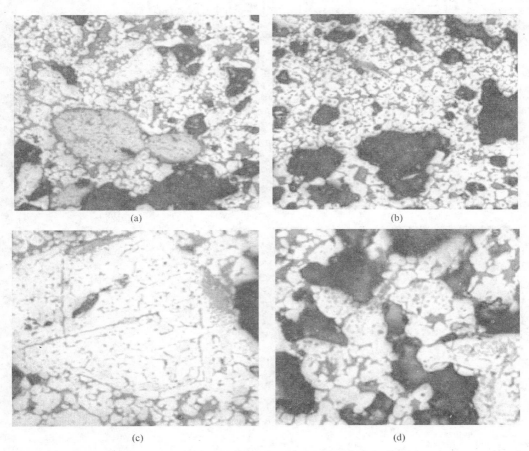

图 7 – 24 回转窑 10m 处结圈物的显微结构

(a) 100×；(b) 100×；(c) 200×；(d) 200×

Fe_2O_3—呈亮白色（粒状或片状）；钛磁铁矿—呈浅灰色；橄榄石—呈灰色（片状）；

铁板钛矿—呈灰蓝色；钛赤铁矿—呈暗黄色；孔洞—呈黑色（不规则）

（c）），Fe_2O_3 晶体边缘有铁板钛矿和钛赤铁矿生成。孔洞不规则，没有完全发育。橄榄石生成量较多。大块样–下所处温度较高，橄榄石填充在 Fe_2O_3 晶体中，将 Fe_2O_3 连接成一个整体，有较多橄榄石存在（图 7 – 29（d）），Fe_2O_3 晶体呈圆形的小颗粒，说明存在着 Fe_2O_3 溶解在低熔点物质橄榄石中，然后再析出的过程。同时也有大块橄榄石形成。

结圈物矿相规律分析：

（1）随着温度的提高，结晶逐渐发育完好，在回转窑窑尾 25m 的低温下，结晶大部分为点晶和线晶，矿物晶体发育不完善；到了窑中 10m 或 15m 处，由于温度高，固相反应充分，结晶完好，呈互连晶，晶体粗大。

（2）主要是赤铁矿的再结晶使晶体长大，只有颗粒中心才有微量未氧化的磁铁矿，呈点状分布在晶体的核心部位。

（3）钛氧化物与铁氧化物形成固溶体，如钛磁铁矿、钛赤铁矿、铁板钛矿等，形成的这些固溶体使颗粒连接良好，有较好的固结强度。

（4）黏结相铁橄榄石、钙铁橄榄石、玻璃质等填充在铁氧化物的晶体中。这些黏结相

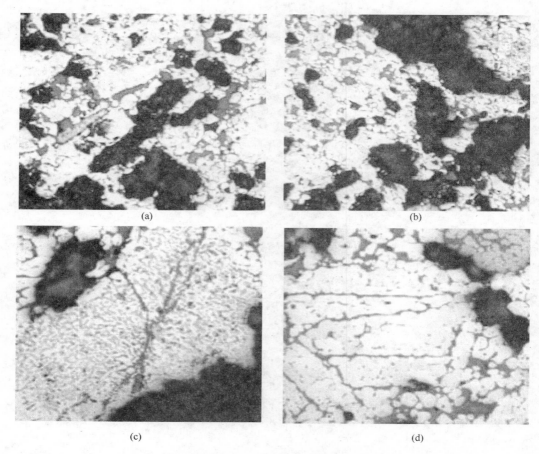

图 7-25 回转窑 15m 处结圈物的显微结构

(a) 100×；(b) 100×；(c) 200×；(d) 200×

Fe_2O_3—呈亮白色（粒状或片状）；钛磁铁矿—呈浅灰色；橄榄石—呈灰色（片状）；

铁板钛矿—呈灰蓝色；钛赤铁矿—呈暗黄色；孔洞—呈黑色（不规则）

在粉末刚固结在窑衬上时起了重要的作用，由于固相反应温度低、扩散迅速，颗粒之间可以很快生成这些物质，而且这些物质的熔点低，能起到液相固结的作用。

  G 结圈物的软熔温度

  将回转窑各段的结圈物磨成 $-0.074mm$ 左右的粉末，做成灰锥测其软熔温度，其结果见表 7-50。

表 7-50 结圈物的软熔温度 （℃）

位置	回-5	回-10	回-15	回-20	回-25	大块样-上	大块样-下
变形温度	1452	1450	1442	1453	1452	1454	1454
熔化温度	1454	1453	1455	1455	1458	1458	1456

由表 7-50 可知：

（1）结圈物的软熔区间窄，相差在 15℃ 的范围内，有的甚至只相差 2℃。

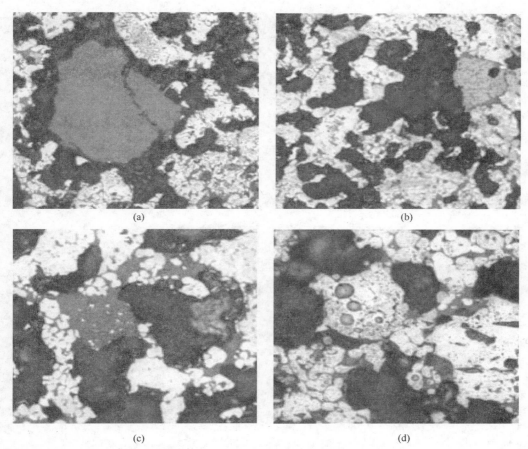

图 7 – 26　回转窑 20m 处结圈物的显微结构

(a) 100×；(b) 100×；(c) 200×；(d) 200×

Fe_2O_3—呈亮白色（粒状或片状）；钛磁铁矿—呈浅灰色；橄榄石—呈灰色（片状）；

铁板钛矿—呈灰蓝色；钛赤铁矿—呈暗黄色；孔洞—呈黑色（不规则）

（2）不同位置结圈物的变形温度和熔化温度均相差不大，基本上在 1450℃ 左右，高于一般回转窑的操作温度。

结圈物主要靠固相固结，其中 FeO 含量很低，脉石成分含量高。因此可以推测，结圈主要是粉末的逐步累积的过程。

H　小结

通过对结圈物的物理性质、化学成分、微观结构及软熔性能等的分析、测试，以及与现场预热球、窑头球对比，可以得到以下结论：

（1）不同位置结圈物的外观存在一定的差异，越接近回转窑高温区，结圈物越发亮。结圈物绝大部分是由粉末累积固结的，只有少量的小颗粒和球团能在粉末中夹杂固结下来。

（2）通过断面扫描可知，结圈物中微细粉末聚集成大颗粒，大颗粒再固结在一起形成大块，粉末之间通过形成连接颈固结在一起。而成品球断面是由微细颗粒在较大颗粒上黏附和微细颗粒互相黏附构成的，颗粒形貌不规则，棱角不如结圈物中的颗粒圆滑。

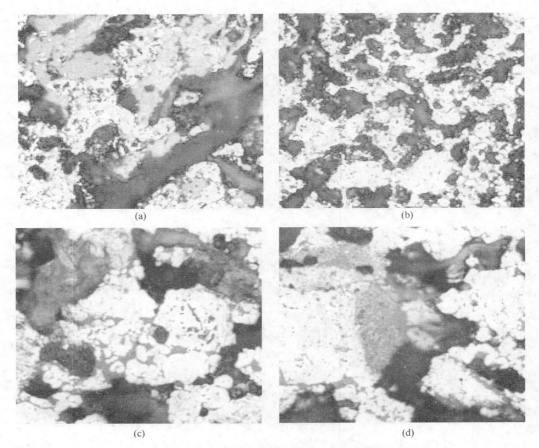

图 7 - 27 回转窑 25m 处结圈物的显微结构

(a) 100×；(b) 100×；(c) 200×；(d) 200×

Fe$_2$O$_3$—呈亮白色（粒状或片状）；钛磁铁矿—呈浅灰色；橄榄石—呈灰色（片状）；

铁板钛矿—呈灰蓝色；钛赤铁矿—呈暗黄色；孔洞—呈黑色（不规则）

（3）回转窑结圈物非常致密、孔隙率低，这是由于粉末长时间结晶以及产生的部分液相使粉末颗粒重排的结果。

（4）回转窑结圈物化学分析结果表明，结圈物中主要元素为 Fe、Ti、Si、Al、Mg，且各处的成分有所差异；回转窑结圈物由赤铁矿、钛赤铁矿、铁板钛矿、镁铝尖晶石、硅酸盐（铁橄榄石、钙铁橄榄石、玻璃质）组成，铁主要以三价铁形式存在。

（5）通过对比结圈物和回转窑生产的球团，可知结圈物结晶良好，而且在长时间的停留过程中，FeO 几乎完全氧化。

（6）结圈的本质是微细粉末在回转窑中的不断累积，粉末固结在窑衬上主要靠固相固结；结圈物中有一定的低熔点物质，在回转窑中特别是回转窑高温段，能生成部分液相，起着液相固结的作用，但液相固结只是起着辅助的作用。

7.2.6.2 回转窑结圈机理及其影响因素

A 回转窑结圈过程

a 回转窑截面物料和温度的分布

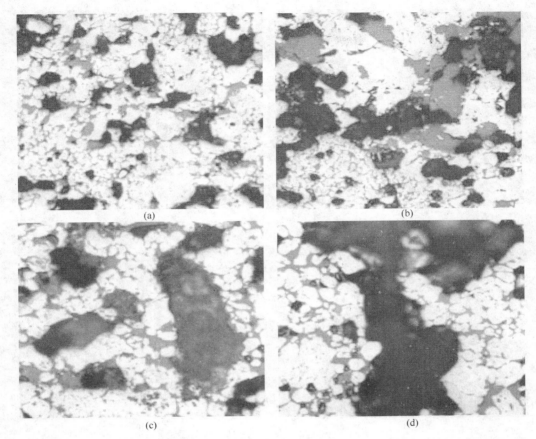

图 7 – 28　回转窑窑中 – 上结圈物的显微结构

（a）100×；（b）100×；（c）200×；（d）200×

Fe_2O_3—呈亮白色（粒状或片状）；钛磁铁矿—呈浅灰色；橄榄石—呈灰色（片状）；

铁板钛矿—呈灰蓝色；钛赤铁矿—呈暗黄色；孔洞—呈黑色（不规则）

　　回转窑横截面内球团及粉末物料的分布及运动状态如图 7 – 30 所示。图 7 – 30 中 I 区是火焰区，Ⅱ 区是物料区，回转窑沿顺时针方向运转。

　　回转窑中传热方式主要有：（1）燃烧气流对流传热；（2）高温气体辐射放热；（3）窑衬辐射放热；（4）球团相互热传导；（5）氧化放热反应；（6）窑衬蓄热。根据回转窑中传热的方式和回转窑的操作制度，回转窑中各空间的温度梯度大致是火焰外焰温度最高，其次依次是气流温度、窑衬温度、物料区表层温度、靠近窑衬的物料区温度，温度最低处为物料区内部。

　　物料在回转窑中由于滚动的作用，会自动分级和偏析，较大的球团集中在物料区（见图 7 – 30 中 Ⅱ 区）的表层，从表层滚落下来的大球又贴着回转窑运动，因此靠近回转窑窑衬的物料主要也是大球，相对较小的物料分布在物料区的内部区域，如图 7 – 30（b）所示。

　　b　回转窑结圈形成过程

　　一般来讲，回转窑结圈首先是细粒粉末与窑壁发生吸附，粘到窑壁上，然后不断固结

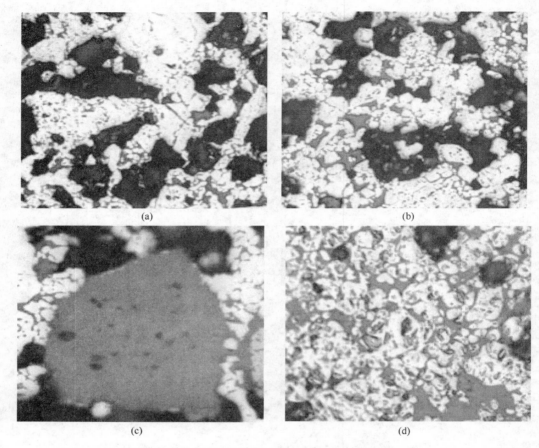

图 7 – 29 回转窑窑中 – 下结圈物的显微结构

(a) 100 × ; (b) 100 × ; (c) 200 × ; (d) 200 ×

Fe_2O_3—呈亮白色（粒状或片状）；钛磁铁矿—呈浅灰色；橄榄石—呈灰色（片状）；

铁板钛矿—呈灰蓝色；钛赤铁矿—呈暗黄色；孔洞—呈黑色（不规则）

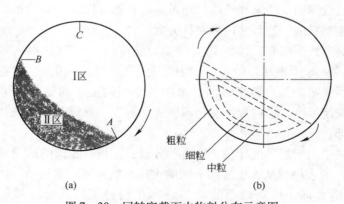

图 7 – 30 回转窑截面内物料分布示意图

增厚的一个过程。所以，要形成结圈需满足以下几个条件：

（1）回转窑内有一定量的微细颗粒存在；

（2）细粒粉末要与窑壁接触，二者还存在一定的相对静止时间；

（3）细粒粉末或固结块与窑壁之间要有一定的固结强度。

从物料在回转窑内的粒度分布状态（见图 7-30（b））来讲，细粒物料不容易与窑壁接触。但根据结圈物的特性研究可知，回转窑结圈物主要是由 $10\mu m$ 微细粒固结形成的。这种微细粒粒度细，容易在回转窑内气流的作用下改变运动轨迹，与球团表面或窑壁接触，发生吸附，而且吸附在球团表面的微细粒随球团运动到物料底部，与窑壁接触。

当细粒粉末与窑壁接触以后，一种可能是粉末黏附力大于重力而固结在窑壁上，如图 7-30（a）中靠近 A 点的位置，部分粉末停留在窑衬上随回转窑一起转动，由于窑壁温度高，这时粉末与窑壁之间的固相扩散速度很快，粉末由 A 点运动到 C 点的过程中，当黏附力大于重力时，粉末随回转窑转到 C 位置也不会掉下来，并且粉末从 B 点经过 C 点到 A 点，窑壁温度升高，扩散进一步加强，从而牢牢黏附在窑壁上，形成结圈；另一种可能是粉末黏附力小于重力而掉落下来。

在正常的操作条件下，要产生结圈的话，要求粉末或固结块能黏附到窑壁或窑衬上，并且要到达一定的固结强度才不会在回转窑的运转过程中掉落。因此，粉末的固结强度及固结速率可以作为评价其是否能形成结圈的条件。如果物料的软熔温度低的话，就可能在回转窑内高温作用下，产生变形或软熔，也会导致结圈。因此，需要研究以粉末的固结强度和软熔温度来评价其结圈的可能性。

B 粉末固结温度和时间对结圈的影响

回转窑各段结圈的厚度并不一样，在窑中高温段结圈严重，结圈厚度最厚；而窑头窑尾结圈要薄得多。由于粉末要固结在回转窑上，只有强度达到能克服物料滚动带来的摩擦力，才能牢固地固结下来。在越短的时间内，粉末固结强度越高，粉末就越容易固结在回转窑上。

根据实际生产经验，回转窑各段的大致温度分布见表 7-51 中的焙烧温度。将结圈物磨碎，在其所对应位置的温度下焙烧，以粉末固结的强度评价结圈的可能性，以粉末固结的速度衡量结圈的快慢。回转窑各段粉末固结的速度见表 7-51。

表 7-51 回转窑各段粉末固结强度　　　　　　　　　　（N/球）

编 号	焙烧温度/℃	焙烧时间/min				
		1	2	5	8	10
回-5	1180	311	502	1062	912	1012
回-10	1280	550	951	1716	1759	1937
回-15	1280	356	686	1689	1964	2385
回-20	1180	300	493	1071	1121	1230
回-25	1080	138	164	652	650	696
大块样-上	1280	481	703	1694	1807	1959

由表 7-51 和图 7-31 可得到如下的规律：

（1）在回转窑窑中高温下，短时间内粉末就可达到较高的强度，在回转窑 10m 的地方，粉末在短短 2min 的时间内，强度达到 951N/球；

（2）在相同的温度条件下，粉末固结强度随着时间的延长，在 5min 以内上升得很快，但 5min 以后，变化不是很大。

（3）在相同的焙烧时间下，回 - 5 和回 - 20 强度相当；回 - 10 和回 - 15 也是这样，说明在温度相同的情况下，粉末的固结速度是相当的，温度是回转窑结圈的一个重要的因素。

综上所述，粉末间的固结强度和固结速度主要受温度的影响，由此可以推测粉末与窑壁间的固结也会产生同样的趋势，这可能是导致不同位置结圈厚度不同的主要原因。

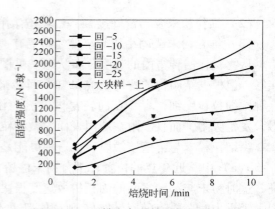

图 7 - 31　回转窑各段结圈物的固结速度

C　粉末化学成分对回转窑结圈的影响

化学成分对回转窑结圈的影响是以回 - 15 为原料，焙烧时间为 5min。

a　TiO_2 和 SiO_2 对结圈的影响

不同位置结圈物中的化学成分有所波动的，其中脉石成分波动较大的有 TiO_2 和 SiO_2。因此，研究了添加分析纯 TiO_2 和分析纯 SiO_2 对结圈物软熔性能和固结强度的影响，如表 7 - 52 和表 7 - 53、图 7 - 32 所示。

表 7 - 52　TiO_2 和 SiO_2 对结圈物软熔性能的影响　　（℃）

添加物	添加量/%							
	0		1.0		2.0		3.0	
	变形温度	熔化温度	变形温度	熔化温度	变形温度	熔化温度	变形温度	熔化温度
SiO_2	1442	1455	1440	1442	1442	1447	1442	1450
TiO_2	1442	1455	1446	1454	1444	1454	1447	1458

表 7 - 53　TiO_2 和 SiO_2 对结圈物强度的影响　　（N/球）

添加物	焙烧温度/℃	添加量/%			
		0	1	2	3
TiO_2	1180	1127	597	558	179
	1280	1689	1069	950	565
SiO_2	1180	1127	1690	2337	1516
	1280	1689	1977	2493	1730

由表 7 - 52、表 7 - 53 和图 7 - 32 可知：

（1）TiO_2 和 SiO_2 对结圈物的软熔性能影响不大。添加 TiO_2 和 SiO_2 后，结圈物的软熔温度都在 1440℃左右。

（2）添加 TiO_2 能降低粉末的固结强度，TiO_2 含量越高，粉末的固结强度越低。说明含钛球团与一般球团相比，成品球强度偏低，但结圈的可能性也要小。

（3）随着 SiO_2 加入量的增加，结圈物粉末的固结强度有最高值，当 SiO_2 加入量增加到 2% 以后，粉末的固结强度反而降低了。

b 2FeO·SiO_2 和 2TiO_2·FeO 对回转窑结圈的影响

考虑到结圈物中有一定量的 2FeO·SiO_2 和 2TiO_2·FeO 存在，且与球团矿中的含量有所差异，为此研究了 2FeO·SiO_2 和 2TiO_2·FeO 对回转窑结圈的影响。

2FeO·SiO_2 的制备是用分析纯草酸亚铁与分析纯 SiO_2 按化学计量算得的配比，在 N_2

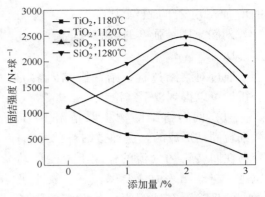

图 7－32　TiO_2 和 SiO_2 对结圈物强度的影响

保护气氛下，在 1150℃ 的温度下反应 30min 制得；2TiO_2·FeO 的制备是用分析纯草酸亚铁与分析纯 TiO_2 按化学计量算得的配比在 N_2 保护气氛下，在 1300℃ 的温度下反应 60min 制得。2FeO·SiO_2 和 2TiO_2·FeO 对结圈物软熔性能和固结强度的影响分别见表 7－54、表 7－55 和图 7－33。

表 7－54　2FeO·SiO_2 和 2TiO_2·FeO 对结圈物软熔性能的影响

添加物	添加量/%							
	0		1.5		3.0		4.5	
	变形温度/℃	熔化温度/℃	变形温度/℃	熔化温度/℃	变形温度/℃	熔化温度/℃	变形温度/℃	熔化温度/℃
2FeO·SiO_2	1442	1455	1444	1454	1441	1450	1439	1447
2TiO_2·FeO	1442	1455	1441	1458	1442	1456	1442	1457

表 7－55　2FeO·SiO_2 和 2TiO_2·FeO 对粉末固结强度的影响　　　（N/球）

添加物质	焙烧温度/℃	添加量/%			
		0	1.5	3	4.5
2FeO·SiO_2	1180	1127	1354	1629	717
	1280	1689	1786	2565	1255
2TiO_2·FeO	1180	1127	828	329	237
	1280	1689	1061	917	720

由表 7－54、表 7－55 和图 7－33 可知：

（1）2FeO·SiO_2 或 2TiO_2·FeO 对结圈物的软熔温度影响不大。

（2）随着 2FeO·SiO_2 加入量的提高，粉末固结强度提高，当用量超过 3% 时，粉末固结强度反而降低。2FeO·SiO_2 为低熔点物质，在粉末中表现为液相黏结相，当液相量少时，液相量的提高能增加粉末之间的黏结，因此粉末固结强度增加，但液相太多时，会使结圈物结构发生变化，降低固结强度。这种液相对结圈是有危害性的，应尽量避免生产过程中液相的大量产生。

（3）往粉末中加入 2TiO_2·FeO，不管在 1180℃ 还是在 1280℃ 的温度下，随着添加量的增加，粉末的固结强度降低。这与 TiO_2 对粉末固结强度的影响规律类似。

D 小结

通过对结圈过程、结圈影响因素的分析，可以得到以下结论：

（1）回转窑结圈物主要是由 $10\mu m$ 微细粒固结形成的。这种微细粒粒度细，容易在回转窑内气流的作用下改变运动轨迹，与球团表面或窑壁接触，发生吸附，而且吸附在球团表面的微细粒随球团运动到物料底部，与窑壁接触。当粉末黏附力大于重力而固结在窑壁上，就形成结圈。

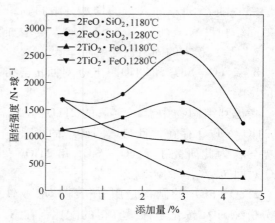

图 7-33　$2FeO \cdot SiO_2$ 和 $2TiO_2 \cdot FeO$ 对结圈物强度的影响

（2）温度是影响回转窑结圈的主要因素，温度越高，粉末固结的速度越快，强度越高。这也说明了在回转窑高温区，一般结圈物要厚于低温区。

（3）各种化学成分对回转窑结圈影响规律有所差异，SiO_2、Na_2O、K_2O 可增加粉末固结的强度，Al_2O_3、TiO_2 可降低粉末固结的强度，MgO 则对粉末固结强度的影响不大。

（4）粉末粒度越小，固结强度越大，回转窑中颗粒细小的粉末更容易固结在窑衬上。

7.3　白云鄂博铁矿的烧结生产

白云鄂博矿含铁品位较低，所含元素种类多，矿物组成复杂，为含有铁、稀土、铌的共生矿，属难选矿。以下详细介绍白云鄂博矿烧结生产的技术进步。

7.3.1　白云鄂博铁精矿的特点

（1）铁分偏低，钾、钠和氟含量较高。

包钢选矿厂自 1966 年投产以后，较长时期铁精矿品位为 $58.5 \pm 0.5\%$，F 为 1.5% ~ 1.8%。1973 ~ 1978 年期间品位逐渐下降，氟含量上升，Fe 曾降到 55%，F 上升到 2.8% 左右。1979 年以后，随着选矿工艺的不断改进，Fe 又逐渐回升到 58% 左右，F 逐年下降到 1.8% 左右。1990 年以后，选矿攻关取得很大进步。到 1993 年，Fe 达到 61.7%，F 降低到 1.2% ~ 1.0%。1997 年以后，铁精矿中 Fe 进一步提高到 62% ~ 62.5%，F 进一步降低到 0.7% ~ 0.6%，钾、钠含量一直较高，多年来 K_2O 和 Na_2O 分别保持在 0.2% ~ 0.3% 的水平。不同时期包钢铁精矿的化学成分见表 7-56。

表 7-56　包钢铁精矿不同时期的化学成分

年　份	化学成分/%														
	TFe	FeO	SiO_2	CaO	MgO	MnO	TiO_2	Al_2O_3	RE_xO_y	F	S	P	K_2O	Na_2O	Ig
1966 ~ 1972	58.71	20.08	4.92	3.40	0.94	1.20		0.74	1.35	1.70	0.38	0.13	0.23	0.25	2.24
1973 ~ 1978	55.15	16.35	4.95	4.85	1.51	1.35		1.01	2.10	2.83	0.25	0.24	0.24	0.35	2.52

年 份	化学成分/%													
	TFe	FeO	SiO$_2$	CaO	MgO	MnO	TiO$_2$	Al$_2$O$_3$	RE$_x$O$_y$	F	S	P	K$_2$O	Na$_2$O	Ig
1979~1985	58.01	18.10	5.05	3.54	1.25	1.05	0.57	0.82	1.75	2.20	0.17	0.20	0.30	0.24	2.38
1986~1990	58.50	19.20	4.15	3.50	1.47	1.09		0.48	1.03	1.80	0.45	0.24	0.22	0.38	2.27
1993	61.70	17.14	3.47	2.51	1.30			0.56		1.05	0.43	0.18	0.23	0.34	2.15
1995	61.70	19.00	4.91	1.90	1.15					0.77	0.95	0.10	0.18	0.32	1.83
1997	62.38	19.87	4.95	1.59	0.99	0.59	0.77			0.67	0.77	0.09	0.18	0.33	1.71
1999	62.35	21.14	3.95	1.81	0.95	0.45	0.77			0.61	1.18	0.11	0.17	0.33	2.05
2000	62.35	22.19	4.39	1.80	1.10	0.47			0.74	0.623	1.25	0.107	0.18	0.317	
2001	62.75	22.68	4.19	1.64	1.06	0.44			0.55	0.57	1.36	0.08	0.172	0.336	
2002①	63.63	23.54	4.18	1.70	1.19	0.49			0.60	0.53	1.01	0.07	0.15	0.270	
2003①	64.57	23.98	4.42	1.32	0.84	0.58			0.52	0.34	0.88	0.055	0.11	0.250	
2004①	64.76	24.47	4.37	1.46	0.79	0.65			0.61	0.34	0.72	0.062	0.14	0.260	

①2002 年以前包钢铁精矿为 100% 白云鄂博铁精矿，2002 年以后包钢铁精矿为约 70% 的白云鄂博铁精矿 + 约 30% 外购国内铁精矿。

（2）矿物组成复杂。

白云鄂博铁精矿主要含铁矿物有磁铁矿、赤铁矿、假象赤铁矿、褐铁矿等，脉石有霓石、钠闪石、萤石、石英、云母、独居石、氟碳铈矿、白云石、方解石、重晶石、磷灰石等。

白云鄂博铁精矿矿物组成复杂，SiO$_2$ 主要是以含钾、钠的复杂硅酸盐形式存在，而国内普通精矿的矿物组成比较简单，SiO$_2$ 主要是游离的石英（见表 7-57）。

表 7-57 包钢白云鄂博铁精矿与几种其他铁精矿的矿物组成 （%）

矿物组成	精矿产地					
	包钢	首钢迁安	本钢南芬	武钢	鞍钢弓长岭	鞍钢大孤山
磁铁矿	60	75~80	80	80~85	80	65
赤铁矿	10~15	5	2	5	3	10~15
石英	2	10	10	3~5	10	15
霓石	5~10	—	—	—	—	—
钠闪石	3	—	—	—	—	—
萤石	5	—	—	—	—	—
独居石	3	—	—	—	—	—
重晶石	少量	—	—	—	—	—
磷灰石	少量	—	—	—	—	—
碳酸盐	2~3	1~2	少量	3	少量	2
云母	少量	—	1	少量	少量	少量
绿泥石	—	—	1~2	2	1	1
角闪石	—	2	3	少量	3	2

（3）磨矿粒度细，熔化温度区间宽。

由于白云鄂博矿物组成复杂，嵌布粒度细，因而磨矿粒度也细。其铁精矿 -0.074mm 粒级占 80% 以上，精矿颗粒的显微结构多为圆粒状，成球性较差。

白云鄂博铁精矿开始熔化温度低，终了熔化温度高，熔化区间宽。表 7 - 58 为在中性气氛下测定的几种铁精矿的熔化温度和区间。

表 7 - 58　几种铁精矿（或铁矿）熔化温度和温度区间　　　　　（℃）

铁矿种类	开始熔化温度	大部熔化温度	终了熔化温度	熔化温度区间
包钢铁精矿	1390	1500	1550	160
武钢铁精矿	1460	1560	1575	115
首钢迁安铁精矿	1435	1480	1550	115
本钢南芬铁精矿	1455	1490	1510	55
鞍山弓长岭铁精矿	1470	1480	1490	20
鞍山大孤山铁精矿	1460	1470	1495	35
白云鄂博原矿	1240	1280	1490	250

7.3.2　烧结生产工艺设备

包钢目前有四个烧结车间。一烧车间有一台 180m² 烧结机、一台 210m² 烧结机，二烧车间有四台 90m² 烧结机，三烧车间有一台 265m² 烧结机，四烧车间有两台 265m² 烧结机。一烧、二烧、三烧、四烧车间烧结矿的年生产能力分别为 330 万吨、430 万吨、270 万吨、540 万吨，全厂烧结矿年产量为 1570 万吨。

7.3.2.1　烧结工艺流程

一烧、三烧、四烧烧结工艺流程见图 7 - 34（a），二烧烧结工艺流程见图 7 - 34（b）。

7.3.2.2　烧结机的冷却设备

一烧冷却为环形鼓风冷却工艺，有效冷却面积 190m²，处理量 420t/h，料层厚度 1.4m，台车宽度 3.0m。二烧冷却为机上冷却，有效冷却面积 90m²。三烧、四烧冷却为环形鼓风冷却工艺，有效冷却面积 280m²，处理量 656t/h，料层厚度 1.5m，台车宽度 3.5m。

7.3.2.3　烧结烟气净化系统

由于白云鄂博矿氟、硫含量较高，在烧结过程中，烧结料有 80% ~90% 的硫以 SO_2 的形式排放，有 10% ~20% 的氟以 HF 的形式排放。烧结工序是包钢主要的氟、硫污染源，其氟、硫排放量占包钢烟气氟、硫排放总量的 60%。因此，烧结工艺中设有专门的烟气净化系统，以除氟、脱硫。

A　湿法烟气净化系统

二烧烟气净化系统是两组设备庞大、工艺简单的逆流式湿法烟气除氟、脱硫系统，该系统主要由喷淋塔、中和器、澄清器、液受槽等组成。其工艺流程如图 7 - 35 所示。

其原理是利用水或碱性溶液作为吸收剂吸收烟气中的 HF 和 SO_2，吸收过程是气相与液相相互交流和传质过程。喷淋塔内的喷淋液由上而下，烟气由下而上，喷淋液的 pH 值由高变低。在气液传质过程中，烟气中的 SO_2、HF 与液相中的钙离子发生反应，生成 SO_2

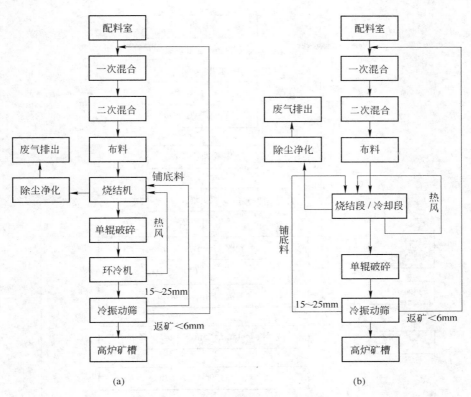

图 7-34 包钢烧结工艺流程

(a) 一烧、三烧、四烧工艺流程图；(b) 二烧工艺流程图

水合物、石膏和氟化钙等。

此湿法净化系统工艺简单，但电耗、水耗都比较高，该系统对烟气中的 HF 和 SO_2 脱除率分别为 80% 和 50% ~60%，脱除效率较低，导致部分 HF、SO_2 随烟气外排，污染环境。吸收后，大量废水排放到尾矿坝内，其中悬浮物及氟离子分别为 2000mg/L 及 30mg/L 左右，严重超标，污染周围水体。此外，系统还存在管道结垢与腐蚀问题。

B　半干法烟气净化系统

鉴于二烧烟气湿法净化系统存在的问题，三烧烟气净化系统采用了半干法除氟、脱硫工艺，该工艺流程如图 7-36 所示。

三烧烟气净化工程由两条相同工艺线组成，按功能每条工艺线分为五个子系统，分别为烧结烟尘回收系统、新粉投加系统、雾化反应系统、主电除尘系统和废渣外输系统。

该系统净化原理是采用一定粒径要求的 $Ca/Mg(OH)_2$ 干粉作为吸附剂，通过输送系统和投加器进入烟气管道，由烟气带入反应塔。在反应塔内与雾化系统的水雾接触，使碱性干粉表面湿润，酸性气体同时湿润、附着并与湿润碱性物发生反应，生成钙/镁盐；反应后的烟气及盐粒在反应塔下部被烟气的余热干燥，进入除尘器，烟尘被除尘器收集，净化后的烟气经风机送到烟囱排放。除尘器的部分收集尘返回反应塔管道，进行强化反应和再利用。

试验表明，该净化工艺对烧结烟气中 HF、SO_2 具有较高的去除效率，除氟率达 95%，

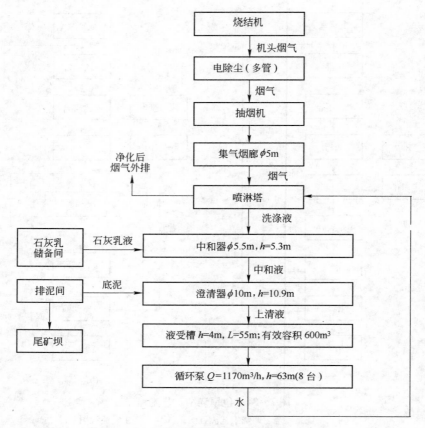

图 7-35 二烧湿法烟气净化系统工艺流程图

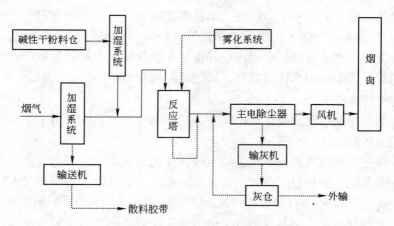

图 7-36 三烧半干法烟气净化系统工艺流程示意图

除硫率可达 70% 以上，污染物均能达到排放标准。

鉴于包钢湿法除氟、脱硫净化工艺存在二次污染、能耗高等问题，根据三烧半干法的成功经验，一烧也采用了半干法烟气净化工艺。采用该工艺后，每年可大大减少 SO_2、HF 和污水的排放。湿法烟气净化与半干法烟气净化的工艺比较见表 7-59。

表7-59　湿法烟气净化与半干法烟气净化工艺的比较

烟气净化工艺	湿法净化工艺	半干法净化工艺
反应机理	以碱性溶液作为与酸性气体成分反应剂，应用吸收原理进行反应	以碱性粉料作为吸附剂，在气、液、固三相中进行反应
反应器位置	除尘系统后	除尘系统前
反应相	液相与气相反应	气、液、固三相反应
反应温度	低于露点温度	高于露点温度15～30℃
反应剂	碱性溶液	碱性粉料
生成物	酸性液、泥浆、污水	干粉状产品
烟气干燥	一般增设加热装置强制干燥	利用烟气余热干燥
结垢	反应器、烟气管道及污水管道结垢	无结垢问题
腐蚀	反应器、烟气管道及污水管道防腐	无腐蚀问题
效率（Ca/S=1:1）	90%以上	65%～90%
适用烟气	高污染物、高烟气量	酸性污染物浓度（标态）＜5000mg/m³
工程管理	复杂、维护工作量大	工艺简单、自动控制、维护简易

7.3.3　自熔性烧结矿的研究与生产

7.3.3.1　烧结矿的结构和矿物组成

白云鄂博铁精矿氟含量为1.5%～1.7%，用于生产自熔性烧结矿（其主要化学成分和工艺指标见表7-60）。包钢自熔性烧结矿的宏观结构是薄壁多孔，微观结构磁铁矿晶体发育不完全，多为半自形或他形晶，密集分布于黏结相中，形成不均匀的粒状结构。磁铁矿晶粒较大，一般在0.041mm，最大可达0.246mm。晶粒间及晶面上有较多的微孔，因而有较多的再生赤铁矿（见图7-37、图7-38）。

表7-60　自熔性烧结矿的主要化学成分和工艺指标

年份	台时产量 /t·台⁻¹	利用系数 /t·m⁻²·h⁻¹	化学成分/%				转鼓指数（+5mm）/%
			TFe	FeO	SiO₂	F	
1971年	58.8	0.78	51.31	18.07	—	2.05	74.30
1972年	44.42	0.58	51.19	19.50	7.97	2.15	73.88

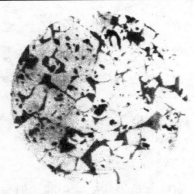

图7-37　自熔烧结矿典型的显微结构
（反射光，200×）
磁铁矿—呈灰白色颗粒，磁铁矿表面为微气孔

图7-38　包钢烧结矿气孔周围较多的再生赤铁矿
（反射光，200×）
再生赤铁矿—呈亮白色颗粒；胶结相—呈深灰色；气孔—呈黑色

其矿物组成中含铁矿物为磁铁矿（Fe_3O_4）、赤铁矿（Fe_2O_3）及浮氏体（Fe_xO），黏结相主要有枪晶石（$3CaO \cdot 2SiO_2 \cdot CaF_2$）和玻璃，此外还有少量的铁酸钙、萤石、钙铁橄榄石（$CaO \cdot FeO \cdot SiO_2$）和铈钙硅石（$2Ce_2O_3 \cdot 3CaO \cdot 4SiO_2$）等，这是包钢自熔性烧结矿所独具的特点（见表 7-61）。

表 7-61　几种碱度相同（1.0~1.2）烧结矿矿物组成的比较（1975 年）

厂家	矿物组成/%							
	磁铁矿	赤铁矿	铁酸钙	枪晶石	萤石	硅酸二钙	玻璃	钙铁橄榄石
包钢	55	10~15	3~4	10	2~3	—	5~10	3~5
鞍钢	50~55	5~10	5	—	—	1~2	10	15~20
首钢	50~55	10	5	—	—	2~3	10	10~15
武钢	50~55	10	10	—	—	1~2	10	10

7.3.3.2　自熔性烧结矿强度分析

A　氟含量对烧结矿强度的影响

采用不同氟含量的白云鄂博铁精矿与不含氟的某厂低 SiO_2 含量铁精矿（SiO_2 = 5.4%）和某厂高 SiO_2 含量（SiO_2 = 11.48%）的铁精矿进行对比烧结试验研究。

（1）用三种不同氟含量（分别为 1.1%、2.2%、3.0%）的白云鄂博铁精矿分别配加硅石粉，使烧结矿 SiO_2 分别达到 6%、8%、10%、12%。混合料碳含量为 5.5% 和 4.8% 两种。试验结果如图 7-39 所示。在两种配碳量条件下，烧结矿强度均随着氟含量的增加而降低，随着 SiO_2 含量的增加而升高。研究表明，氟对烧结矿强度的破坏作用很大。

（2）采用不含氟的低 SiO_2 含量铁精矿配加硅石粉做变 SiO_2 系列试验。又分别采用低 SiO_2 和高 SiO_2 铁精矿配加萤石粉做变氟系列试验。

结果表明，低 SiO_2 含量铁精矿提高 SiO_2 含量对烧结矿的转鼓和落下强度略有改善，但幅度不大。随着 SiO_2 含量的增加，烧结矿生成正硅酸钙（$2CaO \cdot SiO_2$）物相增多，反而使转鼓和落下指标恶化（见图 7-40）。

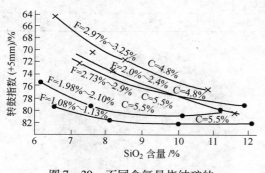

图 7-39　不同含氟量烧结矿的
SiO_2 含量与转鼓指数的关系

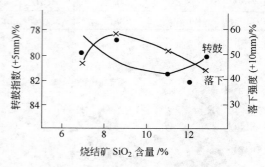

图 7-40　烧结矿 SiO_2 含量对
转鼓指数和落下强度指数的影响

SiO_2 对高 SiO_2 含量铁精矿烧结矿强度影响趋势与低 SiO_2 含量烧结矿的相同，但与低 SiO_2 含量铁精矿的变氟试验相比，随着氟含量上升，低 SiO_2 含量烧结矿的转鼓和落下指标明显变差（见图 7-41）。氟对高 SiO_2 含量铁精矿烧结矿的影响小。这说明 SiO_2 含量升高对氟的破坏有一定的抑制作用。

B 氟降低烧结矿强度的原因

a 氟能降低烧结矿黏结相的黏度

将氟和 SiO_2 含量不同的烧结矿用球磨机磨碎，然后通过磁选，去除残碳，分离出黏结相，测定其黏度，结果如图 7-42 所示。随着氟含量的增加，烧结矿黏结相黏度大幅度降低。SiO_2 含量增加则使其黏度升高，但 SiO_2 对其黏度的影响要比氟对其黏度的影响小得多。SiO_2 之所以能提高黏结相黏度是由于它冲淡了氟的浓度，降低了氟的影响。

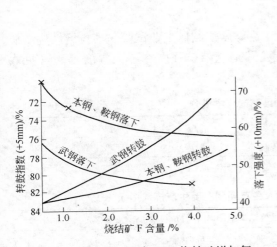

图 7-41 低 SiO_2 和高 SiO_2 烧结矿增加氟
含量对转鼓指数和落下强度指数的影响

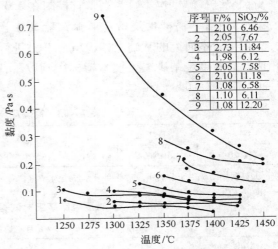

序号	F/%	SiO$_2$/%
1	2.10	6.46
2	2.05	7.67
3	2.73	11.84
4	1.98	6.12
5	2.05	7.58
6	2.10	11.18
7	1.08	6.58
8	1.10	6.11
9	1.08	12.20

图 7-42 烧结矿液相黏度—温度曲线

氟能降低烧结矿黏结相黏度的原因是，烧结矿中硅酸盐矿物多为复合硅氧化四面体，黏度较大。黏结相中若有氟离子存在，因氟离子与氧离子半径相近，很容易取而代之。氟是一价元素，氧是二价元素，氟离子取代了氧离子就会破坏原有结构的电价平衡。由大体积的复杂的硅—氧四面体分割成小体积的硅—氧四面体，降低了黏结相的黏度。

黏结相黏度的降低，使烧结过程中处于高温带半熔融状态的液相阻力减小。在气流作用下形成多孔薄壁结构，使烧结矿强度降低。

b 枪晶石的抗压强度和耐磨性差

将人工合成的枪晶石和钙铁橄榄石进行抗压试验，得出二者的抗压强度分别为 65.93MPa 和 190.6MPa。

在一锥形球磨机中进行了耐磨试验。把 30g 粒度为 3~1mm 的试样放在水介质中，倒入球磨机中转 5min，然后取出筛分称重。试验结果见表 7-62。

表 7-62 枪晶石和钙铁橄榄石耐磨试验结果[1]

粒度/mm	3~1	1~0.1	-0.1	总计
枪晶石/g	7	2	21	30
钙铁橄榄石/g	10	2	18	30

①1~3mm 所占比例越高，耐磨性越好。

以上测定表明，枪晶石的抗压和耐磨性均不如钙铁橄榄石。

7.3.4　高碱度烧结矿的研究及生产

1973 年进行了高碱度烧结矿试验研究，试验采用 $\phi 200mm$ 的烧结杯。当时铁精矿 Fe 在 52% 左右，F 在 3.0% ~ 3.5%，属高氟铁精矿。当碱度从 1.5 提高到 2.0 时，烧结矿强度和台时产量均明显提高。当料层厚度从 220mm 提高到 280mm 时，效果更为显著。当烧结矿碱度达到 2.0 以上时，烧结指标不再提高，反而呈下降趋势。考虑到高炉炉料的碱度平衡，烧结矿碱度也不宜太高，宜控制在 2.0 以内。

7.3.4.1　高碱度烧结矿工业试验及生产

在实验室研究的基础上，1976 年 9 月进行了高碱度烧结矿工业试验。与自熔性烧结矿相比，高碱度烧结矿主要技术指标得到改善，尤其是烧结矿强度有了大幅度提高（见表 7-63 和表 7-64）。

表 7-63　高碱度烧结矿的化学成分　　　　　　　　　　（%）

TFe	FeO	CaO	SiO_2	F	MgO	$R^{①}(-)$
41.26	16.67	21.10	8.92	3.10	1.73	1.86

①包钢烧结矿由于含有 F，其碱度计算公式为 $R = (CaO - 1.47F)/(SiO_2)$。

表 7-64　高碱度烧结矿工业试验及生产期间主要生产技术指标

指　标	1976 年 1 ~ 8 月自熔性烧结矿生产	1977 年二季度高碱度烧结矿生产
烧结机台时产量/t·(h·台)$^{-1}$	46.5	50.8
烧结机利用系数/t·(m²·h)$^{-1}$	0.629	0.667
转鼓指数（+5mm）/%	76.6	81.0
烧结矿 FeO 含量/%	27.30	18.64
烧结矿碱度	0.97	1.94

由于高碱度烧结矿强度的提高，粒度均匀，粉末减少，FeO 含量降低，高炉石灰石加入量减少，高炉料柱透气性得到改善，炉况顺行，高炉冶炼取得了增产节焦的效果。高碱度烧结矿使包钢延续十年之久的烧结矿强度问题得到了明显改善。

1977 年，高碱度烧结矿正式投入生产，烧结矿碱度控制在 1.8。1979 年烧结矿综合合格率为 72.26%，到 1980 年就上升到 92.81%。

与此同时，建立了稳定的消石灰供应基地，保证了消石灰的供应，使混合料的制粒效果明显改善。并在此基础上推行"厚料层"操作，料层厚度从 200 ~ 250mm 提高到 280 ~ 300mm。烧结矿台时产量从 51t/h 提高到 70.9 ~ 76.9t/h，年产量从 28 万吨提高到 159 万 ~ 184 万吨，固体燃耗从 152kg/t 降低到 114 ~ 91kg/t。

7.3.4.2　高碱度烧结矿的矿相及结构

包钢烧结矿碱度提高到 1.5 以上时，其矿相便发生根本性的变化。宏观结构从多孔薄壁变为大孔厚壁。微观结构、磁铁矿变为粒度较小而均匀的半自形和他形晶，并与铁酸钙形成交织和熔蚀结构（见图 7-43 和图 7-44）。此时铁酸钙开始大量形成，并与枪晶石互相形成条带、发状结构，起到加固枪晶石的作用。铁酸钙既是含铁矿物，又是黏结相的一部分，因而黏结相的质和量都提高了。

图 7 – 43　高碱度 （$R = 1.8$） 烧结矿的显微结构　　图 7 – 44　铁酸钙与磁铁矿形成交织和熔蚀结构
（反射光，200 ×）　　　　　　　　　　　　（反射光，200 ×）

磁铁矿—呈白色颗粒；铁酸钙—呈灰白色纤维状　　磁铁矿—呈白色；铁酸钙—呈灰白色；枪晶石—呈暗灰色粒状

1977 年，对包钢不同碱度烧结矿的矿物组成作了岩相鉴定（见表 7 – 65），并对黏结相性质进行了专门研究。

从表 7 – 65 可以看出，当烧结矿碱度从 1.6 提高到 2.4 时，其铁酸钙含量从 10.4% 增加到 21.2%，枪晶石数量保持在 26% 左右，玻璃质大量减少。应当指出，烧结矿中枪晶石的数量主要取决于氟的含量。近年来随着铁精矿中氟含量的降低，烧结矿中枪晶石的数量在不断减少。

表 7 – 65　不同碱度的包钢烧结矿矿物组成　　　　　　　（%）

碱度	磁铁矿	赤铁矿	枪晶石	玻璃质	萤石	铁酸钙	钙铁橄榄石	总渣量
0.6	71.7	5.3	12.5	10.5				23.0
1.0	67.4	6.2	14.4	7.6	3.4	0.5	0.5	26.2
1.5	62.3	3.1	26.0	2.5	3.0	3.1		34.6
1.6	57.6	1.9	26.1	2.0	2.0	10.4		40.5
1.8	53.5	1.7	25.5	2.6	2.6	14.2		45.8
2.0	51.3		26.4	2.7	1.2	18.4		48.7
2.4	47.4		27.4	2.1	1.9	21.2		52.6

高碱度烧结矿强度的提高，其根本原因是铁酸钙的大量出现。铁酸钙本身的机械强度高，一方面与磁铁矿熔蚀交织，另一方面又加固了枪晶石，从而提高了黏结相的胶结能力。

试验表明，烧结矿转鼓指数在碱度为 1.5 处是个"拐点"（见图 7 – 45）。黏结相的抗压强度在此处也是个"拐点"。

研究认为，烧结矿在碱度 1.5 正适合枪晶石生成，因枪晶石中 CaO/SiO_2 等于 1.5。只有当碱度大于 1.5 时，才有多余的自由 CaO 来形成铁酸钙。因而碱度 1.5 就成了烧结矿强度提高的"拐点"。

烧结矿碱度提高后使其渣相变成了"短渣"。当气流通过成矿带时，随着烧结矿渣相温度的降低，其黏度大幅度增加，因而使烧结矿形成了大孔厚壁结构。

7.3.4.3　高碱度烧结矿的冶金性能

高碱度烧结矿的冶金性能较自熔性烧结矿有明显改善。

A　还原性

随着烧结矿碱度的提高，烧结矿还原度有所增加。碱度为 2.0 的烧结矿比碱度为 1.0 的还原度增加 1 倍；比当时首钢碱度为 1.0 的烧结矿的还原度也高近 1 倍。当烧结矿碱度低于 2.0 时，还原度与碱度几乎成直线关系增加；当烧结矿的碱度大于 2.0 时，还原度增长的幅度变小（见图 7-46）。

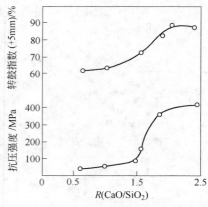

图 7-45　不同碱度烧结矿转鼓和胶结相的抗压强度

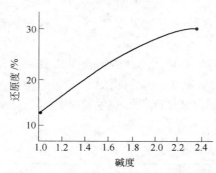

图 7-46　烧结矿碱度与还原度的变化关系

B　软熔温度

表 7-66 列出包钢烧结矿（碱度 1.0~2.4）和首钢烧结矿（碱度 1.0）的软熔温度测定结果。

由表 7-66 可以看出，高碱度烧结矿的开始软化温度均高于自熔性烧结矿，终了温度也如此。在碱度 1.54 处的软化温度最高。与首钢烧结矿相比，包钢烧结矿软化温度较低，区间也较宽。

烧结矿的熔点是在氧化性气氛中测定的。随着碱度的升高，烧结矿熔点降低；特别是当烧结矿碱度大于 1.5 时，其熔点降低较快。包钢烧结矿的熔点比首钢低得较多。烧结矿熔点低，会使其在高炉内成渣较早，软熔带上移，对高炉冶炼不利，因此包钢烧结矿碱度不宜太高。

表 7-66　不同碱度烧结矿的软熔温度

烧结矿碱度	软化温度/℃			熔化温度/℃	
	开始	终了	区间	初熔	全熔
1.0	995	1125	130	1340	1370
1.54	1092	1175	85	1310	1360
1.90	1063	1168	105	1245	1275
1.95	1030	1145	115	1190	1200
1.98	1058	1146	88	1190	1215
2.04	1060	1150	90	1195	1210
2.41	1018	1110	82	1165	1170
1.0（首钢）	1103	1180	77		1450

C　低温还原粉化指数（RDI）

采用动态法，在还原气氛下（气体质量分数为 CO = 32.5%、H_2 = 2.1%、N_2 =

65.4%，气体流量为3L/min），用林德尔转鼓测定了温度为500℃时，不同碱度烧结矿的还原粉化指数（见表7-67）。

表7-67　不同碱度烧结矿的低温还原粉化指数

| 碱度 | 烧结矿化学成分/% | | 常温转鼓指数 | 热转鼓后筛分/% | | | 转鼓后化学成分/% | | | 还原度 |
	TFe	FeO	（+5mm）/%	+5mm	5~1.2mm	-1.2mm	TFe	MFe	FeO	/%
2.41	40.90	17.17	82.5	96.3	1.6	1.9	39.23	0.58	17.82	79.73
1.95	40.37	18.60	86.0	97.5	0.8	1.7	40.86	0.21	15.56	85.85
1.90	42.25	17.97	81.5	95.0	2.5	2.5	42.35	0.42	16.85	83.86
1.89	40.82	18.60	85.0	94.8	2.6	2.5	42.57	0.35	18.25	82.29
1.54	43.47	16.17	78.5	93.3	3.5	3.1	43.06	0.22	22.67	76.25
1.0	47.10	18.05	85.8	85.8	9.8	4.4	47.78	0.30	20.69	82.24

由表7-67可以看出，随着烧结矿碱度的提高，其低温粉化指数得到提高。

7.3.5　高氧化镁烧结矿的研究与生产

1979年起，包钢白云鄂博铁精矿氟含量达到1.8%~2.2%，属高氟铁精矿。为改善烧结矿的冶金性能，进行了高氧化镁烧结矿的试验研究，试验采用配加白云石来调整烧结矿的MgO含量。结果表明，当包钢烧结矿MgO含量提高到3.0%时（烧结矿碱度为1.8），其软化温度提高70℃左右，低温粉化指数明显改善。

工业试验分别于1979年和1980年进行了两次，其中1980年的试验比较成功。高氧化镁烧结矿的主要指标见表7-68。

表7-68　高氧化镁烧结矿的主要化学成分和工艺指标

| 年份 | 台时产量 /t·台⁻¹ | 利用系数 /t·m⁻²·h⁻¹ | 化学成分/% | | | | | 转鼓指数 |
			TFe	FeO	SiO₂	MgO	F	（+5mm）/%
1985年	92.85	1.238	50.07	10.93	6.81	2.73	1.44	83.47
1987年	97.28	1.300	49.87	10.84	6.77	2.70	1.43	83.71
1989年	98.58	1.310	50.40	10.98	6.55	2.73	1.47	83.55

7.3.5.1　高氧化镁烧结矿的矿相及结构

包钢烧结矿氧化镁含量的提高，烧结矿的矿相也发生了一些变化。高氧化镁烧结矿冶金性能的改善与矿物组成的变化有着密切的关系。1980年前后高氧化镁烧结矿试验室和工业试验样的矿相分析结果见表7-69。

高氧化镁烧结矿的矿相具有以下特点：

（1）含氧化镁矿物增多。随着MgO含量的增加，在渣相中形成一些镁黄长石、钙镁橄榄石及含镁浮氏体等。其余的氧化镁固溶于磁铁矿中，形成含镁磁铁矿$(FeMg)O \cdot Fe_2O_3$。

（2）赤铁矿、铁酸钙含量减少。高MgO烧结矿由于有较多的镁离子（Mg^{2+}）固溶于磁铁矿晶格中的八面体晶位，因而使磁铁矿晶格中空位减少，铁离子（Fe^{2+}）减少，电价不平衡程度和晶格缺陷程度降低，致使含镁磁铁矿稳定，在烧结过程中不易再氧化而形成赤铁矿。因而使赤铁矿生成量减少，也使铁酸钙数量明显下降。

（3）熔蚀交织结构减少。由于熔点升高，铁酸钙减少，使烧结矿由普通高碱度的交织熔蚀结构变成粒状结构，导致烧结矿冷强度的下降。

表 7 - 69 高氧化镁烧结矿的矿物组成和结构

烧结矿种类	矿物组成/%									
	磁铁矿	赤铁矿	铁酸钙	枪晶石	钙镁橄榄石	镁黄长石	镁浮氏体	萤石	玻璃	硅酸钙
普通高碱度	55~66	10~12	10~12	17~20	少	—		少	少	少
配加白云石	60	6~7	10	18	2~3	1	少	少	少	微
配加白云石	65~70	2~3	7~8	15	少	6~7	少	1	少	1~2
配加白云石	65~67	1~2	9~10	15	1~2	1~2	少	4~5	1	微
配加西矿	65~70	2~3	8~10	15	少	少	3	少	少	少
配加蛇纹石	65~70	5	5~7	15			少	少	2~3	少

烧结矿种类	结 构 特 征	碱度	MgO/%
普通高碱度	粒状、局部熔蚀结构	1.76	1.44
配加白云石	主要为粒状结构	1.59	2.30
配加白云石	主要为粒状、熔蚀结构	1.74	3.67
配加白云石	主要为粒状、熔蚀结构	1.70	3.74
配加西矿	均匀粒状、熔蚀结构少，局部出现浮氏体	1.93	3.80
配加蛇纹石	Fe_3O_4 为他形、半自形、晶粒小	1.67	3.86

7.3.5.2 高氧化镁烧结矿的冶金性能

A 软熔温度

含氧化镁矿物的熔点高于铁酸钙、枪晶石等矿物，属于高熔点矿物，在还原过程中，含镁磁铁矿还原到浮氏体时变为 $MgO \cdot FeO$ 固溶体。根据 $MgO - FeO$ 二元相图可知，MgO 含量越高，其熔点也越高。随着还原反应的进行，存在于铁相中的 MgO 不断释放出来转入渣相，使渣相中的 MgO 含量升高。当烧结矿中 MgO 含量提高到 3.5% ~ 4.0% 时，烧结矿的软化温度可提高 60 ~ 80℃，见图 7 - 47 和图 7 - 48。

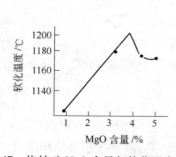

图 7 - 47 烧结矿 MgO 含量与软化温度的关系

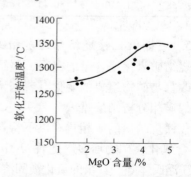

图 7 - 48 MgO 含量与软化开始温度的关系

由于高氧化镁烧结矿的赤铁矿生成量减少，因而在高炉的低温区，Fe_2O_3 还原成

Fe_3O_4 时发生晶型转变造成烧结矿粉化的数量减少，使 RDI 得到改善，MgO 含量与低温还原粉化指数的关系见图 7-49。

B 中温还原性及高温还原性

由于 MgO 有稳定 Fe_3O_4 的作用，使烧结矿的中温还原性变差，但与自然 MgO 含量的高碱度烧结矿相比，由于烧结矿熔点提高，还原时间延长，因而提高了烧结矿的高温还原性，高 MgO 烧结矿还原度与还原温度的关系如图 7-50 所示。

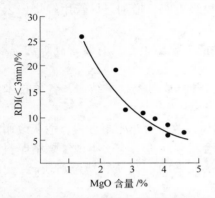 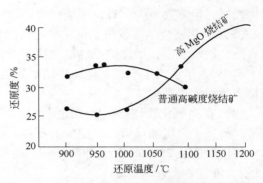

图 7-49 MgO 含量与低温还原粉化指数的关系　图 7-50 高 MgO 烧结矿还原度与还原温度的关系

7.3.5.3 高氧化镁烧结矿工业试验及生产

提高烧结矿 MgO 含量需配入大量的白云石，对烧结工艺会有一些影响。试验表明，配加白云石后，台时产量降低，固体燃耗增加。烧结矿冷强度也有所降低，这一点在 1980 年 7~8 月进行的高氧化镁烧结工业试验中得到验证（见表 7-70 和表 7-71）。

表 7-70 台时产量、出矿返矿率与固体燃耗比较

试验阶段	试验内容	台时产量 /t·h^{-1}	出矿率 /%	返矿率/%			固体燃耗 /kg·t^{-1}
				一次	二次	共计	
I	加白云石 MgO 4%，$R=1.55$	66.44	69.91	31.41	10.83	42.24	139.32
II	加白云石 MgO 4%，$R=1.70$	65.10	70.57	32.38	9.40	41.78	132.79
III	加轻烧白云石 MgO 4%，$R=1.70$	75.54	77.67	30.63	8.17	38.80	97.00
基准期	$R=1.70$	74.03	74.37	26.76	8.29	34.99	115.43

表 7-71 不同阶段烧结矿筛分指标

试验阶段	转鼓指数 (+5mm)/%	FeO /%	烧结厂筛分/%					高炉沟下筛分/%				
			+40mm	40~25mm	25~10mm	10~5mm	-5mm	+40mm	40~25mm	25~10mm	10~5mm	-5mm
I	80.6	14.1	30.1	8.3	36.0	18.6	7.0	7.5	7.9	47.2	30.8	6.6
II	81.5	13.8	32.6	9.4	35.8	15.6	6.6	8.3	8.9	45.9	29.9	7.0
III	81.4	14.1	31.4	10.3	35.4	16.8	6.1	7.2	7.9	47.4	31.6	5.9
基准期	81.6	14.2	30.5	10.6	34.9	16.8	7.2	10.4	9.7	52.0	22.5	5.4

结果表明：

（1）加白云石的阶段 I 、阶段 II 与基准期相比，台时产量降低 10%~12%，返矿明显增多，混合料出矿率降低，固体燃耗增加 17~24kg/t，高炉沟下筛分 10~5mm 粒级明显增加。

造成这一结果的主要原因，一是由于铁酸钙数量减少，使烧结矿强度有所降低；二是高熔点矿物增加，需要较高的燃料消耗。

（2）加轻烧白云石的阶段 Ⅲ 与基准期相比，效果更加明显。其中台时产量提高 2.0%，返矿略有增加，其增加量低于加白云石的阶段 Ⅰ、阶段 Ⅱ，混合料出矿率增加，固体燃耗降低 18.43kg/t，高炉沟下筛分 10~5mm 粒级也明显增加。尽管用轻烧白云石的效果较好，但需要量大，难以保证供应。

（3）氧化镁烧结矿改善了烧结矿的高温冶金性能，显示了它具有改善高炉炉况顺行、提高渣、铁水温度，增加炉渣热稳定性和排碱能力。

自 1983 年正式生产高氧化镁烧结矿以后，包钢高炉基本控制了结瘤，各项技术经济指标有了很大提高。

（4）在高氧化镁烧结矿生产期间，通过治理漏风，改进台车密封方式，清灰改用水封拉链，提高了风机抽风负压；配加消石灰，改善混合料制粒等措施，实现了烧结厚料层操作，料层厚度从 250mm 提高到 400mm。操作方法从原来的"高炭、薄铺、快转"，改为"低炭、厚铺、慢转"。

烧结料层提高以后，虽然气流阻力增加，垂直烧结速度减慢，但由于厚料层具有自动蓄热作用，中下层烧结温度提高，机速减慢，烧结过程进行充分，同时相对延长点火时间，因而烧结矿的强度和成品率均得到提高，台时产量也稳步提高，固体燃耗及烧结矿 FeO 含量得到降低，设备损耗减少，作业率提高（各项指标见 7.3.9 节）。

7.3.6 低氟烧结矿的研究与生产

7.3.6.1 低氟烧结矿实验室研究

随着选矿技术攻关不断取得进展，自 1990 年以来，铁精矿品位逐步提高，氟含量逐步下降。1992 年，铁精矿 TFe 提高到 60%，F 下降到 1.3%~1.4%。1993 年，铁精矿 TFe 又提高到 61.7%，F 下降到 1.0%~1.2%，属低氟精矿。此时烧结矿氟含量为 0.6%~0.9%，称为低氟烧结矿。

为了考察低氟铁精矿的烧结特性，分别进行不同 SiO_2 含量、MgO 含量及碱度的烧结杯试验，试验采用 $\phi300mm$ 的烧结杯，试验结果见表 7-72。

表 7-72 低氟铁精矿烧结试验结果 （$\phi300mm$ 烧结杯）

设计烧结矿成分		焦粉配比/%	返矿配比/%	垂直烧结速度/mm·min⁻¹	利用系数/t·m⁻²·h⁻¹	ISO 转鼓(+6.3mm)/%	固体燃耗/kg·t⁻¹	烧结矿化学成分/%						
								TFe	FeO	SiO_2	MgO	F	Al_2O_3	R
SiO_2 /%	5.0%	4.5	28.2	22.82	1.518	65.42	70.15	55.03	11.60	5.17	3.06	0.72	0.90	1.75
	5.5%	4.5	28.2	23.08	1.515	65.91	69.84	54.23	10.91	5.52	3.04	0.72	0.91	1.76
	6.0%	4.8	26.7	23.89	1.624	66.65	72.72	53.52	13.05	5.96	2.87	0.63	1.12	1.80
MgO /%	2.0%	4.5	28.4	23.68	1.574	66.00	72.07	53.48	12.13	6.11	2.09	0.70	1.10	1.73
	2.5%	4.5	28	23.38	1.526	65.67	72.70	52.43	10.53	6.20	2.52	0.74	1.08	1.74
	3.0%	4.5	28	23.08	1.545	65.34	70.74	52.44	11.10	6.08	2.76	0.89	1.00	1.79
	3.5%	4.5	28	21.84	1.452	66.67	70.66	52.31	10.57	6.14	3.79	0.77	1.02	1.71

设计烧结矿成分		焦粉配比/%	返矿配比/%	垂直烧结速度/mm·min⁻¹	利用系数/t·m⁻²·h⁻¹	ISO转鼓(+6.3mm)/%	固体燃耗/kg·t⁻¹	烧结矿化学成分/%						
								TFe	FeO	SiO₂	MgO	F	Al₂O₃	R
碱度	1.2	4.8	28.4	21.43	1.389	65.33	75.97	56.41	13.02	5.74	3.13	0.61	0.83	1.18
	1.4	4.8	26.6	23.17	1.484	66.34	75.55	55.71	12.39	5.50	2.95	0.77	0.77	1.37
	1.6	4.9	27.0	23.27	1.473	63.34	79.47	54.03	13.65	5.96	2.92	0.82	0.77	1.56
	1.8	4.5	28.0	23.08	1.515	68.00	72.57	54.03	11.32	5.50	3.11	0.78	0.80	1.78
	2.0	4.5	26.9	24.21	1.506	66.34	74.29	53.48	11.05	5.43	3.17	0.76	0.85	1.99
中氟烧结矿	SiO₂=6.0% MgO=2.8% R=1.8	4.5	29.2	22.88	1.402	67.00	73.78	51.70	9.21	6.03	3.24	1.10	1.10	1.76

结果表明：

（1）低氟烧结变 SiO₂ 系列与中氟烧结的变化规律基本相同。即随着 SiO₂ 含量的减少，烧结矿利用系数下降。但低氟烧结的利用系数比中氟烧结高得多，约高出 7% ~15%。固体燃耗降低约 1~3kg/t。烧结矿 SiO₂ 可降到 5.5% ~6.0%，加之铁精矿品位提高，使低氟烧结矿的品位提高了 2~2.5 个百分点，达到 53% ~54%。

（2）变 MgO 系列试验表明，随着 MgO 含量的增加，垂直烧结速度降低，生产率降低。与中氟烧结的变化规律相同，但利用系数仍高于中氟烧结矿。

（3）低氟烧结变碱度系列与中氟烧结变碱度系列有很大不同。如前面章节所述，中氟（包括高氟）烧结矿在碱度为 1.5 ~1.6 上有个强度"拐点"，低于该拐点，强度急剧下降。而低氟烧结矿在碱度 1.6 处转鼓指数最低。当碱度降到 1.4 以下时，转鼓指数又回升到 65% 以上，同时配碳量也有所增加（见图 7 -51）。

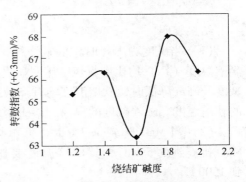

图 7 -51 低氟烧结矿强度随碱度的变化

7.3.6.2 低氟烧结矿的矿相及结构

由于铁精矿氟含量的降低，低氟烧结矿中枪晶石数量成倍减少，枪晶石对烧结矿强度的影响已处于次要地位。当碱度降低到 1.4 以下时，铁酸钙虽然大量减少，钙铁橄榄石却大量出现，类似于普通自熔性烧结矿（见表 7 -73），因而烧结矿强度又有所回升。

表 7 -73 低氟烧结矿的矿物组成

碱度	矿物组成（体积分数）/%								结构类型
	磁铁矿	赤铁矿	枪晶石	铁酸钙	钙铁橄榄石	硅酸钙	玻璃	其他	
1.2	65	5	4	少	21	少	少	3	粒状结构
1.4	62	5	5	3	17	1	2	5	粒状结构
1.6	60	5	5	5	13	2	8	2	粒状结构
1.8	57	5	4	18	8	4		4	粒状和熔融结构
2.0	55	5	3	25	5	5		2	交织、熔融结构
中氟1.8	60	7	10	9	少	少	5	8	粒状和熔融结构

7.3.6.3 低氟烧结矿的软熔性能

变 SiO_2、变 MgO、变 R 三个系列低氟烧结矿的软熔性能列于表 7-74。

表 7-74 低氟烧结矿的软熔性能 （℃）

烧结矿类别		T_4	T_{10}	T_{40}	T_s	T_{pmax}	T_d	ΔT_1	ΔT_2
SiO_2/%	5.0	1093	1141	1257	1316	1401	1500	116	184
	5.5	1086	1132	1233	1305	1387	1490	101	185
	6.0	1100	1140	1244	1310	1415	1460	104	150
MgO/%	1.7	1084	1137	1230	1248	1317	1424	94	176
	2.7	1074	1131	1253	1299	1416	1471	122	172
	3.5	1105	1154	1270	1301	1388	>1500	116	>199
碱度	1.2	1098	1126	1216	1320	1365	1397	90	77
	1.4	1108	1138	1227	1328	1380	1397	89	69
	1.6	1120	1157	1265	1330	1397	1468	108	138
	1.8	1106	1141	1233	1296	1411	1446	92	150
中氟烧结矿		1050	1107	1221	1291	1354	1424	114	138

注：$\Delta T_1 = T_{40} - T_{10}$；$\Delta T_2 = T_d - T_s$。

结果表明：

（1）当碱度为 1.8 时，低氟烧结矿的软熔温度（T_s）、最大压差温度（T_{pmax}）、开始滴落温度（T_d）均比中氟烧结矿明显提高，提高约 30~50℃。碱度 1.6 处软熔温度最高。碱度升高或降低时，软熔温度均有降低趋势。但碱度 1.8 的软熔温度又高于碱度 1.2~1.4 的软熔温度。随着碱度的提高，熔渣变黏，滴落困难，软化和熔融区间也逐渐变宽。

（2）当 MgO 降到 1.7% 时，低氟烧结矿的软熔温度可降至中氟烧结矿的水平。当 MgO 提高到 3.5% 时，其软熔温度要比 MgO 为 2.7% 时略有提高，开始滴落温度升高到 1500℃。

为考察钾、钠富集对烧结矿软熔性能的影响，在试验室进行了一组模拟试验。对不同氧化镁含量的中氟、低氟烧结矿进行浸碱处理（浸入碳酸钾和碳酸钠的饱和溶液中），烘干后进行试验。试验结果列于表 7-75。

表 7-75 MgO 含量对浸碱烧结矿（提高（K₂O+Na₂O）5~9 倍）软熔温度的影响

试 样 号		R	浸碱烧结矿化学成分/%						软熔温度/℃				还原后/%[②]	
			TFe	FeO	MgO	F	Na₂O	K₂O	T_4	T_{10}	T_{40}	T_s[①]	Na₂O	K₂O
中等氟含量	M-1-2	1.80	50.13	12.03	1.87	1.35	0.65	2.34	830	897	1099	1164	0.86	2.62
	M-2-3	1.77	50.13	12.12	2.70	1.39	0.52	1.78	887	1027	1153	1195	1.09	2.85
	M-3-2	1.77	49.01	9.52	3.46	1.30	0.72	2.48	833	972	1141	1178	1.12	3.74
低氟含量	M-8-1	1.72	52.08	9.34	1.58	0.75	0.40	1.75	929	999	1182	1236	0.83	2.44
	M-9-2	1.72	51.52	11.86	2.74	0.75	0.60	1.97	955	1056	1232	1274	0.65	2.22
	M-10-2	1.76	50.69	12.93	3.71	0.90	0.43	2.30		1109	1243	1293	0.50	2.07

①此试验只能做到压差陡升温度 T_s；②还原后渣的 Na₂O 和 K₂O 含量。

结果表明，浸碱后，中氟、低氟烧结矿的软熔性能均明显变差。但低氟烧结矿的软熔性能要好于中氟烧结矿，并且随着 MgO 含量的增加，其软熔温度升高的幅度比中氟烧结矿大，这说明低氟烧结矿中的 MgO 对钾、钠的抵制作用增强。

7.3.6.4 低氟烧结矿的生产

1993 年 3 月，烧结矿 TFe 为 53.15%、F 为 0.8%、SiO_2 为 6.10%，碱度 1.75，其在炼铁厂 1 号高炉炉料占 74% 的条件下，高炉利用系数达到 1.752t/($m^3 \cdot$ d)，较 1991 年提高 14.4%；焦比为 586.9kg/t，较 1991 年降低 0.6%。生铁产量这样大幅度的提高，在包钢高炉生产的历史上是没有的。

7.3.7 烧结配加再磨再选精矿的研究与生产

包钢在加大外购矿配比后，为稳定原料的化学成分，在选矿厂建立了再磨再选车间，年产铁精矿 200 万吨，主要是将外购矿进一步提铁降硅，优化其质量，然后再与自产精矿混合，之后供一烧、二烧、三烧使用，其组成是约 70% 自产铁精矿 + 约 30% 再磨再选铁精矿，称为"混合精矿"。

7.3.7.1 烧结基础特性研究

针对包钢烧结生产用铁料，对其进行了烧结基础特性研究。研究的铁料主要有混合精矿、澳矿粉及混合矿（85% 混合精矿 + 15% 澳矿粉），化学成分列于表 7-76。该基础特性研究主要包括铁酸钙生成性能、液相流动性能、黏结相强度、连晶性能及同化性能，试验结果见表 7-77。其中铁矿粉黏结相强度性能的评价采用抗压强度装置进行检测。

表 7-76 试验用铁料的化学成分 （%）

铁料种类	TFe	FeO	CaO	SiO_2	MgO	P	S	K_2O	Na_2O	Al_2O_3	F
混合精矿	63.95	21.0	1.5	3.48	1.01	0.086	1.02	0.14	0.34	—	0.524
澳矿粉	61.25	1.70	4.62	0.20	0.033	0.038	0.060	0.031	0.050	2.83	—

表 7-77 铁矿石烧结基础特性测定结果

铁料种类	同化性（同化温度）/℃	连晶性能（铁矿粉烧结后试样的抗压强度）/N	铁酸钙生成性能/%	液相流动性能（流动性指数）	黏结相强度/N
澳矿粉	1172	4587	25	0	1703.3
混合精矿	1205	7700	5	4.65	353.3
混合矿	1170	6857		4.31	596.7

结果表明：

（1）与澳矿粉及混合矿相比，包钢混合精矿的同化性略差，其同化性温度约高出 30℃。在混合精矿中加入 15% 澳矿粉后，反应性明显变好。也就是说，混合精矿配加澳矿粉可以提高包钢混合精矿与 CaO 的反应性，促进矿物的生成和结晶，减少烧结矿中玻璃质的含量。

（2）包钢混合精矿的连晶性能极佳，高于澳矿粉，这与矿相分析结果相一致。这与包钢混合精矿是磁铁矿，而澳矿粉是赤铁矿有关。由于反应气氛为氧化性气氛（空气），故该铁矿在这种气氛下的连晶伴随着氧化反应，矿相观察结果也证明了包钢混合精矿是赤铁矿的连晶，而澳矿粉只是赤铁矿的再结晶，所需热量和温度较高，故连晶性能比包钢混合精矿要差一些。混合矿的连晶性能介于包钢混合精矿和澳矿粉之间。

（3）澳矿粉的铁酸钙生成性能是典型的熔蚀结构。矿物组成为：磁铁矿60%、铁酸钙25%、赤铁矿5%、玻璃5%、硅酸二钙极少。包钢混合精矿的铁酸钙生成性能是以斑状结构为主，局部可见熔蚀交织结构；斑晶细小粒状，局部斑晶增大，连晶明显，渣铁相分布均匀；矿物组成是：磁铁矿75%、铁酸钙5%、玻璃10%、赤铁矿少量、硅酸二钙少量。由此可见，澳矿粉的铁酸钙生成性能明显优于包钢混合精矿。

（4）包钢混合精矿的流动性太强，对周围物料的黏结层厚度变薄，烧结矿易形成薄壁大孔结构，使烧结矿整体变脆、强度降低。这主要是包钢混合精矿含氟，氟降低了烧结矿黏结相的黏度。此外，在研究中发现，包钢混合精矿中除氟外，K_2O、Na_2O也有降低烧结矿液相黏度和表面张力的作用。并在试验中发现，加入澳矿粉的混合矿，流动性下降。这是因为澳矿粉的加入降低了F、K、Na的相对含量，提高了液相的黏度，这有利于提高烧结矿质量。

（5）单体矿物的抗压强度从大到小的顺序为Fe_3O_4、铁酸钙、Fe_2O_3、玻璃质。澳矿粉的黏结相主要为铁酸钙，由于包钢混合精矿铁酸钙数量较少，玻璃质含量较多，因此其强度低于澳矿粉。

综上所述，澳矿粉的铁酸钙生成性能优于混合精矿，配加澳矿粉有利于提高包钢低硅烧结矿铁酸钙的含量，从而提高其强度。包钢混合精矿的连晶性能好于澳矿粉，且随SiO_2含量的降低而明显提高，同样有利于提高包钢低硅烧结矿的强度。因此，包钢烧结配加澳矿粉后，综合烧结基础特性得到改善，有利于其强度的提高。

随着烧结矿产量的逐渐增加，包钢混合精矿的配比逐渐减少，尤其是配加澳大利亚进口赤铁矿后，对改善包钢烧结用混合铁料的烧结基础特性益处显著，有利于烧结矿强度的提高，因此包钢烧结生产一直采用15%~20%的澳矿粉配比。

7.3.7.2 烧结矿的冶金性能

根据包钢2004~2005年生产烧结矿的检测数据，低氟烧结矿中难还原的橄榄石矿物很少，烧结矿的多孔结构对其还原性起了主导作用，所以还原度很高，其中最低为68%，最高达94.9%。

A 低氟烧结矿化学成分及显微结构对其冶金性能的影响

a 碱度对烧结矿冶金性能的影响

随着碱度的提高，最明显的变化是烧结矿中磁铁矿和玻璃相含量降低，铁酸钙和硅酸二钙含量提高，软化开始温度降低，滴落温度提高，软化区间和熔融区间均明显加宽。因此，提高碱度有利于提高烧结矿强度，但不利于提高高炉透气性。对于包钢烧结矿而言，适宜的碱度应是保证足够强度条件下的最低碱度。对生产烧结矿的检测数据综合分析表明，欲使转鼓强度超过70%，烧结矿中铁酸钙含量应大于30%；欲使铁酸钙含量超过30%，包钢烧结矿碱度宜控制在1.95~2.00之间。

从矿相角度来看，烧结矿碱度低于1.9后，烧结矿中出现磁铁矿（有时有少量铁酸钙）和玻璃相（玻璃相中常析出一定量的硅酸二钙）的杂斑状结构的几率明显增加，这将导致烧结矿中铁酸钙数量明显降低，玻璃相含量明显升高，并使烧结矿的显微结构复杂化，从而降低了烧结矿强度。烧结矿碱度超过 2.0 后，其铁酸钙含量提高，玻璃相含量降低，显微结构向好的方向发展，强度继续提高，但烧结矿的熔融区间显著变宽，该烧结矿在高炉冶炼效果也不太好。

b　FeO 对烧结矿冶金性能的影响

随着 FeO 含量的增加，烧结矿最明显的变化是 RDI 明显改善。对生产烧结矿的检测数据综合分析表明，欲使烧结矿 $RDI_{+3.15mm}$ 大于 60%，包钢烧结矿的 FeO 宜控制在 9.0% ~ 9.5% 之间。

从矿相角度来看，烧结矿 FeO 低于 9.0% 后，烧结矿中出现次生赤铁矿富集的区域（见图 7 - 52(b)）明显增加，这将导致烧结矿 RDI 变差；同时，在次生赤铁矿晶粒间往往会形成较多的硅酸二钙，这又会促进烧结矿的相变粉化；烧结矿 FeO 含量过高会导致钙铁橄榄石的出现以及铁酸钙含量的降低，从而降低烧结矿的还原性，但出现这种情况时，FeO 至少要大于 15%。从包钢目前的生产现状来看，出现这种情况的几率是极少的。

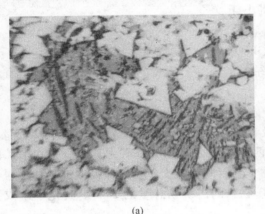

(a)　　　　　　　　　　　　　　　　(b)

图 7 - 52　烧结矿的显微结构（反射光，160 × ）

（a）碱度较低时烧结矿中易出现的杂斑状结构；（b）FeO 含量较低时烧结矿中次生赤铁矿大量富集

c　氟对烧结矿冶金性能的影响

尽管包钢烧结矿中氟含量较以前明显降低，但氟对烧结矿冶金性能仍有较大的影响。随着氟含量的提高，烧结矿还原性呈降低趋势，软化区间变窄，熔融区间变宽。表明氟对高碱度烧结矿有不利的影响。

d　MgO 对烧结矿冶金性能的影响

随着 MgO 含量的提高，最明显的变化是烧结矿中磁铁矿和赤铁矿含量降低，铁酸钙含量增加，RDI 呈增加趋势，软熔温度提高，尤其是滴落温度明显提高，软化区间变窄，熔融区间变宽。因此，MgO 对烧结矿的影响是利弊并存。

e　烧结矿的还原性

低氟烧结矿的还原度随氟含量的提高而呈下降趋势，但总的来说烧结矿化学成分对其还原性的影响并不很强烈，这是由于采用了高碱度低配碳的操作，使烧结矿中难还原的橄榄石类矿物很少存在，烧结矿的多孔结构对其还原性起了主导作用。包钢烧结矿还原度的平均值达 85.85%，超过了优质铁烧结矿标准（RI≥78%）。

B 包钢烧结矿主要指标的控制范围

综合研究表明，包钢烧结矿主要质量指标宜控制在：

（1）烧结矿化学成分：FeO 9.0%~9.5%，MgO 1.9%~2.1%，F<0.5%；烧结矿碱度 1.95~2.05。

（2）烧结矿矿物组成：磁铁矿 45% 左右，赤铁矿小于 10%，铁酸钙 30%~35%，硅酸二钙小于 4%，玻璃相 10% 左右。

（3）烧结矿显微结构：磁铁矿和铁酸钙构成的熔蚀交织结构占绝对主导地位（见图 7-53）。

（4）烧结矿转鼓强度在 75% 左右。

（5）烧结矿冶金性能：RI 为 80%~85%，RDI 大于 65%（未喷洒 $CaCl_2$），软化区间小于 150℃，熔融区间小于 205℃。

图 7-53 典型的熔蚀交织结构
（反射光，160×）

包钢生产实践表明，将烧结矿碱度以及 FeO、MgO 和氟含量这些最关键的指标控制好，烧结矿的大部分质量指标就会处于比较适宜的范围。

7.3.7.3 稀土对烧结的影响

白云鄂博矿为特殊矿，含有 K、Na、F 及 RE、Nb 等，其中稀土资源十分丰富，储量居世界第一。白云鄂博矿分为主矿、东矿、西矿和东介格勒等铁矿，其中以主、东矿段铁、铌、稀土矿化最强，规模最大。此矿床中主要有两种稀土矿物，即氟碳铈矿和独居石矿。氟碳铈矿是主东矿体内分布最广的稀土矿物，约占矿物总量的 70%。其化学组成为 $(Ce, La)(CO_3)F$。

以包钢目前烧结使用的混合精矿（70% 白云鄂博精矿 +30% 区外矿）为基准点，混合精矿成分见表 7-78。

表 7-78 混合精矿的化学成分 （%）

成分	TFe	RE[①]	FeO	CaO	SiO_2	MgO	P	S	F	I_g
混合精矿	65.76	0.63	26.94	0.73	3.42	0.77	<0.05	1.02	0.19	1.13

①RE 为稀土氧化物。

将烧结矿中的稀土进行定量富集，对烧结矿各矿相进行微区能谱分析，结果表明，在烧结铁料中以碳酸盐形式存在的稀土，烧结过程中发生分解反应后形成 La_2O_3、Ce_2O_3、CeO_2。稀土氧化物 RE_2O_3 与烧结过程中的 Fe_2O_3、CaO、SiO_2、MgO 等形成混合氧化物。最终进入烧结矿各矿相中。在烧结成品矿中，稀土主要形成铈钙硅石矿，铈钙硅石呈长柱状，断面呈六边形。烧结矿中稀土含量增加时，形成另一种稀土矿物铈钙铁矿。在烧结成品矿中，有相当一部分稀土元素进入铁酸钙中，形成含 Ca、Si、Al 及稀土的特殊复合铁酸钙。少量稀土元素进入赤铁矿及玻璃相中，微量稀土元素进入磁铁矿中。

混合精矿中稀土含量分别富集到 0.9%、1.2%、1.6%、2.0%。进行不同稀土含量铁精矿的烧结基础特性试验研究，研究结果表明，混合精矿中配加稀土后，烧结矿的还原性能得到提高，粉化性能得到改善。

7.3.7.4 新技术应用及效果

多年来，由于包钢含铁原料的特殊性，烧结主要技术指标与国内同行业先进水平比较还有一定差距。近几年，通过对烧结工艺、设备等进行一系列技术改造及原料适应性的技术攻关，烧结主要技术指标取得较大的突破和提高；主要表现在烧结矿品位和转鼓强度，尤其是烧结矿的转鼓强度基本达到国内同行业平均先进水平。

A 新技术应用

（1）实施自动配料技术。

（2）对 $180m^2$、$265m^2$ 烧结机生石灰消化器进行了改造，使料温分别提高 12℃、18℃。

（3）实施低温点火技术。点火温度由原来的 1150 ± 50℃ 降至 1050 ± 20℃。

（4）实施强力造球技术，其技术核心是改变混合机内部结构，进一步提高制粒效果。

（5）在混合机上应用新式蒸汽喷嘴。

（6）实施厚料层烧结。将 $180m^2$ 烧结机和 $265m^2$（三烧）烧结机料层厚度分别提高至 610mm 和 650mm，并计划在有条件的情况下将台车挡板加高到 700mm，以进一步改善烧结矿质量。$90m^2$ 和 $210m^2$ 烧结机通过提高点火器和平料器高度，增加台车挡板高度的改造，使料层高度由以前的 550mm 和 600mm 提高到 700mm。另外两台 $265m^2$（四烧）烧结机通过改造也将料层厚度由以前的 650mm 提高到 700mm。烧结机料层提高后，烧结矿强度明显提高。其中 $210m^2$ 烧结机生产的烧结矿转鼓指数提高 1.99 个百分点，−5mm 粒级所占比例降低 1.95 个百分点。

（7）在二烧应用小球烧结技术。烧结矿生产率较设计指标提高了 5.19%，较改造前提高了 6.13%。烧结矿工序燃耗能耗较设计指标下降 2.31kW·h/t，较改造前下降 2.57kW·h/t，烧结矿质量也有明显改善。

（8）实施热风烧结技术。二烧采用热风烧结技术后，烧结矿粒度组成明显改善，烧结矿 5～10mm 粒级百分比显著降低，16～40mm 粒级百分比显著提高，且各粒级比例均匀分布，转鼓强度稳定在 71% 以上，烧结固体燃耗与同期相比降低 2.23kg/t。采用热风烧结技术后，热风进入烧结料层，改善了烧结矿的冶金性能，RI 明显提高，RDI 改善，为高炉提供了优质烧结矿。不足之处是烧结机机速略有下降，但由于料层的提高，烧结矿成品率提高，每台烧结机增产 145t，年可增产 211700t。

B 烧结主要技术指标（见表 7−79）

表 7−79 $265m^2$（三烧）烧结矿主要化学成分及物理性能

指 标	化学成分/%			碱度	转鼓指数 （+6.3mm）/%
	TFe	FeO	MgO		
2005 年	55.57	8.90	2.18	1.94	73.64
2006 年	55.90	9.00	1.96	2.01	76.68
2007 年	56.06	7.74	2.01	1.99	77.32

近年来，随着包钢烧结技术的进步、新技术的采用以及进口矿粉配比的增加（约占铁

料的 20% ~ 25%)，烧结指标有了很大的改善。截止到 2007 年，烧结矿品位平均达到 56% 以上，转鼓强度达到 77% 以上。

7.3.8　配加白云鄂博西矿的研究

白云鄂博西矿主要以白云石型和闪石云母型矿石产出。铁矿石中 P = 0.446% ，F = 1.46% ，含稀土 1.05% ，与主东矿相比，属于低磷、低氟、低稀土矿床。

7.3.8.1　工艺指标

2007 年进行了白云鄂博西矿的试验研究。试验主要针对四烧的原料条件，试验时澳矿粉配比固定为 30% 。试验原料的化学成分和试验结果分别列于表 7 - 80 和表 7 - 81。

表 7 - 80　试验所用铁料的化学成分 　（%）

原料名称	TFe	FeO	CaO	SiO$_2$	MgO	F	P	S	K$_2$O	Na$_2$O	Al$_2$O$_3$	Ig
混合精矿	65.00	25.15	0.8	3.12	1.6	0.275	0.052	0.088	0.150	0.244	<0.5	2.79
区外矿	65.70	24.50	0.6	5.50	1.2	0.060	0.026	0.084	0.092	0.087	<0.5	2.71
白云鄂博西矿	65.05	9.78	1.1	1.78	0.86	0.236	0.052	0.039	0.120	0.128	<0.5	3.23
澳矿粉	61.70	0.2	0.3	4.31	0.70	—	0.094	0.041	—	—	3.14	4.35

表 7 - 81　不同西矿配比对烧结工艺指标的影响

铁料配比（西矿：区外矿：混合精矿）	垂直烧结速度 /mm·min^{-1}	干烧成率 /%	成品率 /%	利用系数 /t·m^{-2}·h^{-1}	返矿平衡系数	固体燃耗 /kg·t^{-1}	转鼓指数（ +6.3mm ）/%
20:30:20	23.99	92.59	66.75	1.71	1.03	61.35	52.67
30:20:20	22.28	93.33	67.07	1.59	1.02	60.58	51.34
40:10:20	23.07	91.63	67.54	1.66	0.99	68.92	48.33
50:00:20	23.04	91.60	65.60	1.60	1.05	70.98	46.00
60:00:10	18.90	91.61	66.48	1.31	1.02	70.04	47.34
70:00:00	20.94	91.36	67.37	1.47	0.99	69.30	48.34
50:20:00	22.98	92.32	67.01	1.63	1.02	66.07	54.34

由表 7 - 81 看出，随着西矿配比的增加，烧结利用系数和烧结矿转鼓强度呈逐渐下降的趋势，燃耗呈上升的趋势。

在其他含铁料配比相同的条件下，采用区外矿替代混合精矿可以提高烧结矿产量，提高烧结利用系数 1.88% ，降低燃耗 4.9kg/t ，提高烧结矿强度 8.34 个百分点。

由于试验所用西矿为氧化矿，SiO$_2$ 含量较低（1.78%），CaO 含量较高（1.1%），使烧结过程熔剂的配入量减少。当西矿配比增至 50% 以上时，其烧结性能有所恶化，主要表现是烧结利用系数明显下降，且在燃耗呈明显增加的趋势下，烧结矿强度还呈逐渐下降的趋势。因此，西矿在烧结含铁料中的配比不宜超过 50% ，且余下的铁料宜采用区外精矿，可以更好地改善烧结性能。

7.3.8.2　矿相及结构

配加白云鄂博西矿烧结矿的矿物组成见表 7 - 82，其显微结构如图 7 - 54 和图 7 - 55 所示。

表7-82 矿物组成（体积分数） （%）

试验编号	铁料配比（西矿∶区外矿∶混合精矿）	磁铁矿	赤铁矿	铁酸钙	硅酸二钙	玻璃
B-1	20∶30∶20	67	3	15	3	12
B-2	30∶20∶20	68	6	13	3	10
B-3	40∶10∶20	75	4	4	—	14
B-4	50∶00∶20	74	5	5	2	14
B-5	60∶00∶10	71	4	11	4	10
B-6	70∶00∶00	72	2	9	—	13
B-7	50∶20∶00	76	2	4	3	15

注：其显微结构的编号与其相对应。

图7-54 B-1和B-2烧结矿的显微结构
（熔蚀—斑状结构）

图7-55 B-3~B-7烧结矿的显微结构

由表7-82可知，随西矿配比的增加，磁铁矿数量增加，铁酸钙数量逐渐减少，玻璃相逐渐增加，主要原因是西矿 SiO_2 含量较低，且 SiO_2 以含钾、钠的复杂硅酸盐形式存在，反应性差，不利于铁酸钙的生成。

B-1、B-2的显微结构以磁铁矿和铁酸钙构成的熔蚀结构为主，铁酸钙多呈片状，磁铁矿多呈熔蚀状；局部可见一定量的磁铁矿和玻璃相构成的斑状结构及少量针柱状铁酸钙和磁铁矿构成的交织结构。B-3~B-7的显微结构以磁铁矿和玻璃相构成的斑状结构为主，其他结构很少。其中B-5、B-6的显微结构局部可见一定量的磁铁矿和铁酸钙构成的熔蚀结构。

该试验样品中磁铁矿的晶形从自形、半自形和他形均可见，尤其是磁铁矿富集的区域磁铁矿连晶现象明显。

7.3.8.3 冶金性能

从表7-83可见，随着西矿配比的增加，烧结矿的还原性无明显变化，RDI呈逐渐改善趋势；初始软化温度（T_4）升高，滴落温度（T_d）也在逐渐升高，但熔融区间有所变宽。

表 7-83   不同西矿配比对烧结矿冶金性能的影响

铁料配比 （西矿∶区外矿∶混合精矿）	还原度 /%	RDI$_{+3.15mm}$ /%	熔融滴落性能/(℃，Pa)								
			T_4	T_{10}	T_{40}	$T_{40}-T_4$	T_s	ΔP_{max}	T_{pmax}	T_d	T_d-T_s
20∶30∶20	75.1	73.5	1137	1179	1290	153	1294	7605	1360	1407	113
30∶20∶20	79.9	70.1	1132	1172	1281	149	1287	7683	1368	1426	139
40∶10∶20	77.3	72.8	1148	1187	1303	156	1306	11196	1357	1429	124
50∶00∶20	75.2	80.5	1153	1189	1312	159	1300	7595	1360	1424	124
60∶00∶10	72.9	82.0	1146	1184	1303	157	1316	9496	1367	1460	144
70∶00∶00	78.5	82.1	1150	1187	1302	152	1317	8299	1389	1487	170
50∶20∶00	67.8	76.0	1154	1187	1298	143	1298	7055	1421	1402	101

7.3.9 白云鄂博铁矿烧结生产主要指标（见表7-84和表7-85）

表 7-84   白云鄂博铁矿历年烧结生产主要指标一览（二烧车间）

指 标		1966年	1967年	1968年	1969年	1970年	1971年	1972年	1973年	1974年	1975年	1976年
产量/万吨		24.65	23.88	43.79	32.10	71.56	54.04	36.54	3.64	14.28	42.68	53.60
台时产量/t·h^{-1}·台$^{-1}$		46.68	43.14	53.58	44.27	48.06	49.07	44.41	28.33	48.99	45.74	44.49
利用系数/t·m^{-2}·h^{-1}		0.620	0.575	0.714	0.590	0.641	0.650	0.590	0.380	0.650	0.610	0.590
作业率/%		25.79	15.80	23.26	20.69	42.49	31.43	23.42	3.66	8.32	25.63	34.26
烧结矿化 学成分/%	TFe	49.76	46.78	46.49	47.39	48.45	51.31	51.19	51.15	48.80	47.12	46.45
	FeO	15.70	17.56	15.75	15.12	15.93	18.01	19.50	24.89	22.80	29.20	25.24
烧结矿碱度		0.89	0.91	1.01	0.99	0.99	1.03	0.97	1.03	0.98	0.96	1.18
转鼓指数/%		76.77	77.76	75.76	76.67	75.90	74.29	73.88	75.48	69.95	74.54	77.39
固体燃耗/kg·t^{-1}		182.3	173.6	159.6	146.9	130.6	172.3	159.2	222.0	179.0	195.3	171.0
指 标		1977年	1978年	1979年	1980年	1981年	1982年	1983年	1984年	1985年	1986年	1987年
产量/万吨		68.13	99.38	102.85	159.32	169.6	184.5	205.5	234.7	259.5	278.4	300.4
台时产量/t·h^{-1}·台$^{-1}$		51.33	58.97	59.69	70.93	73.63	76.96	77.27	85.18	92.85	96.88	97.28
利用系数/t·m^{-2}·h^{-1}		0.685	0.790	0.800	0.946	0.982	1.026	1.030	1.136	1.238	1.290	1.300
作业率/%		37.88	48.10	49.18	63.93	65.75	68.43	75.89	78.42	79.77	82.00	88.14
烧结矿化 学成分/%	TFe	45.75	48.15	52.14	51.34	51.49	50.26	49.14	49.07	50.07	50.10	49.87
	FeO	18.49	15.68	14.66	14.26	13.28	12.68	12.20	11.61	10.93	10.49	10.84
烧结矿碱度		1.84	2.00	1.99	1.85	1.83	1.85	1.63	1.66	1.69	1.71	1.85
转鼓指数/%		79.00	80.10	80.73	81.69	82.58	83.13	83.04	82.68	83.47	83.24	83.71
固体燃耗/kg·t^{-1}		151.9	148.5	133.9	114.2	97.73	90.86	86.90	79.37	80.24	81.11	84.06
指 标		1988年	1989年	1990年	1991年	1992年	1993年	1994年	1995年	1996年	1997年	1998年
产量/万吨		280.5	302.3	320.1	310.6	305.0	292.7	285.6	311.2	304.0	304.1	242.3
台时产量/t·h^{-1}·台$^{-1}$		96.05	98.58	99.63	99.54	100.2	99.37	99.58	101.02	101.9	99.71	96.33
利用系数/t·m^{-2}·h^{-1}		1.280	1.310	1.330	1.330	1.337	1.325	1.328	1.347	1.359	1.329	1.22
作业率/%		83.11	87.53	91.69	89.08	86.59	84.07	81.87	87.94	87.05	88.38	87.84

续表7-84

指标		1988年	1989年	1990年	1991年	1992年	1993年	1994年	1995年	1996年	1997年	1998年
烧结矿化学成分/%	TFe	50.46	50.40	50.75	50.82	51.64	53.14	53.75	53.71	53.74	53.18	52.89
	FeO	11.09	10.98	10.85	10.57	10.03	9.95	10.87	11.19	11.30	11.16	9.81
烧结矿碱度		1.76	1.82	1.90	1.89	1.81	1.75	1.75	1.75	1.75	1.93	1.84
转鼓指数/%		83.70	83.55	83.17	83.05	83.14	83.56	83.16	66.65	66.77	66.14	66.92
固体燃耗/kg·t^{-1}		83.40	83.67	82.16	80.25	80.81	79.64	74.60	69.32	67.01	68.30	73.30
指标		1999年	2000年	2001年	2002年	2003年	2004年	2005年	2006年	2007年	2008年	
产量/万吨		344.7	354.6	392.1	421.5	429.1	410.1	430.1	400.6	373.8	365.6	
台时产量/t·h^{-1}·台$^{-1}$		124.0	128.6	129.7	131.1	129.6	129.4	129.8	123.1	113.4	109.5	
利用系数/t·m^{-2}·h^{-1}		1.38	1.43	1.44	1.45	1.45	1.444	1.445	1.368	1.266	1.218	
作业率/%		79.36	78.43	86.27	94.43	94.45	90.18	94.4	92.83	94.06	93.03	
烧结矿化学成分/%	TFe	55.46	56.97	56.18	55.98	56.20	56.22	55.75	55.94	55.93	56.20	
	FeO	9.36	9.84	9.20	8.17	7.78	7.72	7.66	7.59	7.57	7.67	
烧结矿碱度		1.59	1.36	1.47	1.72	1.872	1.89	1.95	2.00	2.00	1.951	
转鼓指数/%		65.26	65.08	64.87	67.18	71.01	71.08	71.50	73.77	75.84	76.37	
固体燃耗/kg·t^{-1}		66.15	60.57	61.92	62.92	66.86	66.12	66.63	61.78	60.22	57.28	

表7-85 烧结历年生产主要指标一览表（一烧车间）

指标		1992年	1993年	1994年	1995年	1996年	1997年	1998年	1999年	2000年
产量/万吨		44.337	115.648	155.364	171.199	275.66	315.19	332.48	290.55	280.38
台时产量/t·h^{-1}·台$^{-1}$		120.55	170.23	205.96	180.73	187.43	200.83	207.01	205.43	216.76
利用系数/t·m^{-2}·h^{-1}		0.670	0.946	1.144	1.004	1.04	1.12	1.15	1.14	1.20
作业率/%		43.02	77.36	86.11	81.46	83.55	89.64	90.80	80.73	78.50
烧结矿化学成分/%	TFe	51.69	53.29	53.81	53.68	53.84	53.30	52.84	55.42	56.97
	FeO	9.90	10.86	10.41	10.11	10.24	10.49	10.02	11.14	11.17
烧结矿碱度		1.82	1.75	1.75	1.75	1.74	1.82	1.83	1.57	1.35
转鼓指数/%		82.67	82.36					67.27	66.92	66.02
固体燃耗/kg·t^{-1}		100.73	83.19	75.11	68.84	67.06	68.31	71.89	67.99	63.77
指标		2001年	2002年	2003年	2004年	2005年	2006年	2007年	2008年	
产量/万吨		278.797	327.603	317.379	317.6	334.4	340.2	273.6	338.8	
台时产量/t·h^{-1}·台$^{-1}$		211.57	209.42	201.75	201.75	189.90	206.55	189.67	207.28	
利用系数/t·m^{-2}·h^{-1}		1.18	1.16	1.12	1.067	1.126	1.146	1.053	1.151	
作业率/%		75.50	89.04	92.88	95.38	94.1	94.0	82.33	93.03	
烧结矿化学成分/%	TFe	56.13	56.13	56.42	56.59	56.02	56.06	56.15	56.29	
	FeO	11.03	10.55	10.40	10.47	9.38	8.86	8.14	8.00	
烧结矿碱度		1.52	1.72	1.868	1.885	1.945	2.00	2.00	1.96	
转鼓指数/%		66.51	68.58	70.59	71.0	72.4	75.61	77.21	77.53	
固体燃耗/kg·t^{-1}		65.65		54.76	66.12	66.64	62.72	61.58	57.96	

注：1994年（含1994年）之前为鲁滨转鼓（+5mm）/%，1995年后为ISO转鼓（+6.3mm）/%。

7.4 白云鄂博铁矿的球团生产

7.4.1 包钢球团矿生产工艺

7.4.1.1 带式球团生产流程

包钢 162m² 带式焙烧机是 20 世纪 60 年代后期从日本引进的球团生产设备，是国内第一台带式焙烧机，该设备于 1973 年 6 月建成投产，设计能力为年产球团矿 110 万吨，台时产量 135t/(h·台)，利用系数 0.833t/(m²·h)。于 1985 年及 1994 年对其进行了两次工艺改造。1996 年又对其进行了重油改烧煤气的技术改造。

162m² 带式机的原生产流程见图 7-56，由鼓风干燥、抽风干燥、预热、焙烧、均热和一冷却、二冷却共六部分组成。原设计各段的热工和工艺参数见表 7-86。其工艺过程简述如下。

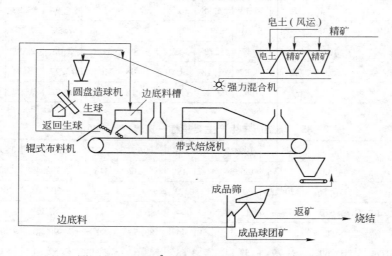

图 7-56 162m² 带式球团焙烧机原生产流程图

表 7-86 162m² 带式球团设计工艺参数

参　数	分　段						合计
	鼓风干燥	抽风干燥	预热焙烧	均热	一冷	二冷	
风箱数/个	3	2.5	5	1.5	5	2	19
长度/m	7.5	6	15	4.5	15	6	54
面积/m²	22.5	18	45	13.5	45	18	162
介质温度/℃	330	330	600~1100、1250	800	风罩 800	风罩 330	
时间/min	4.90	3.92	9.80	2.95	9.80	3.92	35.29
料面风速（标态）/m·s⁻¹	2.45	1.18	1.40	1.41	1.61	2.13	

A　布料部分

生球团通过辊式布料机筛去部分小粒球后，均匀地铺到已经铺有底料的台车上，边料在铺生球团的同时铺在台车两侧。

B 干燥部分

以先鼓风后抽风的方式，使台车上的大部分生球团脱除物理水。生球团的干燥多使用焙烧均热或冷却废气，温度 300~400℃。采用鼓风、抽风两段式干燥，其优越性在于先脱除下层生球的水分并提高球表温度，抽风时可防止下层生球表面水分凝聚以及生球变形和球层阻力增加。

C 预热部分

抽入来自冷却罩或燃烧室的含氧热气流，使台车上的球层从上到下逐步加热到焙烧温度，同时使球团中磁铁矿大部分氧化成赤铁矿。

D 焙烧及均热部分

继续抽入来自燃烧室温度为 1200℃ 以上的含氧热气流，球层进一步升温，使赤铁矿结晶和晶粒长大，也可出现少量渣相，依靠晶粒长大和少量渣相使生球团中分散的小矿粒相互联结，出现"固结"。在焙烧后期，供给来自冷却罩的直接回流热风，靠上层球团的热量使下层球团继续升温并焙烧固结，这一段称为均热。

焙烧之后增设了均热段，其实质是焙烧的继续。区别在于不用燃料而充分利用球层上部的高温和直接回流的热空气，因此可明显地降低焙烧热消耗。

E 冷却部分

球团在焙烧均热之后，由台车下部鼓入冷风，将球团冷却到适于运输的温度。被球层加热的空气用作预热、均热介质和燃烧室助燃二次风。也可用作干燥介质。

经过冷却后的球团矿从带式机尾卸下，小粒部分被筛除并经细磨后作返矿使用，筛上物料分出边、底料之后即为成品。

冷却采用一机两段，冷风来自同一风机，炉罩分为两段，其作用是可以分出高温废气直接回流，低温部分可通过风机加压后用作助燃和抽风干燥，使余热得到充分利用。

F 气体介质的平衡

作为球团焙烧过程传热、传质的介质，流动的气体是焙烧工艺最重要的因素。任何一个生产炉窑或设备，在正常生产过程中，气体介质的进出总是平衡的，俗称风平衡。

与竖炉和链算机—回转窑球团焙烧法相比，带式焙烧机工艺过程的气体介质平衡复杂得多。一方面，由于焙烧的全过程，从干燥到冷却集带式机于一身；另一方面，由于现代化的生产设备，为了达到低能耗目的，工艺废气中的热能需要充分利用。因此，工艺废气巧妙地重复使用，高含热量的废气充分利用成了带式球团焙烧机的一个重要特点。

包钢 162m² 带式球团焙烧机为典型的 D−L 型带式机。在焙烧过程中，气体介质的主要来源是冷却段鼓入的冷空气。在工艺过程中，加入了燃料燃烧产生的废气和生球中的水分以及铁精矿中挥发出的物质。冷空气首先作为冷却介质通过已经焙烧好的高温球团将球团矿冷却。冷却集风罩按温度不同分为两段，占面积三分之二的高温—冷段空气（约 800℃），靠冷却风机的压力直接回流的均热段和燃烧室，少量进入抽风干燥段，分别均热热源、燃烧二次风和抽风干燥介质。其中作为燃烧二次风的数量最大，也最重要。高温二次风的进入不但大大降低了燃料消耗，更重要的是靠它保证了高温焙烧段气体介质中的含氧量达到 15% 甚至更高，这种强氧化气氛是磁铁矿球团焙烧的必要条件。因此直接回热是带式球团焙烧最重要的特征之一。由焙烧后期和均热段风箱抽出温度较高（300~400℃）

的废气，通过循环风机加压后作为鼓风干燥介质，通过生球层后的低温潮湿气体由排废风机排放。冷却集风罩的后一段，即温度较低（300℃左右）的二冷热废气由回热风机加压后作为燃料燃烧的一次助燃风，并作为抽风干燥介质的主要来源。由抽风干燥段和预热段、焙烧段抽出的低温（200℃以下）废气，经过主抽风机排放。

上述 162m² 带式机的气体平衡是处理普通磁铁精矿球团的典型方式，具有流程简单、设计合理、废气利用充分等优点。但在处理含氟铁精矿球团时出现了困难，由于生球团中的氟化钙在焙烧段的高温和水蒸气条件下大量分解氟化氢进入废气，经循环风机加压以后，从鼓风干燥风箱两侧和头部大量逸出，造成车间内部严重的氟污染。

为了解决这一难题，于 1984 年对风系统进行了改造。改造的主要内容是改用已基本没有氟脱除的二冷段热空气作鼓风干燥介质。相应改用焙烧后段的废气和焙烧均热废气，分别作抽风干燥介质和助燃一次风。改造后总抽风量减少了 1300m³，产量受到严重影响。为此，在 1994 年对风系统进行了第二次改造。改造的主要内容为增加均热段 11 号、12 号风箱抽风机的功率等。此次改造风量（标态）比改造前增加了 2000m³/min，比原设计增加了 700m³/min，为带式球团 1995 年顺利达产创造了有利条件。其改造后风系统平衡见图 7-57。

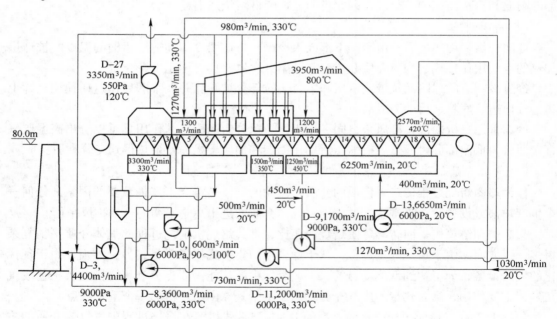

图 7-57　1994 年第二次改造后风系统平衡图

7.4.1.2　竖炉球团生产工艺

2003 年 3 月建成投产两座 8m² 竖炉，设计年产氧化球团矿 80 万吨，2005 年又建成两座 8m² 竖炉。目前四座竖炉年产量达 160 万吨以上。其工艺流程见图 7-58。

7.4.1.3　白云鄂博铁精矿球团的生产历程

1973 年包钢 162m² 带式球团焙烧机投产，所生产的含氟球团矿进入高炉冶炼时，破坏了炉矿顺行。1973 年后开展了对白云鄂博球团冶金性能研究。1980 年后，对含氟球团矿冶金性能差的原因及改善冶金性能的措施有了比较深入的认识。1980 年中期，无氟精矿

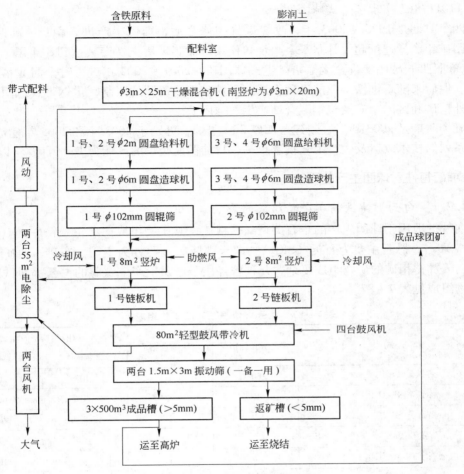

图 7-58 竖炉工艺流程示意图

应用于球团矿生产避免了含氟球团矿冶金性能差及氟污染问题。包钢球团生产进入较正常地发展阶段。2003～2005 年为满足钢铁日益扩大的生产规模，先后兴建四座 8m² 竖炉，设计年产氧化球团矿 160 万吨。

球团生产可分五个时期。

第一个时期是 1973～1984 年，带式焙烧机生产操作和管理处于逐步认识和探索阶段。

第二个时期是 1985～1994 年，为解决 HF 和 SO₂ 对环境地污染及球团矿在高炉还原过程产生的恶性膨胀问题，生产中配加迁安精矿，使用低氟精矿，配加黑脑包精矿等，都未从根本上解决问题。为此，进行了第一次工艺改造即除氟工程，主要是对风流程的改造，以第二冷却段含氟较低的废气改为鼓风干燥热源，这个时期的设备作业率提高到 80% 以上，生产操作趋于稳定。1991 年产量达到原设计产量的 85.48%。二十年间，包钢带式球团未能达产的直接原因是除氟工程改造风量比原设计减少了 1300m³/min（标态），降低了 16.25% 的生产能力。为追回这减少的风量，1994 年 8～9 月，球团工艺再次改造。这次改造风量比原设计增加 700m³/min（标态）。

第三个时期是 1994～1996 年，进行了球团重油改烧煤气工程改造。1995 年球团矿产量达到 1101178t，实现了带式球团达产。

第四个时期是 1996～2003 年，改烧煤气中修之后，球团生产进入稳产、高产时期。其间球团矿年产量连续超设计水平，焙烧炉使用寿命实现历史性突破达到 3 年以上。2000 年 4 月 26 日带式球团实现全无氟精矿生产球团矿。2001～2002 年进行过全河北精矿生产球团矿。但后来随着钢铁工业的迅猛发展，受铁矿市场资源的限制，包钢带式球团目前是采用区外精矿和区内精矿及包钢混合精矿生产球团矿。

第五个时期是 2003 年后，新建了四座 8m² 竖炉，分别于 2003 年和 2005 年建成投产，经过一系列的技术改造及生产工艺技术攻关，目前四座竖炉的产能为 160 万吨/年以上。

7.4.2 精矿特性对球团生产的影响

7.4.2.1 白云鄂博铁精矿矿物组成的影响

国内外一般用于球团生产的是石英型磁铁精矿，其矿物组成简单，磁铁矿 Fe_3O_4 含量高达 85% 左右，脉石主要为石英（SiO_2）。白云鄂博矿主要分为主矿、东矿、西矿。相比之下，白云鄂博精矿的矿物组成复杂，几种曾经用于球团生产或试验的白云鄂博铁精矿典型的矿物组成见表 7-87。

表 7-87　白云鄂博铁精矿的矿物组成　（%）

矿　　物	主、东混合精矿	东矿磁选精矿	主、东氧化矿、磁选精矿	西矿氧化矿、浮选精矿
磁铁矿 Fe_3O_4	60	80	40	20
赤铁矿 Fe_2O_3	10	少	40	60
石英 SiO_2	少	少	5	少
萤石 CaF_2	4	2	少	少
白云石 Ca, $Mg(CO_3)_2$	4	少	少	10
闪石 $Na_{22}(Fe^{2+}, Mg) Fe^{3+}Si_8O_{22}(OH, F)$	8	10	5	7
霓石 $NaFeSi_2O_6$	8	5	5	少
云母 K, $Mg_3AlSi_3O_{10}(OH)_{12}$	少	少	少	少
稀土矿物 (La, Ce, Pr, Nd)CO_3F	3	少	少	少

从矿物组成看，白云鄂博铁精矿以磁铁矿为主，这一点有利于球团生产。其主要弊端是脉石为低熔点矿物，尤其是含有钾、钠、氟等元素的矿物，熔点在一般球团焙烧温度之下。因此造成球团焙烧温度区间小，在较低焙烧温度下，很快出现熔体，使球团在短时间内具有一定机械强度，在稍高的温度下即可能出现大量熔体，导致球团机械强度迅速下降。同时其冶金性能也较差，主要是球团矿的还原软化温度低，软熔区间宽，可还原性较差，高温下的可还原性尤其差。

由白云鄂博西矿选出的精矿脉石组成中较少有低熔点矿物，而有熔点较高的方解石类矿物。但这种以赤铁矿为主的精矿，使球团焙烧过程中缺乏此铁矿氧化放热效应，也不易于球团焙烧。

7.4.2.2 白云鄂博铁精矿的化学组成的影响

不同时期用于球团生产和试验的不同类型白云鄂博铁精矿的主要化学成分见表 7-88。

表7-88 白云鄂博铁精矿的化学成分

精矿类别	原矿类别	选矿方法	化学成分/%										
			TFe	FeO	SiO_2	CaO	MgO	S	P	F	K_2O	Na_2O	Ig
混合精矿	主、东混合矿	磁、浮选	55.71	15.99	5.15	4.90	1.46	0.508	—	2.70	0.24	0.35	2.52
絮凝精矿	主、东氧化矿	絮凝	62.24	9.16	6.82	0.45	0.23	0.065	0.124	0.34	0.061	0.27	1.09
磁精矿-1	东矿磁铁矿	磁选	63.16	23.75	2.30	2.10	0.82	0.288	0.088	0.80	0.150	0.19	
磁精矿-2	东矿磁铁矿	磁、浮选	63.04	25.69	3.58	1.30	1.22	0.700	0.075	0.35	0.240	0.26	
西氧精矿	西矿氧化矿	浮选	59.24	6.45	3.23	3.23	2.20	0.026	0.13	0.35	0.081	0.112	4.87

从表7-88看出，白云鄂博铁精矿首先是化学组成复杂，对冶炼有害的杂质，如氟、钾、钠、磷、硫等元素的含量较高，其中氟、硫、钾、钠等对球团工艺过程、环境污染及球团矿的质量等均有不利影响。

其次白云鄂博铁精矿的钙、镁等碱土金属含量高，属于超自熔、自熔或半自熔性矿石。与一般的石英型铁精矿相比，上述这些组分对球团生产工艺和球团矿性能的影响弊多利少。

白云鄂博精矿比一般矿石烧损高，在焙烧过程中会增加工艺废气量、增加热消耗。

7.4.2.3 白云鄂博铁精矿物理特性的影响

白云鄂博铁精矿的物理特性见表7-89。

表7-89 白云鄂博铁精矿的物理特性

精矿类别	粒度筛分/%		密度/g·cm^{-3}	孔隙率/%	比表面积/cm^2·g^{-1}	开始熔化温度/℃
	-0.045mm	-0.073mm				
混合精矿	56.4	81.2	4.46	36	833	1215
磁精矿	64.4	85.3	4.59	39	853	1274
絮精矿	90.8	94.4	4.67		2487	1110
西氧精矿	69.3	83.4	4.53	41.1	1085	1172

7.4.3 白云鄂博铁精矿成球特性及生球性能

7.4.3.1 白云鄂博铁精矿成球特性

球团生产初期典型的白云鄂博铁精矿与当时的鞍钢、武钢磁选精矿成球性比较见表7-90。

表7-90 白云鄂博铁精矿与普通精矿成球的比较

精矿类别	精矿粒度组成/%			密度/g·cm^{-3}	比表面积/cm^2·g^{-1}	颗粒形状	颗粒表面状态	最大分子水/%	毛细水/%	生球强度	
	1~0.2mm	0.2~0.045mm	<0.045mm							抗压强度/N·球$^{-1}$	落下次数/次·0.5m^{-1}
白云鄂博铁精矿	10.5	49.4	40.1	4.53	720	粒状	光滑无棱角	4.08	16.2	6.6	4.8
鞍钢磁选精矿	5.1	42.7	52.2	4.68	785	粒状	光滑无棱角	4.48	17.4	6.6	2.3
武钢磁选精矿	5.4	44.0	50.6	4.72	1085	条状	粗糙有棱角	5.16	13.2	11.6	9.0

从表7-90中数据可见，白云鄂博精矿粒度较粗。鞍钢、武钢磁精矿粒度相近，且均

比白云鄂博铁精矿细，成球特性差别很大。武钢铁精矿颗粒呈条状，表面粗糙，比表面积大，所以生球强度高。鞍钢铁精矿与白云鄂博铁精矿类似，颗粒呈粒状，生球强度偏低。对小于0.045mm部分，武钢精矿中这一部分粒度不均，除少量接近0.045mm的颗粒之外，还含有大量极细微颗粒。白云鄂博铁精矿中这一部分几乎全部是接近0.045mm的颗粒，鞍钢精矿介于二者之间。因此，白云鄂博铁精矿、鞍钢铁精矿的比表面积比武钢小得多。白云鄂博铁精矿的物理特性使其成球性能较差。

7.4.3.2　白云鄂博铁精矿的生球性能

生球的热稳定性反映其承受热强度的能力。其取决于精矿的粒度组成，反映矿石的本性，如结晶水的含量等。几种典型的白云鄂博铁精矿生球强度和热稳定性测定结果见表7-91。白云鄂博铁精矿生球强度一般较差，而热稳定性较好，可以在500℃甚至更高的温度下干燥。只有一种粒度极细的氧化絮凝精矿生球强度较高，而热稳定性较差。

表7-91　白云鄂博铁精矿生球的热稳定性

生球类别	生球性能			热稳定性（炸裂比例）/%				
	抗压强度/N·mm^{-1}	落下次数/次·0.5m^{-1}	水分/%	400℃	500℃	600℃	700℃	800℃
混合精矿生球	5.8	3.4	8.15	完好	完好	完好	完好	完好
磁精矿生球	7.3	2.8	6.20	完好	完好	完好	100	100
絮凝精矿生球	12.9	4.5	7.00	完好	40	80	100	100
西氧精矿生球	5.9	3.4	8.80	完好	完好	完好	完好	100

7.4.4　白云鄂博铁精矿球团的焙烧

7.4.4.1　白云鄂博铁精矿球团的焙烧特性

由于白云鄂博精矿十分复杂，就其铁氧化物而论，分为磁铁精矿、氧化精矿和二者兼有的混合精矿。就其主要脉石成分而论，有含氟量较高的萤石型精矿，含钾、钠较高的辉石、闪石型精矿，还有含钙、镁较高的白云石型精矿，各种精矿其粒度组成、比表面积及物理特性各异，因此各种精矿的球团焙烧特性差异较大。

A　白云鄂博精矿球团与鞍钢磁精矿球团焙烧特性

两种常见白云鄂博精矿球团和鞍钢磁精矿球团的焙烧温度与强度及焙烧时间与强度的关系分别见图7-59和图7-60。

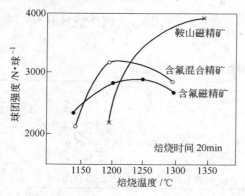

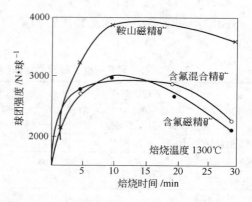

图7-59　三种球团矿焙烧温度与其强度的关系　　图7-60　三种球团矿焙烧时间与其强度的关系

从图中可见，普通精矿球团强度随焙烧温度的升高而升高，含氟球团（白云鄂博铁精矿球团）在温度高于1200℃之后，强度明显呈下降趋势，焙烧温度越高，球团强度越低。因此含氟球团（白云鄂博铁精矿球团）在较高的焙烧温度段，达不到普通磁铁矿球团强度。但在1200℃或更低的温度区间，可以获得高于普通磁铁矿球团的强度。

　　在较高焙烧温度下，图7-59、图7-60所示三种球团矿都能迅速获得强度，延长焙烧时间，无氟球团强度稍有降低；而含氟球团矿随着焙烧时间延长，强度迅速降低。

　　上述三种球团矿在不同温度下的矿物组成见表7-92。其差别是，鞍钢铁精矿球团品位高，球团的主晶相为赤铁矿，在高温下几乎没有熔体产生，也很少出现磁铁矿。而含氟球团矿具有相当数量的熔体，伴有再生磁铁矿产生，并且随着焙烧温度的升高，熔体和磁铁矿都随之增加。

表7-92　球团矿矿物组成

球团种类	焙烧温度/℃	球团矿矿物组成/%			赤铁晶粒/mm
		赤铁矿	磁铁矿	熔结相	
白云鄂博磁精矿球团	1200	80	5	10	0.008×2
	1250	80	5	15	0.008×3
	1300	75	10	15	0.008×4
白云鄂博混合精矿球团	1250	75	少	25	0.008×4
鞍山磁选精矿球团	1300	90	少	少	0.008×2
	1350	90	少	少	0.008×2

　　可见，白云鄂博铁精矿球团焙烧的最大特点是不宜于采用过高的温度，也不宜于在高温下焙烧时间过长。否则将会使熔体过分发展，致使球团强度降低，生产中白云鄂博球团常用的焙烧温度在1250℃以下，并且可以采用较快的机速。

　　B　不同类型白云鄂博铁精矿球团的焙烧特性

　　五种不同类型白云鄂博铁精矿球团的焙烧特性见图7-61、图7-62。絮凝精矿是一种铁品位较高、粒度极细、以氧化矿为主的含氟精矿，其生球结构致密，球团在不同的焙烧温度和时间下都获得最高的强度。混合铁精矿球团铁品位最低、含氟量高、低熔点矿物最多，在1100℃焙烧温度和较短焙烧时间内可获得一定强度；进一步升高焙烧温度和延长焙烧时间，球团强度随之下降，表现出典型的白云鄂博球团焙烧特性。

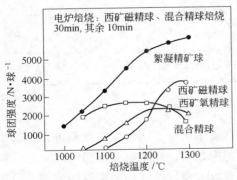

图7-61　白云鄂博精矿球团焙烧温度—强度的关系　　图7-62　白云鄂博精矿球团焙烧时间—强度的关系

两种白云鄂博西矿精矿，其含氟量低，脉石以高熔点的白云石为主，在低温下球团强度很低，只有在高于1200℃的高温下进行焙烧才能使球团获得一定强度，尤其是西矿氧化铁精矿球团既难产生熔体，又不具备磁铁精矿的特性，所以焙烧特性极差，只能获得强度很低的球团，并且生产率也很低。

仅从焙烧球团的两个基本特性值——生产率和球团强度来衡量，粒度极细的絮凝铁精矿球团为主的熔蚀交织结构，只是随自产精矿配比的增加，烧结矿中铁酸钙含量有降低趋势，玻璃质团最易焙烧。含氟磁铁精矿易于焙烧，焙烧温度适宜，且焙烧时间较短。西矿氧化铁精矿球团最难取得好的焙烧效果。

7.4.4.2　白云鄂博铁矿精矿球团的冶金性能

不同类型的白云鄂博铁精矿球团，其焙烧特性各异。焙烧出的球团矿，其性能差异很大。上述五种球团矿的矿相组成、理化及冶金性能见表7-93和表7-94。

表7-93　白云鄂博球团矿的矿相

球团矿类型		混合精矿球团	磁精矿球团	絮凝精矿球团	西矿氧化精矿球团	西矿磁精矿球团
主要矿物/%	赤铁矿	70	75	90	65	90
	磁铁矿	少	5~10	—	15	5
	胶结相	25	10~15	少	少	少
	石英	少	—	5	—	少
结构特点		胶结相量多，赤铁矿多呈粒状分布在胶结相中。孔洞较少，主要靠胶结相固结	赤铁矿细化后有长大，有胶结相和磁铁矿产生，气孔较多。为赤铁矿胶结相共同固结	主要为赤铁矿，彼此连接好很致密，有少量石英保持原状。胶结相少，气孔少而且小。全靠赤铁矿固结	赤铁矿晶粒发育不好，疏松多孔洞，有少量胶结相产生。靠赤铁矿和胶结相共同固结	主要为赤铁矿，晶粒碎化，彼此连接不好，胶结相少，全靠赤铁矿固结

表7-94　白云鄂博球团矿的性能

球团矿类型	主要化学成分/%									抗压强度/N·球$^{-1}$	开气孔率/%	还原特性			还原软化温度/℃		
	TFe	FeO	SiO$_2$	CaO	MgO	F	K$_2$O	Na$_2$O	碱度^①			膨胀率/%	还原度/%	还原强度/N·球$^{-1}$	4%	10%	40%
混合精矿	57.90	0.99	4.47	5.43	0.88	2.21	0.003	0.160	0.490	2700		40.0	38.0	<10	995	1019	1145
磁精矿	62.83	0.09	3.52	2.03	0.98	0.42	0.120	0.230	0.400	2880		49.1	35.8	14	1037	1068	1200
絮凝精矿	63.25	0.99	6.38	0.88	0.36	0.20	0.084	0.260	0.093	5160	20.0	21.7	16.7	443	1042	1069	1125
西矿氧化精矿	61.16	0.30	3.78	3.60	1.95	0.081	0.112	0.840	2160	28.0	38.6	87.5	<50	938	1070	
西矿焙烧磁选矿	62.69	0.18	3.68	2.70	1.20	0.24	0.115	0.067	0.640	3180	31.9	35.3	28.5	60	1056	1074	1152

①计算式为$\dfrac{CaO-1.47F}{SiO_2}$。

这些球团的共性为氟、钾、钠含量较高。除絮凝精矿球团以外，自然碱度都较高。在冶金性能方面，还原膨胀率都高，都在异常膨胀范围之内，而软化温度都较低。

由于矿种不同，各种球团矿在化学成分上也有较大差别。混合精矿球团含氟高，西矿氧化矿含氧化镁高，絮凝铁精矿含硅高而碱度低。在性能方面，絮凝铁精矿球团比较特殊,其冷强度高,还原膨胀率较低,还原后强度较高。软化温度也略高,但还原性最差。总之,上述几种白云鄂博精矿球团均不宜用作高炉冶炼的原料。

7.4.5　白云鄂博铁精矿球团的还原膨胀性能

一般把小于20%的膨胀率称作正常膨胀,20%～60%为异常膨胀,大于60%为灾难性膨胀。白云鄂博铁精矿球团还原膨胀率较高(见表7-94)。不同类型的白云鄂博铁精矿球团大部分出现异常膨胀,部分球团能见到灾难性膨胀,包钢球团投产后很长一段时间内,白云鄂博铁精矿球团具有异常膨胀现象,炉料配比中仅5%的球团矿就可造成高炉炉矿失常。这个问题曾经是包钢球团矿使用的一大障碍。

7.4.5.1　白云鄂博铁精矿球团还原膨胀特征

三种白云鄂博铁精矿球团的化学成分及物理性能见表7-95。三种球团矿的分段还原结果见图7-63。

试样Ⅰ号、Ⅱ号球团矿还原膨胀特性相近,体积膨胀主要发生在由赤铁矿到磁铁矿的转化阶段,均属于异常膨胀,试样Ⅱ号比Ⅰ号膨胀更大,在随后发生的由磁铁矿到浮氏体及由浮氏体到金属铁的两个转化阶段,球团体积基本上保持不变,即后两个阶段没有出现新的膨胀。球团还原后的强度随着膨胀而迅速下降,由浮氏体到金属铁的转化阶段,没有发生新的体积变化,球团强度随着铁的出现反而有所增加。可以认为,这种球团的膨胀是典型的赤铁矿还原过程的晶格变化和各向异性的结果,只不过

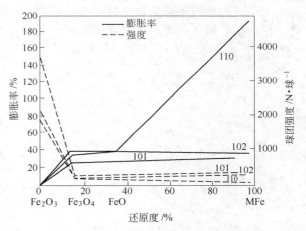

图7-63　三种含氟球团分段还原膨胀率及强度

后者比前者更加严重。试样Ⅲ号球团在赤铁矿到磁铁矿及由磁铁矿到浮氏体转化阶段与前两种球团相似,即第一阶段已经出现了异常膨胀。其差别是:由浮氏体到金属铁阶段出现了特别严重的灾难性膨胀,球团还原后强度随之进一步降低,几乎为零。

表7-95　三种试验球团的原料配比和球团物化性能

试验编号	所用精矿	球团化学成分/%					碱度 $\left(\dfrac{CaO-1.47F}{SiO_2}\right)$	球团气孔率/%	抗压强度/N·球$^{-1}$
		TFe	SiO$_2$	CaO	F	K$_2$O + Na$_2$O			
Ⅰ	白云鄂博氧化絮凝精矿	61.29	8.52	0.85	0.183	0.44	0.068	18.71	3590
Ⅱ	白云鄂博絮凝、磁精各50%	62.41	5.83	1.05	0.28	0.39	0.109	17.95	2072
Ⅲ	白云鄂博混合精矿	58.61	3.75	4.57	1.42	0.5	0.66	29.70	1872

对还原终了的球团矿内部结构进行扫描电镜观察,见图7-64～图7-66。结果表明还原后金属状况差别很大。试样Ⅰ号球团内部没有明显的铁晶须,形似豆芽尖,但不够发育。试样Ⅲ号铁晶须大量出现且盘根错节,其结构出现大量孔隙,是典型的"铁晶须"膨胀。

  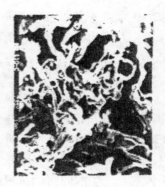

图 7-64　Ⅰ号球团（735×）　　图 7-65　Ⅱ号球团（735×）　　图 7-66　Ⅲ号球团（735×）

7.4.5.2　影响球团矿还原膨胀的因素研究

A　钾、钠、氟、钙对球团矿还原度膨胀的影响

上述三种球团还原前物化特性上的差别是，试样Ⅲ号比前两种球团二氧化硅低而氧化钙、钾、钠、氟含量更高，且球团致密程度差，球团原始强度低。

图 7-67~图 7-71 表明一组单因素对高纯铁精矿球团还原膨胀的影响。

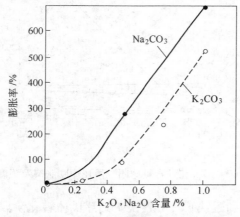 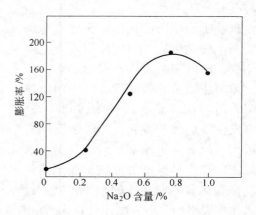

图 7-67　钾、钠碳酸盐对球团还原膨胀的影响　　图 7-68　硅酸钠对球团还原膨胀的影响

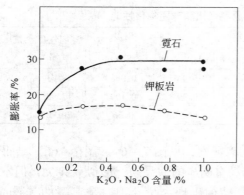 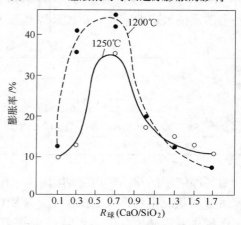

图 7-69　钾板岩、霓石对球团还原膨胀的影响　　图 7-70　碱度对球团还原膨胀的影响

碳酸钾、碳酸钠造成球团灾难性膨胀。硅酸钠与碳酸钠作用类似，但白云鄂博矿中硅酸盐以复杂的霓石（$NaFeSi_2O_6$）和钾板岩形式存在，其加入的钾钠对球团矿影响较小，只有霓石造成异常膨胀，钾板岩基本不增加膨胀率。

氧化钙的影响比较典型，球团的碱度为 0.4~1.0，存在一个膨胀率的高峰区，其峰值碱度为 0.7，其影响在异常膨胀范围内。

氟化钙的影响是双重的。由于在球团焙烧过程中，氟化钙中的氟大量脱除而留下自由氧化钙，随着氧化钙的增加，焙烧后球团碱度增加，所以它类似于氧化钙的影响。氟化钙的影响曲线高于氧化钙，说明氟也起了加重影响作用，但影响仍属于异常膨胀区域。

一组钾、钠、氟、钙四种元素综合影响试验结果见图 7-72。球团矿膨胀率的变化首先遵循碱度影响的规律，钾钠又加重了其影响，氟的影响则相对小得多。

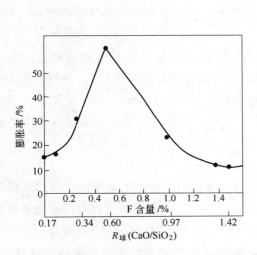

图 7-71 氟化钙对球团还原膨胀的影响   图 7-72 钾、钠、氟、钙对球团还原膨胀的影响

采用高纯铁片氧化成三氧化二铁（Fe_2O_3），在其表面特定位置上渗入过量的钾与钠，然后进行分步还原。借助能谱分析确定碱金属的分布与晶体开裂的关系。配合扫描电镜观察，当还原到四氧化三铁（Fe_3O_4）时，发现在渗钠区域铁氧化物晶体开裂严重，而无钠区只有轻微的开裂。渗钾的情况与钠相似。在浮氏体向金属铁还原阶段，可见尖而细的铁须在铁氧化物的基体上拔地而起，伸向晶粒的空隙之中。对铁须底部和无铁须处进行能谱分析，可见铁须生长在含有钠元素的基体上，而纯铁氧化物基体上无铁须生成。发现钾、钠的影响有所不同。含钾基体上的铁须粗壮，含钠基体上铁须尖细。并发现碱金属越高，铁须越显著。

对配加碱金属碳酸盐和复杂硅酸盐的球团矿进行选择性酸溶，以 50% 浓度盐酸溶解自由状态和侵入铁氧化物中的钾、钠，再用氢氟酸溶出留在渣相中的钾、钠，并与球团还原膨胀率进行对照，其结果见图 7-73。

试验结果表明，添加钾钠碳酸盐和硅酸钠的球团，焙烧后碱金属元素主要存在于铁氧化物中或以自由状态存在，其对应的是球团灾难性膨胀。而以复杂硅铝酸盐形式添加的碱金属主要存在于渣相中，其对应的是异常或正常膨胀。

B　含钾、钠、氟渣相的影响

白云鄂博铁矿中大量存在的氟、钾、钠等对渣相性质影响极大。一般讲，含有这三种元素的物质均具有很低的熔点、较低的黏度，在热状态下具有较低的黏结性。这些都是降低球团热态下的强度和抵御还原过程中晶体间的应力和碎裂能力的因素。通过研究发现，含钠球团的还原膨胀曲线与它的渣相液相线形状相反，球团渣相的熔点越低，其膨胀率越高，而不是随含钠量的增加而增大。还发现在铁氧化物晶体的缝隙中充填了渣相，说明含钠渣相在还原温度下已经熔化流动，完全丧失

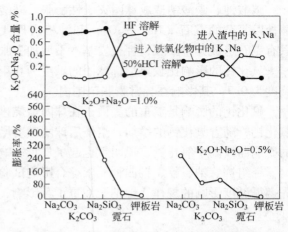

图 7 - 73　钾、钠在渣铁中的分布与球团还原膨胀的关系

了抵抗和吸收膨胀应力的能力。当氟化物加入含钾钠的硅酸盐渣系后，熔点更进一步下降，从 $KF - NaF - K_2SiO_3 - Na_2SiO_3$ 系的相图中可见，最低熔点只有 625℃。此外，在比较 MgO 和 MgF_2 对还原膨胀的影响时发现，MgO 可以抑制膨胀，而 MgF_2 却促进膨胀。可以认为，同时含有氟、钾、钠的渣相热稳定性极差，是白云鄂博球团矿还原膨胀率偏高的充分条件。

C　碱度对膨胀率的影响

碱度影响的规律性最强。随碱度地增加，球团还原膨胀率有一个高峰区，对此一般有两种解释：一是认为 Ca^{2+} 可以进入浮氏体和磁铁矿晶格中，由于分布不均匀可造成晶格扭曲、引起异常膨胀。碱度低时，Ca^{2+} 浓度低，作用小。碱度高时，Ca^{2+} 趋于均匀，破坏作用也减少。而碱度在中间范围时，Ca^{2+} 分布不均而破坏作用较大，所以出现膨胀高峰区。另一种解释认为，在膨胀峰值区的碱度下，还原过程中大量出现橄榄石和钙铁橄榄石，二者可生成熔点仅 1117℃ 的混合晶体，这种渣相多是玻璃质，强度最低，难以抵抗还原过程的膨胀应力。

大量试验表明，将白云鄂博球团矿碱度控制到 0.2 以下或 1.2 以上，可以获得较低的还原膨胀率。

7.4.5.3　降低球团还原膨胀率的措施

用白云鄂博铁精矿生产的球团矿，自然碱度在 0.3 ~ 0.7 之间，钾钠氧化物含量 0.4% 左右，氟为 0.3% ~ 2.0%。还原过程几乎都出现异常膨胀。根据多年的生产、科研结果发现，仅靠选矿改善白云鄂博铁精矿的质量和球团改进焙烧工艺，不能完全解决球团性能问题，而必须采取其他措施。从上述对白云鄂博球团还原膨胀的认识出发，提出下列解决问题的途径。

A　生产碱性或白云石球团矿

碱性和配加白云石球团矿试验结果见表 7 - 96。当球团矿碱度达到 1.2 以上，可获得各种性能均好的球团矿。含镁碱性白云石球团的性能更优，缺点是品位下降较多。

表 7 – 96　碱性和配加白云石球团性能

| 白云鄂博精矿及配加料类别 | 成品样强度/N·球⁻¹ | 化学成分/% | | | | 碱度 $\left(\dfrac{CaO - 1.47F}{SiO_2}\right)$ | 还原膨胀率/% | 还原后强度/N·球⁻¹ | 还原度/% | 收缩10%软化温度/℃ |
		TFe	SiO₂	MgO	F					
100%白云鄂博磁精矿	2822	62.83	3.52	0.98	0.42	0.40	49.1	13.7	35.8	1060
白云鄂博磁精矿 +2% 石灰石	3087	62.09	3.20	1.01	0.66	0.67	61.8	17.6	56.2	1097
白云鄂博磁精矿 +4% 石灰石	3048	60.94	3.27	1.06	0.67	1.04	45.8	40.2	57.2	1110
白云鄂博磁精矿 +6% 石灰石	2127	59.94	3.34	1.06	0.78	1.28	22.0	44.1	57.7	1092
白云鄂博磁精矿 +4% 白云石	2313	60.31	3.20	2.09	0.68	0.85	43.0	44.1	55.3	1130
白云鄂博磁精矿 +6% 白云石	2646	60.00	3.24	2.49	0.68	1.08	38.7	47.0	57.7	1092
白云鄂博磁精矿 +8% 白云石	1872	59.31	3.27	2.96	0.76	1.20	14.8	164.6	50.6	1092

B　添加二氧化硅生产酸性球团

添加二氧化硅生产酸性球团试验结果列于表 7 – 97。碱度降到 0.32 以下，还原膨胀率明显降低，其他冶金性能改善不明显，铁品位也有降低。

表 7 – 97　酸性球团的性能

| 白云鄂博精矿及配加料类别 | 成品球强度/N·球⁻¹ | 化学成分/% | | | 碱度 $\left(\dfrac{CaO - 1.47F}{SiO_2}\right)$ | 还原膨胀率/% | 还原度/% | 还原后强度/N·球⁻¹ | 收缩10%软化温度/℃ |
		TFe	SiO₂	MgO					
100%白云鄂博磁精矿	3156	60.74	3.84	1.04	0.75	45.4	23.1	<10	1042
白云鄂博磁精矿 + 贫矿粉8%	4038	58.43	6.46	1.02	0.32	20.4	24.7	81	1042
白云鄂博磁精矿 + 石英粉2.8%	2881	58.22	6.46	0.97	0.32	26.3	50.9	54	1087
白云鄂博磁精矿 + 高硅精粉25%	4175	59.69	6.14	0.80	0.28	18.7	42.3	179	1069
白云鄂博磁精矿 + 蛇纹石7%	2969	57.18	6.30	3.65	0.39	14.3	45.0	248	1042

C　使用无氟精矿

以无氟精矿为主生产酸性球团是一种更实用的办法，无氟铁精矿的作用，不仅提供了二氧化硅降低白云鄂博精矿的碱度；还因替换了白云鄂博精矿，使球团中各种有害元素，特别是氟、钾、钠等都有所降低，球团铁品位得到提高。

7.4.6　铁精矿球团焙烧过程氟、硫的脱除

白云鄂博精矿球团中的氟在球团焙烧过程中挥发出来，会造成严重的环境污染；留在球团中又会降低球团矿的软熔温度。含氟高的球团还会给高炉操作带来一系列困难。氟是白云鄂博矿的特殊问题，而硫是一般矿石常有的问题。

7.4.6.1　球团焙烧过程氟、硫的脱除

球团焙烧过程，包括 900 ~ 1100℃ 的预热阶段和 1200℃ 以上的焙烧阶段。其特点是气流速度大、氧化气氛强，并含有水蒸气，这些条件都极有利于氟、硫的脱除。

A　影响球团中氟、硫的脱除因素

一组高氟铁矿在管式电炉中焙烧的试验结果见图 7 – 74，它定性地说明温度和气流介

质对氟脱除的影响。试验结果表明，氟在900℃以上开始大量脱除，温度越高，脱除量越大。自然空气和加水蒸气的气流脱氟率差别很大，尤其在高温下，加水蒸气比干空气脱氟量高1倍以上。

含氟磁铁精矿配加石灰石不同碱度球团焙烧后的相对含氟量见图7-75。不同碱度球团在带式焙烧机焙烧后的脱氟率和脱硫率见表7-98。碱度对脱氟率的影响较大，碱度越高，脱氟率和脱硫率越低。在电炉焙烧过程中，碱度0.42的球团脱氟率约为50%，碱度1.28的球团脱氟率几乎为零。在带式焙烧过程中，硫的脱除率非常高，但随着碱度的增加脱硫率也有所降低。

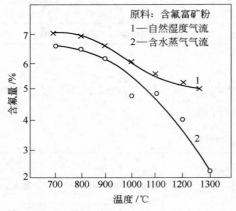

图7-74 温度、湿度对高氟球团脱氟的影响

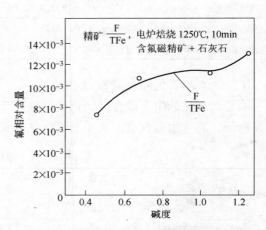

图7-75 不同碱度球团的相对氟含量

表7-98 不同碱度的白云鄂博球团氟、硫脱除率

碱度	生球		成品球		烧成率	成品修正含量		脱氟率	脱硫率	备注
	F/%	S/%	F/%	S/%	/%	F/%	S/%	/%	/%	
0.08	0.555	0.145	0.245	0.0124	99.0	0.248	0.0126	55.32	91.31	均为带式机上投笼取样
0.11	0.585	0.172	0.309	0.0107	97.7	0.302	0.0105	48.40	91.31	
0.45	0.610	0.154	0.433	0.0247	93.8	0.406	0.0231	33.42	84.98	

B 带式球团焙烧过程氟、硫的脱除规律

在模拟带式球团焙烧过程的移动罐试验中，采用中途抽样方式，研究了四种不同球团矿在带式焙烧过程氟、硫的脱除规律，其结果见图7-76、图7-77。

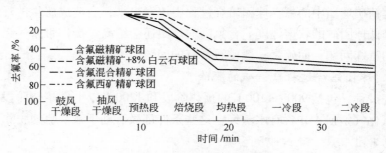

图7-76 球团焙烧过程料层平均脱氟率

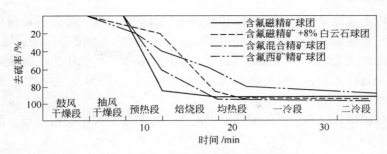

图 7 - 77　球团焙烧过程料层平均脱硫率

结果表明，除配加白云石、碱度 1.1 以上的球团去氟率仅为 34.1% 之外，三种自然碱度的球团，脱氟率都在 60% 左右，即在同样的焙烧条件下，去氟的绝对量与生球含氟成正比。同样除含硫特低的西矿精矿去硫率稍低之外，其余三种脱硫率都在 90% 以上。碱度较高的白云石球团虽然脱硫的速度略慢，但最终脱硫率仍在 90% 以上。

干燥段基本不发生氟的脱除，部分试验有少量的硫脱除。氟的脱除主要发生在焙烧段，约占总脱氟率的 70% ~ 90%。少部分发生在预热段，占 10% ~ 20%。少量发生在炉气含水蒸气极少的均热段。一冷段虽然料层平均温度较高，但脱氟量却很少。二冷段基本上没有氟的脱除。

除了碱度较高的白云石球团之外，其余三种球团去硫量的 60% 以上都发生在预热段，其次是焙烧和均热段，干燥、二冷段很少或者几乎没有硫的脱除。

由于焙烧过程中球层各部分温度条件相差很大，所以氟的脱除情况不均匀。高碱度的白云石球团焙烧过程中下层球有明显的氟、硫回升，说明只有存在较多的自由氧化钙、氧化镁时，才出现氟、硫被吸收的明显趋势。由于硫的脱除速度快，并且主要发生在预热段，所以成品球层含硫量均匀。相反，由于氟的脱除主要发生在焙烧段，而均热以后，氟的脱除趋于停止，因此成品球层含氟量不均，下层球含氟比上层球高 1 倍左右。

7.4.6.2　球团焙烧过程氟、硫脱除机理

A　氟的脱除

白云鄂博矿中的氟大部分以萤石（CaF_2）形式存在，少量存在于氟碳铈矿（$CeCO_3$）F 中。在球团焙烧过程中，可能发生的去氟反应及所产生的氟化物分压（P）分别是：

$$2CaF_2 + SiO_2 = 2CaO + SiF_4 \uparrow \tag{7-1}$$

$$\lg p_{SiF_4} = -26200/T + 8.03 \tag{7-2}$$

$$CaF_2 + H_2O = CaO + 2HF \uparrow \tag{7-3}$$

$$\lg p_{HF} = (1/2)(\lg p_{H_2O} + 6.24 - 14500/T) \tag{7-4}$$

最有可能的反应是式（7-3）。因为球团焙烧过程高温时间短，液相量少，短时间内难以大量发生 CaF_2 和 SiO_2 的固相界面反应，比如几分钟内不可能脱 50% 以上的氟，因此大量氟的脱除只能理解为 CaF_2 和 H_2O 的直接反应。从试验结果可见，氟的大量脱除的确发生在 900 ~ 1000℃ 以上的温度和炉气有大量水蒸气的阶段。

从反应式（7-3）可见，氟的脱除主要取决于温度和炉气中水蒸气分压，脱氟量随温度的升高和含水量的增加而增加。这一反应还要受球团碱度的影响。

在球团焙烧过程中，焙烧段、均热段及预热段和一冷段的一部分，料层温度均在 1000℃ 以上，完全具备氟脱除的温度条件。但一冷段和均热段炉气含水很低，所以试验结

果表明，90%以上脱氟量发生在焙烧段和预热段，而均热段和一冷段脱氟量低很多。干燥段和二冷段由于温度低，基本上不具备氟脱除的条件。虽然温度是影响脱氟的主要因素，但是球团焙烧温度完全取决于焙烧球团产量和质量的要求，不能作为控制脱氟的手段。

碱度是一个可控因素，而且对脱氟率影响较大，但球团碱度主要取决于球团质量的要求。

因此，在球团焙烧过程中氟的脱除不可避免，控制氟的脱除比较困难，而且会对以后的冶炼工序增加困难。积极的办法是尽量降低铁精矿的含氟量。

B　硫的脱除

在白云鄂博矿中，硫主要以黄铁矿（FeS_2）形式存在，磁铁精矿中有部分重晶石（$BaSO_4$）。球团焙烧过程中硫的脱除机理是：

$$4FeS_2 + 11O_2 === 2Fe_2O_3 + 8SO_2 \tag{7-5}$$

$$3FeS_2 + 8O_2 === Fe_3O_4 + 6SO_2 \quad (1300℃) \tag{7-6}$$

在565℃以上的温度，还可以发生黄铁矿分解和硫的直接燃烧，即：

$$FeS_2 === FeS + S \qquad S + O_2 === SO_2 \tag{7-7}$$

在800~1000℃，重晶石也可以分解出 SO_2。

球团焙烧过程从700℃以上的预热段开始，到1200℃的焙烧段，均为强氧化气氛，加上气流速度快，对硫的脱除十分有利。干燥段的脱硫条件很差，但预热段却有很好的脱硫条件，大部分的硫在预热段脱除完全。焙烧段的脱硫率已有所下降，均热段以后已没有多少硫可脱除。只有碱度较高的球团，由于氧化钙在1000℃以下可以吸收二氧化硫，因而延长了脱硫时间，或使脱硫稍有降低。但一般的焙烧条件均可使铁精矿中的绝大部分硫脱除。

7.4.7　碱性含镁球团技术的开发

酸性球团矿的冶金性能较差，软熔滴落温度较低，高温还原性差。国内外的研究资料表明，增加球团矿中 MgO 含量是提高其软熔温度和高温还原性的有效措施。

由于包钢特殊矿的原因，包钢烧结矿的 MgO 含量一直维持在2.7%左右。适当提高球团矿中 MgO 含量，并降低烧结矿中的 MgO 含量，可以全面改善烧结矿和球团矿的工艺指标和质量，进而优化高炉炉料结构。

7.4.7.1　实验室试验研究

试验所用无氟精矿、白云鄂博精矿及皂土均取自包钢炼铁厂球团车间，各种原料的化学成分和粒度组成见表7-99。

表7-99　原料化学成分和粒度组成   (%)

原料名称	化学成分									粒度组成
	TFe	FeO	CaO	SiO₂	MgO	Al₂O₃	F	S	Ig	(-200目)
无氟精矿	62.5	24.7	0.5	10.77	0.46	—	0.082	0.101	1.004	72.00
白云鄂博精矿	65.1	23.3	1.1	3.39	0.78	—	0.356	0.420	1.010	90.50
皂土	1.75	0.25	3.15	66.6	0.2	11.67	—	—	6.20	97
轻烧白云石	—	—	39.8	4.20	26.42	—	—	—	27.80	95

鉴于白云鄂博铁精矿球团与无氟球团焙烧性能和参数不太一致，试验将焙烧温度放宽，由1150℃焙烧至1300℃，其结果见表7-100和图7-78。

表7-100 不同焙烧温度下的含氟氧化镁球团试验结果

试验编号	成品球抗压强度/N·球$^{-1}$					
	1150℃	1180℃	1200℃	1230℃	1250℃	1300℃
FM-00	1660	2180	2590	3020	3170	2650
FM-18	810	1260	1460	1660	2980	2120
FM-20	630	1150	1150	1650	2390	2130

同一焙烧温度下，成品球的抗压强度随其氧化镁含量的增加而降低，该结果与无氟含氧化镁球团及先前的含氟氧化镁球团的试验结果相吻合。

本次试验所用的原料条件下，当球团矿中MgO含量相同时，在1150~1250℃的焙烧温度区间内，其成品球抗压强度随焙烧温度的升高而升高，但当温度达到1250℃以上时，其抗压强度随焙烧温度的升高而降低。这与先前的含氟氧化镁球团的试验结果相吻合。

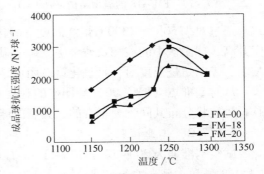

图7-78 成品球抗压强度随温度的变化趋势

氧化镁球团冶金性能检测结果见表7-101。与基准点（FM-00）相比，提高球团矿中MgO含量及其碱度，氧化镁球团矿的膨胀率无明显变化，还原度指数有所增加，约增加2.4个百分点。初始软化温度T_4略有降低，T_{10}（初始软化温度）、T_{40}（终了软化温度）和T_s（压差陡升温度）均无明显变化，软熔区间略有加宽。MgO球团矿滴落温度明显升高，比基准点的滴落温度高73℃。提高球团矿的滴落温度可以使炉料在高炉内的熔融滴落带下移，有利于炉料的还原和炉缸的稳定。由于滴落温度的升高，造成熔融温度区间加宽。

表7-101 氧化镁球团矿的软熔性能

试验编号	膨胀率/%	还原度/%	软熔性能								
			T_4/℃	T_{10}/℃	T_{40}/℃	$(T_{40}-T_4)$/℃	T_s/℃	T_d/℃	ΔP_{max}/Pa	$T_{\Delta pmax}$/℃	(T_d-T_s)/℃
FM-00	13.2	29.4	1120	1142	1196	76	1210	1314	>13361	1244	104
FM-20	13.00	31.8	1113	1141	1197	84	1209	1387	>13361	1238	178

球团矿岩矿相分析结果见图7-79和图7-80。

对于含氟氧化镁球团，在实验室1250℃焙烧温度下其显微结构是，球团矿晶桥发育，液相较发育，有少量残余磁铁矿；随着MgO含量的升高，液相有增加的趋势，但不明显。

含氟氧化镁球团矿"黑心"较发育，是由磁铁矿和液相构成的类似烧结矿中的粒状结构，磁铁矿连晶和液相较发育，且液相中常析出镁橄榄石；氧化层由磁铁矿、赤铁矿和液相构成，赤铁矿零星分布其间起不到晶桥作用。氧化层仅厚1mm左右。

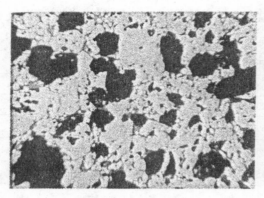

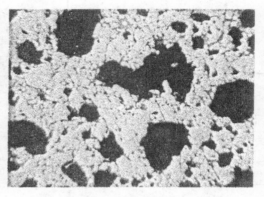

图 7 - 79　FM - 18 的显微结构（160 ×）　　　图 7 - 80　FM - 20 的显微结构（160 ×）

通过对 1250℃、1300℃焙烧温度下的含氟氧化镁球团的显微镜观察发现，随着焙烧温度升高，球团矿中的液相及残余磁铁矿明显增加，赤铁矿晶粒有浑圆化趋势，即晶桥有所减弱，表明焙烧温度对含氟氧化镁球团矿结构的影响很显著，应是试验控制的关键。

从对基准点（FM - 00）球团矿的观察发现，该球团矿赤铁矿晶桥发育，液相不发育，脉石呈粒状分布其间，为正常的、典型的球团矿结构。

7.4.7.2　工业试验

试验基准期为 2004 年 7 月 24 日 ~ 7 月 31 日，试验期为 2004 年 8 月 3 日 ~ 8 月 27 日。1 号、3 号和 4 号高炉参与试验。

试验期间球团所用铁精矿为 50% 混合铁精矿和 50% 无氟铁精矿，混合铁精矿来自选矿厂；无氟矿来自区内区外各矿点，并由南料场供料，化学成分见表 7 - 102。

表 7 - 102　铁精矿物化性能　　　　　　　　　　　　（%）

原料名称	TFe	FeO	CaO	SiO2	MgO	F	S	P	- 0.074mm	H2O
混合矿	64.44	23.24	1.03	5.59	0.63	0.244	0.312	0.061	88.0	10.32
无氟矿	63.74	24.71	0.80	8.13	0.68	0.091	0.203	0.032	73.0	8.14

配加轻烧白云石后，带式球团生球落下强度与抗压强度略有增加但变化不大。竖炉球团生球抗压强度降低，下降了 9.79 个百分点，落下强度变化不大。这是由于竖炉适应性较带式差。球团矿全铁品位降低，转鼓强度略有下降，但均能满足高炉生产要求。

带式球团配加轻烧白云石后，其适应性远高于竖炉球团。带式球团经过一天的调整就已经达到正常生产水平，转鼓强度略有降低，但仍在 86% 以上，完全能满足高炉生产要求。

基准期和试验期球团矿还原度、膨胀率及抗压强度见表 7 - 103。

表 7 - 103　基准期与试验期球团矿的检验结果

时间	带式			竖炉		
	膨胀率/%	还原度/%	抗压强度/N·球$^{-1}$	膨胀率/%	还原度/%	抗压强度/N·球$^{-1}$
基准期	13.40	26.63	2220.00	12.68	27.45	1955.60
试验期	12.13	26.98	2194.91	12.66	27.68	1612.19

从工业试验的数据统计分析，带式球团矿的还原度为 26.98%，较试验前提高 0.35 个百分点；膨胀率为 12.13%，较试验前降低 1.27 个百分点；成品球团矿强度与试验前略有降低。

竖炉球团矿在试验过程中，多次对造球工艺参数、皂土和轻烧配比及焙烧热制度进行调整，其检测结果表明球团矿抗压强度波动大，平均值为 1612.19N，较试验前有所下降；竖炉球团的还原度为 27.68%，较试验前提高 0.23 个百分点；竖炉球团膨胀率为 12.66%，与试验前一致。

由于调整球团矿碱度，球团矿中液相量明显增多，一方面抑制了赤铁矿的粉化，另一方面减少了赤铁矿的含量，使得调整碱度后球团矿的低温还原粉化指数明显降低，竖炉球团矿为 3.9%，带式球团矿为 6.3%。

就综合炉料而言，试验期与基准期相比其各项软熔性能参数几乎完全一致。主要有两方面原因：其一，由于球团矿占整个综合炉料比例较少（只有 25% 左右），对综合炉料的性质不能起到决定性作用；其二，综合炉料的冶金性能具有"趋均性"，也就是说综合炉料的各项软熔性能特性参数有趋于各单一炉料平均值的倾向。

实验室研究及工业试验表明，采用带式生产工艺生产碱性含镁球团矿是可行的。生产的碱性含镁球团矿不论是化学成分还是物理指标均满足高炉生产需求。采用竖炉工艺生产碱性含镁球团矿，效果不如带式工艺好。

7.4.8 包钢球团工艺的改造及新技术应用

7.4.8.1 全密封技术在带式焙烧机的应用

包钢球团 $162m^2$ 带式焙烧机由于设备后期系统漏风严重，在实际生产中台车下部漏风及风箱间窜风问题，通过设置弹性滑板及弹性隔板得到基本改善。台车上部漏风采用全密封技术。

由表 7-104 可知，采用全密封技术后球团矿转鼓指数，产量和利用系数均呈上升趋势，球团矿 FeO 降低 3 个百分点，从而改善了球团矿的冶金性能。

表 7-104 密封前后产量和质量指标

指　标	2005 年 9 月（密封前）	2005 年 11 月（密封后）	2005 年 12 月（密封后）	2006 年 1 月（密封后）	2006 年 2 月（密封后）
转鼓指数/%	87.76	90.35	91.11	91.09	91.73
FeO/%	5.91	3.07	2.61	3.06	3.19
日产量/t	3524.33	3444.45	3547.60	3550.06	3605.82
利用系数/t·$(m^2 \cdot h)^{-1}$	0.918	0.923	0.920	0.910	0.931

7.4.8.2 工艺技术改造

A 带式焙烧机抽干罩增加烧嘴技术改造

球团干燥效果的好坏，取决于风温、风量，要两者兼顾。为了提高球团矿生产能力，进一步提高干燥段温度，根据现有的实际情况，在焙烧机抽干罩上部加装三排烧嘴，既能提高风温，又能提高风量，加强抽干段干燥能力，从而达到稳定质量，提高产量的目的。

B　竖炉烘干机、润磨机的技术改造

竖炉生产对生球质量要求较高，烘干机、润磨机配合使用可有效提高原料混匀效果，改善原料的成球性能，降低皂土配比，提高生球质量。1 号、2 号竖炉配套有烘干机，2006 年 3 月新建两台润磨机。3 号、4 号竖炉配套有润磨机，2006 年 3 月新建一台烘干机。烘干机、润磨机刚投入使用时，烘干、润磨效果较差。针对烘干机、润磨机废气排放不畅，第一步对其排气烟囱进行加高改造并保留原排气烟囱，改造后烘干机的烘干效果有较大提高，通过烘干机后，原料水分可降低 2.5 个百分点，同时润磨机箅板下料有所好转；第二步对烘干机扬料板形式与材质和润磨机箅板形式与材质进行改进，使用润磨机入料秤监控上料量，保证稳定的入料量，润磨机内钢球量从 65t 下降至 40～45t，入料量保证在 70～80t/h。通过改造使烘干机、润磨机的作业率不断提高，同时也摸索出其合理的操作参数，烘干机的正常工作使混合料水分降到 8.0%～8.5%，确保了入润磨机料达到要求的水分。通过提高润磨机作业率，改善了原料特性，现场测试结果表明，可降低皂土消耗 40%，有助于球团矿品位提高。

8 直接还原与金属化球团的生产

8.1 概述

用固态或气态还原剂在低于铁矿石熔化温度的条件下将铁的氧化物还原为金属铁的工艺方法称为"直接还原法"或称为"金属化法",其产品统称为"直接还原铁"。当用这种方法生产金属化程度低的产品时,又称为"预还原法",所得产品则通常称为"预还原铁"。直接还原铁(或预还原铁)由于是在低温固态条件下获得的,这种产品仍保持矿石或球团外形,但因还原失氧形成大量气孔,在显微镜下观察形似海绵,因此通常又称为"海绵铁"。

海绵铁的特点是含碳低(<2%),不含硅锰等元素,并保存了矿石中的脉石,这些特性使其不宜大规模用于转炉炼钢,而只适于代替废钢作为电炉炼钢的原料或用于高炉炼铁。通常用于炼铁的多为金属化程度低(40%~70%)和酸性脉石较高($SiO_2 > 5\%$)的海绵铁。冶炼结果证明:当炉料中金属化铁每增加10%时,焦比可降低5%~6%,生产率可提高5%~9%。而用于电炉炼钢的多为金属化程度较高(90%~95%)、脉石含量低(<5%)的海绵铁。

传统的电炉炼钢过程实际上是废钢回炉重熔过程。由于废钢多为废旧设备解体物,含有多种合金元素,进行炼钢时其杂质成分难于控制,成分波动大,要获得理想成分的优质钢就较困难;再加上废钢市场供应紧张,其价格日益上涨,因此具有含铁品位高、有害杂质含量少、成分稳定的海绵铁,就成为代替废钢来源和调节废钢化学成分的重要手段,从而促进了世界直接还原技术的发展,形成了一个有别于传统钢铁生产过程的钢铁生产流程:

$$直接还原 \xrightarrow{\text{海绵铁}} 电炉$$

而传统的钢铁生产流程则是:

$$高炉 \xrightarrow{\text{生　铁}} 氧气转炉$$

直接还原法改变了将含铁粉料经过造块再进行炼铁然后炼钢的传统工艺,去掉消耗大量优质焦炭且主要靠碳直接还原成金属铁的炼铁过程,从冶炼原理上分析,新流程具有生产环节少、能耗低、环境污染轻等优点,显然比传统流程合理。

国外铁矿石直接还原研究已有百余年历史,但到20世纪70年代后该技术和设备能力才有了较大发展。到目前为止,直接还原方法已超过40多种,其中工业应用达20种之多。生产厂家已超过100余家。据美国米德雷克斯公司(Midrex)2009年4月24日的统计数据,2008年世界直接还原铁产量达到6845万吨。

我国有关铁矿石直接还原的研究自1957年开始,先后建立了一定数量试验装置和中间试验车间，完成了一系列研究工作，其中东北大学、浙江冶金研究所和中南大学为促进直接还原铁在我国的应用做出了重要贡献，是中南大学开发的"复合黏结剂球团直接还原法"先后在山东、北京、新疆等地建厂，天津钢管公司从英国引进了一套完整直接还原生产设备，使直接还原法在我国实现了工业应用。

目前国内外已开发和工业应用的直接还原法可分为两大类：

（1）使用气体还原剂的气基直接还原法。在这种方法中煤气兼作还原剂与热载体，但需要另外补加能源加热煤气。

（2）使用固体还原剂的煤基直接还原法。还原碳先用作还原剂，产生的 CO 燃烧可提供反应过程需要的部分热量。过程需要的热量不足部分则另外补充。

在直接还原反应过程中，能源消耗在两个方面，一是夺取矿石氧量的还原剂，二是提供热量的燃料。在气体还原法中，煤气兼有两者的作用，对还原煤气有一定的要求，目前已知的天然气体燃料均不能满足要求。用天然气、石油气、石油及煤炭都可以制造这种冶金还原煤气，但以天然气转化法最方便最容易。因此，天然气就成为直接还原法最重要的一次能源。但由于石油及天然气缺乏，开发使用固体还原剂（煤炭）的直接还原法国内外研究的重要课题。

用于生产直接还原铁的含铁原料，目前包括有块矿、粉矿，个别还有精矿，随着球团技术的发展，采用球团矿作原料已成为重要趋势。如果采用球团矿作为原料，其产品则称为"金属化球团矿"或"预还原球团矿"。据统计目前直接还原铁中已有 55% 以上用球团矿生产，并有逐步增加的趋势。

目前直接还原铁主要用作电炉炼钢的炉料，为此皆选用经细磨深选后获得的高品位铁精矿（TFe 66% 以上）并制成球团矿再行还原。用于生产直接还原铁的球团矿，目前世界上流行三种，即：

（1）高温固结氧化球团矿，其固结相主要靠 Fe_2O_3 再结晶，需建设完整的高温固结设备，投资高和能耗大，如美国直接还原公司等。

（2）预热球团矿，在 900 ~ 1000℃ 温度下仅发生初步赤铁矿微晶固结且多发生在球团矿表层。虽球团强度不高，但可节省一套高温氧化焙烧设备，投资少、能耗少，如日本川崎制钢千叶直还厂等。

（3）采用黏结剂干燥固结球团矿，仅在 200 ~ 400℃ 温度下干燥，靠黏结剂低温固结，保持制造原矿化学成分不变，能耗最省，投资更少，如日本住友重型工业公司铁矿石还原示范厂（用重油残渣做黏结剂）。

用上述三种球团矿制造直接还原铁时，无论供电炉炼钢或高炉炼铁，其球团矿强度在还原过程中因存在的铁氧化物状态不同而差异显著。通常氧化度高的球团矿还原时因发生相变过程，其体积发生膨胀，导致强度降低甚至粉化，严重影响直接还原过程进行。因此，球团矿具有良好的机械强度，特别是还原过程中的热态强度是保证直接还原铁生产过程顺利操作的重要因素。

8.2 球团矿还原理论基础

8.2.1 球团矿还原机理

通常，铁氧化物的还原对任何颗粒（包括球体），都是在还原剂作用下呈逐级性和带状发展的，即还原经过 Fe_2O_3—Fe_3O_4—FeO—Fe（>570℃）或 Fe_2O_3—Fe_3O_4—Fe（<570℃）诸阶段完成的，并沿颗粒表面遵循先接触还原剂先还原，使还原逐渐向核心推进的原则（见图8-1）。若为球团矿时，则先还原的外层金属铁层及次层低价氧化铁层厚度不断增加，而内层较高价氧化铁核则依次缩小。当球体较小及气体还原剂能穿透整个球体时，其还原仅具有逐级性而没有明显的呈带性。

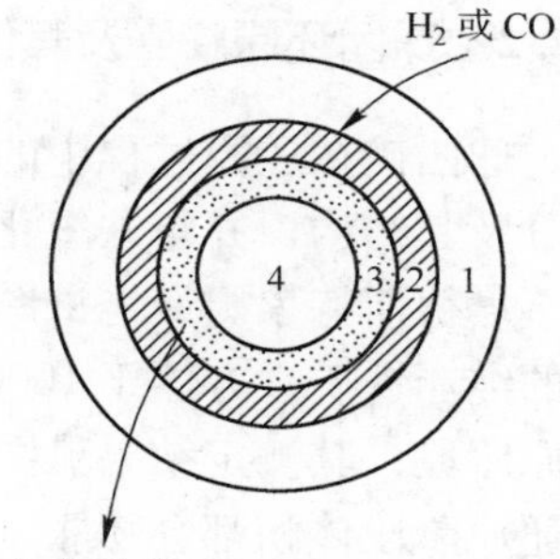

当还原速度较快时，外表层形成多孔的金属铁壳。此时，还原气体可以在固相层内扩散；在 Fe_xO/Fe 界面上，浮氏体被还原为金属铁，其反应式为：

$$Fe_xO + CO（或 H_2）\longrightarrow Fe + CO_2（或 H_2O）\qquad (8-1)$$

铁离子向被还原的铁氧物内扩散，使较高级铁氧化物转变为较低级铁氧化物，其反应式如下：

$$Fe_3O_4 + Fe^{2+} + 2e \longrightarrow 4Fe_xO \qquad (8-2)$$

$$4Fe_2O_3 + Fe^{2+} + 2e \longrightarrow 3Fe_3O_4 \qquad (8-3)$$

图8-1　Fe_2O_3 还原过程示意图
1—Fe；2—Fe_xO；
3—Fe_3O_4；4—Fe_2O_3

上述反应受 Fe_xO/Fe 界面反应控制。

若外表面形成一层比较致密的金属铁层时，还原气体无法向球体核心扩散，则仅能在表层发生脱氧反应。

当还原剂为固体燃料时，其对铁氧化物还原反应视固体燃料中碳燃烧情况而有所不同。如向回转窑内，将煤粉以单独方式喷射入高温区域，则燃料将受高温作用而氧化成还原气体，此时，铁氧化物的还原过程基本上与上述反应式（8-1）相同，即以间接还原为主体，被还原的固体颗粒呈带状从表层向核心发展，这即称之为未反应核模型机理。若将细磨后的固体还原剂（包括含碳类黏结剂）混匀到制成的球团内，当还原时仍喷固体燃料到高温区域并燃烧成煤气，则此种球团的还原必受到两种还原剂的作用，即球团外部的还原剂提供间接还原，球团内部的还原剂提供碳直接还原，这种能增加还原反应速率的方式被称为体积反应模型机理，此时球团的还原反应在外层和核心同时进行。铁氧化物与碳直接发生反应式如下：

$$3Fe_2O_3 + C \longrightarrow 2Fe_3O_4 + CO \qquad (8-4)$$

$$Fe_3O_4 + C \longrightarrow 3FeO + CO \qquad (8-5)$$

$$FeO + C \longrightarrow Fe + CO \qquad (8-6)$$

$$Fe_3O_4 + 4C \longrightarrow 3Fe + 4CO \qquad (8-7)$$

上述反应产物中之一即为气体还原剂，且可起实质性还原作用。当然也可能反应生成 CO_2 气体，但反应温度高于900℃以上时，这种反应的作用极小。

通常，只要球团矿内有足够数量的固体还原剂，则直接还原产生的 CO 浓度，当达到从球团中心到外表都超过 Fe_2O_3 和 CO 反应生产 Fe 和 CO_2 的比值，即接近固体碳气化反应的平衡值时，不仅可保证铁氧化物顺利还原，还可防止外表生成的金属铁被气氛中 CO_2 再度氧化。

8.2.2 球团还原膨胀及其结构变化

球团矿在还原过程中的膨胀行为，特别是在间接还原阶段，主要受制于所含矿物化学成分及其结构，并与铁氧化物在不同还原阶段时失氧程度和产生的晶格转变有关。

埃德斯特累姆最先试图找出球团矿产生体积变化的原因和程度。他取一块具有一定边长的纯赤铁矿立方体于1000℃时用CO还原，通入CO_2以改变还原势，从而调整各特定的还原阶段，其测定结果见图8-2。从图可以看出，高氧化度的赤铁矿在还原过程中，在任何还原阶段体积都会膨胀（曲线1~4），仅在曲线1~3条件下当浮氏体相生成初始金属铁时，铁矿石体积出现收缩。当用纯磁铁矿立方体还原时，其一开始即产生体积收缩，直至金属铁全部生成。由此可见，磁铁矿在还原过程中因各还原产物的晶体结构（参数）相近并因其参数值逐渐减小，故无膨胀现象，相反出现体积收缩。而高价氧化度赤铁矿还原过程中呈现出较大体积膨胀，特别是Fe_2O_3晶体转变成Fe_3O_4晶体时，体积增大到25%左右，这也导致继续还原时体积结构疏松的连续膨胀发生。但其膨胀程度依次减少。

在另外一些试验中发现含铁量为64%~68%的氧化球团矿，在各还原阶段的抗压强度都呈不同程度的下降（见图8-3）。而在浮氏体相内，所有试样的抗压强度都达到最小值，随后因金属铁含量增多并形成金属铁连接体，其抗压强度有所改善。随着还原程度不同，球团抗压强度呈现出不同表现，在外观上证明在金属铁出现前的球团矿受压时呈脆裂性，而金属铁出现后的球团矿则呈塑性或延展性即可压偏而不破裂。

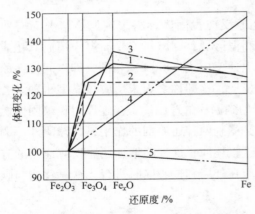

图8-2 还原度对赤铁矿立方体体积变化的影响

还原阶段：1—Fe_2O_3—Fe_3O_4—Fe_xO—Fe；2—Fe_2O_3—Fe_3O_4—Fe；

3—Fe_2O_3—Fe_xO—Fe；4—Fe_2O_3—Fe；5—Fe_3O_4—Fe

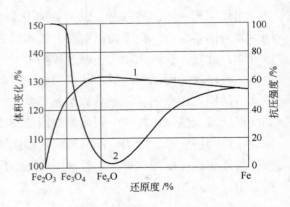

图8-3 还原过程中球团体积变化
与抗压强度的相互关系

1—球团体积变化；2—抗压强度

在还原过程中氧化球团矿体积膨胀与抗压强度下降的原因，埃氏解释为球团矿核内气体压力增大所致。这种情况产生在较高还原速度下，而CO_2与H_2O气体生成速度大于其通过气孔向外扩散速度时必然发生。

除埃氏提出的球团矿还原膨胀理论外，目前尚有下列几种膨胀理论，分别用于解释相应特殊的情况：

（1）碳沉积膨胀理论。认为在低温还原条件下，$2CO \xrightarrow{550℃} CO_2 + C$ 反应后在球团矿细微孔隙和晶体裂缝内碳沉积，导致球团矿体积膨胀甚至粉化。在高温还原条件下（如600~

1200℃）碳沉积很少发生。

（2）在浮氏体界面各适宜点析出纤维状金属铁，即所谓的"铁晶须"或金属铁微晶粒，使周围晶粒或颗粒产生松动或位移，这种铁疯长导致球团矿体积膨胀。

（3）当含铁矿物和添加剂中带入足够量碱金属后制成的球团矿，在还原时使金属铁析出增强，这种高速析出易导致球团膨胀加剧，甚至出现"灾难性膨胀"。

此外，对球团矿还原时体积膨胀有一些基本观点是众所公认的，即无论铁矿石种类和添加物种类如何，凡焙烧温度或时间不足而初始机械强度低的球团矿，在还原过程中均易产生较大体积膨胀或粉化。由图 8-4 可以看出，球团矿抗压强度明显地取决于焙烧温度（曲线1）；还原球团矿的抗压强度也具有同样的倾向（曲线2）；尽管添加5%消石灰作黏结剂，但焙烧温度低的球团矿在还原时几乎完全粉碎（曲线3）；随着焙烧温度降低，即使大于6mm粒级的球团矿及碎块也都减少，而膨胀率却不断增大（曲线4）。

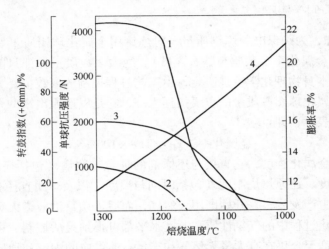

图 8-4 氧化球团强度对还原后球团特性的影响
1—焙烧球团强度；2—还原球团强度；3—筛分后粒度；4—膨胀度

从以上分析可知，为保证直接还原较好效果，若不采取相应措施，单纯用高品位高氧化度的球团矿生产海绵铁，势必会因体积膨胀导致粉化恶果。国内外曾研究出添加少量细磨后的海绵铁制成的球团矿，在焙烧时能促使转变，即 $Fe_2O_3 + Fe \longrightarrow Fe_3O_4$，其在还原时因部分铁核存在，可诱导铁氧化物快速还原，提高产品金属化程度，同时使还原时球团矿体积快速收缩。对以磁铁矿为原料而言，最可取的选择是采取添加黏结剂制成低温固结球团矿方法，这样可保证原生磁铁矿矿物不变，且在还原过程中磁铁矿无晶型转变，其晶体无各向异性还原的特性，可有效避免氧化球团矿还原膨胀缺点，确保还原过程顺利完成。

8.2.3 影响球团矿直接还原因素

首先，应了解对金属化球团矿质量要求，进而分析并控制有关因素以达到质量指标。

通常，衡量金属化球团矿质量的指标有：铁含量、碳含量、金属化率、脉石总含量、有害杂质含量（硫、磷等）、粒度组成及机械强度等。不同用途的金属化球团矿的最佳特性见表 8－1。

表 8－1 金属化球团矿最佳特性

指　标	电炉炼钢	高炉炼铁	指　标	电炉炼钢	高炉炼铁
铁品位/%	>90	70	$Na_2O + K_2O$ 含量/%	不限	0
金属化率/%	>90	>86	锌含量/%	不限	0
FeO 中的氧含量/%	<2.0	不限	铜含量/%	<0.02	<0.02
硫含量/%	<0.01	<0.25	碳含量/%	0.5~2.5[①]	无要求
磷含量/%	<0.045	<0.045	脉石总量/%	<4.0	<10.0
TiO_2 含量/%	不限	<1.0			

①根据金属化率使碳的水平与残氧维持化学平衡。

由表 8－1 可知，为确保电炉炼钢质量，对炼钢用金属化球团质量要求远比高炉炼铁高（如含铁品位、金属化率、杂质与脉石含量）。绝大多数质量保证只能从原料和燃料选择着手，主要靠其本身物理化学特性决定，由工艺过程控制的参数主要为金属化率。

金属化率是金属化球团矿质量的重要指标之一，它是以还原出来的金属铁与球团矿中全铁之比的百分数表示，即：

$$金属化率 = Fe_金/TFe \times 100\% \tag{8-8}$$

金属化率又称金属化程度，它直接与还原剂的种类和数量（包括还原气氛性质）、矿物的反应性能和粒度、还原焙烧制度（包括时间与温度）以及球团直径有关。

金属化球团的生产发展，一开始即用天然气，而后采用重油。毫无疑问，采用气体和液体还原剂，金属化过程中的气氛性质和温度水平都可得到灵活控制，可达到最佳生产效果。虽然这类还原剂至今仍在有大量天然气和充足石油供应的国家和地区使用，但对大多数国家和地区却十分短缺，其资源日渐枯竭且价格上扬，因此目前许多国家转向用固体还原剂，特别是开发出链算机—回转窑直接还原系统后，对其研究和具体实践日渐广泛。采用固体还原剂生产金属化球团矿具有十分重要意义，国内外做了大量研究工作并已用于生产。

美国曾用四种典型铁精矿球团和不同类型的固体还原剂进行研究，其结果见表 8－2。结果证明：矿种不同时，即使还原剂相同，其金属化效果不同。其中镜铁矿球团比磁铁矿球团更易还原，混合磁铁矿球团矿的金属化率比其他矿种质量更高，这些差别显然与其矿物的晶体结构、晶粒大小及孔隙度有关。金属化程度与抗压强度两方面，在低温还原时都很差，但当还原温度提高和还原时间增长之后，两者皆迅速提高。当还原温度达到或大于1200℃，还原一定时间后，金属化程度和抗压强度的增量趋向平缓，这是由于产生了密实的金属铁壳层后，阻碍了还原气体进入球团矿核心。当还原剂（即煤种）不同而矿种相同时，褐煤作还原剂的效果明显优于烟煤更优于无烟煤（即白煤），这种差别与煤的本性有关。通常在生产实践中对煤种的选择，除有灰分含量低和其熔点高要求外，很重要的还有挥发分、固定碳和反应性都佳的要求，而褐煤和较年轻的烟煤恰好具备这些特点。对挥发分要求含量多的原因，主要在于挥发成分能燃烧提供热源和创造良好的还原性气氛，而且

挥发成分中常含 H_2 还原性气体；煤的反应性好有利于煤中固定碳气化生成 CO 而增强过程的还原性气氛，而 H_2 和 CO 产生正是采用固体还原剂强化铁氧化物间接还原的实质。

表 8 - 2　铁精矿与固体还原剂种类对金属化球团矿质量的影响

铁　精　矿	铁精矿成分/%		还原剂	金属化球团矿				
	TFe	SiO$_2$		成分/%			抗压强度/N·球$^{-1}$	金属化率/%
				TFe	MFe	SiO$_2$		
磁铁精矿	64.2	8.8	褐煤	84.2	80.3	10.8	1260	95
	64.2	8.8	烟煤	82.7	74.4	—	1980	90
	66.0	6.7	无烟煤	81.9	56.4	8.2	2290	69
镜铁精矿	63.4	7.9	褐煤	85.7	81.4	10.5	250	95
	61.6	8.4	无烟煤	75.2	49.4	11.1	560	66
土质赤铁矿	60.0	4.9	褐煤	88.2	82.6	8.0	1080	94
	60.0	4.9	无烟煤	80.2	48.8	6.8	1670	61.1
混合磁铁精矿	67.4	6.3	褐煤	88.7	84.2	8.4	1980	95
	68.5	4.4	无烟煤	81.9	46.2	5.7	4790	57

注：球团粒度为 12.7mm，从 450～1150℃ 进行缓慢还原焙烧。

所有的研究结果都表明：球团矿在还原过程中的金属化率，总是随还原时间的延长而提高。通常，还原 1 小时左右，金属化率可接近最大值，若再延长时间后的变化则趋向平稳。

还原温度对反应速度的影响，在一定范围内成正比关系。随着温度升高，由于参加反应的物料活化和反应气体分子运动增强，使反应速度增加，而所需的还原时间可相应减少。由于提高还原温度能增加球团的金属化率，因此在生产上都将温度控制在 1000～1200℃ 范围内，这可用褐煤作还原剂对磁铁矿球团在不同还原温度与时间条件下研究结果（见图 8 - 5 和图 8 - 6）来证明。

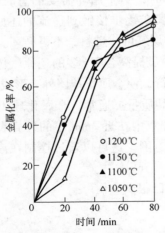

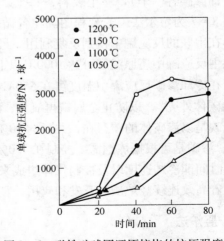

图 8 - 5　磁铁矿球团还原焙烧的金属化程度　　图 8 - 6　磁铁矿球团还原焙烧的抗压强度

球团矿直径的大小对金属化率提高有重要影响。对单纯靠周围还原气体成分逐渐从球团矿表层向核心完成铁氧化物脱氧的金属化过程而言，球团矿直径越大，相对需要还原时间则越长，设备生产能力则越低，同时还可能在某些情况下，因外层脱氧时收缩产生的应力而导致球团矿强度降低甚至破裂。一般来说球团矿直径适当小一点较好。国外通过多年生产实践，对球团矿直径分别做出了相应规定，如美国与加拿大等国采用 6~16mm 球团矿，前苏联则认为以 10~15mm 或 15~18mm 为好。

8.3 球团矿直接还原工艺与设备

已开发的球团矿直接还原工艺有很多，在此仅介绍几种比较成功地应用于生产的主要工艺与设备，如气基还原法的固定床还原法和竖炉法工艺，煤基直接还原法的回转窑法和转底炉法工艺。

8.3.1 固定床还原法

固定床还原法是墨西哥第二大钢铁企业希尔（Hojaiata Y Lamian）公司首创和逐步完善的一种直接还原方法，又称希尔法或竖罐法。

该法所使用的还原剂为天然（煤）气或石脑油，使用前都要加蒸汽进行转化，即：

天然气 $CH_4 + H_2O \longrightarrow CO + 3H_2$ (8-9)

石脑油 $C_7H_{16} + 7H_2O \longrightarrow 7CO + 15H_2$ (8-10)

经转化后的煤气需进行脱水，使 H_2 的含量相应增加。天然气转化后的组成一般为：CO 14%，H_2 75%，CO_2 8%，CH_4 3%。

需进行还原的球团矿间断装入反应罐内，金属化球团矿产品间断从反应罐内卸出，还原时球团矿在反应罐内保持静止状态。还原气体从反应罐上部进入，由下部排出，这样就可以避免移动床所遇到的还原时间不一致，形成煤气通道，球团易磨损成粉，产生局部高温结块等问题。

希尔法还原设备由四个竖式反应罐组成，在操作过程中有三个运行（初还原、终还原、冷却渗碳各一个）、一个装料，每个罐运行 3 小时，整个循环需要的总时间为 12 小时。图 8-7 为希尔法工艺流程图。在各循环中，球团矿逐步接触到逆流的还原气体。还原气体在串联的反应罐中得到反复利用。最后排出的煤气可作燃料，不再循环。

在主反应罐中还原温度可达 1000℃以上，这可明显提高含 H_2 多的还原气体的还原效率，而在冷却渗碳反应罐中温度可在 550℃条件下进行，使金属化球团外壳形成 Fe_3C 形式的"渗碳体外壳"，以防止金属铁再氧化，以保证产品质量。通常，金属化球团矿中 95%以上沉碳是以渗碳体的碳存在，并且约 80% 的沉碳都集中在近 2mm 厚的外壳表面（见图 8-8）。渗碳是可根据炼钢需要控制在 1.0%~2.5% 范围，这可以通过控制在渗碳温度下的停留时间即冷却速度以及控制气体组成来实现。

随着高效连续竖炉法的开发和应用，竖罐法目前已很少应用。

8.3.2 竖炉法

竖炉法的典型代表是米德雷克斯法，由美国 Midrex 公司创立和发展。全世界所供应直接还原铁的一半以上是用该公司技术建厂生产的。

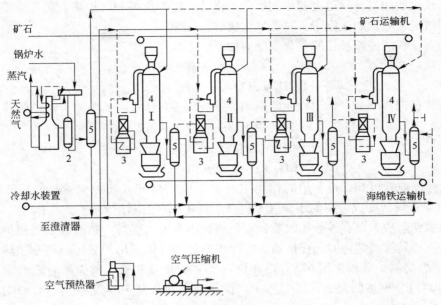

图 8-7 竖罐法生产金属化球团工艺流程
1—天然气转换炉；2—锅炉；3—煤气预热器；4—反应器；5—水冷

米德雷克斯法生产工艺流程见图 8-9。主要设备有：竖炉、天然气重整炉和换热器。竖炉内还原作用是连续进行的，经氧化焙烧后的球团矿从炉顶装入，靠自重向下移动，金属化产品从底部排出。

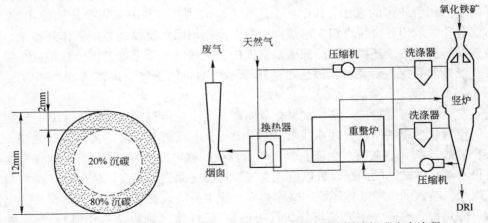

图 8-8 金属化球团渗碳示意图　　图 8-9 米德雷克斯法标准生产流程

竖炉内部实际具有两层独立的工艺带，两带都使用各自独立的循环气体。在上层工艺带，球团矿被含有 H_2 和 CO 的还原气体预热和还原（近于 1000℃）；在下层工艺带，已还原的金属化球团矿由冷还原气渗碳并被冷却（近于 550℃以下），直到卸出。

用天然气作为主要还原剂源，在实际生产中由新的天然气和从竖炉顶部返回的循环气组成入炉还原用的混合气。

Midrex 式重整炉是一台衬有耐火砖的气封式竖炉，炉内装有充填了催化剂的合金管。

经换热器预热后的混合气通过催化剂层向上流动，同时重整和再加热。离开重整炉的热还原气立即被送入竖炉的还原带，对铁氧化物进行还原。

米德雷克斯法还原和还原气化学反应如下：

还原带：
$$Fe_2O_3 + 3H_2 \longrightarrow 2Fe + 3H_2O \tag{8-11}$$
$$Fe_2O_3 + 3CO \longrightarrow 2Fe + 3CO_2 \tag{8-12}$$

渗碳冷却带：
$$3Fe + CO + H_2 \longrightarrow Fe_3C + H_2O \tag{8-13}$$
$$3Fe + CH_4 \longrightarrow Fe_3C + 2H_2 \tag{8-14}$$

混合气重整：
$$CH_4 + CO_2 \longrightarrow 2CO + 2H_2 \tag{8-15}$$
$$CH_4 + H_2O \longrightarrow CO + 3H_2 \tag{8-16}$$

由上述反应式可知，重整炉的作用主要在于使甲烷变成还原气，并使还原带生成的 H_2O 和 CO_2 重新转变成可用的还原气，提高了对还原气的利用效率。

米德雷克斯法因设有显热回收装置而使热利用率大大提高。热回收装置包括重整炉内的气体通道和具管型结构的热交换器。这样还原过程气体带出的显热，用于预热助燃空气（即重整炉燃烧器，可预热至 675℃）和炉料气（炉顶气和送入重整炉管道的混合气，可预热至 540℃），该热回收装置将工艺（单位：吨）热耗从 1969 年大于 14.63GJ，降到现在的 9.85GJ。

该法所用含铁原料可为纯块矿或球团矿，也可二者以任何比例配合使用，其设备生产能力因能连续生产比固定床法大得多，且易于实现还原过程的自动控制。

8.3.3 回转窑法

回转窑法具有代表性的工艺是 SL/RN 法。SL 法是加拿大钢铁公司和前联邦德国鲁尔基化学冶金公司所使用的方法，RN 法是美国共和钢铁公司和国家铅公司所使用的方法。两大方法合作并取出各自特点组成本法。本法主要使用回转窑设备并用固体还原剂，能对低品位铁矿石进行直接还原，因而深受缺富铁矿和天然气作还原剂的国家或地区重视，实际上经广泛开发和深入研究后，该法可适用于多种原料的处理。典型的 SL/RN 法工艺流程如图 8-10 所示。

若入窑含铁原料是粉矿、块矿或氧化球团矿，其生产流程完全与图 8-10 一致。从窑尾进入的原料包括含铁原料（块矿或氧化球团矿）、还原剂（返炭、无烟煤、焦炭，最好是褐煤）和脱硫剂（石灰石或白云石，用于含高硫的铁料或燃料脱硫）。沿回转窑全长的周边装设有随窑体转动的助燃风机以鼓入空气，提高还原气体温度。从窑头（排料端）喷煤粉或煤气。喷入的煤粉既作还原剂又作热源，现主要喷入褐煤或烟煤。从窑头卸出物料经分选，分别得到尾矿（主要是灰分和石灰石）、磁性粉（细粒含铁物料）、海绵铁或金属化球团。进入窑内的含铁原料在窑内先进行干燥和预热，然后再行还原，因此窑体长度较其他长些。若含铁原料为细磨精矿，制成生球后，不经高温氧化焙烧制成球团还原，可节约工艺能耗。根据目前世界和我国开发出的已有成熟经验，可以将细磨精矿先制成生球，然后再将生球经干燥和预热处理，一般预热到 900~1000℃ 使球团发生 Fe_2O_3 微晶连接，使入窑球团的单球抗压强度提高到近 500N 以上，为此应专门设置一台链算机完成此任务，该设备应装设在回转窑前，与回转窑连接，这样可利用窑尾热废气对球团进行预热。中南大学开发的"复合黏结剂球团直接还原法"采用的即是此种工艺。

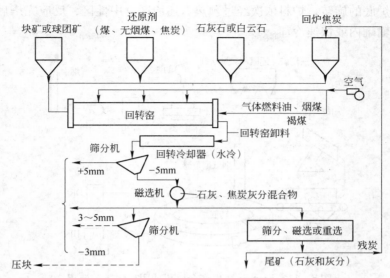

图 8-10 SL/RN 法工艺流程

值得注意的是，从窑尾进入和窑头喷入的固体燃料，不仅作还原剂，而且是产生热量的主要来源。当单纯使用无烟煤或焦炭（包括返炭）作还原剂时，必须添加天然气或重油作辅助燃料来提高窑体内温度，当用大量或单纯用烟煤或褐煤这类含高挥发分煤作还原剂时，故可不加辅助燃料。

采用回转窑进行直接还原时需要十分关注的问题是如何避免"结圈"，一旦结圈发生就得停产待修。为了避免这一事故发生，主要从以下几个方面着手，即提高入窑球团的冷强度和还原强度；减少并防止粉末入窑；选用低灰分和高灰分熔点的煤作还原剂；同时还应严格控制还原温度的波动范围。但是，在实际操作中，往往由于管理人员疏忽而出现这种事故迹象或者处于结圈形成初期，可以从以下三方面着手处理：从窑头加大对窑体空气返吹风量，吹出窑体残存的细粒粉末；往复调节喷枪深入窑体内程度，使高温区在窑体内来回移动以"烧掉"初始结圈物；在万不得已情况下且在调节喷枪深入窑体内程度不见效时，可同时加大供料量以配合冲击初始结圈物脱离窑壁。

回转窑生产的金属化球团矿的金属化率，可根据产品用途控制在 40%~95% 之内。

8.3.4 转底炉法

转底炉法具有代表性的工艺是 Fastmet 法。Fastmet 工艺是由美国 Midrex 直接还原公司与日本神户制钢于 20 世纪 60 年代开发的。目的是为了处理钢厂内部的含铁粉尘和铁屑等。经过多年的半工业试验和深入的可行性研究，现已完成工艺操作参数和装置设计的最佳化。首家商业化 Fastmet 厂于 2000 年在新日铁公司广畑厂投产，可处理含铁粉尘和铁屑 20 万吨/年。另外，日本神户钢铁公司和三井金属工业公司合资用 Fastmet 工艺在美国建造一座年产 90 万吨海绵铁的工厂。在美国埃尔伍德建立了 2.5 万吨/年的金属回收厂，用于回收镍粉尘，效果良好。

图 8-11 为 Fastmet 法工艺流程图，其主要工艺过程为：将矿粉与煤粉或其他含碳物质混合制成含碳球团并干燥，不经过焙烧直接把球团铺在转底炉上，在高温下完成还原反

应过程。随着炉底的旋转，炉料依次经过预热、还原区、中性区，反应完毕后卸入砌有耐火材料的热运输罐内或快速冷却。

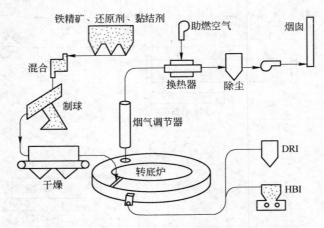

图 8 - 11　Fastmet 法生产金属化球团矿的工艺流程

转底炉法工艺有以下优点：

（1）用转底炉运载炉料，并在高温敞焰下加热实现快速还原；

（2）适用原料广泛，对炉料强度要求不高；

（3）煤作还原剂摆脱了对天然气的依赖；

（4）转底炉需要的热量可由天然气、丙烷或燃油燃烧提供，也可考虑用粉煤作燃料；

（5）还原过程时间很短，仅仅 6 ~ 12min，设备的启动与停止、产量的调整都可比较简单地进行。

由于转底炉法具有上述一些优点，近年来已引起国内外的广泛关注。但此法在生产过程中需采用内配碳球团或其他含碳物质混合制成含碳球团，且一般料层高度仅 2 ~ 3 个球团厚度，目前尚存在着产品金属化程度、铁品位和生产率相对较低、产品含硫高等问题，产品质量难以满足电炉炼钢的要求。

9 烧结球团专家系统与自动控制

9.1 烧结过程专家系统与自动控制

钢铁工业对原料的要求日益提高以及烧结设备的大型化发展，对烧结过程控制提出了更高的要求。从控制的角度来看，烧结过程是典型的具有多变量、非线性、强耦合特征的复杂被控对象。目前新建和改建的烧结机都配备了集散型控制系统，具备了基本检测和基础控制功能，为进一步实现自动控制和智能控制提供了可能。

9.1.1 烧结过程控制方案

从过程控制的角度，烧结可以看作这样一个系统：一定的原料参数和操作参数作用于设备参数（统称为工艺参数），则有一定的状态参数和指标参数与之相对应。其模型如图9-1所示。

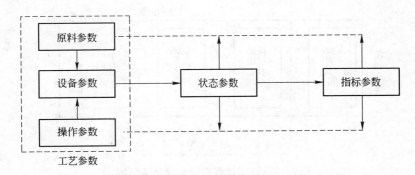

图 9-1 烧结过程模型图

其函数关系式为：

$$（原料参数，设备参数，操作参数）\xrightarrow{f}（状态参数）\xrightarrow{g}（指标参数）\quad (9-1)$$

其中：原料参数 = [含铁原料配比，熔剂配比，燃料配比，…]

操作参数 = [一次水，二次水，料层厚度，台车速度，…]

设备参数 = [抽风面积，风机能力，漏风率，…]

状态参数 = [主管负压，废气温度，风箱温度，烧结终点，透气性，…]

指标参数 = [烧结矿化学成分，机械强度，还原性，产量，…]

从过程控制的角度，烧结生产的目的是通过调整原料参数、操作参数和设备参数，使指标参数和状态参数达到最优，状态参数反映了烧结过程的状态，指标参数是指烧结矿的产量和质量指标。质量指标包括烧结矿化学成分、物理性能和冶金性能三个方面，物理性能和冶金性能主要通过调整烧结过程状态，减小中间操作指标波动来控制。产量指标的影响因素主要有烧结过程的透气性、成品率和台车速度，而这些参数与烧结过程状态的控制有关。烧结能耗主要与固体燃料的消耗进而与热状态有关。

根据铁矿烧结生产过程特点和优化控制的需求，将烧结过程控制系统分为烧结生产异常诊断、烧结矿化学成分控制、烧结过程状态控制、烧结能耗优化和其他辅助控制，系统的总体结构如图9-2所示。

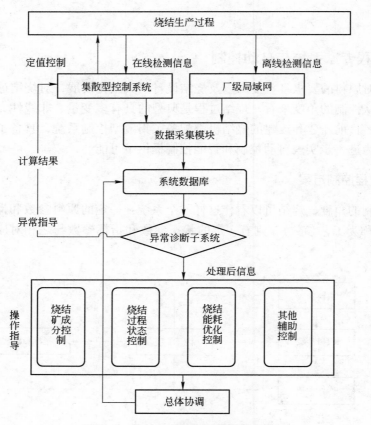

图9-2 烧结过程控制系统总体结构

9.1.2 烧结矿化学成分的控制

烧结矿化学成分主要包括碱度（R）、TFe、SiO_2、CaO、MgO、FeO、P和S等。控制烧结矿化学成分，主要是控制其稳定性。目前，我国高炉对烧结矿化学成分的要求如表9-1所示。

表9-1 高炉对高碱度烧结矿化学成分的要求

炉容级别/m³	1000	2000	3000	4000	5000
铁粉波动/%	≤ ±0.5	≤ ±0.5	≤ ±0.5	≤ ±0.5	≤ ±0.5
碱度波动/%	≤ ±0.08	≤ ±0.08	≤ ±0.08	≤ ±0.08	≤ ±0.08
铁粉和碱度波动的达标率/%	≥80	≥85	≥90	≥95	≥98
FeO 含量/%	≤9.0	≤8.8	≤8.5	≤8.0	≤8.0
FeO 波动/%	≤ ±1.0	≤ ±1.0	≤ ±1.0	≤ ±1.0	≤ ±1.0

国内外生产实践表明，烧结矿化学成分的波动对高炉影响很大。烧结矿 TFe 含量波动值由 ±1.0% 降至 ±0.5% 时，高炉一般增产 1%～3%。碱度波动值由 ±0.1 降至 ±0.075 时，高炉增产 1.5%，焦比降低 0.8%。但是，目前烧结矿化学成分波动大是国内外高炉原料的一个突出问题。因此，稳定控制烧结矿化学成分非常重要。

烧结矿化学成分控制具有如下特点：

（1）烧结矿化学成分（FeO、S 除外）的稳定主要受原料参数的影响，与状态参数关系不大；

（2）从原料下料到烧结成烧结矿，再到给出烧结矿化学成分的化验结果，需要长达几个小时的时间响应，即存在相当长的时间滞后；

（3）工艺过程具有动态复杂性和时变特性；

（4）烧结矿化学成分之间有很大的相关性，一种成分发生变化会引起其他成分的改变；

（5）控制烧结矿化学成分相当复杂，一种成分不能满足要求，并不一定是由于该成分本身变化引起的，由这方面原因引起的成分变化，可能要从另一个方面去解决。

根据上述特点，采用数学模型与知识模型相结合的控制方法，建立了基于预报的烧结矿化学成分控制专家系统，其流程图见图 9-3。

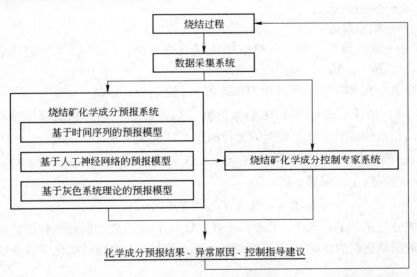

图 9-3 基于预报的烧结矿化学成分控制专家系统

9.1.2.1 烧结矿化学成分预报模型

预报烧结矿化学成分的方法包括时间序列模型法、人工神经网络法和灰色模型法。

A 时间序列预报模型

应用现代控制理论的观点，在观察和分析问题时撇开其复杂的内部机理，将烧结过程看作一个"灰箱"系统（如图 9-4 所示），根据大量可采集到的系统随时间变化的输入输出数据，利用系统辨识的方法，建立时间序列模型。过程的动态特性表现在它变化着的输入输出数据中，因此可利用这些数据通过不断修正模型的参数以适应系统随时间的变化，分别建立烧结矿化学成分 R、TFe、SiO_2、CaO、MgO 和 Al_2O_3 的自适应预报模型。

图 9-4 烧结过程的"灰箱"模型

多输入单输出（MISO）的 CAR(n）模型表示为式（9-2）：

$$A_{ik}(z^{-1})y_i(k) = \sum_{j=1}^{m_i} B_{ijk}(z^{-1})u_{ij}(k)z^{-d} + e_i(k) \qquad (9-2)$$

其中： $A_{ik}(z^{-1}) = 1 + a_{il}(k)z^{-1} + \cdots + a_{i1}(k)z^{-1} + \cdots + a_{in_i}(k)z^{-n_i}$

$B_{ijk}(z^{-1}) = b_{ij0}(k) + b_{ij1}(k)z^{-1} + \cdots + b_{ijl}(k)z^{-1} + \cdots + b_{ijn_{ij}}(k)z^{-n_{ij}}$

式中 $y_i(k)$——系统输出数据；

$u_{ij}(k)$——系统输入数据；

$e_i(k)$——零均值高斯白噪声；

d——时滞；

a_{il}，b_{ijl}——模型参数；

n_i，n_{ij}——模型阶数；

m_i——输入数据个数，以烧结矿化学成分为例，$i = 1 \sim 5$，分别代表 R，TFe，SiO$_2$，MgO，Al$_2$O$_3$。

所谓预报就是在 k 时刻根据已知的观测值 $y_i(k)$，$\cdots$，$y_i(k-n_i+1)$ 及 $u_{ij}(k)$，$\cdots$，$u_{ij}(k-n_i-d+1)$ 估计未来 $k+d$ 时刻的输出值 $\hat{y}_i(k+d/k)$，称作超前 d 步预报。这种未来时刻的输出预报值应当是已知数据的某种函数，可表示成下式：

$$\hat{y}_i(k+d/k) = f_i(y_i(k),\cdots,y_i(k-n_i+1),u_{ij}(k),\cdots,u_{ij}(k-n_{ij}-d+1)) \qquad (9-3)$$

它使得准则函数 J 达到最小值。

$$J = E\{[y_i(k+d) - \hat{y}_i(k+d/k)]^2\} \qquad (9-4)$$

烧结矿化学成分（R，TFe，SiO$_2$，CaO，MgO，Al$_2$O$_3$）预报模型的输出数据是各成分的化验值，输入数据是它们的影响因素。在实际生产过程中，影响烧结矿化学成分的主要因素是原料参数。

时滞 d 是根据实际生产系统确定的。以我国某烧结厂为例，根据该厂工艺流程及工序设备联系情况，计算从配料工序到成品取样所需时间如表 9-2 所示。

表 9-2 从配料工序到成品取样所需时间

类 别	最长时间/min	最短时间/min	平均时间/min	类 别	最长时间/min	最短时间/min	平均时间/min
皮带输送机	12.79	12.79	12.79	烧结时间	32.61	20.50	26.56
一次混合	2.32	2.32	2.32	冷却时间	88	71	79.5
二次混合	3.23	3.23	3.23	总时间	149.33	110.78	130.06
矿槽储矿	10.38	0.94	5.66				

从表 9-2 可知，从配料工序到成品取样的总时间最长为 149.33min，最短为 110.78min，平均为 130.66min，接近 2h，所以取时滞 $d=1$。

确定模型阶数的方法很多，比较常用而简单可靠的方法有最终陡峭下降准则、F 检验准则法和 AIC（Akaike's Information Criterion）准则法等三种。本研究采用 F 检验法来确定模型阶数。F 检验准则法是一种常用的统计检验法，用以判断当模型阶数变化时相应的损失函数的变化是否显著。

B 人工神经网络预报模型

人工神经网络是一种应用类似于大脑神经突触连接的结构进行信息处理的数学模型。神经网络由大量的节点（或称神经元）之间相互连接构成。每个节点代表一种特定的输出函数，称为激励函数（activation function）。每两个节点间的连接都代表一个对于通过该连接信号的加权值，称之为权重。典型的神经网络结构如图 9-5 所示。

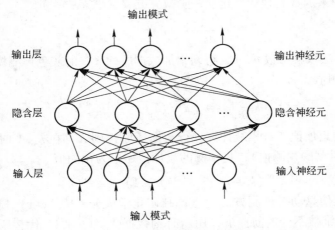

图 9-5 人工神经网络结构图

应用人工神经网络方法建立烧结矿化学成分预报模型，可以避开复杂的数学建模过程，实现预报系统输入参数与化学成分的非线性映射，利用神经网络的自适应、自学习能力跟踪系统的动态变化。

这里采用应用较多的三层前馈神经元网络（简称 BP 网络）建立烧结矿化学成分预报模型。模型建立分为网络的初始化训练和自适应学习两部分。

网络的初始化训练：用一系列输出数据（烧结矿化学成分）和输入数据（影响烧结矿化学成分的原料参数）作为训练样本，根据网络结构学习算法对网络进行训练，分别对不同的化学成分进行建模。初始化训练主要是确定模型的隐形节点和模型阶数，进而确定适宜的网络结构。

网络的自适应学习：就是在使用过程中根据实时采集的生产数据不断地更新网络的连接权、阈值，使预报模型能及时跟踪烧结过程的动态变化。

在实际应用中，为了满足预报的实时性要求，应尽可能用较少的样本来进行自适应学习，学习采用后台运行方式。

C 灰色预报模型

灰色系统理论以"部分信息已知，部分信息未知"的"小样本、贫信息"不确定性系统为研究对象，从已知数据中提取有价值信息，实现对系统运行行为的正确描述和预测。

用灰色系统理论建立烧结矿化学成分预报模型时，可抛开影响烧结矿化学成分的因素，只根据现在和过去的烧结矿化学成分检测值预测将来的成分。在实际烧结生产中，会存在短期调整或更换配矿方案的可能性，灰色建模少样本的特点可保证预测模型的实效性。

灰色预报模型 $GM(1, 1)$ 的建立包括以下四个步骤：

（1）将烧结矿化学成分历史数据序列 $\{X^{(0)}(k)\}$ $(k = 1, 2, 3, \cdots, n)$ 进行一次累加，生成累加序列 $\{X^{(1)}(k)\}$ $(k = 1, 2, \cdots, n)$。

$$X^{(1)}(k) = \sum_{k=1}^{i} X^{(0)}(k) \qquad k = 1, 2, \cdots, n \qquad (9-5)$$

（2）对生成的累加数据列 $X^{(1)}$ 建立一阶微分方程（状态方程）。

$$\frac{dX^{(1)}(t)}{dt} + aX^{(1)} = b \qquad (9-6)$$

利用最小二乘法求解参数 a、b，得到累加数据序列 $X^{(1)}$ 的灰色预测模型，即 $X^{(1)}$ 序列在 $k+1$ 时刻的预测值。

$$X^{(1)}(k+1) = \left(X^{(0)}(1) - \frac{b}{a}\right)e^{-at} + \frac{b}{a} \qquad (9-7)$$

（3）将预测的累加值通过累减计算进行数据还原得到 $X^{(0)}$ 在 $k+1$ 时刻的估算值（即化学成分在 $k+1$ 时刻的预测值），将预测的累加值还原为预测值。

$$\hat{X}^{(0)}(k+1) = \hat{X}^{(1)}(k+1) - \hat{X}^{(1)}(k) \qquad (9-8)$$

（4）采用等维信息动态预测方法建立烧结矿化学成分 $GM(1, 1)$ 模型，即在保持原始建模数据序列的维数不变的前提下，用新时刻数据 $X^{(0)}(n+1)$ 代替所选用数据中最老数据 $X^{(0)}(1)$，用新数据组 $\{X^{(0)}(i)\} = \{X^{(0)}(2), X^{(0)}(3), \cdots, X^{(0)}(n+1)\}$ 重新估计参数 $A = [a, b]^{T}$，不断循环，使模型得到修正。这样始终保持模型都是用最新的数据来建立，从而保证预测结果的可靠性。

9.1.2.2　烧结矿化学成分控制专家系统

A　烧结矿化学成分的控制策略

烧结矿化学成分的控制主要是控制各成分的稳定性，波动范围越小越好。因为化学成分大的波动会引起冶炼时炉况的波动，尤其是 R 和 TFe，所以烧结矿化学成分控制以 R 和 TFe 为主，R 和 TFe 满足生产要求，其他成分未满足要求，可不进行调整；R 和 TFe 不满足生产要求，即使其他成分满足要求，也要进行调整。

烧结矿 R 的波动，有以下两方面的原因：（1）CaO 含量的波动引起的 R 波动。CaO 含量的波动都是由熔剂下料量波动引起的。（2）SiO_2 含量波动引起的 R 波动。SiO_2 含量波动一种情况是由于混匀矿配料不准及中和效果差等原因所引起的混匀矿成分波动，另一种情况是由于混匀矿下料量波动引起的。

烧结矿 TFe 的波动，主要由于中和料配料不准和其下料量波动所引起。

同时，中和料化学成分的波动及其流量的波动会引起 FeO 和 MgO 含量的波动，而 FeO 含量又受燃料量的影响，MgO 含量受菱镁石流量的影响。

从以上分析可知，仅根据某一种成分的状态来分析原因是不可能的，必须利用专家的经验知识，综合分析各成分的状态，才能找到真正的原因。

为了实现 R 和 TFe 的优化，同时为了避免出现大的波动，也为了减小预报误差的影响，采用以 R 和 TFe 状态及其变化趋势（由过去值、现在值和将来值决定）为调整依据，以"保证合格品，力争一级品"为调整原则。

（1）当 R 太高（或太低），TFe 太高（或太低）时，无论其他成分状态如何，R 和 TFe 都要进行调整。

（2）当 R 太高（或太低），TFe 较高（或较低）时，重点考虑调整 R，TFe 根据变化趋势决定调整与否，当 TFe 的预报值、现在值和过去值变化趋势一致时，调整 TFe，当变化趋势不一致时，暂不做调整。

（3）当 R 太高（或太低），TFe 适宜时，重点考虑 R 的调整。

（4）当 R 较高（或较低），TFe 太高（或太低）时，重点考虑调整 TFe，而 R 根据变化趋势决定调整与否。

（5）当 R 较高（或较低），TFe 较高（或较低）时，分别根据 R 和 TFe 的变化趋势决定它们是否调整。

（6）当 R 较高（或较低），TFe 适宜时，根据 R 的变化趋势决定是否调整。

（7）当 R 适宜，TFe 太高（或太低）时，重点考虑 TFe 的调整。

（8）当 R 适宜，TFe 较高（或较低）时，根据 TFe 的变化趋势决定是否调整。

（9）当 R 适宜，TFe 适宜时，无论其他成分状态如何，都不做任何调整。

B 烧结矿化学成分的状态描述

烧结矿化学成分可分为优化区间（记为 0），可行区间（优化区间上限与可行区间的上限之间的区间记为 +1，优化区间下限与可行区间下限之间的区间记为 −1）及异常区间（超过可行区间上限的区间记为 +2，超过可行区间下限的区间记为 −2），如图 9−6 所示。优化控制的目标就是由可行区间获得优化区间。

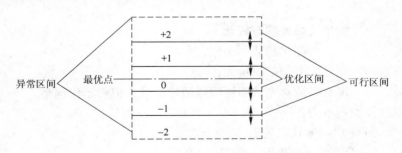

图 9−6 参数区间划分图
↔边界点可变

烧结矿化学成分的最优点就是各成分的规格，其区间边界根据一级品、合格品和出格品的指标标准而定的。例如：TFe 波动在 ±0.50% 范围内为一级品，波动在 ±0.75% 范围内为合格品，超出 ±0.75% 范围为出格品，则 TFe 的各区间边界分别为 +0.5%，−0.5%，+0.75%，−0.75%。进而将其分为五个状态，以 TFe 为例，其状态描述如表 9−3 所示。

表 9-3 烧结矿化学成分 TFe 状态描述

区间代号	+2	+1	0	-1	-2
状态描述	太高	较高	适宜	较低	太低
区间范围	> +0.75	+0.75 ~ +0.5	+0.5 ~ -0.5	-0.5 ~ -0.75	< -0.75

C 知识表示和推理机

a 知识表示

烧结矿化学成分控制专家系统的知识包括生产数据、事实、数学模型、启发性知识等，所以采用了产生规则、谓词逻辑和过程表示相结合的混合知识表示模式。

生产数据：如烧结矿化学成分的 TFe、SiO_2、CaO 含量等，采用谓词逻辑作为统一的描述形式：

$$谓词名（对象1，<\cdots，对象 n>，<.\ 时间>，数值）$$

其中，$<\cdots>$ 为可选项，后同。

事实：反映生产状况和工艺特点等事实，也采用谓词逻辑统一表示。

例如：

"石灰石流量大" 描述为：

fact（"石灰石流量大"）

数学模型：其表示就是描述模型求解方法。数学模型的过程表示形式为：

$$过程名（<代码>，<变量>）：—过程体。$$

其中，过程体还可以调用其他过程。

启发性知识：是烧结领域专家在长期生产实践中积累的经验知识，主要用于判断生产状况、分析原因和确定控制指导，其过程总体上具有产生式规则的形式，即由条件推出相应的结论，所以启发性知识以产生式规则表示。其一般形式为：

$$规则名（规则号，条件部分，结论部分）$$

例如：

如果　碱度状态较低，

　　　变化趋势不一致，

而且　混匀矿流量大；

那么　请首先查明原因以消除故障；但暂不作调整。

这个启发性知识表示为：

rule（4，2，fact（"碱度状态较低"），

　　　　fact（"变化趋势不一致"），

　　　　fact（"混匀矿流量大"），

　　　　measure（"请首先查明原因以消除故障；但暂不作调整"））。

b 推理机

推理机的功能是根据一定的推理策略从知识库中选择有关知识，对用户提供的证据进行推理，直到得出相应的结论为止。

烧结矿化学成分控制专家系统首先根据采集的实时生产数据，判断各参数的状态，然后分析各参数的状态，找出原因；最后根据状态及原因给出控制指导。所以，其推理是一

个多级目标推理过程。状态判断、原因分析和控制指导这三个级目标之间采用过程化推理。每个级目标推理所需的前提条件是已知且充分的，所以各级目标采用正向推理。也就是说，总目标推理机采用过程化推理，各级目标推理采用同一正向推理机。

因此，系统采用过程化推理、正向推理和黑板相结合的混合推理控制策略。推理机结构如图9-7所示。

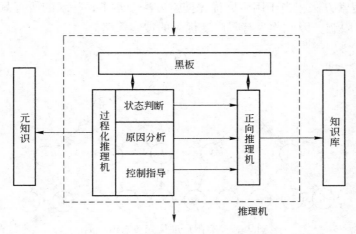

图9-7 烧结过程控制专家系统推理机结构

以烧结矿化学成分的原因分析推理为例（见图9-8），来分析烧结矿化学成分控制的推理特点。

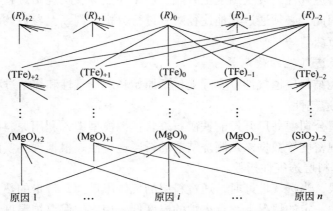

图9-8 烧结矿化学成分的原因分析推理树

（（＊）$_i$ 表示成分 ＊ 处于代号为 i 的状态）

分析烧结矿化学成分的原因首先从 R 出发。R 有五个状态，且在某一时刻它只处于某一个状态。在 R 处于某一状态下，TFe 可能有五种状态存在，但针对某时刻的具体生产数据，它只有一种存在状态；SiO_2、CaO、MgO、FeO 等成分的情况依次类推，如在某一时刻其推理路线可能为：

$$(R)_0 \rightarrow (TFe)_{-1} \rightarrow \cdots \rightarrow (MgO)_0 \rightarrow \text{原因} i$$

根据上述特点,提出了一种称为有限广度优先的搜索策略,其搜索树示例如图 9 - 9 所示。

　　其搜索过程为:首先搜索节点 1,如成功则搜索下一层高度的节点 2_1 和 2_2,如果 2_1 成功,则默认 2_2 失败,且认为节点 3_3、3_4、3_5、4_6、4_7、4_8、4_9 和 4_{10} 均失败;接着搜索再下一层的节点 3_1 和 3_2,若 3_1 失败,则搜索 3_2;若 3_2 成功,则下一层要搜索的节点只限于 4_4 和 4_5。这种搜索方法相当于用广度优先搜索方法搜索了每一层的所有节点,但是在节点的广度上进行了限制,因此称为有限广度优先的搜索策略。

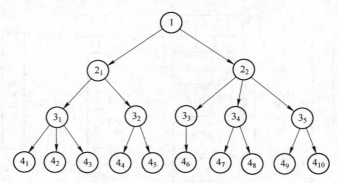

图 9 - 9　有限广度优先搜索树示例

9.1.3　烧结过程状态的控制

9.1.3.1　烧结过程状态的软测量模型

　　目前,混合料透气性、废气温度上升点、烧结终点等反映烧结过程状态的参数还难以实现在线检测。因此,必须通过其他途径对其进行分析、判断。参数的软测量技术是解决此类问题的有效方法。

　　A　烧结料层透气性的软测量

　　通常所说的烧结料层透气性,实际上包括原始料层透气性和烧结过程透气性。

　　a　原始料层透气性

　　日本住友金属公司鹿岛厂开发的铁矿石综合模拟模型中,利用原料的粒度组成、制粒水分和料层中的视密度等数据来预测烧结前的料层透气性。根据现场实际生产情况,可利用 Voice 公式计算料层透气性指数。

　　在点火保温段,当透气性好时,通过料层的气体流量大,带走的热量相对就多,在点火煤气流量和压力一定的情况下,点火炉的温度低,相应的保温炉温度也低,而下部风箱的废气温度高,在抽风量一定的情况下,风箱负压低;相反,当透气性差时,气体难以通过料层,废气带走的热量低,热量集中在上部料层,使点火炉温度高,保温炉温度高,相应的风箱温度低,而风箱负压高。但是,因为点火温度还受点火煤气流量、压力的影响,煤气流量和压力的变化反映到点火温度的变化又存在时间滞后,不能完全反映料层透气性的变化;而且有些烧结厂有点火温度的局部控制,保证了点火温度的稳定。此处提出以点火、保温段对应的风箱温度、负压以及保温炉温度作为评判因子,采用模糊综合评判的方法对透气性进行评判。

b 烧结过程透气性

烧结状态参数可以直观地反映当前过程透气性的状况。因此，烧结过程透气性可采用状态参数根据专家经验直接判断烧结过程透气性。

透气性好，气体容易通过烧结料层，因此，通过料层的风量（Q）增大，垂直烧结速度（$v_\perp$）提高，烧结终点（BTP）超前，废气温度（T）升高，主管负压（Δp）降低；反之，透气性差，料层阻力增大，那么，Q 减小，$v_\perp$ 降低，BTP 滞后，T 降低，Δp 升高。所以，透气性状况对 Q、$v_\perp$、BTP、T 和 Δp 均有影响，即上述参数可以从不同侧面反映透气性的状况，可以用上述状态参数判断透气性的状态。但由于 Q 除了受透气性影响外，还受到漏风率的影响；T 的波动主要受 BTP 的影响，此外，还受漏风率、季节以及碳水平的影响，因此这两个参数不宜作为判断透气性的参数。基于上述基本思想，应用专家系统技术，建立了通过 $v_\perp$、BTP 预报值和 Δp 来综合判断透气性的规则库。

日本川崎钢铁公司开发的烧结过程操作指导系统（OGS）中，应用主抽风机的压力、风箱处的最高温度和烧结终点等参数的预报值，来评定透气性。

B 烧结过程热状态的软测量

描述烧结过程热状态的方法比较多，归结起来可分为烧结废气温度法、台车侧板温度法、烧结料层温度场模拟模型以及机尾卸料区热像法等。目前应用比较多的是烧结废气温度法。

下面主要介绍烧结废气温度法和台车侧板温度法。

a 烧结废气温度法

废气温度法是根据各个烧结风箱内热电偶检测到的废气温度来拟合曲线，根据计算得到的特征点来描述热状态。最早且常用的方法是烧结终点（Burning Through Point，BTP），之后又提出烧结废气温度上升点（Temperature Rising Point，TRP），烧结拐点（Burning Rising Point，BRP）和热状态识别等方法。其定义见图 9-10。TRP 是指烧结料层的水分全部干燥完毕，由湿料带向干燥预热带转换的点，位于烧结机的中部位置；BRP 是指烧结料层

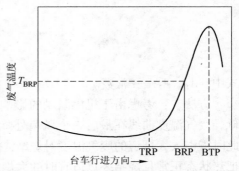

图 9-10 烧结废气温度曲线特征点示意图

由干燥预热带向燃烧带转换的点，位于烧结机中后部位置；BTP 是指烧结废气温度的最高点，位于烧结机尾部。

烧结终点（BTP）———一般认为 BTP 应当控制在倒数第二个风箱的位置，通常采用最后 3~5 个风箱内的废气温度拟合二次曲线。

$$T = ax^2 + bx + c \tag{9-9}$$

式中　T——风箱温度，℃；

　　　　x——风箱号或位置，WB 或 m；

a，b，c——系数。

将上式进行微分，并将含有最高温度点在内的三个风箱的温度点（x_1，T_1）、（x_2，T_2）、（x_3，T_3）代入上式中，求解系数 a、b、c，则可得到二次曲线的峰点坐标为 x_m，如下式所示，该峰点坐标即为烧结终点的理想位置。

$$x_{\mathrm{m}} = x_2 + \frac{T_3 - T_1}{2(2T_2 - T_1 - T_3)} \qquad (9-10)$$

然而由于料层不均匀和漏风等不良因素的影响，会出现废气温度测定值不准确，判断的烧结终点失真等问题。为此，可采用如下方法进行修正。

方法一：考虑对惯性测量元件作超前校正，则烧结终点的计算公式变为：

$$x'_{\mathrm{m}} = x_2 + \frac{T'_3 - T'_1}{2(2T'_2 - T'_1 - T'_3)}$$

$$T'_n = T_n + t_{\mathrm{d}} \frac{\mathrm{d}T_n}{\mathrm{d}t} \qquad n = 1 \sim 3 \qquad (9-11)$$

$$t_{\mathrm{d}} = t_{\mathrm{m}}$$

式中　x'_{m}——考虑了温度的超前校正的烧结终点位置；

　　　T'_n——废气温度的超前校正值，℃；

　　　T_n——热电偶直接测量出的废气温度值，℃；

　　　t_{d}——超前校正的微分时间常数，s；

　　　t_{m}——热电偶的传热时间常数，s。

而烧结终点（x'_{m}）的计算公式只适用于烧结过程稳定的条件，但当烧结终点严重失真时，温度曲线 $T(t)$ 会表现为随时间 t 大幅波动；当料层不均匀时，$T(t)$ 曲线呈传递规律波动；当风箱漏风不均匀时，$T(t)$ 曲线呈不规则偶发性波动，所以需对上式进行约束：

$$\left| \frac{\Delta T}{\Delta t} \right| \leqslant A_1$$

$$\left| \frac{\Delta P}{\Delta t} \right| \leqslant A_2 \qquad (9-12)$$

式中　A_1，A_2——常数。

方法二：考虑由于机尾漏风的影响，最后一个热电偶的废气温度检测值要比实际值低，废气温度曲线在最后一个风箱处降低，曲线出现极值，但是实际上料层可能未烧透。此时需引入大烟道的废气温度对烧结终点判断值进行反馈修正，确保判断准确性。方法是把热状态正常且烧结终点适宜时的大烟道废气温度作为标准值，将大烟道废气温度检测值与大烟道废气温度标准值的偏差 ΔT 经加权后，按下式修正烧结终点判断值 BTP$_0$，得到烧结终点的修正值 BTP$_{\mathrm{M}}$，加权因子 α 取经验值 0.02。

$$\mathrm{BTP_M} = \mathrm{BTP_0} - \alpha \Delta T \qquad (9-13)$$

方法三：如果由于料层透气性在烧结机台车纵向上分布不均匀，或者因设备缺陷而造成台车纵向上某一点或某一风箱漏风严重，使得某一风箱的废气温度异常，此时会出现最高温度，但该点并非烧结终点，风箱的温度曲线不是凸形的。为了提高系统的鲁棒性，当系统判断出风箱废气温度出现异常时，则以温度最高点作为烧结终点位置。

烧结废气温度上升点（TRP）：根据风箱废气温度检测值，拟合出多项式（式 9-14）。n 的值可根据历史数据，用 CurveExpert 软件拟合确定，$a_0 \sim a_n$ 根据在线检测数据实时确定。

$$T_{\mathrm{g}} = a_0 + a_1 X + a_2 X^2 + \cdots + a_n X^n \qquad (9-14)$$

为了避免机尾漏风对废气温度产生的影响，对符合 n 次多项式关系拟合的烧结废气温度曲线的测点数据进行了选择。先对中部各测点温度进行一定的判断，若 $T(X_2) - T(X_1)$ < T_c，且 $T(X_3) - T(X_2) > T_c$，则以 X_2 为中心，两边各取 2 个测点温度，再对这 5 个测点数据进行曲线拟合，然后计算曲线斜率为某一定值的实数解作为 TRP 的值。T_c 根据实际生产情况取值，一般取 $10 \sim 20$℃。由于多项式有可能存在多个实数解，为了确定符合实际情况的 TRP 值，设置了一定的求解范围，即根据前面的判断设为 $[X_1, X_3]$。

烧结拐点（BRP）：日本的 R. Nakajima 等人提出了 BRP 这一概念，他们是用烧结机倒数几个风箱（倒数第一个风箱除外）内的废气温度拟合二次曲线，然后将曲线某一温度所对应的位置作为 BRP 的值。根据烧结生产状态不同，BRP 的设定温度会有所区别。例如，日本 R. Nakajima 等人提出 BRP 是 250℃所对应的风箱位置；太钢 660m^2 的烧结机共有 31 个风箱，其 BRP 的设定温度为 180℃。

b 台车侧板测温法

烧结机台车侧板温度的测量方法是在台车侧板两侧安装非接触式红外线温度扫描仪，沿竖向连续扫描采集侧板的温度，其布置如图 9-11 所示。每台温度扫描仪理论上从上至下可以采集无穷个温度点，可根据需要确定。

风箱台车侧板的温度曲线如图 9-12 所示。可见，烧结料层上部（测温点 6-10）侧板温度变化平缓，在测温点 10 左右有一拐点（图中用小椭圆标出），之后侧板温度迅速上升，在测温点 6 左右出现第二个拐点（图中用小椭圆标出），之后温度升高缓慢，温度达到最高点后温度降低。其与烧结料层温度的变化趋势是相似的：在湿料带（混合料带和过湿带），料层温度变化缓慢，在湿料带与干燥预热带之间存在明显的拐点，进入干燥预热带后，温度迅速升高，此后升温速率降低，即进入燃烧带，直到温度的最高点后，进入烧结矿带，温度降低。因此，可以通过侧板温度曲线的特征来判断料层温度的变化特征。

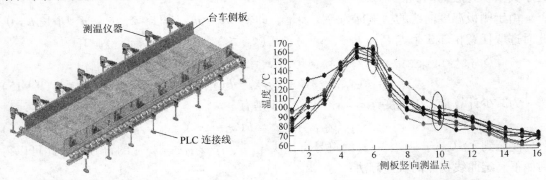

图 9-11 侧板测温系统布置示意图　　　　图 9-12 台车侧板温度曲线

利用侧板温度划分料层各带的方法示意如图 9-13 所示。在图中，纵坐标 r 定义为带宽系数，表示各带的温度区间占整个温度区间（最高温度与最低温度的差值）的比例系数，取值范围为 $0 \sim 1.0$。

通过图中的拐点 1、拐点 2 和最高温度点可以将一条温度曲线分为 4 个区间，温度曲线的划分如下：

（1）湿料带与干燥预热带温度分界点：$T_1 = T_{min} + (T_{max} - T_{min}) \times r_1$；

（2）干燥预热带与燃烧带温度分界点：$T_2 = T_{min} + (T_{max} - T_{min}) \times r_2$；

（3）燃烧带与烧结矿带分温度界点：$T_3 = T_{min} + (T_{max} - T_{min}) \times r_3$。

式中 T_{max}——侧板温度的最大值，℃；

               T_{min}——侧板温度表示的湿料带、干燥预热带和燃烧带的温度最小值，℃；

   r_i（$i=1$，2，3）——各带的带宽系数，取值范围为 $0 \sim 1.0$。

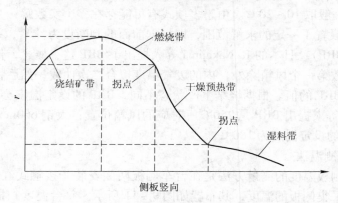

图 9-13   利用侧板温度划分料层方法示意图

由图 9-13 可知，带宽系数是与拐点位置直接相关的，因此，准确计算曲线拐点是关键。

因为侧板温度曲线没有具体的函数表达式，不能通过对函数求导的方法来计算拐点。拐点是曲线凹凸交界点，不在同一直线上的 3 点可以确定此段曲线的凹凸性。因此，要获得曲线拐点信息至少需要 4 个点，对连续 4 个点中的第 3 个点进行拐点的判断。由于凸（或凹）曲线是其所有切线的包络线，因此，在较小的范围内，凸（或凹）曲线上的点都处于其上切线族的同侧。

由于侧板温度曲线的横坐标为等距递增，即 $x_i = x_1 + ih$，$i = 1$，2，…，n，步长 $h > 0$，此时选取任意相邻 3 个点 $P_{i-1}(x_{i-1}, y_{i-1})$，$P_i(x_i, y_i)$，$P_{i+1}(x_{i+1}, y_{i+1})$，有

$$S_{i-1,i}(x_{i+1}, y_{i+1}) = (x_i - x_{i-1})(y_{i+1} - y_{i-1}) + (y_{i-1} - y_i)(x_{i+1} - x_{i-1})$$
$$= h(y_{i+1} - 2y_i + y_{i-1}) = h(y_{i+1} - y_i) - (y_i - y_{i-1}) \qquad (9-15)$$

为减少计算量，引入变元 $z_i = y_i - y_{i-1}$，于是有

$$S_{i-1,i}(x_{i+1}, y_{i+1}) = h(z_{i+1} - z_i) \qquad (9-16)$$

注意到 $h > 0$，于是 $z_{i+1} - z_i$ 的符号可以决定 $S_{i-1,i}(x_{i+1}, y_{i+1})$ 的符号，因此可以得到如下确定曲线拐点的快速算法：

（1）计算 $S_{12}(x_3, y_3)$ 并将其存储在变量 $S1$ 中，即 $S_{12}(x_3, y_3) \Rightarrow S1$；

（2）对 $i = 3$，4，…，n，将 $S_{i-1,i}(x_{i+1}, y_{i+1}) \Rightarrow S2$，如果 $S1 \cdot S2 < 0$，则 $P_i(x_i, y_i)$ 是拐点，记录此点 $P_i(x_i, y_i)$，然后替换 $S1$ 的值，即 $S2 \Rightarrow S1$，进行下一个点的判断；

（3）循环直到 $i = n-1$，算法结束。

综合考虑红外线扫描仪本身的采集温度和系统实时读取数据及计算的能力。将测温点分成 32 层，图 9-14 为根据侧板测温计算的烧结料层各带的分布图。可见，各带厚度的变化比较平滑，达到了预期的要求。

9.1.3.2   烧结过程状态的预报模型

由于烧结过程存在时间上的滞后，所以烧结终点等状态参数都需要提前预报。

图 9 – 14 基于侧板测温计算的烧结料层各带的分布

A 基于数学模型的状态预报

在日本川崎钢铁公司水岛厂开发的诊断型烧结操作控制专家系统中，烧结终点的预报包括长期预报（约30min）和短期预报（约10min）。长期预报是由原料透气性来预报烧结终点，主要考虑原料配比的变化、矿槽原料的偏析和混合料水分变化等；短期预报是由温度上升点的风箱废气温度来预报。在日本川崎钢铁公司开发的烧结过程操作指导系统（OGS）中，根据原始料层透气性，应用自回归模型，分别对主抽风机的压力、风箱处的最高温度和烧结终点等参数进行了提前预报。美国的 Richard C. Corson 提出，根据废气温度开始上升点处（靠近烧结机中部的风箱）的温度前馈控制烧结终点。北京科技大学的郗安民等提出根据烧结机中部 11 号风箱的废气温度前馈控制烧结终点。韩国的 Cho B – K 等认为，采用在拐点前区域废气温度比最高温度控制布料分道闸板，可使时间滞后大大缩短。

目前，常用于烧结过程状态预报的建模方法主要有：时间序列建模方法、人工神经网络建模方法和支持向量机建模方法等。时间序列模型和人工神经网络模型的算法参见9. 1. 2. 1 节。

支持向量机（support vector machines，SVM）方法是建立在统计学习理论和结构风险最小原理基础上的，根据有限的样本信息在模型的复杂性（即对特定训练样本的学习精度）和学习能力（即无错误地识别任意样本的能力）之间寻求最佳折中方案，以求获得最好的推广能力。

支持向量机与人工神经网络类似，都是学习型的机制；与传统的神经网络相比，SVM具有以下几个优点：

（1）SVM 是专门针对小样本问题而提出的，可以在有限样本的情况下获得最优解；

（2）SVM 算法最终将转化为一个二次规划问题，从理论上讲可以得到全局最优解，从而解决了传统神经网络无法避免的局部最优的问题；

（3）SVM 的拓扑结构由支持向量决定，避免了传统神经网络需要反复试凑确定网络结构的问题；

（4）SVM 利用非线性变换将原始变量映射到高维特征空间，在高维特征空间中构造线性分类函数，这既保证了模型具有良好的泛化能力，又解决了"维数灾难"问题。

SVM 的关键在于核函数。只要选用适当的核函数，就可以得到高维空间的分类函数。在 SVM 理论中，采用不同的核函数将导致不同的 SVM 算法。

假设非线性模型为：

$$\hat{f}(x, \omega) = \omega \cdot \varphi(x) + b \tag{9–17}$$

设核函数 $k(x, x')$ 满足：

$$k(x, x') = \langle \varphi(x_i), \varphi(x_j) \rangle \tag{9-18}$$

对偶优化问题变为：

$$\min \frac{1}{2} \sum_{i,j=1}^{m} (a_i - a_i^*)(a_j - a_j^*) k(x_i, x_j) + \sum_{i=1}^{m} a_i(\varepsilon - y_i) + \sum_{i=1}^{m} a_i^*(\varepsilon + y_i)$$

$$\tag{9-19}$$

$$\text{s. t.} \begin{cases} \sum_{i=1}^{m} (a_i - a_i^*) = 0 \\ a_i, a_i^* \in [0, C] \end{cases}$$

最终可得：

$$\hat{f}(x) = \sum_{i=1}^{m} (a_i - a_i^*) + b \tag{9-20}$$

以烧结终点的短期预报为例，其预测模型结构如图9-15所示。

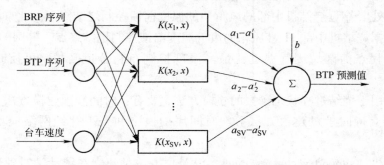

图9-15　基于支持向量机的烧结终点预测模型结构

B　基于专家系统的状态预报

长期的生产实践表明：在烧结生产正常，BTP稳定时，风箱温度曲线的拐点（称为正常拐点）稳定在某一风箱处，该风箱处的温度（称为正常拐点温度）稳定在一定范围内；当BTP变化时，正常拐点温度也随之而变化。所以，根据正常拐点的温度和BTP状况，可以实现对BTP的定性预报。

以烧结机风箱28个，正常拐点位置为19号风箱，正常拐点的温度为190℃左右为例，正常拐点的温度（T_{19}）和BTP的状态描述见表9-4。

根据烧结生产的经验，当烧结终点正常，19号风箱温度较高时，烧结终点将会超前；当烧结终点滞后，19号风箱温度较低时，烧结终点将会滞后。根据这一思想，采用以BTP和T_{19}为基础的二维矩阵，实现对烧结终点的预报（BTP'），见表9-5。

表9-4　烧结过程各参数状态描述

模糊集代码	+2	+1	0	-1	-2
BTP	太滞后	滞后	适宜	超前	太超前
T_{19}	太高	较高	正常	较低	太低

表 9 – 5　烧结终点预报矩阵表

BTP′		BTP				
		−2	−1	0	+1	+2
T_{19}	−2	0	+1	+1	+2	+2
	−1	−1	0	+1	+1	+2
	0	−1	−1	0	+1	+1
	+1	−2	−1	−1	0	+1
	+2	−2	−2	−1	−1	0

9.1.3.3　烧结过程状态的控制

烧结机分为纵向、横向和竖向三个方向。烧结过程竖向状态主要表现为烧结过程各带的厚度、移动速度等，其变化最终还是表现在纵向状态上。所以，这里将烧结过程状态控制分为纵向状态的控制和横向状态的控制。

A　烧结过程纵向状态控制

a　基于 BRP 的热状态控制

京滨烧结厂开发的烧结过程热状态控制系统中，利用烧结机台车速度与 BRP_t 的纵向位置二者的关系来控制台车速度，使 BRP_t 在烧结机长度方向上的位置保持稳定。

其计算公式如下。

$$\overline{BRP_t} = \sum_{i=1}^{5} BRP_{it}/5 \qquad \int_{-x}^{0} PS(t)\,dt = \overline{BRP_t} \tag{9-21}$$

$$\Delta PS_1 = \sum_{m=0}^{n} \left\{ F_{(1-m)} \cdot \left(\overline{BRP'} / \overline{BRP_{(1-m)}} - 1 \right) \cdot PS_{(1-m-1)} - \right.$$
$$\left. (1 - H_{(1-m-1)} \cdot \theta/\tau) \cdot \Delta PS_{(1-m-1)} \right\} \tag{9-22}$$

$$PS_l = PS_{(l-1)} + PS_l \tag{9-23}$$

式中　PS——台车速度目标值，m/min；

　　　　θ——输出周期，min；

　　　　t——烧结时间，min；

　　l，m——向过去的时间移位；

　　F，H——有限设定系统中的参数；

　　　　其他符号意义同前。

b　基于燃烧带模型的烧结终点控制

在烧结过程中，燃烧带的垂直推进速度和台车水平移动速度，决定烧结终点的位置。而作用在燃烧带的主要因素是主风机的负压和混合料的料层阻力，如图 9 – 16 所示，由此推导出燃烧带的模型如下：

$$\frac{d^2 x(t)}{dt^2} = -A + Bx(t) \tag{9-24}$$

式中　$x(t)$——燃烧带的位置，$x(0) = H$，$x(T) = 0$，$\dfrac{dx(0)}{dt} = 0$；

　　　　H——料层厚度；

t——时间（$t=0$ 时为初始时间，燃烧带到达料层底部所需的时间为烧透时间（BTT））；

A——主风机产生的压力，可用烧结机的总废气流量来表示，$A=aFR$；

B——混合料内部阻力，定义为装入混合料透气性的函数，$B=b/PR$；

a，b——稳定情况的预测参数；

FR，PR——偏离稳定废气流量和透气性的偏差，在稳定情况下，FR 和 PR 都等于 1。

因为在正常工艺条件下，参数 A、B 变化很慢且很小，所以可以假定 A 和 B 是与时间无关的函数，则方程（9-24）的解为：

$$x(t) = (H - A/B)\cos(\sqrt{B}t) + A/B \qquad (9-25)$$

台车速度总控制模型如图 9-17 所示。

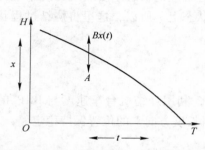

图 9-16　燃烧带与时间的关系

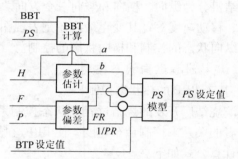

图 9-17　烧结机台车速度控制模型

c　烧结终点闭环控制数学模型

（1）全自动闭环控制模型：

$$PS = PS_0 + (x_m - x')PS_1 + KPS_2 \qquad (9-26)$$

式中　PS——闭环控制的给定速度，m/min；

PS_0——上一时刻的给定速度，m/min；

x_m——烧结终点的目标值；

x'——计算得到的做过超前校正的终点值（见 9.1.4.1 节）；

PS_1——终点偏差的单位给定速度，m/min；

PS_2——在反应趋势变化时的单位给定速度，m/min；

K——反应趋势，反映风箱温度曲线 $T(t)$ 的变化趋势：

$$K = \sum_{n=1}^{e_1} \Delta T_n / \Delta t \qquad (9-27)$$

（2）半自动闭环控制模型：

$$PS = K_1 PS_1 + (K_2 - 1)PS_2 + K_3 PS_3 + \Delta PS \qquad (9-28)$$

式中　PS——烧结机基准给定速度，m/min；

K_1——反应强度，℃，$K_1 = \overline{T}_{机尾}$；

PS_1——反应强度变化时的单位给定速度，m/（min·℃）；

K_2——烧结指标，$K_2 = \overline{T}_{机尾} / T_{机中部}$；

ΔPS——适当加入的人工干预值，m/min；

PS_2——烧结指标改变时的单位给定速度，$m/(\min \cdot ℃)$。

上述公式是按"模糊控制"原理，依据操作工人经验编制的基准速度估算模型，适用于初开机时作估算基准速度及在约束条件下作基准速度给定。

根据实际情况，自动交换两套控制模式实现烧结终点的闭环自动控制。

d　基于专家经验的烧结终点控制

日本川崎钢铁公司水岛厂开发的烧结操作诊断型专家系统中，包括烧结终点的 BTP 管理。BTP 管理功能包括正常 BTP 管理和非正常的 BTP 管理。

正常 BTP 管理

正常的 BTP 管理又包括实际 BTP 管理和预测 BTP 管理。通常用预测 BTP 管理进行 BTP 的控制，由于急剧的外部干扰等原因使实际 BTP 超过正常管理范围时，要立刻根据实际 BTP 管理进行控制的变动。BTP 的预测包括长期预测和短期预测，当 BTP 长期预测值超过要求上限时，要立刻采取减慢台车速度的操作，这是为了防止由于操作迟缓造成发生未烧透现象。当 BTP 长期预测值未超过要求上限时，根据短期预测值和实际 BTP 判断烧成状态，判断结果用 11 个级别来表示。总之，当 BTP 处于非正常状态时采取改变台车速度的措施。

非正常 BTP 管理

通过对过程值进行监视，来保证设备不被破损和烧损。非正常 BTP 管理功能以 1min 为周期分别对冷却温度、EP 温度及主风机负压等进行操作状态的诊断，当它们超过规定值时，采取紧急措施改变台车速度、主风机闸门开启度；然后分析出现异常的原因，进行操作指导。消除异常状况后，根据实际 BTP 的状况使排风机闸门开启度和台车速度逐渐恢复到正常操作水平，然后返回到 BTP 管理功能。

e　烧结过程纵向状态的模糊控制

从点火开始到烧结结束，烧结过程状态难以用同一个参数来描述，必须分别考虑各个阶段的状态。而同一时刻根据不同位置的状态会出现不同的控制结果，若只以某一阶段的状态进行控制，就可能出现误调整，所以要综合考虑。因此，本文根据烧结状态的特点，提出分段判断，综合协调的控制策略。

从点火开始到烧结结束的过程分成以下三个主要阶段：

（1）初始阶段：是指点火、保温阶段，这阶段主要反应混合料透气性的状态。通过混合料透气性的软测量模型进行计算。其计算结果可以用来预报后两个阶段的状态，同时也根据计算结果前馈控制混合料制粒水分和制粒效果。

（2）中期阶段：是指烧结过程进行到烧结机中部位置的阶段，它有两个反应参数，一是烧结废气温度上升点（TRP），另一个是烧结拐点（BRP）。这两个参数也是通过软测量模型计算，同时它们也可以通过原料透气性进行预报，而且也可以应用这两个参数预报烧结终点（BTP）。

（3）结束阶段：是指烧结过程即将结束，进行到烧结机尾部的阶段，主要反应参数是烧结终点（BTP）。BTP 可以通过原料透气性、TRP 和 BRP 进行预报。

根据烧结过程状态，采用模糊控制算法计算控制参数的调整量，再根据三个阶段的状态，对控制参数综合考虑，进行总体协调。用于控制烧结状态的参数包括：台车速度、混合料装料密度、料层高度、风机风门开口度等。

B 烧结过程横向热状态的控制

烧结过程横向热状态就是根据烧结机台车宽度方向不同点的 TRP、BRP 和 BTP 的计算值和预报值，判断横向烧结过程状态的均匀性。

日本京滨烧结厂根据台车下部间隔 1m 的 5 条废气温度曲线来确定 BRP_t 的横向分布，通过控制布料密度（由 5 个分段布料闸门的开度来控制）的横向分布来自动实现 BRP_t 沿台车宽度方向的均匀分布。布料厚度是用沿台车宽度方向安装的 5 个超声波料位计来检测的。主闸门控制台车宽度方向上的平均料量。圆辊布料器的转速由台车速度来控制。

计算公式见式（9-29）~式（9-31），其特点是横向 BRP_t 的分布是根据横向平均值的偏差来确定的，故避免了纵向 BRP_t 变化影响横向 BRP_t 的波动。

$$\delta BRP_t = BRP_t - \sum_{i=1}^{5} BRP_t / 5 \tag{9-29}$$

$$\Delta U_i = \sum_{i=1}^{5} G_{ij} \cdot (\delta BRP_j - \delta BRP_j') \tag{9-30}$$

$$U_{i,l} = U_{i,(l-1)} + \Delta U_{i,l} \tag{9-31}$$

式中　i, j——沿烧结机台车宽度方向的测点号（$i, j = 1 \sim 5$）；

　　δBRP_t——BRP_t 同其横向平均值的偏差；

　　$\delta BRP'$——BRP 同其横向平均值的偏差的设定值，为了横向均匀控制，$\delta BRP'$ 取为零；

　　U——布料厚度目标值，mm；

　　ΔU——布料厚度同目标值的偏差，mm；

　　G——由 δBRP 到 ΔU 的变换常数；

　　l——向过去的时间移位；

其他符号定义同前。

9.1.4 烧结过程异常状况诊断和能耗控制

9.1.4.1 烧结过程异常状况诊断

烧结生产是一个错综复杂、影响因素众多、大滞后的动态体系。一种异常现象的产生，必然伴随很多检测数据的波动或异常。为了缩小异常诊断的状态求解空间和特征空间，提高求解效率，将烧结生产中经常出现或对烧结生产有重要影响的异常作为典型异常，同时在诊断中只提取与这些典型异常有关的参数。特征参数的选取，主要是根据现场熟练操作人员的经验，并结合烧结理论知识来完成的，具体参数见表 9-6。

表 9-6　特征参数

工　艺	异 常 情 况	诊 断 依 据 数 据
配料	崩料、堵料、混料	矿槽下料量、皮带秤速度
混合	加水管堵	一混、二混加水量
	预热蒸汽压力低	蒸汽压力测量值、混合料料温
布料	堵料或堆料	泥辊转速、料层高度
	布料不均匀	风箱两侧温差
点火	表层烧结差	点火温度、点火强度
	点火温度过高或过低	炉膛负压、料层透气性指数

工 艺	异 常 情 况	诊 断 依 据 数 据
烧结	欠烧或过烧	烧结终点、机尾和主管废气温度
	燃料配比不足或过高	主管温度、烧结矿 FeO 预报值
	燃料粒度粗	焦粉粒度检测值、烧结终点位置
	风箱严重漏风	风箱温度和负压
	台车算条掉或有洞	铺底料槽料位、风箱温度、负压
	热筛卡料	卸矿槽料位
冷却	冷却效果差	环冷机烟气温度
成品处理	氧化亚铁超标	烧结矿 FeO 检测值、预报值
	返矿不平衡	冷、热返矿槽料位

通常，异常诊断方法可以分为基于系统数学模型的诊断方法、基于信号检测与处理的诊断方法和基于人工智能的诊断方法三大类。

烧结生产的特点决定了诊断系统难以建立精确的数学模型来实现。

由于生产过程中的动态信号（如矿槽下料量、加水量、小矿槽料位、泥辊转速、点火温度、炉膛负压、风箱温度、风箱负压等）携带了丰富信息，若采用基于信号检测与处理的异常诊断方法，通过信息处理，从时域和频域上得到如均值、方差等不同物理意义的特征参量来识别和评价异常状况时，存在着很大的不确定性。这种不确定性主要表现在动态信号的随机性和模糊性等两个方面。由于偶然因素干扰造成的不确定性称为随机性，一般用概率来处理；另一种不确定性的原因是由于事物内涵的多义性引起的，称为模糊性。在烧结生产异常状况的诊断中，异常状况原因和征兆表现之间大多不是一一对应的，呈现错综复杂的关系，从而导致诊断决策时会出现多义性。此外，在烧结生产过程状态监测中，仪器仪表与其他设备状态从正常到异常状况一般都有一个渐变过程，这时由于征兆的非典型表现也会出现判断的多义性。运用人工智能技术将现场专家的经验数学化表达，在计算机中进行处理，转化为可以为计算机所用的"知识"，是实现诊断烧结生产异常情况的有效途径。

根据工艺流程特点，将烧结生产异常诊断专家系统诊断模块分为四个诊断推理子模块：生产全程诊断子系统、配料混合诊断子系统、布料点火诊断子系统和烧结诊断子系统。

（1）配料混合诊断子系统。配料混合诊断子系统主要诊断配料的准确性和混合料水分的高低。配料准确与否，难以把握的主要是下料是否精准。系统根据配料矿槽的料位和下料量情况，诊断"崩料"、"堵料"、"混料"等异常情况，同时还可以判断下料是否均匀；此外，通过计算各原料的实际干配比，判断各原料的配比情况，为调节矿槽下料量提供依据。混合料水分适宜与否，主要靠加水量调节。根据各原料的含水量和配比，计算出适宜加水量和混合料水分实际值，判断混合加水情况。由于返矿平衡系数、热返矿平衡系数的诊断依赖于冷返矿和热返矿的矿槽料位，所以将返矿平衡异常的诊断纳入配料混合子系统的诊断范畴。

（2）布料点火诊断子系统。布料点火子系统主要诊断混合料料层的透气性和点火强度大小。作为烧结台车上烧结前的两个操作流程，布料是否均匀，料层透气性是否良好，点火强度是否适中直接影响烧结过程和能耗情况。系统根据混合料槽料位、泥辊转速、料层厚度、机头负压等诊断布料均匀情况和料层透气性好坏；根据煤气和空气的压力与流量、煤气热值等，诊断点火强度强弱；此外，通过诊断和理论计算，为操作调节提供参考。

（3）烧结诊断子系统。烧结子系统主要诊断烧结情况，如烧结拐点位置、终点位置、烧结速度、烧结时间等。系统根据各风箱的温度和压力、台车速度等诊断烧结异常情况，如"过烧"、"欠烧"等，同时，诊断风箱漏风、台车有洞等设备故障情况；根据冷却后烟囱温度，评价烧结矿冷却情况。

（4）烧结全程诊断子系统。生产全程诊断子系统主要根据各子系统的关键信息诊断整个生产过程的异常状况，它将整个生产流程以图形的方式表现出来，同时，生产过程中在线检测的主要工艺参数及变化趋势也能体现出来。当生产过程中任一环节出现异常情况时，在生产全程诊断子系统中都体现出来，给出简明扼要的异常提示、异常原因和调整措施。

9.1.4.2 返矿控制

在烧结过程中，烧结后的返矿再次被用作烧结料，烧结过程中的状态与其返矿率的变化是密切相关的。日本神户钢铁公司开发了返矿模糊控制系统。

（1）检查返矿槽位。首先对返矿槽位进行估计，倘若槽位超出了界限，就对返矿率进行调整，使之在限定的范围内。

（2）预测返矿的产量。如果返矿槽位在限定的范围内，就利用式（9-32）和式（9-33）预测某一时间 t 后的返矿产量。

$$x_2(t) = a_3 x_3(t) + (1 - a_3)x_2(t - \mathrm{d}t) \qquad (9-32)$$

$$Y(t) = [x_1(t) + x_2(t)] - R \qquad (9-33)$$

式中　Y——成品率和返矿率的平衡指数；

　　　x_1——每小时实际返矿率的平均值；

　　　x_2——成品率的修正值；

　　　x_3——每小时实际成品率的平均值；

　　　R——成品率和返矿率的和；

　　　a_3——修正系数；

　　　$\mathrm{d}t$——脉冲调幅（1min）。

（3）返矿槽位变化指数。设立一个返矿槽位变化的指数，实际返矿槽位通过下式来估计返矿槽位。

$$L(t) = bcL_1(t) - L_2(t) \qquad (9-34)$$

$$L_1(t) = a_1 L_3(t) + (1 - a_1)L_1(t - \mathrm{d}t) \qquad (9-35)$$

$$L_2(t) = a_2 L_3(t) + (1 - a_2)L_2(t - \mathrm{d}t) \qquad (9-36)$$

式中　L——返矿槽位系数；

　　　L_3——测得的返矿槽位；

　L_1，L_2——返矿槽位的修匀值；

　a_1，a_2——修匀系数；

　　　b——增益。

系数 a_1 是针对输送过程设定的，系数 a_2 的设定要满足 $a_2 < a_1$，那么 L_2 要设定成一个比 L_1 大的基本值，L_1 和 L_2 的不同就在于返矿槽位指数，这个指数意味着控制的目的不是为了将槽位稳定在一恒定值，而是将槽位稳定在一个基本的变化范围。

（4）返矿率控制的综合知识模型。表9-7列出了用于确定返矿率反应值的模糊规则表，它示出了最小的应变次数，因为只有当 Y 是正值（返矿量增加）及 L 减少时才会做出反应，而当 L 增加时，不做出反应。图9-18示出了返矿产量预测、返矿槽位变化指数及决定性反应变量后果的成员函数。

（5）控制知识的非线性表示。控制知识的非线性是通过成员函数图来表示的。例如，图9-18示出了返矿产量预测值的非线性估计，因为存在着 ZO（零）和 PS（正小）两种明显差别的标记。第二部分的成员函数图也表示反应值的非线性，因为提高返矿率的行动比降低返矿率的行动强烈。第三部分的成员函数图意味着返矿槽溢出的代价比空槽的代价大。

表9-7 返矿率控制规则

Y	L				
	NB	NS	ZO	PS	PB
NB	—	—	—	PS	PB
NS	—	—	—	—	PS
ZO	—	—	ZO	—	—
PS	NS	—	—	—	—
PB	NB	NS	—	—	—

注：L—返矿槽料位变化指数；Y—返矿率的估计指数；NB—负大值；NS—负小值；ZO—零；PS—正小值；PB—正大值。

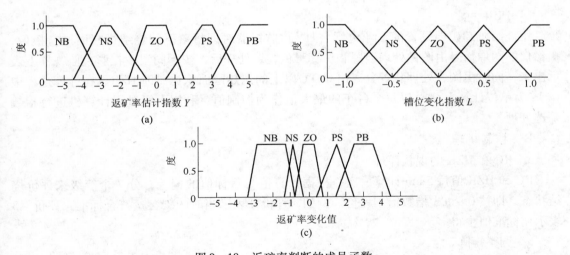

图9-18 返矿率判断的成员函数

（a）返矿率估计指数的成员函数图；（b）槽位变化指数的成员函数图；（c）返矿率控制的成员函数图

9.1.4.3 烧结能耗控制

日本川崎钢铁公司千叶厂在3号和4号烧结机上开发了烧结能耗控制系统（SECOS）。它是根据碳燃烧量（RC）和炽热区面积比（HZR）两个变量来判断烧结热量的波动，从而自动控制焦粉配比。

A RC 的推算与 HZR 的测定

a RC 的推算

RC 是根据烧结废气中 CO、CO_2 的浓度和废气流量计算总的碳含量，再减去点火炉混合煤气燃烧和混合料中碳酸盐分解产生的 CO_2 中的碳含量，再换算成焦粉配比。即：

$$RC = \left[V_{ex} \cdot (CO + CO_2) - V_{CaCO_3} - V_{Dolo} - V_{MG} \right] \times \frac{13}{22.4} \times \frac{1}{M \times FC} \times 100\%$$

$$(9-37)$$

式中　　V_{ex}——废气量（干），m^3/h；

$\quad\quad\quad V_{MG}$——混合煤气燃烧产生的 CO_2 量，m^3/h；

$\quad CO，CO_2$——废气中 CO、CO_2 的浓度，%；在分析时，考虑到集气管内废气偏流和废气中粉尘的不良影响，在烧结废气风机出口处设置采样管；

$V_{Dolo}，V_{CaCO_3}$——白云石、石灰石热分解产生的 CO_2 量，m^3/h；料槽排出的混合料在烧结机上烧结废气成分测定出结果，约有 30min 的滞后时间，因此石灰石、白云石用量需留有一定的跟踪时间才能用于计算；

$\quad\quad\quad FC$——焦粉中游离碳含量，%；

$\quad\quad\quad M$——混合料用量，t/h，

$$M = PS \times H \times W \times \rho \times 60 \quad\quad\quad (9-38)$$

$\quad\quad\quad PS$——烧结机运行速度的测定值，m/min；

$\quad\quad\quad H$——烧结料层高度的测定值，m；

$\quad\quad\quad W$——烧结机台车宽度，m；

$\quad\quad\quad \rho$——烧结机上混合料密度的计算值，m^3/h。

　　b　HZR 测定

用烧结机卸矿端设置的工业电视（ITV）监视器对即将落下的烧结饼断面进行摄像，摄像仪的图像信号由图像处理装置和仿真彩色装置处理后，按不同温度在彩色监视器上表示出来，同时由图像处理装置分离出 600℃ 以上的炽热区面积比，即 HZR。在计算过程中以 1s 为单位计算 HZR，以每个台车的最大值作为控制值，利用上级过程计算机进行指数筛选处理。

　　B　控制机理

　　a　RC 和 HZR 的现状评价

RC 和 HZR 值每 5min 计算一次，根据计算值与目标值的偏差，分 7 个等级来评价烧结状态，即按 0 ~ ±3 指数给予评价。例如，评价 0 表示当时的碳含量符合标准，评价 -3 表示比标准值少得多。

　　b　调整矩阵

根据 RC 和 HZR 各自的评价结果综合评价烧结热量水平。矩阵的综合评价 0 ~ ±3 表示所必需的焦粉调整量的大小和方向，只有 RC 和 HZR 出现同向偏差时才能选择调整值，以综合评价结果为基础计算焦粉配比的适宜值，作为下级 DDC 的焦粉供给量的设定值。

　　c　控制方法

因评价 RC 和 HZR 现状的 7 个等级的各自的临界值随操作水平、质量要求的变化而经常改变，所以采取了按常数和每 30min 计算一次标准偏差修正临界值的方法，RC 对碳波动响应迅速（约 30min），灵敏度高。HZR 由台车运行时间所引起的响应滞后时间长（约 85min），而且易受碳含量以外的因素影响，所以不适宜用于短时间急剧波动情况的检测。针对这种情况，该系统可以从通常的 RC 和 HZR 矩阵控制转换为 RC 单项控制。

9.2　球团生产过程的自动控制

近年来链算机—回转窑生产工艺发展迅速，目前在产量上位居铁矿氧化球团生产主导地位。所以，这里主要介绍链算机—回转窑的球团生产过程控制。

链算机—回转窑生产工艺由链算机、回转窑和环冷机三部分组成，其典型工艺流程如图 9 – 19 所示。

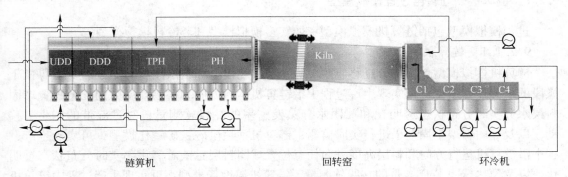

图 9 – 19　链算机—回转窑—环冷机工艺流程图

链算机—回转窑生产过程控制的目的是稳定生产、优化球团矿产量和质量、降低设备损耗和生产能耗。基于以上工艺特点分析，链算机—回转窑生产过程控制系统的结构如图 9 – 20 所示。它主要由链算机—回转窑过程模拟模型、平衡模型和控制专家系统等三部分组成。

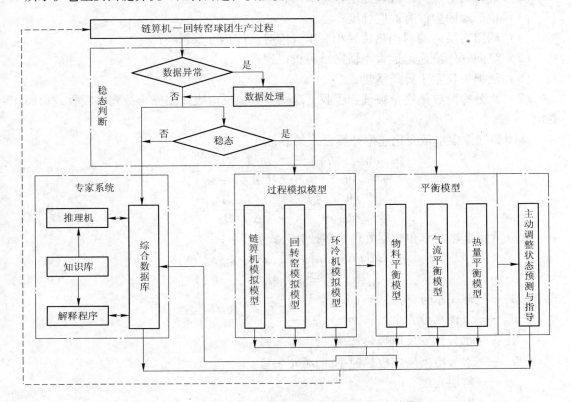

图 9 – 20　链算机—回转窑生产过程控制系统结构

链箅机—回转窑过程模拟模型和平衡模型是基于稳态假设的，因此，模型使用前需要根据一定周期内检测数据波动情况进行生产状态稳定性判断。当数据波动未超过误差设定范围，则认为生产状态稳定，启动模型计算，专家系统采用实时生产检测信息和模型计算结果进行控制指导；否则，不启动模型计算，专家系统从数据库中读取上一稳态下模型计算结果历史数据与当前生产检测信息一起用于生产控制。

9.2.1 链箅机—回转窑过程模拟模型

过程模拟模型包括链箅机模拟模型、回转窑模拟模型和环冷机模拟模型。

9.2.1.1 链箅机模拟模型

链箅机模拟模型包括水分迁移模型、磁铁矿氧化模型和料层温度分布模型。链箅机干燥段的水分迁移模型，可实现生产过程中沿链箅机运行方向和料层高度方向任意位置球团料层水分实时分布状态透明化和球团水分蒸发速率的在线软测量，对过湿带的产生、移动，以及球团料层干燥效果进行实时监测；链箅机预热段磁铁矿氧化模型，可实现生产过程中沿链箅机运行方向和料层高度方向任意位置球团料层磁铁矿氧化率实时分布状态透明化，以及预热球团 FeO 含量的在线软测量。链箅机温度场模型，可实现生产过程中链箅机运行方向和料层高度方向任意位置球团料层温度分布的在线检测。

模型的假设条件如下：

（1）初始球团料层可视为粒度均匀的圆形多孔移动填充料层；

（2）链箅机上热固结过程处于稳定状态；

（3）单个球团内没有温度梯度；

（4）球团料层内的固相热传导相对于气固对流传热可以忽略；

（5）竖向气体流速远远大于横向链箅机机速；

（6）热损失仅限于箅条蓄热；

（7）水分冷凝放热完全被气相吸收，球团内其他反应吸放热完全被固相吸收或由固相支出。

球团和气体含水量变化速率计算公式如下：

$$\frac{\partial W_p(x, t)}{\partial t} = -\frac{q_{ev}(x, t)}{\Delta H_{ev}\rho_p(1 - \varepsilon_b)} \tag{9-39}$$

$$\frac{\partial W_g(x, t)}{\partial x} = -\frac{q_{ev}(x, t)}{\Delta H_{ev}M_g} \tag{9-40}$$

水分蒸发吸热速率和冷凝放热速率计算公式如下：

$$q_{ev}(x, t) = hA[T_g(x, t) - T_p(x, t)]a \tag{9-41}$$

$$q_{cd}(x, t) = \Delta H_{ev}M_g(W_g - W_{gs}) \tag{9-42}$$

式中　　W_p——球团水分含量，%；

　　　　W_g——气体水分含量，%；

　　　　q_{ev}——水分蒸发反应吸热速率，J/(m³·s)；

　　　　q_{cd}——水分冷凝反应放热速率，J/(m³·s)；

　　　　x——料层高度，m；

　　　　t——时间，s；

ΔH_{ev}——水分蒸发反应焓变，J/kg；

ρ_p——球团密度，kg/m³；

ε_b——球团料层孔隙率，%；

A——单位体积球团料层传热面积，m²/m³；

T_g——气体温度，K；

T_p——球团温度，K；

W_{gs}——气体中饱和水含量，%；

a——蒸发热占料层通过对流传热获得总热量的比例系数，与温度相关。

球团中磁铁矿氧化反应符合有固体产物层的未反应核模型，球团中磁铁矿氧化率计算公式如下：

$$\chi(x, t) = 1 - \left[\frac{r_\text{m}(x, t)}{r_0}\right]^3 \tag{9-43}$$

式中 χ——球团中磁铁矿氧化率，%；

r_m——球团磁铁矿未反应核半径，m；

r_0——球团原始半径，m。

球团料层气相热平衡方程见式（9-44），层固相热平衡方程见式（9-45）：

$$M_\text{g}c_\text{g}\frac{\partial T_\text{g}(x, t)}{\partial x} = hA[T_\text{p}(x,t) - T_\text{g}(x, t)] + q_{\text{cd}}(x, t) \tag{9-44}$$

$$\rho_\text{p}(1 - \varepsilon_\text{b})c_\text{p}\frac{\partial T_\text{p}(x, t)}{\partial t} = hA[T_\text{g}(x, t) - T_\text{p}(x, t)] - q_{\text{ev}}(x, t) + q_{\text{ox}}(x, t) \tag{9-45}$$

式中 q_{ox}——磁铁矿氧化反应放热速率，J/(m³·s)；

c_g——气体比热，J/(kg·K)；

c_p——球团比热，J/(kg·K)。

根据不同温度下球团和气体比热实验室检测数据的拟合结果，c_p 和 c_g 计算如下：

$$c_\text{p} = \begin{cases} 671.9814 + 0.6280[T_\text{p}(x,t) - 273], & T_\text{p} < 973K \\ 895.9752 & T_\text{p} \geqslant 973K \end{cases} \tag{9-46}$$

$$c_\text{g} = 4.5502 \times 10^{-4}[T_\text{g}(x,t) - 273]^2 - 2.1340 \times 10^{-7}[T_\text{g}(x,t) - 273]^3 -$$
$$7.1448 \times 10^{-2}[T_\text{g}(x,t) - 273] + 1026.6034 \tag{9-47}$$

9.2.1.2 回转窑模拟模型

回转窑内球团沿周边翻滚的同时，沿轴向向前移动，与逆流气体以及窑壁进行热交换。回转窑截面传热途径如图 9-21 所示。

当忽略横截面球团料层内部的温度梯度，即假设回转窑轴向任意截面内物料混合良好、温度均匀，回转窑焙烧过程可采用一维轴向传热模型进行模型。一维模型结构简单、计算速度快，较适合工业应用。

沿回转窑轴向，取长度为 dz 的微元段，针对微元体，引入如下假设：

（1）回转窑生产过程处于稳态；

（2）物料混合良好，温度均匀；

（3）气体温度均匀；

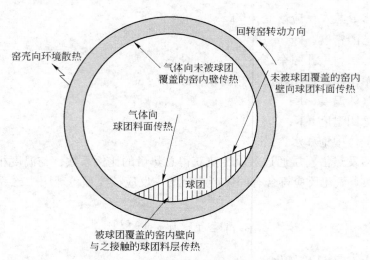

图 9-21 回转窑径向截面传热途径

（4）火焰热量全部通过气体进行传递；

（5）回转窑外界环境温度恒定；

（6）忽略轴向导热；

（7）窑体进出口端面绝热。

对微元进行能量平衡分析，建立球团、气体和窑壁热平衡方程：

$$M_p c_p \frac{\mathrm{d}T_p}{\mathrm{d}z} = h_{g-ep}A_{ep}(T_g - T_p) + h_{cw-cp}A_{cw}(T_w - T_p) + h_{ew-ep}A_{ew}(T_w - T_p) + Q_{r-p}$$

$$(9-48)$$

$$M_g c_g \frac{\mathrm{d}T_g}{\mathrm{d}z} = h_{g-ew}A_{ew}(T_w - T_g) + h_{g-ep}A_{ep}(T_p - T_g) + Q_{r-g} \qquad (9-49)$$

$$h_{g-ew}A_{ew}(T_g - T_w) - h_{cp-cw}A_{cw}(T_w - T_p) - h_{ep-ew}A_{ew}(T_w - T_p) = h_{sh-a}A_{sh}(T_{sh} - T_a)$$

$$(9-50)$$

式中 M_p——球团质量流速，kg/s；

         M_g——气体质量流速，kg/s；

         T_w——回转窑内壁温度，K；

         T_{sh}——回转窑外壳温度，K；

         T_a——回转窑周围环境温度，K；

         z——与窑尾轴向距离，m；

         A_{ep}——未与窑壁接触的球团料面的面积，m²；

         A_{cw}——与球团接触的窑内壁的面积，m²；

         A_{ew}——未与球团接触的窑内壁的面积，m²；

         A_{sh}——回转窑外壳的面积，m²；

         Q_{r-p}——球团中的反应放热速率，J/s；

         Q_{r-g}——气体中的反应放热速率，J/s；

         h_{g-ep}——气体与球团料面间的传热系数，J/(m²·K·s)；

h_{cw-cp}——被球团覆盖的窑内壁和与之接触的球团料层间的传热系数，$J/(m^2 \cdot K \cdot s)$；

h_{ew-ep}——未被球团覆盖的窑内壁与球团料面间的传热系数，$J/(m^2 \cdot K \cdot s)$；

h_{g-ew}——气体与未被球团覆盖的窑内壁间的传热系数，$J/(m^2 \cdot K \cdot s)$；

h_{sh-a}——窑外壳与周围环境间的传热系数，$J/(m^2 \cdot K \cdot s)$；

其他符号意义同前。

9.2.1.3 环冷机模拟模型

环冷机与链算机生产过程相似，均可视为气体通过移动填充床与固相进行热交换的过程，忽略链算机球团料层温度场模型中水分蒸发、冷凝项，即可作为环冷机球团冷却过程模拟模型，用以计算环冷机球团料层温度场。

$$M_g c_g \frac{\partial T_g(x, t)}{\partial x} = hA[T_p(x,t) - T_g(x, t)] \qquad (9-51)$$

$$\rho_p(1 - \varepsilon_b) c_p \frac{\partial T_p(x, t)}{\partial t} = hA[T_g(x, t) - T_p(x, t)] + q_{ox}(x, t) \qquad (9-52)$$

9.2.2 链算机—回转窑过程平衡模型

链算机—回转窑—环冷机是一个相互联系的统一整体，三台主体设备首尾相接，各段通过管道和风机相互连通、相互影响。物料、气流和热量在这样的封闭体系内运行，达到平衡状态。依据物质和能量守恒定律建立链算机—回转窑—环冷机系统物料平衡模型、气流平衡模型和热量平衡模型，利用生产检测数据和过程模拟模型计算结果，实现系统平衡状态在线计算和分析。

根据质量守恒定律，链算机—回转窑—环冷机系统物料的收入和支出项目如图9-22所示。

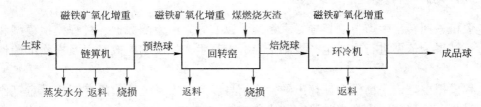

图9-22 链算机—回转窑—环冷机物料收支

典型的链算机—回转窑—环冷机气流分布情况如图9-23所示，将图中气流分为风机出入口气流、穿过球团料层的气流、漏风/窜风及其他气流四种。

风机出入口气流包括：气流1、4、7、10分别表示环冷1号、2号、3号、4号风机鼓入环冷一段、二段、三段、四段风箱的气流；13表示助燃和喷煤风；18表示进入回热风机的气流；26表示进入主抽风机的气流；27表示鼓干风机鼓出的气流；

穿过球团料层的气流包括：气流28、23、20、16分别表示进入鼓风干燥段、抽风干燥段、预热一段和预热二段料层的气流；气流2、5、8、11分别表示进入环冷一段、二段、三段和四段料层的气流；

漏风/窜风包括：气流15是由于预热一段和预热二段隔墙开孔造成的窜风；17表示预热二段风箱漏风；24表示鼓干风箱向抽干风箱窜风；

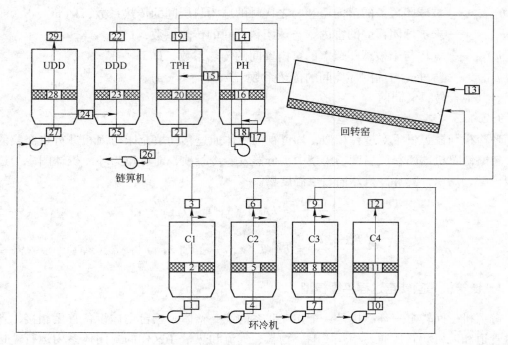

图 9 – 23　链箅机—回转窑—环冷机气流分布

其他气流：气流 3、6、9、12 分别表示从环冷一段、二段、三段和四段烟罩排出的气流；气流 29、22、19、14 分别表示通过鼓风干燥段、抽风干燥段、预热一段和预热二段烟罩的气流；气流 21 和 26 分别表示预热一段和抽风干燥段风箱排出的气流。

9.2.3　链箅机—回转窑控制专家系统

链箅机—回转窑生产控制指导专家系统，以实时生产检测数据、过程模拟模型和平衡模型计算结果为依据进行在线生产控制指导，提高生产控制响应效率以及操作准确性、规范性。

过程模拟模型、平衡模型计算出的生产信息以及专家系统给出的控制指导意见作为生产调整措施，实现球团生产实时稳定和优化控制。

通过对链箅机—回转窑系统气流和料流的分析，各段生产过程的影响因素如图 9 – 24 所示。

由图 9 – 24 可知：

（1）窑头喷入煤粉在回转窑中燃烧释放的热量是整个链箅机—回转窑—环冷机系统最主要的热量来源，回转窑温度变化最先反映系统热量波动。

（2）预热二段风箱温度一方面影响进入抽干段球团料层的气体温度，另一方面也影响进入预热一段球团料层的气体温度，同时，预热二段球团温度和流量也影响回转窑温度分布。因此，由于风流循环的存在，预热二段热量的合理控制能够稳定整个链箅机生产过程，而其他各段的生产异常也会在短时间内反映到预热二段生产状态中。

因此，提出了以回转窑球团焙烧温度和链箅机预热二段烟罩气体温度为核心的控制策略：当球团焙烧温度和预热二段烟罩气体温度正常时，即使其他参数出现异常也暂不处

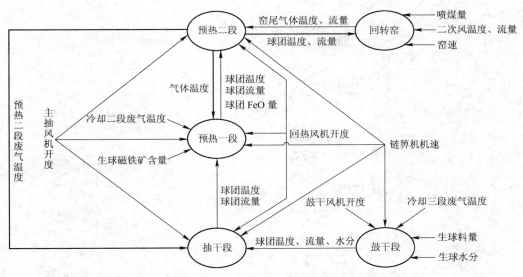

图 9－24　链箅机—回转窑各段影响因素分析

理；当球团焙烧温度或预热二段烟罩气体温度异常时，分析异常原因，并给出相应措施。

利用领域专家经验知识，制定了链箅机—回转窑生产过程控制规则，其网络结构如图 9－25 所示。

图中节点 A～F 分别表示回转窑球团焙烧温度、预热二段烟罩气体温度、链箅机料层高度、链箅机机速、主抽风机入口气体温度、预热二段风箱气体温度；叶节点 K1～K55 表示不同的调整措施。例如：当回转窑球团焙烧温度（A）太低，预热二段烟罩气体温度（B）低，链箅机料层高度（C）不高，主抽风机入口气体温度（E）不低，预热二段风箱气体温度（F）高，需要提高喷煤量（K5）。

引起链箅机—回转窑生产过程异常的原因可分为球团量波动（PA）、链箅机—回转窑—环冷机整个系统热量水平不合理（WS）、链箅机与回转窑之间热量分配不合理（GK）、链箅机各段热量分配不合理（GS）等四种基本类型。生产过程中四种异常原因可能存在交叠，因此，根据生产状态进行综合考虑，制定调整措施如表 9－8 所示。

表 9－8　链箅机—回转窑生产过程控制规则举例

生产异常原因				举　例
PA	WS	GK	GS	
√				K24：提高链箅机机速
√	√			K2：降低回转窑转速，提高喷煤量，提高链箅机机速
√		√		K46：提高回转窑转速，降低喷煤量，提高主抽风机开度，提高链箅机机速
	√			K26：提高喷煤量，提高主抽风机开度
	√		√	K43：降低喷煤量，提高回热风机开度
		√		K39：提高主抽风机开度，提高回热风机开度
		√	√	K10：降低回转窑转速，提高喷煤量，降低主抽风机开度，提高回热风机开度
			√	K27：降低回热风机开度

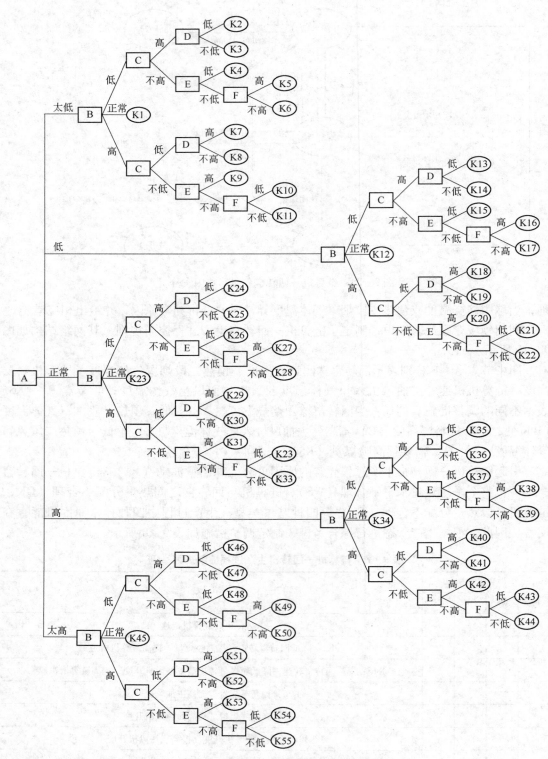

图 9-25 链算机—回转窑生产过程控制规则

9.2.4 链箅机漏风状况的判断方法

目前我国链箅机漏风率一般为30%～40%。漏风导致热量流失使燃耗升高，风机负荷加大使电耗增大，气体温度降低而影响球团矿产质量和余热利用。因此，在线检测链箅机漏风状况，及时处理并降低漏风率是球团生产节能降耗、稳定产质量的有效措施。

链箅机漏风主要发生在以下七个部位（见图9－26）：（1）料层内漏风；（2）箅板漏风；（3）滑道漏风；（4）风箱外部漏风；（5）烟罩外部漏风；（6）风箱内部漏风；（7）烟罩内部漏风。按照判断方法不同可将七种漏风部位划分为两组：第一组为（1）～（4）漏风部位，可通过气体温差的变化来判断；第二组为（5）～（7）漏风部位，可通过气流平衡的变化来判断。

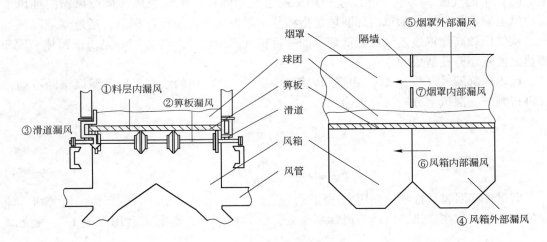

图9－26 链箅机漏风部位

9.2.4.1 基于气体温差变化的链箅机漏风状况判断

料层内漏风是指因布料或生球粒度异常，使球团料层内形成不均匀空隙，气体通过较大空隙快速穿过料层，而未与球团进行充分传热的链箅机气流现象；箅板漏风是指因箅板损坏形成不均匀空隙，气体与箅板传热量降低的链箅机气流现象；滑道漏风是指因滑道密封性不良导致气体从球团料层与侧板间空隙进入鼓风干燥段烟罩或抽风干燥段、预热一段和预热二段风箱的链箅机气流现象；风箱外部漏风是指气体在压差作用下，通过风箱孔隙从环境进入链箅机风箱内的链箅机气流现象。

在链箅机漏风正常的情况下，上述（1）～（4）种漏风部位出料层气体温度计算值与安装在对应烟罩或风箱位置的热电偶检测值之差 ΔT 为定值。当漏风出现异常时，ΔT 发生变化，而且不同的漏风位置会随着台车移动表现不同的动静特征和周期性。动静特性根据漏风位置是否随台车移动判断，若漏风点随台车移动，则为动点漏风，否则为静点；周期性根据台车完成一周期运行后漏风的持续情况判断，若下一周期漏风仍然存在，则漏风具有周期性，否则无周期性。根据表9－9所示的规则实现链箅机漏风异常位置的判断。

表9-9　链箅机漏风异常部位判断

ΔT	动静特性	周期性	漏风部位判断
下降	动点	无	①料层内漏风
下降	动点	有	②箅板漏风
下降	静点	有	③滑道漏风
上升	静点	有	④风箱外部漏风

9.2.4.2　基于气流平衡的链箅机漏风状况判断

风箱内部漏风是指相邻风箱内气体在压差作用下，通过风箱隔板孔隙，从气压较高风箱进入气压较低风箱的链箅机气流现象，即图9-23（链箅机—回转窑—环冷机气流分布情况图）中的气流24，它是在压差作用下通过风箱隔板孔隙从鼓风干燥段风箱向抽风干燥段风箱漏入的气体。烟罩内部漏风是指相邻烟罩内气体在压差作用下，通过烟罩隔墙开孔，从气压较高烟罩进入气压较低烟罩的链箅机气流现象，即气流15，是由于预热一段和预热二段隔墙开孔造成的。

风箱内部漏风（气流24）和烟罩内部漏风（气流15）的状态可通过漏风率的波动情况进行判断。漏风率分别可表示为：

$$k_{\text{windbox-inner}} = \frac{G_{24}}{G_{27}} \times 100\% \tag{9-53}$$

$$k_{\text{gashood-inner}} = \frac{G_{15}}{G_{14}} \times 100\% \tag{9-54}$$

烟罩外部漏风是指气体在压差作用下，通过烟罩孔隙从环境进入烟罩内的链箅机气流现象，主要发生在预热二段链箅机卸料端处。链箅机烟罩外部漏风利用气流14、气流15和气流16的流量平衡关系 $G_{14} = G_{15} + G_{16}$ 进行判断，若该平衡关系被打破，$\frac{G_{15} + G_{16}}{G_{14}} > \varepsilon$（$\varepsilon$ 为允许偏差），即表示烟罩外部漏风发生异常，需及时进行处理。

上述判断涉及的气体流量（G_{14}、G_{15}、G_{24}、G_{27}、G_{16}）都可采用链箅机—回转窑—环冷机气流平衡模型进行计算。

10 烧结球团生产过程的计算

为了保证烧结球团矿产品质量、合理选择烧结球团设备、了解和控制烧结球团生产操作过程、核算烧结球团生产经济效益，需要进行烧结球团生产过程的计算。计算内容包括：配料计算、物料平衡计算和热平衡计算。

10.1 烧结生产过程计算

10.1.1 烧结配料计算

10.1.1.1 计算的依据和原则

配料计算的目的是为了保证烧结矿化学成分（R、TFe、SiO_2、CaO、MgO、Al_2O_3 等）的稳定，满足原料供应量、原料成本等生产管理的需要。配料计算也是物料平衡、热平衡、设备选择计算等的基础。

配料计算以原料的化学成分、烧结矿化学成分和产品质量的要求、原料供应情况、烧结试验结果和经济效益为依据。

配料计算的原则是：

（1）原料除烧损、90%的硫（脱硫率为90%）外，其余全部进入烧结矿；

（2）燃料的灰分进入烧结矿；

（3）TFe、CaO、SiO_2、MgO、Al_2O_3 在烧结过程中质量不发生变化；

（4）配料计算过程中不考虑机械损失。

10.1.1.2 配料计算方法

烧结配料计算方法包括三种方法：经验配料计算法、理论配料计算法和线性规划配料计算法。

经验配料计算法主要应用于现场生产，其特点是速度快，但误差比较大。其计算思路是首先根据原料种类和化学成分以及烧结矿化学成分指标，设置原料配比，根据烧结矿化学成分的化验结果进行验证，再根据上一个班的生产情况、现在的生产情况，估计一个配料比进行验算，再进行调整，当验算结果与烧结矿质量指标相符合，确定为最终的配料比。随着计算机水平的提高，目前现场大部分采用计算机准确配料计算和现场经验相结合的方法。

理论配料计算法的特点是计算准确、速度快，但其适合的原料种类较少。计算依据是TFe、CaO、SiO_2、MgO、Al_2O_3 在烧结过程中质量不变化，按照所需计算原料的种类（即未知数的多少），分别根据氧平衡方程、碱度平衡方程、铁平衡方程、SiO_2 平衡方程、MgO 平衡方程等，计算原料配比。

线性规划法是解决多变量最优决策的方法，是在各种相互关联的多变量约束条件下，解决或规划一个对象的线性目标函数最优的问题，即给予一定数量的人力、物力和资源，如何应用而能得到最大经济效益。当资源限制或约束条件表现为线性等式或不等式，目标函数表示为线性函数时，可运用线性规划法进行决策。线性规划配料计算法的特点是计算准确，考虑了经济技术指标，适合于多种原料种类的计算。

A 理论配料计算

假设生产 100kg 烧结矿需要第一种铁矿 $x$kg，第二种铁矿 $y$kg，石灰石 $z$kg，高炉灰 $m$kg，焦炭 $n$kg（其中 x、y、z 为未知数，m、n 为已知数）。烧结矿的化学成分表示为 $Fe_烧$、$SiO_{2烧}$、$CaO_烧$ 等，其他原料化学成分的表示方法依次类推。

根据配料计算的原则，可以列出铁平衡方程、碱度平衡方程和氧平衡方程：

（1）铁平衡方程：

$$Fe_烧 = (Fe_x \cdot x + Fe_y \cdot y + Fe_z \cdot z + Fe_m \cdot m + Fe_n \cdot n)/100$$

$$Fe_x \cdot x + Fe_y \cdot y + Fe_z \cdot z = 100 \cdot Fe_烧 - m \cdot Fe_m - n \cdot Fe_n \qquad (10-1)$$

（2）碱度（R）平衡方程：

$$R = (CaO_x \cdot x + CaO_y \cdot y + CaO_z \cdot z + CaO_m \cdot m + CaO_n \cdot n)/$$
$$(SiO_{2x} \cdot x + SiO_{2y} \cdot y + SiO_{2z} \cdot z + SiO_{2m} \cdot m + SiO_{2n} \cdot n)$$

$$(CaO_x - R \cdot SiO_{2x}) \cdot x + (CaO_y - R \cdot SiO_{2y}) \cdot y + (CaO_z - R \cdot SiO_{2z}) \cdot z$$
$$= (R \cdot SiO_{2m} - CaO_m) \cdot m + (R \cdot SiO_{2n} - CaO_n) \cdot n \qquad (10-2)$$

（3）氧平衡方程。

烧结过程中 FeO 的变化：

$$\Delta FeO = (Q_烧 FeO_烧 - \sum Q_i \cdot FeO_i)/100$$

烧结过程中 O_2 的变化：

$$\Delta O_2 = \sum Q_i \cdot \frac{a_i}{100} - Q_烧$$

氧平衡方程为：

$$\frac{1}{9}(Q_烧 \cdot FeO_烧 - \sum Q_i \cdot FeO_i)/100$$

$$= \sum Q_i \cdot a_i/100 - Q_烧(9a_x + FeO_x) \cdot x + (9a_y + FeO_y) \cdot y + (9a_z + FeO_z) \cdot z$$
$$= 100FeO_烧 + 90000 - (9a_m + FeO_m) \cdot m - (9a_n + FeO_n) \cdot n \qquad (10-3)$$

由式（10-1）、式（10-2）和式（10-3）组成三元一次方程组：

$$\begin{cases} Fe_x \cdot x + Fe_y \cdot y + Fe_z \cdot z = 100 \cdot Fe_烧 - m \cdot Fe_m - n \cdot Fe_n \\ (CaO_x - R \cdot SiO_{2x}) \cdot x + (CaO_y - R \cdot SiO_{2y}) \cdot y + (CaO_z - R \cdot SiO_{2z}) \cdot z \\ = (R \cdot SiO_{2m} - CaO_m) \cdot m + (R \cdot SiO_{2n} - CaO_n) \cdot n \qquad (10-4) \\ (9a_x + FeO_x) \cdot x + (9a_y + FeO_y) \cdot y + (9a_z + FeO_z) \cdot z \\ = 100FeO_烧 + 90000 - (9a_m + FeO_m) \cdot m - (9a_n + FeO_n) \cdot n \end{cases}$$

式中　$\frac{1}{9}$——1kg FeO 氧化或还原时相应 O_2 的变化为 $\frac{1}{9}$kg；

　　　a_i——原料的烧残率，%，$a_i = 100 - LOI_i - 0.9S_i$，$i$ 表示各种原料；

　　　Q_i——各种原料的用量，kg；

　　　$Q_烧$——烧结矿的质量，kg。

求解上述方程组就可以得到各原料的配比。

在实际计算过程中，也可以根据原料情况和烧结矿质量的要求，列出 SiO_2、MgO 平衡方程（可参考铁平衡方程）。根据未知数个数列出二元、三元、四元方程组。

B 线性规划配料计算法

线性规划法就是在线性等式或不等式的约束条件下，求解线性目标函数的最大值或最小值的方法。其中目标函数是决策者要求达到目标的数学表达式，用一个极大或极小值表示。约束条件是指实现目标的能力资源和内部条件的限制因素，用一组等式或不等式来表示。

建立线性规划的数学模型必须具备几个基本条件：

（1）变量之间的线性关系。

（2）问题的目标可以用数字表达。

（3）问题中应存在能够达到目标的多种方案。

（4）达到目标在一定的约束条件下实现，并且这些条件能用不等式加以描述。

线性规划数学模型由三部分构成：

（1）变量：也称为未知数，用 x_1，x_2，$\cdots$，x_n（非负数）表示。

（2）约束条件：实现系统目标的限制因素，它涉及企业内部条件和外部环境。例如：资源的限制、计划指标、产品质量要求和市场销售状况等。

（3）目标函数：是决策者要达到的最优目标与变量之间关系的数学模型，是一个极值问题。

线性规划配料计算的原则是：

（1）把要配入的原料的配入量设为待求变量：

$$\boldsymbol{X}\big[X = (x_j)_{n \times 1}\big] \tag{10-5}$$

式中 x_j——各种矿的配矿量，$kg/100kg-s$。

（2）用这些原料中分别含有的 TFe、SiO_2、Al_2O_3、CaO、MgO 等化学成分及铁氧化物在烧结过程中的氧平衡方程构成约束条件系数矩阵 $\boldsymbol{A}\big[A = (a_{ij})_{m \times n}\big]$；

（3）将烧结矿化学成分的要求值作为约束条件左端限制常数向量 $\boldsymbol{B}\big[B = (a_i)_{m \times 1}\big]$；

（4）以配料成本最低来衡量方案优劣。这样，便可取这几种原料的价格作为目标函数的价格系数向量 $\boldsymbol{C}\big[C = (c_j)_{1 \times n}\big]$

$$f = \min\Big[\sum_{j=1}^{n} C_j X_j\Big] \tag{10-6}$$

满足于
$$\begin{cases} \sum_{j=1}^{n} a_{ij}x_j(\ *\ )b_i & (\ *\ ) \text{为} < \text{或} > \text{或} = \\ x_{ij} \geqslant 0 & j = 1, 2, \cdots, n \end{cases} \tag{10-7}$$

举例：某烧结厂的原料条件如表 10-1 所示，烧结矿化学成分的要求如表 10-2 所示。原料用量的要求是进口矿 A 大于 $300kg/t-s$，进口矿 C 大于 $100kg/t-s$，三种进口矿（进口矿 A + 进口矿 B + 进口矿 C）的用量超过 $700kg/t-s$，精矿 1 的用量为 $30 \sim 50kg/t-s$，生石灰用量少于 $30kg/t-s$，石灰石用量大于 $60kg/t-s$，焦粉用量为 $50 \sim 70kg/t-s$。

表 10 - 1 原料化学成分 （%）

种 类	TFe	FeO	SiO$_2$	CaO	Al$_2$O$_3$	MgO	S	P	H$_2$O	LOI	单价[①]/元·吨$^{-1}$
进口矿 A x_1	62.54	2.12	4.75	0.04	3.00	0.07	0.016	0.079	4.34	2.96	530
进口矿 B x_2	61.74	1.31	7.32	0.06	1.83	0.14	0.004	0.024	4.24	1.40	520
进口矿 C x_3	65.62	0.14	4.10	0.06	0.88	0.06	0.009	0.025	5.53	1.07	540
精矿 1 x_4	58.00	2.32	13.00	—	1.88	—	0.027	0.212	8.10	2.00	530
精矿 2 x_5	63.00	21.20	5.45	2.38	1.20	—	2.161	0.017	9.50	0.50	580
精矿 3 x_6	66.22	0.43	5.88	0.08	2.53	0.05	0.013	0.065	3.75	0.75	530
生石灰 x_7	—	—	3.75	92.7		1.83			2.00		300
石灰石 x_8	—	—	0.86	54.4		0.40			1.5	43.00	40
白云石 x_9	—	—	1.20	31.0		21.20			1.5	45.00	60
焦粉 x_{10}	—	—	9.54	2.30	0.19	1.30	0.02		5.48	83.27	210

①原料价格只作为计算举例用，与市场价格有一定差别。

表 10 - 2 烧结矿成分要求 （%）

TFe	FeO	CaO	MgO	Al$_2$O$_3$	S	$R(-)$
56 ~ 57	7 ~ 8	10 ~ 11	2 ~ 2.5	1.5 ~ 3	< 0.10	1.96

约束方程为：

$$[x_1 \cdot (TFe)_{x_1} + x_2 \cdot (TFe)_{x_2} + \cdots + x_{10} \cdot (TFe)_{x_{10}}]/100 < 57 \quad (10-8)$$

$$[x_1 \cdot (TFe)_{x_1} + x_2 \cdot (TFe)_{x_2} + \cdots + x_{10} \cdot (TFe)_{x_{10}}]/100 > 56 \quad (10-9)$$

$$[x_1 \cdot (SiO_2)_{x_1} + x_2 \cdot (SiO_2)_{x_2} + \cdots + x_{10} \cdot (SiO_2)_{x_{10}}]/100 < (11/1.96)$$
$$(10-10)$$

$$[x_1 \cdot (SiO_2)_{x_1} + x_2 \cdot (SiO_2)_{x_2} + \cdots + x_{10} \cdot (SiO_2)_{x_{10}}]/100 > (10/1.96)$$
$$(10-11)$$

$$[x_1 \cdot (CaO)_{x_1} + x_2 \cdot (CaO)_{x_2} + \cdots + x_{10} \cdot (CaO)_{x_{10}}]/100 < 11 \quad (10-12)$$

$$[x_1 \cdot (CaO)_{x_1} + x_2 \cdot (CaO)_{x_2} + \cdots + x_{10} \cdot (CaO)_{x_{10}}]/100 > 10 \quad (10-13)$$

$$[x_1 \cdot (MgO)_{x_1} + x_2 \cdot (MgO)_{x_2} + \cdots + x_{10} \cdot (MgO)_{x_{10}}]/100 < 2.5 \quad (10-14)$$

$$[x_1 \cdot (MgO)_{x_1} + x_2 \cdot (MgO)_{x_2} + \cdots + x_{10} \cdot (MgO)_{x_{10}}]/100 > 2 \quad (10-15)$$

$$[x_1 \cdot (Al_2O_3)_{x_1} + x_2 \cdot (Al_2O_3)_{x_2} + \cdots + x_{10} \cdot (Al_2O_3)_{x_{10}}]/100 < 3 \quad (10-16)$$

$$[x_1 \cdot (Al_2O_3)_{x_1} + x_2 \cdot (Al_2O_3)_{x_2} + \cdots + x_{10} \cdot (Al_2O_3)_{x_{10}}]/100 > 1.5 \quad (10-17)$$

$$[x_1 \cdot (S)_{x_1} + x_2 \cdot (S)_{x_2} + \cdots + x_{10} \cdot (S)_{x_{10}}]/1000 < 0.1 \quad (10-18)$$

$$X_1 > 30 \quad (10-19)$$

$$X_3 > 10 \quad (10-20)$$

$$X_1 + X_2 + X_3 > 700 \quad (10-21)$$

$$X_4 > 30 \quad (10-22)$$

$$X_4 < 50 \quad (10-23)$$

$$X_7 < 30 \quad (10-24)$$

$$X_8 > 60 \qquad\qquad (10-25)$$
$$X_{10} > 50 \qquad\qquad (10-26)$$
$$X_{10} < 70 \qquad\qquad (10-27)$$

目标函数：

$$f = \min(0.33x_1 + 0.32x_2 + \cdots) \quad 元/100\text{kg} - \text{s} \qquad (10-28)$$

$$f = \min(3.3x_1 + 3.2x_2 + \cdots) \quad 元/\text{t} - \text{s} \qquad (10-29)$$

根据上述约束条件和目标函数，可计算出各种原料配比和烧结矿成本。各种原料配比的计算结果如表 10-3 所示。

表 10-3　各种原料的配矿量和配比

原　料	X_1	X_2	X_3	X_4	X_5	X_6	X_7	X_8	X_9	X_{10}
配矿量/kg·100kg^{-1}-s	30	3.576	36.42	5	7.041	6	2.2	10.7	8.379	6.9
配比/%	25.81	3.08	31.34	4.30	6.06	5.16	1.89	9.21	7.21	5.94

目前，随着烧结用含铁原料种类的增加，实际生产（或实验）过程中常用两步法进行计算，具体步骤如下：

（1）计算中和粉配比。根据生产（或实验）目的、原料的供应情况、价格、烧结特性和化学成分，按照对中和粉的一些控制条件（包括 TFe、SiO_2、Al_2O_3、S、P、Sb、Zn 等成分要求，以及中和粉成本等），计算中和粉配比。

（2）计算各种原料配比。中和粉确定后，配料计算就是确定中和粉、各种熔剂、燃料、返矿的配比。返矿配比可由混合料烧损和预计的烧结成品率按返矿平衡选择；燃料用量按试验要求确定；生石灰用量按制粒要求确定；石灰石用量按烧结矿碱度要求进行计算；白云石用量按烧结矿 MgO 要求进行计算。

未知数有中和粉、石灰石和白云石等三个，通过物料平衡方程、碱度平衡方程、MgO平衡方程等三个方程进行求解。

在实际应用过程中，可能会遇到下列一些问题：

（1）返矿外配（燃料也可能外配）；

（2）返矿不参与配料（返矿化学成分与计划烧结矿化学成分相同）；

（3）返矿参与配料（返矿化学成分与计划烧结矿化学成分不同）；

（4）全部采用生石灰（取消石灰石）。

10.1.1.3　烧结矿产量和烧结化学成分的理论计算

A　烧结矿产量的计算

不考虑在烧结过程中 FeO 的变化时，烧结矿的产量为：

$$Q_{烧} = \sum Q(100 - \text{LOI} - 0.9\text{S})/100 \qquad (10-30)$$

式中　$Q_{烧}$——烧结矿的产量，t；

　　　Q——各种原料的用量，t；

　　　LOI——各种原料的烧损，%；

　　　S——各种原料的硫含量，%；

　　　0.9——烧结过程中的脱硫率为 90%。

考虑 FeO 在烧结过程中的变化时，由式（10 - 30）可以推导出烧结矿的产量为：

$$Q_{烧} = \sum Q[9(100 - LOI - 0.9S) + FeO]/(900 + FeO_{烧}) \qquad (10 - 31)$$

式中　$FeO_{烧}$——烧结矿中的 FeO 含量，%；

　　　FeO——各种原料中的 FeO 含量，%。

B　烧结矿化学成分预算

a　TFe、CaO、SiO$_2$、MgO、Al$_2$O$_3$ 的含量

$$X_{烧} = [\sum Q_i \cdot (X)_i]/(100 \cdot Q_{烧}) \qquad (10 - 32)$$

式中　$X_{烧}$——烧结矿中 TFe、CaO、SiO$_2$、MgO、Al$_2$O$_3$ 等成分的含量，%；

　　　X——各种原料中 TFe、CaO、SiO$_2$、MgO、Al$_2$O$_3$ 等成分的含量，%；

　　　i——各种含铁原料、熔剂和燃料。

b　硫含量

$$S_{烧} = [0.1\sum Q_i(S)_i]/(100 \cdot Q_{烧}) \qquad (10 - 33)$$

式中　$S_{烧}$——烧结矿中硫含量，%；

　　　S_i——各种原料中硫含量，%。

c　FeO 含量

烧结矿 FeO 含量与烧结过程氧化还原反应有关，所以不能应用简单计算的方法。有关烧结矿化学成分的要求见表 10 - 1。

根据表 10 - 1 和表 10 - 3，应用上述方法计算的烧结矿化学成分如表 10 - 4 所示。

表 10 - 4　烧结矿化学成分的计算值　（%）

TFe	SiO$_2$	CaO	Al$_2$O$_3$	MgO	S	R
56.00	5.50	10.82	1.63	2.00	0.01	1.91

10.1.2　烧结过程物料平衡计算

烧结过程物料平衡遵循物质不灭定律，即进入烧结过程的物料总质量等于该过程排出的各种产物的总质量。其计算的目的是：

（1）确定各工序处理的物料量；

（2）确定中间物料的组成；

（3）确定产品及"三废"物质的数量及组成。

计算过程中以单位质量成品矿所需要的物料为单位（kg/t - s）计算，使用国际统一单位 kg、t 等。

烧结过程的收入部分包括：（1）各种烧结原料；（2）返矿；（3）铺底料；（4）混合料水分；（5）点火煤气；（6）点火空气；（7）烧结空气（包括漏风）。

烧结过程的支出部分包括：（1）成品烧结矿；（2）返矿；（3）铺底料；（4）点火、烧结过程产生的废气。

10.1.2.1　物料的收入

（1）各种原料用量 $G_{料}$：

$$G_料 = \sum G_i \tag{10-34}$$

式中　G_i——各种原料的质量，kg/t-s。

通过配料计算得到单位质量烧结矿所需各种原料用量见表10-5（由表10-3计算）。

表 10-5　生产 1t 烧结矿的各种原料用量

原 料	进口矿 A	进口矿 B	进口矿 C	精矿 1	精矿 2	精矿 3	生石灰	石灰石	白云石	焦粉	合计
符 号	G_1	G_2	G_3	G_4	G_5	G_6	G_7	G_8	G_9	G_{10}	$G_料$
质量/kg·t^{-1}	300	35.76	364.2	50	70.41	60	22	107	83.79	69	1162.2

（2）返矿量 $G_返$：

$$G_返 = G_料 \cdot f/(100 - f) \tag{10-35}$$

式中　$G_返$——返矿量，kg；

　　　$G_料$——各种原料用量，kg；

　　　f——返矿配比，%，根据生产实践或烧结试验确定，一般为混合料的 30% ~35%。

当返矿配比取 30% 时，根据表 10-5 的数据，返矿量计算结果为：

$$G_返 = 1162.20 \times \frac{30}{70} = 498.09 \text{kg/t}$$

（3）铺底料量 $G_铺$：

$$G_铺 = G_烧 \cdot p \tag{10-36}$$

式中　$G_铺$——铺底料的质量，kg；

　　　$G_烧$——成品烧结矿的质量，kg；

　　　p——铺底料质量占成品烧结矿质量的比例，%。一般为成品烧结矿的 10% ~15%，其值视料层高度而定，厚料层烧结时取低值。

当 p 取 10% 时，生产 1t 烧结矿的铺底料质量为：

$$G_铺 = 1000 \times 10\% = 100 \text{kg/t}$$

（4）混合料总水量 $G_水$：

$$G_水 = (G_料 + G_返) \cdot s/(100 - s) \tag{10-37}$$

式中　$G_水$——混合料总含水量，kg；

　　　s——混合料的水分，%，一般为 7% ~8%。

当混合料适宜水为 8% 时，混合料总水量为：

$$G_水 = (1162.20 + 498.08) \times 8/(100 - 8) = 144.372 \text{kg/t}$$

（5）点火煤气量 $G_煤气$：

$$V_煤气 = Q_点火/q_煤气 \tag{10-38}$$

$$G_煤气 = V_煤气 \cdot \gamma_煤气 \tag{10-39}$$

式中　$V_煤气$——点火煤气体积量，m^3/t；

　　　$Q_点火$——点火所需热量，kJ/t，一般取 125400kJ/t-s；

　　　$q_煤气$——煤气发热值，kJ/m^3；

　　　$G_煤气$——点火煤气质量，kg/t；

$\gamma_{煤气}$——点火煤气密度，kg/m^3。

某厂点火用焦炉煤气的化学组成如表 10－6 所示，其发热值为 $19258kJ/m^3$，密度为 $0.47kg/m^3$，则：

$$V_{煤气} = \frac{125400}{19258} = 6.512m^3/t$$

$$G_{煤气} = 6.512 \times 0.47 = 3.061kg/t$$

表 10－6　焦炉煤气化学组成　　　　　　　　（%）

CO_2	CO	H_2	CH_4	C_mH_n	O_2	N_2
3.4	10.4	53	24	3.0	0.6	5.6

（6）点火空气量 $G_{空气}^{点火}$：

1）以 $1m^3$ 煤气为单位计算化学反应所需空气量（煤气成分见表 10－6）：

①CO 燃烧需氧量 $L_{O_2}^{CO}$：

$$L_{O_2}^{CO} = 0.5 \times CO = 0.5 \times 0.104 = 0.052m^3 \tag{10-40}$$

式中　CO——煤气中 CO 的含量，%。

②H_2 燃烧需氧量 $L_{O_2}^{H_2}$：

$$L_{O_2}^{H_2} = 0.5 \times H_2 = 0.5 \times 0.53 = 0.265m^3 \tag{10-41}$$

式中　H_2——煤气中 H_2 的含量，%。

③CH_4 燃烧需气量 $L_{O_2}^{CH_4}$：

$$L_{O_2}^{CH_4} = 2 \times CH_4 = 2 \times 0.24 = 0.48m^3 \tag{10-42}$$

式中　CH_4——煤气中 CH_4 的含量，%。

④C_2H_2 燃烧需氧量 $L_{O_2}^{C_2H_2}$：

$$L_{O_2}^{C_2H_2} = 2.5 \times C_2H_2 = 2.5 \times 0.03 = 0.075m^3 \tag{10-43}$$

式中　C_2H_2——煤气中 C_2H_2 的含量，%。

2）$1m^3$ 煤气燃烧所需氧气量 L_{O_2} 为：

$$L_{O_2} = L_{O_2}^{CO} + L_{O_2}^{H_2} + L_{O_2}^{CH_4} + L_{O_2}^{C_2H_2} - L_{O_2}^{煤气} = 0.866m^3 \tag{10-44}$$

式中　$L_{O_2}^{煤气}$——$1m^3$ 煤气中 O_2 的量，m^3。

为了保证煤气完全燃烧，通常实际供应的空气量大于理论计算的空气量，实际供应的空气量与理论空气量的比值称为过剩空气系数，以 α_0 表示。过剩空气系数根据点火燃料发热量 $H_{低}$ 和理论燃烧温度 t_0 查燃烧计算图表即可得到。理论燃烧温度的计算公式如下：

$$t_0 = t/\eta \tag{10-45}$$

式中　t——实际点火温度，一般取 1000～1200℃；

η——高温系数，按 0.75～0.8 选取。

考虑空气过剩系数 $\alpha_0 = 1.4$，则 $1m^3$ 煤气燃烧所需空气量 $L_{空气}$ 为：

$$L_{空气} = L_{氧气}/0.21 \times \alpha_0 = 0.866/0.21 \times 1.4 = 5.774m^3 \tag{10-46}$$

式中　0.21——空气中氧气的体积含量为 21%。

3）点火所需空气量 $G_{空气}^{点火}$ 为：

$$G_{空气}^{点火} = V_{煤气} \cdot L_{空气} \cdot \gamma_{空气} = 6.512 \times 5.774 \times 1.293 = 48.617kg/t \tag{10-47}$$

式中　$\gamma_{空气}$——空气密度，kg/m³，为 1.293kg/m³。

（7）烧结过程所需空气量 $G_{空气}^{烧结}$：

1）固体燃料燃烧所需氧量 $G_{O_2}^{碳}$。固体燃料是由碳、氢、氧、氮、硫五种元素以及水分和灰分等杂质所组成。固体燃料化学组成的质量分数有四种表示方法：①应用基：包括全部水分和灰分的燃料质量作为 100%；②分析基：为实验室的分析值，以空气风干燃料为 100%；③干燥基：除去水分以外的其他含量作为成分的 100%；④可燃基：以无水无灰的可燃质成分作 100%。

在工业上为了评价燃料的质量指标，采用工业分析的方法测定固体燃料中的水分（W）、灰分（A）、挥发分（V）和固定碳（C）的含量，将分析结果表示成这些成分在燃料中的质量分数，作为评价和选择燃料的重要指标，$W^f + V^f + C^f + A^f = 100\%$。

$$G_{O_2}^{碳} = G_{燃料} \cdot C^f \times 2.667 \qquad (10-48)$$

$$V_{O_2}^{碳} = G_{O_2}^{碳} / \gamma_{O_2} \qquad (10-49)$$

式中　C^f——固体燃料的固定碳含量，%；

2.667——1kg 固定碳氧化需要氧的量；

$V_{O_2}^{碳}$——固体燃料燃烧所需氧的体积量，m³/t；

γ_{O_2}——氧气（O_2）的密度，kg/m³，为 1.429kg/m³。

表 10-7 为焦粉的工业分析结果，应用式（10-48）和式（10-49）的计算结果如下：

$$G_{O_2}^{碳} = 69 \times 0.76 \times 2.667 = 139.840 kg/t$$

$$V_{O_2}^{碳} = G_{O_2}^{碳} / \gamma_{O_2} = 139.840 / 1.429 = 97.859 m^3/t$$

表 10-7　焦粉工业分析　　　　　　　　　　（%）

W^f	C^f	V^f	A^f
5.48	76.0	3.48	15.04

2）硫氧化物氧化所需氧量 $G_{O_2}^{硫化物}$。铁矿石中的硫多以 FeS_2 形式存在，故首先将化学分析中的 S 换算成 FeS_2。

$$G_{(FeS_2)i} = 1.875 \cdot S_i \cdot G_i \qquad (10-50)$$

式中　$G_{(FeS_2)i}$——各原料中 FeS_2 含量，kg；

1.875——硫换算成 FeS_2 的系数；

S_i——各原料中硫含量，%；

G_i——各原料的质量，kg。

根据表 10-1 和表 10-5 的数据，应用式（10-50），计算结果如表 10-8 所示。

表 10-8　各种原料带入的 S 及 FeS_2 量

原料种类	进口矿 A	进口矿 B	进口矿 C	精矿 1	精矿 2	精矿 3	合计
硫含量/%	0.016	0.004	0.009	0.027	2.161	0.013	
带入硫/kg	0.048	0.001	0.033	0.014	1.521	0.008	1.625
换算 FeS_2/kg	0.090	0.002	0.062	0.026	2.852	0.015	3.047

考虑烧结过程的脱硫率为90%，硫氧化物氧化所需氧量 $G_{O_2}^{硫化物}$ 为：

$$G_{O_2}^{硫化物} = 0.733 \times 0.9 \times \Sigma FeS_2 = 0.733 \times 0.9 \times 3.047 = 2.010 kg/t \qquad (10-51)$$

$$V_{O_2}^{硫化物} = G_{O_2}^{硫化物}/\gamma_{O_2} = 2.010/1.429 = 1.407 m^3/t \qquad (10-52)$$

式中 $G_{O_2}^{硫化物}$——硫氧化物氧化所需氧量，kg；

0.733——1kg FeS_2 氧化需要的氧量；

0.9——烧结过程的脱硫率为90%；

ΣFeS_2——混合料含 FeS_2 的总和，kg；

$V_{O_2}^{硫化物}$——硫化物氧化所需氧的体积量，m^3/t；

γ_{O_2}——O_2 的密度，kg/m^3，为 $1.429 kg/m^3$。

3）FeO 氧化需氧量 $G_{O_2}^{FeO}$。混合料原料中的 FeO 含量包括了 FeS_2 中的 Fe^{2+}，前面计算已经考虑了 FeS_2 氧化需要的 O_2，所以计算时需要去掉这部分 FeO。

$$G_{O_2}^{FeO} = [\Sigma(G_i \cdot FeO_i) - FeO_{烧} - 1.125\Sigma S_i \times 0.9]/9 \qquad (10-53)$$

式中 G_i——各种原料的质量，kg；

FeO_i，S_i——各种原料中 FeO、S 的含量，%；

$FeO_{烧}$——烧结矿中 FeO 的质量，kg；

1.125——S 换算成 FeO 的系数；

0.9——烧结过程90%的脱硫率。

$$G_{O_2}^{FeO} = [23.682 - 70 - 1.125 \times 1.625 \times 0.9]/9 = -5.329 kg/t$$

4）烧结过程化学反应所需的总氧量为：

$$G_{O_2}^{烧结} = G_{O_2}^{碳} + G_{O_2}^{硫化物} + G_{O_2}^{FeO} = 136.521 kg/t \qquad (10-54)$$

烧结所需的空气量 $G_{空气}^{烧结}$ 为：

$$G_{空气}^{烧结} = \alpha \cdot G_{O_2}^{烧结}/0.232 = 741.450 kg/t$$

式中 α——烧结过程空气过剩系数，一般取 1.26；

0.232——空气中氧气质量百分比。

（8）烧结过程漏入空气量 $G_{空气}^{漏风}$。烧结过程漏风率一般为 30% ~ 40%，本计算取 40%。

$$G_{空气}^{漏风}/(G_{空气}^{烧结} + G_{空气}^{漏风}) = 40\% \qquad (10-55)$$

$$G_{空气}^{漏风} = \frac{2}{3}G_{空气}^{烧结} = 494.300 kg/t \qquad (10-56)$$

10.1.2.2 物料的支出

（1）成品烧结矿 $G'_{成品}$ 以生产 1t 烧结矿计算：

$$G'_{成品} = 1000 kg/t \qquad (10-57)$$

（2）返矿量 $G'_{返矿}$ 按照返矿平衡原理为：

$$G'_{返矿} = G_{返矿} = 498.08 kg/t \qquad (10-58)$$

（3）铺底料 $G'_{铺}$。铺底料在烧结过程中不发生变化，所以：

$$G'_{铺} = G_{铺} = 100 kg/t \qquad (10-59)$$

（4）点火废气量：

1）以 1m^3 煤气为单位计算（煤气成分见表 10-6）：

①CO 燃烧产生的 CO_2 量 $L_{CO_2}^{CO}$：

$$L_{CO_2}^{CO} = CO = 0.104m^3 \qquad (10-60)$$

②H_2 燃烧产生水蒸气量 $L_{H_2O}^{H_2}$：

$$L_{H_2O}^{H_2} = H_2 = 0.53m^3 \qquad (10-61)$$

③CH_4 燃烧产生的 CO_2 量 $L_{CO_2}^{CH_4}$ 和水蒸气量 $L_{H_2O}^{CH_4}$：

$$L_{CO_2}^{CH_4} = CH_4 = 0.24m^3 \qquad (10-62)$$

$$L_{H_2O}^{CH_4} = CH_4 \times 2 = 0.24 \times 2 = 0.48m^3 \qquad (10-63)$$

④C_2H_2 燃烧产生的 CO_2 量 $L_{CO_2}^{C_2H_2}$ 及水蒸气量 $L_{H_2O}^{C_2H_2}$：

$$L_{CO_2}^{C_2H_2} = C_2H_2 \times 2 = 0.03 \times 2 = 0.06m^3 \qquad (10-64)$$

$$L_{H_2O}^{C_2H_2} = C_2H_2 = 0.03m^3 \qquad (10-65)$$

2）点火烟气中 CO_2、H_2O、N_2 和 O_2 的组成：

①CO_2 量 $G_{CO_2}^{点火}$：

$$V_{CO_2}^{点火} = V_{煤气} \cdot (L_{CO_2}^{CO} + L_{CO_2}^{CH_4} + L_{CO_2}^{C_2H_2} + L_{CO_2}^{煤气})$$
$$= 6.512 \times (0.104 + 0.24 + 0.06 + 0.034) = 2.852m^3/t$$
$$G_{CO_2}^{点火} = V_{CO_2}^{点火} \cdot \gamma_{CO_2} = 2.852 \times 1.977 = 5.638kg/t \qquad (10-66)$$

式中 $V_{CO_2}^{点火}$——点火烟气中 CO_2 的体积，m^3/t；

$L_{CO_2}^{煤气}$——$1m^3$ 煤气中 CO_2 的量，m^3（见表 10-6）；

γ_{CO_2}——CO_2 的密度，kg/m^3，为 $1.977kg/m^3$。

②水蒸气量 $G_{H_2O}^{点火}$：

$$V_{H_2O}^{点火} = V_{煤气} \cdot (L_{H_2O}^{H_2} + L_{H_2O}^{CH_4} + L_{H_2O}^{C_2H_2} + L_{H_2O}^{煤气})$$
$$= 6.512 \times (0.53 + 0.48 + 0.03 + 0) = 6.772m^3/t$$
$$G_{H_2O}^{点火} = V_{H_2O}^{点火} \cdot \gamma_{H_2O} = 6.772 \times 0.804 = 5.445kg/t \qquad (10-67)$$

式中 $V_{H_2O}^{点火}$——点火烟气中 H_2O 的体积，m^3/t；

$L_{H_2O}^{煤气}$——$1m^3$ 煤气中 H_2O 的量，m^3（见表 10-6）；

γ_{H_2O}——水蒸气的密度，kg/m^3，为 $0.804kg/m^3$。

③N_2 量 $G_{N_2}^{点火}$：

$$V_{N_2}^{点火} = V_{煤气} \cdot (L_{空气} \cdot 0.79 + L_{N_2}^{煤气}) = 6.512 \times (5.774 \times 0.79 + 0.056) = 30.069m^3/t$$
$$G_{N_2}^{点火} = V_{N_2}^{点火} \cdot \gamma_{N_2} = 30.069 \times 1.251 = 37.616kg/t \qquad (10-68)$$

式中 $V_{N_2}^{点火}$——点火烟气中 N_2 的体积，m^3/t；

$L_{N_2}^{煤气}$——$1m^3$ 煤气中 N_2 含量，m^3（见表 10-6）；

0.79——空气中 N_2 的含量为 79%；

γ_{N_2}——N_2 的密度，kg/m^3，为 $1.251kg/m^3$。

④O_2 量 $G_{剩O_2}^{点火}$。点火过程中剩余的 O_2 即为点火烟气的 O_2：

$$V_{剩O_2}^{点火} = (L_{O_2} \cdot \alpha_{点火} - L_{O_2} + L_{O_2}^{煤气}) \cdot V_{煤气}$$
$$= (0.866 \times 1.4 - 0.866 + 0.006) \times 6.512 = 2.295m^3/t$$
$$G_{剩O_2}^{烧结} = V_{剩O_2}^{点火} \cdot \gamma_{O_2} = 2.295 \times 1.429 = 3.280kg/t \qquad (10-69)$$

点火烟气组成如表 10-9 所示。

表 10 - 9　点火烟气组成

成　分	CO_2	H_2O	N_2	O_2	总　计
体积/m^3	2.852	6.772	30.069	2.295	41.988
体积分数/%	6.792	16.128	71.613	5.467	100.00

（5）烧结过程产生的废气：

1）CO_2 量 $G_{CO_2}^{烧结}$。烧结过程产生的 CO_2 主要来源于固体燃料燃烧。

$$G_{CO_2}^{烧结} = G_{燃料} \cdot C^f \times 3.667 \qquad (10-70)$$

$$V_{CO_2}^{烧结} = G_{CO_2}^{烧结} / \gamma_{CO_2}$$

式中　3.667——1kg 固定碳氧化产生 CO_2 量；

　　　$V_{CO_2}^{烧结}$——固体燃料燃烧产生 CO_2 的体积量，m^3/t；

　　　γ_{CO_2}——CO_2 的密度，kg/m^3，为 1.977kg/m^3。

以表 10 - 7 的焦粉工业分析结果，计算结果如下：

$$G_{CO_2}^{烧结} = 69 \times 0.76 \times 3.667 = 192.280 kg/t$$

$$V_{CO_2}^{烧结} = G_{CO_2}^{烧结} / \gamma_{CO_2} = 192.280/1.977 = 97.258 m^3/t$$

2）SO_2 量 $G_{SO_2}^{烧结}$。烧结过程产生的 SO_2 主要来源于硫氧化物氧化。

$$G_{SO_2}^{烧结} = 1.067 \times 0.9 \times \Sigma FeS_2 = 1.067 \times 0.9 \times 3.047 = 2.926 kg/t$$

$$V_{SO_2}^{烧结} = G_{SO_2}^{烧结} / \gamma_{SO_2} = 2.926/2.857 = 1.024 m^3/t$$

式中　1.067——1kg FeS_2 氧化产生 SO_2 量；

　　　$V_{SO_2}^{烧结}$——烧结过程产生 SO_2 的体积量，m^3/t；

　　　γ_{SO_2}——SO_2 的密度，kg/m^3，为 2.857kg/m^3。

3）N_2 量 $G_{N_2}^{烧结}$：

$$G_{N_2}^{烧结} = G_{空气}^{烧结} - G_{O_2}^{烧结} = 569.434 kg/t \qquad (10-71)$$

4）O_2 量 $G_{剩O_2}^{烧结}$：

$$G_{剩O_2}^{烧结} = G_{O_2}^{烧结} \times \alpha - G_{O_2}^{烧结} = 35.495 kg/t \qquad (10-72)$$

5）烧结过程漏风：

O_2 量：　　　$G_{O_2}^{漏风} = G_{空气}^{漏风} \times 0.232 = 494.300 \times 0.232 = 114.678 kg/t$　　(10-73)

N_2 量：　　　$G_{N_2}^{漏风} = G_{空气}^{漏风} - G_{O_2}^{漏风} = 494.300 - 114.678 = 379.622 kg/t$　　(10-74)

6）碳酸盐分解产生的 CO_2 $G_{CO_2}^{分解}$。当烧结原料配加石灰石和白云石时，$CaCO_3$ 和 $MgCO_3$ 会分解产生 CO_2。

$$G_{CO_2}^{分解} = G_{石灰石} \cdot (0.7857 \times CaO + 1.1 \times MgO) + G_{白云石} \cdot (0.7857 CaO + 1.1 MgO)$$

$$= 46.205 + 39.949 = 86.154 kg/t \qquad (10-75)$$

式中　$G_{石灰石}$，$G_{白云石}$——石灰石、白云石的配加量，kg；

　　　0.7857——$CaCO_3$ 中 1kg CaO 产生的 CO_2 量；

　　　1.1——$MgCO_3$ 中 1kg MgO 产生的 CO_2 量。

7）消石灰分解产生水蒸气 $G_{H_2O}^{分解}$：

$$G_{H_2O}^{分解} = 0.321 \times CaO \times G_{消} \qquad (10-76)$$

式中　0.321——Ca(OH)$_2$ 中 1kg CaO 产生的 CO$_2$ 量；

　　　$G_消$——消石灰的配加量，kg。

8）烧结废气组成计算。烧结过程的废气包括点火烟气、烧结过程产生废气和漏入的风。

$$G_{N_2} = G_{N_2}^{点火} + G_{N_2}^{烧结} + G_{N_2}^{漏风} = 37.616 + 569.434 + 379.622 = 986.672 kg/t \quad (10-77)$$

$$V_{N_2} = G_{N_2}/\gamma_{N_2} = 986.672/1.251 = 788.707 m^3/t（标态）$$

$$G_{O_2} = G_{剩O_2}^{点火} + G_{剩O_2}^{烧结} + G_{O_2}^{漏风} = 3.280 + 35.495 + 114.678 = 153.453 kg/t \quad (10-78)$$

$$V_{O_2} = G_{O_2}/\gamma_{O_2} = 153.453/1.429 = 107.385 m^3/t（标态）$$

$$G_{CO_2} = G_{CO_2}^{点火} + G_{CO_2}^{烧结} + G_{CO_2}^{分解} = 5.638 + 192.280 + 86.154 = 284.072 kg/t \quad (10-79)$$

$$V_{CO_2} = G_{CO_2}/\gamma_{CO_2} = 284.072/1.977 = 143.688 m^3/t（标态）$$

$$G_{H_2O} = G_{H_2O}^{点火} + G_水 = 5.445 + 144.372 = 149.817 kg/t \quad (10-80)$$

$$V_{H_2O} = G_{H_2O}/\gamma_{H_2O} = 149.817/0.804 = 186.340 m^3/t（标态）$$

$$G_{SO_2} = G_{SO_2}^{烧结} = 2.926 kg/t \quad (10-81)$$

$$V_{SO_2} = G_{SO_2}/\gamma_{SO_2} = 2.926/2.857 = 1.024 m^3/t$$

烧结废气量：$G'_{废气} = \Sigma G_i = 1576.94 kg/t$；$V'_{废气} = \Sigma V_i = 1227144 m^3/t（标态）$ （10-82）

烧结废气组成如表 10-10 所示。

表 10-10 烧结废气组成

组　成	N$_2$	O$_2$	CO$_2$	SO$_2$	H$_2$O	合　计
质量/kg·t^{-1}	986.672	153.453	284.072	2.926	149.817	1580.88
质量分数/%	62.41	9.71	17.97	0.19	9.47	100
体积（标态）/m^3·t^{-1}	788.707	107.385	143.688	1.024	186.340	1230.294
体积分数/%	64.11	8.73	11.68	0.08	15.15	100

注：CO 根据烧结生产确定。

10.1.2.3 烧结过程物料平衡表（见表 10-11）

表 10-11 烧结过程物料平衡表

物　料　收　入				物　料　支　出			
符号	项　目	质量/kg·t^{-1}	百分比/%	符号	项　目	质量/kg·t^{-1}	百分比/%
G_1	进口矿 A	300	9.40	$G'_{成品}$	成品烧结矿	1000	31.33
G_2	进口矿 B	35.76	1.12	$G'_{返矿}$	返矿	498.08	15.60
G_3	进口矿 C	364.24	11.41	$G'_铺$	铺底料	100	3.13
G_4	精矿 1	50	1.57	$G'_{废气}$	烧结废气	1576.94	49.40
G_5	精矿 2	70.41	2.21		其中		
G_6	精矿 3	60	1.88	G_{N_2}	氮气	986.67	30.91
G_7	生石灰	22	0.69	G_{O_2}	氧气	153.45	4.81
G_8	石灰石	107	3.35	G_{CO_2}	二氧化碳	284.07	8.90
G_9	白云石	83.79	2.62	G_{SO_2}	二氧化硫	2.93	0.09

续表 10 - 11

物料收入				物料支出			
符号	项目	质量/kg·t⁻¹	百分比/%	符号	项目	质量/kg·t⁻¹	百分比/%
G_{10}	焦粉	69	2.16	G_{H_2O}	水蒸气	149.82	4.69
$G_{返}$	返矿	498.09	15.60	机械损失		17.07	0.54
$G_{铺}$	铺底料	100	3.13				
$G_{水}$	水	144.37	4.52				
$G_{煤气}$	点火煤气	3.06	0.10				
$G_{点火空气}$	点火空气	48.62	1.52				
$G_{烧结空气}$	烧结空气	741.45	23.23				
$G_{漏风空气}$	烧结漏风	494.30	15.49				
合计		3192.09	100	合计		3192.09	100

10.1.3　烧结过程热平衡计算

烧结过程热平衡计算是根据能量守恒定律,即进入烧结机系统的热量等于烧结机支出的热量,研究热量的供应和分配状况。计算的目的是:

(1) 评价烧结机的热效率水平;

(2) 为热工设备结构的设计和改造提供数据;

(3) 使热工设备在最佳条件下,达到高产优质。

参照《烧结机热平衡测定与计算方法暂行规定》,热平衡计算有如下规定:

(1) 热平衡计算时,基准温度为 0℃;

(2) 以单位质量成品矿需要热量为单位 (kJ/t-s);

(3) 固体或气体燃料使用应用基低位发热值,煤气使用湿煤气低位发热值;

(4) 使用国际统一单位:J、kJ、MJ、GJ 等。

烧结过程的热收入包括物理热和化学热两部分,物理热即原料、煤气、空气等带入的热量,化学热即固定碳、煤气等燃烧放热以及硫化物、氧化物等反应热。具体包括如下项目:(1) 混合料带入热量;(2) 铺底料带入热量;(3) 点火煤气带入热量;(4) 点火空气带入热量;(5) 点火煤气燃烧热;(6) 烧结空气带入热量;(7) 固定碳燃烧放热;(8) 高炉灰或高炉返矿残碳等燃烧放热;(9) 化学反应热(硫化物、氧化物放热,成渣热等)。

热支出包括:(1) 废气带走热量;(2) 化学反应吸热,如 $MgCO_3$、$CaCO_3$、$Ca(OH)_2$ 分解吸热;(3) 烧结饼带走热量;(4) 碳燃烧不完全损失的热量;(5) 烧结矿残碳;(6) 设备散热、辐射热等。

10.1.3.1　热量的收入

(1) 混合料带入的物理热 $Q_{混合料}$:

$$Q_{混合料} = (G_{料} + G_{返}) \cdot C_{混合料} \cdot t_{混合料} + G_{水} \cdot C_{水} \cdot t_{混合料}$$
$$= (1162.20 + 498.09) \times 0.891 \times 50 + 144.37 \times 4.184 \times 50 = 104168.14 \text{kJ/t}$$

(10 - 83)

式中　$C_{混合料}$——干混合料的平均比热容,kJ/(kg·℃),一般取 0.891kJ/(kg·℃);

$t_{混合料}$——混合料的温度，℃（本计算以混合料预热温度 50℃ 为准）；

$C_{水}$——水的比热容，kJ/(kg·℃)，为 4.184kJ/(kg·℃)。

（2）铺底料带入的物理热 $Q_{铺}$：

$$Q_{铺} = G_{铺} \cdot C_{铺} \cdot t_{铺} = 100 \times 0.8368 \times 100 = 8368kJ/t \qquad (10-84)$$

式中 $C_{铺}$——铺底料的比热容，kJ/(kg·℃)，为 0.8368kJ/(kg·℃)；

$t_{铺}$——铺底料的温度，℃（本计算以铺底料 100℃ 为准）。

（3）点火煤气带入的物理热 $Q_{煤气}$：

$$Q_{煤气} = V_{煤气} \cdot C_{煤气} \cdot t_{煤气} = 6.512 \times 1.338 \times 25 = 217.83kJ/t \qquad (10-85)$$

式中 $t_{煤气}$——煤气的温度，℃，取 25℃；

$C_{煤气}$——煤气的平均比热容，kJ/(m³·℃)，按下式计算：

$$C_{煤气} = 0.01 \times (C'_{CO} \cdot CO^S + C'_{H_2} \cdot H_2^S + C'_{CH_4} \cdot CH_4^S + C'_{CO_2} \cdot CO_2^S \cdots) \qquad (10-86)$$

式中 C'_{CO}，C'_{H_2}，C'_{CH_4}——煤气中相应成分的平均比热容，kJ/(m³·℃)；

CO^S，H_2^S，CH_4^S——煤气中各成分湿基体积含量，%；

H_2O^S——煤气中水分的体积含量，可按下式计算：

$$H_2O^S = 0.124gk/(100 + 0.124gk)，\%$$

（4）点火助燃空气带入的物理热 $Q_{点空}$：

$$Q_{点空} = V_{点空} \cdot C_{空气} \cdot t_{空气} = 5.774 \times 6.512 \times 1.30 \times 25 = 1222.01kJ/t \qquad (10-87)$$

式中 $C_{空气}$——空气的平均比热容，kJ/(m³·℃)，取 1.30kJ/(m³·℃)；

$t_{空气}$——空气的温度，℃，取 25℃。

（5）点火煤气燃烧热 $Q_{点火}$：

$$Q_{点火} = V_{煤气} \cdot Q_{DW}^{湿} \qquad (10-88)$$

式中 $Q_{DW}^{湿}$——湿煤气低（位）发热量，kJ/m³。

设计过程中单位烧结矿点火热量根据烧结试验或同类型烧结厂的生产数据决定，可取：

$$Q_{点火} = 125400kJ/t$$

（6）烧结过程空气带入的物理热 $Q_{烧空}$：

$$Q_{烧空} = (G_{空气}^{烧结} + G_{空气}^{漏风}) \cdot C_{空气} \cdot t_{空气} = (741.45 + 494.30) \times 1.08 \times 25 = 33365.25kJ/t$$
$$(10-89)$$

式中 $C_{空气}$——空气的比热容，kJ/(kg·℃)，1.08kJ/(kg·℃)；

$t_{空气}$——空气的温度，℃，取 25℃。

（7）固体燃烧的化学热 $Q_{固燃}$。在烧结过程中，固定碳发生的反应：

$$C + O_2 = CO_2$$
$$2C + O_2 = 2CO$$
$$C + CO_2 = 2CO$$
$$2CO + O_2 = 2CO_2$$

过去采用的固定碳燃烧收入热量计算方法是：将固定碳 80% 完全燃烧，20% 不完全燃烧的总热值作为热收入。《烧结机热平衡测定与计算方法暂行规定》中规定，以固体燃料的应用基低发热量为收入热量，而以挥发分和固定碳的不完全燃烧的热损失作为支出热量计算。

$$Q_{固燃} = G_C^y \cdot Q_{DW}^y = G_C^g/(1-w) \cdot Q_{DW}^y = 69/(1-0.0548) \times 2629.59 = 1919589kJ/t \tag{10-90}$$

式中 Q_{DW}^y——固体燃料应用基低位发热值，kJ/kg。

根据门捷列夫公式：

焦炭： $Q_{DW}^y = [79.8C^y + 246H^y - 26(O^y - S^y) - 6W^y] \times 4.18 \tag{10-91}$

无烟煤： $Q_{DW}^y = [81C^y + 246H^y - 26(O^y - S^y) - 6W^y] \times 4.18 \tag{10-92}$

式中 C^y, H^y, O^y, S^y——固体燃料中各元素含量，%，见表10-12；

W^y——固体燃料物理水，%，见表10-7。

$Q_{DW}^y = [79.8 \times 77.04 + 246 \times 0.77 - 26 \times (0.64 - 0.12) - 6 \times 5.48] \times 4.18$
$= 2629.59kJ/kg$

表 10-12　焦粉应用基元素分析 （%）

C^y	N^y	H^y	O^y	S^y
77.04	0.91	0.77	0.64	0.12

（8）高炉灰或高炉返矿残碳的化学热量 $Q_{残碳}$：

$$Q_{残碳} = 79.8 \cdot G_{炉灰} \cdot C_C \quad kJ/t \tag{10-93}$$

式中 $G_{炉灰}$——高炉灰或高炉返矿质量，kg/t；

C_C——高炉灰或高炉返矿中残留固定碳，%。

（9）化学反应放热 $Q_{反应}$：

1）硫化物氧化放热 $Q_{硫化物}$：

$$Q_{硫化物} = q_{FeS_2} \cdot G_{FeS_2} \times 0.9 = 6901.18 \times 3.047 \times 0.9 = 18924.33kJ/kg \tag{10-94}$$

式中 q_{FeS_2}——1kg FeS_2 完全氧化放出的热量，kJ/kg，为6901.18kJ/kg；

G_{FeS_2}——混合料中 FeS_2 的总和，kg；见表10-8；

0.9——烧结过程90%的脱硫率。

2）FeO 氧化放热 Q_{FeO}：

$$Q_{FeO} = q_{FeO} \cdot G_{FeO} = q_{FeO} \cdot [\sum(G_i \cdot FeO_i) - FeO_{烧} - 1.125\sum S_i \times 0.9]$$
$$= 1952.06 \times (23.682 - 70 - 1.125 \times 1.625 \times 0.9) = -93621.55kJ/t \tag{10-95}$$

式中 q_{FeO}——1kg FeO 完全氧化放出热量，kJ/kg，1952.06kJ/kg。

3）成渣化学热 $Q_{成渣}$：

①当有矿相鉴定时：

$$Q_{成渣} = (1000 - G_{炉灰}) \cdot \sum \Delta H_i \cdot P_i/100kJ/t \tag{10-96}$$

式中 ΔH_i——生成 i 种矿物的放热量，kJ/kg；

P_i——生成 i 种矿物的质量百分比，%。

②当无矿相鉴定时：

$$Q_{成渣} = (3\% \sim 4\%) \times Q_{总} = (3\% \sim 4\%) \times [\sum Q_i/(0.97 \sim 0.96)] \tag{10-97}$$

当取3%时：

$$Q_{成渣} = 0.03 \times (Q_{混合料} + Q_{铺} + Q_{煤气} + Q_{点空} + Q_{点火} + Q_{固燃} + Q_{空气} + Q_{硫化物} + Q_{FeO})/0.97$$
$$= 65494.37kJ/t$$

$$Q_{反应} = Q_{硫化物} + Q_{FeO} + Q_{成渣} = -9202.86kJ/t \qquad (10-98)$$

10.1.3.2 热量的支出

（1）混合料水分蒸发热 $Q'_{水}$：

$$Q'_{水} = q_{水} \cdot G_{水} = 2487.1 \times 144.37 = 359067.60kJ/t \qquad (10-99)$$

式中 $q_{水}$——单位质量水分的蒸发热，kJ/kg，为 2487.1kJ/kg。

（2）碳酸盐分解吸热 $Q'_{碳酸盐}$：

$$Q'_{碳酸盐} = G_{碳酸盐} \cdot (q_{CaO} \cdot CaO + q_{MgO} \cdot MgO) \qquad (10-100)$$

式中 q_{CaO}——碳酸盐分解 1kg CaO 所吸的热量，kJ/kg，为 3189.3kJ/kg；

q_{MgO}——碳酸盐分解 1kg MgO 所吸的热量，kJ/kg，为 2516.4kJ/kg；

CaO，MgO——碳酸盐中 CaO 和 MgO 的含量，%。

$$\begin{aligned} Q'_{碳酸盐} &= G_{石灰石}(3189.3 \cdot CaO_{石灰石} + 2516.4 \cdot MgO_{石灰石}) + G_{白云石}(3189.3 \cdot CaO_{白云石} \\ &\quad + 2516.4 \cdot MgO_{白云石}) \\ &= 107 \times (3189.3 \times 54.40 + 2516.4 \times 0.4)/100 + 83.79 \times (3189.3 \times 31.00 \\ &\quad + 2516.4 \times 21.20)/100 \\ &= 186719.79 + 127543.98 = 314263.77kg/t \end{aligned}$$

（3）废气带走的物理热 $Q'_{废气}$：

$$Q'_{废气} = G'_{废气} \cdot C_{废气} \cdot t_{废气} = 1579.97 \times 1.436 \times 120 = 277380.06kJ/t \qquad (10-101)$$

式中 $C_{废气}$——废气的比热容，kJ/(kg·℃)，为 1.436kJ/(kg·℃)；

$t_{废气}$——废气的温度，℃。

（4）烧结饼带走的热量 $Q'_{烧结饼}$：

$$\begin{aligned} Q'_{烧结饼} &= (G'_{成品} + G'_{返矿} + G'_{铺}) \cdot C_{烧} \cdot t_{烧} \\ &= (1000 + 498.08 + 100) \times 0.857 \times 650 = 890198.21kJ/t \end{aligned} \qquad (10-102)$$

式中 $C_{烧}$——烧结矿的比热容，kJ/(kg·℃)，为 0.857kJ/(kg·℃)；

$t_{烧}$——烧结矿的温度，℃。

（5）不完全燃烧损失热量 $Q'_{损失}$：

$$Q'_{损失} = G_{燃料}(Q^y_{DW} - 33858C^y)/(1 - W^y) + V^s_{废气} \cdot (12633.6CO^{s'}) \qquad (10-103)$$

式中 $33858C^y$——考虑了不完全燃烧的因素，固定碳燃烧实际放热；

12633.6——1m³ CO 燃烧放出的热量，kJ/m³。

$$\begin{aligned} Q'_{损失} &= 69 \times (26295.59 - 33858 \times 0.76)/(1 - 0.0548) + 1229.551 \times 12633.6 \times 0.19/100 \\ &= 70650.41kJ/t \end{aligned}$$

（6）烧结矿残碳损失的化学热 $Q'_{残碳}$：

$$Q'_{残碳} = 33356.4 \cdot G'_{成品} \cdot C_c = 33356.4 \times 1000 \times 0.17/100 = 56705.88kJ/t$$

$$(10-104)$$

式中 33356.4——1kg 残碳放出热量，kJ/kg；

C_c——烧结矿中残碳含量，%，为 0.17%。

10.1.3.3 烧结过程热平衡表（见表 10-13）

表 10 – 13 烧结过程热平衡表

热 收 入				热 支 出			
符号	项 目	热量/kJ·t⁻¹	比例/%	符号	项 目	热量/kJ·t⁻¹	比例/%
Q_1	点火燃料化学热	125400	5.74	Q_1'	水分蒸发吸热	359067.60	16.45
Q_2	点火燃料物理热	217.83	0.01	Q_2'	石灰石分解吸热	186719.79	8.55
Q_3	点火助燃空气物理热	1222.01	0.06	Q_3'	白云石分解吸热	127543.98	5.84
Q_4	固体燃料的化学热	1919589.20	83.97	Q_4'	烧结矿带走的物理热	890198.21	40.78
Q_5	混合料带入的物理热	104168.14	4.77	Q_5'	废气带走的物理热	277380.06	12.70
Q_6	铺底料带入的物理热	8386	0.38	Q_6'	不完全燃烧损失的热	70650.41	3.24
Q_7	空气带入的物理热	33365.25	1.53	Q_7'	烧结矿残碳损失的热	56705.88	2.60
Q_8	化学反应放出的热	9202.86	0.42	Q_8'	其他热损失	214879.64	9.84
	合 计	2183145.57	100		合 计	2183145.57	100

10.2 球团生产过程计算

由于氧化球团生产典型的三种工艺：竖炉、带式焙烧机、链算机—回转窑，其工艺设备和热工过程有所差异，因此在本章将分别阐述这三种工艺的物热平衡计算。

10.2.1 球团配料计算

与烧结相比，球团生产原料种类少，配料计算比较简单。

（1）铁矿配比。目前球团生产含铁原料一般在三种以内，基本上是根据试验和原料条件由厂家制定配矿方案（各种铁精矿的配比）。如果超过三种，可以根据原料条件及对球团矿（混匀矿）的成分要求计算。

（2）黏结剂配比。球团生产黏结剂的用量主要依据对产品质量的要求，根据试验结果确定。

（3）熔剂配比。根据对球团矿碱度 R 和 MgO 的要求，计算各熔剂的配比。球团矿碱度的计算与烧结矿相同，一般采用二元碱度。

10.2.1.1 各原料用量计算

设球团生产原料有 n 种铁精矿、m 种黏结剂、l 种添加剂（熔剂），以生产 1t 球团矿为基准计算。

根据原料成分和配加量，考虑 FeO 增氧量，计算烧成量；然后结合配加量，计算各物料的单耗。计算过程如下：

100kg 干混合料，烧成量为：

$$B_i = \sum_{i=1}^{n+m+l} P_i[9(100 - LOI_i - 0.95S_i) + FeO_i]/(900 + FeO_{球}) \qquad (10-105)$$

式中　B_i——球团矿烧成量，kg；

　　　P_i——各种原料用量，数值上等于各原料配比，kg；

　　　LOI_i——各种原料的烧损，%；

　　　0.95——球团过程脱硫率；

　　　S_i——各种原料的硫含量，%；

FeO_i——各种原料中的 FeO 含量,%;

$FeO_{球}$——球团矿中的 FeO 含量,%,可在 0～2% 之间取值;

i——各种含铁原料、黏结剂和添加剂。

各原料的单耗（kg/t－p）U_i 为:

$$U_i = P_i/B_i \times 1000 \tag{10－106}$$

举例:某球团厂原料化学成分如表 10－14 所示。设铁精矿 1 与铁精矿 2 的比例为75:25,膨润土外配2%;按两种情况进行计算:（1）生产自然碱度球团矿;（2）要求球团矿 R 为 0.6,MgO 为 1.5%,配加白云石和石灰石。应用理论配料计算可得各原料的配比和用量如表 10－15 所示。

表 10－14　原料化学成分　　　　　（%）

原　料	TFe	FeO	SiO$_2$	Al$_2$O$_3$	CaO	MgO	P	S	LOI[①]
铁精矿 1	67.00	28.60	5.55	0.47	0.15	0.42	0.0016	0.030	0.58
铁精矿 2	67.32	10.03	3.36	0.52	0.077	0.10	0.088	0.033	0.47
石灰石	0.31	0.13	5.01	0.67	49.31	2.13	—	—	41.84
白云石	0.37	0.31	4.82	0.86	28.94	19.84	—	—	43.60
膨润土	1.86	0.13	61.08	13.16	3.06	2.82	0.015	0.010	12.58

①烧损扣除了 FeO 的氧化增重。

表 10－15　各原料配比和用量

原料名称	铁精矿 1	铁精矿 2	石灰石	白云石	膨润土	备　注
配比/%	67.51	22.50	3.51	4.68	1.80	$R=0.6$、
用量/kg · t^{-1}－p	688.28	229.39	35.79	47.71	18.35	MgO $= 1.5$%
配比/%	73.53	24.51	—	—	1.96	酸性
用量/kg · t^{-1}－p	722.74	240.91	—	—	19.27	自然碱度

10.2.1.2　球团矿化学成分的理论计算

（1）球团矿产量的计算

假设球团脱硫率为95%,考虑 FeO 在球团生产过程中的氧化增重,球团矿产量的计算公式同式（10－105）,式中 P_i 采用实际各原料用量。

（2）球团矿化学成分计算

1）除 FeO 外其他成分含量（如 TFe、CaO、SiO$_2$、MgO、Al$_2$O$_3$ 等）:

$$C_{球} = \sum_{i=1}^{n+m+l} P_i \cdot C_i/(100 \cdot B_i) \tag{10－107}$$

式中　$C_{球}$——球团矿中某种成分（除 FeO）的含量,%;

C_i——各种原料中对应成分（除 FeO）的含量,%。

2）FeO 含量。球团生产过程为强氧化气氛,对产品的 FeO 含量有要求,一般在 1% 以下。

根据表 10－14 和表 10－15,假定球团矿 FeO 含量为 0.5%,应用上述方法计算的球团矿化学成分如表 10－16 所示。

表 10 - 16 球团矿化学成分的计算值 （％）

球团矿类型	TFe	FeO	SiO_2	CaO	Al_2O_3	MgO
熔剂性	60.87	0.50	6.10	3.66	0.75	1.50
酸性（自然碱度）	64.68	0.50	6.00	0.19	0.72	0.38

10.2.2 竖炉球团生产物料平衡和热平衡计算

10.2.2.1 物料平衡计算

A 物料收入部分

（1）干混合料量 $G_料$（kg/t）：

$$G_料 = \sum_{i=1}^{n+m+l} G_i \qquad (10-108)$$

式中 G_i——生产 1t 球团矿所需的各种铁精矿、黏结剂和熔剂的量，$i = 1, 2, \cdots, n + m + l$，kg/t。

（2）生球含水量 $G_水$（kg/t）：

$$G_水 = G_料 w/(1-w) \qquad (10-109)$$

式中 w——生球水分，%；一般为 8% ~ 10%。

（3）FeO 氧化增重 $G_{氧化}$（kg/t）：

$$G_{氧化} = \frac{1}{9}\left(\sum_{i=1}^{n+m+l} G_i FeO_i - G_球 FeO_球\right) \qquad (10-110)$$

式中 1/9——1kg FeO 氧化成 Fe_2O_3 需 1/9kg O_2；

$G_球$——球团矿（含成品和返矿）的量，kg/t。

B 物料支出部分

（1）成品球团矿 $G_{成品}$，为 1000kg/t。

（2）烧损 $G_{烧损}$（kg/t）：

$$G_{烧损} = \sum_{i=1}^{n+m+l} G_i(LOI_i + 0.95S_i) \qquad (10-111)$$

（3）水蒸气 $G_{水汽}$（kg/t），数值上等于生球含水量。

（4）球团返矿 $G_返$（kg/t）：

$$G_返 = 1000 R_{返矿} \qquad (10-112)$$

式中 $R_{返矿}$——返矿与成品球团矿的比值，%。

10.2.2.2 热平衡计算

A 热收入

（1）煤气燃烧放热 $Q_{煤气}$（kJ/t）：

$$Q_{煤气} = q_{煤气} V_{煤气} \qquad (10-113)$$

式中 $q_{煤气}$——煤气低（位）热值，kJ/m^3；

$V_{煤气}$——煤气消耗量，m^3。

（2）空气带入的热量 $Q_{空气}$（kJ/t）：

$$Q_{空气} = C_{空气}(V_{助风} + V_{冷风})T_{空气} \tag{10-114}$$

式中　$C_{空气}$——空气比热容，kJ/(m³·℃)，取 1.005kJ/(m³·℃)；

　　　$V_{助风}$——助燃风的风量，m³/t；

　　　$V_{冷风}$——冷却风的风量，m³/t；

　　　$T_{空气}$——空气温度，℃，取 25℃。

（3）生球带入的物理热 $Q_{生球}$(kJ/t)：

$$Q_{生球} = (C_{料}G_{料} + C_{水}G_{水})T_{生球} \tag{10-115}$$

式中　$C_{料}$——干混合料的比热容，kJ/(kg·℃)，取 0.585kJ/(kg·℃)；

　　　$C_{水}$——水的比热容，kJ/(kg·℃)，取 4.183kJ/(kg·℃)；

　　　$T_{生球}$——生球温度，℃，一般取 25℃。

（4）FeO 氧化放热 $Q_{氧化}$(kJ/t)：

$$Q_{氧化} = 1952.6\left[\sum_{i=1}^{n+m+l} G_i \cdot FeO_i - G_{成品}FeO_{球} - 1.123 \times 0.95 \times \sum_{i=1}^{n+m+l} G_iS_i\right] \tag{10-116}$$

式中　1952.6——1kg FeO 氧化成 Fe_2O_3 放出的热量，kJ/kg；

　　　1.123——1kg S 结合成的 FeS_2 换算成 1.123kg 的 FeO。

（5）成渣热 $Q_{成渣}$(kJ/t)：

$$Q_{成渣} = (Q_{煤气} + Q_{氧化} + Q_{空气} + Q_{生球})R_{成渣}/(1 - R_{成渣}) \tag{10-117}$$

式中　$R_{成渣}$——成渣热占总热量的百分比，可设为 2%。

B　热量支出

（1）球团矿成品及返矿带走的热量 $Q_{球团}$(kJ/t)：

$$Q_{球团} = C_{球团}(G_{成品} + G_{返})(T_{球团} - 273.15) \tag{10-118}$$

式中　$C_{球团}$——球团矿的比热容，kJ/(kg·℃)，按以下公式进行计算：

$$C_{球团} = \begin{cases} (341.6 + 1.324T_{球团} - 4.032 \times 10^{-4}T_{球团}^2)/1000 & T_{球团} < 950 \\ 1.111 & 950 < T_{球团} < 1050 \\ (999 + 0.0461T_{球团})/1000 & T_{球团} > 1050 \end{cases} \tag{10-119}$$

　　　$T_{球团}$——排出球团矿的温度，K。

（2）废气带走的热量 $Q_{废气}$(kJ/t)：

$$Q_{废气} = C_{废气}G_{废气}(T_{废气} - 273.15) \tag{10-120}$$

式中　$C_{废气}$——废气的比热容，kJ/(kg·℃)，按以下公式进行计算；

$$C_{废气} = (920 + 0.31T_{废气} - 7.98 \times 10^{-5}T_{废气}^2)/1000 \tag{10-121}$$

　　　$G_{废气}$——废气量，m³/t；

　　　$T_{废气}$——废气温度，K。

（3）水蒸发需要的热量 $Q_{蒸发}$(kJ/t)：

$$Q_{蒸发} = C_{蒸发}G_{蒸发} \tag{10-122}$$

式中　$C_{蒸发}$——水蒸发热，kJ/kg；25℃取 2435kJ/kg；100℃取 2258kJ/kg。

（4）冷却水带走的热量 $Q_{冷却水}$(kJ/t)：

$$Q_{冷却水} = C_{冷却水}G_{冷却水}(T_排 - T_进) \tag{10-123}$$

式中　$C_{冷却水}$——水的比热容，kJ/(kg·℃)，取 4.183kJ/(kg·℃)；

　　　$G_{冷却水}$——冷却水消耗量，kg/t；

　　　$T_排$——排水温度，℃；

　　　$T_进$——进水温度，℃。

（5）炉壳散热 $Q_{炉壳}$(kJ/t)：

$$Q_{炉壳} = k(T_外 - T_{空气})F \tag{10-124}$$

式中　k——炉壳传热系数，kJ/(m²·h·℃)；

　　　$T_外$——外炉壳温度，℃；

　　　F——炉壳散热面积，m²·h/t。

10.2.2.3　物料平衡和热平衡计算示例

根据表 10-15 酸性球团计算结果，设生球水分 9%、返矿为成品球团矿的 9%，返矿送往烧结厂，竖炉球团物料平衡如表 10-17 所示。

表 10-17　竖炉球团物料平衡表

\multicolumn{3}{c}{物　料　收　入}			\multicolumn{3}{c}{物　料　支　出}		
符号	项目	质量/kg·t⁻¹	比例/%	符号	项目	质量/kg·t⁻¹	比例/%
$G_{料1}$	铁精矿 1	787.79	65.39	$G_{成品}$	成品球团矿	1000	83.01
$G_{料2}$	铁精矿 2	262.59	21.80	$G_{返矿}$	返矿	90	7.47
$G_{料3}$	膨润土	21.00	1.74	$G_{水汽}$	蒸发水分	105.96	8.80
$G_{水}$	生球水分	105.96	8.80	$G_{烧损}$	烧损	8.75	0.73
$G_{氧化}$	氧化增重	27.36	2.27	$G_误$	计算误差	-0.02	-0.01
$G_{收入}$	合计	1204.70	100	$G_{支出}$	合计	1204.72	100

热平衡计算依据参考我国竖炉球团厂 2012 年 1~9 月生产数据平均值：每吨球团矿消耗 194m³ 煤气（煤气热值取 3720.2kJ/m³）、287m³ 助燃空气、550m³ 冷却空气、4093kg 冷却水；竖炉排放球团矿的温度 400℃，排出水的平均温度取 36.7℃，每吨球团矿废气量 2600m³，废气温度 100℃；设外界空气温度 25℃、空气流动速度 3.6m/s、炉壳为 8mm 钢板，炉壳传热系数取 71.06kJ/(m³·h·℃)，外炉壳温度取 80℃，炉壳散热面积取 7.5m²·h/t。竖炉热平衡计算结果见表 10-18。

表 10-18　竖炉球团热平衡表

\multicolumn{3}{c}{热　收　入}			\multicolumn{3}{c}{热　支　出}		
符号	项目	热量/kJ·t⁻¹	比例/%	符号	项目	热量/kJ·t⁻¹	比例/%
$Q_{煤气}$	煤气燃烧放热	718226.80	56.24	$Q_球$	球团及返矿带走的热	457864.62	35.85
$Q_{空气}$	空气带入物理热	21029.63	1.65	$Q_{废气}$	废气带走的热	256246.92	20.06
$Q_{生球}$	生球带入物理热	31448.16	2.45	$Q_蒸发$	水蒸发吸热	258014.88	20.20
$Q_{氧化}$	FeO 氧化放出热	480766.78	37.65	$Q_{冷却水}$	冷却水带走的热	200315.92	15.69
				$Q_{炉壳}$	炉壳散热	42636.00	3.34
$Q_{成渣}$	成渣热	25621.79	2.01	$Q_损$	热损失	62014.81	4.86
$Q_{收入}$	合计	1277093.15	100	$Q_{支出}$	合计	1277093.15	100

10.2.3 带式焙烧机球团生产物料平衡和热平衡计算

10.2.3.1 物料平衡计算

A 物料收入

物料收入包括：（1）干混合料量 $G_料$；（2）生球含水量 $G_水$；（3）FeO 氧化增重 $G_{氧化}$；（4）返料 $G_{返料}$，数值与球团返矿相等；（5）边底料 $G_{边底}$。$G_料$、$G_水$ 和 $G_{氧化}$ 的计算同竖炉，分别见式（10-108）~式（10-110）；边底料 $G_{边底}$ 的计算方法如下：

$$G_{边料} = (G_{成品} + G_{返矿})R_H \qquad (10-125)$$

单位球团矿的边、底料量与料层高度、台车宽度有关。假定球团矿与生球的堆比重相同，则边底料量与球团矿之比 R_H 为：

$$R_H = [W_{台车}H_铺 + W_边(H_总 - H_铺)]/[(W_{台车} - W_边)(H_总 - H_铺)] \qquad (10-126)$$

式中 $W_{台车}$——台车宽度，mm；

       $H_铺$——铺底料高度，mm；

       $H_总$——总料高，mm；

       $W_边$——边料宽度，mm。

B 物料支出

物料支出包括：（1）成品球团矿 $G_{成品}$；（2）烧损 $G_{烧损}$；（3）水蒸气 $G_{水汽}$；（4）球团返矿 $G_返$；（5）边底料 $G_{边底}$；（6）机械损失 $G_误$（物料在转运过程中的损失，也包括计算误差）。

10.2.3.2 热平衡计算

不同的球团厂采用的带式焙烧机球团生产环节略有差异，下面以目前比较典型的工艺为主进行热平衡计算介绍。带式焙烧机球团工艺分鼓风干燥、抽风干燥、预热、焙烧、均热、一次冷却、二次冷却 7 个段，鼓风干燥段热风来自焙烧及均热段回热，抽风干燥段热风来自二次冷却；冷却段热风全部返回。

A 热收入

（1）生球带入的热量 $Q_{生球}$（kJ/t），计算公式见式（10-115）；

（2）边、底料带入的热量 $Q_{边底}$（kJ/t）：

$$Q_{边底} = C_{边底}G_{边底}T_{边底} \qquad (10-127)$$

式中 $C_{边底}$——边底料比热容，kJ/(kg·℃)，按式（10-119）计算；

       $G_{边底}$——边底料质量，kg/t；

       $T_{边底}$——边底料料温，取 25℃。

（3）台车带入的热量 $Q_{台车}$（kJ/t）：

$$Q_{台车} = C_{台车}M_{台车}T_{台车} \qquad (10-128)$$

式中 $C_{台车}$——台车的平均比热容，kJ/(kg·℃)，取 0.489kJ/(kg·℃)；

       $M_{台车}$——台车质量，kg/t；

       $T_{台车}$——台车的平均温度，℃。

（4）鼓风干燥段热风带入的热量 $Q_{鼓干}$（kJ/t）：

$$Q_{鼓干} = C_{鼓干}V_{鼓干}T_{鼓干} \qquad (10-129)$$

式中　$C_{鼓干}$——鼓风干燥段热风的平均比热容，kJ/($m^3 \cdot$ ℃)，用式（10-121）计算；

　　　$V_{鼓干}$——鼓风干燥段热风的风量，m^3/t；

　　　$T_{鼓干}$——鼓风干燥段热风的温度，℃。

（5）抽风干燥段热风带入的热量 $Q_{抽干}$(kJ/t)：

$$Q_{抽干} = C_{抽干} V_{抽干} T_{抽干} \tag{10-130}$$

式中　$C_{抽干}$——抽风干燥段热风的平均比热容，kJ/($m^3 \cdot$ ℃)，用式（10-121）计算；

　　　$V_{抽干}$——抽风干燥段热风的风量，m^3/t；

　　　$T_{抽干}$——抽风干燥段热风的温度，℃。

（6）预热段热风带入的热量 $Q_{预热}$(kJ/t)：

$$Q_{预热} = C_{预热} V_{预热} T_{预热} \tag{10-131}$$

式中　$C_{预热}$——进入预热段热风的平均比热容，kJ/($m^3 \cdot$ ℃)，用式（10-121）计算；

　　　$V_{预热}$——进入预热段热风的风量，m^3/t；

　　　$T_{预热}$——进入预热段热风的温度，℃。

（7）焙烧段热风带入的热量 $Q_{焙烧}$(kJ/t)：

$$Q_{焙烧} = C_{焙烧} V_{焙烧} T_{焙烧} \tag{10-132}$$

式中　$C_{焙烧}$——进入焙烧段热风的平均比热容，kJ/($m^3 \cdot$ ℃)，用式（10-121）计算；

　　　$V_{焙烧}$——进入焙烧段热风的风量，m^3/t；

　　　$T_{焙烧}$——进入焙烧段热风的温度，℃。

（8）FeO 氧化放出的热量 $Q_{氧化}$(kJ/t)，计算公式见式（10-116）；

（9）硫氧化发热量 $Q_{硫}$(kJ/t)：

$$Q_{硫} = 6901.18 \times 1.875 \times 0.95 \sum_{i=1}^{n} G_i S_i \tag{10-133}$$

式中　6901.18——1kg FeS_2 完全氧化放出的热量，kJ/kg。

（10）均热段热风带入的热量 $Q_{均热}$(kJ/t)：

$$Q_{均热} = C_{均热} V_{均热} T_{均热} \tag{10-134}$$

式中　$C_{均热}$——进入均热段热风的平均比热容，kJ/($m^3 \cdot$ ℃)，用式（10-121）计算；

　　　$V_{均热}$——进入均热段热风的风量，m^3/t；

　　　$T_{均热}$——进入均热段热风的温度，℃。

（11）冷却段空气带入的热量 $Q_{冷却}$(kJ/t)：

$$Q_{冷却} = C_{冷却} V_{冷却} T_{冷却} \tag{10-135}$$

式中　$C_{冷却}$——进入冷却段风的平均比热容，kJ/($m^3 \cdot$ ℃)，用式（10-121）计算；

　　　$V_{冷却}$——进入冷却段的风量，m^3/t；

　　　$T_{冷却}$——进入冷却段的风温，℃。

B　热支出

（1）球团矿带走的热量 $Q_{球团}$(kJ/t)，计算公式见式（10-118）；

（2）边、底料带走的热量 $Q'_{边底}$(kJ/t)：

$$Q'_{边底} = C_{边底} G_{边底} T_{边底} \tag{10-136}$$

式中　$C_{边底}$——出带式机边底料比热容，kJ/(kg $\cdot$ ℃)；

$T_{边底}$——出带式机边底料料温，℃。

（3）台车带走的热量 $Q'_{台车}$（kJ/t）：

$$Q'_{台车} = C'_{台车} M_{台车} T'_{台车}$$（10-137）

式中　$C'_{台车}$——出带式机台车的平均比热容，kJ/(kg·℃)；

　　　$T'_{台车}$——出带式机台车的平均温度，℃。

（4）鼓风干燥段废气带走的热量 $Q'_{鼓风}$（kJ/t）：

$$Q'_{鼓风} = C_{鼓风} V_{鼓风} T_{鼓风}$$（10-138）

式中　$C_{鼓风}$——鼓风干燥段废气的平均比热容，kJ/(m³·℃)；

　　　$V_{鼓风}$——鼓风干燥段废气的风量，m³/t；

　　　$T_{鼓风}$——鼓风干燥段废气的温度，℃。

（5）抽风干燥段废气带走的热量 $Q_{抽干}$（kJ/t）：

$$Q_{抽干} = C_{抽干} V_{抽干} T_{抽干}$$（10-139）

式中　$C_{抽干}$——抽风干燥段废气的平均比热容，kJ/(m³·℃)；

　　　$V_{抽干}$——抽风干燥段废气的风量，m³/t；

　　　$T_{抽干}$——抽风干燥段废气的温度，℃。

（6）水分蒸发吸收的热量 $Q_{水分}$（kJ/t），计算公式见式（10-122）。

（7）碳酸盐分解吸收的热量 $Q_{碳酸盐}$（kJ/t）：

$$Q_{碳酸盐} = 31.89 \times \sum_{i=1}^{n+m+l} G_i CaO_i + 25.16 \times \sum_{i=1}^{n+m+l} G_i MgO_i$$（10-140）

式中　31.89——$CaCO_3$ 分解为1kg CaO 所需的热量，kJ/kg；

　　　25.16——$MgCO_3$ 分解为1kg MgO 所需的热量，kJ/kg；

　　　CaO_i——原料 i 的 CaO 含量，%；

　　　MgO_i——原料 i 的 MgO 含量，%。

（8）预热段废气带走的热量 $Q_{预热}$（kJ/t）：

$$Q_{预热} = C_{预热} V_{预热} T_{预热}$$（10-141）

式中　$C_{预热}$——预热段废气的平均比热容，kJ/(m³·℃)；

　　　$V_{预热}$——预热段废气的风量，m³/t；

　　　$T_{预热}$——预热段废气的温度，℃。

（9）焙烧段废气带走的热量 $Q_{焙烧}$（kJ/t）：

$$Q_{焙烧} = C_{焙烧} V_{焙烧} T_{焙烧}$$（10-142）

式中　$C_{焙烧}$——焙烧段废气的平均比热容，kJ/(m³·℃)；

　　　$V_{焙烧}$——焙烧段废气的风量，m³/t；

　　　$T_{焙烧}$——焙烧段废气的温度，℃。

（10）均热段废气带走的热量 $Q_{均热}$（kJ/t）：

$$Q_{均热} = C_{均热} V_{均热} T_{均热}$$（10-143）

式中　$C_{均热}$——均热段废气的平均比热容，kJ/(m³·℃)；

　　　$V_{均热}$——均热段废气的风量，m³/t；

　　　$T_{均热}$——均热段废气的温度，℃。

（11）一次冷却段热气带走的热量 $Q_{冷1}$（kJ/t）：

$$Q_{冷1} = C_{冷1} V_{冷1} T_{冷1} \tag{10-144}$$

式中 $C_{冷1}$——一次冷却段热气的平均比热容，kJ/（m³·℃）；

$V_{冷1}$——一次冷却段热气的量，m³/t；

$T_{冷1}$——一次冷却段热气的温度，℃。

（12）二次冷却段热气带走的热量 $Q_{冷2}$（kJ/t）：

$$Q_{冷2} = C_{冷2} V_{冷2} T_{冷2} \tag{10-145}$$

式中 $C_{冷2}$——二次冷却段热气的平均比热容，kJ/（m³·℃）；

$V_{冷2}$——二次冷却段热气的量，m³/t；

$T_{冷2}$——二次冷却段热气的温度，℃。

（13）各段热损失 $Q_{损失}$（kJ/t）。

10.2.3.3 物热平衡计算示例

原料条件见表 10-14。根据表 10-15 中熔剂性球团计算结果，生球水分按 9%，返矿率按 9% 计算，返矿返回造球；设台车宽 4.5m，总料高 500mm，边料宽 100mm，铺底料高 100mm；带式焙烧机球团物料平衡表如表 10-19 所示。

表 10-19 带式焙烧机球团物料平衡表

物 料 收 入				物 料 支 出			
符号	项 目	质量/kg·t⁻¹	比例/%	符号	项 目	质量/kg·t⁻¹	比例/%
$G_{料1}$	铁精矿 1	688.28	44.45	$G_{成品}$	成品球团矿	1000	64.58
$G_{料2}$	铁精矿 2	229.39	14.81	$G_{返}$	返矿	98.90	6.39
$G_{料3}$	膨润土	35.79	2.31	$G_{水汽}$	蒸发水分	97.25	6.28
$G_{料4}$	石灰石	47.71	3.08	$G_{边底}$	边底料	309.00	19.95
$G_{料5}$	白云石	18.35	1.18	$G_{烧损}$	烧损	43.42	2.80
$G_{水}$	生球水分	97.25	6.28				
$G_{氧化}$	氧化增重	23.90	1.54				
$G_{返矿}$	返矿	98.90	6.39				
$G_{边底}$	边底料	309.00	19.95				
$G_{收入}$	合计	1548.57	100	$G_{支出}$	合计	1548.57	100

参考某带式焙烧机的生产数据（见表 10-20），其热平衡计算如表 10-21 所示。

表 10-20 带式焙烧机球团生产数据示例

项 目	单位消耗量 /m³·t⁻¹（或 kg·t⁻¹）	进入温度 /℃	排出温度 /℃	项 目	单位消耗量 /m³·t⁻¹（或 kg·t⁻¹）	进入温度 /℃	排出温度 /℃
台车	2311	70	100	焙烧段气体	664	1300	520
鼓风干燥气体	1086	200	70	均热气体	263	900	570
抽风干燥气体	477	300	100	冷却一段气体	1462	25	800
预热气体	912	900	260	冷却二段气体	645	25	300

表 10-21 带式焙烧法球团生产热平衡表

收 入				支 出			
符号	项 目	热量/kJ·t⁻¹	比例/%	符号	项 目	热量/kJ·t⁻¹	比例/%
$Q_{生球}$	生球带入热量	29756.49	0.91	$Q'_{成品}$	球团矿带走的热量	105469.24	3.23
$Q_{边底}$	边底料带入热量	4951.73	0.15	$Q'_{边底}$	边底料带走的热量	29656.93	0.91
$Q_{台车}$	台车带入热量	90406.32	2.77	$Q'_{台车}$	台车带走的热量	113007.90	3.46
$Q_{鼓干}$	鼓干热风带入热量	227801.88	6.97	$Q'_{鼓干}$	鼓干废气带走热量	77310.81	2.37
$Q_{抽干}$	抽干热风带入热量	153326.23	4.69	$Q'_{抽干}$	抽干废气带走热量	48871.75	1.50
$Q_{预热}$	预热热风带入热量	963495.49	29.48	$Q'_{预热}$	预热废气带走热量	251962.16	7.71
$Q_{焙烧}$	焙烧热风带入热量	1044633.75	31.97	$Q'_{焙烧}$	焙烧废气带走热量	385220.39	11.79
$Q_{均热}$	均热热风带入热量	277850.13	8.50	$Q_{水}$	水分蒸发吸热量	168595.76	5.16
$Q_{冷却}$	冷却空气带入热量	52955.91	1.62	$Q_{碳酸盐}$	碳酸盐分解吸热量	1357642.16	41.54
$Q_{氧化}$	FeO 氧化放热量	419362.20	12.83	$Q_{均热}$	均热废气带走热量	207327.92	6.34
$Q_{硫}$	S 氧化放热量	3491.35	0.11	$Q_{冷1}$	一次冷却热气带走热量	236813.28	7.25
				$Q_{冷2}$	二次冷却热气带走热量	1408.43	0.04
				$Q_{损失}$	热损失	284744.75	8.71
$Q_{收入}$	合计	3268031.47	100	$Q_{支出}$		3268031.47	100

10.2.4 链算机—回转窑球团物料热平衡计算

链算机—回转窑球团生产工艺的鼓风干燥、抽风干燥、预热是在链算机上进行的，焙烧在回转窑内进行，冷却在环冷机上完成。因此，其物热平衡计算需先进行各工艺段的物热平衡，在此基础上进行整体的物热平衡计算。

10.2.4.1 物料平衡计算

链算机—回转窑生产酸性球团矿的物料收支情况如图 9-22 所示。

A 链算机物料平衡

链算机收入部分包括：（1）干混合料量 $G_{料}$；（2）生球含水量 $G_{水}$；（3）FeO 氧化增重 $G_{氧化}^{链}$。计算公式同前。

链算机支出部分包括：（1）预热球量 $G_{预热球}$，根据链算机—回转窑的总体物料平衡计算结果折算；（2）烧损 $G_{烧损}$；（3）水蒸气 $G_{水汽}$；（4）返料 $G_{返料}$；（5）机械损失 $G_{机械}^{链}$（物料在转运过程中的损失，也包括计算误差）。

B 回转窑物料平衡

回转窑收入部分包括：（1）预热球量 $G_{预热球}$，根据链算机—回转窑的总体物料平衡计算结果折算；（2）煤的灰分 $G_{灰分}$，计算公式见（10-146）；（3）FeO 氧化增重 $G_{氧化}^{回}$。

$$G_{煤灰} = G_{煤} G_{灰} \qquad (10-146)$$

式中　$G_{煤}$——每吨球团矿的煤耗，取 20kg/t；

　　　$C_{灰}$——煤的灰分，%。

回转窑支出部分包括：（1）焙烧球量 $G_{焙烧球}$；（2）返料 $G_{返料}^{回}$；（3）机械损失 $G_{机械}^{回}$。

C　环冷机物料平衡

环冷机收入部分包括：（1）焙烧球量 $G_{焙烧球}$，根据链箅机—回转窑的总体物料平衡计算结果折算；（2）FeO 氧化增重 $G_{氧化}^{环}$。

环冷机支出部分包括：（1）成品球量 $G_{成品}$，为 1000kg/t；（2）返料 $G_{返}^{环}$；（3）机械损失 $G_{机械}^{环}$。

D　链箅机—回转窑球团生产物料平衡表

设链箅机的返料和粉尘等为 8%，环冷机的返矿为 10%，返回造球，以成品球团矿为基准；生球水分为 8%；FeO 在链箅机上氧化 65%、环冷机上氧化 35%；烧损在链箅机上烧掉，机械损失归总为回转窑结圈物。原料条件见表 10-14，生产表 10-15 的酸性球团矿，链箅机—回转窑的物料平衡计算结果如表 10-22~表 10-25 所示。

表 10-22　链箅机—回转窑球团生产物料平衡表

物料收入				物料支出			
符号	项目	质量/kg·t^{-1}	比例/%	符号	项目	质量/kg·t^{-1}	比例/%
$G_{料1}$	铁精矿 1	722.74	55.97	$G_{成品}$	成品球团矿	1000	77.45
$G_{料2}$	铁精矿 2	240.91	18.66	$G_{返料}$	返料	180	13.94
$G_{料3}$	膨润土	19.27	1.49	$G_{水汽}$	蒸发水分	101.12	7.83
$G_{水}$	生球水分	101.12	7.83	$G_{烧损}$	烧损	8.03	0.62
$G_{氧化}$	氧化增重	25.10	1.94	$G_{误差}$	计算误差	2.06	0.16
$G_{灰分}$	煤的灰分	2.07	0.16				
$G_{返料}$	返料	180	13.94				
$G_{收入}$	合计	1291.21	100	$G_{支出}$	合计	1291.21	100

表 10-23　链箅机物料平衡表

物料收入				物料支出			
符号	项目	质量/kg·t^{-1}	比例/%	符号	项目	质量/kg·t^{-1}	比例/%
$G_{料1}$	铁精矿 1	722.74	56.45	$G_{预热球}$	预热球	1091.21	85.23
$G_{料2}$	铁精矿 2	240.91	18.82	$G_{链返料}$	返料	80	6.25
$G_{料3}$	膨润土	19.27	1.51	$G_{水汽}$	蒸发水分	101.12	7.90
$G_{水}$	生球水分	101.12	7.90	$G_{烧损}$	烧损	8.03	0.63
$G_{氧化}^{链}$	氧化增重	16.32	1.27				
$G_{返料}$	返料	180	14.06				
$G_{收入}^{链}$	合计	1280.36	100	$G_{支出}^{链}$	合计	1280.36	100

表 10-24　回转窑物料平衡表

物料收入				物料支出			
符号	项目	质量/kg·t^{-1}	比例/%	符号	项目	质量/kg·t^{-1}	比例/%
$G_{预热球}$	预热球	1091.21	99.81	$G_{焙烧球}$	焙烧球	1091.22	99.81
$G_{灰分}$	煤的灰分	2.07	0.19	$G_{机械}$	机械损失	2.06	0.19
$G_{收入}^{回}$	合计	1093.28	100	$G_{支出}^{回}$	合计	1093.28	100

表 10-25 环冷机物料平衡表

物 料 收 入				物 料 支 出			
符号	项 目	质量/kg·t^{-1}	比例/%	符号	项 目	质量/kg·t^{-1}	比例/%
$G_{焙烧球}$	焙烧球	1091.22	99.20	$G_{成品}$	成品球	1000	90.91
$G_{氧化}^{环}$	氧化增重	8.78	0.80	$G_{返料}^{环}$	返料	100	9.09
$G_{收入}^{环}$	合计	1100	100	$G_{支出}^{环}$	合计	1100	100

10.2.4.2 热平衡计算

不同的生产线链算机和环冷机的分段不同，热平衡计算结果也有所差异，以我国目前生产较为典型的链算机—回转窑—环冷机的气流分布（图 10-1）为例，进行热平衡计算。

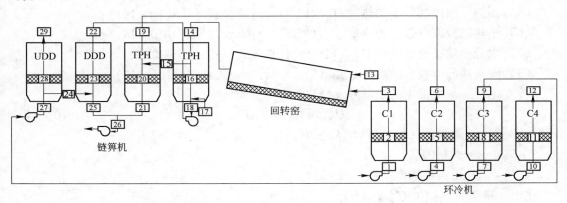

图 10-1 链算机—回转窑—环冷机气流分布图

如图 10-1 所示，链算机分鼓风干燥、抽风干燥、预热一段、预热二段，环冷机分为四段；环冷一段热废气进入回转窑，环冷二段热废气进入预热一段，环冷三段热废气进入鼓风干燥，环冷四段热废气排空；回转窑窑尾热废气进入预热二段，预热二段抽出的热废气提供给抽风干燥。

A 链算机热平衡计算

热收入：

(1) 生球带入的热量 $Q_{生球}$(kJ/t)，计算公式见式（10-115）；

(2) 台车带入的热量 $Q_{台车}$(kJ/t)，计算公式见式（10-128）；

(3) 鼓风干燥段热风带入的热量 $Q_{鼓干}$(kJ/t)，计算公式见式（10-129）；

(4) 抽风干燥段热风带入的热量 $Q_{抽干}$(kJ/t)，计算公式见式（10-130）；

(5) 预热一段热风带入的热量 $Q_{预I}$(kJ/t)，计算公式见式（10-131）；

(6) 预热二段热风带入的热量 $Q_{预II}$(kJ/t)，计算公式见式（10-131）；

(7) FeO 氧化放出的热量 $Q_{氧化}^{链}$(kJ/t)：

$$Q_{氧化}^{链} = 1952.6\left(\sum_{i=1}^{n} G_i FeO_i - G_{预热球} FeO_{预热球}\right) \qquad (10-147)$$

式中 $G_{预热球}$——预热球的量，kg/t；

$FeO_{预热球}$——热球 e 预热球的 FeO 含量,%。

链算机总的热收入为:

$$Q_{收入}^{链} = Q_{生球} + Q_{台车} + Q_{鼓干} + Q_{抽干} + Q_{预Ⅰ} + Q_{预Ⅱ} + Q_{氧化}^{链}$$

热支出:

(1) 预热球带走的热量 $Q_{预热球}(kJ/t)$:

$$Q_{预热球} = C_{预热球} G_{预热球} T_{预热球} \qquad (10-148)$$

式中　$C_{预热球}$——预热球的比热容,kJ/(kg·℃);

　　　$T_{预热球}$——预热球温度,℃。

(2) 台车带走的热量 $Q'_{台车}(kJ/t)$,计算公式见式 (10-137);

(3) 鼓风干燥段废气带走的热量 $Q'_{鼓干}(kJ/t)$,计算公式见式 (10-138);

(4) 抽风干燥段废气带走的热量 $Q'_{抽干}(kJ/t)$,计算公式见式 (10-139);

(5) 预热一段废气带走的热量 $Q'_{预Ⅰ}(kJ/t)$,计算公式见式 (10-141);

(6) 预热二段废气带走的热量 $Q'_{预Ⅱ}(kJ/t)$,计算公式见式 (10-141);

(7) 水分蒸发吸收的热量 $Q'_{水汽}(kJ/t)$,计算公式见式 (10-122);

(8) 碳酸盐分解吸收的热量 $Q_{碳酸盐}(kJ/t)$,计算公式见式 (10-140);

(9) 返料、灰尘带走的热量 $Q_{返料}(kJ/t)$:

$$Q_{返料} = C_{返料} G_{返料} T_{返料} \qquad (10-149)$$

式中　$C_{返料}$——返料的比热容,kJ/(kg·℃);

　　　$G_{返料}$——返料的量,kg/t;

　　　$T_{返料}$——返料平均温度。

(10) 链算机热损失 $Q_{损失}^{链}(kJ/t)$。

B　回转窑热平衡计算

热收入:

(1) 预热球带入的热量 $Q'_{预热球}(kJ/t)$,数值上等于 $Q_{预热球}$;

(2) 燃料燃烧带入的热量 $Q_{燃料}(kJ/t)$,计算公式见式 (10-113);

(3) 热风带入的热量 $Q_{热风}(kJ/t)$,计算公式见式 (10-114);

(4) FeO 氧化放出的热量 $Q_{氧化}^{回}(kJ/t)$:

$$Q_{氧化}^{回} = 1952.6(G_{预热球}FeO_{预热球} - G_{焙烧球}FeO_{焙烧球}) \qquad (10-150)$$

(5) 渣相生成热 $Q_{渣}(kJ/t)$,按总热量的 1.5% 计算。

热支出:

(1) 球团矿带走的热量 $Q_{球团矿}(kJ/t)$;

(2) 热废气带走的热量 $Q_{废气}(kJ/t)$;

(3) 回转窑热损失 $Q_{损失}(kJ/t)$。

C　冷却机热平衡计算

热收入:

(1) 球团矿带入的热量 $Q_{焙烧球}(kJ/t)$,计算公式见式 (10-118);

(2) 空气带入的热量 $Q_{空气}(kJ/t)$,计算公式见式 (10-114);

(3) FeO 氧化放出的热量 $Q_{氧化}^{环}(kJ/t)$:

$$Q^{环}_{氧化} = 1952.6(G_{焙烧球}FeO_{焙烧球} - G_{成品}FeO_{成品})\qquad(10-151)$$

热支出:

(1) 球团矿带走的热量 $Q_{成品}$(kJ/t),计算公式见式(10-118);

(2) 回热风带走的热量 $Q_{回热风}$(kJ/t),计算公式见式(10-144);

(3) 热废气带走的热量 $Q_{废气}$(kJ/t),计算公式见式(10-142);

(4) 冷却机热损失 $Q_{损失}$(kJ/t)。

D 链算机—回转窑球团生产热平衡表

参考国内某球团厂的生产数据,链算机、回转窑、环冷机的热平衡计算结果分别见表10-26~表10-28。

表 10-26 链算机热平衡

链算机热收入					
收入项目	比热容/kJ·(m³·℃)⁻¹ 或 kJ·(kg·℃)⁻¹	质量/kg·t⁻¹ (体积/m³·t⁻¹)	温度 /℃	热量 /kJ·t⁻¹	比例 /%
生球带入热量	0.701	1162.92	25	20365.89	1.69
	4.183	101.12	25	10574.99	
台车带入热量	0.489	750	80	29340.00	1.60
鼓干热风带入热量	1.060	540	250	143145.41	7.82
抽干热风带入热量	1.082	750	350	284074.58	15.52
预热一段热风带入热量	1.146	580	700	465318.32	25.42
预热二段热风带入热量	1.195	450	1100	591629.12	32.32
FeO 氧化热	按链算机氧化65%计算			286295.98	15.64
总收入				1830744.29	100.00
链算机热支出					
支出项目	比热容/kJ·(m³·℃)⁻¹ 或 kJ·(kg·℃)⁻¹	质量/kg·t⁻¹ (体积/m³·t⁻¹)	温度 /℃	热量 /kJ·t⁻¹	比例 /%
预热球带走热量	1.051	1091.21	850	974625.81	53.24
返料带走热量	1.124	80	500	44969.34	2.46
台车带走热量	0.489	750	110	40342.50	2.20
鼓干热废气带走热量	1.012	540	50	27319.77	1.49
抽干热废气带走热量	1.037	750	150	116649.88	6.37
预热一段热废气带走热量	1.049	580	200	121662.15	6.65
预热二段热废气带走热量	1.082	450	350	170444.75	9.31
水分蒸发				246235.67	13.45
碳酸盐分解				155.40	0.01
热损失				88339.02	4.83
总支出				1830744.29	100.00

表 10 - 27　回转窑热平衡

回转窑热收入

收入项目	比热容/kJ·(m³·℃)⁻¹ 或 kJ·(kg·℃)⁻¹	质量/kg·t⁻¹ (体积/m³·t⁻¹)	温度 /℃	热量 /kJ·t⁻¹	比例 /%
预热球带入的热量	1.051	1091.21	850	974625.81	38.16
热风带入的热量	1.190	700.00	1050	874994.40	34.26
煤燃烧热	29528(热值)	20.00		590560.00	23.12
天然气燃烧热	31250(热值)	2.43		75781.25	2.97
FeO 氧化热					
成渣热				38314.13	1.50
总收入				2554275.60	

回转窑热支出

支出项目	比热容/kJ·(m³·℃)⁻¹ 或 kJ·(kg·℃)⁻¹	质量/kg·t⁻¹ (体积/m³·t⁻¹)	温度 /℃	热量 /kJ·t⁻¹	比例 /%
球团矿带走热量	1.069	1091.22	1250	1458439.01	57.10
热废气带走热量	1.195	700.00	1100	920311.96	36.03
热损失				175524.63	6.87
总支出				2554275.60	

表 10 - 28　环冷机热平衡

环冷机热收入

收入项目	比热容/kJ·(m³·℃)⁻¹ 或 kJ·(kg·℃)⁻¹	质量/kg·t⁻¹ (体积/m³·t⁻¹)	温度 /℃	热量 /kJ·t⁻¹	比例 /%
球团矿带入的热量	1.069	1091.22	1250	1458439.01	87.44
FeO 氧化放热		按环冷机氧化 35% 计算		154159.37	9.24
环冷一段冷风带入热量	1.005	700.00	25	17593.32	1.05
环冷二段冷风带入热量	1.005	411.60	25	10344.87	0.62
环冷三段冷风带入热量	1.005	591.00	25	14853.79	0.89
环冷四段冷风带入热量	1.005	500.00	25	12566.66	0.75
总收入冷风带入热量				1667957.04	100.00

环冷机热支出

支出项目	比热容/kJ·(m³·℃)⁻¹ 或 kJ·(kg·℃)⁻¹	质量/kg·t⁻¹ (体积/m³·t⁻¹)	温度 /℃	热量 /kJ·t⁻¹	比例 /%
球团矿带走热量	0.800	1100.00	120	105574.82	6.33
环冷一段废气带走热量	1.190	700.00	1050	874994.40	52.46
环冷二段废气带走热量	1.146	411.60	700	330215.55	19.80
环冷三段废气带走热量	1.071	591.00	300	189970.24	11.39
环冷四段废气带走热量	1.030	500.00	120	61772.52	3.70
热损失				105429.51	6.32
总支出				1667957.04	100.00

11 烧结球团设备的操作与维护

11.1 原燃料准备设备与操作

11.1.1 翻车机

翻车机广泛应用于冶金、煤炭、发电厂等企业，是重要的进料设备，其用途是翻卸矿石、精矿粉、焦炭、煤等。

翻车机是翻卸火车单车车辆的设备。烧结原燃料翻车设备主要采用机械式和液压式两种形式的翻车机。机械式翻车机的特点是结构简单、故障率低、维护量小。机械式翻车机采取"车皮动、压靠车臂静"的机械碰撞式的压靠车方式，对车皮的撞击损伤大，其基建成本低，但运行成本高；液压式翻车机的特点是结构复杂、故障率高、维护量大，但由于液压式翻车机采取"车皮静、压靠车臂动"液压接触式的压靠车方式，对车皮的撞击损伤小，其基建成本高，但运行成本低。

11.1.1.1 机械式翻车机

A 操作规程

翻车机工作过程是指从零位开始，经过翻转达到170°的翻转角后，卸完物料再回转至零位的过程，其中，前半程称为工作行程，后半程称为复位行程。复位行程是工作行程的简单回放，工作行程主要包括：零位（0°）、靠帮（0°~5°）、上移（5°~75°）、夹紧（75°）、卸料（75°~170°）、极限位（170°）。

a 工作行程

（1）零位，即0°，平台平行于水平面，也就是平行路轨平面，且保持平台轨道与路轨上下左右正对，一般不允许错位。可通过调整传动机构的主令器调整零位，若由于支撑滚轮的轮轴瓦及支撑滚轮下面的支撑板磨损或摇臂直连杆的各铰座轴及轴瓦磨损造成错位，可通过更换相关部件加以调整，使水平方向向上错位不超过10mm，向下错位不超过10mm，否则，配车时车辆容易掉道。

（2）靠帮，0°~5°。当转子翻转到一定角度（一般5°左右）时，平台在摇臂底梁方向上重力分力大于滚动摩擦阻力。平台将连同平台轨道上的车辆沿摇臂底梁向曲线槽侧滚动，直至车辆撞在靠背梁上，即为靠帮。

（3）上移，55°~75°。转子继续翻转，约为55°时，曲线槽的切线倾斜向下，曲线轮在重力作用下，将沿曲线槽向下支撑梁方向滚动，从而带动摇臂连杆、平台及车辆向上支撑梁方向移动，即为上移。

（4）夹紧，约75°。当转子翻到约75°时，车辆上方撞到上支撑梁上，此时，车辆三面受到平台、靠背梁和上支撑的夹持，即为夹紧。

（5）卸料。75°～170°均为卸料过程，此过程占工作过程的大部分时间，随着翻转角度增大物料逐步由车辆滚入大矿槽内，随皮带机运走，当达到170°时，车辆停止翻转，物料卸空，即为卸料。

（6）极限位，170°。为了保证物料卸空，且不让车辆滚落，一般极限定于170°，此时受传动机构主令器的控制，达到170°时，主令器切断主电源，翻车机停转。

b　复位行程

当翻车机开关达到反转时，翻车机做复位行程，主要包括解套、离帮、回零等程序。

操作前的检查：

（1）翻车司机必须持有操作牌方可启动设备。

（2）确认传动部件、摇臂机构、曲线滑槽、进出车口辊道、平台及压车装置、齿轮啮合情况、部件技术状况。

（3）确认矿槽内、平台上下左右应无人和障碍物。

（4）确认被翻车辆应符合要求。

（5）确认光电装置工作正常。

操作程序：

（1）上述条件确认无误后，通知车辆联系员报告操作盘具备翻车条件。当接到车辆联系员配车完允许翻车信号后接通电源发出翻车信号。

（2）按下"向前"压扣，启动翻车机。启动翻车机至170°时，按下停止压扣；待物料卸完后按"回转"压扣回至零位，再按信号压扣通知车辆联系员翻车完，可重新配车。

重车对位要求：

（1）车辆应停在转筒的进出口端盘之间。

（2）车辆挂钩不能伸出转筒外。

（3）车辆至少应被三个压点压住。

运转中异常状态的紧急处理规定。

（1）翻车机正常运转，电动机电流应低于85A，如有上升必须停机查找原因。

（2）翻车机平台回不到零位，应立即切断电源开关，查找原因。

（3）翻车时，如车皮与靠背未接触好，或翻至120°时车皮脱轨，应立即停翻，检查原因，采取措施后，方可继续翻车。

（4）翻车时，突然停电，应立即切断事故开关，查找原因。

（5）翻车时，如平台不能移动，应及时检查，若是曲线滑槽卡住应排除。其他机械出现故障，上报有关单位，请维修人员处理。

（6）车皮掉道，先使其复位，然后分别排除故障。

（7）在运转中发生飞车现象，应立即切断事故开关，查找原因，以免事故扩大。

运转中的注意事项和严禁事项：

（1）配车车速不能过快，车辆存料不能严重偏重。

（2）平台轨道与路轨左右不能错位，不得碰撞。

（3）车辆的车帮破损严重、门未关好、车型不符的车皮不得进入翻车机。

（4）平台上护轨损坏严重的不能翻车。

（5）严禁长列空车通过翻车机。

（6）严禁空车或重车长时间压在翻车机平台上。

（7）严禁配重车时空车未完全推出或挂钩又挂上就开始翻车。

（8）主令控制器的传动齿轮打滑或轴断应立即停翻。

使用维护要求：

（1）开机、停机时，应检查整机是否灵活可靠，电气设备、极限开关是否灵敏可靠。

（2）托辊、传动轴承以及其他各注油点，运转前必须检查是否有油。

（3）严禁长列空车从翻车机溜车。

（4）严格执行技术操作规程，禁止同时翻两个车皮。

（5）严格执行给油标准。

（6）油脂标号正确，油脂与机具保持清洁。

（7）采用代用油脂，需经过设备管理部门批准。

（8）新减速机运转三个月后，更换新油。

（9）每月至少检查一次摇臂机构是否灵活无故障，平台轨道是否错位和断裂，传动机构的轴承、齿轮啮合磨损情况，机构梁架及车辆是否完好无裂痕，立式缓冲器是否灵活以及磨耗板与矿槽衬板磨损情况，并做好记录。

（10）对平台滚轮和挡轮每周用油枪加油一次。

B　常见故障分析及处理

翻车机的平台轨道与路面轨道上下左右错位故障。翻车机垂直断面结构见图11-1，平台轨道上下左右错位故障主要是由以下几个方面引起的：

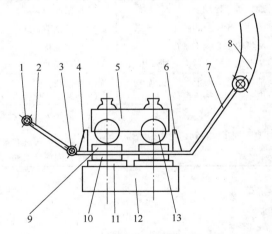

图11-1　平台轨道错位分析示意图

1，3—关节；2—直连杆；4—定位挡铁；5—平台；6—靠帮挡板；7—摇臂；8—曲线槽；
9—上垫板；10—下垫板；11—支撑垫板；12—下支撑梁；13—平台滚轮

（1）关节1、关节3的铜瓦及轴磨损，产生间隙，直连杆边下沉，带动平台向直连杆方向下沉，由此造成平台倾斜错位。

（2）平台滚轮轴及轴承磨损，产生间隙，且两边磨损不均匀。

（3）上下垫板及支撑垫板磨损，产生间隙，且两边磨损不均匀，造成磨损及两边磨损不均匀的主要原因如下：

1）由于现场环境差，加油孔堵塞，或未按时加油等原因，造成加油不到位。

2）平台滚轮油孔设计不合理，加油孔没有引出，无法加油。

3）由于重载启动时，直连杆边总是加速启动，承受额外载荷，故一般情况下总是直连杆边磨损严重。

通过上述分析可知，由于加油不到位，润滑不良，或两边承载不一样，形成磨损间隙，且两边间隙大小不一样，各个间隙积累形成累积间隙，在翻车机自重作用下，平台总是向某一方向倾斜错位。针对这种状况，处理的方法有三种：

（1）当累积间隙较小时（5mm以内），通过重新调零位，抵消间隙。

（2）当累积间隙较大时（5~20mm），零位外用塞尺检查8个平台滚轮与上垫板之间，8个下垫板与支撑板之间的间隙，然后加垫厚薄适当的钢板填充各部位间隙，在直连杆边，加入定位挡铁，强制平台定位。

（3）累积间隙很大时（20mm以上），只有通过中修或大修，将摇臂连杆整体换新，关节轴、轴瓦换新，平台滚轮换新等，方可完全解决平台错位的问题。

其他常见故障的处理与方法，见表11-1。

表11-1　机械式翻车机一般常见故障及处理方法

故障现象	故障原因	处理方法	专业分类
电动机、减速机的温度过高	（1）润滑不足 （2）轴承间隙过大 （3）杂物进入轴承内	（1）检查、加油 （2）更换轴承 （3）检查、加油	机械电气
传动轴承座振动或摆动	（1）地脚螺栓松动 （2）传动齿轮啮合间隙小 （3）两齿轮轴心线不平行 （4）传动轴承间隙过大或轴承坏	（1）紧固地脚螺栓 （2）调整啮合间隙 （3）调整找正 （4）更换轴承	机械
托车梁（平台）钢轨与外部轨道不对位	（1）平台轨道及外轨固定卡开焊移位 （2）主令控制器接点窜位	（1）调整、固定 （2）调整零位接点	机械
托车梁、靠车梁、小纵梁焊接口裂，紧固螺栓松断	转子圆盘不同步，传动齿轮啮合错齿	（1）调整两组传动齿轮啮合间隙使其一致 （2）开裂处焊补背板 （3）紧固螺栓更换，重新调整齿轮	机械

11.1.1.2　液压式翻车机

A　操作说明及规则

a　操作说明

操作程序：

（1）准备：启动电动机，空转几分钟后，待达到系统内循环平衡，查看液压管路是否有泄漏，吸油和回油管路上的蝶阀是否开启等。

（2）车皮定位：操作盘员工联系铁路运输部门，进重车皮。

（3）靠车板靠车：靠车板电磁阀得电，靠车板开始压车，到位信号发出后，电磁阀停电，靠车到位。

（4）重车梁压车：重车梁电磁阀得电，重车梁开始压车，到位信号发出后，电磁阀停电，重车梁压车到位。

（5）轻车梁压车：轻车梁电磁阀得电，轻车梁开始压车，到位信号发出后，电磁阀停电，轻车梁压车到位。

（6）翻车：所有重载信号到位，且无故障信号，开始翻车，一直翻转170°。

（7）回车：主令控制器检测到翻车机翻到170°传回电控信号后，电动机反转，翻车机开始回车。

（8）归零：回到0°后，靠车板电磁阀得电，靠车板松靠，到位信号发出后，电磁阀失电，松靠到位；轻车梁电磁阀得电，轻车梁松压，到位信号发出后，电磁阀失电，轻车梁松压到位；重车梁电磁阀得电，重车梁松压，到位信号发出后，电磁阀失电，重车梁松压到位。所有空载信号到位，且无故障信号，方可进入下一次循环。

翻车过程中应注意事项：

（1）非液压技术人员或未经允许不要随意改动各压力值；

（2）平衡油缸起释放车辆弹簧势能的作用（车辆卸完物料后，由于重量减轻，被压缩的弹簧将有一个向上的反弹力），在正翻0°~95°区间，单个压车油缸将释放20mm左右，相应平衡油缸回推160mm左右距离，在正翻0°~95°区间如平衡油缸无回退动作或在翻卸前压车过程中平衡油缸有回退动作，属于不正常现象，应迅速停机处理，否则将导致压车油缸断裂或油管爆裂等严重事故。

翻车机的控制方式主要有调试运行、就地手动、集中手动和自动等四种，这四种方式均通过PLC来控制，下面根据不同的运行方式分别做简要叙述：

（1）调试运行。本操作方式仅供调试、试运转和检修时使用。在此方式下，运行设备解除了很多连锁条件，各项操作都可随意不受限制，虽方便操作，安全性能却大大降低。因而操作前必须对设备运行相当熟悉，同时要特别注意安全，正常情况下禁止采用该种操作方式。

（2）就地手动运行。就地手动运行是把集控台上的钥匙转换开关转换到"就地手动"工作位置，翻车机的操作在翻车机就地操作箱上操作，这种操作方式的优点是：在机旁操作，对现场的情况比较了解，运行过程中能够正确操作，出现异常情况及时处理。在操作过程中只要按启动按钮，到位后自动停止，运行过程中的速度切换由PLC控制，自动运行，使操作过程简单易行。手动运行必须投入连锁，防止误操作。

（3）集中手动运行。这种操作方式与就地手动的操作方式唯一的区别就是在翻车机操作室内的集控台上进行翻车机全系统的集中操作（软手操），操作与运行步骤与就地手动完全相同。

（4）自动运行。这种操作方式是经过一段时间手动运行，输入输出信号正常，车辆状态良好的情况下采用的一种翻车机系统全联机自动运行方式，即只要满足起始条件，按下自动启动按钮，系统将全部自动运行，操作人员只起监控作业，翻卸完最后一节车厢则系统自动停止运行，当发生机械故障或意外情况时，按自动停止或急停按钮，解除自动程控操作。

翻车机操作时应注意事项：

（1）无论是手动还是自动运行均通过PLC来控制，但对于操作频繁的附属设备的控制，则只限于手动，诸如风机、油泵控制。

（2）在任何一种运行方式中，操作都有相应的指示灯信号指示动作状态，当出现运行范围超限，电流过大或按紧急停机按钮等异常情况，都能迅速切断电源，保护人员和设备安全。

（3）翻车机每周进行一次定检，每两年进行一次中修，使其设备达到完好标准，提高设备精度。每次检修中对每个极限开关进行调试清灰、防水密封检查，测试其是否灵敏可靠。

（4）检查平台轨道是否错位和断裂，传动机构的轴承齿轮啮合磨损情况，液压缸、管路和元件等是否正常或渗油，压车梁胶皮是否脱落，结构梁架是否完好无裂纹。

（5）经常检查出车口显示信号是否灵敏，严禁空车皮未推出翻车机，另一辆重车皮进行翻车。

（6）在进行拆卸、移动液压元件或断开系统的液压管道之前，液压系统必须关停液压泵，压车梁及靠板液压缸缩回原位，并将系统内的剩余压力排放至零。

b　操作规则

操作前的检查：

（1）翻车机岗位操作人员必须持有操作牌方可启动设备。

（2）确认传动部分、进出口轨道、齿轮啮合情况、液压系统（阀打开）油缸、管路、部件技术状况和润滑良好。检查压车梁、靠车梁是否松压、松靠自如。

（3）确认矿槽内、托车梁（平台）上下左右应无障碍物。

（4）确认被翻车符合翻车要求。

（5）检查光电装置是否完好。

操作程序：

（1）启动液压电动油泵，测试各点动作是否完好，无异常。

（2）确认无误后，具备翻车条件，发出允许配车信号。车辆联络员得到允许翻车信号后，根据所需的运行情况，选择控制方法（控制方法有四种，常用的有三种，即就地手动、集中手动和自动。不常用的有一种，即调试操作，主要用于检修），启动变频器就可以投入运行。

手动：按（压车）→按（靠车）→按（正翻）→到170°按（回翻）→到零位后按（松靠）→按（松压）。

自动：按集中控制台上的系统启动按钮，翻车完毕后，发出允许配车信号，可以重新配车。

运转中异常状态的紧急处理规定：

（1）翻车机正常运转，电动机电流应低于100A，如有上升必须停机查找原因。

（2）翻车机托车梁（轨道平台）回不到零位，应立即切断电源开关查找原因。

（3）翻车时若发现异常，如靠、压不到位等情况应立即切断事故开关查找原因。

（4）翻车时忽然停电，应立即切掉事故开关，查找原因。

（5）车皮掉渣，使其复位，然后分别排除故障。

重车对位要求：

（1）车辆应停在转筒的进出口端盘之间。

（2）车梁挂钩不能伸出转筒外。

（3）车辆至少应被主梁压三点。

运转中的注意事项和严禁事项：

（1）配车车速不能过快，车皮存料不能偏重严重。

（2）托车梁（平台）轨道与路轨左右不得错位，不得碰撞。

（3）车皮的车帮损坏严重，门未关好。车型不符合车皮不得进入翻车机。

（4）托车梁（平台）上的护轨损坏严重不能翻车。

（5）严禁长列空车通过翻车机。

（6）严禁空车或重车长时间停在翻车机托车梁（平台）上。

（7）在转筒翻至 90°以上，故障停机时，要用手动回翻至 0°。

（8）在转筒翻转过程中，发现松靠松压现象应立即停机，直至处理故障完毕，才能恢复生产。

（9）在配车中观察靠板是否收到零位，压车梁是否升至高位。

（10）主、轻压车梁在运转中，发现松压现象，应立即停机，检查液压系统。

使用维护要求：

（1）开机、停机时，应检查整机是否灵活可靠，电气设备、极限开关是否灵敏可靠。

（2）托辊、传动轴承以及其他各注油点，运转前必须检查是否有油。

（3）严格执行技术操作规程，禁止同时翻两个车皮。

（4）油箱液压油每半年化验一次，不合格更换。

（5）稀油过滤网每三个月更换一次。

（6）油脂标号正确，油质与机具必须保持清洁。

（7）新减速机运转三个月后，更换新油。

（8）每周至少检查一次重、轻压车梁的油缸、压臂、支撑点、磨损、润滑情况以及靠车板的油缸、支撑点磨损润滑情况。

（9）每周检查一次重、轻压车大梁，平台大梁钢结构的焊缝及连接点。

（10）每月检查一次拖动电缆的外表磨损情况。

B　常见故障分析及处理

与机械式翻车机相比，液压式翻车机的故障相对较高，主要表现在液压系统故障、控制信号故障频率较高。其常见故障分析与处理方法见表 11–2。

表 11–2　液压翻车机的常见故障分析与处理方法

故障现象	故障原因	处理方法
电动机、减速机的温度过高	（1）润滑不足 （2）轴承间隙过大 （3）杂物进入轴承内 （4）轴承坏	（1）检查、加油 （2）调整间隙或更换轴承 （3）更换轴承或清洗加油 （4）更换轴承
传动轴承座振动或摆动	（1）地脚螺丝松动 （2）传动齿轮啮合间隙小 （3）两齿轮轴心线不平行 （4）传动轴承间隙过大	（1）紧固地脚螺丝 （2）调整啮合间隙 （3）调整找正 （4）更换轴承
托车梁（平台）钢轨与外部轨道不对位	（1）平台轨道及外轨固定卡开焊移位，外轨道枕木下沉 （2）主令控制器接点窜位	（1）调整、固定、加固枕木基础 （2）调整零位接点

故障现象	故障原因	处理方法
托车梁、靠车梁、小焊接口开裂,紧固螺丝松断	转子圆盘不同步,传动齿轮啮合不良	调整两组传动齿轮啮合间隙使其一致;开裂处挖补打背板;更换紧固螺丝
压车梁胶垫脱落	(1) 固定垫孔撕开 (2) 积料进入结合部使其鼓起、变形	(1) 更换胶垫 (2) 清除积料
翻车机液压系统压力正常	(1) 油箱油位过低 (2) 溢流阀整定值不正确 (3) 油泵电动机旋转方向及转速不正确 (4) 油泵磨损 (5) 滤网堵塞 (6) 溢流阀线圈没通电 (7) 压力表损坏 (8) 阀件型号有误	(1) 加油至正常油位 (2) 重新调整压力值,清洗各阀件,检查阀件中阻尼孔、阀芯是否堵塞、卡涩 (3) 检查电气接线是否正确 (4) 检查、修理或更换备件 (5) 清洗更换滤芯 (6) 如有损坏,更换线圈 (7) 更换合格压力表 (8) 更换正确型号阀件
液压系统执行机构工作不正常	(1) 油管路接错 (2) 执行机构内泄 (3) 换向阀芯卡涩 (4) 电磁铁未通电或断路、烧损 (5) 压力不够	(1) 重新更正 (2) 更换合格品 (3) 清洗换向阀,检查油质是否符合要求,否则检查滤网是否有损坏 (4) 接通电源,更换电磁铁 (5) 调整至额定工作压力
液压系统有噪声	(1) 油箱油位过低,油泵吸空 (2) 吸油口滤网堵塞 (3) 油泵磨损或质量问题 (4) 阀件卡涩节流	(1) 加注油至规定油位 (2) 清洗滤网 (3) 更换备件 (4) 清洗阀件,检查油质是否符合标准
油温过高	(1) 油位过低 (2) 出口滤油器堵塞 (3) 回油口滤油器堵塞 (4) 调定压力过高 (5) 液压油牌号不符	(1) 加油至正常油位 (2) 更换滤芯 (3) 更换滤芯 (4) 降低工作压力 (5) 更换合格牌号液压油
靠车、松靠、压车、松压信号不到位	(1) 车皮原因或油压过低 (2) 卡料 (3) 靠紧信号因机械原因断不开 (4) 靠板靠不到位 (5) 开关地脚变形,感应距离大 (6) 靠紧信号开关弹簧装置失效,弹簧不能复原位	(1) 机械液压处理 (2) 清除积料调整间隙 (3) 联系检修人员处理 (4) 检查靠板不到位原因再处理 (5) 重新安装或修复地脚,调整距离 (6) 更换弹簧
光电管故障	(1) 光电管坏 (2) 光电管线路故障 (3) 光电管有灰尘	(1) 更换 (2) 检查光电管线路,损坏的处理或更换 (3) 清除灰尘
回翻过零位	(1) 变频器故障 (2) 凸轮控制器接点故障	(1) 断电后检查处理,送电恢复 (2) 处理接点故障点
变频器显示乱码,声音不正常或有异常气味	变频器故障	(1) 重新写入程序 (2) 查找故障源,进行处理
计算机工作不正常	计算机死机	重新启动或联系计算机程序员处理
油泵电动机发热	风扇叶坏或堵塞	更换扇叶或清理堵塞物
飞车	(1) 尼龙棒断裂 (2) 操作失误	(1) 更换 (2) 规范操作

11.1.2 斗轮堆取料机

斗轮堆取料机在发电、冶金和采矿等企业的散料场得到了广泛应用。它通过斗轮机构连续挖取和机上胶带机连续运转，实现了物料的连续装卸。斗轮堆取料机实现了产地料场、中转料场和消耗地料场的连续装卸，衔接起料场与前后环节，使得生产至消耗的整个散料输送流程中速度和流量能够相互匹配。斗轮堆取料机在烧结物流运输中得到了广泛的应用。

11.1.2.1 操作规则与使用维护要求

斗轮堆取料机作业环境粉尘多，结构磨损快，工作时间长，操作人员容易产生疲劳。为了保障斗轮堆取料机能够无故障地运行并达到较长时间的使用寿命，保证操作、检修人员的安全，降低使用营运费用，在实际使用过程中，要严格遵守操作规程和使用维护要求。

A 操作规则

为保证斗轮机的安全使用及操作人员人身安全，操作斗轮机必须遵循如下安全规则：

（1）操作者必须是经过培训、考试合格的专职人员。

（2）严禁超越说明书规定的堆取料能力、俯仰角度范围、回转角度范围进行工作。

（3）堆取料机正常工作条件的环境温度为 $-25 \sim +45℃$，七级风以下才能正常工作。

（4）经常检查限位开关的位置是否正确，制动器制动是否可靠，严禁随意移动限位开关及调整制动器。

（5）斗轮机只能在风速小于 20m/s 以下工作，因为夹轨器和走行机构制动器只能在风速小于 25m/s 时起到制动作用。斗轮机一旦被风吹走，再制动就困难了。为此，必须经常保持夹轨器完好，并定期检查风力警报系统，以确保其可靠性。工作时应遵守下列规定：1）当风速达到 16m/s 时，如不能保证工作安全，则操作者应停止工作，立即将斗轮机开到锚定位置，锚固、夹轨；2）当风速为 20m/s（8 级风）时，警报系统发出报警信号，应立即停止工作，开定锚定位置锚固，夹轨器夹紧，斗轮着地；3）控制室必须注意，当预测风速可能超过 25m/s 时，应保证有足够时间提前把斗轮机开到锚定位置锚固、夹轨，同时迅速将斗轮着地；4）斗轮机停止工作时，必须开到锚定装置锚固、夹轨，斗轮着地。

（6）作业过程中突然停电或线路电压波动较大时，司机应尽快切断电源总开关，各控制开关复零。

（7）作业时，严禁加油、清扫和检修；停机检修时必须切断电源。

（8）工具及备品必须存放在专门的箱柜内，禁止随处散放。

（9）机上、司机室、电气室内禁止存放易燃、易爆物品，并配备干式灭火器。

（10）经常清理梯子、平台、走道上的油垢、雨水、冰雪和散落煤块、煤粉等杂物。

（11）电气部分应有专职人员进行检查和维护，并应严格遵守电气安全操作规程。

（12）保持电动机和其他电气设备接地良好。

（13）用户要制定安全操作和检修维护规程。

（14）必须按规程作业和进行作业前的准备、作业后的结束工作。

B 使用维护要求

（1）斗齿和耐磨衬板是物料挖取和转载的关键部位，应定期检查，发现损坏及时更换。

（2）电气限位和检测开关是保障设备安全工作的关键元件，使用频率较高，应定期检查，发现损坏及时更换。

（3）液压系统和润滑系统的高压软管，无论是否已损坏，都应在保养期或失效之前更换，以免导致泄漏、停机等故障。

11.1.2.2 常见故障分析及处理

A 回转支撑常见故障分析及处理

（1）回转轴承辊柱和辊道破损。回转支撑是传递转台与门座架间各种载荷的重要部件，但轴承本身刚度很小，若转台与回转轴承相连的座圈刚度小，轴承受载变形较大，会改变辊子与辊道的接触状况，回转以上部分的载荷不再由全部的辊子承载，而是集中作用在小部分辊子上，从而加大了单个辊子所受到的压力，上仰和下俯大偏载工况下更为严重，变形严重时会减少辊子和辊道的接触长度，并导致接触应力大幅增加，使得辊柱和辊道磨损，轴承的安装面应有足够的强度和刚度，以保证轴承全部辊子参与承载。

回转轴承尺寸规格大，本身的加工质量受到制造精度、轴向间隙和热处理状态的影响很大，辊道表面淬硬层深度不足，心部硬度偏低时，重载反复作用下加剧了辊子和辊道的破坏速度，应选择质量好的轴承，以提高轴承寿命。

（2）回转轴承辊柱和辊道接触面产生胶合。润滑通道阻塞，回转轴承润滑不到位，辊柱与辊道之间存在干摩擦，在取料反复回转运行的情况下，金属干摩擦产生大量的热，降低了辊柱和辊道的硬度，使接触面产生胶合，造成破坏。应清洗辊道和辊柱，检修润滑装置，保证轴承得到充分润滑。

（3）回转轴承外齿圈断齿。回转外圈要承受水平挖掘载荷，回转启、制动惯性载荷与风载荷，在最不利的工况组合下，外齿圈承受的载荷往往会超过轮齿的承载能力。回转外齿圈与驱动小齿轮为开式啮合，环境恶劣，尤其是超载使用时，容易造成外齿圈断齿。应规范操作设备，避免造成突然性载荷。

（4）回转轴承外齿圈磨损。斗轮机回转速度较低，一般要求外齿圈和小齿轮的传动比在10左右，因此要求小齿轮硬度较高，而外齿圈硬度相对较低。由于运行结构的限制，一般驱动小齿轮的是悬臂支撑结构，自由端变形较根部大，使得与外齿圈的啮合偏离理论位置，在重载作用下会切断润滑膜，与外齿圈发生干摩擦，在齿面上磨出切屑痕迹。因此，润滑脂黏度适中，不宜过稀，必要时采用极压油脂。

（5）回转轴承保持架破损。在辊子和辊道存在剥落、破损等缺陷时，辊柱容易卡在保持架上，在外界重载作用下，相互挤压造成保持架破损，此时应及时检修轴承，更换保持架。

B 走行装置常见故障分析及处理

（1）走行装置的车轮啃轨。大车走行时车轮和轨道之间发生异常的声音，即轮缘和钢轨头部之间发生滑动摩擦产生的噪声。有时会出现车轮在走行一段距离后发生车轮在水平面内垂直轨道方向上窜动，并会冲击轨道。走行装置在轨道上行驶时如果出现啃轨现象是由多方面的原因造成的。如地面轨道的安装精度未满足设计要求，地面轨道在料场堆积物料后发生了水平方向上的漂移。另外，设备本身的制造与安装的精度达不到要求也是导致车轮啃轨的一个重要原因。这些情况出现严重时必须对轨道和设备进行必要的调整和修理，应立即按照相关制造要求和安装标准调整轨道。

（2）台车梁和平衡梁的开裂。在设计、制造台车梁和平衡梁时通常需要对其应力进行计算，以满足其强度和刚度的要求。有时会出现部分设备台车梁和平衡梁的钢板或焊缝开裂。这种情况的出现大多数是由于制造质量和钢板的质量存在问题，如果发现应及时进行修理和更换。

（3）车轮踏面出现点蚀和严重的磨损。有的斗轮堆取料机走行装置在车轮的踏面上出现了凹痕，并时有铁屑掉下，使得凹痕逐渐加重。这种情况主要是由两个方面的原因产生的，一是设备车轮的轮压超过了车轮能够承受的轮压，二是车轮的制造质量不良或车轮材料的热处理工艺未满足车轮工况的要求。

（4）驱动走行轮轴断轴。走行轮轴断轴是指在车轮轴上装有空心轴减速机，当设备使用一段时间后这个轴就出现了断裂，这种情况大多数是由于机构设计不合理所致。其原因是这个减速机是立式平行轴减速机，最末级的输出形式为空心轴形式。减速机的固定方式是在减速机的机体上设有连接法兰面，这个法兰面与固定在驱动台车上的法兰面相连接，并采用螺栓连接，这样就相当于减速机的壳体与驱动台车的机体成为一体。当车轴转动时会出现多余约束，即在一个轴上出现了四个支撑点导致轴承承受了径向附加载荷而发生轴断裂。

（5）减速机高速轴断轴。减速机高速轴的断裂主要有两个方面的原因：一是减速机本身输入轴的质量问题，如第一级的伞齿轮轴存在较大的应力集中，长期疲劳后发生破坏；二是在采用了全部为平行轴的立式减速机时，减速机的固定方式是下部通过输出空心轴固定在车轮轴上，减速机的上部为一个固定活动环，减速机为浮动式固定。运行时电动机轴和减速机输入轴之间发生一定的径向窜动位移，产生的径向载荷最终导致减速机输入轴断裂。

（6）减速机漏油。减速机漏油是比较常见的故障。通常是减速机的质量问题，需要及时处理。如果运行时漏油严重，当漏油量达到一定程度时会使齿轮失去润滑油而造成齿轮磨损而损坏。

（7）平衡梁的销轴孔被压长。斗轮堆取料机的走行装置实际上是由多个驱动台车和从动台车组成，最终又由多个平衡梁将各个台车组成四个支腿。所有的连接都是由连接销轴连接。有时销轴连接处的挤压应力会很大，可能出现销轴孔被压长的情况，孔在沿装配方向上变成了椭圆。所以在设计连接销轴时，需要仔细计算和核对与销轴连接的各个平衡梁处的挤压应力。

（8）平衡梁连接销轴出现转动与平衡梁销轴的润滑。在整个走行装置上有许多平衡梁连接用的销轴，正常情况下销轴连接处的上部结构和销轴之间是不转动的，销轴是由轴端挡板固定在上部结构上，工作时销轴与其连接的下部结构之间发生微量转动。少数情况出现销轴与上部结构之间发生转动，并在转动后将轴端挡板顶坏，其根本原因是销轴与下部结构连接处的摩擦力过大。所以，在设计时需要在销轴和下部结构的连接处设有润滑系统，经常向此处加油脂，减少此处的摩擦力就不会发生销轴与所连接的上部结构之间的转动。

（9）电动机的功率不足。走行装置驱动电动机的功率不足常常表现在使用过程中大车走不动，力量不够。这个时候往往是在大风逆风的条件下走行时表现出来。原因就是设计阶段电动机总功率选用过小所致。如果偶尔出现且不出现长时间的电动机过电流可以继续使用。如果问题严重需要通过增加驱动电动机的数量来解决。斗轮堆取料机工作时大车走行的功率应按照 20m/s 的风速来设计。

C　斗轮机的使用和维护

（1）检查料斗的紧固、磨损情况。料斗是斗轮机最容易磨损的部位，如发现斗体变形，妨碍了正常取料，应及时修复或更换。斗齿磨损、脱焊，应进行堆焊。料斗磨损出现空洞造成漏料时，应及时进行更换。

（2）斗齿磨短时要补齐，斗齿头部磨损超过 1/2 时应更换，否则会增大挖掘力，降低挖掘能力。斗齿有缺齿、断齿或严重磨损时，应及时进行修复或更换。

（3）斗轮轴承是关键部位，应进行重点检查。首先应转动斗轮，查看斗轮转动是否灵活，然后打开轴承座，用汽油清洗轴承，检查内外圈及保持架和滚动体是否有损坏的现象，用塞尺测量轴承间隙，并做好记录。向轴承座内补充油脂，加润滑脂量不超过轴承座容积的 2/3，轴承透孔盖应加密封，轴承座地脚螺栓应均匀紧固并有可靠的防松措施。斗轮机稳定运行时轴承温升不高于环境温度 40℃。

（4）检查斗轮传动轴的磨损及润滑情况，必要时更换新油。检查斗轮轴上有无裂纹，有无过度的扭转变形。检查驱动减速机、电动机固定是否可靠，与斗轮体固定是否可靠。轮轴与斗轮体采用法兰连接的，应检查固定螺栓是否缺损，法兰与轴的连接是否有裂纹。检查轴承座是否定位可靠牢固。

（5）检查驱动装置。驱动机构的电动机、减速机等各元件应固定可靠无松动，发现松动应及时拧紧。泵的振动不大于 0.06mm，减速机的振动不大于 0.10mm。力臂无扭曲、弯曲变形。检查电动机轴与减速机轴的径向和轴向跳动不大于 0.08mm。耦合器稳定运行温度不得超过 120℃，定期更换油液，加油前清洗前后辅腔，油量参照电动机功率和耦合器型号确定，但不得超过内腔容积的 80%。检修耦合器时不得敲击壳体，检修后及时把防护罩装回原位。

11.1.3　桥式抓斗起重机

11.1.3.1　操作规则与使用维护要求

A　操作前检查

（1）岗位人员必须持有技术合格证、特殊工种操作证、操作牌方可启动抓斗起重机。

（2）确认 TC 盘和 B 型盘的各接触点接触良好，各控制器灵活，事故开关正常。

（3）确认电动机滑环无麻点，线圈无破损，无烧损现象。

（4）确定各运行机构制动器良好。

（5）确定走行轨道、减速机、电动机及联轴器、卷筒、钢绳、抓斗完好。

（6）空载操作无异常现象。

B　操作程序

（1）接到上料信号，抓斗司机应在启动抓斗前响铃警示，通知周围的人离开作业区域，第二次响铃送电，第三次响铃开车。

（2）拨动大车控制器，将大车开至要抓物料堆上方。

（3）拨动小车控制器，使抓斗对准要抓的料堆。

（4）拨动抓斗卷扬控制器，使抓斗张开。

（5）拨动升降卷扬控制器，使抓斗向料堆下落。

（6）拨动抓斗控制器，使抓斗闭合，然后将抓斗提起。

（7）当抓斗提升到一定高度后，停下卷扬将小车开到适当位置。

（8）开动大车至卸矿位置，再开动小车。

（9）抓斗对准卸矿位置，逐渐张开抓斗卸料。

（10）第一次抓完物料后，重复以前的操作。

（11）抓料作业完毕后，将大车开至停车台，将各控制器拨至零位，并切断相关电源。

C　运转中异常状态的紧急处理

（1）制动器抱闸失灵（打不开、刹不住）：

1）刹不住：应立即全速启动电动机，下放抓斗。

2）制动器抱闸打不开、液压推杆不灵：制动器抱闸线圈烧损，及时停车进行维修处理。

（2）钢绳掉道应停车处理复位；销子脱落应及时复位后方可抓料。

（3）传动部位发出异常响声，应立即停止操作，确认情况后做出决定。

（4）发现小车走行轮掉道，不能再行走，应将抓斗的物料卸空，进行检修处理。

D　运转中的注意事项和严禁事项

（1）严禁使用起毛刺严重的钢绳（按钢绳报废标准）。

（2）大、小车行走轮出现卡、赶道的现象应注意操作，并及时进行维修处理。

（3）严禁斜拉、歪抓、甩抓斗，应直上直下取料。

（4）取料时抓斗应横向依次截取，严禁乱抓乱取。

（5）抓斗运行中应保持平稳，严禁高速启动和紧急制动。

（6）严禁大车、小车碰撞两端车挡。

（7）严禁超负荷抓物料。

（8）严禁吊车在运行中打反接制动。

（9）严禁抓斗重负荷运行中，突然打反向操作。

（10）严禁不拆除抓斗就将抓斗起重机作为起重机用于起吊物件。

E　操作维护人员点检及维护

a　点检

操作人员必须按表11-3进行操作点检，此外：

（1）每月至少检查一次主梁和端梁是否有裂纹，轨道是否有断裂现象和轨道接口是否有偏移，轨道的压铁是否松动。

（2）每周至少检查一次抓斗斗体，上下横梁、颚板、抓齿、支撑板是否有裂纹，钢绳的磨损情况，并做好记录。

表 11 -3　操作点检表

序　号	部　位	检查内容	检查标准	检查方法	检查周期
1	电动机	温度	<65℃	手摸	2h
		运转	平稳，无杂声	手摸耳听	随时
		接手地脚螺栓	紧固，齐全	手摸观察	8h
		滑环炭刷	无麻点，完整	观察	8h
		电阻	完整，不断	观察	
2	减速机	各部螺栓	牢固，安全	手摸观察	随时
		油位	油标中线	看油标	随时
		运转	平稳，无杂声	手摸耳听	随时
		安全罩	齐全，可靠	观察	随时
3	制动器	闸轮闸皮	完整	观察	随时
		闸架	灵活	观察	随时
		电磁铁	能吸住	试车	随时
		电力液压推动器	工作灵活	试车	随时
		运转	能抱住	试车	随时
4	起重机	小车	灵活，不赶道	观察	随时
		轨道	牢固	观察	随时
		卷扬	灵活不卡	观察	随时

b　维护

（1）生产和巡回检查中发现问题应及时处理。

（2）抓斗各油点油枪每间隔两天加油一次，大、小车走行轮定期加油，每次加油量要使各油点见新。

（3）积灰积料、油泥及杂物应及时清除。

（4）当吊车运转中突然发生故障，应检查处理后，方可运转。

（5）卷扬制动器不好使用时，处理后方可抓料。严禁打反接制动抓料。

（6）定期检查钢丝绳和对其润滑。对钢丝绳润滑时一定要用钢丝绳润滑脂。如有一股钢丝绳断裂，钢绳也应报废，重新更换钢绳。

（7）抓斗每工作一周至少需检查一次抓斗斗体、上下横梁、颚板、抓齿、支撑杆等是否有裂纹、开焊、变形等缺陷，上下方箱滑轮组是否运转灵活，润滑油是否充分。

（8）滑轮罩磨损或罩与滑轮间的间隙过大是造成钢绳脱槽的原因。只要保证罩不与滑轮摩擦，间隙应越小越好。

（9）起重机各机构的使用寿命很大程度取决于正确的润滑。因此，操作人员和维护人员要经常检查各运转部件的润滑情况及定期合理地向各润滑点加注润滑油。

11.1.3.2　常见故障分析及处理

A　车轮啃道

起重机的正常运行是"蛇"形前进的，因此，车轮的轮缘贴着轨道侧面运行，车轮的轮缘与轨道的侧面有轻微的摩擦，这是属于正常的导向。

所谓车轮啃道是指轮缘与轨道的严重抵触，在同一方向运行时，车轮一侧的轮缘始终抵着轨道侧面，并且发出响声产生剧烈的振动，轮缘很快被磨损。

常见的车轮啃道有下列几种：

（1）车轮歪斜。这是产生车轮啃道的主要原因。造成车轮歪斜，一般是由于车轮安装不当和在使用过程中车架变形所引起的，车轮踏面中心线不平行于轨道中心线。因为车轮是一个刚性结构，它的行走方向永远向着踏面中心线的方向前进。因此，当车轮沿着轨道走一定距离后，轮缘便与轨道侧面摩擦产生啃道。

纠正办法：重新调整车轮的位置。在调整时，把车轮的四块定位键板全部割掉，重新找正定位、按移动记号将轮子和键板装好，开空车试验，调整至不啃道时，将定位板焊好。为了防止由于焊接变形，采取焊一段再试车、再焊的办法。

（2）车轮不同步引起的啃道。如在往返行程中啃道方向相反，则两个电动机或制动器不同步的可能性最大。若是车轮直径（主动轮）不等也会产生车轮啃道。这是因为两个主动车轮的直径差异影响其线速度不等而引起啃道。

其原因前者因电动机非同一制造厂制造或同一厂制造但非同一时期所出的电动机可能转速有较大差异；两个制动器调整不一致，有附加力矩现象。后者车轮直径不等：一是加工精度不好；二是车轮表面淬火硬度不均，经过使用后两主动轮有不均匀磨损所致。

处理方法：应选配转速一致的电动机，检查调整制动器，使两个制动器制动力矩达到一致。由主动轮引起的啃道应更换新的主动轮。

（3）轨道的缺陷。如在某一行程上啃道，则轨道安装不正确的可能性较大，尤其是方钢轨道，因为在方钢上行走的主动轮没有锥度，失去自动调节线速度的作用，以致容易啃道。轨道缺陷如相对高不等，使起重机主梁倾斜；轮跨和轨跨的尺寸有误差，对轨跨可能是全长尺寸或局部的尺寸不对；轨道顶面倾斜，使车轮轮缘与轨道和轨道侧面磨损；轨道接头不齐，左右偏移大，当轮子通过时引起摩擦；轨道顶面有过多油污，使主动轮打滑，造成车体扭斜等。

以上现象主要针对轨道缺陷的具体情况加以调整，如调整不过来时则应更换新的轨道并按安装技术要求调整好。在主梁变形的情况下，调整大车轮要以轨道为基础，不要单靠主梁，在实际使用过程中，只要大车能够正常运行，车架稍微倾斜也影响不大。

（4）传动系统的啮合间隙不等，也会造成啃道。这是由于使用过程中不均匀的磨损，使减速机齿轮、联轴器齿轮的啮合间隙不均，在起步或停车时有先后，使车体扭斜而啃道。这就要通过检查来更换损坏的零件，达到消除啃道缺陷。

B　小车轮行走不平及打滑

小车车轮行走不平（三条腿现象）是一个比较复杂的问题，有各种各样的原因。小车车轮行走不平，是指小车车轮支撑着的小车体中的某一个轮子的滚动面与轨道的接触之间有间隙，从而造成小车行走不平：

（1）某一个车轮沿全长轨道运行时总是表现不平，造成这种现象主要有以下三种原因：1）安装时，四个车轮的中心线不在同一水平面上，其中必有一个轮子与轨道面有间隙；2）四个轮子的中心线虽然在同一水平面上，但其中一个直径太小；3）对角线上的两个轮子中心线不一致或两个轮子直径太小，当三个轮子着轨后，必有一轮悬空。

根据实践证明，车轮不平基本出现在某一主动轮上。处理办法则不论毛病出在哪一个轮子，一般不调整主动轮。因两主动轮的轴是同心的，移动主动轮会影响轴的同心度，以主动轮为基准去调整被动轮。若两主动轮直径相差太大，则应更换主动轮。

（2）某一主动轮在全长的轨道上产生局部高低不平时，主要是小车轨道不平，有局部凹陷或波浪形，若当小车运行到轨道的局部凹陷时，则处于凹陷处的小车轮悬空或轮压大大降低而出现高低不平现象。

其修理办法主要是对轨道的相对标高和直线性进行修理，在轨道进行局部修理时，应注意顶轨道的工具要放置在主梁内柱板附近，以免使盖板变形。在加力顶时，为防止轨道的变形，需将弯曲部分附近加压板压紧后再顶。轨道在极短的距离内有凹陷现象时，要想调平是很困难的，对于这种情况，可采用补焊的方法来找平。

（3）小车轮打滑。主要原因是两个主动车轮的轮压相差太大；主动轮有高低不平现象；电动机的启动转速太高；轨道上有油、水或结冰。

当用肉眼检查不出是哪一种情况打滑或是哪个轮子打滑时，可用两根直径相等的铅丝放在轨道面上，将小车移到此处压铅丝，然后移开小车，用卡尺测铅丝厚度，铅丝厚的一轮说明该轮轮压小。也可将细砂均匀地撒在打滑地段的一根轨面上，开车往返几次，若仍打滑则说明不是这个主动轮有问题，而是另外一个轮子。当找到打滑的原因后就可以针对性处理。

C　减速机故障

升降卷扬减速机和抓斗减速机损坏是起重机中最常见的故障。以201抓斗起重机为例，大部分减速机的壳体采用灰口铸铁，壳体受到一定的冲击力，发生裂纹或是破损。发生故障原因是多方面的：一是冲击力，这是操作人员操作不当所引起的，在抓斗上升、下降还没有停稳时，进行反向操作，电动机的快速反向运转，使还在运转中的齿轮突然反向加力，就会导致减速机内传动二轴的轴齿打坏或是机壳破损。二是抓斗抓料时，抓斗的歪拉斜拽，导致钢绳不能按卷筒绳槽排列运行。卷筒受到钢绳轴向力的冲击，卷筒向减速机方向窜动，就会将卷筒支撑座顶破。三是卷筒磨损严重，绳槽磨损后，钢绳就不会整齐地顺着绳槽进退，发生紊乱，后面的钢绳压到前面的钢绳上，发生崩绳，也可导致前述事故。四是乱绳，抓斗在放到地面后，放松的钢绳太多，上升时，钢绳又没有整齐地排列到绳槽内，乱绳、堆绳没有及时处理，就会使卷筒发生轴向传动窜动，导致卷筒支撑座破损等事故。

处理办法：一是在条件允许的情况下，可改进减速机壳体材质和制作工艺，采用结构钢焊接经热处理后制作的壳体，可大大提高抗冲击能力。二是操作人员要规范操作，上升或下降抓斗时，一定要等停稳后，再作反向操作。三是抓料时不能歪拉斜拽，这样就能使钢绳顺利排列卷筒，不至于钢绳乱槽，发生窜动。四是及时更换磨损严重的卷筒，新卷筒能使钢绳在上升、下降过程中能有效排列到绳槽中。

D　其他机械故障的处理

其他机械故障原因及处理方法见表11-4。

表 11 - 4 桥式起重机一般故障原因及处理方法

缺陷及故障现象	原 因 分 析	处 理 方 法
(1) 滑轮不均匀磨损 (2) 滑轮不转	(1) 滑轮不活 (2) 钢绳不正 (3) 心轴损坏	(1) 加油 (2) 磨损量超过3mm更换调整钢绳 (3) 更换或加油
(1) 卷筒裂纹 (2) 卷筒槽磨损大	(1) 载荷大或冲击载荷 (2) 使用时间长	更换
(1) 减速机发热 (2) 漏油 (3) 响声大	(1) 油脂不好，轴承坏，透气孔堵 (2) 机壳振松，回油孔堵塞 (3) 齿轮磨损，轴承间隙大	(1) 换油，检查换轴承，疏通透气孔 (2) 重新密封，疏通回油孔 (3) 调整轴承，更换齿轮
(1) 齿接手损坏 (2) 传动轴弯	(1) 轮齿缺油，疲劳磨损 (2) 强度不够，疲劳	(1) 更换 (2) 更换轴
小车停不住	(1) 轨道不平 (2) 大梁下挠	(1) 调整轨道 (2) 处理大梁下挠
(1) 制动器过热 (2) 不能刹住重物	(1) 制动器开口间隙小 (2) 杠杆系统卡住 (3) 制动轮有油 (4) 闸瓦磨损过大 (5) 制动杠杆松 (6) 液压推杆不灵	(1) 调整闸杆 (2) 加油润滑，调整灵活 (3) 用煤油清洗 (4) 更换闸瓦 (5) 调整锁紧螺母 (6) 检查调整
钢绳磨损剧烈	(1) 滑轮不转或损坏 (2) 绳通道边紧压障碍物	(1) 更换滑轮 (2) 检查消除障碍物
抓斗漏料严重	(1) 刃口板过度磨损 (2) 斗板变形合不严	(1) 更换刃口板 (2) 处理变形加焊加固
斗角焊缝开焊	碰撞所致	用锰钢合金焊条及时补焊
钢丝绳易脱槽	(1) 滑轮罩磨损或变形 (2) 滑轮破损	(1) 修复滑轮罩 (2) 更换滑轮

11.1.4 原燃料破碎设备

烧结用原燃料主要包括铁矿石、石灰石、煤、焦炭等，原燃料破碎的目的是粉化筛选，提高纯度；细化粒度，提高利用率；应用充分，降低能耗。破碎主要包括原料破碎和燃料破碎。原料破碎包括铁矿石、石灰石等破碎，燃料破碎包括煤和焦炭的破碎。铁矿石的用料量大、原矿可利用率低、细化后扬尘率低、便于运输，为了减少运输量，降低环境污染，将铁矿石的破碎工作放在矿山采选矿工艺中；而石灰石（熔剂）、煤、焦炭等，由于用料量小、原矿可利用率高、细化后扬尘率高、不便于运输，故将石灰石、煤、焦炭的破碎工作放在烧结工艺中。

为了节能降耗，提高利用率和生产效率，降低制造成本，煤和焦炭的破碎又细分为两级：粗破和精破，即两段开路破碎；也有少数烧结厂根据进厂燃料粒度和性质仅采取精破，即一段开路破碎（见图 11 - 2(a)）。其中，粗破设备有对辊破碎机和反击式破碎机，精破设备有四辊破碎机和棒磨机等。石灰石的制造成本较低，且破碎难度低，故其破碎一般只用单级破碎，主要有锤式破碎机等设备。

11.1.4.1 对辊破碎机

A 操作规则与使用维护要求

a 操作规则

（1）按"启动"按钮，使对辊破碎机运转。

（2）合上给料皮带机的电磁铁电源开关。

（3）待电磁铁工作正常后，合上给料皮带机电源开关，启动皮带机。

（4）待皮带机运转正常后，启动电振给料器，打开给料闸门给料。

（5）停机时，先关给料闸门，再停电振给料器，待皮带机上的料转完后停皮带机，待对辊中的料卸完后停对辊。

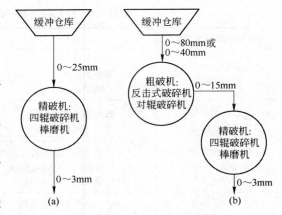

图 11-2 燃料破碎筛分流程
（a）一段开路破碎流程；（b）两段开路破碎流程

（6）切断电磁铁的电源，清扫电磁铁下的铁杂物。

（7）根据产品粒度，调整对辊的间隙。

（8）运转中的注意事项：1）运转中随时注意穿心螺杆、传动皮带的情况；2）运转中注意调整物料，使其均匀地分布在辊子全长上；3）随时检查辊子轴颈处的密封圈，发现损坏应及时联系处理；4）注意矿槽棚料，应用风管捅开；5）严禁带负荷启动对辊破碎机。

b 使用维护要求

维护规则：

（1）生产和操作点检中发现问题，应及时联系处理。

（2）保持各润滑点良好，每4h加油一次。

（3）生产完后应将积料和设备清扫干净。

（4）检查清扫器、辊子罩子，有积料及时清除。

对辊破碎机的点检标准见表11-5。

表 11-5 对辊破碎机的点检标准

部 位	检查内容	检查标准	检查方法	检查周期
电动机	温度	<65℃	手摸	8h
	运转	平稳，无杂声	耳听	8h
	联轴器地脚螺栓	紧固，齐全	手摸、观察	24h
破碎机本体	三角皮带及大小三角皮带沟轮	完整	观察	48h
	轴承温度	<65℃	手摸	24h
	密封圈	完整	观察	24h
	穿心螺杆	完整，不变形	观察	24h
	润滑部位	有油	观察	4h
	运行	平稳	耳听	4h

B 常见故障及处理方法（见表 11-6）

表 11-6 对辊破碎机常见故障原因及处理方法

故 障	原 因	处 理 方 法
堵料	（1）辊子间隙过小，对辊来料粒度粗，辊皮咬不住物料，造成不能排矿 （2）给料量太大、太湿	（1）重新调整间隙并恢复给料破碎 （2）对粗破要把关，注意物料水分，给料量要适当
声音异常	（1）联轴器打滑 （2）辊皮或辊皮穿心螺杆窜动 （3）轴承无油 （4）辊子间有夹杂物 （5）弹簧橡皮垫损坏	（1）更换联轴器 （2）将辊皮重新固定，拧紧穿心螺杆并焊死 （3）加油或更换轴承 （4）停止上料，清除夹杂物 （5）更换橡皮垫
产品粒度不合格	（1）内衬板与辊皮间隙过大 （2）给料量超过规定 （3）弹簧丝杆松，辊子间压力变小，粒度变粗	（1）调整内衬板与辊皮间隙 （2）调整给料量 （3）拧紧弹簧丝杆

11.1.4.2 反击式破碎机

A 操作规则与使用维护要求

a 操作规则

开机前的检查与准备工作：

（1）开机前对各连接部位、电动机、传动皮带机等有关设备点检。

（2）将各检查孔关闭密封好。

（3）进行人工盘车数次。

加料操作程序：

（1）检查完毕，情况正常，关好机体的各个小门，将配电盘上选择开关置手动位置，将机旁操作箱上的事故开关合上，即可按操作箱上的启动按钮，破碎机随之启动，待机器运转正常后可开始均匀加料。停机时按停止按钮，并切断事故开关。

（2）启动破碎机运转正常后，将选择开关打在自动位置，然后把电磁分离器开关和事故开关闭合，方可与中央控制室联系，参加连锁启动。停机时，切断电磁分离器开关和事故开关，并清理电磁分离器上的废钢铁等。系统需要手动时，将选择开关打到手动位置。

（3）反击式破碎机启动先联系启动除尘风机。

运转中注意事项：

（1）严禁非破碎物进入破碎机内，特别是金属物进入破碎机内。

（2）清除筛条间的堵塞杂物时，要切断事故开关。

（3）加料时要连续均匀地布满转子全长，停机后应检查筛条是否有堵塞现象，并及时清理反射板。

（4）停机前首先停止给料，把机内物料转空后方可停机。

b 使用维护要求

维护规则：

（1）生产和操作点检发现的问题，应及时处理。

（2）保持各部位润滑良好，每4h打油一次。

（3）生产完后将积料和设备清扫干净。

（4）开展设备三清工作，各部位有积料及时清理干净。

反击式破碎机的点检标准见表11-7。

表11-7 反击式破碎机的点检标准

部 位	检查内容	检查标准	检查方法	检查周期
电动机	温度	<65℃	手摸	8h
	运转	平稳，无杂声	耳听	8h
	接手及地脚螺栓	紧固，齐全	手摸、观察	24h
破碎机本体	轴承温度	<65℃	手摸	24h
	密封圈	完整	观察	24h
	板锤	不掉，不磨损	观察	72h
	三角皮带及大小三角皮带沟轮	完整	观察	48h
	振动弹簧	完整，可靠	观察	24h
	润滑部位	有油	观察	4h
	运行	平稳	耳听	4h

B 常见故障及处理方法（见表11-8）

表11-8 反击式破碎机常见故障原因及处理方法

故 障	原 因	处 理 方 法
转子不动或机内卡料	（1）机内有大块和积料 （2）转子发生窜动 （3）板锤螺栓松动 （4）锤体移动，发生无间隙磨损	（1）切断事故开关 （2）打开封闭门清理 （3）处理杂物积料并及时检查调整 （4）进行盘车，使转子有回转自身惯性力
堵料嘴	有大块或杂物	清理
皮带脱落	（1）三角皮带松 （2）皮带轮不正	（1）打蜡或张紧皮带 （2）停机调正
转子振动大	（1）板锤脱落 （2）板锤磨损不均匀 （3）转子筒体不平衡	（1）补齐板锤或更换 （2）全部更换板锤 （3）转子找平衡

11.1.4.3 四辊破碎机

A 操作规则与使用维护要求

a 操作规则

（1）开机前，对电器、各润滑部位、连接部位、弹簧等设备进行逐一检查。

（2）将选择开关选在自动、手动或车削的位置上，启动前应先盘车，并将除尘风机风门关死，待运转正常后，再将风机风门慢慢打开。

（3）连锁启动时，当听到预告音响50s后，将电磁分离器开关与事故开关调在"0"

位，并通知中央控制室，随着系统设备启动而自动运转。

（4）启动之后，调整丝杆弹簧，确认压力一致、上下辊间隙适当时，开动皮带机给料进行破碎。

（5）停止生产时，应先停止皮带机给料，然后松开调整丝杆弹簧，待辊内无料后，方可将控制开关调回"0"位，切断事故开关，破碎机停止运转，拉掉电磁分离器的开关，清理电磁铁上吸附的杂物。

（6）非连锁工作制时，可使用机旁的"启动"、"停止"按钮，进行单机开、停机操作。

（7）操作时注意事项：

1）四辊未正常启动前，不得往机内给料，停机前先停止给料，待料下完后，才能停四辊破碎机。

2）启动时，应先启动下主动辊，待运转正常后，再启动上主动辊，运转正常后再给料，给料要均匀。

3）四辊间隙要经常调整，调整间隙时应缓慢，由松到紧，并保证两辊中心线平行，上辊间隙为 8 ~ 10mm，下辊间隙为 3mm。

4）辊子被大块料挤住或有金属物进入辊内，应停机处理，不得在运转中处理。处理时应拉开事故开关或切断电源。

b　使用维护要求

维护规则：

（1）生产和操作点检发现的问题，应及时联系处理。

（2）保持各润滑良好，每 4h 打油一次。

（3）生产完后将积料和设备清扫干净。

四辊破碎机点检标准见表 11 - 9。

表 11 - 9　四辊破碎机的点检标准

部　位	检 查 内 容	检 查 标 准	检 查 方 法	检查周期
电动机	温度	<65℃	手摸	8h
	运转	平稳，无杂声	耳听	8h
	接手及地脚螺栓	紧固，齐全	手摸、观察	24h
减速机	接手及地脚螺栓	齐全，紧固	观察	24h
	运转	平稳、无杂声	耳听	24h
	油位	油标中线	看油标	24h
破碎机本体	轴承温度	<65℃	手摸	24h
	密封圈	完整	观察	24h
	辊面	无明显沟槽	观察	72h
	皮带及皮带轮	完整，不打滑	观察	48h
	润滑部位	有油	观察	4h
	运行	平稳	耳听	4h

B 常见故障及处理方法（见表 11 - 10）

表 11 - 10 四辊破碎机常见故障原因及处理方法

故 障	原 因	处 理 方 法
堵料	(1) 辊子间隙过小，对辊来料粒度粗，辊皮咬不住物料，造成下辊不能排矿 (2) 给料量太大、太湿	(1) 重新调整间隙并恢复给料破碎 (2) 对粗破要把关，注意物料水分，给料量要适当
声音异常	(1) 接手打滑 (2) 辊皮或辊皮穿心螺杆窜动 (3) 轴承无油 (4) 辊子间有夹杂物 (5) 弹簧橡皮垫损坏	(1) 更换接手 (2) 将辊皮重新固定，拧紧穿心螺杆并焊死 (3) 加油或更换轴承 (4) 停止上料，清除夹杂物 (5) 更换橡皮垫
产品粒度不合格	(1) 辊皮磨损严重，辊子间隙过大 (2) 内衬板与辊皮间隙过大 (3) 给料量超过规定 (4) 弹簧丝杆松，辊子间压力变小，粒度变粗	(1) 定期车辊，调整辊间隙 (2) 调整内衬板与辊皮间隙 (3) 调整给料量 (4) 拧紧弹簧丝杆

11.1.4.4 棒磨机

棒磨机是近年来用于烧结煤粉、焦粉精破的一种新型设备，其破碎产品品质比四辊破碎机的产品更高。国外烧结厂几乎都配置了棒磨机。国内近年来新改扩建的烧结机基本上也都设计安装了棒磨机。

棒磨机的结构形式很多，有平盘磨、E 形磨、碗形磨和 MPS 磨等多种形式，但破碎原理基本相同。图 11 - 3 所示是平盘磨的结构，转盘和辊子是平盘磨的主要部件。电动机通过减速箱带动转盘转动，转盘又带动辊子旋转，煤在转盘与辊子之间得到研磨。平盘磨是依靠碾压作用将煤磨碎的，碾压力来自于辊子的自重和弹簧的拉紧力（有的来自于液压力）。其工作原理是原煤经落煤管送到转盘的中部，转盘转动所产生的离心力使煤连续不断地向边缘推移，煤在辊子下面被碾碎。转盘边缘上装有一圈的挡环，可以防止煤从转盘上直接滑落出去。挡环还能保持转盘上一定厚度的煤层，以提高磨煤效率。干燥气从风道引入气室后，高速通过转盘周围的环形风道进入转盘上部。气流的卷吸作用，将煤粉带入磨煤机上部的粗粉分离器中，过粗的煤粉被分离后又直接返回到转盘上重新研磨，合格的煤粉随气流进入储藏室。

棒磨机主要技术参数是转盘和辊子之间的间

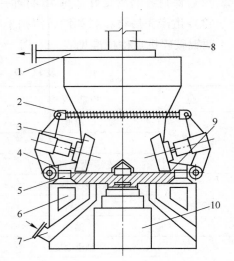

图 11 - 3 平盘磨结构示意图

1—煤粉出口；2—弹簧；3—辊子；
4—挡环；5—干燥气通道；6—气室；
7—干燥气入口；8—原煤入口；
9—转盘；10—减速箱

隙，该间隙决定破碎产品品质。其大小主要由辊子的自重、弹簧的拉紧力或液压力决定。若实际间隙大于理想间隙，通过弹簧（液压缸）将辊子收紧到一定程度，就会达到需要的间隙；反之，若实际间隙小于理想间隙，则将弹簧（液压缸）作反向调整即可。

棒磨机与四辊破碎机相比有如下主要优点：耗电低、品质高、噪声小、占地少、投资少、功能全、密封性能好，故棒磨机对煤粉精破尤为适合。

11.1.4.5 锤式破碎机

锤式破碎机是烧结熔剂破碎的主要设备，主要是由机壳、转子、锤头及衬板等部件构成。机壳的四周开有几个小门，以便检查转子的运转情况和更换被磨损的部件，机壳的内表面装有耐磨钢板制成的衬板，在衬板的表面装有高锰钢衬板，起到延长使用寿命、降低维护成本的作用。

A 操作规则与使用维护要求

a 操作规则

（1）检查转子与各连接螺栓是否紧固，如有松动应拧紧，锤头是否完整，算板弧度是否均匀，各种电线连接是否牢固可靠，电磁分离器是否良好。

（2）正常开、停机操作程序由原料集中控制室统一操作，非连锁工作制时，可使用机旁的"启动"、"停止"按钮，进行单机开、停机操作。

（3）合上给料皮带机的电磁铁电源开关。

（4）待电磁铁工作正常后，合上给料皮带机电源开关，启动皮带机。

（5）待皮带机运转正常后，启动电振给料器，打开给料闸门给料。

（6）停机时，先关给料闸门，再停电振给料器，待皮带机上的料转完后停皮带机，待锤式破碎机中的料卸完后停锤式破碎机。

（7）运转中的注意事项：

1）运转正常后，开动皮带机均匀给料。熔剂要连续均匀地布满转子全长，以保证生产效率最大。电磁铁上杂物应及时处理，不允许杂物尤其是金属块进入破碎机内，停机时，应先停止给料，待锤式破碎机内的物料转空后，可停止破碎。

2）运转中有杂声和振动时，应立即停机检查、处理。

3）在清除算板间的堵塞杂物时，要切断事故开关。

4）注意破碎粒度的变化。及时调整折转板、算板和锤头间隙，一般折转板与锤头间隙为3mm，算板与锤头间隙为5mm，如有锤头磨损、算板折断等应及时倒向或更换。更换锤头时，各排锤头质量应基本相等，特别是对应轴的锤头必须质量相等。

5）破碎机在运转时，严禁调整折转板、锤头与算板间的间隙。

6）严禁两台锤式破碎机同时启动，严禁连续频繁启动；皮带跑偏时应及时调整，严重时停机处理等。

7）严禁非事故状态下带负荷停机。

（8）锤头的倒向与更换。锤式破碎机的锤头在生产过程中逐渐被磨损，锤头与算条之间的距离也增大了，完全依靠调算板，也不能保证锤头与算板之间的间隙在 10~20mm，这时破碎效率明显下降。因此，需要将锤头倒向或更换新锤头。由锤式破碎机的构造可知：破碎机转子圆盘上有两组销孔，其中一组距转子大轴中心线近，另一组距大轴中心线远。当上新锤头时，悬挂锤头的小轴穿在距大轴中心线近的一组销孔中。当锤头磨损到锤头与算板之间间隙超过20mm时，锤头就要更换位置，悬挂锤头的小轴穿在距大轴中心线远的一组销孔中（生产中称为倒眼）。

1）倒眼的方法。对于可逆式破碎机，由于其可以正反向旋转，因此在倒眼时，不存在锤头的调面问题。只要将悬挂锤头的小轴从一组销孔中退出，同时卸下锤头，然后将小轴穿入另一组销孔中，同时挂上原来卸下的锤头，便完成了一排锤头的倒眼。在倒眼时，同一排旧锤头，可以根据锤头的磨损情况调换位置。但不允许用新锤头与不同排的旧锤头进行调换，以免转子失去平衡，产生振动。在倒眼时，所有各排应一次调完，不能只调其中几排。否则，也会造成转子失去平衡，也不利于破碎效率的提高。

对于不可逆式锤式破碎机，由于只能单方向旋转，其锤头的一个面磨损很严重，因此在倒眼的同时，还应该进行调面，这样可以提高锤头的利用率，节约材料消耗。而可逆锤式破碎机由于定期正转和反转，各排锤头及锤头的不同面磨损比较均匀，故其锤头不需要倒眼和调面。

2）锤头的更换。当锤式破碎机的锤头通过倒眼、调面后，又磨损到无法保持锤头与算板之间间隙在10~20mm时，破碎效率明显下降，这时，就需要更换新锤头，在更换新锤头时应注意：①新锤头的材质应尽量相同；②各个新锤头的重量应基本一致，其偏差不得超过0.01kg；③各排锤头的总重量应基本一致，其偏差不应超过0.05kg；④悬挂锤头的小轴端部应与端盘并齐，以免转子卡住。

b 使用维护要求

维护规则：

（1）生产和操作点检发现的问题，应及时联系处理。

（2）保持各润滑良好，每4h打油一次。

（3）生产完后将积料和设备清扫干净。

锤式破碎机点检标准见表11－11。

表11－11 锤式破碎机的点检标准

部　位	检查内容	检查标准	检查方法	检查周期
电动机	温度	<65℃	手摸	8h
	运转	平稳，无杂声	耳听	8h
	接手及地脚螺栓	紧固，齐全	手摸、观察	24h
破碎机本体	轴承温度	<65℃	手摸	24h
	密封圈	完整	观察	24h
	机壳	无破裂，不冒灰	观察	24h
	大小轴及锤头	不窜动，锤头不掉	观察	24h
	润滑部位	有油	观察	4h
	运行	平稳	耳听	4h

B 常见故障及处理方法（见表 11－12）

表 11－12 锤式破碎机常见故障原因及处理方法

故 障	原 因	处 理 方 法
出料粒度大	（1）锤头、算板破损严重 （2）算板及折转板没有调整到合适间隙	（1）更换锤头、算板 （2）适当调整算板和折转板
出料个别力度大	（1）算板有短缺 （2）折转板没有调整回去	（1）更换或增加算板 （2）关闭折转板
出料粒度均匀，但普遍大于3mm	锤头或算板已磨损	更换锤头或算板
轴承温度高	（1）轴承有磨损或装配太紧 （2）缺油 （3）轴承内有杂物	（1）更换或重新安装轴承 （2）加油 （3）清洗检查轴承内滚珠体是否损坏
机体振动大	（1）电动机轴与转子轴不同心 （2）轴承损坏 （3）转子偏重、掉锤头 （4）物料堵塞 （5）地脚螺栓松动 （6）检修安装时超过允许误差	（1）重新找正 （2）检查转子轴换新 （3）对齐锤头，更换锤头 （4）畅通堵料 （5）检查紧固地脚螺栓 （6）重新安装

11.1.5 原料筛分设备

振动在多种场合是有害的，如传动减速机的振动、抽风机的振动、驱动电动机的振动等。这些振动，轻者影响设备的使用性能和使用寿命，重者造成重大设备事故。1994 年 2 月 19 日，某烧结厂 $75m^2$ 抽风机由于转子失衡振动，造成转子叶片瞬间整体剥离，被迫停产 7 天，造成重大损失。振动有时又是需要利用的，如振动给料机、振动筛分机，两者均是利用振动原理达到某种工艺需求的振动筛分机械。振动筛分机械是近 30 年来得到迅速发展的一种新型机械，目前已广泛用于采矿、冶金、石油化工、水利电力、轻工、建筑、交通运输和铁道等工业部门中，用于完成各种不同的工艺过程。烧结厂使用筛分机械的主要地方有：原燃料破碎之后的原料筛和烧结成品矿的整粒筛。

A 操作规则与使用维护要求

a 操作规则

（1）开机前检查弹簧与各部螺栓是否有松动，各轴承之间的油量是否符合要求，筛体与弹簧是否有裂痕，三角皮带是否有磨损或断裂的现象，筛网口是否干净，有无破网或堵塞现象。

（2）连锁启动时，在接到"预启动"信号后，即可合上事故开关，设备即随系统启动。

（3）非连锁工作时，设备可单个启动。

（4）振动筛运转正常后，将风机风门打开。

（5）正常停机由操作盘统一进行。

（6）非连锁工作制时，待筛内料走完，即可按机旁停机按钮进行停机，停机后要切断事故开关。

（7）运行中注意事项：

1）注意筛网的使用情况，保证熔剂小于3mm的粒级达90%以上。

2）振动筛工作时，正常情况下不准带负荷启动。

3）筛子经过长期使用后容易出现磨损，从而影响筛分效率，因此，应经常检查振动筛上的料是否均匀，筛网有没有堵塞现象。若发现振动筛有异常现象应及时检查、调整和更换，以保持较高的筛分效率。

4）正常停机时，筛网上不准压料；振动筛运转时，筛子各部位不能进行修理。

b　使用维护要求

维护规定：

（1）操作点检中发现问题应及时联系处理。

（2）每班手动油泵加油两次。

（3）及时拧紧卡板丝，使筛网不松动，筛体平衡。

原料振动筛点检标准见表11－13。

表11－13　原料振动筛的点检标准

部　位	检查内容	检查标准	检查方法	检查周期
电动机	温度	<65℃(不烫手)	手摸	4h
	运转	平稳，无杂声	耳听	4h
	地脚螺栓、地线	牢固，可靠	观察	4h
部分传动	三角皮带	完好	观察	8h
	偏心块	牢固	观察	8h
振动筛	筛体	平稳，无裂纹	观察	8h
	筛网	完好	观察	8h
	筛网卡板	紧固	观察	8h
润滑	油管	完好，不漏油	观察	24h
	油泵	完好	观察	24h

B　常见故障及处理方法（见表11－14）

表11－14　原料振动筛常见故障原因及处理方法

故　障	原　　因	处　理　方　法
筛分质量不佳	（1）筛网的筛孔堵塞 （2）入筛的碎块增多，入筛物料水分增加 （3）给料不均匀 （4）料层过厚 （5）筛网拉得不紧	（1）减轻振动筛负荷 （2）改变筛框倾斜角度 （3）调整给料 （4）减少给料 （5）拉紧筛网
工作时转动过慢	传动皮带松	拉紧传动皮带
轴承发热	（1）轴承缺乏润滑油 （2）轴承堵塞 （3）轴承磨损	（1）向轴承注入润滑油 （2）清洗轴承，检查更换密封圈 （3）更换轴承
振动过度剧烈	安装不良或飞轮上的配重脱落	重新配重，平衡振动筛
筛框横向振动	偏心距的大小不同	调整飞轮
突然停止	多槽密封套被卡住	停车检查，调整及更换

11.1.6 运输设备

烧结生产过程的运输设备是一种高效、连续、有节奏、衔接性强、自动化程度高的设备，其工作特点是以连续的流动方式输送物料。

烧结生产常使用的运输设备有胶带运输机、螺旋输送机、链板运输机、刮板运输机、斗式提升机、水封拉链机、振动运输机、气力运输机等，其中最大量使用的是胶带运输机。胶带运输机的主要优点是：运输量大、工作可靠、操作方便、维护检修简便、易于自动化。对于煤粉、石灰石及消石灰可采用埋刮板运输机，消石灰、煤粉可采用气力运输机。

埋刮板运输机主要用于水分小于10%，温度低于500℃的粒状、小块或粉状物料。由于埋刮板运输机、螺旋运输机中输送的物料全部在壳体或管道内运输，降低了扬尘率，大大改善了劳动条件。

烧结机固定筛和整粒筛下的热返矿，温度一般为400～750℃，其运输方式主要有两种，一种是通过返矿槽由返矿圆盘输料机将热返矿卸到由混合料铺底的胶带运输机上运走，另一种是用板式运输机运走。

烧结机尾部的散料，集尘管的散料的运输，一般采用刮板机输送。

对于电除尘器和布袋除尘器之类设备收集的粉尘灰，一般采用刮板运输机和螺旋运输机输送，其特点是密封性能好，可以减少扬尘。

斗式提升机仅用在受地域限制、高度落差大、需垂直或陡峭运输的情况，如需把烧结矿在几平方米的平面范围内直接提升到20m高的矿槽内储存，就用斗式提升机。斗式提升机的优点是：外形尺寸小，提升高度可达30～50m，生产率范围大（5～160m³/h）。它的缺点是：对超载的敏感性大并且供载必须均匀。

下面介绍烧结生产中主要使用的胶带运输机、斗式提升机和板式给矿机。

11.1.6.1 胶带运输机

胶带运输机是烧结生产工艺中应用最广泛和普及程度最高的一种连续运输机械，它用来在水平方向和坡度不大的倾斜方向运送堆密度为0.5～2.5t/m³的各种块状、粉状等散状物料和小体积的成件物品。胶带运输机具有基建投资少、运输距离远（远可达几千米）、生产率高（可达1000m³/h以上）、结构简单、操作方便、工作可靠、维修简便等。

A　安装操作规则与使用维护要求

a　胶带运输机的安装

胶带运输机安装水平的好坏，直接关系到以后的运行状况和使用寿命，因此必须严格按规范要求进行安装、验收。

驱动装置的安装要求：

（1）驱动装置的减速机根据传动滚筒找正，其联轴器无论是柱销、棒销或十字滑块联轴器的径向位移和两轴中心线倾斜度都要在允许范围内，一般倾斜度不应大于1°30′。

（2）滚柱逆止器安装后，不应影响减速机正常运转。制动轮装配后，外圆跳动量允差应小于零件外圆尺寸允许偏差的15%，制动闸瓦在松闸状态下，不得接触制动轮表面，合闸后，其接触面积不低于90%。

传动滚筒、改向滚筒、增面轮的安装：

（1）各滚筒的横向中心线对运输机纵向中心线重合度允许偏差为21mm。

（2）各滚筒的轴向中心线对运输机纵向中心线垂直度允许偏差为1mm/m。

（3）各滚筒轴的水平度允许偏差为0.5mm/m。

（4）传动滚筒上母线应比托辊上母线高3~8mm。

（5）头、尾滚筒中心线必须平行，平行度最大允许偏差为5mm。

机架的安装：

（1）机架、头架、张紧装置架、卸料车架等装轴承座的两个对应平面，应在同一平面内，其平面度、两边轴承座上对应孔间距偏差和对角线偏差应为3mm/1000mm。

（2）机架、头架、尾架、驱动装置架、卸料车架、张紧装置等应校平直，其直线度不大于1mm/1000mm，对角线之差不大于两对角线平均值的3mm/1000mm，对角线交叉处的间隙不大于两对角线平均值的1mm/1000mm。

（3）主梁中心线垂直度，主梁接头处左右、高低的偏差，同一横截面内主梁水平差，托辊安装孔对角线尺寸，孔间偏差等应不大于2mm/1000mm。

托辊的安装：

（1）托辊应位于同一平面上（水平面或倾斜面）或者在一个公共半径的弧面上，在相邻三组托辊之间其高低差不大于2mm。

（2）托辊横向中心线对机架纵向中心线的重合度要求同滚筒。

（3）托辊横向中心线对机架纵向中心线的垂直度允许偏差在1mm/300mm之内。

张紧装置的安装：

（1）小车式张紧装置车轮应灵活，其对角线允许偏差为±2mm。

（2）螺旋张紧装置应保证滑道灵活，滑座与机架中心平行。

b　胶带运输机的维护

为了维持运输机的正常运行，预防事故发生，使设备在正常使用周期内保持良好状态，就必须做好对运输机的日常维护和点检，其点检标准见表11-15。

表11-15　胶带运输机的点检标准

检查部位	检查	检查标准	检查方法	检查周期
电动机	地脚螺栓与联轴器	紧固，齐全	观察、手摸	8h
	地线	完好	观察	8h
	联轴器安全罩	完好，可靠	观察	8h
	轴承温度	<65℃(不烫手)	手试	4h
	运行	平稳，无杂声	耳听	4h
减速机	各部螺栓	紧固，齐全	观察	8h
	油量	油标中线	看油标	8h
	联轴器	不窜动，连接牢固	观察	8h
	轴承温度	<65℃（不烫手）	手摸	4h
	运转	平稳，无杂声	耳听	4h

检查部位	检 查	检查标准	检查方法	检查周期
胶带机	托轮、支架	不缺，不响，可靠	观察	4h
	运行	不跑偏	观察	4h
	头尾轮各轴承	<65℃（不烫手）转动无杂声	手试、耳听	4h
	胶带接头	不开裂	观察	8h
	头尾轮、增面轮	无破损，无粘料	观察	8h
	清扫器、挡皮	完整	观察	8h
	制动器	灵活，好用	空转试车	4h
张紧小车	钢绳、卡子	钢绳有油卡子紧固	观察	8h
	小车轮	灵活	观察	8h
	小车架接料板	不脱焊，完整齐全	观察	8h

c 胶带机的检修

检修是为了恢复和部分恢复设备的性能，达到和部分达到新安装时的水平。检修前应确定检修内容并编制项目表，其中包括检修项目、图号、技术要求、所需备件、工程材料等，检修人员必须熟悉图纸和该设备结构及性能特点，确定检修工期，落实安全措施。

胶带运输机的检修方法如下：

（1）清净各部上下漏斗料，办理开工手续。

（2）割掉胶带并从机上清除，清除其他障碍物。

（3）拆除传动装置电动机、传动轮、罩等。

（4）拆除头尾装、卸料装置；拆除拉紧装置；拆除尾、中部改向轮。

（5）拆除上下托辊支架，清理或更换托辊。

（6）修理或更换纵梁、横梁、立柱。

（7）减速器等装置常规清洗、换油、换零件。

（8）根据运输机安装要求重新安装运输机。

（9）运输机安装拆除顺序按互逆程序进行。

检修质量及试车如下：

（1）单机无负荷试车 2h、负荷试车 24h。

（2）运行平稳，无异常声响。

（3）托辊灵活、无异常声响。

（4）各部位连接螺栓紧固、齐全。

（5）各部位润滑良好。

（6）驱动部分运转平稳，无异常声响，轴承温度不超过 65℃。

B 常见故障及处理方法

胶带运输机常见故障多是胶带跑偏、打滑、压料、撕裂、接头断等故障。

a 胶带跑偏

引起胶带跑偏的原因很多，但不管何种原因，只要跑偏发生不太严重，都可以用调整托辊的方法调整。一种方法是：在运输机适当的位置（便于操作），将托辊支架的固定螺栓卸掉三个（余下的一个螺栓卸松，一般支架为4个螺栓），当胶带向站立的一端跑偏时，就将这组支架沿胶带运行的方向前移适当角度；若胶带向站立的另一端跑偏时，就将这组支架向后移动适当角度。若胶带仍跑偏，可移动若干组托辊。另一种方法是：将托辊组一端垫高，也可以垫高数组托辊，同样可以消除跑偏。胶带在回程跑偏时，可以调整下托辊来纠偏。跑偏严重时，可以调整尾部拉紧装置进行纠偏，一般原则是：通过调丝杆、加配重、加手动葫芦等方式，将跑偏一边的装置拉紧即可，这是由于胶带永远是向松的一边跑偏。

胶带跑偏原因及处理方法见表11-16。

表11-16　胶带运输机胶带跑偏原因及处理方法

类　别	跑　偏　原　因	处　理　方　法
空载跑偏	(1) 机架安装不正，支架扭曲 (2) 胶带接头不正 (3) 胶带松弛，两侧拉力不一致 (4) 传动轮、改向轮和托辊粘料 (5) 胶带成槽性差（对新胶带） (6) 掉托辊，支架不正 (7) 托辊不活或不转 (8) 环境引起（如两边冷热不均） (9) 卸料小车不正	(1) 检修校正 (2) 重新胶接头 (3) 调整拉紧装置 (4) 停机清除 (5) 压料使用一段时间 (6) 更换补齐托辊，调整支架 (7) 更换托辊 (8) 改善环境 (9) 校正
重载跑偏	(1) 空载时造成的原因 (2) 尾部下料漏斗下料不正 (3) 尾部漏斗不正 (4) 尾部漏斗挡皮不当	(1) 在空载时，相应处理 (2) 调整下料 (3) 校正漏斗或调整下料位置 (4) 调整更换

b　胶带打滑、撕裂

胶带打滑和撕裂也是胶带运输机的常见故障，其原因及处理方法见表11-17。

表11-17　胶带打滑、撕裂原因及处理方法

故障现象	故　障　原　因	处　理　方　法
胶带打滑	(1) 物料过载 (2) 驱动轮胶皮坏 (3) 驱动轮有油、水、潮泥 (4) 胶带过松	(1) 停机将胶带上料卸除一部分 (2) 更换胶皮或塞沥青、草袋、松香等 (3) 停机清除 (4) 调整拉紧装置
胶带打滑	(1) 物料过载 (2) 驱动轮胶皮坏 (3) 驱动轮有油、水、潮泥 (4) 胶带过松	(1) 停机将胶带上料卸除一部分 (2) 更换胶皮或塞沥青、草袋、松香等 (3) 停机清除 (4) 调整拉紧装置
胶带撕刮或划穿	(1) 尾部漏斗掉尖锐硬物 (2) 上托辊掉边托辊 (3) 尾部漏斗下沉 (4) 相关罩子等设施脱落 (5) 驱动轮、改向轮破损 (6) 胶带跑偏擦支柱 (7) 清扫器压力大或损坏 (8) 回程段尾部带进硬杂物	(1) 修补或更换胶带 (2) 修补或更换胶带 (3) 处理漏斗 (4) 处理相关设施 (5) 更换轮子 (6) 调整胶带 (7) 更换清扫器 (8) 停机清除杂物

c 胶带压料、接头断裂

胶带压料一般是由于打滑或负荷过载引起。如遇此情况，先要停机清除胶带上的料，然后根据打滑的原因逐一处理。对于过载，就要查明给料机械的原因并加以调整，减小料流。

胶带的接头断裂一般是由于接头质量不好或接头方法不对，所使用的胶结材料质量有问题导致接头强度不够，以及接头在使用中刮坏而又未及时发现。

为了避免接头的损坏，除了保证接头胶结质量外，还应加强日常的维护检查，减少带负荷启动次数，减少压料、打滑事故。

若遇胶带受损或断裂，可采取适当方法加以连接与修补。胶带的连接有机械连接与胶连接两种方法。机械连接又分胶带扣连接和铆连接。现在胶连接基本取代了机械连接，机械连接仅在处理事故，为了迅速恢复生产时才采用。胶连接又分为热胶接和冷胶接法，其接头强度均可达到胶带强度的 85%~90%；冷胶法工艺简单、操作时间短，故而烧结胶带胶接基本采用冷胶接。

11.1.6.2 斗式提升机

斗式提升机是用于垂直或大倾角输送粉状、颗粒状及小块状物料的连续输送设备，在烧结生产中常用斗式提升机输送颗粒灰等。斗式提升机的优点是结构简单紧凑，横断面外形尺寸小，可显著节省占地面积，提升高度较大，有良好的密封性，可避免污染环境。其缺点是对过载敏感，料斗和牵引构件易磨损，输送物料种类受限制。斗提机提升物料的高度可达 80m（如 DTG 型），一般常用范围小于 40m，输送能力在 $1600m^3/h$ 以下。一般情况下，采用垂直式斗提机，当垂直式斗提机不能满足特殊工艺要求时，才采用倾斜式斗提机。由于倾斜式斗提机的牵引构件在垂直度过大时需增设支承牵引构件的装置，而使结构复杂，因此很少采用倾斜式斗提机。

A 操作规则与使用维护要求

（1）提升机须在无负荷状况下启动。空机启动后，再向提升机喂料。停车前先停止喂料，将物料卸完后方可停车。

（2）喂料要均匀，不能超出提升机的额定输送量，以免提升机下部发生堵料现象。如发生堵料必须立即停机清除。

（3）提升机在首次使用或修理后运行 100h 时，要重新检查整机，拧紧所有螺栓接点。

（4）提升机在工作过程中应保持各润滑点正常润滑。

（5）减速机维护按减速机使用要求进行。

（6）如装备有慢动装置，慢动装置必须在空载状态下运行。

（7）要定期检查各部件的运行情况，检查各连接处螺栓是否紧固，牵引件与料斗是否磨损损坏。如有损坏应及时拆换。

（8）各工厂应根据本厂使用情况和工作环境，定期进行大小检修。操作人员发现设备运行存在问题时，应做好记录，待检修时消除。

（9）提升机在运转时，不允许对运动部件进行清扫与修理。

（10）设备在操作使用中，应有固定的操作人员，同时必须制定严格的交接班制度。物料特性、工作条件、输送量等应符合设计要求，定期维护润滑和检修提升机。

B 常见故障及处理方法

（1）产量不高，达不到原设计的生产率：

1）物料未能最大限度地装满料斗。影响物料装满程度的因素为极限物料面的高低、头轮转速、物料的堆积角和料斗的形状。极限物料面越高，装满程度越大；头轮转速越慢，料斗装满程度越大；物料的堆积角越大，即散满性越差，料斗的装满程度也就越高；一般说料斗的口越大，肚越小，则越容易装满，故料斗应为口大肚小的三角形；浅斗比深斗容易装满。总之，为使料斗装满，底轮的转速应慢些，物料口要高些，料斗的形状应更合理些。

2）提升段撒料。观察办法是打开提升机的机头上盖，观察曲线段料斗的装满程度，并与底部位料斗的装满程度进行比较。若上部料少于底部，则说明提升段有撒料现象。产生撒料的原因有三种：第一是胶带的初张力不够，料斗因自身重量而扭转，形成撒料；第二是胶带运行跑偏，此时料斗与机筒碰撞，也会形成撒料；第三是自身有振动现象（如旋转轮的惯性振动、胶带接头不平整等）及机器周围有产生强烈振动的机械（如振动筛、鼓风机、内燃机等）。振动将使散粒体物料的堆积高度降低。使装满的料斗形成撒料。为此，解决料斗撒料的方法是调整提升机胶带的初张力，纠正胶带跑偏，使提升机上各转动达到平衡；改进胶带接头，尽量做到平滑、柔软。增加隔振措施；减少其他机械的振动干扰。

3）回流，即料斗抛出的物料不能全部进入卸料管而是部分返回机座的现象。回流是大多数提升机产量不高的原因。检查回流的方法是将耳朵贴在提升机机筒上，听筒内有无像落雨的声音，根据声音的大小、稠密状态判断回流的程度。这种方法对铁壳提升机尤为有效。产生回流的原因分析：打开提升机的机头上盖，仔细观察提升机在工作中物料撒出的运动轨迹。若物料抛出得又高又远，已经越过料管的进口，则说明机头外壳的几何尺寸过小。解决的办法是适当把机头外壳尺寸放大。若发现部分物料抛得很高，落下来又达不到卸料管口时，说明料斗抛扔的时间过早，解决办法是降低胶带的运动速度。降低带速最简单的方法是将电动机上的带轮改小一些，使头轮的转速 n 能满足 $n \leqslant 2684/D$（式中，D 为头轮直径）；若发现部分物料抛出后落得很近，不能进入卸料管，甚至倒入无载分支机筒内，这说明料斗卸料结束的太迟，解决办法是修改料斗形状，加大料斗底角或减小料斗深度。若发现部分物料抛出后碰到前方料斗的底部撞到机筒形成回流时，说明料斗间距过小，可适当增加料斗间距。若发现料斗在头轮的后半圆时尾部翘起，改变了物料抛出后的运动轨道，形成回流，这说明料斗全高尺寸太大，可适当减小料斗高度。

以上是从提升机的装料、提升及卸料三部分分析提升机产量不高的原因及解决办法。若通过以上办法产量仍然过小，就可以将料斗跨度和料斗宽度都适当放大。但要在机筒尺寸允许的范围内，使用这种方法一定注意电动机的负荷。电动机的工作电流绝不能超过其允许值，否则会将电动机烧毁。

（2）机座堵料。若机座中物料过多、挖料阻力过大，则会导致胶带打滑或停止运动。发生这种现象有五个原因：一是进料不均，忽多忽少。当进料多时，进料量大于提升量，以致机座中物料剩余并积累，使底座内物料逐渐升高、料斗的运行阻力逐渐加大，达到一定程度，胶带出现打滑，还会造成停机或电动机烧毁。解决的办法是严格控制进料量，操作时要空载开车，逐渐打开进料闸门。由机座的正面视孔（玻璃窗孔）观察物料上升状况。物料面达到底轮的水平轴线时（即物料斗脱离角为40°时）进料闸门不能再增大。二是回流量太大,使提升机的物料不能全部流入卸料管而返回机座,这样机座中物料增多造成堵塞。解决的办法是按前述方法减小回流。三是因停电或其他故障突然停机时,提升分支与回行分支质量不等,使提升机产生倒转,料斗内的物料倒入机座,再开机时易发生机座堵塞。解决这一问题的办法是在提升机主轴的一侧安装止逆器,防止提升机倒转。四是胶带打滑,减少了提升机的提升量,使机座内物料增多形成堵塞。解决的办法是增大张紧力,防止胶带打滑。五是大块异物进入机座造成堵塞。解决的办法是在提升机进料口处安装护栅网和导向板,以防止事故发生。

11.1.6.3 板式给矿机

板式给矿机是一种高强度连续运输机械,主要作用是由料仓、漏斗或溜槽向配料、破碎、胶带输送等设备连续均匀地运送各种散状物料,特别适用于运载各种尖锐的、腐蚀性的和灼热高温的物料。板式给矿机是原矿处理和连续作业过程中重要的辅助机械设备,它主要由传动装置、驱动链轮装置、运载机构、支承轮、防护导料装置、张紧装置等组成。

A 操作规则与使用维护要求

板式给矿机作为重要生产设备,其故障率相对来说是比较低的,但在设备生产运行中还应注意以下几点:

(1)设备的定检与维护。维护人员专业点检必须按照点检标准进行填写、记录,应随时注意设备运行时链带是否打滑跑偏,若跑偏严重应停机处理。

(2)设备的润滑。虽然板式给矿机的传动部位和各部位轴承均有良好的润滑保障,但还是必须坚持定期检查设备运行状况,特别是自动给油系统要保障转动部位的充分润滑。

(3)生产操作人员的日常维护。必须坚持设备清扫,将积料、积灰、杂物清理干净,严格执行交接班制度,发生事故及时停机,及时上报。

B 常见故障分析及处理

(1)链带打滑。链带由于长期运转造成链条与链板磨损严重,以致出现链带打滑现象。简单的处理办法是调整链板的张紧程度,即调整张紧装置使链板张紧适度,或者对链轮的齿进行堆焊修复,也可以在一定程度上消除打滑现象。

(2)传动装置空转。传动装置空转原因主要是链节断或是联轴器损坏,一般进行更换后即可恢复。

(3)链带跑偏。链带发生跑偏的原因比较复杂,头尾轮中心线不对,托辊磨损不一致,两侧托辊不水平,链带磨损等都可能发生链带跑偏。根据不同情况采取调整张紧、更换托辊等措施,可以改善跑偏的情况。

11.2 烧结生产设备与操作

11.2.1 圆盘给料机

在烧结生产过程中,原料的配料对提高烧结矿的产量、质量和降低燃料消耗等具有十分重要的意义。各烧结机均配有专门的配料室,用以完成配料功能。配料室内一般配有1~2条配料主皮带,主皮带上方配有若干圆盘给料机(图11-4),用于原料,如铁料、返矿、生石灰、熔剂、煤粉等配料。对于大型烧结机而言,为了满足烧结正常生产,一般依照上述所给原料顺序,按照5:3:2:4:2的比例进行原料装槽。所以,一般大型烧结机至少要配备16个以上的圆盘给料机。20世纪烧结机主要采用立卧分体式的配料圆盘，进入2000年后新改扩的烧结配料工程主要采用立卧一体式（PDX系列）圆盘给料机。

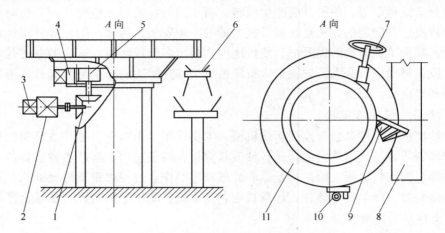

图11-4 系列圆盘给料机结构示意图

1—锥形齿轮；2—行星针摆减速机；3—变频电动机；4—大内齿圈；5—小齿轮；6—电子秤小皮带；
7—扇形调节装置；8—配料主皮带；9—刮料板；10—给排油管；11—盘面

11.2.1.1 操作规则与使用维护要求

A 操作规则

（1）连锁操作。连锁操作是由中控室集中操作。接到中控室通知后，岗位将所有要工作的螺旋、圆盘、胶带秤的选择开关置"联动"位。检查设备润滑良好，圆盘、螺旋料门正常打开，电子秤传感器无卡杂物，运转部位无人和杂物。确认完毕后通知中控室可以启动设备。非事故状态严禁岗位带负荷停机。岗位要经常观察原料下料量、水分、粒度等情况，发现情况应立即通知中控室换盘。发现"负荷率异常"报警应及时检查并做相应处理。随时了解各种原料储存情况，保证正常配料。依据巡检卡内容，按规定时间、规定路线进行巡回检查。

（2）机旁操作仅限于事故处理或设备检修及检修后的试车。机旁操作应先通知中控室说明情况，中控室需将计器盘选择开关置"LOCAL"位，位置开关置"单独"位，给出一定输出。岗位将现场开关置"机旁"方可启动。正常生产时，严禁将料用机旁操作转入主皮带。机旁操作结束后，通知中控室将计器盘恢复正常，并将现场选择开关置"联动"位。

B 使用维护要求

运转中异常状态紧急处理：

（1）配料电子秤小皮带或配料主皮带出现打滑、拉断或卡死等异常现象时，应立即停机处理，并上报中控室。

（2）圆盘排料口堵杂物或大块时，应及时停机处理。

（3）小套磨损拉料严重时，可用大锤向下敲打小套，使之与盘面间隙为5mm左右即可。

（4）圆盘压料，应立即切断电源，用手倒转电动机联轴器；若倒转不动，尽量扒料，直到手能拨动电动机为止。

运转中注意事项：

（1）严禁钻、跨、站、坐皮带机，严禁用皮带机运送机械零件、工具、材料或其他物品。

（2）正常运转时，严禁带负荷停机。

（3）当运转圆盘因故停机时，必须立即报告中控室启动同料种的另一圆盘给料，然后处理。

（4）用手倒转圆盘时，防止联轴器快速回转伤人。

（5）检查设备、加油、清扫时，应注意避免手脚、劳保服被皮带机卷入，防止滑倒。

（6）捅矿槽和头部漏斗时，应站好位置，防止铁棍和散料伤人，杜绝一边人工捅料，一边机械振动松料。

（7）清扫圆盘时，人和工具不要靠近运转部位。

点检维护：圆盘给料机的点检标准见表 11－18。维护人员点检与专业点检必须按"点检标准"进行，并认真填写点检记录卡。点检中发现的问题应立即处理。处理不了而又危及设备正常运行的缺陷，应立即向专业人员反映。利用停机机会，检查盘面衬板磨损和刮料板的固接情况。各润滑点每班加油一次并严格执行给油标准。油脂牌号选择正确，油质与油具必须保持清洁。各检测装置要保持正常，如有偏差要及时调整。

表 11－18　圆盘给料机点检标准

检查部位	检查内容	检查标准	检查方法	检查周期
电动机	运行	平稳，无杂声	耳听	随时
	温度	<65℃（不烫手）	手试	2h
	各部螺栓	齐全，紧固	目视	8h
减速机	运行	平稳，无杂声	耳听	随时
	温度	<65℃	手试	8h
	油位	油标中线	看油标	8h
	各部螺栓	齐全，紧固	目视	8h
	联轴器	不窜动，牢固	目视	8h
圆盘	刮刀、小套、闸门运转	齐全，磨损不严重，平稳，无异常响声	观察耳听	随时

11.2.1.2　常见故障及处理方法（见表 11－19）

表 11－19　圆盘给料机常见故障原因及处理方法

缺陷与故障现象	故障分析	处理方法
轴窜动间隙过大	（1）轴承压盖压的不紧 （2）滚动体及套磨损间隙大 （3）外套转磨压盖	（1）调整压盖的垫 （2）换轴承 （3）外套加垫调整
轴及端盖漏油	（1）端盖接触不平 （2）螺丝拧得不紧 （3）出头轴密封不好，或油量过多，回油槽堵	（1）调整、改善接触 （2）拧紧螺丝 （3）更换密封环，油量过多时放油，清理回油槽

缺陷与故障现象	故 障 分 析	处 理 方 法
减速机内有异常噪声	(1) 轴承隔离环损坏 (2) 轴承滚珠有斑痕 (3) 机内缺油, 润滑不好	(1) 更换轴承 (2) 更换轴承 (3) 适量加油
机壳发热	(1) 油变质 (2) 透气孔堵 (3) 盘面下沉, 擦机壳	(1) 换油 (2) 通透气孔 (3) 检查推力滚珠
回转支承高强度螺栓剪断	(1) 矿槽内料过满过重 (2) 螺栓松动导致剪断 (3) 回转支承润滑不好	(1) 保持矿槽内料位正常 (2) 定期检查, 螺丝紧固 (3) 定期加油检查
盘面跳动	(1) 盘面衬板翘起 (2) 有杂物卡进盘面与套之间 (3) 立轴压力轴承坏 (4) 伞齿磨损严重	(1) 处理衬板 (2) 清除杂物 (3) 换轴承 (4) 换伞齿轮

11. 2. 2　圆筒混合机

圆筒混合机是目前烧结生产工艺流程中的重要设备之一, 其结构示意图见图 11 - 5。它的主要作用就是将配好的各种烧结原料 (通常称混合料) 进行润湿、混匀和制粒, 强化烧结料组分均匀, 保证烧结过程中的物理、化学性质一致。同时, 通过混匀制粒还可以提高混合料在烧结过程中的透气性, 以获得高产、优质、低耗的成品烧结矿。圆筒混合机具有结构简单、生产率高、操作方便、满足工艺要求、易于维护等优点。

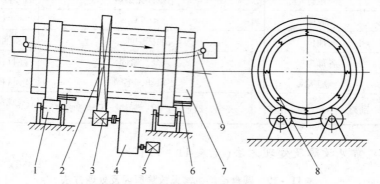

图 11 - 5　圆筒混合机结构示意图

1—托辊; 2—大开式齿轮; 3—小开式齿轮; 4—减速机;
5—电动机; 6—挡轮; 7—筒体; 8—耐磨衬板; 9—洒水装置

我国混合设备的发展是和烧结工业的发展同步发展的, 经历了从简单到逐步完善, 从小型到大型的发展历程。早期的土法烧结、球团烧结等多采用简易设备, 混合机以搅拌机、轮式混合机为主, 之后逐步发展统一为单一的圆筒混合机。到了 20 世纪 70 年代末,我国已自行设计制造了多台不同规格的圆筒混合机,最大直径达 3m,长度达 12m,并形成了系列产品,基本满足了烧结机发展的需要,但也存在滚筒托轮磨损掉屑、传动啮合质量不好、冲击振动及噪声大等问题。进入 80 年代,尤其是宝钢450m²烧结机建成投产后,有力地促进了我国烧结工业的发展,圆筒混合机设计制造水平有了很大提高,自行解决了264m²、300m²烧结机配套的大型圆筒混合机设计制造技术。仅为450m²大型烧结机配套而言,我国的圆筒混合机制造水平已有了很大的进步,已经掌握了直径超过5m的圆筒混合机制造技术。

11.2.2.1 操作规则与使用维护要求

A 操作前的检查

操作人员必须持有该机操作牌,方可启动该机。开机前,必须按点检标准逐项进行认真检查,并确认无误。注意与相关岗位联系。确认转动部位周围无人与障碍物。启动自动喷油润滑装置、集中给油装置,检查冷却水及压缩空气供给,并确认正常。启动后,若有异常响声,应立即停机检查。

B 生产操作

连锁操作由中控室集中操作。接中控室通知后,岗位将选择开关置"联动"位,紧急开关置"正常"位。检查设备润滑良好,稀油泵、喷油泵工作正常,运转部位无人和杂物。确认完毕后,通知中控室可以启动设备。非事故状态严禁岗位带负荷停机。发现混合料水分或料温异常,应及时通知中控室调整。自动加水装置出现故障、使用旁通水管人工加水时,应严格执行技术操作标准,上料、缓料时应及时开关水。自动加水恢复后,旁通水管阀一定要关紧。机旁操作仅限于事故处理或设备检修后试车。机旁操作应先通知中控室将系统状态置"单机"位,并说明情况。现场选择开关置"单机"位,并到中控室登记、领取操作牌方可启动。混合机内有料时,应确认下游设备运行正常。使用微动电动机应确认牙嵌式联轴器联结牢固,方可启动。使用完毕后,必须使联轴器完全脱开。机旁操作结束后,应通知中控室恢复系统"联动",将现场开关置"联动"位,将操作牌归还中控室。

C 运转中异常状态的紧急处理

混合机压料转不起来,应立即停机并报告主控室。混合机振动大时,应停机检查滑道与托辊表面以及挡轮、开式齿轮等情况,发现异常应及时报告主控室。混合机润滑装置发生故障或断水时,应停机检查处理。

D 运转中注意事项与严禁事项

(1)根据来料的粒度和湿度,稳定混合料的水分。

(2)运转中随时观察稀油给油泵运转情况,油压与油量符合规定值,油路畅通,喷油正常。

(3)混合机需连续启动时,必须待混合机停稳后,方可再次启动。

(4)正常生产时,严禁混合机筒体反转。

(5)在设备运转部位附近,严禁有人和杂物。

(6)严禁往混合机托辊与滑道上打水。

(7)电动机接地线必须可靠,严禁无接地启动。

（8）严禁使用非安全灯作临时照明。进行筒体内作业时，必须报告主控室并停电，且应有专人看护。

E 点检维护规定（见表 11-20）

表 11-20 混合机点检标准

检查部位	检查内容	检查标准	检查方法	检查周期
电动机	地脚与联轴器螺栓	齐全，紧固	五感	8h
	安全罩	完好，稳固	目视	8h
	温度	<65℃	手试	2h
	运行	平稳，无杂声	五感	4h
减速机	各部螺栓	齐全，紧固	五感	8h
	油位	油标中线	目视	8h
	温度	<65℃	手试	2h
	运行	平稳，无杂声	五感	4h
混合机	运行	平稳	五感	2h
	滑道	固定牢固无缺陷	目视	
	托辊、挡轮	接触良好	目视	4h
	开式齿轮	啮合良好	目视	4h
	喷水装置	喷嘴不堵	目视	8h
润滑系统	电动油泵	运行良好	目视、五感	2h
	油质	符合标准	目视	8h
	自动油泵	换向灵活	目视	2h
	给油器	指针灵活	目视	2h
	油路	通畅，无渗漏	目视	2h
其他	水、蒸汽泵	完好，无泄漏	目视	2h
	各阀门	灵活	手试	24h
	漏斗、衬板	不漏料，不掉	目视	8h

11.2.2.2 常见故障及处理方法

A 混合机一般故障及处理

圆盘给料机常见故障原因及处理方法见表 11-21。

表 11-21 圆盘给料机常见故障原因及处理方法

故障现象	故障分析	处理方法
筒体振动大	（1）四组托辊位置不正 （2）滑道变形或裂开 （3）托辊或挡轮破损 （4）托辊与滑道润滑不良 （5）齿轮磨损或折断 （6）传动装置松动 （7）筒体里物料失衡	（1）调整托辊 （2）修理 （3）检查更换 （4）检查 （5）检查更换 （6）检查调整紧固 （7）清料

故障现象	故 障 分 析	处 理 方 法
减速机响声大、振动大	(1) 电动机或减速机对中不好 (2) 地脚螺栓松动 (3) 润滑油不适当 (4) 筒体粘料失衡 (5) 减速机齿轮或轴承有问题	(1) 重新找正 (2) 重新紧固 (3) 调整油量 (4) 清理粘料 (5) 开盖定检
减速机温度高	(1) 润滑油变质 (2) 断油或油过多、过少 (3) 冷却水故障 (4) 过负载 (5) 环境温度高	(1) 更换润滑油 (2) 调整油量 (3) 排除故障 (4) 减少混合机给料量 (5) 改善环境温度

B 混合机筒体的振动

在通常情况下，筒体的振动只会发生在齿轮传动或者刚性支撑的圆筒混合机上，而在摩擦传动柔性支撑的混合机中，由于没有钢与钢的接合面，从而没有振源，一般不会产生振动。下面分三种情况进行分析：

(1) 齿轮传动—柔性支撑方式。这种方式的振源主要在大小齿轮的传动界面上。由于制造工艺的要求，开式小齿轮的齿宽小于筒体大齿圈的齿宽，混合机运行一段时间以后，便会在大齿圈轮齿的啮合界面上形成中间凹槽，两端是凸台的台阶形状。一旦由于某种原因引起筒体的窜动，大小齿轮啮合面发生变动，小齿轮与大齿圈轮齿台阶处接触而运行，就会产生振动。这种振动的消除方法就是用砂轮或气割将大齿圈上的台阶磨平或割除。

(2) 摩擦传动—刚性支撑方式。这种方式的振源主要在支撑钢托辊与筒体滚道的接合面上。筒体滚道与钢托辊表面都是经过调质、渗碳等热处理的。由于热处理不均或处理不当，运行一段时间后，表面总会形成硬度不同的区域，在摩擦力的作用下，较软区域点蚀剥落，较硬区域则产生硬点突起，每当运转至这些突起处筒体便会产生振动。要消除这种振动，首先要仔细观察振动情况，找出硬点区域，用砂轮适当打磨即可。

(3) 齿轮传动—刚性支撑方式。这种方式的振源主要产生于前两种方式的相关部位，对于此类混合体筒体产生振动，只要先确定具体的振动原因，再用前面提到的相关办法进行适当处理，就可以消除。

C 混合机筒体的窜动

混合体筒体窜动的一个主要原因就是托辊安装位置不正。从理论上讲，圆筒混合机安装完后，托辊的轴线与筒体的中心线是平行的，如果这两条线发生交错就会引起筒体的上下窜动。上窜是指混合机筒体在运转中向进料方面移动，反之就是下窜。

这里以下窜为例，具体说明混合机筒体下窜的调整办法。处理混合机筒体下窜，要依据筒体的旋转方向，先选定一组托辊的安装位置，做微小调整，使其恢复到正常运行的状态。若试车后效果不明显，则适当加大该托辊的调整量或者选另外一组托辊进行适当调整，直到运行正常为止。调整量的大小要通过现场试验确定。

11.2.3 辊式布料器

烧结机的布料设备是将烧结混合料均匀铺在烧结机台车上，通过点火供给烧结料表层足够的热量，使混合在其中的固体燃料着火燃烧，同时使表层烧结料在点火器内的高温烟气作用下干燥，预热脱碳和烧结，从而实现矿物的整个烧结过程。

混合料由混合机混匀后，经由布料设备均匀布在烧结机台车上。准备烧结布料时，要求混合料的粒度、化学成分及水分等基本参数，沿着台车宽度方向均匀分布并使料面平整，保证混合料具有均匀的透气性。除此之外，应保证物料具有一定的松散度，防止混合料在布料时产生堆积和受压，保证料层具有良好的透气性，以达到较高的生产率。最理想的布料方式除满足以上要求外，应使混合料及燃料沿料层高度产生垂直偏析，即：（1）混合料粒度由上而下逐渐变粗；（2）碳含量由上而下逐渐减少。由此改善料层的气体动力学特性和热制度，降低生产成本，提高烧结矿质量，这些特质，均需布料设备来满足。目前大烧结厂主要采用两种布料设备（见图 11 - 6）：圆辊给料机—反射板式布料方式和圆辊给料机 + 辊式布料方式。反射板式布料适用于普通小型烧结，在大型烧结机上逐步淘汰；辊式布料不仅适用于小球烧结，而且可以产生偏析布料，获得良好经济效益，代表着大型布料设备未来发展方向。

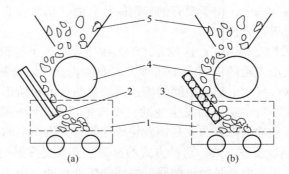

图 11 - 6 烧结机的两种布料方式

（a）圆辊给料机—反射板式布料方式；（b）圆辊给料机—辊式布料方式

1—台车；2—反射板布料器；3—辊式布料器；4—圆辊布料器；5—受料矿槽

11.2.3.1 操作规则与使用维护要求

A 操作规则

操作前检查：

（1）操作人员必须持有操作牌。

（2）开机前必须检查各运动部位，确认无人或障碍物及各部位完好。

（3）确认操作盘已通知并已启动烧结机运转。

（4）确认上部矿槽装 1/3 的混合料后启动布料设备，方可下料生产。

操作程序：

（1）启动前准备：接到操作盘的生产通知后，确认设备及润滑情况良好，周围无人和障碍物后，合上事故开关，报告操作盘。

（2）连锁操作：操作盘连锁启动烧结机，正常给料生产。

（3）启动过程中发现有异常现象，应立即切断事故开关，并采取相应措施处理后，方可重新启动。

（4）当接到操作盘停机的通知后，应立即关好料闸，方可停机。

（5）事故停机时，岗位人员应先关闭料闸，然后切断事故开关检查处理后，方可再次启动。

运转中异常状态的紧急处理：

（1）启动后发现异常情况，应立即停机，处理好后方可再次启动。

（2）事故停机后，应首先处理故障，然后才能重新运转。

（3）如发现大块物料堵塞料闸，应立即疏通，然后再生产。

（4）生产中注意观察下料量，如过大或过小应适当调整料闸的下料量。

（5）烧结机压料时，应关闭下料闸甚至停机处理。

（6）辊式布料器的辊子之间不得有粘料，应利用停机的机会清除干净，防止辊子挤压弯曲变形。

运转中注意事项：

（1）不准非连锁生产。

（2）物料堵塞料闸时，要及时疏通，再放料。

（3）生产中要经常调整下料闸门，使物料沿烧结机宽度均匀分布，提高烧结机生产效率。

B 使用维护

a 维护规则

开停机时，应检查设备周围是否有杂物卡阻。检修完毕试车，应注意观察辊子运转是否平稳。每月必须检查润滑油的质量，如质量下降则应更换。按照甲级设备维护标准搞好设备三清。

b 点检规则

维护点检和专业点检，必须按点检标准（表11－22）进行点检，并认真填写点检记录。点检发现问题，在点检人员可以处理的情况下，应立即处理。每月检查一次辊式布料器的齿轮箱轴承磨损情况。给料设备维护、保养标准见表11－23。

表 11－22 给料设备点检标准

设备名称	点检部位	点数	点检内容及标准	周期
圆辊布料器	圆辊轴承	2	（1）连接螺栓紧固，无松动 （2）轴承温度正常，无异常 （3）检查振幅大小 （4）润滑状况良好，油质无变质	8h
九辊、圆辊布料器	电动机	4	（1）检查地脚以及机械连接部分有无松动现象 （2）检查电动机有无过热和振动现象。电动机运行正常，无异常杂声 （3）检查接手有无松动，电动机有无接地线 （4）检查电动机在带负荷运行中的瞬时（启动）及运行中的电流值、电压值	8h
	减速机	4	（1）润滑油不能变质，油量在油标的刻度范围内，润滑油管畅通，接头处密封良好 （2）运行平稳，无异常声响 （3）各输入、输出轴无窜动现象 （4）定位销完好	8h

设备名称	点检部位	点数	点检内容及标准	周期
九辊布料器	齿轮箱	4	(1) 检查油质油量，保证良好的润滑。检查润滑管路有无漏油现象 (2) 检查外壳结构是否完整，地脚及各部连接是否牢固 (3) 检查运行是否平稳，有无振动、过热或杂声	8h
润滑系统	油泵	2	(1) 油箱油位在规定范围之间，无外溢漏油 (2) 工作压力正常 (3) 过滤器无异常噪声和剧烈振动，无漏油，前后压差在规定值内 (4) 管道开启灵活可靠，外观无漏油、锈蚀	24h
润滑管网	油路	4	(1) 密封良好，无泄漏 (2) 操作灵活 (3) 备件无松动缺损 (4) 各类仪表完整无损、准确	24h

表 11-23　给料设备维护、保养标准

部位	内　容	标　准	周期
联轴器	螺栓检查紧固	无松动缺损，无积灰，无积料	一周
	尼龙棒检查	运行正常，无磨损破损	
减速机	端盖螺栓检查紧固	无松动缺损、渗油，无积灰	一周
	吊挂螺栓检查紧固	无松动缺损、无积灰，无积料	
	轴头密封	无渗油、漏油，无积灰，无积料	
	各部轴承检查	运转正常，油温低于65℃	
	上下箱体螺栓检查紧固	无松动，无缺损，无积灰，无积料	
	销轴备帽检查紧固	无松动	
齿轮箱	上盖螺栓检查紧固密封	无松动缺损，无渗油，无积灰	一月
	下盖螺栓检查紧固密封	无松动缺损，无渗油	
	齿轮检查	无磨损、断齿现象	
	轴头密封	无渗油、漏油	
	销轴备帽检查紧固	无松动，无积灰，无积料	
轴承箱	上盖螺栓紧固密封	无松动缺损，无渗油	一月
	下盖螺栓紧固密封	无松动缺损，无渗油	
轴承箱	各部轴承检查	运转正常，油温低于65℃	一月
	轴头密封	无渗油、漏油	
电动机	机座螺栓紧固	无松动，运转平稳，无积灰，无积料	一周
	联轴器螺栓紧固	销钉齐全，运转无异常	
	轴承端盖检查紧固	无松动，无磨损发热，无积灰，无积料	
	两端轴承检查	无异常，温度低于65℃	
	机体振动调整紧固	运转无异常振动，无积灰，无积料	
	密封端盖紧固	无松动，无变形，无积灰，无积料	
	联轴器检查	无变形，运转平稳	
	垫板调整紧固	无松动，无间隙	

续表 11 - 23

部 位	内 容	标 准	周期
润滑油泵	换向阀检查	无渗油、漏油，无积灰，无积料	一周
	给油分配器检查	指针灵活，无积灰，无积料	
	泵体基座螺栓紧固	无松动，运转正常	
润滑管路	油管接头检查紧固	无松动，无渗漏	一周
	油管检查密封	无破损漏油，无积灰，无积料	
	油管出油孔检查	无堵塞，给油畅通	
油泵电动机	十字片检查	无磨损	一周
	电动机机座紧固	无振动，运转正常，无积灰，无积料	
	电动机轴承检查	不发热，运行正常	
传动联轴器	检查噪声、振动	确定防护罩联结紧固	一月
轴承	检查泄漏、异常噪声、振动、油位	运行正常，润滑状况良好	一月
齿轮	磨损状况，运行状况	运行正常，间隙符合标准	一月
大活泥门	间隙检查，结构检查	结构无破损，间隙符合标准	一月
小活泥门	间隙检查，结构检查	结构无破损，间隙符合标准	一月
布料器的料门与滚筒	检测与滚筒间的距离	外形结构完整，间距正常	一周
齿轮箱	运行状况，有无杂声	运行平稳，无异常声音	半年
减速机	紧固件有无松动，油质是否正常，运行状况，以及润滑油油位	连接件紧固，无破损，运行平稳，油位中标线	一月

　　c　延长辊式布料设备寿命的措施

　　（1）密封是延长辊式布料设备寿命的关键。在润滑状况良好的情况下，密封质量对多辊布料器的寿命起决定作用。2000 年期间，某烧结厂七辊布料器寿命周期平均只有 25 天左右，远远小于主机设备运行周期，给该厂优化烧结机检修模型带来巨大困难。经过调研得出结论：一是单传动，齿轮载荷过大；二是密封装置受损过快，大量的细小颗粒进入齿轮箱内，加剧磨损。针对上述两个原因采取相关措施，平均寿命延长到 100 天左右，可见密封装置非常关键，它可有效避免物料进入油腔，防止齿轮产生磨料磨损。因此，发现密封装置出现故障应及时采取措施。

　　（2）辊间间距优化为 3mm 左右。由于煤粉磨制的技术进步，烧结燃料煤粉的粒度小于 3mm 的达 80% 以上，为了保证多辊布料器既对混合料具有筛分作用，又对煤粉具有筛分作用，辊间间距应设计为 3mm 左右，这样，对混合料中粗粒级且独自存在的煤粉在布料辊上部就可以筛分下去铺在混合料的表面，而细粒煤粉则随着混合料球团铺在下部，煤粉自上而下，粒度逐渐变小，达到降能节耗的目标。

　　（3）辊面倾角优化为 35° ± 3°。从延长设备运行寿命的目的出发，辊面倾角越大越好，倾角大，布料辊发生故障不能运行时，混合料仍可从上向下依靠自重滚下来，而不影响生产。但是这样不可能产生偏析效应，只有依靠布料辊传递的动力，推着混合料前行，才具有偏析效应，这对设备寿命是一个考验，但可创造巨大经济效益，故辊面倾角设计以 35° ± 3° 为宜。

　　（4）增加变频调速器。由于偏析布料的效果与布料辊转速有很大关系，若仅从设备改进方面入手，很难完成此项工作，增加变频调速器后，调速方便、平稳，可根据生产需要任意调速。

（5）实行"一拖二"的最优传动方式。偏析布料器的理想传动方式应是一个电动机拖动一个布料辊，其效果非常明显，寿命周期可达2年以上，但随之出现了新的问题：1）安装空间不够，现场布置受限；2）电动机越多，故障点越多，该系统综合使用寿命反而下降。综合上述两点因素，通过长期的生产实践表明，以"一拖二"的传动单元为基础进行组合的传动方式最优，"一拖二"传动单元见图11-7。

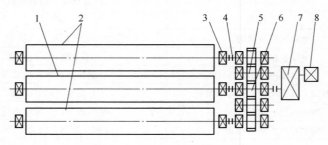

图11-7 "一拖二"传动单元示意图

1—主动辊；2—被动辊；3—支承轴承；4—联轴器；5—过渡齿轮；6—驱动齿轮；7—针摆减速机；8—电动机

该传动方式的特点是：有且只有三个辊子，辊两边分置，中间用过渡齿轮传递扭矩，一方面仅有三个辊子组合，载荷大大降低；另一方面，主动辊承受的径向挤压力大小相等、方向相反，相互抵消，仅承受扭力矩，因此寿命大大延长。对七辊布料器进行改造试验，将原来的单传动改为双传动后，寿命由原来的20天延长到100天左右。按照此理论，九辊布料器应由现在的双传动改为三传动，如图11-8所示。若三传动布置空间不够，可

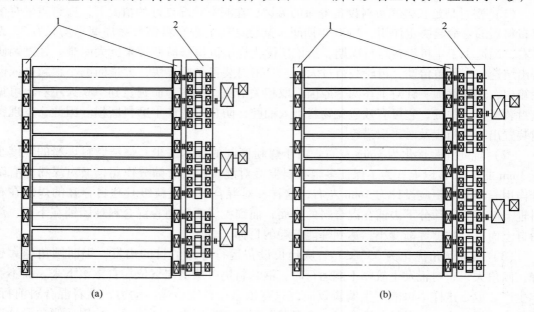

（a） （b）

图11-8 九辊布料器传动方式的优化设计前后对比示意图

（a）在线设备布置；（b）最佳设备布置

1—支承轴承箱；2—传动齿轮箱

考虑三个传动机构的左右两边分置,中间的传动机构布置在一边,上下两个传动机构布置在另一边。可以断定,按此最优方式布置,设备寿命周期可达 20 个月以上,可充分满足现代大生产的需求。

11.2.3.2 常见故障及处理方法

布料设备一般常见故障原因及处理方法见表 11 – 24。

表 11 – 24　给料设备常见故障原因及处理方法

故障现象	故 障 分 析	处 理 方 法
减速机发热、振动、跳动	(1) 减速机油少或油质差,温度高 (2) 轴承磨损,温度高 (3) 轴承间隙小 (4) 连接螺栓松动 (5) 负荷过重或卡阻	(1) 加油或换油 (2) 更换轴承 (3) 调整间隙 (4) 紧固或更换 (5) 检查处理
减速机轴窜动超过规定范围	(1) 滚珠和轴套磨损间隙过大 (2) 滚珠压不紧 (3) 外套转磨压盖	(1) 更换轴承 (2) 调整压盖 (3) 外套加调整垫
减速机内杂声过大	(1) 滚珠隔离架损坏或滚珠有斑痕 (2) 齿轮啮合不符合要求	(1) 更换轴承 (2) 分解调整
润滑给油不畅	(1) 电动机运转异常 (2) 油路管网堵塞 (3) 定时器定时失效 (4) 油泵、油缸缺油 (5) 分配器指针不灵	(1) 电动机定检 (2) 疏通处理 (3) 调整定时 (4) 加润滑油 (5) 检查处理
圆辊给料不畅	(1) 混合料仓内产生架桥 (2) 大块物料或异物堵塞闸门,主闸门开度不够	(1) 清除架桥,清理积料 (2) 排除异物加大主闸门开度
九辊给料不畅	(1) 辊子粘料过多或转动不灵活 (2) 大块物料或异物阻塞辊子间隙	(1) 清除积料,调整转动部位 (2) 清除积料或异物
轴承温度高	(1) 油位低 (2) 轴承损坏 (3) 被动边轴承不能满足主轴热膨胀 (4) 轴承径向间隙小 (5) 油质变坏 (6) 轴承油流不足	(1) 检查轴承箱是否有泄漏,补充油至标准位 (2) 处理或更换轴承 (3) 检查轴承壳体是否对主轴形成约束,及时调整轴承 (4) 重新刮研轴瓦 (5) 更换新油 (6) 调整油流进出口
圆辊轴承间隙过大	(1) 轴瓦磨损 (2) 频繁启停圆辊 (3) 油质变差	(1) 更换轴瓦 (2) 延长圆辊启停间隔 (3) 检查油质、更换新油

11.2.4　烧结机

烧结机是烧结厂中最主要的设备之一。根据烧结方式的不同,烧结机可分为间歇式和连续式两大类。间歇式烧结机有在炉箅下鼓风的固定烧结盘和移动烧结盘以及悬浮烧结设备等。目前这种设备几乎不采用了。

连续式烧结机有环式与带式两种。现在世界上广泛采用的是带式烧结机。这种烧结机具有生产效率高、机械化程度高、对原料适应性强和便于大规模生产等优点,世界上 90%以上的烧结矿是用这种方式生产的。

目前，各烧结厂使用的烧结机几乎都是采用抽风式带式连续烧结机。把含铁原料、熔剂、燃料准备好后，在烧结配料室按一定的比例配料后经过混合和制粒形成混合料，然后布到烧结机台车上（在布混合料前先铺底料），台车沿着烧结机的轨道向排料端移动。台车上方的点火器对烧结料面进行点火，开始烧结过程，下部风箱通过抽风机强制抽风使料层自上而下发生一系列物理、化学变化，形成烧结矿，最终由尾部推至排料矿槽。

11.2.4.1　操作规程与使用维护要求

A　烧结机操作规程

（1）确认有正式的点火通知，联系调度室通知煤气班和计控相关人员到场，并办理送煤气操作牌手续。

（2）检查确认各种仪表和阀门灵活好用，主抽风机运转正常。

（3）中控画面在"清扫"方式下点火，关闭煤气切断阀，空气调节阀设定为"0"，关闭所有烧嘴的煤气球阀、放水阀，确认放散管为开启状态。

（4）启动引火风机和助燃风机，确认放散管周围10m以内无明火。

（5）通蒸汽清扫煤气管道，清扫15min，关闭蒸汽阀，解除水封。

（6）通知煤气班抽盲板送煤气，待煤气置换15min后，开引火烧嘴切断阀，保证空气、煤气压力不小于2000Pa，打开火嘴末端放散阀做爆发试验，连续三次合格为合格，否则重新放散，验证通过后点燃点火棒，将全部引火烧嘴点着，调节至燃烧稳定。关闭各个放散阀。

（7）主烧嘴点火前，选择"手动"方式，打开主烧嘴切断阀，设定好煤气、空气流量，煤气压力不小于2000Pa。

（8）打开邻近引火烧嘴的主烧嘴球阀，确认点燃，待燃烧稳定后依次打开相邻烧嘴的煤气球阀点火，直到全部烧嘴点着，调整至600℃待生产。在开火嘴点火时，必须有专人负责调节煤气流量和空气流量，点火器旁有专人观察点火情况。点火稳定后恢复"自动"方式。

（9）点不着火或点燃后又熄灭，应立即关闭烧嘴，查明原因，排除故障后重新按点火程序进行点火。点火完毕后通知中控。

（10）启动设备前，必须将调速器打到零位，启动设备后再缓慢调速。对烧结机而言，启动后必须经过6s，待烧结机达到初始速度方能缓慢调速。

（11）铺底料均匀，厚度为25~40mm，严禁无底料生产。特殊情况下，需经厂调同意，并采取措施，尽快恢复铺底料生产。

（12）布料均匀，料层为650~700mm（含铺底料）。

（13）出现布料不均匀的情况时，检查圆辊闸门两边开度是否一致，有无变形，圆辊、九辊、挡料板、溜板等有无粘料，如有异常要及时调整或清除。

（14）点火正常，温度控制在1050±50℃，空煤比为（5~6.5）∶1。点火煤气压力不低于3500Pa，空气压力不低于4000Pa。1号风箱风门开1/3，2号风箱风门开2/5。

（15）烧结终点位置控制在倒数第二个风箱，烧好、烧透、机尾断面均匀，红层厚度不超过1/3。根据烧结终点位置的变化及时调整机速。

（16）观察混合料水分，有异常及时通知中控调整。

（17）根据烧结过程参数和烧结矿亚铁含量及时调整煤粉配比。

B　烧结机使用维护要求

（1）烧结机电动机电流高或自动停机时必须查明原因，排除故障后方能生产。

（2）发现台车塌腰、轮子掉或摆动时，应及时更换台车，挡板损坏要及时更换，算条缺损应及时补齐。

（3）重点部位使用维护要求见表 11 - 25。

表 11 - 25　烧结机重点部位使用维护要求

检查部位	检查项目	检查标准	检查方法	检查周期
计量器具	显示	灵敏可靠	目测	随时
	比例调节	调节灵活	手试	随时
圆辊给料机	轴承温度	<65℃	手试	2h
	传动部分	连接固定良好	目测	4h
	整体运行	平稳，无杂声	耳听	随时
九辊布料器	轴承温度	<65℃	手试	2h
	传动部分	连接固定良好	目测	4h
	整体运行	平稳，无杂声	耳听	随时
台车	运行	平稳，不啃道	目测	随时
	台车轮、卡轮	灵活，无磨损	目测	随时
	挡板、端面衬板	齐余，无破损	目测	随时
	台车算条	齐全，无变形	目测	随时
	台车本体	无断裂，塌腰	目测	随时
润滑系统	油泵、给油器	压力、换向正常	目测	2h
	节点、润滑点	无泄漏	目测	2h
主电动机	运行	平稳，无杂声	耳听	随时
	温度	<65℃	手试	2h
	各部位螺栓	齐全紧固	目测	8h
	联轴器、抱闸	扭力正常无变形	目测	停机时
柔性传动	各部位螺栓	齐全，紧固	目测	8h
	联轴器	紧固无变形	目测	8h
	轴承温度	<65℃	手试	2h
	系杆、平衡杆	不变形	目测	8h
	油位	油标中位	目测	2h
	运行	平稳，无杂声	目测	随时
头尾弯道	固定装置	无弯曲、开裂	目测	2h
	压道	螺栓无松动、掉落	目测	2h
风箱密封部	阀门	灵活	目测	8h
	密封	完整，不破漏	目测	4h
星轮	螺栓	齐全，紧固	目测	8h
	齿轮	啮合正常	目测	8h

11.2.4.2　常见故障分析及处理

带式烧结机的台车跑偏与赶道是比较常见的故障，其产生的原因是错综复杂的，二者有相似之处，但又有不同之处。

台车跑偏，多是指平面台车在运行过程中，其一边的台车轮缘擦着轨道，而另一边台车轮却与轨道有一定间距，台车宽度方向的中心线路与其运行方向基本一致，但与烧结机纵中心线存在平行位移，即台车没有产生歪斜。

台车赶道，多是指回车道台车在运行中产生了歪斜，即台车宽度方向的中心线与其运行方向形成了一定夹角。赶道越严重，夹角就越大。台车赶道（图11-9）时从三个部分可以明显看出来：一是机尾冲程处，固定弯道式、烧结机台车在下落过程中不是平行下落的，两端有先后之分，下落的冲击声也可听到有两响，机尾冲程两边也明显不一致；二是在回车道上，可以看到相邻台车的肩膀头已有明显的错位，同一台车前后轮缘与回车道的接触有明显差异；三是在机头链轮的下部，当台车车轮与链轮啮合时，两边不同步，即一边接触到了，而另一边还有明显的距离。

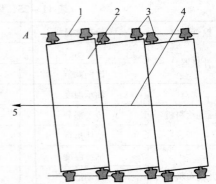

图11-9　回车道台车赶道示意图
1—回车道轨道；2—台车体；3—台车轮；
4—烧结机纵向中心线；5—回车道台车运行方向

引起台车跑偏的原因很多，甚至烧结机两侧空气温度差都会引起台车跑偏，但大多发生在机头链轮、机头弯道平面轨道等处。这时应当检查机头链轮轴线是否水平，其横向中心线与烧结机纵向中心线是否重合，链轮上两侧对称的小星轮是否在同一链轮轴线上，前后位置偏差应不大于0.4mm，机尾两侧弯道应相互平行，且与水平面垂直，其对称中心线也应与烧结机纵向中心线重合。上平面轨道两边是否在同一水平面上，滑道两边的阻力有无明显差异，台车体与台车轮直径是否相差大，台车油板与滑板是否存在相顶现象，以及是否有塌腰严重的台车擦风箱隔板或头尾密封板。找准原因后，即可采取应对的处理方法。

如果台车跑偏严重，在上述多方面的检查中均未发现异常，这时不妨采用微调头部大星轮（链轮）的方法来纠偏。具体方法是动头部大星轮的一边轴承座向里顶进（可以通过操作液压—螺旋千斤顶使其沿烧结机纵向移动，即向机尾方向收），或将另一边的轴承向机头方向外放，也可以一边收另一边放。应当注意的是移动量不可太大，以不超过10mm为宜，经此来实现台车纠偏，因此，柔性传动装置对烧结机调偏来说，具有独到的优点。

引起回车台车赶道的原因多发生在机尾弯道处。首先应当观察机尾弯道两边的夹板有无明显位移，两边弯道的内外方钢磨损是否一致，然后在机尾弯道处挂纵横中心线进行检查：机尾两侧夹板中心标高偏差应不大于2mm，且对应两夹板标高比差不超过2mm，弯道内侧间距不应超标，且与烧结机纵向中心线对称中心偏差不大于1mm；两夹板与机头链轮轴线的距离应相等，偏差应不大于2mm；两侧弯道内侧挂铅垂线测量，上下偏差应不大于2mm，查出原因后，再采取相应的处理措施。

引起回车道台车赶道还有一种情况，即赶道现象时有时无或有时严重有时又较轻微。出现这种情况，应当观察台车在机尾卸料中台车之间是否夹进了烧结矿，尤其是夹在台车的某一端，从而引起回车道台车不正而造成赶道。如果是这种情况出现，只要在台车肩膀头之间人为地夹进炉算条便可予以纠正。

无论是烧结机台车跑偏或赶道，都应及时处理，否则会出现恶性循环，甚至会酿成台车掉道等事故。

其他一些常见故障分析及处理方法见表 11 - 26。

表 11 - 26　烧结机常见故障分析及处理方法

故障现象	故 障 分 析	处 理 方 法
烧结机过载	(1) 头尾弯道和水平轨变形，移位 (2) 尾部移动架移动量不一致或重锤过重 (3) 台车掉道（掉轮子，机尾弯道错位） (4) 风箱端部密封的活动板调整不当或浮动板不灵活，与台车梁底面干涉 (5) 台车密封装置的游板不浮动 (6) 驱动装置的制动器失灵 (7) 台车塌腰或变形 (8) 清扫器阻碍台车（清扫器变形或移位） (9) 运行部位有异物	(1) 修补调整或更换弯道和水平轨 (2) 检查有无异物阻碍，链轮处理灵活，调整平衡重锤 (3) 台车轮子补齐、弯道校正 (4) 检查调整风箱端部密封 (5) 清除积料或更换密封装置 (6) 检修制动器、调整闸距门 (7) 更换台车 (8) 更换清扫器 (9) 清除异物
移动架超极限	(1) 移动架两侧移动量不一致 (2) 行程开关位置有误 (3) 焦粉含量过高或机速不合理，致使热膨胀过大 (4) 台车长度超差或算板、隔热件露出 (5) 平衡重锤太轻	(1) 按前述方法处理 (2) 调整行程开关位置 (3) 改变焦粉配比或机速 (4) 更换相关零部件 (5) 调整重锤
保护装置报警	(1) 烧结机过载 (2) 极限值设置不当	(1) 按过载方法处理 (2) 按柔性传动装置和定扭矩联轴器要求处理
圆辊给料不畅	(1) 混合料仓内产生架桥 (2) 大块料或异物堵塞闸门，主闸门开度不够	(1) 清除架桥，清理积料 (2) 排除异物，加大主闸门开度
九辊给料不畅	(1) 辊子粘料过多或转动不灵活 (2) 大块料或异物阻塞辊子间隙	(1) 清除积料，调整转动部位 (2) 清除积料或异物

11.2.5　抽风机

应用于烧结机的风机主要是叶片单级式、尺寸大型化、高功率、高电压、转速中等化的离心风机，它是烧结生产的主要设备之一，起着提供助燃空气，加大过风量，强化烧结，提高烧结生产率的作用，直接影响着烧结机的生产效率和烧结矿的产品质量。近年来，由于烧结技术的进步，烧结设备逐步大型化，风机也随之向大型化（大风量、高功率）方向发展。以风机大功率化为例，$100m^2$ 以下的烧结机所配的风机功率不超过3000kW；$200m^2$ 以下的烧结机所配的风机功率不超过3000kW；$400m^2$ 以下的烧结机所配的风机功率不超过 7000kW；600m^2 以下的烧结机所配的风机功率不超过 10000kW。随着烧结风机的大型化，不仅对风机的制造材质、强度以及经济性和操作条件等提出了新的要求，而且对风机运行状态的控制和风机故障诊断提出了更高的要求。

11.2.5.1 操作规则与使用维护要求

A 操作规则

a 操作前检查

（1）操作人员必须持有操作牌；检查大烟道内确认无人，所有人孔门必须关严，并取回所有的进入烟道操作牌。

（2）通知烧结机岗位人员将风箱执行机构关至零位，并通知电工检查电器设备。

（3）检查电动油泵，油压表的高低接点应灵活可靠，正确开闭有关阀门，使油路畅通；检查油箱油量是否充足，油质应干净，油温应达到启动要求。

（4）检查风门蝶阀应灵活，并关严。

（5）打开油冷却器的水管开关阀，调节水压到规定值；打开空气冷却器的水管开闭阀，调节水压。

（6）同时启动两台油泵，让高位油箱油位到限，油泵自动停转一台后，检查调整所有轴瓦油压达到启动条件。

（7）配合电工进行模拟空投；检查所有的计器仪表、信号灯应完好。

（8）检查机组周围应无障碍物和人。

（9）检修后必须空载试车。

b 操作程序

启动操作：

（1）准备工作确认无误后，方可同意电工联系高压变电所送电。

（2）表示启动"条件具备"的信号灯亮后，按下主电动机启动按钮，开始标定电流最大值的持续时间不得超过 120s；若超过 120s 应马上停机检查，排除故障后，一般应经过 2h 后，再进行第二次启动。

（3）当抽风机转速达到额定值时，观察润滑油油站，使油压保持在规定值之间，并使它高于水压。

（4）抽风机启动运转正常后，即可通知主控室生产。

停机操作：

（1）接到停机通知后，先关闭进口蝶阀，再停主电动机。

（2）停机后，应立即检查油泵是否继续供油；若有异常，则应立即启动另一台电动油泵供油。

（3）风机叶轮停稳后 20min，方可停电动油泵。

（4）关闭油冷却器水管阀门。

需要紧急停机时，可先停主电动机，然后按照正常程序操作，发生以下现象，应紧急停机：

（1）电动机某处冒烟，或电刷滑环处出现严重火花。

（2）电动机或风机突然振动厉害或有金属撞击声。

（3）油温、油压正常，轴瓦温度忽然上升，超过80℃。

（4）油管断裂或油路不通。

（5）电动机和轴瓦温度、风机轴瓦温度、油压、风温及水压等发生警报。

运转中异常状态的紧急处理：

（1）停电或跳闸。应立即关闭风门并监护直到风机停稳，轴瓦温度稳定，并准确记录停电或跳闸时间及情况。

（2）油压低压。轴瓦处油压低于88000Pa时，应调整油压的安全阀，如果仍然无效，应立即停机。

（3）油温高。当主油箱油温大于43℃，应调整油冷却器的供水量，但必须使水压低于油压，如果油温仍然降不下来，应及时停机。

（4）停水。突然停水时，应先关闭风门，再停机处理。

（5）电动机和风机的轴瓦温度同时上升。应检查油冷却器的水温和水压，检查主油箱油位与油质。

（6）电动机一次电流和二次电流高于标定电流，应关闭风门。

（7）仅某一轴瓦温度偏高时，应加大给油量观察效果，若无下降趋势，应关闭风门，再停机处理。

运转中注意事项和严禁事项：

（1）电动机定子额定电流和转子励磁电流不得超过标定电流。

（2）电动机功率因数不得低于0.9，定子温度不得大于80℃，轴瓦温度不得超过70℃，空气冷却器出水温度不得大于80℃。

（3）油泵油压不得低于19MPa，风机进口温度不得超过150℃。

（4）每小时记录一次电流表、压力表、温度表的数据。

（5）烧结机停机15min，应关闭风门；停产超过4h，应停机。

（6）油泵停转后，严禁开进口阀，以防叶轮随风力自转，烧损轴瓦。

B　使用维护

a　维护规则

（1）开停机时，应检查风门是否灵活，极限开关是否可靠。

（2）检修完毕试车，应注意观察风门的曲柄连杆机构工作是否平稳。

（3）定修时，应打开入孔门检查叶轮与衬板的焊接与磨损情况，做好记录。

（4）每周必须检查一次冷却水和润滑油的泄漏情况并采取校正措施。

（5）每周必须检查润滑油的质量，如质量下降则应更换。

（6）当负载因数允许时，检查进气风门挡板叶片操作是否灵活自如，如不灵活应加油和处理。

（7）按照甲级设备维护标准搞好设备"三清"。

b　点检规则

（1）维护点检和专业点检，必须按点检标准（见表11-27）进行点检，并认真填写点检记录。

表 11 – 27　烧结风机点检标准

设备名称	点检部位	点数	点检内容及标准	周期
抽风机	电动机	4	(1) 检查地脚以及机械连接部分有无松动现象，检查电动机有无过热和振动现象 (2) 电动机运行是否正常，有无异常杂声 (3) 检查接手有无松动，电动机有无接地线 (4) 检查电动机在带负荷运行中的瞬时（启动）及运行中的电流值、电压值	8h
	联轴器	2	(1) 确认结构完整，零部件齐全，轴向无窜动，跳动间隙小于 1.50mm (2) 确认两侧端盖紧密，无脱开现象	24h
	滑动轴承座	2	(1) 确认润滑油无变质，油量在油标的刻度范围内，润滑油管畅通，接头处密封良好 (2) 确认地脚及各部连接螺栓齐全，紧固无松动 (3) 确认运行平稳，无异常声音 (4) 确认轴瓦无跳动、窜动现象 (5) 确认定位销完好	8h
	结构机座	2	(1) 确认外壳结构完整，接合处密封良好 (2) 确认上下机壳盖连接螺栓紧固，无松动 (3) 确认机座无脱焊及裂纹 (4) 确认机座牢固无振动，垫板塞填紧密，无缝隙	24h
	风门执行机构	2	(1) 确认连杆无磨损、弯曲变形 (2) 确认连接螺栓无松动 (3) 确认风门执行运转灵活有效 (4) 确认润滑状况良好 (5) 确认风门轴头键无窜出	8h
	板式油冷却器	2	(1) 确认板式油冷却器无漏油现象 (2) 确认冷却温度正常 (3) 确认各类供水管路畅通无堵塞 (4) 确认手柄使用灵活有效	24h
	针摆减速机	4	(1) 确认润滑油不变质，油量在油标的刻度范围内，润滑油管畅通，接头处密封良好 (2) 确认运行平稳，无异常声音 (3) 确认各输入、输出轴无窜动现象 (4) 确认定位销完好	24h
	润滑油泵	4	(1) 确认油位在上下限之间，无外溢漏油 (2) 确认过滤器无异常噪声和剧烈振动，前后压差在规定值内 (3) 确认管道开启灵活可靠，外观无漏油、锈蚀 (4) 确认油流指示器结构完整，玻璃光亮	8h

（2）点检发现问题，在点检人员可以处理的情况下，应立即处理；处理不了而又危及设备正常运转的缺陷，应及时向主管人员反映。

（3）利用停机机会，每月检查一次叶轮与衬板焊接及磨损情况，并做好点检记录。

（4）利用停机机会，每月检查一次风门、膨胀节、消声器的磨损、接合情况，并做好点检记录。

（5）利用停机机会，每月检查一次叶轮、叶片的腐蚀和裂纹以及叶轮的平衡情况，发现问题应立即报告设备主管部门，并做好点检记录。

（6）利用停机机会，每半年检查一次基础和支撑结构的裂纹变形和其他损坏，发现问题应立即报告设备主管部门，并做好点检记录。

（7）利用停机机会，每半年检查一次进口调节阀叶片的全程自由度，检查叶片、叶片轴承及连接点的磨损情况，并做好记录。

c 润滑规则

（1）严格执行给油标准。

（2）油脂标号正确，油质与机具必须保持清洁。

（3）采用代用油脂，需经设备管理部门批准。

d 测试和调整规则

（1）每周检查一次联轴器的噪声及振动情况，确定连接紧固。

（2）每周检查一次轴承的泄漏、异常的噪声及振动情况，同时检查油位是否正常。

（3）每月检查一次风门、膨胀节、消声器的磨损、接合情况。

（4）每月检查一次油过滤器中的压差和出口压力，若不达标则应更换过滤网。

（5）每月检查一次风机轴和轴承的磨损情况。

（6）每半年检验一次润滑油质，若油质变差则应进行更换。

（7）经常清洗或更换过滤网。

e 清扫规则

（1）设备清扫由生产工人负责，每班必须清扫设备及地面环境一次。

（2）维护人员在调整、测试、检修后，必须清理现场。地面应无油污、水污，无调整、测试、检修后的残留物。

f 紧固、保养标准（见表 11 - 28）

表 11 - 28 烧结风机设备紧固、保养标准

部 位	内 容	标 准	周期
齿轮联轴器	弹簧垫片检查	有弹性，无变形，无积灰	一周
	螺栓紧固	无松动缺损，无积灰	
	定位销钉紧固	运行正常无磨损、破损，无积灰	
抽风机	上下盖螺栓紧固	无松动缺损、漏风，无积灰	一周
	机座螺栓紧固	无松动缺损，地座垫板齐全紧固	
	轴头泵密封检查	无渗油、漏油，无积灰	
	滑动轴承座检查	螺栓紧固，无振动，油温 <65℃	
	壳体螺栓紧固	无松动，无缺损，备件齐全，无积灰	
	密封石棉绳检查	无松动、缺损，不漏风，无积灰	
电动机	机座螺栓紧固	无松动，运转平稳，无积灰	一月
	接手螺栓紧固	销钉齐全，运转无异常	
	轴承端盖检查	无松动、磨损发热，无积灰	
	两端轴承检查	无异常，温度 <60℃	
	机体振动检查	运转无异常振动，平稳可靠，无积灰	
轴头油泵	连接螺栓紧固	无松动，无缺损，无积灰	一周
	密封端盖检查	无松动，无变形漏油，无积灰	
	机座检查	无松动，无缝隙、裂纹，无积灰	
	润滑点检查	管接头无破损松动，无漏油，无积灰	

部 位	内 容	标 准	周期
板式油冷却器	连接螺栓紧固	无松动缺损，接头紧固，无漏油	一月
	冷却器检查	无变形、破损漏油，运转平稳，无积灰	
滑动轴承座	机座螺栓紧固	无松动，无缺损，手感无振动	一周
	垫板检查	无松动，无间隙，无位移，无积灰	
	端盖螺栓紧固	螺栓紧固、齐全，无松动缺损，无积灰	
	密封端盖检查	无渗油、漏油，无积灰	
	定位销钉检查	定位紧固，无位移松动，无积灰	
风门	执行机构检查	无变形弯曲，无缺损，无积灰	一周
	连杆检查	无变形弯曲，无扭曲失效，无积灰	
	针摆减速机检查	地脚无松动，连接螺栓紧固，无积灰	
润滑油泵	油路阀门	无渗油、漏油，无积灰	一周
	油路压力表检查	指针灵活，无积灰	
	泵体基座螺栓紧固	无松动，运转正常，无积灰	
润滑管路	油管接头检查	无松动，无渗漏，无积灰	一周
	油管检查	无破损、漏油，无积灰	
	油管出油孔检查	无堵塞，给油畅通，无积灰	
油泵电动机	十字片检查	无磨损	一周
	电动机机座检查	无振动，运转正常，无积灰	
	电动机轴承检查	不发热，运行正常	
油泵油箱	箱体油缸检查	无破损、漏油，无积灰	一月
高位油箱	支撑架检查	无裂纹和脱焊，无积灰	一周
	箱体检查	无破损、渗油、漏油，螺栓紧固	
供水管路	水管接头检查	无松动，无渗漏，无积灰	一周
	水管检查	无堵塞，供水畅通，无破损漏水	
	各类阀门检查	手柄灵活，操作灵敏，螺栓紧固	

11.2.5.2 常见故障分析及处理

风机的状态检测和故障诊断是烧结风机正常运行的一项非常重要的内容，也是一门科技含量非常高的技术。为了准确、及时地掌握设备运行状态和判断风机故障，在生产实际工作中总结出一套符合烧结风机的状态检测和故障诊断方法。风机的运行状态一般通过轴承的温度、振动、设备的润滑状态、油压、风量、负压、电流、电压、功率因数、励磁电流等参数反映出来，因此要掌握风机的运行状况，就应对以上参数进行监控，特别是轴承的温度、振动、润滑状况，如果发现异常，就应仔细分析故障原因。

A 一般故障诊断方法

烧结风机的故障分析可分为三个步骤：第一步是调查，利用人的感觉器官初步掌握设备运行状况，排除或确认一些明显的故障源，同时了解设备故障产生的一般情况，这一步的技术要点是"摸、听、看、问"。第二步是测量，利用仪器测量出风机振动状况并作记录和储存。第三步是分析，根据上面掌握的情况，应用根据故障诊断理论在实践中摸索积累出来的方法，推断出故障原因，这一步，主要应用了"排除法"、"要因推导法"、"综合推导法"。

第一步的目的是为了了解设备故障的一般状况，并根据经验和感官对设备故障进行初步判断，为下一步对设备故障进行精密诊断打基础。通过"摸"和"听"，初步了解风机的振动和温度情况，并检查各部螺栓是否松动，听一听声音是否正常。"看"主要看三个方面的情况，看一看现场的实际状况，其中包括转子轴向窜动量的大小、轴承结合面是否有相对运动、润滑系统是否正常等；看一看仪器仪表反映的情况，如轴承温度、油压、废气温度、负压等情况；三是看一看岗位人员的记录，掌握近一段时间内的风机运行情况。"问"是问一问设备生产故障的大致时间以及采取的措施等。通过"摸、听、看、问"，利用积累的经验，就可以对风机故障进行大致的判断，并排除一些故障。

第二步测量。应用测振仪和精密诊断仪器对风机进行检测，从而对风机的振动状况进行定量测量。首先对每个轴承的三个方向用测振仪进行测振，即垂直径向、水平径向、水平轴向，分别测出它们的振动均方根值和三个主要振动的分频值，并作记录。如果有必要，还应该进行以下三种测量：一是利用开关风门，改变载荷，测量轴承在上述三个方向的振动均方根值的变化；二是利用启停风机的机会，改变转速，测量轴承在最大方向振动均方根值的变化；三是应用精密诊断仪器，对风机进行检测，其中包括振动量和相位量，以便利用计算机进行波形、频率分析、轴心轨迹分析及相位分析等。

第三步分析。这是最关键的一步，在调查和测量的基础上进行分析。根据多年经验总结出一些故障和运行状态之间的对应关系，并制成风机故障诊断对应表（见表11-29），通过第一步的调查，应用风机故障诊断对应表就可以初步判断或排除一些故障。

应用风机故障诊断对应表可以比较明确排除或确认油压、油质、冷却系统以及螺栓连接松动、轴擦瓦根等故障，对不平衡，瓦背间隙、瓦背故障以及气流紊乱等故障的判断有超过60%的准确率。

仅根据感觉进行诊断是远远不够的，为了精确诊断风机故障，必须应用检测仪器，其中包括一般测振仪和带计算机的精密分析仪器，对风机振动进行测量和数据采集，再根据设备故障诊断理论，应用"排除法"、"要因推导法"、"综合推导法"确认风机故障。

实际应用中，先用"排除法"排除一部分故障原因，然后用"要因推导法"判断故障。所谓"要因推导法"是指根据某种故障最明显的振动特征，结合风机故障诊断对应表推断设备故障，最后用"综合推导法"确认。例如若停机，振动立即下降，就很有可能是电器故障；若轴承振动加大、温度升高，出现衍生的二、三、四等倍频相干波形损坏，轴瓦就很有可能振坏。在"要因推导法"的基础上，结合掌握的其他情况，进行综合推导，就可以确认设备的故障。风机故障诊断对应表见表11-29。

表11-29 风机故障诊断对应表

故障原因	故障现象	用眼观察	询问
转子不平衡	（1）两瓦座振动异常 （2）水平振动比垂直振动大	开关风门对振动影响不大	明显开始振动时间
瓦背有间隙	两瓦座不一定同时振动，手感有"拍"的感觉	开关风门对振动有一定影响	上次检修时间
轴瓦故障	（1）瓦温上升 （2）振动异常	故障发生时间和开关风门时间对应	一般为突发性

故障原因	故 障 现 象	用 眼 观 察	询 问
轴擦瓦根	(1) 瓦温上升 (2) 轴向窜动大负荷端振动大	开关风门对振动有一定影响	何时 有摩擦异响
螺栓松动	(1) 松动部位振动大 (2) 可以直接发现	接合部位有油污、粉尘跳动	何时发现 振动变大
油压过小	温度升高	压力表数据异常	何时压力低
油质改变	(1) 温度升高 (2) 振动加大	(1) 油变色 (2) 油箱底部油脏	何时油变色
冷却系统故障	(1) 温度升高 (2) 换热器温差小	油箱底部有水	何时温度高
气流紊乱	振动加大	(1) 废气温度超标 (2) 负压不稳 (3) 开关风门对振动有影响	何时振动大
启动困难	多次启动超时	启动前，观察风门是否关严，间隙是否过大	检修时间、项目等

B 滑动轴承润滑故障分析与处理

大型风机（转动速度不小于 1000r/min，转子直径不小于 2000mm）一般都采用动压滑动轴承。为了实现大型高速滑动轴承的润滑要求，动压轴承设计上都配备了稀油润滑系统，这种润滑系统为每个轴承提供 0.1MPa 以上的压力和足够的油量，能够满足动压轴承的润滑、承载的要求。

但是，在实际运行过程中，由于各种原因，动压轴承常常出现一些润滑方面的故障，严重的甚至烧毁轴承、拉伤转子的轴颈，造成重大设备事故。因此，分析动压轴承润滑方面故障产生的机理，正确诊断设备故障，非常具有现实意义。

一般来说，动压轴承润滑方面出现的故障可分为两类：一是轴承结构缺陷造成的润滑故障、润滑系统故障；二是油质问题造成的轴承润滑不良。这两类故障在感官上都显示出温度上升、振动增加，但是其形成的机理不同，反映出来的振动特性也不同，通过对振动进行测试和分析，可以准确地诊断出设备故障产生的具体原因。

轴承本身结构缺陷往往造成润滑状况不良。由于旋转轴在轴承的油膜内转动，会把油膜带到四周，当轴的侧向间隙过大时，出现油膜蜗动，甚至出现油膜振荡。而当轴的间隙过小时，轴与轴承之间不能形成良好的油膜，出现摩碰现象，并且不能较好地散热，引起轴承振动大、温度高，严重的会造成轴承烧毁。这两种振动尽管都是由于润滑不良造成的，但是其振动特性是不相同的，反映出振动的现象也不一样。

润滑系统故障或油质问题造成的轴承润滑不良一般有以下几种情况：第一种情况是润滑油中含水量超标。通过抽风机润滑系统图可以知道，空气中的水分可以通过油箱进入润滑油中，当油冷器出现故障，出现内泄，油路和水路相窜时，冷却水也可以进入润滑油中，造成油质乳化。当乳化油进入轴承时，润滑油不能形成良好的油楔，造成摩碰。第二种情况是润滑油中杂质含量超标。润滑油中杂质主要是指机械杂质，它一般来源于润滑系统中锈蚀、磨损的零部件、管路以及轴承摩碰产生的杂质。当润滑油中杂质含量超标，其杂质破坏形成的油膜，在轴和轴承表面产生硬性的拉伤，加快轴承的磨损。第三种情况是润滑油压力不足或油量过小，润滑油压力不足造成的效果也是轴承的油量过小。当油路中的阀门损坏、油过滤器杂质含量大或者油的黏度过大造成管路压力损失过大、喷油嘴安装不当等，都将使轴承的润滑油油量不足。如果没有足够的油量形成油膜，将造成轴与轴承之间的硬性摩碰。第四种情况是润滑油变质，润滑油的酸值超标。造成润滑油酸值超标的原因一般是使用周期过长，或者润滑油本身质量低劣。变质的润滑油不能满足动压轴承润滑的要求，因为它不能形成良好的油膜，承载能力不强，轴承振动加大，温度升高。

油膜的干摩擦，一般是由于油量不足，不能形成良好的油膜造成的，这种振动一般都是高频的，其频率一般不会是其基频的倍数。它们在频闪灯下不会出现固定的图像，类似于有缺陷的滚动轴承所产生的振动，利用这些特征就可以判断动压轴承是否存在干摩擦。出现这种情况，一般检查油路是否有故障、侧间隙是否过小，从而解决干摩擦的问题。

当润滑油中水含量超标、润滑油中杂质含量超标或润滑油酸值超标时，轴承的振动加大、温度升高，这是由于轴承出现摩碰现象产生的。这种情况下，其波形图、轴心轨迹图都比较杂乱，频谱分布也是从低频到高频都有。通过化学分析，可以得到比较正确的结论。当润滑油出现这种情况时，处理方式是换油，或添加适当的添加剂。

11.2.6 破碎设备

烧结矿的破碎可分为一次破碎和二次破碎两个阶段。一次破碎即热破碎，采用单辊破碎机，这种破碎机安装在烧结机排矿槽的下部，主要破碎刚从烧结机上排下来的烧结矿饼，破碎后烧结矿的粒度为 100~150mm。烧结矿经冷却和一次筛分后需要进行二次破碎，二次破碎常采用双齿辊破碎机。

破碎机是烧结生产工艺的主要设备之一，其主要用途：一是破碎烧结矿，以便于筛分、整粒以及运输，以满足高炉用料粒度的需要；二是可以缓冲大块烧结矿对下道工序筛分机械的冲击，均衡烧结矿的分配。烧结矿破碎机的运行情况直接影响到烧结生产是否正常，破碎设备主要有单辊破碎机和双齿辊破碎机两种，其中单辊破碎机主要依靠辊齿与箅板之间的咬合来破碎热烧结矿，而双齿辊破碎机主要是靠两个辊齿之间的咬合来破碎冷烧结矿。

11.2.6.1 单辊破碎机的操作规则与使用维护要求

A 操作规则

(1) 接到生产指令，详细检查设备本体，牙冠、轴承座的螺丝是否齐全、紧固，润滑良好，漏斗畅通。

(2) 检查确认无误，合好紧停开关，选择开关置于自动位置。

(3) 设备运转正常后，报告中控室，电除尘不转时，不能生产。

(4) 带负荷停机后，必须确认下岗位已运转，本岗位方能非连锁启动设备。

(5) 各紧固螺栓的固结情况应定期检查，发现松动时立刻拧紧。

(6) 随时注意观察各润滑点的给油情况，密封点的密封情况，冷却水的水流、水压、水温等情况。注意排除各种障碍物。

(7) 辊轴、水冷式箅板/轴承的冷却水供水量均可通过供水闸门进行调节。调节水量以供、排水温差 $\Delta t = 4~5℃$ 为合适（在热负荷情况下，即正常生产时）。

(8) 岗位巡检，随时观察烧结机生产和卸料情况，保证下料畅通。

（9）单辊机因故短期停机时，一般不停冷却水。当破碎机需长时间停机时，则需待机内烧结矿已卸空并且残存的矿冷却到符合要求的温度后，才能停止供水。

（10）单辊溜槽堵大块，捅料困难时，必须先通知电除尘关风门，然后打水急冷烧结矿，捅出大块。

（11）漏斗堵时，先敲打下部漏斗，若无效，可在捅料口用大锤将铁钎打入漏斗内，再上下活动铁钎，并将水管插入捅料口冲料，同时通知双层卸灰阀放灰。

（12）漏斗中堵有铁块或算子处理不了时，应及时报告班长，采取措施，排除故障。

（13）单辊冷却水突然断水时应立即停机处理。

B　检查维护

运转中的注意事项：

（1）单辊破碎机为剪切式破碎，所有烧结矿必须通过星轮剪切后，从算板缝中排出，故不许烧成熔融烧结矿，以免星轮及算板产生严重黏结而形成卡料事故，要严格控制烧结终点温度，机尾不应有堆料现象。

（2）保证冷却水不断供应，压力一般保持在 0.1～0.2MPa。

（3）单辊水冷辊与辊轴端温度在 50℃ 以下，要定期检查与清除水冷轴承通水管中的水垢。

（4）岗位上的电动机温度不应超过 65℃，轴承温度不超过 60℃。

（5）要经常检查衬板与齿冠磨损情况，当表面磨损量达到 50mm 左右时应予以更换。

（6）当衬板与齿冠及清扫器有松动变形或磨损严重时，应立即停车更换处理，以免形成卡料事故。

（7）更换齿冠时必须拧紧螺栓，然后试用一个班后重新紧固，最后把螺钉尾部螺母焊死。

（8）更换衬板后检查螺栓是否拧紧，算板上是否有异物遗留，否则不准开机。

（9）发现烧结矿粉末过多或固定碳过高应向烧结机工及时反映。

（10）发现马鞍漏斗、单辊箱内堵塞后，要用工具捅，不要打水，以免设备变形。

停车后的维护：

（1）要检查锤头是否松动，并设法紧固，若已松动并且磨损严重，应坚持更换。

（2）检查更换开式齿轮的润滑油（4～6 个月一次）。

（3）检查单辊水冷系统，以确保管路畅通不堵。

（4）检查并紧固电动机、减速机的地脚螺栓，并搞好环境卫生，以确保电动机、减速机完好。

11.2.6.2　单辊破碎机常见故障分析及处理

单辊破碎机常见故障、原因及处理方法见表 11-30。

表 11-30　单辊破碎机常见故障、原因及处理方法

故障	原因	处理方法
定扭矩联轴器打滑	齿冠松动偏斜断裂，铁块卡住单辊或烧结矿堆积过多，衬板断裂而偏斜	紧固或更换齿轮，处理障碍物或更换衬板
轴瓦温度高	轴瓦缺油，冷却水量小或断水	加油，处理冷却水，检查水压、水质及管道

故　障	原　　因	处　理　方　法
单辊窜动严重	负荷不均匀、不水平，止推轴瓦失效	检查轴的水平或更换轴瓦
开式齿轮轴承发热	轴瓦缺油，固定轴套或张紧装置松，擦端盖，轴承不进油，油路不畅，轴颈中心不正	加油，紧固轴套或张紧装置，清洗轴承，检查轴瓦孔，畅通油路，重新找正
齿辊轴产生跳动	齿辊轴承座螺栓松动，齿辊轴承配合不良	拧紧，研制修理
减速机发热、振动、跳动	油少或油质差，负荷过重，地脚螺栓松动，轮齿磨损或折断	加油或换油，清除部分物料，找正后把紧，检查更换
马鞍漏斗堵塞	烧结机碰撞间隙大，马鞍漏斗衬板变形，大块卡死	调整烧结机碰撞间隙，处理马鞍漏斗变形或勤捅漏斗
机尾簸箕堆料	过烧粘炉算子，清扫器磨损，未及时处理积料	严格控制烧结终点，检查补焊或更换清扫器或及时清理积料
单辊箱体连接螺丝断裂	前后壁变形	更换螺栓，检查箱体前后壁
算板在台车上振动	算板在台车上没有卡住	重新固定
台车发生振动	台车在前后支座上搁置不平	重新调整放置

11.2.6.3　双齿辊破碎机间隙调整方法和维护

双齿辊破碎机（图 11 – 10）主要用于冷烧结矿的破碎。冷却后的烧结矿通过一次筛分，筛出大于 50mm 的烧结矿，再通过双齿辊破碎机破碎，其目的是控制烧结矿入炉粒度，为高炉提供粒度均匀的烧结矿。

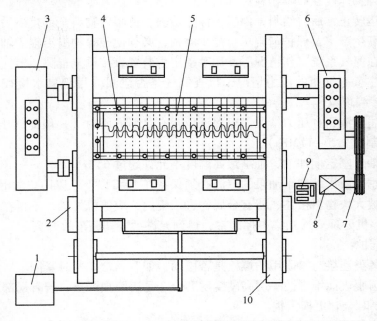

图 11 – 10　冷矿双齿辊破碎机结构示意图

1—液压系统；2—液压缸；3—连板齿轮箱（同步器）；4—固定辊；5—活动辊；
6—传动装置；7—三角皮带；8—电动机；9—速度检测器；10—架体

冷矿破碎机是强制排料、破碎大块烧结矿的设备，也是在伴有冲击、振动负荷的苛刻条件下工作的机械设备。目前国内外在冷烧结矿破碎中，几乎都采用双齿辊破碎机，这是因为双齿辊破碎机与其他类型破碎机相比，具有如下的优点：

（1）结构简单、重量轻、投资少。

（2）破碎过程的粉化率低，产品多为立方体状，成品率高。

（3）破碎能量消耗小。

（4）工作可靠、故障少、维护使用操作方便。

（5）自动化水平较高，可自动排除故障。

A　间隙调整方法

两辊平行度（间隙一致）的调整：借助平行联动机构的同步调整运动来完成。

辊间间隙大小调整：

（1）先打开氮气，具有压力后再启动液压泵来调整辊子间隙。

（2）液压泵电动机启动后，打开需要调整辊间隙的液压螺旋开关，当达到需要的辊间隙时，应先关闭液压螺旋开关，再停止液压泵电动机。

（3）通过液压调整达到满意的出料粒度后，应用手动定位装置将辊子固定，从而起到双重保险的作用。

（4）手动定位位置通过手动调整蜗轮，使推杆前后移动，以达到固定辊间隙的目的。

（5）当液压调整后，用扳手转动手动蜗轮，使推杆与活动轴承接触为止。

B　检查维护

运转中的注意事项：

（1）非破碎物体应在破碎物料进到料斗前取出，以防发生事故。

（2）设备运转正常后再给料，停机前停止给料，待辊内物料全部排出后才可停机。

（3）为提高生产率及保护齿辊尽可能少磨损，必须使破碎物料沿辊子轴线均匀分布。

（4）严禁在氮气系统工作情况下，用手动定位装置直接调整辊隙。

（5）经常注意氮气瓶的压力情况，检查氮气是否泄漏（用肥皂水检查氮、液压系统连接部位有无渗漏现象）。

（6）经常注意液压缸压力情况，以保证齿辊有足够的压力（一般氮气压力控制在 7～8MPa，液压控制在 9.5～11MPa）。

（7）设备轴承座定期加油，轴承最高温度不允许超过 65℃。

（8）在冬季，液压站和干油泵的室温必须保持在 10℃以上，以防止润滑油冻结。

（9）辊子被大块物料挤住，或有金属物进入辊内，应停机处理，不得在运转中用手搬或用钩子钩，停机处理要通知集中控制室，得到允许后要切断事故开关。

停机后的维护：

（1）检查各类连接与紧固用的螺栓是否松动，如有异常应及时紧固。

（2）检查齿辊表面堆焊的一层高硬度耐磨合金是否磨损严重，若有局部磨损可进行小面积修补，必要时全套更换齿辊。

（3）检查辊子颈处密封，如发现密封圈失效，应及时更换，防止矿粉进入轴承发生研磨而损坏轴承。

（4）检查氮气、液压缸装置及润滑管道是否泄漏，若泄漏要及时处理。

（5）设备本身必须经常保持清洁，停机后必须扫除灰尘，清理机旁积料，露出设备本色。

11.2.7 冷却设备

11.2.7.1 带式冷却机

带式冷却机主要由链条、台车、传动装置、拉紧装置、托辊组、密封装置和风机组成。台车通过螺栓固定在链条上，链条拖着台车在托辊上缓慢运行，台车底部设有透风的算条，四周采用橡胶密封，端部采用扇形密封板装置。冷空气由台车底部算条缝隙进入，通过热烧结矿进行热交换，使烧结矿得以冷却。带式冷却机多采用鼓风式冷却方式，呈倾角向上安装，使上下平面的链条在重力作用下全部拉紧，以确保台车运行平稳，见图 11-11。

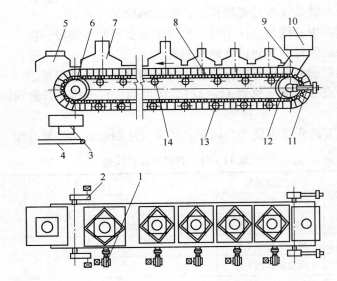

图 11-11 带式冷却机结构示意图

1—鼓风机系统；2—驱动机构；3—下料斗；4—成品皮带机；5—机头除尘罩；
6—头部链轮；7—烟罩烟窗；8—链节；9—给矿井；10—单辊破碎下料口；
11—张紧装置；12—尾部链轮；13—下支撑托辊；14—上支撑托辊

A 操作规则与使用维护要求

a 操作规则

（1）启动设备前，检查冷却机设备状态是否良好，确保冷却机内无人和障碍物，润滑状态应良好。启动冷却机前，先启动至少两台风机，优先启动 1 号鼓风机，否则，冷却机不能启动。

（2）带式冷却机正常运行时，电动机运行电流不超过 70A。

（3）带式冷却机的运行速度与烧结机运转相适应，以确保带式冷却机布料不超过台车上边沿。

（4）合理控制带式冷却机风机运行，以确保经带式冷却机冷却后的烧结矿表面温度低于 150℃，没有红料。

（5）不跑空台车。

（6）自动运行时，无特殊情况，不准单停。

（7）带式冷却机需要停机时，报告中控室，由中控负责停机，紧急状态可通过现场急停停机。

b　使用维护

（1）带式冷却机维护必须保持各润滑点有油，链条上有油，严格执行加油标准，定期进行油脂化验，确保油脂清洁，以提高设备的使用寿命，减少台车的运行阻力，见表11-31。

（2）应注意观察链条的跑偏情况，严重时应及时调整。

（3）应检查回车道尾部星轮处台车积料情况，如发现积料，应立即停机处理，避免台车夹料。

（4）应检查台车链条连接处螺栓情况，确保螺栓无松动。

（5）头尾轮横向中心线与机体中线不重合度至少每两年测量一次。

（6）柔性传动必须每两年测试和调整一次。

（7）台车托辊根据链节运行进行调整。每次调整必须做好记录。

（8）严格执行点检标准（见表11-32），按周期进行点检；若发现问题，应立即联系处理。

（9）随时对链节的张紧程度进行调整，严格关注制动器的张紧程度，随时调整。

表11-31　带式冷却机润滑

给油部位	润滑方式代码	润滑剂牌号		润滑点数	数　量		周　期	
		国　产			第一次加入量	补油量	补油	换油
		夏	冬					
轴承	CML	高温压延脂2号		6	1		7天	12月
	HL	高温压延脂1号		3	3			
柔性传动	OB	460号机械油		—	450	30	1月	12月
链节	HL	100号机械油（废）		—	—	0.5	8h	—
托辊	HL	高温压延脂		440	220	1	2周	—

注：CML—电动干油站；OB—油池；HL—手动。

表11-32　带式冷却机点检标准

点检部位	点检项目	点检方法	点检基准	点检周期
电动机	温度	测量	<65℃	1天
	运行	耳听	平稳，无杂声	1天
	联轴器	观察	紧固，齐全	1天
柔性传动	油位	看油标	油位中线	2周
	齿轮啮合	观察、耳听	平稳，无杂声	1天
	轴承温度	测量	<65℃	1天
	接手螺栓	观察	紧固，齐全	1天

点检部位	点检项目	点检方法	点检基准	点检周期
头尾轮	轴承温度	测量	<65℃	1 天
	啮合链节	观察	平稳，不卡链节	1 天
	润滑	观察	轴承有油	1 天
台车	运行	观察	平稳	1 天
	算板筛网	观察	齐全，不漏大块	1 天
	链节及润滑	观察	不跑偏，链节有油	1 天
防尘罩	台车两边密封胶皮	观察	齐全，紧固完整	1 天
	机头、尾密封板	观察	不刮料，齐全	1 天

B 常见故障分析及处理

（1）带式冷却机跑偏是比较常见的故障。台车跑偏，多是指台车在运行过程中，一边的台车链条与托辊边缘接触，而另一边的链条与托辊边缘有一定的距离。带式冷却机跑偏减小了托辊的使用寿命，增加了链节的磨损。引起台车跑偏的因素很多，常见的因素是尾部拉紧装置两侧拉紧不一致或台车两侧的托辊高度及托辊摆放方向造成两侧链条受力不均。托辊调节的方法如下：

1）观察台车跑偏的部位。由于带式冷却机设计有一个向上的爬坡，链条在上平面及回车道平面链条受重力作用拉紧，先要确定台车运行时跑偏的区域，判断需调节托辊的区域，由于托辊有很多组，台车在哪一区域跑偏，就调节哪一区域的托辊。

2）托辊调节方法有两种，即托辊加垫法及托辊调向法。托辊加垫法就是在边缘摩擦的面加垫，使这侧台车提高，利用台车自身的重力分力，调整台车向低处跑偏，使台车走正。托辊调向法是现场常用的调节跑偏的方法，站在台车跑偏的点，从台车运动的方向观察，对车轮外缘沿着台车运行的方向进行一定角度的侧向调整，使托辊对链条产生一个侧向运行分力，从而调整链条向对面运行，一般调节幅度为15°左右，为了避免单组托辊受力，需同时调节 3～5 组托辊，同时沿相反的方向调节对面侧托辊，使托辊形成平行四边形框架。托辊调节时，应避免八字形托辊出现，八字阵形会造成托辊受力加剧，降低托辊的使用寿命。

（2）带式冷却机链条松紧不适宜。带式冷却机回车道链条松紧对回车道的运行有很大的影响，当回车道链条过松时，链条会出现掉链或台车在尾部形成拖链，使台车运行出现短暂停滞，而后突然加速运行。台车运行速度波动，易造成台车在回车道形成局部拱形，引起台车链条连接螺栓受力松动、台车墙板受力墙板变形等缺陷，加剧链条销轴的磨损，严重时造成链条拉断。链条太紧，易造成链条受力加大，严重时可造成链条受力断裂，引起重大事故。链条的松紧通过台车运行状态及尾部星轮接触情况进行判断。由于链条连接轴在长期的运行过程中会产生磨损，因此，链条松紧要定期进行观察，一般每半年要对链条进行一次调整。带式冷却机链条通过尾部拉紧装置进行调整，需要注意的是链条要保持两侧进星轮时同步，如果不同步，要进行尾部拉紧装置及托辊的调整，以确保同步运行。

带式冷却机常见故障及处理方法见表 11－33。

表 11－33　带式冷却机常见故障及处理方法

缺陷与故障现象	原　因　分　析	处　理　方　法
台车链条跑偏	(1) 对称两托辊轴心线与机体纵向中心线垂直度误差大 (2) 头部链轮轴心线与机体纵向中心线垂直度误差大 (3) 尾部链轮不正 (4) 头尾部链轮一左一右窜动	(1) 调节托辊 (2) 挂线检查调整头部链轮 (3) 调整尾部拉紧装置 (4) 检查头尾部链轮窜动间隙并按要求调整
柔性传动运行不平稳、温度高	(1) 减速机油量不够 (2) 轴承间隙过小 (3) 透气孔堵塞 (4) 轴承有杂物或损坏	(1) 适量加油 (2) 调整轴承间隙 (3) 清理透气孔 (4) 清洗轴承或换新
电动机振动过大	(1) 电动机轴承坏 (2) 电动机与柔性传动轴不同心	(1) 换轴承 (2) 检查，重新修正
台车掉大块或冷却效果差	(1) 箅条变形缝大 (2) 筛网堵塞 (3) 动、静密封胶皮损坏多，漏风严重	(1) 重新排整箅条 (2) 清除堵塞物 (3) 更换动、静密封胶皮

11.2.7.2　环式冷却机

环式冷却机的结构示意图如图 11－12 所示。

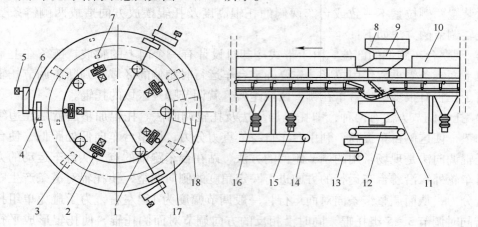

图 11－12　鼓风环式冷却机结构示意图

1—挡轮；2—鼓风热；3—台车；4—摩擦轮；5—电动机；6—驱动机构；7—托轮；
8—破碎机下溜槽；9—给矿斗；10—罩子；11—曲轨；12—板式给矿机；13—成品皮带机；
14—散料皮带机；15—双层卸灰阀；16—风箱；17—摩擦片；18—曲轨下料漏斗

A　操作规则与使用维护要求

a　操作规则

（1）正常操作由集中控制室统一操作，机旁操作是在集中控制室操作系统发生故障时或试车时使用。

（2）高压鼓风机必须按照高压设备启停要求执行（如进行空操作试车）。

（3）布料要铺平铺满，料层控制在工艺要求范围内。

（4）操作工要经常观察冷却情况，发现问题及时检查原因，采取措施。

（5）检修停机时，鼓风机不能与烧结机同步停，必须将料冷却到要求范围内，才可停鼓风机。

（6）出口料废气温度不得大于冷却要求温度（一般为120℃左右）。

b 使用维护

（1）调整转速应保持料层厚度相对稳定，保证料铺得均匀，以充分提高冷却效果。

（2）当冷却机的来料过小时，应减慢冷却机的运行速度；当来料增大时，应增加速度，其目的是充分利用冷风提高冷却效果，不要烧坏皮带。

（3）经常检查曲轨处台车运行轨迹，曲轨上不允许有大块料堆积，否则易引起台车掉道。

（4）检查台车轮运行间隙，晃动大、后盖密封间隙较大的，都表明轴承有磨损。环式冷却机台车轮定修要逐步进行，开盖检查轴承，确保轴承间隙保持在规定的标准内，以一年为周期，要确保每个轴承检查到位，轴承润滑良好。

（5）平面轨迹不能位移，每段轨道都应装有止动挡铁，如掉落应及时补齐。

（6）定期检查环冷机挡轮，对不转的挡轮要利用检修安排更换，确保环冷机圆形曲线运行。在更换内圈挡轮时，先要测量好距离，安装时还原尺寸，以免造成圆形轨迹发生改变。

（7）如有台车轮外圆切轨，应及时调整。

（8）检修时，要进入烟道内查看台车大梁、铰座等是否完好。

c 设备点检

设备点检标准见表11-34。

表11-34 设备点检标准

检查部位	检查项目	检查标准	检查方法	检查周期
电动机	运行	平稳，无杂声	耳听	2h
	温度	<65℃	测	4h
	各部位螺栓	齐全，紧固	手试	2h
	联轴器	扭力正常，无变形	目测	2h
减速机	运行	平稳，无杂声	耳听	2h
	温度	<65℃	测	4h
	各部位螺栓	齐全，紧固	手试	2h
	润滑	油位、压力正常	目测	2h
环式冷却机	摩擦轮	平稳，不打滑	目测	2h
	摩擦片	螺栓齐全，无损坏	目测	随时
	挡轮、托辊	平稳，磨损正常	目测	2h
	轴承	平稳，无杂声	目测	2h
	台车轮	无磨损，不摇头	目测	2h
环式冷却机	轨道、曲轨	无磨损、断裂、变形	目测	2h
	通气板	不堵，不漏	目测	2h
	密封胶皮	齐全	目测	8h
	运行	平稳，无杂声	耳听	2h
	进出口溜槽	衬板齐全，不漏料	目测	2h
冷却风机	运行	平稳，无杂声	耳听	2h
	轴承温度	<65℃	测	2h

B 常见故障分析及处理

（1）环式冷却机打滑。打滑是指环冷机在运行时自动停或自动转慢（非电气原因）。在生产中及检修后环冷机打滑是经常遇见的情况（特别是只有一套传动装置），其原因是由于摩擦轮与摩擦片之间的摩擦力减少所致。处理打滑的作业标准如下：

1）及时发现，及时切断事故开关。

2）检查打滑原因。

3）打滑是因摩擦轮未压紧摩擦片，若用套筒扳手拧紧摩擦轮弹簧螺母（两个螺母长度应一致）仍无效，则用手拉葫芦等帮助运转。

4）如打滑是因摩擦片有油污，则应停机去掉油污，用手拉葫芦等帮助运转。

（2）环式冷却机台车卡或掉道。环冷机台车卡或掉道的原因有三个方面：一是台车错位，二是台车轮轴弯，三是台车轮轴承损坏。处理环冷台车卡或掉道的作业要求是：

1）及时发现立即停机。

2）事故原因不明，不允许强行转车。

3）因台车错位所致，应在有专人指挥下用千斤顶等工具使台车复位。

4）如因台车轮轴弯，更换台车轮轴。

5）台车轮轴承损坏，更换台车轮轴承或台车轮。

（3）进出口漏斗堵塞。进口堵料是因环冷机打滑未及时发现，出口堵料是有堵物或下道设备未运转。处理漏斗堵料的作业标准是：

1）及时发现，立即停机；

2）需有两人以上配合；

3）捅料时要控制下料量，以免压停胶带运输机；

4）关好捅料门。

（4）环式冷却机其他故障处理：

1）台车"飞车"（飞车是指台车未沿曲轨缓慢卸料，而是突然掉下去）时，应查明原因。如果台车错位按上述方式处理，若是台车挡板或其他部位变形，找出卡阻原因后处理。

2）风机运转时，发生金属撞击声，应立即停机，检查处理方能运转。

11.2.8 整粒筛分设备

随着高炉现代化、大型化和环保节能的需要，对烧结矿的质量要求越来越高，对烧结矿的粒度也提出了更高的要求，一般来说，对于小于5mm的烧结矿必须返回重新烧结，对于大于5mm的烧结矿也要求分为大烧和小烧，分级入炉。烧结矿筛分整粒技术就是随高炉冶炼技术的发展而逐步发展完善的一项技术，近年来，国内新改扩建的烧结厂大都设有整粒筛分系统。

设有整粒系统的烧结厂，一般烧结矿从冷却机卸料后要经过冷破碎，然后经过2～4次筛分，分出小于5mm粒级的矿料作为返矿，10～20mm（或15～25mm）粒级的矿料作为铺底料，其余的为成品烧结矿，成品烧结矿的粒度上限一般不超过50mm。经过整粒的烧结矿粒度均匀，粉末量少，有利于高炉冶炼指标的改善，如德国萨尔萨吉特公司高炉使用整粒后的烧结矿入炉，高炉利用系数提高了18%，每吨生铁焦比降低20kg，炉顶吹出粉尘减少，炉顶设备的使用寿命延长。

烧结厂的整粒流程各异。大型烧结厂多采用固定筛和单层振动筛作四段筛分的整粒流程，如图11-13(a)所示。冷破碎为开路流程，每台振动筛分出一种成品烧结矿或铺底料，能较合理地控制烧结矿上下限粒度范围。成品中的粉末少，设备维修方便，总图布置整齐，是一个较为合理的整粒流程，但投资较大。小型烧结厂则多采用单层或双层振动筛作三段筛，如图11-13(b)所示。

目前，世界各国对烧结矿的整粒都很重视，整粒流程也日臻完善。在众多流程中，图11-13(a)较为合理，不过，由于烧结矿经过热破和冷破后，大于粒级的烧结矿很少，不少烧结厂已停止使用50mm振动筛和冷破碎机。

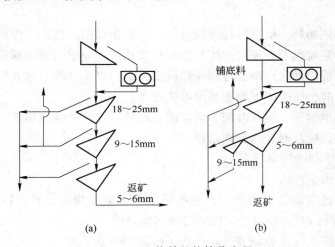

图11-13 烧结整粒筛分流程

(a) 单层振动筛作四段筛分的整粒流程；(b) 单层筛分三段四次冷筛分流程

11.2.8.1 操作规则与使用维护要求

A 操作规则

操作前检查确认：

(1) 操作人员必须持有操作牌。

(2) 开机前必须检查各运动部位，确认无人或障碍物及各部位完好。

(3) 确认操作盘已通知并已启动下料皮带运转。

(4) 确认筛上无料后启动筛机空转，确认无异常情况方可下料生产。

操作程序：

(1) 启动前准备：接到操作盘的生产通知后，确认设备及润滑情况良好，振动和运转部位周围无人和障碍物后，合上事故开关，报告操作盘。

(2) 连锁操作：操作盘连锁启动运输皮带后，启动筛机，待筛机运转正常，方可打开矿槽闸门给料生产。

(3) 启动过程中发现有异常现象，应立即切断事故开关，并采取相应措施处理后，方可重新启动。

（4）当接到操作盘停机的通知后，应立即关好矿槽闸门，待筛机上无料时，方可停机。

（5）事故停机时，岗位人员应先关闭矿槽闸门，然后切断事故开关，检查处理后，方可再次启动。

（6）生产过程中，发现筛板破损，应及时修理或更换。

（7）需要非连锁操作时，应征得操作盘的同意后，方可自行启动；当筛机上有料时，应待下岗位的设备转起来后，方可启动筛机。

运转中异常状态的紧急处理：

（1）启动后发现异常情况，应立即停机，处理好后方可再次启动。

（2）事故停机后，应首先关闭矿槽下料闸门，然后切断事故开关，处理好故障后才能重新运转。

（3）如发现大块物料，应立即仔细检查筛网，找出破损的地方，停机补好后再生产。

（4）生产中注意观察返矿皮带返矿量，如过大或过小应适当调整筛机的下料量。

（5）筛板与卡板松动时，两者之间应垫胶皮固定，以免从缝中跑大料。

（6）筛机压料时，应半闭下料闸甚至停机处理。

（7）偏心块轴承抱死，应及时用手动加油泵加油，或打开清洗加油。

（8）横梁断裂，应及时进行加固处理。

运转中注意事项和严禁事项：

（1）不准非连锁生产。

（2）生产中要经常调整下料闸门，使物料沿筛机宽度均匀分布，以提高筛机筛分效率，有大块料堵住闸门时，应取出，使闸门顺利畅通。

（3）岗位人员应随时注意调节返矿平衡、破碎和筛分平衡。

（4）筛板孔因料堵死影响筛分效率时，要关闭下料闸，空转筛机并敲打筛板，再放料。

（5）严禁不关闭下料闸门停筛机。

B 使用维护

维护规则：

（1）筛子应在无负荷状态下启动，启动前应检查有无阻碍筛子运动的物体，物料排净后方可停机。

（2）应经常检查各连接螺栓是否松动及筛板的紧固情况，发现问题及时处理。

（3）定期、定时、定量给轴承加油。

（4）按照甲级维护标准进行设备"三清"。

点检规则：

（1）维护点检和专业点检，必须按点检标准（表11-35）进行点检，并认真填写点检记录。

（2）点检发现问题，在点检人员可以处理的情况下，应立即处理解决，处理不了而又危及设备正常运转的缺陷，应及时向主管人员反映。

（3）每月检查一次振动轴承磨损情况。

表 11-35 筛机点检标准

部 位	点检内容	点检标准	点检周期
仪表	显示	灵敏	8h
电动机	温度	<65℃	8h
	运转	平稳，无杂声	8h
	地脚螺栓及电线	牢固，可靠	8h
筛机	筛框	平稳，无裂纹	24h
	筛板	无裂纹、磨损及松动	8h
	振动轴承温度	<65℃	24h
	同步器	平稳，不发热	24h
	万向节	齐全，完好	4h
	振动弹簧	无噪声，无断裂现象	48h
润滑	油管	不漏	8h
	油泵	完好	8h

润滑规则：

(1) 严格执行给油标准。

(2) 油脂标号正确，油质与机具必须保持清洁。

(3) 采用代用油脂，需经设备管理部门批准。

设备测试和调整规则：

(1) 筛机振动轴承每月打开一次测试间隙。

(2) 筛箱倾角每月测试一次。

(3) 每次测试后必须记录。

11.2.8.2 常见故障分析及处理

A 影响振动轴承寿命因素分析

决定一个筛机质量好坏的一个很重要的标准是振动轴承寿命的长短，有时一个振动轴承仅用 30 余天就损坏了，被迫多次更换，有的振动轴承可用 600 余天，最理想的轴承寿命为 500 天左右，在实际运行当中极少轴承能够达到此标准，故有必要对影响振动轴承的寿命因素作一个详细地分析。影响轴承寿命因素很多，有维护方面的因素，如润滑状况、安装质量等，还有诸如配重的大小、径向游隙、轴承座的圆柱度等因素，这些因素对轴承寿命起决定性的作用，下面专门对此进行分析。

a 配重对振动轴承寿命的影响

轴承寿命校核公式为：

$$L_h = \frac{16667}{n}\left(\frac{C}{P}\right)^{\frac{10}{3}} \qquad (11-1)$$

式中 L_h——轴承寿命，h；

n——工作转速，r/min；

C——轴承工作容量系数；

P——配重产生的径向力矩，$P = 8m_0\omega_0^2 r$。

由式（11–1）可以看出，轴承寿命与转速、轴承工作容量、承受载荷有关。一个筛机设计完毕，其工作转速、轴承的工作容量就定型了，唯一可改变的是外部载荷，轴承寿命与外部载荷 P 的 10/3 次幂成反比。可见，适当减轻外部载荷对延长轴承的使用寿命是很有利的，现在的问题很明确，即在满足生产工艺基本需求的前提下，尽量减少配重，延长轴承的使用寿命。在实际生产中，可以通过如下步骤进行操作：

（1）首先满足生产工艺要求，筛机铭牌上有一个性能参数振幅 A，一般过共振筛双振幅为 8~12mm，可取其下限，令 $2A = 8$mm，求得 $A = 4$mm。

（2）代入振幅与配重关系式：$A = 8m_0 r/M$ 或 $m_0 = MA/(8r)$，计算出应加配重的多少。

（3）还可通过逐步加减配重的方法，找到一个最佳配重。以配重为变量，以筛机的筛分效率及不堵料为优化目标，逐步减少配重，直到刚刚满足生产工艺要求为止，此配重就是最佳配重。在这种情况下，既能满足生产工艺的需要，又可最大限度地延长轴承使用寿命，通过计算可知，减少较少的配重，轴承寿命可大幅度延长。

b　径向游隙对轴承寿命的影响分析

轴承寿命与轴承工作游隙之间的关系曲线如图 11–14 所示。由图可知，原始径向游隙必须大于零，这样在运转后，由于热膨胀等原因，径向游隙收缩，当达到热平衡时，其径向工作游隙要略小于零，而其实际寿命要大于理想寿命。从长期生产实践中总结出来的经验表明，不同轴承类型、不同轴承的内径，其原始径向游隙应不同，原始游隙选择见表 11–36。

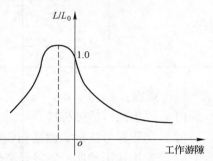

图 11–14　振动轴承寿命与
工作游隙之间关系曲线
L—轴承实际寿命；L_0—轴承理想寿命

表 11–36　振动轴承原始游隙选择

振动轴承类型	圆柱辊子轴承			球面辊子轴承		
振动轴承内径/mm	<70	70~130	130~180	<70	70~130	130~180
原始径向游隙等级	0	3	4	0	3	4
轴承精度等级	2	2	2	0	0	0

c　轴承座内孔圆柱度对轴承寿命的影响分析

圆柱度与轴承寿命关系曲线如图 11–15 所示，当轴承座是理想圆时，可获得轴承寿命延长的效果。当轴承圆柱度为 0.15mm 时，$L/L_0 = 0.85$；当轴承圆柱度为 0.30mm 时，$L/L_0 = 0.7$；当轴承圆柱度为 0.4mm 时，$L/L_0 = 0.6$，所以建议当轴承圆柱度为 0.4mm 时，即应更换轴承座。

B　振动器与筛箱连接螺栓强度分析

在现场实际中，经常出现振动器经过长期运行后，连接螺栓或松或断，造成振动器整体摔下来的重大设备事故，为此必须对振动器的连接螺栓强度进行校核。

现设连接螺栓 n 个，材质 A3，内径 d_1，其各强度参数为 δ_B、δ_S、δ_{-1}、$[\delta]$，按有初始预紧力计算其承受非对称循环拉压变应力。

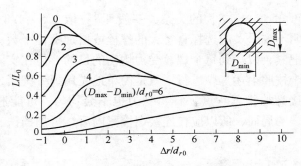

图 11-15　圆柱度对振动轴承寿命的影响曲线

L—轴承实际寿命；L_0—轴承理想寿命；Δr—安装径向游隙；$D_{max} - D_{min}$—轴承座的圆柱度；

$$d_{r0} = 0.002(D-d)\left(\frac{B}{D-d}\right)^{0.22}\left(\frac{F_r}{C_0}\right)^{0.67}$$

（C_0—轴承基本额定静负荷，N；D—轴承外径，mm；d—轴承内径，mm；B—轴承宽度，mm；F_r—径向负荷，N）

单个螺栓承受的最大拉力：

$$Q_{max} = \frac{1.3 \times 8 m_0 \omega^2 r}{n} \tag{11-2}$$

单个螺栓承受的最小拉力：

$$Q_{min} = \frac{0.3 \times 8 m_0 \omega^2 r}{n} \tag{11-3}$$

单个螺栓承受的最大拉应力：

$$\delta_{max} = \frac{Q_{max}}{\frac{\pi}{4}d_1^2} \tag{11-4}$$

单个螺栓承受的最小拉应力：

$$\delta_{min} = \frac{Q_{min}}{\frac{\pi}{4}d_1^2}$$

应力幅和平均应力计算：

$$\delta_a = \frac{\delta_{max} - \delta_{min}}{2} \tag{11-5}$$

$$\delta_m = \frac{\delta_{max} + \delta_{min}}{2} \tag{11-6}$$

疲劳强度安全系数计算：

$$S_\delta = \frac{\delta_{-1}}{\dfrac{K_\delta}{\varepsilon_a \beta}\delta_a + \varphi_a \delta_m} \tag{11-7}$$

通过查相关的机械设计手册可知 K_δ、ε_a、β、φ_a 等系数值。

静强度安全系数计算：

$$S_\delta = \frac{\delta_S}{\delta_a + \delta_m} \tag{11-8}$$

由上述计算结果可知 S_δ 与 $[S]$ 的关系，一般 $[S]$ 取 1.5 ~ 1.8，若 $S_\delta > [S]$，则说明安全，反之，则说明不安全。应选择直径大的螺栓或增加螺栓个数，同时，螺栓紧固工序要求用定扭矩扳手把紧，以达到每个螺栓受力均衡的目的，但在实际操作过程中，尤其是在抢修过程中，很难按照上述工序进行，只是简单地先用扳手把紧，再用大锤加力，此工序不能保证各个连接螺栓把紧程度一样，受力也不会均匀，可能造成某个螺栓先松后断，然后造成各个断裂的局面，所以应在连接螺栓紧固后，再加挡铁和卡子进行加固，以确保不出现事故。

C　驱动电动机启动力矩校核

许多情况下，如冬季或停机后一定时间内没有运转，由于摩擦阻力矩的增大，往往出现电动机能带动筛机正常工作，但不能带动筛机正常启动的情况，因此有必要对电动机启动力矩进行校核。对于自同步振动筛的激振器模型，由于无同步器，启动开始时，两个偏心块均垂直向下，当各自反向旋转纽时，偏心块产生的力矩为：

$$M = 4m_0 gr\sin\omega t + 4m_0 gr\sin\omega t = 8m_0 gr\sin\omega t \tag{11 - 9}$$

启动过程回转系统刚体运动微分方程为：

$$I\dot\varphi + 8m_0 gr\sin\omega t + M_r = M_q \tag{11 - 10}$$

式中　φ——角位移，$\varphi = \omega t$；

I——整个系统的转动惯量；

M_r——两根主轴的摩擦阻力矩；

M_q——两台电动机的启动力矩。

经解该方程可得：

$$M_q > 0.725 \times (8m_0 gr) + M_r$$

摩擦阻力矩 M_r 理论非常复杂，可通过实验确定。一般 $M_r = (0.3 ~ 0.8) \times 8m_0 gr$，冬季取大值，为了确保正常启动，取 $M_r = 0.8 \times 8m_0 gr = 6.4m_0 gr$。

所以：　　　　　$M_q > 0.725 \times 8m_0 gr + 0.8 \times 8m_0 gr = 12.2m_0 gr$

即 $M_q > 12.2m_0 gr$ 为电动机正常启动条件。

驱动电动机启动力矩计算公式为：

$$M_q > 0.95 \times 2 \times 1.8 \times 9550 \frac{P}{n} \tag{11 - 11}$$

式中　P——电动机的功率；

n——转速。

若 $M_q > 12.2m_0 gr$，则电动机可以正常启动，反之则不能正常启动。电动机不能正常启动的处理方法如下：

(1) 在满足生产工艺的条件下，减少配重。

(2) 更换为大型电动机，增加启动力矩。

(3) 用焊枪烘烤一定时间，以提高振动器的温度，释放腔内压力，降低轴承润滑油的黏度。

D　筛板振脱故障分析及处理

这与筛板固定方式有很大关系，整体更换筛板时要保证安装到位，固定螺栓拧紧，或把各块筛板连接起来，成为一个整体，先预紧后，空载运行、再停机把各螺栓进一步加固拧紧，增加固定螺栓的放松装置，再投入生产。

E 筛箱侧墙板开裂故障分析及处理

首先通过优化设计，选择最佳偏心配重质量，是减少开裂的首要条件。其次是筛机各零部件安装一定要到位，不应产生额外载荷的应力，若已产生裂缝，应打坡口焊补，还应严格按照焊接工艺进行焊补。

F 振动弹簧失效故障分析及处理

振动弹簧使用寿命一般为 3 年，受当地气候，如高温、盐浸（如海水）、化学腐蚀等影响较大，失效后影响筛机的稳定性能，如振幅波动、产生侧振。凡弹簧失效，均应及时更换。

G 筛机堵料故障分析及处理

此类故障易出现在检修之后，如检修同步器或更换万向传动接手，造成起始偏转角与原始标准启动角度不一致（有同步器的筛机，自同步的筛机不存在此问题），可造成堵料，此时，按照设计参数，重新调整相关参数即可。有时，也可能由于偏心配重较轻，达不到生产工艺要求，只有通过逐步增加配重，满足生产要求，避免堵料现象的发生。

11.3 球团生产设备与操作

11.3.1 原料准备与球团制备设备

11.3.1.1 磨煤机

A 设备使用操作

设备在开机前，应做全面的检查。首先到工作现场确认各仪表、报警装置及各电源指示灯是否正常。检查各减速机润滑油位、冷却水、风压是否正常，氮气是否充足，并准备好氮气。检查一次风蝶阀、插板阀、气动翻板阀、排粉风机风门及兑冷风门是否关闭；同时检查氮气各闸阀是否关闭。

开机操作顺序。打开冷却水（油温低于 20℃时关闭）。启动稀油站低速泵电机，温度低于 20℃时，启动加热装置；同时确认压力是否正常。当减速机油池油温高于 28℃时，油泵切换到高速，同时关闭加热器，检查润滑条件是否满足。启动密封风机，检查密封压力是否正常。启动高压油站，确认各仪表压力是否正常，磨煤机磨盘上如有积煤，在开一次风阀前应投入氮气 6～10min，正常生产情况下停机，可不用充氮气。开启热风蝶阀，关闭沸腾炉放散阀。开启排粉风机，待风机运转稳定后，开启风门。提升磨辊，启动磨煤机主电机。在腔内温度达 60℃时开启，开始进煤，下降磨辊。正常制煤时，温度控制在70～80℃左右，煤量控制在规定范围内。

停机操作顺序。首先停止给煤和供应热风。提升磨辊、磨盘空转 1～2min 停机，磨盘停稳后，下降磨辊，并检查磨辊是否到位。关闭抽风机。打开中速度电磁阀，充氮气 6～10min。40min 后关闭稀油站及密封风机。关闭冷却水闸阀。

B 设备维护

在设备清扫方面，应定期清理排渣口的杂物，防止堵塞。对于减速机稀油站和拉杆高压油站应定期擦拭，保证设备表面和周围干净整洁。

在设备润滑方面，应定时、定量、定油质、定部位、定给油方法进行加油补油，润滑用的工机具不得有任何污染物。对于各油站、磨辊的稀油应定期取样化验,及时更换超标润滑油。对于阀件和管件存在的任何润滑油渗漏现象,都应高度重视,及时消除隐患,防止发生安全和停机故障。

在隐患点检方面,在运行过程中,应高度关注磨煤机入口和出口温度、分离器负压、电机轴承和绕组温度、减速机稀油站进口油压、减速机推力轴瓦温度等几个关键参数的变化。任何一种参数不符合规定时或持续的剧烈振动时应立即停机,查明原因,及时消除隐患。在设备停机时,应重点检查辊磨和磨环衬板磨损情况,判断更换周期。清洗或更换油站过滤器滤芯。

11.3.1.2 环状天平

A 设备使用操作

设备在开机前,应对设备传动部件、密封风风压等进行检查,一切正常后,方可开启设备。具体开机顺序如下,首先启动助燃罗茨风机,然后顺序开启锁风阀、计重机,最后开启供给机。停机顺序与开机顺序逆向进行。在设备运行过程,如有不正常的声响、异温或气味时,应及时关闭供给机上部插板阀,并立即停机作业,查改故障。

B 设备维护

在设备清扫方面,应定期清理计重机排煤管的积煤。保证各设备表面见本色。设备清扫对于计重机尤为重要,它直接影响计重精度。

在设备润滑方面,对电机减速机应定时、定量、定油质、定部位、定给油方法进行加油补油,对于油质应符合规格标准,若特殊情况需用其他油脂代用时,须经主管人员同意,并不得以劣代优,确保润滑良好。

在隐患点检方面,在运行过程中,对于供给机应定期检查机壳是否存在异响和异温,传动皮带是否存在破损或打滑,发现异常,应监护运行,视情况择机处理。对于计重机应重点关注物料进出口的负压状况,发现正压,应疏通负压管道,保证下料平稳。对锁风阀主要关注驱动链条和链轮的传动稳定性,防止松动错位。在停机检修时,应重点检查设备内各转动部件,如供给机搅拌桨叶、计重机密封和叶轮、锁风阀回转叶轮等,对磨损超标或变形的部件进行更换或校正,配套更换轴承和密封。应定期利用停机时间,对计重机进行校称,确保设备功能精度。

11.3.1.3 高压辊磨机

A 设备使用操作

设备正常生产时,基本上是远程操作。在开机前,应对设备及其安全设施进行检查,确保正常可靠后,方可启动设备。在远程操作时,必须保证高压辊磨机上面的直料斗有足够高的料柱,让两个辊子始终埋在物料下面。如果不能保证,将产生多方面的不良后果。首先,进料不足将使液压缸不能产生足够的压力来有效辊压物料,致使物料经辊磨后,性能无法得到改善,只是在浪费电能和设备;其次,由于不能形成料柱,物料直接从皮带上落下,冲刷辊子表面,将大大加速辊子表面磨损;同时由于进料不均,极易导致动辊发生偏移,对辊子轴承座造成损坏。另外,进料不足,时多时少,将导致液压系统频繁启动,缩短液压元件寿命。因此,系统启动时,为尽快形成料柱,可将缓冲进料皮带开快些,短时间内加大进料量,待形成料柱后,再恢复到规定进料量。

由于高压辊磨机的作用非常重要且结构复杂，因此应建立专门的运行和维护台账，每日记载设备的运行和维护状况。包括：累计运行时间；各检测点的温度、压力、流量、电流等数据；异常现象描述；故障处理的时间、内容、效果及检修负责人；润滑油润滑脂更换时间及时间间隔等。

B　设备维护

在设备清扫方面，应保证各设备表面见本色。定时清理动辊轴承座滑道上的物料和油脂收集盒中的废油，保证设备运转灵活。

润滑油脂的质量必须严格控制，使之完全满足设备的要求。比如，油脂分配器大多为进口配件，非常精密，正常使用条件下其寿命较长，但国内许多使用厂家经常更换该分配器，原因就是油脂中混入了杂质，堵塞了分配器内的阀件，造成卡死。同时由于该配件较精密，不易修理，只得更换，造成了很大浪费。

应保证油脂和液压油供应充足，备用油脂应放在液压站周围，一旦用完，需及时更换，保证生产的连续性。

冬季应确保油脂加热器和电阻保温线的正常工作，防止油脂堵塞。设备调试时或重新换油后，应将液压系统中液压缸上和阀座上的排气孔逐个打开，排掉液压系统的空气。

应经常检查轴承温度变化和循环冷却水管路的流量情况，保证循环冷却水均匀分配到每个冷却位置。

每月应定期检查一次辊子表面磨损情况，参照辊子安装调试时表面测量数据，进行对比，确定辊子的状况、磨损速度，更换时间或修复措施。

严禁铁块、杂物进入设备。铁料中混入杂物不仅会对液压系统造成影响，还会严重损坏辊子表面，直接影响辊压效果。

每次启动前，都要提前将直料斗放空，以避免液压系统的压力波动和设备过负荷。

应定期检查调整辊子端侧密封板的间隙大小，防止物料从端部下泻，影响辊压效果。

11.3.1.4　强力混合机

A　设备使用操作

在开机前，应对设备及其安全设施进行检查，确保正常可靠后，方可启动设备。主要检查事项有如下几个方面：盘驱动齿轮箱是否已润滑；控制柜上的选择开关是否打在"自动"位置；V型皮带是否拉紧；卸料门油箱加油是否正确；混合盘保护限位是否正常；防尘罩、混合盘盖所有门是否关闭；门上限位是否正常；除尘和抽气装置所有通风和抽气设备是否已经连接好；料位测量系统的所有称重传感器是否安装正确等。

设备基本上远程自动操作。在手动启动设备时，应严格按照如下程序操作。首先启动报警，其次打开转子驱动齿轮箱的循环油润滑泵，转子工具依次启动，卸料门启动，混合筒启动。运行中发现筒体内有异常声音应立即停车检查，查出问题并排除故障后再开机。严禁大型块状物进入混合筒内，造成设备受损。

B　设备维护

在设备清扫方面，应定期吹扫冷却器、电机减速机表面的积灰，保证设备散热良好。应每周安排一次设备短暂停机，清楚混合筒底部的积矿，防止积矿长期不清，变实变硬，影响转子刮刀寿命。

在设备润滑方面，干油全部采用智能自动打油，应重点关注的油泵上部油桶的油位，定期补油，确保供应。冬天如果油站压力高报警，应采用临时加热装置对分配阀等加热，降低油脂黏度。对于稀油润滑装置，应定期清理或更换过滤器滤芯，定期取样化验油脂，确保润滑可靠。

在隐患点检方面，在运行过程中，重点关注混合桶的异响和振动，以及转子皮带的打滑失速问题，如存在异常，及时分析原因，采取措施。在每周的停机检查时，应重点检查更换转子。对转子桨叶、侧壁刮刀、混合筒侧壁和底衬板的磨损应进行跟踪和测量，预计更换周期和更换数量，做好备件储备。

11.3.1.5　圆盘给料机

A　设备使用操作

在开机前，应重点检查如下几个方面：油站油位是否正常，各阀组管线及压力表是否齐全完好。设备检修门等密闭良好。设备基本上远程自动操作。在手动启动设备时，应严格按照如下程序操作。首先启动报警，其次开启下游皮带，在启动圆盘电机。在设备运行时，应密切关注圆盘主动下料情况，发现圆盘调停或电机冒烟等异常现象时，应通知专业人员到场查找原因，并予以处理。严禁在问题未处理前，频繁启动设备。

B　设备维护

在设备清扫方面，应重点清扫循环油站，保证各阀件管线清洁。

在设备润滑方面，应定时、定量、定油质、定部位、定给油方法进行加油补油，润滑用的工机具不得有任何污染物。在设备运行时，应观察油压变化，压力超标时，及时调整。

在隐患点检方面，重点检查的位置有：电机联轴器尼龙柱销磨损状况、圆盘卡异物等引起的过载、固定刮刀磨损状况、大小齿圈磨损情况等。

11.3.1.6　干燥机

A　设备使用操作

在开机前，应现将稀油和干油系统开始，在减速机和大小齿轮润滑良好的情况下，方可启动主机。在设备运行时，应重点关注干燥机出口温度和负压状况，如果是布袋除尘器或电除尘器，出口温度都应在露点温度以上，防止布袋结露堵塞，烟气流通不畅，或者电场结垢，除尘效果降低。严禁沸腾炉压火情况下，将水分含量大的精矿送入干燥机，那将导致干燥机负载急剧增加，造成设备受损。

B　设备维护

在设备清扫方面，应重点清扫干稀油站，保证油箱、各阀件管线清洁。

在设备润滑方面，应定时、定量、定油质、定部位、定给油方法进行加油补油，润滑用的工机具不得有任何污染物。对于大齿圈一般采用喷雾润滑，应定期检查齿圈表面润滑状况，清洗喷嘴，调整风压，确保润滑可靠。

在隐患点检方面，重点检查的位置有：扬料板脱落、大小齿轮振动、驱动电流波动、滚圈托轮润滑和表面缺陷、振打装置松动破损等，对检查出的缺陷，及时限期整改。

11.3.1.7　造球机

A　设备使用操作

造球机操作的好坏直接与生球产量和质量相关。操作人员应根据物料的变化，摸索出膨润土配比、打水量大小、造球机转速、圆盘或圆筒的倾角等参数的最佳值，实现生产效益的最大化。

B 设备维护

在设备清扫方面，由于造球间环境比较恶劣，应定期清理电机减速机上的积矿，保证设备良好散热，增加设备寿命。对于圆盘造球机，在生产过程中，应注意破除较大尺寸的球，并定期清理溜料槽上的积矿。

在设备润滑方面，应定时、定量、定油质、定部位、定给油方法进行加油补油，润滑用的工机具不得有任何污染物。对于干油集中润滑部位，应定期检查是否存在堵点，确保润滑可靠。在运行时候，应定期观察润滑油油质变化，并取样化验，出现黏度过大或过小、杂质过多等问题时，及时更换润滑油，确保设备润滑良好。对于转动刮刀电机减速机的润滑油泵应定期检查，防止油泵停机，造球减速机毁损。

在隐患点检方面，圆盘造球应重点关注固定刮刀、转动刮刀、圆盘衬板的磨损，超出磨损允许范围，应及时予以更换。对电机减速机温度应定期检测，发现异常，及时分析处理。对于圆筒造球机，应重点关注托轮温度和振动变化、托轮石墨润滑效果和托轮磨损以及筒体衬板磨损等隐患，对存在的问题及时处理。

11.3.1.8 造球辊筛

A 设备使用操作

设备在开机前应认真检查辊间隙和是否存在杂物铁器，确保正常后，方可启动设备。在设备运行过程，应定期检查辊筛表面物料流动情况，如有铁器石块或物料堆积，应及时清除，防止设备过载，损伤部件。

B 设备维护

在设备清扫方面，由于造球间环境比较恶劣，应定期清理电机减速机上和轴承座上的积矿，保证设备良好散热，增加设备寿命。对于集中润滑的干油站，应定期清扫，确保干净整洁。

在设备润滑方面，焦点是辊式布料机轴承座的润滑。应定时定量给油，确保润滑良好。

在隐患点检方面，首先应重点关注辊子转动情况，它直接影响辊子筛分效率，对不转的辊子应及时处理。其次定期检测电机减速机和辊子轴承座的温度，对异常高温位置应采用加强润滑，强制冷却等方式，延长寿命，并择机更换。在设备停机时间，应重点对辊子磨损、辊间隙、链条链轮磨损等做全面检查，及时排除各类隐患。

11.3.1.9 布料皮带

A 设备使用操作

设备在开机前应认真做好设备安全检查，对皮带有无断裂损伤，托辊有无破损缺失，转动部位有无人员或障碍物，各项安全设施是否完好，油站油位、阀门开度位置等是否正常等，确认一切正常后，方可开启设备。在刚启动设备的一段时间，应对油站压力、油箱温度、管道泄漏、小车或摆动结构工作状况、皮带跑偏等认真检查，如发现异常，立即停机。如一切正常，方可解除监护，开始正常操作和周期点检。

B 设备维护

在设备清扫方面，首先应定期擦拭油站设施，确保室内卫生。由于造球间环境普遍较差，应定期清理梭式小车或摇摆结构的轨道，保证运转稳定。对皮带机尾轮，应定期检查内侧积灰积矿情况，如存在大量积矿，应采用压缩风吹扫等方式，及时清理，防止皮带跑偏。

在设备润滑方面，焦点是梭式小车的液压油站。由于压力高，对液压油的清洁度要求很高，在保证设施清洁的情况下，定期检查清洗过滤元件，并对油品定期取样化验，如超标须及时更换。电机和减速机应依据相关规定，定期更换润滑油。

在隐患点检方面，该设备的常见故障隐患是梭式小车油缸漏油或异响、皮带跑偏打滑或破损开裂、油站温度高或过滤堵塞报警、托辊或滚筒破洞偏磨等。该设备是主线关键设备，在日常点检时，对此类隐患应重点予以关注，并制订相应的处理预案，具备最佳处理时机时，及时更换，减少设备停机时间。在设备停机时，应对小车轨道磨损，小车与皮带及轨道间的定位精度、皮带滚筒磨损、皮带破损、油站过滤等进行专业检查，对超标部件更换，并保证安装精度。

11.3.2 竖炉的操作

竖炉操作按具体情况可分为：开炉操作、引煤气点火操作、放风灭火操作、停炉操作、竖炉焙烧热工制度的控制和调节、竖炉事故的处理等。

11.3.2.1 竖炉操作

A 竖炉开炉操作

竖炉新炉投产及竖炉大、中修（燃烧室和炉体重新砌砖）后的操作为竖炉开炉操作。

a 开炉前的准备工作

（1）竖炉新炉投产开炉，必须在基建工作基本结束和所有的设备安装完毕后才能进行。

（2）安装完工及大、中修后的设备，必须先进行试车，速度调至正常。对新炉首次开炉，必须先进行全面单体试车，然后进行空载联动试车及带负荷联动试车。如行车、配料设备、混合机（或烘干机）、造球机、圆辊筛、布料机、皮带机、鼓风机等设备，都应带负荷试车。特别是鼓风机的运转时间一般不得少于24h。

（3）操作人员必须进入本生产、工作岗位，熟悉本岗位的设备性能，并参加设备试车工作，做好生产前的一切准备。

（4）检查生产所需要的原、燃料的准备和供应情况。

（5）检查供电、供水是否正常。

b 烘炉

在做好上述开炉前的准备工作后，方可进行烘炉。

竖炉烘炉的作用：主要是蒸发耐火砌体内的物理水和结晶水，并提高砖泥浆的强度和加热砌体，使炉体达到要求的一定温度，以便投入生产。

竖炉烘炉主要是烘燃烧室为准，炉身砌体主要是靠以后缓慢向下运动的热料来烘烤。烘炉的步骤与方法如下所述。

烘炉前的准备：

（1）烘炉必须在竖炉砌砖全部结束和设备安装检修完毕（主要是指竖炉除尘系统、仪器仪表、通信、鼓风机、煤气加压机、水泵等）并经试车正常后才能进行。

（2）烘炉前，竖炉所有的水梁、水箱都必须通上冷却水，并必须保证进出水畅通。

（3）烘炉前，竖炉内必须清理干净，特别是在火道、冷风管、漏斗、溜槽内及齿辊上的杂物必须彻底干净。

（4）准备所需用的木柴、柴油和棉纱（破布或木刨花）等烘炉物品。一次烘炉一般约需用木柴 8 ~ 10t，柴油 20kg，棉纱（破布或木刨花）若干。

（5）烘炉前，应绘制烘炉曲线和制订正确的烘炉方法。烘炉曲线与耐火材料的性能、砌筑质量、施工方法及施工季节有关。一般砖砌竖炉的烘炉曲线如图 11 - 16 所示（各厂家可根据自己的实际情况制定烘炉曲线）。

烘炉过程应严格按烘炉曲线进行，一般可分为三个阶段：

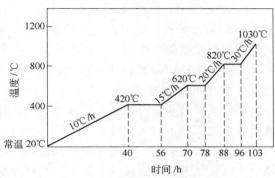

图 11 - 16　竖炉的烘炉曲线（砖砌体）

（1）低温阶段：烘烤温度从常温 20 ~ 420℃。这时主要是蒸发竖炉砌体中的物理水，要求以 10℃/h 缓慢升温，防止急剧升温而造成砖缝开裂，并在 420℃ 需要有一定的保温时间。这个阶段一般用木柴烘炉。

（2）中温阶段：烘烤温度在 420 ~ 820℃。升温到 620℃时，需要保温一段时间（一般为 8 ~ 10h），这时主要是脱去砌体耐火泥浆生料粉中的结晶水。820℃时是砌体泥浆发生相变（晶体重新排列）的温度，可使其强度提高，因此也需要有一定时间的保温。在中温阶段升温速度可稍快（15 ~ 20℃/h），这个阶段一般用低压煤气（高炉或高—焦混合煤气）烘炉。

（3）高温阶段：烘烤温度在 820 ~ 1030℃。这时主要是加热砌体，升温速度可快些（30℃/h）。为了使砌体的温度达到均匀，也可进行保温（一般为 8h）。这段可使用高压煤气（高炉或高—焦混合煤气）烘炉。烘烤温度再往上升，升温速度就可以加快（50℃/h），直至达到生产所需要的温度。

烘炉操作：

（1）木柴烘炉：烘烤温度在 400℃以下用木柴烘炉。操作步骤为：

1）先用木柴填入两燃烧室，不能太满，且不得堵塞烧嘴、人孔和火道，并在点火人孔（或烧嘴）周围放上引火物——棉纱（破布或木刨花）少许，并浇上柴油。

2）打开全部竖炉的烟罩门。

3）从人孔（或烧嘴）处进行点火。

4）温度高低调节，可用开启烧嘴窥孔的数量或开闭燃烧室人孔的大小来控制。

5）当燃烧室木柴将燃尽而尚未达到要求的烘炉温度和时间时，应从燃烧室人孔处继续添加木柴。

（2）低压煤气（<6000Pa）烘炉：当用木柴烘炉，温度达到 400℃ 左右而不断继续往上升时，可用低压煤气烘炉。操作步骤为：

1）引用煤气前，先往燃烧室中填入一定数量的木柴，用低压煤气点火时，有足够的明火，并砌死两燃烧室人孔。

2）引煤气前开启竖炉除尘风机，关闭竖炉烟罩门。

3）引煤气操作（详见引煤气操作）。

4）引煤气点火后，可先打开烧嘴窥孔自然通风燃烧，必要时可启动鼓风机调节助燃温度的高低，可用煤气量或助燃风量的大小来控制。

（3）高压煤气（＞8000Pa）烘炉：当烘炉温度达到800℃，低压煤气已不能达到要求的烘烤温度时，如继续升高，可开启煤气加压机，用高压煤气烘炉直到投入生产。

c　开炉操作

（1）装开炉料。竖炉正式开炉投产前，必须先装满炉料（称开炉料）。装开炉料可在烘炉过程中或烘炉结束后。装开炉料前，必须先封闭竖炉人孔和铺好烘床干燥箅条。然后通过布料机进行均匀装炉（布料机行走开关可打到自动位置），避免固定下料点，以防止造成料偏析和料柱密度不均。

如果烘炉尚未结束或还未引高压煤气，开炉料可先装到火道以下，以防止开炉料并结或软熔结块。剩下的可在开炉投产时再装入。

如果烘炉已结束，可把开炉料直接装到炉口。一般要求，在装火道以上开炉料时，燃烧室应停煤气灭火，可使开炉时下料顺利和安全。

开炉料一般可用成品球团矿，也可用粒度均匀的烧结矿和生矿石，但不论使用哪种开炉料，都必须经过严格的筛分干净，并要求水分含量低，以确保开炉顺利。

（2）活动料柱。竖炉装满开炉料后，应先活动料柱。活动料柱的目的：主要是使竖炉炉内料柱松动，及烘床整个料面下料均匀。这是竖炉开炉顺利、成功或失败的不可忽视的重要环节。具体方法：

先开竖炉两头齿辊活动和进行排料，一面观察干燥床料面下料情况，一面继续用开炉料补充，并及时采取措施调整料面下料情况，直到干燥床整个料面下料基本一致后，可停止加开炉料。引高压煤气点火，使燃烧室继续升温到生产所需温度，加热开炉料，提高干燥床温度。此时冷却风需暂时关闭。

最好在引高压煤气点火后，进行倒料操作，即一面加开炉料，一面排矿。这样既可以用热料来烘烤竖炉炉体砌砖，又可以使炉内料柱处于不间断的活动状态。

（3）开炉。在干燥床温度上升到300℃左右，就可以停止活动料，可开启造球机加入第一批生球（约占1/3干燥床）。

当干燥床加满第一批生球后，停造球机。待烘床上的生球干燥后，就可排料。当干燥床上排下1/3生球后，停止排料，再加一批生球等待干燥。

这时因为干燥床温度不高，生球干燥速度慢，只能间断加生球和排料，否则生球要粘在炉箅和湿球进入干燥床下的预热带（引起结块）。这样干燥床上干燥一批生球，排一批料，再加一批生球。如此往复，直至干燥床升到正常温度（600℃左右），这时生球干燥速度也加快了，就可连续往炉内加生球。当热球下到冷却带时，就可送冷却风。

竖炉刚开炉时，因整个竖炉尚未热透，焙烧温度低，风量较小，要适当控制生球料量，以保证成品质量和开炉顺利。这种情况持续1~2天，待竖炉内已形成合理的焙烧制度后，就可转入正常作业。此时风量增大，产量提高，质量符合要求。

B　引煤气点火操作

a　引煤气

在竖炉开炉或生产前，必须先将煤气从加压站（或混合站）引到竖炉前，以便点火。

不论引低压煤气或高压煤气，都可按下述步骤进行操作。

引煤气前的准备：

（1）引煤气前，应先与加压站取得联系，得到同意后，方可做引煤气操作。

（2）检查竖炉煤气总管和助燃风总管阀门是否关闭。

（3）检查竖炉燃烧室烧嘴阀门是否关闭。

（4）打开煤气总管（1只）和煤气支管（2只）放散阀。

（5）通知开启竖炉除尘风机。

（6）通知开启助燃风机和冷却风机，并放风（烘炉时除外）。

在做完上述的引煤气准备工作后，方可进行引煤气操作：

（1）通知煤气加压站，用蒸汽吹刷煤气总管和支管。

（2）见煤气总管放散阀冒蒸汽 10min 后，通知加压站送煤气，稍刻关闭煤气总管蒸汽。

（3）见煤气总管放散阀冒煤气 5min 后，开启煤气总管闸阀（或蝶阀），关闭煤气总管放散阀，关闭煤气支管的蒸汽。

（4）通知烘干机及其他用户使用煤气。

b 点火

点火操作：

（1）见煤气支管放散阀冒煤气 5min 后，开启助燃风总管闸阀（或蝶阀）。

（2）开启两燃烧室烧嘴阀门进行点火。点火时，应先略开烧嘴助燃风阀门，然后徐徐开启烧嘴煤气阀门，并同时开大助燃风阀门。

（3）待燃烧室煤气点燃后（在烧嘴窥孔中观察），关闭煤气支管放散阀和助燃风放风阀。

（4）调节两燃烧室的煤气量和助燃风量，使其基本相同。

（5）开启冷却风总管蝶阀（或闸阀），并关闭冷却风机放风阀（烘炉时除外）。

（6）通知布料加生球和排料（烘炉时除外）。

煤气点火时的注意事项：

（1）如果使用高—焦混合煤气，应先做爆炸实验，经合格后才能点火，以确保安全。

（2）煤气点火时，燃烧室必须保持一定的温度，如高炉煤气应大于 700℃（高压需大于 800℃）；高—焦混合煤气应大于 560℃（高压需大于 750℃），才能直接点火。否则燃烧室要有明火才能用煤气点火。

（3）点火时，烧嘴前的煤气和助燃风应保持一定的压力。煤气压力在 4000Pa 左右（400mmH$_2$O）；助燃风在 2000Pa 左右（200mmH$_2$O）。待煤气点燃后逐渐加大煤气和助燃风压力。

严禁突然送入高压煤气和助燃风，以防把火吹灭，引起再次点火时造成煤气爆炸。

（4）使用低压煤气时，煤气压力低于 2000Pa（200mmH$_2$O）和在生产时，煤气压力低于 6000Pa（600mmH$_2$O），应停止燃烧。

C 停炉操作

根据停炉的情况不同，具体操作可分为临时性停炉操作（或称防风灭火操作）、停炉操作和紧急停炉操作等三种。

a 放风灭火操作

在竖炉生产中，某一设备发生故障或其他原因而不能维持正常生产时，需作短时间（<2h）的灭火处理，称为放风灭火操作：

（1）通知烘干机及其他用户停止使用煤气。

（2）通知布料停止加生球和排料。

（3）通知风机房，关小冷却风进风蝶阀（或闸阀），并打开放风阀，关闭冷却风总管蝶阀。

（4）通知煤气加压站作降压处理。

（5）在煤气降压的同时，通知助燃风机放风，并关小助燃风机进风阀。

（6）同时，立即打开煤气总管放散阀。

（7）关闭煤气和助燃风总管的闸阀。

（8）关闭燃烧室烧嘴门。同时打开煤气支管放散阀，并通入蒸汽。

b 停炉操作

在燃烧室灭火时间需要超过 2h 以上，应做停炉操作。停炉操作除先做防风灭火操作外，还应采取以下措施：

（1）通知风机房，停助燃风机和冷却风机。

（2）通知煤气加压站停加压机，并切断煤气，用蒸汽吹刷煤气总管。

（3）当竖炉需要排料时，仍可继续间断排料，直到炉料全部排空。

c 紧急停炉操作

在遇到突然停电、停水、停煤气、停助燃风和冷却风机、停竖炉除尘风机时，应做紧急停炉操作：

（1）首先应立即打开煤气总管的蝶阀、助燃风机和冷却风机放散阀。

（2）立即关闭煤气总管、助燃风机的闸阀和蝶阀，切断通往燃烧室的煤气和助燃风。

（3）立即关闭冷却风总管的蝶阀。

（4）立即关闭燃烧室烧嘴的全部阀门。

（5）打开煤气支管放散阀，并通入蒸汽。

其余可按防风灭火和停炉操作处理。

D 竖炉焙烧热工制度的控制和调节

a 竖炉正常炉况的特征

在竖炉生产中，正常炉况是通过竖炉仪器仪表所反映的数据，对成品球团矿质量的检验，依靠操作人员的经验、观察等三方面来判断的。

正常炉况的特征：

（1）燃烧室压力稳定。在燃烧室废气量一定的情况下，燃烧室压力主要与竖炉产量和炉内的料柱透气性有关。

在竖炉产量基本一定和料柱透气性良好时，燃烧室压力有一个适宜值，一般在 10000 ~ 14000Pa（1000 ~ 1400mmH$_2$O），超过适宜值，就被认为是燃烧压力偏高。

在竖炉产量和料柱透气性基本不变的情况下，燃烧室压力基本不变，两燃烧室压力也应基本保持一致。所以竖炉两燃烧室压力低而稳定是正常炉况的标志之一。

（2）燃烧室温度稳定。燃烧室温度取决于球团的焙烧温度，而原料的性质不同，其焙烧温度也不同。当原料条件和燃烧热值不变的情况下，燃烧室的温度应该基本稳定。

此外，燃烧室温度还与竖炉下料速度有关。在煤气量和助燃风量基本不变的情况下，下料速度快，燃烧室温度会降低，下料速度慢，燃烧室温度会升高。所以燃烧室的温度稳定，说明竖炉下料速度基本一致，焙烧均匀，成品球团矿的产量、质量有保证。

（3）下料顺利，排矿均匀。竖炉下料通畅，排矿均匀，烘床料面的下料快慢基本一致，炉料的下降速度也均匀。说明炉内料柱疏松，透气性好，没有黏结物和结块现象。这样得到的成品球团质量和强度均匀，产量也有保证。

（4）煤气、助燃风、冷却风的流量和压力稳定。在竖炉产量一定的情况下，煤气、助燃气、冷却风的流量和压力有一个与之相对的适宜值。在竖炉炉况正常时，炉内料柱透气性好，炉口生球的干燥速度快，煤气、助燃风、冷却风的流量和压力都趋于基本稳定状态。

（5）烘床气流分布均匀、温度稳定、生球不爆裂。烘床的气流分布均匀，温度稳定，生球基本不爆裂。说明竖炉内料柱透气性好，下料均匀，生球质量高，烘床干燥速度快，竖炉的废气量适宜。

（6）成品球强度高，返矿量少、FeO 含量低。如果成品球的抗压强度在 1961 ～ 2452N/球，小于 833N/球的比例不大于 5%，转鼓指数（≥6.3mm）不小于 90%，返矿量不大于 8%，FeO 含量不大于 1%。说明燃烧室温度适宜，焙烧均匀，炉内料柱透气性好，下料速度适宜、均匀，氧化完全（指磁铁矿球团）。

b 竖炉热工制度的控制和调节

球团竖炉是一个连续性的生产设备，焙烧工的主要职责是对竖炉热工制度的控制和调节，必须做到三班统一操作，确保炉况正常，使竖炉优质高产。需要注意的操作参数有：

（1）煤气量。竖炉煤气量的确定，可按照焙烧每吨球团的热耗来计算。

例如：某厂竖炉焙烧球团的热耗为 585438 ～ 669072kJ/t，每小时球团产量 40 ～ 45t，燃料为高炉煤气，发热量为 3554.45kJ/m³（850kcal/m³）。当竖炉产量高时，热耗就降低。产量低时，热耗就升高。按平均值（627255kJ/t）计算，则竖炉每小时需要消耗的煤气量为：

$$\frac{627255}{3554.45} \times 42.5 = 7500 \text{m}^3/\text{h}$$

则每个燃烧室煤气支管的流量为 3750m³/h。此外，当竖炉产量提高或煤气热值降低时，应增加煤气用量，反之应减少煤气用量。

（2）助燃风量。竖炉助燃风流量的确定，可根据所需要的燃烧室温度和焙烧温度来调节。一般助燃风流量是煤气流量的 1.2 ～ 1.4 倍。根据上述计算出的煤气量，助燃风量应在 9000 ～ 10500m³/h。

（3）煤气压力和助燃风压力。在操作中，煤气压力和助燃风压力，必须高于燃烧室压力，一般应高于 3000 ～ 5000Pa（300 ～ 500mmH₂O），助燃风的压力比煤气压力应略低一些。

（4）冷却风流量。经计算，1t 成品球团矿从 1000℃ 冷却到 150℃，需要消耗冷却风 1000m³。但在实际操作中，一般只能达到 600 ～ 800m³/t（因此排矿温度较高），这样按上述的竖炉平均产量（42.5t/h），冷却风应控制在 25500 ～ 34000m³/h。

此外，竖炉的冷却风量也可根据排矿温度和炉顶烘床生球干燥情况来调节。

如果排矿温度高、烘床生球干燥速度慢，应适当增加冷却风量。如果烘床生球爆裂严重，可适当减少些冷却风，以维持生产正常。

（5）燃烧室温度。竖炉燃烧室的温度，可以根据球团的焙烧温度来决定。而球团的焙烧温度可以通过试验获得。

在生产实践中，焙烧磁铁矿球团时，燃烧室温度应低于试验得到的球团焙烧温度 100～200℃。而在焙烧赤铁矿时，燃烧室温度应高于试验获得的球团焙烧温度 50～100℃。

竖炉开炉投产时，燃烧室温度应低一些，可以暂控制在试验得到的焙烧温度区间的下限，然后应视球团的焙烧情况来进行调整。

燃烧室温度还与竖炉产量有关，当竖炉高产时，燃烧室温度应适当高一些（20～50℃）。当竖炉低产时，燃烧室温度应低一些。在竖炉生产正常时，燃烧室的压力应基本保持恒定，温度波动一般应小于 ±10℃。

（6）燃烧室压力。当燃烧室压力升高，说明炉内料柱透气性变坏，应进行调节：

1）如果是烘床湿球未干透下行造成，可适当减少布料生球量或停止加生球（减少或停止排矿），使生球得到干燥后，燃烧室压力降低，再恢复正常生球量。

2）如果是烘床生球爆裂严重引起，可适当减少冷却风，使燃烧室压力达到正常。

3）如果是炉内有大块，可以减风减煤气进行慢风操作，待大块排下火道，燃烧室压力降低后，再恢复全风操作。

一般燃烧室的压力不允许超过 20000Pa（2000mmH$_2$O）。

（7）燃烧室气氛。目前，我国竖炉基本上都是生产氧化球团矿，因此要求燃烧室具有强氧化性气氛（含氧量低于 8%）。但因我国的竖炉大部分是高炉煤气做燃料，高炉煤气的发热值较低，火焰长，以及设备、操作上的问题等原因，使燃烧室的含氧较低，只有 2%～4%，属弱氧化性气氛。有时还会残留少量的 CO，对生产磁铁矿球团极为不利。这样，磁铁矿球团的氧化，只有依靠竖炉下部鼓入的冷却风带进的大量氧气，通过导风墙，在竖炉的预热带得到氧化。

因此，要求燃烧的每个烧嘴燃烧完全，所给的煤气量和助燃风量均匀、适宜。严防在多烧嘴（6～8 个）的情况下，有一或两个烧嘴燃烧不完全，向燃烧室灌入煤气的现象发生。

改进办法：

1）采用大烧嘴代替小烧嘴，使煤气混合均匀，燃烧完全，提高燃烧温度，增加过剩空气量。可使燃烧室的氧含量提高到 4%～6%，CO 含量减少到 1% 以下。

2）尽可能采用较高热值的高—焦混合煤气，使燃烧室的含氧量达到 8% 以上，成为强氧化性气氛。

（8）球团矿的产量、质量。竖炉焙烧热工制度的控制和调节，主要目的是为了获得优质、高产的成品球团矿。

目前我国的竖炉球团经过不断的改进，球团矿的产量、质量已提高到一个新的水平。8m^2 的竖炉一般日产可达 1200～1500t。成品球的抗压强度达到 1961N/球以上和转鼓指数（≥6.3mm）大于 90%。

竖炉提高球团矿产量、质量的关键在扩大烘干床面积；提高生球的干燥速度；适宜的焙烧制度。

而在实际生产中，竖炉的产量、质量，主要受煤气量、生球质量和作业率的影响：

1）煤气量。煤气量大，助燃风量也增大，带进竖炉的热量和废气量就多，产量就可提高，质量就有保证；否则反之。

2）生球质量。生球质量在抗压强度大于12N/球；落下强度大于5次/球；粒度小而均匀，10~16mm占90%。用这样的生球焙烧，竖炉产量就高，质量也好；反之，则竖炉的产量、质量就会降低。

3）竖炉作业率。竖炉作业率高，连续生产，焙烧制度稳定，热利用好，球团矿的产量、质量有保证；否则反之。

在操作上，当球团矿的产量与质量发生矛盾时，应首先服从质量，不要盲目追求产量。在保证质量的前提下，做到稳产、高产。

E　竖炉炉况失常及事故的处理

a　炉况失常

在竖炉生产过程中，因操作不当而引起的炉况失常，应及时分析判断其原因，采取有效方法进行处理。

(1) 成品球团强度低、粉末多。

判断：供热不足、焙烧温度低；下料过快；生球质量差。

处理：增加煤气量，为球团焙烧提供充足的热量；适当提高燃烧室温度；控制产量，降低排料量和入炉生球料量；提高生球质量；减少生球爆裂和入炉粉末；改善料柱透气性。

(2) 成品球团生熟混杂、强度相差悬殊。

判断：下料不均、焙烧不匀。

处理：主要是控制和调节排矿和布料：做到勤排少排；入炉生球量均匀；布料均匀。

(3) 局部排矿不匀、成品球温差大。

判断：产生偏料。

处理：调整两个排矿溜槽的下料量，加大下料慢一侧或减少下料快一侧溜槽的排矿量；多开下料慢一侧的齿辊；适当增加下料快一端或减少下料慢一端的助燃风，煤气调节与助燃风相反。

b　竖炉事故与处理

(1) 塌料。竖炉由于排料不当或炉况不顺而引起生球突然塌倒烘床炉算以下称为塌料。

征兆：排料时间过长，而竖炉烘床不下料，必然引起塌料。

处理：1）减风减煤气或竖炉暂时放风；2）迅速用熟球补充，直加到烘床炉顶；3）然后加风加煤气转入正常操作。

(2) 管道。由于炉况不顺，而引起局部气流过分发展称为管道。

征兆：下料不顺、悬料或有大块形成。

处理：慢风或暂停放风，必要时可采取"坐料"（即突然放风排料），待管道破坏后，用熟球补充亏料部分，然后就可恢复正常风量，继续生产。

(3) 结块。竖炉结块也称结大块或结瘤，主要是由于操作不当而引起湿球大量下行或热工制度失调等所造成。

征兆：下料严重不顺，甚至到了整个料面不下料；燃烧室压力升高；排矿处可见过熔黏结块，排出的料量偏少；油泵压力高；齿辊转不动。

处理：一般结块，可减风减煤气进行慢风操作，并减少生球入炉量，在烘床的生球必须达到1/3干球后才能排料。这样一直维持到正常。严重结块，只好停炉处理，把炉料排空；打开竖炉下部人孔；把大块捅到齿辊上，用人工破碎，搬出炉外，处理干净；进行重新装炉恢复生产。

对竖炉结块不仅要处理，还必须找出结块的真正原因，并采取有效措施，才能彻底根除。引起竖炉结块的主要原因有：

1）湿球下行。竖炉炉况不顺，排料过深或为了赶产量，致使大量未干燥的生球（湿球）到了预热带或焙烧带，受到料柱的挤压变形，粘在一起；或者产生严重爆裂而形成大量粉末发生黏结；使磁铁矿未能氧化，到焙烧带发生再结晶或软熔形成大块。

2）焙烧温度过高。当配料比发生改变，而焙烧温度未加调整；或煤气热值增加及仪表指示不准而引起操作失误；使焙烧温度超过球团矿的软熔温度发生黏结而结块。

3）焙烧带出现还原气氛。竖炉生产时，煤气未完全燃烧而进入焙烧带或停炉时因阀门不严，煤气窜进炉内燃烧等原因，使焙烧带出现还原性气氛，球团产生硅酸铁等低熔化合物而造成炉内结块。

4）配料错误。例如配入大量消石灰，可产生低熔化合物，降低球团软熔温度。或者配入大量高硫精矿及混入含碳物质的原料，使竖炉摄入过多的热量而产生结块。

5）竖炉停、开。炉内结块经常发生在竖炉停、开的过程中，停炉时没有及时切断煤气和冷却风，没有及时松动料柱。开炉时下料过慢或操作不当，使炉料在高温区停留时间过长而引起结块。

11.3.2.2 布料操作

布料是竖炉除焙烧外的一个比较重要的生产岗位，它的工作好坏，直接影响着竖炉的正常和成品球的产量、质量。布料必须掌握烘床料面情况，在加入一定生球料量的条件下，及时用电振排矿和齿辊调节料面，使整个料面做到——布料均匀、干燥均匀、下料均匀、排矿均匀。

（1）根据竖炉生产情况，连续均匀地向炉内布料，在不空炉箅的前提下，实行薄料层操作，做到料层均匀。

（2）要求烘床下部有1/3干球才允许排矿，不允许未干燥湿球直接进入炉箅下预热带。

（3）及时通知链板（或卷扬机）和油泵的开启、关闭，并操作电振排矿。尽量做到连续均匀排矿，勤排少排，使排矿量和布料量基本相平衡。

（4）如遇到烘床箅粘料时，要经常疏通。如因故料面降到炉箅以下，不得用生球填充，要及时补充熟球。

（5）布料机停止布料时，要及时退出炉外，防止设备烧坏。

A 布料机

我国竖炉基本上都采用直线布料（简称线布料）。布料机是一台位于炉口中心线上方，可做往复移动的胶带运输机（又称梭式布料机）。

目前，我国竖炉所用的布料机，实际上是一台装设在小车上的胶带运输机。为使生球自头轮卸下时不致跌碎，胶带速度须限制在 0.8m/s 以内（一般胶带速度 1.00m/s）。

小车的走行速度一般在 0.2～0.3m/s。根据小车上的传动形式，可以分为钢绳传动和齿轮传动两种：

（1）钢绳传动布料机。钢绳传动布料机（见图 11-17）的传动装置位于地上，由电动机经减速机（或液压油缸）驱动卷筒缠绕钢丝绳，驱动在轨道上的小车往复运行。

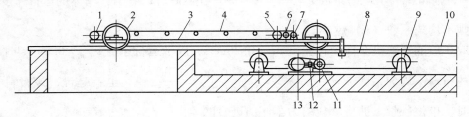

图 11-17　简支式钢绳传动布料机示意图

1—头轮；2—行走轮；3—车架；4—胶带；5—传动轮；6—减速机；7—布料胶带传动电机；
8—钢绳；9—绳轮；10—轻轨；11—行走电机；12—减速器；13—钢绳卷筒

钢绳传动布料优点：

1）车体走行部分的重量轻、惯性小。

2）传动为全封闭式。

3）所有的车轮都是从动轮，车轮与轨道不存在打滑问题。

4）传动电机装于地面，无需活动电缆。

缺点：钢绳寿命较低，大约 3～4 周需更换一次，所以作业率较低。

（2）齿轮传动的布料机其传动装置安在小车上，由电动机经减速机、开式齿轮驱动小车主动轮轴，带动小车在地面轨道上往返运行，如图 11-18 所示。

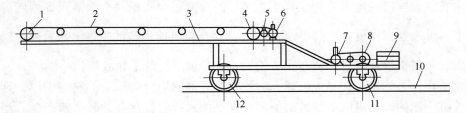

图 11-18　悬臂式齿轮传动布料机示意图

1—头轮；2—胶带；3—车架；4—传动轮；5—减速机；6—布料胶带传动电机；
7—行走电机；8—减速器；9—配重；10—轻轨；11—主动轮；12—从动轮

齿轮传动的布料机，具有运转平稳可靠、寿命长、作业率较高等优点。但应注意：主动轮轴要求有足够的轮压，以避免布料机在启动和制动时产生打滑。

B　布料机的布料不均匀问题

a　布料不均匀性的产生

目前，我国竖炉使用的布料机采用电气控制，自动或手动作往复运动。但由于布料胶带速度是固定的，而不能作自动调节，因此易出现布料料层厚薄不均匀问题。

来自造球的生球上料胶带运输机的速度（v_0，m/s）和单位长度上的生球量（q_0，kg/

m）基本为恒定不变的。但给到布料机胶带上后，在布料机胶带的单位长度·上的生球量，却随车体前进或后退而发生变化。

若车体运行速度为 $v_{车}$（m/s），胶带的运行速度为 $v_{车带}$（m/s）。

当车体前进时，布料机胶带上的生球量 $q_{进} = \dfrac{q_0 v_0}{v_{车带} + v_{车}}$；当车体后退时，$q_{退} = \dfrac{q_0 v_0}{v_{车带} - v_{车}}$。则布料的不均匀系数 $\varepsilon = \dfrac{q_{退}}{q_{进}} = \dfrac{v_{车带} + v_{车}}{v_{车带} - v_{车}}$；由此可以看出，车体的运行速度（$v_{车}$）越小，则不均匀系数（$\varepsilon$）越小。

若取一般的布料机车体运行速度 $v_{车} = 0.26$m/s，胶带运行速度 $v_{车带} = 0.8$m/s 时，则此布料机的布料不均匀系数 $\varepsilon = \dfrac{v_{车带} + v_{车}}{v_{车带} - v_{车}} = \dfrac{0.8 + 0.26}{0.8 - 0.26} = \dfrac{1.06}{0.54} \approx 2$，也就是说，该布料机在车体后退时，单位胶带上的生球量约为车体前进时的 2 倍。

由于生球上料胶带运输机的卸料点距炉口近端通常有一段距离，我们称它为 C，假设炉口的长度为 S（即布料机的工作行程），则生球上料胶带机卸料点到炉口另一端的距离为 $C + S$。这样当布料机头轮前进并到达远离生球上料胶带卸料点的一端时，布料机就开始后退。此时布料机胶带上就有长度 $C + S$ 的一段较薄料层。随着布料机的后退，这一段薄料层以 $v_{车}$ 的速度向竖炉内布下。这段长度为 $C + S$ 的较薄料层，以 $v_{车带}$ 的速度走向头轮，并全部落入炉内所需时间为 $t = \dfrac{C + S}{v_{车带}}$ s。当布料机的头轮后退到 $v_{车} t$ 处，这时才开始有因布料机的后退，而使其胶带上接受的较厚料层向炉内布下。布料机继续后退，厚料层一直布到其头轮到达炉口靠近生球上料胶带机卸料点一端。

当布料机达到炉口靠近生球上料胶带一端时，开始返回又向前行进。此时布料机胶带仍然有长度为 C 的一段由于布料机后退时所接受的较厚料层，这一段厚料层也以 $v_{车}$ 的速度向炉内布下。这段长度为 C 厚料层，以 $v_{车带}$ 的速度走向头轮并全部落入炉内所需要的时间 $t' = \dfrac{C}{v_{车带}}$ s。等到布料机头轮前进到 $v_{车} t'$ 处，因布料机前进造成胶带上的较薄料层开始向炉内布入。布料机继续前进，直布到头轮到达炉口远离生球上料胶带机一端。

如此循环，必然发生在靠近生球上料胶带机一侧的炉口烘床上的料层偏厚，远离生球上料胶带机一侧的炉口烘床上的料层偏薄，这是梭式布料机存在的较普遍问题。当布料机为手动操作时，可在炉口内薄料层处进行人为的布料来解决。若采用自动布料，则必须给予足够重视并予以解决。

b　解决布料不均匀的方法

解决竖炉布料机布料不均匀问题有以下两种方法：

（1）单向布料法。单向布料法是布料机在前进时不向竖炉内布料，而只在后退时才布料的方法。

采用单向布料法，首先应将布料机上的胶带传动装置移到地面上，如图 11 - 19 所示。并使布料机的胶带速度等于车体速度，即 $v_{车带} = v_{车}$。

这样，当布料机车体前进时，布料机胶带只承受由生球上料胶带机的来料，而不向炉内布料。

当布料机车体后退时，即将布料机胶带上的生球向竖炉内布下，而不承受由生球上料胶带机的来料。

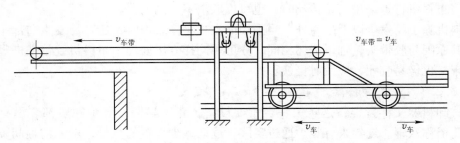

图 11-19 单向布料机示意图

（2）布料面胶带变速法。布料胶带采用变速电机（如 2/4 或 4/8 级双速电机）传动，使其在车体前进和后退时具有两种不同的胶带速度的一种方法。

采用此法，必须使布料机车体前进时，胶带速度是车体速度的 2 倍。而当车体后退时，布料机胶带速度是车体速度 4 倍。这样使布料机胶带的相对速度始终保持不变，因而在布料机胶带上的料量也不变。

C 布料机易发生的故障及改进措施

（1）皮带烧毁。由于竖炉炉口的温度较高，有时直接与火焰接触，以致引起橡胶的龟裂、起泡，甚至烧毁。为解决胶带烧毁问题，有的竖炉球团厂曾成功地使用过钢丝网带。实施竖炉顶除尘技术可使布料机作业环境大为改善，如果除尘风机不出故障和竖炉生产及布料机运行正常情况下，布料机胶带烧毁的现象基本上可以避免，使用寿命可延长到 3~6 个月。

（2）布料胶带头轮轴承损坏。布料机胶带的头轮处在高温、多尘的恶劣环境下工作，早期曾采用单列向心球轴承（200 型或 300 型），常因轴承受热后膨胀，使间隙咬死，以致损坏。目前有的已改用滑动轴承（即轴瓦）或间隙可调的圆锥辊子轴承，并改善润滑条件，或在轴承座进行水冷却，效果较好。

（3）行走电机烧毁。布料机的行走电动通常选用 JZR 型电机，以适应正反向频繁启动的工作条件。但是实际上布料机的工作条件差（多尘、温度高）；行程短（正反向启动太频繁），即使是 JZR 型电机也难以胜任，常出现温升过高，甚至烧毁。

由于布料机走行阻力不大，走行电机的负荷甚小。因此，采用电抗器降压启动、降压运行，以减少其启动电流，效果甚好，得到了广泛应用。把 JZR 型电机改换成 JZ 型电机，也可以延长布料机行走电机的寿命。

操作中应力求减少启动次数，用长行程布料，尽量避免或减少短距离往返行车，以保护电机免于过热。

此外，由于制动器失灵、接触器不良、电机炭刷磨损、轮轴损坏等机械和电气上的原因，引起电机烧毁的现象也都偶有发生，应予注意。

（4）制动器线圈烧毁。布料机行走传动部分的制动器电磁铁线圈，经常容易引起烧毁。烧毁的主要原因是启动频繁和电流过大所引起。电流过大可能由于衔铁吸合不严或吸合冲程过大所致，所以应注意调整制动器的退距。对于 200mm 制动器，退距应保持在

0.5~0.8mm。

目前，布料机行走传动部分的制动器，有的采用液压推杆制动器，可大大延长其使用寿命。当布料机行走采用齿轮传动时，也可以取消不用制动器。

布料机除了易发生以上故障外，当采用简支式车体结构时，还容易发生前部车轮轴承损坏，其原因与胶带头轮轴承损坏相同，亦可用同样方法处理。布料机胶带伸进竖炉内的上下托辊，也极易咬死，应及时更换。

11.3.2.3 辊式卸料器

辊式卸料器又称齿辊，是竖炉一台重要设备。我国早期的竖炉一般都装设有8根齿辊，因此俗称八辊。近年来有竖炉通过实践，逐渐减少齿辊的数量，增大齿辊间隙，使下料较为顺畅，并简化传动装置，已有改为七辊或六辊的。

国外竖炉一般都设有两层齿辊，上层相邻的齿间距为350mm，下层为150mm，齿辊摆动45°，由压缩空气或液压装置传动。

我国竖炉的齿辊一般由单层排列，相邻两辊的齿间距为80~120mm，液压传动，摆动360°。

A 辊式卸料器的构造

我国竖炉常用的辊式卸料器主要由齿辊、挡板、密封装置、轴承、摇臂、连杆、油缸组成。

a 齿辊的作用

齿辊实际是装设在竖炉炉体下部的一组能绕自身轴线作旋转的活动炉底。它主要起三种作用：

（1）松动料柱。由于在竖炉生产时，齿轴不停地缓慢旋转，已焙烧完成的成品球团矿，通过齿辊间隙，落入下部溜槽，经排矿设备排出炉外。所以炉料得以较为均匀的下降，料柱松动，料面平坦，炉况顺行。

实践证明，如果齿辊发生故障而停止运转，炉料将不能均匀下降，下料速度快慢相差悬殊，并产生"悬料"、"塌料"等现象，致使竖炉不能正常生产。

（2）破碎大块。球团在竖炉内因故黏结形成的大块，在齿辊的剪切、挤压、磨剥作用下被破碎使之顺利排出炉外，正常生产得以维持。

（3）承受料柱重量。因齿辊相当于一个活动炉底，所以具有承受竖炉内料柱重量的作用。

b 齿辊的构造

齿辊是辊式卸料器中的重要部件，它在整个炉料重力的作用下，需承受很大的弯矩和扭矩，而且齿辊所处的工作环境温度较高（400~700℃），所以需要较好的结构和材质。

我国竖炉的齿辊辊体大多用45号普通碳素钢铸造，中心采用通水冷却。根据目前使用的齿辊体结构，概括起来有以下三种：

（1）整体铸造式。齿辊为中空整个铸造的铸钢件（见图11-20），具有辊向强度大的优点。但铸造工艺比较复杂，容易出废品，成品率低；中心通水孔的清砂也比较困难。

（2）分段铸造式。为了解决整体铸造式齿辊在铸造工艺上的困难，将齿辊分为三段铸造，然后焊接成一个整体（见图11-21）。分段铸造成品率高，但铸造后需要进行机械加工，即整体焊接—机械加工的过程，加工复杂，成本增加。

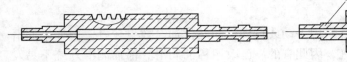

图 11-20　整体铸造式齿辊

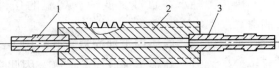

图 11-21　分段铸造式齿辊

1—短轴颈；2—齿套；3—长轴颈

（3）中空方轴齿套式。这种结构的齿辊是在一根空方轴上，外面套以若干节齿套（见图 11-22），以便当齿套发生变形时，可以进行更换。这种结构在实际生产中，由于齿辊工作一段时间后，中

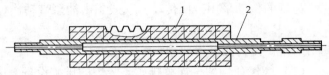

图 11-22　中空方轴齿套式齿辊

1—齿套；2—中空方轴

空方轴和齿套发生变形，难以实现顺利拆卸和更换，同时易发生齿套断裂和脱落事故。此外，中空方轴由于寿命短，故目前基本已不使用这种结构的齿辊。

c　挡板

挡板是齿辊辊体与轴径之间的护墙，用于防止竖炉内高温热废气和炉尘外逸的一种防护装置。目前，采用的整体焊接式挡板，是用双层钢板整体焊接而成，做成冷却壁形式，内通冷却水，有利于降低挡板的温度，寿命长。同时施工后，即可不必再取下，拆卸齿辊时，可以直接从挡板内通出，比较方便，便于维修。

d　密封装置

齿辊的密封装置是指齿辊颈与挡板间的密封。由于该处炉内温度较高（400~700℃），压力较大（10000Pa），有大量的炉尘存在，一旦齿辊颈与挡板的密填料磨损以致破坏，就使附近的各种设备、部件处于极端恶劣的条件下工作，导致磨损加剧，寿命缩短，严重影响竖炉的作业率；同时造成环境污染，危害操作人员的健康。尤其是大量的冷却风从该处跑掉，破坏炉内气流的合理分布，影响了竖炉的正常作业。目前使用较成功的是填料油脂密封装置。

填料油脂密封装置是一种较好的密封方法，它的润滑脂消耗量较低（1~2kg/d）。

填料油脂密封是由于高温润滑脂充填了齿辊轴颈与密封圈之间的空隙，不仅阻止了气流外逸，并能起润滑作用，使填料能在较长的时间内不被磨损。

但是要保持这种密封装置效果的先决条件：必须保证齿辊颈不做径向跳动。因此，要求齿辊两个轴承的轴瓦应有良好的润滑条件，不允许有严重的磨损。

如果轴瓦被磨损，就会产生间隙，当齿辊受到径向力作用时，轴颈将被抬起和落下，产生径向跳动，导致密封填料被压缩，密封间隙扩大，这样当油脂不能继续储存在间隙之中时，密封即遭到破坏而失效。

e　轴承

轴承是齿辊的支点，它保证齿辊绕自身轴线旋转，避免产生径向或轴向的位移。由于齿辊的轴颈较粗（≥200mm），且转速缓慢（10~20r/h），因此一般多采用滑动轴承（轴瓦）。但有的竖炉厂为避免齿辊的径向跳动，改用滚动轴承。

因齿辊轴承在重载、低速、高温的条件下工作，故齿辊采用滑动轴承，必须加强润滑。

齿辊轴承一般使用干油润滑，并采用手动或自动干油站供油，效果较好。但如果润滑系统发生故障，却很难采取应急措施，因此有的厂已改用稀油润滑。稀油润滑系统不易发生故障，偶有堵塞，也易疏通。

B 齿辊传动

齿辊的传动采用液压传动，一般是由油泵带动连杆、摇臂进行的，做360°旋转。

11.3.2.4 排矿设备

对排矿设备的基本要求：

（1）能保证均匀、连续排矿。竖炉的排矿设备，应能保证将炉内的成品球团均匀、连续地排出炉外，使排矿量与布料量基本保持一致。这样，可使竖炉内的料柱经常处在松散和活动状态，以利竖炉内料柱均匀下降，气流和温度均匀分布，达到焙烧均匀，确保炉况顺行和防止结块，生产出质量均匀、合格的球团矿。

（2）保证竖炉下部密封。这是对排矿设备的又一个要求，排矿设备要能起到料柱密封作用，严防竖炉内大量的冷却风从排矿口逸出而产生漏风，确保竖炉内的气流和温度的合理分布。

国外竖炉球团的排矿设备大致可归纳为五种：（1）电磁振动给料机；（2）汽缸（或称风泵）推动排料器；（3）密封圆盘给料机；（4）三道密封闸门；（5）圆辊给矿机。

目前我国竖炉采用以下两种形式的电磁振动给料机排矿：

（1）电磁振动给料机—中间矿槽—卷扬机排矿法，如图11-23所示。这种排矿形式的优点是，可以实现连续、均匀排矿，调节灵敏，设备可靠；密封性好等。缺点是结构复杂、设备笨重，使用后期设备事故多，竖炉高度要相应增加。

（2）电磁振动给料机—链板运输机排矿法，如图11-24所示。此种排矿方法具有结构紧凑，能力大，易操作等优点。缺点是不能做到持久连续的排矿，密封困难。

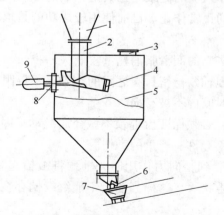

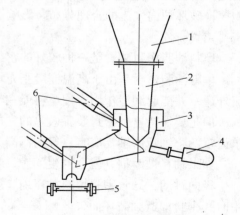

图11-23 电磁振动给料机—中间矿槽
—卷扬机排矿法

1—竖炉下部漏斗；2—直溜槽；3—检修孔；
4—挡料链条；5—中间矿槽；6—扇形阀门；7—卷扬矿车；
8—迷宫密封装置；9—电磁振动给料机

图11-24 电磁振动给料机—
链板运输机排矿法

1—竖炉下部漏斗；2—直溜槽；
3—气封装置；4—电磁振动给料机；
5—链板机；6—除尘风管

11.3.3　链算机—回转窑的操作

11.3.3.1　链算机操作

A　开机、停机操作

点火前检查：

（1）回转窑点火前，首先按设备检查表内容进行全面检查，确认设备齐全良好无误。

（2）开链算机主轴、上托轮等冷却水。

（3）检查确认风系统畅通，管道无积灰，多管除尘器无堵塞，烟道无积灰、积水。人孔关闭干返料及溜槽无积料。

（4）开事故烟囱（电动）。

烘炉操作：

（1）据工长指令，按时关闭事故烟囱。

（2）烟罩高温点温度达到600℃时，链算机以0.59m/min的速度连续转机。

（3）当窑尾温度达到500℃时，开始向链算机布料，布料厚度90mm。

往回转窑加料操作：

（1）完毕后，如烟罩温度达到600℃，链算机以0.59m/min的速度连续运转；如烟罩温度低于800℃停机，链算机进行间断运行。

（2）当烟罩高温点温度达到800℃且呈上升趋势时，按工长指令组织开机。

（3）开机后，调节风箱上的手动阀门执行机构，满足正常生产要求。

链算机临时停机后的开机：当链算机烟罩温度达到800℃后，按工长指令开机，机速0.8m/min。窑内和链算机温度达到正常后，在保证干球质量的前提下，逐步恢复正常机速。

链算机长期停机的排料操作：

（1）根据值班长指令，待造球料排空后，逐渐降低机速，减少对回转窑的加球量。

（2）当链算机断料至预热段时，通知调度烧嘴熄火。

（3）机速降至0.57m/min，根据情况适当控制引风量。

（4）链算机料排空后，链算机以0.57m/min的速度连续运转至烟罩高温点低于200℃。

（5）主轴及各上托轴等温度降到80℃以下时，方可停冷却水。

（6）冬季长期停机时，应放净主轴及各上托轴及管路的水，上托轴和主轴不检修时可不停水。

（7）冬季为保护铲料板，减缓降温速度，在降温24h后方可打开事故烟囱。

临时停机操作：

（1）临时停链算机不超过30min时，如链算机能运转，间断转机，每10min转9个链节。

（2）停机时间超过30min时，链算机如能运转，间断转机，每10min转9个链节，当预热段烟罩高温点温度低于500℃时，链算机停转。

链算机开机、停机操作规程：

（1）开机操作。得到值班长允许后，按下列顺序进行操作：

1）挂上操作牌；

2）启动干油润滑系统加油（按标准加油）；

3）按开机按钮开关；

4）调速。

（2）停机操作：

1）需要停机时，通知主控楼并将调速旋钮调至零位；

2）按停机按钮；

3）摘下操作牌。

B　技术操作方法

（1）按值班长指令及时开停机，做到精心操作，保证正常生产。

（2）随时检查料层厚度，做到不拉沟、不亏料、无粉料、铺匀、铺满。料层厚度20min检查一次。

（3）发现亏料及时与造球岗位联系。严重亏料时（不足正常的1/2），请示值班长批准，体积补足。

（4）链箅机干球强度低于600N/球，必须降低机速0.4~0.6m/min，在机头取样观察，温度正常，干球焙烧良好，无粉末时恢复正常机速。

（5）因故障停机而停煤气30min以上时，必须在烟罩高温点温度升到800℃以上，干球焙烧良好后，方可开机，并在开机后30min内将温度升至正常温度，视干球情况调整机速。

（6）因停窑而开机后，必须将机速控制在1.0m/min以下，0.5~1h以后，待窑温及烟罩温度正常后，适当提高机速和料厚。

（7）每20min观察一次干球焙烧情况和机内气氛，并及时向值班长反馈。

（8）根据链箅机温度实际情况，及时调整链箅机温度控制参数，每次±10℃，防止发生温度较大波动。

C　防止事故的规定及注意事项

（1）保证热电偶齐全、准确、真实反映各点温度。

（2）烟罩温度超过规定上限，通知值班长调整温控，尽快恢复正常温度。

（3）链箅机严禁断水，发现断水，立即接通事故水源，事故水源无效时，立即通知主控室，采取通风等降温措施，同时加大链箅机转速至最快。

（4）链箅机预热段烟罩温度大于500℃状态下停机，每隔30min转9个链节，高于700℃时，每隔10min转9个链节，同时与造球室联系好机尾布料。

（5）链箅机经检修后，开机前检查机内有无粉料及杂物，如有则必须清除，严禁开炉后粉料、杂物进窑。

（6）发现大溜槽堵料时，立即汇报主控室。

（7）在运转中如发现断链节时，及时汇报主控室。

（8）水冷隔墙及铲料板冷却水梁出现断水时，立即通风冷却。

11.3.3.2　回转窑操作

A　回转窑点火前的检查与准备

（1）清除窑内及溜槽内杂物。

（2）准备好点火用具，窑身热电偶处于正上方。

（3）检查回转窑润滑系统，主传动系统，液压系统，回转窑窑位，风、煤粉、煤气、水系统正常，并检查热电偶正常，其保护套突出窑衬表面，热电偶余套管上沿平齐。

（4）检查确认烧嘴前的煤气、煤粉闸阀灵活好用，且全处在关闭状态；配套风机调节阀、蝶阀都灵活好用，且全处在关闭状态。

（5）检查确认回转窑前煤气支管上排水器畅通，且满水溢流，排水阀门处在开启状态。

（6）打开回转窑炉前支管末端煤气小放散，打开该支管煤气眼镜阀后蒸汽吹扫点，驱赶该支管内的空气。

（7）由防护人员打开煤气支管气眼镜阀。打开支管煤气闸阀，同时关闭眼镜阀后蒸汽吹扫点，对该支管引煤气。

（8）经末端爆发试验连续三次合格后，关闭末端放散阀，引煤气结束。

（9）准备点火，无关人员撤离现场。

B　回转窑点火操作

（1）查看确认回转窑内 CO 含量为零，且无爆炸混合气体，打开窑尾放散阀。

（2）动鼓风机，打开烧嘴前的送风一次蝶阀，稍开送风调节阀（开度在 5% ~ 10%）达到送风运行正常。

（3）燃引火物，送至烧嘴前，缓开煤气阀门，引燃煤气，适当调节煤气闸阀，配合调节送风阀，使煤气燃烧正常，达到火焰炽热，无黄焰，且持续稳定。

C　回转窑升温操作

（1）点火后，要尽快使窑内温度提高，达到正常生产。

（2）升温期间要勤观察窑内火焰燃烧情况，将风、煤气、煤粉配合好，达到理想状态。

（3）观察电热偶显示屏。当窑内温度低于 200℃ 时，每小时转窑 1/3 圈，200 ~ 600℃时，每半小时转窑 1 圈，窑内温度大于 600℃ 时，以回转窑最慢速度连续转窑，如因故不能连续转窑时，每 10min 转 1/2 圈。

（4）点火约 4h 升温至 900℃ 时通知窑尾引风机岗位，开引风机。（引风机也可根据窑内情况提前开）适当调节引风量，使回转窑尽快正常生产。

D　回转窑正常操作

（1）转窑正常生产时控制温度：

窑头密封罩　　　　700 ~ 1000℃

窑身高温段　　　　1000 ~ 1200℃

窑尾密封罩　　　　900 ~ 1000℃

（2）观察固定筛口，有大块及时清除。

（3）根据生产需要，及时调节煤气、煤粉阀门开度和风量，满足正常生产。

（4）随时监测煤气的压力波动和其燃烧情况，确保煤气压力不低于 4.0kPa；当煤气压力低于 4.0kPa 时，通知主控室，及时减量保温。若煤气压力继续下降达到 2.5kPa 时，立即关闭烧嘴阀门灭火并通知主控室。

（5）随时检查鼓风机的运行状况，确保其稳定正常，并调节风机出口压力稍高于烧嘴处煤气压力（100 ~ 200Pa）。

（6）定时对回转窑前的煤气管道、烧嘴阀门等进行监测，发现 CO 浓度超过 24×10^{-6}

时，要及时查明原因，并进行相应处理。

（7）勤观察回转窑各处冷却水温度，决不能断水、停水，勤观察回转窑各轴瓦、温度计、回转窑位置的上窜下窜情况，随时调节。

（8）随时观察窑内物料大小，燃烧气氛，及时将不正常情况向主控室汇报，指导生产，达到高产、低耗、高效的目的。

E　回转窑停窑降温操作

（1）停窑超过 8h 的长期停窑，为保证窑内剩余球团的质量，适当调节煤气量和给风量。链箅机排空料后停止煤气，在排料过程中，随着窑内物料减少，适当降低窑速。

（2）临时停窑，停窑时间不超过 5min，停止喷煤粉；停窑 5 ~ 10min，窑温降至 1000℃停窑，每 10min 转 1/3 圈，停窑后采取保温操作；停窑超过 5h，自然降温。

F　回转窑保温操作

（1）当回转窑发生故障不能运行时，窑内不能喷煤气保温，当窑内温度降至 800℃ 以下时，引风量逐步减小或停风，打开窑尾放散。

（2）其他设备故障停机需回转窑连续运转时，引风量控制在平常 1/4 度，并喷煤气保温，在保温过程中，窑尾热电偶不大于 800℃。

（3）保温过程中，窑中最高温度 800℃ 以下，窑速降至最低，进行自然保温。

（4）故障处理后，回转窑恢复正常生产时，如窑内温度高于 700℃，可直接喷煤气、煤粉达到生产条件，如窑内温度低，可采用明火点火，逐渐升温，恢复生产。

（5）故障停窑及回转窑保温操作时，窑头、窑尾密封机构冷却风机不停机。

G　回转窑停火操作

（1）根据生产需停窑或停止向回转窑内喷煤气、煤粉时，先关闭烧嘴阀门，待熄火后，关闭窑前煤气、煤粉闸阀，同时关闭送风蝶阀和送风调节阀，停鼓风机。

（2）煤气防护人员关闭煤气闸阀后眼镜阀。

（3）开回转窑前煤气支管末端放散阀，从眼镜阀后通氮气处理支管内残余煤气，并在末端检测 CO 含量小于 24×10^{-6} 且防爆测定合格后停止氮气吹扫，关闭末端放散阀。回转窑停火结束。

H　回转窑事故与处理

a　回转窑结圈

造成回转窑结圈的主要原因以及处理方法如表 11 – 37 所示。

表 11 – 37　回转窑结圈的原因以及预防措施

结 圈 原 因	防止结圈的措施
精矿粉品位低，SiO_2 高，在有 FeO 存在的情况下，容易生成低硅点硅酸盐矿物	严格控制原料成分，必须达到技术要求
生球强度低，在运输过程中容易产生粉末	提高生球强度
链箅机干球焙烧强度低，如窑后再次产生粉末	控制被烧质量，入窑抗压强度控制在 800N/球以上，杜绝粉末入窑
操作不当，回转窑温度控制过高，造成局部高温	严格控制窑温，不造成局部长时间高温
高温状态下停窑	严禁高温停窑

回转窑结圈后，需对结圈物进行处理，方法如下：

（1）冷却处理：采用风镐、钎子、大锤等工具，手工除圈的人工法。

（2）烧圈：

1）冷烧及热烧交替烧法。首先减少或停止入窑料（视结圈大小而定）加煤气和风量。提高结圈处温度，再停止喷煤气，降低结圈处温度，这样反复处理使圈受冷热交替相互作用，造成开裂脱落。

2）冷烧。在正常生产时，在结圈部位造成低温气氛，使其自行脱落。

b　结块

结块原因：主要在局部高温出粉状物料形成的低熔点化合物为黏结剂，使球与球黏结在一起形成块体。

防止方法：提高生球和链算机上干球质量。稳定热工制度，防止局部出现高温。

处理方法：发现固定筛上有大块及时打碎或扒出，防止堵塞。

c　红窑

回转窑看火岗位要经常观察窑内外状况。每小时查看窑体表面温度，窑体表面温度300℃左右时，没有危险，如果超过400℃，看火人员必须严加注意，温度到400~600℃，在夜间可看出窑体变化，若出现暗红色时，即为红窑，当窑体温度为650℃，窑筒体变为亮红，窑体可能翘曲。

处理办法：窑筒体出现大面积（超过1/3圈）红窑，立即降温排料，窑筒体局部（如一两块砖的面积）发红，判断为抓转或掉浇注料，必须停窑。

d　紧急停电

发生意外停电时，必须采取如下紧急措施：

（1）停电后，先停止向窑内送煤气，立即回报值班长、调度、起用备用电源（必须在10min内用辅助设备使回转窑慢转）。

（2）立即组织打开备用水源向环冷机和链算机供冷却水。

（3）打开窑尾放散。

11.3.3.3　环冷机操作与要求

A　开机、停机操作规则

开机前检查：

（1）检查各台车的算条有无破坏、网筛有无破裂、台车侧板有无裂隙、耐火材料有无脱落。

（2）检查设备周围、运转部位有无人和障碍物。

（3）检查出料口是否有异物堵塞。

（4）检查冷却风放散是否关闭。

（5）检查环冷机、鼓风机、成品皮带机是否正常运行，经确认后再组织开机。

开机操作要求：要将调速电机逐步加速到正常工作转速。

开机操作：

（1）通知除尘岗位启动除尘系统进行抽风除尘。

（2）启动调速电机逐步加速到正常工作转速。

停机操作：

（1）临时停机、环冷机停止运转，但鼓风机应继续运转。

（2）正常停机或长时间停机，要将机内的球团矿全部卸到链箅机上，然后停止环冷机运转，停止鼓风机。

B 操作要求

（1）回转窑开始给料，经固定筛、受料斗落到箅条上后，首先将1号、2号、3号鼓风机风门视情况打开，再将环冷机调到转速上限，料以随机速度铺上。当物料移到出口处时，调整环冷机转速，确保环冷机布料铺到一定厚度（根据实际情况定）。

（2）检查环冷机出料斗内有无大块、一有大块立即通知链板机岗位。

（3）通过下料斗观察孔检查台车的布料情况，如发现空料或满料情况及时调整环冷机转速，确保下料稳定。

（4）当成品系统发生故障停机时，要尽快通知值班长让回转窑工将热球从窑头排出。

（5）观察料斗出口处向台车上布料，料面是否均匀平整，有无粒度偏析而在料层中产生管道现象。

（6）台车与风箱之间的密封是否正常，有无漏风现象。

事故处理及注意事项：

（1）水冷梁冷却水泄漏后，窑头罩内会瞬时产生大量蒸汽，此时应立即打开窑头罩所有的门停止造球，关闭煤气阀，让窑微动，待窑头罩内温度下降到800℃时，减少冷却水量，小于200℃时停止检修。

（2）受料斗如果出现耐火层脱落，则因温度过高而变红，要组织停机降温，检修料斗。

（3）环冷机各段回热风温度要按要求进行控制，当超出上限或低于下限，要及时调整机速、料厚或风门蝶阀。

（4）意外停水或停电时汇报值班长，按通事故水源或电源。

（5）在正常操作进程中，环冷机意外停止转动时，必须按一下停止按钮，然后做相应处理。

（6）遇环冷机自动停或自动慢转，要先切断电源，找出原因采取措施进行处理后方可再启动。

（7）出口漏斗堵，要切断电源停机处理，捅料要防止大量料塌落压住链板机。

11.3.3.4 风机操作规程

A 开机、停机操作

a 开机操作

接开机指令后，检查本岗位所属设备，确认无误后，汇报工长，得到工长允许后，按下列顺序进行操作：

（1）有高压电工在旁边监护，按启动按钮，启动排风机。

（2）运转正常后，通知主控室。

b 停机操作

（1）正常停机：接听机指令后，按停机按钮停机。

（2）在下列情况下可使用紧急停机：

1）发现风机有剧烈噪声；

2）轴衬温度剧烈上升；

3）风机发生剧烈振动和有撞击的现象。

（3）停机后，摘下操作牌。

B　技术操作方法

（1）风机启动前后应进行下列准备工作：

1）关闭调节门。

2）检查风机各部间隙尺寸，转动部分有无碰撞及摩擦现象。

3）在叶轮的半径方向、联轴器附近，均不准站人，以免发生危险。

4）检查轴衬的油位是否正常。

5）检查电器线路及仪表是正常。

6）检查冷却部分是否正常。

（2）当风机启动后达到正常运行时，（缓缓）开大调节门直至规定负荷为止。

（3）检查风机轴承温度及润滑情况，地脚螺栓是否紧固，轴承冷却水是否畅通，压力是否正常，管道阀门有无阻塞现象。

11.3.4　带式焙烧机的操作

11.3.4.1　带式焙烧机操作技术

A　台车、风箱的操作

（1）风箱温度是反应焙烧过程进行是否正常和判断台车承受高温时间长短的重要信息，因此操作应严格按照规程表中规定的温度范围进行控制。在生产中要正确判断风箱温度异常的原因，采取不同的措施给予调整。

（2）正确掌握焙烧时间，通常以 7～8min 为宜。焙烧时间长，台车承受高温时间也长，台车塌腰变形加快。焙烧时间与机速及焙烧段烧嘴开启对数有如下关系：

$$（机速 \times 焙烧时间）/2 = 焙烧段烧嘴开启对数$$

（3）生产操作中必须坚持全料层操作，即生球层与底料厚度之和必须等于 450mm，且保证料面平整不拉沟，生球不断流。

（4）要密切注意产量水平与机速和焙烧段长度（即焙烧段烧嘴对开启个数）的匹配问题。

（5）在烘炉时当个别风箱温度大于或等于 300℃时，必须运转焙烧机，开始全部底料循环，并根据风箱温度情况随时改变机速，保持风箱温度不大于 300℃。在机速达到最大值（2.5～3.2m/min），风箱温度仍大于或等于 300℃时，则应开始铺生球，但注意生球层厚度应根据炉膛温度逐渐增高。

（6）当造球机短时间内不能维持生产或由于其他原因造成生球数量小于 200t/h（或造球机开动台数少于 4 台）时，应及时与总厂调度室联系请求报停。如总厂调度同意报停，则采取大幅度减少煤气供给量，维持全料层底料循环的措施。造球机恢复正常运转时，再升温生产，并向总厂调度室报开。如总厂调度室指令性要求继续生产，则应减慢机速，维持生球料层不低于 200mm。

（7）在系统发生临时故障，停机时间长时，要大幅度减少煤气供给量和关小风机阀门，并立即开动事故风机。

B　焙烧炉的操作

（1）严格控制终点，在正常情况下焙烧终点温度应控制在 350~450℃，终点位置控制在 28~29 号风箱，这既有利于保护台车、风箱，又利用提高二次风温度，有利于提高球团矿台时产量，从而减少煤气供给量，降低燃烧室温度。

（2）当焙烧终点前移时，首先应在稳定料层厚度和机速的基础上适当关小各风机风门。如调整效果不理想，则可适当加快机速和增加料层厚度。当焙烧终点后移时，可采取与前移相反的措施来调整。总之，应先在尽可能减少生产波动的情况下进行调整。

（3）焙烧炉烧嘴的开闭要贯彻"连续多开"的原则，这样做可降低单个烧嘴的燃烧强度和燃烧室温度，又可保证炉膛温度分布均匀。

（4）新砌炉体应严格按烘炉曲线规定进行烘炉操作；对炉体进行局部整修后应按规定进行烘炉操作。烘炉时先以 19 号、20 号风箱上部炉顶的热电偶温度为准，待上述热电偶温度达到 350℃，再以炉膛热电偶温度为准按烘炉曲线进行烘炉。

（5）开始烘炉时应采用火管烘炉，并开动炉罩风机。当炉温达到 350℃时，可转入点燃烧嘴进行烘炉，同时根据二次风支管温度情况及时启动主抽风机、回热风机和冷却风机，使炉膛内部维持 -50Pa 的负压，防止热气流回流，致使二次风支管烧坏。

（6）在计划检修时，开炉、停炉的升温和降温按规定进行。

C　焙烧过程的风热平衡

（1）风热平衡是一项系统工程，一旦失去平衡，就必须进行一系列参数的调整。单靠人去调整某几个参数是困难的，因此，各生产控制环节的控制仪器、仪表、执行机构等必须运转灵活、可靠。尤其是生球计量、烧嘴的风和煤气阀门、温度、压力流量等检测元件发生故障，造成失控或显示失真时，应立即抢修，甚至可以请求停机处理，严禁盲目生产。

（2）原料配比稳定与准确程度、生球数量质量（粒度、水分、强度）的相对稳定，布料均匀与否都是影响风热平衡的重要因素，应严格按照配料工艺技术参数要求、混合料工艺技术规定、造球工艺技术规定、生球筛分工艺技术规定、铺料工艺技术规定等进行精心操作。

（3）高度重视焙烧炉各段炉罩和风箱的压力变化，它是反映系统内风热分布是否均匀、流向是否合理的最直观的参数。在自动控制一旦失效的情况下，对风机、旁通管等阀门的人工调整，应做到迅速、准确。

D　风机的操作

（1）严格控制焙烧温度和焙烧时间，是确保球团矿烧透烧好的必要条件。忽视任何一个都会由于球团矿欠烧而产生大量的粉尘，损坏风机。每次开炉生产时，要减少低温球团矿，这也是保持风机正常的重要一环。

（2）风箱和大烟道应按规定及时放灰。

（3）当风机出现下列情况之一时，应迅速停机并上报车间和总厂：

1）当风机大瓦（包括电机）的振动达到 0.2mm（20 道）时或温度达到 70℃；

2）当风机电机工作电流达到或超过规定的工作电流且调整风门等措施无效时；

3）当风机电机定子温度达到 110℃以上时；

4）当风机内有较大的异常声响时。

（4）密切监视各风机允许的最高温度，并在自动调节失控时，要迅速改为手动，必要时可以考虑关闭风门或停机处理。

（5）机头电除尘应经常保持正常工作，严禁风机在电除尘器内一个室内的两个电场都不工作的情况下运转。

E 机尾皮带的操作

（1）焙烧终点控制适当，确保球团矿得到充分冷却，做到机尾断面无红球层。通常要求机尾罩内温度小于70℃、成品球团矿温度小于120℃。

（2）强化造球和生球筛分，避免粉料进入台车或由于鼓干、抽干温度控制不当造成生球爆裂而影响料层的透气性及球团矿的正常冷却。

（3）机尾排料矿槽严防空槽，经常保持10~20t的存料，防止红火球直接送到机尾皮带上。

（4）保持台车算条和台车挡板的完整无损，同时要铺料平整，以免造成漏风和气流短路影响冷却效果。

（5）当机尾断面出现红球时，主控室要立即通知岗位人员向机尾皮带打水。事故停皮带时，应先将机尾皮带料运出后再停皮带，严禁皮带带料停机。一旦由于事故皮带带料停机，岗位人员要马上往整条皮带上打水。

F 焙烧机开机、停机操作

正常开机：

（1）开机前先启动助燃风机、送风小室风机，然后按炉罩风机→主抽风机→冷却风机顺序启动风机，之后点燃烧嘴烘炉。烘炉按保护焙烧炉技术操作中有关规定执行。

（2）主控室根据炉膛温度情况，启动回热风机、鼓干风机。

（3）当温度达到1150℃时启动造球机，并逐渐升温至正常生产温度。

（4）根据造球机开动情况，注视台车布料、运行情况及机尾卸料情况。布料要均匀，机尾不准下红火以防烧皮带。

（5）焙烧机启动前要对设备运行情况及焙烧炉情况做全面检查，发现异常立即通知主控室进行调整。

（6）整个启动过程中，要注意炉内压力、气流分布及温度，不允许二次风支管过热。

正常停机：

（1）接到停机指令后，止火、降温，逐渐关小回热、冷却、主抽、鼓干风机风门。

（2）停供生球，增加底料高度进行底料循环。风箱温度低于300℃时可停转焙烧机，并根据情况停转各工艺风机。

G 检测与控制

焙烧温度、各罩罩温及压力、风箱温度及压力等每小时进行检测记录一次，根据检测情况进行及时调整。

11.3.4.2 焙烧机常见事故处理

A 停水（焙烧机本体能转）

（1）各烧嘴止火、降温。

（2）按冷→回→主→鼓的顺序手动关闭或关小各风机风门，同时调整炉罩风机风门，保持各段压力在正常值，以防热气回流。

（3）注意风箱温度，如果风箱温度接近300℃时，立即启动事故风机。

（4）炉罩风机门调整后，烟气温度如果高于250℃，适当开鼓干风机兑冷风阀门。

（5）停供生球，同时将底料厚度增至450mm，必要时可加快机速，进行底料循环。

B　焙烧机停机

本体事故：

（1）止火、降温。

（2）按冷→回→主→鼓的顺序关小各风机入口阀门，同时调整炉罩风机风门，保持各段罩压在 −50Pa 左右，以维持风热平衡，防止热气回流。

（3）注意风箱温度，如风箱温度接近300℃时，启动事故风机，启动事故风机后风箱温度还大于350℃时，应立即止火。

（4）当炉罩风机温度大于250℃时，可适当打开鼓干风机兑冷风阀。如果鼓干风机过电流，调整风门无效时，则停鼓干风机。

底料系统事故：

（1）首先检查判断处理事故所需要的时间。

（2）短时间能恢复转车时，减少底边料厚度至80mm，降低机速，逐渐减少生球给入量，进行半负荷生产。待事故排除后，逐渐恢复全负荷生产。

（3）长时间不能恢复生产时（经判断底料槽用至下限尚不能恢复转车时），按本体事故处理方法处理。

成品系统事故：

（1）机尾槽未满，有一定的缓冲余地时，逐渐减少生球供给量，待机尾矿槽装满后，停供生球。底料增至450mm，焙烧机进行底料循环，按焙烧机停车顺序停车。

（2）成品系统无缓冲余地时，停供生球，烧嘴关小，底料厚度增至450mm，焙烧机进行底料循环。按焙烧机停车顺序停机。

造球系统事故：

（1）底料增至450mm，焙烧进行底料循环。

（2）按降温曲线逐步关小各段烧嘴，焙烧段降至800℃恒温，进入烘炉状态。

（3）按本体事故处理方法中有关规定处理。

C　全停电事故

（1）如果内部停电，立即送上备用电源。

（2）关闭煤气阀门止火。

（3）通知煤气组关煤气总阀门，并通告计器人员关闭计器导管等阀门后，由煤气组堵盲板、通蒸气，并打开放散管放散。

（4）开大炉罩风机阀门，打开鼓干兑冷风阀、风机入孔、3号风箱压力放散阀（通大烟囱），打开回热风机兑冷风阀、风机入孔、抽风干燥罩压力放风阀。

（5）重新转车送电时，通知计器人员给仪表送电、开计器导管，通知煤气组和煤气加压站，并按点火程序点火（应排出炉罩废气后进行），按规定速度升温。按运转程序转车，启动风机。

D 停煤气事故处理

（1）关闭煤气烧嘴支管阀门。

（2）通知煤气组关闭煤气总阀门，并通知计器人员关闭计量导管阀门后，由煤气组堵盲板通蒸汽，并打开放散阀放散。

（3）按冷→回→主→鼓顺序关风机风门，适当调整炉罩风机风门，保持各段压力，维持风热平衡，特别是炉膛压力，以防热风回流。

（4）停供生球，底料厚度增至450mm，进行底料循环，也可视情况决定停转焙烧机。

（5）风箱温度接近300℃时，启动事故风机。

（6）当炉罩风机出口温度大于250℃时，可打开鼓干风机冷风入口阀。若鼓干风机电机过电流，经调整无效，则停鼓干风机。

（7）通知计器人员、煤气组、煤气加压站检查原因。

（8）煤气恢复正常，按点火程序重新点火。

（9）恢复生产炉温低于800℃时，需按烘炉曲线把炉温烘到正常后再进行生产。

E 风机停车

（1）关小各烧嘴，按降温曲线降至800℃烘炉。

（2）停供生球，底料厚度增至450mm。

（3）当风箱温度大于300℃时，启动事故风机，并进行底料循环。如风箱温度大于350℃时则止火。

（4）按风热平衡原则，调整运转风机阀门，保持规定的炉膛压力严防热风回流。

（5）非鼓干风机事故，且鼓干风机阀门调整后，电机过电流则停鼓干风机。

（6）炉罩风机事故：炉罩风机风门100%打开，关小鼓干风机风门或打开鼓干风机排放阀门。

（7）鼓干风机事故：关小炉罩风机风门，保持罩压－50Pa，关闭鼓干风机入口风门，启动慢动装置。

（8）主抽风机事故：将鼓干、抽干段已铺生球推入焙烧段，停转焙烧机。

（9）回热风机事故：将生球推入焙烧段，停转焙烧机，运转回热风机慢动装置。

（10）冷却风机事故：机尾进行打水，消除红球。降温过程中，停止电振给料，如机尾槽满需要排料时，通知岗位在排料过程中往皮带上打水。

11.3.4.3 焙烧机岗位安全技术规程

（1）进入煤气区域巡检时应携带煤气报警器，禁止在煤气区逗留和休息。

（2）焙烧机两侧点火平台使用的点火煤气管必须保持点燃状态，不用时必须将阀门关严。点火作业前必须先点燃明火，再打开煤气管阀门。管道阀门必须保持良好。

（3）凡在煤气区煤气设备、管道上动火，必须持动火证方可进行作业。

（4）检查燃烧室炉内情况需要打开窥视孔小盖观察时，必须先确认窥视孔口处的热气流压力正常，选择合适位置进行观察。

（5）启动助燃风机、开关烧嘴、开关放散阀等点火作业及更换台车箅条，必须两人以上进行。

（6）凡需停焙烧机处理事故或检修作业，必须在停机后将"有人工作，禁止启动"警示牌挂在焙烧机操作箱上。

（7）焙烧机在运转中，平整炉箅条时，应确保工具完好，严禁用力过猛、脚蹬踏台车，如发现机头、机尾、弯道、台车等部位有杂物需要处理时，必须停机处理，并设专人监护。尤其处理机尾耐火材料时，谨防烫伤事故的发生，劳动保护品要穿戴标准，手套要戴好，领口、袖口要系紧，站在台车东侧要选好站位。

（8）点火平台、油泵处严禁堆放易燃物。

（9）更换台车箅条、砸箅条及处理焙烧机各部漏箅条时要选好站位，做好确认，两人以上方可作业，停、转焙烧机必须有专人把关。

（10）检查煤气设施必须携带煤气报警器。

（11）焙烧机各处平台安全围栏、吊装孔盖板及走桥扶手必须齐全可靠。

（12）执行焙烧机停送煤气有关规定和皮带机岗位安全技术规程。

11.4　自动控制设备与应用

11.4.1　自动控制技术及其在烧结生产中的应用

11.4.1.1　自动控制技术的发展

科学技术和控制理论的发展，促进了自动控制技术的发展，也使得实际应用的控制工具和控制手段越来越丰富。特别是进入 20 世纪 90 年代后，随着微电子技术、计算机技术、电力电子技术和检测技术的迅速发展普及，微处理器在控制装置、变送器上的广泛使用，现场仪表（传感器、变送器、执行器等）得以智能化。在控制工具方面，出现了一种新的控制系统，称为现场总线系统（field bus system）。它是计算机技术、通信技术、控制技术的综合与集成，特点是全数字化、全分散式、可互操作和开放式互联网络；它克服了 DCS 的一些缺点，对自动控制系统体系结构、设计方法、安装调试方法和产品结构产生了深远影响。

尽管先进过程控制能提高控制质量并产生较明显的经济效益，但它们仍只是相互孤立的控制系统。许多专家进一步研究发现，将控制、优化、调度、管理等集于一体的新控制模式和信号处理、数据库、通信以及计算机网络技术进行有机结合发展起来的高级自动化具有更重要意义，因此也就出现了所谓综合自动化系统，被称为计算机集成过程系统 CIPS（computer integrated process system）。CIPS 除了要完成传统 DCS 过程控制系统的功能外，还要实现运行支持和决策支持的功能，包括质量控制、过程管理、在线优化、经营管理、决策分析等，其系统构成见图 11-25。

11.4.1.2　自动控制技术在烧结生产中的作用

随着烧结技术和控制技术的进步，烧结过程自动控制技术也得到了相应发展。20 世纪 50 年代，只是对烧结过程的压力、温度、流量等进行测量，仅实现局部控制和单回路控制，对于比较重要的工艺变量则设计串级调节系统或前馈调节系统；60 年代向高效率和可靠性方向发展；70 年代到 80 年代，随着种类繁多的 PLC（可编程控制器）和 DCS（分散式控制系统）在自动控制领域的应用，基于现代控制理论的先进过程控制应运而生，极大地提高了生产自动化水平和管理水平；提高了产品质量，降低了能源消耗和原材料消耗；提高了劳动生产率，保证了生产安全，促进了工业技术发展，创造了最佳经济效益和社会效益。

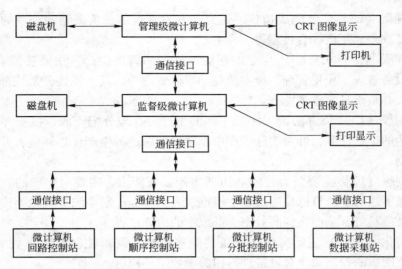

图 11 - 25　CIPS 系统构成示意图

近年来随着钢铁工业对原料要求的日益提高和设备的大型化发展，对烧结过程控制提出了更高的要求。现代烧结过程的控制非常复杂，它涉及温度、压力、速度、流量等大量物理参数，包括物理变化、化学反应、液相生成等复杂过程，以及气体在固体料层中的分布、温度场分布等多方面问题。从控制角度来看，烧结过程是多变量、分布参数、非线性、强耦合特征的复杂被控对象，传统依靠人工"眼观—手动"调节方法已经无法满足大型烧结设备的控制要求，需要更加精确和稳定的自动控制。

11.4.1.3　烧结生产过程自动控制体系结构

烧结厂作为钢铁联合企业中重要组成部分，其流程工业自动化自下而上分为过程控制、过程优化、生产调度、企业管理和经营决策等 5 个层次（见图 11 - 26）。L1 ~ L3 级面向生产过程控制，强调的是信息时效性和准确性；L4 ~ L5 级面向业务管理，强调的是信息关联性和可管理性。

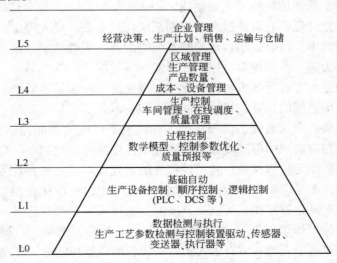

图 11 - 26　烧结生产自动化体系结构及分级

企业管理级（L5）主要完成销售、研究和开发管理等，负责制定企业的长远发展规划、技术改造规划和年度综合计划等。

区域管理级（L4）负责实施企业的职能、计划和调度生产，主要功能有生产管理、物料管理、设备管理、质量管理、成本消耗和维修管理等，其主要任务是按部门落实综合计划的内容，并负责日常管理业务。

生产控制级（L3）负责协调工序或车间的生产，合理分配资源，执行并负责完成企业管理级下达的生产任务，针对实际生产中出现的问题进行生产计划调度，并进行产品质量管理和控制。

过程控制级（L2）主要负责控制和协调生产设备能力，实现对生产的直接控制，针对生产控制级下达的生产目标，通过数学模型、人工智能控制系统等优化生产过程工艺参数、预测产品质量等，从而实现高效率、低成本的冶炼过程。

基础自动化级（L1）主要实现对设备的顺序控制、逻辑控制及简单数学模型计算，并按照过程控制级的控制命令对设备进行相关参数闭环控制。

数据检测与执行级（L0）主要负责检测设备运行过程中的工艺参数，并根据基础自动化级指令对设备进行操作。执行级根据执行器工作能源的不同可分为电动执行机构、液压执行机构和气动执行机构，如交流电动机、液压缸、气缸等。

对大型企业而言，希望最高管理级网络直达基层原始数据级，基层原始数据直达最高管理决策层，以减少原始数据的加工、衰减、变质等，为最高决策层准确决策提供技术数据支持。对烧结工艺过程来说，L0级已经相对比较成熟，L2～L5级正在迅速发展。L1和L2级是烧结自动控制的关键环节，其中L2级是目前许多冶金工作者研究的重点，其目标是追求信息自由、快速、准确地交换，实现数据、资源、指令共享互通，以追求企业效益最大化。

11.4.1.4 模糊控制技术

降低生产成本，同时确保质量提高，已成为个体企业应对日益严峻的国内外市场竞争的唯一途径。烧结矿综合成本取决于以下几个因素：原料品种的选择、烧结矿生产率、能源消耗等，这些因素既密切联系又互相制约，一个指标的提高，并不意味着其他指标的同步提高，有时甚至是降低，只有通过自动控制系统优化参数，最大限度地挖掘烧结厂的生产潜力，才能节约成本。目前烧结自动控制系统均配备了集散控制系统，具备了基本检测和基础控制功能，为进一步实现自动控制和智能控制提供了可能。

智能模糊控制是人工智能技术与现代化控制理论及方法相结合的产物。随着计算机技术不断发展及其应用范围的拓宽，智能控制理论和技术获得了长足发展，在工业控制中取得了令人瞩目的成果。专家系统、模糊集合、神经网络已成为智能控制技术的三大支柱，是烧结工业自动化控制追求的最高境界。智能控制在烧结过程控制中的应用避开了过去那种对烧结过程深层规律无止境探求，转而模拟人脑来处理那些实实在在发生的事情。它不是从基本原理出发，而是以事实和数据作依据，来实现对过程的优化控制。过去烧结过程自动控制的缺陷和不足是靠操作工头脑来判断的，通过人工干预来弥补。有了智能模糊控制参与之后，这部分工作可以通过计算机来实现。二者的区别在于：操作员依赖的是经验，这种经验与操作员个人的素质有很大关系；而智能模糊控制是人工智能技术与现代化控制理论及方法相结合的产物。

由于烧结工艺的高度复杂性和过长的反应时间，采用传统自动控制系统很难实现对烧结过程的精确有效控制。近几年烧结自动控制在传统的一级机控制系统（又称基础自动化系统）之上，出现了二级机过程优化控制系统，利用有效的数据管理系统和相关的优化数学模型，特别是先进的模糊控制技术预测有关工艺参数给定值变化对烧结矿产量及质量的影响，从而达到有效地优化工艺过程，提高产量、提高一级品率、减少波动和降低成本的目的。二级机系统包括一套过程信息管理系统及在它之上在线过程模型的集合。过程模型被用来直接控制过程，并被组织成两组：一组为烧结生产率（产量）控制，另一组为烧结质量控制。这些模型都是在线运行的，直接控制烧结工艺过程中不同的给定值，它们能够在没有人工干预的情况下闭环控制烧结过程，实现烧结过程控制的完全自动化。

11.4.2 烧结生产自动控制系统的典型配置

烧结工艺过程的成品整粒系统、烧结冷却系统、配料混合系统之间有着直接的连锁关系，整个工艺过程设备台数、种类繁多，所以烧结控制系统可以配置成一个集中监视、操作，分散实现控制的系统。另外，由于原料从配料矿槽经配料、混合、加水、烧结、冷却、破碎、筛分等多个工序过程，到最后成品烧结矿的分析指标出来，需经过几个小时，这期间的数据必须进行跟踪处理，才可以准确地掌握实时的工艺过程，以及为随后的工艺过程的优化提供依据，所以，功能完善的烧结控制系统须有二级机系统对工艺过程数据进行处理、对工艺过程控制进行优化。图 11-27 所示为一个烧结自动控制系统的典型配置。

11.4.2.1 一级机的配置及功能

一级机系统由两级网络连接而成，一级网络上的设备为 CPU 控制站、PC 机操作站。一个控制站承担一个完整工艺子系统的控制任务，如配料系统、混合料系统、整粒系统等都可由一个控制站来实现控制，PC 机操作站用于对各工艺系统的监视及操作。同时，每个控制站都可作为多个零级网络（现场局域网）的主站，连接在零级网上的设备主要有马达保护控制设备或智能 MCC、变频器、仪表等产生信息量较大的控制设备。烧结自动控制系统的一级控制系统用于实现烧结过程各个子系统间、设备间连锁关系、时序关系，实现对工艺设备的控制、保护以及对整个工艺过程进行操作、监视。

A 一级网络

工业以太网技术已发展成熟，目前已能提供 100MB 的工业快速以太网网络设备。由于以太网通信速度快、容量大、维护方便，易与工厂内外 Internet 连接等诸多优点，以太网技术已越来越广泛地应用于工业领域，所以在烧结自动化控制系统中，一级机也可以采用以太网技术达到快速通信的要求。

将连锁关系紧密的工艺子系统控制站、操作站连接在同一个以太网交换机下，一则可以减少计算机控制设备故障对生产过程的影响，二则可以大大减少通过上一级以太网交换机的信息量，从而有效地优化网络性能。

控制站设备目前使用较多的有施耐德公司 QUANTUMN 系列 PLC、西门子公司 PCS7 系列 PLC、AB 公司 CONTROL LOGIX 系列 PLC。由于计算机技术的广泛应用，现在的 PLC 系统已不是传统意义上可编程逻辑控制器，它的功能得到了极大地扩充和提高，除了可以进行可编程的逻辑控制以外，还可进行有效 PID 调节、数值计算甚至模糊数学的运算。所以在烧结控制系统中，这样一个控制站可以用来实现整个工艺系统包括逻辑控制和过程回

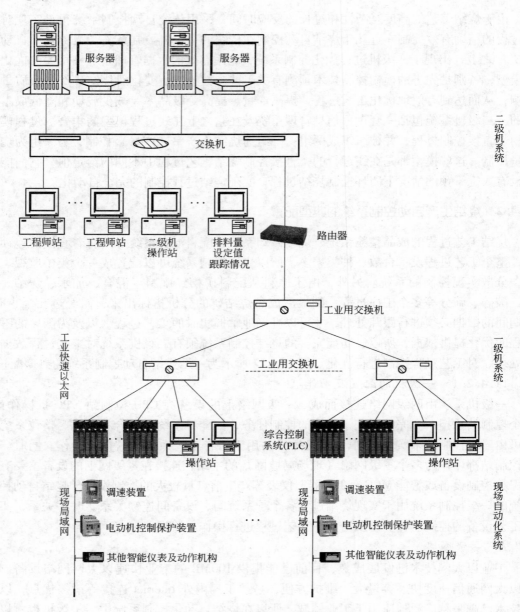

图 11-27   烧结控制系统典型配置

路调节等所有控制任务。

操作站目前使用较多的有基于 Windows 操作系统的 iFix、Intouch、WinCC 等监控软件，除了可实现生产过程的监视及操作外，还可实现报警及记录、过程参数曲线、报表等功能。

B   零级网络

零级网络（即工业现场局域网）目前采用较多的有 MODBUS PLUS 网、ProfiBus 网、CONTROL NET 网等。在烧结控制系统中用来连接电动机保护控制设备或智能 MCC、变频器、连续料位秤、配料秤、计量秤等有模拟量信号且信号量较大的设备。由于通过网络进行数字信号传送，可以将大量有效的现场信号采集进来，从而可对工艺过程进行更精确、有效的控制，同时还具备以下两个优点：（1）可以有效减小信号的衰减，以保证采集到的信号的准确性；（2）可以大大减少信号电缆和二次仪表的数量，有效地减少投入。总之，大量采用现场局域网进行设备的监视和控制已成为一种趋势，在网络技术得到广泛应用的今天，以太网技术作为工业现场局域网在烧结自动控制系统中得到了应用。

C PC 机操作站

安装于烧结中央控制室的 PC 机操作站，又被称为 HMI（人机交互界面），它是联系烧结生产工艺人员和生产流程设备的纽带，既能真实反映实时生产状况，又能忠实执行生产工艺人员的操作控制指令，控制着整个烧结生产过程的顺利进行，优化烧结矿产质量。目前在烧结自动控制系统中，基于 Windows 操作系统的监控软件应用十分普遍，如 Interllution 公司的 iFix、Wonderware 公司的 Intouch、Siemens 公司的 WinCC 监控软件、AB 公司的 RSView32 监控软件以及 Schneider 公司的 Monitor Pro 监控软件等，它们通过提供各种不同类型 I/O Driver 来实现监控画面和各控制子系统 PLC（各种不同品牌的 PLC）之间的数据读写；近年来随着工业以太网技术在工业控制中的广泛应用，工业以太网已经取代以前总线型通信网络（如 DP、CONTROL NET 等）而成为现在操作站与 PLC 的主要通信方式。操作站硬件目前使用最多的是各种工业控制计算机，如研华工控机等。

操作站一般应具备以下功能：生产工艺过程画面显示；工艺流程图及设备运转显示；运转条件确认和操作过程的显示；设备选择和运转操作控制；生产工艺过程参数控制和显示；趋势曲线管理；过程报警记录及打印；故障报警及诊断分析显示等。

根据烧结生产工艺流程，可以将操作画面按工艺子系统组织，大致分为原料准备、配料及混合、烧结和冷却、成品整粒、返矿、底料、粉尘收集、主抽风机、水道系统、余热利用和电除尘系统等。每个操作站根据实际情况（比如系统大小、操作站台数、操作习惯等）含一套或几套操作画面，操作画面按主画面、子画面或分画面来组织，以实现完整的控制和监视功能。一般在实际应用中，每个操作站会含有一个主监视画面、多个操作画面和条件检查画面，以及故障报警画面和简单的趋势曲线监视画面等。在整个监控系统的配置中，可以考虑冗余功能，应用最简单的就是操作画面的冗余，不同的操作站配置有相同的操作画面，当某台操作站出现故障时，另外的一台操作画面功能不受影响。还有就是 I/O 通信的冗余，甚至是画面和 I/O 通信的双重冗余。更甚是目前正迅速发展的以服务器为开发核心、多个操作站为其网络客户端的构成模式（即所谓网络开发版），比如 Wonderware 公司新推出的以 Industrial Application Sever 产品为核心的 FactorySuit A2 工业套装软件等，它们具有强大的系统集成能力，可以快速地组建实际应用，并进行很方便的扩展。无论是硬件还是软件的构成，都是组件化的，可以根据应用的规模，随意添加、减少应用软件或硬件平台而不影响原有系统的运行，很容易实现功能和系统的不断扩展完善。同时它们还提供强大的集中开发、部署、诊断工具，提供强大的分布式系统集中管理工具。

在操作画面上每台设备都有运行和停止信号显示，有的设备还有故障信号，而阀门还有开到位与开不到位信号，这些信号代表的设备状态都被设计成用颜色来表示，通常区分如下：

（1）运行信号为绿色；

（2）停止信号为红色；

（3）轻故障信号为黄色；

（4）重故障信号为粉红色。

阀开到位为绿色、阀开不到位或者关不到位为天蓝色、阀正在开或者正在关为红绿交替闪烁、阀关到位为红色。各种颜色所代表的设备状态可根据实际情况和使用习惯来自由定义，而不会影响系统的控制功能。

11.4.2.2 二级机系统配置及功能

二级机系统采用 100MB 的快速以太网，其应用程序采用服务器/客户端结构。服务器端分为存储历史数据的数据库服务器、包含实时数据的数据库和应用程序的应用服务器，客户端则通过与数据库服务器和应用服务器的信息交换，实现对工艺过程需要调节部分的监视、干预。

二级机系统的功能是对工艺过程进行优化，即以最低生产成本达到稳定的烧结矿质量，最终目标是在操作员进行最少人工干预的情况下优化烧结机操作。二级机系统的功能主要分为以下两个部分。

A 数据管理系统

处理长期历史数据的收集、综合和维护，这些数据涉及实时生产时间、工艺性能及与工艺有关的数据（包括在线的测量数据和试验室的分析数据）。完善的数据管理以及连续的工艺参数计算使得工程师可准确地把握生产过程，从而为达到最佳的工艺性能、改进工艺和工厂操作提供充分依据。处理的原始数据源包括实时测量信号、加料量、生产数据、试验室数据、事件、模型计算结果、成本数据等。数据采集功能是将这些数据在存到数据库之前，先对它们进行预处理，分别存放在实时数据库和历史数据库中。该数据库系统是进行工艺过程优化的基本要求，包括以下几个功能块：

（1）数据通信部分：将一级机控制站采集的实时检测信号，以及一级机操作站的有关操作信息实时地传送到二级机；同时，将二级机优化模型的控制信息传送至一级机。

（2）实时数据库的维护：实时刷新实时数据库中的数据。

（3）历史数据库的维护：根据相关参数设定及时删除过时的数据，进行数据的完整性、合理性检查，以及日常的数据备份等。

（4）自动报表生成系统：每小时、每个班、每天的过程和生产数据，物料消耗，烧结机停机，烧结产品分析数据；烧结生产报表物料消耗、能源消耗、停机、生产率、烧结净产量、烧结产品分析数据；物料平衡报表混合矿成分、原料成分、焦炭成分、烧结混合料成分、计算的烧结产品成分、分析的烧结产品成分、烧结产品成分偏差。

（5）过程报警系统：所有事件（如烧结机启动或停机，与其他系统的通信问题）都在一个用户界限（事件显示器 Event Display，如上所述）中记录，事件分成几组，并且可以按是否告之操作工或仅供参考进行配置。

（6）模型参数：模型参数界限用于创建、修改、删除工艺模型和过程控制功能所使用的参数。

（7）停机记录："设备状态任务"分析烧结机所处的状态。在停机编辑器中列出了停机时间及检查时间，操作工可以输入以下数据：出现问题的设备区域，从列表中选择预先定义的区域；问题的分类（如电气、机械、液压等），从列表中选择预先定义的分类问题原因可作为自由文本输入。

（8）交接班记录：便于倒班人员维护；记录所有未被自动化系统收集的重要事件。对于经常重复的事件提供文本模板。输入诸如计划生产或计划休风时间等数据。

（9）化验室分析数据的管理维护：所有的分析都来自实验室，不需要人工输入，也可以用用户界面创建、修改和删除物料分析。分析显示配置完整，即在提供其他物料时不需要重新编程，只需修改数据库中的某些记录。

（10）标签数据的显示：标签显示用来观察时间性数据，它可以在线（画面永久刷新）或离线（从过程数据库读出数据）进行。可以从相关数据库的任意表中选择数据，这就意味着标签显示可以用来显示标签的时间性状态（主要目的）以及分析其他数据（如分析值或装入物料）。操作人员可以随时配置新的趋势图，系统对趋势图的数量没有限制。配置的趋势图可以存储，并随时调用显示。在一个趋势图内，最多可以配置 12 个不同的变量及最多 6 根不同的 Y 轴。同时，还具有图像缩放、轴重新定位及线的颜色和符号修改等其他特征。

（11）人工操作界面：用于各个工艺优化模型参数的输入及优化过程的监视。

B　烧结工艺优化模型

通过计算工艺过程中各个环节的最佳设定值以提高作业率、稳定产品质量、降低产品成本。具体说来有以下几个优化模型：

（1）混合料成分管理：为了能够在实际物料发生变化时使用计算的成分，并与不同混合料成分的烧结产品进行比较，可以将混合料成分存储在数据库中，以备后用。也可以从自动化系统中下载实际混合料成分，并根据这些数据进行计算，或者模拟与实际混合料的偏差。

（2）Microsoft Excel "规划求解" 取自德克萨斯大学奥斯汀分校的 Leon Lasdon 和克里夫兰州立大学的 Allan Waren 共同开发的 Generalized Reduced Gradient（GRG2）非线性最优化代码。线性和整数规划取自 Frontline System 公司的 John Watson 和 Dan Fylstra 提供的有界变量单纯形法和分支边界法。混合料包含有混匀矿、白云石、石灰石、碎焦、热返矿和冷返矿等，混合料成分的重量和数量一般以湿料为基础，在计算值和实验室分析值之间如存在长期偏差，需用经验参数来进行校正。

（3）混合料量控制：需要从原料配料设备来的混合料量决定于烧结机的速度，并且需要作相应的调节，控制回路的目标是稳定混合料流量，并保持缓冲矿槽料位恒定。二级机系统根据烧结机的速度以及中间料仓的最高和最低料位，计算总的混合料量并发送到一级机。

（4）混合料水分控制：混合料水分尽可能在最大程度上保持恒定，需要添加水量的计算则依据混合料量的比，同时考虑单个原料组分的基本水分。操作员可以将单个原料组分的基本水分人工输进自动化系统。二级机用单个原料水分和原料加入量及混合料水分目标来计算总的水需求量。

（5）烧结矿混合料仓（缓冲料斗）料位：保持中间料仓料位稳定在二级机规定的极限内，以便控制总的混合料量。

（6）烧结机速度：烧结机速度是用于总的烧结生产初始设定值。它可由操作员经自动化系统输入装置（如键盘）人工输入，或在自动方式下由工艺模型来设定。

（7）烧结终点（烧透点 BTP）：为了优化烧结生产和质量，由二级机控制烧结终点在倒数第二个风箱中间的最佳位置。烧透点由一个基于温度的反馈控制回路来控制。另外，由一个模型来预测原料参数（分析水分、透气性等）变化对烧透速度的影响并作为一个前馈校正值来使用。该控制回路有依据温度偏差的短时反应能力，并采用了模糊逻辑控制技术，即在得到模糊测量值后，根据评估规则生成控制信号，这些规则是根据烧结生产过程长期操作经验得来的。该控制回路适当操作与生产率控制是烧结机达到恒定的较高质量和较高生产能力的关键。

（8）返矿/燃料控制：烧结混合料的返矿比预先定义为工艺参数，由操作人员在用户界面中输入。为了保持返矿生产量和使用量之间的平衡，将加焦炭量作为控制变量，由烧结返矿槽料位来检测平衡偏差。该控制模型分为两个步骤：首先用返矿槽料位作为目标值进行添加焦炭量和烧结返矿的反馈控制，以保证返矿槽料位始终在预定范围内。当预期的和实际的返矿比超出正常范围便开始第二步，调节加焦炭量。在预定延时之后，可以重复该步骤（如有必要），这两个控制变量只能在规定的容许范围内进行调整。

（9）碱度控制：该控制功能主要监视烧结矿分析结果的碱度指标是否满足要求。如有必要，可更改混合料成分，以获得最佳碱度；系统每次接收到新的有效化学烧结分析结果时，便会激活控制模型。该模型主要观测实际碱度和 SiO_2 分析，并且利用数据趋势、三个数据容许范围和一套定律来计算混合料成分的改进状况，从而判定是否有必要对用户选定的控制熔剂进行配比调整。在闭环方式下，该系统将根据用户选定的控制熔剂（石灰石或消石灰）进行配比调整计算，并向一级自动化系统和用户界面发送调整相应熔剂的配比设定值。否则，在用户界面仅显示结果。

（10）烧结产量模型：为进行产量控制，需要根据混合料布料情况、透气性和废气数据来计算烧结工艺周期。具体来说，就是根据测量值进行混合料密度、透气性和烧透时间（BTT）的计算。用点火炉下面的废气流量、料层高度和压降表示混合料的透气性。这种计算概念考虑了混合料性能、混合料布料和表面点火效果，这对烧结工艺的随后进程很重要。

实际应用中二级机控制功能主要包括配比控制、料流控制、加水控制和烧结机台车速度控制，其特点是调节周期长、计算复杂，且运算量很大，适合在二级机使用高级语言（如 VB、VC + + 等）编程。其他控制功能，由于控制回路调节周期短，计算不复杂，一级机 PLC 编程完全可以达到控制要求。

11.4.3　烧结生产过程自动控制功能及应用

11.4.3.1　烧结生产过程自动控制功能

A　原料系统

原料系统的自动控制功能构成见图 11 -28。

B　烧结、冷却系统

烧结、冷却系统的自动控制功能构成见图 11 -29。

11.4.3.2　原料系统控制回路及控制功能

A　料仓量的控制

根据储矿槽中料位（％）或重量（t）控制配料矿槽内的料量。采用 load cell 测量料

料仓量的控制 —— 根据称重系统控制料仓量

配料系统的自动控制 {
配合比的设定
配合比的合理性检查
配合系数
排料量设定值的计算
圆盘工作方式的选择处理
控制方式的选择
排料量累积偏差计算处理
圆盘槽变更的计算处理
}

返矿料位、返矿及焦比的配合控制 {
返矿槽料位控制
返矿与燃料的控制
}

混合料添加水的自动控制 {
一次混合机加水处理
二次混合机加水处理
三次混合机加水处理
加水量的演算处理
水分控制修正系数的处理
水分跟踪的修正处理
原料水分移动平均演算处理
}

混合料槽料位自动控制 {
混合料槽入槽量的掌握
混合料槽排料量的演算处理
混合料槽收支偏差演算处理
混合料槽料位控制演算
}

混合料输送跟踪控制 {
排料量设定值跟踪情况
排料量、水分重量的跟踪概况
跟踪区域的划分
数据管理
}

图 11-28 原料系统的自动控制功能构成

铺底料槽料位控制 {
铺底料运输皮带速度演算处理
铺底料槽料位控制演算处理
}

烧结机台车料层厚度控制 {
平均层厚控制处理
平均层厚演算处理
}

点火燃烧控制 {
主闸门开度控制处理
比例串级控制
点火强度控制演算
空、煤比演算
保温炉控制
引火烧嘴煤、空比例控制
停机时的特殊控制
清扫时的特殊控制
}

图 11-29 烧结、冷却系统的自动控制功能构成

重，将料重（t）换算成料位（%）作为矿槽库存量数据。采用料位仪（机械式或射线式）直接测量出矿槽库存料位（%）。

B 配料系统的自动控制

a 概要

烧结用的原料有各类铁矿、添加剂（白云石、石灰石等）、焦炭、返矿等，将这些原料按照所要求的配合比进行自动给料过程称为配料系统自动控制。

所谓配合比，就是按照高炉的要求以及烧结矿的性状，经计算求出各类原料的最佳配合比。

根据被选定的配合比，按照一定的公式求出配合系数。依据混合料矿槽料位的需要，确定综合输送量，求出每个圆盘装置排料量的设定值。

b 配合比的设定

经化验得出配合比，计算所需的原料数据（化学成分、水分含量、烧损率等）以及烧结矿的目标值（TFe、碱度），人工输入计算机系统。

由计算机进行配合比计算的料种有各种铁矿、石灰石、白云石。

将各种原料的配合比（%）进行人工设定，并通过合理性检查以及达到目标值才能成为采用配合比。

c 配合比合理性检查

在进行上述配合比设定后要进行如下配合比合理性检查：

（1）原料总配合比之和要为100%；

（2）单种物料配合比不小于零；

（3）达到设定目标值。

由于储矿槽空间位置不同，则设定值必须经过延时处理，使各种原料配合比一致。在排量控制过程中，测量值与设定值之间需进行偏差累积，超过一定极限时报警并进行处理。

根据人工设定的数据，计算机进行配合比检查计算；依据计算出的百分比进行计算分析，若计算结果未达到设定的烧结矿目标值，则调整配合百分比，重新进行计算，直至达到目标值，然后固定此百分数作为合格可用的配合比。

d 配合系数的计算

配合系数，即各种原料（湿量）给料量相对总给料量（湿量）的比例系数。

配合系数演算的条件：

（1）周期性演算。定周期计算。

（2）槽变更时演算。特殊矿槽槽变更时，其配合系数需要重新计算。

（3）配合比变更时演算。由于原料性状等原因致使配合比变更，要进行配合系数重新计算。

（4）水分率变更时演算。人工变更水分率时，湿料排料量有变化，要进行配合系数重新计算。

e 排料量设定值演算处理

前述已计算出配合系数，则每个矿槽排料量的设定值为：

$$W_{si} = W_{ts} H K_i$$

式中 W_{si} ——储矿槽排料量设定值；

W_{ts}——综合输送量；

　　H——储矿槽配合系数；

　　K_i——储矿槽编号。

式中，综合输送量（W_{ts}）是根据混合料矿槽料位需要量而确定的，此量就作为圆盘给料机排料量的目标设定值。

　　f　给料圆盘工作选择处理

　　给料圆盘是按照排料量设定值进行速度控制的，但是否运行、停止则由电气控制完成。因此，给料圆盘工作与否决定了其配合比有无，即圆盘在工作选择中时，相应采用的配合比大于 0；相反则为 0。

　　g　排料量累积偏差演算处理

　　在进行给料圆盘排料控制时，比较排料量设定值和测量值，将其偏差进行计算，并根据其偏差进行 PI 演算处理，输出速度信号指令改变排料量，最终使累积偏差趋于零：

　　（1）进行累积偏差演算的条件：

　　1）演算周期到达；

　　2）该圆盘给料机要在运转中。

　　（2）累积偏差过大的处理：

　　1）累积偏差过大（＋侧）时的处理；

　　2）累积偏差过大（－侧）时的处理；

　　3）累积偏差过大报警的复位。

　　（3）负荷率过低的处理。

　　（4）速度下限的处理。

　　h　槽变更的演算处理

　　某个储矿槽在运行中由于无料以及其他原因，需变更到另一个储矿槽运行：

　　（1）按照配合比进行槽变更判别处理。根据料位、负荷率、累积偏差、控制异常、控制异常停止、速度下限等信息进行槽变更。

　　（2）槽变更时的处理。槽变更时各物料的合计配合比不变，不进行合理性检查，此时一般进行配合系数计算，将被更换槽的配合系数自动置为"0"。而新的工作槽的配合系数则自动写为被更换槽原来的配合系数数值。

　　i　储矿槽水分处理

　　对于配料矿槽中的燃料槽，其燃料的水分需进行检测，检测获得的数据要经过移动平均处理后再使用。移动平均是取测量曲线中四个测量值的平均值，以后进入一个新测量数据则去掉最旧的一个测量数据，仍以四个测量值的平均值作为本次测定值，照此逐步移动进行平均值计算。

　　为使两次采用水分率的变化幅度不要太大，对采用水分率需作变化幅度值限制。

　　C　返矿槽料位及返矿、燃料比的配合控制

　　烧结矿配料中的烧结返矿比被预先确定为工艺参数，由操作员输入。为了使烧结生产过程中生产的返矿和配料室配入的烧结矿返矿保持平衡，将配煤量作为控制变量来使用。根据烧结矿返矿料仓料位检测返矿平衡偏差。

　　a　返矿槽料位控制

　　返矿槽料位控制回路的目标是长时间地稳定返矿料仓料位。通过对烧结矿返矿和配煤量进行反馈控制，可使烧结矿返矿料仓料位保持在预先设定的范围内。

b 返矿与燃料的控制

当所需返矿和实际返矿比之间的偏差超出极限时，则修改配煤量，整个过程中碳与返矿的关系为：

$$C_{total} = C_{rawmix} \times (1 + RF \times F_{RF})$$

式中 C_{total}——烧结矿中的碳比；

C_{rawmix}——混合料中的碳比；

RF——返矿比；

F_{RF}——适应返矿的碳。

D 混合料添加水的自动控制

为了确保混合料最佳水分率并且保证烧结矿的质量，对一次、二次、三次混合机加水系统进行控制是很重要的。为此，要对原料的重量和水分数据进行跟踪处理。

a 一次混合机加水

一次混合机的作用为混匀，其加水为粗加水，通常是根据原料混合重量和原料原始含水量的跟踪进行前馈控制。

b 二次混合机加水

配料室输送的原料经过一次混合机加水后，含水量达到了一定值，所以二次混合机要求加水量较少，控制要求精度高，除了根据原料重量和水分的跟踪值进行前馈控制外，还在二次混合机后安装了水分检测仪表，根据测量的水分率信号进行反馈控制。

c 三次混合机加水

混合料经一、二次混合机加水控制，其水分率基本达到了水分控制要求，但在二次混合机后还要进行燃料分加，同时考虑运输过程的水分蒸发损耗，故在烧结机混合料矿槽对水分进行最终测量，从而进行最终水分的精确控制。

d 加水控制方式

（1）CAS 方式（前馈控制或前馈＋反馈修正）。根据原料重量和水分跟踪值求出水分重量的数据，经过演算及修正处理，分别求出一次、二次、三次混合机加水量的设定值。电磁流量计测得的水量测量值与设定值比较，进行 PID 演算，给调节阀发出控制输出。

（2）自动方式。由操作员设定各段混合机加水量的设定值。电磁流量计测得的水量测量值与设定比较，进行 PID 演算，给调节阀发出控制输出。

e 加水量的演算处理

分别在第一、第二、第三集合点求出合计的排料量、水分的合计重量，在操作站上设定目标水分率进行加水量演算，从而求出一次、二次、三次混合机的加水量。

f 水分控制修正系数的处理

修正系数设置是为了提高系统的控制精度。满足下列条件时，对加水进行自动修正：

（1）混合机给水切断阀打开。

（2）相关的输送设备在运行中。

（3）给水压力在下限以上。

（4）出口水分检测仪正常工作。

g 加水量

根据目标混合料水分和原料自含水分计算总的加水量，其关系式为：

$$F_{water} = M_{target} \times \sum (M_{idry}/100) - \sum (M_{idry} \cdot M_i/100)$$

式中　F_{water}——总加水量；

　　　M_{target}——水分目标值；

　　　M_{idry}——单位原料量；

　　　M_i——单位原料含水量。

E　混合料槽料位控制

混合料槽设在烧结机头部，作为烧结机布料的缓冲给料装置，其料仓料位的波动将直接影响配料总量及烧结机机速。因此，若控制不好，会给整个系统的操作带来很大影响。

混合料槽料位控制的基本原则是使进入混合料槽的入料量和向烧结机供料的排出量在一段周期内相等，从而维持料位平衡。

a　混合料槽入槽量 W_{in} 的掌握

从第一台给料圆盘开始到混合料矿槽止，混合料输送时间为 T_{BI}，在这段时间内将原料输送量跟踪的数据进行累加计算作为混合料槽的输入量 W_{in}。

b　混合料槽排料量识 W_{out} 演算处理

根据排料量的平均层厚（不含铺底料层厚）、台车宽度（P_W）、台车速度（P_s）、原料密度（K_{BI}）等相乘，并乘以 P_{BI} 修正系数求得预排出量 W_{out}。

$$W_{out} = P_s \times \frac{PH_R - PH_H}{1000} \times P_W \times K_{BI} \times \frac{T_{BI}}{60} \times P_{BI}$$

式中　W_{out}——从现在开始经 T_{BI} 后止，从混合料槽排出的料量作为预想量，t；

　　　P_s——台车速度，m/min；

　　PH_R——平均层厚设定值，mm；

　　　P_W——台车宽度，m；

　　　K_{BI}——原料密度，t/m³；

　　　T_{BI}——从第一槽到混合料槽止的输送时间，s；

　　　P_{BI}——修正系数，$P_{BI} = 0 \sim 1$；

　　PH_H——铺底料层厚，mm。

c　混合料槽收支偏差演算处理

由于烧结机台车上原料密度的变化，它的波动会引起混合料矿槽排料量变化，从而使混合料槽进出之间的差值增大，造成混合料槽实际料位变化。因此，混合料槽进出收支偏差还应考虑实际的料位测量值，其演算式为：

$$W_{SHD} = \frac{L_{SHS} - L_{SHP}}{T_{BI}} + W_{out} - W_{in}$$

式中　W_{SHD}——混合料槽收支偏差，t/s；

　　　L_{SHS}——混合料槽料位设定值，t；

　　　L_{SHP}——混合料槽料位测定值，t；

　　　W_{out}——混合料槽排出量，t；

　　　W_{in}——混合料槽入槽量，t。

d　混合料槽料位控制演算

当混合料槽料量收支偏差大于一定值时，需重新进行综合输送量计算，以新计算出的混合料综合输送量作为原料配料输出总量，重新计算各槽的排出量设定，从而改变混合料矿槽的入槽量，使其料位重新达到平衡。

为了不使两次输送值之间变化过大，要作出变化幅值限制，另外还需对矿槽的料位上下限进行限制处理。

F　原料输送跟踪控制

由于配料室各储矿槽的空间位置不同，对排料输送量的设定值必须进行跟踪处理，且根据槽位不同应有一定的延迟时间，否则配合比会发生变化。

从配料室第一个给料圆盘开始，经皮带输送直至混合料矿槽，对其设定及实际的排料量和采用的水分率进行跟踪。在跟踪的区间内将水分率换算成水分重量。

在第一集合点（配料室最后一给料圆盘末端处）对排料量和水分量进行合计，并将此数据用在一次混合机自动加水控制的计算。在第二集合点（二次混合机后）以及第三集合点（三次混合机后）与第一集合点相同，只是进行水分的修正，确定二次、三次混合机加水量的设定值。此外，在混合料槽上设置有水分检测仪对三次混合排出混合料的水分进行反馈修正，以达到混合料的目标水分率。

将混合料槽的物料跟踪数据作为物料平衡控制数据使用，以达到保证混合料槽的料位平衡。

G　烧结冷系统控制回路及控制

a　铺底料槽料位控制

为了保持铺底料槽料位在一定范围内变化，将输送铺底料的皮带机（可调速的）速度、烧结机台车速度以及铺底料矿槽料位的测量信号进行综合演算处理，以网络通信方式将信号输出给电机控制装置，从而达到调速控制铺底料槽料位的目的。

（1）铺底料输送皮带机速度演算处理。铺底料皮带机速度是烧结机台车速度及铺底料矿槽料位的函数，如果台车速度发生变化则铺底料皮带速度必须要变化。

（2）铺底料槽料位控制演算处理。铺底料槽料位测量值信号（L_{HHP}）与料位设定值（L_{HHS}）比较，其偏差进行 PID 演算，修正铺底料输送皮带机的速度。

b　烧结台车料层厚度控制

料层厚度控制主要由三个部分组成，即圆辊给料机转速控制、主闸门开度控制、辅助闸门开度控制。圆辊给料机转速控制主要是调节台车纵向层厚，用六点层厚的平均设定值和平均层厚测量值之差及烧结台车速度对圆辊速度进行控制。

辅助闸门开度控制，是借助各辅助闸门相对应的层厚测量值信号与设定值进行比较，PID 演算输出操作量信号驱动辅助闸门，以保持台车横向层厚的均匀性。六点层厚设定值的平均值应与上述平均层厚设定值一致。

主闸门开度控制，应根据台车速度和圆辊给料机转速等综合计算进行控制。圆辊速度在一定范围内，不改变主闸门开度设定值；当其开度不能满足圆辊给料机在正常转速范围内工作时，对主闸门开度控制进行修正，改变主闸门开度控制设定值以控制主闸门的开度。

平均层厚控制处理：将台车上六点层厚测定值的平均值与六点层厚平均设定值进行PID 演算，其输出值 PD 经台车速度补偿后发送给 VVVF 装置来调节圆辊给料机的速度。

平均层厚的演算处理只对有效数据进行，演算法则为：

$$PHM = \frac{\sum_{i=1}^{6}(PHP_i \times KE_{3i})}{\sum_{i=1}^{6} KE_{3i}}$$

式中　PHM——平均层厚，mm；

　　　PHP_i——单个层厚，mm；

　　　KE_{3i}——单个层厚输入值有效否指定（1 = 有效，0 = 无效）。

c　点火炉燃烧自动控制

为了保证混合料完全烧结，应有最佳的点火温度。因此，对供给点火炉燃烧用的煤气及经预热的空气的流量进行自动控制，既保持料层的最佳点火温度，又能实现煤气的充分燃烧。

点火炉燃烧控制有三种常规控制方式：一是根据炉内气氛温度进行煤、空比串级调节控制；二是进行点火强度控制；三是在操作站设定煤气量设定值，进行煤、空比控制。另外，为保证煤气压力在正常范围内，需对煤气总管压力进行调节：

（1）比例串级控制。空气流量设定值是由煤气流量测量信号经比例环节加在空气流量调节单元，在此单元，与空气流量值进行综合运算，输出操作量信号给调节阀，调节空气流量。

煤气流量的设定值是来自温度调节单元输出，温度调节单元的反馈输入为点火炉内温度检测元件（热电偶）检出温度信号，这样便构成比例串级控制系统。

（2）点火强度控制演算。所谓点火强度，即台车单位面积燃烧所需热量，其对应的煤气耗量即可作为煤气流量调节单元的煤气流量设定值。其计算式为：

$$F_S = T_K \times P_S \times P_W \times 60$$

式中　F_S——煤气流量设定值（标态），m^3/h；

　　　T_K——点火强度设定值（标态），m^3/h；

　　　P_S——台车速度，m/min；

　　　P_W——台车宽度，m。

（3）空燃比演算。根据生产经验，在监控画面上手动设定空燃比值，其空燃比演算式为：

$$R = \frac{FAP}{FGP}$$

式中　R——空燃比；

　　FAP——空气流量测定值；

　　FGP——煤气流量测定值。

（4）引火烧嘴煤气、空气比例控制。在监控画面上手动设定煤气流量时，通过比例单元使空气流量也做相应改变。

d　BTP 控制

BTP（burn through point），即烧结台车上料层烧透点位置。实现烧结 BTP 控制，能使生产最大化，能耗最小化。其中包括：

（1）烧结生产过程优化控制。烧结生产过程优化控制是利用检测烧结过程中各风箱的温度、混合料的特性等参数，在其偏差时进行烧结机速度的校正，调节并修改原料成分配比以改变混合料的特性，从而在 BTP 离开设定位置前，系统提前作出响应，稳定烧结机尾端设定 BTP 的位置。

（2）烧结机速度控制。在点火炉内，根据烧结台车上料层的高度、废气强度、压力、流量及混合料层的透气性、人工设定的 BTP 值，应用燃烧数学模型计算出台车上混合料垂直燃烧时间，从而计算出烧结机的期望速度 v_{e}，作为烧结机速度控制的设定值。

烧结过程中，在距离烧结终点 BTP 一定距离的区间内进行温度跟踪检测，并与历史数据进行分析比较、修正，形成对生产过程有指导性的平均温度曲线，且利用此曲线进行数学演算，计算出实际的 BTP。根据给定的 BTP 以及与实际 BTP 之间的偏差，计算出修正烧结机速度的 Δv，以对 v_{e} 进行修正。

根据烧结机速度期望参考值 v_{e}、手动操作时理想速度 v_0，以及对烧结机速度进行校正的 Δv，烧结机速度控制器按照模糊逻辑方式对烧结机的速度进行调节，其规则见表 11-38。

表 11-38　烧结机速度控制器对速度进行模糊控制的逻辑对照

机速调节规则	Δv		
	LN	N	GN
GN	N	GN	GGN
N	LN	N	GN
LN	LLN	LN	N

注：N 为零偏差；LN 为小于零的小偏差；GN 为大于零的小偏差；LLN 为小于零的大偏差；GGN 为大于零的大偏差。

11.4.4　操作规则与使用维护要求

如前所述，烧结自动控制系统主要由现场设备网、一级 PLC 控制系统、操作监视系统、二级优化系统和网络硬件系统构成，其主要操作规则与使用维护如下：

（1）烧结车间操作人员通过中控室监控画面对现场设备进行操作时要细心、耐心，不要造成误操作，或因操作急躁而造成监控画面软件响应不及时和操作失效，从而影响对现场设备的控制。

（2）操作人员在操作前，应该确认监控操作画面显示正常、网络通信正常。

（3）操作人员启、停现场设备时要按烧结工艺流程进行正确的子系统和连锁关系选择。

（4）在启动现场设备前，操作人员需要全面检查与启动设备有关联的辅机设备运行状况以及相关的压力、温度、流量等保护信号，确认所有信号正常。

（5）在启动现场设备前，操作人员需要确认该设备所有启动条件均具备，主电源已送出，无故障显示；若有故障报警，先执行故障复位操作。

（6）当出现设备不能正常启动时，操作人员要迅速切换到相关条件监视画面进行检查。

（7）当现场设备出现故障报警时，操作人员要切换到故障报警画面进行检查，查找故障原因并联系相关人员排除故障。

（8）在日常运行维护中，维护人员应定期检查自动控制系统设备的运行状况，记录下各设备的运行参数,如系统供电电源电压是否正常,接地是否牢靠,电缆对地是否有泄漏电流产生,通信接头是否牢靠,网络是否畅通等。

(9) 维护人员应定期吹扫系统控制柜,紧固接线螺丝和端子。

(10) 定期备份 PLC 程序、变频器、电机保护器、软启动器及高压综合保护器等智能设备的设定参数。

11.4.5 常见故障分析及处理

在烧结生产过程中,由自动控制系统本身故障而影响烧结正常生产的情况并不多见,但由主控室操作人员的误操作,以及现场电气设备引起的故障而影响烧结正常生产的情况比较多见。经过多年实践,自动控制系统故障主要有以下三个方面:

(1) 计算机系统故障,包括二级机系统、一级机 PLC 系统、现场智能仪器仪表、PC 机操作站及现场设备网络和控制网络故障;

(2) 现场设备及电气线路原因;

(3) 操作人员不严格按照操作规程操作、误操作。

11.4.5.1 计算机系统故障处理

由于烧结自动控制系统设备较多,控制量大,组成比较复杂;子控制系统之间的通信量多而繁杂,通信距离远,烧结现场环境复杂等因素,造成控制系统有时运行不稳定,影响生产的正常进行。例如,PLC 控制站 CPU 的死机,多功能马达保护器、变频器及软启动器等智能设备故障,通信网络断开,网络设备损坏,网络线路故障,控制用 PC 机故障以及操作站监控画面工作不正常等故障。此时,应该迅速联系电气值班维护人员检查故障并通知系统维护工程师,尽快排除故障,同时也应加强设备日常维护,有效利用设备检修机会对计算机系统设备进行计划维修,从而保证控制系统各部分正常工作。近年来随着控制技术的进步和设备制造水平的提高,目前烧结采用的主流控制系统运行都比较稳定(如施耐德公司 QUANTUMN 系列 PLC,西门子公司 PCS7 系列 PLC,AB 公司的 CONTROL LOGIX 系列 PLC),出现 PLC 控制站 CPU 死机故障的可能性大大减小。在生产过程中,出现较多的故障主要是 PLC 系统的底板、电源以及单块 PLC 模板或是 PLC 模块某一通道等,其次就是 PC 机和网络设备因需要 24h 连续运行,虽然采用的都是工业级设备,但仍然比较容易发生故障,如 PC 机的硬盘和网卡、网络交换机、光纤收发器、光纤尾纤及 RJ45 水晶头和双绞线等出故障的概率比较大。

11.4.5.2 现场原因引起的故障处理

烧结现场生产流程设备数量多,控制保护功能要求全面,造成送到 PLC 的信号数量十分庞大,而且烧结现场环境比较恶劣,粉尘多,有时会造成由现场送到 PLC 控制站的保护信号、设备状态和一些操作选择信号与现场实际状态不符合,使 PLC 控制程序出现异常。最常见的是信号传送电缆连接端子接触不良、信号电缆接地及短路、信号电缆断线、现场保护装置误信号、电源故障以及电磁站 MCC 控制柜故障等,从而造成控制程序误动作或不能正确执行控制动作。此时电气维护人员应该及时根据设备电气控制原理,检查可能引起故障的地方,快速排除故障,恢复生产。要求维护人员熟悉现场设备和设备的电气控制原理,做好日常维护工作,以保证设备正常运行和及时抢修故障。

11.4.5.3 操作不当造成的故障处理

要求操作员熟悉烧结各生产子系统工艺流程和子系统在烧结生产过程中所处的相互之

间的连锁关系，以及各子系统运转所必须具备的生产条件和辅助条件，并且在准备生产时这些条件均已满足。操作员在生产操作过程中必须严格执行操作规程，杜绝习惯性操作和减少误操作，在操作确认之前一定要确认所做操作正确。当出现操作不当时，要迅速取消错误操作，并重新按照正常操作程序执行。生产操作过程中要养成多个画面交叉对照监视的良好习惯，出现故障时不要慌乱，要及时检查设备运行条件画面和故障报警显示画面，掌握设备状况，准确向检修维护人员反映故障状态，为快速排除故障提供条件。当控制网络通信出现故障，造成现场设备不能正常停止时，一定要及时联系现场岗位人员和电气维护人员采取措施将运行设备停止，以减少故障对下一次正常生产运行的影响，并及时通知系统维护人员处理。

11.5　计量检测设备与操作

11.5.1　烧结生产用计量检测设备分类

　　烧结生产是钢铁生产主体生产线上的一个重要工序，是炼铁生产的前工序，也就是炼铁生产的原料准备。烧结就是将添加一定数量燃料的粉状铁矿石物料（如粉矿、精矿、熔剂和工业副产品）进行高温加热，在不完全熔化的条件下烧结成块，所得产品称为烧结矿。烧结过程是一个复杂的高温物理化学反应过程，细粒物料的固结主要靠固相扩散以及颗粒表面软化、局部熔化和造渣而实现，这也是烧结过程的基本原理。为了控制烧结矿产量和质量，在烧结生产过程中采用了大量检测设备和仪器仪表，从功能上可以分为：原料性状检测设备、烧结过程产量和质量控制设备、烧结矿成品质量检测设备、大型设备保护用检测设备等；从检测信号类型和介质上可分为：压力检测、流量检测、温度检测、振动检测、料位检测、水分检测、水位检测等，如图 11 – 30 所示。本章着重介绍用于烧结过程产量、质量控制的仪器仪表。

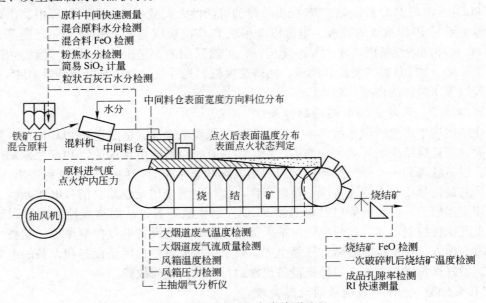

图 11 – 30　烧结生产中检测过程

11.5.2 电子秤称量设备

烧结生产过程中广泛使用电子秤称量系统，早期是为了对皮带上输入、输出物料进行计量，后来逐步发展到了配料领域。经过多年不断发展完善，现在已形成集圆盘配料秤、拖料秤、计量秤、料位秤于一体的动态物料测控系统，并已成为烧结生产中必不可少的重要环节。

11.5.2.1 配料秤

近年来随着控制和自动化仪表及计算机技术的发展，已形成一个由称重传感器、测速传感器、配料秤机架、变频器、调速电动机、下料机构及高精度积分演算控制器、PLC 等组成的闭环自动配料控制系统（目前国内烧结厂多使用 MIPS 动态物料测控系统或日本大和 CFC-100C 自动配料控制系统），如图 11-31 所示。

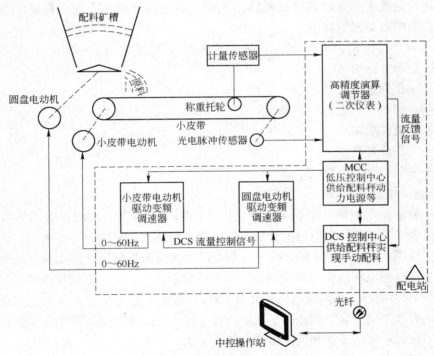

图 11-31 自动配料控制系统简图

A 信号检测与处理

由高精度积算仪表给配料秤架称重传感器提供高精度的 +10V 电源，称重传感器依据配料小皮带上料流大小输出一个正比于单位长度物料重量的差压信号，然后由电路对信号进行滤波、放大、采样，再经转换与速度信号相乘并对时间积分，依据如下数学模型计算出物料流量：

$$W_s = C \sum_{i=1}^{t} \left(\frac{V}{n} \sum_{k=1}^{n} W_{ki} \right)$$

$$Q = \frac{CV}{n} \sum_{k=1}^{n} W_{ki}$$

式中　W_s——累计重量；

Q——瞬时流量；

W_{ki}——第 i 米处第 k 次重量；

n——单位长度上的采样次数；

t——皮带运转时间；

C——系数；

V——皮带速度。

B　调节控制原理

配料秤可以对配料矿槽散状物料的下料量进行自动调节控制，其物理过程是配料仪表将检测到皮带上的瞬时流量作为反馈信号送至 PLC 控制系统，PLC 将流量反馈信号与圆盘下料量设定信号进行比较后经过 PID 调节，再把此偏差输出控制信号转换成频率送给变频器，来驱动控制现场圆盘给料机及配料小皮带，通过速度调节实现下料量的自动跟踪调节。调节控制的数学模型如下：

$$P_k = P_{k-1} + K_p\left[\left(E_k - E_{k-1}\right)\right] + T/T_t \times E_k + T_d/T \times \left(E_k - 2E_{k-1} + E_{k-2}\right)$$

式中　P_k——调节器输出值；

K_p——比例系数；

E_k——偏差（给定值－下料实际值）；

T——采样周期；

T_t——积分常数；

T_d——微分时间常数。

C　系统的抗干扰措施

烧结配料室生产现场环境恶劣，存在严重的粉尘、潮湿、腐蚀、磁场等多种干扰因素，要求仪表具有较强抑制电磁干扰以及抗振动、耐冲击、抗腐蚀等的能力。针对这一情况，在实际应用中采用了系统隔离技术，仪表的开关量 I/O 环节全部实现了高性能光电隔离，仪表与现场强电控制柜（如变频器、滑差控制器箱、直流柜）的模拟量接口采用了带光电隔离的 D/A 电路，使隔离电压达交流 500V，避免了强电反窜入仪表，实现了仪表与现场干扰的有效隔离，显著地提高了系统的可靠性。同时还采用了多重数字滤波技术，有效地滤除了极低频率的干扰和高次谐波分量的干扰。

11.5.2.2　皮带计量秤

皮带计量秤系统见图 11-32，主要用于称量运输皮带上物料流量大小和计算单位时间内物料累积量。一般应用在原料系统、成品系统、返矿系统等场合，用于原料结算、烧结矿产量及返矿量统计。

称量秤架安装于现场皮带支架上，在它上面安装有称重传感器和速度传感器。称重传感器将皮带上输送物料的重量信号，速度传感器将检测到的皮带输送速度一并通过信号电缆传送至安装于电气室内的称量仪表，由称量仪表对皮带上物料的重量信号和皮带速度信号进行演算，转换为流量信号上传到 PLC 系统。PLC 对此信号进行累积并显示。

11.5.2.3　料位仪

料位仪一般安装在储料矿槽上，主要用来测量矿槽内储存的物料的重量或料位高度。

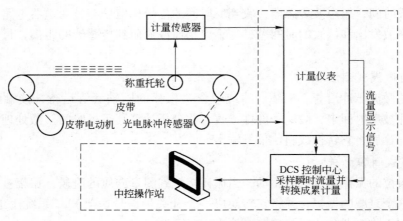

图 11-32 皮带计量秤系统简图

一般是仪表安装在电磁站内,传感器安装在矿槽上。对某烧结物料来说,测量其重量并不是最主要的问题,主要还是关注物料的高度。在矿槽进出料系统的控制中,需要知道矿槽料位高度,料位高时应该停止上料,料位低时应该停止排料或者进行槽切换。

一般分为称重式料位仪、重锤式料位仪、超声波料位仪、导向微波式料位仪、音叉式料位仪、振动式料位开关等,适应的场合不同可靠性也不尽相同。

A 称重式料位仪

现场安装的称重传感器将矿槽及物料的重量称量出来,经过变送器将重量信号送至电气室内显示仪表进行计算和显示,并转换为标准的 4~20mA 电流信号,送给 PLC 系统进行运算。PLC 系统根据矿槽容积和所储藏物料的密度,将料位仪送来的物料重量转换成物料占矿槽容积的百分比。

B 重锤式料位仪

它通过电动机—减速机—钢盘—钢绳带动一个重锤定时放至矿槽中,然后料位仪表测量放下去的钢绳长度,从而间接地测量出矿槽物料的高度,应用原理见图 11-33。

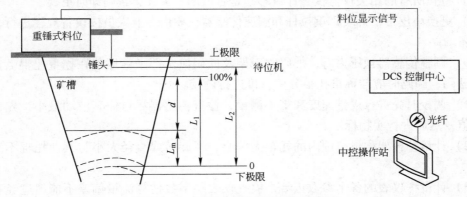

图 11-33 重锤式料位仪应用原理简图

C 超声波料位仪

超声波料位仪是测量一个超声波脉冲从发出到返回整个过程所需的时间,从而计算出距离。超声传感器垂直安装在液体或者物体的表面,它向物面或液面发出一个超声波脉冲，经过一段时间，超声波传感器接收到反射回的信号，信号经过变送器电路的选择和处理，根据超声波发出和接收的时间差，计算出物面或液面到传感器的距离，最后计算出物料的高度。

D　导向微波式料位仪

高频率的微波脉冲沿着一根缆、棒或包含一根棒的同轴套管运行，接触到被测介质后，微波脉冲被反射回来，被电子部件接收，并分析计算其运行时间。微处理器识别物位回波，分析计算后将它转换成料位信号输出。

E　振动式料位开关

振动式料位的振棒通过电压驱动，当振棒接触到测量介质的时候，振幅被衰减。电子部件检测到这个衰减的振幅，并将它转换成一个开关量信号送至 PLC 系统用于料位控制。目前广泛应用于除尘器灰斗料位检测。

11.5.2.4　电子秤的操作规则与使用维护要求

（1）秤架托轮、头尾轮应无粘料；皮带无跑偏，无任何影响称量的不利因素。

（2）头尾轮直径、传动减速机的减速比、传动齿轮压盘直径应该与设计一致，保证皮带秤的准确度。

（3）十字簧片、拉簧无变形、无断裂，固定螺丝完好无缺；秤两边限位拉杆和支撑杆无变形、垂直拉杆无磨损、拉杆片紧固不缺少。

（4）测速传感器脉冲信号、负荷率表头（一般显示 80% ~ 100%）与实际料量一致；变送器输入、输出信号稳定；称重托辊应保持水平并且无粘料，运行平稳。

（5）两个传感器预压力检测信号不大于 10mV，传感器接线端子、插头、插座、继电器等线头、接点接触应保持良好清洁。

（6）变送器输入信号、输出信号准确无误，信号接线可靠，无接触不良。

（7）仪表各个参数正常，输入信号、输出信号、送变频器的信号接线可靠，无接触不良。

（8）检查所有的相关仪器仪表计量彩标是否过期、丢失，否则即时更换。

（9）更换小皮带，拆装称重拉杆和测速传感器，要由专业人员按设备规程进行，以防损坏设备。

（10）调整传感器预压力时，加码时刀架及砝码应全部平衡地落在称重托辊上，并且不缺少砝码；卸码时应与称重托辊分离，再进行调校。

（11）调校时先进行皮带速度和带长测量，检查传感器尽量使其波动最小，先校零再校斜率值，然后进行实物标定。

（12）计量秤秤架称量范围内的托辊无偏心、不旋转或直径大小与其他托辊不一致的现象。

（13）计量秤仪表的各个参数正常，检查仪表跳字数估算流量偏差不能超过经验值的 ±5%。

11.5.2.5　常见故障分析及处理

运行中的配料秤在中控室操作画面无流量显示的故障可能性如下：

（1）现场称重传感器无压力，现场计量箱上负荷率表显示为 0%（空皮带）拉杆被磨断，需要更换称重拉杆；拉杆被磨断一般是皮带跑偏引起，同时要仔细调整皮带跑偏。

（2）无速度反馈，安装在尾轮上的速度传感器脱落，重新安装加固；或者皮带传动链条断，引起无速度无流量显示，需更换链条。

（3）传感器、变送器、秤显示仪表故障或是给它们供电的单元出现故障，仔细检查各部分电气参数，有问题的更换。

（4）连接称量系统和系统之间的信号传送电缆断开或电缆连接端子连接松动。接通电缆及拧紧螺丝。

配料、计量秤流量显示值与实际值不符合的故障可能性如下：

（1）因现场秤架称重托辊粘料或电气系统发生零点漂移，清除托辊粘料并重新对秤进行零值和满值调校。

（2）更换皮带后皮带自重发生了变化，调整配料秤拉杆使其计量箱上负荷率表显示0%，并对计量秤仪表校零去皮重。

（3）因皮带秤架上更换了不同型号、规格、重量的托辊引起，例如陶瓷托辊换成了铁制托辊，那么应该重新更换托辊或对计量秤仪表校零去皮重。

（4）与皮带速度相关的设备更换了不同型号规格，例如减速机减速比变化、头尾轮直径变化、传动齿轮变化、速度传感器变化等，注意检修维护时更换备件要符合现场条件。

11.5.3 调节阀系统

在烧结生产过程中主要在混合料添加水及烧结机点火炉燃烧控制时采用可连续调节阀门控制系统。根据所使用动力源不同，分为电动调节阀和气动调节阀两种。电动调节阀由阀门机械部分和电动执行机构构成，气动调节阀由阀门机械部分和气力驱动部件构成。

11.5.3.1 混合料添加水调节阀

烧结生产中，混合料的水分含量过高，不但直接影响点火及烧结效果，而且因制粒效果差等原因，导致料层透气性下降；而水分含量过低，则会因混合料过程中成球差等原因，引起结块率降低，返粉量增大，最终影响烧结矿产量和质量。所以烧结过程中的水分控制对稳定烧结生产过程、提高烧结矿产质量十分重要。

在混合机添加水控制中，一般采用前馈控制＋反馈修正的控制方式，见图 11-34。预先对要参加配料的原料水分率进行检测，并输入 PLC 系统，然后根据配料室下料量进行跟踪，计算出进入混合机的混合料重量，再通过设定混合料的目标水分率，根据这几个数据计算出需要添加的水流量作为加水设定值，并由 PLC 系统模拟量输出模块输出一个 4～20mA 的标准电流信号到加水调节阀控制阀门开启度。此时就有水流过管道中的电磁流量计，并由流量计检测出实际加水流量反馈到 PLC 控制系统。PLC 控制系统以此进行比较并进行 PID 调节以稳定水分控制。同时还在混合机出口安装有水分率检测仪，通过检测混合料的含水量来修正混合机加水流量。

11.5.3.2 点火炉煤气调节阀

烧结过程是以混合料表层的燃料点火开始的。为了使混合料内燃料进行燃烧和使表层烧结料黏结成块，烧结料的点火必须满足以下条件：有足够高的点火温度和点火强度；适宜的高温保持时间；沿台车方向点火均匀。所以，点火炉燃烧控制也是烧结过程控制的重

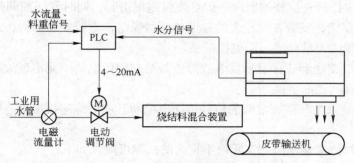

图 11 - 34　混合机添加水检测与调节框图

点，点火的好坏将直接影响烧结过程能否顺利进行以及表层烧结矿的强度。点火温度过低、点火强度不足或者点火时间不够，将会造成料层表面欠熔，降低烧结矿的强度而产生大量返矿。点火温度过高或点火时间过长又会造成烧结料表面过熔而形成硬壳影响空气通过，降低料层的透气性，减慢料层垂直烧结速度，以致降低生产率。实际生产时对供给点火炉燃烧用的煤气及经预热的空气的流量进行自动控制（见图 11 - 35），既能保持料层的最佳点火温度，又能实现煤气的充分燃烧。点火炉燃烧控制有三种常规控制方式：一是根据炉内气氛温度进行煤、空比串级调节控制；二是进行点火强度控制；三是在操作站设定煤气流量值进行煤、空比例控制。不管采用哪种方式，均是通过控制煤气和空气调节阀开度从而使煤气和空气充分燃烧。

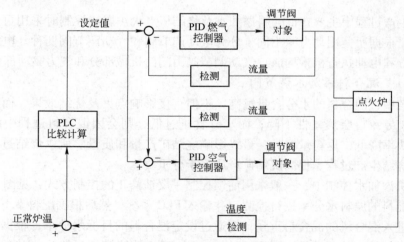

图 11 - 35　点火炉煤气调节阀检测与调节框图

比例串级控制是一种反馈控制方式，点火炉燃烧控制常采用这种方式。由中央操作室在监控画面上设定点火炉温度目标值，PLC 以一定时间周期对炉内温度测定值以 4 次移动平均处理来计算，将计算值与目标值进行比较做 PID 运算。运算后的煤气流量作为流量设定值来驱动流量调节阀控制煤气流量。再测定煤气流量与设定流量进行比较，修正调节阀的开度，使温度测定值达到目标设定值。煤气流量测定值则经开方器反馈给调节器后，经过比例设定器输入空气流量调节回路作为空气流量设定值，并对空气流量测定值进行温度补正运算。

11.5.3.3　调节阀的操作规则与使用维护要求

（1）调节阀供电 220V 和 24V DC 电源应定期检查，并保持正常。

（2）调节阀电动或气动执行机构应动作可靠。

（3）调节阀阀门开启动作要保持灵敏，动作精度应保持良好。

（4）调节阀连接拉杆应保持动作灵活可靠，要求定期进行检查。

（5）调节阀内部阀板动作流畅，无卡阻现象，要求定期对阀门进行清洗。

（6）气动调节阀动力气源要求压力、流量稳定，不含水分及杂质。

（7）定期对水管和煤气管道进行清洗，预防管道堵塞。

（8）定期对调节阀开度进行调整和校准，保证控制精度。

11.5.3.4　调节阀常见故障分析及处理

混合机添加水流量不正常，引起故障的原因如下：

（1）检查水路系统是否畅通，若管路有拥堵点，则需疏通输水管道。

（2）添加水系统水泵运转不正常，以及管路上的阀门开启不正常，则需处理水泵及相应阀门。

（3）系统中的电磁流量计工作不正常。根据观察实际流量，判断是否流量检测有问题，检查并更换流量计。

（4）调节阀阀板是否有卡阻，检查清洗阀板。

添加水调节阀不能正常动作，可能是以下原因引起：

（1）加水管路上的水压不正常，压力低报警，检查及处理压力检测仪表。

（2）调节阀交流 220V 或直流 24V 电源有问题，检查供电线路及更换电源。

（3）调节阀阀门开度反馈信号有问题，处理阀门反馈信号检测及转换部分。

（4）PLC 系统模拟量输出 4～20mA 控制信号有问题，检查信号传输电缆并处理或更换模拟量输出模块。

（5）调节阀动力气源有问题，检查压缩空气及空压机系统。

（6）源控制用电磁阀故障，更换电磁阀。

（7）调节阀阀板有卡阻，检查清洗阀板。

（8）调节阀损坏，更换阀门备件。

11.5.4　水分检测仪表

水分的检测和控制是烧结操作中的一个难点，严格控制混合料水分的标准值和误差范围，有助于提高混合料透气性和抑制过湿带过宽。常用的检测方法有：热干燥法、中子测定法、快速失重法、红外线测定法和电导法。其中，热干燥法和快速失重法是间歇式测定法，而中子测定法、红外线测定法和电导法可实现水分的快速在线连续测定。现场采用较多的是红外线水分仪和中子水分仪。

11.5.4.1　红外线水分仪

红外线水分仪工作原理是由检测仪发射一个红外光束和一个参考光束到被测物体表面，通过被测对象对红外线的吸收，并利用反射方式的不同（反射率不同）来测定水分含量。此光束的波长与红外线在水中传播的波长相近，通过反射器折射测出波长数据，经探头输出处理后转化为被测物体对象所含水分值（见图 11 - 36）。由于反射率取决于物料表面状态、颜色、化学成分及其他一些因素，为消除这些因素影响，现在还出现了一种测量更准确的红外三波长水分仪。它是用一种能被水分吸收的波长作为检测光，用两个被水分吸收比例很小的波长作为比较光，通过取检测光和比较光的反向能量比，使物料表面状态、颜色等对三种波长有同样影响。因此，其精度比两种波长的红外线水分仪准确。这种仪表测量范围为 0%～40%，测定距离为 7350mm，测定面积为 60mm²，响应时间为 0.5s。

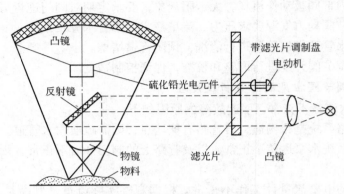

图 11 – 36　红外线水分仪工作原理

11.5.4.2　中子水分仪

中子水分仪的工作原理是以核技术应用为基础的非接触式物料在线实时水分检测。中子水分仪检测物料水分所依据的主要原理是依靠水分子（H_2O）中氢元素对快中子具有高慢化截面性质来测定物料中水分的净含量，并辅以特定能量的 γ 光子来测定物料总重量，从而得出物料中水分的含量。

目前中子水分仪有两种测量方法（见图 11 – 37）。一种是插入式，其探头装在料槽内，所用放射强度较低（约为 3.7×10^9Bq）；另一种是表面式（或称反射器式），在料槽外壁安装，所用放射强度较高（约为 1.85×10^{10} Bq）。射线源大多采用镭—铍（$^{226}Ra - ^9Be$）或镅—铍（$^{241}Am - ^9Be$）。

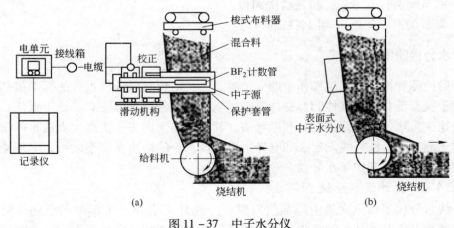

图 11 – 37　中子水分仪
（a）插入式；（b）表面式

混合料水分自动控制系统如图 11 – 38 所示，其中，一次混合机加水按加水百分比进行前馈控制，二次混合机加水是按前馈—反馈复合控制。计算机根据二次混合机实际混合料输送量及混合料含水量与目标含水量比较，计算出加水量，作为二次加水流量设定值，这是前馈控制；然后由给料槽内的中子水分仪测出的实际水分值，与给定值的偏差进行反馈校正，为了获得最佳透气性，它还把透气性偏差值串级控制混合料湿度纳入自动控制系统。

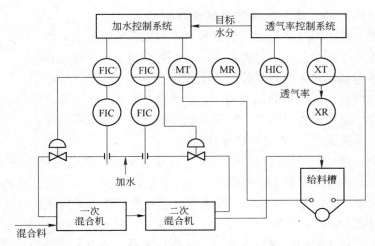

图 11 - 38　混合料水分自动控制系统

11.5.5　温度检测仪表

温度测量仪表按测温方式可分为接触式测量和非接触式测量两大类。

11.5.5.1　接触式测量

（1）当物体的温度变化时，其体积和压力将发生变化（固体膨胀：双金属温度计；液体膨胀：玻璃液位温度计；气体膨胀：压力式温度计）。

（2）当导体和半导体的温度变化时，其电阻将发生变化（金属电阻：铜、钼、镍等；半导体热敏电阻）。

（3）当热电偶两端的温度不同时，热电偶回路中有热电势产生，热电势的大小与冷热端温度差有关。常用的热电偶分为：金属热电偶（铜—康铜、镍铬—镍硅）；贵金属热电偶（铂铑—铂、铂铑—铂铑）；难熔金属热电偶（钨—镍、钨—钼）；非金属热电偶（碳化物—硼化物）等。

11.5.5.2　非接触式测量

热辐射线或亮度与物体的温度有一定关系。常用的非接触式温度测量方法有：亮度法（光学高温计）、全辐射法（辐射高温计）、比色法（比色温度计）、部分辐射法（部分辐射温度计）。

11.5.5.3　热电偶测温原理

由两种导体组合而成，将温度转化为热电动势的传感器称为热电偶。热电偶的测温原理基于热电效应。将两种不同材料的导体 A 和 B 串接成一个闭合回路，当两个接点 1 和 2 的温度不同时，如果 $T_1 > T_2$，在回路中就会产生热电动势，产生一定大小的电流，此种现象称为热电效应。

11.5.5.4 热电阻测温原理

热电阻是利用其电阻值随温度的变化而变化的原理，将温度量转换成电阻量的温度传感器。温度变送器通过给热电阻施加一已知激励电流测量其两端电压的方法得到电阻值（电压/电流），再将电阻值转换成温度值，从而实现温度测量。

11.5.5.5 热电偶、热电阻操作规程与维护要求

（1）热电偶、热电阻规格长度、分度号是否与工艺检测要求一致。

（2）观察生产工序温度显示是否正常，与工艺检测是否一致。

（3）检查热电偶、热电阻的安装是否牢固。

（4）检查热电偶、热电阻的接线端子、分线盒、防水保护盖是否紧固。

（5）热电偶、热电阻在工艺生产时不能随意插拔，易造成误动作。

11.5.5.6 常见故障分析及处理方法

（1）热电偶、热电阻的温度显示无穷大，说明热电偶、热电阻处于开路、断路状态，或温度变送器发生开路。如果是停机状态，及时更换热电偶、热电阻，或者检查并排除温度变送器开路故障。如果是生产状态，要采取一定有效措施（短接停机连锁信号）后更换热电偶、热电阻或者温度变送器。

（2）热电偶、热电阻的温度显示为零，说明热电偶、热电阻或补偿导线、线路、温度变送器有短路现象，应逐一检查并排除。

11.5.6 压力、流量检测设备

11.5.6.1 压力检测设备

压力是工业生产过程中最重要的检测、控制参数之一。所谓压力，就是均匀垂直作用于单位面积上的力。压力传感器将被测压力线性地转换为便于远距离传递的其他信号，如电阻、电流、电压或频率信号等，用于烧结生产过程的控制和显示。

压力传感器工作原理是过程压力作用于密封隔离膜片，通过封入液传导至扩散硅传感器。压力的作用使之在传感器上产生压阻效应以改变扩散硅阻值，由电桥回路转换成毫伏信号，再送往变送器电路转换成 $4 \sim 20 \text{mA}$ 输出送至 PLC 系统模拟量输入模块。温度变化造成的压力变化相当于压阻值变化的误差，由置于传感器内部的网络阻值线路补偿，从而极大地保证了测量精度。压力传感器在烧结生产过程中广泛用于水、油、压缩空气、蒸汽及风箱、风机、点火炉压力的检测，主要分为电容式压力传感器及压电式压力传感器。

11.5.6.2 流量检测设备

流量计的种类有很多，如差压式流量计、电磁流量计、超声波流量计、转子流量计、涡流流量计等。差压式流量计的工作原理是利用流体通过节流装置产生的差压与流量有关这一物理现象来测量流量的；电磁流量计的工作原理是根据电磁感应定律而工作的；超声波流量计的工作原理很多，根据测量原理的不同，大致可以分为以下几类：传播速度法（时差法、相位差法和频差法）；多普勒效应法；相关法；波束偏移法等。但是目前最常采用的测量方法主要有两类：时差法和多普勒效应法。同时，根据超声波流量计使用场合不同，可以分为固定式超声波流量计和便携式超声波流量计。流量计在烧结生产工艺、能源

计量中使用较为广泛，如煤气计量、压缩空气计量、蒸汽计量、水计量、混合机添加水量显示等。

11.5.7　振动检测设备

11.5.7.1　振动传感器原理

在烧结生产过程中存在很多高速旋转的电气和机械设备，如烧结主抽风机、各类冷却风机及各类除尘风机。为了保证这些大型设备的稳定运行，一般在其电动机及风机两端安装振动传感器来实现振动保护。振动传感器将检测到的设备振动信号转换为电信号，并通过信号电缆传送到安装在控制室内的显示仪表。显示仪表将显示现场设备的实际振动值，同时输出标准信号给 PLC 控制系统进行显示和控制。

用来检测机械运动振动的参量（振动速度、频率、加速度等）并转换成标准电信号输出的传感器称为振动传感器。振动一般可以用以下三个单位表示：mm（振幅）、mm/s（振速）、mm/s^2（加速度）。振动位移（mm 振动幅值）一般用于低转速机械的振动评定；振动速度一般用于中速转动机械的振动评定；振动加速度一般用于高速转动机械的振动评定。

振动传感器的种类丰富，各种振动传感器的工作原理与测量方法都不相同。振动传感器的诸多种类中，磁电式振动传感器的应用较为普遍，因此下面重点介绍磁电式振动传感器的工作原理。

磁电式振动传感器属于惯性式振动传感器。磁电式振动传感器在使用时，会和被测量物体紧固地安装在一起。当被测量物体振动时，磁电式振动传感器的外壳就会随着被测物体一起运动，而传感器内部的线圈、阻尼环和芯杆部分，在惯性的作用下相对保持静止。

磁电式振动传感器的线圈和磁铁部分，在振动时与传感器外壳发生相对运动，与被测物体连接的运动部分为导磁材料，在振动过程中，线圈划过磁力线就会改变线圈的磁通量，在线圈中产生感应电动势，而感应电动势的大小正比于振动速度。

磁电式振动传感器在获得电动势感应信号后，可以直接与速度形成一一对应关系，以获得振动速度测量值。电动势感应信号经过微分和积分后，磁电式振动传感器还可以得出振动的位移加速度测量值和位移测量值。

磁电式振动传感器的输出电动势是与线圈内磁通量变化直接相关的，当振动速度较低时，磁通量变化小，输出的电动势也就过小而无法感应测量，因此磁电式振动传感器存在工作下限频率，低于下限频率的振动即无法测量。

11.5.7.2　操作规程与使用维护要求

（1）检查振动传感器规格、参数是否与工艺检测要求一致。

（2）确认振动传感器和显示仪表参数配合良好，现场信号显示正常、准确。

（3）观察生产设备振动检测值显示是否异常，与设备运行状况是否一致。

（4）检查振动传感器安装是否牢固。

（5）检查振动传感器的接线端子、分线盒、防水保护盖是否紧固。

（6）振动传感器在工艺生产时不能随意插拔，易造成误动作。

（7）振动显示仪表电源应定期检查，并保持正常。

（8）检查振动显示仪表接线端子是否紧固。

11.5.7.3　常见故障分析及处理方法

（1）振动显示为 0，说明振动检测信号处于开路、断路状态，可能是振动传感器、振动显示仪表或者信号传送电缆处于开路、断路状态，或者是振动显示仪表供电电源有问题。如果是停机状态，及时检查并排除故障，或者更换传感器、显示仪表等。如果是生产状态，则要采取一定有效措施（短接停机连锁信号）后再检查处理或更换备件。

（2）振动显示值与现场实际测量值有误差，检查振动传感器及显示仪表的接线端子是否连接紧固，振动传感器安装是否紧固，信号传送电缆屏蔽层保护连接是否可靠，显示仪表供电电源是否正常。处理发现的问题或更换备件，使振动显示正常。

11.5.8　粉尘检测设备

烧结生产过程会对环境造成污染，其中粉尘是排放量最大、涉及面最广、危害最严重的污染物。一般在烧结生产过程中产生的粉尘量占烧结矿产量的 3% 左右。近年来我国大力推进环境综合治理，采取从紧的宏观环境政策，追求可持续性发展，对烧结粉尘治理提出了更高的要求，使烧结粉尘排放标准不断提高。为了实时掌握粉尘排放量，粉尘浓度检测仪器仪表广泛应用于烧结。

粉尘浓度检测仪的主要原理是当烟道或烟囱内粉尘流经过粉尘浓度检测仪的探头时，探头所接收到的电荷来自粉尘颗粒对探头的撞击、摩擦和静电感应。由于安装在烟囱上探头的表面积与烟囱的横截面积相比非常小，大部分接收到的电荷是由于粒子流经过探头附近所引起的静电感应而形成的，故排放浓度越高，感应、摩擦和撞击所产生的静电荷就越强。用于接收、放大、分析和处理这些电荷使之成为在线粉尘排放显示数值的主要技术有两种：交流静电技术和直流静电技术。

交流静电技术是测量电荷信号围绕着电荷平均值的扰动量。在交流静电技术中电荷的正负平均值被过滤清除，然后系统探测剩余扰动信号的电场、波峰值、均方根值以及其他各种混合变化。以上各种数值中，均方根值能够准确显示信号的标准偏移，所以交流静电技术以监测电荷信号的标准偏移来确定交流信号的扰动量，并以即时扰动量的大小来确定粉尘排放量。根据完全相反原理，直流静电技术完全滤除以上所有的交流信号，只靠粉尘颗粒对探头的撞击和摩擦以直流电导方式传进探头，这样产生一个正负电荷平均值，经过系统的放大、分析和处理来显示粉尘的排放量。因此无论在何种情况下，交流静电监测系统的精确性比直流静电监测系统高 10 倍以上。

11.6　环境保护设备与操作

11.6.1　烧结生产环境治理

11.6.1.1　烧结生产环境污染源及特点

烧结是钢铁冶炼的重要环节，在其生产过程中会带来很多的环境问题，包括烧结矿生产过程中产生的高温废气和粉尘引起的大气污染，设备运转产生的噪声污染，部分工艺流程产生的废渣和污水等均会对环境造成污染问题。烧结生产过程产生的污染以大气污染为主，但因烧结机大型化，采用的大功率除尘、传动设备的增多，烧结的噪声治理成为一项重要任务，如何有效地治理这些环境问题已成为烧结生产的主要工作之一。

A 烧结大气污染的产生及危害

烧结是目前钢铁行业大气污染最严重的工序之一，也是我国大气污染治理的重点行业。随着我国经济的发展及人们对生活质量要求的提高，国家对烧结烟气的排放要求也将进一步提高。

a 烧结大气污染的产生

烧结生产是大量的矿石、熔剂、燃料加水混合后高温点火，生产烧结矿。因矿石及燃料等均为天然生成，其中含有大量的无机、有机物质，因此烧结生产过程中会产生大量的有毒、有害气体，同时烧结矿在配料、破碎、运输过程中还会产生严重的粉尘污染，这些污染构成了烧结大气污染。烧结大气污染的主要来源有以下几个方面：

（1）烧结原料在装卸、破碎、运输过程中产生的含尘废气。

（2）烧结原料混合、加水产生的含水废气。

（3）混合料烧结过程中产生的粉尘、SO_2、NO_x 等高温废气。

烧结大气污染的治理分粉尘污染治理和烟气气态污染物治理。在烧结工序过程产生的大量有毒、有害气体中粉尘、SO_2、NO_x 占了很大的比例，同时高温烧结过程还会产生一定量的二噁英和重金属污染。我国各大钢厂烧结工序在粉尘污染的治理方面已经取得了一定成绩，技术也较成熟。但在 SO_2、NO_x、二噁英和重金属等污染物的治理方面则起步较晚。与粉尘污染的治理相比，SO_2、NO_x、二噁英和重金属等气态污染物的治理更困难，投资成本也更高，而烧结又是钢铁行业中 SO_2、NO_x、二噁英和重金属等气态污染物的排放大户，特别是我国"十二五"规划中明确烧结烟气脱硫脱硝目标，因此如何有效治理 SO_2、NO_x、二噁英和重金属等气态污染物已成为烧结环保的重要任务。

b 烧结大气污染的危害

烧结过程中产生的粉尘、SO_2、NO_x、二噁英和重金属等污染物，对人的身体健康和生存环境会造成重大损害。粉尘、SO_2、NO_x 主要是通过呼吸道、皮肤、眼睛等途径对人体的各个系统产生危害，会引起矽肺病、结膜炎、肺气肿等疾病。而且 SO_2、NO_x 是酸雨的主要源头，酸雨可导致土壤酸化，造成工农业建筑水泥溶解，已成为人类的公害之一。二噁英、重金属通过烟气排入大气后，经过不同途径进入人类的食物链，会导致人体中毒、癌症等严重疾病。

B 烧结噪声污染的产生及危害

烧结噪声污染同其他工业噪声污染类似，主要特点是机械或设备的体积大，作业面大，声音辐射面广，噪声波动范围大，声源处常伴有高温和烟气，控制工程量大、难度高。

烧结的噪声污染主要来源于以下几个方面：

（1）烧结矿生产、冷却、除尘用大功率风机。

（2）烧结原料及烧结矿运输和转运过程中产生的噪声。

（3）原料及烧结矿破碎过程中产生的噪声。

噪声污染的危害：

（1）噪声对人体最直接的危害是听力损伤。人们在进入强噪声环境时，暴露一段时间，会感到双耳难受，甚至会出现头痛等感觉。

（2）噪声能诱发多种疾病。因为噪声通过听觉器官作用于大脑中枢神经系统，以致影响到全身各个器官，故噪声除对人的听力造成损伤外，还会造成神经衰弱症状。

（3）噪声也可导致消化系统功能紊乱，对视觉器官、内分泌机能及胎儿的正常发育等方面也会产生一定影响。

（4）噪声对正常生活和工作的干扰。噪声对睡眠影响极大。噪声还会干扰人的谈话、工作和学习。噪声会分散人的注意力，导致反应迟钝，容易疲劳，工作效率下降，差错率上升。噪声还会掩蔽安全信号，如报警信号和车辆行驶信号等，以致造成事故。

C　烧结固体废弃物及水污染的产生及危害

a　烧结固体废弃物及水污染的产生

烧结生产过程中产生的固体废弃物污染和水污染相对较少。烧结生产过程中的固体废弃物污染多来自于烧结生产的污泥、矿粉、石灰石等和生产辅助环节如干法、半干法脱硫丢弃的脱硫渣，设备检修时丢弃的石棉、废油等及办公区域丢弃的含汞照明用具等。烧结生产过程中的水污染主要来源于湿法除尘、湿法脱硫产生的污水及办公区域产生的生活污水等。

b　烧结固体废弃物及水污染的危害

石灰石、矿粉、石棉的干物质或轻质会随风飘扬，会对大气造成污染，对人的呼吸系统和皮肤等造成损害。而丢弃的脱硫渣含有易分解的亚硫酸盐和重金属，会对大气和土壤产生污染，造成二次污染。丢弃的废油，湿法除尘、湿法脱硫产生的污水及办公区域产生的生活污水等易对水体产生污染。

11.6.1.2　烧结环境污染治理

A　烧结大气污染治理

烧结大气污染的治理主要分粉尘污染治理和烟气气态污染物治理。粉尘污染治理设备的发展已从以前的小型分散逐步发展为现代配套大型烧结机的集中除尘、通风设备，除尘设备的大型化为现代烧结厂环境的改善创造了良好的设备基础。烧结烟气气态污染物治理设备近些年有了很大发展，特别是近些年国家对烧结烟气 SO_2、NO_x 等气态污染物排放总量的控制逐渐加大力度，各大钢厂纷纷新增烧结烟气脱硫脱硝设备，主要以脱硫设备为主，部分设备具备脱硝功能。而在重金属和二噁英的脱除方面仍然受到成本和技术水平的限制，无法推广。

a　烧结大气污染粉尘治理设备

电除尘器

电除尘器在我国大型钢铁厂烧结工序的应用十分广泛，是目前烧结粉尘治理的主要设备。电除尘器因具有阻力小、运行稳定、耐高温的特点，在国内各大钢厂烧结工序有着广泛的应用，特别是在烧结机机头高温废气粉尘的脱除方面具有不可替代的优势。

布袋除尘器

布袋除尘器在烧结工序中的应用多集中在常温粉尘的处理方面，但随着耐高温滤料的发展，在烧结机粉尘污染的部分高温位置如机尾除尘器已有应用。布袋除尘器具有除尘效率高（可达99%以上）的优势，因此随着国家粉尘排放控制的日益严格，布袋除尘器的应用将会越来越广泛。

机械除尘器

机械除尘器分重力除尘器、惯性除尘器、旋风除尘器。重力除尘器的工作原理是利用粉尘的自身重力从烟气中分离粉尘。惯性除尘器主要是利用气体突然改变方向，碰撞挡板而捕集粉尘。上述两种除尘器因其除尘效率低，占地面积大，目前已很少应用，仅在含尘气体的预处理时有所应用。旋风除尘器是依靠惯性离心力将粉尘从气流中分离出来。与以上两种除尘器相比，旋风除尘器除尘效率更高，应用在烧结工序中一些粉尘排放要求不是很高的地方。

湿式除尘器

湿式除尘器是利用含尘气流与液体（通常是水）接触，借助于惯性碰撞、扩散机理将粉尘捕集。湿式除尘器中较典型的有文丘里除尘器。湿式除尘器除尘效率较高，但因其排放物为污泥，处理比较困难，所以目前在钢铁企业烧结工序中应用得并不是很多。

b 烧结大气污染气态污染物治理技术

SO_2 污染治理技术

脱硫技术主要分三类：湿法烟气脱硫、干法烟气脱硫、半干法烟气脱硫。

湿法烟气脱硫采用的脱硫剂是浆液形式，脱硫副产物含水量较高，须经浓缩脱水才能得到含水量较低的副产物。湿法烟气脱硫多采用喷淋塔形式。湿法烟气脱硫有很多种，其中石灰石—石膏湿法烟气脱硫和氨法烟气脱硫应用较多，技术也更为成熟。前者是目前世界上治理工业烟气脱硫工艺中应用最广泛的一种脱硫技术，随着工艺水平和设备技术方面的进步，加之脱硫剂——石灰石地理分布广泛、价格低廉，近些年石灰石—石膏湿法烟气脱硫在我国得到了广泛应用。氨法脱硫主要是以氨水为脱硫剂，价格稍贵，但其产物亚硫酸铵经氧化可制成化肥产品，因此对于氨水来源丰富的工业企业，可采用此技术。

干法脱硫技术采用干态脱硫剂，脱硫副产物也是干态的固体，如炉内喷钙尾部烟气增湿活化脱硫法，该法操作简单，工艺简洁，但脱硫效率较湿法和半干法低。

半干法脱硫技术介于湿法和干法之间，脱硫剂以雾化的或加湿的小颗粒为主，副产物是干态的固体。以 ALSTOM 公司开发 NID 脱硫工艺为例，其脱硫效率可达90%以上，终产物多采用抛弃方式。其终产物也有经过处理生产石膏的，但因成本较高，应用不多。

重金属、二噁英等气态污染物治理

烧结烟气脱除 NO_x、重金属、二噁英等气态污染物技术应用较少，主要以脱硫兼顾脱除以上污染物为主。以活性炭法为例，该法同时兼顾脱硫脱硝，甚至还可脱除烟气中的重金属、二噁英等气态污染物，但该法投资和生产成本均较高，仅有为数不多的厂家应用。

B 烧结噪声污染治理

声音的传播可分为声源、传播途径、受者三部分，因此噪声污染的治理也应从这几方面考虑。工业上主要是通过选用低噪声的生产设备和改进生产工艺，或者改变噪声源的运动方式（如用阻尼、隔振等措施降低固体发声体的振动）来减少噪声。

a 风机噪声的治理

风机的噪声主要是机壳、电动机、轴承等机械性噪声和风机进出口产生的空气动力性噪声。这些噪声以风机进出口产生的空气动力性噪声最强。消除方法主要采取下列措施：

（1）在风机进出口加装消声器。烧结目前的风机消声器多安装在风机出风口，对于噪声较大的风机也有进出口均安装消声器的。

（2）将整个风机用密闭的隔声罩包裹起来。这种方法往往会造成风机散热困难、温度升高，对风机的使用产生影响。可通过增加隔声罩内空气流动速度来进行降温，如采用排气扇等方式。

（3）改造风机房，使噪声无法传播出去。以往多采用隔声材料，但会使风机房内噪声增大，影响风机的日常巡检。随着多孔吸声材料的应用，房内噪声大的问题已基本解决。

b　烧结其他噪声污染的治理

设备本身因生产需要，产生的噪声值已定，烧结原料及烧结矿在运输、转运和破碎过程中产生的噪声治理多采用增加隔声罩或增设隔声墙的方式，材质也多为多孔吸声材料，既吸收了噪声，又不会使隔声罩和隔声墙内噪声过大。

11.6.1.3　烧结固体废弃物及水污染治理

烧结固体废弃物污染的治理可采用分类回收（如废油、含汞照明灯具等）、集中填埋（如石棉等）、返回生产工序（如生石灰、矿粉等）等方法。水污染治理则可将污水通过自建小型污水处理厂或通过管道送往较大的污水处理厂。

11.6.2　除尘设备

烧结大气污染粉尘的主要特性有高温、铁质、微粒级、黏性等，这些特性决定了烧结粉尘的治理设备主要采用电除尘器和布袋除尘器等，下面就这两种设备进行详细介绍。

11.6.2.1　电除尘设备

A　工作原理与功能

电除尘器因具有收尘效率高、处理烟气量大、阻力损失小、使用寿命长、运行费用低等特点，广泛应用于烧结工序的除尘领域。

a　电除尘器的工作原理

电除尘器的工作原理是含尘气体通过高压静电场时，粉尘在电场内荷电，同时在电场力的作用下向异性电极运动并积附在电极上，依靠自身重力或通过振打等清灰方式使电极上的灰落入灰斗中，从而达到除尘的目的。具体可以通过电晕放电、粉尘荷电、粉尘的运动与收集几个阶段来分析：

（1）电晕放电。电场由阳极（又称收尘极）和阴极（又称放电极，多数阴极为线状，故称为阴极线）组成，当阴极与阳极之间加上高压直流电源时，在两极之间便会产生不均匀电场。随着电场电压的不断升高，阴极线的尖端处由于电场强度的增强，会使其周围的气体电离，如果电压进一步升高，便能在阴极线尖端看见淡蓝色的光晕，这一现象称为电晕放电，开始产生电晕放电的电压称为起晕电压。发生电晕放电后，如果电压继续升高，便会使电场产生火花放电，此时可以听到电场有"噼啪"的放电声，但电压如果继续升高，就会使极间气体被击穿，造成电场接地，此时电流会急剧增大，而电压则会急剧下降。为了确保电除尘器的稳定运行，电除尘器往往都装有电压调节装置，以避免出现电场击穿短路现象。

（2）粉尘荷电。发生电晕放电后，气体被电离，电场阴极释放的电子和气体电离产生的正负离子会在运动中与通过电场的气体中的粉尘结合，使粉尘荷电。粉尘在电场中的荷电可以分为两种方式：

1）电子和正负离子在电场作用下向异性电极运动中与粉尘碰撞而使粉尘荷电，称为电场荷电。

2）电子和正负离子在电场内不规则的热运动而与粉尘碰撞使粉尘荷电，称为扩散荷电。

粉尘的运动与收集。电场中粉尘荷电后向异性电极运动时，主要受电场力和介质阻力作用，这两种力的共同作用形成了粉尘的驱动力，其运动速度称为驱进速度，计算公式为：

$$w = kqE/3\pi d\mu$$

式中　w——驱进速度，m/s；

　　　k——修正系数；

　　　q——粉尘荷电量，C；

　　　E——粉尘所处位置的电场强度，V/cm；

　　　d——粉尘粒径，cm；

　　　μ——烟气黏度，Pa·s。

驱进速度越大，证明该种粉尘越容易被捕集，因此驱进速度是电除尘器设计的一个重要参数。影响驱进速度的因素很多，大多是通过理论计算和实测除尘效率来求得，此时的驱进速度称为有效驱进速度。

（3）在电除尘器中，粉尘荷电主要为负电荷，荷电粉尘向阳极运动并被捕集，故阳极称为收尘极，但也有少量粉尘荷正电荷，向阴极运动并被捕集。

b　影响电除尘器工作效率的因素

（1）粉尘特性：主要包括粉尘的粒径分布、真密度、堆积密度、黏附性和比电阻等。

（2）烟气性质：主要包括烟气温度、压力、成分、湿度、流速和含尘浓度等。

（3）结构因素：包括阴极线的几何形状和数量、收尘极的形式、同极间距、极板面积、电场长度、供电方式、振打方式、气流分布等。

（4）操作因素：包括伏安特性、漏风率、气流短路、二次扬尘等。

c　电除尘器的结构及功能

电除尘器的结构（见图 11-39）主要包括电除尘内部系统、电除尘器结构件、电除尘器气流分布装置以及电除尘器辅助部件等四大部分。其中，电除尘内部系统主要包括阳极系统、阴极系统、阳极振打系统、阴极振打系统等；电除尘器结构件主要包括进出口封

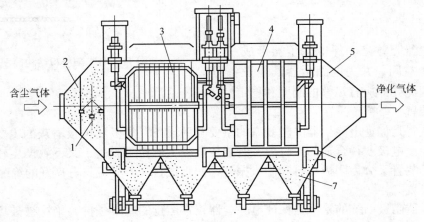

图 11-39　电除尘器结构简图

1—振打器；2—气流分布板；3—电晕电极；4—收尘电极；5—外壳；6—检修平台；7—灰斗

头、底梁、灰斗、壳体、顶盖等；电除尘器气流分布装置主要包括进口气流分布板和出口槽型板、导流板、内部挡风装置等；电除尘器辅助部件主要包括钢支架、顶部检修吊机、各层走梯检修平台、保温、雨棚、灰斗围墙等。

电除尘器根据收尘板形式的不同可分为板式电除尘器和管式除尘器。烧结烟气除尘主要采用板式电除尘器，故本书只重点介绍板式电除尘器。板式电除尘器电场有效高度与宽度的乘积即为电除尘器的有效断面面积，通常以其平方米数来表示电除尘器的规格。板式电除尘器的电场主要是阴极线与平行的阳极板组成的非均匀电场，阴极系统和阳极系统是板式电除尘器的主要结构。

阴极线

阴极线又称电晕线，是电除尘器的关键部件，对除尘器的性能影响很大。阴极线应具有电气性能良好（起晕电压低、击穿电压高等）、强度高、耐腐蚀性能好、振打力传递好等特点，主要结构形式见图 11-40。

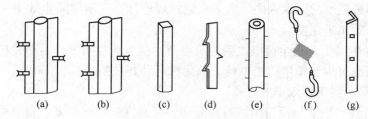

图 11-40　阴极线结构简图

（a）管形芒刺线；（b）新型管形芒刺线；（c）星形线；（d）锯齿线；（e）鱼骨针刺线；（f）螺旋线；（g）角钢芒刺线

阳极板

阳极板又称收尘极，大多阳极板是用薄钢板轧制而成，其主要形式见图 11-41。阳极通道间距通常为 300mm，但由于电除尘器整流电源技术的进步，可以提供更高的电源，近些年宽极距（≥400mm）电除尘器得到了广泛应用。

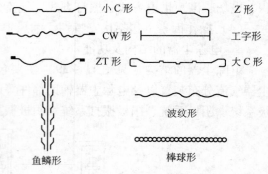

图 11-41　阳极板结构简图

壳体

电除尘器壳体是确保电除尘器形成一个独立的收尘空间，并为电除尘器其他设备提供支撑，因此壳体应有足够的刚度和稳定性，并密封严密（漏风率在 5% 以下）。

振打装置

振打装置是保证电除尘器除尘效率的重要辅助设备，是极线极板清灰的主要工具。振打装置应能使电极获得合适的振打力，既能使电极上的粉尘脱落，又不致产生较大的二次扬尘。振打装置又分为阴极振打和阳极振打，阴极振打与外界应具有良好的绝缘。

绝缘装置

电除尘器阴极系统的绝缘是保证电除尘器正常运行的基本条件，绝缘被破坏会引起电场短路，使电场失效。电除尘器的绝缘装置主要是对阴极框架起支撑吊挂作用的瓷套管和确保阴极振打与壳体绝缘的瓷转轴。

气流分布装置

气流分布装置的主要作用是保证烟气进入电除尘器后，在电除尘器的有效截面上均匀通过。目前的气流分布装置多采用多孔板。

灰斗

灰斗是用来存储电除尘器收集的粉尘的。为了保证粉尘干燥，防止烟气中水分的凝结，造成粉尘结块阻塞卸灰系统，处理易结块粉尘的电除尘器往往设有专门的灰斗加热装置。

电除尘器电源系统

电除尘器电源系统有高压电源和低压电源两部分。电源部分是静电除尘器的一个重要部分，其性能的好坏直接关系到电除尘器的除尘效率。

高压电源部分包括整流变压器和高压控制系统。整流变压器是高压电源的核心设备，主要用于将交流电压变为直流电压和升高电压的作用。高压控制系统由电源主回路配电部分和电压控制部分组成，其中可控硅（又称晶闸管）在电路中起到了调整半导体开关的作用，为国内外普遍采用。

随着新技术的不断发展，电除尘器高压电源也有了很大的进步，如高频电源、恒源流及脉冲高压电源等的应用为高压电源的发展提供了很好的前景。

电除尘器低压电源主要为电除尘低压用电设备，如振打电动机、照明等供电。

B　电除尘器的操作规则与使用维护要求

电除尘器应由专业人员进行操作管理，操作人员必须经过严格的培训，对设备性能、操作要求、安全和保养知识有较全面的了解。

a　电除尘器的操作规则

启动前的检查：

(1) 电场人员、工机具清理完成，人孔门已关闭，密封完好；

(2) 测量电场绝缘合格，整流电源系统具备启动条件；

(3) 电场启动手续齐全，安全措施到位。

启动操作：

(1) 电场加热器提前启动（提前时间视情况而定，一般不少于2h），对绝缘瓷套管、瓷转轴等绝缘件进行加热，防止因结露影响电场正常运行；

(2) 启动低压控制系统及操作系统功能（料位、报警、连锁、测温等）；

(3) 启动电场，检查电场电流运行情况；

(4) 启动引风机；

(5) 启动振打机构。

运行管理：电除尘器的运行管理对电除尘器的运行效率和安全运行具有重要意义，每班应定时巡检。检查内容如下：

(1) 检查电场电压、电流运行是否正常；

(2) 检查振轴是否转动，运行有无异响；

(3) 检查电除尘器运行画面或指示灯是否良好，有无异常；

(4) 检查输送灰系统运行是否平稳，有无异响；

(5) 每班记录运行电流、电压（一般每2h记录一次），根据实际运行情况调整至最佳状态。

停运操作：

（1）关闭风门后，关停引风机；

（2）按顺序关掉电场的高压电源，切断高压隔离开关；

（3）振打系统和输送灰系统在电场停运时继续运行，直至电除尘器粉尘灰输送干净；

（4）关掉加热系统等低压电源（短时间停机可不用停低压供电系统，但应停止其操作）；

（5）办理电场的停电手续，确认电场总电源切断；

（6）开启人孔门，通风一段时间，便于高温除尘器废气的排放和降温；

（7）对电场阴极进行物理接地，接好照明后才可进入电场检修；

（8）检修完毕后，确认并关闭人孔门。

b 电除尘器的使用维护

电除尘器停机时的维护：电除尘器短时间停机，主体设备处于停机时，灰斗应有一定的灰封，且加热系统应保持运行状态，避免电场低温腐蚀。电场长时间停机时振打和排灰系统应每周运行 1h 左右，以免传动部分锈死。

电除尘器运行时的定期维护保养见表 11 - 39。

表 11 - 39 电除尘器的维护保养

保 养 部 位	定期维护项目	检查周期
容易磨损机械传动部位	检查加油	1 周
振打、卸灰阀减速机	检查加油	3 个月
高压隔离开关等	检查调整机构	6 个月
高压控制柜及可控硅元件冷却风机	传动部分加润滑油	3 个月
整流变压器及阴极绝缘瓷瓶	（1）变压器油位检查 （2）高压进线接头检查 （3）瓷瓶、瓷套管擦拭	6 个月

电除尘器运行时的其他维护要求：电除尘器运行 2500h 后，可按照相关技术标准，对电除尘器的一些主要参数进行测定：压力降、除尘率、漏风率、烟尘特性等。同时应定期检查电除尘器的金属构件，包括极线极板吊挂、支撑、壳体等，定期刷漆，避免腐蚀。

C 电除尘器常见故障分析及处理（见表 11 - 40）

表 11 - 40 电除尘器故障分析及处理方法

故障现象	故 障 分 析	处 理 方 法
二次电流大、二次电压升不高或接近零	（1）电晕极断，与阳极板或除尘器的接地部位连接，绝缘失效 （2）绝缘装置击穿、破损、结垢 （3）灰斗积料过多，阴极与灰斗积料接触产生料接地现象 （4）收尘极变形、脱焊、移位，靠近阴极 （5）电场内其他金属件掉落使阴阳极间产生接地点 （6）高压进线或变压器对地击穿	（1）拆除电晕线或对其进行加固 （2）更换或擦拭绝缘装置 （3）清除积料 （4）加固收尘极板 （5）清除金属导电体 （6）更换高压或变压器绝缘件
整流电压正常，而整流电流很小	（1）收尘极或电晕极上积灰过多 （2）阴极或阳极振打失灵	人工清除积灰或对阴阳极振打装置检查处理

故障现象	故 障 分 析	处 理 方 法
二次电流、电压不稳定	(1) 电晕极与阳极板间有导电体来回摆动 (2) 阴极绝缘系统（瓷套管、瓷转轴等）漏电 (3) 高压开关接触不好或电场高压进线管漏水	(1) 摘除导电体 (2) 更换瓷套管、瓷转轴等绝缘部件或擦拭其灰尘 (3) 调整高压开关或对漏水处焊补

11.6.2.2 布袋除尘设备

布袋除尘器是一种高效除尘器，除尘效率可达99%以上，因其具有除尘效率高、操作简单、对粉尘浓度变化大的适应能力强等优点，而得到了越来越广泛的应用，特别是随着近些年来清灰方式、滤袋材质等方面的不断发展，袋式除尘器在烧结除尘领域得到了广泛应用。

A 工作原理与功能

a 布袋除尘器的工作原理

布袋除尘器的工作原理是当含尘气体进入除尘器时，在引风机提供的负压作用下，通过布袋（或称滤料层），依靠滤料的过滤作用形成粉尘初层。粉尘初层形成前，起过滤作用的滤料层除尘效率并不高。粉尘初层形成后，滤料对粉尘的过滤效率明显提高。因此布袋除尘器主要靠粉尘初层的过滤作用除尘，滤袋只是起形成粉尘初层的作用。布袋除尘器的过滤机理可通过以下几种效应来分析：

(1) 筛分效应。当粉尘粒径大于滤袋纤维间隙或粉尘层孔隙时，粉尘颗粒将被阻留在滤袋表面，该效应被称为筛分效应。清洁滤料的空隙一般要比粉尘颗粒大得多，只有在滤袋表面沉积了一定厚度的粉尘层之后，筛分效应才会变得明显。

(2) 碰撞效应。当含尘烟气接近滤袋纤维时，空气将绕过纤维，而较大的颗粒则由于惯性作用偏离空气运动轨迹直接与纤维相撞而被捕集，且粉尘颗粒越大、气体流速越高，其碰撞效应也越强。

(3) 黏附效应。含尘气体流经滤袋纤维时，部分靠近纤维的尘粒将会与纤维边缘接触，并被纤维钩挂、黏附而捕集。很明显，该效应与滤袋纤维及粉尘表面特性有关。

(4) 扩散效应。当尘粒直径小于0.2μm时，由于气体分子的相互碰撞而偏离气体流线作不规则的布朗运动，碰到滤袋纤维而被捕集。这种由于布朗运动引起扩散，使粉尘微粒与滤袋纤维接触、吸附的作用，称为扩散效应。粉尘颗粒越小，不规则运动越剧烈，粉尘与滤袋纤维接触的机会也越多。

(5) 静电效应。滤料和尘粒往往带有电荷，当滤料和尘粒所带电荷相反时，尘粒会吸附在滤袋上，提高除尘器的除尘效率。当滤料和尘粒所带电荷相同时，滤袋会排斥粉尘，使除尘效率降低。

(6) 重力沉降。进入除尘器的含尘气流中，部分粒径与密度较大的颗粒会在重力作用下自然沉降。

需要说明的是，布袋除尘器在捕集分离过程中，上述分离效应一般并不同时发生作用，而是根据粉尘性质、滤袋材料、气流流场不同、工作参数及运行阶段的不同，产生分离效应的数量及重要性也各不相同。

影响布袋除尘器除尘效率的主要因素有以下几种：

(1) 滤料清灰及粉尘层的影响。滤料是布袋除尘器的主要部件，清洁的滤料除尘效率很低，积尘后（即形成粉尘初层后）除尘效率逐渐提高至最大，清灰后除尘效率会有所降低。如何有效地通过清灰控制粉尘初层的形成厚度是布袋除尘器设计的重要因素之一。

(2) 滤料材质的影响。机织滤料很薄，其纤维表面孔径较大，直通，需建立一层较厚的粉尘初层。针刺毡滤料则较厚，毡表面相对孔径较小，达 $20 \sim 50 \mu m$，不直通，依靠毡内部多孔结构进行深层过滤，进而在表面建立一层较薄的粉尘初层，其除尘效率较机织滤料高。覆膜滤料薄膜上的孔径仅 $0.2 \sim 3 \mu m$，且不直通，因此其除尘效率较前两者更高。

(3) 过滤风速。过滤风速是一个重要的技术经济指标。过滤风速的大小直接影响碰撞和扩散效应，选用高的过滤风速所需要的滤布面积小、除尘器的体积和投资都会相应地减少，但除尘器的压力损失则会加大，除尘效率也会相应下降。因此过滤风速的选择应综合滤料种类、清灰方式等多种因素。过滤风速也称为气布比，即单位过滤面积通过的风量，单位为 $m^3/(m^2 \cdot min)$。

b 布袋除尘器的结构及功能

布袋除尘器的主要结构如图 11-42 所示，主要分为上箱体、中箱体、灰斗、进出风管、滤袋及袋笼、电气控制、立柱及支撑等结构。

布袋除尘器的分类有多种方式，下面分析几种典型的分类方式：

(1) 按清灰方式分类。清灰方式是决定布袋除尘器性能的一个重要因素，与除尘效率、压力损失、过滤风速均有一定关系。清灰的基本要求是从滤袋上迅速而均匀地清除沉积的粉尘，同时又能保证一定的粉尘初层，并且不损伤滤袋，消耗的动力较少。烧结布袋除尘器多采用逆气流清灰和长袋低压脉冲袋式除尘器：

1) 机械振动清灰。机械振动清灰是利用机械装置轮流振打或摇动各组滤袋的框架，使滤袋产生振动而清除滤袋上积附的粉尘。机械振动是最原始的清灰方法，利用机械动力把悬挂在除尘器滤袋上的黏结尘块抖落进灰斗，但是，对于黏性较强、颗粒较细的粉尘则达不到应有的清灰效果。其优点是不需连接压缩气，可作为小型机械安装在生产流程中的中、低负荷过滤设备上。缺点是只能离线清灰，清灰时必须关闭进气口，暂停过滤系统。设备带有很多机械动力结构件，需要经常维护和替换。对于黏性比较强的粉尘，不能有效清灰。除尘器阻力高，滤袋使用寿命短。

2) 逆气流清灰。逆气流反吹袋式除尘器是利用逆流气体从滤袋上清除粉尘的袋式除尘装置。有反吹风和反吸风两种形式。清灰时要关闭正常的含尘气流，开启逆气流进行反吹风，此时滤袋变形，积附在滤袋内表面的粉饼被破坏、脱落，通过花板落入灰斗。滤袋内安装支撑环以防止滤袋完全被压瘪。清灰周期为 0.5~3h，清灰时间为 3~5min。反吹

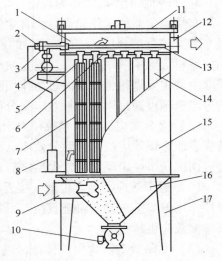

图 11-42 低压脉冲布袋除尘器结构
1—上箱体；2—电磁阀；3—脉冲阀；4—气包；5—喇叭管；6—花板；7—滤袋架；8—控制仪；9—进风口；10—排灰装置；11—上盖板；12—出风口；13—喷吹管；14—滤袋；15—中箱体；16—灰斗；17—支腿

式的吸气时间约为 10～20s，视气体的含尘浓度、粉尘及滤料特性等因素而定。过滤速度通常为 0.5～1.2m/min，相应的压力损失为 1000～1500Pa。逆气流反吹式袋式除尘器结构简单、清灰效果好、维修方便，对滤袋损伤小，主要适用于玻璃纤维滤袋。

3）气环反吹清灰（图 11－43（a））。在滤袋外侧设置一个空心带狭缝的环，圆环紧贴滤袋的表面往复运动，并与高压风机管道相接，由圆环上正对滤布表面的狭缝喷出高速气流，射在滤袋上，以清除沉积于滤袋内侧的粉尘层。这种清灰方式清灰能力较强，可实现在线清灰，但清灰装置复杂，费用较高。

4）脉冲喷吹清灰（图 11－43（b））。脉冲清灰除尘器是目前国际上最普遍、最高效的滤袋除尘器。其特点是在每一个脉冲阀的出口安装喷吹管，负责对准安装在喷吹孔底下的滤

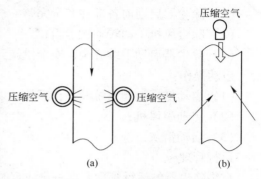

图 11－43　布袋清灰示意图
（a）气环反吹清灰；（b）脉冲喷吹清灰

袋，进行高效脉冲清灰。其特点是可根据现场工艺的实际情况，灵活设计在线或离线的高效率均匀清灰系统，克服了以上各种清灰方法的不足，如可以根据工艺需要和系统压力，选择高压或低压，在线或离线脉冲清灰；结构简单，可选择不同尺寸的滤袋和脉冲阀，灵活设计滤袋的分布，制造各种处理风量的机组。脉冲阀工作寿命一般为 5 年以上，滤袋是 2 年以上。脉冲清灰运作费用低，采用压缩气能源喷射引流，保证滤袋底部清灰压力。在国内具有大量的成功应用实例。

5）复合清灰。复合清灰是指多种清灰方式结合的清灰方式，具有清灰灵活的特点，尤其适合收灰量大的布袋除尘器。

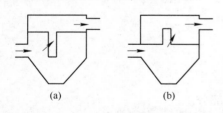

图 11－44　含尘气流进入滤袋示意图
（a）外滤式除尘器；（b）内滤式除尘器

（2）按含尘气流进入滤袋的方式分类：

1）外滤式除尘器，如图 11－44（a）所示，含尘气体由滤袋外侧流向滤袋内侧，粉尘沉积在滤袋外表面，滤袋要设支撑骨架，因此滤袋的磨损较大。

2）内滤式除尘器，如图 11－44（b）所示，含尘气流由滤袋内侧流向外侧，粉尘沉积在滤袋内表面。其优点是滤袋外部为清洁气体，便于检修和换袋，当被过滤气体无毒且温度不高时，可不停机对除尘器进行检修。

（3）按滤袋形状分类：

1）圆袋式除尘器。大多数布袋除尘器都采用圆形滤袋。圆形滤袋结构简单，便于清灰，其直径通常为 120～300mm，袋长 2～12m，滤袋的长度和直径之比一般为 10～25 倍。最佳的长径比一般根据滤料的过滤性能、清灰效果和投资来确定。增加滤袋长度可节约占地面积，但对清灰要求较高。

2）扁袋式除尘器。扁袋除尘器滤袋呈扁平形，滤袋间隙较小，内部有骨架支撑，同样体积的除尘器内，扁袋的过滤面积一般比圆袋大 20%～40%。但扁袋的结构较复杂、检修换袋不方便，因此应用较少。

B　操作规则与使用维护要求

a　布袋除尘器的操作规则

启动前的检查：

(1) 除尘器启动前各部件齐全完整，机械转动部分灵活，各人孔门关好；

(2) 除尘风机手动转动无卡阻；

(3) 除尘器启动手续齐全，安全措施到位。

启动操作：

(1) 启动低压控制系统及操作系统功能（料位、报警、连锁、测温、压差等）；

(2) 启动引风机；

(3) 启动清灰系统。

运行管理：

布袋除尘器的运行管理要求每班应定时巡检。检查内容如下：

(1) 布袋除尘器烟囱是否有冒灰现象（目视）；

(2) 清灰系统是否正常，运行有无异响；

(3) 布袋除尘器运行画面或指示灯是否良好，有无异常；

(4) 输灰系统运行是否平稳，有无异响；

(5) 每班记录布袋除尘器压差（一般每2h记录一次），根据实际运行情况调整清灰系统运行参数。

停运操作：

(1) 关闭风门后，关闭引风机；

(2) 清灰系统和输灰系统在布袋除尘器停运时继续运行，直至布袋除尘器粉尘灰输送干净；

(3) 办理除尘器的停电手续；

(4) 开启人孔门，便于废气的排放；

(5) 检修完毕后，确认并关闭人孔门。

b　布袋除尘器的使用维护

布袋除尘器的使用维护分日常维护保养和维护两部分。

布袋除尘器日常维护保养要求见表11-41。布袋除尘器布袋破损后一定要及时更换，布袋破损不但影响除尘效率，还会对除尘风机叶轮造成严重的磨损，因此布袋的使用周期到后，应逐步进行更换，但最好是一次性整体更换。同时，对于需要压缩空气的清灰系统，还要定期检查压缩空气系统的油水过滤系统，定期排水，保障清灰系统的正常运行。

表11-41　布袋除尘器日常维护保养

保　养　部　位	定期维护项目	检查周期
容易磨损机械传动部位	检查加油	1周
振打、卸灰阀减速机	检查加油	3个月
清灰系统（脉冲阀、反吹风机等）	检查调整机构	1个月
布袋	检查布袋破损情况	1个月
布袋风机	轴承换油	6个月

C　常见故障分析及处理（见表11-42）

表11-42　布袋除尘器常见故障分析及处理方法

常见故障	故障分析	处理方法
烟囱冒灰	（1）滤袋掉落或破损 （2）布袋除尘器净气室与尘气室磨穿漏气	（1）荧光粉检测，更换滤袋 （2）焊补磨穿处
箱体冒烟	进口风温过高，出现烧袋	更换布袋，调整烟气温度
风机正常运转，吸尘点冒灰或灰斗存灰很少	（1）吸尘管道堵塞 （2）滤袋粘袋结垢严重，设备阻力增大 （3）风机转速不够 （4）风机风门未开 （5）布袋除尘器清灰系统未工作	（1）对除尘管道进行清堵，或对除尘系统进行风量平衡 （2）更换布袋或检查清灰系统，及时调整清灰参数 （3）检查风机电动机是否运行正常 （4）检查调整风门 （5）恢复清灰系统功能
反吹风机电动机、脉冲电磁阀或其他清灰方式有异响，动作不正常	（1）电动机烧毁 （2）电磁阀烧毁 （3）继电器动作不正常 （4）脉冲控制仪故障 （5）阀门不到位或卡死	（1）更换电动机 （2）更换电磁阀，并检查线路是否有短路现象 （3）更换继电器 （4）重新设定脉冲控制仪参数或更换 （5）更换阀门或重新调整阀门
布袋除尘器风机	（1）振动过大 （2）轴承温度过高	（1）风机转子磨损，更换或修复 （2）轴承磨损，更换；或润滑油不足，加油

11.6.3　NID半干法烟气脱硫设备

11.6.3.1　工作原理及功能

A　工作原理

阿尔斯通半干法烟气脱硫工艺（NID增湿法）是从烧结机的主抽风机出口烟道引出130℃左右的废烟气（见图11-45），经文丘里管喷射进入反应器弯头，在反应器混合段将混合器溢流出的循环灰挟裹接触，通过循环灰表面附着水膜的蒸发，烟气温度瞬间降低至设定温度（91℃），同时烟气的相对湿度大大增加，形成很好的脱硫反应条件，在反应器中快速完成物理变化和化学变化，烟气中的 SO_2 与吸收剂反应生成亚硫酸钙和硫酸钙。反应后的烟气继续挟裹干燥后的固体颗粒进入其后的布袋除尘器，固体颗粒被布袋除尘器捕集并从烟气中分离，经过灰循环系统，与补充的新鲜脱硫剂一起再次增湿混合进入反应器，如此循环多次，达到高效脱硫及提高脱硫剂利用率的目的。洁净烟气经布袋除尘后的增压风机引出排入烟囱。

NID工艺是以 SO_2 和消石灰 $Ca(OH)_2$ 在潮湿条件下发生反应为基础的一种半干法脱硫技术。NID技术常用的脱硫剂为CaO。在消化器中加水消化成 $Ca(OH)_2$，再与布袋除尘器除下的大量循环灰相混合进入混合器，在此加水增湿，使得由消石灰与循环灰组成的混合灰的水分含量从2%增湿到5%左右，然后以混合器底部吹出的流化风为动力借助烟道负压的引力导向进入直烟道反应器，大量的脱硫循环灰进入反应器后，由于有极大的蒸发表面，水分蒸发很快，在极短的时间内使烟气温度从115～160℃冷却到设定温度（91℃），同时烟气相对湿度很快增加到40%～50%，一方面有利于 SO_2 分子溶解并离子化，另一方面使脱硫剂表面的液膜变薄，减少了 SO_2 分子在气膜中扩散的传质阻力，加速

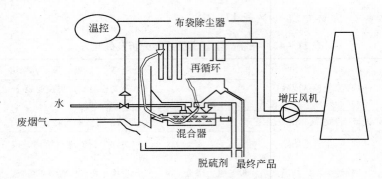

图 11-45 烟气脱硫工作原理示意图

了 SO_2 的传质扩散速度。同时，由于有大量的灰循环，未反应的 $Ca(OH)_2$ 进一步参与循环脱硫，所以反应器中 $Ca(OH)_2$ 的浓度很高，有效钙硫比很大，形成了良好的脱硫工况。反应的终产物由气力输送装置送到灰库。整个过程的主要化学反应如下。

在消化器内生石灰的消化反应：

$$CaO + H_2O \longrightarrow Ca(OH)_2 + 热量$$

在反应器内生成亚硫酸钙的反应：

$$\left(CaSO_3 \cdot \frac{1}{2}H_2O\right) + Ca(OH)_2 + SO_2 \longrightarrow CaSO_3 \cdot \frac{1}{2}H_2O + \frac{1}{2}H_2O$$

有少量的亚硫酸钙会继续被氧化生成硫酸钙（即石膏 $CaSO_4 \cdot 2H_2O$）：

$$CaSO_3 \cdot \frac{1}{2}H_2O + \frac{1}{2}O_2 + \frac{3}{2}H_2O \longrightarrow CaSO_4 \cdot 2H_2O$$

通常伴随了一个副反应：烟气当中的二氧化碳和石灰发生反应生成碳酸钙（石灰石）：

$$Ca(OH)_2 + CO_2 \longrightarrow CaCO_3 \cdot H_2O$$

B　结构与功能

NID 工艺可根据烟气流量大小布置多条烟气处理线。每条处理线包括一套烟道系统设备（文丘里、烟风挡板门）、一台脱硫反应器、一台底部带流化底仓的布袋除尘器、一套给灰系统（新灰和循环灰给料机、消化器、混合器、阀门架等），入口烟道、旁通烟道、一台增压风机。辅助设备包括流化风机、给水泵、水箱、空压机、气力输灰泵、新灰仓、脱硫渣灰仓、密封风机及各类阀门仪表等。

a　反应器

NID 反应器是一种经特殊设计的集内循环流化床和输送床双功能的矩形反应器，是整套脱硫装置当中的关键设备，采用了 ALSTON 公司的专利技术。如图 11-46 所示，循环物料入口段下部接 U 形弯头，入口烟气流速按 20~23m/s 设计，上部通沉降室，出口烟气流速按 15~18m/s 设计，其下部侧面开口与混合器相连，反应器侧面开口随混合器出口而定。在反应器内，

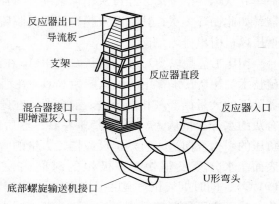

图 11-46　NID 反应器结构示意图

一方面，通过烟气与脱硫剂颗粒之间的充分混合，即物料通过切向应力和紊流作用在一个混合区里（反应器直段）被充分分散到烟气流当中；另一方面，循环物料当中的氢氧化钙与烟气当中的二氧化硫发生反应时，通过物料表面的水分蒸发，使烟气冷却到一个适合二氧化硫被吸收（脱硫）的温度，以进一步提高二氧化硫的吸收效率。烟气在反应器内停留时间为 1～1.5s。

为防止极少数因增湿结团而变得较粗的颗粒在重力的作用下落在反应器底部，减小烟气流通截面，在 U 形弯头底部设有一个螺旋输送机，通过该螺旋输送机将掉到底部大块结团的物料输送出去，并经电动锁气器排入输灰系统。

b 沉降室

沉降室位于 NID 反应器和布袋除尘器之间，是这两个设备的连接部件，设计成灰斗形式。烟气在反应器顶部导流板的作用下，烟气降低流速进入沉降室后，使颗粒较大的粉尘能通过重力沉降直接进入沉降室下方的流化底仓中，大大降低了对布袋除尘器布袋的磨损，提高了布袋的寿命。

c 消化室

消化室是 NID 脱硫技术的核心设备之一，其主要作用是将 CaO 消化成 $Ca(OH)_2$。采用 ALSTON 公司的专利技术产品，消化器如图 11－47 所示。

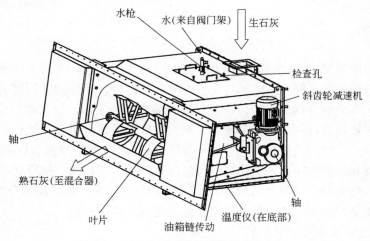

图 11－47　NID 消化器结构示意图

CaO 来自石灰料仓，通过螺旋输送机送至消化器，在消化器中加水消化成 $Ca(OH)_2$，再输送至混合器，在混合器中与循环灰、水混合增湿。消化器分两级，可以使石灰的驻留时间达到 10min 左右。在第一级中，石灰从螺旋输送机过来进入消化器，同时工艺水由喷枪喷洒到生石灰的表面，通过叶片的搅拌被充分混合，同时将消化器温度沿轴向控制在 85～99℃，消化生成的消石灰的密度比生石灰轻很多，消石灰飘浮在上面并自动溢入第二级消化器，水和石灰反应产生大量的热量，形成的蒸汽通过混合器进入烟气当中。在第二级中，几乎 100% 的 CaO 转化为 $Ca(OH)_2$，氢氧化钙非常松软呈现出似流体一样的输送特性，在消化器的整个宽度上均匀分布，这一级装配了较宽的叶片，使块状物保留下来，其他物料则溢流进入混合器中。通过调节消化水量和石灰之间的比率（水灰比），消石灰的含水量可以达到 10%～20%，其表面积接近于商用标准干消石灰的 2 倍，非常有利于对烟

气中 SO_2 等酸性物质的吸收。

d 混合器

NID 混合器如图 11 - 48 所示，包括一个雾化增湿区（调质区）和一个混合区。在混合区，根据系统温度控制的循环灰量，通过 SO_2 排放量控制从消化器送来的消石灰量，将循环灰和消石灰在混合器内混合。

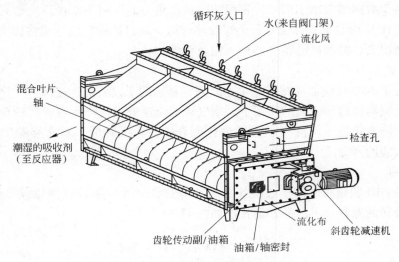

图 11 - 48 NID 混合器结构示意图

混合部分有两根平行安装的轴，轴上装有混合叶片，混合叶片的工作区域互相交叉重合。这些叶片与轴的中心线有一定的角度，但叶片旋转时，叶片的外围部分是沿着轴向前后摆动的。为了降低混合器的能耗，在混合器底部装有流化布，混合动力是 20kPa 左右的流化风，使循环灰和消石灰两者充分流化，增大孔隙率及混合机会，然后由摆动的叶片完成两者的混合，不仅动力消耗低、磨损小，而且混合均匀。在与混合区相连的雾化增湿区，喷枪的内管和外管之间通入流化风，可以防止喷嘴末端堵塞。被雾化的工艺水喷洒在混合灰的表面，使灰的水分由原来的 1.5% ～2% 增加到 3% ～5%（质量分数），此时的灰仍具有良好的流动性，再经反应器的导向板溢流进入反应器。

e 生石灰仓底变频螺旋和生石灰输送螺旋

螺旋输送机是一种常用的粉体连续输送机械，其主要工作构件为螺旋，螺旋通过在料槽中做旋转运动将物料沿料槽推送，以达到物料输送的目的。螺旋输送机主要用于输送粉状、颗粒状和小块状物料，具有构造简单、占地小、设备布置和安装简单、不易扬尘等特点。为避免螺旋中过多的吊装轴承，影响输送，故采用多级螺旋，单级螺旋一般不超过 8m。

11.6.3.2 操作规则与使用维护要求

A 操作规程

a 启动前准备

（1）空压机开启运行正常，无异常响声；排出压缩空气管道、过滤器及储气罐内的积水；空压机压力为 0.65～0.7MPa；仪表储气罐、输灰储气罐及布袋喷吹罐压力为 0.42～0.7MPa；将布袋顶部脉冲压力调整为 30～35MPa，则压缩空气准备就绪。

（2）确认烟道内没有人员；烟道的人孔门、开孔及检查孔确认关闭；烟道的压差及温度数据显示仪表正常；各进出口挡板门、风门手动开启自如后将之关闭并设置为远程控制；检查反应器底部是否有积灰，如有，开启增压风机，插入 5m 长的风管吹起积灰，使之随气流返回到布袋底仓，则烟道系统准备就绪。

（3）供水系统水箱水位高于"低值"（＞1.5m）；一常用水泵、一备用水泵的进出口阀门开关正确；阀门架手动截止阀全部打开，流量控制阀及切断阀单动开闭自如后将之关闭并设置为远程控制，则供水系统准备就绪。

（4）石灰仓料位如"低低"仅有脱硫剂 9t，应及时通知供料单位注入石灰，保证运行时不出现"低低"料位报警；石灰给料机、螺旋输送机点动无异常响声且电流正常后停止并设置为远程控制，则石灰给料系统准备就绪。

（5）远程单动密封风机、混合器及消化器，其运行电流不大于额定电流，无异常响声及漏灰漏油现象之后关闭并设置为远程控制；多次启闭循环灰给料机抱闸，启闭自如（循环灰给料机切不可停机时单动，防止落下的循环灰压死下部混合器），则循环灰给料系统准备就绪。

（6）流化风机冷却水压力为 0.2～0.4MPa；启动流化风机，再开启入口挡板门；流化风机运行无异常响声，其运行电流不大于额定电流；入口过滤器压降不大于 500Pa；调节每根流化风分支管阀门，使压降为 1kPa 左右，保持流化风母管总风压大于 14kPa；调节加热蒸汽使流化风温度保持在 90～110℃之间，则流化风系统准备就绪。

（7）开启增压风机集中润滑系统，使油泵处于一用一备自动运行状态，油槽液位正常；检查增压风机冷却水压力为 0.2～0.4MPa；风机轴承箱及电动机的视油镜油位正常，压力及振动显示值无异常；将风机入口风门关至零位，则增压风机系统准备就绪。

（8）在中控画面检查"烟风系统"、"循环灰子系统"、"石灰给料及消化子系统"及"除灰系统"等顺控启动条件均满足，则 NID 系统准备就绪。

b　启动程序

（1）烧结机启动后，如烟气温度大于 90℃，投运 NID 烟风系统顺控，顺控会自动开启入口主挡板门→关闭密封风机→开启布袋除尘器入口挡板门→同时关闭密封流化风→打开增压风机出口挡板门→关闭密封风机→启动增压风机→风机变频控制器运行频率至设定赫兹→开启风机入口挡板门→达到设定的烟风流量，则烟风系统投运成功。

（2）循环灰子系统顺控启动步骤：混合器及消化器的密封风机启动→混合器启动→循环灰给料冷却风机及投闸开启→循环灰给料机启动→反应器直段压差正常→阀门架吹扫风开启→阀门架吹扫风关闭→水系统启动→混合水关断阀开启→反应器出口温度控制开启（即水泵开启、流量控制阀开启）→循环灰子系统启动完成。

（3）石灰给料及消化子系统顺控启动步骤：混合器及消化器的密封风机启动→混合器启动→消化器启动→二级石灰螺旋输送机启动（如有）→一级石灰螺旋输送机启动→石灰给料机的冷却风机启动→石灰给料机启动→水泵启动→消化水关断阀开启→SO_2 控制程序启动→石灰给料及消化子系统启动完成。

（4）除灰系统顺控步骤：流化底仓 HH 料位超过 10min→开启仓泵维修气动阀→开启进料阀和排气阀→仓泵料位计灯亮→关闭进料阀和排气阀→出料阀打开→一次气阀打开→二次气阀打开→输灰管压不大于 75kPa→关闭一、二次气阀→完成一罐脱硫渣的输送→完成 N 罐脱硫渣的输送→流化底仓 HH 料位超过 5min→除灰系统停止。

B 使用维护

a 使用要求

（1）烟风系统入口运行温度区间为 95～180℃，低于 80℃、高于 200℃会导致烟风和脱硫系统自动关闭。

（2）脱硫系统停运而流化风机在运行状态时，应开启布袋除尘器出口挡板门、增压风机风门及主烟道出口挡板门。

（3）流化风温度应保持在 90～110℃之间，温度过高会损坏流化布密封硅胶层，使循环灰渗漏到流化母管导致堵塞；温度过低会使循环灰结块，失去流动性。

（4）消化器、混合器如需要停机时，一定要先停运水泵，再停运循环灰给料机，但继续使消化器、混合器保持运转，使机器里的石灰及循环灰尽量处于干态并进入反应器随烟气排空。如消化器、混合器的运行电流不大于额定电流，方可确认机器里的积灰基本排空后，再手动停止机器。此举可有效防止含水积灰停机后存积板结，使机器启动电流过大，从而导致机器压料不能启动的故障。

（5）消化器消化温度应尽量保持稳定在 85～99℃之间，如温度过低、过高或波动范围大，则必须检查水灰比的设定、实际进水量和进灰量、运行电流及搅拌桨叶状况，找出温度不正常的原因，防止事态扩大。

（6）混合器故障停机或停运，水泵、消化器及循环灰给料机必须停机，防止混合器出现压料故障。

（7）增压风机突然跳电，必须首先关闭水泵、阀门架上的关断阀，关闭抱闸停运循环灰给料机，再停运消化器、混合器，防止或减轻消化器、混合器压料及反应器循环流化床塌床等故障的发生。

（8）增压风机未转的情况下，严禁单独启动循环灰给料机，防止混合器压料及反应器循环流化床塌床等故障的发生。

（9）布袋除尘器应尽量将压差保持在 1400～1700Pa 之间，在流量未变化的情况下，如压差出现陡升，应立即从喷吹阀、空压机、压缩空气管路及仪表等方面查找原因，并通过降低烟风流量、提高喷吹压力及频率等措施降低布袋压差，防止布袋除尘器布袋滤料过滤风速过高，导致布袋出现破损。

b 日常维护

（1）每天清洗并更换一只混合器的喷枪，检查混合器的减速机及齿轮驱动油箱的油位，调整混合器的密封风机压力至 0.5MPa。每周清洗一次消化器的喷枪。

（2）每天检查流化风机运行电流不大于额定电流，检查供给流化底仓及混合器的流化风量是否达标，流化母管压力应介于 14～25kPa 之间，每个支管流量保持在 1200m³/h 左右，过低或过高都应及时调整。

（3）每 2h 对脱硫现场进行一次巡检：检查压缩空气、流化风、水、油、烟气、石灰或循环灰等介质有无泄漏。手动排除压缩空气管路、罐等部位的积水。

（4）每 2h 检查确认所有运转设备，应无异常响声、振动及发热现象，检查所有运转设备的电流是否在正常范围内。

（5）每 2h 检查一次反应器弯头压差，如反应器弯头压差高于 150Pa，打开反应器弯头处的检查孔，用压缩空气将沉积在底部的灰吹起随烟气带走，再转动底部螺旋将团状、块料输出反应器。

（6）每2h检查一次布袋除尘器喷吹系统，逐个耳听判断喷吹阀有无泄漏；检查每个气包的压力并通过减压阀调整使压力处于0.30～0.35MPa之间，观测每个气包的喷吹阀工作时压力下降是否一致；检查布袋除尘器进出口压差值是否不大于1700Pa。

（7）每天检查一次水箱水位是否与显示相符。

（8）每2h检查并记录一次运行参数，如有波动，应找出合理的原因，并判断是否有仪表故障。

11.6.3.3 常见故障分析及处理

A 混合器压料故障

排除混合器自身机械故障导致的混合器压料故障。混合器在运行中突然停运且停运后再次启动时，混合器因启动电流大，过热保护，无法再次启动运行时，打开混合器检查孔，如看到混合器内叶轮铺满料、循环给料机卸料槽被大块积料堵塞、混合器喷枪口处积满大块料、消化器出口板结满料、叶轮处局部或整体都呈现出料潮结状态等表象，这些表象都会导致混合机压料故障出现。

混合器上游设备有消化器、循环灰给料机，进入混合器的介质有石灰、循环灰、水、流化风和密封风，上游设备的不顺行及进入混合器的介质比例失衡，都会导致混合器压料故障出现，其中水灰比失调最易导致故障发生。

混合器压料故障的处理：

（1）办理混合器及上游设备的停电。

（2）打开混合器检查孔，先用风管将混合器内浮料、干料和细颗粒料吹起随反应器负压带入流化底仓。

（3）停运流化风机及增压风机，并办理停电手续，关闭混合器和反应器间的挡板，将增压风机风门打开，利用烟囱效应，使混合器内产生微负压。

（4）人员穿戴好劳保用品（口罩、胶鞋、护目镜、手套、安全帽、工作服），备好拎桶、铲子及尖铲，进入混合机内清理积料。必须将混合器叶轮处积料清理至叶轮全部外露，循环灰卸料槽、喷枪、消化器及混合器四壁应无块料存积或料粘壁现象。

（5）混合器清理结束，人员和机具退出混合器，办理送电，再单动混合器运转，如运行电流不大于额定电流，且无波动、无异常响声，方可判断混合器压料故障消除。

B 塌床故障

石灰、循环灰在混合器中增湿后，以流化风为动力借助烟道负压的引力导向进入反应器直烟道，与烟气混合建立脱硫反应过程，反应后形成的物料回到流化底仓后又通过循环灰给料机、混合器再次进入反应器直烟道，依此建立循环，直烟道中循环灰与烟气混合上升的过程称为循环流化床。如反应器弯段压差不小于150Pa，直段压差不小于1500Pa，则可判断循环流化床有塌床故障出现。

循环灰水分严重失调、烟气流量陡然下降或无烟气流量情况下运行循环灰系统会导致循环灰不上升，而是沉入反应器底部堵塞烟气流通，此为塌床故障原因。

塌床故障的处理：

（1）打开反应器弯头处的检查孔，用压缩空气将沉积在底部的灰吹起随烟气带走，再转动底部螺旋将团状、块料输出反应器。

（2）如积料过多可停止烟风系统，采用人工或吸排车抽吸进行清理。

（3）适度降低水灰比。

（4）检查混合器、消化器喷枪的水及流化风是否有堵塞，并及时疏通。

（5）打开混合器、消化器检查门，查看喷头是否被料包裹，并及时疏通。

C 流化底仓料位低故障

因循环灰循环量很大，如流化底仓料位过低，进入混合器的循环灰会突然减少或中断，而混合器增湿过程无法感知循环灰的减少或中断，这种情况极易导致混合器加水增湿过量，循环灰出现潮结并失去流动性，加大混合器负荷直至出现压料故障甚至塌床故障。

流化底仓料位低故障一般会与布袋除尘器压差过高现象同时出现，因为大量循环灰吸附在滤袋上减少了流化底仓的循环灰量。流化底仓料位低故障的处理：

（1）该故障如无布袋除尘器压差过高现象，直接由吸排车注入脱硫渣至流化底仓为高料位即可。

（2）如伴随布袋除尘器压差过高现象，应及时查找布袋喷吹系统的故障，布袋除尘器压差恢复正常后，流化底仓料位也会同步恢复正常。也可以适当降低运行风量，减少布袋除尘器运行负荷，可提高清灰效果，加快恢复流化底仓料位。

（3）流化母管压力低会使流化底仓灰料流化效果不好，循环灰缺乏流动性，也会导致流化底仓料位过低，这时应调节流化母管及支管的压力和流量。

11.6.4 溴化锂吸收式制冷设备

11.6.4.1 工作原理与功能

A 溴化锂吸收式制冷原理

溴化锂吸收式制冷原理是利用液态制冷剂在低温、低压条件下，蒸发、气化吸收载冷剂（冷媒水）的热负荷，产生制冷效应。所不同的是，溴化锂吸收式制冷是利用"溴化锂—水"组成的二元溶液为工质对，完成制冷循环的。

在溴化锂吸收式制冷机内循环的二元工质对中，水是制冷剂，溴化锂水溶液是吸收剂。在真空（绝对压力为870Pa）状态下蒸发，具有较低的蒸发温度（5℃），从而吸收载冷剂热负荷，使之温度降低，源源不断地输出低温冷媒水。工质对中溴化锂溶液则是吸收剂，可在常温和低温下强烈地吸收水蒸气，但在高温下又能将其吸收的水分释放出来。制冷剂在二元溶液工质对中，不断地被吸收或释放出来。吸收与释放周而复始，不断循环，因此，蒸发制冷循环也连续不断。制冷过程所需的热能可为蒸汽，也可利用废热、废气以及地下热水（75℃以上）。在燃油或天然气充足的地方，还可采用直燃型溴化锂吸收式制冷机制取低温冷媒水。这些特征充分表现出溴化锂吸收式制冷机良好的经济性能，促进了溴化锂吸收式制冷机的发展。

因为溴化锂吸收式制冷机的制冷剂是水，制冷温度只能在0℃以上，为防止水结冰，一般不低于5℃，故溴化锂吸收式制冷机多用于空气调节工程作低温冷源，特别适用于大、中型空调工程中使用。溴化锂吸收式制冷机在某些生产工艺中也可用作低温冷却水。因烧结厂有大量富余的余热蒸汽，利用溴化锂吸收式制冷机可以节约电能，达到节能减排的目的。

从热力学原理知道，任何液体工质在由液态向气态转化过程中必然向周围吸收热量。在汽化时会吸收汽化热。水在一定压力下汽化，必然有相对应的温度。而且汽化压力越低，汽化温度也越低，如 0.1MPa 下水的汽化温度为 100℃，而在 0.0051MPa 时汽化温度为 33℃。如果能创造一个压力很低的条件，让水在这个压力条件下汽化吸热，就可以得到相应的低温。

一定温度和浓度的溴化锂溶液的饱和压力比同温度的水的饱和蒸气压低得多。由于溴化锂溶液和水之间存在蒸气压力差，溴化锂溶液即吸收水的蒸汽，使水的蒸气压力降低，水则进一步蒸发并吸收热量，而使本身的温度降低到对应的较低蒸气压力的蒸发温度，从而实现制冷。

蒸汽压缩式制冷机的工作循环由压缩、冷凝、节流、蒸发四个基本过程组成。吸收式制冷机的基本工作过程实际上也是这四个过程，不过在压缩过程中，蒸汽不是利用压缩机的机械压缩，而是使用另一种方法完成的（见图 11-49）。

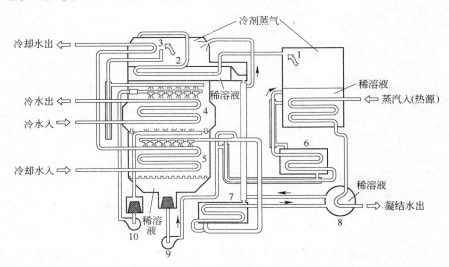

图 11-49 制冷循环图

1—高温发生器（高发）；2—低温发生器（低发）；3—冷凝器；4—蒸发器；5—吸收器；
6—高温热交换器（高交）；7—低温热交换器（低交）；8—凝水回热器；9—溶液泵；10—冷剂泵

由蒸发器出来的低压制冷剂蒸气先进入吸收器，在吸收器中由液态吸收剂吸收，以维持蒸发器内的低压，在吸收的过程中要放出大量的溶解热。热量由管内冷却水或其他冷却介质带走，然后用溶液泵将这一由吸收剂与制冷剂混合而成的溶液送入发生器。溶液在发生器中被管内蒸汽或其他热源加热，提高了温度，制冷剂蒸气又重新蒸发析出。此时，压力显然比吸收器中的压力高，成为高压蒸气进入冷凝器冷凝。冷凝液经节流减压后进入蒸发器进行蒸发吸热，而冷（媒）水降温则实现了制冷。发生器中剩下的吸收剂又回到吸收器，继续循环。由上可知，吸收式制冷机是以发生器、吸收器、溶液泵代替了压缩机。

吸收剂仅在发生器、吸收器、溶液泵、减压阀中循环，并不到冷凝器、节流阀、蒸发器中去，否则会导致吸收剂污染。而冷凝器、蒸发器、节流阀中则与蒸汽压缩式制冷机一样，只有制冷剂存在。

B　双效溴化锂制冷机工作原理

双效溴化锂制冷机的一般形式为二筒或三筒式，主要部件由高压发生器、低压发生器、冷凝器、吸收器、蒸发器、高温换热器、低温换热器、冷凝水回热器、冷剂水冷却器及发生器泵、吸收器泵、蒸发器泵和电气控制系统等组成（见图11-50）。制冷工作原理为：吸收器中的稀溶液由发生泵输送至低温换热器和低高温换热器，进入高温换热器的稀溶液被高压发生器流出的高温浓溶液加热升温后，进入高压发生器。而进入低温换热器的稀溶液，则被从低压发生器流出的浓溶液加热升温。

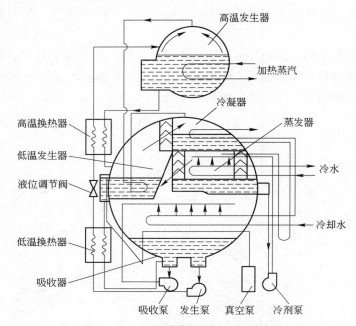

图11-50　双效溴化锂制冷机工作原理

进入高压发生器的稀溶液被工作蒸汽加热，溶液沸腾，产生高温冷剂蒸气，导入低压发生器，加热低压发生器中的稀溶液后，经节流进入冷凝器，被冷却水冷却凝结为冷剂水。

进入低压发生器的稀溶液被高压发生器产生的高温冷剂蒸气所加热，产生低温冷剂蒸气直接进入冷凝器，也被冷却水冷却凝结为冷剂水。高低压发生器产生的冷剂水汇合于冷凝器集水盘中，混合后通过U形管节流进入蒸发器中。

加热高压发生器中稀溶液的工作蒸汽的凝结水，经凝水回热器进入凝水管路。而高压发生器中的稀溶液因被加热蒸发出了大量冷剂蒸气，使浓度升高成浓溶液，又经高温热交换器导入低压发生器。低压发生器中的浓溶液，被加热升温放出冷剂蒸气成为浓度更高的浓溶液，再经低温热交换器进入低压发生器。浓溶液与吸收器中原有浓溶液混合成中间浓度溶液，由吸收器吸取混合溶液，输送至喷淋系统，喷洒在吸收器管簇外表面，吸收来自蒸发器蒸发出来的冷剂蒸气，再次变为稀溶液进入下一个循环。吸收过程中所产生的吸收热被冷却水带到制冷系统外，完成溴化锂溶液从稀溶液到浓溶液，再回到稀溶液循环过程，即热压缩循环过程。

高低压发生器所产生的冷剂蒸气，凝结在冷凝器管簇外表面上，被流经管簇里面的冷却水吸收凝结过程产生的凝结热，带到制冷系统外。凝结后的冷剂水汇集起来经 U 形管节流，淋洒在蒸发器管簇外表面上，因蒸发器内压力低，部分冷剂水散发吸收冷媒水的热量，产生部分制冷效应。尚未蒸发的大部分冷剂水，由蒸发器泵喷淋在蒸发器管簇外表面，吸收通过管簇内流经的冷水（冷媒水）热量，蒸发成冷剂蒸气，进入吸收器。

冷媒水的热量被吸收使水温降低，从而达到制冷目的，完成制冷循环。吸收器中喷淋中间浓度混合溶液吸收制冷剂蒸气，使蒸发器处于低压状态，溶液吸收制冷剂蒸气后，靠高低压发生器再产生制冷剂蒸气，从而保证了制冷过程周而复始的循环。

C　溴化锂制冷机的分类

溴化锂吸收式制冷机的分类方法很多，根据使用能源的不同，可分为蒸汽型、热水型、直燃型（燃油、燃气）和太阳能型；根据能源被利用的程度的不同，可分为单效型和双效型；根据各换热器布置的情况，可分为单筒型、双筒型、三筒型；根据应用范围，可分为冷水机型和冷温水机型。溴化锂吸收式制冷机依据吸收剂流程方式可分为串联方式、并联方式和串并联方式。目前更多的是将上述的分类加以综合，如蒸汽单效型、蒸汽双效型、直燃型冷温水机组等。

11.6.4.2　操作规则与使用维护要求

A　操作规则

a　开机程序

（1）打开系统的冷媒水和冷却水阀门，启动冷媒水和冷却水泵并检查其流量是否达到机组运行要求。

（2）启动发生器、吸收器泵，并调整高低阀液位。

（3）打开疏水器凝水旁通阀，并缓缓加入蒸汽，使机组逐渐升温，同时注意高阀液位。

（4）蒸发器冷剂水位上升后启动蒸发器泵，并关闭疏水器旁通阀。

b　关机程序

（1）关闭蒸汽。

（2）机组继续运行 20min 后关闭溶液泵（使稀浓溶液充分混合，以防机组结晶）。

（3）停止冷却水、冷媒水泵。

c　紧急停机

制冷机在运转过程中，当出现下列任何一种情形时，应立即关闭蒸汽阀门，旁通冷剂水至吸收器，打开蒸汽凝结水疏水器旁通阀，并尽量按正常步骤停机。

（1）冷却水、冷媒水断水。

（2）发生器、蒸发器、吸收器泵中任何一台不正常运转。

（3）断电。

B　使用维护

a　维护及保养

（1）在正常运行情况下，一星期抽真空一次，如发现空气泄入机组应及时抽真空。

（2）冬季保养时最好向机组腔内充 20～30kPa 的氮气，以防空气泄入。

（3）及时清洗传热管表面污垢，冬季冷却水、冷水管路最好采用满水保养。

（4）更换老化的零部件，如隔膜片、视镜垫片等。

b　气密性检查试验

（1）溴化锂吸收式制冷机是一种以热源为动力，通过发生、冷凝、蒸发、吸收等过程来制取0℃以上冷媒水的制冷设备，它利用溴化锂二元溶液的特性及其热力状态变化规律进行循环。水是制冷剂，在真空状态下蒸发的温度较低，因此对机组的真空度要求很高。而机组在运行过程中，系统内的绝对压力很低，与系统外的大气压力存在较大的压差，外界空气仍有可能渗入系统内，因此必须定期对机组进行气密性检查和试验。

（2）关于对机组气密性的校核标准，我国在《吸收式冷水机组技术条件》（ZBJ006—89）标准中规定："机组应进行真空检漏，其绝对压力小于65Pa（约0.5mmHg），持续24h绝对压力上升在25Pa（约0.2mmHg）以内为合格。"如果达不到上述标准应重新检漏。

（3）检漏和试验是一项细致和技术要求高的工作。气密性检查的工作程序是：正压找漏→补漏→正压检漏→负压检漏，直至机组气密性达到合格为止。正压检漏就是向机组内充一定的压力气体，以检查是否存在漏气的部位。严格地说，机组漏气是绝对的，不漏气是相对的。为了做到不漏检，可把机组分为几个检漏单元进行。凡是漏气部位必须采取补漏措施直至不漏为止。

正压检漏和补漏合格后，并不意味着机组绝对不漏，同时要进行负压检漏。高真空的负压检漏结果才是判定机组气密性程度的唯一标准。

c　内部清洗

对溴化锂溶液循环系统的化学清洗，是在机组内部腐蚀严重，机组已不能正常工作时，所采取的一种清洗，是使机组内腔清洁的唯一手段，一般4～5年清洗一次。通过清洗，可将机组内腔因腐蚀产生的锈蚀物彻底清除干净，可改善内腔的传热效率，提高喷淋效果，保证屏蔽泵的正常运转，且新灌注的溶液不受杂质的影响，能在最佳状态发挥最佳的制冷力。还可添加新溶液内微量的预膜剂，通过对机组内腔壁进行预膜，使预膜剂在材质表层发生化学反应，生成惰性的保护膜从而使机组腐蚀减少，使用寿命延长。

d　冷却水、冷媒水系统的清洗

在长期的水循环过程中会在铜管、管道等内壁形成一层坚硬的污垢及锈质，有时甚至使管道产生堵塞，严重影响热质间的热量交换，导致机组制冷量大幅度下降，因此必须定时对水循环系统进行清洗。该清洗包括机组冬季保养时的铜管清洗和水系统清洗。

e　溴化锂溶液的再生处理

溴化锂溶液是机组的"血液"，经过长期的运行会发生不同程度的变化，如颜色由原来的淡黄色变为暗黄、红、白、黑等不正常颜色。溶液的浓度因腐蚀产物而降低，溶液变成强碱性或者偏酸性，溶液中的缓蚀剂失效，以及各种杂质离子的增加，这都将导致机组的正常制冷能力不能充分发挥，以及机组本身的腐蚀加剧，这时须对溴化锂溶液进行再生处理。溴化锂溶液再生时，针对各项指标的变化情况，在密封反应器中添加各种试剂，在高温及有压力的情况下将杂质除去，使溶液指标达到符合化工部行业标准 HG/T 2822—1996 中所规定的范围。溶液再生后，将会具有与新溶液同样的制冷效果和缓蚀效果，这种再生办法只能在溶液厂家里进行。溴化锂溶液使用年限不长的机组，平时可采用添加铬酸锂等防护剂。

f 机组调试

溴化锂制冷机新出厂或经过检修、溶液再生处理等以后，必须由专业技术人员对机组进行调试和重新调试，使之能达到最佳制冷效果。溴化锂制冷机的调试可分为：

（1）手动开机程序调试；

（2）溶液浓度的调整和工况的测试；

（3）调试和运转中出现的一般问题的分析及其处理；

（4）电气调试；

（5）验收。

g 溶液浓度的调整和工况的测试

利用浓缩（或稀释）和调整溶液循环量的方法控制进入发生器的稀溶液的浓度和回到吸收器浓溶液的浓度，这可通过从蒸发器向外抽取冷剂水或向内注入冷剂水，以调整灌注进机组的原始溶液的浓度。冷剂水抽取量应以低负荷工况能维持冷剂泵运行，高工况时接近设计指标为准。工况的测试主要内容为：吸收器和冷凝器进出水温度和流量；冷媒水进出水温度和流量；蒸汽进口压力、流量和温度；冷剂水密度；冷剂系统各点温度；发生器进出口稀溶液、浓溶液以及吸收器内溶液的浓度。

h 验收

验收是在工况测试时开始，工况测试应不少于 3 次；在工况测试过程中，不应开真空泵抽气，以检验气密性；同时要测定真空泵的抽气性能和电磁阀的灵敏度；屏蔽泵运行电流正常，电动机表面不烫手（温度不得超过 70℃），叶轮声音正常；自控仪器使用正常，仪表准确，开关灵敏。如上述项目均符合要求，应以测试的最高工况的制冷量为准，衡量其是否接近设计标准。一般允许误差为标准的 ±5% 视为合格。

11.6.4.3 常见故障分析及处理

溴化锂吸收式制冷机（以下简称溴冷机）在日常运行使用中的常见故障有结冰、结晶、冷剂水污染、真空度下降等。由于溴冷机整体密闭，不具备可拆卸性，较之活塞式、螺杆式制冷机，其事故的原因判断和检修受到限制，其他类型制冷机常见的故障往往也成了溴冷机的疑难故障。下面介绍几起溴冷机疑难故障的原因分析及处理办法。

A 结冰故障

溴冷机正常运行时性能稳定，突然停电事故中，因操作人员未采取任何措施，待半小时后电路恢复正常时发现溴冷机内腔充满水，机组冻损。原因是停电导致冷媒水停止流动，溴冷机的制冷惯性使冷媒水结冰冻裂蒸发器铜管。处理措施如下：

（1）操作人员遇到类似事故时应沉着冷静，及时关闭蒸发器冷媒水进水阀门，打开蒸发器旁通阀，使溴冷机蒸发器内冷媒水流动起来，降低结冰可能性，待来电后再恢复正常运行。

（2）如果旁通阀流量较小，仍有冻损铜管的可能时，可开启任一对外阀门，泄漏少量空气，使制冷机停止制冷，来电时再抽真空恢复正常运行。相比铜管冻裂，泄漏少量空气造成的损失是微不足道的。

B 泄漏故障

"真空度是溴冷机的生命"，存在泄漏的溴冷机组是无法正常运行的，一旦机组制冷量下降，首先应该怀疑的就是机组泄漏，但有些是真泄漏，有些却是假泄漏。启动真空泵抽真空，真空度不降反升，机组制冷量急剧衰减，冷水出水温度逐渐上升，这种情况最易让人判断是机组泄漏，做不做正压检漏，需由运行管理人员决定，如做检漏则至少需要一到两天时间，势必影响生产。处理措施如下：

（1）真空度是在启动真空泵后下降的，所以应当首先确认是不是抽气系统的故障。

（2）如真空泵及抽气系统均正常，则可以肯定机组存在泄漏，从制冷量衰减幅度推测漏点不小，并且极可能是由于隔膜阀片老化引起的突然泄漏。因此，在负压状态下做检漏工作：在每只隔膜阀上套一只薄膜袋，并用胶布扎口，观察薄膜袋是否"吸瘪"。如发现了有损坏的隔膜阀膜片，可在不停机情况下更换阀体，随后抽真空，机组可迅速恢复正常运行。

（3）机组负压每24h都在下降，可以肯定机组存在泄漏。溴冷机可能泄漏之处很多，如阀门、视镜、焊缝、铜管、丝堵、感温包、筒体等。在确定事故为泄漏的情况下，应做好正压检漏准备，先排除不可能泄漏之处，再按由易到难的顺序检漏。如果蒸发器、吸收器、冷凝器铜管簇内充满水，虽有内漏产生水的进入，若存在泄漏则漏水，但不会大幅影响真空度，所以可初步排除是内漏故障。接着检查阀门、视镜、丝堵、焊缝等地方，若仍没有发现泄漏之处的情况下，只有两种可能：筒体泄漏或高压发生器泄漏。两者相比筒体查漏更容易，先查筒体，最后排除高压发生器筒体内部铜管是否有泄漏。处理措施如下：

1）如筒体泄漏，对泄漏处打磨砂眼后用氢弧焊补焊。如高压发生器筒体内部铜管有泄漏，可采用胀管器胀管或铜头堵塞方式处理。

2）如机组为微漏，负压增压检测泄漏量都很小。根据泄漏情况可知泄漏点很小，若属焊缝、视镜、铜管泄漏应该很容易查出。既然查不出，说明是不易查到之处的泄漏。考虑阀门结构的特殊性、常用皂液起泡性不佳等因素，把阀门作为检漏对象。处理措施有：

①重点检查所有阀门、仪表及管件接头，更换起泡性好的检漏液；

②接着检查抽气系统，通过间断关闭阀门的同时监听真空泵的声音来判断阀门是否存在质量问题。当抽气系统对外阀门打开时，短时间内真空泵可抽出气体，稍后就没有气体排出了，这时应拆开隔膜阀检查膜片是否开裂。

C　结晶故障

溶液结晶是溴化锂吸收式机组常见故障之一。为了防止机组在运行中产生结晶，机组都设有自动溶晶装置，通常都设在发生器浓溶液出口端。此外，为了避免机组停机后溶液结晶，还设有机组停机时的自动稀释装置。然而，由于各种原因，如加热能源压力太高、冷却水温度过低、机组内存在不凝性气体等，机组还是会发生结晶事故。从溴化锂溶液的特性曲线（结晶曲线）可以知道，结晶取决于溶液的质量分数和温度。在一定的质量分数下，温度低于某一数值时；或者温度一定，溶液质量分数高于某一数值时，就要引起结晶。一旦出现结晶，就要进行溶晶处理，因此，机组运行和停运过程中都应尽量避免结晶。结晶故障处理如下：

（1）停机期间的结晶。停机期间，由于溶液在停机时稀释不足或环境温度过低等原因，使得溴化锂溶液质量分数冷却到结晶体的下方而发生结晶。一旦发生结晶，溶液泵就无法运行，可按下列步骤进行溶晶：

1）用蒸汽对溶液泵壳和进出口管加热，直到泵能运转。加热时要注意不让蒸汽和凝水进入电动机和控制设备。切勿对电动机直接加热。

2）屏蔽泵是否运行不能直接观察，如溶液泵出口处未装真空压力表，可以在取样阀处装设真空压力表。若真空压力表上指示为一个大气压（即表指示为0），表示泵内及出口结晶未消除；若表指示为高真空，只表明泵不转，机内部分结晶，应继续用蒸汽加热，使结晶完全溶解，泵运行时，真空压力表上指示的压力高于大气压，则结晶已溶解。但是，有时溶液泵扬程不高，取样阀处压力总是低于大气压，这时可通过取样器取样检测液密度是否下降，或者观察吸收器内有无喷淋及发生器有无液位，也可听泵管内有无溶液流动声音，还可用温枪检查溶液管路是否有温度变化等方式判断结晶是否已溶解。

（2）运行期间的结晶。掌握结晶的征兆是十分重要的。结晶初期，如果这时就采取相应的措施（如降低负荷等），一般情况可避免结晶。机组在运行期间，最容易结晶的部位，是溶液热交换器的浓溶液侧及浓溶液出口处，因为这里的溶液质量分数最高、温度最低，当温度低于该质量分数下的结晶温度时，结晶逐渐产生。在全负荷运行时，溶晶管不发烫，说明机组运行正常。一旦出现结晶，由于浓溶液出口被堵塞，发生器的液位越来越高，当液位高到溶晶管位置时，溶液就绕过低温热交换器，直接从溶晶管回到吸收器，因此，溶晶管发烫是溶液结晶的显著特征。这时，低压发生器液位高，吸收器液位低，机组性能下降。当结晶比较轻微时，机组本身能自动溶晶。如果机组无法自动溶晶，可采取下面的溶晶方法：

1）继续运行并关小热源阀门，减少供热量，使发生器温度降低，溶液质量分数也降低。

2）关停冷却塔风机（或减少冷却水流量），使稀溶液温度升高，一般控制在60℃左右，但不要超过70℃。

3）为使溶液质量分数降低，或不使吸收器液位过低，可将冷剂泵旁通阀门慢慢打开，使部分冷剂水旁通到吸收器。

4）继续运行，由于稀溶液温度提高，经过热交换器时加热壳体侧结晶的浓溶液，经过一段时间后，结晶可以消除。

5）如果结晶较严重，可借助于外界热源加热来消除结晶：

①按照上面的方法，关小热源阀门，使稀溶液温度上升，对结晶的浓溶液加热；

②同时用蒸汽或蒸汽凝水直接对热交换器全面加热。

6）采用溶液泵间歇启动和停止的方法溶晶：

①为了不使溶液过分浓缩，关小热源阀门，并关闭冷却水。

②开冷剂水旁通阀，把冷剂水旁通至吸收器。

③停止溶液泵的运行。

④待高温溶液通过稀溶液管路流下后，再启动溶液泵。当高温溶液加热到一定温度后，暂停溶液泵的运转，如此反复操作，使在热交换器内结晶的浓溶液受发生器返回的高温溶液加热而溶解。

7）结晶非常严重，具体操作如下：

①用蒸汽软管对热交换器加热；

②溶液泵内部结晶不能运行时，对泵壳、连接管道一起加热；

③采取上述措施后，如果泵仍不能运行，可对溶液管道、热交换器和吸收器中引起结晶的部位进行加热；

④采用溶液泵间歇启动和停止的方法；

⑤寻找结晶的原因，并采取相应的措施。

8）如果高温溶液热交换器结晶，高压发生器液位升高，因高压发生器没有溶晶管，需要采用溶液泵间歇启动和停止的方法。利用温度较高的溶液回流来消除结晶。溶晶后机组全负荷运行，自动溶晶管不发烫，则说明机组已经恢复正常运转。

（3）机组启动时结晶。在机组启动时，由于冷却水温度过低、机内有不凝性气体或热源阀门开得过大等原因，使溶液产生结晶，大多是在热交换器浓溶液侧，也有可能在发生器中产生结晶。溶晶的方法如下：

1）如果是低温热交换器溶液结晶，其溶晶方法参见机组运行期间的结晶。

2）发生器结晶时，溶晶方法如下：

①微微打开热源阀门，向机组微量供热，通过传热管加热结晶的溶液，使之结晶溶解；

②为加速溶晶，可外用蒸汽全面加热发生器壳体；

③待结晶熔解后，启动溶液泵，待机组内溶液混合均匀后，即可正常启动机组。

3）如果低温热交换器和发生器同时结晶，则按照上述方法，先处理发生器结晶，再处理溶液热交换器结晶。

4）在溶晶的过程中，吸收器中的溴化锂溶液温度不断升高，温度有时需升到100℃或更高。溶液泵的冷却和其中轴承的滑润是溴化锂溶液，为了保护溶液泵电动机绕组的绝缘不因过热而损坏，必须进行冷却，可以用自来水在泵体外进行冷却。

5）轻微的结晶，排除需要连续几个小时。严重时，需十个小时或更长时间。在制冷机实际操作中，一旦发现有结晶故障时，应及时处理，避免失误，否则会造成结晶的加重或扩大，延误了溶晶的最佳时机，增加溶晶的难度。

11.6.5 余热利用设备

烧结工序能耗约占钢铁企业总能耗的10%，仅次于炼铁而居第二位。随着能源的日趋紧张，节能成为烧结工序的一大主题。而在烧结总能耗中，冷却机废气带走的显热约占烧结总能耗的20%~28%。可见，回收利用冷却机废气带走的余热成为降低烧结工序能耗的一个重要环节。

11.6.5.1 工作原理与功能

A 工作原理

国内烧结低温烟气余热回收利用从产气原理上可归纳为两大类：一类是热管式蒸汽发生器装置，另一类是翅片管式蒸汽发生器装置，两种类型的主要区别在于其主体设备蒸汽发生器不同。翅片管式蒸汽发生器采用高频焊螺旋翅片管组，管内介质为水，由管外的热废气使管内的纯水（软化除氧水）蒸发而产生蒸汽。具体运行原理是：蒸发器管程由冷却烧结矿的热废气使管内的纯水（软化除氧水）加热，产生的汽水混合物沿上升管到达锅筒，集中分离后的饱和蒸汽再进入过热器，过热后产生的过热蒸汽送至用户，锅筒由补水泵补水，蒸发器由下降管从锅筒内补水，蒸发器与锅筒之间可形成水汽的自然循环。热管式蒸汽发生器采用热管，热管分加热段和冷却段，管内的传热工质是水，热废气首先加热热管加热段内的工质水，使其蒸发到热管冷却段，再经冷却段把热量传递给冷却段套管内的纯水（软化除氧水）使其蒸发而产生蒸汽。

  B 功能

  在烧结矿的生产过程中，烧结机机尾下料烧结矿的温度可达 700~800℃，冷却机冷却过程中会排出大量温度为 280~400℃ 的低温烟气，该部分低温烟气带走的热量若不能回收，不仅浪费了宝贵的能源，而且也污染了大气环境，因此，对烧结冷却机的废气余热进行有效回收利用，对钢铁企业推行节能降耗、改善环境、发展循环经济、实现可持续发展具有十分重要的现实意义。

  烧结余热的利用主要有两种功能：一是生产低品质蒸汽供生产和生活所需；二是生产高压蒸汽用来发电。从能源利用的有效性和经济性来看，将余热用来发电或作为动力直接拖动机械是最为有效的利用方式。

  热管式和翅片管式蒸汽发生器装置在性能上各有千秋，使用过程中也有各自的局限性，就烧结工艺而言，翅片管式余热锅炉更适用于烧结的生产。下面介绍翅片管式余热锅炉产汽用于发电的相关问题。

  翅片管式余热锅炉有两种安装方式，一种是机上安装；另一种是通过引风机抽引烟气地面安装。以下就某烧结厂烧结环冷机地面安装三台余热锅炉发电为例，阐述烧结余热锅炉操作规则和使用维护要求（汽轮发电机组操作及维护等有专业规程，不在此赘述）。

  C 系统工艺流程简介

  凝汽器热水箱内的凝结水经凝结水泵加压后与闪蒸器出水汇合，然后通过锅炉给水泵打入三台锅炉省煤器内进行预热，产生一定压力下的高温水口（210℃），从省煤器出口分两路分别送到余热锅炉汽包内和闪蒸器内，进入汽包的水在锅炉内循环受热，产生过热蒸汽送入汽轮机做功。进入闪蒸器内的饱和水通过闪蒸产生一定压力的饱和蒸汽送入汽轮机后级做功，做功后的乏汽经过凝汽器冷凝后重新回到热水箱参与循环。生产过程中消耗掉的水由纯水装置制取，制出的纯水经补给水泵、除氧器后进入凝汽器热水箱。余热蒸汽发电工艺流程见图 7-51。

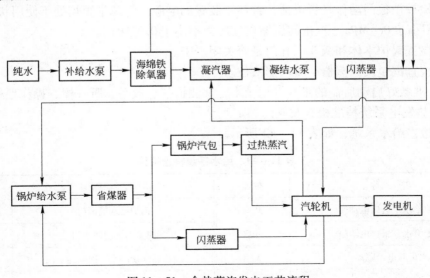

图 11-51 余热蒸汽发电工艺流程

11.6.5.2　操作规则与使用维护要求

A　操作规则

a　启动前检查

（1）从冷却机烟囱至环冷机风箱内确认无易燃物或杂物存在。烟道壳体的密封性良好，绝热层完好。各处膨胀节密封良好，膨胀位移无受阻现象。

（2）各辅机和管道附件等都已处于启动前良好状态。所有门、人孔都已关闭和密封。

（3）中央控制室内各控制屏上的热工信号、报警等良好，并已投入备用状态；各规定试验已做且合格。各控制系统处于良好的备用状态。

（4）锅炉本体各管箱及烟气管道外形正常，保温良好，无泄漏及变形，受热时能自由膨胀。锅炉汽水系统各管道、阀门外形正常，保温良好，无泄漏现象。

（5）各水位计校核准确，水位指示清晰，无泄漏，并设有高、中、低水位线标志，水位计处照明充足。

（6）各就地仪表均已投用，所有设备、仪表控制状态显示正常。

（7）锅炉各安全门完整良好，投入使用。

（8）各水泵及其电动机基础牢固，地脚螺栓无松动，接线良好，联轴器连接牢固，防护罩完好，盘动无卡涩，各轴承固定牢固，润滑油量充足，油质良好，冷却水畅通且能监控。

b　锅炉升温升压前准备工作

（1）全体工作人员各就各位，岗位职责明确。

（2）检查并给相关设备送电。

（3）检查所有电动和气动阀门并经开关试验正常后处于待机状态。

（4）对现场手动阀门进行检查并置于相应的开关状态。

（5）将安全阀投入正常运行状态。

（6）将所有仪表投入正常工作状态。

（7）检查挡板门动作是否灵活，各控制装置的电源、气源是否均处于使用状态，压缩空气压力不小于0.4MPa（汽机间压缩空气压力不小于0.5MPa）。

（8）检查锅炉本体和灰斗人孔门是否关闭严密。

（9）检查汽包及闪蒸器、凝汽器液位。

（10）准备好启动所需的工具、记录本，如测振仪、扳手、听音棒、操作票等。

c　余热发电系统精准检查及阀门确定

（1）检查给水系统，如表11-43所示。

表11-43　给水系统检查项目

名　　称	位置	名　　称	位置
锅炉给水泵进口电动门	开启	锅炉给水隔离门	关闭
锅炉给水泵出口电动门	开启	闪蒸器气动回水门	关闭
给水母管电动隔离门	关闭	闪蒸器气动回水一次、二次门	开启
给水泵再循环门	开启		

（2）检查风烟系统，如表 11－44 所示。

表 11－44　风烟系统检查项目

名　　称	位置	名　　称	位置
钟罩	开启	烟道低温蝶阀	关闭
烟气高温蝶阀	关闭	引风机风量挡板门	关闭
烟道高温蝶阀	关闭		

（3）检查锅炉润滑油系统，如表 11－45 所示。

表 11－45　锅炉润滑油系统检查项目

名　　称	位置	名　　称	位置
稀油站油泵出口阀门	开启	稀油站冷却水进出口水阀门	开启
引风机 1 号、2 号、3 号轴承进油阀	开启		

（4）检查汽、水系统，如表 11－46 所示。

表 11－46　汽、水系统检查项目

名　　称	位置	名　　称	位置
省煤器入口直通阀门	开启	水位计连通阀门	开启
省煤器入口旁通阀门	关闭	平衡容器连通阀门	开启
省煤器出口水阀门	开启	疏水扩容器手动阀门	开启
省煤器进出口向空排汽阀门	关闭	疏水扩容器电动阀门	关闭
锅炉气动调节阀	关闭	取样冷却水阀门	开启
锅炉气动调节阀一次、二次阀门	开启	定排阀门	关闭
锅炉汽包入口手动阀门	开启	连排阀门	关闭
汽包向空排汽阀门	开启	汽包加药阀门	开启
饱和蒸汽向空排汽阀门	开启	供、回水管路疏水阀门	关闭
过热蒸汽向空排汽阀门	开启	过热蒸汽管路疏水阀门	开启

（5）检查循环引风机系统：

1）压力表、温度计、转速表等完好无损，计量准确。

2）确保油箱油位在 1/2 ~ 2/3 处。

3）关闭入口挡板直至开度为零，以减少电动机启动时的负荷。

4）循环风机冷却水流量及压力正常。

5）检查确认工作油站、润滑油站供油正常，工作油站、润滑油站进油压力为 0.25MPa，确认轴承座无泄漏。

6）检查确认风机进风、出风通畅。

7）检查确认地脚螺栓已经充分紧固，与电动机的联轴器螺栓充分紧固。

8）检查确认风机和风道内无任何影响风机运行的杂物，紧固所有孔门。

9）检查盘车装置，接通电源转动几圈，确定盘车装置灵活，无摩擦或卡涩现象。

10）连锁试验正常。

（6）确认锅炉阀门的开闭状态。开启以下阀门：

1）过热器对空排汽阀。

2）水位表的汽水连通阀。

3）过热器出口疏水阀。

4）除氧器排气阀。

关闭以下阀门：

1）主蒸汽阀。

2）锅筒排汽阀、放水阀。

3）给水调节阀。

4）给水管路（操作台）疏水阀。

（7）安全附件再次确认检查：

1）水位计：水位计玻璃管清晰，内壁无污垢、锈迹。

2）压力表：表壳及玻璃完好无损，表盘刻度清晰可见，三通旋塞开关灵活自如。

3）安全阀：完好无损，用手抬升安全阀手柄灵活好用。

（8）转动设备再次检查：

1）转动设备完好无损，无腐蚀、磨损、开裂现象。

2）转动设备地脚螺栓及其他紧固螺栓无松动现象。

3）转动设备手动盘车灵活，无摩擦或卡涩现象。

4）转动设备润滑油油质合格、油位正常。

5）转动设备冷却水畅通。

d 锅炉上水与启动操作规则

锅炉上水：

（1）联系化验值班人员，化验锅水、除盐水等水质是否合格。

（2）首次运行锅炉上水须用处理后的除盐水，水质按 GB 12145—89 的规定，水温在 $5 \sim 90$℃之间。上水速度夏季不少于 1h，冬季不少于 2h。

（3）冷态（锅筒压力小于 0.3MPa）启炉进水至锅筒的低水位 −50mm，热态（锅筒压力大于 0.3MPa）启炉进水至锅筒的中水位 0mm。

（4）除氧水箱补水：启动除盐水泵进行除氧水箱补水（不经过海绵铁除氧系统时，可关闭海绵铁系统进水门直接进行凝汽器热水箱补水）。

（5）凝汽器热水箱补水：当除盐水箱水位高于 3.5m 时启动除盐水泵进行凝汽器热水箱补水；除氧水箱不投入时，补水直接进入凝汽器，进行凝汽器补水。

（6）闪蒸器补水：将凝结水再循环气动阀门至 100% 开度，启动凝结水泵，控制凝汽器热水箱水位在 $0 \sim 200$mm 之间，控制闪蒸器水位在 $100 \sim 200$mm 之间，正常后凝结水泵再循环门保持 20% 开度。

（7）锅炉补水：启动给水泵，缓慢开启锅炉给水总门，调整汽包气动调节阀开度进行锅炉上水，当锅炉水位补至 $-50 \sim 50$mm 时停止向锅炉补水，进水完成，化验锅炉水合格后，停给水泵。

（8）锅炉上水完毕停泵后，检查校对锅筒水位计一次。

（9）在进水过程中，应检查锅筒、水箱的人孔门及各个阀门、堵头、法兰是否有泄漏现象，如有泄漏，应立即停止进水，并联系检修处理。

（10）检修后的锅炉内原有水必须经化验水质合格后，再将水位调整到启动水位，否则需重新上水。

启动过程：当锅筒压力小于0.3MPa（表压）时，锅炉处于冷态，当锅筒压力在0.3～2.0MPa（表压）之间时，锅炉处于热态。由于锅炉热态启动过程是锅炉冷态启动过程的一个部分，现仅介绍锅炉的冷态启动。

（1）在烧结冷却机正常运行的情况下（高温段烟囱蝶阀全开，高温段冷却机烟气出入口蝶阀全关，锅炉系统处于解列状态），关闭补冷风蝶阀，开启旁路烟囱蝶阀，打开冷却机高温段烟气出口蝶阀至全开，使冷却机高温段区域内的高温烟气进入余热锅炉。

（2）确认循环风机进口挡板门开度为0%，启动润滑油泵、工作油泵，确认液力耦合器开度为5%，液力耦合器油温不低于25℃，滤清器后油压大于0.08MPa、小于0.2MPa，调节循环风机进口挡板门至开度，开启循环风机，逐渐关闭冷却机高温段烟囱蝶阀，通过液力耦合器开度和循环风机进口调节挡板门开度，使系统进入以冷却机高温段风机为送风机、以循环风机为引风机的烟气系统闭式循环状态，使环冷机上部风箱风压在0～200MPa内波动。

（3）当锅炉压力升到0.1～0.2MPa（表压）时关闭过热器出口集汽箱的对空排气阀，冲洗锅炉水位计，并校正水位计指示的正确性，冲洗压力表导管，并验证压力表读数显示的正确性。

（4）随着蒸汽温度、蒸汽压力不断升高，当中压蒸汽压力大于1MPa（表压），蒸汽温度超过230℃时（具体视汽机要求而定），逐渐将烟道高温蝶阀开至98%的开度，调整引风机风量挡板门，控制烟道出口负压小于－1.3kPa，蒸汽逐步进入蒸汽管道暖管，汽机冲转工作，随后逐个关闭对空排气阀、疏水阀。

注意：中压锅炉系统在启动过程中应控制：

锅筒	升温速率	<5℃/min
	升压速率	<0.3MPa/min
过热器集箱	升温速率	<5℃/min
其余部分最大升温速率		<30℃/min

e 锅炉的运行

余热锅炉启动投运后必须进行监视和调整，以维持锅炉正常运行，满足汽轮机的工作要求。

监视和调整的内容：保持正常的汽压和汽温、保持正常水位均衡进水、保持合格的蒸汽品质、保持锅炉机组安全运行工况稳定。

水位调整：

（1）锅炉应均衡连续正常给水，不允许中断锅炉给水，水位正常工作范围为：中压锅筒为±200mm，低压锅筒为±50mm。

（2）锅炉给水应根据中、低压锅筒水位指示进行调整。

（3）水位计应按规定程序定期进行冲洗，每班至少一次，定期试验水位报警器。

汽压和汽温调整：

（1）锅炉压力允许波动的范围，中压锅筒允许变化范围为 1.66～2.45MPa。

（2）安全阀门应按规定定期校验，每年至少一次，校验应在正常运行工况下进行。

锅炉排污：

（1）严格排污制度，根据汽水、炉水化验结果，决定其排污量，确定排污阀的开度。

（2）排污宜在水位接近正常低水位时进行，且开度应缓慢，防止冲击。

（3）排污时应注意监视给水压力和锅筒水位的变化，应维持水位不低于报警水位。

（4）排污操作必须取得司炉工允许方可进行。

（5）不得同时开启两个及两个以上阀门同时进行排污。

（6）先全开排污一次门，再缓慢开启二次门，二次门全开 20～30s 后立即关闭，再关一次门。

（7）各排污点轮流排污一次。

（8）排污工作人员必须戴好帆布手套，使用专用工具，一人操作，一人监护。

（9）排污操作时，身体和头部不准正对门杆，以免意外烫伤。

循环风机工况运行的注意事项：

（1）轴承温度正常（循环风机电动机轴承温度低于 70℃、液力耦合器轴承温度低于 90℃、循环风机轴承温度低于 70℃）。

（2）轴承润滑油的油位在最高和最低运行范围内，一般保持在 1/2～2/3。

（3）风机无异常的噪声和振动。

（4）风机控制的载荷可由下列方法调节：打开进口调节门增加载荷，关闭进口调节门减少载荷。

（5）确保风机在不出现喘振的条件下运行，喘振会对风机及其附属风道产生严重的损坏。

（6）如果在调节门打开时启动风机，驱动电动机可能会过载。

（7）检查电动机绕线温度在 135℃ 以下。

（8）出口挡板门全开，然后逐渐打开进口调节门直至获得所需的输出。

（9）风机不能在调节门完全关闭时运行以免振动过大和温度升高。

（10）监测轴承温度并检查任何非正常的振动，检查风机和电动机轴承温度在报警值以下。

f　停炉

（1）正常停炉前应对锅炉设备进行一次全面检查，将存在的缺陷记录备案，以便停炉后进行检修。

（2）逐渐关闭通向锅炉的烟气挡板门，切断热源。

（3）锅炉进烟量逐步减少，蒸汽负荷及汽压逐渐降低。当蒸汽参数低于汽轮机工作最低要求时，关闭主汽门，锅炉解列，然后打开过热器出口疏水阀 30～50min，并使水位保持在正常高水位的 2/3 处。

（4）此时通过降低液力耦合器开度至最小，停止循环风机运行。

（5）锅炉解列进入冷却阶段后，应避免急剧冷却，并处于密封状态。此时不允许上水、放水。停炉 4～6h 后可以自由通风冷却。

（6）锅炉汽压未降到零时，必须保持对锅炉机组及附属设备的监视。

B　使用维护要求

蒸发器临时停用，可按表 11 - 47 进行防腐（气候寒冷时不易采用）：蒸发器在将内外污垢全部清除后进行严密的隔离（所有阀门全部紧闭），加入下列保护溶液至低水位为止，然后通入剩余空气使蒸发器内产生 2 ~ 3MPa 以下的压力，保持 2 ~ 3h，在压力降低后再用保护溶液把蒸发器灌满（包括锅筒在内），再用增入溶液的方法造成 1.5 ~ 4MPa 表压的压力，这个压力在整个保养期间也应一直保持。必须周期性地检查溶液的浓度，当亚硫酸钠的浓度降低到低于 50mg/kg 时应再补加。

表 11 - 47　蒸发器防腐方法

保护溶液的成分	每吨锅炉水氢氧化钠 (NaOH)	每吨锅炉水五氧化二磷 (P_2O_5)	每吨锅炉水亚硫酸钠 (Na_2SO_3)
浓度（总盛水量参考煮炉）/mg·kg^{-1}	100	100	250

蒸发器承压部件检修时，应采用余热"烘干法"进行防腐，其方法为：

（1）当蒸发器停止供汽后，紧闭各人孔门，减少热损失。

（2）当锅筒内水温降至低于 80℃时，将锅炉水全部放尽。

（3）严密关闭与公用系统连接的阀门，开启对空排气阀门。

（4）必要时可利用热风烘干，但必须保持过热器出口温度在 100℃以上，以免结露。

日常使用维护注意事项：

（1）需要进入炉内检修时，必须停炉冷却到室温并充分换气后方可进行，在紧急情况下必须采取强制冷却和隔热等措施经方案认可后方可进入，并有专人负责安全监护工作。

（2）不经许可不许任意拆除或毁坏安全阀，运行中安全阀不能自动排除蒸汽时，应及时向管理部门报告后用人工提起安全阀排汽。

（3）当一般缺水时，应立即进行"叫水"检查。如是严重缺水，应立即停烟气停炉停止进水；如是不严重的缺水，可缓慢、少量进水，但要严格监视各种仪表的变化。

（4）当停炉停烟气时，在气压降到零位前，司炉工不得离开岗位。

（5）必须检查确认锅炉系统各种仪表、警报、安全装置完好、正确、灵敏方可交接班。

（6）运行人员必须严格执行有关运行规程和规章制度，同时必须熟悉设备各部件的结构、性能、特点以及维修方法等。

（7）为了延长锅炉的使用寿命，保证蒸汽品质，避免因水垢、水渣、腐蚀等引起事故，必须做好水质管理工作。

11.6.5.3　常见故障分析及处理

A　缺水事故

锅筒缺水的现象：

（1）锅筒水位低于正常水位或看不到水位，水位计玻璃板呈白色。

（2）低水位信号报警动作。

（3）过热汽温上升，蒸汽流量可能大于给水流量。

锅筒缺水的原因：

（1）给水自动调节失灵或给水调节阀门失控，运行未及时发现。

（2）省煤器、蒸发器、主给水管道爆管。

（3）汽机甩负荷，主汽压力上升，造成虚假水位。

（4）给水调节阀门低流量卡住，或阀芯跌落。

（5）主给水电动阀门阀芯跌落。

（6）给水泵故障，给水压力低。

锅筒缺水的处理：

（1）给水调节阀门开度应接近全开，否则切换为手动控制；若手动无法调节，应迅速到给水操作台开启给水旁通阀。

（2）若主给水压力低于正常工作压力时，启动备用给水泵。

（3）若以上都正常，应校对锅筒就地水位计，沿途注意有无受热面爆管蒸汽泄漏声。

（4）当低压锅筒水位下降超过 -100mm（或中压锅筒水位下降超过 -350mm）时，紧急停炉。

（5）紧急停炉后，若水位从水位计中消失应叫水，经叫水后能够见到水位，应汇报班长申请上水，叫水后不能见到水位则为严重缺水，此时严禁进水。

（6）将事故过程详细记录在运行日志和事故记录中。

B　满水事故

锅筒满水的现象：

（1）水位计上端尚能看到超越水位或看不到水位。

（2）水位计充满锅炉水，颜色发暗。

（3）水位报警器发出高水位信号。

（4）饱和蒸汽带水、带盐量增加。

（5）过热蒸汽温度下降或显著下降。

（6）给水流量大于蒸汽流量，严重时蒸汽管道出现水击声。

锅筒满水的原因：

（1）给水自动调节失灵或给水调节阀门失控未及时发现。

（2）给水调节阀门在大流量时卡住。

（3）加负荷太快或安全门动作，主汽压力急剧下降，造成虚假高水位。

锅筒满水的处理：

（1）立即关闭给水阀门，停止水泵。

（2）开启排污阀、加强放水，但要注意水位表内水位，防止放水过量造成缺水事故。过热器内的水必须放净。

（3）关闭烟道阀门，停止引风机。

（4）开启主汽阀、分汽缸和蒸汽母管上的疏水阀门。

（5）待水位正常后，恢复正常运行。

C　蒸汽炉爆管事故

a　低压省煤器、中压省煤器管、蒸发器管爆管

低压省煤器、中压省煤器管、蒸发器管爆管的现象：

（1）锅筒水位迅速下降，给水流量不正常地大于蒸汽流量。

（2）泄漏处有强烈的蒸汽泄漏声，严重时炉门密封不严密处有水蒸气喷出。

（3）排烟温度下降。

低压省煤器、中压省煤器管、蒸发器管爆管的处理：

（1）确定为爆管以后，如果能暂时维持正常水位，应汇报班长申请故障停炉。如果已经无法控制维持正常水位，应紧急停炉并报告班长。

（2）将事故过程及处理情况做详细记录。

b　过热器管爆管

过热器管爆管的现象：

（1）蒸汽流量不正常地低于给水流量。

（2）过热器处可听到蒸汽泄漏声。

（3）排烟温度下降，严重时炉门密封不严密处有水蒸气喷出。

（4）严重时主汽压力下降。

过热器管爆管的处理：

（1）若判断为过热器爆管，如对运行人员和设备不构成大威胁，则应降低负荷申请故障停炉；如泄漏太大无法维持运行时应紧急停炉并报告班长。

（2）将事故过程及处理情况做详细记录。

c　汽水管道损坏

汽水管道损坏的现象：

（1）管道泄漏处发出声响，保温层潮湿或漏汽、漏水。

（2）管道爆破时，发出显著响声并喷出汽水。

（3）蒸汽流量、给水流量变化异常。

（4）蒸汽压力、给水压力下降。

（5）主给水管道爆破时，锅筒水位急剧下降。

汽水管道损坏的原因：

（1）材质不合格，制造或安装有缺陷。

（2）汽水管道发生腐蚀。

（3）蒸汽管道暖管、疏水不充分，产生严重水击。

汽水管道损坏的处理：

（1）若不是主给水管道和主蒸汽管道泄漏，且未危及人身和设备的安全，锅炉主参数未受到影响，可报告班长，申请故障停炉。

（2）若主管道破裂，水位或主汽参数无法维持，应紧急停炉并报告班长。

（3）将事故过程及处理情况详细记录在运行日志和事故记录中。

D　汽水共腾事故

汽水共腾的现象：

（1）锅筒水位发生剧烈波动，严重时水位看不清楚。

（2）主蒸汽温度急剧下降。

（3）蒸汽盐含量上升。

（4）严重时蒸汽管道发生水冲击，法兰处冒汽。

汽水共腾的原因：

（1）锅水品质严重超标，水质恶化。

（2）锅筒连续排污开度太小，未按规定进行定期排污。

汽水共腾的处理：

（1）报告班长，调节烟气系统降负荷。

（2）开大连续排污阀，增加定排次数进行锅水置换。

（3）开启一次阀门前及阀门后疏水并通知汽机开启机侧疏水。

（4）停止加药。

（5）通知化验进行锅水取样分析，待水质好转后，重新加负荷至正常。

E　紧急停炉事故

下列情况之一均需停炉：

（1）锅炉水位低于水位表的下部可见边缘，或不断加大给水及采取其他措施，但水位仍继续下降。

（2）锅炉水位超过最高可见水位（满水），经放水仍不下降。

（3）给水泵全部失效或给水系统故障，不能向锅炉进水。

（4）水位表或安全阀全部失效。

（5）锅炉现场水位计故障，中央控制室水位显示故障。

（6）汽包水位气动调节阀故障。

（7）过热蒸汽、供回水管路发生泄漏。

（8）锅炉元件损坏，炉体接缝处漏水，钢板变形、起泡或发现裂纹，危及运行人员安全。

（9）锅炉内突然发生严重的汽水共腾或炉体剧烈振动。

（10）其他危及锅炉安全运行的异常情况。

紧急停炉应采取的措施：

（1）立即关闭烟气挡板门，切断进入锅炉的烟气，停循环风机。

（2）锅炉紧急停炉时，应严密监视各部分的温度变化，必要时应根据事故的性质采取切实可行的措施，防止温度下降过快。

（3）迅速切断烟气时，负荷下降很快，此时应防止发生严重缺水或满水事故，应注意调整给水量，维持正常水位，同时应注意汽压，防止安全阀动作。

（4）紧急停炉的冷却过程，可通过上水、放水来降低炉温及水温，当水温降低到80℃左右可以排放炉水。

12 烧结球团生产节能技术

12.1 降低烧结生产能耗的技术

钢铁企业烧结工序能耗仅次于炼铁工序，居第二位，一般为企业总能耗的9%～12%。我国烧结工序的能耗指标与先进国家相比差距较大，每吨烧结矿的平均能耗要高20kg标准煤，节能潜力很大。钢铁工业的节能降耗工作日益引起企业和相关部门的关注。因此，降低烧结工序能耗对降低钢铁生产的吨钢综合能耗、节约生产成本、提高企业市场竞争力具有重要意义。

国家标准（GB 21256—2007）《粗钢生产主要工序单位产品能源消耗限额》中对烧结工序能耗进行了重新定义，并对烧结工序的能耗统计范围进行了重新界定（见图12－1），同时给出了烧结工序在两种电力折标准煤系数下的限额值、准入值和先进值（见表12－1）。

表 12－1 烧结工序能耗限额参考值

电力折标准煤系数/kgce·(kW·h)$^{-1}$	限额值/kgce·t^{-1}	准入值/kgce·t^{-1}	先进值/kgce·t^{-1}
0.40	≤65	≤60	≤55
0.12	≤56	≤51	≤47

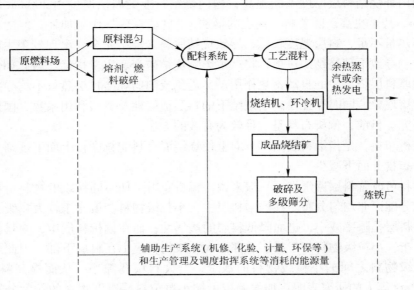

图 12－1 烧结工序能耗统计边界

该限额标准中，烧结工序能耗的统计范围包括生产系统（从熔剂、燃料破碎开始，经配料、原料运输、工艺过程混料、烧结机、烧结矿破碎、筛分等到成品烧结矿皮带机进入炼铁厂为止的各个生产环节)、辅助生产系统（机修、化验、计量、环保等）和生产管理及调度指挥系统等消耗的能源量，扣除工序回收的能源量，不包括直接为生产服务的附属生产系统消耗的能源量。为了降低烧结工序能耗，近年来国内外烧结工作者做了大量研究工作，开发了许多新工艺和新技术，获得了良好的工业应用效果，烧结工序能耗逐年降低。

烧结工序能源消耗的典型结构为：烧结工序能耗中固体燃料占 79.8% 左右，电力消耗占 13.49% 紧跟其后，再次是点火煤气的消耗占 6.49%，其他能源消耗占不到 0.23%。因此，烧结工序的节能工作应着重从降低固体燃料消耗、电耗及点火煤气的消耗出发。

12.1.1 降低烧结固体燃耗的技术

在烧结工序能耗构成中，固体燃料消耗约占烧结工序能耗的 80%。因此，最大幅度地降低烧结过程中的固体燃料消耗对于降低烧结工序能耗具有重大意义。

12.1.1.1 提高料层厚度

生产实践证明，提高烧结料层厚度能有效提高产量并降低能耗。有研究表明，当料层高度为 180 ~ 220mm 时，蓄热量仅占燃烧带热量总收入的 35% ~ 45%，当料层高度为 400mm 时，蓄热量达燃烧带热量总收入的 55% ~ 60%，当料层达到 700mm 以上时，蓄热量更多。因此，通过提高料层厚度，充分利用烧结过程的自动蓄热作用，可以降低烧结料中的固体燃料消耗。根据生产实践，料层每增加 10mm，固体燃料消耗可降低 1 ~ 3kg/t−s。如宝钢 2 号烧结机 495m² 料层厚度由 500mm 提高到 630mm，工序能耗由 72.14kgce/t 降到 55.3kgce/t。

12.1.1.2 偏析布料

随着国内外烧结料层厚度不断提高，国内烧结行业的料层厚度由 300mm 以下逐步提高到 700mm，甚至更高。随着料层高度的增加，"自动蓄热"作用加强，但同时也使得烧结料层上部热量不足，料层温度较低，导致烧结原料未烧结完全，出现较多生料，而料层下部热量过剩导致下部烧结矿过熔，将严重影响烧结矿产、质量指标。因此如何实现既能够充分利用厚料层烧结中的自动蓄热作用，又避免或削弱烧结料层热量不均导致的上部欠烧和下部过熔现象，同时保证厚料层烧结下的料层透气性及烧结利用系数，国内外学者进行了大量研究。目前，偏析布料是一种较为有效的方法。

所谓偏析布料，是指沿料层高度方向上使烧结混合料的粒度自上而下逐渐变粗，而固体燃料的分布自上而下减少。

偏析布料可改善料层透气性。一般来说，偏析布料可使不同粒级的物料沿料层高度方向有规律地分配而非均匀分布。在均匀料层中，小粒级物料会填充于较大粒级物料之间的孔隙中，使料层孔隙率减小，进而降低料层的透气性；而在偏析料层中，物料根据其粒级呈规律性分布，小粒级物料位于料层上部而大粒级物料集中在料层下部，因此可减少能够填充于大粒级物料之间的小粒级物料的数量，增大料层孔隙率，从而提高料层透气性。Allan G. Waters 等人的研究表明：加强偏析可缩小单位料层厚度物料的粒度分布范围，可提高料层的透气性。

虽然偏析使多数细粒级物料集中于烧结料层上部可能会对料层的透气性造成不利影

响，但 Allan G. Waters 等人的研究发现在其他条件不变的情况下，当偏析指数 k（物料平均粒度梯度）达到 12.6mm/m 时，透气性仍随着偏析指数的增加而增大；同时应该注意的是，在烧结过程中，上部烧结混合料会被首先点燃并烧结成矿，而烧结矿的透气性是这些混合料的 2.5~4.5 倍，因此，总体上烧结过程的透气性会随着偏析程度的增强而提高。

偏析布料对烧结热行为可产生有利影响。不同粒度的原料具有不同的热传递系数，在一定程度上决定了热量传递的速度和液相生成量。细粒级物料较之于粗粒级物料具有较高的气—固热传递系数。烧结过程的热传递系数与烧结料层单位体积的比表面积 S 成正比，S 见式（12-1）（假设物料为直径相同的球体）：

$$S = 6(1 - \varepsilon)/(D\phi) \tag{12-1}$$

式中　ε——孔隙率；

　　　D——颗粒直径，m；

　　　ϕ——形状系数。

上部料层比表面积大，传热好；下部比表面积小，传热差。这种变化同样有利于优化点火以及烧结过程热量的均匀化，避免料层上部热量不足，下部热量过剩。粒度的偏析还伴随着 C、CaO、SiO_2 及 TFe 等化学偏析现象的发生。已有研究表明（见图 12-2），在小粒级物料占绝大多数、平均粒度较小的料层上部，具有相对较高的 C 和 CaO 含量以及较低的 Fe 和 SiO_2 含量，无疑有助于点火、C 的充分燃烧、热传递及烧结混合料的熔融；而在平均粒度较大的料层下部，C 和 CaO 含量相对较少，而铁和 SiO_2 含量较高，可在一定程度上减弱由于自动蓄热效应而导致的过熔现象。

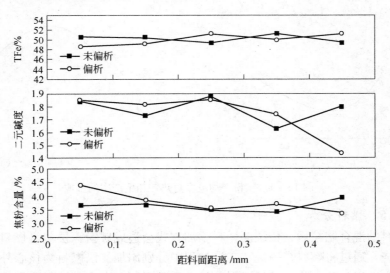

图 12-2　粒度偏析引起的化学偏析

12.1.1.3　熟料熔剂代替生料熔剂

一些国家，如前苏联、日本、前联邦德国、法国等采用添加石灰代替石灰石。由于氧化铁与氧化钙在较低温度下进行反应，产生易熔铁酸钙，使烧结温度降低，对降低固体燃料消耗有利。前苏联扎波罗热烧结厂的经验表明，在用生石灰代替 20% 以上的石灰石时，一方面，由于减少了石灰石分解所需的热量，节省了固体燃料；另一方面，生石灰的加入, 由于其催化活性作用, 活化了燃料的燃烧过程, 提高了燃料的反应能力, 增加了燃烧速度, 降低了燃料的燃点, 从而使总热耗降低。法国 A. 迪迪尔等人在实验室和烧结机上的实验表明, 添加 2% 生石灰, 固体燃料消耗降低 1~2kg/t-s。

转炉渣除含有铁、锰成分外, 还含有 50% 以上的氧化钙和氧化镁。比利时希德玛烧结机混合料中加入 57kg/t-s 转炉渣作熔剂, 石灰石、白云石的总耗量为 79kg/t-s。英国雷德卡烧结厂转炉渣和生石灰作为 MgO 和 CaO 的主要来源, 使熔剂分解热在总热耗中仅占 9%。但是, 由于转炉渣含有一定的磷, 其添加量受到限制。

12.1.1.4　控制焦粉粒度，提高利用率

为了使尽可能少的燃料达到所需的烧结温度, 烧结过程中的传热速度和燃烧速度必须接近。在这方面, 燃料粒度起着非常重要的作用。关于燃料最适宜粒度的说法不一。粒度过小, 会产生大量一氧化碳; 粒度过大, 焦粉来不及充分燃烧, 将使燃料的利用率下降。根据日本的实验和生产实践结果, 从燃料对烧结过程的综合影响来看, 燃料最适宜的粒度范围为 0.5~1mm。但考虑到燃料的加工费用、破碎后的运输, 一般品均粒度应控制在 1~2mm, 最适宜的粒度范围为 1~3mm。燃料反应性强, 其粒度可以粗一些。日本某厂的生产证明, 通过改善焦粉粒度的均匀性, 固体燃料消耗由 57.9kg/t-s 降低至 46.2kg/t-s, 节省约 20.2%。

霍格尔烧结厂生产实践得到的焦粉平均粒度对热耗和生产率的影响如图 12-3 所示。据此可以确定焦粉的理想平均粒度为 1~1.2mm, 小于 0.25mm 的部分应小于 25%, 大于 3mm 的部分越少越好。

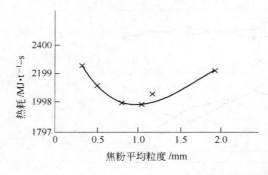 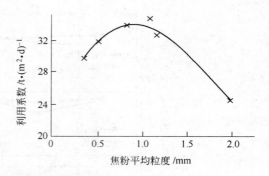

图 12-3　焦粉平均粒度对热耗和生产率的影响

12.1.1.5　燃料分加

加强原料的混合制粒后, 传统的燃料添加方式会造成矿粉深层包裹燃料, 从而妨碍燃料颗粒的燃烧。通过将燃料在一混、二混过程中分别添加, 以燃料为核心外裹矿粉的颗粒数量及深层嵌埋于矿粉黏附层里的燃料数量会受到限制, 大多数燃料附着在球粒表层, 甚至明显暴露在外, 从而处于极有利的燃烧状态。因此, 燃料分加技术有利于燃料的充分燃烧, 改善燃烧效果, 降低固体燃耗。日本新日铁釜石制铁所 170m² 烧结机采用焦粉分加技术后, 焦粉消耗由原来的 60.0kg/t-s 降至 56.3kg/t-s。

12.1.1.6　提高混合料温度

烧结混合料温度较低时, 水汽在料层中会形成过湿现象, 恶化烧结料层透气性。提高混合料层温度, 使其达到露点温度以上, 可以显著减少或消除水汽在料层中的冷凝现象,

并且由于部分显热可部分替代固体燃料的燃烧热，因此也可以降低固体燃料的消耗。混合料预热的主要手段有热返矿、蒸汽预热、配加生石灰和使用烧结废气。实践表明：生石灰配加量为 2% ~3% 时，混合料温度提高 4℃ 以上，固体燃耗可降低 2~3kg/t-s。

12.1.1.7　强化制粒

强化混合料制粒是强化烧结生产和节能的主要手段之一，值得高度重视。强化制粒工艺，改善混合料的粒度组成，减少混合料中小于 3mm 粒级的含量，增加 3~5mm 粒级的含量，使混合料粒度趋于均匀，可明显改善烧结料层的透气性，提高料层厚度，改善烧结矿强度，降低能耗。生产中，通常采用延长混合制粒时间、添加生石灰或黏结剂、小球烧结和精矿预制粒等措施实现强化制粒。

12.1.1.8　提高成品率

采用多种有效措施，其中包括加强原料中和、稳定烧结作业等措施，提高成品率，以一定的固体燃料配加量生产尽可能多的烧结矿，可以达到降低单位烧结矿固体燃料消耗的目的。同时，随着成品率的提高，返矿量减少，用于烧结矿的能量减少，进一步促使固体燃耗下降。研究表明：生产中每烧结 1t 返矿需消耗 35kg 固定碳。

12.1.1.9　烧结添加剂

对烧结过程中焦粉的催化燃烧作用，国内外学者都曾进行过广泛的研究，根据烧结用固体燃料的燃烧特点，提出了采用多种化合物制成水溶性催化助燃剂强化烧结的方法。催化助燃剂的作用是加速烧结物料中焦粉挥发分的析出速度，缩短其均相着火时间，降低着火温度，使得焦粉在较低温度下就能着火燃烧；此外，由于催化剂充当了氧的活性载体，料层中氧量增加，保证了焦粉充分燃烧。在二者协同作用下，"燃烧前沿"得到提高，进而达到与"传热前沿"移动速度同步，整个烧结过程得到加快和强化。

有报道表明，在烧结生产过程中，配入适量的 SYP 烧结增效剂可以使燃料燃烧更为充分，增加烧结液相的生成，提高烧结矿产、质量，降低固体燃料消耗量。烧结增效剂中所含硼元素分散在烧结料中，结晶时与正硅酸钙形成固熔体，在冷却过程中发生相变，使烧结矿粉化率降低。添加 SYP 烧结增效剂，还能促进烧结过程中铁酸钙及 Fe_2O_3 的生成，增加烧结矿中铁酸钙及 Fe_2O_3 的含量，改善烧结矿的冶金性能。首钢炼铁厂通过烧结配加增效剂试验期和基准期的数据对比分析，在原料结构和烧结技术参数一定的条件下，固体燃耗降低 0.93kg/t-s，转鼓指数提高 0.19%，试验期间烧结矿产量增加 12141t，烧结成本降低了 1.5 元/t。按烧结矿替代球团矿供高炉冶炼效益分析，试验期间降低高炉生产成本约 130 万元。

12.1.1.10　喷氢系燃料（天然气）代替焦炭

用氢系燃料（天然气）替代部分焦粉，从烧结料层上面吹向料层。由于氢系燃料（天然气）和焦粉的燃点不同，因此可以在不提高燃烧最高温度的情况下，长时间保持适宜的反应温度，从而大幅提高烧结工序能源效率，减少焦粉的消耗。

日本 JFE 公司开发了此技术，并于 2009 年 1 月在其东日本制铁所的烧结厂应用，目前运转稳定，CO_2 减排量最高达 6 万吨/年。

12.1.1.11　燃料和熔剂外滚制粒

与传统铁矿石、燃料、熔剂的混合制粒不同，燃料和熔剂外滚制粒是先将铁矿粉造球，然后将焦粉和石灰石从混合机的尾部高速透射进去，使其外滚在小球的表面。这样改善了制粒效果和烧结透气性，节省了焦粉用量，并将生产率提高5%，日本 JFE 钢铁公司2007年在其仓敷厂和福山厂的烧结车间投入实际应用，由于节省了焦粉用量，使烧结车间 CO_2 减排约6%。

12.1.1.12 烧结废气选择性循环

不同于其他从总废气流中分出一部分返回烧结的废气循环，烧结废气选择性循环是将废气温度升高区域的气流用于循环，为了保证富氧水平，向循环废气中加入来自环冷机的热空气。由于利用了废气显热和 CO 二次燃烧，每吨烧结矿可节省焦粉 2~5kg，并减少了污染气体排放。中南大学提出的烟气循环烧结工艺是将烧结过程排出的部分烟气返回点火器后的台车上部密封罩中循环使用的一种烧结方法。这种新工艺在减少烧结废气排放总量的同时，使 SO_2 在烧结烟气中产生富集，提高了烧结烟气中 SO_2 的浓度，从而可降低后续脱硫工序的成本。

12.1.1.13 富氧烧结

富氧烧结通过提高点火助燃空气和抽入料层空气的含氧量，改善燃料燃烧条件，增强燃烧带的氧化气氛，使烧结料层中的固体燃料得到充分燃烧，提高其综合燃烧特性和燃料利用率，从而降低燃耗，使烧结液相生成量增加，延长保温时间，实现高氧位烧结，提高烧结矿成品率及转鼓指数，提高烧结机生产效率。

宝钢集团梅钢3号烧结机进行了富氧烧结的工业试验，结果表明：富氧烧结改善了燃料利用率，降低了固体消耗，提高了烧结矿铁酸钙和黏结相含量，改善了烧结矿相结构，转鼓强度提高了1.52%，低温还原粉化率 $RDI_{+3.15mm}$ 和还原指标均得到了优化，分别提高了0.33%和0.6%。同时，富氧点火改善了点火质量，增强点火强度，降低点火煤气消耗。

12.1.1.14 配用冶金厂含铁、碳粉料

高炉灰和轧钢皮是冶金厂的主要循环物料。在混合料中配入高炉灰时，可以减少固体燃料的配加量。轧钢皮中的铁主要以二价铁形式存在，在烧结过程中氧化放热，因而，混合料中配加轧钢皮也可降低固体燃料的消耗。雷德卡烧结厂的热平衡分析结果表明，由钢铁厂含铁、碳粉料所供给的热量比点火用焦炉煤气所供给的热量还多。轧钢皮和冶金粉尘供给的热量占总热收入的8.1%。

12.1.1.15 预热混合料和预热烧结法

法国希尔斯烧结厂用温度 250~300℃、压力 600kPa 的蒸汽预热混合料，当喷入蒸汽的作用时间为 30~60s 时，喷入的蒸汽80%被吸收为混合料水分。热平衡表明，每吨烧结矿喷入约 60kg 蒸汽时，蒸汽的热量80%被混合料所吸收，混合料被预热至70℃，烧结料层可提高 100mm，固体燃料降低 6kg/t-s，包括蒸汽消耗在内的总热耗有所降低。机上冷却烧结机，其冷却空气单耗低，废气温度高，可利用冷却段的热废气生产低压蒸汽压来预热混合料，总热耗将节省8.4%。

12.1.2 降低烧结电耗的技术

12.1.2.1 降低烧结机漏风率

电力消耗在烧结工序中的比例仅次于固体燃料消耗，抽风机则是烧结厂最大的电耗设

备，其电耗约占烧结生产总电耗的 80%，而影响抽风机电耗的重要因素是烧结机的漏风率。烧结机的漏风率过大，不仅电耗增加，还降低烧结生产率，恶化工作环境。因此，降低电耗的关键是降低烧结机漏风率，提高作业率以及减少主抽风机的空转率。

我国烧结机漏风率较高，平均漏风率在 50% 左右，其主要原因是密封装置设计不合理，密封材料和设备使用寿命短。因此，应进一步加强对机头机尾两段的密封和滑道的密封，研制密封性好、使用寿命长的密封装置。对于边缘漏风，则可适当提高边缘料水分，同时用压辊压实边缘以减少漏风。资料显示：漏风率减少 10%，可增产 5% ~ 6%，每吨烧结矿可减少电耗 2kW·h，成品率提高 1.5% ~ 2.0%，同时可减少噪声，改善环境。

日本新日铁大分厂 2 号烧结机采用降低漏风率的技术措施后，漏风率降低了 12.5%，电耗降低了 1.96kW·h/t-s，相当于每降低 10% 的漏风率，电耗降低 1.56kW·h/t；梅山烧结厂将漏风率从 71.14% 降至 42.99% 后，电耗降低了 4.33kW·h/t，相当于降低 10% 的漏风率，电耗降低 1.54kW·h/t-s。

在降低抽风机电耗方面，中冶长天国际工程有限公司在唐山长城钢铁集团燕山钢铁有限公司 2×300m² 烧结机工程设计中尝试了采用汽轮机替代电动机拖动烧结主抽风机，结果表明采用汽轮机替代电动机拖动烧结主抽风机技术成熟，更为经济，可实现节能降耗的目的。

12.1.2.2 单风机操作

国外大型烧结机多数配置有两台主风机。由于钢铁生产不景气，不少烧结厂仅按设计能力的 70% 进行生产。在生产率降低的情况下如何节省电耗，已成为各厂注意的问题。

雷德卡烧结厂的烧结机配有 2 台风量为 18800m³/min、负压为 14kPa 的主风机。在减产的情况下采用单风机操作，其结果与 2 台风机操作相比，电耗约降低 6.5kW·h/t-s，使总电耗减低至 22.6kW·h/t-s。雷德卡烧结厂选用较低压力的冷却风机（2kPa），加之烧结厚料慢速操作，冷却机配置的 5 台风机只需启动 2 ~ 3 台，从而使冷却电耗降低至 2.4kW·h/t-s，达到先进水平。

12.1.2.3 控制风机转速

控制主风机转速是在低生产率情况下降低电耗的又一途径。烧结生产率与通过烧结料层的风量成正比。因此，当烧结机在低生产率状况下操作时，降低主风机风量，可以节省电能。新日铁某烧结机仅配置一台主风机，当仅需在 23 ~ 25t/(m²·d) 低生产水平操作时，通过控制阀门开度调节风量，由于压损增加，造成不必要的电能损失。

在电机转速为 600 ~ 900r/min 的情况下，可控硅电机的效率可达 91% ~ 93%。设置主风机转速控制装置后，风机风量通过调节转速进行控制。当生产率在 23t/(m²·d) 时，可节省电力约 10kW·h/t-s，约减少 3000kW 的装机容量。

12.1.2.4 采用高效率风机

采用高效率主风机有利于节省电能。在国外，过去主风机采用后弯离心式叶轮居多，效率可达 85% 以上。到 20 世纪 60 年代末期，开始采用翼型风机，由于叶片为流线型，效率高于后弯离心式风机，故得到较广泛的采用。不过翼型风机叶轮磨损严重，磨损后效率下降且磨损部分很难维修，效率难以恢复。因此，有一种意见认为翼型风机不如后弯离心式风机好。目前，这两种风机在国外烧结厂均得到广泛应用。

从节省电能的观点出发，在决定主风机的规格时，使其在高效率点工作是十分重要的，这就要求风机的设计操作点与实际操作点一致或接近。图12-4给出了风机操作点变化对效率的影响。

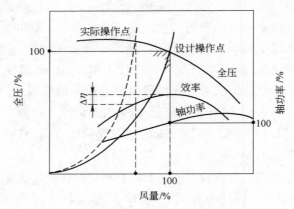

图12-4　主风机操作点与效率的关系

12.1.3　降低烧结点火能耗的技术

点火煤气消耗大约占烧结总能耗的6.5%，尽管比例不大，但是降低点火煤气消耗也是烧结节能的一个重要方面。

为了点燃混合料中的碳，必须将常温下的碳升温到燃点以上，因此火焰向碳素传递热量是很重要的。

$$Q = hA(T_g - T_s)t \tag{12-2}$$

式中　Q——点火热量（点火时间内，点火器传给烧结料的热量），kJ；

　　　h——传热系数（火焰温度的函数），$kJ/(m^2 \cdot \text{℃} \cdot min)$；

　　　A——传热面积，m^2；

　　　T_g——火焰温度，℃；

　　　T_s——达到燃点以上焦粉表面温度，℃；

　　　t——保持时间，min。

由式（12-2）可以看出，为了得到足够的点火热量Q，有两条途径可供选择，一是提高火焰温度T_g；二是增加点火时间。

用集中火焰直接点火，可以有效地提高到达料层表面的火温度。目前研制的许多新型点火器，大多采用了这一原理。

利用热废气作为点火炉的助燃空气或者作为热源预热助燃空气，可以降低点火煤气消耗。资料显示，如果将助燃空气预热到300℃，理论上可以节约点火煤气24%。

日本烧结厂点火技术先进，能耗最低见表12-2。取得如此的进步，关键在于20世纪80年代以来，日本相继推出多种节能型点火烧嘴，其中尤其以川崎、新日铁、住友、日新钢等公司开发的烧嘴最为典型。

表 12 – 2 日本各公司烧结点火能耗 （GJ/t）

公司	厂 名	点火能耗	公司	厂 名	点火能耗
日本钢管	广岛 1 号	0.031	住友金属	鹿岛 2 号	0..020
	福山 4 号	0.019		鹿岛 3 号	0.022
	福山 5 号	0.018		和歌山 4 号	0.049
	平均	0.023		和歌山 53	0.018
川崎制铁	千叶 4 号	0.012		小仓 3 号	0.023
	水岛 2 号	0.047		平均	0.027
	水岛 3 号	0.032	日新钢	吴厂 1 号	0.044
	水岛 4 号	0.033		吴厂 2 号	0.072
	神户制钢	0.040		平均	0.043
	加古川 1 号	0.044	合 同		0.031
	神户	0.032	中 山		0.037
	平均	0.031			

根据这些新型烧嘴的特点，可以归纳出烧嘴的基本要求是：

（1）点火器宽度方向上点火均匀；

（2）火焰短；

（3）火焰温度高。

12.1.3.1 线式烧嘴

线式烧嘴（Line Burner）如图 12 – 5 所示。由日本川崎千叶厂研制，为多孔型短火焰烧嘴，火焰长度 400 ~ 600mm，可使用低热值（9.63MJ/m³）混合煤气。烧嘴前端的喷口可以替换并可随着烧结操作条件的变化调整烧嘴的高度和倾角，煤气与空气喷口沿台车宽度方向成直线排列，煤气流与空气流垂直相交进行燃烧。这种线式烧嘴燃烧效率高，

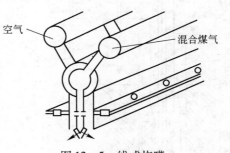

图 12 – 5 线式烧嘴

空燃比为 1.7。1983 年 8 月和 9 月，其首次分别在千叶 3 号烧结机（203m²）和 4 号烧结机（210m²）使用，点火燃耗由 0.046 ~ 0.059GJ/t 下降到 0.018 ~ 0.025GJ/t。

线式烧嘴的特点如下：

（1）热损失小。其主要原因是：

1）火焰直接加热烧结混合料；

2）燃烧室容积小型化，其容积由传统的 27m³ 缩小到 2m³；

3）烧嘴火焰短；

4）由于空气和煤气具有最佳混合比，所以燃烧完全；

5）由于靠近烧嘴的喷口处形成涡流，所以燃烧稳定。

（2）表层表面温度分布均匀。这是由于多喷口、多火焰点火的烧嘴结构所致。

（3）生产操作适应性强。具体表现如下：

1）烧嘴角度和高度均可调整；

2）台车两侧不容易点着火的边缘，可用调节点火强度的方法点燃。

（4）投资省，点火器结构简单，重量轻，烧嘴易更换。

（5）适应多种热值的气体燃料。

12.1.3.2 长缝式烧嘴

长缝式烧嘴（Slit Burner）如图 12-6 所示。由川崎水岛厂研制，为连续长缝式短火焰喷口烧嘴。烧嘴高度可根据烧结条件进行调整，火焰长度 800mm。该烧嘴采用"空气—煤气—空气"夹层结构，其通道沿台车宽度方向各自形成连续缝隙，燃烧前空气与煤气预混合。1983 年 4 月，其首次在水岛厂使用，点火燃耗为 0.0293GJ/t。

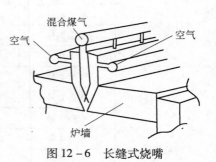

图 12-6　长缝式烧嘴

12.1.3.3 多缝式烧嘴

多缝式烧嘴（Multi-slit）如图 12-7 所示。由住友金属工业公司研制，为两段燃烧多喷口式烧嘴，分一次和二次助燃空气，火焰长度为可调节的连续扁平火焰，喷嘴与混合料表面距离可由 995mm 调整到 320mm，未发现飞溅料黏附烧嘴，火焰长度 400mm，烧嘴缝宽度大于 4.5mm，可防堵塞，燃烧效率高，沿台车宽度方向温度分布均匀。1985 年 3 月，其首次用于鹿岛 2 号（500m²）、3 号（600m²）烧结机及和歌山 5 号（122m²）烧结机，点火燃耗由原来 0.042GJ/t 降低到 0.028GJ/t，最近已降低到 0.02GJ/t。

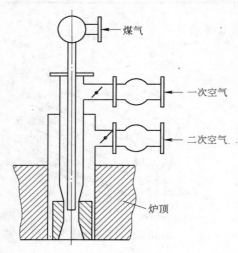

图 12-7　多缝式烧嘴

多缝式烧嘴具有如下特性：

（1）烧嘴所产生的火焰均匀、稳定，火焰底部与中部区域间的温差小于 ±50℃。

（2）火焰长度短。

（3）改变一次和二次空气喷入比例，火焰长度可延长 2 倍，因而可将到达混合料表面的火焰温度调至最高。同时由于二次空气的冷却作用，烧嘴寿命长，燃烧产物不易黏结或堵塞烧嘴。

（4）烧嘴的下调节比较好。在不到烧嘴满负荷的 10% 的情况下，也能产生稳定的火焰。

（5）烧嘴排放的 NO_x 少于 $5 \times 10^{-3}\%$。

（6）空气过剩系数的调节范围宽达 1.05~3.0。同时由于烧嘴的燃烧为扩散式，不会出现回火现象。

12.1.3.4 面燃烧式烧嘴

面燃烧式烧嘴（Surface-combustion Burner）如图 12-8 所示。由新日铁公司研制，为预混式烧嘴。焦炉煤气与空气预先在混合气内混合、均压，混合气流经烧嘴和三维交叉的多孔合金燃烧器面板（Ni80%-Cr20% 的合金，孔隙率 90%，孔径 1.8mm）。喷口呈缝隙状，间隙为 6mm，火焰呈带状喷出，并在混合料表面均匀分布。1985 年 7 月，面燃烧式烧嘴首次用于广畑 1 号烧结机（113.1m²），点火燃耗由 0.034GJ/t 降低到 0.029GJ/t，最近已降低到 0.015GJ/t，1988 年 2 月曾降低到 0.0096GJ/t，创世界最好纪录。

标准型面燃烧式烧嘴结构如图 12-9 所示，它也属于预混式，烧嘴由混合器和透气性陶瓷面板组成，由于烧嘴前面装有陶瓷面板，从而能促进燃烧气体的混合和均匀喷出。

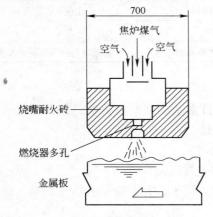

图 12-8　面燃烧式烧嘴

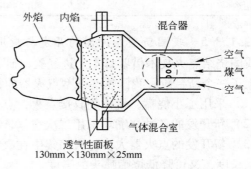

图 12-9　标准型面燃烧式烧嘴

预热空气型面燃烧式烧嘴结构如图 12-10 所示。该烧嘴与标准型不同点是煤气与预热空气（350~500℃）分别进入，以防止燃烧气体混合后在内部燃烧（焦炉煤气着火温度约为 580℃）。标准型烧嘴其空气温度一般小于 350℃。

除上述因结构上的差异，有不同形式的烧嘴外，由于加热方式的不同，也有几种不同的

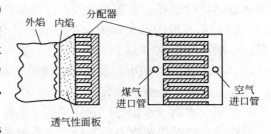

图 12-10　预热空气型面燃烧式烧嘴

烧嘴。由表 12-3 所知，属于火焰加热方式的老式和新式面燃烧式烧嘴的共同点是燃烧在面板的前面进行，因此面板表面温度不高（＜500℃），其不同点在于新式的燃烧速度小于煤气流速，因而可避免回火现象；而辐射式面燃烧式烧嘴的主要特点是其加热方式不是通过火焰来进行，而是由高温辐射面板进行。

表 12-3　三种面燃烧式烧嘴比较

项　目	老　式	新　式	辐　射　式
燃烧状态	900℃以上　只有外火焰　高温　面板	500℃以下　外火焰　许多小内火焰　面板	辐射面板　预混合煤气　多孔板
流速	小于燃烧速度	大于燃烧速度	小于燃烧速度
火焰形式	内焰在面板内部，属于不稳定回火范围	由大量火焰组成均匀火焰面加热，属稳定型预混合火焰	在通过多孔板后的区域内燃烧，由高温辐射面板进行，属于辐射加热

项 目		老 式	新 式	辐 射 式
最高温度/℃		900	>1300	1200
调节上		约1:2	1:(6~7)	1:4
面板	结构	粉末烧结结构	三维交叉结构	多孔板 + 辐射面板
	开孔率/%	约10	80~90	
用途			利用均匀高温火焰面加热	利用均匀高温辐射面加热

12.1.3.5 我国新型点火器的开发与应用

我国烧结点火技术借鉴日本先进经验，研制了许多节能型的点火器，使我国点火煤气消耗上了一个新台阶。我国这些新型点火器的特点是：

（1）采用了小烧嘴，短火焰直接点火，点火均匀。

（2）新开发的各种烧嘴均采用二次空气，有利于煤气完全燃烧。

（3）新开发的点火器大多将火焰集中在狭窄的火焰带，并有带状的空气屏幕，既可调节火焰长度，又可降低烧嘴喷头的温度。

（4）我国许多厂，特别是中小厂点火用煤气热值低，杂质多，流量波动大。新开发的点火器适应性极强，在各种煤气条件下均可正常运转，点火质量好。

（5）新开发的点火器为火焰点火，比传统辐射点火效率高，因而煤气消耗大幅度降低，一般可降低40%以上。

（6）点火器体积小，设备维修简单，寿命长。

A 多缝式烧嘴点火器

武钢、重钢、水钢等厂先后采用了多缝式烧嘴点火器（见图12-11），它是将几十个小型烧嘴沿烧结机宽度方向等距离密集地排列起来，各个喷嘴的喷出口互相贯通，使之形成一条狭长梯形的共同燃烧通道，从各个喷嘴喷出的混合气体流，经过狭长通道的挤压扩展，离开燃烧通道后，便形成一条均质的连续喷射射流，燃烧后恰似一幅幕帘状的燃烧火焰，从炉顶直喷料面。其横断面是一条连续的带状火焰，沿烧结机宽度方向的温度差小，在2.5m宽度范围内，温度偏差为±40℃左右；经过火焰对移动散料层料面的直接加热后，料面加热温度至1090℃，其最大温度偏差为±40℃左右。

喷嘴尺寸的小型化、强烈的空气旋流以及通入二次空气助燃等措施，使燃烧火焰长度大大缩短。当改变一次空气和二次空气的比例时，可以调节火焰长度和火焰温度。这样可以适应外部条件的变化，获得最佳点火效果。

烧嘴的混合特性好，燃烧稳定性好，可以在很低的空气过剩系数下达到完全燃烧。特别是废气中 NO_x 量少，减轻对环境的污染。

炉膛体积小是这种点火器的一个特点，因此热损失小。为了节约煤气，同时又要保证点火质量，首先采取措施保持炉内的气体平衡，适当减少向外排出的烟气量，同时还在点火器四周采取有效的密封措施。当炉内在微负压状态时，可防止炉外冷空气渗入炉内。武钢点火器在烧结料出口和入口处设置了活动门；在炉子两侧安装了密封钢丝刷，效果良好。炉内负压为49Pa时点火质量仍然很好。

目前，水钢点火热耗已降低到0.160GJ/t；重钢平均点火热耗降低到0.070GJ/t。武钢

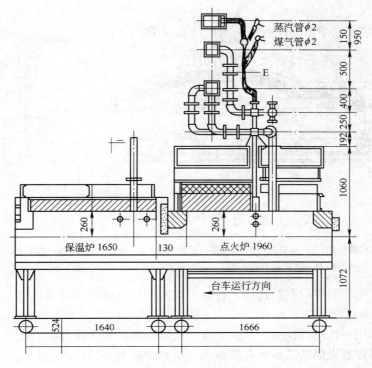

图 12-11　多缝式点火器简图

对多缝式烧嘴进行了改进，其使用情况见表 12-4。

表 12-4　武钢点火器燃耗及操作情况

项　目	一烧车间		二烧车间	三烧车间	
	3 号	4 号		1 号	2 号
烧结机面积/m²	75	75	393	82.5	82.5
料层高度/mm	420	420	480	450	450
混合料水分/%	7.5	7.0	6.0	7.0	7.0
煤气发热值/MJ·m⁻³	16.2	16.2	16.2	16.2	16.2
点火温度/℃	1150±20	1150±20	1120±20	1130±20	1130±20
点火燃耗/GJ·m⁻³	0.0915	0.0915	0.093	0.104	0.104
统计时间	1991 年平均值		2 月平均值	1991 年平均值	

B　幕帘式点火器

梅山和莱芜烧结厂采用了幕帘式点火器。这种点火器采用二次混合燃烧器，炉体短，炉膛矮，点火温度为 1250±50℃，点火时间为 15~30s。属高温火焰直接点火装置。

幕帘式点火器结构如图 12-12 所示。烧嘴砖为整体梁式结构，用铝矾土作骨料，耐火纤维加高温黏结剂浇注而成（或用高耐热钢制成），中间开一排烧嘴喷火通道，两边各留一条二次风窄缝，形成幕帘式火焰。

烧嘴与烧嘴砖安装在烧嘴架上，与料面垂直，全都重量由两根铁链通过滑轮导向与固

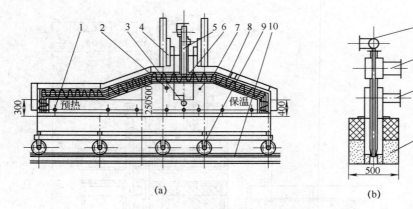

图 12-12　幕帘式点火器

（a）点火器；（b）烧嘴

1—测量孔；2—测压孔；3—观察孔；4—烧嘴架及升降装置；5—幕帘式烧嘴；6—烧嘴砖；7—耐火纤维炉衬；

8—炉壳；9—滚轮；10—轨道；11—煤气集管；12——次空气管；13—二次空气管

定在炉子钢结构上的手拉葫芦连接，拉动手拉葫芦的升降链可调节烧嘴与料面的距离，调节距离为 300mm。

火烧嘴采用一次空气预混，二次空气完全燃烧，火焰长度可借二次风与一次风的比例进行调节，以控制火焰的高温区在料面上，达到瞬时点火的目的。

为使火焰均匀地铺在料面上，将烧嘴设计成许多小烧嘴，组成一排或两排，并分成若干组，每组设调节阀，以克服由于制造原因及使用焦油或灰尘堵塞而造成的火焰不均匀。考虑到台车栏板处点火质量差，在烧嘴配备时适当加大两边烧嘴的能力，两边热负荷能力比中间约高 20% ~ 30%。

烧嘴（见图 12-12（b））用普通铜管及钢板焊接而成，烧嘴前端约 150mm 长采用普通耐热钢。炉壳由钢结构及钢板焊接而成，除火焰直接冲刷部位用复合耐火浇注料炉墙外，其余均采用耐火纤维毯（毡）作内衬。

点火器通过数对滚轮支承在烧结机两侧轨道上，根据操作需要可停留在烧结机风箱上空的任何位置。

为了有效地控制烧结机两侧冷风的吸入量，与烧结机栏板靠近的炉墙采用可调结构，调节拉板与炉墙之间的间隙，调节距离为 0 ~ 100mm。

梅山和莱芜烧结厂点火器燃耗及操作情况见表 12-5。

表 12-5　梅山和莱芜烧结厂点火器燃耗及操作情况

序 号	指 标	单 位	莱芜二铁	梅山烧结厂
1	烧结机面积	m^2	52	130
2	产量	t/h	72.1 ~ 78.28	169.5
3	台时速度	m/min	1.7	2.8
4	点火时间	s	17.6	约 20
5	料层厚度	mm	380	360 ~ 380
6	焦炉煤气消耗量	m^3/h	320	898
7	单位煤气消耗量	m^3/h	4.4	5.3
8	焦炉耗热	GJ/t	0.0879	0.083

C 其他节能型点火器

本溪北台烧结厂仿川崎式烧嘴研制出了 XJN－Ⅰ型点火器，即线性组合式多孔耐热合金钢点火器，角度和距料面的距离都可以调节，点火热耗下降到 0.109GJ/t，一般稳定在 0.146～0.159GJ/t 之间。

苏州钢铁厂安装了一台双斜交叉式点火器，这种点火器根据线式烧嘴在炉内形成带状火焰的机理，采用圆筒形短焰烧嘴，沿炉宽方向均匀而密集的交叉配置，可在烧结料面上形成一条均匀的带状火焰，在火焰带内温度很高而且均匀。由于采用煤气二次混合的短焰烧嘴，炉膛高度可以大大降低，点火煤气消耗由 1988 年的月平均 11.51m^3/t 降低到 5.13m^3/t，最低单耗可达 0.08GJ/t。

此外，安阳烧结厂等单位合作研制的斜交旋转多空气流烧嘴点火器，采用低热值（8.2MJ/m^3，标态）混合煤气点火，安装在安阳烧结厂后点火能耗降到 0.060GJ/t。

合肥烧结厂对两台 18m^2 烧结机点火器进行改造，由套筒涡流式烧嘴改为混合型旋流式烧嘴，使点火热耗从 0.264GJ/t 下降到 0.134GJ/t。

12.2 烧结厂余热利用技术

12.2.1 烟气余热源概述

烧结余热回收主要有两部分：一是烧结机尾部废气余热，二是热烧结矿在冷却机前段空冷时产生的废气余热。这两部分废气所含热量约占烧结总能耗的 50%，充分利用这部分热量是提高烧结能源利用效率、显著降低烧结工序能耗的途径之一。

烧结烟气平均温度为 150℃，但其量大，其中烧结机尾部风箱排出的烟气温度为 400℃左右。冷却废气温度随冷却机部位不同而变化，冷却机中后部温度较低，为 100～450℃。

烧结烟气和冷却废气属中、低温热源，各国对其回收利用开展了大量研究。其中日本烧结废气余热利用技术发展最快。自 20 世纪 70 年代末开始，日本开发出冷却废气余热回收装置、烧结废气余热回收装置和烧结废气循环设施并相继在工业上得到应用和推广。

12.2.2 烧结余热利用的方式

目前，国内烧结废气余热回收利用主要有三种方式：一是直接将废烟气经过净化后作为点火炉的助燃空气或用于预热混合料，以降低燃料消耗，这种方式较为简单，但余热利用量有限，一般不超过烟气量的 10%；二是将废烟气通过热管装置或余热锅炉产生蒸汽，并入全厂蒸汽管网，替代部分燃煤锅炉；三是将余热锅炉产生蒸汽用于驱动汽轮机组发电。

12.2.2.1 用作点火段与保温段助燃空气

研究和开发新型点火及保温技术对降低烧结工序能耗有重要意义。回收一定温度的废气余热可以提高烧结气流介质温度，可同时节省煤气和固体燃料消耗。一般，用 300℃热废气作为点火保温助燃空气比用常温空气可节省 25%～30% 的煤气消耗。

12.2.2.2 预热混合料

预热混合料主要有两种方式：（1）点火前，将温度为 300～400℃的热空气以 0.7～1.0m^3/s（标态）的流量通过料层，预热 1～2min，以缩短表层混合料的烧结时间。预热气体带入的显热使混合料层的露点提高，过湿带变窄，同时焦粉的燃烧效率得到提高。

（2）利用余热锅炉产生的水蒸气加热混合料仓，以提高布料前混合料的初始温度，也可以达到提高烧结混合料露点的作用。

图 12 – 13 为日本某钢铁厂预热烧结的流程。所用废气取自环冷机二段排气筒，高温废气（300℃左右）分别送给预热炉、点火炉和保温炉。实践证明，预热烧结的焦粉和焦炉煤气单位消耗分别降低 4.8kg/t 和 1.0m³/t 烧结矿（标态）。

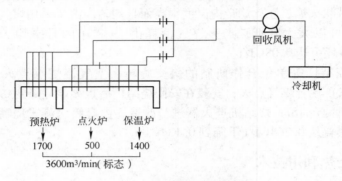

图 12 – 13   日本室兰预热烧结的流程

12.2.2.3   通过余热锅炉产生蒸汽

将环冷机段的高温废气（300～400℃）引入余热锅炉产生蒸汽，锅炉排出的二次废气进行闭路强制循环返回锅炉入口，可提高进入锅炉的废气温度，提高余热利用率。

图 12 – 14 为日本釜石烧结蒸汽回收流程。带式冷却机高温部分废气量（标态）4800m³/min，废气温度为 303℃，进入废热锅炉后产生的蒸汽量为 18.5t/h，蒸汽压力为 78.4×10⁴Pa，供用户使用。

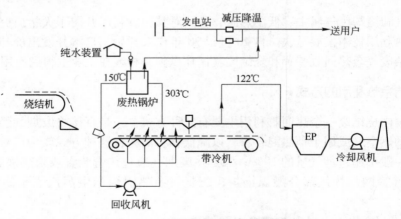

图 12 – 14   日本釜石烧结蒸汽回收流程

12.2.2.4   余热发电

从实现能源梯级利用的高效性和经济性角度分析，余热发电是最为有效的余热利用途径，平均每吨烧结矿产生的烟气余热回收可发电 20kW·h，折合吨钢综合能耗可降低 8kg 标准煤。

实际应用的余热发电方式按循环介质不同可分为：废热锅炉法、加压热水法和有机媒介法。

A 废热锅炉法

废热锅炉法如图 12-15 所示。一般要求废气温度在 400℃以上。废气在锅炉内进行热交换后，水变成水蒸气，蒸汽推动蒸汽透平带动发电机发电。锅炉内的部分热水进入脱气器脱气后进行循环。日本住友金属小仓 3 号机、和歌山 5 号机的余热利用均采用该法。

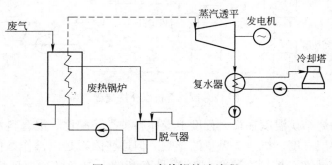

图 12-15 废热锅炉法流程

B 加压热水法

加压热水法如图 12-16 所示。加热水在热水锅炉中经热交换后变成加压热水，然后进入热水透平并蒸发为蒸汽，再进入蒸汽透平驱动发电机发电。该法具有热回收率高的特点，适用于分散、量少、间断废热的回收，特别适用于 300~400℃ 的废气。日本若松烧结厂采用此方法进行余热发电。

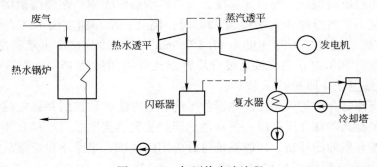

图 12-16 加压热水法流程

C 有机媒介法

有机媒介法如图 12-17 所示。类似于废热锅炉法，不同的是该法使用了低沸点的有机媒介代替水作为循环介质。该方法对废气温度在 200℃ 以下的气体特别有利。日本君津 3 号烧结机的余热发电系统采用了此方法。

12.2.3 影响烧结余热利用的因素

从冷却机最有效的回收烧结矿显热，必须保持热量稳定和热回收率高。为此，日本各公司对其影响因素进行了研究。

12.2.3.1 余热量

烧结矿带入冷却机的显热影响废气热量的变化，而烧结矿显热又决定了烧结机排矿端烧结矿的温度。烧结矿温度变化，冷却废气的温度也随之变化。所以，提高进入冷却机的烧结矿温度是提高热回收量的重要途径。

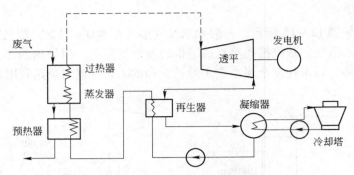

图 12 – 17　有机媒介法流程

　　进入冷却机的烧结矿温度在很大程度上受原料种类、配比、混合料水分量和焦粉粒度以及点火热耗、料层高度、机速、风量的影响。但这些因素是由操作条件所决定的。从热回收的观点看，烧结终点控制在靠近排矿端是有利的，但又必须保证烧结矿成品率和质量。扇岛烧结厂通过在烧结机上的各种调查表明，保证烧结矿质量、成品率并同时满足废热回收的烧结终点位置控制在最后一个风箱的前半部最为合适。

12.2.3.2　冷却介质初温

　　日本钢管扇岛厂为了进行传热试验和基础分析，在生产设备上进行了各种试验研究，并制作了冷却机模型。

　　冷却介质初温影响烧结矿的冷却速度，从而影响热回收率。在烧结矿层厚、冷却介质流量一定的情况下，当冷却介质初温为 50℃ 时，烧结矿冷却速度为 12℃/min；当冷却介质温度为 120℃ 时，烧结矿冷却速度为 11.5℃/min。按此冷却速度可求得冷却介质终温。当冷却介质初温为 50℃ 时，热交换后的介质终温比介质初温高 15℃；当冷却介质温度为 120℃ 时，介质终温比介质初温高 45℃。

　　因此，提高冷却介质初温是提高热回收率的有效方法，是控制并稳定热回收量变化的可靠措施。为了提高冷却介质初温，可将经热回收装置热交换后的冷却介质在冷却机内强制循环使用。按介质的循环量，回收系统可分为闭路系统、半循环和开路系统。

　　和歌山厂由于冷却机料层厚度仅为 700mm，因而采用冷却介质二次通过烧结矿层的闭路循环方式，以提高介质初温，从而使热回收率提高 40% ~ 50%。冷却介质一次通过烧结矿层和二次通过烧结矿层对回收效果影响的比较如图 12 – 18 所示。在冷却机料层厚度为 700mm、冷却机结矿进料温度 480℃、循环风量（标态）220 × 10³m³/h 的条件下，冷却空气二次通过烧结矿层，蒸汽回收率可提高 50%。

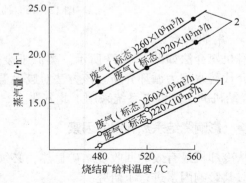

图 12 – 18　一次通过和二次通过对蒸汽发生量的影响
1——次通过闭路循环；2—二次通过闭路循环

12.2.3.3　料层厚度

　　料层厚度是影响烧结矿冷却速度和冷却介质终温的主要因素。料层厚度与烧结矿冷却速度的关系如图 12-19 所示。结果表明，在冷却介质为常温的情况下（开路系统），层厚的变化对冷却速度的影响比闭路循环系统和半循环系统均大得多；料层越厚，各系统的冷却速度越接近。

根据实验结果对热交换后的介质终温进行计算，层厚与介质终温的关系如图 12-20 所示。随着层厚的增加，介质终温提高。在相同料层厚度时，半循环系统的介质终温比开路系统要高得多。对应于层厚变化相应的介质终温的变化值为 0.1℃/mm。

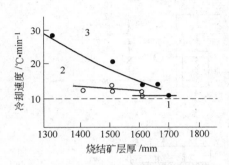

图 12-19　层厚与冷却速度的关系
1—开路系统（常温）；2—半循环系统（50℃）；
3—闭路循环系统（120℃）

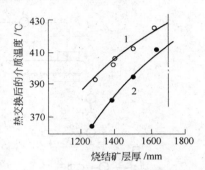

图 12-20　层厚与介质终温的关系
1—开路系统；2—半循环系统

12.2.3.4　介质流量

为了最有效地回收烧结矿显热，需要找出适宜的冷却介质流量。影响介质流量的因素有烧结矿温度、烧结矿量、料层厚度、冷却介质初温和冷却机冷却速度等。而冷却机内的压力损失、漏风对介质流量也有一定的影响。多次实况调查和实践表明：在烧结矿温度为 700℃、料层厚度为 1650mm、介质初温 120℃ 的条件下，最适宜风量（标态）为 700~750m³/t-s。即在此情况下，带入冷却机的烧结矿显热的回收率较大。

和歌山厂的研究表明：循环风量增加、锅炉入口废气温度降低；冷却机给矿温度在 480℃ 以下时，增加循环风量，由于总热量增加，蒸汽发生量成比例增加；循环风机动力消耗随循环风量的增加几乎成倍增加，且当循环风量（标态）超过 260m³/h 时，压力调整困难，漏风增大。因而，最适宜的风量为 220~260m³/h（相当于 700~800m³/t-s，标态）。循环风量与锅炉入口气体温度和蒸汽发生量的关系如图 12-21 所示。

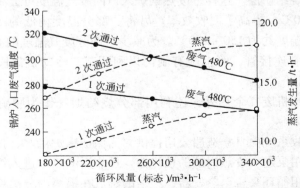

图 12-21　循环风量、锅炉入口废气温度与蒸汽发生量的关系

12.2.4　国外烧结余热利用实例

12.2.4.1　扇岛烧结厂

日本钢管扇岛厂在日本第一个建成了冷却机废气余热锅炉回收系统，其特点是冷却机废气为强制闭路循环。余热利用系统如图 12-22 所示。

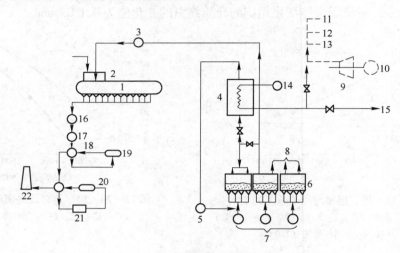

图 12-22　扇岛烧结余热利用系统

1—烧结机；2—点火器；3—回热风机；4—废热锅炉；5—循环风机；6—冷却机；7—冷却风机；
8—排放烟囱；9—透平；10—发电机；11—热轧废热锅炉；12—开坯均热炉废热锅炉；
13—开坯加热炉废热锅炉；14—供水槽；15—燃气用户；16—电除尘器；17—抽风机；
18—热交换器；19—脱硫装置；20—脱氮装置；21—排气加热炉；22—烟囱

扇岛厂在选择冷却机的废热回收方式时，将冷却机高温部分废气的一部分用作点火燃烧用空气；另一部分用废热锅炉产生蒸汽，所产生蒸汽的一部分直接供钢铁厂内使用代替部分燃料锅炉，另一部分与其他系统地热加工设备的废热锅炉产生的蒸汽一起用蒸汽透平发电。据称这种预热回收方式的回收率高且稳定。

将冷却机废气的高温部分用于废热锅炉生产蒸汽时，由于在冷风一次通过热烧结矿层的情况下高温部分废气温度仅 200~300℃。为此，将这部分废气从锅炉排出后进行闭路墙柱循环，二次通过热烧结矿层。这样，废热锅炉入口的废气温度可提高 350~400℃，废热锅炉出口温度约为 150℃，提高了回收效率。另将一部分温度稍低的冷却机废气作点火燃烧空气，这部分废气温度约为 150~200℃。为减少这部分废气温度的波动，在废热锅炉和点火废气管道之间没有连接管，管上配有闸门以利调节。冷却机后段废气，由于温度低（约 100℃）弃去不用。

扇岛厂除利用冷却机废气余热外，还利用部分烧结烟气作为脱硫、脱氮气体的升温热源。

扇岛烧结废热回收系统由日立造船公司提供。为保证锅炉供水，设置专用饮水槽。软水首先进行脱气后，用泵送入废热锅炉的预热器，预热后的热水进入锅筒，产生的少量蒸汽在此分离。预热水用循环泵压至蒸发器，产生的蒸汽在锅筒内分离后，进入加热器加热为过热蒸汽，然后送外蒸汽用户和发电，热水循环使用。废热锅炉系统流程如图 12-23

所示，废热锅炉主要规格列于表 12 - 6 中。

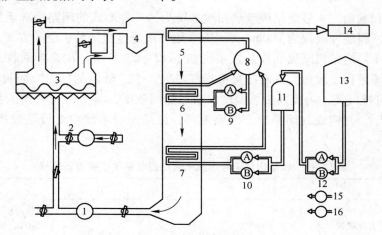

图 12 - 23　废热锅炉系统流程图

1—抽风机；2—鼓风机；3—冷却机；4—除尘器；5—过热器；6—蒸发器；7—预热器；8—锅筒；9—循环泵 A、B；
10—给水泵 A、B；11—脱气器；12—脱气器给水泵 A、B；13—软水槽；14—蒸汽；15—消泡剂用泵；16—脱酸剂用泵

表 12 - 6　废热锅炉主要规格

项　目	规　格		项　目	规　格	
	单　位	参　数		单　位	参　数
形　式		强　制	锅炉入口废气量	m³/h（标态）	$485 \times 10^3 \sim 600 \times 10^3$
蒸汽发生量	t/h	60 ~ 73	锅炉入口废气温度	℃	408 ~ 450
蒸汽压力	kPa	14 ~ 21	传热面积	m²	6030
蒸汽温度	℃	270			

扇岛烧结废热回收系统投入生产运行以来，蒸汽发生量最大达到 73t/h，点火热耗降低约 41.8MJ/t - s。生产率和废热回收效果的变化过程如图 12 - 24 所示。

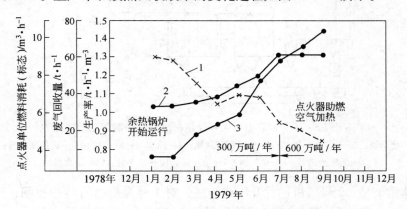

图 12 - 24　烧结操作和废热回收效果的变化
1—点火器单位燃料消耗（焦炉煤气）；2—蒸汽回收量；3—利用系数

扇岛厂的实践表明：对于中、低温废热，采用强制循环方式的回收系统，可获得良好的效果。但该系统的热回收率仅 30% 左右。

12.2.4.2 和歌山厂4号烧结机

住友金属和歌山厂4号烧结机废热回收系统为另一种形式的闭路循环系统。由于其冷却机为抽风式，料层厚度仅为700mm，因而采用二次通过热烧结矿层的方式。

和歌山厂4号烧结机废热回收装置系统如图12-25所示。在设置回收系统时，对原冷却机抽风系统进行了改造。针对冷却机排气量大，中、低温的特点，回收范围选择在1号、2号冷却机排气筒。为提高废气温度，增加热回收率，将2号排气筒的排气全部二次通过热烧结矿层，并构成封闭系统、闭路循环，废热回收系统主要设备规格列于表12-7中。

表12-7 和歌山厂4号烧结机废热回收系统主要设备规格

名 称	形 式	规 格	名 称	形 式	规 格
软水槽	直立罐式	60m³	锅炉	自然循环水管式	加热面积3055m²，蒸汽量20t/h，蒸汽压力8kg/h，蒸汽温度174.5℃
除气器给水泵	离心式	22m³/h×4.5kg/cm²	除尘器	隔板沉降式	6030
锅炉给水泵	多级涡轮式	24m³/h×13kg/cm²	1号风机	回转扩散式	200×10³m³/h(标态)×445mm H₂O
除气器	喷射塔式	φ1200mm×4400mm	2号风机	轴流式	200×10³m³/h(标态)×80mm H₂O
预热器		200m²×2台			

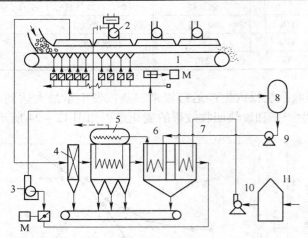

图12-25 和歌山厂4号烧结机废热锅炉装置系统

1—烧结机；2—2号循环风机；3—1号循环风机；4—除尘器；5—锅炉；6—高压预热器；
7—低压预热器；8—脱气器；9—加压泵；10—给水泵；11—给水槽

循环气体用1号、2号风机进行升压或输送，对1号风机进行转速控制，以调节循环风量。废气再进入废热锅炉前，首先经除尘器除尘，以减少对锅炉的磨损。

采用自然循环式水管锅炉作蒸汽发生器。为了提高热回收率，在锅炉前设置了高压、低压的废气预热器两台，将水首先预热，纯水用给水泵送入低压预热器，然后进入脱气器进行气水分离后，再用泵将水加压送入高压预热器预热后，进入废热锅炉。废热锅炉发生的蒸汽送入蒸汽管网，以代替部分燃料锅炉，节省燃料。

废热锅炉回收系统的运转实践表明：要增加废热锅炉的蒸汽发生量，必须增加锅炉入口的热量，而锅炉入口热量又取决于锅炉入口的废气量和废气温度。

（1）锅炉入口废气量。烧结矿显热一般变化不大，加大循环风量，则废气温度降低而总热量增加，蒸汽发生量增加。根据废热回收装置的最高热回收率计算结果，系统热风量（标态）可达 $300 \times 10^3 \mathrm{m}^3/\mathrm{h}$，为稳定蒸汽发生量，目前回收系统最大循环风量（标态）按 $240 \times 10^3 \mathrm{m}^3/\mathrm{h}$ 进行操作。

（2）锅炉入口废气温度。锅炉入口废气温度随冷却机入口的循环废气温度而变化。但是，和歌山厂4号烧结机回收系统的运转实况表明，冷却机入口的循环废气温度一般是恒定的，约为 $150 \pm 3℃$。因此，锅炉入口废气温度就由进入冷却机的烧结矿温度和冷却机的热交换效率来决定。

12.2.4.3 和歌山厂5号烧结机

烧结烟气温度低、量大，且含有一定腐蚀性气体，过去未能加以有效利用。和歌山厂在一系列调查研究的基础上，结合4号烧结机的成功经验，开发了烧结烟气和冷却机废气的预热回收系统。

和歌山厂5号烧结机废热回收装置系统如图12-26所示，主要设备规格列于表12-8中，其运转情况如图12-27所示。

表12-8　和歌山厂5号烧结机余热回收装置设备规格和运转实况

名　称	形式/单位	冷却机废热回收		烧结机废热回收	
		设备规格	运转实况	设备规格	运转实况
废热回收方式	直立罐式	二次通过循环		普通	
回收蒸汽量（标态）	$10^3\mathrm{m}^3/\mathrm{h}$	150	147	72	74
锅炉入口废气温度	℃	270	288	375	333
锅炉出口废气温度	℃	140	141	265	224
锅炉形式		强制循环		强制循环	
蒸汽压力×温度	$\mathrm{kg/cm}^2 \times ℃$	9×175	10.2×180	9×175	10.2×180
蒸汽发生量	t/h	9.3	9.4	3.8	5.0

冷却机废热回收系统类似于4号烧结机。为了回收烧结机尾部风箱烟气的废热，在降尘管上，于17号、18号风箱之间设置截断阀，将降尘管分为高温段和低温段。用旁通管将余热锅炉、除尘器分别于降尘管低温段、高温段连接，以回收机尾最后4个风箱的烟气废热。在回收系统进、出口的旁通管上均设有闸阀，用于必要时切断余热回收系统。

研究表明，烧结烟气温度在60℃以下时，有明显的腐蚀作用。因而在系统设计时，采取了烧结机余热锅炉和冷却机余热锅炉共用一个气水分离锅筒的方式，锅筒的补充水由冷却机余热加热后供给，从而保持了烧结机余热锅炉废气出口仍有一定温度，防止对主抽风系统的腐蚀。

为了使回收系统的设备小型化，与4号烧结机回收系统不同的是，采用带散热器的管式强制循环锅炉。为了回收冷却机低温段的废气余热、提高烧结烟气温度，同时为了减少

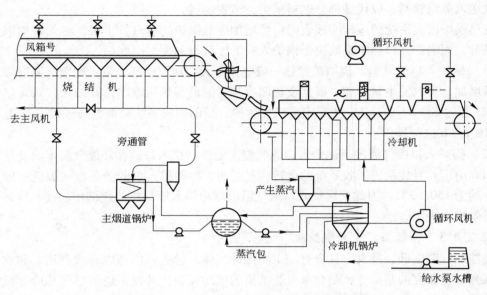

图 12 – 26　和歌山厂 5 号烧结机余热回收装置流程图

污染，5 号烧结机设置了将冷却机低温段废气引至烧结机料层上循环的管路系统。

12.2.4.4　鹿岛厂 3 号烧结机

住友金属鹿岛厂 3 号烧结机废热回收系统设备流程图如图 12 – 28 所示。鹿岛厂 3 号烧结机采用鼓风带冷机，料层厚度为 1500mm。仅选取高温区的废热加以回收，为提高热回收率，将冷却机进料端的三台风机的废气进行强制循环，锅炉产生蒸汽的最大设计能力为 59t/h，主要参数列于表 12 – 9 中。

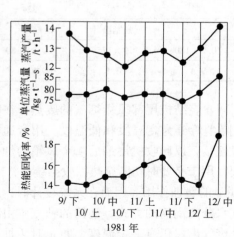

图 12 – 27　和歌山厂 5 号烧结机余热回收
装置运转实况

$$回收率 = \frac{回收蒸汽热量}{投入热量（焦炭 + 煤气）}$$

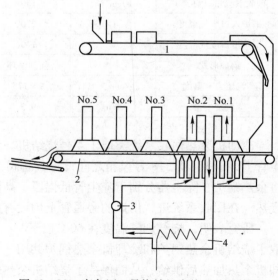

图 12 – 28　鹿岛厂 3 号烧结机废热回收系统图
1—烧结机；2—冷却机；3—循环系统；4—废热锅炉

表 12 -9　鹿岛厂 3 号烧结机回收系统锅炉主要设计参数规格

项　目	规　格		项　目	规　格	
	单位	参数		单位	参数
形式		强制循环式	蒸汽压力	kg/cm²	500×10^3
废气入口温度	℃	338	蒸汽发生量	t/h	9
废气出口温度	℃	140 ~ 170	传热面积	m²	59
废气量（标态）	m³/h	270			

12.2.4.5　小仓 3 号烧结机

住友金属小仓 3 号烧结机于 1981 年 8 月和 9 月先后建成投产了冷却机废热和烧结机废热回收系统。两系统分别设置废热锅炉，产生的蒸汽一部分用来推动蒸汽透平发电，另一部分供给炼铁厂内使用。废气回收设备流程如图 12 - 29 所示，废热锅炉规格列于表 12 - 10 中。

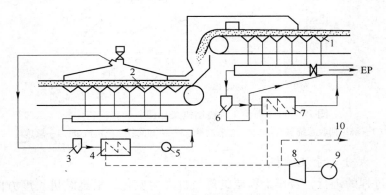

图 12 - 29　小仓 3 号烧结机废热回收装置流程图
1—烧结机；2—冷却机；3，6—除尘器；4—冷却废热锅炉；5—循环风机；
7—烧结废热锅炉；8—透平；9—发电机；10—工厂用蒸汽

表 12 - 10　小仓 3 号烧结机回收系统锅炉主要设计参数规格

项　目	单位	冷却机废热锅炉	烧结机废热锅炉
形式			强制循环式
废气入口温度	℃	303	380
废气出口温度	℃	180	214
循环废气量（标态）	m³/h	300	110
蒸汽压力	kg/cm²	9	9
蒸汽发生量	t/h	17.2	6.6
蒸汽温度	℃	260	260

冷却机废热回收系统是采用闭路循环方式，冷却介质初温保持在 180℃，以提高热回收率。为了进一步提高冷却机废气温度，在回收系统设计时，加强了冷却机和排气罩之间的密封措施，提高了烧结矿层厚度，冷却机排出废气温度达到 303℃。

烧结机回收系统烟气回收范围选择为最后5个风箱。为了提高回收烟气的温度，加长了机尾密封罩，让机尾高温气体抽过烧结矿层，回收烟气温度可稳定在约380℃，锅炉前设置除尘器，废气从除尘器顶部垂直进入，可提高除尘效率。为了稳定通过锅炉的烟气量，除尘器和除尘管之间设有旁通管，可控制和调节进入锅炉的烟气量，经锅炉回收热能后的烟气温度约214℃，排入除尘管，以保持主抽风系统烟气温度在一定水平。

小仓3号烧结机余热回收装置运行结果如图12-30所示。

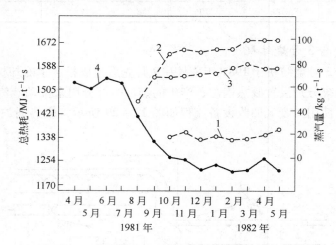

图12-30　小仓3号烧结机余热回收装置运行实况

1—烧结回收系统蒸汽量；2—总蒸汽量；3—冷却回收系统蒸汽量；4—总热耗

12.2.4.6　大分2号烧结机

随着烧结过程的进行，台车上料层的透气性发生变化，沿烧结机长度方向各风箱的风量分布不均衡。当从降尘管抽出回收烟气时，会改变风量分布，干扰烧结过程，因此，防止产生这种干扰是十分重要的。大分2号烧结机的废热回收系统采取了不同于小仓3号烧结机的管路系统，在降尘管上不设截断隔板把降尘管分为高、低温段，而采用开式旁路的方式，可以防止沿烧结机长度方向风量分布的变化。由于采用开式旁路方式，控制回收系统抽取烟气量的机能更大。另外，设置了烧结机机尾低温气体不通过废热锅炉系统烟道，因而所抽取的烟气温度能维持在较高水平，从而提高热回收率。

大分2号烧结机废热回收系统回收烟气温度约340℃，经余热锅炉回收后再返回降尘管低温段。废气回收量（标态）约 $334 \times 10^3 \mathrm{m}^3/\mathrm{h}$，蒸汽发生量达25t/h，使烧结矿总能耗降低837MJ/t，取得了良好的节能效果。

12.2.4.7　若松烧结机

为回收冷却机废气余热，若松烧结厂设有两套余热利用系统。如图12-31所示，1号系统的废气取自冷却机给料点处，此处废气温度较高、灰尘大，在风机前设有多管除尘器，除尘器处理气体量为 $6000\mathrm{m}^3/\mathrm{min}$，气体温度约350℃，气体入口含尘浓度 $1 \sim 2\mathrm{g}/\mathrm{m}^3$，出口含尘浓度（标态）降至 $0.1\mathrm{g}/\mathrm{m}^3$。回收热风作点火器和保温炉燃烧用空气。2号系统的废气取自离给料点较远处，此处灰尘不大，未设除尘器，回收热风直接用作保温带。回收热风温度 $300 \sim 350℃$，余热风机规格见表12-11。

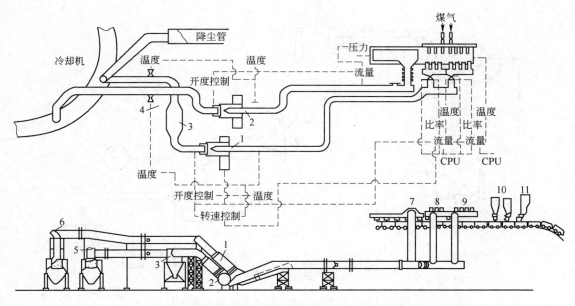

图 12 - 31　若松烧结机废热回收装置流程图

1—1 号废热风机；2—2 号废热风机；3—多管除尘器；4—冷却废气阀；5—1 号排气筒；
6—2 号排气筒；7—保温带；8—保温炉；9—点火器；10—混合料槽；11—铺底料槽

表 12 - 11　若松烧结机余热风机主要规格

项　目	单位	1 号风机	2 号风机	项　目	单位	1 号风机	2 号风机
		翼型送风机	翼型送风机			翼型送风机	翼型送风机
废气温度	℃	350（最高 400）	350（最高 400）	电机容量	kW	1200	700
风量（标态）	m^3/min	2600	2600	转速	r/min	1180	1180
风压	mmH_2O	800	300	控制方式		转数及闸门	闸门

若松热水发电设备系统如图 12 - 32 所示。冷却废气在热水发生器进行交换后，温度降至 120℃，在抽风机作用下经烟囱排入大气。加压水在热水发生器内加热后，变成高温高压的热水，经蓄热器进入热水透平，驱动透平带动发电机转动。从热水透平排出的汽水混合物在汽水分离器和多段闪烁器内分离。

12.2.4.8　君津 3 号烧结机

废热锅炉方式热回收率仅为 30% 左右，而加压热水方式技术较复杂，因而君津炼铁厂选择了有机媒体方式。废热源选用冷却机废气，废热回收系统流程如图 12 - 33 所示。设计利用废气量为 $690 \times 10^3 m^3$/h，废气温度 345℃，经除尘器引入锅炉，在锅炉中与弗洛里醇 - 85 进行热交换，热交换后的废气温度降至 160℃经烟囱排入大气。弗洛里醇 - 85 在锅炉中加热后经气液分离器进入透平机组，并在其最末端膨胀，驱动透平带动发电机发电。经透平膨胀后的弗洛里醇 - 85 在凝缩器内与海水进行热交换而凝缩，然后由循环泵和加压泵送入锅炉循环使用。

弗洛里醇为美国卤化碳公司的商品名，正式名称为三氟酒精，属酒精的一种。弗洛里醇与水能以任意比例混合，设计选用的为弗洛里醇 - 85，它是由（摩尔分数）85% 的弗洛

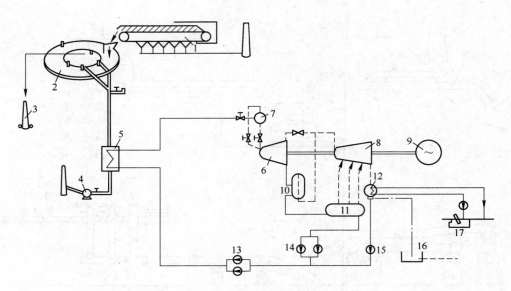

图 12-32 若松烧结机厂热水发电装置系统图

1—烧结机；2—冷却机；3—高炉；4—鼓风机；5—热水发生器；6—热水透平；7—蓄热器；

8—闪烁蒸汽透平；9—发电机；10—汽水分离器；11—多级闪烁器；12—冷凝器；

13—给水泵；14—开压泵；15—冷凝水泵；16—纯净水；17—海水取水站

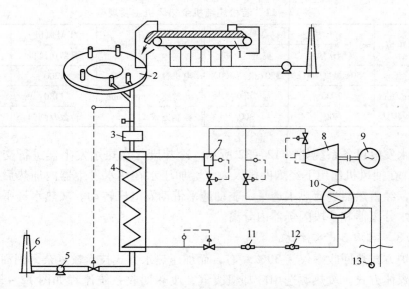

图 12-33 君津 3 号烧结机废热回收系统图

1—烧结机；2—冷却机；3—除尘器；4—锅炉；5—抽风机；6—烟囱；7—气液分离器；

8—透平；9—发电机；10—凝缩器；11—给液泵；12—循环泵；13—海水取水站

里醇加 15% 的水组成。根据理论计算，按此比率发电时，其循环效率最高。该有机媒体在中低温时蒸气压达 4MPa，而水蒸气仅 2MPa，且有机媒体沸点仅为 76℃，因此设备小、发电率高。

由于有机媒体在高温高压下循环使用，所以透平、管道系统体积小，这是其优于水之处，但有机媒体导热性能较差，故凝缩器、锅炉体积相对大些。

君津 3 号烧结机冷却机废热回收系统实际运行结果表明，发电端输出功率受烧结矿的温度和量、冷却条件和其他热损失的影响。为此，君津厂采取了如下措施：将烧结机候补风箱阀门适当关小，使烧结终点后移；提高冷却机料层厚度至 1500mm；加强冷却机与罩之间的密封。

12.2.5 我国烧结余热利用生产实例

烧结生产过程可被回收利用的是烧结烟气显热和冷却废气显热。两者之和占烧结工序能耗总热量高达 50%。据统计烧结机的热收入中烧结矿显热占 28.2%、废气显热占 31.8%。由于各厂配料不同，采用的工艺不同，烧结机建设水平不同，烟气和废气的具体参数差别较大。一般烧结厂烧结烟气平均温度不超过 150℃，所含显热约占烧结工序能耗总热量的 13%~23%，机尾烟气温度达 300~400℃，这部分热源回收是将烧结机主烟道尾部几个温度较高的风箱的烟气抽出，经除尘器后布置的蒸发器受热面换热，再将换热后的烟气送回主烟道或用于热风烧结。其技术难点在于烧结机烟气含硫量、含尘量较高，需要解决受热面腐蚀和受热面积灰问题，还要保证混合烟气的温度高于露点。一般烧结机烟气余热是否回收要视主烟道设计及运行具体情况考虑。冷却机废气温度在 100~400℃ 之间，其显热约占烧结工序能耗总热量的 19%~35%。但烧结余热热源品质低，低温部分所占比例大，回收效率有时不尽如人意，而且在烧结矿冷却过程中，带冷机烟囱排出的废气温度逐渐降低。烟气温度从 450℃ 逐渐降低到 150℃ 以下，高温部分温度在 300~450℃ 之间。根据测量这部分废气占整个废气量的 30%~40%，低于 300℃ 的废气量占所有冷却废气量的 60% 以上。目前，我国烧结余热利用有两种方法：一类是烟气和汽水自然循环，通过直接或间接换热方式把水加热成蒸汽，该方式投资少、见效快，但废热利用率不高。另一类是烟气、汽水系统强制闭路循环，同时考虑环保，该系统比较复杂、自动化程度高、部分可直接发电。该方式废热利用率高，但投资大、建设周期长。一般来讲，同样的冷却机，采用第二类方法在蒸汽品质提高一倍的情况下，蒸汽的产量是第一类方法的 3 倍左右，并可发电；但其投资是第一种方法的 15~20 倍。在国内，第一种方法应用得非常广泛。但随着环保要求、国家节能政策实施和节能标准的出台，第二类方法的应用发展迅速，发展前景良好。

12.2.5.1 宝钢烧结余热回收技术

宝钢 2 号烧结机配套设置了烧结烟气余热回收和环冷机废气余热回收装置。

A 烧结主排气余热回收系统

从余热回收区域抽出的烟气经重力除尘器净化，进入余热锅炉进行热交换，锅炉排出的 150~200℃ 的低温废气再经双吸入后弯型循环风机返回至烧结机 11~12 号风箱间的主排气管。系统中设有旁通管，当最后一个风箱由于漏风而使温度降低时，可将此风箱的烟气送回至 6~17 号风箱间的主排气管道内，以保证抽出的烟气温度在较高的水平。当最后一个风箱烟气温度回升时，这部分烟气又可以继续回收利用。余热回收的主流程如图 12-34 所示。

B 冷却机余热回收系统

从余热回收区域（环冷机上部的两个排气筒）抽出的废气经重力除尘器净化，进入余

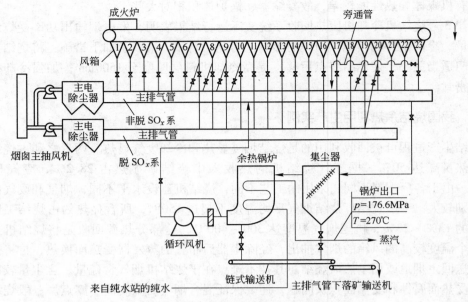

图 12-34 烧结主排气余热回收流程

热锅炉进行热交换，锅炉排出的 150~200℃的低温废气再经双吸入后弯型循环风机返回至环冷机 1~7 号风箱间的连通管。废气循环利用。冷却机余热回收系统流程如图 12-35所示。

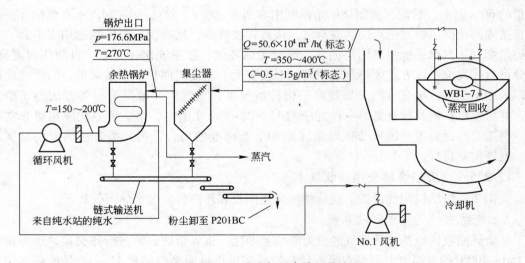

图 12-35 环式冷却机余热回收流程

12.2.5.2 马鞍山钢铁集团烧结低温余热利用发电工程

该工程是国内钢铁行业为数不多的将烧结余热用于发电的项目，由马钢设计研究院有限责任公司设计、马钢建安分公司施工。该工程计划投资 1.4486 亿元，引进日本设备费用为 998.553 万美元，将现有两台 300m² 烧结机余热进行利用，发电机装机容量为17MW，年发电量为 1.4 亿千瓦时。该项目采用先进成熟的日本技术，通过对带冷机产生的高温废气余热回收利用，不仅能有效降低烧结工序能耗，产生巨大的经济效益，缓解目前用电紧张局面，同时由于工艺延伸，环保效果显著。烧结带冷废气余热利用工程于 2004 年 9 月 1 日正式开工，2005 年 9 月 6 日顺利并网发电。余热发电项目投运年发电量约为 0.7 亿千瓦时，经济效益为 4000 万元以上；带动烧结生产操作水平和设备维护水平全面提升。设备作业率大幅提升，产量显著提高，生产更趋稳定，固体燃耗同比降低 2kg/t，不考虑增产因素，仅计算固体燃耗一项，年节约燃耗 1.2 万吨，价值 600 万元，经济效益良好。

从节约能源角度考虑，马钢两台 $300m^2$ 烧结机余热利用发电后可节约 3 万吨标煤/年。从环境保护角度考虑，节约 3 万吨标煤/年，意味着每年减少排放 CO_2 约 8 万吨，SO_2 约 300t。从现场环境角度考虑，该项目没有实施前，烧结矿鼓风冷却后，大量含铁粉尘通过烟气直接排入大气，即造成现场环境污染，又浪费了资源。项目实施后，由于烟气实现了闭路循环，含铁粉尘通过余热锅炉的集灰系统闭路收集，返回烧结系统实现了循环利用，大大改善了现场环境，还实现回收含铁粉尘 10 吨/月。马钢技术在 2008 年在日本由中国钢铁工业协会和日本铁钢联盟联合召开的中日钢铁业环保节能技术交流会上进行了交流。

12.2.5.3 唐钢低温余热蒸汽发电项目

根据唐钢蒸汽平衡，非采暖期放散余热蒸汽 35t/h，考虑到生产的不均衡性及余热生产能力的提高，按富余 50t/h 余热蒸汽考虑，建一台 6MW 凝汽式汽轮发电机组。将 0.5MPa 饱和蒸汽送入汽轮机，蒸汽在汽轮机内膨胀做功，最终在冷凝器内凝结为水，冷凝水泵将冷凝水从冷凝器内抽出，进行再循环。随着国内低参数、多级进汽和饱和进汽式汽轮机的开发成功，国产化装备的中、低温余热电站也进入了成熟阶段，采用中、低品位余热动力转换机械的中、低温余热发电技术具有更显著的节能效果，此项技术必将成为钢铁工业节能降耗的有效途径之一。饱和蒸汽发电系统简单，不污染大气，消除了排放富余蒸汽时产生的噪声，符合国家保护环境、节约能源的基本国策，经济效益和社会效益显著。项目预计投资 3900 万元，年发电量 3137 万千瓦时，年效益 1586.25 万元，投资回收期 2.46 年。

12.2.5.4 武钢能源烧结环冷机低温烟气余热发电项目

2009 年 2 月 20 日 9 时，武钢能源总厂热力厂烧结环冷机低温烟气余热发电机组正式并网发电，这标志着烧结环冷机余热发电技术在武钢成功运用。该工程总投资 2.14 亿元，总装机容量 3.3 万千瓦，年设计发电量达 2.8 亿千瓦时。采用在 3 台烧结机的鼓风式环冷机上建设低温烟气余热锅炉，利用烧结环冷机冷却后排出的大量 280～400℃低温烟气进行发电。在提高武钢自供电率的同时，还可满足武钢部分新建项目的蒸汽需求。

12.2.6 烧结余热发电的经济性分析

12.2.6.1 废热回收率的效率

各种废热回收装置的效果是不同的。而同一种回收装置，当废热源的温度不同时，其回收率也不同。因此，在选择回收装置的方式时，必须对各种废热回收装置的性能有所了解，以获得尽可能高的回收率和良好经济效果。

废热回收装置的效率以 η 表示：

$$\eta = \frac{发电端功率}{废热源带入热量} \qquad (12-3)$$

图 12 - 36 给出了各种废热回收装置的性能。图示表明，回收装置的效率随装置种类和废热源的温度而变化，该图是根据计算结果，并以回收装置发电端电功率为 1000 千瓦级的情况作出的。将 300℃ 以上的热源耗视作废气，图中曲线表示各种不同的工作媒体名称及循环方式，未加注明者为废热锅炉法。

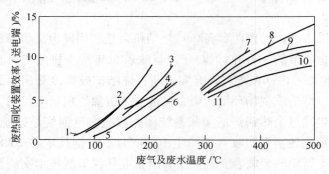

图 12 - 36 各种废热回收装置的性能

1—废水（フロ二11d——一种媒体的名称及编号）；2—废水（n - 丁烷）；3—废空气（n - 戊烷）；
4—废空气（水、气并用透平）；5—废空气（弗洛里醇 - 85）；6—废空气（水）；7—废气（弗洛里醇 - 85）；
8—废气（水）；9—废气（n - 戊烷）；10—废气（水、气并用透平）；11—废气（水、加压水二段闪烁）

从图中曲线可看出，当废热源温度在 400℃ 以上时，水变成蒸汽的效率较高，因而选择技术不复杂，投资少的废热锅炉法较为适宜。废热源温度为 300℃ 左右时，各种方式差别不大，以有机媒体方式效率稍高，但有机媒体方式的设备较复杂，投资较高。当废热源温度为 200℃ 左右时，以有机媒体和加压热水的效率高。

12.2.6.2 废热温度与输出功率

作为计算的一个例子，图 12 - 37 表示用不同的回收方式，余热发电输出功率与废热源入口温度的关系。废气量（标态）按 $10 \times 10^3 \, m^3/h$ 计算。

由图可见，废热源温度在 400℃ 以下时，采用加压热水方式，其输出功率比废热锅炉方式高。

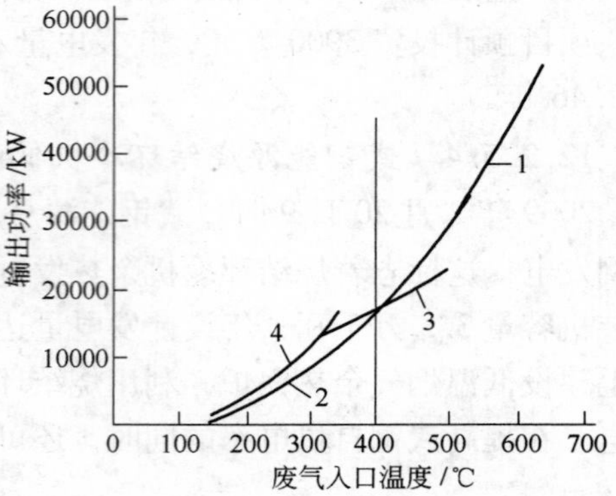

12.2.6.3 发电单价

由于余热发电系统本身要消耗电力，因此余热发电的发电单价要比工业用电单价低才合算。提高回收系统的回收效率是降低发电单价的关键。

选择不同的回收对发电单价有较大的影

图 12 - 37 废气入口温度与输出功率的关系

1—过热蒸汽锅炉；2—饱和蒸汽锅炉；
3—250℃加压热水；4—加压热水

响，发电单价随废热回收方式和废热源温度的关系如图 12 - 38 所示。此图是按发电端功率为 1000 千瓦级的情况而作出的。图中可见，对低温热源，气回收方式对发电单价的影响较大；而对中温热源，其影响要相对小得多。

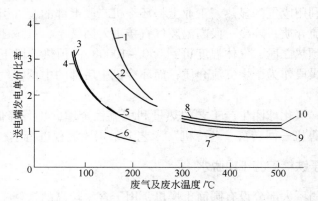

图 12-38 发电单价与废气及废水温度的关系

1—废空气（n-戊烷）；2—废空气（水、气并用透平）；3—废水（フロ=11d——一种媒体的名称及编号）；

4—废水（n-丁烷）；5—废空气（水）；6—废水（闪烁蒸汽）；7—废气（水）；

8—废气（n-戊烷）；9—废气（水、加压水二段闪烁）；10—废气（水、气并用透平）

12.2.6.4 建设费用

余热发电的经济效果尚取决于建设费用。在日本，综合考虑多方面的因素，余热发电的单位建设费用若在 20 万～25 万日元/千瓦，在经济上就是合算的，如图 12-39 所示。但单位建设费用又与发电规模有关，按此单位建设费用，对系统出力为 1000 千瓦级来说，总的建设费用需 2 亿～2.5 亿日元，约需三年还本。

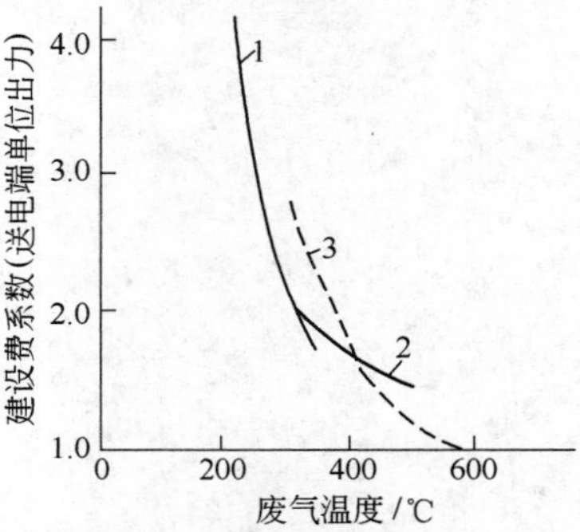

图 12-39 废气温度与建设费用

1—加压热水循环；2—250℃ 热水循环；
3—废热锅炉—蒸汽循环

12.3 球团厂余热利用技术

12.3.1 热废气在系统内部的循环利用

目前，氧化球团生产的带式焙烧机和"链箅机—回转窑—环冷机"工艺的设计和生产设备已趋于成熟，整个系统的热量（高温废气的显热）主要在系统内部循环利用。图 12-40 为典型的"链箅机—回转窑—环冷机"球团生产工艺的余热利用流程。

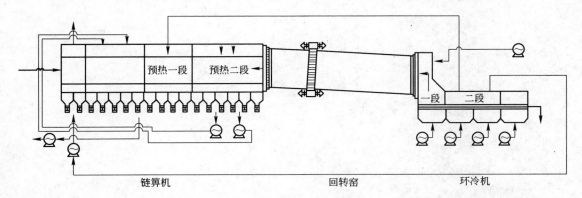

图 12-40 "链箅机—回转窑—环冷机"球团生产工艺的余热利用流程

焙烧球团在环冷机上采用鼓风冷却,产生高温热废气。环冷机不同段产生废气的温度相差较大。为充分利用废气的显热,工业上将环冷机二段上部的废气引入链箅机预热一段烟罩,作为预热气流介质;环冷一段高温废气直接进入回转窑,供球团高温焙烧固结,并从窑尾进入链箅机预热二段,气体温度可到 950~1000℃;预热二段下部风箱出来的废气由风机引入抽风干燥段作为干燥气流介质;而环冷机中后部的中低温气体作为鼓风干燥段的热气流。

生产实践表明,氧化球团生产工艺的热量利用流程合理,显著降低了球团生产成本。目前,国内外"链箅机—回转窑—环冷机"工艺多采用该流程进行生产。

12.3.2 热废气用于铁精矿的干燥脱水

目前,新建球团厂大部分设有圆筒干燥机,用于含水较高的铁精矿脱水干燥,获得适宜的精矿水分,保证造球过程的顺行。一般球团厂都新建燃烧炉,以提供干燥所需要的热气流,部分球团厂引入链箅机或环冷机段的热废气作为精矿干燥的热源,使球团生产的热量利用更加合理。

13 烧结球团厂环境保护技术

烧结和球团工序是钢铁生产过程中产生粉尘和有害气体较多的环节之一。日本某烧结厂的生产数据表明，每生产一吨烧结矿产出粉尘 40~80kg。此外，铁矿石造块过程中所排放的烟气中普遍还含有 SO_2、NO_x 等有害气体。烧结球团烟气产生的 SO_2 占钢铁厂排放总量的 70% 以上。为防止污染、保护环境，必须对烧结和球团过程中产生的废气进行除尘，对烟气中的 SO_2、NO_x 等有害气体进行净化处理。

13.1 废气除尘及主体设备

13.1.1 粉尘的来源

烧结和球团生产过程中排出大量含尘量高的烟气，这不仅污染空气而且影响风机转子的使用寿命，烟气除尘十分重要。粉尘主要来自于以下两个方面：

（1）烟气粉尘。烟气粉尘是随工业废气（也称为烟气）生成而产生的粉尘，包括抽风烧结过程中从料层中被抽走、进入主抽风机废气中的微细粒物料，环冷机产生热废气中的细粒粉尘，以及球团干燥、预热、焙烧和冷却过程中所产生的粉尘。对于工艺废气的除尘一般统称为烟气除尘。

（2）环境粉尘。环境粉尘是存在于非工业废气中的粉尘，包括造块用原料、燃料、熔剂的破碎、筛分、混匀和转运，以及造块产品的卸出、破碎、筛分和转运过程中产生的粉尘。对于非工艺废气的除尘一般统称为环境除尘。

废气中粉尘的含量与所采用的造块工艺有关。表 13-1 列出了几种造块工艺废气中粉尘的发生量。

表 13-1 工艺废气中粉尘的发生量

工 艺	单位面积的风量 /$m^3 \cdot min^{-1} \cdot m^{-2}$	废气发生量 /$m^3 \cdot t^{-1}$（成品矿）	粉尘发生量 /$kg \cdot t^{-1}$（成品矿）
带式烧结	80~100	4000~6000	8~36
竖炉球团		800~850	0.53
带式机球团	90~120		0.58
链箅机—回转窑球团	75~105		1.40

国际上对于粉尘的排放尚无统一标准，但从目前的发展趋势来看，对除尘排放的要求是越来越高。表 13-2 列出一些国家烧结厂和球团厂粉尘排放标准。

表 13 - 2　不同国家的粉尘排放标准

国名	制定标准部门	浓度（标态）/mg·m⁻³	
美国	政府标准	老厂	115
		新厂	57
英国	国家标准	老厂	460
		新厂及改造厂	115
日本	国家标准	已投产的大厂	300
		已投产的小厂	400
		新厂	200
	新日铁大分厂设计标准	机头	80
		机尾	100
法国	乌坎季厂设计标准	机头或机尾	<100
		燃料、熔剂或成品系统	<30
瑞典	国家标准	老厂	1.0kg/t 成品矿
		新厂	0.5kg/t 成品矿
中国	国家标准	新厂	150

13.1.2　主要除尘设备

从废气去除粉尘的常用方法有电除尘、机械除尘、过滤除尘和洗涤除尘等方法，所用到的主要除尘设备列于表 13 - 3 中。

表 13 - 3　主要除尘设备及应用情况

类　　别		形　　式	厂　　例
静电式	干式电除尘器	静电	国内外大型烧结厂、球团厂
	湿式电除尘器	静电	日本钢管公司扇岛厂
机械式	重力除尘器	大烟道	国内外各烧结厂
	惯性除尘器	百叶板式	前苏联马凯耶夫冶金厂
	离心除尘器	旋风式	日本神户厂
		多管	部分烧结厂、球团厂
过滤式	过滤除尘器	袋式	日本钢管公司各厂
		颗粒层	美国烧结厂
洗涤式	湿式洗涤器	文氏管洗涤器	前苏联扎波罗什钢铁厂
		喷射式洗涤器	前苏联亚速钢厂

不同类型的除尘器的使用条件和适用范围各异：

（1）温度。静电除尘器一般要求废气平均温度低于 340℃，最高温度不超过 540℃，为了保持除尘效率，废气温度还应与灰尘的电磁特性相适应。

袋式除尘器的适用温度范围由滤料决定，不同滤料的温度允许值不同，高温操作会缩短滤袋的寿命。

湿式洗涤器一般不受温度条件变化的影响。

（2）湿度。静电除尘器在废气湿度过低时，灰尘比电阻增加，除尘效率降低；而在低温和高湿条件下，可能引起冷凝和腐蚀，影响除尘器的正常工作。

袋式除尘器在低于露点的条件下操作会引起滤袋堵塞和腐蚀，造成集灰层清理困难和降低除尘效率等问题。

湿式洗涤器不受湿度条件变化的影响。

（3）流速。静电除尘器中的废气流速一般取 0.5~1.56m/s，在除尘器内的停留时间为 8~12s。当废气流速降低时，气流分布将变得不均匀，但除尘效率较高。

袋式除尘器的除尘效率受废气流速的影响较大，流速低，效率高。另外，废气的压力降也随流速降低而减少。

湿式洗涤器要求废气流速与喷水量保持适当的比例。

（4）腐蚀。静电除尘器采取控制温度、增设辅助加热设施、设旁通管、加隔离层或选用耐腐蚀材质等措施防止腐蚀。

袋式除尘器在腐蚀条件下可使滤料损坏。

湿式洗涤器在腐蚀条件下可使风机叶轮损坏。

（5）入口粉尘浓度。静电除尘器必须按最大粉尘浓度设计。

袋式除尘器除尘效率不受粉尘入口浓度变化的影响，粉尘入口浓度改变后，集尘层的清理工作量相应改变。

表 13-4 列出了各类除尘器的适用范围。

表 13-4 各种除尘器的适用范围

种类	可处理粉尘粒径/μm	除尘效率/%	压损/kPa	适 用 范 围
重力	>100	20~40	0.2	废气流速 0.5~1m/s
惯性	>50~60	30~40	0.5~0.7	废气流速 5~10m/s
离心	>5	60~80	1~2	出口含尘（标态）0.3~0.7g/($m^3 \cdot$ min)
洗涤	>1	60~85	0.5~5	不适用于非亲水性烟尘
袋式	>0.1	>95	2~2.5	不适用于潮湿废气
静电	任意	>95	0.2	粉尘比电阻 $10^4 \sim 10^{11}\Omega \cdot$ cm

13.1.3 烟气除尘

烧结和球团厂最初主要采用重力除尘器（如大烟道）和偏导型分离器等除尘，但除尘效率较低，而且不能除去小于 50~60μm 的粉尘。实践表明：无论从除尘效率还是从经济效果来看，烧结厂和球团厂使用静电除尘器都是比较理想的。例如，日本大分烧结厂（400m^2 烧结机）机头采用干式卧式静电除尘器，净化后废气含尘量（标态）小于 0.1g/m^3。

对于不同的造块工艺，采用的除尘系统和设备有所区别。烧结机头部和尾部几个风箱中，废气含尘量最大。表 13-5 为前苏联西西伯利亚冶金厂两台 K-1-252/312 型烧结机废气含尘量分布。

表 13 – 5　烧结机长度方向上废气含尘量的分布

项　　目	风　箱　号										
	1	2	4	6	8	10	13	15	17	19	21
废气实际含尘量/g·m⁻³	67.5	19.0	13.7	7.2	1.7	2.8	1.6	1.7	1.8	3.0	6.2
废气含尘量（标态）/g·m⁻³	90.0	26.1	19.2	10.0	2.4	4.0	2.3	2.6	2.8	4.5	12.6
废气带走的粉尘量/kg·h⁻¹	4860	705	480	290	82	104	58	73	65	140	69
占粉尘总量的百分比/%	52.3	7.4	5.2	3.1	0.9	1.1	0.6	0.8	0.7	1.5	7.4

图 13 – 1 为典型的烧结机废气除尘系统；图 13 – 2 为带式焙烧机废气除尘系统；图 13 – 3 为链箅机—回转窑废气除尘系统。

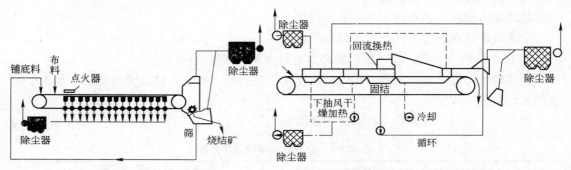

图 13 – 1　烧结机废气除尘系统　　　　图 13 – 2　带式焙烧机废气除尘系统

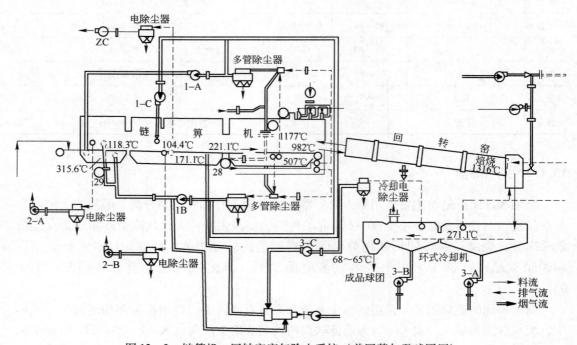

图 13 – 3　链箅机—回转窑废气除尘系统（美国蒂尔登球团厂）

13.1.4 环境除尘

烧结厂和球团厂环境除尘一般使用湿式除尘器、袋式除尘器、多管或旋风除尘器。随着造块设备的大型化以及对废气净化要求的提高，采用静电除尘器作为环境除尘设备的烧结厂和球团厂日益增多，采用静电除尘器可以使机尾等主要扬尘点的废气含尘量降至 $0.1g/m^3$（标态）。

原料、燃料和熔剂系统的除尘一般采用集中式除尘系统，除尘设备可采用静电除尘器，也可采用袋式除尘器。

表 13 – 6 为日本神户钢铁公司加古川球团厂环境除尘设备。

表 13 – 6　加古川 1 号球团厂环境除尘装置

除尘点	除尘方式	废气量/m³ · min⁻¹	除尘点	除尘方式	废气量/m³ · min⁻¹
磨矿系统	多管和电除尘器	3 ×3620	圆筒混合机	湿式洗涤器	300
料槽周围	旋风和湿式洗涤器	700	链算机入口	湿式洗涤器	2 ×350
料槽排风口	旋风和袋式除尘器	250	链算机出口	湿式洗涤器	2 ×500
搅拌机	风扇式洗涤器	3 ×140	回转窑排矿口	旋风和湿式洗涤器	1500
皂土槽	湿式洗涤器	420	成品球团筛分	湿式洗涤器	750

为了防止原料在料场装卸、转运、中和混匀过程中扬尘，还可以采取喷洒水、粉尘润湿及加罩密封等措施降尘，减少粉尘对环境的污染。

13.1.5 含铁渣尘的利用

随着钢铁生产的发展、除尘技术的进步以及高效率除尘设备的应用，钢铁厂（其中包括烧结厂和球团厂）每年都回收大量粉尘。据统计，一个年产 600 万吨钢的钢铁联合企业，每年回收的粉尘约 50 万吨。这些粉尘回收使用不仅可以充分利用含铁资源，避免浪费，而且也可防止粉尘的二次污染。

目前，粉尘的处理方法可分为直接返回烧结使用、制成球团后返回烧结使用、用于氧化球团生产、生产金属化球团及粒铁等。粉尘直接返回烧结使用时，不但会恶化烧结过程、降低烧结机产量和烧结矿质量，而且灰尘中的锌、铅、碱金属等的循环积累，还会影响到高炉正常操作。所以，一般采用后几种方法处理粉尘。

球团或压团烧结法将粉尘通过滚动或压制制成 5 ~ 15mm 球团后再返回烧结。采用滚动造球处理时，若没有混碾机，应加设破碎机将粗粒料破碎后才能进入造球机。

日本釜山厂的实践表明，若把粉尘直接配入烧结混合料，烧结机产量将降低 11%，烧结矿质量也同时下降。若把粉尘造成小球后再加入混合料内，则烧结机产量可提高 5%，烧结矿质量也有所改善。

对于含锌较高的原料（如高炉二次灰），在造球之前应进行脱锌处理。

将含铁粉尘用于氧化球团的生产一般配加量要求不超过 5%，配量过大将会对混合料的造球、焙烧性能及球团矿质量产生明显影响。

与上述两种处理方法相比，金属化球团法的优势是可处理 100% 的粉尘，生产供高炉炼铁用的金属化球团，同时可综合回收粉尘中的锌。处理粉尘的金属化球团法一般采用转底炉或回转窑工艺。

回转窑工艺具有投资小、锌易回收等优点，金属化率75% ~85%以上，脱锌率80% ~90%以上。金属化球团粒度大于8mm，平均粒度为12~13mm；球团抗压强度大于200kgf/球，平均为200~250kgf/球。

日本已有许多厂采用回转窑法生产金属化球团。日本钢管公司福山厂每年用此法生产金属化球团35万吨，其链箅机尺寸为4.76m×61.2m，回转窑尺寸为6.0m×70m。和歌山厂采用此法时，将部分煤粉加入球团内部。该厂回转窑尺寸为4.5m×71m，月处理粉尘2万吨，每月可生产1.3万吨金属化球团。

但是回转窑还原法处理粉尘时窑内非常容易结圈，作业率很低。

转底炉是专为处理含铁渣尘而开发的，该法金属化率在75% ~80%左右，脱锌率达90%以上，具有生产效率高、处理量大的优势，被国内外越来越广泛地用于含铁渣尘的处理。

日本住友金属公司中央研究所与鹿岛厂合作，开发出处理粉尘的粒铁法（SPM法）。与金属化球团法相比，粒铁法的特点是不需要混合造球设备，直接将粉料加入回转窑中进行还原，还原温度比金属化球团法高，还原后得到的产品是粒铁。

鹿岛厂在1977年建造了一台SPM法设备，回转窑尺寸为3.9m×80m，月处理粉尘量为1.8万吨，金属化球团产量为1.25万吨/月，主要的生产指标为：球团金属化率88.5%，脱锌率96.4%；金属化球团TFe 69.7%；金属化球团MFe 61.86%。

此外，新日铁八幡钢铁厂和光和精矿公司合作研究成功氯化球团法（又称光和法）。其原理是将含铁粉尘与氯化剂$CaCl_2$混合造球，经干燥、预热、焙烧后，氯化剂与粉尘中的Cu、Pb、Zn反应生成氯化物，从球团中挥发出去。所用设备为链箅机—回转窑。有色金属脱除率可达90%。1977年八幡钢铁厂建成一座此类球团厂，其产量为770吨/日。我国南京钢铁厂曾引进该方法处理有色金属含量高的原料（硫酸烧渣等）。这种方法最大的问题是设备腐蚀严重，最近较少见报道。

冷黏结球团法是一种在中性气氛和较低温度（200℃）下进行固结处理的新方法，固结后的球团供炼铁使用，这种方法在瑞典等国家得到应用。

热压块法是美国国家钢铁公司研究的一种粉尘处理法。此法将各种粉尘加热至1000℃，然后装入对辊机，压成团块供炼铁使用。该公司已建成一套粉尘压块设备，年处理量为23万吨。

13.2 烟气净化技术

13.2.1 概述

在烧结与球团生产中，SO_2气体产生的来源有两个方面：一是来自原料，如铁矿石、焦粉、煤和黏结剂；二是来自点火与焙烧所用的燃料，如煤气、重油等。烧结厂废气中SO_2浓度一般为500~1500mg/m³；球团厂废气SO_2浓度为300~600mg/m³（标态）。

目前，我国已有480多套烧结烟气脱硫装置，约有80%是湿法。湿法的总体效果比干法要好些，但除活性炭吸附法以外，尚没有一种方法为最理想的脱硫方法，且已建成的设施约有一半以上未达到设计水平，存在工艺设计缺陷、设备选型不合理、施工质量不合格（施工单位资质不合规）等问题。

烧结和球团生产过程中产生的 NO_x 主要来源于燃料燃烧。燃烧形成的废气中 NO_x 以 NO 为主，占 NO_x 总体积的 90% ~ 95%。近年来，随着环境保护要求的日益严格，烧结与球团生产过程中生成 NO_x 的净化问题也越来越受到重视。NO_x 的控制标准在国际上尚无统一规定。在日本，一般新建厂标准为 0.01% ~ 0.025%；老厂标准为 0.013% ~ 0.028%；美国的标准是年平均 $100 \mu g/m^3$（0.055×10^{-6}）。

硝包括 N_2O、NO、NO_2、N_2O_3、N_2O_4 和 N_2O_5 等多种化合物，除 NO_2 以外，其他的都极不稳定，遇光、遇湿或遇热变成 NO_2 及 NO，NO 又变成 NO_2。对大气污染的主要是 NO_2 及 NO，并以 NO_2 为主。NO_2 溶于水，能形成酸性溶液。NO_2 及 NO 气体对人体有害，毒性很大，能由呼吸道进入人体肺部，对肺组织产生强烈的刺激及腐蚀作用，引起支气管炎、肺炎、肺气肿等疾病。NO_2 对环境的危害与 HCl、HF、SO_x 一样，都与空气中的水反应形成酸雨。

烧结烟气的温度和氧、水含量较高，产生的 NO_x 主要是 NO_2。在烧结烟气中 NO_2 含量不超过 $160mg/m^3$。

目前，对 NO_x 的防治主要以预防措施为主，尽量限制 NO_x 的生成，其方法是：（1）降低燃料含氮量。如采用低氮焦炭，或选用 NO_x 发生量少的混合煤气作为点火燃料。（2）降低 NO_x 转换率。通过焦炭分层添加法和烧结、球团废气循环可以控制 NO_x 生成量和排放量。日本住友金属公司鹿岛烧结厂 1977 年投产的 $600m^2$ 烧结机，采用烧结废气循环使用的工艺，使 NO_x 减少 50%。

13.2.2 常用烟气净化技术及其特点

13.2.2.1 烟气脱硫技术

烧结烟气脱硫技术可分为干法、半干法和湿法三类。

湿法主要有：石灰—石膏法、硫铵法、氧化镁法、双碱法、离子液法等。

干法主要有：活性炭吸附法、ENS 法、GSCA 双循环流化床法、MEROS 烟道喷射法、NID 烟道循环法等。

半干法主要有：循环流化床法、密相干塔法、SDA 旋转喷雾法等。

A 石灰—石膏法

利用石灰乳（或石灰石乳）作为吸收剂，吸收烟气中的 SO_2 生成亚硫酸钙溶液。然后，调整亚硫酸钙溶液的酸度至适于其发生氧化反应的值（pH = 4 ~ 4.5），用空气将其氧化为硫酸钙，即石膏。

石灰（石灰石）—石膏法烟气脱硫工艺流程如图 13 - 4 所示，主要由冷却、吸收、pH 值调整、氧化、石膏分离和废水处理等几部分组成。此法技术上比较成熟，烟气脱硫率可达 95% 以上，已在国内外多家烧结厂得到应用。

新日铁利用钢铁厂废渣代替石灰作为吸收剂，发明了钢（铁）渣—石膏法。其工艺流程是：烟气经除尘器除尘后进入吸收塔，在吸收塔内喷淋废渣溶液，在中性或碱性溶液中进行脱硫。此法不设单独的氧化塔，吸收和氧化在同一塔内进行，在酸性溶液中，再脱硫

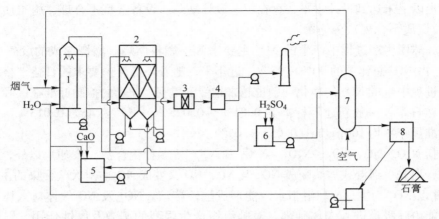

图 13－4　石灰（石灰石）—石膏法烟气脱硫工艺流程示意图
1—冷却塔；2—吸收塔；3—除雾器；4—补燃器；5—石灰乳调节槽；
6—pH 值调整槽；7—氧化塔；8—石膏分离器

和石膏的生成同时进行。此法工艺简单，脱硫效果较好，是一种较为经济的方法。

石灰—石膏法技术成熟，脱硫效率较高（90% 以上），但设备腐蚀、结垢严重，烟囱雨现象严重。控制吸收塔内的 pH 值是脱硫技术关键，影响到脱硫效率、设备寿命、运行成本、副产品质量等，但烧结机运行是波动的，其烟气量和含 SO_2 浓度和温度不断变化，使控制难度加大，因排烟温度低，对周围环境影响大。另外，副产品石膏脱水难，含杂质高（有重金属、二噁英等），难以优化利用。唐钢烧结烟气含硫低，为 800～1200mg/m^3，使用石灰—石膏法，排放烟气含硫为 100mg/m^3；攀钢烧结烟气中 SO_2 含量为 6000～8000mg/m^3，使用石灰—石膏法很难达到小于 200mg/m^3 排放标准。

B　循环流化床法

循环流化床法是一种半干法脱硫技术。如图 13－5 所示，烟气经除尘后进入吸收塔。在吸收塔进口段，高温烟气与加入的吸附剂、循环灰充分预混合，进行初步的脱硫反应。然后，烟气进入循环流化床里，在气流的作用下气固两相产生激烈的湍动与混合，反应界面不断摩擦、碰撞，产生一系列化学反应。携带大量吸收剂、吸附剂和反应产物的烟气降温后，从吸收塔进入脱硫布袋除尘器。经除尘器捕集的脱硫灰再循环系统，返回脱硫塔继续参加反应，如此循环。

该法以消石灰为脱硫剂，价廉易得；循环流化使脱硫剂与烟气中的 SO_2 充分接触，本方法技术成熟，脱硫效率稳定在 95% 以上，同步运行率在 95% 以上，运行成本较低。通过控制反应温度，可解决糊袋问题，但副产品利用价值不高。

C　氨—硫铵法

根据烟气脱硫回收 SO_2 后所制备的产品不同，氨吸收法主要分为氨—硫铵法和氨—石膏法。

氨—硫铵法也称 NKK 法，其脱硫工艺流程如图 13－6 所示。其主要原理是利用焦炉煤气中的氨将烧结、球团厂废气中的 SO_2 除掉。首先，废气中的 SO_2 与吸收液亚硫酸铵溶液反应，生成亚硫酸氢铵；亚硫酸氢铵再与焦炉煤气中的氨反应，变为亚硫酸铵溶液，将此亚硫酸铵溶液又作为吸收液再与 SO_2 反应。这样往复循环，使溶液中亚硫酸铵的浓度越

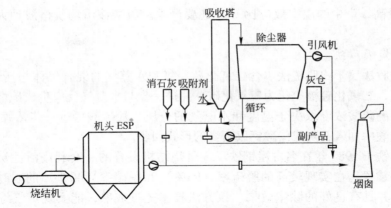

图 13 - 5　烧结烟气循环流化床脱硫工艺流程示意图

来越高，达到一定浓度后，将部分溶液提取出来，进行加压氧化，然后浓缩成为硫酸铵被回收，剩余的亚硫酸铵溶液加水稀释至浓度 50% 左右，再返回作脱硫反应的吸收液。此法脱硫率可达 90% 以上。

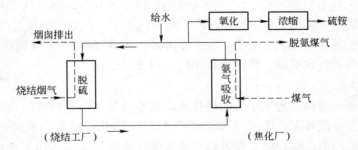

图 13 - 6　氨—硫铵法烟气脱硫工艺流程示意图

图 13 - 6 中，若在亚硫酸铵吸收液被氧化之前加入生石灰，经复分解反应后生成亚硫酸钙，并在空气中氧化成石膏，则氨—硫酸铵工艺就变成氨—石膏法，其工艺流程如图 13 - 7 所示，氨—石膏法所得副产品为石膏而不是硫酸铵。

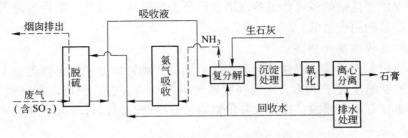

图 13 - 7　氨—石膏法烟气脱硫工艺流程示意图

　　该方法技术成熟、脱硫效率达 90% 以上，副产品是硫酸铵，但存在设备腐蚀严重、氨的逃逸和产生气溶胶现象的问题。另外，副产品含重金属和二噁英的富集，对使用生产化肥有污染土壤和农作物的作用，我国农业过量使用氮肥已造成了环境严重的污染，应引起人们的注意。我国施化肥（特别是氮肥）量是世界用量的 35%（是美国的 3 倍），对大气和水质均有严重的影响：江河湖海的绿藻速生（青岛海面、太湖和滇池的水质恶化）；大

气中 NO_x 含量高,产生的温室效应比 CO_2 还要严重。硫酸铵市场价格波动大,会使经济性受影响。

D 活性炭吸附法

活性炭吸收法属干式脱硫法。含二氧化硫、氧和水蒸气的混合气体与活性炭接触时,在活性炭表面,二氧化硫被氧化为三氧化硫,并进一步与水蒸气反应生成硫酸并被活性炭吸附,被吸附的硫酸浓度取决于温度和水蒸气的分压。稀硫酸可进一步浓缩至 70% 的硫酸,或向稀硫酸中加入石灰或碳酸钙以石膏的形式回收。

日本新日铁于 1987 年在名古屋钢铁厂 3 号烧结机设置的一套利用活性炭吸附烧结烟气脱硫、脱硝装置,在实现较高的脱硫率(95%)和脱硝率(40%)的同时,还能够有效脱除二噁英并具有良好的除尘效果。该方法技术先进成熟,能实现烟气综合治理的效果,同时脱除 SO_2、SO_3、NO_x、二噁英、重金属、粉尘等;但缺点是投资和运行费高,能耗也偏高,要求烟气 SO_2 浓度和温度控制严格。太钢是引进了该技术,但运营成本较高(脱硫和脱硝在一个塔内,造成脱硝率低;加热靠外加能源,使运行能耗高)。

E 有机胺法

有机胺法工艺技术原理可行,副产物为硫酸。该技术利用烧结二次能用,通过再沸器技术与装置,与脱硫工艺相结合,替代蒸汽,有节能效果,但要求烟气含尘小于 $50mg/m^3$,而且整体系统工艺复杂、庞大,投资、运行成本高,能耗偏高,设备腐蚀严重,占地大,有废水产生。攀钢烟气含硫高,使用该技术后,排放可达标。

F 密相干塔法

密相干塔法是一种典型的半干法脱硫技术。其原理是利用干粉状的钙基脱硫剂,与布袋除尘器除下的大量循环灰一起进入加湿器进行增湿消化,使混合灰的水分含量保持在 3%～5%,然后循环灰由密相塔上部进料口进入反应塔内。大量循环灰进入塔后,与由塔上部进入的含 SO_2 烟气进行反应。含水分的循环灰有极好的反应活性和流动性,另外塔内设有搅拌器,不仅克服了粘壁问题而且增强了传质,使脱硫效率可达 90% 以上,而且脱硫剂不断循环使用,有效利用率达 98% 以上。

该方法在我国有多个应用案例,但运行效果不好,塔内含水分过高,出现糊袋、挂壁、腐蚀等现象,挂壁的脱硫物脱落对塔底设备造成损坏。另外,塔内温度低,使脱硫效率降低,副产品利用价值低。

G SDA 旋转喷雾干燥法

SDA 旋转喷雾干燥法有湿法的制浆系统,而副产物的成分和状态则类似干法。为解决布袋糊袋,控制温度大于 90℃,因此使脱硫效率在 80% 左右。但塔内有粘壁、腐蚀现象,喷头磨损严重,有烟囱腐蚀;进口设备价格高,运行费高;运行难以适应烟气的波动。

H NID 法

NID 法采用石灰外部消化,灰循环增湿一体化技术,具有结构简单、占地面积小、灵活的优点。由于反应器的特点是具有烟道,且脱硫剂和脱硫灰的加湿都在反应器外部进行,因而难以适应烟气量较大、工况波动较大的情况,因此本法适宜中小烧结机应用,反应温度一般控制在 100℃ 左右,脱硫效率在 80% 左右。

I 氧化镁法

氧化镁法脱硫效率高,不易结垢,但有湿法的其他缺点,有较难处理的废水产生,易腐蚀，会产生烟囱雨现象。如果将 pH 值控制在 6.0 ~ 6.5，腐蚀情况比石膏法要小，但回收硫酸镁投资大，没有利用价值，抛弃有二次污染问题。

J　离子液法

离子液法与有机胺法类似。莱钢已在使用该技术，已有所改进，但该法腐蚀严重，脱硫效率不高，为 30% ~ 60%。

13.2.2.2　烟气脱硝技术

烟气脱硝技术不如脱硫技术成熟，有湿法和干法之分，主要有气相反应法、液体吸收法、吸附法、液膜法、微生物法等。其中脱硝效率最高、技术最为成熟的是选择性催化还原（SCR）过程，但目前得到广泛商业应用的钒钛系 SCR 催化剂反应温度一般在 300 ~ 400℃，故反应器需布置在除尘器之前，因粉尘等杂质的毒害作用，导致催化剂的使用寿命严重缩短。烟气脱硝技术主要是将 NO_x 进行焚烧，使之成为水和氮气或对 NO_x 进行吸附、减量化处理。

A　干式净化法

（1）选择性催化还原法。以铂、铜或碱金属氧化物为催化剂，以 NH_3 或 H_2S 为还原剂，有选择地将废气中的 NO_x 还原为无害的 N_2 和水。

该法的优点是反应温度可低至 200 ~ 300℃，过程升温仅 30 ~ 40℃，还原剂消耗不多。当 NH_3 与 NO_x 摩尔比为 1 时，O_2 与 NH_3 摩尔比为 10 时，NO_x 脱除率可达 99%。

（2）非选择性催化还原法。以 CO、H_2、CH_4 等为还原剂，铂或钯等为催化剂将 NO_x 还原为 N_2 的方法。

（3）吸附法。采用活性炭、活性氧化铝、分子筛等为吸附剂吸附 NO_x。使用此法时要求对废气预脱湿和冷却。分子筛吸附法已在美国三家工厂中应用。

（4）吸收法。采用熔融碳酸盐，也可以用石灰乳或 NaOH 吸收 NO_x。该法优点是简单易行、投资少，但只能使废气中的 NO_x 降至 0.1% ~ 0.3%。

（5）非催化还原法。当废气处于 700 ~ 1100℃ 温度范围内，不采用催化剂也可用氨还原 NO_x。另外，也可加分解促进剂促进还原作用，并扩大还原反应适宜的温度范围。

（6）电子束照射法。经电子束照射一至数秒，废气中 NO_x、SO_x 生成硝酸铵、硫酸铵，再以除尘器回收硝酸铵、硫酸铵的微细固体粒子。该法具有反应时间短、温度低，可同时脱硫、脱硝等优点，NO_x、SO_x 的脱除率均为 90% 左右。

B　湿式净化法

（1）碱或酸吸收法。用水、碱、硫酸等洗涤含 NO_x 废气以脱除 NO_x。但 NO_x 中 NO 所占的比例越大，NO_x 脱除率越低，当 NO/NO_2 之比为 1 时可获最佳效果。

（2）络合吸收法。加入硫酸亚铁水溶液，在 pH < 5.5 时，NO 与硫酸亚铁反应生成络合物使 NO_x 脱除。

（3）氧化吸收法。采用臭氧、次氯酸盐、高锰酸钾、双氧水等氧化剂，将 NO_x 中的 NO 氧化为 NO_2 或 N_2O_5。

（4）液相还原法。以亚硫酸盐溶液（亚硫酸钠、亚硫酸铵等）、硫化钠以及尿素等还原剂将 NO_x 还原成 N_2。

（5）钢（铁）渣吸收法。此法用废渣作为吸收剂，吸收 NO_x。

13.2.2.3 烟气脱除二噁英

二噁英是 PCDD（多氯代二苯二噁英）和 PCDF（多氯代二苯呋喃）的总称，简称 PCDD/Fs。二噁英不是单一物质，而是多氯代二苯类聚集体，统称二噁英类。二噁英类的特点是一般为固体，熔点高，对热稳定（850℃ 以上才会被破坏），对酸、碱、氧化剂稳定，难溶于水，易溶于脂肪和大部分有机溶剂，是无色无味的脂溶性物质。

二噁英类的毒性：二噁英是具有稳定性的化学物质，高亲脂性，易在环境中积累，通过皮肤或肠胃被人或动物吸收而造成危害。二噁英毒性十分大，是氰化物的 130 倍，砒霜的 900 倍，是人类一级致癌物，可引起皮肤痤疮、头痛、失聪、忧郁、失眠等症，并可能导致染色体损伤、心力衰竭、癌症等，其最大危险是具有不可逆的致畸、致癌、致突变（"三致"）毒性。

二噁英形成的前提是有氯元素存在，而烧结生产具备形成二噁英的所有条件，因此不应再对烧结和焦炭喷洒氯化钙。烧结烟气中二噁英浓度（标态）为 $30 \sim 60 ng - TEQ/m^3$，占总量的 17.6%，仅次于垃圾焚烧。

降低二噁英的技术措施有：降低烧结中氯元素含量，高效强化除尘（除去细小的含二噁英尘颗粒），对收集的二噁英气体进行加热分解（加热温度大于 850℃）或急速冷却，采用活性炭吸附或有机溶剂溶解吸收等。在废气添加尿素颗粒、碳酸氢钠、氢氧化钠、氢氧化镁、氢氧化钙，使烟气温度急冷到 200℃ 以下，均有利于降低二噁英产生。

13.2.2.4 同时脱硫脱硝技术

同时脱硫脱硝是烧结球团厂烟气净化的发展趋势。

A 干法烟气同时脱硫脱硝技术

尽管湿法同时脱硫脱硝技术有脱除效率高的优点，但是它存在投资运行成本高，占地面积大，耗水量大，易产生二次污染和氧化剂泄漏等问题，而干法同时脱硫脱硝技术则克服了上述技术难题，因此也有着重要的研究意义。

a 烟气循环流化床同时脱硫脱硝技术（CFB - FGD）

烟气循环流化床工艺将固体流化技术引入烟气脱硫脱硝领域，是近年来的研究热点。其基本原理是采用消石灰作为吸收剂，将含有 SO_2、NO 的烟气从烟气循环流化床反应器的底部通入，向上与塔内经过增湿活化的 $Ca(OH)_2$ 反应，吸收剂与烟气中的 SO_2 发生气液固三相反应，在反应的同时，水分被吸收和蒸发，最终得到干态脱硫产物。经过旋风除尘收集以后，大部分固体返回流化床继续循环。向该体系中加入高活性氧化剂（以增湿水形式加入液相脱硝添加剂或以吸收剂形式加入固相脱硝添加剂，在与 $Ca(OH)_2$ 混合后喷入床体），将 NO 氧化为 NO_x，而后使得 NO_x 被 $Ca(OH)_2$ 经过三相反应吸收，来达到脱硝的目的，从而实现了 SO_2 和 NO 的一体化脱除。

与传统的石灰石—石膏法脱硫装置相比，CFB - FGD 具有系统简单、工程投资和运行成本低、占地面积小等特点，更适于对现有设备的改造，且其具有吸收剂循环利用率高、气固接触时间长、控制灵活、产物无废水等优点。但是 CFB - FGD 的最大缺点是其脱硫副产物难以被利用，这给它的推广和应用带来了一定困难。

b 高能电子氧化法

高能电子氧化法包括电子束法（EBA）、脉冲电晕等离子体技术（PCDP）、流光放电（corona discharges）等离子体技术等，其核心原理基本上都是利用电子加速器或高压脉冲电源或高电位差的流光头来产生强氧化性的自由基·O_2、H_2O_2、·OH 等活性物质，进而把烟气中的 SO_2 和 NO 氧化为 SO_3 和 NO_2，这些高价的硫氧化物和氮氧化物与水蒸气反应生成雾状的硫酸和硝酸，并与加入的 NH_3 反应生成硫酸铵和硝酸铵，脱硫、脱硝同时完成。尽管该工艺的发展一直致力于降低电压，降低电耗，减少辐射的研究，但是其高能耗和强辐射一直是制约其发展的最大瓶颈。

c 固相吸附再生技术

固相吸附再生技术中，活性炭法的研究较多。活性炭法工艺设置有两个移动床，在一个床中以活性炭吸收 SO_2，在另一个床中用活性炭作催化剂，加入 NH_3 使 NO 转变为 N_2。在烟气中有氧和水蒸气的条件下，脱硫反应在脱硫床中进行，使 SO_2 转变为 H_2SO_4；在脱硝床中加入 NH_3 使 NO、NO_2 转变为 N_2 和水。在再生阶段，饱和态的活性炭被送入再生器中加热到 400℃，解析出浓缩后的 SO_2 气体。再生后的活性炭送回反应器中循环，而浓缩后的 SO_2 要么用于制备 H_2SO_4，要么在用冶金焦炭作还原剂的反应器中被转化为硫元素。活性炭吸附工艺流程简单，投资少，占地面积小，而且能得到副产品硫酸。近年来，日本、德国和美国相继开展了较多的研究。同时，因为其废水排放少，副产品为 99.95% 以上高纯硫黄或 98% 的浓硫酸，因此具有较高的研究和开发价值。

d 有机钙盐脱硫脱硝技术

有机钙（如甲酸钙 CF、醋酸钙 CA、醋酸钙镁 CMA）是由钙元素与有机酸结合而成的，煅烧后形成的 CaO 孔隙丰富，比表面积远大于普通石灰石，因此其脱硫能力远高于普通的石灰石；同时，由于其煅烧过程中可析出有机气体，在合适的气氛下还具有明显的脱硝效果；据文献报道，有机钙对燃煤产生的 H_2S、HCl、Hg 蒸气等污染物也具有良好的脱除效果。但由于有机钙的生产成本高，影响了其工业推广。近年来，人们发现利用含有有机质的各种废弃物，通过热裂解工艺制备热解油，再与石灰石混合，可制备廉价的且适用于工业脱硫、脱硝的有机钙，进而大大降低了此工艺的成本，但其效果还有待进一步的研究。

e 微波沸石法

我国广州的 Wei Zaishan 等人，采用微波沸石法来进行同时脱硫脱硝研究，该方法以微波为催化引发条件，沸石为载体，碳酸氢铵（NH_4HCO_3）为反应物，对模拟烟气进行同时脱硫脱硝研究。该方法证明当同时使用碳酸氢铵和沸石，微波功率为 211~280W，停留时间为 0.315s 时，脱硫与脱硝效率能达到最高值，分别能达到 99.1% 和 86.5%，原因是微波和沸石共同充当了催化剂，而 NH_4HCO_3 在反应中充当了吸收剂，从而达到了较高的效率。

f RHA 法

马来西亚一个团队以稻壳为原材料，将其经过一系列提纯、清洗后，提取到了一种富含二氧化硅的物质（RHA），该种物质比表面积较大，将其作为吸收剂与 CaO 混合后在 NaOH 溶液中水合，烘干后，再将此混合物与硝酸铜（$Cu(NO_3)_2 - 5/2H_2O$）混合，最后经过压缩制粉形成一种特殊的吸收剂。研究人员对此吸收剂的同时脱硫脱硝能力进行了测试，结果显示氧化铜（CuO）负载率为 3%，RHA/CaO 的比例为 1.4，水化时间 20h，NaOH 的摩尔浓度为 0.2mol/L 为最佳合成条件。

B 湿式吸收法同时脱硫脱氮技术

湿式吸收法同时脱硫脱氮技术主要分为氧化吸收法、络合吸收法和还原吸收法三大类。

a 氧化吸收法

氧化吸收法是将烟气先通过强氧化性环境，将 NO 转化为 NO_x，进而再将 NO_x 与 H_2O 反应生成 NO_3^-，再用碱性溶液吸收。因为将 NO 转换为 NO_x 的难度较大，因此此类方法氧化剂的选择和制备是研究核心，目前研究较多的氧化剂有 $HClO_3$ 或 $NaClO_2$、O_3、H_2O_2 和 $KMnO_4$ 等，其中因为 H_2O_2 无毒无二次污染，所以对其的研究较多。同时实验证明，H_2O_2 与紫外光协同作用时，其脱硫脱硝性能远远好于单一的 H_2O_2 氧化。氧化吸收工艺的同时脱除效率较高，一般此方法获得的脱硫效率可到达 98% 左右，脱硝效率在 80% 左右。但是因为以上列出的强氧化剂的造价和运输安全等问题的原因，在开发出新型廉价的氧化添加剂之前，该工艺难以推广应用。

b 还原吸收法

还原吸收法是用液相还原剂将 NO_x 还原为 N_2，目前研究较多的还原剂主要是尿素。对于尿素为还原剂的工艺，国内岑超平等许多专家学者都对此技术进行了研究。其团队研究的大致过程是：烟气通过吸收装置并在其中与尿素溶液接触，其中的 NO_x 被还原生成 N_2，尿素反应生成 CO_2 和 H_2O，SO_2 则与尿素反应生成硫酸铵，净化后的烟气可直接排放，反应后的溶液可回收制成硫酸铵化肥。实验证明，当反应温度为 60℃，溶液的 pH 值为 5~9，尿素溶液质量浓度为 5%~10%，添加剂（H_2O_2，$NaClO_2$）添加量约为 1% 时，能够达到最高的脱除效率。其脱硫效率接近 100%，脱硝效率能达到 50% 以上，该工艺的副产品硫铵可用作肥料，不产生二次污染；吸收液的 pH 值为 5~9，在中性附近，腐蚀性小，设备的造价较低；吸收剂尿素和副产品硫铵易运输和储放，并且尿素在吸收反应时不易挥发；工艺流程简单，投资（为常用湿法脱硫设备的 1/3）和运行成本有竞争性。

c 络合吸收法

络合吸收法是向溶液中添加络合吸收剂，将烟气中的 NO 先进行固定而后再进行吸收的工艺。目前研究较多的为 Fe（Ⅱ）EDTA（EDTA，乙二胺四乙酸）络合物同时脱硫脱硝工艺。Fe（Ⅱ）EDTA 络合吸收法是在碱性溶液中加入亚铁离子形成氨基烃酸亚铁螯合物，如 Fe（EDTA）和 Fe（NTA）；这类螯合物吸收 NO 形成亚硝酰亚铁螯合物，配位的 NO 能够和溶解的 SO_2 和 O_2 反应生成 N_2、N_2O、硫酸盐、各种 N-S 化合物以及二价铁螯合物，然后从吸收液中去除，并使二价铁螯合物还原成亚铁螯合物而再生。此法虽然在试验中获得 60% 以上的脱硝率和几乎 100% 的脱硫率，但是铁离子易被溶解氧等氧化，实际操作中需向溶液中加入抗氧剂或还原剂，再加上 Fe（EDTA）和 Fe（NTA）的再生工艺复杂、成本高，给工业推广带来一定的困难。

整体而言，上述的大部分同时脱硫脱硝技术只停留于实验室研究阶段，难以真正应用于大规模工业烟气的净化，而且大部分技术的经济性不高，脱除效率也难以达到我国即将执行的新环保法规要求。而目前可以应用于大规模烟气治理的湿式 FGD 技术又存在着工业废水排放、设备腐蚀、吸收剂昂贵和泄漏等问题；CFB-FGD 以及密相塔法等干法技术则存在效率低、副产物无法综合利用、吸附昂贵、吸附性能下降等技术难题，因此目前同时脱硫脱硝技术仍处于试验研究或工业装置示范阶段，世界上只有很少的同时脱硫脱硝装置投入商业化运行。目前研究与开发的热点在于寻求无二次污染、廉价和高效的脱硫脱硝添加剂。

13.2.3　烟气净化技术实例

13.2.3.1　太钢烧结机活性炭干法脱硫脱硝工程

太钢炼铁厂的烧结车间在物料焙烧时产生大量的废气（SO_2、NO_x、烟尘等），$450m^2$ 烧结机的 SO_2 年排放总量为 6821t，NO_x 年排放总量为 2774t，对环境造成严重污染。为改善环境质量，严格控制工业污染，太钢 $450m^2$ 烧结机拥有配套的脱硫脱硝装置（图 13-8）。

图 13-8　太钢烧结机配套脱硫脱硝装置

脱硫脱硝装置采用日本住友重机械工业株式会社的活性炭移动层方式的干式脱硫脱硝装置，吸附塔的详细设计以及吸附塔的移动单元、解析塔制造由住友重机械负责，太钢进行土建、电气、设备、工艺、自动化编程、能源介质、总图布置、建设与安装等整套工程的集成。制酸系统由中国瑞林工程技术有限公司设计，氨站由广州天赐三和环保工程有限公司设计，施工由山西钢铁建设有限公司完成。

该装置采用活性炭吸附工艺：脱硫、脱硝、脱二噁英、脱重金属、除尘五位一体，其副产品用于制备浓硫酸，在国内烧结行业为首例。

A　工艺流程

活性炭干法脱硫脱硝系统共分为 7 个子系统，包括除尘系统，卸灰系统，吸附、解析及活性炭运输系统，活性炭补给系统，热循环及富 SO_2 输送系统，烟气系统以及注氨系统。

烧结废气中的有害杂质，通过吸附塔吸附，可去除粉尘、重金属、SO_2、NO_x；通过解析塔可去除二噁英，并将富集 SO_2 输送到制酸系统，生产 98% 浓硫酸。太钢烧结机脱硫脱硝流程如图 13-9 所示。

B　技术原理

a　除尘

活性炭的除尘原理与普通的过滤除尘相同，通过冲撞、遮挡以及扩散捕捉效果进行除尘。通常直径 $1\mu m$ 以上的粒子可通过冲撞效果进行捕捉；而不到 $1\mu m$ 的粒子要通过遮挡

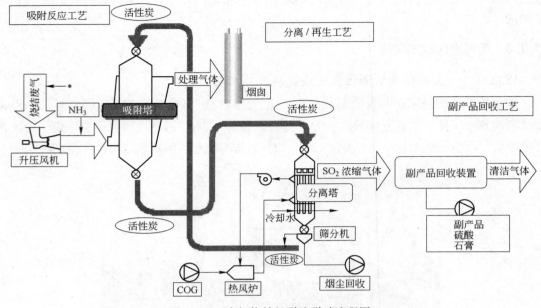

图 13-9 太钢烧结机脱硫脱硝流程图

和扩散捕捉效果进行捕捉。

　　b 脱硫

　　硫化物大部分是二氧化硫（SO_2），脱硫通过物理吸附以及化学吸附两种吸附方式进行。首先，在范德瓦尔斯力以及化学亲和力的作用下，SO_2 由气相移动至活性炭粒子表面后被捕捉（物理吸附）；然后，在活性炭细孔内被氧化为 SO_3 同时与一同吸附的 H_2O 产生反应，作为 H_2SO_4 被捕捉（化学吸附）。

　　（1）物理吸附：

$$SO_2 \longrightarrow SO_2^*$$

　　（2）化学吸附：

$$SO_2^* + 1/2O_2^* \longrightarrow SO_3^*$$

$$SO_3^* + nH_2O^* \longrightarrow H_2SO_4^* \cdot (n-1)H_2O^*$$

式中　　*——活性炭细孔内的吸附状态。

　　　　n——根据废气中的水分、SO_2 浓度、废气温度的不同有所变化，但在通常的温度下（100~150℃）可认为 $n=2$。

　　为促进脱硝反应以及维持活性炭的活性，需要进行加氨，有以下的化学反应：

$$H_2SO_4^* + NH_3 \longrightarrow NH_4HSO_4^*$$

$$NH_4HSO_4^* + NH_3 \longrightarrow (NH_4)_2SO_4^*$$

　　硫是作为 $NH_4HSO_4^*$ 还是作为 $(NH_4)_2SO_4^*$ 被吸附，由 NH_3 与 SO_2 的浓度比所决定。

　　c 脱硝

　　活性炭的脱硝反应包括与 SCR 脱硝同样的触媒反应和活性炭特有的还原反应。与 SCR 相比，因为能够在低温（即烧结废气的温度）领域进行脱硝处理，所以没有必要像 SCR

一样加热废气，也不需要 COG 等加热源，这样可以降低运行成本。活性炭的脱硝反应如下所示：

（1）SCR 反应。活性炭有通常的 Ti – V 系金属触媒同样的作用，如下式所示 NO 被还原为 N_2：

$$NO + NH_3 + 1/4O_2 \longrightarrow N_2 + 3/2H_2O$$

（2）Non – SCR 反应。如上关于脱硫的说明，提供的 NH_3 与被活性炭吸附的 SO_2 反应，生成酸性硫氨或者硫氨，称之为碱性化合物或者还原性物质，表示为下式的 $C\cdots Red$：

$$NO + C\cdots Red \longrightarrow N_2$$

活性炭再生后，在含有该碱性化合物的状态下循环至吸附反应塔，与废气中的 NO 直接反应还原生成 N_2。该反应为活性炭特有的脱硝反应，称为 Non – SCR 反应。

d　脱除 PCDD/Fs（二噁英）

作为毒性对象的 PCDD/Fs，包括 7 种 PCDDs（Polychlorodibenzo p – dioxins）与 10 种 PCDFs（Polychlorodibenzo furans），共计 17 种。其在常温下均为固体，但在活性炭吸附层的温度范围（100～150℃），由于各种浓度及蒸气压作用，作为固体状、雾状或者气体状存在。其中，固体状与雾状的 PCDD/Fs 为附着或者吸附在废气中灰尘粒子表面的状态，称之为灰尘状 PCDD/Fs。因此，灰尘状 PCDD/Fs 通过活性炭移动层的过滤集尘功能被除去，气体状 PCDD/Fs 通过吸附被除去。

太钢着眼于未来，烧结在脱硫脱硝的同时，也可同时去除 PCDD/Fs。

e　其他有害物质的除去

除上述物质以外，烧结废气含有少量的 HCl（氯化氢），氟化氢（HF），SO_3（三氧化硫）等酸性气体，这些酸性气体也通过吸附进行除去，而且，Hg（水银）这样的挥发性重金属也能被高效率地吸附除去。

C　设计条件

（1）太钢 $450m^2$ 烧结机脱硫烟气成分见表 13 – 7。

表 13 – 7　太钢 $450m^2$ 烧结机脱硫烟气成分

项　目	单　位	FGD 入口废气条件				
		最小值	最大值	平均值	设计值	备注
废气流量	m^3/h（湿态，标态）		1444000	1369000	1444000	BUF Inlet
废气压力	Pa			500	500	BUF Outlet
废气温度	℃		138	135	138	BUF Inlet
煤烟	mg/m^3（干态，标态）		100	90	100	
O_2	%（干态）	14.1	14.4	14.3	14.4	
CO_2	%（干态）	5	6		6	
CO	%（干态）			0.6	0.6	
N_2	%（干态）			Balance	Balance	
H_2O	%		13	12	12	
SO_2	mg/m^3（干态，标态）	553	815	639	815	

项　目	单　位	FGD 入口废气条件				备注
		最小值	最大值	平均值	设计值	
SO₃	mg/m³（干态，标态）			微量	微量	
NOₓ	mg/m³（干态，标态）	209	317	260	317	
HCl	mg/m³（干态，标态）			40	40	
HF	mg/m³（干态，标态）			2.5	2.5	
PCDD/Fs	ng - TEQ/m³（干态，标态）			1.5	1.5	
Hg	μg/m³（干态，标态）			微量	微量	

（2）硫酸设备由中国瑞林公司进行设计，设备由太钢负责采购。通常时期（春季，夏季以及秋季）的产品硫酸纯度为 98%。但是，在冬季由于熔点的原因制造的硫酸纯度为 93%。

（3）保证性能。在任何工况情况下排出净烟气：

含 SO_2 浓度（标态）不大于 41mg/m³；

脱硝效率达 33% 以上；

粉尘排放浓度（标态）不大于 20mg/m³；

二噁英排放指标（标态）不大于 0.2ng/m³；

通过制酸系统制备 98% 的浓硫酸，450m² 烧结机脱硫后制酸 0.88 万吨。

D　运行效果

脱硫吸附塔入口烟气平均温度 126℃，入口烟气量平均为 1670km³/h，入口硫的浓度（标态）平均 470mg/m³，出口硫的浓度（标态）平均 16mg/m³，脱硫效率平均 96%。

入口氮氧化物浓度（标态）平均 102mg/m³，出口氮氧化物浓度（标态）平均 62mg/m³，脱硝效率平均为 39.9%。

各性能指标为投运 4 个月后（2011 年 1 月）经市环保局检测的结果，所有项目均超过保证性能。

另外，生产的硫酸达到了工业硫酸一等品质，在太钢轧钢系统进行了有效利用。

活性炭从 2010 年 8 月到 2012 年 6 月消耗 5271t，平均每月 230t，产生的粉尘为 5688t，月均 247t。

从 2010 年 9 月到 2012 年 6 月产酸 13001t，平均每月 590t。

从 2010 年 11 月到 2012 年 6 月用液氨 2589t，平均每月 136t。

13.2.3.2　长钢烧结机循环流化床（CFB - FGD）法烟气脱硫系统

安徽长江钢铁有限责任公司根据国家 SO_2 总量控制政策以及自身发展的需要，拟对两台 192m² 烧结机增设烟气脱硫装置，对其烟气进行脱硫处理，改善周边环境及地区大气污染水平。根据烧结机烟气的特点，采用了 CFB - FGD 循环流化床（干法）烟气脱硫工艺。

A　设计参数

脱硫装置设计参数见表 13 - 8。

表 13 – 8　脱硫系统设计参数

参　数	单　位	方案	
		1 号烧结机	2 号烧结机
FGD 入口烟气温度	℃	（152～154）154	（196～200）200
FGD 入口烟气压力	Pa	（-290～-390）-340	（-330～-350）-340
FGD 入口粉尘浓度	mg/m³（标态）	（8.0～11.7）9.85	（7.3～7.7）7.5
FGD 入口烟气量	m³/h（标态）	（67.4～68.4）70.3×10⁴	（58.7～62.7）63.4×10⁴
FGD 入口烟气量	m³/h（工况）	110×10⁴	110×10⁴
入口烟气成分　N_2	%	未测	未测
CO_2	%	（5.0～5.2）5.1	（5.4～7.3）6.4
水蒸气	%	9.07	11.4
O_2	%	16.07～16.65	14.46～15.77
SO_2	mg/m³（标态）	1500	1500
HCl	mg/m³（标态）	未测	未测
HF	mg/m³（标态）	未测	未测
SO_3	mg/m³（标态）	未测	未测
NO	%	131～148	139～182
脱硫效率	%	94	94
出口排烟温度	℃	75	75
出口含尘浓度	mg/m³（干态，标态）	30	30
出口 SO_2 浓度	mg/m³（干态，标态）	100	100
系统同主机运行率	%	98	98

其他条件：

（1）水。干法脱硫工艺用水水质要求较低，所需的水质要求如下：

可允许的悬浮物最大粒径　　　　≤30μm

可允许的磨损物含量　　　　　　≤10×10⁻⁴%

可允许的最高固体浓度　　　　　≤0.01%

pH 值　　　　　　　　　　　　≥7

Cl⁻ 浓度　　　　　　　　　　　≤100mg/L

本工程脱硫用水从工厂工业水系统接入。

（2）供配电。脱硫系统需两路 380V/200V AC 电源，用于脱硫低压配电设备供电。另有两路 10kV 电源用于增压风机供电。

（3）压缩空气。脱硫所需压缩空气取至工厂空压机房，主要供脱硫岛仪表、塔底吹扫及脱硫灰输送用，要求压缩空气的压力为 0.7MPa，露点温度低于 -23℃，经过二级净化。脱硫岛内设置仪用储气罐，用于脱硫装置所有气动操作的仪表和控制装置。

（4）吸收剂品质要求：

CaO 纯度	≥80%
活性 t_{60}	≤4min（t_{60} 表示石灰加水后升温至60℃所需时间）
粒径	≤2mm

B　工艺流程与技术原理

中冶华天工程技术有限公司为安徽长江钢铁有限责任公司设计的烧结机烟气脱硫工艺由吸收剂制备系统、吸附剂供应系统（可选，为脱除二噁英等有机污染物）、CFB 吸收塔系统、物料再循环系统、工艺水系统、脱硫后除尘器以及仪表控制系统等组成，其工艺流程如图 13-10 所示。

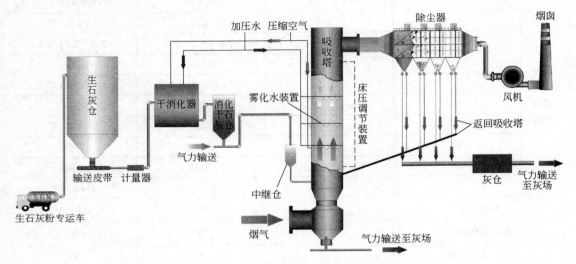

图 13-10　CFB-FGD 工艺流程示意图

首先需处理的烟气从底部进入脱硫塔，在此处高温烟气与加入的吸收剂、循环脱硫灰充分预混合，进行初步的脱硫反应，在这一区域主要完成吸收剂与 HCl、HF 的反应。

然后烟气通过脱硫塔下部的文丘里管的加速，进入循环流化床床体；物料在循环流化床里，气固两相由于气流的作用，产生激烈的湍动与混合，充分接触，在上升的过程中，不断形成絮状物向下返回，而絮状物在激烈湍动中又不断解体重新被气流提升，使得气固间的滑落速度高达单颗粒滑落速度的数十倍；脱硫塔顶部结构进一步强化了絮状物的返回，进一步提高了塔内颗粒的床层密度，使得床内的 Ca/S 比高达 50 以上，SO_2 充分反应。这种循环流化床内的气固两相流动机制，极大地强化了气固间的传质与传热，为实现高脱硫率提供了根本的保证。

在文丘里管的出口扩管段设有喷水装置，喷入的雾化水用以降低脱硫反应器内的烟温，使烟温降至高于烟气露点 20℃左右，从而使得 SO_2 与 $Ca(OH)_2$ 的反应转化为可以瞬间完成的离子型反应。吸收剂、循环脱硫灰在文丘里管段以上的塔内进行第二步的充分反应，生成副产物 $CaSO_3 \cdot 1/2H_2O$，此外还有与 SO_3、HF 和 HCl 反应生成相应的副产物 $CaSO_4 \cdot 1/2H_2O$、CaF_2、$CaCl_2$、$Ca(OH)_2 \cdot 2H_2O$ 等。

烟气在上升过程中，颗粒一部分随烟气被带出脱硫塔，一部分因自重重新回流到循环流化床内，进一步增加了流化床的床层颗粒浓度并延长了吸收剂的反应时间。

从化学反应工程的角度看，SO_2 与氢氧化钙的颗粒在循环流化床中的反应过程是一个外扩散控制的反应过程，SO_2 与氢氧化钙之间的反应速度主要取决于 SO_2 在氢氧化钙颗粒表面的扩散阻力，或者说是取决于氢氧化钙表面气膜厚度。当滑落速度或颗粒的雷诺数增加时，氢氧化钙颗粒表面的气膜厚度减小，SO_2 进入氢氧化钙的传质阻力减小，传质速率加快，从而加快 SO_2 与氢氧化钙颗粒的反应。

只有在循环流化床这种气固两相流动机制下，才具有最大的气固滑落速度。同时，脱硫反应塔内能否获得气固最大滑落速度，是衡量一个干法脱硫工艺先进与否的一个重要指标，也是鉴别干法脱硫工艺能否达到较高脱硫率的一个重要指标。

喷入的用于降低烟气温度的水，以激烈湍动的、拥有巨大的表面积的颗粒作为载体，在塔内得到充分的蒸发，保证了进入后续除尘器中的灰具有良好的流动状态。

由于流化床中气固间良好的传热、传质效果，SO_3 全部去除，加上排烟始终控制在高于露点温度 20℃ 左右，因此烟气不需再加热，同时整个系统也无需任何的防腐处理。

同时，通过物料循环，吸收塔烟气携带的吸附剂（活性炭）颗粒将与烟气中的重金属、二噁英等有较长时间接触，保证重金属、二噁英的有效脱除。

净化后的含尘烟气从脱硫塔顶部侧向排出，然后转向进入脱硫后除尘器进行气固分离，再通过引风机排至烟囱。经除尘器捕集下来的固体颗粒，通过除尘器下的脱硫灰再循环系统，返回脱硫塔继续参加反应，如此循环往复。多余的少量脱硫灰渣通过气力输送至脱硫灰库内，再通过罐车或二级输送设备外排。

在循环流化床脱硫塔中，$Ca(OH)_2$ 与烟气中的 SO_2 和几乎全部的 SO_3、HCl、HF 等完成化学反应，主要化学反应方程式如下：

$$Ca(OH)_2 + SO_2 \Longrightarrow CaSO_3 \cdot 1/2H_2O + 1/2H_2O$$

$$Ca(OH)_2 + SO_3 \Longrightarrow CaSO_4 \cdot 1/2H_2O + 1/2H_2O$$

$$CaSO_3 \cdot 1/2H_2O + 1/2O_2 \Longrightarrow CaSO_4 \cdot 1/2H_2O$$

$$Ca(OH)_2 + 2HCl \Longrightarrow CaCl_2 \cdot 2H_2O（约70℃）（强吸潮性物料）$$

$$2Ca(OH)_2 + 2HCl \Longrightarrow CaCl_2 \cdot Ca(OH)_2 \cdot 2H_2O（>120℃）$$

$$Ca(OH)_2 + 2HF \Longrightarrow CaF_2 + 2H_2O$$

从上述化学反应方程式可以看出，$Ca(OH)_2$ 尽量避免在 70℃ 左右与 HCl 反应。

C 工艺方案及其特点

脱硫除尘岛主要由脱硫塔、脱硫布袋除尘器、物料循环系统、吸收剂及吸附剂供应系统、烟气系统、工艺水系统、流化风系统等组成。

a 烟气系统

从两台烧结机各自的主抽风机引出的烟气从底部进入脱硫除尘装置脱硫、除尘后，通过脱硫引风机排往新建烟囱。脱硫除尘岛相对独立于烧结机主系统，自成体系。脱硫系统引起的烟气压力损失问题则由脱硫后引风机来解决。为了切换原来的主系统，在旁路烟道、脱硫塔的入口烟道、脱硫引风机的出口烟道均设有可以快速关断的风挡。当一台烧结机检修，一台烧结机运行时，为了避免脱硫塌床的风险，设置了回流管道，所以当脱硫除尘岛进行检修时不会影响烧结主抽风系统的安全运行。

烟气系统主要设备有增压风机、新建烟囱、进口挡板门、出口挡板门、旁路挡板门及回流挡板门、膨胀节等。

　　b　CFB 脱硫塔

　　脱硫塔是一个由 7 个文丘里管组成的空塔结构，由于去除了全部 SO_3，而且烟温在露点以上 20℃ 左右，塔体采用普通钢板制造，塔内完全没有任何运动部件和支撑杆件，也无需设防腐内衬。脱硫塔采用钢支架进行支撑，并在下部设置两层检修平台。

　　脱硫塔的进口烟道设有均流装置，出口扩大段设有温度、压力检测装置，以便控制脱硫塔的喷水量和物料循环量，塔底设有排灰装置，并设有吹扫装置防堵。

　　c　吸收剂制备系统

　　吸收剂制备系统是相对独立的一个分系统。该项目采用的吸收剂为生石灰，由自卸式密封罐车运来的生石灰分别经罐车自带的空压机输送到吸收剂仓内，在吸收剂仓底部设置石灰干式消化系统。消化后的消石灰通过旋转给料器输送到进料空气斜槽，然后经过空气斜槽输送到吸收塔内。

　　系统的主要设备有生石灰仓、石灰消化系统、消石灰进料装置等。

　　石灰干式消化系统采用卧式双轴搅拌干式消化器，它的工作原理为：在加入生石灰粉的同时，经计量水泵加入消化水，通过特制的双轴桨叶搅拌使石灰粉与消化水均匀混合，消化温度保持在 100℃ 以上，使表面游离水得到有效蒸发，通过控制消化机的出口尾堰高度和注水量，来调节消化石灰的品质。消化后的消石灰粉，含水可控制在 1% 范围内，其平均粒径 10μm 左右，比表面积可达 $22m^2/g$ 以上。

　　采用消化器在工厂自行消化石灰，大大降低了直接外购消石灰所带来的高昂的运行成本，是干法脱硫的工艺技术的一大进步，因此消化器的好坏，将直接影响到脱硫运行成本直至脱硫系统的安全运行，采用双轴搅拌干式消化器，是目前所有消化器中最为可靠和运行成本最低的一种。该设备的主要特点是：

　　（1）消化水根据加入的生石灰量及消化器内不同部位的温度进行调节，使消化温度始终保持在 100℃ 以上，消化中的过量水分得到充分蒸发，保证消石灰的含水率控制在合理的范围内。

　　（2）为使石灰消化产生的水蒸气顺畅排出，在排气管近根部处通入热烟气，在排气管内形成热气幕，防止水蒸气携带的消石灰粉黏结在管壁上。

　　（3）消化器出口设有可调高度的溢流堰，用以控制消化槽的出粉粒度及消化时间。

　　（4）没有过多的空气参加消化反应，避免产生 $CaCO_3$，从而确保消石灰的反应活性。

　　（5）与其他方式干式消化器相比具有投资较低、运行成本低，维护检修方便等优点。

　　（6）消化器的关键部件采用原装进口。

　　d　物料循环系统

　　物料循环系统的目的是建立稳定的流化床，提高吸收剂及吸附剂的利用率。物料循环系统设两条空气斜槽，将脱硫除尘器灰斗中的物料输送回吸收塔，根据吸收塔的压降信号调节循环流量调节阀开启程度，从而控制循环灰量。而当灰斗料位达到一定高的料位时，仓泵进料阀进行脱硫灰外排；当灰斗料位低于设定料位时，脱硫灰停止外排。脱硫除尘器灰斗及空气斜槽都专设风机进行流化，并将流化风加热到 80℃ 以上，保证物料良好的流动性。

e 工艺水系统

在 CFB 脱硫工艺中，工艺水主要用于脱硫塔烟气冷却。烟气降温用水通过高压水泵以一定压力通过回流式喷嘴注入脱硫塔，根据脱硫塔出口温度控制回流水调节阀的开启程度控制喷水量，使脱硫塔出口温度维持在 70℃ 左右，回流式喷嘴为进口产品。

f PLC 控制系统

整个脱硫除尘岛通过 PLC 控制系统实现自动控制，设置一台过程控制站、一台操作员站、一台工程师站和打印机。网络分两层，即控制网和监控网。系统将过程站、操作站和工程师站连接在监控网上，实现了操作员站、工程师站之间的数据通讯，工程师站也可兼做操作员站，打印机共享。通过监控网能与主机控制系统进行通讯（但 FGD – PLC 与主机 PLC 间连锁、保护的重要信号通过硬接线连接），同时在监控网上留有与全厂 SIS 或 MIS 的通讯接口。控制网位于控制站内部，主控单元和智能 I/O 单元都连接在控制网上，实现主控单元和 I/O 单元间的数据通讯。整个 PLC 采用全冗余配置，保证脱硫除尘岛安全、可靠运行。用户在控制室内通过控制键盘，可实现对脱硫系统正常运行工况的监视和调整，以及异常工况的报警和紧急事故处理。

g 仪表及 SO_2 监测系统

在脱硫除尘岛出口设置 SO_2 连续监测系统；设置冗余压力变送器测量脱硫吸收塔进出口和布袋除尘器出口的压力；设置三冗余温度计测量吸收塔出口温度值；其他测量包括脱硫除尘器灰斗料位计（连续料位计和料位开关）、高压水系统压力计、流化风系统温度计、各控制阀限位开关、阀位变送器。

提供的仪表选用通用产品，符合国家有关标准，不采用淘汰产品，并考虑最大限度的可用性、可靠性和可维修性。

h 废水处理

该项目采用的脱硫技术是循环流化床干法烟气脱硫技术，该工艺没有废水产生。

i 吸附剂添加系统

吸附剂添加系统主要是负责向脱硫塔中加入活性炭等吸附剂，用于脱除烟气中的二噁英和重金属等有害物质。

活性炭比表面积巨大、吸附能力强，研究表明活性炭对烟气中的二噁英类物质及部分重金属具有较强的吸附效果。在循环流化床中特殊的气固两相流动机制作用下，这种吸附作用更能得到强化，从而保证二噁英的排放浓度达到标准要求值。吸附了二噁英的活性炭和吸收剂与酸性气体的反应产物一起，在布袋除尘器中被收集下来并与净化后的烟气分离。

j 增压风机

该工程配置一台 100% 容量的增压风机，要求按增压风机入口风量加 10% 裕量，另加不低于 10℃ 的温度裕量，增压风机的压头裕量不低于 20% 。风机形式采用静叶可调轴流风机或离心风机。

增压风机设检修支架，支架上应设电动检修葫芦，检修葫芦的起重量应满足起吊增压风机电动机的要求。

风机在脱硫除尘岛出口烟气侧连续运行，采取静叶调节或进口阀门调节。风机负荷范围为 50% ~100% BMCR，轴承冷却方式为风冷。风机安装地点在室外 ±0.00m 钢筋混凝土基础上。风机设计参数见表 13－9。

表 13－9 增压风机设计参数

序号	项目名称	方案一		方案二
		1 号烧结机	2 号烧结机	1 号、2 号烧结机
1	风机入口计算流量/m³·h⁻¹	944177	877423	1821089
2	风机全压升/Pa	4200	4200	4200
3	风机入口静压/Pa	−2900	−2900	−2900
4	风机入口烟气温度/℃	75	75	75
5	风机入口烟气密度/kg·m⁻³	0.97	0.97	0.97
6	入口烟气含湿量/g·kg⁻¹			
7	入口烟气含尘量（标态）/mg·m⁻³	30	30	30
8	电机功率/kW	1500	1500	3000
9	电机形式	YKK	YKK	YKK
10	风机形式	离心风机		轴流风机

k 脱硫布袋除尘器

脱硫后的含尘气体由脱硫塔进入布袋除尘器进风口，与导流板相撞击，在此沉降段内，粗颗粒粉尘掉入灰斗，起到预收尘的作用。考虑到循环流化床烧结机的特性和脱硫除尘效率的要求，在布袋除尘器内部结构上增设了沉降室，进一步加强预收尘的作用，保证布袋除尘器安全运行。

气流随后折转向上，通过内部装有金属架的滤袋，粉尘被捕集在滤袋的外表面，使气体脱硫。脱硫后的气体进入滤袋室上部的清洁室，汇集到出风管排出。随着除尘器的连续运行，当滤袋表面的粉尘达到一定厚度时，气体通过滤料的阻力增大，布袋的透气率下降，这时应用脉冲气流清吹布袋内壁，将布袋外表面上的粉饼层吹落，尘层跌入灰斗，使滤袋恢复过滤功能。清灰方式为"离线脉冲反吹清灰"，以"定时清灰"和"差压清灰"两种方式控制清灰，采用优先控制原则，时间到，定时清灰优先；差压到，差压清灰优先。定时清灰是指当清灰时间到，布袋除尘器将自动清灰，清灰结束后，重新计时；定压清灰是指当布袋除尘器进出口压差达到设定值 1000 ~1200Pa（可根据调试情况调整），布袋除尘器将自动清灰，清灰结束后，重新计时。布袋除尘器本体设有旁路烟道，当温度或差压超过设定值时，旁路自动运行，以保证系统安全平稳工作。

除尘器的底部灰斗中的灰部分经螺旋输送机排出。考虑到烟气的组分特殊，酸露点较低，故在除尘器灰斗上设有电加热保温，在冷态情况下启动或在温度低于设定值时使用，保证布袋除尘器本体内壁不至于出现酸结露，在烧结机正常运行的条件下关闭加热器。烟气经布袋除尘器除尘后，经烟道进入引风机后被排入大气。

除尘器采用耐高温滤料 PPS，解决了烧结机烟气温度高，普通滤料不能承受及普通滤料使用寿命短的问题。

除尘器采用进口电磁脉冲阀：低压、高效、长寿命膜片电磁脉冲阀的运用，使布袋除尘器的清灰方式得到了彻底的改变。

除尘器设置了烟气温度检测、除尘器运行压力检测、料位检测、运行设备故障检测、上位工控系统等先进的检测、监控设备。

脉冲布袋除尘器过滤面积：1 号烧结机脱硫系统为 $17500m^2$；2 号烧结机脱硫系统为 $17500m^2$。

l 脱硫灰渣处置

脱硫灰是一种白色间杂灰色的可以自由流动的粉末，其化学组成随原始烟气成分、硫含量、SO_2 脱除率等的改变而不同。表 13 – 10 所示为脱硫灰的主要化学成分。

表 13 – 10 脱硫灰的主要化学成分

主要组分	$CaSO_3$	$CaSO_4$	$Ca(OH)_2$	$CaCO_3$	$CaCl_2$	CaO	CaF_2	H_2O
典型数据/%	49.99	22.55	10.54	7.5	1.78	1.01	0.58	1.0

伴随这些主要组分，最终产物中含有微量元素，这是与飞灰和石灰含量相关联的。最终产物中微量元素含量通常比飞灰和土壤中的微量元素要低。由于其密度和碱性特点，使得脱硫灰的渗透性较低。

脱硫灰的容积密度一般在 $400 \sim 600kg/m^3$，随产物中飞灰量的改变而改变。

脱硫灰的水溶性：副产品的水溶性很小，除了 $CaCl_2$ 以外，其余不同的组分的水溶性均较差，见表 13 – 11。

表 13 – 11 脱硫灰中不同组分的水溶性能

组 分	$CaSO_3$	$CaSO_4$	$Ca(OH)_2$	$CaCO_3$	$CaCl_2$
$18 \sim 25℃$ 下的水溶性/$g \cdot L^{-1}(H_2O)$	0.043	2.1	1.5	0.014	可溶解

在空气条件下，亚硫酸钙在较短时间内缓慢氧化成硫酸钙，与此同时，氢氧化钙吸收空气中的 CO_2 转变成碳酸钙。

国内脱硫灰通常的做法是将这些产物通过密相传送系统输送到最终产物储存仓，仓中的原料经过一段时间的暂时存储后作为干粉末卸载，用于回收。

脱硫灰根据当地具体情况，可做以下几方面的综合利用：

（1）水泥混合材和缓凝剂。

（2）免烧砖。

（3）筑路、矿床回填、平整。

（4）码头等的砌筑料。

（5）肥料，盐碱地改良。

（6）海涂围垦、填埋。

国内对脱硫渣用作水泥混合材料和缓凝剂方面进行了大量研究。研究结果表明，只要控制脱硫渣掺量比例，水泥的性能几乎不受影响。

该工程 $2 \times 192m^2$ 烧结机脱硫系统，按最大入口硫含量（标态）$1500mg/m^3$，最大 Ca/S = 1.25 计算，年产脱硫灰渣 44000t。实际运行时，由于烟气含硫量的变化及 Ca/S 的变化，年产脱硫灰渣约 22000t。

长江钢厂现有年产 135 万吨的矿渣微粉厂，按掺入脱硫灰渣比例 2% 计算，年可消耗

27000t，只要在磨机前管道上设置喷吹装置，可完全满足脱硫灰渣的处置要求。

D 主要污染源、污染物及控制措施

a 废气污染源及控制措施

长江钢铁有限公司 $2 \times 192m^2$ 烧结机头循环流化床石灰（半）干法烟气脱硫设施设计脱硫效率大于94%，脱硫后 SO_2 和烟尘排放浓度（标态）分别低于 $100mg/m^3$、$30mg/m^3$。脱硫前后主要污染物排放参数见表13-12，SO_2 排放量见表13-13。

表 13-12 脱硫前后主要污染物排放参数

项目	烟气量（标态）/$m^3 \cdot h^{-1}$	烟气温度/℃	SO_2 浓度（标态）/$mg \cdot m^{-3}$	烟尘浓度	系统脱硫效率/%
脱硫前	133.8×10^4	150~200（176）	1500	100	≥94
脱硫后		75	≤100	30	

表 13-13 脱硫前后 SO_2 排放量

项 目	脱硫前	脱硫后	减排量
SO_2/$t \cdot a^{-1}$	16051.7	1142.9	14908.8

生石灰仓顶和消石灰仓顶废气污染源经除尘系统处理后，废气由排气筒排放，排放废气中粉尘排放浓度不超过 $30mg/m^3$，控制粉尘排放浓度、排放量符合《大气污染物综合排放标准》（GB 16297—1996）二级标准要求。

b 废水污染源及控制措施

烟气脱硫工程采用循环供水系统，净循环水量 $10m^3/h$，由厂区已有的循环水系统供给，主要为风机等设备提供冷却水，用后水温升高，因为水体仅受热污染，无其他杂质产生，所以设计为净环水系统，经冷却处理后可循环使用。工艺及消化水用量 $75m^3/h$，全部消耗，工程无生产废水排放。

生活用水量 $2m^3/h$，经化粪池处理，排入厂区排水管网。

c 噪声源控制措施

脱硫装置在运行过程中的主要噪声源为风机、空压机、水泵等设备，声压级约 88~95dB（A）。

为了降低噪声，应选用低噪声、性能好的设备，并在设备订货时向厂商提出设备噪声控制要求；在设备、管道设计中采取防震、防冲击措施，并根据声源设备声学参数及频谱特性，分别采取不同降噪措施：风机采用减振措施，并在风机口设消声器，可削减25dB（A）；空压机采用构筑物隔声并设消声器，可削减30dB（A）；水泵采用减振、柔性接管等措施，并采用构筑物隔声，可削减15dB（A）。

通过以上措施削减噪声对周围环境的影响，控制厂界噪声符合（GB 12348—2008）三类标准。

d 固体废物综合利用

采用半干法脱硫装置生成的脱硫渣量2.2万吨/年，其主要成分为 $CaSO_3 \cdot 1/2H_2O$，可作为原料生产矿渣微粉，达到全部利用。

仓顶除尘系统捕集的生石灰全部返回使用，既节约资源和处理成本，又减轻对环境的影响。

E 主要技术经济指标

长江钢铁有限责任公司 $2 \times 192m^2$ 烧结机采用 CFB – FGD 装置主要技术经济指标如下：

处理烟气量（工况）	$2 \times 1100000 m^3/h$（工况）
入口 SO_2 浓度	$1500 mg/m^3$（标态）
脱硫效率	≥94%
脱除 SO_2 量	2.17t/h
入口烟气温度	150～200℃
排烟温度	75℃
钙硫比（Ca/S）	≤1.25
总装机容量	4200kW
工艺水耗	74t/h
吸收剂耗量	2.8t/h（最大）
脱硫灰渣量	5.5t/h（最大）
生产运行人员数	16（21）人
年运行费用	2725.8 万元
脱硫成本	1831 元/吨 SO_2
年利用小时数	8000h

13.2.3.3 湘钢烧结机石灰石—石膏法烟气脱硫工程

2008 年湘钢启动 $360m^2$ 烧结机烟气脱硫工程。湘钢确定采用石灰石—石膏法对湘钢 $360m^2$ 烧结机烟气进行脱硫处理的理由是：当时，国内烧结烟气脱硫处于起步阶段，尚无主流的脱硫工艺；湘钢地处酸雨和 SO_2 两控区的湘潭市区，因此脱硫效率高和副产物能综合利用的方案成为首选；湘钢东安石灰石矿筛下细石灰石料未充分利用，可用作烧结脱硫剂原料；另外，湘潭地区现有的建材和水泥生产厂家对脱硫石膏具有消化能力。

2009 年 9 月底湘钢 $360m^2$ 烧结机烟气脱硫工程进入 168h 试运行，经过短期的消缺整改后投入正式运行。2010 年 4 月通过环保部门测试，每年减少 SO_2 26000t 左右。

脱硫工艺系统以粒径小于 325 目的石灰石粉作为吸收剂，制浆后用泵输送至吸收塔与烟气逆流接触。脱硫工艺由石灰石浆液制备系统、烟气系统、吸收塔、石膏脱水系统、事故浆液及排空系统、废水处理系统、自控和在线监测系统组成。

工艺流程：烧结烟气经原烟气挡板门进入增压风机，增压风机将烟气送入脱硫吸收塔中部，烟气往上与喷淋浆液逆流接触，脱除 SO_2 的烟气经除雾器除去小液滴，再经塔顶烟囱排放。石膏浆液由排出泵输入旋流器浓缩分离，溢流液循环至吸收塔利用，底流经真空带式脱水机脱水后送入石膏库外销。系统中排出的少量废水经中和、混凝、沉淀处理后达标排放至湘钢总排水处理厂，或者用于烧结原料场喷洒抑尘。工艺流程如图 13–11 所示。

吸收塔是脱硫装置中的核心设备，SO_2 的脱除、亚硫酸钙的氧化、石膏的结晶都是在吸收塔内完成的。本工艺吸收塔采用空塔喷淋技术，有着 SO_2 吸收充分，系统阻力较低，喷淋管在空塔内不易产生结垢堵塞，维护检修方便等优点。吸收塔主要设计参数见表 13–14。

表 13 - 14　吸收塔主要设计参数

序号	参　数	数值	序号	参　数	数值
1	处理烟气量/$m^3 \cdot h^{-1}$	65 ~ 75	9	空塔气速/$m \cdot s^{-1}$	3.62
2	脱硫效率/%	约95	10	液气比	14.2
3	入口烟气温度/℃	<100	11	吸收塔压降/Pa	800
4	出口烟气温度/℃	50 ~ 55	12	吸收塔内径/m	9.5
5	钙硫比	1.03	13	吸收塔高/m	28
6	出口雾滴质量浓度/$mg \cdot m^{-3}$	<75	14	吸收塔正常液位/m	10
7	粉尘排放质量浓度/$mg \cdot m^{-3}$	<50	15	喷淋层数	3
8	SO_2 排放质量浓度/$mg \cdot m^{-3}$	<100			

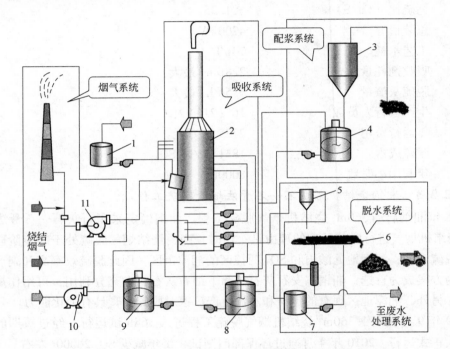

图 13 - 11　石灰石—石膏法空塔喷淋烧结烟气脱硫工艺流程

1—工艺水箱；2—吸收塔；3—料仓；4—石灰石浆液配制箱；5—石膏旋流器；6—真空皮带脱水机；
7—滤布冲洗水箱；8—滤液箱；9—事故滤液箱；10—氧化风机；11—增压风机

　　采用脱硫工艺后主要性能指标：自脱硫装置投产以来，系统运行比较稳定，SO_2 排放质量浓度小于 $100mg/m^3$，脱硫效率保持在 90% 以上。2009 年 12 月 ~ 2010 年 4 月脱硫系统运行指标见表 13 - 15。

表 13 - 15　2009 年 12 月 ~ 2010 年 4 月脱硫系统运行指标

指标	SO_2 进口质量浓度 /$mg \cdot m^{-3}$	SO_2 出口质量浓度/$mg \cdot m^{-3}$	脱硫效率/%	粉尘进口质量浓度/$mg \cdot m^{-3}$	粉尘出口质量浓度/$mg \cdot m^{-3}$	除尘效率/%
2009 - 12	1.225	95	92.2	85	48	43.5
2010 - 01	1.190	69	94.2	67	35	47.8
2010 - 02	1.581	82	94.8	72	38	47.2

指标	SO₂ 进口质量浓度 /mg·m⁻³	SO₂ 出口质量浓度/mg·m⁻³	脱硫效率/%	粉尘进口质量浓度/mg·m⁻³	粉尘出口质量浓度/mg·m⁻³	除尘效率/%
2010 – 03	1.620	88	94.6	82	41	50.0
2010 – 04	1.168	71	93.9	90	51	43.3

气喷旋冲石灰石—石膏法烧结烟气脱硫的原理如图 13 – 12 所示。在主抽风机出口烟道至主烟囱间增设烟气脱硫装置，通常一台烧结机配一套脱硫装置（根据需要也可以两台烧结机共用一套脱硫装置）。脱硫入口烟气接自烧结机主抽风机房外出口烟道，经过脱硫后，净烟气返回主烟囱排放，整个脱硫装置与主抽风机后烟气排放系统并联配置，原烟道作为旁路系统。气喷旋冲脱硫除尘装置由浆液储段、进气段、脱硫段、脱水除雾段组成，其中脱硫段由气喷旋冲暴气管组件组成，烟气经进口烟道进入进气段，进气段的出气端接气喷旋冲暴气管组件，气喷旋冲暴气管组件底部插入浆液储段反应池中，烟气在经进气段进入气喷旋冲暴气管组件中，继以射流鼓泡方式冲入浆液储罐中，烟气中的二氧化硫与石灰石浆液接触反应，进一步吸收、氧化，生成石膏，净化后的烟气经过脱水除雾段由烟囱排放出去。

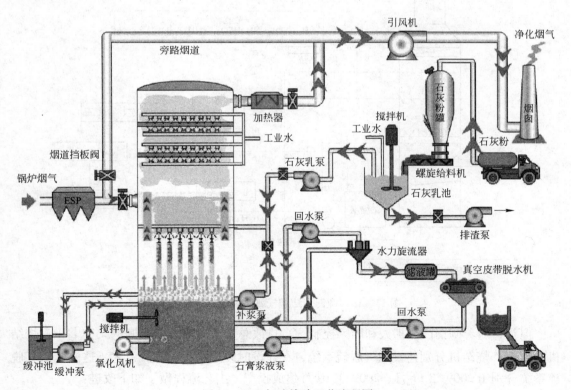

图 13 – 12　气喷旋冲工艺流程图

该工艺的特点是使用了喷射鼓泡装置，即在喷射暴气反应池中，烟气通过喷射器直接喷散到洗涤液中，取消了浆液喷淋装置和再循环装置。经处理后的烟气经过烟气升气管进入上层的混气室，然后经除雾器后由烟囱排出。该工艺取消了复杂的浆液再循环系统，简化了工艺过程，也降低了能耗，因而使成本投资和运行成本都有所减少。

13.2.3.4 柳钢烧结机氨—硫酸铵法烟气脱硫工艺

2007 年，柳钢在 $2 \times 83 m^2$ 烧结机应用氨—硫酸铵法脱除其烟气中的二氧化硫，工艺流程如图 13 - 13 所示。该工艺从 2 台 $83 m^2$ 烧结机主抽风机后的烟道上引出烧结烟气，通过增压风机升压后直接送入脱硫塔。脱硫塔为双循环三段式结构，脱硫塔最底层是硫酸铵溶液循环池，中段是降温除尘段，上段是 SO_2 吸收除雾段。烧结烟气首先进入脱硫塔降温除尘段，随后进入吸收除雾段，最后经脱硫塔顶部的烟囱排入大气。烧结烟气在降温除尘段被喷淋的冷却水冷却洗涤，再进入吸收除雾段，烟气中 SO_2 在吸收除雾段与吸收液接触发生化学反应，SO_2 被吸收并生成亚硫酸铵或硫酸铵溶液，亚硫酸铵或硫酸铵溶液因重力作用自然降至脱硫塔底层。亚硫酸铵溶液通过塔外循环泵送至脱硫塔上部吸收除雾段，部分硫酸铵浓缩液被抽至硫酸铵系统结晶成固体硫酸铵。烧结烟气经脱硫净化除去水雾后排向大气。硫酸铵浓缩和 SO_2 吸收两个循环过程均在脱硫塔内完成。脱硫系统自投入运行以来，平均脱硫效率达到了 90% 的设计要求。

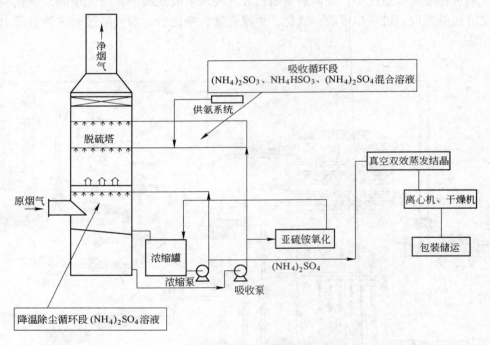

图 13 - 13 柳钢烧结烟气氨法脱硫工艺简图

但是，随着柳钢产能扩大和国家控制 SO_2 排放总量力度的加强，柳钢又在 $110 m^2$ 烧结机和 $265 m^2$ 烧结机分别建设烟气脱硫系统，在建设时改进优化了脱硫工艺。这两套烟气脱硫系统分别于 2009 年 11 月、2009 年 10 月建成投产。工艺流程做了如下改进：

（1）烧结烟气脱硫装备由三段式单塔结构改为双塔式，两个塔分别是降温浓缩塔和脱硫塔，在降温浓缩塔与脱硫塔之间增加了立式除雾器。另外，在硫酸铵结晶之前，加建了中间缓冲罐。

（2）SO_2 吸收的改进。将烟气中 SO_2 在单塔的吸收除雾段吸收改为在降温浓缩塔和脱硫塔吸收，提高吸收效率。

（3）亚硫酸铵溶液循环的改进。亚硫酸铵溶液循环由单塔内循环改为分别在降温浓缩塔和脱硫塔内循环。

（4）脱硫剂由原来的纯液氨改为质量分数 16% ~ 20% 的氨水。

（5）硫酸铵浓缩结晶的改进。将硫酸铵浓缩液直接送到硫酸铵系统结晶改为硫酸铵浓缩液经过滤器后送至中间缓冲罐，再送到硫酸铵结晶系统结晶。

改进后的效果如下：

（1）烧结烟气中 SO_2 与脱硫剂接触更充分，脱硫效率更高。

（2）氨水替代液氨作脱硫剂，操作简便，且储存、输送、使用更安全。

（3）硫酸铵结晶效果更好。烧结烟气脱硫系统运行程序优化后，使各烟气脱硫系统综合脱硫效率均有所提高。数据见表 13 - 16。

表 13 - 16　柳钢烧结烟气脱硫系统运行情况

项　目		烟气产生量 /$m^3 \cdot h^{-1}$	脱硫前 SO_2 平均质量浓度（标态）/$mg \cdot m^{-3}$	脱硫处理烟气量/$m^3 \cdot h^{-1}$	脱硫后 SO_2 平均质量浓度（标态）/$mg \cdot m^{-3}$	综合脱硫效率/%
$2 \times 83m^2$ 系统	优化前	52.44×10^4	637	51.46×10^4	62	90
	优化后	51.94×10^4	615	51.94×10^4	38	94
$110m^2$ 系统	优化前	28.66×10^4	687	28.3×10^4	70	90
	优化后	30.80×10^4	698	30.2×10^4	21	95
$265m^2$ 系统	优化前	90.86×10^4	783	87×10^4	56	89
	优化后	91.00×10^4	810	90×10^4	25	96

注：综合脱硫率 = 脱除 SO_2 量/SO_2 产生量×100%。

13.2.3.5　三钢循环流化床干法

福建三钢 $180m^2$ 烧结机烟气脱硫装置采用福建龙净脱硫脱硝工程有限公司的循环流化床烟气脱硫工艺（Circulating Fluidized Bed Flue Gas Desulphurization，简称 CFB - FGD）。

工艺原理：烟气从吸收塔底部进入，经吸收塔底文丘里结构加速后与加入的吸收剂（消石灰）、吸附剂、循环灰及水发生反应，除去烟气中的 SO_x、HCl、HF、CO_2 等气体。烟气中夹带的吸收剂、吸附剂和循环灰，在通过吸收塔下部的文丘里管时，受到气流的加速而悬浮起来，形成激烈的湍动状态，使颗粒与烟气之间具有很大的相对滑落速度，颗粒反应界面不断摩擦、碰撞更新，从而极大地强化了气固间的传热、传质。同时为了达到最佳的反应温度，通过向吸收塔内喷水，将烟气温度冷却到露点温度以上 20℃ 左右。携带大量吸收剂、吸附剂和反应产物的烟气从吸收塔顶部侧向下行进入脱硫布袋除尘器，进行气固分离，经气固分离后的烟气含尘量（标态）不超过 $30mg/m^3$。另外，烟气中的吸收剂及吸附剂在滤袋表面沉降形成滤饼，延长吸收剂与酸性气体、吸附剂与有机污染物的接触时间，增加酸性气体、二噁英脱除率。

一个典型的适合烧结烟气脱硫的 CFB - FGD 系统由吸收剂和吸附剂（根据需要）供应系统、脱硫塔、物料再循环及排放系统、工艺水系统、脱硫后除尘器以及仪表控制系统等组成。

设计条件：福建三钢 180m² 烧结机机头烧结烟气脱硫项目对主抽风机后 55% 的烟气进行脱硫，即根据各风箱 SO_2 排放浓度不同，将 SO_2 排放浓度较高的 5~13 号 9 个风箱烟气引出脱硫，而将 SO_2 排放浓度较低的 1~4 号以及 14~15 号 6 个风箱的烟气不经脱硫直接排往大气。脱硫装置入口烟气参数见表 13-17，设计参数见表 13-18。

表 13-17 脱硫装置入口烟气参数表

序号	参数	数值	序号		参数	数值
1	FGD 入口烟气温度/℃	120~180，最高240	5	入口烟气成分	水蒸气/%	10~15
2	FGD 入口烟气相对压力/Pa	+500			SO_2/mg·m^{-3}(干标)	5000
3	FGD 入口粉尘温度/℃	50	6	年运行时间/h		7500
4	FGD 入口烟气量/m³·h^{-1}	530000×0.55				

表 13-18 脱硫装置设计参数表

序号	项目	设计参数值	序号	项目	设计参数值
1	保证脱硫率/%	93	8	生石灰粉耗量/t·h^{-1}	1.6
2	排尘浓度/mg·m^{-3}	50	9	脱硫灰产量/t·h^{-1}	3.6
3	硫钙比（mol/mol）	1.25	10	脱硫装置漏风率/%	≤5
4	脱硫装置压降/Pa	3800	11	系统可用率/%	98
5	排烟温度/℃	75	12	设备的噪声/dB(A)	≤85
6	运行功率（含引风机）/kW	750	13	系统寿命/a	30
7	脱硫装置耗水量/t·h^{-1}	12			

工艺效果：三钢烧结机烟气脱硫装置于 2007 年 1 月开始设计，5 月底开始施工，10 月 18 日正式投入运行。运行效果良好，脱硫率超过 91%，最高达 98%，SO_2 平均排放浓度小于 400mg/m³（最低小于 100mg/m³），粉尘最低排放浓度小于 50mg/m³，各项运行性能指标都优于设计要求。脱硫装置的成功运行，大大降低了大气 SO_2 的排放量和排放浓度，从而减少了危害人类健康的污染物，其社会效益、环保效益极其显著。这对改善三明环境及三明地区大气污染物水平有着明显的作用。

13.2.3.6 首钢矿业公司烧结机密相干塔法烟气脱硫工艺

首钢矿业公司 360m² 烧结机烟气脱硫系统于 2009 年 2 月 25 日举行了奠基仪式，2009 年 7 月底开工建设，两系列脱硫系统分别于 2009 年 11 月、2010 年 5 月建成投入运行，兑现了首钢矿业公司对地方政府及行政主管部门的工期承诺。首钢密相干塔法脱硫工艺流程如图 13-14 所示。

首钢矿业公司烧结厂 360m² 烧结机烟气浓度较低，一般为 400~800mg/m³，烟气温度较高，达 140~180℃，不易因结露而腐蚀系统。

矿业公司 360m² 烧结机设计时已为烟气脱硫系统预留了空间，但预留空间狭小。矿业公司配套 360m² 烧结机新建两座 500m² 白灰窑，再加上两座 250m² 老窑，年产白灰能力达 50 万吨。

13.2.3.7 攀钢烧结机有机胺法烟气脱硫工艺

攀钢本部有 4 台烧结机，烧结机总面积 1153m²（2×360m²+260m²+173m²），SO_2 年

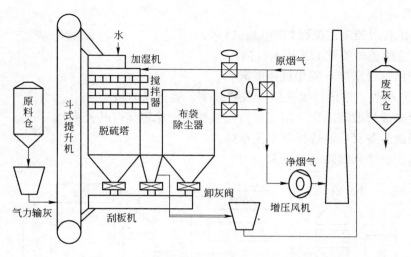

图 13-14 首钢密相干塔法脱硫工艺流程图

产生量约 8 万多吨。

烧结烟气温度为 110~180℃；烟气成分为：Cl 30~70mg/m³，SO₃ 200~500mg/m³，SO₂ 4000~8000mg/m³，H₂O 7%~10%，O₂ 12%~16%，NO$_x$ 92~236mg/m³，CO 14000~16000mg/m³，烟尘 100~200mg/m³（标态）；其特点是烟气波动大，温度高，SO₂ 浓度高。

目前公司烧结烟气净化技术应用情况见表 13-19。有机胺脱硫法脱硫率高（可达 99%），工艺流程短，占地面积小，系统操作维护简单，系统腐蚀小，对烟气 SO₂ 浓度适应性强，吸收液有高的热稳定性和化学稳定性，其对 SO₂ 的选择吸收性是 CO₂ 的 5000 倍。

表 13-19　攀钢烧结烟气净化技术应用情况

脱硫工艺名称	烧结机面积	处理烟气量（标态）/m³·h⁻¹	SO₂ /mg·m⁻³	脱硫率 /%	投产日期
有机胺（离子液）	6 号，173m²	55×10⁴	3000~6000	≥90	2008 年 12 月
	新 2 号，360m²	120×10⁴	4000~8000		2011 年 1 月
	新 3 号，260m²	85×10⁴	4000~8000		2012 年 11 月
石灰石法	新 1 号，360m²	114×10⁴	4000~8000	70	2009 年 7 月
无机氨法	西昌 1、2 号，2×360m²	2×120×10⁴	2200~5500	90	2011 年 12 月

A　有机胺法脱硫机理

$$SO_2 + H_2O \Longrightarrow H^+ + HSO_3^- \qquad (13-1)$$

$$R + H^+ \Longrightarrow RH^+ \qquad (13-2)$$

总反应式：

$$SO_2 + H_2O + R \Longrightarrow RH^+ + HSO_3^- \qquad (13-3)$$

R 代表吸收剂，式（13-3）为可逆反应。

在 40~60℃时，脱硫溶液吸收 SO₂；在约 100℃时，溶液解析出 SO₂，解析后的溶液循环吸收 SO₂；溶液中 SO₄²⁻、Cl⁻ 采用离子交换树脂进行脱除后再利用。

B 工艺流程

攀钢有机胺脱硫工艺流程如图 13 – 15 所示。

有机胺法脱硫的关键工艺技术包括：

（1）烧结烟气洗涤（除尘洗涤酸雾）；

（2）SO₂ 吸收、溶液解吸再生（脱硫效率、运行成本）；

（3）脱硫液过滤及净化（溶液保持高脱硫率、稳定运行的关键）；

（4）脱硫装备材质的选择与工艺布局；

（5）适应烧结烟气脱硫剂技术。

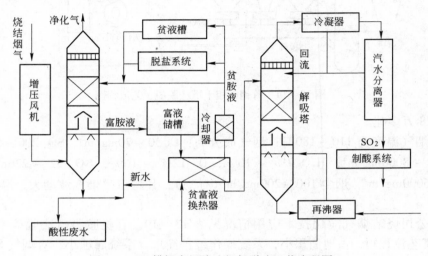

图 13 – 15 攀钢有机胺法烟气脱硫工艺流程图

C 工程运行中存在主要问题

（1）系统粉尘及硫黄堵塞，连续稳定运行性差；

（2）脱硫溶液失效快、用量大，脱硫效率低、硫酸产量低，每吨硫酸的脱硫溶液消耗高；

（3）SO₄²⁻、Cl⁻ 浓度高，脱除难；

（4）脱硫关键装备腐蚀；

（5）脱硫工艺与装备设计存在缺陷有待进一步优化。

D 投产后的技术开发

a 烧结烟气脱硫剂的开发

攀钢系统研究开发了烧结烟气脱硫剂配方，在 6 号脱硫系统进行 4 轮现场工业试验，研究了脱硫溶液的抗氧化性、活化性、消泡性等性能以及脱硫工艺参数，完善与优化了脱硫溶液配方。攀钢开发的脱硫剂配方应用于 2012 年 11 月建成的 3 号脱硫系统，入口平均 SO₂ 浓度为 6500mg/m³，脱硫率达到 92% 以上，同步作业率达到 90%，每吨硫酸的脱硫剂消耗小于 10kg。

b 组合脱盐工艺的技术开发

攀钢开展了离子交换树脂失效研究及离子交换树脂专用于脱氯的试验研究，优选出与脱硫液匹配的离子交换树脂；另外还开展了离子交换树脂脱氯离子工艺及装备技术研究，解决了脱硫溶液在脱盐工序的流失损耗及脱氯能力低等一系列问题。离子交换树脂工业试验研究，优选的树脂应用半年，能将氯浓度控制在小于1g/L，解决了氯对不锈钢的腐蚀难题。

c　对粉尘堵塞及硫黄堵塞采取措施

攀钢对堵塞问题进行了系统分析，采取了相应的措施，解决了粉尘堵塞并能控制硫黄析出及其引起的堵塞。

攀钢加强烧结烟气电除尘维护，稳定除尘效果，将除尘器出口粉尘浓度（标态）从600～1100mg/m³降到150mg/m³以下；烟气洗涤装备工艺（设置为空塔喷淋工艺）将吸收、解吸的操作参数控制在合适的范围内；改进过滤设施，将SS（水质中悬浮物）及时滤除并禁止钙离子进入到系统中。

d　对腐蚀的研究

攀钢查明烟气组分在脱硫系统不同部位的变化情况和脱硫系统中不同溶液成分情况，见表13-20和表13-21。通过对脱硫系统腐蚀环境、腐蚀介质和脱硫系统的腐蚀规律的研究，选择与工况适应的材质及装备结构，降低设备腐蚀并提高使用寿命。

表13-20　脱硫系统不同部位烟气的组分特征

位　　置	SO_2（标态）/mg·m⁻³	SO_3（标态）/mg·m⁻³	HF（标态）/mg·m⁻³	HCl（标态）/mg·m⁻³	NO_x（标态）/mg·m⁻³
增压风机后	4000～7000	300～400	4～6	150～250	150～160
洗涤除雾后	3500～6000	250～350	4～5	100～200	140～150
位　　置	NO（标态）/mg·m⁻³	CO（标态）/mg·m⁻³	CO_2（标态）/%	O_2（标态）/%	
增压风机后	130～140	14000～16000	5～6	14～15	
洗涤除雾后	120～130	12000～14000	4～5	14～15	

表13-21　脱硫系统中不同溶液成分　　　　　　　　　（%）

成分	SO_3^{2-}	SO_4^{2-}	Cl^-	NO^{3-}	F^-	K^+	Na^+	TFe	pH（-）
洗涤水	0.034	5.60	3.62	0.404	0.38	1.54	2.091	0.095	1～2
贫液	4.10	53.52	5.82	4.39	<0.05	4.85	13.42	<0.005	4～6
富液	7.75	63.56	4.05	3.27	0.185	4.82	13.23	<0.005	4～5
冷凝水	6.9	36.47	3.52	1.80	<0.05	3.04	7.60	<0.005	1～2
烟囱降水	0.135	1.28	0.364	0.18	<0.05	0.4	0.053	<0.005	1～3

E　运行指标

3号脱硫系统在2012～2013年的主要运行指标如表13-22所示。经技术改造后，3号机脱硫效果大幅提高，在入口处二氧化硫浓度（标态）高达7944.8mg/m³的情况下，获得了最高达94.6%的脱硫率，见表13-23。

表 13-22　3 号脱硫系统 2012~2013 年运行主要指标（烟气量（标态）85×10⁴m³/h）

指　标	11 月	12 月	1 月	2 月	3 月	4 月
硫酸产量/t	523	1437	1642	1031	1506	1725
脱硫率/%	92.51	93.19	91.47	90.01	91.83	90.44
溶液损耗/kg·t⁻¹（硫酸）		9.79	9.17	7.63	6.7	8.2
Cl⁻/g·L⁻¹	0.79	0.79	0.65	0.69	1.00	0.82
同步作业率/%	83.90		86.91	82.78	93.15	92.45

表 13-23　3 号机入口与出口二氧化硫浓度

项　目	入口浓度（标态）/mg·m⁻³	出口浓度（标态）/mg·m⁻³	脱硫率/%
设计值	5500	≤550	91
实测值	7944.8	429.8	94.6

13.2.3.8　宝钢烧结烟气脱硫实践

宝钢烧结烟气脱硫方法及投产时间如表 13-24 所示。

表 13-24　宝钢烧结烟气脱硫方法及投产时间

机　组	1 号烧结机	2 号烧结机	3 号烧结机
脱硫形式	干法	湿　法	
建成投产时间	2010.10.28	2010.12.27	2008.10.30
占地面积/m²	8665	6000	10960

A　干法脱硫

1 号烧结机采用的干法脱硫为龙净环保的"循环流化床半干法脱硫技术"（简称干法脱硫）。该脱硫系统由烟道系统、吸收塔系统、布袋除尘器系统、吸收剂制备及供应系统、脱硫灰再循环及排放系统、工艺水系统、电气仪控系统等组成。生石灰仓出来的生石灰经调频螺旋给料机及全密闭型定量给料机进入消化器消化。工艺流程如图 13-16 所示。

干法脱硫系统的化学反应主要存在两个区域：一个是在消化器内，一个是在吸收塔内。

$Ca(OH)_2$ 脱除 SO_2 的主要化学反应：

$$Ca(OH)_2 + SO_2 \longrightarrow CaSO_3 \cdot 1/2H_2O + 1/2H_2O$$
$$2CaSO_3 \cdot 1/2H_2O + O_2 \longrightarrow 2CaSO_4 \cdot 1/2H_2O$$
$$Ca(OH)_2 + SO_3 \longrightarrow CaSO_4 \cdot 1/2H_2O + 1/2H_2O$$

消化器反应：

$$CaO + H_2O \longrightarrow Ca(OH)_2$$

部分吸收剂与烟气 CO_2 的反应：

$$Ca(OH)_2 + CO_2 \longrightarrow CaCO_3 + H_2O$$

宝钢 1 号烧结机干法脱硫运行结果如表 13-25 所示。

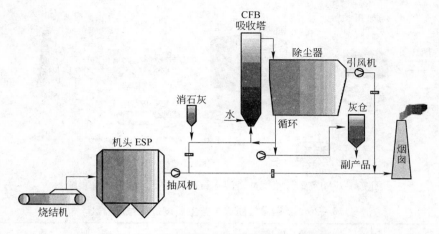

图 13 – 16　循环流化床半干法脱硫工艺流程图

表 13 –25　宝钢 1 号烧结机干法脱硫运行结果

主抽风机入口烟气量	$252 \times 10^4 m^3/h$
烟气温度	125℃（平均）；最低 90℃；最高 150℃（故障时）
进口烟气 SO_2 含量（标态）	$300 \sim 1000 mg/m^3$，平均 $400 mg/m^3$
进口颗粒物含量（标态）	$60 \sim 150 mg/m^3$，平均 $100 mg/m^3$
脱硫效率	≥95%
布袋除尘器出口粉尘浓度（标态）	$< 20 mg/m^3$
布袋除尘器出口 SO_2 浓度（干标）	$< 100 mg/m^3$
床层压降	$1.0 \sim 1.2 kPa$
吸收塔出口温度	$75 \sim 85℃$
布袋压差	$1.1 \sim 1.3 kPa$
灰斗压力 1	$8 \pm 1 kPa$
灰斗压力 2	$10 \pm 1 kPa$

B　湿法脱硫

宝钢 2 号烧结机和 3 号烧结机采用自主开发的气喷旋冲塔湿式石灰石—石膏法（简称湿法）脱硫工艺。烟气从烧结机主排风机后烟道接出，经增压风机加压，经过一级、二级冷却后进入吸收塔。烟气中的 SO_2 被塔内的石灰石浆液吸收，生成的亚硫酸钙被进一步氧化成二水硫酸钙。脱硫过程中烟气被冷却，其中的液态浆体从烟气中分离出来落入到吸收塔浆液循环池内。脱去 SO_2 的烟气通过吸收塔上升管进入两级除雾器，除去烟气中携带的水雾后，经烟囱排向大气。在吸收氧化过程中生成的硫酸钙浆液落入吸收塔浆液循环池，并在超饱和的溶液中形成一定浓度的石膏晶体浆液，由石膏浆液排出泵排入石膏脱水系统制备成含水量不超过 10% 的石膏，储存在石膏仓中，定期用卡车运出。工艺流程如图13 –17 所示，主要设备见表 13 –26。

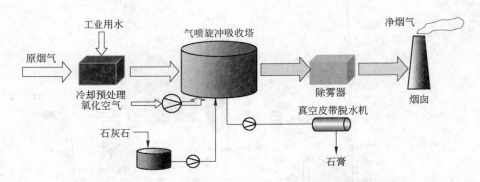

图 13 - 17　宝钢气喷旋冲塔湿式石灰石—石膏法工艺流程图

表 13 - 26　宝钢湿法脱硫工艺主要设备型号及参数

主要设备	型　　号	主　要　参　数
增压风机	YKK1000 - 8W	功率: 4000kW, 电压: 10kW
氧化风机	罗茨式, BKW10034	流量: 6000m³/h, 压头: 72kPa
密封风机	9 - 26NO5A - 2900	流量: 5527m³/h, 全压: 5725Pa
湿磨机	卧式, MQS - T1543	250 目, 出力 2t/h(固体)
真空皮带脱水机	DU3. 25/650 - BG	出力 2.5m³/h, 石膏含水量小于 10%
石膏旋流器	ZVF 2gi	处理量 20m³/h

C　宝钢烧结烟气干法与湿法脱硫对比

三套脱硫机组投运以来, 对烧结主线生产产生了不同程度的影响, 但均在可控制范围内。两类方法的运行指标及综合对比见表 13 - 27 和表 13 - 28。

表 13 - 27　宝钢干法和湿法脱硫工艺运行指标

脱硫方式	干　法	湿　　法	
机组	1 号脱硫	2 号脱硫	3 号脱硫
脱硫烟气总量（标态）/m³·h⁻¹	141. 135×10⁴	143. 39×10⁴	110. 26×10⁴
入口 SO₂/mg·m⁻³	530. 47	485. 36	509. 67
出口 SO₂/mg·m⁻³	43. 46	41. 71	49. 62
脱硫率/%	91. 81	91. 41	90. 26
停运时间/h	59. 48	27. 35	55. 82
同步运转率/%	96. 64	97. 05	91. 91
对主线影响	可控	可控	可控

表 13 - 28　宝钢干法和湿法脱硫工艺综合效果对比

干法脱硫	湿法脱硫
高脱硫率（可达99%）, 高除尘率	脱硫效率高, 可达95%
具有多组分烟气污染物脱除能力	脱硫剂价格便宜
系统无需防腐, 排烟无需再热	系统需防腐

干 法 脱 硫	湿 法 脱 硫
布置紧凑，灵活，占地面积小	占地面积大
脱硫系统启、停方便	运行费用高
无废水产生，脱硫副产物为干态，可综合利用	有废水产生，副产品为石膏；适合于水资源和石灰石充足且石膏可以实现再利用地区的钢铁企业
对烧结工况适应性强	系统运行可靠，适应烧结机烟气变化能力更强

宝钢股份的特大型烧结机，采用的是双主排抽风系统，而脱硫系统只配置了一台增压风机，势必造成气流的变化。其中主排风机压力和增压风机入口、出口压力控制，是确保烧结主线生产顺行和脱硫系统运行稳定的重中之重，目前上述参数均在正常控制范围内；而主排风机风门和增压风机风门的协调控制则是确保设备安全稳定运行的关键。

从电力、水、脱硫剂及废水处理、药剂消耗和设备折旧等方面，对其成本进行了较详细的测算，其中干法脱硫导致了烧结矿成本上升了 7 ~ 8 元/吨（矿），湿法脱硫导致了烧结矿成本上升了 4 ~ 5 元/吨（矿）（价格按 2011 年度价格计算）。

宝钢的运行实践表明，干法脱硫存在以下难点：

（1）干法脱硫系统控制参数精度要求较高，特别是床层压降和布袋压差等重要参数，以及循环风挡的开启程度控制是确保床层稳定的关键。

（2）脱硫副产品脱硫灰的处置较困难。

湿法脱硫存在以下问题和难点：

（1）湿法脱硫系统各控制参数要求较低，操作上比 1 号烧结机干法脱硫较为粗放，系统故障率较低。在烧结主线生产和脱硫系统共同作用时，必须对脱硫系统的两处重要参数进行控制：一处为增压风机入口压力控制；另一处为主排废气温度控制。

（2）诸如管道、阀门、除雾器等部件易堵塞以及上下隔板易积料的问题。

（3）管道及阀门的磨损问题。

此外，湿法脱硫方式产生的"烟囱雨"也带来了诸多问题。

14 烧结矿与球团矿质量标准与测试

14.1 烧结矿质量标准及测试

评价成品烧结矿的质量指标主要有：化学成分及稳定性、粒度组成与筛分指数、转鼓强度、低温还原粉化、还原度、软熔性能等。

不同生产规模的高炉对入炉烧结矿的质量要求有差异，见表 14-1。

表 14-1 高炉对高碱度烧结矿的质量要求

炉容级别/m³	1000	2000	3000	4000	5000
铁分波动/%	≤ ±0.5	≤ ±0.5	≤ ±0.5	≤ ±0.5	≤ ±0.5
碱度波动/%	≤ ±0.08	≤ ±0.08	≤ ±0.08	≤ ±0.08	≤ ±0.08
铁分和碱度波动达标率/%	≥80	≥85	≥90	≥95	≥98
含 FeO/%	≤9.0	≤8.8	≤8.5	≤8.0	≤8.0
FeO 波动/%	≤ ±1.0	≤ ±1.0	≤ ±1.0	≤ ±1.0	≤ ±1.0
转鼓指数（+6.3mm）/%	≥71	≥74	≥77	≥78	≥78

14.1.1 化学成分检测

烧结矿的主要化学成分包括：TFe、FeO、SiO_2、CaO、MgO、Al_2O_3、MnO、S、P 等，必要时，需分析 Cu、Pb、Zn、K_2O、Na_2O 等有害元素含量。成品烧结矿应满足其主要成分含量高，脉石含量低，有害成分（如 S、P）含量少的要求。部分有害杂质元素的危害及高炉生产的允许含量见表 14-2。

表 14-2 炉料中有害杂质的危害及界限含量

元素	允许含量/%	危　害		
S	<0.3	使钢产生"热脆"，易轧裂		
P	<0.3	对酸性转炉生铁	磷使钢产生"冷脆"；烧结及炼铁过程都不能除磷；不同质量钢允许的磷含量为： 普通钢　　　　<0.055% 优质钢　　0.035%~0.04% 高级优质钢　　<0.03%	
	0.03~0.18	对碱性平炉生铁		
	0.2~1.2	对碱性转炉生铁		
	0.05~0.15	对普通铸造生铁		
	0.15~0.6	对高磷铸造生铁		
Zn	<0.1~0.2	锌900℃挥发，上升后冷凝沉积于炉墙，使炉墙膨胀，破坏炉壳；烧结可除去50%~60%的锌		
Pb	<0.1	铅易还原，密度大，且与铁分离沉于炉底，破坏砖衬；铅蒸气在上部循环累积，形成炉瘤，破坏炉衬		

元素	允许含量/%	危　　害
Cu	<0.2	少量铜可改善钢的耐腐蚀性；但铜过多使钢热脆，不易焊接和轧制；铜易还原并进入生铁
As	<0.07	砷使钢"冷脆"不易焊接；生铁要求含砷低于 0.1%；炼优质钢时，铁中不应有砷
Ti	TiO_2 15 ~ 16	钛降低钢的耐磨性及耐腐蚀性，使炉渣变黏易起泡沫；含（TiO_2）过高的矿可作为宝贵的钛资源
K，Na		易挥发，在炉内循环累积，造成结瘤，降低焦炭及矿石的强度
F		氟高温下气化，腐蚀金属，危害农作物及人体，CaF_2 侵蚀破坏炉衬

14.1.2　物理性能指标与测试

烧结矿的主要物理性能指标包括：粒度组成、筛分指数、转鼓强度等。

14.1.2.1　粒度组成与筛分指数

目前我国对炉料的筛分采用的筛子尚未标准化，国内推荐采用方孔筛有 5mm × 5mm、6.3mm × 6.3mm、10mm × 10mm、16mm × 16mm、25mm × 25mm、40mm × 40mm、80mm × 80mm 等七个级别。其中 6.3mm、10mm、16mm、25mm、40mm 五个级别为必用筛，筛分组成按各级的产出量计算，用质量百分数表示。

筛分指数的测定方法：取 100kg 试样，分成 5 份，每份 20kg，用 5mm × 5mm 的筛子筛分，手筛往复 10 次，称量 >5mm 筛上物产出量 A，以 <5mm 占试样质量的百分数作为筛分指数。

$$筛分指数 = \frac{100 - A}{100} \times 100 \qquad (14 - 1)$$

我国要求成品烧结矿的筛分指数≤6.0%。

14.1.2.2　转鼓强度

转鼓强度是评价烧结矿和球团矿抗冲击和耐磨性能的一项重要指标。目前世界各国的测定方法尚不统一，表 14 - 3 列出各主要国家的转鼓强度测定方法。其中，国际标准 ISO 3271—75 获得广泛使用，我国的测定方法是根据这一国际标准制订的，国家标准局已用 GB 8209—87 标准取代原有 YB 421—77。

GB 8209—87 标准采用转鼓内径为 1000mm、宽 500mm，鼓内侧有两个成 180° 相互对称的提升板（50mm × 50mm × 5mm）、长 500mm 的等边角钢焊接在鼓的内侧。转鼓试验机如图 14 - 1 所示。在实验室条件下，为适应试样量少的特点，可缩小转鼓宽度（1/2 或 1/5），同时按比例减少装料量（7.5kg 或 3kg），测得数据同样具有可比性。

表 14 - 3　主要国家转鼓强度的测定方法

	标准 项目	中国 GB 8209—87	国际标准 ISO 3271—75	日本 JIS M 3712—77	前苏联 ГОСТ 5137—77
转鼓	尺寸/mm	$\phi1000 \times 500$	$\phi1000 \times 500$	$\phi914 \times 457$	$\phi1000 \times 600$
	挡板/mm	50 ×50，两块、180°	500 ×50，两块、180°	457 ×50，两块、180°	600 ×50，两块、180°
	转速/r · min⁻¹	25 ±1	25 ±1	25 ±1	25 ±1
	转数/r	200	200	200	200

项目	标准	中国 GB 8209—87	国际标准 ISO 3271—75	日本 JIS M 3712—77	前苏联 ГОСТ 5137—77
试样	烧结矿粒度/mm	10~40	10~40	10~50	5~40
	球团矿粒度/mm	6.3~40	10~40	>5	5~25
	质量/kg	15±0.15	15±0.15	23±0.23	15
结果表示	鼓后筛/mm	6.3、0.5	6.3、0.5	10、5	5、0.5
	转鼓指数 T/%	>6.3	>6.3	>10	>5
	抗磨指数 A/%	<0.5	<0.5	<5	<0.5
	双样允许误差 (ΔT)/%	≤1.4	≤3.8±0.03T	6.6、0.8	2.3
	双样允许误差 (ΔA)/%	≤0.8	≤0.8±0.03T	6.2	2.2

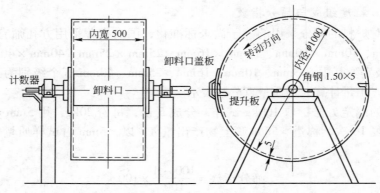

图 14 - 1 转鼓试验机

试验方法规定，烧结矿试样需按实际的粒度组成，分 40~25mm、25~16mm、16~10mm 三个粒级按比例配制转鼓试样。取 15±0.15kg 样品放入转鼓内，在转速 25r/min 条件下转动 200 转，然后将试料从鼓内取出，用机械摇筛分级。机械摇筛为 800mm × 500mm，筛框高 150mm。筛孔为 6.3mm × 6.3mm，往复频率为 20 次/min，筛分时间为 1.5min 共往复 30 次。

测定结果表示方法如下：

$$T = \frac{m_1}{m_0} \times 100 \qquad (14-2)$$

$$A = \frac{m_0 - (m_1 + m_2)}{m_0} \times 100 = \frac{m_3}{m_0} \times 100 \qquad (14-3)$$

式中 T——转鼓指数,%；

A——抗磨指数,%；

m_0——入鼓试样质量, kg；

m_1——转鼓后 +6.3mm 粒级质量, kg；

m_2——转鼓后 -6.3~+0.5mm 粒级质量, kg；

m_3——转鼓后 -0.5mm 粒级质量, kg。

T、A 均取两位小数，实际工业生产中，成品烧结矿要求 $T \geqslant 70.00\%$，成品球团矿要求 $T \geqslant 90.00\%$，$A \leqslant 5.00\%$。

误差要求：转鼓后筛分各粒级产出量（m_1、m_2、m_3）之和与放入转鼓试样量 m_0 之差不得大于 1.0%，否则作废。

14.1.3 冶金性能指标与测试

成品烧结矿冶金性能检测内容主要包括：还原性、低温还原粉化性、高温软熔性能等。

14.1.3.1 还原性

还原性有时也称还原度，是模拟炉料自高炉上部进入高温区的还原条件，用于评价还原气体从铁矿中脱除铁氧化物中氧的难易程度。

国际标准化组织于 1984 年和 1985 年先后讨论拟订了铁矿石还原性检测的标准方法（ISO 4695—84、ISO 7215—85），各国参照国际标准制定了自己国家的还原度测定标准，见表 14 - 4。

表 14 - 4 各国还原性测定方法及相关参数

标准		国际 ISO 4695	国际 ISO 7215	中国 GB 13241	日本 JIS M 8713	原联邦德国 V·D·E
设备		双壁反应管 $\phi_内 75$	单壁反应管 $\phi_内 75$	双壁反应管 $\phi_内 75$	单壁反应管 $\phi_内 75$	双壁反应管 $\phi_内 75$
试样	烧结矿质量/g	500 ± 1	500 ± 1	500 ± 1	500 ± 1	500 ± 1
	烧结矿粒度/mm	$10.0 \sim 12.5$	$10.0 \sim 12.5$	$10.0 \sim 12.5$	$10.0 \sim 12.5$	$10.0 \sim 12.5$
还原气体	CO/%	40.0 ± 0.5	30.0 ± 0.5	30.0 ± 0.5	30.0 ± 0.5	40.0 ± 0.5
	N_2/%	60.0 ± 0.5	70.0 ± 0.5	70.0 ± 0.5	70.0 ± 0.5	60.0 ± 0.5
	流量（标态）/L·min^{-1}	50	15	15	15	50
还原温度/℃		950 ± 10	900 ± 10	900 ± 10	900 ± 10	950 ± 10
还原时间/min		到还原度 60%，最大 240min	180	180	180	到还原度 60%，最大 240min
还原性表示方法		1. 失氧量—时间曲线 R_t 2. $\left(\dfrac{dR}{dt}\right)_{40}$	$R = \dfrac{W_0 - W_F}{W_1(0.43TFe - 0.112FeO)} \times 10^4 \%$	$R_t = \left[\dfrac{0.11W_1}{0.43W_2} - \dfrac{m_1 - m_t}{m_0 \times 0.43W_2} \times 100\right] \times 100\%$ $RVI = \left(\dfrac{dR}{dt}\right)_{40}$	$R = \dfrac{W_0 - W_F}{W_1(0.43TFe - 0.112FeO)} \times 10^4 \%$	1. 失氧量—时间曲线 R_t 2. $\left(\dfrac{dR}{dt}\right)_{40}$

我国参照 ISO 4695—84 拟订了 GB 13241—91 国家标准。测试装置和方法如下：

（1）还原装置。如图 14 - 2 所示，主要由还原气体制备、还原反应管、加热炉及称量天平四部分组成。还原气体是按试验要求在配气罐中配气，若没有瓶装 CO 气体，则可采用甲酸（HCOOH）法或高温（1100℃）碳转化法制取 CO 气体。反应管置于加热炉内，加热炉应保证900℃的高温恒温区长度（或高度）不小于200mm，反应管为耐热钢制成的双壁管（见图14-3）。还原过程的失氧量通过电子天平称量（感量1g）获得。

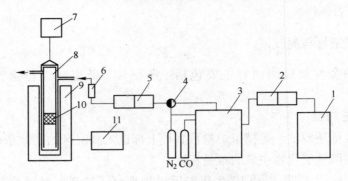

图 14-2 还原度测定装置

1—CO 发生器；2，5—气体净化器；3—配气罐；4—三通开关；6—流量计；
7—称量天平；8—反应管；9—加热炉；10—试样；11—温度控制器

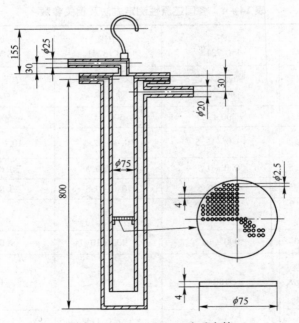

图 14-3 ISO 4695 双壁反应管

（2）试验条件。还原度测试的条件见表14-4。

（3）试验结果表示：

1）还原度计算。用下式计算时间 t 后的还原度 RI，计算 RI 时，t 为3h，以三价铁状态为基准，用质量百分数表示。

$$R_t = \left[\frac{0.11 W_1}{0.43 W_2} - \frac{m_1 - m_t}{m_0 \times 0.43 W_2} \times 100 \right] \times 100\% \qquad (14-4)$$

式中 R_t——还原时间 t 的还原度，%；

m_0——试样质量，g；

m_1——还原开始前试样质量，g；

m_t——还原 t 后试样的质量，g；

W_1——试验前试样中 FeO 的含量，%；

W_2——试验前试样的全铁含量，%；

0.11——使 FeO 氧化到 Fe_2O_3 时，所必需的相应氧量的换算系数；

0.43——TFe 全部氧化为 Fe_2O_3 时，含氧量的换算系数。

作还原度 RI(%) 对还原时间 t(min) 的还原度曲线。

2）还原速率指数计算。从还原度曲线读出还原度达到30%和60%时对应的还原时间（min）。还原速率指数 RVI，用原子比 O/Fe 为 0.9 相当于还原度40%时的还原速率表示，用下式计算：

$$RVI = \frac{dR_t}{dt}(O/Fe = 0.9) = \frac{33.6}{t_{60} - t_{30}} \qquad (14-5)$$

式中 t_{30}——还原度达30%时的时间，min；

t_{60}——还原度达60%时的时间，min；

33.6——常数。

在某种情况下，试验达不到60%的还原度，此时应用下式计算还原度：

$$RVI = \frac{dR_t}{dt}(O/Fe = 0.9) = \frac{K}{t_y - t_{30}} \qquad (14-6)$$

式中 t_y——还原度达到 y 时的时间，min；

K——取决于 y 的常数，$y = 50\%$ 时，$K = 20.2$；$y = 55\%$ 时，$K = 26.5$。

GB 13241 国家标准规定，以 180min 的还原度指数（RI）作为考核指标，还原速率（RVI）作为参考指标。

还原度的允许误差，对同一试样的平行试验结果的绝对值之差，烧结矿小于5%，球团矿小于3%。若平行试验结果的差值不在上述范围内，则应重复试验。

14.1.3.2 低温还原粉化率

表14-5列出各国有关低温还原粉化率测定的试验设备、试验参数和结果表示方法。与国际标准 ISO 4696 比较，我国国家标准 GB 13242，仅还原气体流量由 20L/min（标态）变为 15L/min（标态），其他参数完全相同。

表 14-5 低温还原粉化率测定方法

	项　目	国际标准 ISO 4696	国际标准 ISO 4697	中国标准 GB 13242	日本 JIS M 8714	美国 ASTM E1072
设备	还原反应管/mm	双壁管 $\phi_内$75		双壁管 $\phi_内$75	单壁管 $\phi_内$75	单壁管或双壁 $\phi_内$75
	转鼓尺寸/mm	$\phi130 \times 200$	$\phi130 \times 200$	$\phi130 \times 200$	$\phi130 \times 200$	$\phi130 \times 200$
	转速/r·min⁻¹	30	10	30	30	30
试样	数量/g	500	500	500	500	500
	烧结矿粒度/mm	10.0~12.5	10.0~12.5	10.0~12.5	20±1 或 15~20	9.5~12.5

项　目		国际标准 ISO 4696	国际标准 ISO 4697	中国标准 GB 13242	日本 JIS M 8714	美国 ASTM E1072
试样	球团矿粒度/mm	10.0 ~ 12.5	10.0 ~ 12.5	10.0 ~ 12.5	12 ± 1	9.5 ~ 12.5
还原气体	组成（$CO/CO_2/N_2$）/%	20/20/60	20/20/60	20/20/60	26/14/60 或 30/0/70	
	流量（标态）/L·min^{-1}	20	20	15	20 或 15	
还原温度/℃		500 ± 10	500 ± 10	500 ± 10	550 或 500	500 ± 10
还原时间/min		60	60	60	30	60
转鼓时间/min		10		10	30	10
结果表示		$RDI_{+6.3mm}$ $RDI_{+3.15mm}$ $RDI_{-0.5mm}$	$RDI_{+6.3mm}$ $RDI_{+3.15mm}$ $RDI_{-0.5mm}$	$RDI_{+3.15mm}$ 考核指标 $RDI_{+6.3mm}$、$RDI_{-0.5mm}$ 参考指标	$RDI_{-3.0mm}$ $RDI_{-0.5mm}$	$LTB_{-6.3mm}$ $LTB_{+3.15mm}$ $LTB_{-0.5mm}$

　　低温还原粉化性的检测方法有静态法（中华人民共和国国家标准 GB 13242）和动态法（国际标准 ISO 4697）两种。大多数国家都采用静态还原后使用冷转鼓的方法（简称静态法）评价铁矿低温还原粉化性能。

　　A　静态法

　　标准参照采用国际标准 ISO 4696《铁矿石低温粉化试验——静态还原后使用冷转鼓的方法》。将一定粒度范围的试样，在固定床中（500℃）用 CO、CO_2 和 N_2 组成的气体等温还原 60min，经冷却后用转鼓（ϕ130mm × 200mm）转 10min，自转鼓取出试样，用 6.3mm、3.15mm、0.5mm 的方孔筛筛分。用还原粉化指数表示烧结矿或球团矿的粉化程度。

　　试验装备包括还原装置和转鼓两部分组成。还原装置同 GB 13241，转鼓是一个内径为 ϕ130mm、长 200mm 的钢质容器，鼓内有两块沿轴向对称配置的提料板（200mm × 20mm ×2mm），转鼓转速 30r/min。

　　试验条件见表 14 - 5。

　　试验结果表示：采用还原粉化指数（RDI）表示还原后试样通过转鼓试验的粉化程度，分别用转鼓后筛分得到大于 6.3mm、大于 3.15mm 和小于 0.5mm 的质量百分数表示，用下列公式计算：

$$RDI_{+6.3mm} = \frac{m_{D_1}}{m_{D_0}} \times 100\% \qquad (14-7)$$

$$RDI_{+3.15mm} = \frac{m_{D_1} + m_{D_2}}{m_{D_0}} \times 100\% \qquad (14-8)$$

$$RDI_{-0.5mm} = \frac{m_{D_0} - (m_{D_1} + m_{D_2} + m_{D_3})}{m_{D_0}} \times 100\% \qquad (14-9)$$

式中　m_{D_0}——还原后转鼓前试样的质量，g；

　　　m_{D_1}——转鼓后大于 6.3mm 的质量，g；

　　　m_{D_2}——转鼓后 3.15 ~ 6.3mm 的质量，g；

m_{D_3}——转鼓后 0.5 ~ 3.15mm 的质量，g。

标准规定以大于 3.15mm 粒级的产出量 $RDI_{+3.15mm}$ 作为低温还原粉化的考核指标，$RDI_{+6.3mm}$ 和 $RDI_{-0.5mm}$ 为参考指标。

B 动态法

试验方法是将试样直接装入转鼓内，在升温同时通入保护性气体（如 N_2），转鼓转速 10r/min，当温度升至 500℃ 时，改用还原气体（$CO/CO_2/N_2$）= 20/20/60 恒温还原 60min，经冷却后取出，分别用 6.3mm、3.15mm、0.5mm 的方孔筛分级、测定各粒级产出量。试验结果表示同 ISO 4696 标准。

14.1.3.3 高温软熔性能

高炉内软熔带的形成及其位置，对炉内气流分布和还原过程都将产生明显影响。一般以软化温度及软化区间、软熔带的透气性、熔融滴下物的性状作为评价指标。高温软熔性能主要测试内容包括荷重软化—透气性和荷重软化—熔滴性。

A 荷重软化—透气性测定

试验方法为模拟炉内的高温软熔带，在一定荷重和还原气氛下，按一定升温制度，以试样在加热过程中某一收缩值的温度表示起始的软化温度、终了温度和软化区间，以气体通过料层的压差变化，表示熔融带对料层透气性的影响。

比较有代表性的是德国奥特弗莱森研究院伯格哈特（O. Burghardt）等人研制的高温还原荷重—透气性测定装置（图 14 –4），该装置由加热炉、荷重器、反应管及料层压力差、料层收缩率记录仪组成。该装置采用带孔板的 $\phi125mm$ 的反应管，试样置于孔板上的两层氧化铝球之间，荷重通过气动活塞传给试样，还原气体经双壁管被预热后从孔板下部进入料层。反应管吊挂在天平上，还原过程的质量变化可以从天平称量读出。

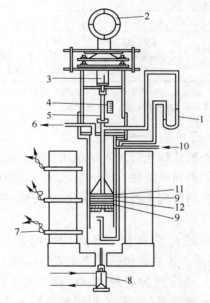

图 14 –4 高温还原荷重条件下料层的透气性检测装置
1—压力降；2—秤；3—活塞气缸；4—料层高度指示；
5—活塞杆；6—气体出口；7—热电偶；8—活塞气缸；
9—氧化铝球；10—煤气入口；11—带孔压板；12—试样

试验条件：试样 1200g，粒度 10.0 ~ 12.5mm，还原气体 CO/N_2 = 40/60，流量 85L/min（标态），荷重 $5N/cm^2$，等温还原温度 1050℃（或 1100℃）。

试验结果表示：（1）以还原度 80% 时收缩率（ΔH）和压力降（Δp）作软化性评定标准；（2）以 $\left(\dfrac{dR}{dt}\right)_{40}$ 作为还原度的评定标准。

本方法可较好地模拟高炉生产，国际标准化组织于 1984 年拟订 ISO/DP 7992 铁矿石荷重还原—软化性的检测方法试行草案，其流量为 85L/min（标态），温度 1050 ± 5℃。各国家根据此标准制定了自己国家的标准，如表 14 –6 所示。

表 14 – 6   不同高温软熔性能的测定方法

项　目		国际标准 ISO/DP 7992	中国 中南大学	日本 神户制钢所	德国 阿亨大学	英国 钢铁协会
试样容器/mm		ϕ125 耐热炉管	ϕ70 带孔石墨坩埚	ϕ75 带孔石墨坩埚	ϕ60 带孔石墨坩埚	ϕ90 带孔石墨坩埚
试样	预处理	不预还原	不预还原	不预还原	不预还原	预还原度 60%
	质量/g	1200	料高 70mm	500	400	料高 70mm
	粒度/mm	10.0 ~ 12.5	10.0 ~ 12.5	10.0 ~ 12.5	7 ~ 15	10.0 ~ 12.5
加热	升温制度	1000℃恒温 30min >1000℃，3℃/min	1000℃恒温 30min >1000℃，3℃/min	1000℃恒温 60min >1000℃，6℃/min	900℃恒温 >900℃，4℃/min	950℃恒温 >950℃，3℃/min
	最高温度/℃	1100	1600	1500	1600	1350
还原气体	组成（CO/N$_2$）/%	40/60	30/70	30/70	30/70	40/60
	流量(标态) /L·min^{-1}	85	15	20	30	60
荷重 980 × 10^2 Pa		0.5	0.5 ~ 1.0	0.5	0.6 ~ 1.1	0.5
测定项目 评定标准		ΔH、Δp、T $R = 80\%$ 时 Δp $R = 80\%$ 时 ΔH	ΔH、Δp、T $T_{1\%}$、$T_{4\%}$、$T_{10\%}$、$T_{40\%}$ T_s、T_m、ΔT	ΔH、Δp、T $T_{10\%}$ T_s、T_m、ΔT	ΔH、Δp、T T_s、T_m ΔT	ΔH、Δp、T $\Delta p - T$ 曲线 T_s、T_m、ΔT

注：$T_{10\%}$，$T_{40\%}$ —收缩率为 10%、40% 时的温度；T_s，T_m —压差陡升温度及滴落开始温度；ΔT —软熔区间；Δp —压差；ΔH —形变量；R —还原度。

B　荷重软化—熔滴性测定

当炉料从软化带进入熔融状态时，试验温度仅为 1050℃（或 1100℃），不能真正反映高炉下部炉料的特性，因而要求在更高温度（1500 ~ 1600℃）下，把测定软化特性与熔融滴落特性结合起来考虑。熔融滴落特性一般用熔融过程中物料形变量、气体压差变化及滴落温度来表示。

试样的荷重软化—熔滴特性测定装置如图 14 – 5 所示，该装置包括如下主要组成部分：

（1）反应管为高纯 Al$_2$O$_3$ 管，试样容器为石墨坩埚，其底部有小孔，坩埚尺寸取决于试样量，从 ϕ48mm 至 ϕ120mm，推荐尺寸 ϕ70mm。装料高度 70mm。

（2）加热炉使用硅化钼或碳化硅等高温发热元件，要求最高加热温度可达 1600℃，采用程序升温自动控制系统。

（3）上部设有荷重器及荷重传感器记录仪。

（4）底部设有集样箱，用于接受熔融滴落物。

（5）设有温度、收缩率及气体通过料层时的压力损失等自动记录仪表。

图 14 – 6 为某高碱度烧结矿熔滴试验的加热曲线，以及该升温制度下所获得的熔滴特性曲线

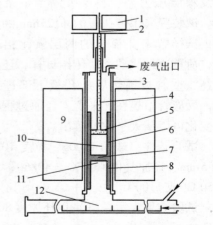

图 14 – 5   铁矿石熔滴特性的测定装置

1—荷重块；2—热电偶；3—氧化铝管；
4—石墨棒；5—石墨盘；6—石墨坩埚，ϕ48mm；
7—焦炭（10 ~ 15mm）；8—石墨架；9—塔曼炉；
10—试样；11—孔（ϕ8mm × 5）；12—集样盒

图 14-7，当压差上升转而下降时的温度即为开始滴落温度。

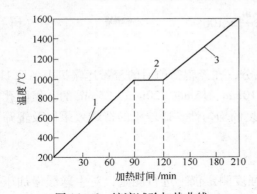

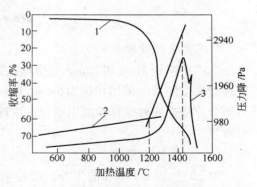

图 14-6　熔滴试验加热曲线　　　　　图 14-7　高碱度烧结矿熔滴特性曲线
1—100% N_2 升温；2—100% N_2 恒温；　　　1—收缩率；2—透气性指数；3—压力降
3—CO/N_2=30/70 升温

14.2　球团矿质量标准与检测方法

14.2.1　生球的质量要求与检测方法

14.2.1.1　生球的质量要求

造球是球团矿生产工艺中非常重要的环节，所造生球性能直接影响后续的干燥、预热、焙烧工序及最终成品球团矿的产量和质量。因此，对造球性能要加强检测，为后续工序创造良好条件。生球质量性能主要包括生球水分、粒度组成、抗压强度、落下强度和爆裂温度。

生球水分因原料不同而有所不同，其适宜值一般取决于原料性能，以获得最好的生球强度和良好的成球过程为宜。生球粒度一般要求 8~16mm，且要求具有较好的均匀性。生球粒度过大则传热和传质速率慢，影响干燥、预热、焙烧过程速率。生球粒度的均匀性对于料层透气性具有较大影响，生球粒度越均匀，生球料层透气性越高，球团矿产量也越高。

生球抗压强度是抵抗生球运输过程及干燥料层压力的需要，要求生球不至于因承受料层压力而发生变形或破碎。一般要求生球抗压强度不低于 10N/球。落下强度是抵抗转运和布料过程中冲击力的需要，其要求根据流程转运次数确定。一般要求生球落下强度不低于 3.0 次/0.5m，有些球团厂要求生球落下强度不低于 4.0 次/0.5m。

爆裂温度是生球在 1.5m/s 的风速下干燥时发生爆裂的球数不大于 4% 时的干燥温度，用来评价生球抵抗干燥脱水过程中蒸气压的能力，也称为生球的热性能指标。生球爆裂温度的要求因焙烧方法的不同而不同。竖炉法要求爆裂温度高，而链箅机—回转窑法和带式焙烧机法对生球爆裂温度要求相对较低，但生球爆裂温度影响干燥时间，从而影响了链箅机和带式焙烧机的干燥面积。

14.2.1.2　生球质量检测方法

A　生球水分

取生球 500g，压碎后放入鼓风干燥箱内，在 105~110℃下烘干 2h，取出称重，然后放回干燥箱烘 0.5h，取出称重，反复数次至恒重 m_t，按下式计算生球水分 w：

$$w = \frac{500 - m_t}{500} \times 100\% \qquad (14-10)$$

B 生球粒度组成

生产中采用 5mm 和 20mm 对生球进行筛分，在经辊筛前后的胶带运输机上各取 1kg 生球进行粒度筛析。采用孔径为 5mm、8mm、10mm、15mm、20mm、25mm 的一组圆孔筛进行筛分。根据两种球样粒度组成评价生球粒度的均匀性、造球机的造球效果以及辊筛的筛分效果。

C 生球抗压强度

取 30 个 10~16mm 的生球，放在生球强度测定仪上进行测定，对生球缓慢加压，记录生球破碎时的压力值，即为单球的抗压强度。取 30 个球抗压强度的平均值作为测试样品的抗压强度指标，其单位为 N/球。

D 生球落下强度

取 30 个 10~16mm 生球，反复从 0.5m 高处自由落下到 5mm 厚的钢板上，若生球产生裂纹时的落下次数为 n，则该球落下强度为 $(n-1)$ 次/0.5m。取 30 个球落下强度的平均值作为测试样品的落下强度指标，其单位为次/0.5m。

E 生球爆裂温度

生球爆裂温度采用动态介质法在外壳为 $\phi650mm \times 970mm$ 的竖式炉中测定。管炉炉膛为 $\phi65mm \times 1200mm$ 的不锈钢管，管中装有 $\phi15mm$ 的瓷球，瓷球层高度为 950mm。用风压为 14700Pa、风量为 $1.05m^3/min$ 的叶氏鼓风机向炉膛内送入室温空气，与瓷球层发生热交换后，被加热到指定温度。将测试用的生球装在 $\phi40mm \times 180mm$ 的不锈钢干燥罐内，把干燥罐置于温度恒定的炉膛上部分。

测定条件是：取 50 个 10~15mm 生球装入干燥罐内，热气流以 1.5m/s 的流速穿过球层，干燥 5min 后取出，清点爆裂球的数量。多次改变干燥温度，以生球爆裂 4% 时的干燥温度为测试样品的爆裂温度，每个给定温度下重复两次。

14.2.2 球团矿的理化性能与检测方法

评价成品球团矿的质量指标主要包括：球团矿的理化性能（化学成分、粒度组成与筛分指数、抗压强度、转鼓强度）和高温冶金性能（还原性、低温还原粉化、还原膨胀性和高温软熔特性）。

球团生产对成品球团矿的质量要求列入表 14-7 中。

表 14-7 成品球团矿的质量要求

项 目		高炉用球团矿	直接还原用球团矿
化学成分	TFe/%	≥64±0.3	≥66±0.3
	R	≤0.3 或≥0.8±0.025	≥0.8±0.025
	FeO/%	≤1.5	≤1.5
	S，P/%	S≤0.02，P≤0.03	S≤0.02，P≤0.03

项　目		高炉用球团矿	直接还原用球团矿
粒度组成	8~16mm/%	≥90	≥90
	-5mm/%	≤3	≤3
物理性能	转鼓指数（+6.3mm）/%	≥92	≥95
	耐磨指数（-0.5mm）/%	≤5	≤5
	抗压强度/N·球$^{-1}$	≥2200	≥2800
冶金性能	还原度指数（RI）/%	≥65	≥65
	还原膨胀指数/%	≤15	≤15
	低温还原粉化率（+3.15mm）/%	≥65	≥65

14.2.2.1 球团矿的理化性能要求

A 预热球强度要求

预热球强度主要是用来评价球团预热效果，同时用来考查其对焙烧过程机械作用力的承受能力。竖炉法和带式焙烧机法对预热球强度没有明确要求，而链箅机—回转窑法则由于球团在回转窑焙烧过程中处于运动状态，需要预热球有一定的强度。

链箅机—回转窑法对球团强度的要求主要用抗压强度和 AC 转鼓指数两个指标来衡量。对于这两个指标的具体要求，各国球团厂的标准不尽相同。日本要求预热球抗压强度不小于 150N/球；美国则重点考察 AC 转鼓指数，要求不大于 5%；我国要求预热球抗压强度不小于 400N/球，AC 转鼓指数不大于 5%。一般回转窑直径越大，对预热球强度要求越高。

B 成品球团矿理化性能要求

成品球团矿理化性能包括化学成分、物理性能两个方面。化学成分主要包括 TFe、FeO、CaO、SiO_2、MgO、Al_2O_3、Na_2O、K_2O、S、P 等；物理性能主要指抗压强度、转鼓强度、筛分指数等。

a 化学成分

球团矿的化学成分要求各厂之间不尽相同，一般要求 TFe 含量尽可能高，最好不低于 62%，且波动小，最好不大于 0.5%，有害杂质含量尽可能低，S、P 含量低于 0.08%。

b 物理性能

球团矿的抗压强度主要考察球团在堆存和高炉冶炼中抵抗料柱压力的能力，一般大高炉要求不小于 2500N/球，有些厂家还对不小于 2500N/球的数量比例作出要求，中型高炉要求不小于 2000N/球，小型高炉要求不小于 1500N/球。

转鼓强度主要用来考察球团在转运和高炉料下行过程中抵抗冲击和磨损的能力，一般用转鼓指数和抗磨指数两个指标进行评价，要求转鼓指数不小于 90%，抗磨指数不大于 6%。

筛分指数主要用来考察球团矿中不符合高炉炉料粒度要求的细粒级含量，或者说球团矿中的粉末量，一般用 -5mm 粒级百分含量来表示，要求不大于 5%。

14.2.2.2 球团矿的物理性能检测方法

A 抗压强度

球团矿的抗压强度是表征球团矿强度的重要指标，通常用 N/球来表示。

预热球和成品球团矿抗压强度均采用国际标准 ISO 4700 进行检测。它是把球团矿置于两块平行钢板之间，以规定速度把压力负荷加到单个球团上，直到球团矿被压碎时的最大负荷，即为单球的抗压强度。每次测试随机取样 60 个球，取测试值的算术平均值作为试样的抗压强度指标。检测方法的主要参数为：压力机的最大压力为 10^4N 或更大一点；压杆加压速度 15 ± 5mm/min；试样粒度 10.0 ~ 12.5mm。

B 预热球转鼓强度

预热球转鼓强度测定是仿照美国 AC 公司预热球的检测方法，故称为 AC 转鼓强度。转鼓规格为 $\phi_{内}$ 200mm × 360mm。检测时，将 500g 预热球放入转鼓中，以 52r/min 的转速转动 1min，然后用 0.5mm 的标准筛筛分，以产生的粉末（< 0.5mm）占入鼓试样的质量百分数作为 AC 转鼓指数。

C 成品球转鼓强度

转鼓强度是评价球团矿抵抗冲击和磨损性能的一项重要指标。目前世界各国的测定方法不统一。应用最广的是国际标准 ISO 3271—75 测定方法，我国根据该标准制定国标 GB 8209—87 标准，因而又称为 ISO 转鼓强度。采用 ϕ1000mm × 500mm 的转鼓，鼓内侧成 180° 相互对称焊接两个长 500mm 的等边角钢成提升板（50mm × 50mm × 5mm）。在实验室条件下，为适应试样量少的特点，可缩小转鼓长度（1/2 或 1/5），同时按比例减少装料量（7.5kg 或 3kg），测得数据同样具有可比性。

测定方法规定，15 ± 0.15kg 球团矿放入转鼓内，在 25r/min 转速下转动 200 转（8min），然后将试样从鼓内取出，用机械摇筛分级。机械摇筛筛面为 800mm × 500mm，筛框高 150mm，筛孔为 6.3mm × 6.3mm，往复频率为 20 次/min，筛分时间为 1.5min，共往复 30 次。如果使用人工筛，所有参数与机械筛相同，其往复行程规定为 100 ~ 150mm。

转鼓指数和抗磨指数分别计算如下：

转鼓指数
$$T = \frac{m_1}{m_0} \times 100 \qquad (14-11)$$

抗磨指数
$$A = \frac{m_0 - (m_1 + m_2)}{m_0} \times 100 = \frac{m_3}{m_0} \times 100 \qquad (14-12)$$

式中 T——转鼓指数，%；

A——抗磨指数，%；

m_0——入鼓试样质量，kg；

m_1——转鼓后 > 10.3mm 粒级的质量，kg；

m_2——转鼓后 10.3mm ~ 0.5mm 粒级的质量，kg；

m_3——转鼓后 < 0.5mm 粒级的质量，kg。

T、A 均取两位小数，要求 $T \geq 90.00\%$，$A \leq 10.00\%$。

误差要求：入鼓试样量 m_0 和转鼓后筛分分级总出量（$m_1 + m_2 + m_3$）之差不大于 1.0%，即：

质量误差
$$E = \frac{m_0 - (m_1 + m_2 + m_3)}{m_0} \times 100 \leq 1.0\% \qquad (14-13)$$

若试样损失量大于 1.0%，则检测结果作废。

对于双试样，两次测试的允许偏差为：

$$\Delta T = \mid T_1 - T_2 \mid \leqslant 1.4\%$$
$$\Delta A = \mid A_1 - A_2 \mid \leqslant 0.8\%$$

D 筛分指数

筛分指数的测定方法：取 100kg 成品球团矿试样，分成 5 份，每份 20kg，用 5mm × 5mm 的筛子筛分，往复筛分 10 次，然后称量大于 5mm 的筛上物数量 m，以小于 5mm 的筛下物占试样质量的百分数作筛分指数（％）。即：

筛分指数
$$S = \frac{100 - m}{100} \times 100$$

14.2.3 球团矿的冶金性能测定方法

作为高炉炉料的重要组成部分，球团矿不仅要具有好的冷态强度，而且要具备良好的冶金性能。球团矿的冶金性能主要包括还原性、低温还原粉化性能、还原膨胀性、高温软熔特性等。

还原性用来评价球团矿自高炉上部进入高温区后，用还原性气体从球团矿中排除与铁结合的氧的难易程度。低温还原粉化性能用来评价球团矿在高炉炉身上部 500～600℃ 的温度区间内，由于受气流冲击及还原过程中发生晶形变化而导致其粉化的程度。还原膨胀性用来评价球团矿还原过程中 Fe_2O_3 向 Fe_3O_4 发生晶型转变，以及浮氏体还原可能出现铁晶须导致的体积膨胀的程度。高温软熔性能用来评价在高温还原条件下的软化及熔化特性。球团矿在高炉内发生的粉化、膨胀、软化和熔化等行为都会对高炉料层透气性及气体分布状态造成重要影响。

14.2.3.1 还原性

我国参照 ISO 4695—84 拟订了 GB 13241—91 国家标准。其检测方法参考烧结矿还原性能检测。

14.2.3.2 还原粉化性

按表 14-5 中的国家标准 GB 13242 进行测定。

14.2.3.3 还原膨胀性

球团矿还原膨胀性能以给定温度下还原一定时间后的相对自由膨胀率来表示，有多种测定方法。无论哪种方法，都应满足如下要求：（1）试样在还原过程中应处于自由膨胀状态；（2）应在 900～1000℃ 下还原到浮氏体，进而还原成金属铁；（3）应保证在密封条件下，还原气体与球团矿试样充分反应；（4）能充分反映还原前后球团矿总体积的变化。

世界各国球团矿还原膨胀性能的测定方法见表 14-8。国家标准 GB 13240 是参照国际标准 ISO 4698 制定的测定方法。该方法将粒度 10.0～12.5mm 的球团矿在 900℃ 下等温还原，球团矿发生体积变化，测定还原前后球团矿体积变化的相对值，用体积分数表示。测定步骤分为球团矿还原和体积测定两部分。

A 球团矿的还原

采用的测定装置与 GB 13241 还原性测定装置相同。随机取 10.0～12.5mm 的无裂缝球 18 个，为保证球团矿在还原过程中处于自由膨胀状态，将球分三层（每层 6 个）放置在由不锈钢板制作的试样容器中。

采用 GB 13241 还原性测定同一装置，同时，为保证球团矿在还原过程处于自由状态，管内分三层放置于由不锈钢板制作的试样容器中。随机取 10.0 ~ 12.5mm 的无裂缝球 18 个，每层 6 个成自由状放在容器上（见图 14 - 8）。

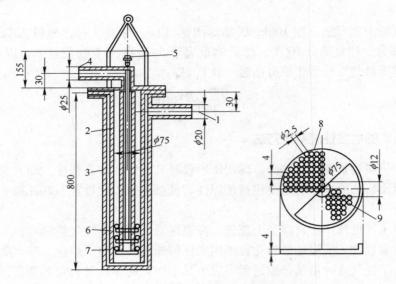

图 14 - 8　球团还原膨胀性能的测定装置

1—气体入口；2—反应管内管；3—反应管外管；4—气体出口；5—热电偶；6—支架；

7—试验样品；8—放置钢丝篮的多孔板；9—旋转支架的多孔板

还原条件见表 14 - 8。还原结束后，用 N_2 将球团矿冷却至 100℃ 以下，然后从反应管内取出，测定球团矿体积。

表 14 - 8　各国球团矿相对自由膨胀指数测定方法

项 目		国际标准 ISO 4698	中国 GB 13240	日本 JIS M 8715	瑞典 LKAB 法	德国 Lussion 法
装 置		竖式加热炉反应管 ϕ内 75mm × 800mm 三层容器	竖式加热炉反应管 ϕ内 75mm × 800mm 三层容器	卧式加热炉反应管 ϕ30mm × 360mm 石英舟 70mm × 20mm × 5mm	竖式加热炉反应管 ϕ内 75mm × 640mm 三层容器	反应管 ϕ60mm × 650mm
试样	球团尺寸/mm	10.0 ~ 12.5	10.0 ~ 12.5	>5	10.0 ~ 12.5	10.0 ~ 12.5
	球团数量/个	3 × 6	3 × 6	2 × 3	3 × 6，或 60 克	60 克
还原气体	组成（CO/N_2）/%	30/70	30/70	30/70	40/60	40/60
	流量（标态）/L·min^{-1}	15	15	5	20	15
还原温度/℃		900 ± 10	900 ± 10	900 ± 10	1000 ± 5	900、950、1000
还原时间/min		60	60	60	15、40、70、120	15、30、45、60、90
球团体积测定法		OKG 法　排汞法	OKG 法　排水法	排汞法	排汞法	直径法
试验结果表示		还原膨胀指数，% $S_W = \dfrac{V_1 - V_0}{V_0} \times 100$	还原膨胀指数，% $RSI = \dfrac{V_1 - V_0}{V_0} \times 100$	S_W	S_W	S_W

B　球团矿的体积测定

还原球团矿的体积测定常用的有 OKG 法、排水法和排汞法。

a　OKG 法

先使球团矿表面形成一层疏水的油酸钠水溶液薄膜，并用煤油稳定这层薄膜后，分别测定球团矿在空气中和水中的质量，计算球团矿体积。

（1）把球团矿装在吊篮内，放入油酸钠的水溶液中浸泡 30min，然后取出球团矿用泡沫塑料吸去黏附在球团矿表面的残留物。

（2）将已形成油酸钠薄膜的球团矿放入吊篮内，在煤油中浸泡 10s，以稳定油酸钠薄膜。自煤油中取出球团矿，同一方法除去球团矿表面的煤油残留物。

（3）将经油酸钠和煤油处理后的球团矿试样，在水中称出其质量 m_1。

从水中取出球团矿试样，用同一方法除去表面的残留水，称出球团矿在空气中的质量 m_2 和吊篮在水中的质量为 m_3。用下式计算球团矿的体积 V：

$$V = \frac{m_2 - (m_1 - m_3)}{\rho} \qquad (14-14)$$

式中　V——球团矿试样的体积，cm^3；

　　m_1——吊篮和球团矿试样在水中的质量，g；

　　m_2——球团矿试样在空气中的质量，g；

　　m_3——吊篮在水中的质量，g；

　　ρ——测量当时温度下水的密度，g/cm^3。

b　水浸法

将球团矿试样直接浸泡在水中 20min 后，称出球团矿试样在水中的质量 m_1。从水中取出球团矿试样用吸收器除去表面的残留水；然后称出球团矿试样在空气中的质量 m_2。用下式计算球团矿体积 V：

$$V = \frac{m_2 - m_1}{\rho} \qquad (14-15)$$

式中　V——球团矿试样的体积，cm^3；

　　m_1——吊篮和球团矿试样在水中的质量，g；

　　m_2——浸水后球团矿试样在空气中的质量，g；

　　ρ——测量当时温度下水的密度，g/cm^3。

c　排汞法

排汞法和排水法测定结果相近，但对于含有裂纹的球团矿，由于水银渗入会影响测定的准确性，而且水银对人体有害，故排汞法逐渐被淘汰。

d　直径法

将一次试验的试样排成一行，球之间接触而不挤压，按三个方向测出直径和，算出平均直径再换算成体积。直径法操作简单，适用于多球的体积测定。与水浸法相比，对于不裂或微裂纹的球团矿，即使膨胀很大，两者结果基本一致。但对外形不规则的球团矿，其测定误差较大。

14.2.3.4　高温软熔性能

按表 14-6 中的国际标准 ISO/DP 7992 或中国中南大学的测试标准进行测定。

15 铁矿造块其他方法与技术进步

15.1 加压造块法

加压造块法（简称压团）是指通过施加机械压力将含黏结剂的混匀粉末物料在模型中加工成具有一定形状、尺寸、密度和强度的团块。为了使团块具有一定的强度，加压成型后一般还需要经过相应的固结过程。

压团法是铁矿粉造块最早使用的一种造块方法。与烧结和球团法相比，压团法具有如下优点：

（1）工艺简单，造块成本低；

（2）对原料粒度范围适应性强，粒度上限可达到 10mm 甚至更大，而不需要进行破碎处理，而球团法则要求原料具有足够的细度；

（3）对原料种类适应性强，各种含铁废料均可用于制备强度良好、性能稳定的团块产品；

（4）团块用于高炉时，具有较大的安息角，偏析程度比球团矿小。

压团法的不足之处是处理能力小，难以满足现代钢铁工业大规模生产的需要，目前压团法在钢铁生产中较少采用，不过对于少数烧结法和球团法难以处理的原料如钢铁厂含铁尘泥，压团法是一种有效的造块方法。

15.1.1 加压造块原理

15.1.1.1 加压过程中颗粒的位移和变形

在模型内自由松装的细粒物料，在无外力情况下，呈自由堆积状态，依靠颗粒之间的摩擦力和机械咬合，相互搭接，造成很大的颗粒间孔隙，这种现象称为"拱桥效应"（如图 15 – 1 所示）。此时，颗粒间仅存在简单的面、线、点接触，具有不稳定性和流动性，处于暂时平衡状态。当向颗粒上加外力时，使"拱桥效应"遭到破坏，则颗粒向着自己有利方向发生位移和变形，导致颗粒间接触面积增大，孔隙度减少。

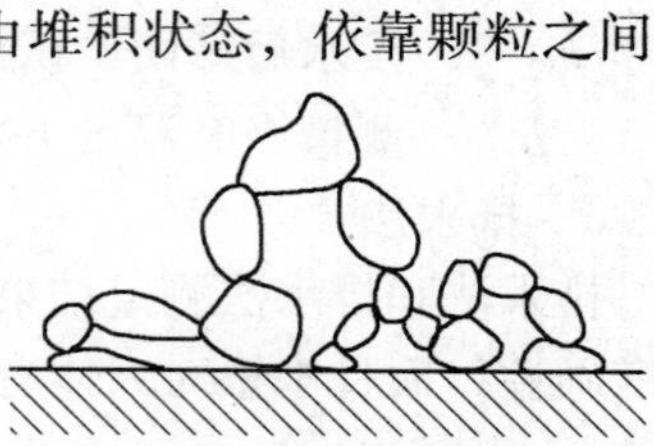

图 15 – 1 "拱桥效应"示意图

如图 15 – 2 所示，在加压过程中，粉末颗粒的位移有多种形式，包括移近（a）、分离（b）、滑动（c）、转动（d）和嵌入（e）。这些位移形式使颗粒间接触面减少或增加。对于颗粒群来说，各种位移形式会同时发生，一个颗粒可能同时与多个颗粒以不同形式（包括方向和位置）发生位移，故颗粒群体内位移是十分复杂的过程。颗粒位移的结果是使颗粒间接触面积增大，颗粒群堆积密度增大，并在一定范围内与所施压力成正比。

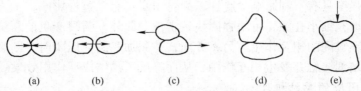

图 15 - 2　粉末颗粒位移的形式

(a) 移近；(b) 分离；(c) 滑动；(d) 转动；(e) 嵌入

　　随着施加压力的增大，当颗粒间产生最大位移，不再有位移空间，或位移阻力增大时，将发生颗粒变形。颗粒变形的主要形式有弹性变形、塑性变形和脆性断裂。弹性变形是指除去外力后可以恢复颗粒原状的变形。塑性变形是指除去外力后不能恢复原状的变形，易发生于具有塑性的固体颗粒，变形程度随颗粒塑性和压力增大而增加。当弹性变形达到极限程度时，继续加压将使颗粒发生脆性断裂。脆性断裂是在外力作用下颗粒结构发生的破坏性变形，这种变形易发生在塑性小的颗粒。当压力超过颗粒的承受极限，而颗粒又不能通过塑性变形缓冲压力时，即发生破裂，从而产生脆性断裂。颗粒的脆性断裂产生新的颗粒断面，并使颗粒数量增加。

　　固体颗粒形状是各种各样的，通常矿物颗粒外表凹凸不平且有许多棱角，甚至连通常球形颗粒的表面也是不光滑的，所以颗粒之间的接触是通过棱角和凸峰来实现的。它们之间的接触面积是很小的，加压时，即使压力不大，但集中到这些小的接触区时，单位面积上的压力就变得很大。如果该压力超过了物料变形的临界应力时，则在颗粒的棱角和凸峰处首先开始变形，使颗粒间接触面积增大。如果压力继续增大，颗粒的变形就会向接触区的颗粒内部发展。

　　图 15 - 3 简略地表示了压团机理。假设外力 P 作用于模型内一松散物料，在压制的第一阶段 (a)，颗粒位移发生重新排列并排除孔隙内气体，使物料致密化。这一阶段耗能较少但物料体积变化较大。继续压制时，根据被压制物料的特性不同，可能发生脆性断裂和塑性变形两种过程。对于脆性物料，易被压碎而发生脆性断裂，新生的细颗粒会充填在细小孔隙内，重新排列结果使密度增大，新生颗粒表面上的自由化学键能使各颗粒黏结。对于塑性物料，颗粒发生塑性变形，颗粒间相互围绕着流动，产生强烈的范德华力黏结作用。实际上，在大多数情况下，两种过程同时发生，并在一定条件下能够引起机理的转换。

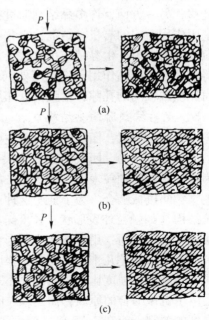

图 15 - 3　团块压制机理图

　　颗粒的三种变形形式对团块的致密性和强度有不同的影响。塑性变形由于可以增加颗粒间的接触面积，因而有利于团块强度的提高。弹性变形则由于撤除压力后会因恢复形状而产生弹性后效，从而使颗粒间原有的紧密堆积状态受到一定程度的破坏，因而会降低致密程度和强度。因此，弹性变形对压团强度具有不利影响。脆性断裂对压团具有双重性影响，一方面，脆性断裂产生的细颗粒可填充细小孔隙，可增强团块致密性。此外，断裂产生的新鲜表面具有更高的活性，可增强颗粒间的相互作用。另一方面，在添加黏结性压团时，断裂产生的新鲜表面往往难以与黏结剂接触并发生相互作用，从而降低了黏结成型作用效果。

15.1.1.2　团块的黏结机理

颗粒在外加压力的作用下发生相互黏结是使团块形成机械强度的根本途径。团块的黏结机理，根据黏结剂的情况，分有黏结剂黏结和无黏结剂黏结两种类型。除此以外，水分在团块黏结过程中也起着非常重要的作用。

A　水分对压团的作用

与粉料成球过程相似，水分在压团过程与团块黏结中同样具有重要作用。其作用主要表现在三个方面：

（1）降低颗粒间的位移阻力及压力的摩擦损失。水分在压团过程中具有良好的润滑作用。粉末物料中的水分在颗粒表面形成水膜，将颗粒包裹，使颗粒间的摩擦力减小，大大降低了颗粒间的位移阻力，有利于颗粒的紧密排列，使团块密度增大。此外，颗粒与成型模内壁间的摩擦力因这种润滑作用而减小，从而减小了因模壁的摩擦而导致的压力损失，既提高了物料的受力程度，又降低了因压力损失而导致的团块密度的不均匀性。

（2）在颗粒间形成毛细力，增强了颗粒间的黏结作用。当颗粒间在压团压力作用下紧密排列时，颗粒间距离减小，以至于相邻颗粒表面的薄膜水连成一体，即产生毛细力的作用，使颗粒相互黏结，从而增强了颗粒间的黏结作用力。

（3）为黏结剂提供了有效的介质作用。压团所用的黏结剂，多数需要在水的介质条件下才能产生黏结作用。一方面，水分是黏结剂的迁移介质，可以促进黏结剂向物料颗粒表面迁移；另一方面，许多黏结剂通过在水介质中发生电离或形成胶体而产生黏结性能。对于基团作用为主的有机黏结剂，水分可以使其电离出带电基团，通过这些带电基团与物料颗粒表面的吸附产生黏结作用。对于无机黏结剂，水分可以使其形成胶体，使这些胶体对物料颗粒产生胶粘作用。除此以外，多数黏结剂的水介质中都会发生大幅度的体积膨胀，从而充填颗粒间的孔隙，增强桥联作用。

B　无黏结剂时的黏结机理

没有黏结剂时，团块黏结机理主要有两种观点：

一种观点认为，团块的强度取决于团块内固体颗粒间存在的摩擦力（即内摩擦力），因为细粒物料的颗粒表面是凹凸不平的粗糙状态，在紧密接触后表面会相互楔住和钩结而发生颗粒间机械啮合。为了证明这种观点，人们在相同的压团压力下，对化学成分相同而颗粒结构（如颗粒外表形状、粒度组成等）不同的几种铁矿粉进行了成型试验。测得各种团块强度结果表明：用树枝状或楔形的粒子比用球形或平滑粒子能够制得更牢固的团块，其抗压强度可相差几十倍，而抗拉强度相差 100 倍左右。在测试过程中人们还发现每一种团块本身的抗拉强度比抗压强度要小几十倍。在解释这种现象时，认为倘若颗粒间的黏结不是由于机械啮合的原因，而是颗粒间分子黏结力相互作用的话，则团块的抗拉强度与抗压强度的差别，应在 3~5 倍之间而不可能如此悬殊。因此确认在压团过程中，随着压团压力增加，颗粒间的接触表面积增加，促使固体物料颗粒间的啮合（如钩结、楔住）作用加强，颗粒间的摩擦力大大增加，从而使团块强度得到提高。

另一种观点认为，团块强度主要决定于颗粒间分子力的相互作用及薄膜水分子力和天然胶结物质分子力的作用，这三种力统称为分子黏结力。当压团压力逐渐增高时，物料颗粒间接触表面积也相应增大，会促使有更多的接触表面处于分子力作用的范围，在宏观上就表现为团块强度提高。为证实这一观点，人们举出一系列例子：如在相同的压团条件下，塑性好的泥质氧化镍矿粉或泥质褐铁矿粉的团块强度远比硬而脆的假象赤铁矿粉和磁铁矿粉的团块强度要大些；干燥的磁铁矿粉尽管其颗粒形状不规则且很粗糙，只能在高压压团时才能获得一定强度的团块，然而，经过适当润湿之后，虽颗粒形态和粗糙度不变，都可以在较低压力下获得强度较好的团块。此外，颗粒不易啮合的表面光滑的煤粉仍可很好地进行压团等。因此可得出结论：在压团过程中，随着压团压力增加，颗粒间接触表面积相应地增大，由于分子黏结力与颗粒间接触表面积是成正比例地增大，从而使分子黏结力的作用加强，导致团块强度提高。

上述两个观点都能解释实践中某些现象，就说明了它们都能正确反映事物内部规律的某个侧面，但都有各自的片面性。事实上，在无黏结剂压团过程中，上述两个观点所描述两种机理是同时存在的，只是由于不同原料的颗粒物理性能（硬度、塑性、脆性和弹性等），化学性能（润湿性、吸附能力及化学组成等）和压团过程进展的程度不同，而表现出的作用强弱不一样而已。无黏结剂团块的强度是随矿物塑性增大而增大的。例如在相同压力的条件下，各种矿物的团块强度会依下列次序而下降：泥质褐铁矿—泥质氧化镍矿—硅质氧化镍矿—铬铁矿—含水赤铁矿—假象赤铁矿—磁铁矿。这种现象是因为：塑性好的矿粉压团时，物料易于产生变形，使颗粒间接触面积迅速增大，毛细水分很容易被挤到团块的外表面，从而使得颗粒表面分子能更多地处于分子力作用范围，薄膜水也能起到自己的作用，使分子间的联结作用非常强烈。这时团块强度是由颗粒间的机械啮合和分子力的联结作用共同构成，而后者更为主要。但对脆且硬的矿粉而言，其压团性较差，在压团过程中，团块内物料的弹性内应力作用显著，当压力除去时，由于"弹性后效"作用，出模型后的团块体积增大，便颗料间接触面积减少。这时，团块强度主要靠颗粒间的机械啮合（内摩擦力）起作用，而分子间的联结力及薄膜水的黏结力的作用不显著，故硬而脆的矿粉所制成的团块强度较差，往往需要加入黏结剂后方可提高该团块强度。此外，就同一种矿粉而言（仅指适于高压压团的物料），在压团的初始阶段，由于压力较小，团块强度主要靠颗粒间机械啮合起作用，随着压力增加，颗粒接触面积增大，颗粒本身甚至发生塑性变形，则在颗粒间接触面上出现分子相互作用的数量增加，会促使团块强度进一步提高。因此，在正常压力条件下，团块强度都是由于颗粒间的机械啮合和分子力的相互联结两种机理共同作用的结果。

C 有黏结剂时的黏结机理

虽然颗粒间的摩擦力和分子力在压团中对团块的黏结具有一定的作用，对有些物料甚至能满足团块强度要求，但对于多数物料来说，单靠这两种作用力很难满足团块强度要求。因此，为了达到足够的团块强度，常常需要在原料中加入一定量的黏结剂来增强颗粒间的黏结作用，满足团块的强度要求。

黏结剂存在时，团块的黏结力主要来自于黏结剂的作用。黏结剂在压团中与在前述粉料成球中的作用机理类似，主要是通过黏结剂与颗粒表面结合，并在颗粒间形成桥联作用使颗粒相互黏结（参看本手册第4章）。黏结强度与黏结剂与颗粒表面的相互作用力和黏结剂连接桥自身强度有关。根据黏结剂种类及压团物料颗粒表面特性的不同，黏结剂与颗粒表面的相互作用有物理吸附、化学吸附、静电吸附以及毛细力作用等类型。黏结剂连接桥强度与黏结剂自身的内聚力有关，其大小因黏结剂种类不同而有不同。

15.1.2 加压造块工艺

15.1.2.1 黏结剂的选择

粉末物料压团工艺根据是否添加黏结剂可分为无黏结剂压团工艺和有黏结剂压团工艺两类。前者实际上仅适用于原料本身具有塑性和黏性的泥质物料，且对团块强度要求不高的情况；而对于大多数物料来说，需要借助黏结剂的作用才能获得强度较好的团块产品。因此，黏结剂常常是压团工艺的重要组成部分。

一般选用的黏结剂可分为无机黏结剂和有机黏结剂，黏结剂一般单独使用，但有时为追求综合效果，也常采用多种黏结剂组合而成的复合黏结剂。

压团黏结剂的选择主要从以下几方面考虑，即：

（1）来源广泛，能保证稳定供应来源，且成分稳定。

（2）价格适当，能为压团厂家所接受。

（3）能保证团块具有足够的冷态及热态强度，且适合于长期储存和抵抗气候变化。

（4）添加后容易与矿物原料混匀。

（5）不污染生产环境，且不增加下一步冶炼工序有害杂质。

在压团工艺中，常用的无机黏结剂有波特兰水泥、消石灰、水玻璃及冶炼粒状矿渣等，有时还有用黄泥和陶土。常用的有机黏结剂有煤焦油、沥青类、亚硫酸纸浆废液、糖浆、淀粉、腐植酸盐，以及合成黏结剂如羧甲基纤维素、聚丙烯酰胺类等。

15.1.2.2 压团工艺过程

压团工艺一般较简单，具有流程短和设备少的特点，其原则流程如图 15-4 所示。

配料是将不同原料按比例配合一起。混合是将各原料充分混匀，不仅要求将不同原料品种混合均匀，还要求将原料粒度混合均匀。当添加黏结剂时，因其配入量较少，无论是粉状或流体状黏结剂，在选择混匀设备时应考虑到与原料充分混匀并使其均匀黏附到每个颗粒表面。揉制的目的是使压团料塑性化，并加强黏结剂与颗粒表面的相互作用。压团后需要进行筛分，将团块中的散料分离出来并返回压团。压成的生团块一般需要经固结后才能得到团块产品。

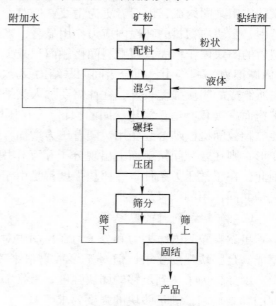

图 15-4 黏结剂压团原则流程

该工艺在具体应用中，应根据所选黏结剂的物化性质进行设计和调整，如用粉状黏结剂，可采用在配料时加入后再混匀。如用液体黏结剂，则在碾揉设备中按配比加入。

15.1.2.3 团块固结方法

为了保证团块强度，压制后的团块一般都需要经过固结后才能制成团块产品，固结的工艺方法因所采用的固结方式不同而不同。主要的固结方法有干燥固结、高温固结、养护固结、碳酸化固结等几种类型。

干燥固结是通过干燥脱水后，依靠黏结剂的作用实现固结。干燥方法有强制干燥法和自然干燥法两种。强制干燥法是指在通过在干燥设备中将团块加热到一定温度以脱除水分的方法。自然干燥法是指将团块在晾晒场铺开，利用阳光和风的作用脱除水分。强制干燥脱水速度快，干燥时间短，但需要干燥设备并消耗燃料。自然干燥不需要专用的干燥设备，也不消耗燃料，但脱水速率慢，干燥时间长，且往往脱水不彻底，团块中具有较高的残留水分。采用有机黏结剂时，常用干燥固结法使团块固结。

高温固结是指在高温条件下，通过原料中某些组分间的相互反应发生质点扩散，在颗粒间形成连接而使团块固结。因此，高温固结一般具有较高的固结强度。固结的温度因固结反应的温度要求不同而不同，因而所用的固结设备和工艺方法也不同。采用高温固结时，一般要将生团块先干燥，以避免生团块直接进入高温而产生爆裂。

养护固结是指在湿态下养护使团块黏结剂固化或颗粒接触界面发生反应增强团块强度的固结方式。如用水泥或石膏作黏结剂时，需要进行湿态养护，使水泥或石膏与水发生凝胶反应，在物料颗粒间形成桥联骨架作用使团块固结。当原料中含有金属铁等易在电解质发生氧化的成分时，可加入一定量的电解质压团，通过湿态养护，使物料颗粒中易氧化组分在电解的作用下发生氧化，相邻颗粒通过氧化产物相互连接，从而实现团块的固结。由于金属铁的氧化是一个锈化过程，因而将这种固结又称为锈化固结。

碳酸化固结是针对消石灰黏结剂采用的一种特有固结方式。通过通入 CO_2 气体，将 CaO 转变成为 $CaCO_3$，借助 $CaCO_3$ 在颗粒间的结晶形成晶桥骨架连接，实现团块的固结，使团块具有足够的强度。碳酸化固结的一般方法将富含 CO_2 的热废气通入固结炉内与团块中的消石灰发生碳酸化反应，产生的水分随热废气排出。通气时间一般为 24 小时左右。

碳酸化固结速率的影响因素有：

(1) 生团块的大小与气孔率；

(2) 废气的流量与 CO_2 浓度；

(3) 废气的温度；

(4) 生团块中 CaO 与水分的含量。

15.1.3 加压造块设备

压团成型设备种类很多，在矿物原料成型中使用最广的是对辊压团机和冲压式压团机，其中，尤以辊式压团机最为普遍。除此以外，也有少数厂家使用环式压团机。在型煤生产中，还有螺旋挤压式煤棒机等压团设备。本节主要介绍对辊压团机、冲压式压团机以及环压式压团机。

15.1.3.1 对辊式压团机

对辊式压团机压团作用原理，主要靠两个相向转动的辊轮，使流入两辊间隙的混合料在辊面的型槽中受压成型。对辊加压方式压料时间短，因而对物料产生的压力较低。保证压团效果的途径有两个方面，一方面是减小两辊间的间距，另一方面是增大进入间隙物料的密度。一般压团压力为 $1000 \sim 2500 \mathrm{N/cm^2}$，若控制压辊转速和增加两辊增压弹簧时，压力可增大至 $3500 \mathrm{N/cm^2}$ 以上。增大进料密度的主要方法是加压给料。

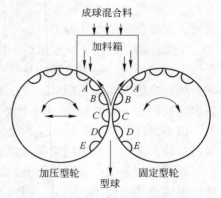

图 15－5 为对辊压团机工作过程示意图。为保证正常供料压团，下料时首先要使料箱内有足够的料量以造成料柱压力，使型槽 A 处充满料量，随压辊转动到 B 处使物料初压，若料柱压力不定，则型槽 B 处的料会被向上挤回到加料箱内，这将导致团块密度小、强度低。因此为提高供料体积密度和团块强度，对加料箱上采用预压混合料装置，也同时起到均匀供料的作用。在 C 处正式压团，压成后的团块从 D 处卸出。

图 15－5 对辊压团机剖面示意图

对辊式压团机主要由机架、传动装置、加压装置、压辊、辊面以及给料装置等几个部分组成。传动装置的作用是使两个辊体以一定转速发生相向转动。加压装置的作用是将压力传递到辊轴上，使两个辊面对物料产生辊压作用。加压装置有机械加压式和液压式两种类型。相比之下，液压式加压装置具有加压能力强，压力稳定等优点。压辊和辊面是压团过程中直接对物料加压的部件，通过压辊的回转运动，使辊面对物料施加压力，将物料加工成具有一定形状的团块。为使物料受压后的被加工成具有一定形状的团块，两辊辊面上开出型槽，型槽数目和大小根据需要设计，其产品可为卵形、枕形或椭圆形。设备生产能力取决于型槽的数量、大小以及圆辊的转速，可按下式计算：

$$Q = 2\pi Rnmx \times 60 \times 10^{-6} \tag{15－1}$$

式中 Q——对辊压团机生产能力，$\mathrm{t/h}$；

R——对辊的半径，m；

n——对辊的转速，$\mathrm{r/min}$；

m——单个团块的质量，$\mathrm{g/}$个；

x——单位长度圆周辊面上的型槽数，个$/\mathrm{m}$。

设备主体磨损和维修部件为型槽，为降低生产成本，通常用耐磨合金钢制成的型槽外套热接到压辊上，同时为避免转动轴损坏甚至烧坏电机，应避免废铁块等硬物随物料进入压辊，常在加料箱料流入口处置一除铁器，以便随时清除废铁。

给料装置除要求均匀稳定地向两辊间隙给料以外，还应对物料具有预压作用，以提高进口物料的密度，降低其可压缩比。因此，给料装置作用是将物料以一定的压力给入两辊间隙，由漏斗和加压装置组成。给料过程的加压方式一般有料柱加压和机械加压两种，其中机械加压给料方式以螺旋加压机最为常用。图 15－6 为几种强制加料的螺旋加料（预压）器形式。这类设备不仅可将预压压力加到物料上，还可克服物料被反挤回到加料箱的现象，并可对对辊压团机设计作相应改进，如最佳型轮直径、成型压力等，这对设备设计总体尺寸和制造成本都有很大影响。

15.1.3.2 冲压式压团机

冲压式压团机又称冲杠式压团机，压团机的具体形式多种多样。按加压方向，可分水平式或垂直式两种类型。按冲杆的数量，可分为单杠冲压式和多杠冲压式。冲压式压团机压制时间较长，压力较高（通常可达 $10000 \mathrm{N/cm^2}$ 以上）。

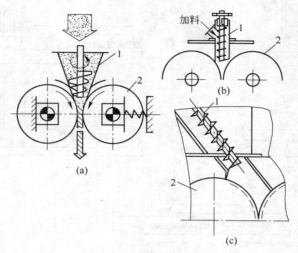

图 15 - 6　竖螺旋预压器

（a）堆螺旋；（b）直螺旋；（c）斜螺旋

1—料斗；2—辊体

图 15 - 7 为单杠水平冲压式压团机工作过程示意图。压团成型部分的主要构件为冲压杆和成型模具，通过曲柄转动带动冲杆做往返运动，对物料加压。其成型过程如下：

第一阶段（图 15 - 7（a））——混合料经过供料口装入成型模具内，此时冲压杠处于最右空转位置死点上。

第二阶段（图 15 - 7（b））——冲压杆向左推进，将约有一团块的料推离供料口并使之达到前期最后一块压成团块后方，曲柄转到接近垂直位置。

第三阶段（图 15 - 7（c））——冲压杆继续向左推进，压力增加，使矿物颗粒相互紧密接触而聚结成团块。由于团块与成型模具各壁面相摩擦及型槽缩口等原因，团块上要产生反压力。冲压杆此时近于压团过程终结。

第四阶段（图 15 - 7（d））——冲压杆进到压团过程最左边，把一串团块向出团口推并使团块继续受压，团块进入缩口后密度进一步增大，强度提高。曲柄转到左侧水平位置。

第五阶段（图 15 - 7（e））——冲压杆开始回程，团压压力减少，团块体积发生一些膨胀，膨胀值大小则取决于受压物料的弹性。

每压制一团块，冲压杆的传动曲柄必须转动一圈，压杆则往复一次。该机易磨损部件主要是可更换的成型模具，团块外形基本上呈砖形。设备生产能力与曲柄转速或冲压杆往返频率以及团块质量有关，可按下式计算：

$$Q = 60nm \times 10^{-6} \qquad (15 - 2)$$

式中　Q——对辊压团机生产能力，t/h；

n——曲柄的转速，r/min；或冲压杆的往返频率，次$/min$；

m——单个团块的质量，$g/$个。

15.1.3.3　环式压团机

环式压团机属高压压团机，其原理是在外圆环和内圆辊的同向转动中对物料加压，完

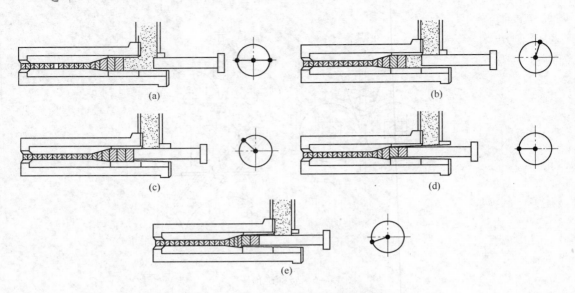

图 15 - 7　单杠冲压机的压制过程示意图

成成型过程，该机主体结构如图 15 - 8 所示。

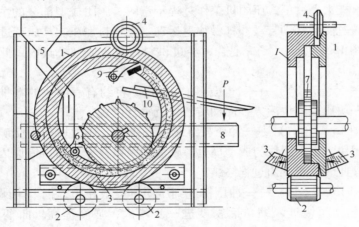

图 15 - 8　环式压团机

1—外圆环；2—传动托轮；3—散料槽；4—轴向定位轮；5—加料溜槽；
6—平料轮；7—内圆辊；8—加压双梁；9—脱模刮刀；10—产品溜槽

　　外圆环内壁和内圆辊辊面均开有成型槽。外圆环靠传动托轮摩擦传动，混合料从供料溜槽送入成型槽，经平料轮后，内圆辊加压，压力大小由压在圆辊轴上的双梁调节。内圆辊属于从动辊，由被压料带动在轴上转动，成型后的团块带到刮刀处从上部刮出，并落到溜槽排出。环式压团机比前面两种压团机结构复杂，维护费用高得多，目前在工业中使用较少。

15.1.4　加压造块的影响因素

15.1.4.1　物料天然性质的影响

细粒物料的天然性包括细粒物料的表面性能、塑性、颗粒形状、粒度及粒度组成。

表面性能包括表面亲水性、电性以及与黏结剂的亲和力等方面的性能。表面亲水性强则压团时水的毛细力作用大，与黏结剂的亲和力强则能在黏结剂的作用下形成良好的团块强度。

物料塑性越大，越易发生位移和变形，料层阻力越小，则可在较小压团压力下达到物料紧密，更好地发挥分子黏结力作用，团块强度较高。原料塑性除决定于本身主要矿物成分外，在很大程度上还取决于所含脉石成分。例如，泥质氧化镍矿比硅质氧化镍矿具有更强的塑性。一般地，含黏土或高岭土成分高的原料，塑性总是比含石灰石和二氧化硅的原料大。

细粒物料的颗粒形状对团块密度和强度影响正好相反。在压团压力相同条件下，球形颗粒物料因其表面相对比较光滑易位移，则成型团块密度较大，而多角形、树枝状和针状颗粒的物料因位移较困难，阻力大使团块密度小。但是，团块强度后者比前者高，因为颗粒形状越复杂，颗粒间的机械啮合作用越强，从而使团块强度增加。

研究结果证明，凡是能提高团块强度的因素，都能使团块的"弹性后效"明显减少，颗粒形状的影响即是如此。

压团物料的粒度的影响也很重要。粒度太细而均匀的物料，其松装密度小，不易压制，粒度太大而均匀的物料，其单个颗粒体积大，位移和变形也不易，故压制性能也差。因此，太粗或太细而均匀的物料对提高团块的密度和强度都不利，并使"弹性后效"增加。

具有一定粒度组成的物料压团性能最好。因为大小不一的物料，当遵循傅列尔粒度相对要求百分含量时，有利于小颗粒填充到大颗粒之间的孔隙中去，以达到颗粒的紧密排列和组合，可明显提高团块密度和强度，"弹性后效"也大大减少。

15.1.4.2 添加物的影响

当细粒物料压团性能差、团块强度要求高时，通常选用适当的添加物以改善压团效果。有时，为改善冶炼过程，就应考虑加特定的添加物，尤其是黏结剂类物质。

一般来说，添加物对压团过程的作用有：

（1）减少细粒物料颗粒间及颗粒与模壁间的摩擦，以利于压团过程的进行。

添加物多半为性软而易于变形的物质，甚至是液体。当加入添加物后，一方面使颗粒表面较均匀地包裹了一层薄的添加物起润滑作用，大大减少了颗粒表面的粗糙状况，使物料颗粒间摩擦力减小，有利于颗粒的位移；另一方面，当细粒物料相对于模壁运动时，同样起到润滑作用，以改善和减少颗粒与模壁的摩擦，使因摩擦而引起的压力损失大大减少，从而保证团块密度沿团块高度分布更加均匀，并可在较低压力下完成压团过程，如沥青、纸浆废液、水玻璃、膨润土、石灰等添加物都可有上述特性。

（2）能促进压团时细粒物料迅速变形，并能减少由于密度分布不均匀和"弹性后效"造成的团块开裂。

添加物实际上指黏结剂类物质，其最大特点还在于增加压团物料的塑性，使其易于变形和增加颗粒间的黏附能力。例如添加消石灰或膨润土物质，因其比铁矿粉更软和更易塑性变形，使铁矿粉压制的团块强度远比无添加物的大得多，而且取得密度和强度同时增长的效果。

（3）在颗粒间起黏结作用，增强颗粒间的黏结力，提高团块强度。

　　黏结剂类的添加剂可通过物理吸附或化学吸附与颗粒表面发生强有力的黏结作用，并通过黏结剂自身的桥架作用，将相邻颗粒紧紧连接在一起，增强了颗粒间的连接强度。黏结剂的黏结作用通常是获得高强度团块的重要保障。

　　（4）使颗粒表面发生物理、化学变化，改变表面特性，促进颗粒表面的质点迁移，实现表面黏结。

　　有些添加剂本身没有黏结能力，但可以与颗粒表面发生物理、化学作用，使相邻颗粒表面发生物质迁移，并通过这种物质迁移将两颗粒连接在一起。比较典型的例子是锈化固结，添加剂的作用是提供电解质环境，使颗粒表面发生锈化反应，相邻颗粒表面的锈化反应产物连接在一起，从而形成了颗粒连接。一般地，能与颗粒表面发生作用生成新产物的添加剂容易产生这种类型的作用。

15.1.4.3　压团工艺条件的影响

　　压团过程中的工艺条件，如压团压力、水分、加压方式、加压时间、加压速度等是影响团块强度的主要因素。

　　A　压团压力和物料水分

　　压团的压力和水分是两个紧密相关又互为影响的因素，对压团效果具有决定性作用，尤其在无添加物压团中更为显著。

　　这一关系是由压团过程的物理本质所决定的。在压团过程中随细粒物料逐渐紧密，孔隙率逐渐减少，其内的适宜水分则逐渐充满在孔隙中，从而减少颗粒间摩擦起润滑剂的作用，使颗粒靠拢而紧密，并通过毛细力对颗粒产生黏结作用。压团压力越大，这一效果越明显。物料含水量过多和过少都会使团块强度降低，这一关系与压团压力的变化如图15-9所示。由图可知，对同一细粒物料可在任一压团压力下压团，均相应有一最适宜水分值使团块强度达最高值。随着压力的增大，适宜的压团水分减小。水分过大使团块强度下降的原因有两个：一是在孔隙内填充，阻碍了颗粒的位移和团块的紧密，二是孔隙水毛细力减小。

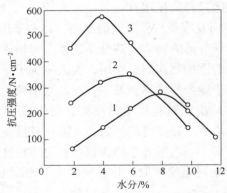

图15-9　压力与水分对磁铁精矿生团块强度的影响

1—压力2500N/cm²；2—压力5000N/cm²；3—压力10000N/cm²

　　若压团压力过高，团块内的硬脆性颗粒不能承受则发生开裂和破散，其新生成表面间的内聚力因很小，使原团块黏结的连续性结构部分被严重破坏，则团块反而失去强度。

B 加压方式、速度及加压时间

加压方式、速率及加压时间等因素对脆而硬的物料压团的影响尤为明显。例如磁铁矿粉加铸铁屑压团时，由于物料颗粒之间及颗粒与模壁之间摩擦力大，若采用单向加压，会使压团压力沿团块高度显著降低，团块密度沿团块高度差别较大。若单纯靠提高单向加压来提高团块下部密度，则会使团块上部易产生应力集中现象，而使团块沿高度方向分层和开裂。因此改用双向加压或对混合料多次加料方式，在相同的压力条件下，团块沿高度的密度均匀性提高，相应可提高团块强度。对那些硬度较高，流动性较差，粒度太粗的物料，采用减慢加压速度和延长加压时间具有较好的效果，因为这样可以使压力缓慢传递，促进细粒物料产生逐步位移和变形，颗粒达到重新排列和密集，孔隙率减少，使团块密度和强度提高。

在设备设计和实际工艺中，为获得高强度团块，不仅需要考虑加压的总时间，还应考虑压团各阶段的时间分配。需要注意的是，在最大压团压力下作用时间越长，则团块强度越好。因此，应使加压过程中最初阶段时间最短、最大压力下加压时间最长，速度最慢，这样可使团块获得最大紧密程度，同时应选择双向加压方式压团。

C 给料方式

给料方式决定了给入物料的密度，对压团具有重要影响。一般压团时对物料所能达到的压缩比仅为 2.0~2.5。若进口物料过于松散，物料的可压缩比大于压团设备的压缩比能力时，难以达到团块所要求的密度。因此需要进口原料有一定的密度，当进口密度大时压出的团块强度才能尽可能提高。为提高进料密度，常采用加压强制加料方式（即预压），降低进口物料的可缩比，从而使团块密度和强度获得最大提高。强制加料方式目前都用螺旋强制给料机，它可兼顾运输和预压作用。通过加压强度给料，可充分破坏物料自然堆料时的"拱桥效应"，排除细粒物料中孔隙内的气体，对物料产生初步位移紧密，可提高团块的密度，并减少团块的"弹性后效"。

15.2 复合造块法

15.2.1 复合造块法产生的背景

传统的铁矿造块有烧结法、球团法和压团法三种。长期的研究与实践表明，高碱度烧结矿和酸性球团矿具有优良的机械和冶金性能，因而成为现代烧结和球团生产的主流产品。

由于单一高碱度烧结矿或单一酸性氧化球团矿都不能独立入炉冶炼，目前除欧洲和北美少数高炉采用全部熔剂性球团的炉料结构外，其他大部分高炉均采用高碱度烧结矿与酸性氧化球团矿搭配的炉料结构。但从炼铁生产控制、企业整体经济效益、炼铁炉料生产现状以及资源的最新变化等方面考虑，这样的炉料结构并不是最佳的，烧结法和球团法本身也遇到了挑战。

首先是炉料的偏析问题。由于烧结矿和球团矿形状和密度不同，它们在高炉内易发生偏析，导致高炉操作波动、产量和质量下降以及能耗上升。尽管多年来炼铁工作者进行了大量的研究，开发和采用新的高炉布料设备和方法，可以一定程度上减轻由于炉料偏析带来的不良影响，但还不能从根本上消除炉料偏析的影响。

其次，这样的炉料结构不是轻易可以实现的。由于历史的原因，主要产钢大国尤其是我国，球团矿的产量远低于烧结矿。商品球团矿生产主要集中在巴西等少数国家，进口球团矿不仅运距远、成本高，而且其数量也无法满足全世界的巨大需求。新建球团厂不但增加基建投资，而且还受到球团原料（铁精矿）来源、供料稳定性和建厂场地的限制。在全球尤其是我国钢铁生产规模如此大的今天，酸性炼铁炉料的短缺成为困扰许多钢铁企业的普遍性问题。

此外，细粒高铁低硅铁精矿的合理利用问题在我国十分突出。为解决炼铁原料短缺、越来越依赖进口的矛盾，近年来我国加大了铁矿选矿攻关力度，部分钢铁生产基地如鞍钢、太钢、包钢等，精矿的产能不断增大，铁品位提高到67% ~69%，SiO_2 含量也逐渐降低至4.0%甚至3.0%左右。传统上这种精矿粉适宜采用球团法处理，但由于我国自产铁矿几乎全部是磨选的精矿，生产球团矿尚不足以完全消化这部分原料，而用作烧结原料时，又严重恶化烧结过程，显著降低烧结矿产量和质量。一些烧结厂不得不配加酸性熔剂组织生产，这不仅使优质铁原料的优势得不到发挥，而且对选矿技术的发展和进步也极为不利。

最后是非传统含铁资源的利用问题。随着钢铁工业的快速发展，传统优质铁矿资源不断枯竭，人类对自身生存的环境也日益关切。各种非传统含铁原料，如低品位、难处理以及复杂共生铁矿，钢铁厂内的各种含铁废料、尘泥，化工厂和有色冶炼厂产生的含铁渣尘等的利用和处理日益迫切。这些原料大部分无法采用现行的烧结法或球团法得到有效处理，即使少量作为配料加入烧结料和球团料中，也会显著影响造块生产过程和产量与质量。

15.2.2　复合造块法的技术原理

基于以上背景，中南大学烧结球团与直接还原研究所在多年探索和研究的基础上，开发出铁矿粉复合造块法。该方法基于不同含铁原料制粒、造球、烧结与焙烧性能的差异，提出了原料分类、分别处理、联合焙烧的技术思想，即将造块用全部原料分为造球料（pelletizing materials）和基体料（matrix materials）两大类。造球料包括传统的铁精矿、难处理和复杂矿经磨选获得的精矿、各种细粒含铁二次资源等与黏结剂；基体料则是除上述原料以外的其他原料，包括全部粒度较粗的铁粉矿、熔剂、燃料、返矿，当含铁原料中以细精矿为主（比例超过60%）时，基体料也包括部分细粒铁精矿。在工艺路线上，该方法将质量比占20% ~60%（具体比例视不同企业的具体情况而定）的造球料制备成直径为8 ~16mm 的酸性球团，而将基体料在圆筒混合机中混匀并制成3 ~8mm 高碱度颗粒料，然后再将这两种料混合，并将混合料布料到带式烧结机或焙烧机上，采用新的布料方法优化球团在混合料中的分布，通过点火和抽风烧结、焙烧，制成由酸性球团嵌入高碱度基体组成的人造复合块矿。在成矿机制方面，混合料中的酸性球团以固相固结获得强度，基体料则以熔融的液相黏结获得强度。这种方法既不同于单一烧结法又不同于单一球团法，但同时兼具两者的优点，故称为复合造块法。

由于通过调整复合造块工艺中酸性球团料的比例，就可以调整产品的总碱度，使得复合造块法可在总碱度为 1.2 ~2.2 的广泛范围内，制备兼具高碱度烧结矿和酸性球团矿性能的复合炼铁炉料。这样不仅从根本上解决了炼铁过程中因炉料偏析带来的问题，而且也为现行生产企业解决高碱度烧结矿过剩但酸性料不足的矛盾提供一条有效途径，使得新建联合钢厂如原料结构具备，则可不必同时建设烧结和球团两类造块工厂（车间），从而简化钢铁制造流程，降低生产成本。此外，将高铁低硅精矿的全部或部分制备成酸性球团，采用复合造块法生产低硅复合块矿，可完全避免高铁低硅精矿烧结的困难和问题，为高铁低硅精矿的合理利用提供了新途径。特殊的原料准备和焙烧固结方法，允许复合造块法中用于造球成型的细粒物料既可以是传统的细粒铁精矿，也可以是球团法难以造球和焙烧的镜铁矿、复杂共生铁矿的精矿、冶金与化工厂的二次含铁原料等，可有效扩大钢铁生产可利用的资源范围。

复合造块法于2008年在我国包头钢铁公司率先投入工业应用。

15.2.3 复合造块法的工艺特征

复合造块法是一种不同于传统方法的新造块方法。该方法的工艺特点及其与烧结法、球团法以及小球团法/小球烧结法的比较如表15-1所示。与烧结法相比，复合造块法可大量处理各类细粒物料而保持较高技术经济指标。与球团法相比，复合造块法适应的原料粒级范围更宽，可以处理一些传统上认为难造球、难焙烧的原料。此处仅重点将复合造块法与小球团法/小球团烧结法做一比较。

表 15-1 复合造块法与其他造块方法的比较

比较项目	烧结法	球团法	小球团/小球烧结法	复合造块法
原料粒度范围	小于10mm	-0.045mm 80%~90%	0~5mm	造球料-0.075mm60%~90%；粗粒料小于10mm
原料种类	粉矿、精矿	精矿	精矿、细粒粉矿	粉矿、精矿、含铁尘泥等
制粒/造球准备	所有原料制粒，至3~10mm	所有原料造球，至15~16mm	所有原料造球，至5~10mm	粗粒制粒至3~10mm；细粒造球至8~16mm；总粒级3~16mm
燃料添加方式	全部内配	外部供热	内配+外滚	全部内配
干燥段	不需设干燥段	需设干燥段	需设干燥段	不需设干燥段
边料的需要	不需要铺边料	视焙烧设备而定	需要铺边料	不需要铺边料
强度机理	熔融相黏结	固相固结	固相固结	熔融相黏结+固相固结
产品外观	不规则块状	球形	以点状连接的"葡萄状"小球聚集体	酸性球团嵌入高碱度基体的不规则块状
产品碱度	1.8~2.2	一般<0.2	一般<1.2或>2.0	1.2~2.2

在原料适应性方面，小球团法要求原料粒度为0~5mm，因而主要用来处理铁精矿；复合造块法可以处理0~8mm的原料，在粒级上既涵盖烧结法和球团法适应的原料范围，在种类上还可以处理一些难以造球、难焙烧的物料。

在原料准备方面，小球团法将全部原料制备成5~10mm球团；复合造块法则将球团料制备成直径8~16mm的球团，基体料制成3~10mm的颗粒群，进入焙烧作业的总粒级范围3~16mm。

在燃料添加方面，小球团以部分内配、部分外滚的方式加入；复合造块法将全部燃料以内配方式加入。

在布料方面，小球团烧结法要设移动带式台车铺边料，以防止气流偏析；复合造块法无需铺边料。

小球团法需在烧结前设干燥段对生球团进行干燥；复合造块法不需设干燥段。

小球团法产品强度靠扩散（固相）黏结获得；复合造块法产品强度由扩散（固相）黏结和熔融相黏结的复合作用获得。

小球团法产品外观为"葡萄状"小球聚集体，单球易于从聚集体中脱落；复合造块法产品中，球团被嵌入基体料中，不会脱落。

日本小球团法产品的碱度大于2.0，我国安阳钢铁公司报道的小球团烧结的产品碱度为2.0~2.2左右，酒泉钢铁公司报道的小球团烧结矿碱度小于0.6，同也有碱度为1.2的一组数据，很少见到小球团或小球烧结法制备碱度1.2~2.0产品的报道。从工艺原理和生产实践看，小球团法不适宜制备中等碱度产品；复合造块法则可在碱度1.2~2.2的范围，制备兼具高碱度烧结矿和酸性球团矿性能的炼铁炉料。

15.2.4 复合造块法的作用与功能

研究与实践表明，复合造块法不仅具有解决炼铁炉料偏析、生产中低碱度炉料、制备高铁低硅产品、利用难处理资源的作用与功能，而且与烧结法相比，在相同料层高度下，复合造块法可大幅提高烧结机生产率，在相同的烧结速度下，复合造块法可实现超高料层操作，从而节约固体燃料消耗、提高产品质量。

15.2.4.1 制备中低碱度炼铁炉料

以涟钢原料为对象，在实验室中开展复合造块法制备中低碱度炼铁炉料的研究，并与相同原料结构和相同碱度条件下烧结法获得的结果进行对比。表15-2是在两种方法各自优化的焙烧条件（负压、水分、焦粉配比等）下获得的结果，料层厚度均为600mm。为方便比较，复合造块法的各项指标参照烧结法的检测方法获得。

表15-2 不同碱度造块试验结果

造块方法	主要试验条件			主要试验结果		
	碱度 R	烧结负压 /kPa	焦粉用量 /%	垂直烧结速度 /mm·min^{-1}	利用系数 /t·(m^2·h)$^{-1}$	转鼓强度 (+6.3mm)/%
烧结法	2.0	10	4.5	19.85	1.65	63.0
复合造块法		8	4.0	23.41	2.16	67.3
烧结法	1.6	10	4.5	19.75	1.46	54.2
复合造块法		8	4.0	21.69	1.95	63.1
烧结法	1.5	10	4.5	19.70	1.47	52.7
复合造块法		8	4.0	23.13	2.01	62.3
烧结法	1.4	10	4.5	20.75	1.42	50.0
复合造块法		8	4.0	23.30	1.85	61.8
烧结法	1.2	10	4.5	20.87	1.37	45.9
复合造块法		8	4.0	23.04	1.80	58.7

表15-2的结果表明，在常规烧结工艺下，随着碱度的降低烧结矿产量和质量指标明显恶化，当碱度由2.0降低至1.5时，烧结矿转鼓强度由63.0%下降为52.7%，利用系数

从 1.65t/(m² · h) 降至 1.47t/(m² · h)；当碱度进一步降至 1.2 时，转鼓强度则降至 45.9%，利用系数降至 1.37t/(m² · h)。

而采用复合造块法，在全部碱度范围内，产品转鼓强度和利用系数均明显高于烧结法，其利用系数高出 25% ~30%，虽然随碱度的降低，复合块矿的转鼓强度有所下降，但在碱度为 1.2 时仍获得 58.7% 的较好指标。

另外，由表 15-2 还可以看出，采用复合造块法还可以降低焦粉用量和烧结抽风负压，具有明显的节能减排效果。

15.2.4.2 制备高铁低硅炼铁炉料

将高铁低硅原料制备成球团，开展复合造块工艺制备低硅炼铁炉料的研究，在宝钢烧结原料结构条件下获得的结果如表 15-3 所示，试验中各组原料的总碱度固定为 1.9。表 15-3 表明，采用复合造块工艺，随着球团配比增加，造块产品中 SiO₂ 的含量逐渐降低，而产品产量和质量指标则逐渐改善。当球团配比达到 40%，SiO₂ 含量降低至 4.06% 时，烧结利用系数 1.710t/(m² · h)，转鼓强度 71.15%。这两项指标与 SiO₂ 含量为 4.51% 时常规烧结法结果相比，利用系数提高了 23%，转鼓强度提高了近 7 个百分点。研究结果表明，复合造块法是制备高铁低硅炼铁原料的有效方法。

表 15-3 低硅造块试验结果 ($R = 1.9$)

造块方法	主要试验条件			主要试验结果		
	球团料配比/%	SiO₂/%	TFe/%	垂直烧结速度/mm·min⁻¹	利用系数/t·(m²·h)⁻¹	转鼓强度(+6.3mm)/%
烧结法	0	4.51	57.66	21.10	1.390	64.17
复合造块法	10	4.37	58.01	21.54	1.419	65.24
	20	4.26	58.28	23.73	1.572	66.47
	40	4.06	58.77	24.98	1.710	71.15

15.2.4.3 超高料层造块

在涟钢原料结构条件下，以实验室抽风烧结装置为主要设备，研究了料层高度对复合造块产量和质量的影响，抽风负压均为 10kPa，碱度为 1.9，试验结果如表 15-4 所示。

从表 15-4 中数据可以看出，在烧结负压相同的情况下，采用复合造块工艺可大幅度提高料层高度。虽然在 700mm 以上，随料层厚度提高，利用系数略有下降，但料高 900mm 时的利用系数仍高于料高 600mm 时常规烧结的利用系数，而转鼓强度则比与 600mm 常规烧结法高出近 3 个百分点。

表 15-4 不同料层高度下的造块试验结果

造块方法	料层高度/mm	垂直烧结速度/mm·min⁻¹	利用系数/t·(m²·h)⁻¹	转鼓强度(+6.3mm)/%
烧结法	600	19.85	1.65	63.0
复合造块法	600	24.56	2.23	60.9
	700	23.33	1.97	63.0
	800	21.45	1.80	65.2
	900	20.98	1.73	65.9

15.2.4.4 难处理铁矿资源的造块

A 镜铁矿的利用

随着钢铁工业的快速发展，品位高、制粒性能好、高温反应性好的优质铁矿资源日益减少。国际市场上镜铁矿资源较丰富。镜铁矿具有铁品位高（大于67%）、价格便宜、铁氧化度高等优点，但由于镜铁矿结晶完好、结构致密，亲水性和成球性较差，自身难以成球，也难以黏附在其他矿物颗粒之上，而且高温反应性差，难以形成低熔点化合物或互连。这些特点使得烧结法和球团法处理镜铁矿都存在较大困难。

应用复合造块法，研究了宝钢烧结原料结构条件下，使用高配比镜铁矿的可行性及效果，试验结果如表15-5所示。研究表明：采用常规烧结工艺，当镜铁矿配比达到20%时，烧结矿产量和质量指标显著下降，其中利用系数降低30%以上；把镜铁矿制备成球团后，采用复合造块工艺处理，其产量和质量指标不仅没有下降，而且在研究的配比范围内（40%）随着镜铁矿配比的增加，产量和质量指标呈现逐步提高的趋势。

表 15-5 镜铁矿配比对造块的影响

造块方法	镜铁矿配比 /%	垂直烧结速度 /mm·min^{-1}	成品率 /%	利用系数 /t·(m^2·h)$^{-1}$	转鼓强度 （+6.3mm）/%
烧结法	0	21.10	78.45	1.390	64.17
	20	15.85	69.92	0.929	63.45
复合造块法	20	23.73	79.32	1.572	66.47
	25	23.90	79.81	1.604	67.08
	40	24.98	81.33	1.710	71.15

B 含氟铁精矿的造块

含氟精矿烧结用于烧结时，由于氟降低胶结相的黏度和低强度枪晶石的形成，烧结矿强度差，用于球团生产时由于液相的生成导致球团强度低、适宜的焙烧温度区间窄，因此含氟精矿是一种难处理料。在包钢原料结构条件下，开展了含氟精矿的复合造块研究，试验中将占总铁原料40%、含氟0.34%的含氟精矿制备成球团，结果如表15-6所示。与常规烧结工艺相比，即使把烧结矿碱度由2.2降低至1.6，采用复合造块法仍可显著改善产量和质量指标，转鼓强度由57.71%提高到64.05%，利用系数由1.395t/(m^2·h)提高到1.504t/(m^2·h)。

表 15-6 含氟铁精矿复合造块试验研究结果

造块方法	碱度 R	烧结速度/mm·min^{-1}	利用系数/t·(m^2·h)$^{-1}$	转鼓强度 （+6.3mm）/%
烧结法	2.2	21.52	1.395	57.71
	1.6	18.32	1.420	51.45
复合造块法	1.6	20.08	1.504	64.05

C 含铁尘泥的利用

钢铁生产过程会产生大量含铁尘泥，主要来源于烧结和球团、高炉炼铁、转炉和电炉炼钢等过程。由于这些冶金尘泥性质差异大，具有亲水性差、难造球、难烧结焙烧等特点，其合理高效利用的问题一直未得到很好解决。

以宝钢含铁粉尘（包括高炉二次灰、电除尘灰、高炉出铁场灰、原料场灰、转运站储矿槽灰等）为原料，研究了采用复合造块法处理含铁粉尘的可行性，试验结果如表15-7所示。为方便对比，表15-7同时列出不配加粉尘和将粉尘直接配入混合料中烧结的结果。

表15-7 含铁粉尘造块试验结果

造块方法	粉尘处理方式	垂直烧结速度/mm·min^{-1}	利用系数/t·(m^2·h)$^{-1}$	转鼓强度（+6.3mm）/%
烧结法	不配加粉尘	23.87	1.475	65.20
	粉尘配入烧结料中	21.65	1.355	63.41
复合造块法	粉尘制备成球团	23.73	1.580	65.93

从表15-7可以看出，将粉尘直接加入烧结料中，明显降低了垂直烧结速度和烧结矿产量、质量，而在含铁粉尘配比相同的条件下，采用复合造块法产量、质量指标不仅没有降低，而且有所升高。因此，利用复合造块可以实现含铁粉尘的有效利用。

15.2.5 复合造块法的工业实践

铁矿粉复合造块法于2008年4月起率先在我国包头钢铁公司投入应用，至今已连续生产6年。工业试验期以含氟精矿为主要原料，在碱度为1.53的条件下，采用复合造块工艺使烧结机作业率提高2.81个百分点，平均产量提高210t/d，固体燃耗降低7.87kg/t-s。高炉使用复合块矿后，入炉铁品位提高0.19个百分点，硅石量添加量由原来的25.87kg/t降低至13.6kg/t；高炉利用系数提高0.209t/(m^3·d)，焦比降低13.41kg/t，煤比增加6.77kg/t，渣比降低41.0kg/t，综合经济效益十分显著。

研究与生产实践表明，复合造块法集烧结法和球团法的优点于一体，与烧结法相比，可在相同料高下大幅提高烧结机生产率，在相同的烧结速度下可实现超高料层（>800mm）操作，获得提高产品质量和节约燃料消耗的显著效果。与球团法相比，复合造块法对原料的适应范围更广，不仅可以处理细粒铁矿，而且可以处理用球团法难以处理的钢铁厂含铁尘泥、黄铁矿烧渣等，扩大了钢铁生产可利用的资源范围。

15.3 小球团烧结法

15.3.1 小球团烧结法的原理

小球团烧结法是20世纪90年代开发的烧结新方法，其目的是为采用烧结机大量处理细粒铁精矿，因为随着铁精矿配比的增大，传统烧结法的生产率显著下降。在国外最早开发此项技术的是日本钢管公司研究所并首先在钢管公司的福山钢铁厂投入应用。我国北京科技大学和钢铁研究总院率先在国内开展小球团烧结法试验研究，酒钢、安钢等根据研究结果先后建厂实施。小球团烧结法可以像球团工艺一样使用细粒铁精矿并可同时处理烧结原料，造成结构如图15-10所示的小球，生球外滚焦粉后，在台车上连续焙烧形成球团烧结矿。

小球团烧结矿是由小球烧结而形成，当烧结料层达到一定温度时，球体外表就产生一定数量的液相，固体颗粒与液体之间的毛细力能使小球互相熔结。小球团烧结矿产品是一种类似葡萄状的小球集合体, 如图 15 - 11 所示。

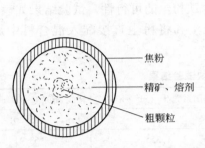

图 15 - 10 小球团烧结法的生球结构

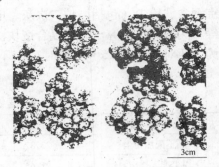

图 15 - 11 小球团烧结矿产品的外观特征

15.3.2 小球团法的工艺流程与特点

图 15 - 12 为福山 5 号烧结机小球团烧结的工艺流程。

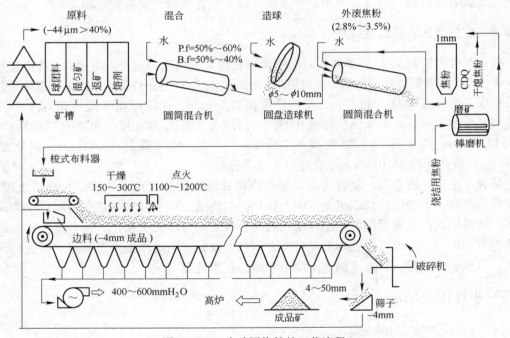

图 15 - 12 小球团烧结的工艺流程

小球团烧结工艺的主要特点如下:

(1) 原料完全造成小球团, 矿石混合料的粒度比传统烧结工艺所用的要小;

(2) 焦粉分两段加入, 首先向一次圆筒混合机内添加少量焦粉, 与含铁物料和熔剂一起混合。大部分焦粉添加在最后的圆筒混合机中, 使焦粉富集在小球表面, 焦粉应破碎到 - 1.0mm;

(3) 制粒流程比传统烧结厂复杂, 制成和布到炉算上的小球粒径为 5 ~ 8mm;

(4) 在点火之前, 设置干燥段对小球进行干燥;

(5) 除了铺底料之外, 还使用移动带式台车铺边料, 以防止气流偏析;

（6）主风机负压为 $400 \sim 600mmH_2O$（$3923 \sim 5884Pa$），大大低于传统烧结负压；

（7）产品为小球粘连在一起形成的团粒状烧结块。矿相结构主要由扩散型赤铁矿和细粒型铁酸钙组成，因而其还原性和低温还原粉化性都得到了改善。

小球团烧结法能适应粗、细原料粒级，可扩大原料来源。采用圆盘造球机制粒，可提高制粒效果，改善料层透气性，提高烧结矿产量。小球团烧结工艺与烧结工艺和球团工艺的比较如表 15 - 8 所示。

表 15 - 8　小球团烧结工艺与烧结工艺和球团工艺

项　目	烧结工艺	球团工艺	小球团烧结工艺
原料	烧结料（$-155\mu m$ 占 20%）	球团料（$-44\mu m$ 占 70%）	烧结料 + 球团料
制粒	准粒度（3~5mm）圆筒混合机	球团（8~15μm）圆盘、圆筒造球机	小球团（5~8mm）圆盘造球机外滚焦粉，圆筒混合机
产品形状	不规则（5~50mm）	球状（8~15mm）	小球团（5~8mm）和块状物
固结形式	渣相固结	扩散固结	扩散固结
产品 TFe	55%~58%	60%~63%	58%~61%
渣量	15%~20%	5%~10%	7%~15%
JIS 还原度	60%~65%	60%~75%	70%~80%
低温粉化率	35%~45%	—	30%~40%
软化性能	优良	次于烧结矿	相当于烧结矿

15.3.3　小球团烧结生产实例

福山小球团工艺于 1988 年 11 月投产，在 5 个月试验期间，球团料的混合比例借助于生石灰的增加逐渐由 20% 增加到 60%，产品中的 SiO_2 含量则从 5.2% 降低到 4.7%。在 1989 年 3 月的工业试生产中实现了配用 60% 球团料的最终目标，还原指数为 70%~75%，低温还原粉化指数为 35%~40%，这说明小球团的产品的还原性能优于烧结矿。表 15 - 9 列出了小球团投产前后的生产结果。

从表 15 - 9 看出，采用小球团工艺，当粒度小于 155μm 的细精矿增加一倍时，仍可获得较高的生产率。由于外滚焦粉改善了燃烧效果，焦粉用量减少了 5kg/t。

表 15 - 9　福山小球团烧结法投产前后结果比较

项　　目		烧结工艺 1988 年 8 月	小球团烧结工艺 1989 年 9 月
原　料	精矿/%	15.6	40.0
	$-155\mu m$/%	20.5	37.0
	平均粒度/mm	2.15	1.59
生产操作	利用系数/$t\cdot(m^2\cdot h)^{-1}$	1.43	1.48
	焦粉/$kg\cdot t^{-1}$	42.0	37.3
	焦炉煤气/$m^3\cdot t^{-1}$	0.9	1.3
	电耗/$kW\cdot h\cdot t^{-1}$	25.2	27.7
	返矿/$kg\cdot t^{-1}$	228	219
产品质量	SiO_2/%	5.15	4.61
	转鼓强度（+10mm）/%	67.4	68.0
	还原度/%	65.2	71.6
	低温还原粉化率/%	44.5	43.5

小球团烧结工艺的显著特点是，在较低的渣量（$CaO + SiO_2$）和较低的焦粉用量下，可获得一定的转鼓强度。这些生产结果应归结于细精矿与熔剂的良好同化作用，即由于焦粉燃烧率的提高，球内的细精矿与熔剂被完全同化，焦粉用量少也能还原度高的原因之一。试验研究表明，在800℃、900℃和1000℃的温度下，在$N_2/CO = 70/30$的还原气中，小球团烧结矿的还原度都高于普通烧结矿。

小球团烧结矿的显微结构主要由扩散胶结结构组成，具有较多的宏观和微观空隙，即由10μm的针状铁酸钙和赤铁矿组成，而烧结矿通常由50μm的柱状铁酸钙、磁铁矿和次生赤铁矿组成。

15.3.4 小球团烧结矿高炉冶炼效果

为了验证小球团烧结矿的高炉冶炼效果，分别在福山2号高炉（2828m^3）和5号高炉（4617m^3）上进行了对比试验，结果分别见表15-10和表15-11。

表15-10 福山2号高炉使用小球团烧结矿的冶炼效果

项 目		基准期（A）	试验期（B）	差别（B-A）
高炉炉料/%	块矿	16.0	16.0	
	球团矿	0	0	
	烧结矿	84.0	37.0	
	小球团烧结矿	0	47.0	
高炉实际焦比/kg·t^{-1}		531.4	528.7	
校正后焦比/kg·t^{-1}		531.4	525.5	-5.9
因还原度提高的效果				(-3.3)
因渣量减少的效果				(-2.6)
平均还原度/%		66.3	70.1	3.8
计算渣量/kg·t^{-1}		330.0	321.0	-9.0

从表15-10可看出，基准期焦比为531.4kg/t，而在试验期则为528.7kg/t，若将试验期的各种生产条件调整到与基准期一样，则试验期的校正焦比为525.5kg/t，比基准期降低了5.9kg/t。

表15-11 福山5号高炉使用小球团烧结矿的冶炼效果

项 目		使用前	使用后
配料比/%	块矿	20	20
	球团矿	2	2
	烧结矿	78	23
	小球团烧结矿		55
生产指标	产量/t·d^{-1}	9700	10300
	利用系数/t·(m^3·d)$^{-1}$	2.08	2.21
	燃料比/kg·t^{-1}	517.5	505.0
	鼓风温度/℃	1050	1050
	渣量/kg·t^{-1}	327	309

从表 15 – 11 可看出，在 5 号高炉中使用小球团烧结矿后，渣量降低了 18kg/t，燃料比降低了 12kg/t，而且在全焦操作条件下，日产量由原来的 9700t（利用系数 2.08t/（m³·d））提高到 10300t（利用系数 2.21t/（m³·d））。

　　小球团烧结法的存在的主要问题：一是外滚煤粉、铺边料、设置干燥等要求使工艺过程复杂化；二是靠点连接的葡萄状小球产品在破碎和转运过程中易产生大量单个小球，影响生产过程。自 20 世纪 90 年代日本和我国等几个国家建厂实施以来，近十余年来关于小球团烧结法的研究和应用报道较少。

15.4　废气循环烧结法

15.4.1　烧结废气的来源

　　为了研究减少废气量的可能性，必须了解废气是如何产生的。图 15 – 13 为烧结机废气的来源及其组成部分示意图。

15.4.1.1　理论空气需要量

　　第 5 章研究已表明，铁矿粉烧结的单位空气需要量一般变化不大，约为（标态）800m³/t 混合料（包括铺底料）。

15.4.1.2　由混合料产生的废气

　　除烧结空气外，废气还包括在烧结时混合料所产生的气体，主要是水蒸气以及燃料燃烧和碳酸盐分解所产生的 CO_2。当烧结富矿粉时，水蒸气约占废气总量的 7% ～ 13%；当烧结贫矿时，由于烧结混合料的水分较高，而且大部分为化合水，水蒸气在废气总量中所占比例可达到 25%。有时候少量气态成分是由挥发物（例如硫）的挥发所产生的。

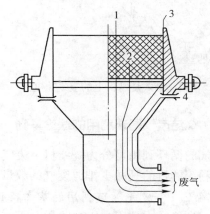

图 15 – 13　废气的组成部分
1—烧结所需的理论空气量；2—混合料所产生的废气；
3—烧结台车料层边缘区进入的风量；4—漏风

15.4.1.3　烧结料层边缘区进入的空气

　　当烧结块由于烧结作用发生收缩而从台车栏板离开时，形成空隙。在这种空隙中，空气流速远比烧结机中央部位要快。图 15 – 14 示出了用叶轮风速计在烧结台车上方测出的风速，表明了料层边缘区空气速度的变化情况。

　　在总废气量中，从烧结机台车栏板处吸入的空气量超过理论空气需要量越多，表明烧结料层的透气性越低。烧结机台车越宽，台车边缘区的进风量相对越低。

15.4.1.4　烧结机的漏风

　　漏风量是在漏风点吸入的空气量。除了台车和风箱之间的密封外，最主要的是烧结机两端的密封。作为一种通过孔洞和缝隙的风流，烧结机台车算条的漏风量仅与抽风负压有关。漏风量在废气总量中所占的比例与混合料的透气性是密切相关的。烧结机密封效果相同时，如混合料的透气性很差，漏风率可高达 40% ～50%；如混合料的透气性很好时，则漏风率很低。现代大型烧结机，烧结面积与料层边缘区的面积之比更为合理，密封效果更好。

图 15-15 表明烧结抽风机的能耗、废气温度与漏风率的关系。测定结果表明，当漏风率为 6.8% 时，废气温度为 148℃，抽风机的能耗为 21.03kW·h/t-s。当漏风率为 27% 时，废气温度将下降至 120℃，抽风机的能耗则升至约 27kW·h/t-s。如漏风率更高时，则要防止温度低于硫酸的露点。

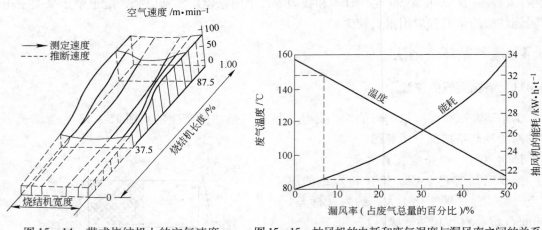

图 15-14　带式烧结机上的空气速度　　图 15-15　抽风机的电耗和废气温度与漏风率之间的关系

15.4.2　烧结废气循环利用的理论基础

废气的循环利用可分为烧结机上废气的循环利用和烧结矿冷却机废气的循环利用。废气循环利用的目的是减少排放废气的数量和节能。

15.4.2.1　废气循环利用的基本条件

废气的循环利用，须满足下列基本条件：

(1) 废气要有足够的含氧量。研究发现，在循环利用废气进行烧结时，如 O_2 的浓度低于 15% ~ 16%，则对烧结矿的生产能力和烧结矿的质量会有很大影响。

(2) 废气要有较高的温度。烧结机和冷却机的废气，只在几个地点超过 300℃，而利用温度较低的废气，在经济上是不合理的，因为热损失大，为了回收废气余热需增加电耗。

(3) 废气粉尘含量及其处理。对粉尘含量高的废气必须进行净化，相应会增加投资和生产成本。

15.4.2.2　烧结机废气的循环利用

研究烧结机风箱中废气的成分表明，仅在最后的几个风箱中，废气的温度较高，含氧量也足够。开始几个风箱中的废气含水分太高，在循环利用时会产生腐蚀和粉尘黏结的问题。在循环利用废气时必须注意，在大多数情况下，废气中残余的污染物、水分等不能以冷态进入后面的干式电除尘器，因为电除尘器要求有一个最低进口温度。为了预热废气可采用适当数量的热废气，或设置补充加热器，或采用冷却机的热空气。采用热废气时，将降低废气循环的效果；设置补充加热器时，将增加热耗；采用冷却机的热空气时，只有在冷却机设置有除尘设施时（现在一般都有这种设施）才能实现。

来自最后几个风箱的废气和来自冷却机给料端的空气含有大量粉尘，必须进行除尘，以保护余热利用风机。热废气可用于点火炉预热和保温阶段，从而节约点火煤气，增加点火炉中的含氧量，改善上部烧结料层的燃料燃烧状况。

来自烧结机机尾的污染物必须在废气循环系统中单独进行处理。试验发现，当回收的SO_2浓度低于2%时，被烧结带以上各层所吸收的SO_2数量很少；而当SO_2的浓度较高时，则有相当数量的SO_2留在烧结矿中。

15.4.2.3 冷却机余热的利用

在冷却烧结矿时，冷却机头部的废气由于含有大量粉尘必须进行净化。这样回收的热废气才可用于烧结过程。因为只有经过净化的废气，才能满足含氧量、水分和残余污染物的要求。粉尘含量，尤其是废气温度对于废气是否能用于烧结过程，具有十分重要的意义。

15.4.2.4 废气循环模式及分析

烧结废气循环可有多种模式。以下以$400m^2$烧结机为对象，介绍三种模式减少废气量和节能的效果。模式一是只利用烧结机废气循环使废气减少量达到最大的方法；模式二是在模式一的基础上用冷却机的热废气来降低煤气耗量的方法；模式三是在与模式二相同废气量的条件下采用烧结矿保温，进一步节约总热耗的方法。

作为对比的现行一般烧结工艺的操作情况是：用焦炉煤气点火，用周围环境空气烧结，用静电除尘系统进行废气除尘。点火炉的长度占烧结台车总长度的7.5%；在卸料端前面占台车长度7%处，温度达到最高值，如图15-16所示。

A 烧结机的废气循环

在模式一中（见图15-17），机尾风箱的废气（221℃）引至前面的抽风段，代替冷空气进入点火炉。循环废气的外罩占抽风面积的51.25%，作为点火炉的延续部分。这种循环方法排出的废气量减少至原来数量的60.4%，可以减少固体燃料消耗量的8.83%或者减少热耗105.5GJ/h。虽然煤气消耗量增加了32GJ/h，但总热耗却减少了73.5GJ/h。此外，对烧结矿进行保温可以使烧结矿质量均匀，而生产能力减少甚微。这种循环方法排出的剩余废气必须加热到150℃后才能进电除尘器。

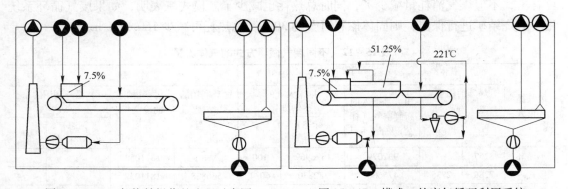

图15-16 一般烧结操作的流程示意图　　　图15-17 模式一的废气循环利用系统

B 冷却机热废气的利用

在模式二中（见图15-18），排出的废气不用焦炉煤气加热，而是加入从冷却机来的废气，使其温度达到150℃。在用冷却机废气加热排放的废气时（冷却机废气的温度不超过330℃），加入的冷却机废气数量相当大，因此废气量可减少至一般烧结时废气量的69.5%；循环利用的其余冷却机废气，加到烧结机的其余部分，以进一步减少燃料配比。这种循环利用废气系统可大量减少总热耗，减少量为134.5kJ/h。

　　C　烧结矿的保温

　　模式三（见图15-19）所示的循环利用废气的方式，其目的不在于进一步减少废气量，而在于用循环废气对烧结矿进行保温，以此来降低固体燃料配比，使烧结矿质量均匀，提高烧结矿的质量。从图15-19可看出，废气的循环量与模式二相同，但是在点火炉以后保温阶段（占烧结台车总长度15%）须用补充煤气把循环废气加热至150℃。这种模式排出的废气量约为原来的69.8%。

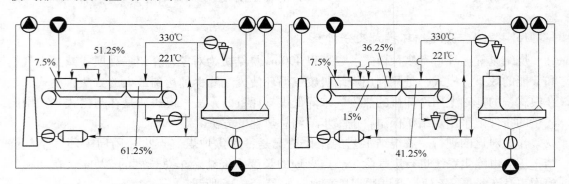

图15-18　模式二的废气循环利用系统　　　　图15-19　模式三的废气循环利用系统

　　D　各种废气循环方式的比较

　　表15-12、表15-13和图15-20给出了三种循环方式的主要气体流量、可能达到的节能指标以及固体、气体燃料的消耗的情况。

　　废气循环系统首先是可大量减少废气量，同时可节约焦粉和总热耗。但煤气消耗量由于要对废气进行必要的预热而略有增加（模式一）。如果冷却机的热废气加入到废气循环系统中去，则冷却机的废气量可减少约34%，但是这部分废气粉尘含量很高。从模式二还可看出，不但煤气消耗量减少了，同时总热耗也减少了。模式三表明，如果废气循环系统用于对烧结矿进行保温，则固体燃料可节约30%，总热耗可减少160.9GJ/h。

表15-12　不同废气循环方式的气体流量

废气循环模式	烧结机					冷却机			
	煤气消耗量（标态）/m³·h⁻¹		由大气抽入的新鲜空气（标态）/m³·h⁻¹	排入大气的烧结废气		循环利用的烧结废气（标态）/m³·h⁻¹	从大气抽入的冷空气（标态）/m³·h⁻¹	循环利用的冷却空气	
	①	②		（标态）/m³·h⁻¹	%			（标态）/m³·h⁻¹	%
不循环	8257	—	937079	1596969	100	—	1811052		
模式一	7289	2735	475600	782830	60.4	566828	1811052		
模式二	7289		901354	69.5		566828	1811052	617386	34.1
模式三	19336	—	905766	69.8		566828	1811052	613457	33.9

　　①点火炉和烧结矿保温（如果有的话）的煤气消耗量；
　　②加热废气用的煤气消耗量。

表 15 -13　三种循环方式中总热耗的变化

废气循环方式	固体燃料节约		煤气消耗量的变化	总热耗的减少量
	%	GJ/h	GJ/h	GJ/h
模式一	8.83	105.5	+32.0	73.5
模式二	9.8	117.0	-17.5	134.5
模式三	30.29	361.4	+200.5	160.9

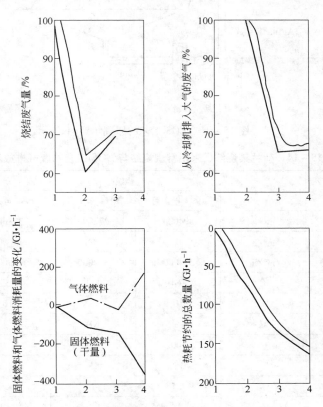

图 15 -20　三种循环方式的废气量和热耗的降低情况

1—不循环；2 ~4—分别为模式一、二、三

15.4.3　烧结废气循环利用典型工艺

15.4.3.1　EOS 工艺

EOS 工艺如图 15 -21 所示。其运行方式是先将所有烧结烟道排出的废气混合，然后将混合气 40% ~45% 借助于辅助风机循环到烧结台车的热风罩内（除去点火装置，烧结台车剩余部分全部用热风罩密封），循环途中添加新鲜空气，以保证烧结气流介质中的氧气含量充足（O_2 14% ~15%）。EOS 工艺确保 45% ~50% 的烧结废气不用排放到大气中。

荷兰某烧结厂采用常规烧结与 EOS 工艺的废气排放数据对比，见表 15 -14。可以看出，采用 EOS 工艺，烧结总废气排放量大幅降低，除废气中 CO_2 含量有所升高，粉尘、其他污染气体（NO_x、SO_2、C_xH_y、PCDD/F）含量明显降低。

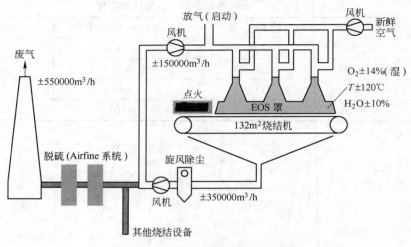

图 15-21　EOS 工艺的原理示意图

表 15-14　荷兰某烧结厂采用常规烧结与 EOS 工艺的废气排放对比

成　分	单　位	常规烧结		EOS 工艺	
		1994 年 7 月	1994 年 1 月	1994 年 7 月	1994 年 1 月
全气体流量（标态）	m^3/h	394000	372000	328000	328000
循环废气流量（标态）	m^3/h	0	0	153000	150000
排放废气流量（标态）	m^3/h	394000	372000	175000	208000
温度	℃	164	114	155	149
水分	%	10	11	16	19
酸露点	℃	46±5	ND	71±5	ND
粉尘	$g/t-s$	500	ND	170	ND
O_2	%	15	15	11.5	15.2
CO_2	%	7.5	7	11.7	11.2
CO	%	1	1.2	1	1
SO_2	$g/t-s$	1430	890	840	680
NO_x	$g/t-s$	630	570	300	410
C_xH_y	$g/t-s$	200	145	95	83
PCDD/F	$\mu gI-TEQ/t-s$	2	ND	0.6	ND

15.4.3.2　LEEP 工艺

LEEP 工艺，是基于烧结过程废气成分分布不均匀的特点而开发出来的。如图 15-22 所示，将废气风箱分为两部分，第一部分主要是烧结料层水分的蒸发，第二部分主要是高浓度 SO_2、氯化物、PCDD/F 的释放；而 CO、CO_2、NO_x 在两个部分即整个烧结过程中均匀分布。

LEEP 工艺，是将第二部分含污染物成分高的废气循环到覆盖整个烧结机的循环罩内，同时导入新鲜空气以保证氧气含量充足。进入烧结过程的污染物走向不同，粉尘被烧结矿层过滤，PCDD/F 经高温作用分解，SO₂ 和氯化物被吸收，CO 在燃烧前沿的二次燃烧为烧结提供热量，可适当减少固体燃料的用量。

第一部分含污染物较少的废气通过烟囱排放到大气中，明显减少了废气的总排放量，达到理想效果。LEEP 工艺正式运行，此部分污染物含量取决于烧结矿层对循环废气中污染物的过滤、分解、吸收等作用。

LEEP 工艺存在一个热交换器，作用是将第一部分冷废气与第二部分热循环废气进行热交换，适当降低热循环废气温度，使烧结厂现有风机能如在常规烧结状态下一样正常工作，适当提高冷废气的温度，使气体温度保持在露点以上，抑制腐蚀作用。

相对常规烧结，LEEP 工艺获得的节能减排效果显著，表 15 - 15 列出 LEEP 工艺对环境带来的益处。粉尘与 CO 减排在 50% 以上，SO₂ 和 NOₓ 减排可达 35% 和 50%，HF/HCl 稳定减排 50%，PCDD/F 减排效果最佳，达 75% ~ 85%，还明显节约固体燃料用量。

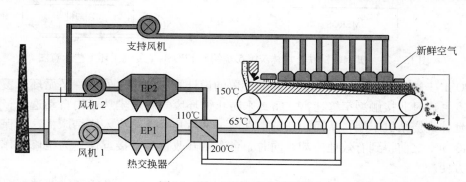

图 15 - 22　LEEP 工艺示意图

表 15 - 15　LEEP 工艺的减排效果

参　数	减排量	参　数	减排量
每吨烧结矿废气排放量	大约 50%	HF	50%
粉尘	50% ~ 55%	HCl	50%
SO₂	27% ~ 35%	PCDD/F	大约 75% ~ 85%
NOₓ	25% ~ 50%	固体燃料	节约 5 ~ 7kg/t 烧结矿
CO	50% ~ 55%		

15.4.3.3　EPOSINT 工艺

EPOSINT 工艺是一种选择性废气循环工艺。循环废气取自于邻近烧结结束且废气温度快速升高区域的风箱，原因是这些风箱内废气中颗粒物与污染物浓度高。循环混合气的温度要高于酸露点，从而避免腐蚀问题。图 15 - 23 所示为奥钢联钢铁公司林茨第 5 烧结厂 EPOSINT 废气循环工艺，其中最适宜的废气循环区域为新加长烧结机的 11 ~ 16 号风箱。

烧结机废气温度升高的区域随烧结原料配比和其他操作条件的变化而改变。而 EPOSINT 选择性废气循环工艺的一个特征确保了灵活应对工艺条件的波动，即 11 ~ 16 号区域内的各个风箱的废气流均可以单独导向烟囱或返回烧结机进行循环。为了解决循环废气氧含量低的问题，冷却室的热空气被引入循环废气，为保证烧结矿产量和质量指标，循环废气最低浓度为 13%。

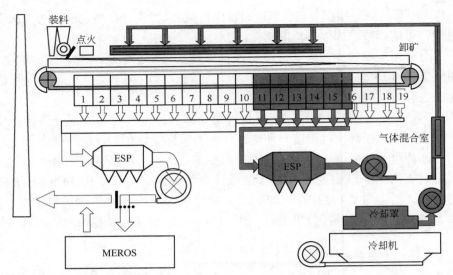

图 15 – 23　奥钢联钢铁公司林茨第 5 烧结厂 EPOSINT 废气循环工艺示意图

　　EPOSINT 选择性废气循环工艺中，循环罩的设计具有独特之处：一是循环罩覆盖烧结机的宽度，通过非接触型窄缝迷宫式密封来防止循环废气和灰尘从罩内自动逸出；二是循环罩不延伸到烧结机末端，从而让新鲜空气通过最后几个风箱流入烧结床，这样保证烧结矿进入冷却室之前得到有效地冷却，同时，台车敞开改善了可接近性，为维修工作带来了额外的方便。

　　EPOSINT 选择性废气循环工艺，如 EOS、LEEP 工艺一样，降低了能源消耗，减少了 40% 的废气排放量，降低了焦粉用量。对于污染物循环，NO_x 与 PCDD/F 会在烧结床内分解从而降低排放量；SO_2 会被烧结矿吸收或者过滤；CO 的二次燃烧可以用作能源；粉尘循环也降低了烟气排放量；而冷却室热风的利用，则减轻了冷却室粉尘的排放。表 15 – 16 显示采用此工艺获得的优良指标，表 15 – 17 为奥地利一个烧结厂实施此工艺前后参数对比。

表 15 – 16　EPOSINT 选择性废气循环工艺的减排效果

参　数	减排量	参　数	减排量
每吨烧结矿废气排放量	降低 25% ~28%	NO_x	大约 25% ~30%
烧结机粉尘	降低 30% ~35%	PCDD/F	30%
冷却室粉尘	85% ~90%	CO	30%
重金属颗粒	大约 30% ~35%	焦粉用量	节约 2 ~5kg/t 烧结矿
SO_2	大约 25% ~30%		

表 15 – 17　实施 EPOSINT 选择性废气循环工艺前后数据对比
（采用 Airfine 进行废气治理）

参　数	单　位	实施前	实施后
烧结矿产量	t/d	6350	8300
燃料用量	kg/t – s	45	41
点火气体	MJ/t – s	50	40
全部电力消耗	kW · h/t – s	40	40

参　数	单　位	实施前	实施后
废气治理之后的排放			
粉尘	mg/m³	46	38
	g/t－s	104	66
SO₂	mg/m³	420	390
	g/t－s	952	677
NOₓ	mg/m³	240	240
	g/t－s	544	416
HF	mg/m³	1	0.6
	g/t－s	2.3	1

15.4.3.4　区域性废气循环工艺

新日铁八幡厂广畑 3 号烧结机区域性废气循环工艺示意图，见图 15 - 24。

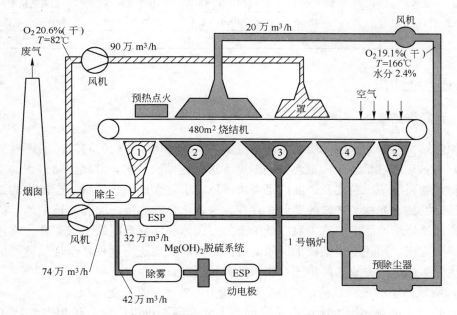

图 15 - 24　新日铁八幡厂广畑 3 号烧结机区域性废气循环工艺

区域性废气循环工艺，其原理是烧结机局部抽风，局部循环到烧结矿上层。这种选择性局部抽风与局部循环工艺是与 EOS 工艺的最大区别。如图 15 - 24 所示，新日铁八幡厂广畑 3 号 480m² 烧结机被分为四个不同区域：

区域 1：对应烧结原料的点火预热段，废气循环到烧结机的中部，废气特点为高 O₂、低 H₂O、低温。

区域 2：废气经除尘后直接从烟囱排出，废气特点为低 SO₂、低 O₂、高 H₂O、低温。

区域 3：废气经除尘、脱硫（Mg(OH)₂ 溶液洗涤）、除雾后与区域 2 废气共同从烟囱排出，废气特点为高 SO₂、低 O₂、高 H₂O、低温。

区域4：对应燃烧前沿附近的高温段，废气循环到烧结机的前半部，在点火区后面，废气特点为高 SO_2、高 O_2、低 H_2O、超高温度。

四个区域废气详细的特点见表 15 - 18。循环到烧结机的废气量占总废气量的 25%，废气中氧气含量高于 19%，水分含量低于 3.6%。现场生产实践表明此循环工艺对烧结矿质量无负面影响（RDI 保持恒定，落下指数提高 0.5%）。

与常规烧结工艺相比，区域性废气循环工艺有两点优势：废气中未用的氧气可被循环到烧结机进行有效利用；将来自不同区域的废气依据其成分进行分别处理，从而明显减少了废气治理设施的投资和运营成本。

表 15 - 18　烧结机四个区域的废气特征

废气区域	废气特征					废气治理
	流量（标态）/$m^3 \cdot h^{-1}$	温度 /℃	O_2 /%	H_2O /%	SO_2（标态）/$mg \cdot m^{-3}$	
区域1（风箱1~3）	62000	82	20.6	3.6	0	循环到烧结机
区域2（风箱4~13，32）	290000	99	11.4	13.2	21	除尘后从烟囱排放
区域3（风箱14~25）	382000	155	14.0	13.0	1000	除尘、脱硫后从烟囱排放
区域4（风箱26~31）	142000	166	19.1	2.4	900	循环到烧结机
烟囱	672000	95	15.9	13.0	15	排放到大气

15.5　还原烧结法

15.5.1　还原烧结概述

还原烧结，又称为预还原烧结，即在对铁矿石进行烧结造块的同时，用还原剂（一般为固体）对铁矿石在低于生产液态铁的温度下进行还原的技术。常规烧结过程的主要作用只是使粉状物料固结成粒度及强度满足高炉冶炼需求的人造块状物料，产品中的铁主要以高价态的磁铁矿、赤铁矿和铁酸钙形式存在，含铁化合物的预还原和终还原均在高炉中完成。而预还原烧结产品中的铁主要以低价态的浮氏体和部分金属铁形式存在，终还原和熔化在高炉中完成。预还原烧结技术实质上将高炉上部的预还原过程移至烧结阶段完成，它简化并优化了高炉中完成的两步还原法，具有如下优点：

（1）降低高炉的还原负荷，提高高炉炼铁生产效率，降低能源损失。

（2）烧结矿的预还原以煤作为还原剂和主要能源，可以降低高炉焦炭消耗和 CO_2 的产生。

（3）还原烧结矿具有更优的低温还原粉化性能和高温软熔性能，高炉冶炼时可使软熔带厚度减薄、炉内压差减小，提高高炉的生产率。同时，还原烧结矿的细气孔减少，而粗气孔的量增加，这有助于减小高炉中透气阻力，改善透气性。

（4）现有高炉可以直接用于铁的最终还原和熔化过程，从而降低设备投资与工艺开发的风险。

常规烧结—炼铁流程与还原烧结—炼铁流程的对比如图 15 - 25 所示。

日本首先进行了还原烧结的试验，用不同粒级的焦炭以对烧结矿内裹及外裹相结合的加入方式来增加铁矿石与还原剂的接触面积，当焦炭用量为 15% ~ 13%，内裹焦炭粒度在

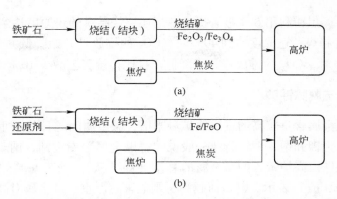

图 15-25 常规烧结—炼铁流程 (a) 与还原烧结—炼铁流程 (b) 的对比

$0.044 \sim 0.0155 \text{mm}$ 之间时，烧结矿的还原率最高；为抑制其在烧结过程中发生过熔，加入粒度小于 1mm 的白云石（$CaCO_3$ 和 $MgCO_3$），烧结矿的还原率可超过 40%；将混合料压缩成块状体（防止颗粒的内部含碳材料燃烧发生熔融）时的还原率可达到 60%。实验得到的还原烧结矿的还原粉化率（RDI）得到大幅度的改善，能够有效避免炉料在高炉上部的破损，同时还原率（RI）没有下降；还原烧结矿细小的气孔比普通烧结矿少而粗大气孔较多。

在烧结试验的基础上，进行了还原烧结矿模拟高炉生产的试验。普通烧结矿在 1000℃左右时软化，且收缩开始加快，同时由于收缩，原料层的空隙率降低，炉压差升高；由于在 1150℃ 以上开始慢慢收缩，因此压差也高；温度高于 1400℃ 时，烧结矿会急剧收缩，完全熔化后压差下降；而还原烧结矿在温度低于 1400℃ 时收缩现象不明显，而当温度约为 1400℃ 时会快速收缩至完全熔化。因此，高炉使用还原烧结矿作为炉料，能改善高炉的透气性，降低炉内压差，有助于降低焦比，提高高炉的生产率。

北京科技大学采用国内高品位铁精矿和澳大利亚铁矿粉为原料，进行高品位铁精矿还原烧结试验。当高品位铁精矿与澳大利亚铁矿粉配比分别为 85% 和 15%，烧结碱度 1.7，烧结燃料比为 20% 时，烧结矿的金属化率及产量和质量达到最优，其金属化率达到 45.7%，比使用中品位铁精矿时的金属化率高 10% 左右，烧结矿的还原度为 80.1%，$RDI_{+3.15\text{mm}}$ 达到 97.5%。

东北大学研究了高纯铁精矿的还原烧结。研究表明，烧结矿中的金属铁主要来源于两个方面：（1）焦炭和液相的直接还原，生产并凝固在炭粒表面的金属铁；（2）生成的气体还原剂（CO、H_2）与浮氏体的间接还原，在烧结矿孔洞表面的金属铁。铁品位越高则烧结矿的金属化率也越高，同时随着固体碳用量的增加，烧结矿的还原性也越好。当还原烧结矿用于高炉生产时，由于还原烧结矿中含有残留的 C，可以直接取代焦炭对铁进行还原，减少高炉高温带浮氏体直接还原的吸热反应（$FeO + C_{焦炭} = Fe + CO - Q$），在高温条件下使得部分烧结矿的还原速率不会降低；但由于还原烧结矿中含氧量较低，导致高炉还原剂的利用率降低。研究还发现，提高料层压力，能够有效提高垂直烧结速度，强化烧结过程中的金属化反应，且烧结矿的显微结构基本没有变化。

国外其他研究表明：当烧结矿的还原度由 0 增加至 40% 和 70% 时，烧结机中需要的 C（C/Fe）从 0.3% 增加至 0.70% 和 1.00% 左右，高炉中所需的焦炭却从 2.00% 减少至 1.53% 到 1.00%。此外，铁矿石在烧结机上与高炉的两步还原，使得炼铁总流程的 CO 排放量也呈下降趋势，焦粉利用效率显著提高。当还原烧结矿的还原度达到30%时，炼铁总的CO_2排放呈上升趋势；还原度达到40%时，CO_2的排放量开始降低并与传统工艺持平；当还原度达到70%时，CO_2的排放进一步降低，且比传统工艺减少10%。

15.5.2 还原烧结法脱除钾钠

随着近年来碱金属含量较高的进口铁矿量剧增，碱金属问题日趋严重。目前发现，碱金属中影响最大的为钾和钠，钢铁行业一般说的"碱金属"专指钾、钠。碱金属通常用碱负荷表示，即每吨铁由高炉带入的碱金属的总量（kg/t 铁），或者每吨炉渣由炉料带入的碱金属的总量（kg/t 渣）表示。碱负荷越高，则危害越严重；碱金属对高炉的影响的核心问题在于恶化高炉料柱透气性，降低入炉的风量，从而破坏高炉顺行。

我国是碱负荷最严重的国家，世界几个大型钢铁厂及我国主要钢铁厂碱负荷情况如表15－19所示。相比外国钢铁厂，我国各大钢铁厂碱负荷问题严重得多，与世界其他国家允许碱负荷2.55kg/t 铁的水平有较大差距，对高炉冶炼带来了极大危害。

表 15－19 世界几个大型钢铁厂及我国主要钢铁厂碱负荷

厂　名	$(K_2O + Na_2O)$ 限量/kg·t^{-1}	厂　名	$(K_2O + Na_2O)$ 限量/kg·t^{-1}
日本新日铁公司	<2.5	宝钢	<2.5
日本川崎制铁所	<3.1	梅山	<2.5
加拿大多米尼翁钢与铸造公司	<3.0	首钢	<4.0
美国琼斯劳林公司	<4.5	武钢	<5.0
美国美钢公司吉尼瓦厂	<4.0	鞍钢	<6.0
德国蒂森韦尔根厂	<4.0	包钢	<7.0
英国英钢联公司	<3.5	酒钢	<9.0

而钾、钠化合物的熔点、沸点较高，其反应分解生成钾、钠蒸气的过程需要较强的还原性气氛及较高的温度，这就需要配加较多的燃料以满足烧结过程中温度和气氛的要求。为高效利用含钠、钾铁矿，扩大我国钢铁生产可利用原料，中南大学研究了预还原烧结脱除钠、钾的技术。

还原烧结工艺与常规烧结不同，需要额外配加满足铁矿石中钾、钠等碱金属还原脱除的燃料。对比还原烧结工艺与常规烧结工艺的特点，分别选取两种工艺中烧结矿产量和质量指标最优的一组进行对比。其中常规烧结的试验条件是：焦粉用量为5.5%，混合料水分为8.0%，碱度为1.7；还原烧结的试验条件是：焦粉用量为15%，水分为9.0%，碱度为1.7。两种工艺烧结矿产量和质量及钾、钠脱除率指标见表15－20。从表15－20可以看出，还原烧结工艺烧结矿的成品率及转鼓强度明显高于常规烧结工艺，而烧结速度及利用系数则要低于常规烧结工艺。

表 15－20 还原烧结工艺与常规烧结工艺的对比

烧结工艺	产品钾残留量/%	产品钠残留量/%	钾脱除率/%	钠脱除率/%	烧结速度/mm·min^{-1}	成品率/%	利用系数/t·(m²·h)$^{-1}$	转鼓强度/%
常规烧结	0.084	0.14	15.63	21.36	21.59	67.71	1.52	46.55
还原烧结	0.046	0.12	54.00	30.23	17.40	83.13	1.20	63.13

还原烧结工艺钾、钠的脱除率远高于常规烧结工艺，分别达到 54.00% 和 30.23%。常规烧结中残存碱金属含量达 0.224%，碱负荷达到 4.48kg/t 铁，无法达到高炉炼铁生产的碱负荷要求；而还原烧结矿的碱负荷为 2.66kg/t 铁，略高于世界国家允许的碱负荷 2.55kg/t 铁，说明仅通过增大焦粉配比进行铁矿烧结，仍无法获得优良的碱金属脱除效果。

还原烧结由于配有较高的焦粉，烧结过程中所产生的尾气中的 CO 含量较高，如果直接排放不仅会对环境造成污染，而且造成能源浪费。图 15-26 所示的为不同焦粉用量条件下烧结尾气中 CO 的含量。

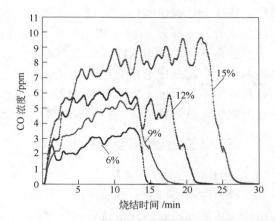

图 15-26 不同焦粉用量条件下烧结废气中 CO 的浓度

从图 15-26 可知，随着焦粉用量的增加，烧结时间也相应延长。与此同时，烧结尾气中 CO 的含量随着焦粉用量的增加而增加。当焦粉用量为 6% 时，烧结尾气中 CO 的含量约为 2%~3.5% 且波动较小；当焦粉用量增加到 15% 时，烧结尾气中 CO 的含量则增加到 7%~9.5%。

在焦粉用量为 15% 的条件下，采用废气循环技术强化碱金属在烧结过程中的脱除。废气循环与非循环工艺对烧结指标的影响如表 15-21 所示。从表 15-21 中可以看出，采用废气循环烧结时，烧结矿的成品率和转鼓强度，钾、钠脱除率及金属化率都明显优于废气不循环的烧结矿。但是废气循环降低了进入烧结料层气体中的氧含量，致使烧结速度下降，利用系数降低。

表 15-21 废气循环与非循环还原烧结的对比

循环方式	钾脱除率/%	钠脱除率/%	金属化率/%	烧结速度/mm·min^{-1}	成品率/%	利用系数/t·(m^2·h)$^{-1}$	转鼓强度/%
循环	60.95	25.26	1.15	13.57	89.55	1.074	74.67
非循环	50.48	14.95	0.90	18.87	88.74	1.252	68.31

15.6 低温烧结法

15.6.1 低温烧结法的背景与特征

为进一步提高高炉炼铁效率，需改善烧结矿的还原性，生产低 FeO 烧结矿。日本、澳大利亚等国学者结合他们本国烧结原料以赤、褐铁矿为主的特点，首先提出了低温烧结的概念。低温烧结是一种在较低温度（1250~1300℃）下，以强度好、还原性高的针状铁酸钙作为主要黏结相（约占 40%），同时使烧结矿中含有较高比例（约 40%）还原性高的残留原矿——赤铁矿的烧结技术。

低温烧结矿与普通烧结矿的主要区别在于烧结矿的质量有所不同，组织结构有所不同，特别是还原性较高。为此，在工艺操作上，低温烧结要求控制在理想的加热曲线。要防止磁铁矿的生成，要求烧结料层的温度不能超过1300℃，而要使针状铁酸钙和"粒状赤铁矿"（准颗粒中的核）稳定形成，温度必须在1250℃以上，而且要有足够的时间。

在相对较低的温度下（1250~1300℃）使烧结料中作为黏附粉的一部分矿粉起反应，CaO和Al_2O_3在熔体中有某种程度的溶解，并与Fe_2O_3反应生成一种强度好、还原性好的较理想矿物——针状铁酸钙。它是一种钙铝硅铁（SFCA）固溶体，并用它去黏结包裹那些未起反应的另一部分矿粉（残余矿石，约占40%）。同时要求FeO降低到接近极限水平，还原性提高到超过熔剂性烧结矿的还原性水平。为了保证烧结矿有良好的还原性，多选择残留原矿中还原性最好的赤铁矿、褐铁矿。

这种方法不同于过去生产熔剂性烧结矿的普通烧结法，因为熔剂性烧结矿虽然可在较低温度下烧结，然而它仍是一种熔融型烧结，烧结矿的还原性普遍较低（<60%）。

15.6.2　低温烧结法的模式与要求

15.6.2.1　理想的准颗粒

要使烧结反应均匀而充分地进行，烧结前混合料的制粒至关重要。在混合料制粒过程中利用细小粉末颗粒黏附在粗粒核周围或相互聚集，形成所谓准颗粒才能保证烧结料具有良好的透气性。同时，细小粉末颗粒相互接触，才能加快烧结速度。良好的制粒，才能减少台车上球粒的碎裂量，并使球粒在干燥带仍保持成球状态。只有制成准颗粒，才能使黏附粉层的CaO浓度较高，碱度较高，形成理想的CaO浓度分布。

制粒效果是由原料的粒度、特性和水分，圆筒混合机的转速，黏结剂，外加水分等操作条件来决定的。若操作条件固定，则主要取决于原料的粒度组成和原料的化学特性。

烧结混合料中的粒子按尺寸和在制粒过中的行为可分为三类：大于0.7mm的为成核粒子，其中1~3mm作为球核最合适；小于0.2mm易黏附在核颗粒上，构成黏附层，故称为黏附粒子；0.2~0.7mm的颗粒做核难、做黏附层也难，称为中间粒子。由于中间粒子对料层影响透气性和产品还原粉化性能影响极大，因此，为实现低温烧结，要求中间粒子（M）越少越好，并要求黏附粒子（F）与核粒子（N）要有适当比例，以确保所有黏附粉粒能黏附到全部成核粒子上。

理想的准颗粒结构如图15-27所示。多孔矿石是理想的成核颗粒，含石英脉石的密实矿石以及能形成高CaO/SiO_2比例熔体的成分适宜作黏附粉料。

若矿石加热处理后其气孔体积越大，就越有利于这些"未熔矿石"在高炉内的还原。矿石中化合水的含量越大或加热后孔隙率越高，则熔化部分的比例也越高，即矿石的易熔程度越高。因此，多孔矿石是理想的成核颗粒。

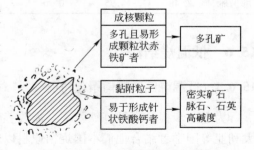

图15-27　理想的混合料准颗粒

但是，随着成核颗粒易熔性增加，烧结速度均降低，从而使生产率降低。产量的降低可能是由于熔体量增加引起烧结料层透气性下降和使烧结料层温度下降所造成的。

15.6.2.2 理想的加热曲线

低温烧结法的烧结温度要求控制在足以将黏附粉熔化就够了，而高温烧结法，则是使料层中产生大量熔体。两种方法以1300℃为界，大于1300℃为高温熔融型烧结法，小于1300℃为低温烧结法，如图15-28所示。

低温烧结法可能遇到的问题是，由于熔体形成缓慢会使机械强度降低。要解决这个问题就必须将熔剂等原料作细碎处理，并要保证混合料在1100℃以上的温度下有3~5min以上的反应时间，这就需要采用厚料层操作。

因此，要成功地进行低温烧结，除了原料整粒、熔剂细碎以外，还有两个基本的先决条件，即料层透气性要好和烧结混合料要充分混匀。料层透气性好就可以采用厚料层操作，充分利用废气显热，这样不仅满足了加热曲线的要求，而且也能降低总燃耗。混合料混匀的改善，能够促进烧结的均匀性，从而也可增加整个烧结料层中优质烧结矿的比例。

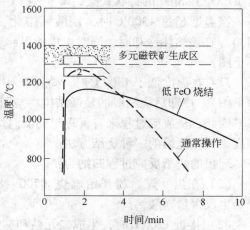

图15-28 两种烧结法的加热曲线区别
1—熔融型烧结；2—低温烧结

为了最大限度地提高料层的透气性，这可通过制备准颗粒来达到，即以粒度粗些（1~3mm）、强度高、还原性好的适宜矿粒为核，外面黏附化学反应性好的细粒物料，从而能在上述烧结温度下生成具有所要求形态的SFCA。黏附的细粒物料中应具有一定的硅铝比以及适宜的粒度和矿相组成，才能确保足够的反应性。

15.6.2.3 理想的烧结反应过程

以赤铁矿为原料生产熔剂性烧结矿时，烧结矿显微结构的形成过程与烧结反应的关系如图15-29所示。

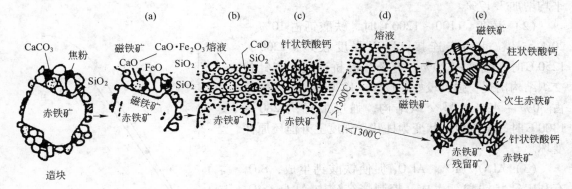

图15-29 烧结机理图解实例

图中（a）有部分细粒赤铁矿粉转变成磁铁矿，赤铁矿细粉和新生磁铁矿与熔剂和脉石成分反应生成低熔点物料：$CaO \cdot Fe_2O_3$（1205℃）；$FeO \cdot CaO$（1120℃）；$FeO \cdot SiO_2$（1180℃），大约在1200℃左右熔化，而铁氧化物和其他成分与之共熔。如果此时熔体渗入粗粒矿石中Fe_2O_3晶粒的界面之间，则会出现晶界开裂，并生成"粒状赤铁矿"（见图

15 - 29(b))。

当 CaO 和 Al₂O₃ 与熔体共熔至一定程度时，熔体与氧化物反应并以固溶体的形式生成含 Al₂O₃ 和 SiO₂ 的针状铁酸钙（见图 15 - 29(c)）。

当温度超过 1300℃ 时，铁酸钙熔化变成 Fe_2O_3 或 Fe_3O_4 和渣相成分（见图 15 - 29(d)）。在该熔体冷却时，同时生成能引起还原粉化的骸晶状菱形赤铁矿（见图 15 - 29(e) 中上图）。

只有在温度低于 1300℃ 时，烧结矿中铁酸钙才能形成针状铁酸钙（见图 15 - 29(e) 中下图）。冷却后烧结矿的显微结构将与图 15 - 29(c) 的相类似。

因此，从成矿过程来看，理想的低温烧结是以赤铁矿或褐铁矿为主要原料、并采用高碱度、低碳烧结的一种烧结方法。

理想的烧结反应过程归纳为：

（1）在焦（煤）粉开始燃烧（700~800℃）后，随着温度的升高，由于固相反应，开始生成少量铁酸钙。

（2）接近 1200℃ 时，生成二元系和三元系等低熔点渣相。CaO 和 Al₂O₃ 很快熔于此熔液中，并与氧化铁反应，生成针状的复合铁酸钙。

（3）控制最高温度不超过 1300℃，或者最多在此温度下停留极短时间，避免已形成的针状铁酸钙分解成赤铁矿（氧分压高时）或磁铁矿（氧分压低时）。

（4）粗粒矿石没有进行充分反应，应作为残留原矿而残存下来，因而要求这些粗粒原矿应是还原性良好的矿石（如赤铁矿或褐铁矿）。

对于以赤铁矿为主的原料，首先是控制磁铁矿的生成，并且让烧结矿迅速冷却，控制菱形骸晶状次生赤铁矿的出现。低温型的针状铁酸钙及赤铁矿比高温型柱状铁酸钙及次生赤铁矿的还原性高得多。针状铁酸钙的生成条件如下：

（1）碱度。提高碱度，铁酸钙生成量增加。当碱度从 1.2 增加到 1.8 增长速度快，碱度每提高 0.1，铁酸钙平均增加 5.7%；而碱度从 2.1 增至 3.0，碱度每提高 0.1，铁酸钙平均增加 3.17%。

（2）温度。1100~1200℃ 时，铁酸钙占 10%~20%，晶粒间尚未连接，所以强度较差；1200~1250℃ 时铁酸钙占 20%~30%，晶桥连接，有针状交织结构出现，强度较好；1250~1280℃ 时，铁酸钙占 30%~40%，呈交织结构，强度最好；1280~1300℃ 时，结构由针状变为柱状，强度上升但还原性变坏。

（3）Al₂O₃/SiO₂。Al₂O₃ 促使铁酸钙生成，SiO₂ 有利于针状铁酸钙生成，控制烧结矿中 Al₂O₃/SiO₂ 比例，有助于针状铁酸钙生成。

SFCA 的形成和稳定性与烧结混合料中的 Al₂O₃ 含量密切相关。Dawson 等人发现，加热到 1250℃ 制成的实验室烧结块中，SFCA 含量几乎与 Al₂O₃ 含量（直到约 2%）呈线性关系（见图 15 - 30）。Al₂O₃ 含

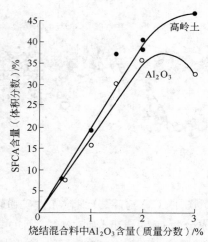

图 15 - 30 烧结混合料中 Al₂O₃ 含量与烧结矿中 SFCA 含量的关系

量增加，温度也升高，使 SFCA 结构破坏，生成次生赤铁矿和玻璃质。含石英脉石的矿石比含以高岭土形式赋存的二氧化硅的矿石形成针状 SFCA 的温度要低。

15.6.3 低温烧结的技术措施

实现低温烧结生产的技术措施包括：

（1）原料实行整粒。要求富矿 <6mm 粒级大于 90%；石灰石 <3mm 粒级大于 90%；焦粉 <3mm 粒级大于 85%，其中 <0.125mm 粒级小于 20%。

（2）改进混合料制粒技术。要求制粒小球中有还原性良好的核，成核颗粒可以选用赤铁矿、褐铁矿或高碱度返矿，配加足够的消石灰或生石灰，混合料中的核粒子与黏附粉比达到 50:50 或 45:55。

（3）生产高碱度烧结矿。碱度以 1.8~2.0 为宜，使复合铁酸钙达 30%~40% 以上。

（4）调整烧结矿化学成分。尽可能降低混合料中 FeO 含量，$Al_2O_3/SiO_2 = 0.1~0.35$，最佳值由具体条件而定。

（5）降低点火温度。一般以 1050~1150℃ 为宜，点火时间以烧结表面呈黑灰色无过熔为宜。

（6）低水低碳厚料层（500mm 以上）作业。烧结温度曲线由熔融型转变为低温型，烧结最高温度控制在 1250~1280℃ 左右，1100℃ 以上的高温保持时间 5min 以上。

15.6.4 低温烧结法的应用

国外低温烧结大都采用赤铁矿富矿粉，因而容易实现低温烧结。该技术已在日本、澳大利亚等国家应用于工业生产，效果显著。1983 年日本和歌山厂在 109m² 烧结机上进行低温烧结（配加易熔矿粉和降低烧结矿 Al_2O_3）。结果烧结矿中 FeO 从 4.19% 降至 3.14%；焦粉用量从 45.2kg/t 减少至 43.0kg/t；JIS 还原度从 65.9% 增加至 70.5%；RDI 从 37.6% 降至 34.6%；高炉使用这种烧结矿后，焦比降低 7kg/t，生铁含 Si 从 0.58% 降至 0.30%，炉况顺行改善，炉温稳定。1982 年，在当时世界上最大的烧结机——日本八幡钢铁厂的若松烧结机（600m²）上采用低温烧结法，成功地生产出高还原性低渣量的烧结矿，落下强度（SI）大于 94%，低温还原粉化率（RDI）不超过 37%，还原度（RI）约为 70%，在 4140m³ 高炉冶炼试验表明，烧结矿配比约 80% 时，焦比比原来降低了 10kg/t。

我国烧结工作者采用往磁铁矿中配加澳粉或不配澳粉的方法，掌握了铁精矿低温烧结的工艺及其特性。1987 年，天津铁厂在 4 台 50m² 烧结机和 4 座 550m³ 高炉上进行了配加 16%~20% 澳矿的低温烧结和冶炼工业试验。结果每吨烧结矿固体燃耗下降 3~7kg，FeO 降低 2%（自 10.5% 下降到 8.2%），高炉节焦 3~14kg/t 铁，产量提高 4%~9%。按年产 150 万吨烧结矿和年产 100 万吨生铁计，可获益 380 万元。唐钢自 1990 年以来也采用低温烧结工艺进行生产，平均指标是：固体燃耗降低 6kg/t，FeO 降低 2% 左右（由 11.6% 下降到 9.13%），高炉焦比降低 20kg/t 铁。龙岩钢铁厂进行了不加澳矿的低温烧结生产，结果 FeO 降低 2%（由 9.3% 下降到 7.3%），烧结矿还原性由 55% 提高到 65.4%，利用系数由 0.9t/(m²·h) 提高到 1.4t/(m²·h)。

我国烧结厂大都采用细磨磁铁精矿或细磨精矿配加部分粉矿烧结，能够完全满足低温烧结法所要求原料条件的烧结厂极少，严格来说，上述几家公司的应用都不是真正的或理想的低温烧结。因此，在我国开发低温烧结技术是一项不同于国外的研究课题。要在我国广泛推广低温烧结，必须立足我国烧结生产实际，首先研究开发出符合我国原料结构特点的低温烧结模式、要求和工艺技术。

15.7 双层烧结法

15.7.1 双层烧结的技术原理

双层烧结是降低燃耗并使烧结温度沿料层高度均匀化的一种烧结工艺。在普通烧结的条件下，不同高度上烧结蓄热程度是不同的，最上层自动蓄热为零，对料高为400mm的料层，在距料面200mm处料层的蓄热量占热量总收入的35%～45%，而到达最底层400mm处，自动蓄热量可达55%～60%。由于烧结过程的这一特点，使得不同高度料层上的烧结温度不同。上层温度低，下层温度高。表层温度大约只有1150℃，而底层温度可高达1500℃。如果认为最佳烧结温度为1350℃，那么上部区热量不足，必然使液相量少，烧结矿强度低，形成许多返矿。而下部区则热量过剩，特别是底部出现过烧，导致烧结矿的还原性下降。双层烧结即将两种不同配碳量的混合料分层铺在烧结机上进行烧结，这样下部料层可以利用蓄热而减少配碳量。所以双层烧结工艺既可以降低燃料消耗，又可以使烧结矿的质量均匀化。

双层烧结工艺的上下料层厚度比例及各层配碳量对烧结的各项技术指标有重要的影响。随着上层燃料上升和下层燃料减少，烧结的产量降低，而返矿则经过一个最低值。上料层越厚，同时下料层燃料越少，则返矿向着减少的趋势发展，当上下层厚度比为2/3和3/2时达到最小值。

如图15－31所示为在总燃料配加量平均为4%、上下层相差12%的条件下改变上层高度进行烧结的结果。当上层高度为80mm时，烧结主要指标较优。图15－32示出当上、下料层高度分别为80mm和160mm时，在上下料层燃料配比为4.5%/3.75%时，烧结有最好的机械强度及最低的燃料消耗。在最优条件下，上下层燃料量相差20%，与单一料层烧结相比较，节约燃料约3%。

富氧双层烧结是把富氧烧结与双层烧结工艺结合起来。先装下层料后点火烧结，然后再装上层料点火烧结。由于两层同时烧结，烧结时间缩短，单位时

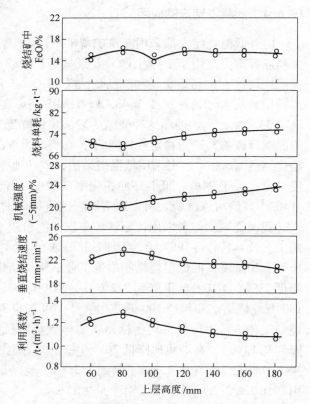

图15－31 双层烧结上层高度变化对烧结
主要指标的影响（总高度为240mm）

间产量倍增。此外抽入的空气得以充分利用，风量节省 1/2。但是在没有富氧条件下，上层料铺好点火后，下层燃烧很快会熄灭。主要是上层出来的废气含 O_2 低。因之双层烧结与富氧烧结相结合，提高烧结产量及氧利用率，因而经济效益良好。研究表明，上层废气中含水对下层烧结影响不大，但要求上层废气中含氧量要保证在 10.5% 以上。

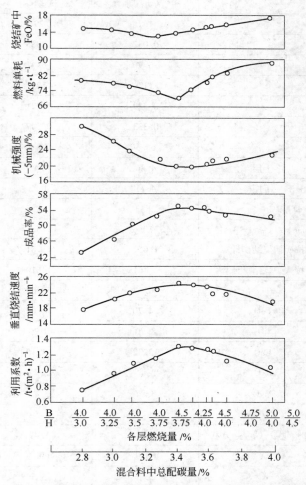

图 15 - 32   双层烧结改变上下层燃料量及总配碳量对烧结指标的影响

15.7.2 双层烧结的工业应用

前苏联烧结厂使用柯尔舒诺夫粉矿进行双层烧结试验，上层配碳 3.8%，下层配碳 3.2%，结果降低燃料消耗 8%。在烧结库尔斯克精矿时，燃耗下降 10%。日本烧结厂采用双层烧结，节约燃耗 10%，增产 2%。德国在双层配碳烧结试验时焦耗下降 15%。前苏联查巴达—西伯利亚冶金厂试验结果认为烧结料配碳 3.4%（其中上层为 3.8%，下层为 3.2%），各种主要指标为最佳，即烧结利用系数、机械强度及烧结矿合格率最佳。

前苏联新利佩茨克钢铁公司在 1985 年进行了两种不同的碱度（上层为 0.91，下层为 2.08）的双层烧结试验，其结果列在表 15 - 22 中。从表 15 - 22 中可知，采用此工艺后，主要指标都得到改善。垂直烧结速度加快 4%，成品率增加 2.9%，利用系数按入炉计算提高了 10.2%，返矿含量下降 10.3%，高炉返回筛下物下降 3.3%。

表 15-22 两台烧结机在基准期和试验期的技术经济指标

指 标		时　　期		变化/%
		基 准 期	试 验 期	
实际工作时间/d		167	29	
烧结机台车速度/m·s^{-1}		0.082	0.085	+4.1
集气管负压/kPa		6.9	6.4	-7.8
废气温度/℃		112	121	+8.0
料层高度/m		0.320	0.321	+0.3
垂直烧结速度/mm·s^{-1}		0.333	0.347	+4.0
烧结饼中成品出率/%		68.5	70.5	+2.9
混合料中 C 燃料含量 /%	上层	4.86	4.45	-8.4
	下层	4.11	3.92	-4.6
混合料中返矿含量/%		26.3	23.6	-10.3
高炉返矿数量（0~5mm）/kg·t^{-1}·s		119.6	115.7	-3.3
利用系数 /t·(m²·h)$^{-1}$	按矿槽烧结矿计算	1.657	1.781	+7.5
	按入炉烧结矿计算	1.461	1.610	+10.2
化学成分（质量分数） /%	TFe	50.37	50.68	
	FeO	14.70	14.69	
	SiO$_2$	8.70	9.29	
	CaO	12.32	14.10	
	Al$_2$O$_3$	2.41	2.42	
	MgO	3.27	3.42	
	CaO/MgO	1.42	1.52	
	(CaO + MgO)/(SiO$_2$ + Al$_2$O$_3$)	1.41	1.49	
强度 （ГОСТ 15137—77)/%	X	66.9	69.3	+5.4
	X$_1$	5.1	5.5	-7.8

注：根据统计报表数据。

双层烧结工艺在前苏联有较大的发展，已有十余台 312m² 烧结机采用此工艺，生产占全国总产量的 21%，平均节约固体燃料 10%。

前苏联顿涅茨克研究院进行了富氧双层烧结试验，并与普通烧结、单层烧结相比较。试验结果表明，富氧 42%，双层烧结时，第一层出来的废气含氧达 12% 左右，完全满足第二层烧结料中的碳燃烧的需要。第二层出来的废气含氧 2%~10%，平均为 5%~6%，虽仍高于普通烧结，但已相差不大。同是采用 42% 富氧烧结，与单层相比双层烧结可节省氧量 30%，基本上解决富氧烧结中氧利用问题，此外垂直烧结速度比普通烧结提高44.4%，产量提高 54.7%。由于烧结矿质量的改善，粉末少，还原性好，高炉产量提高，焦比降低，因而生铁成本降低，钢铁厂总体效益是增加的。

日本住友金属工业公司进行的富氧双层烧结试验表明，试验结果与烧结杯试验相似，富氧双层烧结较单层烧结可提高料层高度，但风量减少近一半。成品率及冷强度均有所下降，还原性及低温还原粉化性基本不变。在常规原料条件下，低风速烧结时效果不显著，而采用某些选定原料，采用高风速烧结时，则效果明显。

15.8 富氧烧结法

15.8.1 富氧烧结原理

在正常配碳烧结条件下，当抽过料层气流速度达到某一数值时，火焰前沿的移动速度往往落后于热波移动速度。富氧烧结提高了空气中含氧量，促使炭粒快速燃烧，从而加快了火焰前沿移动速度，使之与热波移动速度相匹配，此时烧结速度最快，烧结温度也较高，从而达到高产优质烧结的目的。

15.8.1.1 富氧对废气成分及温度的影响

图 15-33 示出抽入空气中氧含量与废气中 CO_2/CO 比值和废气温度之间的关系。从中可知，随着空气中含氧量的增加，废气中 CO_2/CO 上升，说明炭的氧化反应更加充分，烧结的碳素利用率提高。同时也可以看到，在抽风负压恒定下，到达废气温度最高点的时间缩短了，说明烧结速度加快了。

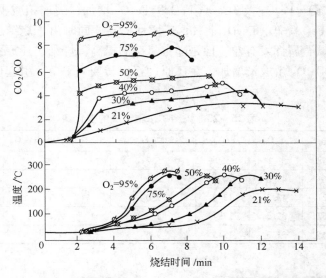

图 15-33 空气中不同含氧量与烧结废气 CO_2/CO 及废气达到最高温度的时间的关系

图 15-34 示出烧结过程中抽入空气富氧量对废气中自由氧的影响。从图可知，随着富氧率的提高，废气中的自由氧量也上升，这说明氧的利用率逐步下降，所以，提高富氧利用率是富氧烧结法能否取得经济效益的关键。

15.8.1.2 富氧对烧结矿性能的影响

研究表明，在20%~40%的富氧范围内，烧结矿成品率、烧结机生产率和烧结矿强度均随富氧率的提高迅速增加；当富氧率超过40%时，继续提高富氧率则成品率变化不大，但生产率和烧结矿强度则继续提高。烧结成品率及机械强度提高的原因：（1）因废气量减

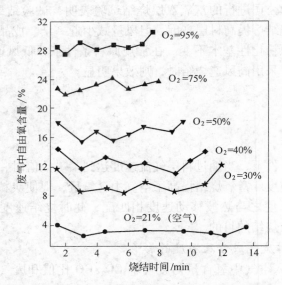

图 15 – 34　空气中不同氧含量与烧结废气中自由氧量的关系

少，燃烧温度提高，产生的液相量增加，黏结相量增加；（2）废气量减少，冷却速度减慢，矿物结晶程度提高；（3）冷却速度减慢，产生热应力减少，产生裂纹减少；（4）由于强度好的矿物 2CaO·Fe$_2$O$_3$ 及 3CaO·FeO·7Fe$_2$O$_3$ 增加，玻璃相减少（见表 15 – 23）。此外由于烧结矿中 FeO 降低，Fe$_2$O$_3$ 上升，还原性提高，同时由于烧结过程中氧化气氛的增强对脱硫及抑制碱金属挥发有益。但是随富氧率的提高，烧结矿还原膨胀性能则有所下降，主要由于次生 Fe$_2$O$_3$ 生成量增加，在还原过程中转变为 Fe$_3$O$_4$ 引起体积膨胀，导致热裂现象。

表 15 – 23　烧结矿矿物组成的变化　　　　　　　　　　（%）

空气中氧量	FeO	Fe$_3$O$_4$	Fe$_2$O$_3$	2CaO·Fe$_2$O$_3$	3CaO·FeO·7Fe$_2$O$_3$	硅酸盐玻璃相
21	21.58	51.8	5.9	5.2	1.2	35.9
23	17.61	46.6	10.7	1.1	8.6	33.0
24	15.21	43.3	13.6	2.0	8.0	33.1
25	12.62	37.3	17.7	5.7	9.4	29.9
26	11.45	31.3	18.5	9.5	12.0	28.7

15.8.2　富氧烧结的工业试验与应用

莫斯科钢铁学院对富氧烧结进行了一系列的实验，获得表 15 – 24 的结果。

表 15 – 24　空气中氧含量对烧结的影响

空气中氧含量/%	废气中氧含量/%	η_{O_2}	垂直烧结速度/mm·min^{-1}	生产率/%
21	8	83.3	28.7	100
35.6	9.5	69.2	31.7	113
43.2	11.9	67.6	34.8	120.5

空气中氧含量/%	废气中氧含量/%	η_{O_2}	垂直烧结速度/mm·min^{-1}	生产率/%
50.1	14.4	66.2	39.6	129.6
58.4	16.81	65.6	40.6	140.1
73.1	21.2	64.4	43.3	153.1
95.2	26.6	64.2	47.2	169.3

从表 15 - 24 可知，当氧含量达到 43.2% 时，垂直烧结速度提高了 21%，产量提高 21%；当氧含量达到 95.2% 时，垂直烧结速度提高 64%，产量提高 70%。顿涅茨克钢铁研究院的实验也得到类似的结果，即氧含量达到 42% 时，垂直烧结速度提高 20%，产量提高 48%。产量提高的幅度大于垂直烧结速度提高的幅度的原因，是由于空气中含氧量增加，烧结过程改善及成品率提高。德国的实验表明，当富氧到 26% 时，烧结矿的强度由 79.1% 提高到 83.5%，抗压强度由 102kg 提高到 156kg。

前苏联耶拉基耶夫冶金工厂在一台 62.5m^2 烧结机上进行工业试验。氧气是由雾化器送入烧结料层的。该雾化器是由一根两侧带有许多小孔的水冷管组成的。它安装在烧嘴壁板的间隙上，距离料面为 130~170mm。每个雾化器的间距 780mm，在工业试验时有 7 个在工作，所占面积为烧结机总面积的 22%。氧气压力为 1.1~1.3MPa（11~13atm），通过机前缓冲罐降至 10~25kPa（0.1~0.25atm）。为了预热空气、煤气混合物，消耗天然气 500m^3/h。试验期氧耗 17.5m^3/h，空气—煤气混合物中自由氧含量为 23.4%，基准期为 8.8%。富氧后烧嘴下的温度平均提高 10℃。烧结废气中自由氧为 10.2%~13.4%，较基准期 8.8%~11.6% 增加 1.6%（绝对值）。烧结生产率增加 8.4%，垂直烧结速度增加 7.1%，增产 80%~85%。在工业试验期间烧结矿的强度有很大的改善，高炉入炉烧结矿含粉率（5~0mm）自 22.4% 下降到 18.7%，小块（10~0mm）粒级自 50.9% 下降到 44.8%。工业试验后该烧结机投入正常生产。由于这种供氧装置结构简单，安全可靠，后来该厂四台烧结机全部采用富氧烧结。

富氧烧结存在的主要问题是富氧利用率低，导致生产成本上升。

15.9 热风烧结法

15.9.1 热风烧结原理

提高通过料层气流温度的烧结方法统称为热风烧结，热风温度通常是 300~1000℃。一些文献资料上报道的混合燃烧烧结法也属此类方法。

在烧结生产中由于料层的自动蓄热作用，料层下部热量过剩，温度较高，而料层上部热量不足，温度较低；同时，上部因抽入冷风急剧冷却，使烧结液相来不及结晶，形成大量玻璃质，并产生较大的内应力和裂纹，因此降低了表层烧结矿的强度。热风烧结以热风的物理热代替部分固体燃料的化学热，使烧结料层上、下部热量和温度的分布趋向均匀，料层温度分布如图 15-35 所示。热风烧结使上层温度提高，冷却速度降低，热应力降低，使上下层烧结矿的质量趋于均匀，从而提高烧结矿的成品率。

此外，采用热风烧结工艺可减少混合料中固体燃料的配比，固定碳分布趋于均匀，减

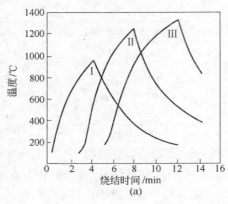 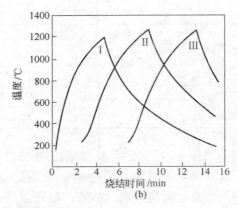

图 15 - 35　料层温度分布图

(a) 普通烧结；(b) 热风烧结

Ⅰ—料层上部；Ⅱ—料层中部；Ⅲ—料层下部

少了形成脆性、薄壁、大孔结构的可能性，有利于整个料层烧结矿强度的提高，见表 15 - 25。

表 15 - 25　热风烧结分层结果

烧结方式	料层	成品率（>5mm）/%	转鼓指数（<5mm）/%	FeO/%
普通	上层	44.9	39.0	14.83
	下层	81.6	22.2	15.66
热风	上层	52.2	33.8	12.60
	下层	79.8	22.8	12.38

　　热风烧结不仅能提高烧结矿的强度，而且还能显著地改善烧结矿的还原性，这是因为配料中固体燃料的减少，降低了烧结矿的 FeO 含量（见表 15 - 25）；同时，热风烧结保温时间较长，有利于 FeO 再氧化；又因燃料分布均匀程度提高，减少了过熔和大气孔结构，代之形成许多分散均匀的小气孔，提高了烧结矿的气孔率，增加了还原的表面积。

　　热风烧结时，用热风物理热代替部分固体燃料的燃烧热，而总热耗（即生产每吨烧结矿所消耗的热量）减少不多。热风烧结的主要作用是提高烧结矿强度、改善烧结矿的还原性、降低固体燃料消耗，见表 15 - 26。

表 15 - 26　热风烧结指标

项　目	固体燃料消耗 /kg·t^{-1}	烧结矿 FeO /%	烧结矿转鼓指数 （>5mm）/%	利用系数 /t·(m^2·h)$^{-1}$	高炉槽下筛分 （<5mm）/%
普通烧结	57.37	13.97	79.39	2.28	15.82
热风烧结	41.80	13.36	79.87	2.06	10.79
差　值	- 15.57	- 0.31	+ 0.48	- 0.22	- 5.03

15.9.2　热风烧结的技术参数

15.9.2.1　热风温度

不同热风温度下的试验结果见表 15 - 27。

表 15-27 不同热风温度烧结结果

项 目	空气温度/℃						
	室温	200	250	300	350	400	600	800
转鼓指数/%	59.17	63.33	60.00	60.00	61.67	58.33	58.33	56.67
成品率/%	78.81	85.38	82.01	83.78	83.33	82.97	81.42	81.08
垂直烧结速度/mm·min^{-1}	24.90	23.23	23.61	23.48	22.26	21.60	21.28	21.08
利用系数/t·(m^2·h)$^{-1}$	1.727	1.758	1.726	1.717	1.627	1.538	1.495	1.491
FeO/%	11.53	9.14	9.38	7.56	7.35	7.23	7.47	7.77
RDI/%	15.93	15.28	15.15	15.66	18.35	23.04	17.77	20.17
RI/%	62.80	69.80						
软熔开始温度/℃	1266	1294	1285	1299	1293	1288	1283	1278
滴落开始温度/℃	1394	1461	1443	1472	1459	1451	1457	1438
总热量变化/%	0	-5.04	-6.33	-7.69	-9.07	-10.52	-12.00	-13.80

热风温度在 200~300℃ 区间，垂直烧结速度降低不明显，超过这个范围，降低的幅度就比较大，热风烧结使高温带加宽，烧结料层阻力增加，有效风量减少。空气温度越高，对垂直烧结速度的影响就越大，如采取一些必要的改善料层透气性的措施，可避免热风烧结对垂直烧结速度的不利影响。

烧结利用系数在空气温度为 200℃ 时略有升高，低于 300℃ 时，基本不变化；高于 300℃ 时，略有降低。影响烧结利用系数的主要因素是烧结成品率和垂直烧结速度，热风温度低于 300℃ 时，烧结成品率提高了，使烧结利用系数基本不变；高于 300℃ 时，垂直烧结速度和成品率均有所降低，使烧结利用系数降低。

在烧结矿强度不变的前提下，热风烧结的烧结矿中 FeO 含量降低。热风烧结降低固体燃料消耗，还原气氛减弱；另外，高温保持时间加长，有利于 FeO 再氧化。热风温度由室温提高到 200℃，风温每提高 100℃，烧结矿 FeO 含量降低约 1.2%；而风温从 200℃ 提高到 400℃，风温每提高 100℃，烧结矿 FeO 含量下降 0.96%。可见在不同风温区间内，热风的效率是不一样的，热风温度越高，降低 FeO 含量的效果越小。

低温还原粉化指数（RDI）在热风温度低于 300℃ 时基本不变；高于 300℃ 时略有升高，但未超出高炉操作允许的范围。热风烧结使烧结矿热应力降低，玻璃体的结晶程度提高，有利于低温还原粉化指数降低。但 FeO 含量的降低却会使低温还原粉化指数有所升高。

热风烧结同时改善了烧结矿的物理结构，避免了生成粗大气孔，发展了更多更细的微孔，从而改善了还原和软熔性能。

热风烧结可以降低固体燃料和总热量消耗，改善烧结矿的冶金性能。考虑到高温热风的来源及输送的困难，热风温度以 200~300℃ 为宜。

15.9.2.2 固体燃料配比

表 15-28 是在热风温度 200℃ 的条件下所获得的结果。

从表 15-28 可以看出，热风烧结时若不降低固体燃料配比（同为 6%），总热量会增加，烧结矿的强度和产量有所提高，但烧结矿中 FeO 含量显著升高。固体燃料降低至

5.4%时，除垂直烧结速度略有影响外，其他各项冶金性能都有改善。降低至5.1%时，除利用系数和低温还原粉化指标略有恶化外，其他冶金性能都优于普通烧结。进一步降低至4.8%时，总热量降低13.45%，烧结矿的还原性能得到改善，其他各项冶金性能都恶化。因此在热风温度200℃的条件下，为保证各项冶金性能不降低或有所改善，降低固体燃料配比10%～15%较为合适。

表15－28　不同固体燃料配比的试验结果

项　　目	普通烧结	热风烧结			
煤粉配比/%	6.0	6.0	5.4	5.1	4.8
转鼓指数/%	59.17	65.00	63.33	59.17	55.00
成品率/%	78.81	86.77	85.38	82.96	72.47
垂直烧结速度/mm·min^{-1}	24.90	23.35	23.23	22.96	20.77
利用系数/t·(m^2·h)$^{-1}$	1.727	1.806	1.758	1.638	1.264
S/%	0.024	0.012	0.006	0.007	0.005
FeO/%	11.53	14.92	9.14	8.05	6.84
RDI/%	15.93	13.54	15.28	18.72	20.7
RI/%	62.80		69.80		
软熔开始温度/℃	1266	1261			0
滴落开始温度/℃	1394	1414			
总热量变化/%	0	+3.34	-5.04	-9.26	-13.45

从表15－28还可以看出，热风烧结可以大幅度降低烧结矿的硫含量。热风烧结使还原气氛减弱，冷却层温度提高，都有利于硫的去除，这对于高硫原料的烧结尤为适宜。

15.9.2.3　供风时间

固定热风温度为200℃，固体燃料用量为5.4%不变，送热风时间分别为5min、8min和11min，其结果见图15－36和图15－37。

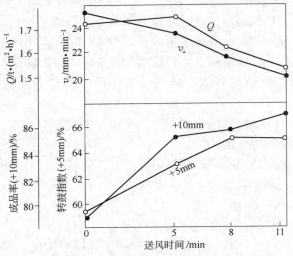

图15－36　送热风时间与转鼓指数、烧结成品率、垂直烧结速度（$v_\perp$）及利用系数（Q）的关系

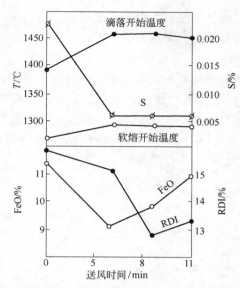

图 15 – 37 送热风时间与烧结矿 FeO 及硫含量、低温还原粉化和软熔性能的关系

从图 15 –36 可以看出，延长送热风时间可以带来更多的物理热，烧结矿的强度得到提高，但烧结矿的 FeO 含量有所增加，也就是说延长送热风时间还可以进一步降低固体燃料配比。与普通烧结相比，送热风时间为 5min 时，利用系数提高了 1.8%；当达到 8min 和 11min 时，利用系数分别降低了 6.6% 和 10.83%。因此送热风时间不宜过长。

15.9.2.4 料层厚度

在热风烧结的条件下，料层提高后，与普通烧结呈现相同的趋势。由于自动蓄热作用的加强，烧结矿的 FeO 含量升高，热量有所富余。因此采用厚料层热风烧结时，还可进一步降低固体燃料配比。但厚料层热风烧结必须采取相应的技术措施改善烧结料层的透气性，否则会降低垂直烧结速度。

15.9.3 热风烧结工艺与应用

热风的来源是热风烧结能否用于工业生产的关键。根据热风产生的方法不同，热风烧结可分为热废气烧结、热空气烧结和富氧热风烧结三种工艺。

15.9.3.1 热废气烧结

热废气烧结就是利用气体、液体或固体燃料燃烧产生的高温废气与空气混合后的热气流进行烧结，此方法又称为混合燃烧烧结法。根据供热方式的不同，又可分为连续和非连续供热两种。

连续供热方式是在点火器后占烧结机长 1/3 的距离上，设置专门燃烧燃料的热风罩，烧嘴位于两侧，高温的燃烧产物同两侧自然吸入的空气混合，使之达到一定的温度。首钢烧结厂曾使用了这种方式获得了 600℃ 左右的热废气，使用后烧结生产中固体燃料节省 27%，FeO 基本不变，高炉槽下小于 5mm 粉末从 15.04% ~ 15.82% 下降到 10.79% ~ 12.56%，利用系数从 2.34t/(m² · h) 下降到 2.06t/(m² · h)。采用这种方法的缺点是废气含氧量低，影响烧结速度，而且设备庞大。

热废气烧结虽然能使烧结矿成品率提高，但由于垂直烧结速度下降，使烧结生产率下降。如果采取相应的补偿措施，如改善混合料的透气性，适当增加抽风负压等，完全可以防止生产率下降，甚至有可能使生产率提高。

15.9.3.2 热空气烧结

把冷空气通过蓄热式热风炉或换热式热风炉加热到指定的温度，然后用于烧结，即是热空气烧结。图 15 – 38 为典型的热空气烧结流程。来自蓄热式热风炉 1 的加热空气，经过热风总管 2 和热风分布集聚器 3，送到每台烧结机的热风支管 5，然后到热风罩 7。某厂使用该流程后，加热空气温度为 840℃，每吨烧结矿总热耗节省 15%，固体燃料减少 25%，产量提高 8.3%，烧结矿 FeO 含量降低，强度有所提高。

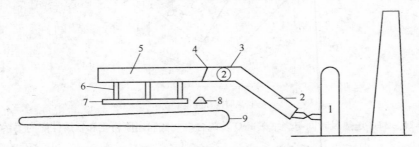

图 15 – 38   热空气烧结流程

1—热风炉；2—热风总管；3—热风分布集聚器；4—调节阀；5—热风支管；
6—热风导管；7—热风罩；8—点火器；9—带式烧结机

这种热风烧结方法不仅能够获得热废气烧结达到的效果，而且克服了热废气含氧低的缺点。

最有发展前途的方法是利用烧结工艺本身的余热。冷却机高温段热废气风温一般为 250～350℃，最高可达 370℃，将其用于热风烧结是可行的，有利于提高烧结过程热利用率。

15.9.3.3 富氧热风烧结

富氧热风烧结的特点是往热废气或热空气中加入一定数量氧气，以提高热风的含氧量。它比单用热风或单用富氧效果更好（见表 15 – 29）。这种方法不仅可以改善烧结矿质量，而且可以提高产量。

表 15 – 29   氧热风烧结与其他烧结法的比较

空 气		烧结配碳 /%	垂直烧结速度 /%	烧结矿筛分组成/%			
温度/℃	含 O_2/%			>25mm	25～10mm	10～5mm	5～0mm
20	20	4.0	100	56	20.0	13.2	10.5
300	20	4.0	96.2	68.5	15.5	9.3	6.7
175	18.3	4.0	100	61.8	18.6	11.7	7.9
20	24.3	4.0	117.5	56.4	20.6	12.6	10.2
200	23.4	4.0	113.0	70.8	16.4	6.6	6.2

一般情况下，热风富氧浓度不超过 25%，垂直烧结速度比单纯废气烧结要快 10%～ 15%。烧结矿强度好，还原性也好。与富氧烧结一样，富氧热风烧结的关键是解决好氧气

来源及氧利用率低的问题。

15.10 双球烧结法

双球烧结法是用直径为 3～8mm 的两种不同碱度的制粒小球，按比例制成自熔性烧结料，外配燃料和返矿并混匀后，布于烧结机台车上，用较低的抽风负压进行厚料层烧结而获取的一种优质自熔性烧结矿。

前苏联和日本等在 20 世纪 80 年代都曾做过双球烧结的研究。1988 年我国鞍钢完成了双球烧结的工业试验。鞍钢采用双球烧结的主要目的是解决鞍钢使用细粒浮选精矿烧结造成产量和质量低和能耗高的问题。此外，鞍钢老厂改造方案中提出，用含氧化镁酸性球团矿与高碱度烧结矿作为高炉炉料结构，但在实践中发现两种炉料的物理化学性质不同，对高炉布料和软熔特性带来不利影响。

15.10.1 双球烧结工艺技术

鞍钢双球烧结工业试验在营鞍铁厂进行。将该厂原有的一台带式球团焙烧机改为机上冷却工艺的烧结机。一次配料、一次圆筒混合和圆盘造球均改为双系列，增设二次配料间、二次圆筒混合机和皮带布料器。采用重油点火，点火器长 2m。冷烧结饼经单齿辊破碎机破碎后，用筛孔为 6mm 的振动筛筛分出冷返矿。

15.10.1.1 原燃料选择

要求铁料的成球性好，水分适宜，必要时须对湿度过大的精矿进行干燥处理。如果有两种以上精矿，应对酸、碱球所用铁料进行合理选择或搭配使用。如果两种矿粉的铁品位差别明显，碱性球料宜使用低硅矿粉配制，酸性球料宜使用含硅量较高的矿粉配制。如果同时使用磁铁矿和赤铁矿两类原料，酸性球料应使用磁铁精矿配制，以改善固结条件。

石灰石和菱镁石（或其他含镁熔剂）均用球磨机细磨至 0～0.5mm 占 92% 左右，以满足制粒和烧结工艺的需要。

返矿应经过充分湿润。为减少双球烧结矿中的自熔性结构，返矿量应尽可能减少。

15.10.1.2 配料与制粒

用双系统分别对酸、碱球料进行配料、混合和造球。为促进铁酸钙的生成，碱性球二元碱度确定为 2.6。为改善双球烧结矿中酸性球的冶金性质，要求料中 MgO/SiO_2 比值大于 0.40。酸、碱球的比例根据成品烧结矿的碱度及燃料、返矿的成分和数量来决定。稳定酸、碱球的配比是稳定烧结矿碱度的关键。

工业试验得出，无论圆盘造球机直径多大，只要混合料水分与造球机参数适宜，加水为雾状，加水与给料部位在非成球区，都能造出粒度合格的小球。在营鞍铁厂使用东鞍山浮选精矿制成的酸、碱球的粒度组成见表 15-30。

表 15-30 酸、碱球物理性能

球团矿	粒度组成/%						水分/%	堆密度/t·m⁻³
	+10mm	5～10mm	3～5mm	1～3mm	-1mm	-5mm		
酸性球	3.0	56.0	33.9	6.3	0.8	41.0	7.36	1.863
碱性球	4.1	34.9	47.4	12.3	1.0	60.7	6.83	1.774

为确保双球烧结矿中具有较多的酸性球结构，酸性小球的平均粒度和粒度上限可以稍大一些。而碱性球是以黏结相的形式存在，应控制粒度上限不大于 8mm。从改善料层透气性、实现低负压厚料层烧结考虑，两种球料的粒度下限均不应小于 3mm。

圆盘造球机造小球的生产率较低，使用成球性较差的酸性料造球时，工业试验只达 $0.72 \sim 0.94t/(m^2 \cdot h)$，这主要是由于浮选精矿成球性差所致。

由于两种粒料必须在二次配料仓储存、用皮带给料机配料，并进行混匀、运输和布料，因而经受了一系列落下、挤压和摩擦作用，使小球产生破损。实验发现，碱性球的抗压强度为 2.55N/球，而酸性球仅 1.96N/球。在储存、配料过程中大于 3mm 碱性球减少 7.9%，酸性球却减少了 23.5%。因此要求制粒小球应具有足够的强度。为提高酸性小球的强度，有必要在酸性料中加入少量黏结剂。

返矿与燃料一般采用外配方式。仅当酸性小球原料为赤铁矿粉时可以考虑内配少量的细粒燃料。虽然破碎的酸、碱小球在二次混匀过程中也可再次成小球，但它只是以返矿为核心、碱度稍低于自熔性烧结矿的低碱度小球，这一类小球应越少越好。

15.10.1.3　布料与烧结

采用宽皮带与反射板组成的布料设备，具有较好的布料效果，小球与碳都做到了在垂直方向上的合理偏析。表层球的粒度偏小还有利于直接点火。采用直接点火时，有少量小球产生炸裂，但对成品率和料层透气性无明显影响。

烧结过程是在料层厚度为 390mm（受挡板高度限制）、主管负压为 7.35kPa 的条件下进行的，垂直烧结速度仅 13.18mm/min，与负压低和烧结机严重漏风有关。实验室试验曾将料层提高到 630mm，在抽风负压为 10kPa 的条件下进行烧结，垂直烧结速度高达 28.3mm/min。厚料层、低负压烧结既是降低能耗，也是减少返矿、提高产品产量和质量的需要。

15.10.2　双球烧结矿的结构

与普通烧结矿相比，双球烧结矿矿物组成和结构复杂。碱性球与酸性球的微观结构差异很大。工业试验所获得的双球烧结矿，酸性球结构约占 22%，具有球团矿的结构特征。矿物组成以赤铁矿为主，少量磁铁矿、铁酸镁、硅酸盐渣和极少量的残余菱镁矿。断面微气孔较多，赤铁矿晶粒细小。球粒边缘的赤铁矿被熔蚀成圆形。

碱性球结构约占 35%。此种球在坩埚内烧结时于 1270℃ 完全熔融，是烧结矿黏结相的主要来源。其矿物组成主要是多元铁酸钙、赤铁矿，有少量磁铁矿和硅酸盐渣相。铁酸钙多为针状交织结构和板状熔融结构。赤铁矿呈再氧化假象型和次生骸晶状菱形，部分赤铁矿与半自形晶或自形晶磁铁矿被柱状集合体的钙铁橄榄石黏结。

酸性与碱性球破碎后重新结合的球及外配返矿等部位，则呈自熔性烧结矿结构，这部分比例约占 43%。酸性球交界处的硅酸盐黏结相量明显增加。酸、碱球交界处的赤铁矿多呈骸晶状菱形，磁铁矿呈骨架状。铁矿被柱状集合体的钙铁橄榄石、树枝状黄长石、柱状钙铁辉石、硅酸二钙及细长针状硅灰石等固结。

用东鞍山浮选精矿生产的双球烧结矿的矿物组成见表 15-31，典型矿物的扫描电镜检测结果见表 15-32。

表 15 – 31 双球烧结矿的矿物组成　　　　　　　　　（体积分数,%）

烧结矿	铁 矿 物						铁酸钙
	磁铁矿	浮氏体	赤铁矿			总 量	
			菱 形	粒 状	小 计		
双 球	22.7	0	10.1	21.4	31.5	54.2	25.0
基 准	30.2	5.6	8.1	9.8	17.9	53.7	13.0

烧结矿	硅酸盐黏结相					总黏结相量
	CWS	C_2FS, CWS_2	CS, C_2S	玻璃质	小 计	
双 球	4.4	4.3	5.2	6.9	20.8	45.8
基 准	15.8	6.2	4.0	7.3	33.3	46.3

注：CWS—钙铁橄榄石；C_2FS—铁黄长石；CWS_2—钙铁辉石；CS—硅灰石；C_2S—硅酸二钙。

表 15 – 32 双球烧结矿中典型矿物的扫描电镜检测结果　　　　　（质量分数,%）

矿物名称	Fe_2O_3	Fe_3O_4	FeO	MgO	Al_2O_3	SiO_2	CaO
菱形 Fe_2O_3	95.39			1.04	1.39	1.53	0.66
粒状 Fe_2O_3	95.70			0.69	1.58	1.46	0.56
假象 Fe_2O_3	95.53			0.82	1.86	1.31	0.49
Fe_3O_4		94.25		0.44	1.97	2.10	1.24
板状 CF	67.98			2.17	3.60	11.27	14.48
针状 CF	74.93			1.35	1.42	11.20	11.11
MF	80.68			12.16	2.63	2.29	2.21
CWS			22.14	1.85	3.31	40.73	31.97
CWS_2			26.53	1.75	2.58	53.54	15.60
C_2FS	20.83			2.21	1.57	23.22	52.25
CS			11.15	0.42	0.20	49.49	38.74

注：CF—铁酸钙；MF—铁酸镁。

　　双球烧结矿中的铁酸钙和赤铁矿含量明显高于普通自熔性烧结矿，而硅酸盐渣明显减少，这是改善烧结矿还原性能和强度的关键。若采取措施进一步减少双球烧结矿中的自熔性结构部分，双球烧结的效果将更好。

　　多元铁酸钙中固溶有大量的 SiO_2 和部分 Al_2O_3，Al_2O_3/SiO_2 比值为 0.13 ~ 0.32，符合低温型针状铁酸钙的生成条件。其针柱状多元系铁酸钙的结构式为 $(Ca, Mg)_5Si_3(Fe_{0.95}, Al_{0.05})_{16}O_{36}$，与一般结构式 $Ca_5Si_2(Fe, Al)_{18}O_{36}$ 基本相近，只是 Si 含量要高一些。

15.10.3　双球烧结的效果

　　双球烧结与高炉冶炼工业试验于 1988 年 10 ~ 11 月在营鞍铁厂同步进行，以东鞍山浮选精矿为主要原料。为降低精矿水分，在精矿中配入 5% 左右的瓦斯灰。混合矿成分为 TFe 60.21%，FeO 1.80%，SiO_2 10.70%，CaO 0.95%，MgO 0.23%，烧损（包括瓦斯灰中的碳）2.03%。精矿粒度为 -0.044mm（320目）占88.07%。试验期的理论配比见表15-33，试验结果见表15-34~表15-37。

表 15-33 双球烧结试验期间理论配比（干料）

一次配比/%				二次配比/%				目标碱度 $\left(\dfrac{CaO}{SiO_2}\right)$
碱性球系统		酸性球系统		碱性球	酸性球	返矿	阳泉煤	
东鞍山浮选精矿	石灰石粉	东鞍山浮选精矿	菱镁石粉					
67.53	32.47	92.07	7.93	43.89	29.05	22.45	4.41	1.30

表 15-34 主要技术操作指标

烧结矿品种	料层厚度 /mm	机速 /m·min⁻¹	垂直烧结速度 /mm·min⁻¹	点火温度 /℃	主管负压/kPa		返矿率 /%	利用系数 /t·(m²·h)⁻¹	煤耗 /kg·t⁻¹
					烧结段	冷却段			
双球	390	0.507	13.18	1115	7.35	4.07	14.90	1.286	53.03
基准	300	0.477	9.54	1156	8.17	4.07	21.50	1.005	81.49
差	+90	+0.03	+3.64	-41	-0.82	0	-6.60	+0.281	-28.46

表 15-35 烧结矿理化性能

烧结矿品种	化学成分/%					$\dfrac{CaO}{SiO_2}$	转鼓强度/%	
	TFe	FeO	CaO	SiO₂	MgO		YB（+5mm）	ISO（+6.3mm）
双球	53.22	7.03	11.60	9.00	2.02	1.29	79.84	72.49
基准	52.72	12.21	11.90	9.16	3.12	1.30	77.51	69.42
差		-5.18					+2.33	+3.07

表 15-36 烧结矿高温冶金性能

烧结矿品种	RI（900℃，180min） /%	RDI（550℃，-3mm） /%	荷重还原软熔温度/℃			
			4%	10%	40%	100%
双球	69.3	21.3	1125	1180	1310	1490
基准	58.3	26.9	1135	1170	1250	1480
差	+11.0	-5.6	-10	+10	+60	+10

表 15-37 高炉冶炼指标

烧结矿品种	利用系数 /t·(m³·d)⁻¹	入炉焦比 /kg·t⁻¹	校正焦比 /kg·t⁻¹	冶炼强度 /t·(m³·d)⁻¹	生铁合格率/%	煤气中 CO₂/%	每日风口损坏/个	入炉矿成分/%	
								TFe	FeO
双球	2.283	739.2	744.1	1.386	100	14.67	0	53.33	7.86
基准	1.955	795.0	795.0	1.294	100	12.95	1	52.92	13.89
差	+0.328	-50.9		+1.72		+1.72			-6.03

从工业试验结果可以发现，与普通烧结方法比较，双球烧结的特点和优势：

（1）具有产量高、产品质量好、冶金性能优良等优点。高炉冶炼双球烧结矿，增铁节焦效果明显。

（2）用细精矿生产普通自熔性烧结矿需使用价格较高的生石灰等强化剂，而双球烧结则通过强化造球以改善料层透气性。

（3）双球烧结可采用外配燃料、提高料层厚度等作业，这些都能降低固体燃料消耗，其节约固体燃料的幅度超过精矿干燥和双球料预热所消耗的热量。

（4）由于双球烧结利用系数高，固体燃料消耗低，烧结矿生产成本明显低于普通自熔性烧结矿。

与普通烧结法相比，双球烧结法的主要问题是原料准备工艺复杂、小球破碎率高，后一个问题使该方法难以达到开发者所期望的理想效果。鞍钢双球烧结法主要为解决浮选精矿难制粒的问题而开发，随着烧结制粒技术的进步和我国球团生产的快速发展，近年来关于双球烧结的应用较少见报道。

15.11 烧结制粒技术

15.11.1 配用生石灰

使用生石灰能提高厚料层的烧结速度，并允许使用更多的细粉矿。德国施维尔根厂早在1967年就开始使用生石灰石。配加生石灰时对制粒粒度的影响示于图15-39。

大多数现代烧结厂都普遍使用生石灰，烧结生产率与生石灰添加量的关系见图15-39。当生石灰添加量为17kg/t烧结矿时，可使生产率提高45%。日本钢管公司扇岛烧结厂使用生石灰的效果如图15-40所示。

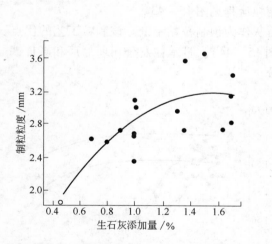
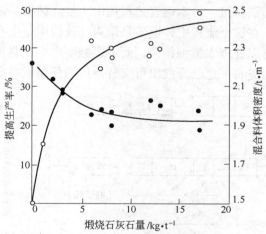

图15-39　制粒粒度与生石灰添加量的关系　图15-40　生石灰添加量对混合料体积密度和生产率的影响

使用生石灰烧结时要求生石灰的活性要高，并要求粒度细到足以使其在混料和制粒过程中达到完全水化的程度。

生石灰活性度对烧结利用系数的影响见图15-41。生石灰活性度越高（图中黑点所示），烧结生产率也越高。为了提高活性度，日本钢管公司等曾研究采用粒度更细的生石灰和提高反应温度等方法。扇岛1号烧结机安装了混合机热水添加系统，京滨厂则采用热水制粒工艺。

施维尔根烧结厂用提高碱度来提高烧结利用系数，效果显著（见图 15-42）。

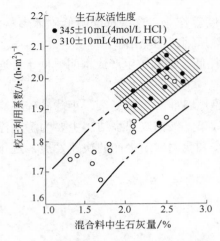

图 15-41　生石灰添加量对烧结利用系数的影响　　图 15-42　碱度对烧结利用系数的影响

15.11.2　细粒矿粉预制粒

为了改善含大量细矿粉的烧结混合料的透气性，日本许多厂家对分别制粒或预制粒工艺进行了研究。在大多数情况下，是利用辅助生产流程分别处理粉矿和精矿、返矿和生石灰。这些原料在圆筒或圆盘内加水混匀并制成小球后再进入主制粒流程，并随主料进入主圆筒制粒机。日本钢管公司福山 4 号烧结机预制粒流程见图 15-43。

在这个流程中，返矿是作为球核使用，生石灰作为预制粒黏结剂。该制粒工艺的优点是可以处理大量细粉矿，而不影响生产率（见图 15-44）。日本住友公司鹿岛厂和新日铁公司釜石厂也已开发出可交替使用的预制粒系统。

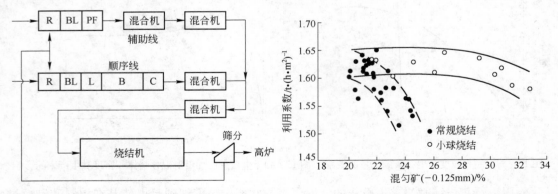

图 15-43　日本福山 4 号烧结机小球车间流程图　　图 15-44　小球烧结对烧结利用系数的影响
B—混匀矿；L—石灰石；R—返矿；
PF—球团原料；BL—煅烧石灰；C—焦粉

法国索拉克公司烧结厂为利用厂内循环的粉尘和含铁污泥等，开发出新的预制粒工艺。该工艺以生石灰为黏结剂，将粉尘和含铁污泥造球。这种预制粒小球到烧结混合料中后，可提高烧结混合料的粒度和料层的透气性，从而提高烧结生产率。

住友公司开发预制粒流程的目的是为了降低烧结矿的还原粉化率。当烧结矿中 CaO 含量约 10% 时，RDI 值最高，而 CaO 含量超过或低于 10%，RDI 值都会降低。预制粒时分别生产低 CaO 和高 CaO 两种烧结混合料，其流程见图 15-45。据说，这种方法可使成品烧结矿的 RDI 值降低约 6%。

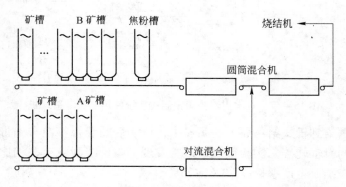

图 15-45　日本鹿岛 1 号烧结机预制粒试验物料流程图

为了提高烧结混合料中褐铁矿配比，日本新日铁公司开发了自致密化烧结法。这种工艺将褐铁矿在预制粒后，再加入蛇纹石和少量焦粉，一起在圆盘造球机内混合造球，其流程如图 15-46 所示。蛇纹石粉包裹着褐铁矿，阻止其与熔融物反应，从而使其在 1300℃下致密。烧结杯试验表明，烧结矿生产率和成品率可分别提高 2.5% 和 4.0%。工业性试验结果也表明生产率有所提高，但提高的幅度比烧结杯试验要低一些。

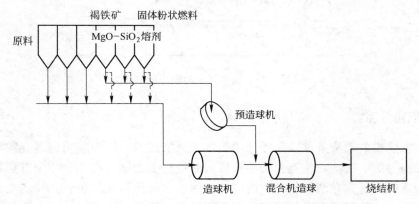

图 15-46　褐铁矿的新烧结工艺的制粒流程图

川崎钢铁公司开发了一套采用振动制粒机的预制粒系统。该系统采用先混合搅拌、然后振动制粒的工艺，能制出一种高密度的粒化物料。与常规制粒工艺相比，该系统添加的水分量要少一些。这套振动制粒设备由一台混合搅拌机和两台并联的制粒机组成（见图 15-47），用于球团原料与生石灰预制粒。在水岛厂进行的工业试验中，混合料中球团原料量可提高 20%。而且并未因为球团原料的大量增加，对烧结特性和烧结矿质量产生明显的影响。尽管效果令人鼓舞，但这一技术并没有坚持用下去。

瑞典开发出新的细磁铁矿精矿造块技术，该工艺首先将烧结混合料通过辊压机压实，然后轧碎成具有适宜粒度的小块，能显著改善烧结料层的透气性，工艺过程示于图 15-48。

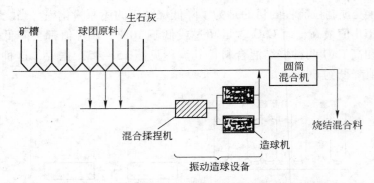

图15-47　日本川崎公司预制粒系统使用的振动造球机

矿石混合料从料槽给到辊式给料器上的漏斗中，压实后的混合料在布到带式烧结机台车之前采用带有尖齿的齿辊轧碎。实验室烧结试验发现，与传统制粒工艺相比，新工艺制粒效果非常好，可使烧结矿生产率提高20%～25%。

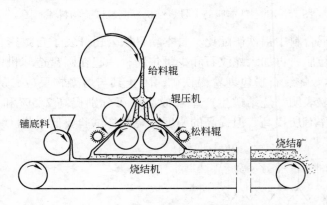

图15-48　瑞典开发的辊压机示意图

15.11.3　焦粉分加

为了改善焦粉的燃烧条件，采用焦粉后加或分加技术，以使焦粉包裹在粒化颗粒表面是一种较好的办法。法国索拉克公司福斯厂对此进行了尝试，将部分或全部焦粉添加到最后的圆筒造球机内。先在圆筒制粒机内制粒，然后在粒化颗粒外包裹焦粉。之所以有利于焦粉燃烧，是因为焦粉不会被矿粉层包裹。焦粉分加技术已在德国、日本和我国部分烧结厂采用。

15.12　烧结布料技术

15.12.1　影响烧结布料的因素

烧结混合料的粒度范围较宽，约在1～10mm之间。为了利用烧结料层的蓄热，烧结布料时产生一定的粒度偏析是有好处的。也就是说，希望从料层顶部到底部，混合料平均粒度逐渐增大，且上层焦粉的分布比下层要多。

典型的烧结机布料系统如图15-49所示。粒度偏析效果主要受下料溜槽（反射板）

倾斜角度的影响。烧结机上混合料的堆密度取决于混合料落到烧结机上的落差。在混合料布料时产生的偏析效果随溜槽倾角的减小而增大（见图 15 - 50）。

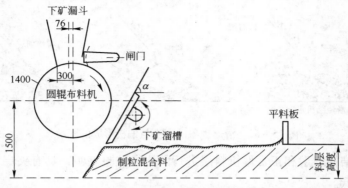

图 15 - 49　索拉克福斯厂的烧结机布料装置

法国钢铁研究院研究混合料布料时产生的偏析效果发现，通过加大溜槽槽面倾角、提高圆辊布料机的高度和减小烧结混合料下料速度，可增大混合料的偏析。

德国蒂森厂的下料溜槽槽面倾角较为平缓，其目的是为了使混合料布料时产生一定的偏析，并减小混合料的堆密度，以保证料层有较高的透气性（见图 15 - 51）。

混合料布料时发生崩料会对偏析带来很大影响。开始时，溜槽上混合料的厚度约100mm，在下料过程中落到台车算板上的一块

图 15 - 50　下料溜槽倾角对混合料偏析的影响

面积上（见图 15 - 52）。粗颗粒物料下落时偏离到边上，并靠近算板。当越来越多的物料堆积起来后，就产生滑坡或崩落。结果，细粒物料就覆盖在偏离的粗粒物料上。第一次崩

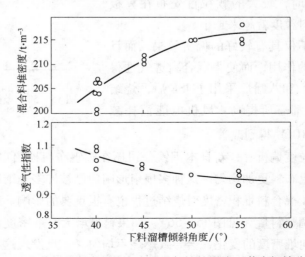

图 15 - 51　偏析对混合料堆密度和透气性的影响（蒂森钢铁公司）

料后，物料接着又堆积起来，同时产生一定的偏析，直到下一次滑落。这种布料方式就形成了一种粗粒与细粒物料相间的夹层重叠结构。

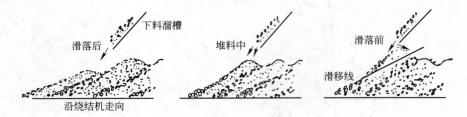

图 15 - 52 滑落现象的产生与偏析形成的图解

用夹层重叠结构料层和正常偏析料层进行的烧结试验表明，具有夹层重叠结构料层的烧结矿合格率降低。

15. 12. 2 布料技术的开发与应用

为了寻求强化布料偏析的有效方法，人们曾进行过许多实验研究。条筛式溜槽布料和格筛式布料是两种典型代表。

条筛式溜槽布料装置如图 15 - 53 所示。棒条横跨烧结机整个宽度。混合料中的粗颗粒从棒条上通过，然后落向烧结台车，从而形成粒度偏析。

格筛式布料装置（ISF）如图 15 - 54 所示。筛棒在其起点处相互之间以定距离隔开（见图 15 - 55(a)）往下，在垂直平面方向上散开。这样，筛棒之间的间隙从始点起逐渐增大（见图 15 - 55(b)、图 15 - 55(c)）。每条筛棒各自做旋转运动，以防止物料堆积在筛面上。从图 15 - 54 中可看到，烧结台车从左向右运动时，较大的颗粒首先布在箅板上，随后布下的物料粒度就越来越小。

这种布料技术不仅具有较好的偏析效果，而且筛棒具有松散物料的作用，而使得混合料透气性得到改善。日本君津厂和八幡厂采用了 ISF 后，烧结矿生产率和成品率都有所提高，风机电能消耗减少，烧结矿质量（RDI）得到改善。

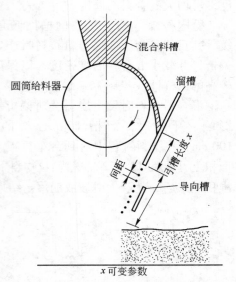

图 15 - 53 条筛式溜槽布料系统

除了控制料层粒度偏析外，新日本钢铁公司还在圆辊布料器出口装了多扇扇形闸门，以使料层宽度方向上布料更加均匀。这种多扇扇形闸门已被许多烧结厂采用。

除粒度偏析外，混合料堆积密度对烧结过程也有很重要的影响。通过适当改变圆辊布料器的运转速度来调整料量（见图 15 - 56）。如果料量增大，堆密度也随之增大，反之亦然。烧结机宽度方向堆密度的变化，会导致燃烧不均匀。一旦发现这种情况，就应该调整圆辊布料器上的挡板或闸门，以使整个料层温度分布均匀。

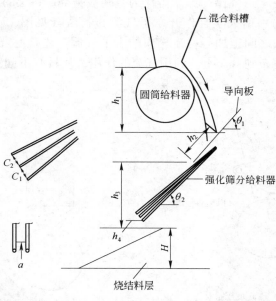

图 15 - 54　新型布料装置 ISF 示意图、各组成部分的名称及布置方式

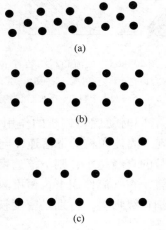

图 15 - 55　ISF 中所用棒条的布置方式
（a）进料端；（b）中间部位；（c）靠近算板的筛棒末端

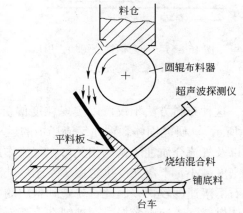

图 15 - 56　霍戈文厂烧结机布料系统剖面图

为了防止烧结料层压实，有些厂已不再使用平料板了。混合料从圆辊布料器布到一倾斜板上，然后落到烧结机上，同时产生一定的粒度偏析。料层厚度取决于圆辊布料器的给料速度，这可以通过操作该位置的 6 个液压控制阀门来调节。开、关这些闸门是为了使料层厚度保持稳定，而料层厚度是用装在烧结机上方的探针来测量的。在料层上方悬挂着一排链条，用来平整料面，而不会将料面压实。

神户钢铁公司加古川厂的烧结机布料装置示于图 15 - 57。混合料的粒度偏析取决于其下落的速度，而下落速度又是通过调节倾斜板和速度控制板的倾角来控制的。由于采取了在刚堆积起来的料层内插入固定棒的做法，而使料层的透气性得以增强。当烧结机离开布料位置时，因为有那些"透气棒"原来占住的空间被腾空，料层的透气性得到改善。

　　我国宝钢烧结厂与中南大学合作开发了气流布料法（见图 15 - 58）并在宝钢实施。此方法在反射板与料面之间施加与料流相向的水平气流，烧结混合料在从反射板落下后，首先经过气流流场，再布到台车上。利用气流的作用，使具有不同粒级及物化性质的物料产生有效偏析。

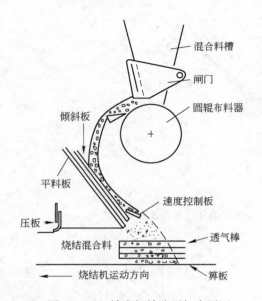

图 15 - 57　神户钢铁公司加古川厂
布料系统设备示意图

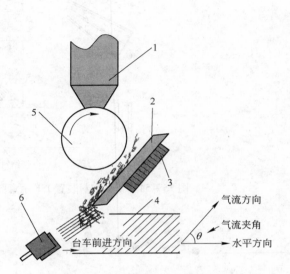

图 15 - 58　气流布料法装置示意图
1—混合料仓；2—反射板；3—磁系；4—烧结料层；
5—圆辊给料机；6—气流喷嘴

　　这种布料方法不仅可以实现粒度偏析，而且具有同时使燃料偏析的作用（如图 15 - 58 所示）。研究固体颗粒在气流场中的运动行为发现，固体颗粒的下落速度与其自身的性质以及气流介质性质密切相关。在气流作用下，颗粒的直径越小，则下落速度越慢；颗粒的密度越小，下落速度也越慢。对于烧结混合料而言，在气流作用下，密度较大的粗粒级矿石下落速度较快，因此首先布到料层的下部，而细粒级物料，特别是密度较小的焦粉等固体燃料下落速度较慢，而被铺在上部料层。

　　应用气流布料，气流速度有一定的适宜范围，速度过小则物料偏析效果小；气流速度过大则会造成细粒级物料特别是密度较小的固体燃料损失。气流速度的影响如图 15 - 59 所示，图中第 1 层是最上层，第 5 层为最下层。在适宜速度范围内，随着气流速度的增大物料的偏析效果逐渐增强，但当增加到一定值后，继续增加气流速度，物料的偏析程度变化较小，见图 15 - 60。

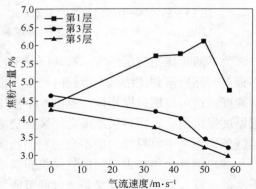

图 15 - 59　气流速度对料层中焦粉含量的影响

　　由于气流布料能实现燃料合理偏析，因而

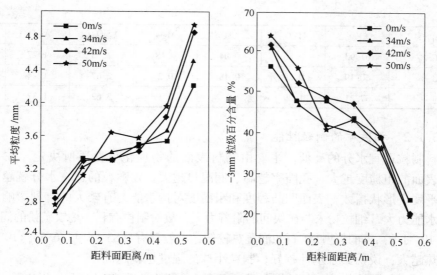

图 15-60　气流速度对物料粒度偏析的影响

采用气流布料法烧结可以降低固体燃料配比。采用宝钢烧结料进行的实验室烧结试验发现，采用气流布料可使焦粉配比由 4.6% 降低至 4.2%，见表 15-38。宝钢气流布料生产实践表明，每吨烧结矿的固体燃耗降低了 2.18kg 标准煤。

表 15-38　气流布料与普通布料方法的主要烧结指标对比

布料方式	焦粉用量 /%	水分 /%	垂直烧结速度 /mm·min⁻¹	成品率 /%	转鼓强度 /%	利用系数 /t·(m²·h)⁻¹	固体燃耗 /kg·t⁻¹
普通布料	4.6	10	20.08	73.26	61.05	1.401	57.54
气流布料	4.2	10	20.16	78.26	61.85	1.461	53.85

15.13　褐铁矿自致密化烧结技术

15.13.1　褐铁矿烧结特性

15.13.1.1　褐铁矿的物理化学特性

褐铁矿是含结晶水的三氧化二铁，无磁性，外表颜色一般为黄褐色、暗褐色或棕色，可由其他铁矿石风化形成。褐铁矿是针铁矿和鳞铁矿两种不同结构矿石的统称，也有人把它主要成分的化学式写成 $m\mathrm{Fe_2O_3} \cdot n\mathrm{H_2O}$。按结晶水含量多少，褐铁矿的理论含铁量可从 55.2% 增加到 66.1%。其中大部分含铁矿物以 $2\mathrm{Fe_2O_3} \cdot 3\mathrm{H_2O}$ 形式存在。

褐铁矿中的脉石常为矿质黏土，一般来说，褐铁矿中 $\mathrm{SiO_2}$、$\mathrm{Al_2O_3}$ 及 S、P、As 等有害杂质含量较高。表 15-39 列出了国内外几种具有代表性的褐铁矿的主要化学成分。

表 15-39　典型褐铁矿的化学成分　　　　　　　　　　（%）

矿　名	Fe	FeO	CaO	MgO	SiO₂	Al₂O₃	Ig
马坝（攀钢）	54.70	5.99	1.50	1.32	6.17	2.69	9.89
大宝山（广东）	53.07	0.18	0.20	0.24	7.28	1.60	11.13

矿 名	Fe	FeO	CaO	MgO	SiO$_2$	Al$_2$O$_3$	Ig
MAC	61.93	0.86	0.04	0.18	2.93	1.77	6.22
FMG	60.19	0.29	0.48	0.2	2.67	1.14	9.05
扬迪	57.21	1.29	0	0.1	5.62	1.37	11.07

15.13.1.2　褐铁矿的制粒性能

混合料制粒适宜水分的高低, 主要由物料表面的物理化学性质所决定。在一般情况下, 物料表面的粗糙度越大、孔隙率越高、润湿热越大, 则颗粒的适宜水分就越高。褐铁矿粉的扁平度、形状指数, 表面凹凸程度和粗糙度对持水能力有较大的有利影响, 所以褐铁矿粉持水能力大, 细粒粉末与矿块间的附着力大, 故对制粒有利。褐铁矿粉的润湿热较高 (233.75 × 10^{-3} J/g), 而其他铁矿石的润湿热较低, 一般只有 (83.74 ~ 146.5) × 10^{-3} J/g。物料的润湿热越大, 说明其亲水性越好, 制粒小球的强度也就越高。

图 15 – 61 为扬迪矿与多孔赤铁矿 (PH)、致密赤铁矿 (DH) 及更致密赤铁矿 (VDH) 的典型气孔尺寸分布。扬迪矿平均气孔直径比其他赤铁矿小一个数量级, 表明扬迪矿把水汽从矿粒表面吸进气孔的毛细管力远比其他赤铁矿大。混合料中赤铁矿被扬迪矿取代时, 若总水分保持不变, 将会使成球性变差。试验表明, 当扬迪矿混合料水分比致密赤铁矿所用水分明显增加时, 也能得到好的料层透气性。

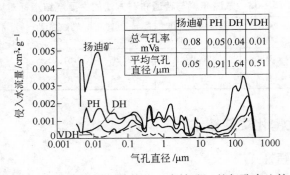

图 15 – 61　扬迪矿与其他矿 (赤铁矿) 的气孔率比较

15.13.1.3　高温反应性与烧结性能

A　煅烧

扬迪矿的烧结特性不仅受其粒径分布、造粒行为和化学性质所影响, 而且还受到熔融液形成前的结构变化的影响。试验结果表明, 大多数扬迪矿中的结晶水在 200 ~ 500℃ 即可除去。结晶水脱离时伴随着大量的微结构变化, 可看到煅烧后形成了很大的裂缝。试验研究表明, 扬迪矿颗粒收缩, 使其脱离了黏附细粒层, 减少了从黏附层来的初始熔融液和扬迪矿颗粒的接触机会, 延迟了同化作用。扬迪矿颗粒虽然产生了收缩, 但其气孔率由于结晶水消失仍有明显增大, 最终气孔率远高于赤铁矿的气孔率。

B　同化作用

煅烧后有高气孔率的矿粒极易被同化, 熔液极易进入煅烧后的扬迪矿颗粒, 与赤铁矿相比同化速度快。BHP 开发了模拟同化作用的实验, 模拟由造球粒子的黏附细粒层 (在这里，铁矿石与熔剂紧密接触）所形成的熔融液和造粒的核心粒之间的同化作用。实验的核心粒粒径为 0.71~1mm，黏附细粒由赤铁矿、石灰石、高岭土、硅石和菱镁矿组成，粒径小于 0.25mm。在标准烧结温度曲线下，被标准黏附细粒混合料形成的初始熔融液同化的矿粒体积分数，可用光学显微技术来测量。扬迪矿和其他三种赤铁矿（PH、DH 和 VDH）同化结果见图 15-62。结果显示，烧结混合料中的扬迪矿与赤铁矿相比，其在相似热状态烧结过程中的同化能力更大。

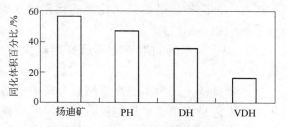

图 15-62 扬迪矿与赤铁矿的同化能力比较

15.13.2 褐铁矿的自致密化烧结技术

国内外主要的高配比褐铁矿烧结技术有四种，分别为自致密法、强化制粒法、涂层制粒法以及镶嵌式烧结法。

肥田行博等人发现，扬迪矿在加热到 1300℃ 或更高温度时，由于矿内针铁矿的再结晶而致密化，这是扬迪矿的特性。如果扬迪矿准颗粒在被液相同化之前得到致密，就可避免形成同化区域中的脆化结构，从而保证了烧结矿的强度。根据扬迪矿这一特性肥田行博等人开发了一种褐铁矿自身致密和高熔点液相烧结工艺，使得在烧结中大量使用褐铁矿的目的得以实现。为此，开发出能用于工业生产的三种方法（见图 15-63）：

（1）在与其他原料混合前对扬迪矿进行预热处理。

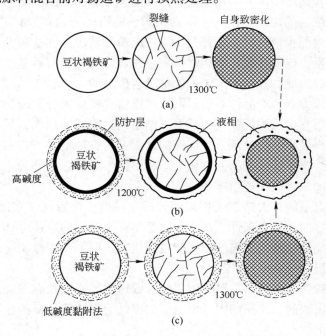

图 15-63 褐铁矿自致密化基本图解
（a）预热法；（b）形成防护层法；（c）形成高熔点液相法

（2）粗粒扬迪矿表面加防护层，以防止高流动性的铁酸钙液相渗入并同化。防护层包括 $MgO-SiO_2$、熔剂粉或 $MgO-SiO_2$ 熔剂与扬迪矿混合物，这些防护层的防护效果比较明显。还有一种防护层是由低同化性的致密铁矿粉组成，使其熔点提高，延缓铁酸钙渗入，但效果不理想。

（3）把准颗粒的黏附粉配制成高熔点化学成分，使液相形成在扬迪矿颗粒自致密化之后。

日本新日铁公司为了提高烧结混合料中价格便宜的褐铁矿的用量，开发了自致密烧结工艺。该工艺是将褐铁矿和蛇纹石及少量的细粒级焦粉混合后进行制粒。由于细粒蛇纹石的包裹作用，保护了褐铁矿，避免其发生熔体反应，并在 1300℃ 左右形成致密结构。烧结杯试验结果表明，用这种自致密烧结工艺生产的烧结矿，当褐铁矿配比在 15%，且蛇纹石与褐铁矿的比率为 0.28 时，烧结利用系数提高 2.5%，成品率提高 4%。

15.14　含碳球团的生产技术

15.14.1　含碳球团的分类及其意义

随着优质富矿资源减少，原料和燃料条件的逐渐恶化，而高结晶水和高 Al_2O_3 矿石的使用量增加，烧结和球团矿的生产面临更大困难，同时也加重了高炉的负担，导致冶炼指标下降。高炉如何进一步提高利用系数、降低焦比是摆在炼铁工作者面前的一项重要任务，在采用高风温、富氧鼓风、喷吹煤粉等技术的同时需要重视高炉的精料工作。

含碳球团是将铁精矿或含铁粉料配加一定量煤粉制成的一种炼铁原料。根据含碳高低和产品用途，可将含碳球团区分为用于高炉炼铁的含碳球团、用于熔融还原炼铁的含碳球团和用于直接还原炼铁的含碳球团。在以赤铁矿、镜铁矿为主要原料制备氧化球团矿时，也有在生球制备时内配少量（通常不超过 1%）煤粉的情况。在这种情况下，加入煤粉的目的仅仅是补充热量，煤粉在氧化焙烧时被完全燃烧，既不会对铁氧化物有还原作用，也不会残留在球团中，因此，这样的球团不能称为含碳球团。

根据成型后处理方式和产品性质的不同，可以将含碳球团分为两类，一类是在含铁原料中加入煤粉成型后直接入炉炼铁或经低温固结后入炉炼铁的球团，另一类是在含铁原料中加入煤粉成型后再经高温热处理入炉炼铁的球团。后一种情况下，由于高温热处理可将铁氧化物部分还原为金属铁，产品铁物相与原料不同，通常含有部分未反应的碳，这类球团又称为预还原球团或含碳预还原球团。

含碳球团的优点是能扩大铁氧化物与碳的反应界面，缩短气体在固相中的扩散行程，为还原反应创造良好的动力学条件。每个球团都是一个独立的自还原体系，不需要外界的强烈还原气氛，只要加热到适当温度，就能自行快速还原。含碳球团是现代钢铁企业普遍追求的高炉降焦的最佳炼铁原料。

使用普通铁精粉或含铁粉料、煤粉压制的含碳球团，通过高温焙烧、还原得到含有一定数量金属铁和残余碳的预还原球团，可为高炉提供冶金性能优良的新型炼铁原料。含碳预还原球团具有如下优点：

（1）含碳球团带入一部分"煤粉"（以焦结碳形态）入炉，是高炉喷煤的重要补充手段，二者相辅相成，而且预还原球团携带的碳在高炉中能得到充分有效的利用，不仅实现以煤代替部分焦炭，而且加快高炉还原进程。

（2）预还原球团中铁的金属化率可高达30%～50%，入炉冶炼时相当于给高炉增加了碎铁，因此高炉冶炼产量可大幅度提高。资料表明：炉料金属化程度每增加10%，高炉焦比可降低5%～8%，产量增加5%～9%。

（3）经过焙烧、还原后得到的预还原球团气孔率高，有利于传热传质过程，提高了铁氧化物的还原速率，缩短了高炉的冶炼周期、提高了高炉效率。

（4）预还原球团低温还原粉化率低、粒度均一，将大大改善高炉料柱透气性。

由于煤的加入降低了混合料的成球性，含碳球团的成型一般不采用滚动成型法而采用加压成型法造球。含碳球团的成型有冷压和热压两种方法。冷压含碳球团制备工艺简单，但一般情况下球团强度较低，需要经过低温固结或高温处理、提高球团强度后才能入炉冶炼。低温固结的球团通常强度低，无法满足大型高炉炼铁的要求，高炉很少应用，但可用于对强度要求较低的冶炼炉，如某些熔融还原炉。含碳球团经高温处理后，铁氧化物部分甚至几乎全部还原为金属铁，这已演变为直接还原炼铁的范畴，其产品大多定位为电炉炼钢炉料，高炉也很少应用。热压含碳球团先将含铁原料和煤粉预先加热到500～600℃，然后在热态条件下将具有一定热塑性的煤粉与铁矿粉热压成型。与冷压含碳球团相比，热压含碳球团具有更优越的高温强度和冶金性能，是最适合高炉炼铁也是目前重点研究开发的一类含碳球团。

15.14.2 热压含碳球团的制备及其性能

15.14.2.1 冷态强度

A 煤种的影响

不同种类的煤因其热塑性上的差异，与铁矿粉热压成型后制得的团块强度也有不同，实验所用煤种的特性见表15－40，在设定的工艺条件下（配煤35%、热压温度450℃、热压压力35MPa），煤种对热压含碳球团强度的影响如图15－64所示。

使用鹤岗煤和七台河煤时，热压产物的抗压强度较好，分别为1190N/球和1110N/球。使用潞安煤和神府煤时，抗压强度较低，其中神府煤为褐煤，几乎没有黏结性，煤粉与矿粉颗粒间靠范德华力、吸附力等维持，作用力很小。使用恒山煤和神木煤时，热压球团也具有一定的抗压强度，主要是因为这两种煤也具有一定的热塑性，但均比鹤岗煤差。使用神府煤和潞安煤时，热压含碳球团的落下强度也最低，而使用其他煤种时落下强度基本可达5次。

表15－40 实验所用煤种的特性

名 称	煤 质	挥发分/%	黏结指数/%	胶质层厚度/mm
鹤岗煤	烟煤	34.32	78	11
七台河煤	烟煤	29.52	65	10
神木煤	烟煤	36.29	64	6
恒山煤	烟煤	20～28	72	8
潞安煤	无烟煤	11.17	无	0
大同煤	无烟煤	6.5～10	无	0
神府煤	褐煤	>40	无	0

B 煤粉粒度的影响

煤的粒度对热压产物的冷态强度影响很大。在一定范围内，煤粉粒度越细，热压产物的冷态强度越高。这是因为使用粒度细的煤时，煤矿颗粒之间的接触面积，也即黏结面积增大。热压用煤的粒度对热压含碳球团冷态强度的影响如图 15 - 65 所示。

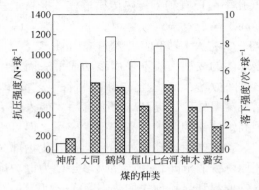
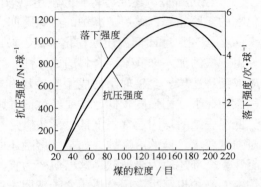

图 15 - 64　煤种对热压含碳球团冷态强度的影响　　图 15 - 65　配煤粒度对热压含碳球团冷态强度的影响

C 配煤量的影响

在一定范围内，随着配煤量的增加，煤的黏结作用力提高，热压含碳球团的抗压强度增大，但当配煤量高于某一临界值（35% ~ 40%）时，热压含碳球团的抗压强度急速下降。主要是因为矿粉在热压含碳球团内起骨架作用，配煤量高于某一比例后，矿粉配加量相应减小，骨架作用减弱，最终导致冷态强度降低。配煤量对热压含碳球团强度的影响如图 15 - 66 所示。

D 热压温度的影响

热压温度对热压含碳球团抗压强度的影响比较显著，热压温度越接近煤的最大流动度温度，胶质体生成量最大，流动性和黏结性相对来说最好。当温度过低时，胶质体未充分形成，而且形成的胶质体黏度大，流动性低，黏结效果差；温度过高时，胶质体开始固化，煤的黏结性变差，导致热压产物的强度降低。热压温度对热压含碳球团冷态强度的影响如图 15 - 67 所示。

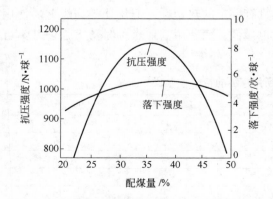
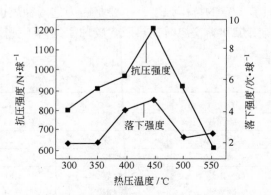

图 15 - 66　配煤量对热压含碳球团冷态强度的影响　　图 15 - 67　热压温度对热压含碳球团冷态强度的影响

为了将热压含碳球团与之进行冷态强度的比较，以配加 8% 水玻璃作为黏结剂，进行了对比实验，在相同压力等条件下，两者的抗压强度见图15－68。

热压含碳球团的冷态抗压强度明显高于冷压含碳球团。当煤处于软熔状态而进行热压时，煤中产生的胶质体充分进入矿粉基体中，利用煤的热塑性和黏结性使煤矿颗粒充分接触和黏结。因此，热压含碳球团在无需外加黏结剂的情况下即可具有更高的冷态强度。

E　热压压力的影响

热压压力增大时，使得煤中产生的胶质体更充分地渗入铁矿粉的基体内，使煤与矿粉接触更紧密，因而热压产物的致密度增大。热压压力对热压含碳球团冷态强度的变化规律如图15－69所示。

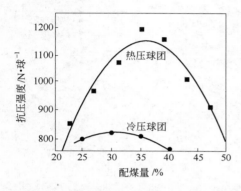
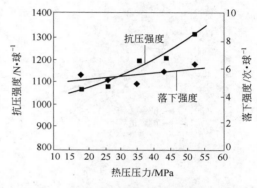

图15－68　热压含碳球团和冷压含碳球团冷态强度的对比　　图15－69　热压压力对热压含碳球团冷态强度的影响

15.14.2.2　高温强度

含铁炉料在高温下的抗压强度对反应装置中炉料的布料方式、炉料和气流运动以及炉料的还原过程密切相关，进而影响到反应器的生产稳定性和技术经济指标。高温抗压强度能否满足冶炼要求是含碳球团所面临的主要问题之一。

热压含碳球团的高温强度不同于其冷态强度，因为在升温或高温还原过程中球团会产生一系列的变化，包括煤种挥发分的逸出、碳的烧损、铁还原后的晶格变化以及煤粉和矿石的软化等等，这些因素都将引起球团高温强度的下降；另一方面，球团内矿粉的高温烧结、还原后形成的金属结晶键以及碳的进一步结焦又有利于提高含碳球团的高温强度。

热压含碳球团还原度随温度的变化，以及不同还原度下高温强度的变化如图15－70及图15－71所示。由图15－70可知，随温度升高，热压含碳球团的高温强度呈现先增大后减小的变化趋势。当温度超过900℃后，热压含碳球团的高温强度逐渐降低。温度超过850℃时，配煤量越高，高温强度越低。配煤25%的热压含碳球团在1100℃还原后高温强度大约为500N/球，明显高于配煤35%时的高温强度。

由图15－71可知，随着还原度的提高，热压含碳球团的高温强度呈现先增大后减小的变化趋势。还原度低于10%时，热压含碳球团的高温抗压强度高于还原前的冷态强度。随着还原

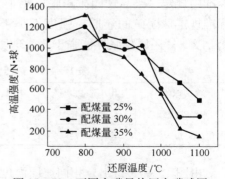

图15－70　不同含碳量热压含碳球团的高温强度随温度的变化

度的进一步提高，热压含碳球团的高温抗压强度逐渐降低。另外，配煤量越小，高温抗压强度越高。当还原度达到 90% 左右时，热压含碳球团配煤为 25% 时高温抗压强度仍能保持 500N/球，而配煤 35% 的球团抗压强度降至 150N/球左右。

使用与热压时的相同原料，配加 8% 的水玻璃，在相同原料粒度、配煤量、压力等条件下，进行球团高温强度的对比实验。热压含碳球团和冷压球团高温还原强度的对比实验结果如图 15 - 72 所示。由图 15 - 72 可知，冷压含碳球团在 800℃ 开始还原后，高温还原强度明显降低，当温度升至 950℃ 时，球团已失去强度。通过实验可知，冷压含碳球团的高温强度明显低于热压含碳球团。

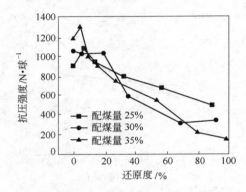

图 15 - 71　不同含碳量热压含碳球团的高温强度随还原度的变化

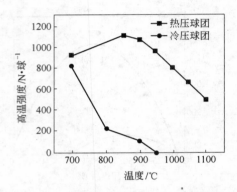

图 15 - 72　热压含碳球团与冷压含碳球团高温强度的对比

15.14.2.3　冶金性能

热压含碳球团还原粉化和还原膨胀指数见表 15 - 41。由表 15 - 41 可知，未热处理和热处理的热压含碳球团 $RDI_{+3.15mm}$ 分别为 99.64% 和 97.88%，且前者比后者的低温还原粉化性能要好。一般普通氧化球团的 $RDI_{+3.15mm}$ 大致为 90% 左右，烧结矿的为 80% 左右。对比可知，热压含碳球团的低温还原粉化性能优于普通氧化球团和烧结矿。

同时可知，未热处理和热处理的热压含碳球团的 RSI 分别为 1.04 和 1.80，还原膨胀率很小，还原膨胀后抗压强度分别为 692N/球和 684N/球。对于球团矿，我国球团矿质量标准中规定一级品球团矿膨胀率小于 15%，二级品膨胀率小于 20%。日本球团矿的质量标准规定球团矿的还原后强度不小于 250N/球，与普通球团矿相比较，热压含碳球团的 RSI 极低，还原膨胀性能强于普通球团矿。

表 15 - 41　热压含碳球团还原粉化和还原膨胀指数

含碳球团	$RDI_{+6.3mm}$/%	$RDI_{+3.15mm}$/%	$RDI_{-0.5mm}$/%	RSI	抗压强度/N·球$^{-1}$
未经热处理	99.64	99.64	0.33	1.04	692
热处理	97.74	97.88	1.96	1.80	684

由图 15 - 73 得出，相同还原温度和气氛条件下，热压含碳球团其还原性明显好于氧化球团，其还原更为快速。

在实验室条件下，进行了热压含碳球团软熔滴落实验，并与某钢铁厂的烧结矿和球团矿进行了对比。实验用热压含碳球团配碳比 1.00，碱度为自然碱度 0.07，烧结矿的碱度

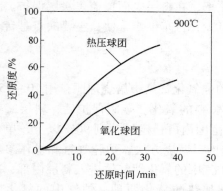
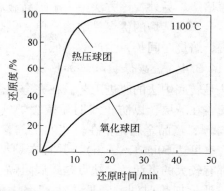

图 15 – 73　热压含碳球团和氧化球团还原性能的对比

为 1.71，球团矿的碱度为 0.26，实验升温速度和气氛变化均模拟高炉的变化，实验结果如表 15 – 42 所示。

从表 15 – 42 可以看出，与传统炼铁原料烧结矿和球团矿相比，热压含碳球团的滴落温度 T_d 较低，熔化区间 $T_d - T_s$ 较窄。其滴落温度低，熔化区间窄，熔滴性能良好。

表 15 – 42　热压含碳球团、普通球团矿和烧结矿的熔滴性能对比　　　　　（℃）

种　类	T_{40}	$T_{40} - T_4$	T_s	T_d	$T_d - T_s$	$T_d - T_{10}$
热压含碳球团	1280	364	1327	1366	39	303
普通球团矿	1167	124	1302	1371	69	299
普通烧结矿	1231	96	1315	1497	182	358

15.14.3　内配碳预还原球团的制备方法

15.14.3.1　转底炉法

转底炉法是把粉矿、粉煤均匀混合，压成坯块后，装入转底炉进行高温焙烧，制成含碳预还原球团或金属化球团或粒铁产品，焙烧温度 1300 ~ 1500℃，产品金属化率 80% ~ 90%。特点是采用辐射传热，工艺简单，对原料适应性强，燃料利用率高，无碳氢化合物排放。但该工艺与一般烧结和球团工艺相比，生产率低。

15.14.3.2　竖炉法

含碳球团用竖炉焙烧时，含碳球团具有较完全的自还原能力，只要提供一定的热量，含碳球团就可以达到较高的金属化率。含碳球团在还原过程中有一个内部气体产物不断向外逸出的过程，气体的逸出阻止了氧化性气体向球团内部的扩散，使该球团可以在含 CO 较高炉气中还原，达到高金属化率。但目前存在的问题是存在热量供应不上，使铁氧化物不能还原到金属，只能到 FeO，并且含碳球团中的有机质在高温时挥发，在较低温度凝结，造成料层的阻塞或管路的腐蚀。

15.14.3.3　台车连续炉法

台车连续炉法是将含碳铁矿生球团在水平移动的台车连续炉中焙烧的一种方法。台车连续炉的炉膛是直条形，炉底由若干个台车组成。含碳球团料层铺在台车上，通过炉膛时进行还原焙烧。另外，该方法中为了提高金属化率，在料层表面覆盖焦炭层保护。和转底炉比较，台车连续炉的优点是结构简单，供热点少，台车维修方便；主要缺点是台车运转速度太慢，焙烧时间长，生产效率低。

15.14.3.4 盖碳保护敞焰加热法

此法是转底炉法的改进工艺。在完全燃烧的强氧化气氛中焙烧球团，用 10 ~ 15mm 的碳粒层覆盖在球层，以防止或明显减缓炉气对炉料的氧化。盖碳保护后，料层一般可达 4 ~ 7 层球厚，产品金属化率在较宽的工艺参数范围内可稳定地达到 90% 以上，单位炉底面积生产率可达 60kg/(m² · h)，并且在炉型结构、燃烧方法、炉膛气氛和操作参数的选择方面都有较大的灵活性。缺点是碳层阻隔了炉气中的氧化性气体进入料层内部，减慢传热过程，延长加热时间，降低了生产率。盖碳加热防氧化原理：炉气中的氧化性气体（O_2、CO_2、H_2O）在与碳层接触时，与碳反应生成 CO 和 H_2 返回到炉气中。因此，碳层阻断了炉气中氧化性气体进入料层内部。

综上所述，采用高温焙烧制备含碳预还原球团存在的问题是，如果产品以高炉炼铁炉料为目标时，上述几种方法的生产规模小且成本相对较高，难以满足高炉炼铁的要求；如果以电炉炼钢为目标时，产品金属化率偏低，且含硫高。

总之，无论热压含碳球团还是内配碳预还原球团都是正在发展的方法，尚未形成一种稳定成熟、能满足大规模炼铁生产要求的工艺。

15.15 硫酸渣生产球团技术

我国优质炼铁原料短缺。随着钢铁工业的持续迅速发展，我国炼铁原料对外依存度已连续十余年超过 50%。随着进口量的增加，进口矿价格也持续高涨，导致全行业经济效益下降。铁矿资源短缺问题已成为制约我国钢铁工业持续发展的瓶颈，严重威胁到我国钢铁工业的持续、健康发展。因此，拓宽我国炼铁原料来源已刻不容缓。

我国现在硫酸渣年产量已超过 1200 万吨，但利用率不足 50%。全国各地历年积累的硫酸渣量已达数亿吨。大量烧渣堆存不仅浪费资源、占用土地，还容易造成环境污染和公共安全隐患的问题。综合利用硫酸渣具有十分重要的意义。

国内外普遍将硫酸渣用作烧结配料，但也有以硫酸渣为造球配料，采用竖炉生产铁矿球团的，由于其工艺落后、产品质量不稳定多已停产或拆除。由中冶长天工程公司设计，我国铜陵有色金属公司以 50% 硫酸渣和 50% 铁精矿为原料建设的年产 120 万吨链箅机—回转窑球团厂于 2008 年投产，经半年多的调试和整改，达到年产 120 万吨酸性球团矿的生产能力。球团矿产品质量达到设计要求，产量与质量满足了商品球团市场和高炉炼铁行业的需要。

15.15.1 硫酸渣生产氧化球团的难点

（1）硫酸渣中铁矿物主要以 Fe_2O_3 形式存在，具有类似赤铁矿的焙烧特性，只有在较高的温度下（约 1300℃）焙烧才能发生晶粒长大和再结晶固结。因此在干燥和预热时适当补充热量，同时在设备规模和材质上作相应保证。

（2）一般硫酸渣中硫含量较高，通常还含有铜、铅、锌等其他有害元素。因此在制备氧化球团时要充分考虑硫的脱除，使成品球团中的硫含量低于 0.05%。由于氧化焙烧过程无法脱除铜、铅、锌等有害元素，在选择原料时应要求这些有害元素的含量能满足炼铁要求，越低越好。

（3）硫酸渣质地疏松，气孔率大，且存在大量的蜂窝状孔隙。其堆密度一般为 $1.1g/cm^3$，成球性能不好。应采取适度配矿和技术措施，提高其成球性能，确保生球强度。

（4）硫酸渣比表面积小，约为 $700cm^2/g$，远低于造球要求的 $1500 \sim 1900cm^2/g$，因此需要采取相应措施提高原料比表面积。

（5）硫酸渣含水量非常低，一般仅为 0.5%，不能直接用来混合造球。应采取技术措施，改善其成球性能。

15.15.2 硫酸渣球团生产的技术特点

根据中南大学实验室研究和扩大试验的研究结果，确定硫酸渣配比为 50%。采用预润湿预处理和高压辊磨预处理工艺。工艺流程包括含铁原料的受卸和储存、润湿预配料和混合、高压辊磨、集中配料、强力混合、造球、生球筛分及布料、生球干燥及预热、氧化焙烧、冷却、成品球团矿输出等主要工序。其主要技术特点如下：

（1）硫酸渣的预润湿。通过增湿机加水后，硫酸渣水分由 0.5% 增加到 12% 左右。然后送到原料库堆存困料 10 天，以确保其充分润透。

（2）串联式二级高压辊磨工艺。按产品方案要求，铁精矿和硫酸渣按 $50:50$ 配矿，经圆筒混合机充分混匀，保证进入高压辊磨机的物料水分均匀。经高压辊磨机辊磨后，使物料的比表面积提高至 $2500cm^2/g$ 以上，改善其成球性能，生球主要性能指标见表 15 –43。

表 15 –43　生球主要性能指标

项 目	生球水分/%	粒度组成（8~16mm）/%	抗压强度/N·球⁻¹	落下强度/次·0.5m⁻¹
指 标	8 ~ 10	≥80	≥10	≥5

（3）干燥和预热。在预热段炉两侧设置有预热烧嘴补充热量，防止生球在干燥段变形破裂，保证出预热段的球团具有较高的温度（控制在 ~1000℃ 以上）和强度；

增加 DDD 热风炉，产生的约 $800℃$ 热风，直接送入 DDD 段箱机内，与 $113℃$ 的烟气混合成 $220℃$ 的烟气，高于烟气酸露点，可以保护风箱内链算机上托辊及后续的烟气管道、电除尘内与排烟机等设备不被硫酸腐蚀。

氧化球团风流系统如图 15 –74 所示。

（4）延长链算机干燥段。硫酸渣生球比一般铁精矿成球水分高出约 3%。因此需延长生球在链算机上停留时间，铜陵工程链算机在原定规格的基础上延长 $2.5m$，即增加 $10m^2$ 干燥面积。链算机利用系数为 $24.2t/(m^2 \cdot d)$。

（5）链算机材质的选择。预热球的温度达 $1100℃$，要比磁铁矿预热球高出 $100℃$，需要进一步改善链算机耐热构件的结构，提高其铬、镍成分，确保设备抗氧化能力。

15.15.3 硫酸渣球团生产情况

15.15.3.1 运行状况

铜陵硫酸渣球团工程经过 4 个月的试生产后，2009 年 3 月开始逐步进入正轨，自热负

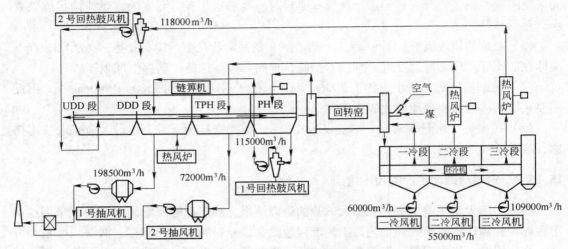

图 15 – 74 链箅机—回转窑—环冷机生产工艺风流系统

荷试车和投产运行近一年以来，取得了理想的结果，成功实现了 1800h 连续运行，系统成功实现达产达标。通过热负荷调试，系统稳定后，成品球质量都达到并超过设计要求（成品球抗压强度都在 2500N/球左右）。

15.15.3.2 主要热工设备运行参数

链箅机： 料层厚度 175：5mm

机速 2.0 ~ 2.8m/min

物料停留时间 15 ~ 17min

回转窑： 填充率 8.2%

转速 0.45 ~ 1.35r/min

物料停留时间 25 ~ 35min

环冷机： 料层厚度 750mm

正常冷却时间 48min

转速 0.3 ~ 1.0r/min

15.15.3.3 产量和质量

2009 年 1 ~ 8 月生产情况见表 15 – 44。从表可以看出：球团生产经过第一季度的生产磨合期后已趋于稳定，4 ~ 8 月球团月平均产量为 9.5 万吨，接近达产水平。

表 15 – 44 2009 年 1 ~ 8 月产品生产情况明细表

月份	1 月	2 月	3 月	4 月	5 月	6 月	7 月	8 月
计划/t	83000	83000	84000	83000	83000	84000	83000	83000
实际/t	63725	30056	43593	95587	85146	102735	91462	100385
完成比例/%	76.7	36.2	51.9	115.2	102.6	122.3	110.2	120.9
平均品位/%	62.67	61.65	61.73	61.89	62.44	62.36	62.54	62.21
硫含量/%	0.03	0.06	0.01	0.01	0.01	0.02	0.02	0.02
平均强度/N·球$^{-1}$	2855	3393	2997	2520	2758	2680	2751	2808

试生产阶段球团产品完全达到行业二级品指标标准，即 TFe≥62%，抗压强度 2500 ～ 2800N/球。球团矿产品质量见表 15 - 45。

表 15 - 45 球团产品质量指标

技术 指标	TFe /%	FeO /%	SiO$_2$ /%	S /%	抗压强度 /N·球$^{-1}$	转鼓指数 (≥6.3mm) /%	筛分指数 (<5mm) /%	抗磨指数 (<0.5mm) /%	粒度组成 (8～16mm) /%	还原膨 胀性/%
一级品	≥64	≤1	≤5.5	≤0.02	≥2000	≥90	≤3	≤6.0	≥85	≤15
二级品	≥62	≤2	≤7	≤0.06	≥1800	≥86	≤5	≤8.0	≥80	≤20

15.15.3.4 能耗分析

2009 年 1～8 月球团生产有关能耗如表 15 - 46 所示。

表 15 - 46 2009 年 1～8 月球团生产能耗表

能 耗	水耗/t·t^{-1}-p	电耗/kW·h·t^{-1}-p	天然气/m^3·t^{-1}-p	煤粉/kg·t^{-1}-p
设计消耗	0.44	38.0	11.0	23.0
实际消耗	0.41	45.34	13.0	27.7

从表 15 - 47 可以看出，能耗指标中的水、电消耗优于设计指标，燃料消耗指标在设计上是焦炉煤气为基础的，折合成标准煤为 39.74kg，将所消耗的天然气和煤粉折合成标准煤为 39.43kg。

表 15 - 47 氧化球团单位工序能耗设计值与实际值比较表

序号	项目名称	单位	单位耗量	折算系数	设计值 折合标准煤	实际值 折合标准煤
1	焦炉煤气	m^3	65.00	0.6114	39.74	
2	煤粉	kg	27.7	0.97		26.87
3	天然气	m^3	13.0	1.142		12.56
4	电	kW·h	38.75	0.404	15.66	
	电	kW·h	37.50	0.404		15.15
5	新水	m^3	0.44	0.11	0.05	
	新水	m^3	0.41	0.11		0.04
6	压缩空气	m^3	6.57	0.036	0.24	0.24
	小 计				55.69	54.86
7	尾气脱硫				10.99	10.99
	合 计				66.68	65.85

15.15.4 与普通铁矿球团的比较

铜陵有色集团控股公司采用硫酸渣铁球团生产技术，建成国内外首家以硫酸渣为主要原料的 120 万吨/年链算机—回转窑球团厂。由于在原料准备、干燥焙烧等环节采用不同于普通铁矿球团的新技术，使其技术经济指标完全达到普通精矿球团的水平。表 15 – 48 为铜陵硫酸渣铁球团工程与国内同规模球团工程有关工艺参数的比较。

表 15 –48 铜陵硫酸渣铁球团工程与国内同规模工程有关参数比较

项目内容	程潮氧化球团工程	珠海氧化球团工程	铜陵硫酸渣铁球团工程
工艺规模	120 万吨/年	120 万吨/年	120 万吨/年
含铁原料	程潮磁铁矿	巴西赤铁矿	50% 硫酸渣 + 50% 铁精矿
主要工艺技术运用	链箅机—回转窑—环冷机	链箅机—回转窑—环冷机	链箅机—回转窑—环冷机
原料制备	无	无	硫酸渣前后二次增湿 + 混料
	立磨 + 立混	立磨 + 立混	二级高压辊磨 + 立混
链箅机	$4 \times 30m^2$	$4 \times 35m^2$	$4 \times 37.5m^2$
回转窑	$\phi 5m \times 33m$	$\phi 5m \times 33m$	$\phi 5m \times 33m$
环冷机	$68m^2$	$68m^2$	$68m^2$
主要技术措施	焙烧温度 1200 ~ 1300℃	1. 管道烧嘴补热； 2. 预热段炉罩设供热烧嘴补热； 3. 焙烧温度 1250 ~ 1350℃	1. 管道烧嘴补热； 2. 预热段炉罩设供热烧嘴补热； 3. 抽干段风箱供热； 4. 焙烧温度 1350℃

15.16 熔剂性与含镁球团矿的生产

15.16.1 熔剂性球团矿的发展背景

熔剂性球团矿是指在混合料中添加含 CaO 的熔剂（如生石灰、石灰石等）生产的球团矿。由于 MgO 具有改善球团矿冶性能特别是还原膨胀性能的确定作用，因而许多球团厂也用含镁添加剂生产含镁球团矿。添加只含镁、不含钙熔剂（如菱镁石、橄榄石等）制备的球团矿称为含镁酸性球团矿，添加既含钙又含镁熔剂制备的球团矿称为含镁熔剂性球团矿。关于熔剂性球团矿的碱度，国内外尚无统一定论，但从大量研究和生产实践报道来看，熔剂性球团的碱度多在 0.8 ~ 1.3 之间，也有人将熔剂性球团矿定义为碱度大于 0.6 的球团矿。

在烧结和球团两类制备炼铁炉料的主要方法中，球团法最显著的优点是能耗低、污染小、产品含铁高，其中氧化球团工序仅为烧结工序能耗的一半。由于球团的这些优点，发达国家很早就大力发展球团矿的生产，炼铁炉料中球团矿配比逐渐提高，目前有的高炉甚至采用 100% 的球团矿入炉炼铁。当球团矿配比提高时，如果采用酸性球团矿炼铁，高炉造渣所需的钙、镁等碱性成分就明显不足。因此，国外在 20 世纪 60 年代就开始研究添加白云石、石灰石、镁橄榄石的熔剂性球团，发现熔剂性球团的某些冶金性能甚至优于酸性球团。自 20 世纪 70 年代以来欧洲、北美和日本等国家就开始生产和在高炉中应用熔剂性及含镁球团。

我国由于历史的原因，高碱度烧结矿生产规模太大，形成了高碱度烧结矿加酸性球团矿的炉料结构，但球团矿比例至今不足 20%，提高球团矿碱度的空间有限，致使我国熔剂性球团的发展明显落后于其他国家。近年来，在钢铁生产节能减排的压力下，我国球团矿的生产突飞猛进。随着球团矿入炉比例的继续增加，发展熔剂性球团的条件日趋成熟，我国熔剂性球团的发展势在必行。

15.16.2　碱性熔剂对球团强度的影响

15.16.2.1　氧化钙和氢氧化钙的影响

在球团焙烧过程中，各种钙的化合物均分解为 CaO，它在焙烧温度下同酸性脉石或 Fe_2O_3 反应。研究用赤铁矿粉与消石灰的特性见表 15 - 49。

表 15 - 49　赤铁矿粉和消石灰的特性

赤铁矿精矿		消石灰	
TFe	64.5%	$Ca(OH)_2$	94.4%
Fe^{2+}	0.3%	$CaCO_3$	2.7%
SiO_2	4.4%	CaO	1.0%
Al_2O_3	—	H_2O	—
CaO	0.3%	$Al_2O_3 + Fe_2O_3$	1.7%
MgO	0.1%	比表面积	约 $10000cm^2/g$

A　氢氧化钙对生球强度的影响

首先测定消石灰添加量对造球混合料比表面积的影响，使用三种不同比表面积的铁矿测定结果见图 15 - 75。

通过添加粒度很细的添加剂，如消石灰，混合料比表面积得到改善，因此，可以使用粒度较粗的矿石。消石灰添加量为 0.5%、3.0%、5% 和 7%。球团粒度保持在 10 ~ 12mm 之间。$Ca(OH)_2$ 对生球强度的影响如图 15 - 76 所示。在 $Ca(OH)_2$ 添加量较大的情况下，即使由粒度较粗（740 ~ 1120cm²/g——曲线 1、2）的矿石制出的生球，其强度仍保持在 10N/球或低些。

在矿石比表面积较大（1700cm²/g）时，添加消石灰对提高生球强度作用更明显，如图 15 - 76 所示。因此，如果采用生石灰或消石灰生产熔剂性球团，可以不使用其他黏结剂。

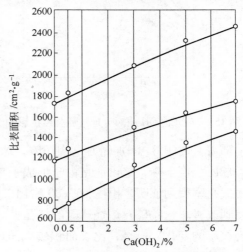

图 15 - 75　$Ca(OH)_2$ 对造球混合料比表面积的影响
（$Ca(OH)_2$ 比表面积为 $10000cm^2/g$）

B　氢氧化钙对干球强度的影响

图 15 - 77 示出消石灰在干球中的良好黏结力。

C　氢氧化钙对焙烧球团强度和气孔率的影响

氢氧化钙对焙烧球团最终强度的影响很显著（见图 15 - 78）。即使磨矿粒度较粗的矿

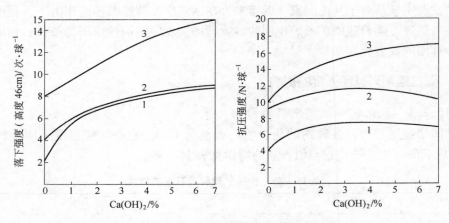

图 15 – 76　Ca(OH)₂ 对生球落下强度及抗压强度的影响

矿石比表面积：1—740cm²/g；2—1120cm²/g；3—1720cm²/g

石，在添加 0.5% Ca(OH)₂ 之后，其焙烧球团抗压强度也在 2000N/球以上。

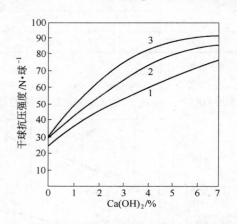

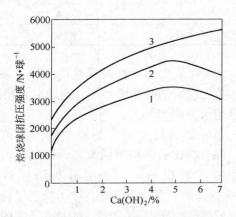

图 15 – 77　Ca(OH)₂ 对干球抗压强度的影响　　图 15 – 78　Ca(OH)₂ 对焙烧球团抗压强度的影响

随着 Ca(OH)₂ 添加量加大到 5%，球团矿抗压强度一直增大。当添加量加大到 7% 时，球团强度下降，这可能是由于形成了玻璃质结构，这点可由图 15 – 79 所示的较低的球团气孔率得到证明。由图 15 – 80 看出，焙烧球团的抗磨强度随着消石灰添加量的增大而得到改善。粗粒矿石焙烧球团的气孔率（图 15 – 79，曲线 1、2）随着消石灰的增大只出现较小的变化。但是，比表面积较大的矿石（曲线 2）反应性较强，所以气孔率降低，不过，其还原性仍然是足够的。

15.16.2.2　石灰石和白云石的影响

采用酸性磁铁精矿，同成分很纯的石灰石混合造球。在 0 ~ 12% 范围内改变石灰石添加量。焙烧温度变化范围为 1150 ~ 1300℃。为了进行对比，首先，按不添加石灰石的条件确定最佳焙烧温度为 1250℃（见图 15 – 81）。然后，在温度为 1250℃ 和 1200℃ 条件下研究增加石灰石添加量的影响。球团强度的测定采用焙烧之后立即测定和在有防护条件的室内储存六周之后再测定（见图 15 – 82）。在较高的焙烧温度下（1200℃），强度明显增大，

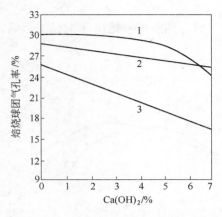

图 15-79　Ca(OH)₂ 对焙烧球团气孔率的影响

矿石比表面积：1—740cm²/g；2—1120cm²/g；3—1720cm²/g

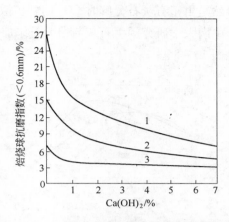

图 15-80　Ca(OH)₂ 对焙烧球团抗磨强度的影响

矿石比表面积：1—740cm²/g；2—1120cm²/g；3—1720cm²/g

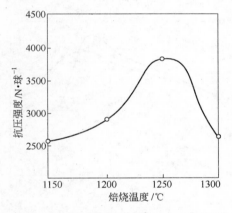

图 15-81　焙烧温度对不添加石灰石的
磁铁矿精矿球团抗压强度的影响

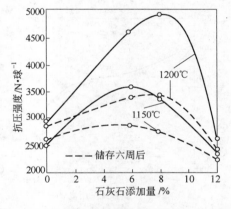

图 15-82　石灰石添加量和焙烧温度对不经储存和
储存六周后的磁铁矿精矿球团抗压强度的影响

当 $CaCO_3$ 添加量约为 8% 时，强度达到最大值，而在 1150℃，当添加 6% $CaCO_3$ 时，便达到其最大值。储存六周之后，两种试样的强度均明显下降。在球团内观察到消石灰白点，这是由未渣化的游离 CaO 形成的。石灰石经筛析表明，有一部分颗粒过粗。对于所有试样，最大强度都很好，均在 2500N/球左右，这说明渣键起了很大作用。由图 15-83 看出，焙烧球团气孔率与 CaO 含量的关系很大。随着石灰石添加量加大到一定程度，球团气孔率不断下降，球团显微结构变得越发致密。

再加大石灰石添加量时，气孔率又开始上升。

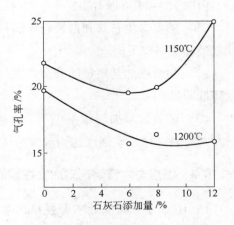

图 15-83　石灰石添加量和焙烧温度
对磁铁矿精矿焙烧球团气孔率的影响

这显然是由于石灰石分解时 CO_2 向外扩散所致。

中南大学研究了生石灰与白云石添加剂用量对生球、预热球、焙烧球指标的影响，结果见图 15 - 84。

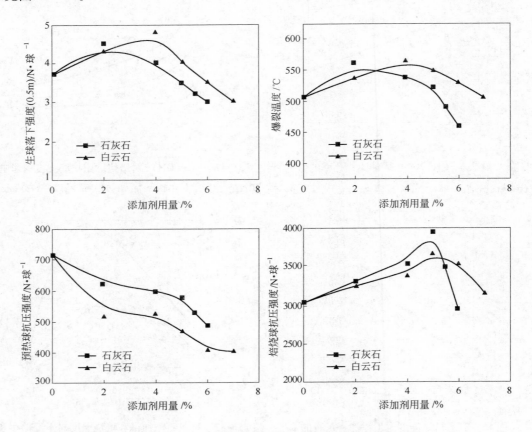

图 15 - 84　碱性熔剂用量对球团质量的影响

由图 15 - 84 可以看出：

（1）随着含生石灰和白云石添加剂用量的升高，生球落下强度先升高后降低，不同添加剂最佳值略有不同；

（2）随着添加剂用量的升高，预热球强度降低，当添加剂用量超过 5% 时，预热球强度降低明显；

（3）随着含添加剂用量的升高，焙烧球团的抗压强度先升后降；添加剂用量约为 5% ~ 6% 时，球团矿强度达到最大。这一结论与前述结果几乎完全一致。

15.16.3　碱度与含镁熔剂对冶金性能的影响

15.16.3.1　碱度对不含镁球团矿冶金性能的影响

碱度对不含 MgO 球团矿冶金性能的影响可参见日本神户钢厂和我国济钢获得的结果（见表 15 - 50 和表 15 - 51）。

表15-50 日本神户钢厂不同碱度球团矿性能

R (CaO/SiO$_2$)	化学成分/%					气孔率 /%	抗压强度 /N·球$^{-1}$	转鼓指数 (+5mm)/%	还原度 /%	压力降 /Pa[①]
	TFe	FeO	SiO$_2$	CaO	Al$_2$O$_3$					
0.15	62.3	0.4	5.9	0.9	1.0	21.7	4165	98.1	58.5	78
0.49	61.5	1.8	4.1	2.0	1.0	23.2	4008	96.5	64.0	568
1.01	60.5	1.1	4.2	4.2	0.8	23.9	4557	97.9	73.8	892
1.30	61.1	0.7	3.5	4.5	1.3	26.9	4057	97.0	77.6	2900
1.39	61.3	0.4	3.3	4.8	1.5	26.9	3900	96.3	79.0	3038

①球团矿还原软化时，还原气体最终压力降。

表15-51 济钢不同碱度球团矿冶金性能

R (CaO/SiO$_2$)	抗压强度 /N·球$^{-1}$	转鼓指数 /%	筛分指数 (-5mm)/%	低温还原粉化率 (-3.15mm)/%	还原膨胀率/%	还原度 /%	荷重还原软化温度/℃	
							开始	终了
0.28	2530	89.42	3.60	8.0	6.69	48.05	988	1111
0.82	2010	88.07	4.61	33.1	14.17	60.81	900	1185

添加只含 CaO 不含 MgO 熔剂制备的熔剂性球团，球团矿机械强度随 CaO 量的增加先上升后下降。随碱度的升高，球团矿还原度明显升高，但还原膨胀、粉化及软熔性能有恶化趋势。

15.16.3.2 含镁熔剂对酸性球团矿冶金性能的影响

含镁熔剂对酸性球团矿冶金性能的影响参见鞍钢采用菱镁石的生产结果（见表15-52）。

表15-52 鞍钢菱镁石球团矿冶金性能

球团矿碱度 R(MgO/SiO$_2$)		0.06	0.32	0.41	0.48	0.63
TFe/%		63.84	61.14	60.87	61.39	60.10
SiO$_2$/%		8.70	8.92	8.64	8.45	8.10
MgO/%		0.48	2.82	3.55	4.03	5.12
CaO/%		0.50	0.79	1.23	0.90	2.24
气孔率/%		17.0	21.2	21.2	18.1	20.7
抗压强度/N·球$^{-1}$		2958	1801	1590	1516	1960
转鼓指数（+5mm）/%		94.67	92.67	92.67	94.00	94.67
抗磨指数（-1mm）/%		4.66	5.73	6.00	4.00	—
低温还原粉化率（-3mm）/%		17.01	17.33	6.57	5.08	6.27
还原率（900℃）/%		76.04	71.24	65.59	60.56	61.95
高温还原率（1250℃）/%		14.70	15.28	17.22	28.13	59.50
还原膨胀率/%		16.51	14.01	6.65	7.68	5.50
还原后抗压强度/N·球$^{-1}$		168	203	244	306	449
荷重还原软熔温度/℃	软化开始	1090	1100	1125	1140	1180
	收缩40%	1225	1215	1250	1260	1300
	熔化	1500	1485	1470	1500	1525

可以看出，随 MgO 的增加，酸性球团矿高温还原性、还原膨胀性、还原粉化及软熔性能均显著改善。但是，球团矿机械强度和低温（900℃）还原率随 MgO 增加明显下降。

15.16.3.3　铁矿氧化镁含量对酸性球团矿冶金性能的影响

中南大学的研究表明，铁精矿自身 MgO 含量对含镁酸性球团矿性能的影响也有与外加含镁酸性熔剂类似规律，如图 15-85~图 15-90 所示。

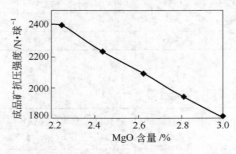

图 15-85　铁矿 MgO 含量对成品球抗压强度的影响

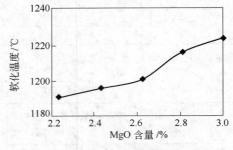

图 15-86　铁矿 MgO 含量对球团矿软化温度的影响

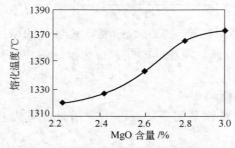

图 15-87　铁矿 MgO 含量对球团矿熔化温度的影响

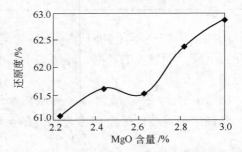

图 15-88　铁矿 MgO 含量对球团矿高温还原度的影响

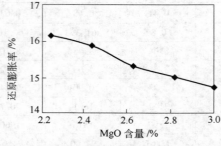

图 15-89　铁矿 MgO 含量对球团矿还原膨胀率的影响

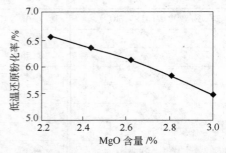

图 15-90　铁矿 MgO 含量对球团矿还原粉化率的影响

15.16.3.4　含镁熔剂性球团矿的冶金性能

含镁熔剂性球团矿的质量与冶金性能参见我国首钢工业试验的结果（见表 15-53 和表 15-54）。

表 15-53　首钢熔剂性含镁球团矿的主要质量指标

项目	抗压强度/N·球$^{-1}$	TFe/%	FeO/%	SiO$_2$/%	CaO/%	R	MgO/%	S/%	10~16mm 比例/%	<5mm 比例/%
酸性球	2061	65.36	0.62	5.3	0.18	0.03	—	0.005	83.78	0.99
试验 I	2050	61.95	0.65	3.85	3.63	1.05	0.95	0.092	79.82	0.59
试验 II	2978	61.21	0.94	5.11	5.44	1.07	1.25	0.07	83.04	0.01

表 15-54 首钢熔剂性含镁球团矿的冶金性能

试样名称	熔滴性能									还原粉化指数		还原度 RI/%	还原膨胀指数 RSI /%
	$T_{10\%}$ /℃	$T_{30\%}$ /℃	ΔT_1 /℃	T_s /℃	ΔH_s /mm	Δp_m /Pa	T_d /℃	ΔT_2 /℃	ΔH /mm	$RDI_{+6.3mm}$ /%	$RDI_{+3.5mm}$ /%		
酸性球团	920	1108	188	1212	43	3430	1392	180	27	67.98	79.84	63.23	10.52
自熔性球团	1049	1309	260	1281	31	1029	1401	120	27	75.87	78.34	81.14	8.29

从表 15-53 和表 15-54 中可以发现，含镁熔剂性球团矿的机械强度与各项冶金性能指标均明显优于同种原料制备的酸性球团矿。也即 CaO 和 MgO 对球团矿质量和冶金性能的影响具有互补性，含镁熔剂性球团矿兼具单一熔剂性球团矿和含镁酸性球团矿的优点。因此，在进行熔剂性球团矿的生产时，如果条件许可，应尽可能生产含镁熔剂性球团矿。

依据上述结果，综合考虑机械强度与冶金性能，制备熔剂性球团时消石灰、石灰石或白云石的总添加量不宜超过 6%，球团中的 MgO 含量不宜超过 3%。

15.16.4 熔剂性球团矿的制备技术

15.16.4.1 碱性熔剂的选择与准备

如果采用生石灰作添加剂，在加水时 CaO 就会同水反应，生成氢氧化钙。这种反应系强烈放热反应。在水合（消化）过程中，体积膨胀两倍。在消化和体积同时膨胀的过程中，Ca(OH)₂ 可以达到很高的比表面积，最高可达 $10000 cm^2/g$ 以上。这样大的表面积上黏附的水量大于形成水合物的化学计算当量。同这样大的表面积相连接的过量水使氢氧化钙具有水凝胶的性质。这种水凝胶的胶体特性改善了矿石混合料的塑性，从而提高干燥球团的强度。因此，如果添加生石灰或消石灰作添加剂，可不用膨润土等黏结剂。

由于生石灰消化时体积显著增大，所以消化过程应当在造球之前就应完全结束，并且将所得的氢氧化钙与铁精矿均匀混合。如果生石灰在造球过程中才消化，在干燥过程开始时，便不可避免地要引起局部体积膨胀，因而使球团结构遭到破坏。为了防止这类现象，建议在实际生产中只使用氢氧化钙，因为它不必经过任何预先处理便可使用。

如果仅采用石灰石、白云石、菱镁石、橄榄石等矿物熔剂，由于它们均为天然矿物，不溶于水，在造球过程中不能起黏结作用，在此情况下必须使用黏结剂。在熔剂性球团生产中，石灰石、白云石等应当首先细磨至 0.1mm 以下，最好与铁精矿相同的粒度，以保证在碳酸盐先分解之后，氧化钙能同脉石和赤铁矿完全反应。在焙烧球团内不应存在游离 CaO，因为经过一定时间之后，CaO 会产生水合反应，降低焙烧球团的机械强度。

15.16.4.2 原料、燃料的选择与要求

熔剂性球团生产对铁精矿和燃料粒度没有特殊要求。但由于碱性熔剂具有强烈的亲硫特性，导致产品含硫明显高于酸性球团。因此，生产熔剂性球团要求铁精矿和燃料硫含量尽可能低。为此，燃料选择上应避免使用固体燃料，而选用含硫低的气体或液体燃料。在条件许可的情况下，生产熔剂性球团应尽可能选择赤铁矿为原料。

15.16.4.3 熔剂性球团原料的混合

为确保碱性熔剂在混合料中充分分散和熔剂的全部矿化，熔剂性球团生产对原料混合的要求比酸性球团高，一般需采用两段、大型球团甚至需要三段混合。

15.16.4.4 熔剂性球团的造球

一般情况下，添加少量熔剂不会对铁精矿成球性能有显著影响。但熔剂性球团的特殊焙烧性能，对造球工艺有特殊要求。熔剂性球团焙烧过程遇到的最大问题是由于液相生成导致的球团相互黏结。球团相互黏结导致竖炉下料困难、回转窑结圈，严重影响球团生产过程。解决此问题的方法是采用两段造球工艺，即在保持球团总化学成分或碱度不变的前提下，首先分出一小部分精矿或者一小部分熔剂。第一段采用含熔剂的混合料造球，筛去粉末后的生球进入第二段造球。第二段造球只加精矿或只加熔剂，在一次生球的表面包裹一层高熔点物料，从而阻止球团在高温焙烧时相互黏结。

15.16.4.5 熔剂性球团的焙烧

熔剂性球团焙烧温度与酸性球团差别很大。焙烧温度控制既要满足炼铁生产对强度的要求，又要防止因高温导致球团黏结。熔剂性球团适宜的焙烧温度除与球团矿碱度密切相关外，还与铁精矿和熔剂的种类、成分有关。图 15-91 和图 15-92 分别为以赤铁矿和磁铁矿为原料制备的球团矿在达到相同的抗压强度时，适宜的焙烧温度与碱度和熔剂配比的关系。对赤铁矿球团，在碱度为 0.35~0.7 的范围内，适宜的焙烧温度由酸性球团的 1330℃ 降至 1250℃；当碱度增至 1.0 时，适宜的焙烧温度又升高到 1300℃。在 0~5% 的添加范围内，磁铁矿球团适宜的焙烧温度随碱性熔剂的增加一直在下降，其中高硅低铁磁铁矿的焙烧温度由 1250℃ 降至 1150℃（图 15-92 中的曲线 1），高铁低硅超纯磁铁矿的焙烧温度由 1350℃ 降至 1175℃（图 15-92 中的曲线 2）。

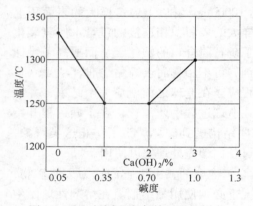

图 15-91 相同强度条件下添加剂对
赤铁矿球团焙烧温度的影响
（赤铁矿球团：67.6% Fe、1.6% SiO_2、
0.7% Al_2O_3；球团强度：2600N/球）

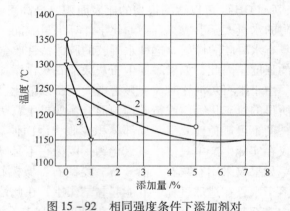

图 15-92 相同强度条件下添加剂对
磁铁矿球团焙烧温度的影响
1—磁铁矿：（Fe_3O_4 62% + SiO_2 10%）+ $CaCO_3$%，3500N/球；
2—磁铁矿：（Fe_3O_4 71% + SiO_2 1%）+ Ca(OH)$_2$%，2500N/球；
3—人工磁铁矿：（Fe_3O_4 64.3% + SiO_2 8%）+ Ca(OH)$_2$%，3000N/球

此外，碱性熔剂对赤铁矿的热分解行为有重要影响，添加 5% CaO 可以使赤铁矿的开始分解温度由大约 1400℃ 降低至 1150℃，如图 15-93 所示。若焙烧温度过高，球团内部已形成的再结晶赤铁矿就会分解，导致球团矿质量下降。这一现象对在焙烧过程中有氧化放热的磁铁矿球团尤其需要注意。防止此现象发生的主要措施就是严格控制焙烧温度上限。

15.16.4.6 熔剂性焙烧球团的冷却

为防止从球团粘连结块，熔剂性球团的冷却风量应该高于酸性球团的风量。如果球团

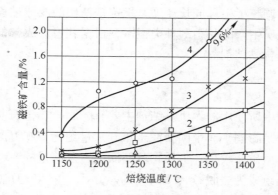

图 15 – 93 添加剂对球团中赤铁矿热解温度的影响
CaO 含量,%：1—0；2—1；3—2；4—5

原料为磁铁矿时，这一措施尤其必要，因为在焙烧过程中未氧化完全的磁铁矿在冷却时会继续氧化、放热，使球团更易黏结。

15.16.5 熔剂性球团在我国的生产实践

国外生产熔剂性和含镁球团已有三十多年历史。我国虽然由于炉料结构的原因，大规模生产熔剂性球团的时机尚不成熟，但也有许多钢铁企业如鞍钢、首钢、济钢、武钢等，由于特殊需要在不同的历史时期进行过熔剂性球团矿的生产。首钢矿业公司球团厂为了向建设 200 万吨/年熔剂性球团厂提供依据，曾于 2002 年进行过两次大规模熔剂性球团的生产试验，试验结果见表 15 – 53 和表 15 – 54。河北宣化正朴铁业有限责任公司自 2005 年开始采用竖炉进行熔剂性球团的生产，经过多年的探索和改进，生产逐渐趋于稳定，碱度逐渐由投产初期的 0.7 提高到 0.9，2013 年球团矿入炉比例达到 100%，高炉冶炼取得了显著的增产、节焦和减少排放的效果。表 15 – 55 为正朴熔剂性球团的软熔性能及其与弓长岭酸性球团矿的比较。

表 15 – 55 正朴熔剂性球团与弓长岭酸性球团矿软熔性能比较 （℃）

矿种	软化起始温度	软化终了温度	软化区间	熔化开始温度	滴落温度	熔滴区间
正朴熔剂球团	969	1156	187	1380	1442	62
弓长岭酸性球团矿	844	1122	278	1360	1492	132

15.17 新型球团黏结剂技术

在铁矿球团生产过程中，黏结剂是不可或缺的一部分。黏结剂对制备过程以及球团矿的质量具有重要影响。

在铁精矿成球过程中，黏结剂的主要作用如下：

（1）促进铁精矿颗粒之间的黏结。黏结剂遇水后呈现胶体性质，具有良好的黏结性能，能提高颗粒之间的黏结力，提高生球和干球的抗压强度及落下强度，并且增强生球的热稳定性。

（2）调节水分，稳定操作。黏结剂具有比表面积大、吸水能力强等特点，在造球过程中吸附一定量的水分，调整了生球成长速度，稳定铁精矿的成球过程。

目前，应用于球团矿生产的黏结剂种类很多，根据其组成成分的差异，可分为无机黏结剂、有机黏结剂和复合黏结剂。

15.17.1 无机黏结剂

铁矿球团生产过程中所使用的无机黏结剂主要有膨润土、生石灰和粉煤灰等，其中在生产中应用最为广泛的是膨润土。中国膨润土年开采量约为 200 万吨，虽然我国膨润土储量比较丰富，但优质大型矿床较少，劣质钙基膨润土占总储量的 80% 以上。

膨润土的主要矿物组成为蒙脱石（$(Na，Ca)_{0.33}(Al，Mg)_2Si_4O_{10}(OH)_2 \cdot nH_2O$），具有一定的吸附性、分散性和膨胀性。蒙脱石具有层状结构，水分子非常容易进入晶层之间，使膨润土呈现胶体性质，并填充在生球颗粒之间，增大分子黏结力，提高生球强度。国外膨润土质量较好，用量较低，一般为 0.50% ~ 0.70%。但是，我国膨润土质量较差，用于球团矿生产时的平均添加量为 3.00% 左右，有的甚至高达 4.50%。膨润土的主要成分为 SiO_2 和 Al_2O_3，受热后残留在球团矿中，降低球团铁品位。生产经验表明，膨润土配比每增加 1.00%，球团铁品位降低 0.60%。因此提高膨润土质量、降低用量是提高球团矿铁品位和炼铁生产增铁节焦有效途径之一。

我国普遍采用钠化改性方法提高膨润土质量。膨润土改性的方法主要分为无机改性、有机改性和合成交联改性。无机改性是基于膨润土中的蒙脱石具有较强的阳离子交换性能，加入含钠的改性剂将钙基膨润土中高价 $Ca^{2+}(Mg^{2+})$ 离子置换成 Na^+，其置换过程可用反应式（15-3）表示：

$$(Mg)Ca - bentonite + 2Na^+ \rightleftharpoons Na_2 - bentonite + Ca^{2+}(Mg^{2+}) \tag{15-3}$$

钠化改性可显著改善膨润土的黏结性能，从而降低其在球团制备过程中的配比。无机钠盐改性的工艺可分为"干法"和"湿法"两类。采用"干法工艺"进行钠化改性时，膨润土钠化时间长，产品质量差而且不均匀，不能达到天然优质钠基膨润土的性能指标。"湿法工艺"得到的改性产品质量高，但是工艺较复杂，持续周期较长，用水量较多，对设备和技术的要求较高，不利于大规模生产。半湿法不能完全把片状钙蒙脱石剥离，一部分高价的钙（镁）离子无法与钠离子进行交换，而且碳酸钠干粉很难完全溶解，其产品只能用于铸造、浅钻等方面，不能用于优质球团矿的生产。

15.17.2 有机黏结剂

天然高分子化合物或人工合成的高分子聚合物类黏结剂，具有分子量大、亲水性好等优点，并且在水溶液中具有较高的黏度，与铁精矿之间存在较强的化学作用，在球团制备过程中的用量较低，一般为 0.04% ~ 0.15%。此外，与传统无机黏结剂不同，有机黏结剂主要由 C、H、O 等元素组成，在球团制备过程中可以完全挥发，不会降低成品球团矿的铁品位。

已经报道的有机黏结剂有羧甲基纤维素钠、海藻酸钠、瓜尔胶、变性淀粉、聚丙烯酰胺、腐植酸钠、磺化木质素等。市场上名目繁多的各种牌号的复合黏合剂，大部分是由上述物质复合而成。

A 羧甲基纤维素钠

羧甲基纤维素钠（又称 CMC）是一种阴离子型线性高分子物质，外观是白色或微黄色粉末，无味、无臭、无毒、不易燃、不霉变、易溶于冷热水中成为黏稠性溶液，具有独特的理化特性，它集增稠、悬浮、乳化稳定和流变特性等功能于一体。

羧甲基纤维素钠由于在球团焙烧过程中被燃烧，实质上对球团矿化学成分没有影响。它无毒，既不含磷、硫，也不含氮，添加羧甲基纤维素钠的球团矿碱金属含量较低，至多与添加膨润土的球团矿碱金属含量相同。

羧甲基纤维素钠溶解于水之后，黏度显著提高，其黏度的高低主要取决于其分子量，在工业生产上均直接用黏度之大小进行分类。黏度是羧甲基纤维素钠的一项重要指标。它随羧甲基纤维素钠的浓度的增加而增大，随温度的升高而减小。

羧甲基纤维素钠在球团中的用量通常为 0.04% ~ 0.10%，由于在国外得到工业应用的佩利多主要是羧甲基纤维素钠，以下介绍佩利多的研究与应用情况。

德国研究结果表明，用 0.1% 佩利多代替 0.625% 膨润土，可使球团矿还原度提高 0.22% ~ 0.28%/min，气孔率提高，生球、干球、成品球虽均低于膨润土球团，但能够满足工业要求。工业试验表明，佩利多用量为 0.7% 时，球团矿铁品位提高 0.2%，气孔率提高 2.2%，还原度提高 0.19%/min，但抗压强度降低 313.6N/球。

巴西里奥多斯铁矿公司球团厂生产表明：添加 0.07% 佩利多时，生球抗压强度为 9.31N/球，干球抗压强度为 16.5N/球，落下强度为 2.7 次/500mm，成品球抗压强度为 3675N/球。

荷兰恩卡公司将佩利多与膨润土的添加量分别保持在 0.08% 和 0.8% 条件下进行对比试验，其结果是：

（1）加佩利多的球团矿与加膨润土的球团矿相比，SiO_2 低 0.3% ~ 0.4%，成品球团矿含铁量提高 0.6% ~ 0.8%；

（2）加佩利多的生球强度较加膨润土的球团矿低，但仍能满足生产要求，稍为增加佩利多的添加量，就可获得较高的生球强度值；

（3）加佩利多的生球团的爆裂温度较加膨润土的球团高；

（4）焙烧后，加佩利多的成品球团矿强度较加膨润土的球团矿低，但差距不大；

（5）加佩利多的球团矿在 950℃ 和 1050℃ 温度下的还原度（R_{40}）较加膨润土的球团矿高；

（6）低温还原粉化/软化和熔化性能指标，两者没有明显差别。

俄罗斯的研究表明，由于加入 0.15% 羧甲基纤维素钠的球团不能保证达到加入 1.5% ~ 1.8% 膨润土的球团的干球强度标准，所以推荐联合使用羧甲基纤维素钠和膨润土，在这种复合黏结剂中，羧甲基纤维素钠为 0.05% ~ 0.10%，膨润土为 0.4% ~ 0.8%，另外再加入少量工业碳酸钠，这样制造的球团矿含铁量提高 0.4% ~ 0.5%，还原性提高 30%。钢铁研究总院陈瑛等采用有机黏结剂制备的球团铁品位上升 1.60%，SiO_2 含量降低 2.30%，但是干球的机械强度明显低于配加 3.00% 膨润土球团的干球强度。

有机黏结剂 CMC 和佩利多曾在巴西和瑞典等国家的部分企业成功应用于氧化球团矿的生产，但由于其价格高等因素，目前主要用于直接还原铁球团的制备。

B 海藻酸钠

海藻酸钠是从海带中加碱提取碘化合物时的副产品，再经磨粉加工而制得的一种多糖类碳水化合物。海藻酸钠是我国近年来发展最快的一种增稠剂，被某些单位引入球团制备，主要利用其高的黏结性能。我国有丰富的海带资源，为发展海藻酸钠提供了良好的条件，但海藻酸钠价格昂贵，为羧甲基纤维素钠的两倍以上。

C 丙烯酸盐和丙烯酸树脂

丙烯酸盐是聚合单体，通常用适当的碱中和丙烯酸的水溶液，即得相应的盐。丙烯酸的盐类中以钠盐和铵盐最为重要。

丙烯酸系单体，可用常规方法聚合和共聚，例如，本体聚合、溶液聚合和乳液聚合等。用作黏结剂的主要为丙烯酸铵和丙烯酸钠乳液。

澳大利亚的瓦亚拉厂采用丙烯酰胺和丙烯酸钠乳液，其用量为 0.05~0.1kg/t，收到良好效果。

此外，丙烯酸树脂黏结剂，常用于各种材料的黏合，其特点是无色、耐氧和耐油脂，通常是乳胶或溶液，广泛用于板材与不同表面材料的黏合。使用最多的是丙烯酸乙酯、丙烯酸丁酯、2-乙基己酯与乙酸乙烯或丙烯酸甲酯的共聚物。乙酸乙烯与高比例的丙烯酸-2-乙基己酯的共聚物，可用作黏结剂。

D 聚丙烯酰胺及其共聚物

聚丙烯酰胺及其共聚物广泛用作絮凝剂、分散剂、增稠剂、黏合剂、清洗剂等。聚丙烯酰胺及其共聚物用途的多重性，是由于它受不同分子量、不同共聚单位、不同官能团等多重因素影响的结果。高分子量的聚丙烯酰胺及其共聚物最重要的用途之一是用作固液分离的絮凝剂和各种物料的黏结剂。

李海普等人指出水解聚丙烯酰胺、聚丙烯酸钠、水解聚丙烯腈和酚醛树脂等四种高分子化合物均可显著提高磁铁精矿球团的抗压强度。张振慧采用水溶性高分子聚合物和腐植酸盐混合制备有机黏结剂，具有用量低、黏结力强等特点，并且可以改善铁精矿成球性能，提高生球的机械强度和爆裂温度，而且提高了成品球团矿的抗压强度。

英国布拉德弗尔德胶体化学有限公司研制的 Alcotac 黏结剂是加工丙烯酰胺和丙烯酸的单体（异分子聚合物）后得到的。没有改性的聚合物溶于水是典型的絮凝剂，改性后成了良好的黏结剂。其中一种型号的成分是丙烯酰胺和丙烯酸钠的阴离子异分子聚合物。该聚合物混有碳酸钠（比例为 10∶1）。用于球团生产的 Alcotac FE8 的用量为 0.3~0.4kg/t，焙烧后球团矿抗压强度大于 2000N/球，产生粉末少，还原性好。

虽然有机黏结剂用量低、黏结性能强并且可以提高球团矿铁品位，但大部分有机黏结剂价格比较昂贵，球团矿生产成本高。此外，由于有机黏结剂在较低温度下就可以发生分解、燃烧等化学反应，使得黏结剂的热稳定性较差，生球爆裂温度以及预热球团和成品球团强度较低。在采用链箅机—回转窑生产球团矿的工艺中，当有机黏结剂球团在回转窑中焙烧时，形成大量粉末，致使回转窑结圈隐患增大。价格高和球团热强度低是有机黏结剂普遍存在的问题。虽然有机黏结剂的研究开发和应用已有数十年的历史，但至今尚未在铁矿氧化球团生产中推广应用。目前，国外以佩利多和 Alcotac FE8 为代表的有机黏结剂多在两种情况下应用：一是用于直接还原用氧化球团的生产，二是以赤铁矿为原料的带式机球团生产。

15.17.3 复合黏结剂

无机黏结剂来源广、价格低廉，干球和成品球团机械强度高，但在球团制备中具有用量大、残留量高、球团矿铁品位低；有机黏结剂具有用量小、残留量少等优点，但是价格昂贵、热稳定差、干球及预热球团抗压强度低。因此，集两种黏结剂优点于一体的复合黏结剂成为近年来研究开发的重点。复合黏结剂可以分为两类：一类是无机成分为主含少量有机成分，一类是有机成分为主配加少量无机成分。复合黏结剂的制备方法可分为物理混合和化学混合两种。

虽然膨润土价格低廉，但我国用作黏结剂的膨润土禀性差，需要改性。目前我国造球应用的复合黏结剂多以膨润土为主配加有机成分制备而成，这类黏结剂又可以称为有机膨润土。兰州理工大学王毅等人采用无机金属阳离子和有机阴、阳离子表面活性剂对膨润土进行复合改性，试验表明制备的复合改性膨润土具有较高的热稳定性和较强的黏结性能。中南大学在深入研究铁矿颗粒黏结成球机理的基础上，建立了黏结剂塑性黏度与其作用效果之间的关系，开发出以有机钠盐为改性剂的膨润土质量调控技术，可针对不同原料条件生产出与之相匹配的膨润土产品。辽宁建平慧营化工有限公司采用此方法生产的膨润土，在鞍钢、太钢等多家钢铁企业应用，膨润土平均配比由 2.5% 以上降至 1% ~ 1.5%。

另有报道，由海藻酸钠（2% ~ 3%）、碳酸钠（7% ~ 8%）、硼泥（2% ~ 3%）和膨润土（87% ~ 88%）混合成的 XTB 复合黏结剂，其理化特性见表 15 – 56。

表 15 – 56　XTB 复合黏结剂与膨润土理化性能比较

黏结剂	SiO_2/%	Al_2O_3/%	MgO/%	吸兰量/g·(100g 土)$^{-1}$	吸水率（24h）/%[①]
XTB 复合黏结剂	54.1	7.8	1.17	63.75	>600
凌源膨润土	66.68	13.6	2.27	32.0	>400

①简易法。

从黏结剂的用量来看，羧甲基纤维素钠用量为膨润土的 1/10，Alcotac FE8 的用量为膨润土的 1/200，而 XTB 的用量约为膨润土的 1/2 ~ 1/3。从提高球团矿含铁品位，改善球团矿的还原性能来说，XTB 的作用不如 CMC 或 Alcotac FE8。

此外，国内外还开发了黏土和胶化淀粉、消石灰与糊精或废糖浆，CMC 与三聚磷酸盐、高聚物与膨润土等混合的复合黏结剂，实验室中都取得了较好的效果，但工业应用不多。

很多学者开展了以有机黏结剂为主要成分的球团复合黏结剂研究。Murr 采用有机黏结剂与石灰混合的复合黏结剂制备球团，与有机黏结剂相比，复合黏结剂提高了生球和干球的强度，并已在工业上获得应用。潘金海采用羧甲基纤维素钠、α – 淀粉、碳酸钠和多聚甲醛制备氧化球团，其用量可降低至 0.10% ~ 0.15%，成品球团抗压强度可以大于2000N/球。

中南大学以劣质煤为原料开发的腐植酸基黏结剂已成功应用于煤基回转窑直接还原铁球团的生产。黏结剂中腐植酸是一种高分子复杂芳香族物质，含有大量的羧基、羟基、羰基、胺基等功能基团。研究发现，该黏结剂能与铁矿颗粒之间发生化学吸附作用，可以降低铁精矿的接触角，改善润湿性能，使制备的生球具有较高的机械强度。除了有机成分之外，复合黏结剂中还存在少量的无机成分，如 CaO、Al_2O_3、SiO_2 等，可提高生球团热态性能，球团具有较高的爆裂温度以及干球、预热球机械强度。腐植酸基复合黏结剂不仅用量少、残留量低，与其他有机黏结剂或有机成分为主的复合黏结剂相比，其最大优势是价格低，制备球团的黏结剂成本与膨润土相当，具有良好的应用前景和市场潜力。

在多年不断改进与完善的基础上，2012 年中南大学与攀钢合作完成了腐植酸基复合黏结剂制备氧化球团的生产试验，实现了用 0.75% 的复合黏结剂完全取代膨润土，生产出满足高炉炼铁要求的优质球团矿。

15.18 我国烧结球团技术的进步

近 20 年来特别是近十年来，随着我国钢铁工业的快速发展，我国炼铁原料制备技术也取得了前所未有的进步。经过多年特别是近十年我国炼铁原料科技人员和广大生产者的不懈努力，在原料品质降低的不利情况下，我国的烧结球团生产不仅在产量上实现了一个大的飞跃，在工艺技术和产品质量上也有较大的进步——新方法、新技术不断涌现并投入工业应用，设备大型化取得突破性进展，生产过程自动控制水平明显提高，一批重点大中型企业的技术经济指标跨入世界先进行列。本节简要回顾和介绍近十年我国烧结球团生产技术和设备的发展和进步。

15.18.1 我国烧结工艺的进步

这期间所投产的大中型烧结机都采用现代化的工艺和除尘设备，工艺完善，具有自动配料、强化制粒、偏析布粒、烧结矿冷却（采用鼓风环式冷却机）、成品整粒和铺底料系统。而且自动化水平高，几乎都设置了较为完善的过程检测和控制项目，并采用计算机控制系统对全厂生产过程自动进行操作、监视、控制及生产管理。除尘方面，几乎都采用高效干式除尘器，环境保护大为改观。使得我国烧结矿产量大幅度上升，质量不断提高，节能减排也有新的起色。取得这些成就主要是由于技术进步的支持。

（1）综合原料场。为稳定烧结和炼铁生产并提高其产品质量和降低能耗创造条件，我国一大批大中型钢铁公司建立了综合原料场，使得原料化学成分稳定（宝钢烧结矿综合原料场 TFe 稳定性已接近 100%），粒度均匀、水分恰当。

（2）自动重量配料。含铁原料、熔剂、固体燃料等能按重量配比进行自动调节各种物料给定量。当烧结矿粉时，还可以采用直拖式自动重量配料，简化了设备。

（3）添加生石灰。有的烧结厂几乎全部添加生石灰代替生熔剂，作为造球的黏结剂并提高料温，以强化制粒和烧结过程，提高烧结矿的产量和质量，降低燃耗。生石灰不需要采用消化器，应视混合与制粒时间而定。

（4）烧结增效节能添加剂。性质良好的添加剂可提高烧结机的产量、降低燃耗，但应不含氯化物，不具腐蚀性。

（5）混合料预热。采用各种形式预热烧结混合料，可减少烧结过湿现象，提高烧结矿产量并降低能耗。

（6）小球烧结。此法特别适用于细粒铁原料的烧结。在强化制粒的同时，延长混合制粒时间，采用圆筒制粒机或/和圆盘造球机进行混合料造球，将混合料制成大于 3mm 占75% 以上的小球进行烧结，改善烧结透气性，提高烧结机产量，还可节约燃耗。强化制粒有的是在圆筒制粒机中采用导料板、安装挡圈、增加填充率、采用含油尼龙衬板、喷雾化水等，也有采用锥形逆流分级制粒的。

（7）烧结机布料。采用梭式布料器、缓冲矿槽、圆辊给料机和自动清扫的反射板或辊式布粒器。当烧结以铁精矿为主要小球烧结时，可用摇头皮带机或梭式布料机、宽皮带机和辊式布料器。

（8）广泛应用铺底料。铺底料技术是多年来烧结技术发展的主要成果之一。近期设计的大中型烧结机都采用了铺底料，不仅有保护烧结设备的良好作用，而且还可以稳定操作、提高烧结矿的产量和质量，减少烧结烟气的含尘量。

（9）燃料分加。烧结铁精矿采用此法，可提高烧结矿的质量并降低燃耗。

（10）超厚料层烧结。在采取上述一些措施后，烧结料层可高达 700~800mm。可大幅度改善烧结矿质量，降低混合料的水分和返矿量，节约燃耗，改善环保。

（11）低温烧结。在厚料层烧结的基础上，可进行低温烧结，即以较低的温度烧结，能产生一种强度高、还原性好的针状铁酸钙为主要黏结相的烧结矿，既节能又减排。

（12）高铁低硅烧结。一般的说法是烧结矿的 SiO_2 应为 5.5%~6.3%，才能形成足够的液相。高铁低硅的烧结矿 SiO_2 可达 4.5%~4.7%，从而降低熔剂的用量，为高炉增产节焦和烧结节能减排创造了条件。

（13）热风烧结。将冷却风的废气引入点火保温后面的密封罩内，使烧结表层继续加热，可以改善烧结矿的强度，节能减排。目前国内一些烧结厂采用的是依靠冷却风机鼓风余压、抽风负压和热压进行的。有些厂有效果，不少厂还不行。关键是要有足够的鼓风余压、抽风负压和热压差并及时对管道清灰。当采用 200~250℃ 的热废气时，应采用风机输送热风。为降低阻损和风机磨损，可在风机前安装挡板式重力除尘器。

（14）取消热矿筛。过去，通常是烧结铁矿粉时取消热矿筛。而今烧结以铁精矿为主要原料，在保证混合料温度的前提下，即使在寒冷地区的大型烧结机，如鞍钢、太钢取消了热矿筛后，同时也取消了运输和储存热返矿的设施，节约了投资，烧结机作业率提高了 1%~2%，产量增加，能耗下降，烧结矿成本降低，环保也得到了改善。

（15）烧结矿整粒。过去，我国很多烧结机都采用烧结矿冷破碎和四次筛分的流程。由于高炉栈桥下大块烧结矿很少，有的厂把破碎机间隙调大或干脆拆除，仅设后面的三段冷筛分。目前很多烧结机采用的是其改良型，即先分出小粒度的烧结矿直接进三筛分并分出小于 5mm 的返矿，在二筛分出铺底料。

（16）含铁渣尘的综合处理。以前，烧结厂的粉尘泥渣多直接加入烧结混合料中，使烧结生产不稳定。目前，许多厂根据其性质对湿料、干料和半干料分别进行处理。转炉泥等湿料经制浆后送烧结圆筒混合机或加至配料胶带机的料面上（有的厂把烧结粉尘也加入制浆），也可与高炉返矿一起搅拌送原料场经混匀后进入烧结配料槽。干料、半干料经配料、混合、造球后定量送至烧结混合料内，也可分别送至原料场经混匀后作为烧结原料。既改善了环保，又进行了综合利用。

（17）烧结自动控制。开发三电一体（EIC）计算机控制系统，所有的过程检测参数和设备运转状态均纳入本系统。主要的工艺过程进行自动控制和调节，如混合料添加水控制、配比计算及控制、点火保温炉烧结控制、料层厚度控制等。

（18）人工智能。中南大学以及一些企业、设计科研单位在这方面做了大量工作，有的已在实践，如宝钢不锈钢分公司的烧结矿化学成分控制系统等。中冶长天国际工程有限责任公司开发的烧结综合控制专家系统已用于实践，并不断提高和完善。

15.18.2 我国烧结设备的进步

（1）烧结机大型化。大型烧结机与多台小型烧结机相比，具有很多的优势。从1989年以来，我国已经先后在宝钢、鞍钢、武钢、太钢等钢铁公司投产了180~660m² 的大中型烧结机125台（套），烧结面积达到38590m²，约占我国烧结机总面积的60%。其中不少是在淘汰原有老式小烧结机的工艺和设备的基础上建成的。至此，我国大中型烧结机的烧结面积占有明显的优势。

（2）烧结机结构进一步完善。这批大中型烧结机结构新颖，漏风率低。头部和尾部都采用星轮装置，烧结机运转平稳；头部星轮自由侧轴承座能沿烧结机纵向移动，实现台车烧结调偏；尾部采用水平移动架，作为台车受热膨胀的吸收机构；主传动装置采用柔性传动；头部给料采用主闸门和辅助闸门，使混合布料平整均匀；台车梁与算条之间设置隔热件，保护台车本体；烧结机头尾风箱端部密封采用密封性好、灵活、适用、可靠的浮动式密封装置；其作业率可达98%。

（3）降低烧结机漏风率。烧结机主要漏风点为头尾风箱与台车底部接触处和两侧。降低烧结机漏风率的措施包括：1）烧结机密封装置：宝钢1号烧结机头尾用的是杠杆重锤式软连接密封装置，头部为1段式，尾部为2段式。宝钢2号烧结机改为专架支板等代替杠杆支撑，去掉了软连接，密封效果好，寿命长。台车与固定滑道的密封采用弹簧密封装置。烧结系统漏风率30%~48%，视烧结机新旧和检修前后的情况而定。2）机头机尾密封装置：最近开发的头尾密封装置不少，有燕山大学的高负接触头尾密封装置，莱钢开发的自调试柔性密封装置，新特科技公司开发的全金属柔磁性密封装置以及板弹簧密封装置等，均在一部分中小烧结机上使用过，对降低漏风率起到了一定的作用。3）烧结机两侧的密封装置：为解决烧结机的边缘效应，不少烧结厂对台车两侧进行了压料并横向扩大烧结面积，包括宝钢的3台450m² 烧结机改为495m² 在内；有些中小烧结机台车与固定滑道的密封采用双板簧；有的厂如宝钢，则采用整体台车栏板并在台车间隙处设密封板。这些都有效。而新特科技公司则采用多级磁力密封技术把烧结机的两侧全封闭起来。

（4）鼓风环式冷却机。环式冷却机采用与台车数量相对应的正多边形回转框架，提高回转框架刚度；采用摩擦传动、配置紧凑；台车两侧与风箱之间采用两道橡胶密封装置，提高密封和冷却效果；占地少、结构简单、便于操作、易于维护、产量大、运行平稳、设备费便宜。其缺点是漏风量大，达30%~45%。为解决此问题，马钢一烧将环冷机内侧的橡胶密封板由斜面改为垂直形，减少了漏风量，节约了电能。最近，中冶长天国际工程有限责任公司开发了一种液密封鼓风环式冷却机，其漏风量可降低至小于5%，节约了能源，还可取消原鼓风环式冷却机配套的风箱及双层卸灰阀、环型拉链机或近年来采用的轨道电动小车，节省了投资。这种新型鼓风环式冷却机使用特殊台车，结构简单。已在我国烧结厂实际生产中使用。

（5）新型节能点火保温炉。双斜带式点火保温炉采用直接点火，高效低能，点火质量好，炉子寿命长，烧嘴不易堵塞，作业率高，在国内得到普遍采用。最近在鞍钢一些企业有的采用二次连续低温点火技术，但应在点火前预热烧结机上的混合料。

（6）冷烧结矿筛分设备。直线振动筛、椭圆振动筛等大型冷矿筛顺应烧结工艺的发展，逐步获得推广使用。该类振动筛具有运行寿命长，筛分效率高，故障率低，维护周期为 2 个月，筛板整体更换周期可达 15 个月之久等优点，逐步得到推广应用。莱钢和济钢烧结机采用开发的悬臂筛网振动筛，也取得了效果。

最近，先前用于高炉槽下筛分的棒条筛也开始应用于烧结矿的筛分。棒条筛面的筛孔呈长缝形，减少了物料前进的阻力，有助于提高物料流速，使料层减薄；棒条筛面沿筛场方向"阶梯状"布置，物料通过阶梯时跌落有助于加速物料分层过程。由于筛网棒条采用弹簧钢制作，与梳齿筛网相比强度较高，提高了使用寿命，减轻了工人的劳动强度。棒条筛具有结构简单、处理量大、筛孔不易堵塞等优点，非常适合于处理冷烧结矿等干性物料。

（7）新型除尘设备。由于国家、地方和企业对环保要求越来越高，有些厂家对烧结机头机尾除尘后的烟气含尘量已经降低到了 $50mg/m^3$，从实践来看，即使电除尘器采用 4 个电场（目前一般为 3 个电场），有些厂也难以满足这个要求。针对这个情况，国内正在开发布袋加电除尘器和新型电除尘器，目前正在付诸实施，预计可达到这一目标。

（8）烟气脱硫装置。目前我国已建成烧结脱硫设施 480 余套，多为干法，也有湿法。有的脱 SO_x 率可达 90% 以上，有的还在调试之中。随着国家节能减排政策的深入贯彻，预计不久的将来会有更多的厂开发应用烟气脱硫脱硝技术。

（9）余热回收装置。最近以来，开发了余热锅炉、热管翅片等各种回收冷却热废气和烧结机尾部烟气的余热回收设备，或产生热水、蒸汽，或再发电，大幅度降低了烧结能耗。

15.18.3　我国球团工艺与设备的发展

（1）链算机—回转窑工艺的快速发展。2000 年首钢矿业公司年产 120 万吨链算机—回转窑生产线改造成功，为我国链算机—回转窑球团法的发展提供了示范。至 2010 年，十年间我国建成投产的链算机—回转窑生产线达 91 条，链算机—回转窑法的生产能力已经占全国球团矿总产能的 50% 以上。

（2）球团设备大型化。球团大型化趋势明显，继亚洲最大的武钢鄂州年产 500 万吨生产线投产后，湛江龙腾物流有限公司年产 500 万吨链算机—回转窑生产线于 2009 年建成投产，京唐钢铁公司年产 400 万吨带式焙烧机 2011 年建成投产。

（3）带式机法获得新突破。与其他两种方法相比，带式机法的最大优势是对原料的适应性强。京唐钢铁公司 2011 年建成投产的年产 400 万吨带式球团焙烧机，改写了我国带式球团法二十年停滞不前的局面。这条生产线的运行情况对未来带式球团法在我国的发展和我国球团原料结构的变化将产生重要影响。

（4）球团原料的多样化。我国传统球团生产原料主要为磁铁精矿。随着优质铁矿资源的减少和球团矿生产的快速发展，进入新世纪后赤铁矿、镜铁矿、钒钛矿和硫酸渣等非传统原料在我国被大规模广泛应用于球团矿的生产。

（5）含铁原料的预处理。球团矿生产对含铁原料水分和粒度有严格要求，随着球团原料多样化和球团生产大型化的发展，我国新建球团厂普遍设置精矿干燥工序，高压辊磨等含铁原料再磨技术的应用越来越广泛。

（6）球团原料的混合。我国球团生产过去大多数采用一段圆筒混合机混合。因圆筒混合机除混匀外，还有制粒作用，混合料形成小球后，难以混合均匀，尤其是黏结剂难以分散到小球内部；球团混合料中小球多，使造球操作不稳定。新世纪以来我国新建的球团厂普遍采用润磨机、强力混合机混合，体积小、效率高的立式强力混合机已在全国三十余条球团生产线应用。此外，为提高混匀效果，新建大型球团厂还逐渐采用二段混合工艺。

（7）造球设备。我国球团生产普遍采用圆盘造球机造球，国外广泛采用圆筒造球机。武钢年产500万吨链箅机—回转窑球团生产线采用圆筒造球，开创了我国圆筒造球的先例。未来新建大型球团厂中圆筒造球机的应用会越来越多。

（8）强化球团焙烧固结技术。由于其他原料球团的焙烧性能都不如磁铁矿球团，随着球团原料的多样化发展，强化球团固结的技术也相应获得发展。其中效果最明显的是改善球团焙烧性能的添加剂技术，包括针对钒钛磁铁矿的含硼添加剂、针对镜铁矿和赤铁矿的含钙添加剂和针对含氟铁矿的含镁添加剂。添加剂的应用改善了难焙烧铁矿球团的焙烧性能，提高了产品质量，降低了焙烧能耗，并使得生产过程易于操控。同时还因成分的优化，改善了产品的冶金性能。

（9）球团生产过程的控制。中南大学与鞍钢、武钢等单位合作开发了链箅机—回转窑过程优化控制数学模型和专家系统，可实现沿链箅机运行和料层高度方向任意位置水分和磁铁矿氧化率的透明化，以及水分蒸发速率、球团矿FeO含量和料层温度的在线监测；建立了链箅机—回转窑—环冷机系统物料、气流和热量平衡模型，实现了系统能量分配情况和利用水平的在线评判；建立了以回转窑焙烧温度和链箅机预热二段烟罩气体温度为核心的优化控制系统。目前该技术已在鞍钢球团生产中得到应用。

附　录

附表1　有用常数表

常　数	SI 单位	常　数	SI 单位
阿伏加德罗常数	$6.02 \times 10^{23} \, mol^{-1}$	气体常数	$8.314 J/(K \cdot mol)$
玻耳兹曼常数	$1.38 \times 10^{-23} J/K$	普朗克常数	$6.626 \times 10^{-34} J \cdot s$
法拉第常数	$9.6485 \times 10^{4} \, C/mol$	1mol 理想气体的体积	$2.24 \times 10^{-2} m^3$ (273K，101235Pa)

附表2　基本单位换算表

量	厘米-克-秒单位制（c.g.s）英制单位或其他单位		国际单位制（SI）		换算关系
	中文名称	符号	中文名称	符号	
长度	英寸 英尺	in ft	米	m	$1 in = 0.0254 m$ $1 ft = 0.3048 m$
力	达因	dyn	牛［顿］	N	$1 dyn = 10^{-5} N$
压力 （压强）	大气压 巴 托 毫米汞柱 毫米水柱	atm bar torr mmHg mmH_2O	帕［斯卡］	Pa	$1 atm = 1.01325 \times 10^5 \, Pa$ $1 bar = 10^5 \, Pa$ $1 torr = 133.3224 Pa$ $1 mmHg = 133.3224 Pa$ $1 mmH_2O = 9.80665 Pa$
黏度	泊 斯［托克斯］	P St	帕［斯卡］秒 平方米/秒	$Pa \cdot s$ m^2/s	$1P = 0.1 Pa \cdot s$ $1St = 10^{-4} m^2/s$
能、功 热量	卡 尔格	cal erg	焦［耳］	J	$1 cal = 4.184 J$ $1 erg = 10^{-7} J$
质量	磅	lb	千克（公斤）	kg	$1 lb = 0.45359237 kg$
温度	华氏温度	$°F$	热力学温度 摄氏温度	K ℃	$t(℃) = T(K) + 273.15$ $\dfrac{t_F}{°F} = \dfrac{9}{5} \dfrac{t}{℃} + 32 = \dfrac{9}{5} \dfrac{T}{K} - 459.67$

附表3　常见标准筛制

泰勒标准筛			日本 T15		美国标准筛			国际标准筛	英 MMM 筛系标准筛		德国标准筛 DIN-1171		
网目孔/in	孔/mm	丝径/mm	孔/mm	丝径/mm	筛号	孔/mm	丝径/mm	孔/mm	网目孔/in	孔/mm	筛号孔/cm	孔/mm	丝径/mm
2.5	7.925	2.235	7.93	2	2.5	8	1.83	8					
3	6.68	1.778	6.73	1.83	3	6.73	1.65	6.3					
3.5	5.691	1.651	5.66	1.6	3.5	5.66	1.45						

泰勒标准筛			日本 T15		美国标准筛			国际标准筛	英 MMM 筛系标准筛		德国标准筛 DIN – 1171		
网目孔 /in	孔 /mm	丝径 /mm	孔 /mm	丝径 /mm	筛号	孔 /mm	丝径 /mm	孔 /mm	网目孔 /in	孔 /mm	筛号孔 /cm	孔 /mm	丝径 /mm
4	4.699	1.651	4.76	1.29	4	4.76	1.27	5					
5	3.926	1.118	4	1.08	5	4	1.12	4					
6	3.327	0.914	3.36	0.87	6								
7	2.794	0.833	2.83	0.8	7	2.83	0.92	2.8	5	2.54			
8	2.361	0.813	2.38	0.8	8	2.38	0.84	2.3					
9	1.981	0.838	2	0.76	10	2	0.76	2					
10	1.651	0.889	1.68	0.74	12	1.63	0.69	1.6	8	1.57	4	1.5	1
12	1.397	0.711	1.41	0.71	14	1.41	0.61	1.4			5	1.2	0.8
									10	1.27			
14	1.168	0.635	1.19	0.62	16	1.19	0.52	1.18			6	1.02	0.65
16	0.991	0.579	1	0.59	18	1	0.48	1	12	1.06			
20	0.833	0.437	0.84	0.43	20	0.84	0.42	0.8	16	0.79			
24	0.701	0.358	0.71	0.35	25	0.71	0.37	0.71			8	0.75	0.5
									20	0.64	10	0.6	0.4
28	0.589	0.318	0.59	0.32	30	0.59	0.33	0.6			11	0.54	0.37
32	0.495	0.398	0.5	0.29	35	0.5	0.29	0.5			12	0.49	0.34
35	0.417	0.31	0.42	0.29	40	0.42	0.25	0.4	30	0.42	14	0.43	0.28
42	0.351	0.254	0.35	0.26	45	0.35	0.22	0.355	40	0.32	16	0.385	0.24
48	0.295	0.234	0.297	0.232	50	0.297	0.188	0.3			20	0.3	0.2
60	0.246	0.178	0.25	0.212	60	0.25	0.162	0.25	50	0.25	24	0.25	0.17
65	0.208	0.183	0.21	0.181	70	0.21	0.14	0.2	60	0.21	30	0.2	0.13
80	0.175	0.162	0.177	0.141	80	0.177	0.119	0.18	70	0.18			
100	0.147	0.107	0.149	0.105	100	0.149	0.102	0.15	90	0.14	40	0.15	0.1
115	0.124	0.097	0.125	0.037	120	0.125	0.086	0.125	100	0.13	50	0.12	0.08
150	0.104	0.066	0.105	0.07	140	0.105	0.074	0.1	120	0.11	60	0.1	0.065
170	0.088	0.061	0.088	0.061	170	0.088	0.063	0.09			70	0.088	0.053
									150	0.08			
200	0.074	0.053	0.074	0.053	200	0.074	0.053	0.075			80	0.075	0.06
230	0.062	0.041	0.062	0.048	230	0.062	0.046	0.063	200	0.06	100	0.06	0.04
270	0.053	0.041	0.053	0.038	270	0.052	0.041	0.05					
325	0.043	0.036	0.044	0.034	325	0.044	0.036	0.04					
400	0.038	0.025											

附表 4 磨矿细度换算

磨矿粒度/mm	0.5	0.4	0.3	0.2	0.15	0.1	0.074
网目	32	35	48	65	100	150	200
-200 目比例/%		35~45	45~55	55~65	70~80	80~90	95

附表 5 各种物料的堆积密度和动安息角

名 称	堆积密度 /t·m⁻³	动安息角 /(°)	名 称	堆积密度 /t·m⁻³	动安息角 /(°)
铁矿石（Fe=60.4%）	2.85	30~35	高炉灰	1.4~1.5	25
铁矿石（Fe=53.0%）	2.44	30~35	轧钢皮	2~2.5	35
铁矿石（Fe=43%）	2.20	30~35	黄铁矿烧渣	1.7~1.8	
铁矿石（Fe=33%）	2.10	30~35	烧结矿板矿	1.4~1.6	35
钒钛铁矿石（Fe=40%~45%）	2.3	30~35	烧结混合料	1.6	35~40
碳酸锰矿（Mn=22%）	2.2	37~38	焦炭	0.5~0.7	35
氧化锰矿（Mn=35%）	2.1	37	无烟煤粉	0.6~0.85	30
堆积锰矿	1.4	32	石灰石（中块）	1.2~1.6	30~35
次生氧化锰矿	1.65		石灰石（小块）	1.2~1.6	30~35
松软锰矿	1.10	29~35	石灰石（粉状）	0.55	25
铁精矿（Fe=60%左右）	1.6~2.5	33~35	熟石灰	0.55	30~35
烧结矿	1.7~2.0	35	碎白云石	1.6	35
黄铁矿球团	1.2~1.4				

附表 6 常用氧化物的若干物理性质

氧化物	含氧量/%	密度/kg·m⁻³	熔化温度/℃	汽化温度/℃
Fe_2O_3	30.057	5100~5400	1565	
Fe_3O_4	27.640	5100~5200	1597	
FeO	22.296（介稳的） 23.139~23.287（稳定的）	5613 （含 $O_2$23.91%）	1371~1385	
SiO_2	53.257	2650（石英）	1713（硅石 1750）	2590
SiO	36.292	2130~2150	1350~1900（升华）	1900
MnO_2	36.807	5030	535 以前分解	
Mn_2O_3	30.406	4300~4800	940 以前分解	
Mn_3O_4	27.970	4300~4900	1576	
MnO	22.554	5450	1750~1778	
Cr_2O_3	31.580	5210	2275	
TiO_2	40.049	4260（金红石） 3840（锐钛矿）	1825	3000
TiO	25.038	4930	1750	
P_2O_5	56.358	2390	569（加压时）	359（升华）

氧化物	含氧量/%	密度/kg·m^{-3}	熔化温度/℃	汽化温度/℃
V_2O_5	43.983	3360	663 ~ 675	1750（分解）
VO_2	38.581	4300	1545	
V_2O_3	32.042	4840	1967	
VO	23.901	5500	1970	
NiO	21.418	6800	1970	
CuO	20.114	6400	1148 分解（1062.2）	
Cu_2O	11.181	6100	1235	
ZnO	19.660	5500 ~ 5600	2000（5.269MPa）	1950（升华）
PbO	7.168	9120±50（22℃） 7794（880℃）	888	1470
CaO	28.530	3400	2585	2850
MgO	39.696	3200 ~ 3700	2799	3638
BaO	10.435	5000 ~ 5700	1923	约 2000
Al_2O_3	47.075	3500 ~ 4100	2042	2980
K_2O	16.985			766
Na_2O	25.814			890

附表 7　气体平均定压容积比热容（101325Pa，$t = 0 ~ 3000℃$）　（c_p，kJ/（m^3·K））

t/℃	N_2	O_2	H_2O	CO_2	空气	H_2	CO	SO_2	CH_4
0	1.298	1.306	1.482	1.599	1.302	1.298	1.302	1.779	1.545
100	1.302	1.315	1.499	1.700	1.306	1.298	1.302	1.863	1.620
200	1.302	1.336	1.516	1.796	1.310	1.302	1.310	1.943	1.758
300	1.310	1.357	1.537	1.876	1.319	1.302	1.319	2.010	1.892
400	1.319	1.377	1.557	1.943	1.331	1.306	1.331	2.072	2.018
500	1.331	1.394	1.583	2.001	1.344	1.306	1.334	2.123	2.135
600	1.344	1.411	1.608	2.056	1.357	1.310	1.361	2.169	2.252
700	1.357	1.428	1.633	2.102	1.369	1.310	1.373	2.206	2.361
800	1.369	1.440	1.658	2.144	1.382	1.319	1.394	2.240	2.466
900	1.382	1.457	1.683	2.181	1.394	1.323	1.403	2.273	2.562
1000	1.394	1.465	1.712	2.219	1.407	1.327	1.415	2.294	2.654
1100	1.407	1.478	1.738	2.248	1.419	1.336	1.428	2.319	
1200	1.415	1.486	1.763	2.273	1.428	1.344	1.440	2.340	
1300	1.424	1.495	1.788	2.294	1.436	1.352	1.449	2.357	
1400	1.436	1.503	1.809	2.315	1.449	1.361	1.461	2.374	
1500	1.444	1.511	1.34	2.336	1.457	1.365	1.465	2.386	
1600	1.453	1.520	1.855	2.357	1.465	1.373	1.478	2.399	
1700	1.461	1.524	1.876	2.378	1.474	1.382	1.482	2.412	

续附表7

$t/℃$	N_2	O_2	H_2O	CO_2	空气	H_2	CO	SO_2	CH_4
1800	1.470	1.532	1.897	2.395	1.482	1.390	1.491	2.424	
1900	1.474	1.537	1.918	2.412	1.486	1.398	1.499	2.428	
2000	1.482	1.541	1.934	2.424	1.495	1.407	1.503	2.441	
2100	1.486	1.545	1.951	2.437	1.499				
2200	1.491	1.549	1.968	2.449	1.503				
2300	1.499	1.553	1.985	2.462	1.511				
2400	1.503	1.557	2.001	2.470	1.516				
2500	1.507	1.562	2.018	2.483	1.520				
2600	1.511	1.566	2.031	2.491	1.524				
2700	1.516	1.570	2.043	2.500	1.528				
2800	1.520	1.574	2.056	2.504	1.532				
2900	1.524	1.578	2.068	2.508	1.537				
3000	1.528	1.583	2.081	2.512	1.541				

$t/℃$	C_2H_2	C_2H_4	C_2H_6	NH_3	H_2S	C_3H_3	C_4H_{10}	C_6H_6
0	1.909	1.888	2.244	1.591	1.557	2.960	3.710	3.266
100	2.072	2.123	2.479	1.654	1.566	3.358	4.233	3.977
200	2.198	2.345	2.763	1.770	1.583	3.760	4.752	4.605
300	2.307	2.550	2.973	1.779	1.608	4.157	5.275	5.192
400	2.374	2.742	3.308	1.838	1.641	4.559	5.795	5.694
500	2.445	2.914	3.492	1.897	1.683	4.957	6.318	6.155
600	2.561	3.056		1.964	1.721	5.359	6.837	6.531
700	2.575	3.190		2.026	1.754	5.757	7.360	6.908
800	2.638	3.349		2.089	1.792	6.159	7.880	7.201
900	2.680	3.446		2.152	1.825	6.557	8.403	7.494
1000	2.742	3.559		2.219	1.859	6.958	8.922	7.787

附表 8　几种气体在不同温度范围内的平均比热　　$(c_p,\ kJ/(m^3 \cdot K))$

气体名称	温度范围/℃	$c_平 = f(t)$
CO_2	0~600	$c_平 = 1.629 + 0.74 \times 10^{-3} t$
	600~1500	$c_平 = 1.873 + 0.33 \times 10^{-3} t$
H_2O(水蒸气)	0~1500	$c_平 = 1.473 + 0.25 \times 10^{-3} t$
O_2	0~1500	$c_平 = 1.314 + 0.16 \times 10^{-3} t$
N_2	0~1500	$c_平 = 1.280 + 0.11 \times 10^{-3} t$
空气（干）	0~1500	$c_平 = 1.287 + 0.12 \times 10^{-3} t$

附表9　空气和蒸汽的常用物理参数

温度, $t/℃$	密度, ρ $/kg \cdot m^{-3}$	平均比热容, c_p(标态) $/kJ \cdot (m^3 \cdot ℃)^{-1}$	焓, I(标态) $/kJ \cdot m^{-3}$	导热系数, λ $/MJ \cdot (m \cdot h \cdot ℃)^{-1}$	导温系数, $e/m^2 \cdot h^{-1}$	黏性系数, $\mu/Pa \cdot s$	动黏系数, γ $/mm^2 \cdot s^{-1}$	普朗 特数, Pr
空气								
0	1.293	1.3021	0	85.4107	6.56	1.75	13.32	0.732
20	1.207			90.8536	7.74	1.85	15.02	0.742
100	0.947	1.3063	130.4607	110.5315	11.50	2.24	23.15	0.725
200	0.747	1.3105	260.7958	133.1402	17.28	2.66	34.93	0.728
300	0.616	1.3230	396.6574	154.4929	23.85	3.03	48.25	0.728
400	0.525	1.3356	533.8170	174.5869	30.90	3.38	62.00	0.722
500	0.457	1.3481	673.6556	194.2675	38.80	3.69	79.20	0.735
600	0.405	1.3649	818.5194	209.3400	46.30	3.99	96.60	0.751
700	0.363	1.3775	963.3827	224.8312	54.40	4.26	115.10	0.752
800	0.329	1.3900	1112.0141	240.7410	63.20	4.52	134.50	0.766
900	0.301	1.4026	1263.5762	257.0695	73.00	4.76	155.00	0.763
1000	0.278	1.4151	1416.3994	274.2354	83.20	5.00	176.50	0.763
1100	0.257	1.4277	1570.8874	289.3079	93.70	5.23	199.50	0.766
1200	0.240	1.4403	1727.0550	304.3804	104.90	5.44	222.00	0.762
蒸汽								
0	0.804	1.4989	0			0.83	10.15	
100	0.558	1.5072	152.2642	85.4107	6.92	1.23	20.5	1.06
200	0.464	1.5340	304.6734	120.5798	13.2	1.64	34.6	0.94
300	0.384	1.5407	462.6414	159.0984	20.6	2.04	52.4	0.91
400	0.326	1.5659	625.9266	201.3851	29.8	2.44	73.3	0.90
500	0.284	1.5910	795.0733	246.1838	40.6	2.83	97.7	0.90
600	0.252	1.6161	969.2442	294.3320	53.1	3.21	124.9	0.89
700	0.226	1.6412	1149.2766	344.1550	67.0	3.58	155.5	0.90
800	0.204	1.6663	1334.7518	384.3482	82.9	3.94	188.5	0.91

附表10　饱和蒸汽的物理参数

压力 $/MPa$	温度 $/℃$	比容 $/m^3 \cdot kg^{-1}$	焓 $/MJ \cdot kg^{-1}$	汽化热 $/MJ \cdot kg^{-1}$	压力 $/MPa$	温度 $/℃$	比容 $/m^3 \cdot kg^{-1}$	焓 $/MJ \cdot kg^{-1}$	汽化热 $/MJ \cdot kg^{-1}$
0.051	80.9				0.355	138.2	0.534	2.731	2.148
0.101	100.0				0.405	142.9	0.471	2.738	2.134
0.152	110.8	1.181	2.693	2.227	0.456	147.2	0.422	2.743	2.121
0.203	119.6	0.902	2.706	2.202	0.507	151.1	0.382	2.748	2.109
0.253	126.8	0.732	2.716	2.182	0.558	154.7	0.349	2.752	2.098
0.304	132.9	0.617	2.724	2.164	0.608	158.1	0.321	2.756	2.087

续附表 10

压力 /MPa	温度 /℃	比容 /m³·kg⁻¹	焓 /MJ·kg⁻¹	汽化热 /MJ·kg⁻¹	压力 /MPa	温度 /℃	比容 /m³·kg⁻¹	焓 /MJ·kg⁻¹	汽化热 /MJ·kg⁻¹
0.709	164.2	0.278	2.763	2.067	1.317	190.7	0.154	2.787	1.976
0.811	169.6	0.245	2.768	2.049	1.419	194.1	0.143	2.789	1.963
0.912	174.5	0.219	2.773	2.033	1.520	197.4	0.134	2.791	1.951
1.013	179.0	0.198	2.777	2.017	1.621	200.4			
1.115	183.2	0.181	2.780	2.003	2.027	211.4			
1.216	187.2	0.166	2.784	1.989	2.736	227.0			

附表 11　烟气的主要参数

温度 /℃	平均比热容, $c_平$（标态）/kJ·(m³·℃)⁻¹				焓, I（标态）/kJ·m⁻³				导热系数, λ/MJ· (m·h·℃)⁻¹	动力黏 度, γ /mm²·s⁻¹	普朗特 数, Pr
	湿烟气	干煤气			湿烟气	干煤气					
		12% CO₂ 8% O₂	14% CO₂ 6% O₂	16% CO₂ 4% O₂		12% CO₂ 8% O₂	14% CO₂ 6% O₂	16% CO₂ 4% O₂			
0	1.424	1.3297	1.3364	1.3427	0	0	0	0	82.1	12.2	
100	1.424	1.3478	1.3557	1.3636	142.3	134.8	135.6	136.5	122.6	21.5	0.72
200	1.424	1.3720	1.3720	1.3812	284.7	272.6	274.2	276.3	144.4	32.8	0.69
300	1.440	1.3787	1.3892	1.3992	432.1	414.1	416.6	419.9	174.2	45.8	0.67
400	1.457	1.3963	1.4076	1.4185	582.8	558.5	563.1	567.3	205.1	60.4	0.65
500	1.474	1.4143	1.4260	1.4382	736.9	707.1	713.0	719.3	236.1	76.3	0.64
600	1.491	1.4306	1.4436	1.4562	894.3	858.9	866.2	873.8	267.1	93.6	0.63
700	1.507	1.4499	1.4633	1.4913	1055.1	1014.9	1024.5	1033.3	297.7	112.1	0.62
800	1.520	1.4666	1.4805	1.4943	1215.8	1173.1	1184.4	1195.3	329.5	131.8	0.61
900	1.532	1.4830	1.4972	1.5114	1379.1	1334.7	1347.3	1360.3	347.5	152.5	0.60
1000	1.545	1.4976	1.5123	1.5269	1544.9	1497.6	1512.3	1526.9	372.6	174.2	0.59
1100	1.557	1.5119	1.5269	1.5420	1713.2	1663.0	1679.7	1696.1	397.7	197.1	0.58
1200	1.566	1.5261	1.5412	1.5567	2046.5	1831.3	1849.3	1868.1	454.3	221.0	0.57
1300	1.578	1.5386	1.5541	1.5659	2051.9	2000.4	2020.5	2040.6	485.7	245.0	0.56
1400	1.591	1.5500	1.5659	1.5818	2227.4	2170.0	2192.2	2214.4	519.2	272.0	0.54
1500	1.604	1.5613	1.5776	1.5935	2405.3	2340.4	2365.5	2390.7	552.6	297.0	0.53

注：表中 λ、γ、Pr 值系烟气平均成分为 11% H_2O、13% CO_2 时所求得之数值，当烟气平均成分不同时，表中数字不适用。

附表 12　居住区大气中有害物质最高允许浓度

物质名称	最高允许浓度/mg·m⁻³		物质名称	最高允许浓度/mg·m⁻³	
	一次	日平均		一次	日平均
煤烟	0.15	0.05	氟化物（折算为氟）	0.02	0.007
飘尘	0.5	0.15	氧化氮（折算为 NO_2）	0.15	

物质名称	最高允许浓度/mg·m^{-3}		物质名称	最高允许浓度/mg·m^{-3}	
	一次	日平均		一次	日平均
一氧化碳	3.00	1.00	砷化物（折算为 As）		0.003
二氧化碳	0.50	0.15	硫化氢	0.01	
苯胺	0.10	0.03	氯	0.10	0.03

附表 13　某些气体和蒸汽的爆炸极限及空气中允许浓度

名　称	爆炸浓度极限					空气中允许最大浓度/mg·L^{-1}
	按体积计/%		按质量计/mg·L^{-1}			
	下限	上限	下限	上限	下限时 CO 浓度	
高炉煤气	46	68	414	612	175	
焦炉煤气	6	30			2.28	
发生炉煤气	20.7	73.7			65	
混合煤气	40~50	60~70			88	
水煤气	6~9	55~70	30~45	275~350		
天然气	4.8	13.5	24.0	67.5		
氨气	16.0	27.0	111.2	187.7		0.03
氢气	4.1	75.0	3.4	61.5		
一氧化碳	12.8	75.0	146.5	585.0		0.03
二氧化碳						0.015
硫化氢	4.3	45.5	59.9	633.0		0.01
二氧化硫						0.02
乙炔	2.6	80.0	27.6	850.0		0.5
甲烷	5.0	15.0	32.7	98.0		

附表 14　常用燃料发热值

燃料名称	Q_{DW}^Y/kJ·kg^{-1}	燃料名称	Q_{DW}^Y/kJ·kg^{-1}
标准煤	291310	石油	41870~46050
烟煤	29310~35170	高炉煤气	3150~4190
褐煤	20930~30140	发生炉煤气（混合煤气）	5020~6700
无烟煤	29310~34330	水煤气	10050~11300
焦炭	29308~34330	焦炉煤气	16330~17580
重油	40610~41870	天然气	33490~41870

附表 15　气体燃料热值及换算关系

种类	煤气平均成分/%							发热值（标态）/kJ·m^{-3}	折标准煤（标态）/kg·m^{-3}
	$CO_2 + H_2S$	O_2	CO	H_2	CH_4	$C_m H_n$	N_2		
高发热值煤气									
天然气	0.1~2		0~2		85~97	0.1~4	1.2~4	33494.4 ~38518.56	1.1429 ~1.3143

种类	煤气平均成分/%							发热值（标态）/kJ·m⁻³	折标准煤（标态）/kg·m⁻³
	$CO_2 + H_2S$	O_2	CO	H_2	CH_4	C_mH_n	N_2	发热值（标态）/kJ·m⁻³	折标准煤（标态）/kg·m⁻³
高发热值煤气									
乙炔气	0.05~0.08			微量	微量		97~99	46054.8 ~58615.2	1.5714 ~2.0000
半焦化煤气	12~15	0.2~0.3	7~12	6~12	45~62	5~8	2~10	22190.04 ~29307.6	0.7571 ~1.0000
焦炉煤气	2~3	0.7~1.2	4~8	53~63	19~25	1.6~2.3	7~13	15491.16 ~16747.2	0.5286 ~0.5714
中发热值煤气									
双重水煤气	10~20	0.1~0.2	22~32	42~50	6~9	0.5~1	2~5	11304.34 ~11723.04	0.3857 ~0.4000
水煤气	5~7	0.1~0.2	35~40	47~52	0.3~0.6		2~6	10048.32 ~10476	0.3249 ~0.3574
混合煤气（高炉＋焦炉）	7~8	0.3~0.4	17~19	21~27	9~12	0.7~1	33~39	8582.94 ~10299.53	0.2929 ~0.3514
蒸汽－富氧煤气	16~26	0.2~0.3	27~41	34~43	2~5		1~2	9210.96 ~10257.66	0.3134 ~0.3500
低热值煤气									
空气发生炉气	0.5~1.5		32~33	0.5~0.9			64~66	4144.93 ~4312.40	0.1414 ~0.1471
高炉煤气	9~15.5		25~31	2~3	0.3~0.5		55~58	3558.78 ~4605.48	0.1214 ~0.1571
地下气化煤气	16~22		5~10	15~17	0.8~11		47~53	3098.23 ~4103.06	0.1057 ~0.1400
一般发生炉煤气（炼钢用）	4.3~4.5	0.2~0.4	29~30	13~14	2~4	0.2~0.5	47~50	6070.86 ~6615.15	0.2071 ~0.2257

附表 16　煤、焦炭热值及换算关系

矿名	煤种	工业分析/%			元素分析（可燃值）/%					热值/kJ·kg⁻¹		折标准煤/kg·kg⁻¹	
		水	灰分	挥发物	C	H	N	O	S	理论	实际	理论	实际
阳泉	无烟煤	3.4	16.6	9.6	89.8	4.4	1.02	4.4	0.38	28830.6	27783.6	0.9873	0.9480
京西城子	无烟煤	2.5	15	7.2					0.26		26778.7		0.9173
焦作	无烟煤	5.8	20	5.6	92.3	2.9	1.1	1.1	0.38	26125.6	25116.6	0.8914	0.8570
焦块		4.36	0.4	13.5	1.6	96.4	0.97	0.97	0.72		27842.2		0.95

注：标准煤热值为 29.3067MJ/kg，即 7000kcal/kg。

附表 17　各种燃料折干焦系数

燃　料　名　称	计算单位	折合干焦系数
焦炭（干焦）	kg/kg	1.0
焦丁	kg/kg	0.9
重油（包括原油）	kg/kg	1.2

续附表 17

燃 料 名 称		计算单位	折合干焦系数
喷吹用煤粉	灰分≤10%	kg/kg	1.0
	10%＜灰分≤12%	kg/kg	0.9
	12%＜灰分≤15%	kg/kg	0.8
	15%＜灰分≤20%	kg/kg	0.7
	灰分＞20%	kg/kg	0.6
沥青煤焦油		kg/m³	1.0
天然气		kg/m³	1.1
焦炉煤气		kg/m³	0.5
木炭、石油焦		kg/m³	1.0
型焦或硫焦		kg/m³	0.8

附表 18　各种燃料折算标准煤的参考数据

名　称	单位	换算标准煤系数	名　称	单位	换算标准煤系数
干洗精煤	kg/kg	101	焦炉煤气（标态）	kg/m³	0.6
干焦煤	kg/kg	0.97	高炉煤气（标态）	kg/m³	0.12
无烟煤	kg/kg	0.9	转炉煤气（标态）	kg/m³	0.29
动力煤	kg/kg	0.71	氧气（标态）	kg/m³	0.36
重油	kg/kg	1.4	压缩空气（标态）	kg/m³	0.036
轻油	kg/kg	1.43	鼓风	kg/m³	28×10³
焦油	kg/kg	1.29	水	kg/t	0.11
蒸汽	kg/kg	0.12	电	kg/(kW·h)	0.404
天然气（标态）	kg/m³	1.36	粗苯	kg/kg	1.43

注：摘自《钢铁企业设计节能技术规定》（1985 年 12 月）。

附表 19　燃料在空气中的着火温度

固 体 燃 料		液 体 燃 料		气 体 燃 料		
名　称	温度/℃	名　称	温度/℃	名　称	温度/℃	浓度（体积）/%
褐煤	250~450	石油	531~590	高炉煤气	650~700	35.0~73.5
泥煤	225~280	煤油	604~609	焦炉煤气	550~650	5.6~30.8
木材	250~300	$C_{14}H_{10}$	540	天然气	482~632	5.1~13.9
煤	400~500			乙炔（C_2H_2）	335	2.5~8.1
木炭	350			甲烷（CH_4）	573	5.0~15.0
焦炭	700			氢	530~585	4.0~74.2

附表 20　燃料燃烧计算的经验公式

燃料种类	理论空气需要量（标态），Q_0 /m³·kg⁻¹(固，液) 或 Q_0/m³·m⁻³(气)	燃烧生成物量（标态），V_n /m³·kg⁻¹(固，液) 或 V_n/m³·m⁻³(气)
液体燃料	$Q_0 = 0.85\dfrac{H_{低}}{4187} + 2.0$	$V_n = 1.11\dfrac{H_{低}}{4187} + (\alpha - 1)Q_0$

燃料种类		理论空气需要量（标态），Q_0 /m$^3 \cdot$ kg^{-1}（固，液）或 Q_0/m$^3 \cdot$ m^{-3}（气）	燃烧生成物量（标态），V_n /m$^3 \cdot$ kg^{-1}（固，液）或 V_n/m$^3 \cdot$ m^{-3}（气）
气体燃料	$H_{低} < 12560$kJ/m^3（标态）	$Q_0 = 0.875 \dfrac{H_{低}}{4187}$	$V_n = 0.725 \dfrac{H_{低}}{4187} + 1.0 + (\alpha - 1) Q_0$
	$H_{低} < 12560$kJ/m^3（标态）	$Q_0 = 1.09 \dfrac{H_{低}}{4187} - 0.25$	$V_n = 1.14 \dfrac{H_{低}}{4187} + 0.25 + (\alpha - 1) Q_0$
天然气	$H_{低} < 12560$kJ/m^3（标态）	$Q_0 = 1.105 \dfrac{H_{低}}{4187} + 0.05$	$V_n = 1.105 \dfrac{H_{低}}{4187} + 1.05 + (\alpha - 1) Q_0$
	$H_{低} < 12560$kJ/m^3（标态）	$Q_0 = 1.105 \dfrac{H_{低}}{4187}$	$V_n = 1.18 \dfrac{H_{低}}{4187} + 0.38 + (\alpha - 1) Q_0$
煤		$Q_0 = 1.01 \dfrac{H_{低}}{4187} + 0.5$	$V_n = 0.89 \dfrac{H_{低}}{4187} + 1.65 + (\alpha - 1) Q_0$
木材		$Q_0 = 4.66 \left(1 - \dfrac{W_{用}}{4187}\right)$	$V_n = 5.3 - 4.05 \dfrac{W_{用}}{4187} + (\alpha - 1) Q_0$

注：1. $W_{用}$ 为木材在应用状态下的含水量（质量），%；

2. $H_{低}$ 为应用状态下低发热值；

3. α 为空气过剩系数。

附表 21　燃烧反应的热效应

序号	反　应　式	反应前状态	分子量	反应热量/kJ		
				反应前的物质		生成 1m^3（标态）燃烧生成物
				1kg	1m^3（标态）	
1	$C + O_2 = CO_2$	固	$12 + 32 = 44$	34072		18250
2	$CO + 0.5O_2 = CO_2$	固	$12 + 16 = 28$	10459		5602
3	$CO + 0.5O_2 = CO_2$	气	$28 + 16 = 44$	10119	12648	12648
4	$S + O_2 = SO_2$	固	$32 + 32 = 64$	9278		13225
5	$H_2 + 0.5O_2 = H_2O_{液}$	气	$2 + 16 = 18$	143105	12778	
	$H_2 + 0.5O_2 = H_2O_{汽}$			121019	11937	11937
6	$H_2O_{汽} = H_2O_{液}$	气	18	2453	1972	
7	$H_2S + 1.5O_2 = SO_2 + H_2O_{液}$	气	$34 + 48 = 64 + 18$	16563	25143	
	$H_2S + 1.5O_2 = SO_2 + H_2O_{汽}$			15265	23170	11585
8	$CH_4 + 2O_2 = CO_2 + 2H_2O_{液}$	气	$16 + 64 = 44 + 36$	55869	39904	
	$CH_4 + 2O_2 = CO_2 + 2H_2O_{汽}$			50346	35960	11987

附表 22　不同化合物的生成热

序号	生 成 反 应	热效应/kJ·mol^{-1}	序号	生 成 反 应	热效应/kJ·mol^{-1}
1	$H_2 + \dfrac{1}{2}O_2 = H_2O_{液}$	286.0 ± 0.04	5	$C_{石墨} + O_2 = CO_2$	393.8 ± 0.04
2	$H_2 + \dfrac{1}{2}O_2 = H_2O_{汽}$	242.0 ± 0.04	6	$CO + \dfrac{1}{2}O_2 = CO_2$	283.4
3	$C_{非晶} + O_2 = CO_2$	408.8	7	$C_{非晶} + \dfrac{1}{2}O_2 = CO$	125.5
4	$C_{金刚石} + O_2 = CO_2$	395.4	8	$C_{石墨} + \dfrac{1}{2}O_2 = CO$	110.5 ± 0.1

序号	生 成 反 应	热效应/kJ·mol⁻¹	序号	生 成 反 应	热效应/kJ·mol⁻¹
9	$S_菱 + O_2 = SO_2$	296.9	39	$FeO + Fe_2O_3 + 水 = Fe_3O_{4水}$	29.3
10	$SO_{2气} + \frac{1}{2}O_2 = SO_{3气}$	95.8	40	$Ni + \frac{1}{2}O_2 = NiO_{无水}$	244.1
11	$S_菱 + \frac{3}{2}O_2 = SO_{3气}$	392.7	41	$Co + \frac{1}{2}O_2 = CoO_{无水}$	239 ± 2
12	$P_{2白} + \frac{5}{2}O_2 = P_2O_5$	1549 ± 25	42	$Zn + \frac{1}{2}O_2 = ZnO_{无水}$	349 ± 1
13	$2As + \frac{3}{2}O_2 = As_2O_3$	653 ± 8	43	$Cd + \frac{1}{2}O_2 = CdO_{无水}$	260.8
14	$2As + \frac{5}{2}O_2 = As_2O_5$	915 ± 6	44	$2Cu + \frac{1}{2}O_2 = Cu_2O_{无水}$	180.0
15	$Si_{非晶} + O_2 = SiO_{2石英}$	880 ± 3	45	$Cu + \frac{1}{2}O_2 = CuO_{无水}$	155 ± 3
16	$Ti + O_2 = TiO_2$	944 ± 4	46	$2Na + \frac{1}{2}O_2 = Na_2O_{无水}$	422 ± 5
17	$Pb + \frac{1}{2}O_2 = PbO_{无水}$	219 ± 1	47	$2K + \frac{1}{2}O_2 = K_2O_{无水}$	362 ± 8
18	$2Al + \frac{3}{2}O_2 = Al_2O_{3无水}$	1675 ± 6	48	$H_2 + S_菱 = H_{2S气}$	19.9
19	$2Al + \frac{3}{2}O_2 + 水 = Al_2O_{3水}$	1628.3	49	$Mg + S_菱 = MgS_晶$	348 ± 8
20	$2Cr + \frac{3}{2}O_2 = Cr_2O_{3晶}$	1130 ± 10	50	$Ca + S_菱 = CaS_{无水}$	460 ± 10
21	$Cr + \frac{3}{2}O_2 = CrO_{3晶}$	619.2	51	$Ba + S_菱 = BaS_{无水}$	444 ± 21
22	$2V + \frac{3}{2}O_2 = V_2O_{3无水}$	1231 ± 29	52	$Mn + S_菱 = MnS_{无水}$	2.05 ± 2
23	$2V + \frac{5}{2}O_2 = V_2O_{5无水}$	1555 ± 31	53	$Fe + S_菱 = FeS_{无水}$	95.5 ± 1.3
24	$Mo + \frac{3}{2}O_2 = MoO_{3晶}$	739	54	$Zn + S_菱 = ZnS_{无水}$	190.0
25	$W + \frac{3}{2}O_2 = WO_{3晶}$	819.4	55	$Cd + S_菱 = CdS_晶$	145.6
26	$Mg + \frac{1}{2}O_2 = MgO_{无水}$	602 ± 1	56	$Pb + S_菱 = PbS_{无水}$	94.2
27	$Ca + \frac{1}{2}O_2 = CaO_{无水}$	636 ± 2	57	$2Cu + S_菱 = Cu_2S_晶$	77.5
28	$Ca + \frac{1}{2}O_2 + H_2O = Ca(OH)_2$	697.8	58	$Cu + S_菱 = CuS_晶$	50.7 ± 2
29	$Ba + \frac{1}{2}O_2 = BaO_{无水}$	567 ± 10	59	$Ni + S_菱 = NiS_晶$	94 ± 6
30	$Mn + \frac{1}{2}O_2 = MnO_{无水}$	385 ± 2	60	$FeS + S_菱 = FeS_{2晶}$	77.9
31	$3Mn + 2O_2 = Mn_3O_{4晶}$	1388 ± 4	61	$2Na + S_菱 = Na_2S_{无水}$	387 ± 8
32	$2Mn + \frac{3}{2}O_2 = Mn_2O_{3晶}$	960 ± 6	62	$2K + S_菱 = K_2S_{无水}$	429 ± 1.5
33	$Fe + \frac{1}{2}O_2 = FeO_晶$	520 ± 2	63	$2C_{非晶} + N_2 = 2CN_晶$	276.3
34	$Fe + \frac{1}{2}O_2 = FeO_{无水}$	269.8	64	$Na + C_{非晶} + \frac{1}{2}N_2 = NaCN$	109.3
35	$3Fe + 2O_2 = Fe_3O_{4晶}$	1174 ± 4	65	$Na + CN = NaCN$	247.4
36	$2Fe + \frac{3}{2}O_2 = Fe_2O_{3无水}$	822 ± 3	66	$K + C_{非晶} + \frac{1}{2}N_2 = KCN$	130.7
37	$FeO + Fe_2O_3 = Fe_3O_{4无水}$	25.5	67	$K + CN = KCN$	268.9
38	$2Fe + \frac{3}{2}O_2 + 水 = Fe_2O_{3水}$	800.3	68	$Al + \frac{1}{2}N_2 = AlN$	234.5

序号	生 成 反 应	热效应/kJ·mol^{-1}	序号	生 成 反 应	热效应/kJ·mol^{-1}
69	$3Ca + N_2 = Ca_3N_2$	423.1	102	$Ba + Si + \frac{3}{2}O_2 = BSiO_{3晶}$	1533.8
70	$3Mg + N_2 = Mg_3N_2$	423.1	103	$MnO + SiO_2 = MnSiO_{3晶}$	29.3
71	$2Fe + \frac{1}{2}N_2 = Fe_2N$	12.6	104	$Mn + Si + \frac{3}{2}O_2 = MnSiO_{3晶}$	1307.4
72	$Ti + \frac{1}{2}N_2 = TiN$	336.2	105	$FeO + SiO_2 = FeSiO_{3晶}$	24.7
73	$Ca + F_2 = CaF_2$	1211.7	106	$Fe + Si + \frac{3}{2}O_2 = FeSiO_{3晶}$	1164.6
74	$Fe + P = FeP$	199.3	107	$2FeO + SiO_2 = Fe_2SiO_{4晶}$	47.3
75	$Na_2O + CO_2 = Na_2CO_{3无水}$	316.5	108	$Fe + Si + 2O_2 = FeSiO_{4晶}$	1457.0
76	$2Na + C + \frac{3}{2}O_2 = Na_2CO_{3无水}$	1147.0	109	$CaO + SO_3 = CaSO_4$	325.5
77	$K_2O + CO_2 = K_2CO_{3无水}$	394.8	110	$Ca + S + 2O_2 = CaSO_4$	1434 ± 15
78	$2K + C + \frac{3}{2}O_2 = K_2CO_{3无水}$	1166.1	111	$CaS + 2O_2 = CaSO_4$	918.3
79	$MgO + CO_2 = MgCO_{3沉淀}$	101.5	112	$CaSO_4 + 2H_2O = CaSO_4 \cdot 2H_2O_{石膏}$	20.7
80	$Mg + C + \frac{3}{2}O_2 = MgCO_{3沉淀}$	1128.8	113	$BaO + SO_3 = BaSO_4$	463.0
81	$CaO + CO_2 = CaCO_{3方解石}$	178.0	114	$Ba + S + 2O_2 = BaSO_4$	1410.4
82	$CaO + C + O_2 = CaCO_{3方解石}$	1219.5	115	$BaS + 2O_2 = BaSO_4$	982.4
83	$MnO + CO_2 = MnCO_{3晶}$	116.6	116	$ZnO + SO_3 = ZnSO_4$	173.5
84	$Mn + C + \frac{3}{2}O_2 = MnCO_{3晶}$	909.8	117	$Zn + S + 2O_2 = ZnSO_4$	979 ± 8
85	$FeO + CO_2 = FeCO_{3晶}$	84.4	118	$ZnS + 2O_2 = ZnSO_4$	725.5
86	$Fe + C + \frac{3}{2}O_2 = FeCO_{3晶}$	766.2	119	$PbO + SO_3 = PbSO_4$	262.4
87	$ZnO + CO_2 = ZnCO_{3晶}$	70.9	120	$Pb + S + 2O_2 = PbSO_4$	874.2
88	$Zn + C + \frac{3}{2}O_2 = ZnCO_{3晶}$	829.2	121	$PbS + 2O_2 = PbSO_4$	516.2
89	$PbO + CO_2 = PbCO_{3沉淀}$	88.3	122	$3CaO + P_2O_5 = Ca_3(PO_4)_2$	687 ± 8
90	$Pb + C + \frac{3}{2}O_2 = PbCO_{3沉淀}$	716.4	123	$3Ca + P_2 + 4O_2 = Ca_3(PO_4)_2$	4115.2
91	$CuO + CO_2 = CuCO_{3沉淀}$	57.0	124	$Ca_3P_2 + 4O_2 = Ca_3(PO_4)_2$	3566.2
92	$Cu + C + \frac{3}{2}O_2 = CuCO_{3沉淀}$	327.1	125	$Ca_3(PO_4)_2 + nCaO = Ca_3(PO_4)_2 \cdot nCaO$	5.02
93	$Na_2O + SiO_2 = Na_2SiO_{3无水}$	236.6	126	$3MnO + P_2O_5 = Mn_3(PO_4)_2$	366.3
94	$2Na + Si + \frac{3}{2}O_2 = Na_2SiO_{3无水}$	1528.4	127	$3Mn + P_2 + 4O_2 = Mn_3(PO_4)_2$	3130.3
95	$K_2O + SiO_2 = K_2SiO_{3无水}$	263.8	128	$\frac{1}{2}Fe_2O_3 + \frac{1}{2}P_2O_5 = FePO_4$	90.4
96	$2K + Si + \frac{3}{2}O_2 = K_2SiO_{3无水}$	1496.5	129	$Fe + P + 2O_2 = FePO_4$	1277.2
97	$CaO + SiO_2 = CaSiO_{3晶}$	90 ± 1.3	130	$FeP + 2O_2 = FePO_4$	1157.9
98	$Ca + Si + \frac{3}{2}O_2 = CaSiO_{3晶}$	1594.2	131	$C_{非晶} + 2H_2 = CH_4 + 77.87kJ$	CH_4 燃烧热 = 893.9
99	$2CaO + SiO_2 = Ca_2SiO_{4晶}$	126.4 ± 6.3	132	$C_{2非晶} + H_2 = C_2H_2 - 217.88kJ$	C_2H_2 燃烧热 = 1321.8
100	$Ca + Si + 2O_2 = CaSiO_{4晶}$	2274.9	133	$C_{2非晶} + 2H_2 = C_2H_4 - 38.01kJ$	C_2H_4 燃烧热 = 1428.1
101	$BaO + SiO_2 = BaSiO_{3晶}$	108.9	134	$C_{2非晶} + 3H_2 = C_2H_6 + 117.57kJ$	C_2H_6 燃烧热 = 1558.7

附表 23　主要铁锰矿物及熔剂的反应热效应

反　应　式	开始反应温度/℃	热效应/J·mol^{-1}
铁矿锰矿物		
$3Fe_2O_3 + CO = 2Fe_3O_4 + CO_2$	141	+37136.92
$3Fe_2O_3 + H_2 = 2Fe_3O_4 + H_2O$	286	+21813.23
$Fe_3O_4 + 4CO = 3Fe + 4CO_2$	400~500	+17165.88
$Fe_3O_4 + CO = 3FeO + CO_2$	240	-20892.13
$FeO + CO = Fe + CO_2$	300	+13607.10
$FeO + H_2 = Fe + H_2O$	300	-27716.62
$Fe_3O_4 + C = 3FeO + CO$	750~800	-194393.13
$FeO + C = Fe + CO$	800~850	-158805.32
$FeCO_3 \xrightarrow{分解} FeO + CO_2$	550	-87629.72
$3Fe_2O_3 + C = 2Fe_3O_4 + CO$	390	-110112.84
$MnO_2 + CO = MnO + CO_2$	300~400	+146538
$MnO_2 + H_2 = MnO + H_2O$	300~400	+104670
$2MnO_2 + CO = Mn_2O_3 + CO_2$		+207455.94
$3Mn_2O_3 + CO = 2Mn_3O_4 + CO_2$	535~940	+178148.34
$Mn_3O_4 + CO = 3MnO + CO_2$	940~1576	43752.06
$MnO + C = Mn + CO$	1750~1778	-272351.34
$MnCO_3 \xrightarrow{分解} MnO + CO_2$	640	-100064.52
熔剂		
$CaCO_3 \xrightarrow{分解} CaO + CO_2$	900	-1779kJ/kg
$MgCO_3 \xrightarrow{分解} MgO + CO_2$	545	-1298kJ/kg

附表 24　国内典型烧结厂烧结矿的焓及比热

温度/℃	首钢烧结			武钢烧结		
	ΔH_0^T/kJ·kg^{-1}	$\overline{c_p}$/J·(g·℃)$^{-1}$	c_p/J·(g·℃)$^{-1}$	ΔH_0^T/kJ·kg^{-1}	$\overline{c_p}$/J·(g·℃)$^{-1}$	c_p/J·(g·℃)$^{-1}$
100	50.2	0.502	0.862	54.4	0.544	0.837
200	136.9	0.687	0.862	142.4	0.712	0.862
300	226.1	0.754	0.879	230.3	0.766	0.904
400	320.3	0.800	0.929	323.6	0.808	0.971
500	417.0	0.833	1.013	422.0	0.864	1.017
600	521.3	0.871	1.063	525.0	0.875	1.026
700	618.4	0.883	0.875	623.0	0.892	0.934
800	702.1	0.879	0.842	715.1	0.896	0.883
900	791.3	0.879	0.946	808.1	0.896	0.980
1000	895.1	0.896	1.083	919.8	0.921	1.248
1100	1015.3	0.921	1.227	1059.3	0.963	1.440
1200	1144.3	0.955	1.373	1210.0	1.009	1.566
1300	1287.4	0.992	1.524	1372.0	1.055	1.700

续附表 24

温度/℃	攀钢烧结			鞍钢烧结		
	$\Delta H_0^T/kJ \cdot kg^{-1}$	$\overline{c_p}/J \cdot (g \cdot ℃)^{-1}$	$c_p/J \cdot (g \cdot ℃)^{-1}$	$\Delta H_0^T/kJ \cdot kg^{-1}$	$\overline{c_p}/J \cdot (g \cdot ℃)^{-1}$	$c_p/J \cdot (g \cdot ℃)^{-1}$
100	62.8	0.628	0.829	71.2	0.712	0.787
200	148.6	0.745	0.873	150.7	0.754	0.791
300	233.6	0.779	0.867	230.3	0.766	0.800
400	321.1	0.804	0.925	309.8	0.775	0.858
500	418.7	0.837	1.009	397.7	0.795	0.896
600	520.4	0.867	1.093	521.7	0.850	0.854
700	623.8	0.892	0.934	628.0	0.896	0.913
800	713.8	0.892	0.946	720.1	0.900	0.921
900	809.3	0.900	1.005	814.3	0.904	0.971
1000	917.7	0.917	1.143	924.0	0.925	1.210
1100	1050.9	0.955	1.348	1074.3	0.976	1.495
1200	1205.8	1.005	1.574	1228.8	1.026	1.629
1300	1369.1	1.055	1.779	139.1	1.072	1.717

附表 25　烧结矿技术标准（YB/T 421—2005）

类别		碱度 1.50 ~ 2.50		碱度 1.00 ~ 1.50	
品级		一级品	二级品	一级品	二级品
化学成分（质量分数）/%	TFe 波动范围	±0.50	±1.00	±0.50	±1.00
	CaO/SiO_2 波动范围	±0.08	±0.12	±0.05	±0.10
	FeO	≤11.00	≤12.00	≤12.00	≤13.00
	S	≤0.060	≤0.080	≤0.040	≤0.060
物理性能	转鼓指数（+6.3mm）/%	≥68.00	≥65.00	≥64.00	≥61.00
	抗磨指数（-0.5mm）/%	≤7.00	≤8.00	≤8.00	≤9.00
	筛分指数（-5mm）/%	≤7.00	≤9.00	≤9.00	≤11.00
冶金性能	低温还原粉化指数 RDI（+3.15mm）/%	≥72.00	≥70.00	≥74.00	≥72.00
	还原度指数 RI/%	≥78.00	≥75.00	≥74.00	≥72.00

附表 26　酸性铁球团矿技术标准（YB/T 005—2005）

项目名称		指标		允许波动范围	
品级		一级品	二级品	一级品	二级品
化学成分（质量分数）/%	TFe	≥64.00	≥62.00	±0.40	±0.80
	FeO	≤1.00	≤2.00	—	—
	SiO_2	≤5.50	≤7.00	—	—
	S	≤0.02	≤0.06	—	—
物理性能	抗压强度/N·球$^{-1}$	≥2000	≥1800	—	—
	转鼓指数（+6.3mm）/%	≥90.00	≥86.00	—	—
	抗磨指数（-0.5mm）/%	≤6.00	≤8.00	—	—
	筛分指数（-5mm）/%	≤3.00	≤5.00	—	—
	粒度（8~16mm）/%	≥85.00	≥80.00	—	—
冶金性能	膨胀率/%	≤15.00	≤20.00	—	—
	还原度指数 RI/%	≥70.00	≥65.00	—	—
	低温还原粉化指数 RDI（+3.15mm）/%	≥70.00	≥65.00	—	—

参 考 文 献

[1] 周取定，孔令坛. 铁矿石造块理论与工艺 [M]. 北京：冶金工业出版社，1989.

[2] 傅菊英，姜涛，朱德庆. 烧结球团学 [M]. 长沙：中南工业大学出版社，1996.

[3] 肖琪，傅菊英. 球团理论与实践 [M]. 长沙：中南工业大学出版社，1996.

[4] 陈新民. 火法冶金过程物理化学 [M]. 北京：冶金工业出版社，1984.

[5] 习乃文. 烧结技术 [M]. 昆明：云南人民出版社，1993.

[6] 郭兴敏. 烧结过程铁酸钙生产及其矿物学 [M]. 北京：冶金工业出版社，1999.

[7] 周传典. 高炉炼铁生产技术手册 [M]. 北京：冶金工业出版社，2002.

[8] 肖扬，段斌修，吴定新. 烧结生产设备使用与维护 [M]. 北京：冶金工业出版社，2012.

[9] 肖扬，段斌修，吴定新. 烧结矿生产 [M]. 北京：冶金工业出版社，2013.

[10] 王悦祥. 烧结矿与球团矿生产 [M]. 北京：冶金工业出版社，2006.

[11] 薛俊虎. 烧结生产技能知识问答 [M]. 北京：冶金工业出版社，2003.

[12] 梅耶尔 K. 铁矿球团法 [M]. 杉木译. 北京：冶金工业出版社，1988.

[13] 王喜庆. 钒钛磁铁矿高炉冶炼 [M]. 北京：冶金工业出版社，1994.

[14] 冶金部长沙黑色冶金矿山设计研究院. 烧结设计手册 [M]. 北京：冶金工业出版社，1990.

[15] 张一敏. 球团矿生产技术 [M]. 北京：冶金工业出版社，2005.

[16] 傅菊英，朱德庆. 铁矿氧化球团基本原理、工艺及设备 [M]. 长沙：中南大学出版社，2005.

[17] 范晓慧. 铁矿造块数学模型与专家系统 [M]. 北京：科学出版社，2013.

[18] Ball D F, et al. Agglomeration of Iron Ores [M]. New York：American Elsevier Pub. Co.，1973.

[19] Srb J，Ruzickovaz Z. Pelletization of Fines [M]. New York：American Elsevier Pub. Co.，1988.

[20] Jiang T，Qiu G，Xu J，et al. Direct Reduction of Composite Binder Pellets and Use of DRI [M]. Ahemd-abad：Electrotherm Ltd.，India，2007：29 – 49.

[21] Pietsch W. Agglomeration Processes：Phenomena，Technologies，Equipment [M]. Weinheim：John Wiley & Sons Inc.，2002.

[22] 冶金工业部鞍山黑色冶金矿山设计研究院. 第4届国际造块会议论文选 [M]. 北京：冶金工业出版社，1986.

[23] 中国金属学会. 第5届国际造块会议论文选 [M]. 北京：冶金工业出版社，1991.

[24] 中国金属学会. 第6届国际造块会议论文选 [M]. 北京：冶金工业出版社，1994.

[25] 中国金属学会. 2008 年全国炼铁生产技术会议暨炼铁年会文集 [C]. 宁波：中国金属学会，2008.

[26] 中国金属学会. 2010 年全国炼铁生产技术会议暨炼铁年会文集 [C]. 北京：中国金属学会，2010.

[27] 中国金属学会. 2012 年全国炼铁生产技术会议暨炼铁年会文集 [C]. 无锡：中国金属学会，2012.

[28] 烧结球团编辑部. 2013 年度全国烧结球团技术交流年会论文集 [C]. 成都：烧结球团编辑部，2013.

[29] 烧结球团编辑部. 2012 年度全国烧结球团技术交流年会论文集 [C]. 银川：烧结球团编辑部，2012.

[30] 烧结球团编辑部. 2011 年度全国烧结球团技术交流年会论文集 [C]. 张家界：烧结球团编辑部，2011.

[31] 烧结球团编辑部. 2010 年度全国烧结球团技术交流年会论文集 [C]. 连云港：烧结球团编辑部，2010.

[32] 烧结球团编辑部. 2009 年度全国烧结球团技术交流年会论文集 [C]. 秦皇岛：烧结球团编辑

部，2009.

［33］烧结球团编辑部.2008 年度全国烧结球团技术交流年会论文集［C］.郑州：烧结球团编辑部，2008.

［34］烧结球团编辑部.铁矿球团论文选辑：铁矿球团综合研究与添加剂［C］.长沙：烧结球团编辑部，2006.

［35］烧结球团编辑部.铁矿球团论文选辑：链箅机－回转窑球团［C］.长沙：烧结球团编辑部，2006.

［36］黄艳芳.复合粘结剂铁矿球团氧化焙烧与还原行为研究［D］.长沙：中南大学，2012.

［37］何国强.难处理赤铁精矿制备氧化球团的基础及技术研究［D］.长沙：中南大学，2011.

［38］许斌.铁矿石均热烧结基础与技术研究［D］.长沙：中南大学，2012.

［39］杨雪峰.混合铁精矿生产氧化球团的基础与应用研究［D］.长沙：中南大学，2011.

冶金工业出版社部分图书推荐